Cálculo de Reatores

O Essencial da Engenharia das Reações Químicas

gen
Grupo
Editorial
Nacional

Cálculo de Reatores

O Essencial da Engenharia das Reações Químicas

H. Scott Fogler

Professor Ame e Catherine Vennema de Engenharia Química e Professor Arthur F. Thurnau da University of Michigan, Ann Arbor

Tradução e revisão técnica

Flávio Faria de Moraes
Professor Titular do Departamento de Engenharia Química da Universidade Estadual de Maringá – UEM

Luismar Marques Porto
Professor-Associado do Departamento de Engenharia Química e Engenharia de Alimentos da Universidade Federal de Santa Catarina – UFSC

Gustavo Paim Valença
Professor-Associado do Departamento de Engenharia de Processos da Faculdade de Engenharia Química da Universidade Estadual de Campinas – UNICAMP

José Roberto Nunhez
Professor-Associado do Departamento de Engenharia de Processos da Faculdade de Engenharia Química da Universidade Estadual de Campinas – UNICAMP

Travessa do Ouvidor, 11
Rio de Janeiro, RJ – CEP 20040-040
Tels.: 21-3543-0770 / 11-5080-0770
Fax: 21-3543-0896
ltc@grupogen.com.br
www.ltceditora.com.br

Capa: Leônidas Leite
Crédito da imagem: Tomas1111/Dreamstime.com

Editoração Eletrônica: Anthares

CIP-BRASIL. CATALOGAÇÃO NA PUBLICAÇÃO
SINDICATO NACIONAL DOS EDITORES DE LIVROS, RJ

F691c

Fogler, H. Scott,1939-
Cálculo de reatores : o essencial da engenharia das reações químicas / H. Scott Fogler ; tradução e revisão técnica Flávio Faria de Moraes ...[et al.]. - 1. ed. - Rio de Janeiro : LTC, 2014.
il. ; 28 cm.

Tradução de: Essentials of chemical reaction engineering
Apêndice
Inclui bibliografia e índice
ISBN 978-85-216-2162-1

1. Engenharia Química. 2. Reatores químicos. 3. Reações químicas. I. Título.
13-03049 CDD: 660.2842
CDU: 66.02

Dedicado a

Janet Meadors Fogler

Pelo seu companheirismo, encorajamento, senso de humor,
e apoio ao longo dos anos.

Sumário

Prefácio

O homem que parou de aprender, não deveria ter permissão para andar por aí nesses dias perigosos.

M. M. Coady

A. Público-Alvo

Este livro foi escrito para os estudantes que se encontram atualmente na graduação. O objetivo é proporcionar acesso instantâneo à informação, evitar a perda de tempo com detalhes descontextualizados, indo direto ao ponto, mediante o uso de textos em tópicos. Há problemas inéditos referentes à engenharia das reações químicas (por exemplo: "O que há de errado com esta solução?"), bem como foi aumentada a ênfase na *segurança* (Capítulos 12 e 13), nas *fontes alternativas de energia solar* (Capítulos 3, 8 e 10) e na *produção de biocombustíveis* (Capítulo 9). O livro também contém jogos interativos de computador, assim como há um pouco mais do senso de humor de Michigan aqui e ali. Esta edição teve publicada uma versão de teste utilizada em sala de aula na University of Michigan e em outras universidades de prestígio e, em seguida, passou por nova revisão que levou em conta as sugestões fornecidas por mais de 200 estudantes. Como resultado, muito do conteúdo foi alterado e retrabalhado com base nesse retorno.

B. Os Objetivos

B.1. Divertir-se Aprendendo Engenharia das Reações Químicas

Engenharia das Reações Químicas (ERQ) é um assunto importante, que representa o coração da engenharia química. É um dos dois cursos principais exclusivos dessa disciplina.

B.2. Desenvolver uma Compreensão Básica da Engenharia das Reações

O segundo objetivo deste livro é capacitar o leitor a desenvolver uma compreensão clara dos fundamentos da ERQ. Este objetivo será alcançado pela apresentação de uma estrutura que permita ao leitor solucionar problemas da engenharia das reações **por meio do raciocínio lógico**, em vez de utilizar a memorização e a evocação de numerosas equações, restrições e condições segundo as quais cada equação pode ser aplicada. Os algoritmos apresentados no texto para projeto de reatores fornecem essa estrutura, e os problemas propostos irão assegurar a prática no uso desses algoritmos. Os problemas convencionais fornecidos como exercício no final de cada capítulo foram concebidos para reforçar os princípios neles apresentados. Esses problemas estão divididos quase uniformemente entre os que podem ser resolvidos com uma calculadora e aqueles que requerem o uso de um computador pessoal e um pacote de software numérico, tal como Polymath, AspenTech ou COMSOL.

Para estabelecer um ponto de referência sobre o nível de compreensão de ERQ exigido para o exercício profissional, foram incluídos vários problemas de engenharia de reações selecionados do Exame para Engenheiros Químicos do Comitê de Registro para Engenheiros Civis e Profissionais do Estado da Califórnia (PECEE).[1] Tipicamente, cada um desses problemas deve exigir cerca de 30 minutos para ser resolvido.

Finalmente, o conteúdo organizado no site da LTC Editora (originalmente constante em um DVD que acompanhava a edição original em inglês) deve facilitar bastante a aprendizagem dos fundamentos da ERQ porque inclui notas de resumo sobre os capítulos, apresentações em PowerPoint das notas de aula, exemplos extras, deduções ampliadas, e testes de autoavaliação. Uma descrição completa desses *recursos de aprendizagem* está incluída no Apêndice H.

B.3. Desenvolver as Habilidades do Pensamento Crítico

O terceiro objetivo é aumentar as habilidades do pensamento crítico. Vários problemas propostos como exercícios foram incluídos e formulados com esta finalidade. O questionamento socrático constitui a essência do pensamento crítico, e vários problemas propostos como exercícios seguem os seis tipos de perguntas socráticas relacionados por R. W. Paul,[2] encontrados na Tabela P-1.

TABELA P-1 SEIS TIPOS DE PERGUNTAS SOCRÁTICAS USADOS NO PENSAMENTO CRÍTICO

(1) *Questões para esclarecimento*: Por que você diz isso? De que forma isso está relacionado com a nossa discussão?

"Você vai incluir difusão nas suas equações de balanço molar?"

(2) *Questões para testar hipóteses*: O que poderíamos assumir em vez disso? Como poderíamos comprovar ou rejeitar essa hipótese?

"Por que você está negligenciando difusão radial e incluindo apenas difusão axial?"

(3) *Questões para testar argumentos e evidências*: O que seria um exemplo?

"Você acha que a difusão é responsável pela baixa conversão?"

(4) *Questões sobre pontos de vista e perspectivas*: Qual seria uma alternativa?

"Com todas essas curvas na tubulação, a partir de uma perspectiva prática/industrial, você acha que a difusão e a dispersão serão grandes o suficiente para afetar a conversão?"

(5) *Questões para testar implicações e consequências*: Que tipo de generalizações você pode fazer? Quais são as consequências dessa hipótese?

"Como seus resultados seriam afetados se negligenciássemos a difusão?"

(6) *Questões sobre a questão*: Qual era o objetivo desta questão? Por que você acha que eu fiz esta pergunta?

"Por que você considera a difusão importante?"

Scheffer e Rubenfeld[3,4] ampliam a prática das habilidades do pensamento crítico discutida por R.W. Paul usando as atividades, declarações e questões mostradas na Tabela P-2. O leitor deveria tentar praticar usando algumas ou todas essas ações diariamente, assim como fazer as perguntas de pensamento crítico da Tabela P-1.

[1]Agradecemos imensamente a permissão para o uso desses problemas que, a propósito, pode ser obtida da Seção de Documentos, do Comitê de Registro para Engenheiros Civis e Profissionais – Engenharia Química, 1004 6th Street, Sacramento, CA 95814. (Nota: Estes problemas são protegidos por direitos autorais do Comitê de Registro da Califórnia e não podem ser reproduzidos sem a devida autorização.)

[2]Paul, R. W., *Critical Thinking* (Publicado pela Fundação para o Pensamento Crítico (*Foundation for Critical Thinking*), Santa Rosa, Cal., 1992).

[3]Cortesia de B. K. Scheffer e M. G. Rubenfeld, "A Consensus Statement on Critical Thinking in Nursing," [Uma afirmação de Consenso sobre o Pensamento Crítico na Enfermagem] *Journal of Nursing Education,* 39, 352-59 (2000).

[4]Cortesia de B. K. Scheffer e M. G. Rubenfeld, "Critical Thinking: What Is It and How Do We Teach It?"[Pensamento Crítico: O Que É e Como O Ensinamos?] *Current Issues in Nursing* (2001).

TABELA P-2 AÇÕES DE PENSAMENTO CRÍTICO[5]

Analisando: separando ou quebrando um todo em partes para descobrir sua natureza, função, e relações
"Eu estudei isto parte por parte."
"Eu organizei as coisas."

Aplicando Padrões: julgando de acordo com regras ou critérios pessoais, profissionais, ou sociais, estabelecidos
"Julguei de acordo com...."

Discriminando: reconhecendo diferenças e semelhanças entre coisas ou situações e distingui-las claramente em relação à categoria ou à classe
"Eu classifiquei os vários...."
"Eu agrupei as coisas."

Buscando Informações: buscando evidências, fatos, ou conhecimento por meio de identificação das fontes relevantes e agrupando dados objetivos, subjetivos, históricos e atuais destas fontes
"Eu sabia que precisava procurar/estudar...."
"Eu fiquei procurando dados."

Raciocínio Lógico: estabelecendo inferências ou conclusões que sejam apoiadas ou justificadas por evidência
"A partir da informação eu deduzo que...."
"Minha análise dos fundamentos para a conclusão foi...."

Predizendo: concebendo um plano e suas consequências
"Eu previ que o resultado seria...."
"Eu estava preparado para...."

Transformando Conhecimento: mudando ou convertendo a condição, natureza, forma ou função de conceitos em diferentes contextos
"Eu aperfeiçoei os fundamentos por...."
"Eu me questionei se isso se adequaria à situação de...."

Percebi que a melhor maneira de desenvolver e praticar as habilidades de pensamento crítico é usar as Tabelas P-1 e P-2 para ajudar os estudantes a redigirem um enunciado referente a qualquer um dos problemas atribuídos como exercício e assim explicar porque a questão envolve o pensamento crítico.

Mais informações sobre pensamento crítico podem ser encontradas no site da LTC Editora na seção sobre *Solução de Problemas*.

B.4. Para Melhorar as Habilidades do Pensamento Criativo

O quarto objetivo deste livro é ajudar a melhorar as habilidades do pensamento criativo. Este objetivo será alcançado usando-se uma variedade de problemas abertos em diferentes níveis. Aqui os estudantes podem praticar suas habilidades criativas explorando os problemas dados como exemplos, como delineado no início dos problemas propostos de cada capítulo, e ao criar e desenvolver um problema inédito. O Problema P5-1 apresenta algumas diretrizes para se elaborar um problema original. Uma variedade de técnicas que podem auxiliar o estudante a praticar e melhorar sua criatividade podem ser encontradas em Fogler e LeBlanc[6] e no site a ele associado da Web, no endereço *www.engin.umich.edu/scps*, e na seção *Pensamentos sobre a Solução de Problemas* no site da LTC Editora e nos sites da Web *www.umich.edu/~essen* e *www.essentialsofCRE.com*.* Usaremos essas técnicas, tais como a lista de verificação de Osborn e o pensamento lateral de Bono (que envolve considerar os pontos de vista de outras pessoas e responder a estímulos aleatórios) a fim de responder questões complementares como aquelas da Tabela P-3.

[5]R. W. Paul, *Critical Thinking* [Pensamento Crítico] (Santa Rosa, Cal.: Foundation for Critical Thinking, 1992); B. K. Scheffer e M. G. Rubenfeld, "A Consensus Statement on Critical Thinking in Nursing," [Uma Afirmação de Consenso sobre o Pensamento Crítico na Enfermagem] *Journal of Nursing Education,* 39, 352-59 (2000).
[6]H. S. Fogler e S. E. LeBlanc, Strategies for Creative Problem Solving, Second Edition (Upper Saddle River, N.J.: Prentice Hall, 2006).
*Esses conteúdos disponíveis nos sites em questão, em sua maioria estão em inglês. (N.E.)

Tabela P-3 Prática do Pensamento Criativo

(1) *Faça um Brainstorming* de ideias para formular outra questão ou sugira outro cálculo que possa ser feito para este problema atribuído como tarefa.

(2) *Faça um Brainstorming* de maneiras com as quais você poderia resolver esta tarefa incorretamente.

(3) *Faça um Brainstorming* de modos de tornar este problema mais fácil, ou mais difícil ou mais interessante.

(4) *Faça um Brainstorming*, crie uma lista de coisas que você aprendeu resolvendo este problema e redija qual o objetivo dele na sua opinião.

(5) *Faça um Brainstorming* sobre as razões pelas quais seus cálculos superestimaram a conversão que foi medida quando o reator foi colocado em operação. Considere que você não tenha cometido erros numéricos nos seus cálculos.

(6) Questões do tipo "E se...": Esse tipo de questão é particularmente eficaz quando usado com *Problemas Exemplo de Simulação*, nos quais se variam parâmetros para explorar o problema e realizar uma análise de sensibilidade. Por exemplo, *e se alguém sugerisse que você deveria dobrar o diâmetro da partícula do catalisador, o que você diria?*

Um dos principais objetivos, ao nível da graduação universitária, é conduzir os estudantes até o ponto em que eles possam resolver problemas de reações complexas, tal como reações múltiplas com efeitos de calor, e daí fazer-lhes perguntas do tipo "E se..." e buscar tanto as condições ótimas de operação quanto as inseguras. Um problema cuja solução exemplifica este objetivo é o da Manufatura de Estireno, o Problema P12-24_C. Esse problema é particularmente interessante porque duas reações são endotérmicas e uma é exotérmica.

(1) Etilbenzeno → Estireno + Hidrogênio: *Endotérmica*
(2) Etilbenzeno → Benzeno + Etileno: *Endotérmica*
(3) Etilbenzeno + Hidrogênio → Tolueno + Metano: *Exotérmica*

Para resumir a Seção B, faz parte da experiência do autor que tanto as habilidades de pensamento crítico quanto criativo podem ser melhoradas usando-se as Tabelas P-1, P-2 e P-3 para ampliar qualquer um dos problemas atribuídos como exercício ao final de cada capítulo.

C. A Estrutura

A estratégia que está por trás da apresentação do conteúdo é construir continuamente algumas ideias básicas da engenharia das reações químicas para solucionar uma ampla gama de problemas. Essas ideias, referidas como os *Pilares da Engenharia das Reações Químicas*, são os alicerces que sustentam as diferentes aplicações. Os pilares que suportam as aplicações da engenharia das reações químicas são mostrados na Figura P-1.

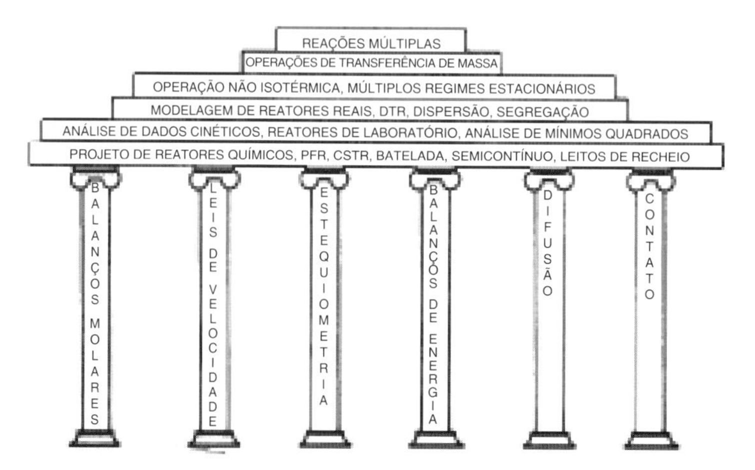

Figura P-1 Pilares da Engenharia das Reações Químicas.

A partir destes pilares construímos nosso algoritmo ERQ:

Balanço Molar + Leis de Velocidade + Estequiometria + Balanço de Energia + Combinação

Com poucas restrições, o conteúdo deste livro pode ser estudado em virtualmente qualquer ordem, uma vez que os estudantes tenham dominado os primeiros seis capítulos. Um fluxograma mostrando os caminhos possíveis pode ser visto na Figura P-2.

O leitor observará que embora neste texto sejam usadas, primordialmente, as unidades métricas (por exemplo: kmol/m^3, J/mol), uma variedade de outras unidades também são usadas (por exemplo: lb_m/ft^3, Btu). *Esta escolha é intencional!* Acreditamos que, embora a maioria dos trabalhos publicados atualmente use o sistema métrico, há uma quantidade significativa de dados de engenharia das reações em literatura mais antiga, em unidades inglesas. Como os engenheiros precisarão extrair informações e dados de velocidade de reação da literatura mais antiga assim como da literatura atual, eles devem estar à vontade tanto com as unidades inglesas quanto com as unidades métricas.

As anotações nas margens têm duas finalidades. Primeiro, elas servem de guia ou comentários à medida que se lê o material. Segundo, elas identificam equações-chave e relações usadas para resolver problemas de engenharia das reações químicas.

D. Os Componentes do site da LTC Editora

O material suplementar contido no site interativo da LTC Editora originalmente estava contido em um DVD que acompanhava a edição original e é uma parte inovadora e exclusiva deste livro. As principais finalidades desse conteúdo são servir como fonte mais rica de recursos e como material de referência profissional. Esse conteúdo (veja a página de materiais suplementares mais adiante e as explicações nesta seção) está disponível mediante cadastro no endereço www.ltceditora.com, assim como no site da Web para ERQ (*www.umich.edu/~essen*) e é mostrado na Figura P-3. Veja também o site da Web *www.essentialsofCRE.com.*

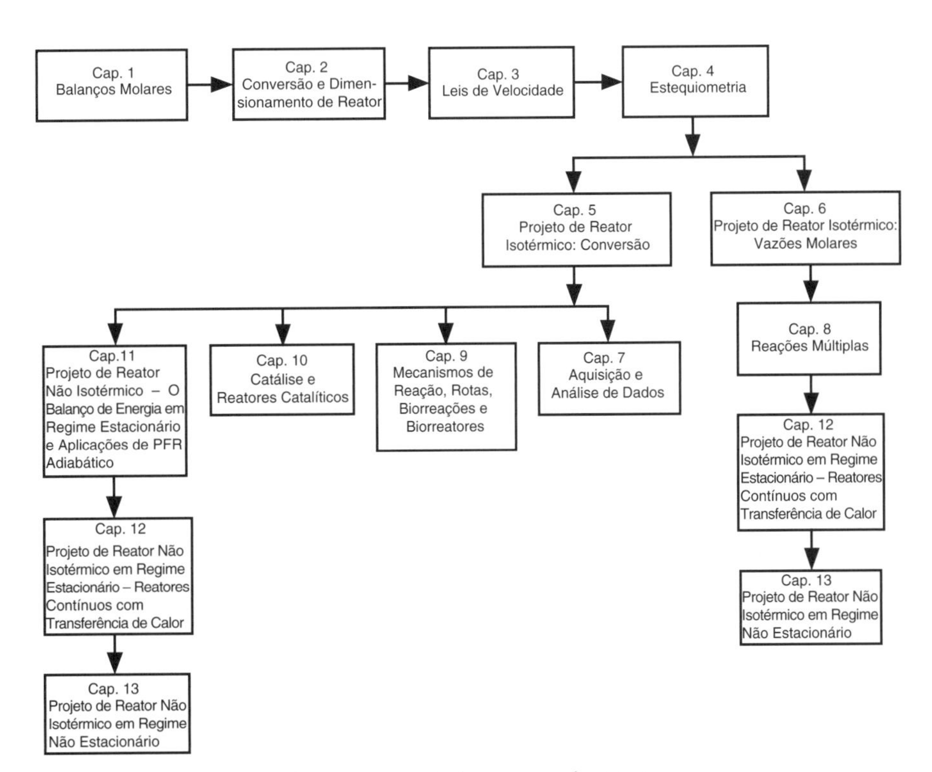

Figura P-2 Sequências para estudar o texto.

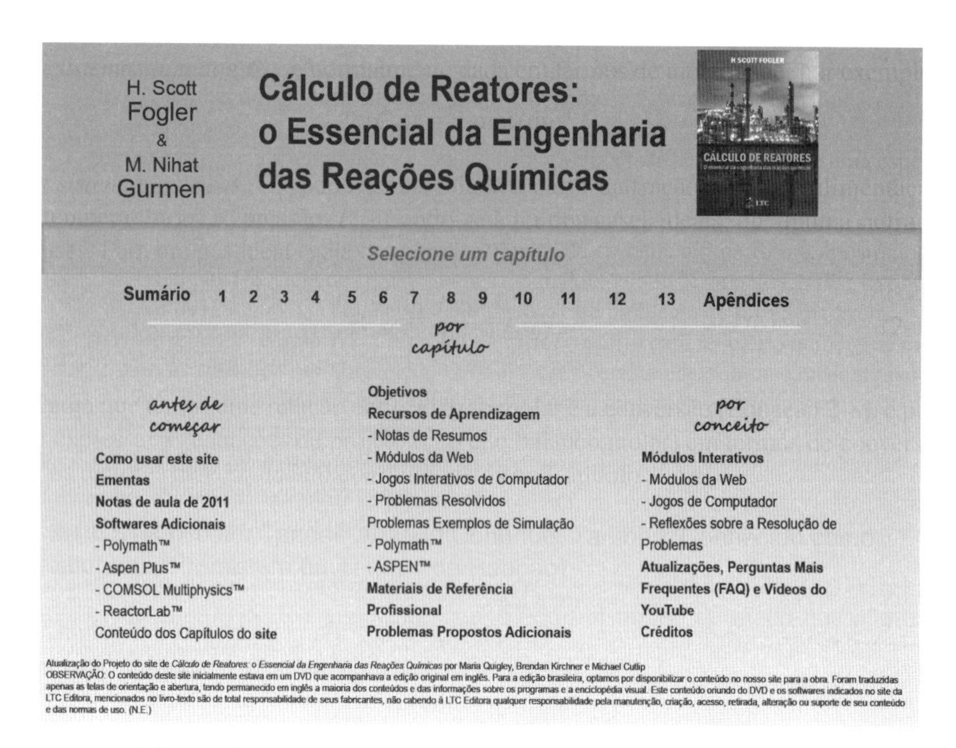

Figura P-3 Tela do site da LTC Editora e da Web (*www.umich.edu/~essen*).

São quatro os objetivos desse material: 1) facilitar a aprendizagem de ERQ usando o site para empregar de forma ativa o *Inventário de Estilos de Aprendizagem de Felder/Solomon*[7] discutido no Apêndice H; (2) fornecer material técnico adicional; (3) fornecer informação tutorial e exercícios de autoavaliação; e (4) tornar a aprendizagem de ERQ divertida pelo uso de jogos interativos. Os componentes seguintes estão listados ao final da maioria dos capítulos e podem ser acessados de cada capítulo no site da LTC Editora.

- **Recursos de Aprendizagem**
  Os Recursos de Aprendizagem apresentam uma visão global do material em cada capítulo e fornecem explicações extras, exemplos e aplicações para reforçar os conceitos básicos da engenharia das reações químicas. São discutidos adicionalmente no Apêndice E. Os recursos de aprendizagem no site da LTC Editora incluem o seguinte:
  1. *Notas de Resumo*
     As *Notas de Resumo* (em inglês) fornecem uma visão geral de cada capítulo e proveem exemplos adicionais quando solicitados, deduções, comentários com áudio, assim como autotestes para avaliar a compreensão da matéria de cada leitor. Incluímos links para vídeos cômicos do **YouTube** (em inglês) produzidos pelos estudantes da turma de Engenharia das Reações Químicas de 2008, do Professor Alan Lane, da University of Alabama. Especificamente, veja: *Fogler Zone (you've got a friend in Fogler)* (Capítulo 1); mistério do assassinato em *The Black Widow* e *Baking a Potato* por Bob, o Construtor, e Amigos (Capítulo 3); *CRF Reactor Video*, o vídeo da empresa Crimson Reactor Firm sobre um reator "semicontínuo" com Coca Diet e Mentos (Capítulo 4); aprenda uma nova dança e música em *CSTR* com o ritmo do *YMCA;* e uma música rap em *Find Your Rhythm*, um *remix* de *Ice Ice Baby* (Capítulo 5).
  2. *Módulos da Web*
     Os Módulos da Web (em inglês), que aplicam conceitos-chave a problemas tanto convencionais como não convencionais de engenharia das reações (por exemplo, o uso de banhados para degradar produtos químicos tóxicos, e morte

[7]*http://www.ncsu.edu/felder-public/ILSdir/styles.htm*

por uma picada de cobra naja), podem ser carregados diretamente do site da LTC Editora. Espera-se que novos Módulos Web sejam adicionados ao site da Web (*www.umich.edu/~essen*) ao longo dos próximos anos.

3. *Jogos Interativos de Computador*
   Os estudantes acham que os Jogos Interativos de Computador (em inglês) são divertidos e extremamente úteis para revisar os conceitos importantes dos capítulos e, então, aplicá-los a problemas reais de uma forma original e que entretém.

   - Show de Perguntas I (Cap. 1)
   - Show de Perguntas II (Cap. 4)
   - Jogo Interativo Tic-Tac (Cap. 5)
   - A Grande Corrida (Cap. 8)
   - Catálise Heterogênea (Cap. 10)
   - Sequenciamento de Reatores (Cap. 2)
   - Mistério do Assassinato (Cap. 5)
   - Ecologia (Cap. 5)
   - Homem Enzima (Cap. 9)
   - Efeitos Térmicos I (Cap. 12)
   - Efeitos Térmicos II (Cap. 12)

   À medida que o leitor avança nesses jogos interativos, uma série de questões relacionadas ao material correspondente no livro será perguntada a ele. O computador manterá um registro de todas as respostas corretas e, no final do jogo, apresentará um número código de desempenho que refletirá a qualidade da aprendizagem do conteúdo do texto pelo leitor. Os professores terão um manual para decodificar o número de desempenho.

4. *Problemas Resolvidos*
   Vários problemas resolvidos são apresentados juntamente com as regras heurísticas de solução. Estratégias de solução de problemas e outros problemas exemplo resolvidos estão disponíveis na seção *Resolvendo Problemas* do site da LTC Editora.

- **Problemas Exemplo e Problemas Exemplo de Simulação**
  Os problemas ao final do capítulo, numerados com "2" (por exemplo, P3-2_A, P11-2_B) apresentam questões sobre os problemas exemplo daquele capítulo. **Esses problemas são um recurso-chave.** Os problemas com o número 2 deveriam ser resolvidos antes de se enfrentar os problemas mais desafiadores dos Problemas Propostos do capítulo.

  Os problemas exemplo que usam um software para resolver EDOs (Equações Diferenciais Ordinárias) (por exemplo, Polymath) são denominados *Problemas Exemplo de Simulação*, porque os estudantes podem carregar o programa Polymath do problema diretamente nos seus computadores a fim de estudar sua solução. Os estudantes são incentivados a variar o valor dos parâmetros e "brincar" com as variáveis e hipóteses mais importantes. O uso dos *Problemas Exemplo de Simulação* para explorar o problema e colocar questões do tipo "E se..." dão ao estudante a oportunidade de praticar as habilidades de pensamento crítico e criativo.

- **Material dos Capítulos do Site da LTC Editora**
  O site contém arquivos PDF dos últimos cinco capítulos da quarta edição do livro *Elementos de Engenharia das Reações Químicas* que têm, sobretudo, conteúdos para a pós-graduação. Esses capítulos, que foram omitidos deste livro, mas foram incluídos no site, são: Capítulo 10 do DVD, Desativação de Catalisador; Capítulo 11 do DVD, Efeitos da Difusão Externa sobre as Reações Heterogêneas; Capítulo 12 do DVD, Difusão e Reação; Capítulo 13 do DVD, Distribuições de Tempos de Residência para Reatores Químicos; Capítulo 14 do DVD, Modelos para Reatores Não Ideais; e um novo capítulo, Capítulo 15 do DVD, Variações Radiais e Axiais da Temperatura em um Reator Tubular.

- **Materiais de Referência Profissional**
  Esta seção do site contém:
  1. Conteúdo da quarta edição do livro *Elementos de Engenharia das Reações Químicas*, que não está incluído no texto deste livro, mas que foi incluído no site da LTC Editora.
  2. Conteúdos que são importantes para o engenheiro profissional, tais como detalhes do projeto industrial do reator para a oxidação do SO_2, projetos de reatores esféricos e outros materiais que não são tipicamente incluídos na maioria dos cursos de engenharia das reações químicas.

- **Ferramentas de Software do Site da LTC Editora**
  Polymath. O programa Polymath (em inglês) inclui recursos para a solução de equações diferenciais ordinárias (EDOs), equações não lineares, e regressão não linear. Como nas edições prévias, o Polymath é usado para explorar os problemas exemplo e para resolver os problemas propostos. Os tutoriais sobre o Polymath com cópias de algumas de suas telas são apresentados no site (em inglês), *Notas de Resumo* do Capítulo 1, e podem também ser acessados na homepage (deste livro), indo aos *Problemas Exemplo de Simulação* e então clicando em Polymath. Se o seu departamento não tem uma licença e gostaria de obtê-la, solicite a seu professor para enviar mensagem à CACHE Corporation, no endereço de e-mail cache@uts.cc.utexas.edu para obter informações de como providenciar uma.

  Um site da Web especial (em inglês) para o Polymath (*www.polymath-software.com/fogler*) foi criado para este livro pelos autores deste software, Cutlip e Shacham.
  AspenTech. AspenTech é um programa de simulação de fluxograma de processos (em inglês) usado na maioria das disciplinas de projeto de engenharia química, ao final do curso de graduação. Atualmente, é introduzido com frequência nas disciplinas iniciais, tais como termodinâmica, operações unitárias (separações) e agora em engenharia das reações químicas (ERQ). Veja o site da Web da AspenTech, *www.aspentech.com*. Como no caso do Polymath, a licença para utilização deste software está disponível na maioria dos departamentos de engenharia química dos Estados Unidos. Quatro exemplos de simulação (em inglês) com o AspenTech específicos para ERQ são fornecidos no site da LTC Editora, com um tutorial da aplicação contendo telas passo a passo.

  Da mesma forma que no caso dos programas Polymath, os parâmetros podem ser variados para se verificar como eles influenciam os perfis de temperatura e concentração.
  COMSOL.[8] O software COMSOL Multiphysics (em inglês) contém recursos para a solução de equações diferenciais parciais que são usados no Capítulo15 do DVD para visualizar os perfis, tanto radial como axial de temperatura e concentração. Para os usuários deste texto, a COMSOL providenciou um site da Web especial que inclui um tutorial passo a passo, juntamente com exemplos. Veja *www.comsol.com/ecre*.
  Detalhes adicionais sobre esses três pacotes de softwares podem ser encontrados no **Apêndice E**.

- **Outros Recursos do Site da LTC Editora**
  FAQs. As perguntas mais frequentes (*frequently asked questions*) são uma compilação das questões colocadas ao longo dos anos por estudantes do curso de graduação que faziam engenharia das reações químicas (Cálculo de Reatores).
  Enciclopédia Visual de Equipamentos. Esta seção foi desenvolvida pela Dra. Susan Montgomery, da University of Michigan. Nela, uma ampla variedade de fotografias e descrições de reatores ideais e reais é apresentada. Os estudantes com os estilos de aprendizagem do Índice de Felder/Solomon, em especial, dos tipos visual, ativo, sensorial, e intuitivo irão se beneficiar com esta seção.

---

[8]O nome *FEMLAB* foi mudado para *COMSOL Multiphysics* em 1º de julho de 2005.

Laboratório de Reatores (www.SimzLab.com). Desenvolvida pelo Professor Richard Herz da University of California em San Diego, esta ferramenta interativa permite aos estudantes não somente testar sua compreensão do conteúdo de ERQ, mas também explorar diferentes situações e combinações de ordens e tipos de reação.

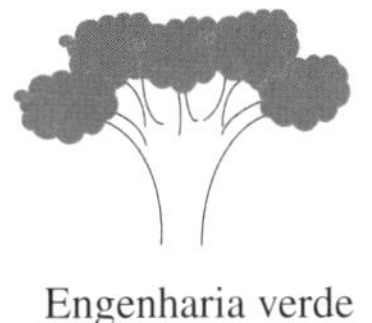

Engenharia verde

Problemas Propostos sobre Engenharia Verde. Problemas de engenharia verde para virtualmente todos os capítulos foram desenvolvidos pelo Professor Robert Hesketh da Rowan University e o Professor Martin Abraham da University of Toledo. Esses problemas podem ser encontrados (em inglês) em *www.rowan.edu/greenengineering*. Esses problemas também acompanham o livro de David Allen e David Shonnard, *Green Engineering: Environmentally Conscious Design of Chemical Processes* (Prentice Hall, 2002).

Informação adicional sobre como utilizar o site da LTC Editora pode ser encontrada no **Apêndice H**.

E. A Web

O endereço na Web (*www.umich.edu/~essen* ou *www.essentialsofCRE.com*) será usado pelos autores para atualizar o texto deste livro (em inglês) e o site interativo. Nele serão identificados erros tipográficos e de outras naturezas nas diferentes impressões do livro *Cálculo de Reatores – O Essencial da Engenharia das Reações Químicas*. Num futuro próximo, um material adicional poderá ser acrescentado para incluir mais problemas resolvidos, assim como Módulos da Web extras.

F. O que Há de Novo

A. *Pedagogia.* Este livro mantém todos os aspectos positivos da quarta edição de *Elementos de Engenharia das Reações Químicas* pelo uso de algoritmos que permitem aos estudantes aprender a engenharia das reações químicas por meio da lógica *em vez de pela memorização*. Ao mesmo tempo, ele fornece novos recursos que permitem aos estudantes ir além da solução de equações para obter uma sensação intuitiva e entendimento de como os reatores se comportam em diferentes situações. Esse entendimento é alcançado por meio de mais de sessenta simulações interativas fornecidas no site da LTC Editora. O conteúdo foi amplamente expandido para tratar do Inventário de Diferentes Estilos de Aprendizagem de Felder/Solomon[9] por meio de *Notas de Resumo* interativas e dos Jogos Interativos de Computador novos e atualizados. Por exemplo, O Aprendiz Global pode obter uma visão geral do material do capítulo a partir das *Notas de Resumo*; o Aprendiz Sequencial pode usar todos os botões ativos do tipo Derive (Deduza); o Aprendiz Ativo pode interagir com os jogos e utilizar os botões ativos do tipo Self Test (Autoteste) das *Notas de Resumo*.

Um novo conceito pedagógico é apresentado neste texto por meio da ênfase ampliada nos problemas exemplo. Neste ponto, os estudantes simplesmente carregam os *Problemas Exemplo de Simulação* (*Living Example Problems* ou LEPs) em seus computadores e então os exploram para obter uma compreensão mais profunda das implicações e generalizações antes de trabalhar os problemas propostos para aquele capítulo. Essa exploração auxilia os estudantes a obterem uma sensação inata do comportamento e operação do reator, bem como a desenvolverem e praticarem suas habilidades criativas. Para desenvolver habilidades de pensamento crítico, os professores podem indicar um dos novos problemas propostos sobre a resolução de dificuldades, como também solicitar aos estudantes que ampliem os problemas propostos fazendo uma pergunta relacionada que envolva pensamento crítico usando as Tabelas P-1 e P-2. As habilidades de pensamento criativo podem ser melhoradas explorando-se os problemas exemplo e fazendo perguntas do tipo "E se...", usando-se um ou mais dos exercícios de *brainstorming* da Tabela P-3 para ampliar qualquer um dos problemas propostos, e

[9]*http://www.ncsu.edu/felder-public/ILSdir/styles.htm*

trabalhando-se os problemas abertos. Por exemplo, no estudo de caso sobre segurança, os estudantes podem usar o site para realizar uma análise *post mortem* sobre a explosão da nitroanilina que consta do Exemplo 13-2 para aprender o que teria ocorrido se o resfriamento tivesse falhado por cinco minutos em vez de dez minutos. Para este fim, um novo recurso no texto é um parágrafo de ***Análise*** ao final de cada problema exemplo. Um grande esforço foi dedicado ao desenvolvimento de exemplos e de problemas propostos que fomentem os pensamentos criativos e críticos.

B. Conteúdo. As seguintes áreas que não constavam das edições anteriores de ERQ receberam maior ênfase *neste livro* com a inclusão de Problemas Exemplo aprofundados e Problemas Propostos sobre os seguintes assuntos:

Segurança: Três explosões industriais são discutidas e modeladas.
(1) Explosão de Nitrato de Amônio em CSTR (Capítulos 12 e 13)
(2) Reação Fora de Controle da Nitroanilina em Reator Batelada (Capítulo 13)
(3) Reator Batelada dos Laboratórios T2 Fora de Controle (Capítulo 13)
(4) Recursos do SAChE e CCPS (Capítulo 12)

Energia Solar: Três exemplos de conversão de energia solar são discutidos.
(1) Reações Químicas Solares (Capítulo 3)
(2) Reatores Térmicos Solares (Capítulo 8)
(3) Decomposição Catalítica Solar da Água (Capítulo 10)

Combustíveis Alternativos:
(1) Produção de Algas para Biomassa (Capítulo 9)

AspenTech:
Um tutorial (em inglês) do software AspenTech para engenharia das reações químicas e quatro problemas exemplo são fornecidos no site da LTC Editora. Os problemas exemplo são
(1) Produção de Etileno a partir do Etano
(2) Pirólise do Benzeno
(3) Isomerização Adiabática em Fase Líquida do Butano Normal
(4) Produção Adiabática de Anidrido Acético

G. Agradecimentos

Há tantos colegas e estudantes que contribuíram para este livro que seria necessário um outro capítulo para agradecer a todos de maneira adequada. Eu novamente agradeço a todos os meus amigos, estudantes, e colegas por suas contribuições à quarta edição de *Elementos de Engenharia das Reações Químicas* assim como a este livro, *Cálculo de Reatores – O Essencial da Engenharia das Reações Químicas* (veja a Introdução do site). Denoto especial reconhecimento como segue.

Primeiramente, agradeço meu colega, Dr. Nihat Gürmen, que é coautor dos originais do CD-ROM* e do site da Web. Ele tem sido um colega maravilhoso para trabalho em conjunto. Gostaria de, igualmente, agradecer à estudante de graduação da University of Michigan, Maria Quigley. Maria trabalhou comigo nos últimos dois anos e meio para converter o CD-ROM da quarta edição de *Elementos de Engenharia das Reações Químicas* no DVD-ROM para *Cálculo de Reatores – O Essencial da Engenharia das Reações Químicas*. Ela também coletou, digitou e organizou mais de cem comentários escritos, críticas, e sugestões dos estudantes que testaram este livro em sala de aula. Brendan Kirchner se uniu a Maria nos últimos oito meses do desenvolvimento do DVD-ROM. O trabalho árduo deles e suas sugestões são muito apreciados, como também o trabalho de Mike Cutlip de resolver algumas questões críticas à medida que o DVD se aproximava da fase de produção.

Mike Cutlip, coautor do Polymath, não somente fez as sugestões e a leitura crítica de muitas seções, mas também, ainda mais importante, deu apoio contínuo e incentivo ao longo deste projeto. Dr. Chau-Chyun Chen forneceu dois exemplos de AspenTech. Maria Quinley atualizou o Tutorial do AspenTech no DVD-ROM, o Professor Robert

*CD-ROM ou DVD-ROM eram fornecidos apenas na edição original, passando seus conteúdos a fazer parte do site da LTC Editora para as edições brasileiras. (N.E.)

Hesketh da Rowan University forneceu um exemplo para o DVD-ROM usando COMSOL para resolver equações diferenciais parciais com efeitos radiais de calor. Ed Fontes da COMSOL desenvolveu e providenciou o site da Web que contém um tutorial e os exemplos de aplicação do software da companhia.

Há várias pessoas que merecem menção especial. Bernard Goodwin, editor da Prentice Hall, foi extremamente encorajador, prestativo e deu apoio todo o tempo. Julie Nahil, gerente geral de produção na Prentice Hall forneceu incentivo, atenção aos detalhes, e enorme senso de humor, os quais foram muito apreciados. Arjames Balgoa fez várias correções na primeira versão deste livro, enquanto Satinee Yindee elaborou os desenhos de vários reatores. Vishal Chaudhary e Ravi Kapoor organizaram a primeira versão do manual de soluções no verão de 2009. Manosij Basu, Akash Gupta, Sneh Shriyansh e Utkarsh Prasad revisaram e refizeram soluções para o manual de soluções, durante o verão de 2010. O Professor Carlos A. Ramírez da Universidade de Porto Rico revisou a versão final deste livro da capa ao texto e encontrou muitos, muitos erros tipográficos. A sua atenção aos detalhes trouxe uma contribuição significativa a este livro. O Professor Lee Brown ajudou o projeto a alçar voo com seu apoio e *input* para a primeira edição do livro *Elementos de Engenharia das Reações Químicas*.

Gostaria de agradecer ao Professor Alan Lane e aos estudantes da University of Alabama por (1) testarem o manuscrito em sala de aula e pelos comentários sobre o rascunho do projeto de *Cálculo de Reatores – O Essencial da Engenharia das Reações Químicas*, e (2) pelos vídeos do YouTube altamente criativos que eles desenvolveram sobre a engenharia das reações químicas, para alguns dos quais colocamos um link no site. Ao Professor David Doner e seus estudantes do Instituto de Tecnologia da West Virginia University, que também fizeram comentários e sugestões esclarecedoras.

Sou profundamente grato à Ame e Catherine Vennema, cuja concessão de uma cátedra estabelecida (no departamento de Engenharia Química da University of Michigan) auxiliou imensamente na complementação deste projeto. À paciência de todos os meus alunos de doutorado durante o período em que este livro foi escrito, Hyun-Su Lee, Ryan Hartman, Kriangkrai Kraiwattanawong, Elizabeth Gorrepati, Michael Senra, Tabish Maqbool, Zhenyu Huang, Shanpeng Han, Michael Hoepfner, Nasim Haji Akbari Balou e Oluwasegun Adegoke, que foi imensamente apreciada. Outras pessoas a quem gostaria de agradecer por uma variedade de razões são Max Peters, Klaus Timmerhaus, Ron West, Joe Goddard, Jay Jorgenson, Stu Churchill, Emma Sundin, Susan Montgomery, Phil Savage, Suljo Linic, e os funcionários da Starbucks em Arborland, onde a maior parte da revisão pessoal deste livro foi realizada.

Laura Bracken é uma parte muito importante deste livro. Agradeço sua excelência em decifrar as equações e rabiscos, sua organização, sua busca pelos erros e inconsistências, e sua atenção aos detalhes no trabalho com as revisões de prova e de paginação. Durante todo este processo estava sempre presente, com sua maravilhosa disposição para o trabalho. Obrigado, Radar!!

Finalmente, à minha esposa Janet, meu amor e agradecimentos. Ela foi um apoio seguro para tantas coisas nesta edição. Por exemplo, eu lhe perguntava, "É esta a frase ou palavra correta para se usar aqui?" ou "Esta sentença está clara?" Algumas vezes ela respondia, "Talvez, mas somente se o leitor for clarividente". Jan também me ajudou a aprender que a *criatividade* também envolve saber deixar algo de fora. Sem a sua enorme ajuda e suporte, este projeto nunca teria sido possível.

HSF
Ann Arbor

Para atualizações do conteúdo do site e das novas aplicações excitantes, consulte os sites da Web:

www.umich.edu/~essen

ou,

www.essentialsofCRE.com

Para verificar erros tipográficos, clique sobre Updates & FAQ na homepage do livro para encontrar o site:

www.engin.umich.edu/~essen/byconcept/updates/frames.htm

Material Suplementar

Este livro conta com os seguintes materiais suplementares:

- Ilustrações da obra em formato de apresentação (acesso restrito a docentes);
- Solutions Manual arquivos em formato .pdf contendo soluções dos exercícios do livro-texto em inglês (acesso restrito a docentes);
- Site interativo com o conteúdo do DVD original da obra que foi transposto para o site da LTC Editora. Foram traduzidas as telas de abertura e alguns dos textos referentes a capítulos e apêndices específicos. Veja o Prefácio da obra e o Apêndice H para mais detalhes sobre o conteúdo (acesso livre).*

O acesso ao material suplementar é gratuito, bastando que o leitor se cadastre em: http://gen-io.grupogen.com.br

* O conteúdo dos softwares e das versões indicadas disponibilizados no site da LTC Editora mencionados no livro-texto é de total responsabilidade dos seus respectivos fabricantes, não cabendo à LTC Editora qualquer responsabilidade pela manutenção, criação, acesso, retirada, alteração ou suporte de seu conteúdo e das normas de uso. (N.E.)

GEN-IO (GEN | Informação Online) é o repositório de materiais suplementares e de serviços relacionados com livros publicados pelo GEN | Grupo Editorial Nacional, maior conglomerado brasileiro de editoras do ramo científico-técnico-profissional, composto por Guanabara Koogan, Santos, Roca, AC Farmacêutica, Forense, Método, LTC, E.P.U. e Forense Universitária. Os materiais suplementares ficam disponíveis para acesso durante a vigência das edições atuais dos livros a que eles correspondem.

Sobre o Autor

H. Scott Fogler é professor das cátedras Ame e Catherine Vennema de Engenharia Química e Arthur F. Thurnau da University of Michigan, e foi o presidente do Instituto Americano de Engenheiros Químicos (AIChE) no ano de 2009. Seus interesses de pesquisa incluem escoamento e reação em meios porosos, deposição de parafinas e asfalteno, cinética da floculação de asfalteno, cinética de gelificação, fenômenos coloidais e dissolução catalisada. Orientou mais de 40 alunos de doutorado e possui mais de 200 publicações arbitradas em periódicos nas áreas de pesquisa citadas. O professor Fogler coordenou a Divisão de Engenharia Química da ASEE (Associação Americana de Educação em Engenharia), foi diretor do Instituto Americano de Engenharia Química e recebeu do AIChE o Prêmio Warren K. Lewis por suas contribuições ao ensino da engenharia química. Recebeu também o Prêmio National Catalyst da Associação de Fabricantes de Produtos Químicos e o Prêmio Malcom E. Pruitt, versão 2010, do Conselho para Pesquisa Química (Council for Chemical Research – CCR). É coautor do livro-texto *Strategies for Creative Problem Solving*, segunda edição (2008), um best-seller da Prentice-Hall.

Cálculo de Reatores

O Essencial da Engenharia das Reações Químicas

Balanços Molares 1

O primeiro passo para a sabedoria é reconhecer
que somos ignorantes.

Sócrates (470-399 a.C.)

O Vasto Mundo Selvagem da Engenharia das Reações Químicas

O que difere um engenheiro químico de outros engenheiros?

Cinética química é o estudo das velocidades de reação e dos mecanismos de reação. O estudo da engenharia das reações químicas (ERQ) combina o estudo da cinética química com os reatores nos quais as reações ocorrem. A cinética química e o projeto de reator são partes essenciais da produção de quase todos os produtos químicos industriais, tais como a fabricação de anidrido ftálico mostrada na Figura 1-1. É principalmente o conhecimento da cinética química e do projeto de reatores que diferencia o engenheiro químico de outros engenheiros. A seleção de um sistema de reação que opera da maneira mais segura e eficiente pode ser a chave para o sucesso ou o fracasso econômico de uma instalação química. Por exemplo, se um sistema de reação produz uma grande quantidade de um produto indesejado, a subsequente purificação e separação do produto desejado pode tornar o processo economicamente inviável.

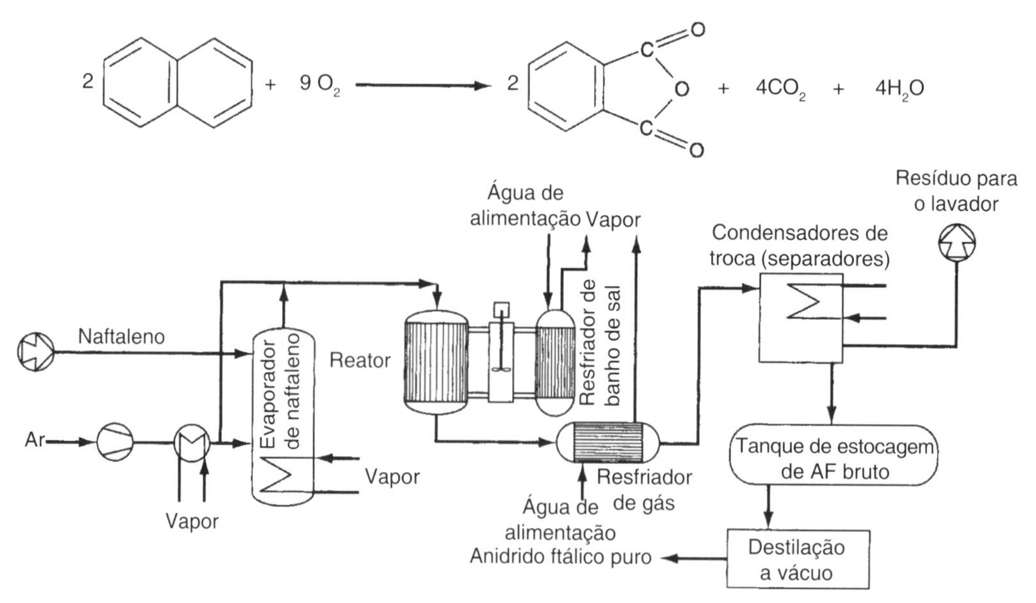

Figura 1-1 Fabricação de anidrido ftálico.

Os princípios de engenharia das reações químicas (**ERQ**) aqui aprendidos também podem ser aplicados em muitas áreas, tais como tratamento de resíduos, microeletrônica, nanopartículas, e sistemas vivos, além das áreas mais tradicionais de manufatura de produtos químicos e farmacêuticos. Alguns dos exemplos que ilustram a ampla aplicação dos princípios de ERQ neste livro são mostrados na Figura 1-2. Esses exemplos incluem a modelagem de nevoeiro poluído (*smog*) na bacia de Los Angeles (Capítulo 1), o sistema digestivo de um hipopótamo (Capítulo 2, no site da LTC Editora), e ERQ molecular (Capítulo 3). Também são mostrados a produção de etilenoglicol (anticongelante), na qual os três tipos mais comuns de reatores industriais são utilizados (Capítulos 5 e 6), e o uso de banhados para degradar produtos químicos tóxicos (Capítulo 7, no site da LTC Editora). Outros exemplos mostrados são a cinética sólido-líquido de interações ácido-rocha para melhorar a recuperação de petróleo (Capítulo 7); farmacocinética de picadas de Naja (Capítulo 8, Módulo Web, no site da LTC Editora); sequestradores de radicais livres usados no projeto de óleo-motor (Capítulo 9); cinética enzimática (Capítulo 9) e cinética de liberação de fármacos (Capítulo 9, no site da LTC Editora); efeitos térmicos, reações fora de controle, e segurança de instalações industriais (Capítulos 11 a 13); aumento da octanagem da gasolina e fabricação de chips para computadores (Capítulo 10).

Visão Geral – Capítulo 1. Este capítulo desenvolve o primeiro bloco de construção da engenharia das reações químicas, *balanços molares*, que serão utilizados continuamente ao longo do texto. Depois de completar este capítulo, o leitor será capaz de

- Descrever e definir a velocidade de reação
- Deduzir a equação geral de balanço molar
- Aplicar a equação geral de balanço molar aos quatro tipos mais comuns de reatores industriais

Antes de entrar em discussões sobre as condições que afetam os mecanismos de velocidade de reação química e o projeto do reator, é necessário considerar as várias espécies que entram e deixam o sistema de reação. Este processo de contabilidade é alcançado através dos balanços molares globais para as espécies individuais presentes no sistema de reação. Neste capítulo, desenvolvemos um balanço molar geral que pode ser aplicado a qualquer espécie (normalmente um composto químico) que está entrando, saindo e/ou que permanece no volume do sistema de reação. Depois de definirmos a velocidade de reação, $-r_A$, mostramos como a equação do balanço molar geral pode ser utilizada para desenvolver uma forma preliminar das equações de projeto para os reatores industriais mais comuns:

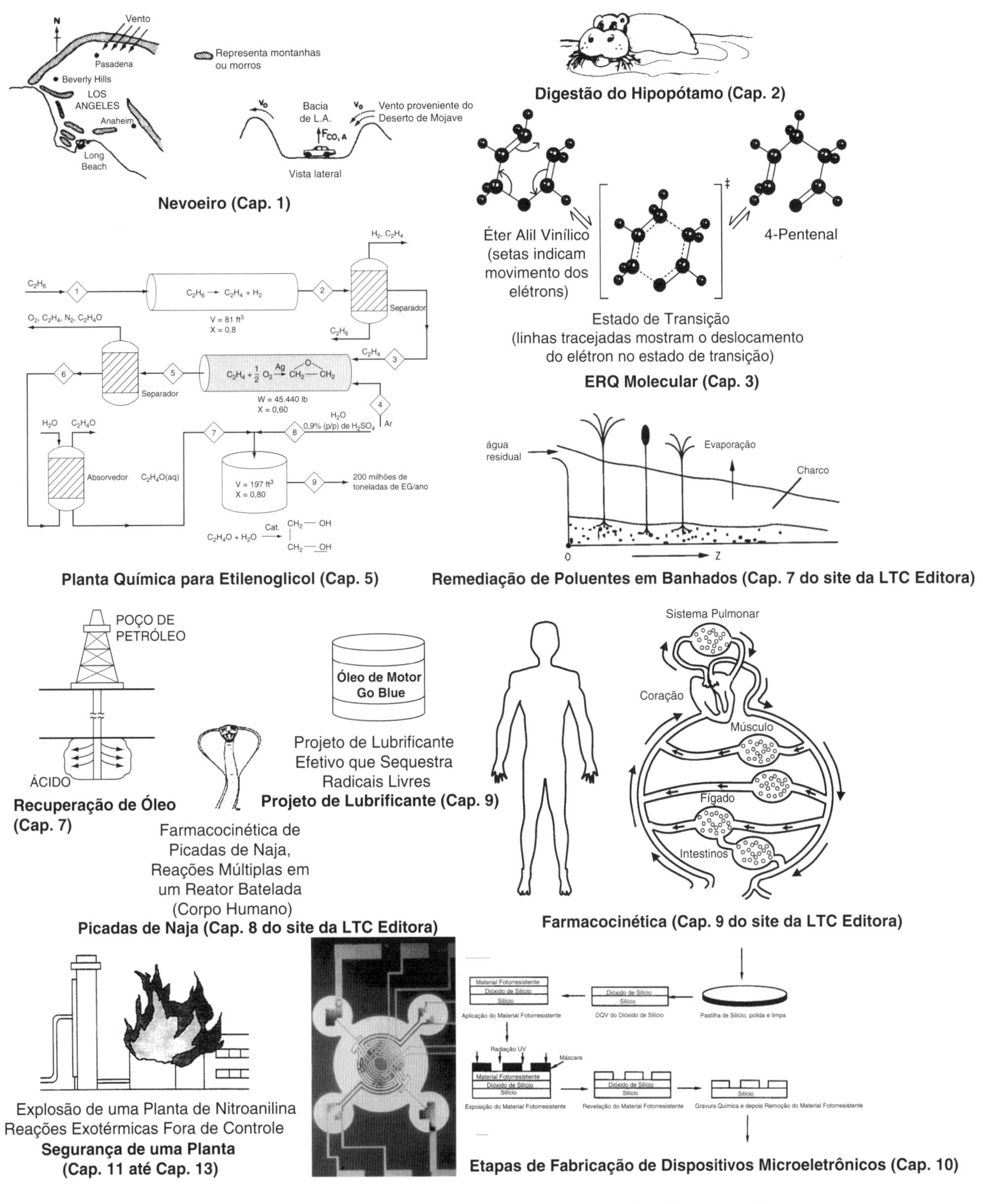

Figura 1-2 O amplo mundo de aplicações da ERQ.

- Batelada (BR)
- Tanque de mistura contínuo (CSTR)
- Tubular (PFR)
- Leito de recheio (PBR)

No desenvolvimento dessas equações, as hipóteses pertinentes à modelagem de cada tipo de reator são delineadas. Finalmente, um breve resumo e uma série de pequenas questões de revisão são apresentados no final do capítulo.

1.1 Definição de Velocidade de Reação, $-r_A$

A velocidade de reação nos diz o quão rapidamente um dado número de mols de uma espécie química está sendo consumido para formar outra espécie química. O termo *espécie química* refere-se a qualquer composto químico ou elemento com uma *identidade* própria. A identidade de uma espécie química é determinada pelo *tipo*, *número* e *configuração* dos átomos da espécie. Por exemplo, a espécie paraxileno é constituída de um número fixo de elementos específicos em um arranjo molecular definido ou configuração. A estrutura mostrada ilustra o tipo, o número e a configuração dos átomos em um nível molecular. Mesmo que dois compostos químicos tenham exatamente o mesmo número de átomos de cada elemento, eles podem ainda ser espécies diferentes por causa de suas diferentes configurações. Por exemplo, 2-buteno possui quatro átomos de carbono e oito átomos de hidrogênio; contudo, os átomos neste composto podem formar dois arranjos diferentes.

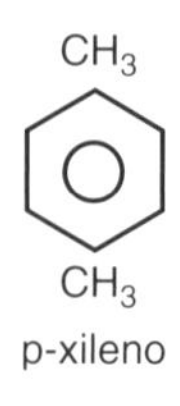

p-xileno

H H / C=C / CH_3 CH_3 e H CH_3 / C=C / CH_3 H

cis-2-buteno *trans*-2-buteno

Como consequência das diferentes configurações, estes dois isômeros possuem propriedades químicas e físicas diferentes. Portanto, nós os consideramos como duas espécies diferentes, apesar de cada uma delas possuir o mesmo número de átomos de cada um dos elementos.

Quando é que ocorre uma reação química?

Dizemos que uma *reação química* ocorre quando um número detectável de moléculas de uma ou mais espécies perdem sua identidade e assumem uma nova forma pela mudança no tipo ou número de átomos no composto e/ou por uma mudança na estrutura ou configuração desses átomos. Nesta abordagem clássica da transformação química, assume-se que a massa total não é criada nem destruída em decorrência da reação. A massa a que se refere diz respeito à massa coletiva total de todas as espécies diferentes existentes no sistema. Todavia, quando consideramos as espécies individuais envolvidas em uma reação particular, falamos de fato da velocidade de desaparecimento de massa de uma determinada espécie. *A velocidade de desaparecimento de uma espécie, digamos a espécie A, é o número de moléculas de A que perdem a sua identidade química por unidade de tempo e por unidade de volume, através da quebra e subsequente recomposição das ligações químicas durante o curso da reação.* Para que uma determinada espécie "apareça" no sistema, uma determinada fração definida de outra espécie precisa perder sua identidade química.

Existem três formas básicas de como uma espécie pode perder sua identidade química: decomposição, combinação e isomerização. Na *decomposição*, a molécula perde sua identidade ao ser quebrada em moléculas menores, átomos, ou fragmentos de átomos. Por exemplo, se benzeno e propileno são formados a partir de uma molécula de cumeno, a molécula de cumeno perde sua identidade (isto é, desaparece) pela quebra de

Uma espécie pode perder sua identidade por
- Decomposição
- Combinação
- Isomerização

$CH(CH_3)_2$ (cumeno) $\rightleftarrows$ (benzeno) + C_3H_6 (propileno)

cumeno benzeno propileno

suas ligações para formar essas moléculas. Uma segunda forma pela qual uma molécula pode perder sua identidade como espécie química é através da *combinação* com outra molécula ou átomo. Na reação mostrada anteriormente, a molécula de propileno perderia sua identidade como espécie química se a reação fosse conduzida na direção reversa, de forma que o propileno fosse combinado com benzeno para formar cumeno. A terceira forma pela qual uma molécula pode perder sua identidade como espécie química é através da *isomerização*, tal como na reação

$$CH_2{=}C(CH_3){-}CH_2CH_3 \longrightarrow CH_3C(CH_3){=}CHCH_3$$

Aqui, embora a molécula não incorpore outras moléculas a si e nem se quebre em moléculas menores, ela ainda perde sua identidade através de uma mudança em sua configuração.

Para resumir esse caso, dizemos que um dado número de moléculas (isto é, mols) de uma determinada espécie química reagiu ou desapareceu, quando as moléculas perderam a sua identidade química.

A velocidade na qual uma dada reação química se realiza pode ser expressa de diversas formas. Para ilustrar, considere a reação entre clorobenzeno e cloral para produzir o banido inseticida DDT (diclorodifeniltricloroetano) na presença de ácido sulfúrico fumegante.

$$CCl_3CHO + 2C_6H_5Cl \longrightarrow (C_6H_4Cl)_2\,CHCCl_3 + H_2O$$

Utilizando o símbolo A para representar o cloral, B para o clorobenzeno, C para o DDT, e D para H_2O, obtemos

$$A + 2B \longrightarrow C + D$$

O valor numérico da velocidade de consumo do reagente A, $-r_A$, é um número positivo.

O que é $-r_A$?

> A velocidade de reação, $-r_A$, é o número de mols de A (por exemplo, cloral) que reage (desaparece) por unidade de tempo e por unidade de volume (mol/dm^3·s).

Exemplo 1-1

Cloral está sendo consumido a uma velocidade de 10 mols por segundo por m^3 quando está reagindo com Clorobenzeno para formar DDT e água, conforme a reação recém-apresentada. Em forma simbólica, a reação é escrita como

$$A + 2B \longrightarrow C + D$$

Escreva as velocidades de consumo e formação (isto é, geração) para cada espécie química nesta reação.

Solução

(a) *Cloral[A]:* A velocidade de reação do cloral [A] ($-r_A$) é dada como 10 mol/m^3 · s

Velocidade de desaparecimento de A = $-r_A$ = 10 mol/m^3 · s

Velocidade de formação de A = r_A = –10 mol/m^3 · s

(b) *Clorobenzeno[B]:* Para cada mol de cloral que desaparece, dois mols de clorobenzeno [B] também desaparecem.

Velocidade de desaparecimento de B = $-r_B$ = 20 mol/m^3 · s

Velocidade de formação de B = r_B = –20 mol/m^3 · s

(c) *DDT[C]:* Para cada mol de cloral que desaparece, um mol de DDT[C] aparece.

Velocidade de formação de C = r_C = 10 mol/m^3 · s

Velocidade de desaparecimento de C = $-r_C$ = –10 mol/m^3 · s

(d) *Água[D]:* Mesma relação para o cloral, como a relação deste para o DDT.

Velocidade de formação de D = r_D = 10 mol/m^3 · s

Velocidade de desaparecimento de D = $-r_D$ = –10 mol/m^3 · s

$A + 2B \longrightarrow C + D$
A convenção

$-r_A = 10 \text{ mol A/m}^3 \cdot \text{s}$
$r_A = -10 \text{ mol A/m}^3 \cdot \text{s}$
$-r_B = 20 \text{ mol B/m}^3 \cdot \text{s}$
$r_B = -20 \text{ mol B/m}^3 \cdot \text{s}$
$r_C = 10 \text{ mol C/m}^3 \cdot \text{s}$

***Análise*:** O propósito deste exemplo é compreender melhor a convenção adotada para a velocidade de reação. O símbolo r_j é a velocidade de formação (geração) da espécie j. Se a espécie j for um reagente, o valor numérico de r_j será um número negativo. Se a espécie j é um produto, então r_j será um número positivo. A velocidade de reação, $-r_A$, representa a velocidade de desaparecimento do reagente A e será sempre um número positivo. Uma relação mnemônica para ajudar a lembrar como obter velocidades de reação de A para B, etc., é dada pela Equação (3-1), na Seção 3.1.1.

No Capítulo 3 delinearemos a relação prescrita entre a velocidade de formação de uma espécie, r_j (por exemplo, DDT[C]), e a velocidade de desaparecimento de uma outra espécie, $-r_i$ (por exemplo, clorobenzeno [B]), numa reação química.

Reações heterogêneas envolvem mais de uma fase. Em sistemas de reação heterogêneos, a velocidade de reação normalmente é expressa em medidas outras que não o volume, tal como a área superficial disponível para reação ou a massa de catalisador. Para uma reação gás-sólido, as moléculas de gás precisam interagir com a superfície catalítica do sólido para que a reação seja promovida, como descrito no Capítulo 10.

O que é $-r'_A$?

As dimensões desta velocidade, $-r'_A$ (linha), *são o número de mols de A que reagem por unidade de tempo e por unidade de massa do catalisador* (mol/s · g catalisador).

Definição de r_j

A maior parte das discussões introdutórias sobre engenharia das reações químicas contidas neste livro é focalizada em sistemas homogêneos, caso em que dizemos simplesmente que *r_j é a velocidade de formação da espécie j por unidade de volume*. É o número de mols da espécie j gerados por unidade de volume e por unidade de tempo.

Podemos fazer quatro afirmações a respeito da velocidade de reação r_j. A lei de velocidade de reação r_j é

A lei de velocidade não depende do tipo de reator utilizado!!

- **A velocidade de formação da espécie *j* (mol/tempo/volume)**
- **Uma equação algébrica**
- **Independente do tipo de reator (por exemplo, batelada ou de escoamento contínuo) no qual a reação é conduzida**
- **Apenas uma função das propriedades dos materiais reagentes e das condições de reação (por exemplo, concentração da espécie, temperatura, pressão, tipo de catalisador, se houver) em um dado ponto no sistema**

$-r_A$ é função de quê?

Contudo, como as propriedades e condições dos materiais reagentes podem variar com a sua posição no interior de um reator químico, r_j pode, por sua vez, ser uma função da posição, e pode variar de ponto a ponto no sistema.

A lei de velocidade da reação química é essencialmente uma equação algébrica envolvendo concentração, e não uma equação diferencial.[1] Por exemplo, a forma algébrica da lei de velocidade $-r_A$ para a reação

$$A \longrightarrow produtos$$

pode ser uma função linear da concentração,

$$-r_A = kC_A \tag{1-1}$$

ou, conforme mostrado no Capítulo 3, pode ser alguma outra função algébrica da concentração, tal como

$$-r_A = kC_A^2 \tag{1-2}$$

ou

A lei de velocidade é uma equação algébrica.

$$-r_A = \frac{k_1 C_A}{1 + k_2 C_A}$$

[1]Para posterior elaboração sobre este ponto, veja *Chem. Eng. Sci.*, *25*, 337 (1970); B. L. Crynes e H. S. Fogler, eds., *AIChE Modular Instruction Series E: Kinetics*, 1, 1 (New York: AIChE, 1981); e R. L. Kabel, "Rates", *Chem. Eng. Commun.*, *9*, 15 (1981).

Para uma dada reação, a dependência particular da concentração seguida pela lei de velocidade (isto é, $-r_A = kC_A$ ou $-r_A = kC_A^2$ ou ...) precisa ser determinada a partir de *observação experimental*. A Equação (1-2) estabelece que a velocidade de desaparecimento de A é igual a uma constante de velocidade k (que é uma função da temperatura) vezes o quadrado da concentração de A. Conforme observado anteriormente, por convenção, r_A é a velocidade de formação de A; consequentemente, $-r_A$ é a velocidade de desaparecimento de A. Neste livro, o termo *velocidade de geração* significa exatamente o mesmo que o termo *velocidade de formação*, e esses termos são usados indistintamente.

A convenção

1.2 Equação Geral do Balanço Molar

Para realizar um balanço de número de mols em um sistema qualquer, primeiramente as fronteiras do sistema precisam ser especificadas. O volume delimitado por essas fronteiras será referido como o *volume do sistema*. Iremos realizar um balanço molar para a espécie j em um volume do sistema, no qual a espécie j representa uma espécie química particular de interesse, tal como água ou NaOH (Figura 1-3).

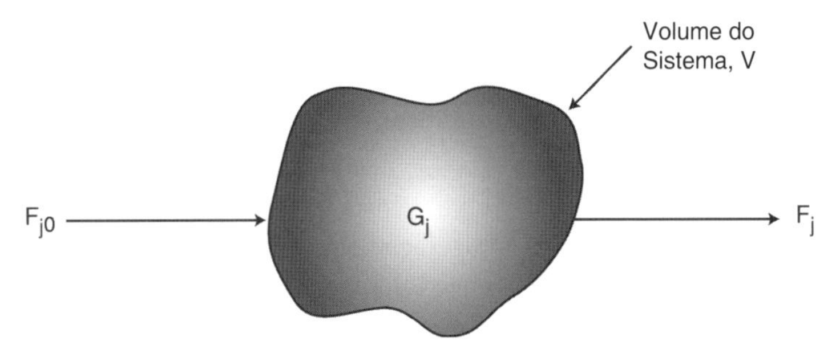

Figura 1-3 Balanço molar da espécie j no sistema de volume, V.

Um balanço molar para a espécie j em qualquer instante no tempo, t, produz a seguinte equação:

$$\begin{bmatrix}\text{Vazão molar}\\ \text{de } j \text{ que entra}\\ \text{no sistema}\\ \text{(mols/tempo)}\end{bmatrix} - \begin{bmatrix}\text{Vazão molar}\\ \text{de } j \text{ que sai}\\ \text{do sistema}\\ \text{(mols/tempo)}\end{bmatrix} + \begin{bmatrix}\text{Velocidade de}\\ \text{geração de } j \text{ por}\\ \text{reação química no}\\ \text{interior do sistema}\\ \text{(mols/tempo)}\end{bmatrix} = \begin{bmatrix}\text{Velocidade}\\ \text{de acúmulo}\\ \text{de } j \text{ no}\\ \text{sistema}\\ \text{(mols/tempo)}\end{bmatrix}$$

Balanço molar

$$\textbf{Entra} - \textbf{Sai} + \textbf{Gerado} = \textbf{Acúmulo}$$

$$F_{j0} - F_j + G_j = \frac{dN_j}{dt} \qquad (1\text{-}3)$$

em que N_j representa o número de mols da espécie j no sistema no tempo t. Se todas as variáveis do sistema (por exemplo, temperatura, atividade catalítica e concentração da espécie química) forem uniformes no espaço do volume do sistema, a velocidade de geração da espécie j, G_j, será apenas o produto do volume de reação, V, e a velocidade de formação da espécie j, r_j.

$$G_j = r_j \cdot V$$

$$\frac{mols}{tempo} = \frac{mols}{tempo \cdot volume} \cdot volume$$

Suponha agora que a velocidade de formação da espécie j para a reação varie com a posição no volume do sistema. Isto é, ela possui um valor r_{j1} no local 1, que é circundado por um pequeno volume, ΔV_1, no qual a velocidade é uniforme: de forma semelhante, a velocidade de reação possui um valor r_{j2} no local 2 e um volume associado, ΔV_2, e assim por diante (Figura 1-4).

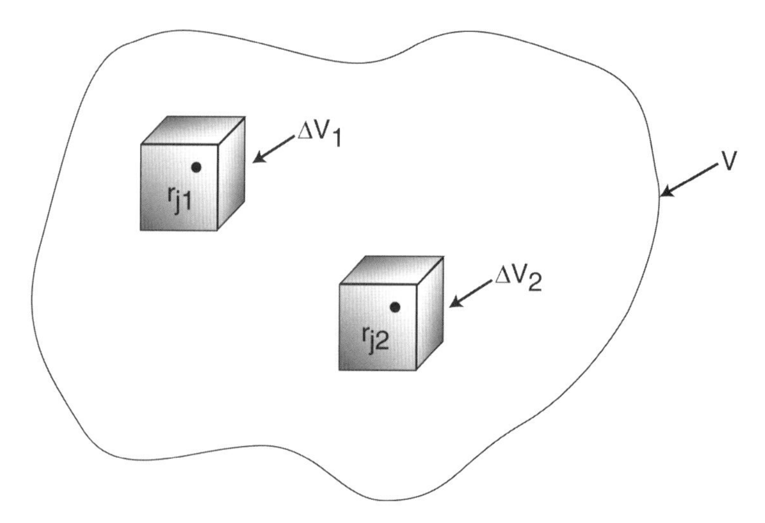

Figura 1-4 Dividindo o volume do sistema, V.

A velocidade de geração, ΔG_{j1}, em termos de r_{j1} e subvolume ΔV_1 é

$$\Delta G_{j1} = r_{j1}\ \Delta V_1$$

Expressões semelhantes podem ser escritas para ΔG_{j2} e os outros subvolumes do sistema ΔV_i. A velocidade total de geração no volume do sistema é a soma de todas as velocidades de geração em cada um dos subvolumes. Se o volume total do sistema for dividido em M subvolumes, a velocidade total de geração será

$$G_j = \sum_{i=1}^{M} \Delta G_{ji} = \sum_{i=1}^{M} r_{ji}\ \Delta V_i$$

Considerando os limites apropriados (isto é, fazendo $M \rightarrow \infty$ e $\Delta V \rightarrow 0$), e utilizando a definição de integral, podemos reescrever a equação anterior na forma

$$G_j = \int^{V} r_j\ dV$$

Observamos desta equação que r_j será uma função indireta da posição, uma vez que as propriedades dos materiais reagentes e das condições da reação (por exemplo, concentração e temperatura) podem ter valores diferentes em diferentes posições no volume do reator.

Substituímos agora G_j na Equação (1-3),

$$F_{j0} - F_j + G_j = \frac{dN_j}{dt} \tag{1-3}$$

pela sua forma integral para produzir a equação geral do balanço molar para qualquer espécie química j que está entrando, saindo, reagindo e/ou se acumulando no interior de qualquer sistema de volume V.

Esta é uma equação básica para a engenharia das reações químicas.

$$\boxed{F_{j0} - F_j + \int^{V} r_j\ dV = \frac{dN_j}{dt}} \tag{1-4}$$

A partir desta equação geral de balanço molar, podemos desenvolver as equações de projeto para os vários tipos de reatores industriais: batelada, semicontínuo e de escoamento contínuo. Avaliando essas equações, podemos determinar o tempo (batelada) ou o volume do reator (escoamento contínuo) necessários para converter uma quantidade específica de reagentes em produtos.

1.3 Reatores Batelada (BRs)

Quando o reator batelada é utilizado?

O reator batelada é utilizado para operação em pequena escala, para teste de novos processos que ainda não foram completamente desenvolvidos, para a fabricação de produtos caros, e para processos que são difíceis de se converter em operações contínuas. O reator pode ser alimentado (isto é, enchido ou carregado) através de aberturas no topo [Figura 1-5(a)]. O reator batelada tem a vantagem de permitir que altas conversões possam ser obtidas, deixando o reagente no reator por longo período de tempo, mas é também o que tem as desvantagens de estar associado a alto custo de mão de obra por batelada, à variabilidade de produtos de uma batelada para a outra, e à dificuldade de produção em larga escala (veja *Material de Referência Profissional* [*PRS*] no site da LTC Editora).

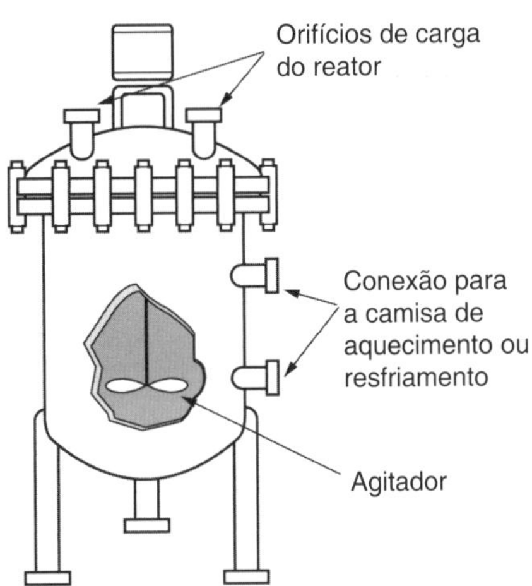

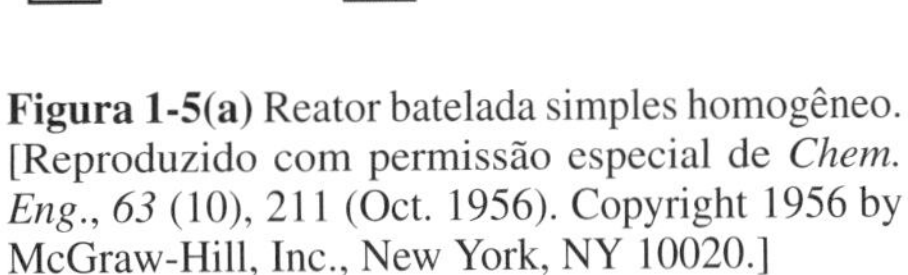

Figura 1-5(a) Reator batelada simples homogêneo. [Reproduzido com permissão especial de *Chem. Eng.*, *63* (10), 211 (Oct. 1956). Copyright 1956 by McGraw-Hill, Inc., New York, NY 10020.]

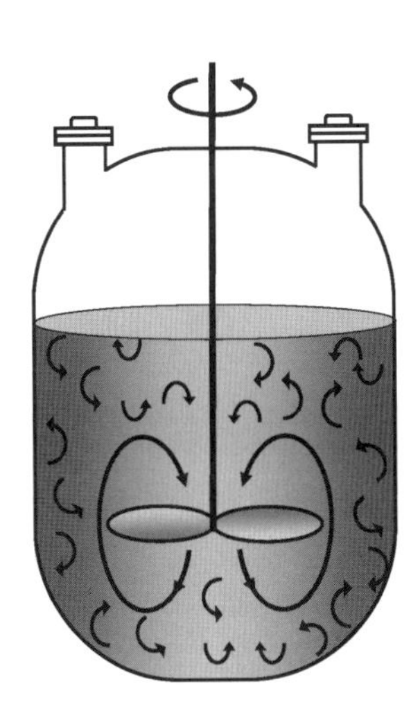

Figura 1-5(b) padrões de mistura de um reator batelada. Descrições mais detalhadas e fotos de reatores batelada podem ser encontrados na *Enciclopédia Visual de Equipamentos* e no *Material de Referência Profissional* disponíveis no site da LTC Editora.

Em um reator batelada não ocorre a entrada nem a saída de reagentes, ou produtos, durante o processamento da reação: $F_{j0} = F_j = 0$. O balanço molar geral resultante para a espécie j é

$$\frac{dN_j}{dt} = \int^V r_j \, dV$$

Se a mistura de reação for perfeitamente misturada [Figura 1-5(b)] de forma que não exista variação na velocidade de reação através do volume do reator, podemos retirar r_j da integral, integrar e escrever o balanço molar na forma

Mistura perfeita

$$\boxed{\frac{dN_j}{dt} = r_j V} \tag{1-5}$$

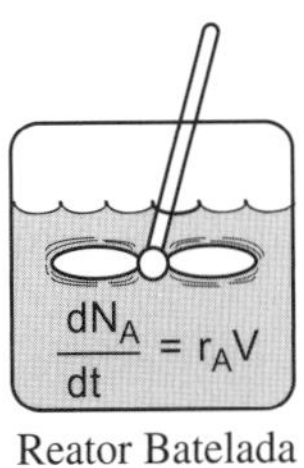

Reator Batelada

Vamos considerar a isomerização da espécie A em um reator batelada

$$A \longrightarrow B$$

Na medida em que a reação ocorre, o número de mols de A diminui e o número de mols de B aumenta, como mostrado na Figura 1-6.

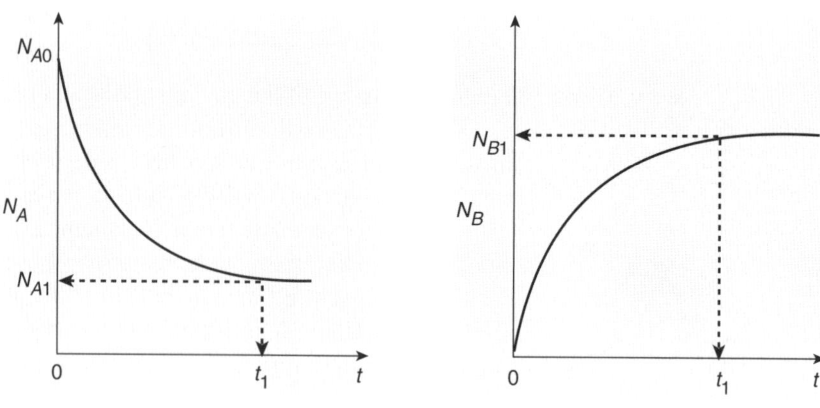

Figura 1-6 Trajetórias mol-tempo.

Poderíamos perguntar que tempo, t_1, é necessário para reduzir o número inicial de mols de N_{A0} até o número final desejado, N_{A1}. Aplicando a Equação (1-5) à isomerização

$$\frac{dN_A}{dt} = r_A V$$

rearranjando,

$$dt = \frac{dN_A}{r_A V}$$

e integrando entre os limites de $t = 0$, em que $N_A = N_{A0}$, e até $t = t_1$, em que $N_A = N_{A1}$, obtemos

$$t_1 = \int_{N_{A1}}^{N_{A0}} \frac{dN_A}{-r_A V} \tag{1-6}$$

Esta equação é a forma integral do balanço molar para um reator batelada. Ela fornece o tempo, t_1, necessário para que o número de mols seja reduzido de N_{A0} para N_{A1} e também para formar N_{B1} mols de B.

1.4 Reatores de Escoamento Contínuo

Material de Referência

Reatores de escoamento contínuo são operados quase sempre em regime estacionário. Consideraremos três tipos: o *reator tanque agitado contínuo* (CSTR), o *reator de escoamento uniforme* (PFR), e o *reator de leito de recheio* (PBR). Descrições físicas detalhadas desses reatores podem ser encontradas no *Material de Referência Profissional* (*PRS*) do Capítulo 1 e na *Enciclopédia Visual de Equipamentos* no site da LTC Editora.

1.4.1 Reator Tanque Agitado Contínuo

Para que é utilizado o CSTR?

Um tipo de reator muito comumente utilizado no processamento industrial é o tanque agitado operado continuamente (Figura 1-7). Ele é referido como *reator tanque agitado contínuo* (CSTR), *reator de retromistura* ou *tanque de reação*, e é utilizado principalmente para reações em fase líquida. Normalmente é operado **em regime estacionário**, e assume-se como tendo uma **mistura perfeita**; consequentemente, não há dependência espacial ou de tempo para a temperatura, concentração, ou velocidade de reação no interior do CSTR. Isto é, os valores dessas variáveis não mudam de um ponto para outro no interior do reator. Como a temperatura e a concentração são idênticas em qualquer ponto do vaso de reação, elas têm o mesmo valor no *ponto de saída*, tanto quanto em qualquer outro lugar do tanque. Portanto, a temperatura e a concentração na corrente de saída são modeladas como sendo as mesmas do interior do reator. Em sistemas nos quais a mistura é altamente não ideal, o modelo de mistura perfeita é inadequado, e precisamos recorrer a outras técnicas de modelagem, tais como as distribuições de tempo de residência,

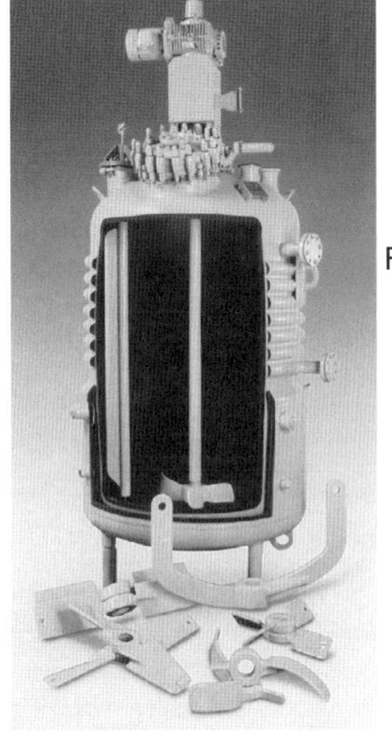

Figura 1-7(a) Reator CSTR. [O mesmo equipamento também pode ser usado como Reator Batelada. (Cortesia de Pfaudler, Inc.)]

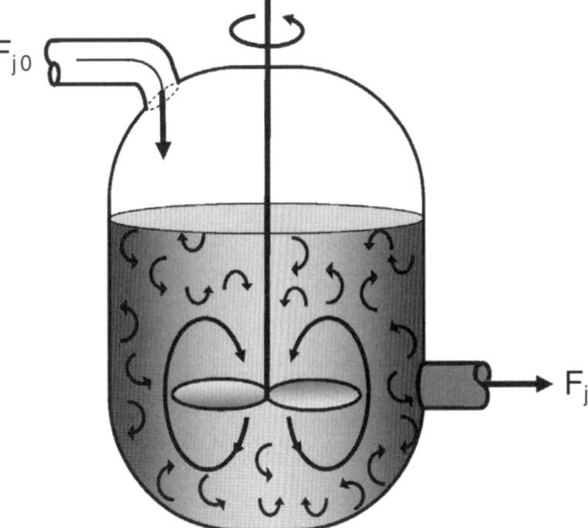

Figura 1-7(b) padrões de mistura num CSTR. Veja também a *Enciclopédia Visual de Equipamentos*, disponível no site da LTC Editora.

para obtermos resultados que possam ser corretamente interpretados. Este tópico sobre mistura não ideal é discutido no site da LTC Editora, Capítulos DVD13 e DVD14, e nos Capítulos 13 e 14 da quarta edição do livro *Elementos de Engenharia das Reações Químicas* (EERQ).

Quando a equação geral do balanço molar

$$F_{j0}-F_j+\int^V r_j\,dV=\frac{dN_j}{dt} \tag{1-4}$$

é aplicada a um CSTR operando em regime estacionário (isto é, as condições não variam com o tempo),

$$\frac{dN_j}{dt}=0$$

e não existem variações espaciais na velocidade de reação (isto é, mistura perfeita), ela toma a forma familiar conhecida como *equação de projeto* para um CSTR:

Assume-se que o CSTR ideal tenha uma mistura perfeita.

$$\int^V r_j\,dV=Vr_j$$

$$\boxed{V=\frac{F_{j0}-F_j}{-r_j}} \tag{1-7}$$

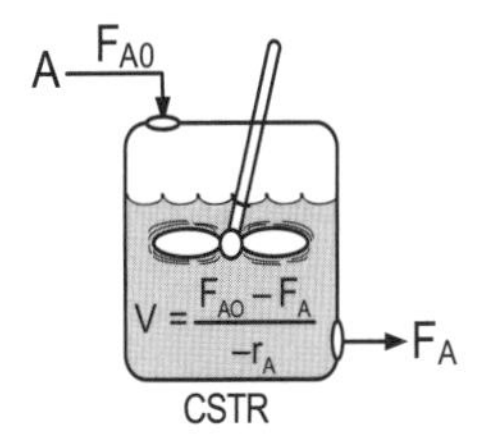

A equação de projeto do CSTR fornece o volume de reação V necessário para reduzir a vazão molar de entrada da espécie j, F_{j0}, à vazão molar de saída F_j, quando a espécie j está desaparecendo à velocidade $-r_j$. Note que o CSTR é modelado de forma que as condições na corrente de saída (por exemplo, concentração e temperatura) **sejam idênticas** àquelas no interior do tanque. A vazão molar F_j é dada pelo produto da concentração da espécie j e a vazão volumétrica v:

$$\boxed{\begin{array}{c} F_j = C_j \cdot v \\ \dfrac{\text{mols}}{\text{tempo}} = \dfrac{\text{mols}}{\text{volume}} \cdot \dfrac{\text{volume}}{\text{tempo}} \end{array}} \tag{1-8}$$

De forma semelhante, para a vazão molar de entrada temos $F_{j0} = C_{j0} \cdot v_0$. Consequentemente, podemos substituir por F_{j0} e F_j na Equação (1-7) para escrevermos um balanço para a espécie A como

$$V = \frac{v_0 C_{A0} - v C_A}{-r_A} \tag{1-9}$$

A equação do balanço molar para o CSTR ideal é uma equação algébrica, e não uma equação diferencial.

1.4.2 Reator Tubular

Em que situações o reator tubular é mais usado?

Além dos reatores CSTR e batelada, outro tipo de reator comumente utilizado na indústria é o *reator tubular*. Ele consiste em um tubo cilíndrico e é usualmente operado em regime estacionário, assim como o CSTR. Reatores tubulares são usados mais frequentemente para promover reações em fase gasosa. Um desenho e uma fotografia de reatores tubulares são mostrados na Figura 1-8.

No reator tubular, os reagentes são continuamente consumidos à medida que avançam no reator, ao longo de seu comprimento. Na modelagem do reator tubular, assumimos que a concentração varia continuamente na direção axial do reator. Consequentemente, a velocidade de reação, que é uma função da concentração para todas as ordens de reação, exceto para reações de ordem zero, também variará axialmente. Para os propósitos do material aqui apresentado, consideraremos sistemas nos quais o campo de escoamento

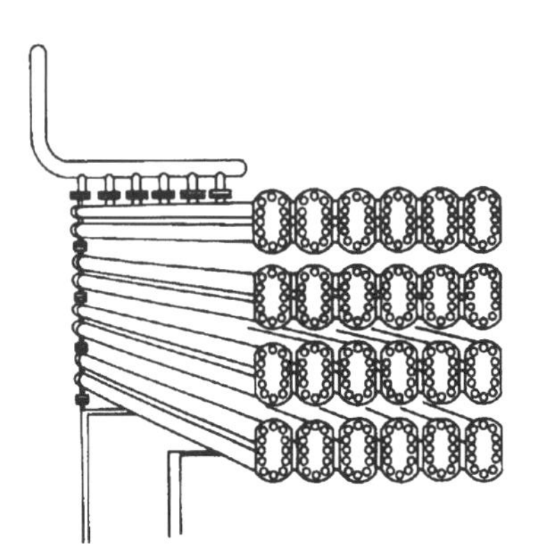

Figura 1-8(a) Esquema de um reator tubular longitudinal. [Reproduzido com permissão especial de *Chem. Eng.*, *63*(10), 211 (Oct. 1956). Copyright 1956 by McGraw-Hill, Inc., New York, NY 10020.]

Figura 1-8(b) Fotografia de um reator tubular do processo Dimersol G do IFP – Instituto Francês do Petróleo. [A foto é cortesia de Éditions Techniq.]

pode ser modelado por um perfil uniforme (isto é, de velocidade uniforme, à semelhança do escoamento turbulento), como mostrado na Figura 1-9. Isto é, não existe variação radial na velocidade de reação e o reator é designado como *reator de escoamento uni-*

Veja também a PRS e a *Enciclopédia Visual de Equipamentos*.

Escoamento uniforme – não há variação radial de velocidade, concentração, temperatura ou velocidade de reação

Reagentes → Produtos

Figura 1-9 Reator tubular de escoamento uniforme (PFR).

forme (PFR).* (O reator de escoamento laminar é discutido no site da LTC Editora, Capítulo DVD13 e no Capítulo 13 da quarta edição do *EERQ*.)

A equação geral do balanço molar é dada pela Equação (1-4):

$$F_{j0} - F_j + \int^V r_j \, dV = \frac{dN_j}{dt} \tag{1-4}$$

A equação que usaremos para projetar PFRs em regime estacionário pode ser desenvolvida de duas maneiras: (1) diretamente da Equação (1-4), por diferenciação com relação ao volume V, e então rearranjando o resultado, ou (2) a partir de um balanço molar para a espécie j em um segmento diferencial do volume do reator, ΔV. Vamos escolher a segunda maneira para chegar à forma diferencial do balanço molar para o PFR. O volume diferencial, ΔV, mostrado na Figura 1-10, será escolhido suficientemente pequeno, de tal modo que não haja variações na velocidade de reação no interior desse volume. Assim, o termo de geração, ΔG_j, é

$$\Delta G_j = \int^{\Delta V} r_j \, dV = r_j \, \Delta V$$

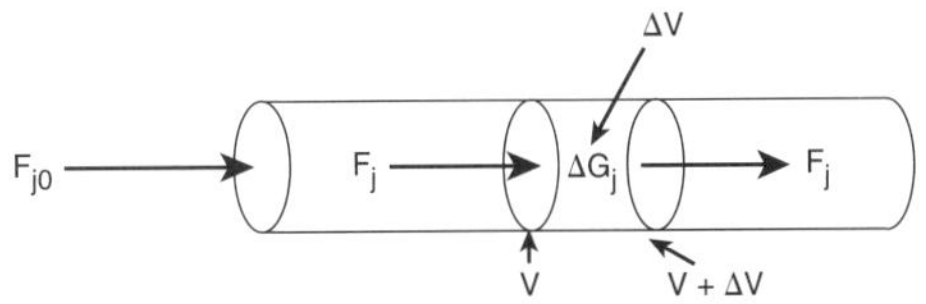

Figura 1-10 Balanço molar para a espécie j no volume ΔV.

Vazão molar da espécie j que *Entra* em V *mols/tempo*	–	Vazão molar da espécie j que *Sai* em $(V + \Delta V)$ *mols/tempo*	+	Velocidade de *Geração* da espécie j em ΔV *mols/tempo*	=	Velocidade de *Acúmulo* da espécie j em ΔV *mols/tempo*
Entra	–	**Sai**	+	**Gerado**	=	**Acúmulo**
$F_j\|_V$	–	$F_j\|_{V+\Delta V}$	+	$r_j \Delta V$	=	0 (1-10)

Dividindo por ΔV e rearranjando

$$\left[\frac{F_j|_{V+\Delta V} - F_j|_V}{\Delta V}\right] = r_j$$

o termo entre colchetes assemelha-se à definição da derivada

$$\lim_{\Delta x \to 0}\left[\frac{f(x+\Delta x) - f(x)}{\Delta x}\right] = \frac{df}{dx}$$

Tomando o limite quando ΔV tende a zero, obtemos a forma diferencial do balanço molar para o regime estacionário de um PFR.

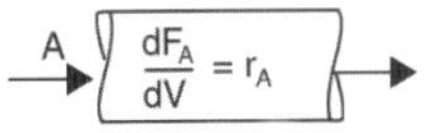

$$\boxed{\frac{dF_j}{dV} = r_j} \tag{1-11}$$

*O escoamento uniforme ou empistonado corresponde a um perfil radial de velocidade constante (do inglês, *Plug Flow Reactor*, daí a sigla PFR). (N.T.)

Poderíamos ter considerado o balanço molar para um reagente da espécie A em um reator de geometria irregular, como o mostrado na Figura 1-11, em vez de considerá-lo cilíndrico.

Reator de Pablo Picasso

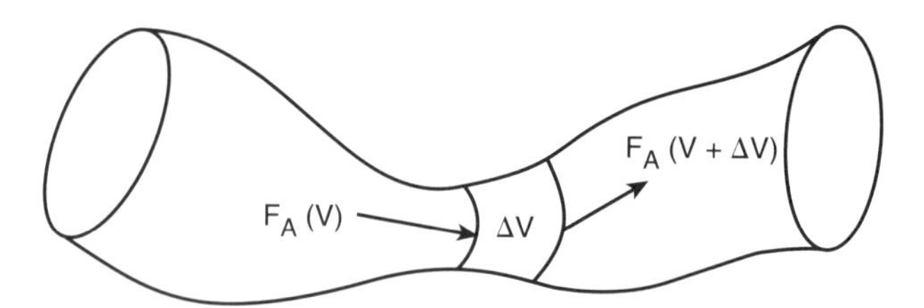

Figura 1-11 Reator de Pablo Picasso.

Entretanto, vemos que, pela aplicação da Equação (1-10), o resultado produziria a mesma equação [isto é, Equação (1-11)]. Para a espécie A, o balanço molar é

$$\boxed{\frac{dF_A}{dV} = r_A} \tag{1-12}$$

Consequentemente, vemos que a Equação (1-11) aplica-se igualmente bem a nosso modelo de reatores tubulares de área de seção transversal variável e constante, embora seja duvidável que alguém encontre um reator da forma mostrada na Figura 1-11, a menos que este tenha sido projetado por Pablo Picasso.*

A conclusão obtida da aplicação da equação de projeto do reator de Pablo Picasso é importante: a extensão da reação conseguida num reator tubular com escoamento uniforme (PFR) não depende de sua forma, apenas de seu volume total.

Considere novamente a isomerização A → B, desta vez em um PFR. À medida que o reagente escoa pelo reator, A é consumido pela reação química, e B é produzido. Consequentemente, a vazão molar de A, F_A, diminui e a de B, F_B, aumenta, ao longo do volume V do reator, conforme mostrado na Figura 1-12.

$$V = \int_{F_A}^{F_{A0}} \frac{dF_A}{-r_A}$$

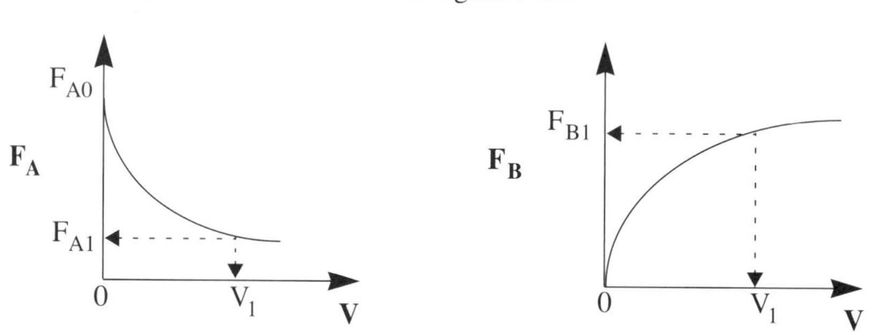

Figura 1-12 Perfis de vazão molar em um PFR.

Estamos agora interessados em descobrir o volume necessário, V_1, do reator para reduzir a vazão molar de A, de F_{A0} para F_{A1}. Rearranjando a Equação (1-12) na forma

$$dV = \frac{dF_A}{r_A}$$

e integrando entre os limites de $V = 0$, em que $F_A = F_{A0}$, até $V = V_1$, em que $F_A = F_{A1}$, temos

$$V_1 = \int_{F_{A0}}^{F_{A1}} \frac{dF_A}{r_A} = \int_{F_{A1}}^{F_{A0}} \frac{dF_A}{-r_A} \tag{1-13}$$

*Pablo Picasso (1881-1973), célebre pintor espanhol que produziu expressivas obras surrealistas-expressionistas que empregam uma anatomia deformada. (N.T.)

V_1 é o volume necessário para reduzir a vazão molar de entrada, F_{A0}, para um valor especificado, F_{A1}, e também o volume necessário para produzir uma vazão molar de B igual a F_{B1}.

1.4.3 Reator de Leito de Recheio

A principal diferença entre os cálculos de projeto de reatores envolvendo reações homogêneas e aqueles envolvendo reações heterogêneas fluido-sólido é que para estas últimas a reação ocorre na superfície do catalisador (veja o Capítulo 10). Consequentemente, a velocidade de reação é baseada na massa de catalisador sólido, W, em vez do volume do reator, V. Para um sistema heterogêneo fluido-sólido, a velocidade de reação de uma substância A é definida como

$$[-r'_A = \text{mol A reagido/(tempo} \times \text{massa de catalisador)}]$$

A massa de sólido é usada porque a quantidade de catalisador é que é importante para a velocidade de formação de produto. O volume do reator que contém o catalisador é de importância secundária. A Figura 1-13 mostra o esquema de um reator catalítico industrial, com tubos verticais, recheados com catalisador.

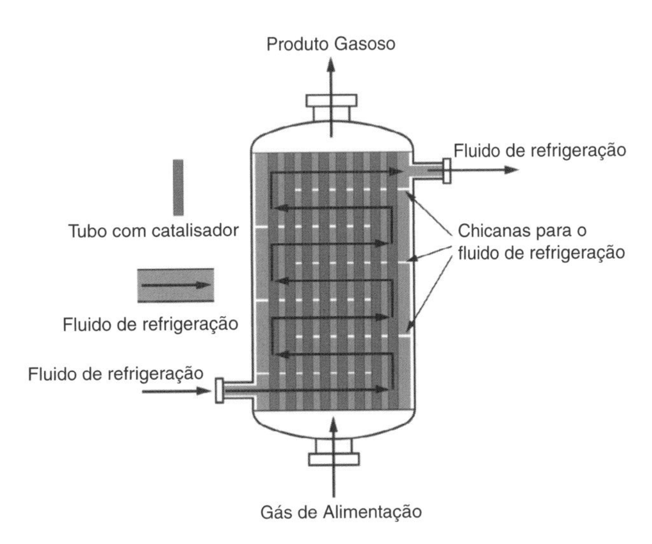

Figura 1-13 Reator catalítico de leito de recheio longitudinal. [De Cropley, American Institute of Chemical Engineers, *86*(2), 34 (1990). Reproduzido com permissão do American Institute of Chemical Engineers. Copyright © 1990 AIChE. Todos os direitos reservados.]

Balanço molar para o PBR

Nos três tipos de reatores ideais que acabamos de discutir [o reator batelada de mistura perfeita, o reator tubular com escoamento uniforme (PFR), e o reator tanque agitado contínuo de mistura perfeita (CSTR)], as equações de projeto (isto é, os balanços molares) foram desenvolvidas com base no volume do reator. A dedução da equação de projeto para um reator catalítico de leito de recheio (PBR) será conduzida de forma análoga ao desenvolvimento da equação de projeto para o reator tubular. Para realizarmos esta dedução, simplesmente substituímos a coordenada volume na Equação (1-10) pela coordenada massa de catalisador W (Figura 1-14).

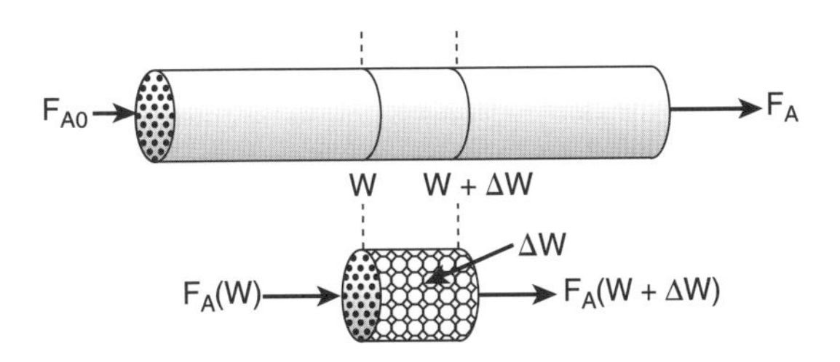

Figura 1-14 Esquema do reator de leito de recheio.

Como no caso do PFR, assume-se que o PBR* não possui gradientes radiais de concentração, temperatura, ou de velocidade de reação. O modelo generalizado do balanço molar aplicado à espécie A, que reage catalisada pela massa de catalisador ΔW, resulta na equação

$$\begin{array}{ccccccc} \textbf{\textit{Entra}} & - & \textbf{\textit{Sai}} & + & \textbf{\textit{Gerado}} & = & \textbf{\textit{Acúmulo}} \\ F_{A|W} & - & F_{A|(W+\Delta W)} & + & r'_A \Delta W & = & 0 \end{array} \tag{1-14}$$

As dimensões do termo de geração na Equação (1-14) são

$$(r'_A)\Delta W \equiv \frac{mols\ de\ A}{(tempo)(massa\ de\ catalisador)} \cdot (massa\ de\ catalisador) \equiv \frac{mols\ de\ A}{tempo}$$

Utilize a forma diferencial da equação de projeto para desativação catalítica e perda de pressão.

que são, como esperado, as mesmas dimensões da vazão molar F_A. Após dividirmos por ΔW e levando ao limite para $\Delta W \to 0$, chegamos à forma diferencial do balanço molar para o reator de leito de recheio:

$$\boxed{\frac{dF_A}{dW} = r'_A} \tag{1-15}$$

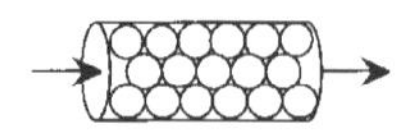

Quando a perda de pressão através do reator (veja a Seção 5.5) e o decaimento catalítico (veja a Seção 10.7 no Capítulo 10, disponível no site da LTC Editora) forem desprezíveis, a forma integral da equação de projeto do leito de recheio pode ser usada para calcular a massa de catalisador.

Utilize a forma integral ***apenas*** quando ΔP é desprezível e não existe desativação catalítica.

$$W = \int_{F_{A0}}^{F_A} \frac{dF_A}{r'_A} = \int_{F_A}^{F_{A0}} \frac{dF_A}{-r'_A} \tag{1-16}$$

W é a massa de catalisador necessária para reduzir a vazão molar de entrada da espécie A, F_{A0}, até a vazão molar F_A.

Para que tenhamos alguma ideia do que nos espera à frente, considere o exemplo seguinte de como se pode utilizar a Equação (1-11) de projeto de reator tubular.

Exemplo 1-2 Qual o Tamanho do Reator?

Considere a isomerização *cis-trans* do 2-buteno em fase líquida

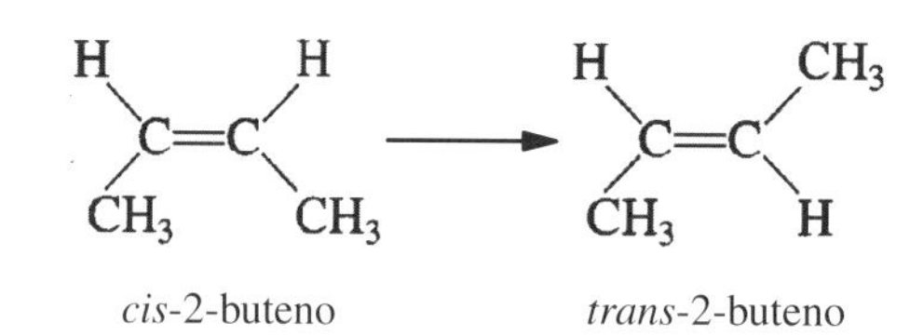

que escreveremos simbolicamente como

$$A \longrightarrow B$$

A reação é de primeira ordem com relação a A ($-r_A = kC_A$) e é conduzida em um reator tubular no qual a vazão volumétrica, v, é constante, isto é, $v = v_0$.

1. Esboce graficamente o perfil de concentração.
2. Deduza uma equação relacionando o volume do reator às concentrações de entrada e de saída de A, a constante de velocidade k, e a vazão volumétrica v_0.
3. Determine o volume de reator necessário para reduzir a concentração de saída a 10% da concentração de entrada quando a vazão volumétrica de entrada for de 10 dm^3/min (isto é, litros/min), e a velocidade específica de reação, k, for de 0,23 min^{-1}.

*Do inglês, Packed Bed Reactor, ou seja, Reator de Leito de Recheio. (N.T.)

Solução

1. Esquematize C_A como uma função de V.
A espécie A é consumida à medida que se move ao longo do reator e, como resultado, a vazão molar de A e a concentração de A diminuirão ao longo do reator. Uma vez que a vazão volumétrica é constante, $v = v_0$, podemos usar a Equação (1-8) para obter a concentração de A, $C_A = F_A/v_0$, e, então, por comparação com a Figura 1-12, fazer um gráfico da concentração de A em função do volume do reator, como mostrado na Figura E1-2.1.

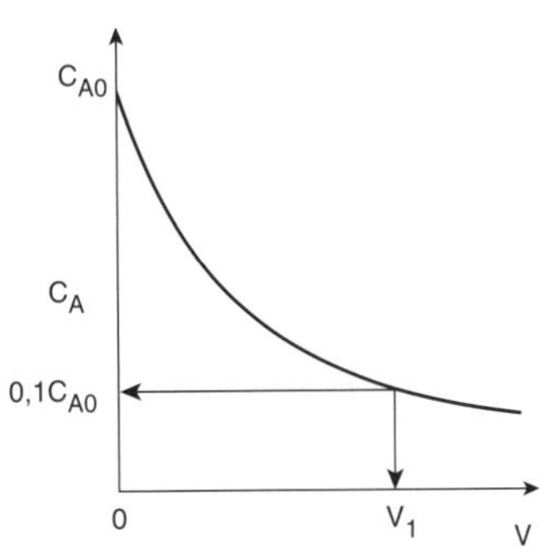

Figura E1-2.1 Perfil de concentração.

2. Derive uma equação relacionando V, v_0, k, C_{A0} e C_A.

Para um reator tubular, o balanço molar para a espécie A (j = A) é dado pela Equação (1-11), conforme mostrado anteriormente. Portanto, para a espécie A (j = A),

$$\frac{dF_A}{dV} = r_A \tag{1-12}$$

Para uma reação de primeira ordem, a lei de velocidade (discutida no Capítulo 3) é

$$-r_A = kC_A \tag{E1-2.1}$$

Dimensionamento do reator

Como a vazão volumétrica, v, é constante ($v = v_0$), como é o caso da maioria das reações em fase líquida,

$$\frac{dF_A}{dV} = \frac{d(C_A v)}{dV} = \frac{d(C_A v_0)}{dV} = v_0 \frac{dC_A}{dV} = r_A \tag{E1-2.2}$$

Multiplicando ambos os lados da Equação (E1-2.2) por menos um e então substituindo na Equação (E1-2.1), resulta

$$-\frac{v_0 dC_A}{dV} = -r_A = kC_A \tag{E1-2.3}$$

Separando as variáveis, e rearranjando, obtemos

$$-\frac{v_0}{k}\left(\frac{dC_A}{C_A}\right) = dV$$

Usando as condições de entrada do reator, quando $V = 0$, então $C_A = C_{A0}$,

$$-\frac{v_0}{k}\int_{C_{A0}}^{C_A} \frac{dC_A}{C_A} = \int_0^V dV \tag{E1-2.4}$$

Integrando a Equação (E1-2.4), temos

$$\boxed{V = \frac{v_0}{k}\, ln \frac{C_{A0}}{C_A}} \tag{E1-2.5}$$

Podemos também rearranjar a Equação (E1-2.5) para isolar a concentração de A como uma função do volume do reator, obtendo

Perfil de concentração

$$C_A = C_{A0}\exp(-kV/v_0)$$

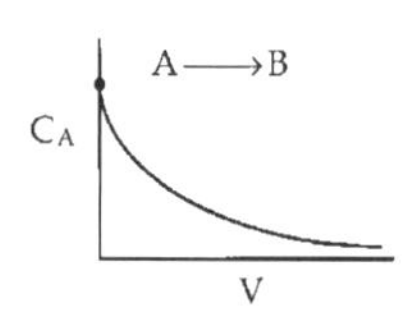

3. Calcule V. Queremos encontrar o volume, V_1, para o qual $C_A = C_{A0}/10$, para $k = 0{,}23\ \text{min}^{-1}$ e $v_0 = 10\ \text{dm}^3/\text{min}$.

Substituindo C_{A0}, C_A, v_0, e k na Equação (E1-2.5), temos

$$V = \frac{10\ \text{dm}^3/\text{min}}{0{,}23\ \text{min}^{-1}} \ln \frac{C_{A0}}{0{,}1C_{A0}} = \frac{10\ \text{dm}^3}{0{,}23}\ln 10 = 100\ \text{dm}^3\ \text{(isto é, 100 L; 0,1 m}^3\text{)}$$

Vamos calcular o volume necessário para reduzir a concentração de entrada até $C_A = 0{,}01C_{A0}$. Novamente, usando a Equação (E1-2.5),

$$V = \frac{10\ \text{dm}^3/\text{min}}{0{,}23\ \text{min}^{-1}} \ln \frac{C_{A0}}{0{,}01C_{A0}} = \frac{10\ \text{dm}^3}{0{,}23}\ln 100 = 200\ \text{dm}^3$$

Observação: Vemos que um reator maior (200 dm³) se faz necessário para reduzir a concentração de saída a uma fração menor da concentração de entrada (por exemplo, $C_A = 0{,}01C_{A0}$). Verificamos que um volume de reator de 0,1 m³ é necessário para converter 90% da espécie A em produto B para os parâmetros dados.

Análise: Para esta reação irreversível de primeira ordem em fase líquida (isto é, $-r_A = kC_A$), conduzida em um PFR, a concentração do reagente diminuiu exponencialmente ao longo do reator (isto é, com o volume V). Quanto maior for a quantidade de A consumida para produzir B, maior será o volume do reator, V. O propósito deste exemplo foi dar uma visão dos tipos de cálculos que estaremos realizando durante o estudo de engenharia das reações químicas (ERQ).

1.5 Reatores Industriais[2]

Quando um reator batelada é utilizado?

Não deixe de ver as fotografias de reatores industriais reais no site da LTC Editora. Existem também *links* para visualizar reatores em outros sites. O material disponível no site da LTC Editora também inclui uma parte da *Encliclopédia Visual de Equipamentos* – "Reatores Químicos", desenvolvido pela Drª Susan Montgomery e seus alunos, da Universidade de Michigan. Veja, ainda, no site, *Material de Referência Profissional* para "Reatores para Fase Líquida e Reações em Fase Gasosa".

Material de Referência

Neste capítulo e no site da LTC Editora, introduzimos cada um dos principais tipos de reatores industriais: batelada, tanque agitado, tubular, e leito fixo (leito de recheio). Muitas variações e modificações destes reatores comerciais (por exemplo, semicontínuo, leito fluidizado) são de uso corrente; para um maior aprofundamento, recomenda-se a discussão detalhada sobre reatores industriais, dada por Walas.[3]

Problemas Resolvidos

O material disponível no site da LTC Editora descreve reatores industriais, juntamente com condições típicas de alimentação e operação; e, ainda, há dois exemplos resolvidos para o Capítulo 1.

Encerramento. O objetivo deste texto é tecer os fundamentos da engenharia das reações químicas em uma estrutura ou algoritmo que seja fácil de usar e aplicar a uma variedade de problemas. Acabamos de terminar o primeiro bloco de construção desse algoritmo: balanços molares.

[2] *Chem. Eng., 63*(10), 211 (1956). Veja também *AIChE Modular Instruction Series E,* 5 (1984).

[3] S.M. Walas, *Reaction Kinetics for Chemical Engineers* (New York: McGraw-Hill, 1959), Capítulo 11.

Balanço Molar

Esse algoritmo e seus blocos de construção correspondentes serão desenvolvidos e discutidos nos seguintes capítulos:

- Balanço Molar, Capítulo 1
- Lei de Velocidade, Capítulo 3
- Estequiometria, Capítulo 4
- Combinação, Capítulo 5
- Avaliação, Capítulo 5
- Balanço de Energia, Capítulos 11 a 13

Com esse algoritmo, podem-se abordar e resolver problemas de engenharia das reações químicas por meio de lógica em vez de memorização.

RESUMO

O resumo de cada capítulo fornece os pontos-chave do mesmo, que necessitam ser relembrados e utilizados nos capítulos seguintes.

1. Um balanço molar para a espécie j, que entra, sai, reage, e acumula em um volume V, é

$$F_{j0} - F_j + \int^V r_j \, dV = \frac{dN_j}{dt} \tag{R1-1}$$

Se, e somente se, o conteúdo do reator estiver bem misturado, então um balanço molar (Equação R1-1) para a espécie A fornecerá

$$F_{A0} - F_A + r_A V = \frac{dN_A}{dt} \tag{R1-2}$$

2. A lei de velocidade cinética, r_j, é
   - A velocidade de formação da espécie j por unidade de volume (por exemplo, mol/s·dm^3)
   - Uma função apenas das propriedades dos materiais reagentes e das condições da reação (por exemplo, concentração [atividades], temperatura, pressão, catalisador ou solvente [se houver]) e não depende do tipo de reator.
   - Uma quantidade intensiva (isto é, que não depende da quantidade total de material)
   - Uma equação algébrica, não uma equação diferencial (por exemplo, $-r_A = kC_A$, $-r_A = kC_A^2$).

   Para sistemas catalíticos homogêneos, unidades típicas de $-r_j$ podem ser mol por segundo por litro; para sistemas heterogêneos, unidades típicas de $-r_j'$ podem ser mol por segundo por grama de catalisador. Por convenção, $-r_A$ é a velocidade de desaparecimento da espécie A, e r_A é a velocidade de formação da espécie A.

3. Balanços molares aplicados à espécie A para os quatro tipos comuns de reatores são dados a seguir.

TABELA R.1. RESUMO DE BALANÇOS MOLARES EM REATORES

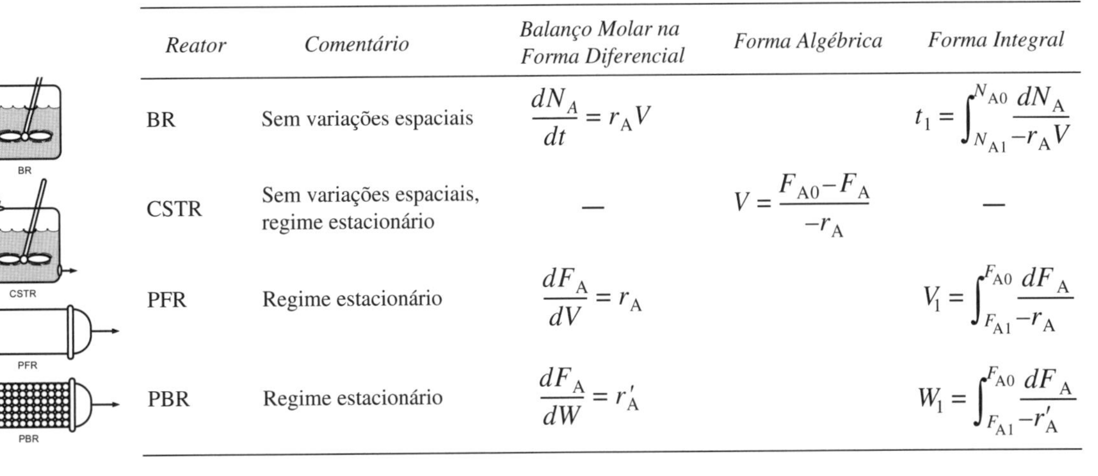

Reator	*Comentário*	*Balanço Molar na Forma Diferencial*	*Forma Algébrica*	*Forma Integral*
BR	Sem variações espaciais	$\frac{dN_A}{dt} = r_A V$		$t_1 = \int_{N_{A1}}^{N_{A0}} \frac{dN_A}{-r_A V}$
CSTR	Sem variações espaciais, regime estacionário	—	$V = \frac{F_{A0} - F_A}{-r_A}$	—
PFR	Regime estacionário	$\frac{dF_A}{dV} = r_A$		$V_1 = \int_{F_{A1}}^{F_{A0}} \frac{dF_A}{-r_A}$
PBR	Regime estacionário	$\frac{dF_A}{dW} = r_A'$		$W_1 = \int_{F_{A1}}^{F_{A0}} \frac{dF_A}{-r_A'}$

MATERIAL DO SITE DA LTC EDITORA

Notas de Resumo

- **Recursos de Aprendizagem**
  1. *Notas de Resumo*
  2. *Material Web*
     A. Algoritmo para Resolução de Problemas
     B. Liberando-se de um enrosco num Problema
     No site há dicas de como superar barreiras mentais na resolução de problemas.
     C. Nevoeiro poluído na Bacia de Los Angeles. Este módulo Web inclui um *Problema Exemplo de Simulação*.

B. Liberando-se de um enrosco

C. Nevoeiro poluído em Los Angeles

Fotografado por Hank Good 2002 ©

  3. *Jogos Interativos de Computador*
     A. Show de Perguntas I

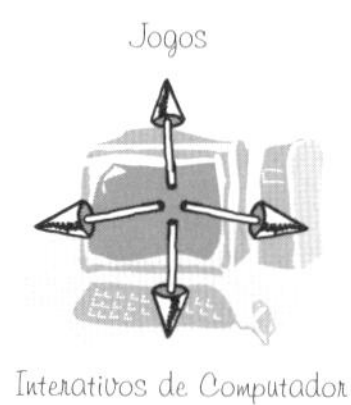

Jogos Interativos de Computador

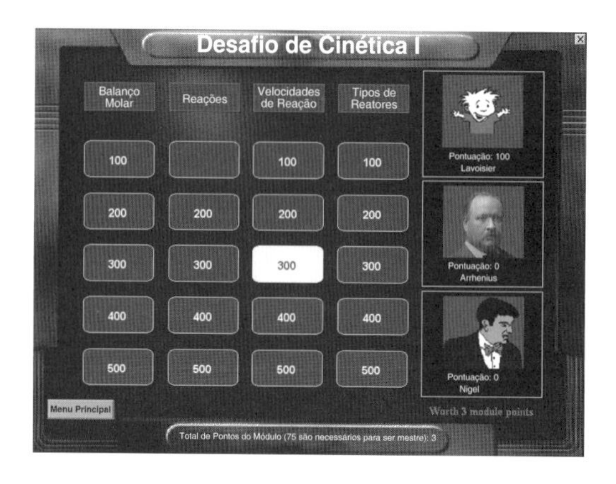

  4. *Problemas Resolvidos*
     CDP1-A_B Cálculos de Reatores Batelada: Uma Amostra do que Está por Vir.
- **FAQ (Perguntas Mais Frequentes)** – Veja o ícone da seção Atualizações/FAQ
- **Material de Referência Profissional**
  R1.1 *Fotos de Reatores Reais*

Problema Exemplo de Nevoeiro poluído em Los Angeles

R1.2 *Seção de Reatores da Enciclopédia Visual de Equipamentos*
Esta seção do site da LTC Editora mostra equipamentos industriais e discute suas operações, bem como há uma parte dessa enciclopédia relativa aos reatores.

R1.3 *Reatores Industriais*
A. Fase Líquida
- Tamanhos e custos de reatores
- Bateria de reatores de tanque agitado
- Semicontínuo

B. Fase Gasosa
- Custos
- Esquema de leito fluidizado

R1.4 *Lista dos 10 mais para Produtos Químicos e Indústrias Químicas*

QUESTÕES E PROBLEMAS

Eu gostaria de ter uma resposta para isso, porque eu já estou ficando cansado de responder a essa pergunta.
Yogi Berra, New York Yankees
Sports Illustrated, 11 de junho de 1984.

Antes de resolver os problemas, estabeleça ou esquematize qualitativamente as tendências ou os resultados esperados.

O subíndice de cada um dos problemas numerados indica o grau de dificuldade: A, mais fácil; D, mais difícil.

A = ● B = ■ C = ◆ D = ◆◆

Em cada uma das perguntas e problemas a seguir, em vez de apenas assinalar a sua resposta, escreva uma sentença ou duas descrevendo como você resolveria o problema, as hipóteses que você formulou, a coerência de sua resposta, o que você aprendeu, e quaisquer outros fatos que você queira acrescentar. Talvez você queira consultar o livro: ANDRADE, Maria Margarida de. **GUIA PRÁTICO DE REDAÇÃO: Exemplos e Exercícios**. 3ª ed. São Paulo: Atlas, 2011. 280 p., para melhorar a qualidade de suas sentenças.

P1-1$_A$ **(a)** Leia o Prefácio. Escreva um parágrafo descrevendo os objetivos do conteúdo e os objetivos intelectuais do curso e do texto. Descreva também o conteúdo do material disponível no site da LTC Editora e como este pode ser usado com o texto e o curso.

(b) Liste as áreas na Figura 1-2 que você mais deseja estudar.

(c) Dê uma rápida olhada nos Módulos Web e liste aqueles que você acha que sejam as mais novas aplicações da ERQ.

P1-2$_A$ **Reveja o Exemplo 1-1.**

(a) Trabalhe novamente neste exemplo usando a Equação 3-1 da Seção 3.1.1, Capítulo 3.

(b) O que significa um número negativo para a velocidade de formação de uma espécie (por exemplo, espécie A)? O que significa um número positivo? Explique.

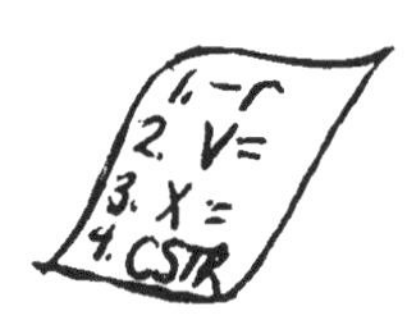

(c) **Reveja o Exemplo 1-2.** Calcule o volume de um CSTR para as condições utilizadas para descobrir o volume do reator tubular de escoamento uniforme, mostrado no Exemplo 1-2. Qual dos dois volumes é o maior, o do PFR ou o do CSTR? Explique por quê. Sugira duas maneiras de trabalhar este problema de forma incorreta.

(d) **Reveja o Exemplo 1-2.** Calcule o tempo necessário para reduzir o número de mols de A a 1% de seu valor inicial em um reator batelada de volume constante para a mesma reação e dados do Exemplo 1-2. Sugira duas maneiras de abordar este problema incorretamente.

P1-3$_A$ Visite o site da Web no tópico Pensamento Crítico e Criativo, *www.engin.umich.edu/~cre/probsolv/strategy/crit-n-creat.htm.*

(a) Escreva um parágrafo descrevendo o que é "pensamento crítico" e como você pode desenvolver suas habilidades de pensamento crítico.

(b) Escreva um parágrafo descrevendo o que é "pensamento criativo" e então liste quatro coisas que você fará durante o próximo mês para aumentar suas habilidades de pensamento criativo.

P1-4$_A$ Navegue pelo site da LTC Editora e consulte, se quiser, o site *www.engin.umich.edu/~cre.* Faça pesquisas usando busca em Notas de Resumo para o Capítulo 1.

= Encontre dica na Web

(a) Revise os objetivos do Capítulo 1 nas Notas de Resumo, disponíveis no site da LTC Editora. Escreva um parágrafo no qual você descreva quão bem você acha que atingiu esses objetivos. Discuta quaisquer dificuldades que você tenha encontrado e três maneiras (por exemplo, reunião com seu professor, ou com seus colegas) pelas quais você planeja diminuir essas dificuldades.

(b) Veja a seção Reator Químico da *Enciclopédia Visual de Equipamentos*, no site da LTC Editora. Escreva um parágrafo descrevendo o que você aprendeu.

(c) Veja as fotos e desenhos do site da LTC Editora em *Cálculo de Reatores – O Essencial da Engenharia das Reações Químicas* – Capítulo 1. Veja os vídeos para o QuickTime. Escreva um parágrafo descrevendo dois ou mais desses reatores. Que semelhanças ou diferenças você observa entre os reatores da Web (por exemplo, *www.loebequipment.com*), do site da LTC Editora, e do livro? Como os preços dos reatores se comparam com os fornecidos na Tabela 1-1?

Show de Perguntas ICG

Balanço Molar	Reações	Velocidades de Reação
100	100	100
200	200	200
300	300	300

P1-5$_A$ **(a)** Baixe o módulo de Jogos Interativos de Computador (ICG), do site da LTC Editora ou da Web. Complete esse jogo e então registre o seu número de desempenho, que indica se você domina o material.
ICG Desafio Cinético 1 – Desempenho nº ____________________

(b) Veja o vídeo do YouTube (*www.youtube.com*) elaborado pelos alunos de Engenharia das Reações Químicas da Universidade do Alabama, intitulado *Fogler Zone* (*you've got a friend in Fogler*). Digite "chemical reactor" para refinar sua pesquisa. Você também pode acessá-lo diretamente a partir do link fornecido nas *Notas de Resumo* do Capítulo 1 ou no Website em *www.umich.edu/~essen.*

P1-6$_A$ Faça uma lista das cinco coisas mais importantes que você aprendeu neste capítulo.

P1-7$_A$ Que hipóteses foram feitas na dedução da equação de projeto para:

(a) O reator batelada (BR)?

(b) O CSTR?

(c) O reator de escoamento uniforme (PFR)?

(d) O reator de leito recheado (PBR)?

(e) Defina em poucas palavras o significado de $-r_A$ e $-r'_A$. A velocidade de reação $-r_A$ é uma quantidade extensiva? Explique.

P1-8$_A$ Utilize o balanço molar para deduzir uma equação análoga à Equação (1-7) para um CSTR de leito fluidizado contendo partículas de catalisador, em termos da massa de catalisador, W, e de outros termos apropriados. (*Dica:* Veja a figura da margem.)

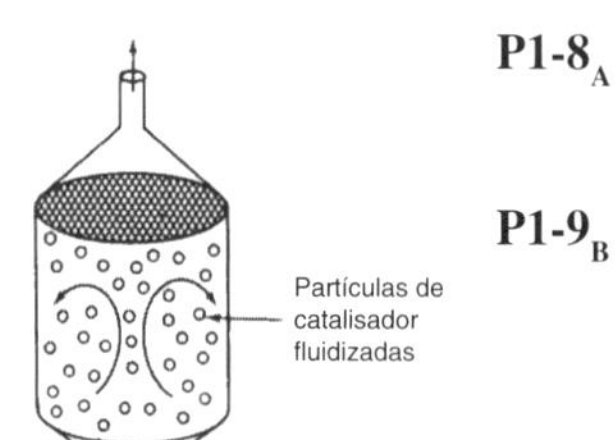

P1-9$_B$ Vamos considerar uma célula como um reator. O nutriente milhocina (resíduo seco da água de maceração de milho) entra nas células do microrganismo *Penicillium chrysogenum* e é decomposto para formar produtos tais como aminoácidos, RNA e DNA. Escreva um balanço de massa, em regime transiente, para (a) a milhocina, (b) o RNA, e (c) a penicilina. Considere que a célula é um compartimento bem misturado e que o RNA permanece no interior da mesma.

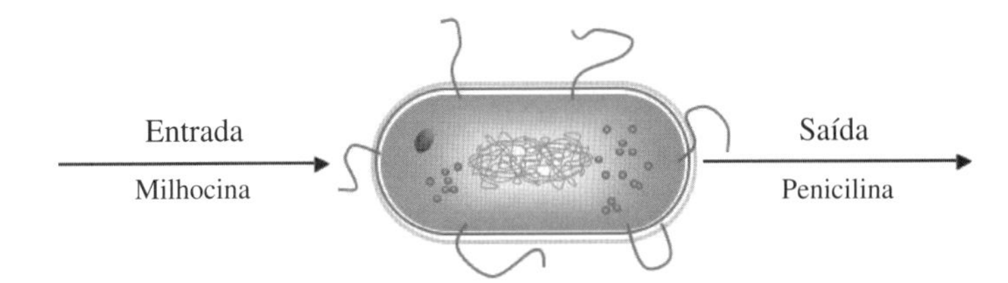

Penicillium chrysogenum

Dica na Web

P1-10$_B$ Diagramas esquemáticos da bacia de Los Angeles são mostrados na Figura P1-12$_B$. O fundo da bacia cobre aproximadamente 700 milhas quadradas (2×10^{10} ft^2) e é quase completamente rodeado por cadeias de montanhas. Se assumirmos uma altura de inversão atmosférica de 2.000 *ft*, o volume correspondente de ar na bacia seria de 4×10^{13} ft^3. Usaremos este volume de sistema para modelar a acumulação e a remoção de poluentes do ar. Como uma primeira aproximação grosseira, trataremos a bacia de Los Angeles como um recipiente bem misturado (análogo a um CSTR) no qual não há variações espaciais na concentração dos poluentes.

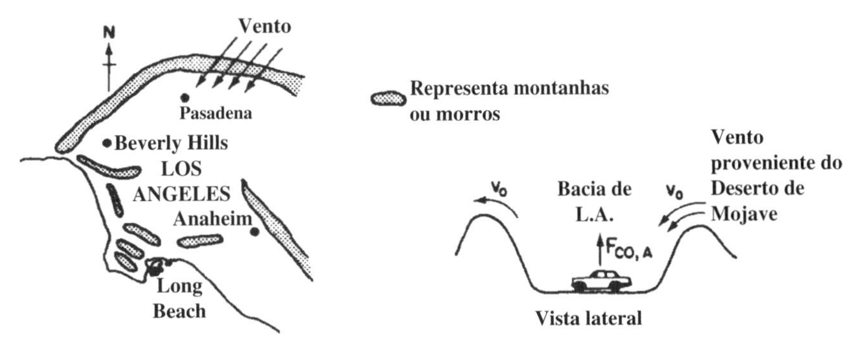

Figura P1-12$_B$ Diagramas esquemáticos da bacia de Los Angeles.

Problema Exemplo de Simulação

Realizaremos um balanço molar em regime transiente para o CO, uma vez que ele é removido da área da bacia pelo vento que vem de Santa Ana. Os ventos de Santa Ana são ventos de grande velocidade originados no Deserto de Mojave, situado logo ao nordeste de Los Angeles. Carregue o **Módulo Web: Nevoeiro Poluente (*Smog*) na Bacia de Los Angeles**. Utilize os dados do módulo para fazer as partes 1-12 (a) até (h), fornecidas no módulo. Carregue o **código Polymath** do **Problema Exemplo de Simulação** e explore o problema. Para a parte (i), varie os parâmetros v_0, *a*, e *b*, e escreva um parágrafo descrevendo o que você encontrou.

Há um trânsito muito pesado na bacia de Los Angeles (L.A.) durante a manhã e no final da tarde quando os trabalhadores vão e voltam do trabalho no centro de L.A. Consequentemente, a vazão de CO na bacia de L.A. pode ser mais bem representada como uma função seno com um período de 24 horas.

P1-11$_B$ A reação

$$A \longrightarrow B$$

deve ser conduzida isotermicamente em um reator de escoamento contínuo. A vazão volumétrica de entrada v_0 é de 10 dm³/h. (*Nota:* $F_A = C_A v$. Para uma vazão volumétrica constante, $v = v_0$; então, $F_A = C_A v_0$. Também, $C_{A0} = F_{A0}/v_0$ = ([5 mol/h]/[10 dm³/h]) = 0,5 mol/dm³.)

Calcule os volumes de ambos os reatores CSTR e PFR necessários para consumir 99% de A (isto é, $C_A = 0{,}01\ C_{A0}$) quando a vazão molar de entrada for de 5 mol/h, assumindo que a velocidade de reação $-r_A$ é:

(a) $-r_A = k$ com $k = 0{,}05\ \dfrac{\text{mol}}{\text{h} \cdot \text{dm}^3}$ [*Resp.*: $V_{CSTR} = 99\ \text{dm}^3$]

(b) $-r_A = kC_A$ com $k = 0{,}0001\ \text{s}^{-1}$

(c) $-r_A = kC_A^2$ com $k = 300\ \text{dm}^3/\text{mol/h}$ [*Resp.*: $V_{CSTR} = 660\ \text{dm}^3$]

(d) Repita **(a)**, **(b)**, e/ou **(c)** para calcular o tempo necessário para consumir 99,9 % da espécie A em um reator batelada de volume constante, igual a 1000 dm³, com $C_{A0} = 0{,}5$ mol/dm³.

P1-12$_B$ Este problema destina-se ao uso do Polymath, um programa para resolver equações diferenciais ordinárias (EDO), e também para resolver equações não lineares (ENL). Esses programas serão utilizados extensivamente nos próximos capítulos. Informações sobre como adquirir e instalar o Software Polymath são dadas no **Apêndice E** e no site da LTC Editora.

(a) Existem, inicialmente, 500 coelhos (x) e 200 raposas (y) em uma fazenda de plantação de aveia. Utilize o Polymath ou o MATLAB para plotar a concentração de raposas e coelhos em função do tempo, para um período de até 500 dias. As relações predador-presa são dadas pelo seguinte conjunto de equações diferenciais ordinárias acopladas:

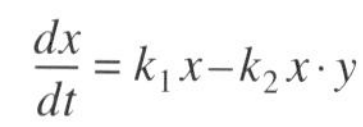

$$\frac{dx}{dt} = k_1 x - k_2 x \cdot y$$

$$\frac{dy}{dt} = k_3 x \cdot y - k_4 y$$

Constante de crescimento de coelhos: $k_1 = 0{,}02\ dia^{-1}$
Constante de morte de coelhos: $k_2 = 0{,}00004/(\text{dia} \times \text{n}^{\text{o}}\ \text{de raposas})$
Constante de crescimento de raposas depois de comerem coelhos: $k_3 = 0{,}0004/(\text{dia} \times \text{n}^{\text{o}}\ \text{de coelhos})$
Constante de morte de raposas: $k_4 = 0{,}04\ dia^{-1}$
Como seus resultados pareceriam para o caso de $k_3 = 0{,}00004/(\text{dia} \times \text{n}^{\text{o}}\ \text{de coelhos})$ e $t_{final} = 800$ dias? Plote também o número de raposas *versus* o número de coelhos. Explique por que as curvas têm as formas que são obtidas.
Varie os parâmetros k_1, k_2, k_3 e k_4. Discuta que parâmetros podem, ou não, ser maiores do que outros. Escreva um parágrafo relatando suas descobertas.

Tutorial do Polymath no site da LTC Editora

(b) Utilize o Polymath ou o MATLAB para resolver o seguinte conjunto de equações algébricas não lineares:

$$x^3 y - 4y^2 + 3x = 1$$

$$6y^2 - 9xy = 5$$

com estimativas iniciais de $x = 2$, $y = 2$. Tente familiarizar-se com as teclas de edição do Polymath e do MATLAB. Veja o site da LTC Editora para instruções.

Cópias de telas de computador sobre como executar o Polymath são mostradas no final das Notas de Resumo do Capítulo 1 no site da LTC Editora e na Web.

P1-13$_A$ **Problemas de Enrico Fermi (1901-1954) (PEF).** Enrico Fermi foi um físico italiano que recebeu o Prêmio Nobel por seu trabalho sobre processos nucleares. Fermi ficou famoso por seu "Cálculo Aproximado de Ordem de Magnitude" para obter uma estimativa da resposta pelo uso da *lógica* e fazendo suposições razoáveis. Ele usou um processo para definir os limites de uma resposta assumindo que ela é provavelmente maior do que um certo número e menor do que outro, e chegou a uma resposta que estava dentro de um fator de 10.
Veja http://mathforum.org/workshops/sum96/interdisc/sheila2.html

Problema de Enrico Fermi

(a) **PEF nº 1.** Quantos afinadores de piano existem na cidade de Chicago? Mostre as etapas de seu raciocínio.
1. População de Chicago ________________
2. Número de pessoas por residência ________________
3. Etc. _______________

Uma resposta é dada na Web nas Notas de Resumo do Capítulo 1.

(b) **PEF nº 2.** Quantos metros quadrados de pizza foram comidos por uma população de 20.000 estudantes de graduação durante o terceiro trimestre de 2010?
(c) **PEF nº 3.** Quantas banheiras de água uma pessoa beberá ao longo de sua vida?
(d) **PEF nº 4.** Romance e Musical 24601 = Jean _?_ _?_

P1-14$_A$ **O que está errado nesta solução?** A reação irreversível de segunda ordem em fase líquida ($-r_A = kC_A^2$)

$$2A \xrightarrow{k_1} B \qquad k_1 = 0{,}03\ \text{dm}^3/\text{mol} \cdot \text{s}$$

é conduzida em um CSTR. A concentração de entrada de A, C_{A0}, é de 2 mols, e a concentração de saída de A, C_A, é de 0,1 mol. A vazão volumétrica, v_0, é constante igual a 3 dm^3/s. Qual é o volume do reator?

Solução

1. Balanço Molar

$$V = \frac{F_{A0} - F_A}{-r_A}$$

2. Lei de Velocidade de Reação (2ª ordem)

$$-r_A = kC_A^2$$

3. Combine

$$V = \frac{F_{A0} - F_A}{kC_A^2}$$

4. $F_{A0} = \upsilon_o C_{A0} = \frac{3\ \text{dm}^3}{s} \cdot \frac{2\ \text{molA}}{\text{dm}^3} = \frac{6\ \text{molA}}{s}$

5. $F_A = \upsilon_o C_A = \frac{3\ \text{dm}^3}{s} \cdot \frac{0{,}1\ \text{molA}}{\text{dm}^3} = \frac{0{,}3\ \text{molA}}{s}$

6. $V = \dfrac{(6 - 0{,}3)\dfrac{\text{mol}}{\text{s}}}{\left(0{,}03\dfrac{\text{dm}^3}{\text{mol}\cdot\text{s}}\right)\left(2\dfrac{\text{mol}}{\text{dm}^3}\right)^2} = 47{,}5\ \text{dm}^3$

SUGESTÃO PARA PROFESSORES: Problemas adicionais (veja também os de edições anteriores) podem ser encontrados no manual de soluções (em inglês) no respectivo site da LTC Editora. Esses problemas poderiam ser fotocopiados e usados para ajudar a reforçar os princípios fundamentais discutidos neste capítulo.

LEITURA SUPLEMENTAR

1. Para posterior elaboração do desenvolvimento da equação geral de balanço, veja não apenas o site Web www.umich.edu/~essen, mas também

   FELDER, R. M., e R. W. ROUSSEAU, *Elementary Principles of Chemical Processes*, 3 ed. New York: Wiley, 2000, Cap. 4.

   MURPHY, REGINA M., *Introduction to Chemical Processes: Principles, Analysis, Synthesis*, New York, NY: McGraw-Hill Higher Education, 2007.

   HIMMELBLAU, D. M., e J. D. Riggs, *Basic Principles and Calculations in Chemical Engineering*, 7 ed. Upper Saddle River, N.J.: Prentice Hall, 2004, Capítulos 2 e 6.

   SANDERS, R. J., *The Anatomy of Skiing*. Denver, CO: Golden Bell Press, 1976.

2. Uma explicação detalhada de alguns tópicos deste capítulo pode ser encontrada nos tutoriais

   CRYNES, B. L. e H. S. FOGLER, eds., *AIChE Modular Instruction Series E: Kinetics*, Vols. 1 e 2. New York: AIChE, 1981.

3. Uma discussão sobre alguns dos processos industriais mais importantes é apresentada por

   AUSTIN, G. T., *Shreve's Chemical Process Industries*, 5 ed. New York: McGraw-Hill, 1984.

Conversão e Dimensionamento de Reatores

2

Seja mais preocupado com seu caráter do que com sua reputação, porque caráter é aquilo que você realmente é, enquanto reputação é apenas aquilo que os outros pensam que você é.

John Wooden, técnico, UCLA Bruins

Visão Geral. No primeiro capítulo, a equação geral do balanço molar foi deduzida e então aplicada aos quatro tipos mais comuns de reatores industriais. Uma equação de balanço foi desenvolvida para cada tipo de reator, e essas equações estão resumidas na Tabela R-1 no Capítulo 1. No Capítulo 2, mostraremos conceitualmente como podemos dimensionar e arranjar esses reatores, de tal modo que o leitor possa ver a estrutura do projeto de ERQ e não se perca em detalhes matemáticos.

Neste capítulo nós

- Definimos conversão
- Reescrevemos todas as equações de balanço para os quatro tipos de reatores industriais do Capítulo 1, em termos de conversão, X
- Mostramos como dimensionar esses reatores (isto é, determinar o volume do reator), uma vez que a relação entre a velocidade de reação e a conversão é conhecida, ou seja, $-r_A = f(X)$ é dada
- Mostramos como comparar os tamanhos dos reatores CSTR e PFR
- Mostramos como decidir pelo melhor arranjo de reatores em série, um princípio muito importante

Além de ser capaz de determinar as dimensões dos reatores CSTR e PFR, dada a velocidade de reação como função da conversão, você será capaz de calcular a conversão global e os volumes dos reatores arranjados em série.

2.1 Definição da Conversão

Para definir conversão escolhemos um dos reagentes como base de cálculo e, então, relacionamos as outras espécies reagentes com esta base. Em praticamente todas as circunstâncias devemos escolher o reagente limitante como a base de cálculo. Desenvolvemos as relações estequiométricas e equações de projeto, considerando a reação genérica

$$aA + bB \longrightarrow cC + dD \tag{2-1}$$

As letras maiúsculas representam espécies químicas, e as letras minúsculas representam coeficientes estequiométricos. Escolheremos a espécie A como nosso reagente limitante e, assim, como nossa *base de cálculo*. O reagente limitante é aquele que será consumido primeiro após os reagentes terem sido misturados. A seguir, dividimos toda a equação da reação pelo coeficiente estequiométrico da espécie A, a fim de arranjarmos esta equação na forma

$$A + \frac{b}{a}B \longrightarrow \frac{c}{a}C + \frac{d}{a}D \tag{2-2}$$

para que todas as quantidades sejam expressas na base de "por mol de A", nosso reagente limitante.

Agora nos deparamos com as seguintes questões: "Como poderemos quantificar o progresso de uma reação [por exemplo, a Equação (2-2)] para a direita?", ou "Quantos mols de C são formados para cada mol de A que é consumido?" Um modo conveniente de responder estas questões é definir um parâmetro chamado *conversão*. A conversão X_A é o número de mols de A que reagiram por mol de A alimentado ao sistema:

Definição de X

$$X_A = \frac{\text{mols de A reagidos}}{\text{mols de A alimentados}}$$

Como estamos definindo conversão em relação à nossa base de cálculo [a espécie A, na Equação (2-2)], eliminaremos o subíndice A, por conveniência, ficando subentendido que $X \equiv X_A$. Para reações irreversíveis, a conversão máxima é 1, isto é, conversão completa. Para reações reversíveis, a conversão máxima é a conversão de equilíbrio X_e (isto é, $X_{máx} = X_e$). No Capítulo 4 veremos a conversão de equilíbrio em mais detalhes.

2.2 Equações de Projeto para o Reator Batelada

Na maioria dos reatores do tipo batelada, quanto mais tempo o reagente permanecer no reator, mais ele é convertido a produto, até que o equilíbrio da reação seja atingido, ou o reagente seja consumido. Consequentemente, nos sistemas em batelada, a conversão X é uma função do tempo que os reagentes permanecem no reator. Se N_{A0} é o número de mols de A presentes inicialmente no reator (isto é, $t = 0$), então o número total de mols de A que reagiram (isto é, que foram consumidos) num tempo t é $[N_{A0} X]$.

$$[\text{mols de A reagidos (consumidos)}] = [\text{mols de A alimentados}] \cdot \left[\frac{\text{mols de A reagidos}}{\text{mols de A alimentados}}\right]$$

$$\begin{bmatrix}\text{mols de A}\\ \text{reagidos}\\ \text{(consumidos)}\end{bmatrix} = [N_{A0}] \cdot [X] \tag{2-3}$$

Assim, o número de mols de A que permanecem no reator após um tempo t, N_A, pode ser expresso em termos de N_{A0} e X:

$$\begin{bmatrix}\text{mols de A}\\ \text{no reator}\\ \text{no tempo } t\end{bmatrix} = \begin{bmatrix}\text{mols de A}\\ \text{inicialmente}\\ \text{alimentados}\\ \text{ao reator no}\\ t=0\end{bmatrix} - \begin{bmatrix}\text{mols de A que}\\ \text{foram consumidos}\\ \text{pela reação}\\ \text{química}\end{bmatrix}$$

$$[N_A] \quad = \quad [N_{A0}] \quad - \quad [N_{A0}X]$$

O número de mols de A que restam no reator após a conversão X ter sido alcançada é

Mols de A no reator no tempo t

$$\boxed{N_A = N_{A0} - N_{A0}X = N_{A0}(1-X)} \tag{2-4}$$

Quando não há variações espaciais na velocidade de reação, o balanço molar para a espécie A, num sistema em batelada, é dado pela seguinte equação [conforme a Equação (1-5)]:

$$\frac{dN_A}{dt} = r_A V \tag{2-5}$$

Esta equação é válida tanto no caso de volume constante como variável. Na reação geral, Equação (2-2), o reagente A está desaparecendo; portanto, multiplicamos ambos os lados da Equação (2-5) por –1 para obter o balanço molar para o reator batelada na forma

$$-\frac{dN_A}{dt} = (-r_A)V$$

A velocidade de desaparecimento de A, $-r_A$, nesta reação pode ser dada por uma lei de velocidade similar à Equação (1-2), tal como $-r_A = k\,C_A\,C_B$.

Para reatores batelada interessa-nos determinar quanto tempo os reagentes devem ser mantidos no reator, a fim de alcançar uma dada conversão X. Para obtermos o valor deste tempo, transformamos o balanço molar, Equação (2-5), em termos da conversão, diferenciando a Equação (2-4), em relação ao tempo, lembrando que N_{A0} é o número de mols de A inicialmente presentes no reator e, portanto, é uma constante em relação ao tempo.

$$\frac{dN_A}{dt} = 0 - N_{A0}\frac{dX}{dt}$$

Combinando esta última equação com a Equação (2-5), resulta

$$-N_{A0}\frac{dX}{dt} = r_A V$$

Para um reator batelada, a equação de projeto na forma diferencial é

Equação de projeto do reator batelada

$$\boxed{N_{A0}\frac{dX}{dt} = -r_A V} \tag{2-6}$$

A Equação (2-6) é chamada de forma diferencial da **equação de projeto** para reator batelada, porque o balanço molar é escrito em termos de conversão. As formas diferenciais de balanços molares do reator batelada, Equações (2-5) e (2-6), são frequentemente usadas na interpretação de dados de velocidade de reação (Capítulo 7) e para reatores com efeitos de calor (Capítulos 11-13), respectivamente. Reatores batelada são comumente encontrados na indústria tanto para reações de fase gasosa quanto para fase líquida. O modelo de reator de laboratório tipo bomba calorimétrica é amplamente utilizado para a obtenção de dados de velocidade de reação. Reações em fase líquida são frequentemente conduzidas em reatores batelada quando se deseja uma produção em pequena escala, ou no caso de dificuldades operacionais impedirem o uso de sistemas contínuos.

Para determinar o tempo necessário para alcançar uma conversão X especificada, primeiro separamos as variáveis da Equação (2-6) como segue.

$$dt = N_{A0} \frac{dX}{-r_A V}$$

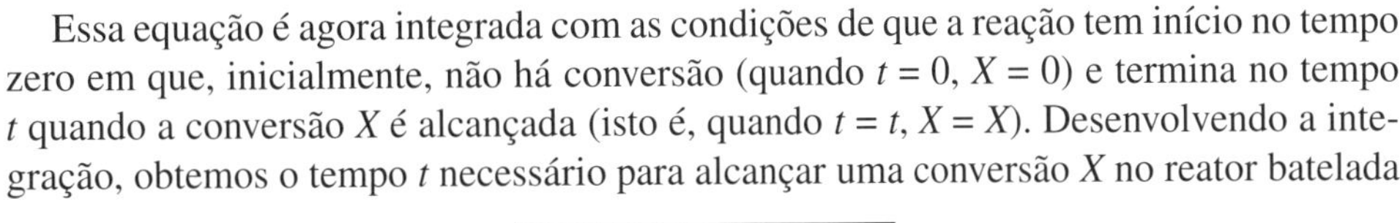

Tempo de batelada t para alcançar a conversão X

Essa equação é agora integrada com as condições de que a reação tem início no tempo zero em que, inicialmente, não há conversão (quando $t = 0$, $X = 0$) e termina no tempo t quando a conversão X é alcançada (isto é, quando $t = t$, $X = X$). Desenvolvendo a integração, obtemos o tempo t necessário para alcançar uma conversão X no reator batelada

$$\boxed{t = N_{A0} \int_0^X \frac{dX}{-r_A V}} \tag{2-7}$$

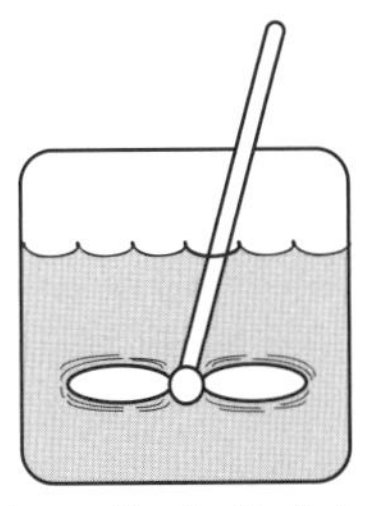

Equação de Projeto do Reator Batelada

Quanto mais tempo os reagentes permanecerem no reator, maior será a conversão. A Equação (2-6) é a forma diferencial da equação de projeto, e a Equação (2-7) é a forma integral da equação de projeto para um reator batelada.

2.3 Equações de Projeto para Reatores de Escoamento Contínuo

Para um reator batelada, vimos que a conversão aumenta com o tempo que os reagentes permanecem no reator. Para sistemas com escoamento contínuo, esse tempo geralmente aumenta com o aumento do volume do reator; por exemplo, quanto maior/mais longo o reator, mais tempo o reagente levará para escoar completamente pelo reator e, assim, terá mais tempo para reagir. Consequentemente, a conversão X é uma função do volume do reator V. Se F_{A0} for a vazão molar da espécie A alimentada num sistema que opera em regime estacionário, a velocidade molar na qual a espécie A reage *dentro* de todo o sistema será $F_{A0} X$.

$$[F_{A0}] \cdot [X] = \frac{\text{mols de A alimentados}}{\text{tempo}} \cdot \frac{\text{mols de A reagidos}}{\text{mols de A alimentados}}$$

$$[F_{A0} \cdot X] = \frac{\text{mols de A reagidos}}{\text{tempo}}$$

A vazão molar de A alimentada *ao* sistema *menos* a velocidade molar de reação de A dentro do sistema *é igual* à vazão molar de A que sai do sistema, F_A. A sentença anterior pode ser matematicamente escrita como

$$\begin{bmatrix}\text{Vazão molar de} \\ \text{alimentação de} \\ \text{A no sistema}\end{bmatrix} - \begin{bmatrix}\text{Velocidade molar} \\ \text{da reação de} \\ \text{consumo de A} \\ \text{dentro do sistema}\end{bmatrix} = \begin{bmatrix}\text{Vazão molar de} \\ \text{saída de A do} \\ \text{sistema}\end{bmatrix}$$

$$[F_{A0}] \quad - \quad [F_{A0}X] \quad = \quad [F_A]$$

Rearranjando, obtém-se

$$\boxed{F_A = F_{A0}(1 - X)} \tag{2-8}$$

A vazão molar de alimentação da espécie A, F_{A0} (mol/s), é simplesmente o produto da concentração de entrada, C_{A0} (mol/dm^3), pela vazão volumétrica de entrada, v_0 (dm^3/s).

$$F_{A0} = C_{A0} v_0 \tag{2-9}$$

Para sistemas líquidos, C_{A0} é normalmente dada em termos de molaridade; por exemplo,

Fase líquida

$$C_{A0} = 2 \text{ mol/dm}^3$$

Para sistemas gasosos, C_{A0} pode ser calculada a partir da fração molar de alimentação, y_{A0}, temperatura, T_0, e pressão, P_0, usando-se a lei dos gases ideais, ou alguma outra lei de gases. Para um gás ideal (veja o Apêndice B):

$$C_{A0} = \frac{P_{A0}}{RT_0} = \frac{y_{A0} P_0}{RT_0} \tag{2-10}$$

Fase gasosa

Agora que temos uma relação entre a vazão molar e a conversão [Equação 2-8], é possível expressar as equações de projeto (isto é, o balanço molar) em termos de conversão para os reatores de *escoamento contínuo* vistos no Capítulo 1.

2.3.1 CSTR (Reator Tanque Agitado Contínuo, Também Conhecido como Reator de Retromistura ou Tanque de Reação)

Lembre-se de que o CSTR é modelado sendo bem misturado de modo que não haja variações espaciais no reator. Para a reação geral,

$$A + \frac{b}{a} B \longrightarrow \frac{c}{a} C + \frac{d}{a} D \tag{2-2}$$

a equação de balanço molar do CSTR, Equação (1-7), pode ser arranjada na forma

$$V = \frac{F_{A0} - F_A}{-r_A} \tag{2-11}$$

Agora expressamos F_A em função de F_{A0} e X

$$F_A = F_{A0} - F_{A0}X \tag{2-12}$$

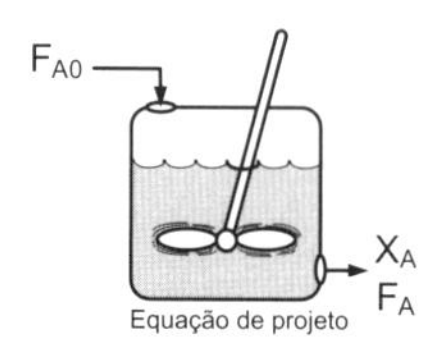

Mistura perfeita

Calcule $-r_A$ na condição de saída do CSTR!!

e então substituímos a Equação (2-12) na (2-11)

$$V = \frac{F_{A0} - (F_{A0} - F_{A0}X)}{-r_A}$$

Simplificando, vemos que o volume do CSTR necessário para alcançar uma conversão específica X é

$$\boxed{V = \frac{F_{A0}X}{(-r_A)_{\text{saída}}}} \tag{2-13}$$

Como o reator CSTR é *perfeitamente misturado*, a composição na saída do reator é idêntica à sua composição interna, e a velocidade de reação é calculada nas condições de saída.

2.3.2 Reator Tubular de Escoamento Uniforme (PFR)

Modelamos um reator tubular como tendo o fluido com escoamento uniforme – isto é, nenhum gradiente radial de concentração, temperatura ou de velocidade de reação.[1] À medida que os reagentes entram e escoam axialmente, no sentido da saída do reator, eles são consumidos e a conversão aumenta ao longo do comprimento do reator. Para desenvolver a equação de projeto do PFR, multiplicamos ambos os lados da equação de

---

[1]Esta restrição poderá ser removida quando estendermos a nossa análise aos reatores não ideais (industriais) nos Capítulos DVD13 e DVD14, no site da LTC Editora e como apresentado nos Capítulos 13 e 14 da quarta edição do livro *Elementos de Engenharia das Reações Químicas*.

projeto do reator tubular (1-12) por –1. Então expressamos a equação do balanço molar para a espécie A na reação como

$$\frac{-dF_A}{dV} = -r_A \qquad (2\text{-}14)$$

Para um sistema com escoamento contínuo, F_A já foi escrita em função da vazão molar de entrada, F_{A0}, e da conversão, X,

$$F_A = F_{A0} - F_{A0}X \qquad (2\text{-}12)$$

Diferenciando

$$dF_A = -F_{A0}dX$$

e substituindo o resultado na (2-14) resulta a forma diferencial da equação de projeto de um reator tubular de escoamento uniforme (PFR):

$$\boxed{F_{A0}\frac{dX}{dV} = -r_A} \qquad (2\text{-}15)$$

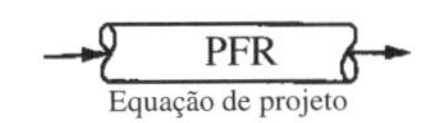

Agora separamos as variáveis e integramos, com a condição $V = 0$ quando $X = 0$, para obter, no caso do reator tubular, o volume necessário para alcançar uma conversão X especificada:

$$\boxed{V = F_{A0}\int_0^X \frac{dX}{-r_A}} \qquad (2\text{-}16)$$

Para executar as integrações indicadas nas equações de projeto dos reatores batelada e tubular, (2-7) e (2-16), bem como avaliar a equação de projeto do CSTR, (2-13), precisamos saber como a velocidade de reação, $-r_A$, varia com a concentração (logo, com a conversão) das espécies reagentes. Esta relação entre a velocidade de reação e a concentração é desenvolvida no Capítulo 3.

2.3.3 Reator de Leito de Recheio (PBR)

Reatores de leito de recheio são reatores tubulares recheados com partículas de catalisador. Em PBRs a massa de catalisador W é mais importante do que o volume do reator. A dedução das formas integral e diferencial das equações de projeto para reatores de leito de recheio é análoga à do PFR [veja as Equações (2-15) e (2-16)]. Isto é, substituindo F_A na Equação (1-15) pela Equação (2-12), resulta

Equação de projeto do PBR

$$\boxed{F_{A0}\frac{dX}{dW} = -r'_A} \qquad (2\text{-}17)$$

A forma diferencial da equação de projeto [isto é, Equação (2-17)] **deve** ser usada quando forem analisados reatores que tenham perda de pressão ao longo do seu comprimento. Discutiremos a perda de pressão em reatores de leito de recheio no Capítulo 5.

Na *ausência* de queda de pressão, isto é, $\Delta P = 0$, podemos integrar (2-17) com limites $X = 0$ para $W = 0$ e $W = W$ para $X = X$ e obtemos

$$\boxed{W = F_{A0}\int_0^X \frac{dX}{-r'_A}} \qquad (2\text{-}18)$$

A Equação (2-18) pode ser utilizada para a determinação da massa de catalisador W necessária para alcançar a conversão X, quando a pressão total permanece constante.

2.4 Dimensionando Reatores de Escoamento Contínuo

Nesta seção, mostraremos como dimensionar CSTRs e PFRs (isto é, como determinar os volumes para esses reatores) a partir do conhecimento da velocidade da reação, $-r_A$, como uma função da conversão, X [isto é, $-r_A = f(X)$]. A velocidade de desaparecimento de A, $-r_A$, quase sempre é uma função das concentrações das várias espécies presentes (veja o Capítulo 3). Quando apenas uma reação está ocorrendo, cada uma das concentrações pode ser expressa como uma função da conversão, X (veja o Capítulo 4); consequentemente, $-r_A$ também pode ser expressa como uma função de X.

Uma dependência funcional particularmente simples, porém, que ocorre frequentemente, é a dependência de primeira ordem

$$-r_A = kC_A = kC_{A0}(1 - X)$$

Aqui, k é a velocidade específica de reação que é função apenas de temperatura, e C_{A0} é a concentração de entrada de A. Observamos nas Equações (2-13) e (2-16) que o volume do reator é uma função do inverso de $-r_A$. Para esta dependência de primeira ordem, um gráfico do inverso da velocidade de reação ($1/-r_A$) em função da conversão produz uma curva semelhante àquela mostrada na Figura 2-1, em que

$$\frac{1}{-r_A} = \frac{1}{kC_{A0}}\left(\frac{1}{1 - X}\right)$$

Podemos usar a Figura 2-1 para dimensionar CSTRs e PFRs para diferentes vazões de entrada. Com o termo *dimensionamento* queremos dizer determinar o volume do reator

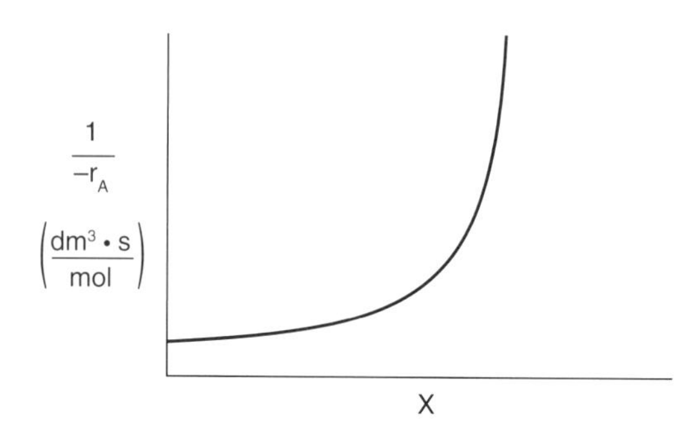

Figura 2-1 Inverso da velocidade de reação em função de conversão.

para uma conversão dada, ou determinar a conversão para um volume especificado do reator. Antes de dimensionar os reatores de escoamento contínuo, vamos estabelecer alguns pontos importantes para a compreensão. Se uma reação for realizada de modo isotérmico, a velocidade de reação é normalmente maior no início da reação quando a concentração de reagentes é a maior (isto é, quando houver conversão desprezível [$X \cong 0$]). Assim, o inverso da velocidade de reação ($1/-r_A$) será pequeno. Próximo ao final da reação, quando o reagente estiver quase todo consumido e a concentração de A for pequena (isto é, a conversão for grande), a velocidade da reação será pequena. Consequentemente, o inverso da velocidade de reação ($1/-r_A$) será grande.

Para todas as reações irreversíveis, de ordem maior do que zero (veja o Capítulo 3 para reações de ordem zero), à medida que nos aproximamos da conversão completa na qual todos os reagentes limitantes estiverem esgotados, isto é, $X = 1$, o inverso da velocidade de reação se aproxima de infinito, assim como o volume do reator, isto é,

$A \rightarrow B + C$

$$\text{Quando } X \rightarrow 1, -r_A \rightarrow 0 \text{, então, } \frac{1}{-r_A} \rightarrow \infty \text{ portanto } V \rightarrow \infty$$

"Ao infinito e além" – Buzz Lightyear*

Consequentemente, vemos que um reator de volume infinito é necessário para alcançar conversão completa, $X = 1{,}0$.

Para reações reversíveis (por exemplo, $A \rightleftharpoons B$), a conversão máxima é a conversão de equilíbrio X_e. No equilíbrio, a velocidade de reação é zero ($r_A \equiv 0$). Portanto,

$A \rightleftarrows B + C$

$$\text{Quando } X \to X_e, -r_A \to 0\text{ , então, } \frac{1}{-r_A} \to \infty \text{ portanto } V \to \infty$$

e vemos que um reator de volume infinito também seria necessário para obter exatamente a conversão de equilíbrio, $X = X_e$. Mais informações sobre X_e, no Capítulo 4.

Exemplos

Para ilustrar o projeto de reatores de escoamento contínuo (isto é, CSTRs e PFRs), consideraremos a isomerização isotérmica em fase gasosa.

$$A \longrightarrow B$$

Vamos ao laboratório determinar a velocidade de reação química como uma função da conversão do reagente A. As medidas de laboratório apresentadas na Tabela 2-1 mostram a velocidade da reação química como uma função de conversão. A temperatura era 500 K (440°F), a pressão total era 830 kPa (8,2 atm), e a carga inicial do reator era A puro. A vazão molar de entrada de A é $F_{A0} = 0{,}4$ mol/s.

Se conhecemos $-r_A$ como uma função de X, podemos dimensionar qualquer sistema reacional isotérmico.

TABELA 2-1 DADOS COLETADOS

X	$-r_A$ (mol/m³ · s)
0	0,45
0,1	0,37
0,2	0,30
0,4	0,195
0,6	0,113
0,7	0,079
0,8	0,05

Recordando as equações de projeto do CSTR e PFR, (2-13) e (2-16), vemos que o volume do reator varia diretamente com a vazão molar F_{A0} e com o inverso da velocidade de reação, $-r_A$, $\left(\frac{1}{-r_A}\right)$; por exemplo, $V = \left(\frac{F_{A0}}{-r_A}\right)X$. Consequentemente, para dimensionar reatores, primeiro convertemos os dados coletados da Tabela 2-1, que apresenta $-r_A$ em função de X, inicialmente para $\left(\frac{1}{-r_A}\right)$, que também é função de X. A seguir, multiplicamos o resultado pela vazão molar de entrada, F_{A0}, para obter $\left(\frac{F_{A0}}{-r_A}\right)$ como uma função de X, conforme apresenta a Tabela 2-2 dos dados processados para $F_{A0} = 0{,}4$ mol/s.

Usaremos os dados desta tabela para os próximos cinco Problemas Exemplos.

TABELA 2-2 DADOS PROCESSADOS

X	0,0	0,1	0,2	0,4	0,6	0,7	0,8
$-r_A\left(\frac{\text{mol}}{\text{m}^3\cdot\text{s}}\right)$	0,45	0,37	0,30	0,195	0,113	0,079	0,05
$(1/-r_A)\left(\frac{\text{m}^3\cdot\text{s}}{\text{mol}}\right)$	2,22	2,70	3,33	5,13	8,85	12,7	20
$(F_{A0}/-r_A)(\text{m}^3)$	0,89	1,08	1,33	2,05	3,54	5,06	8,0

*Frase inspiradora que é o lema do personagem patrulheiro espacial dos filmes Toy Story. (N.T.)

Para dimensionar reatores para diferentes vazões molares de entrada, F_{A0}, usaríamos as linhas 1 e 3 da Tabela 2-2 para construir a seguinte figura:

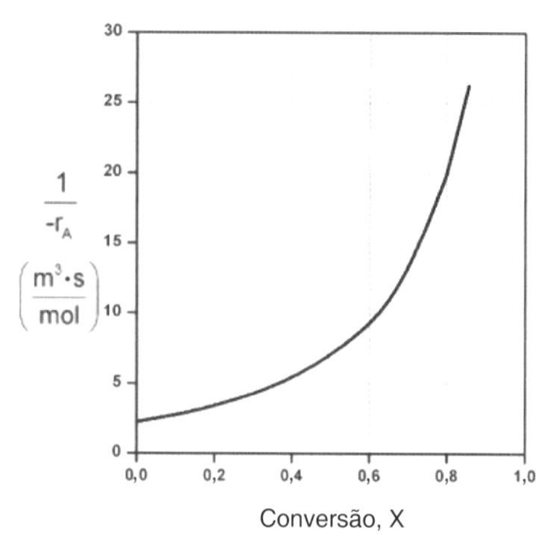

Figura 2-2A Dados processados 1.

Entretanto, para uma F_{A0} específica, em vez de usar a Figura 2-2A para dimensionar reatores, é frequentemente mais vantajoso plotar $\left(\frac{F_{A0}}{-r_A}\right)$ como uma função de X, que é chamada de gráfico de Levenspiel. A seguir desenvolveremos alguns exemplos nos quais especificaremos a vazão molar F_{A0} como 0,4 mol A/s.

Plotando $\left(\frac{F_{A0}}{-r_A}\right)$ como uma função de X, usando os dados da Tabela 2-2, obtemos o gráfico mostrado na Figura 2-2B.

Gráfico de Levenspiel

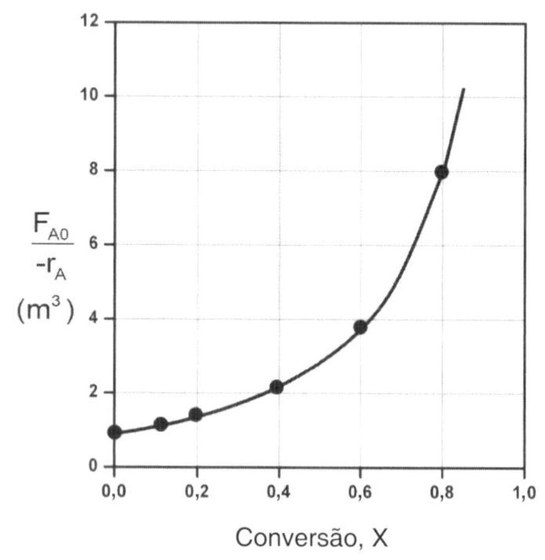

Figura 2-2B Gráfico de Levenspiel para os dados processados 2.

Agora usaremos o gráfico de Levenspiel dos dados processados (Figura 2-2B) para dimensionar um CSTR e um PFR.

Exemplo 2-1 Dimensionando um CSTR

A reação descrita pelos dados da Tabela 2-2

$$A \rightarrow B$$

deve ser conduzida em um CSTR. A espécie A entra no reator a uma vazão molar de $F_{A0} = 0{,}4$ mol/s, que é a vazão molar usada para construir a Figura 2-2B.

(a) Usando os dados da Tabela 2-2 ou Figura 2-2B, calcule o volume necessário para alcançar 80% de conversão num CSTR.

(b) Sombreie a área da Figura 2-2B, que daria o volume necessário de um CSTR para alcançar 80% de conversão.

Soluções

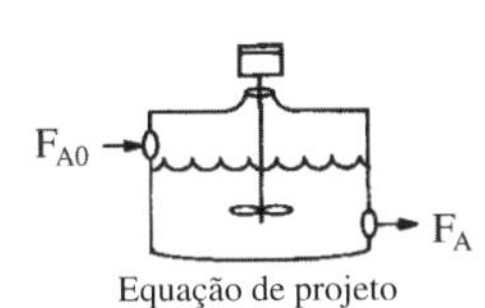

Equação de projeto

(a) A Equação (2-13) fornece o volume de um CSTR como uma função de F_{A0}, X e $-r_A$:

$$V = \frac{F_{A0}X}{(-r_A)_{\text{saída}}} \tag{2-13}$$

Num CSTR, a composição, temperatura, e conversão da corrente efluente são idênticas àquelas do fluido que está no interior do reator, uma vez que é considerada a mistura perfeita. Portanto, precisamos encontrar o valor de $-r_A$ (ou o seu inverso) para $X = 0,8$. A partir da Tabela 2-2 ou Figura 2-2A, vemos que para $X = 0,8$, obtemos

$$\left(\frac{1}{-r_A}\right)_{X=0,8} = 20\frac{\text{m}^3 \cdot \text{s}}{\text{mol}}$$

A substituição deste valor na Equação (2.13) para uma vazão molar, F_{A0}, de 0,4 mol A/s e $X = 0,8$ resulta em

$$V = 0,4\frac{\text{mol}}{\text{s}}\left(\frac{20\ \text{m}^3 \cdot \text{s}}{\text{mol}}\right)(0,8) = 6,4\ \text{m}^3 \tag{E2-1.1}$$

$$V = 6,4\ \text{m}^3 = 6400\ \text{dm}^3 = 6400\ \text{litros}$$

(b) Sombreie a área da Figura 2-2B, que corresponde ao volume do CSTR. Rearranjando a Equação (2-13), obtém-se

$$V = \left[\frac{F_{A0}}{-r_A}\right]X \tag{2-13}$$

Na Figura E2-1.1, o volume é igual à área de um retângulo com altura $F_{A0}/(-r_A) = 8\ \text{m}^3$ e uma base ($X = 0,8$). Este retângulo está sombreado na figura.

$$V = \left[\frac{F_{A0}}{-r_A}\right]_{X=0,8}(0,8) \tag{E2-1.2}$$

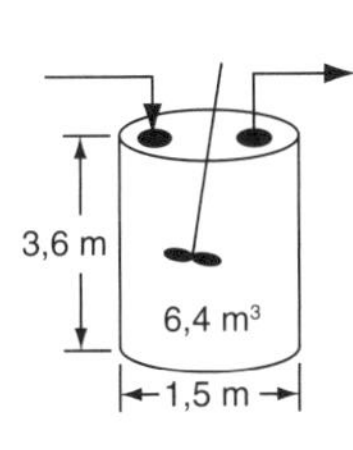

$$V = \text{área do retângulo de Levenspiel} = \text{altura} \times \text{largura}$$

$$V = [8\ \text{m}^3][0,8] = 6,4\ \text{m}^3$$

O volume requerido do CSTR para alcançar a conversão de 80% é 6,4 m³, quando operado a 500 K, 830 kPa (8,2 atm), e com vazão molar de A de entrada igual a 0,4 mol/s. Este volume corresponde a um reator de cerca de 1,5 m de diâmetro e 3,6 m de altura. É um CSTR grande, porém esta é uma reação em fase gasosa, e CSTRs não são normalmente utilizados para reações em fase gasosa. CSTRs são usados principalmente para reações em fase líquida.

Gráficos de $1/-r_A$ em função de X são chamados, às vezes, de Gráficos de Levenspiel (em reconhecimento ao trabalho de Octave Levenspiel)

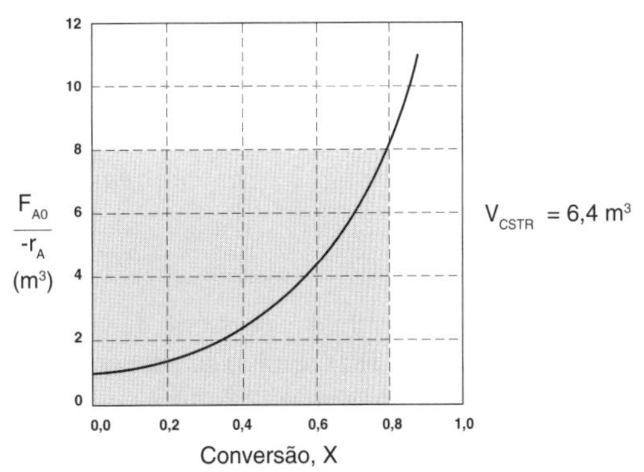

Figura E2-1.1 Gráfico de Levenspiel para o CSTR.

Análise: Dada a conversão, a velocidade da reação como uma função da conversão, e a vazão molar da espécie A, vimos como calcular o volume de um CSTR. A partir dos dados e informações apresentados, calculamos o volume como 6,4 m³ para 80% de conversão. Mostramos como realizar este cálculo usando a equação de projeto (2-13) e também utilizando o gráfico de Levenspiel.

Exemplo 2-2 Dimensionando um PFR

A reação descrita pelos dados nas Tabelas 2-1 e 2-2 deve ser conduzida num PFR. A vazão molar de entrada de A é novamente de 0,4 mol/s.

(a) Primeiramente, use uma das fórmulas de integração dadas no Apêndice A.4 para determinar o volume necessário para que um PFR atinja a conversão de 80%.

(b) Em seguida, sombreie a área da Figura 2-2B que corresponderia ao volume necessário para que um PFR atinja a conversão de 80%.

(c) Finalmente, faça um esboço qualitativo da conversão, X, e da velocidade de reação, $-r_A$, ao longo do comprimento (volume) do reator.

Solução

Começamos repetindo as linhas (1) e (4) da Tabela 2-2 para gerar os resultados mostrados na Tabela 2-3.

TABELA 2-3 DADOS PROCESSADOS 2

X	0,0	0,1	0,2	0,4	0,6	0,7	0,8
$(F_{A0}/-r_A)(m^3)$	0,89	1,08	1,33	2,05	3,54	5,06	8,0

(a) Para o PFR, a forma diferencial do balanço molar é

$$F_{A0}\frac{dX}{dV} = -r_A \qquad (2\text{-}15)$$

Rearranjando e integrando, obtemos

$$V = F_{A0}\int_0^{0,8}\frac{dX}{-r_A} = \int_0^{0,8}\frac{F_{A0}}{-r_A}dX \qquad (2\text{-}16)$$

Usaremos a fórmula *quadrática de cinco pontos* [Equação (A-23)], do Apêndice A.4, para avaliar numericamente a Equação (2-16). A fórmula quadrática de cinco pontos para a conversão final de 0,8 utiliza quatro segmentos iguais, entre $X = 0$ e $X = 0,8$, com um comprimento de segmento de $\Delta X = 0,8/4 = 0,2$. A função no interior da integral é avaliada para $X = 0$, $X = 0,2$, $X = 0,4$, $X = 0,6$ e $X = 0,8$.

$$V = \frac{\Delta X}{3}\left[\frac{F_{A0}}{-r_A(X=0)} + \frac{4F_{A0}}{-r_A(X=0.2)} + \frac{2F_{A0}}{-r_A(X=0,4)} + \frac{4F_{A0}}{-r_A(X=0,6)} + \frac{F_{A0}}{-r_A(X=0,8)}\right] \qquad (E2\text{-}2.1)$$

Usando os valores de $[F_{A0}/(-r_A)]$ correspondentes às diferentes conversões da Tabela 2-3, encontramos

$$V = \left(\frac{0,2}{3}\right)[0.89 + 4(1.33) + 2(2.05) + 4(3.54) + 8.0]\text{m}^3 = \left(\frac{0,2}{3}\right)(32.47\text{ m}^3)$$

$$\boxed{V = 2.165\text{ m}^3 = 2165\text{ dm}^3}$$

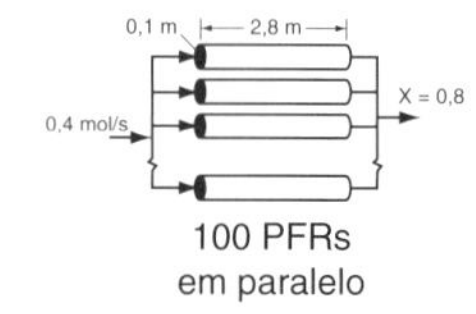

100 PFRs em paralelo

O volume necessário de um reator PFR para obter 80% de conversão é 2165 dm³. Este volume poderia resultar de um conjunto de 100 PFRs que tivessem, cada um, 0,1 m de diâmetro e comprimento de 2,8 m [por exemplo, veja a figura da margem, ou as Figuras 1-8(a) e (b)].

(b) A integral da Equação (2-16) pode também **ser avaliada a partir da área sob a curva de um gráfico de $(F_{A0}/-r_A)$ em função de X.**

PFR

$$V = \int_0^{0,8} \frac{F_{A0}}{-r_A} dX = \text{Área sob a curva entre } X = 0 \text{ e } X = 0,8$$

(veja a área sombreada na Figura E2-2.1)

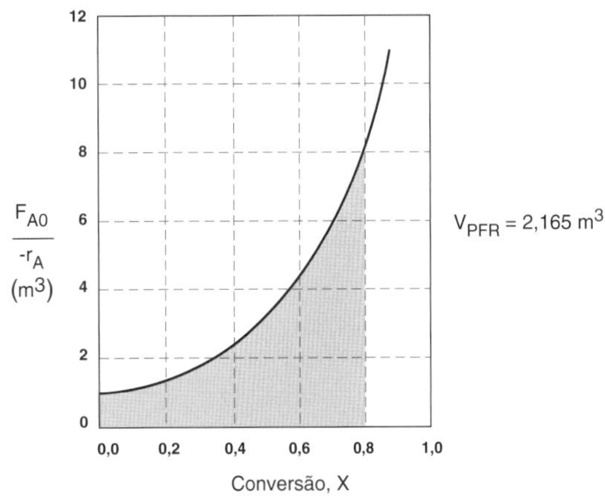

Figura E2-2.1 Gráfico de Levenspiel para o PFR.

A área sob a curva fornecerá o volume necessário para um reator tubular alcançar a conversão de A especificada. Para a conversão de 80%, a área sombreada é aproximadamente igual a 2165 dm^3 (2,165 m^3).

(c) Faça um esboço de $-r_A$ e X ao longo do comprimento do reator.

Sabemos que à medida que progredimos dentro do reator, a conversão aumenta à medida que mais e mais reagente é convertido em produto. Consequentemente, à medida que o reagente é consumido, a concentração do reagente decresce, bem como decresce a velocidade de desaparecimento de A para reações isotérmicas.

(i) Para $\underline{X = 0,2}$ calculamos o volume correspondente do reator, usando a regra de Simpson [dada no Apêndice A.4 como Equação (A-21)] com incremento $\Delta X = 0,1$ e os dados das linhas 1 e 4 na Tabela 2-2,

$$V = F_{A0}\int_0^{0,2} \frac{dX}{-r_A} = \frac{\Delta X}{3}\left[\frac{F_{A0}}{-r_A(X=0)} + \frac{4F_{A0}}{-r_A(X=0,1)} + \frac{F_{A0}}{-r_A(X=0,2)}\right] \tag{E2-2.2}$$

$$= \left[\frac{0,1}{3}[0,89 + 4(1,08) + 1,33]\right] m^3 = \frac{0,1}{3}(6,54\ m^3) = 0,218\ m^3 = 218\ dm^3$$

$$= 218\ dm^3$$

Este volume (218 dm^3) é o volume no qual $X = 0,2$. Usando a Tabela 2-3 observamos que a velocidade de reação correspondente em $X = 0,2$ é $-r_A = 0,3 \dfrac{mol}{dm^3 \cdot s}$.

Portanto, para $X = 0,2$, então $-r_A = 0,3 \dfrac{mol}{dm^3 \cdot s}$ e $V = 218\ dm^3$.

(ii) Para $\underline{X = 0,4}$ podemos usar novamente a Tabela 2-3 e a regra de Simpson com $\Delta X = 0,2$ para encontrar o volume de reator necessário para alcançar a conversão de 40%.

$$V = \frac{\Delta X}{3}\left[\frac{F_{A0}}{-r_A(X=0)} + \frac{4F_{A0}}{-r_A(X=0,2)} + \frac{F_{A0}}{-r_A(X=0,4)}\right]$$

$$= \left[\frac{0,2}{3}[0,89 + 4(1,33) + 2,05]\right] m^3 = 0,551\ m^3$$

$$= 551\ dm^3$$

Na Tabela 2-3 vemos que para $X = 0,4$, $-r_A = 0,195 \dfrac{mol}{dm^3 \cdot s}$ e $V = 551\ dm^3$.

Podemos continuar a proceder desta forma para construir a Tabela E2-2.1.

TABELA E2-2.1 PERFIS DE CONVERSÃO E VELOCIDADE DE REAÇÃO

X	0	0,2	0,4	0,6	0,8
$-r_A \left(\frac{\text{mol}}{\text{m}^3 \cdot \text{s}}\right)$	0,45	0,30	0,195	0,113	0,05
V (dm^3)	0	218	551	1093	2165

Os dados da Tabela E2-2.1 foram plotados nas Figuras E2-2.2(a) e (b).

Para reações isotérmicas, a conversão aumenta e a velocidade de reação decresce à medida que avançamos dentro do reator.

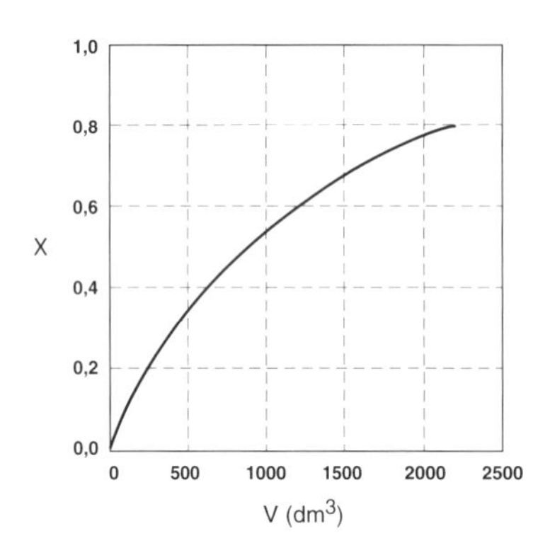

Figura E2-2.2(a) Perfil da conversão.

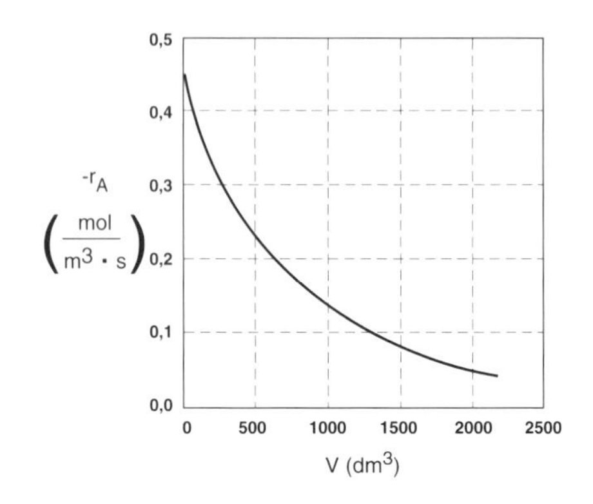

Figura E2-2.2(b) Perfil da velocidade de reação.

Análise: Observamos que a velocidade de reação, $-r_A$, decresce à medida que progredimos dentro do reator, enquanto a conversão aumenta. Estes gráficos são típicos dos reatores operados isotermicamente.

Exemplo 2-3 Comparando os tamanhos do CSTR e PFR

Compare os volumes de um CSTR e um PFR necessários para alcançar a mesma conversão, usando os dados da Figura 2-2B. Qual dos reatores vai requerer um volume menor para atingir a conversão de 80%: um CSTR ou um PFR? A vazão molar de entrada e as condições de alimentação são as mesmas em ambos os casos.

Solução

Usaremos, novamente, os dados da Tabela 2-3.

TABELA 2-3 DADOS PROCESSADOS 2

X	0,0	0,1	0,2	0,4	0,6	0,7	0,8
$(F_{A0}/-r_A)$(m^3)	0,89	1,08	1,33	2,05	3,54	5,06	8,0

O volume do CSTR resultou em 6,4 m^3 e o do PFR em 2,165 m^3. Quando combinamos as Figuras E2-1.1 e E2-2.1 no mesmo gráfico, Figura 2-3.1(a), vemos que a área sombreada e hachurada acima da curva é a diferença entre os volumes do CSTR e PFR.

Para reações isotérmicas de ordem *maior* que zero (veja o Capítulo 3), o volume do CSTR será sempre maior que o volume do PFR, para a mesma conversão e condições de reação (temperatura, vazão, etc.).

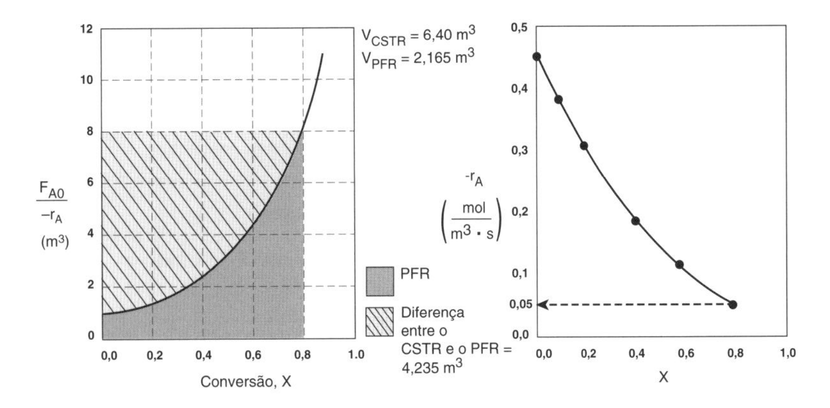

Figura E2-3.1(a) Comparação entre os tamanhos dos reatores CSTR e PFR para $X = 0,8$.

Figura E2-3.1(b) $-r_A$ em função de X, obtida da Tabela 2-2.1.

Análise: Observamos que o volume do CSTR isotérmico é geralmente maior que o volume do PFR, e a razão disto é que o CSTR está sempre operando à menor velocidade de reação [por exemplo, $-r_A = 0,05$ mol/m³ · s na Figura E2-3.1(b)]. O PFR, por outro lado, começa com uma alta velocidade de reação na entrada e ela gradualmente decresce até a velocidade de reação na saída, desse modo requerendo um menor volume, já que o volume do reator é inversamente proporcional à velocidade de reação. No entanto, há exceções como no caso das reações autocatalíticas, das reações inibidas pelo produto e das não isotérmicas. Assim, nem sempre será o caso desse comportamento observado, como poderemos ver nos Capítulos 9 e 11.

2.5 Reatores em Série

Muitas vezes os reatores são conectados em série, de forma que a corrente de saída de um reator é usada como a corrente de alimentação de outro reator. Quando este arranjo é utilizado, frequentemente é possível aumentar a velocidade de cálculo definindo-se a conversão em termos de uma posição a jusante, em vez de com relação a qualquer um dos reatores. Isto é, a conversão X é o *número total de mols* que reagiu até aquele ponto, por mol de A alimentado ao *primeiro* reator.

Definição somente válida quando **NÃO** há correntes laterais

Para reatores em série

$$X_i = \frac{\text{Total de mols de A reagidos até o ponto } i}{\text{Mols de A alimentados no primeiro reator}}$$

No entanto, esta definição *somente* poderá ser utilizada se a alimentação for introduzida apenas no primeiro reator e *não* houver correntes laterais de alimentação ou retirada. A vazão molar de A no ponto i é igual ao número de mols de A alimentados no primeiro reator, menos todos os mols de A reagidos até o ponto i.

$$F_{Ai} = F_{A0} - F_{A0}X_i$$

Para os reatores apresentados na Figura 2-3, X_1 no ponto $i = 1$ é a conversão alcançada no PFR, X_2 no ponto $i = 2$ é a conversão total alcançada neste ponto pelo PFR e pelo CSTR, e X_3 é a conversão total alcançada pelos três reatores.

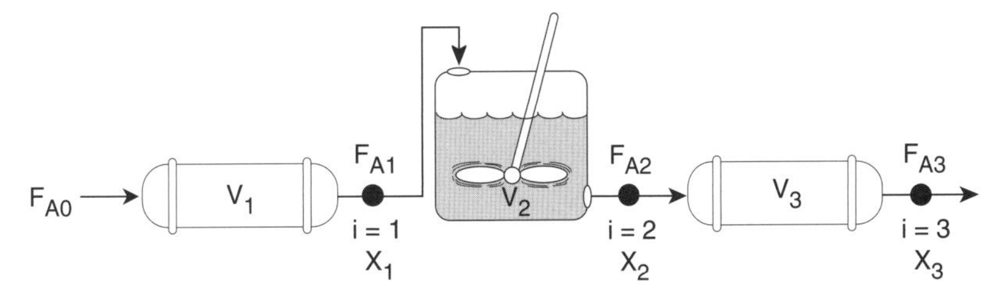

Figura 2-3 Reatores em série.

Para demonstrar estas ideias, vamos considerar três esquemas diferentes de reatores em série: dois CSTRs, dois PFRs, e então a combinação de PFRs e CSTRs em série. Para dimensionar estes reatores, usaremos dados de laboratório que fornecem a velocidade de reação para diferentes conversões.

2.5.1 CSTRs em Série

O primeiro esquema a ser considerado é o de dois CSTRs em série, mostrado na Figura 2-4.

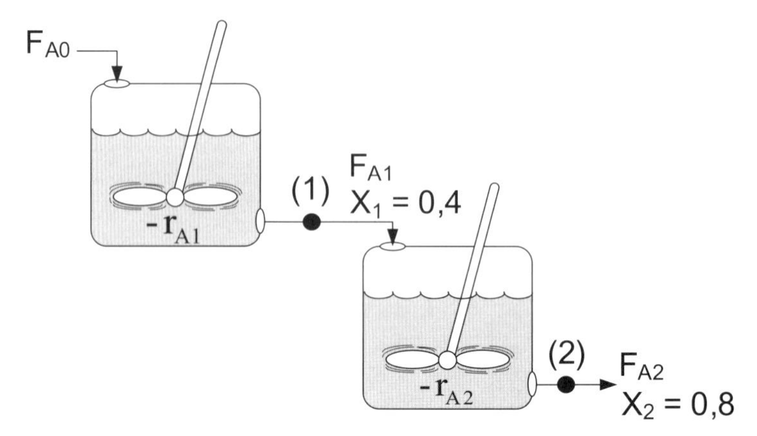

Figura 2-4 Dois CSTRs em série.

Para o primeiro reator, a velocidade de desaparecimento de A é $-r_{A1}$ na condição da conversão X_1.

Um balanço molar no reator 1 fornece

$$\textbf{Entra} - \textbf{Sai} + \textbf{Gerado} = 0$$

Reator 1:

$$F_{A0} - F_{A1} + r_{A1}V_1 = 0 \tag{2-19}$$

A vazão molar de A no ponto 1 é

$$F_{A1} = F_{A0} - F_{A0}X_1 \tag{2-20}$$

Combinando as Equações (2-19) e (2-20), ou rearranjando

Reator 1

$$\boxed{V_1 = \frac{F_{A0}X_1}{-r_{A1}}} \tag{2-21}$$

No segundo reator, a velocidade de desaparecimento de A, $-r_{A2}$, é calculada na condição da conversão da corrente de saída do reator 2, isto é, X_2. O balanço molar para a espécie A, em regime estacionário, no segundo reator é

$$\textbf{Entra} - \textbf{Sai} + \textbf{Gerado} = 0$$

Reator 2:

$$F_{A1} - F_{A2} + r_{A2}V = 0 \tag{2-22}$$

A vazão molar de A no ponto 2 é

$$F_{A2} = F_{A0} - F_{A0}X_2 \tag{2-23}$$

Combinando e rearranjando

$$V_2 = \frac{F_{A1} - F_{A2}}{-r_{A2}} = \frac{(F_{A0} - F_{A0}X_1) - (F_{A0} - F_{A0}X_2)}{-r_{A2}}$$

Reator 2

$$\boxed{V_2 = \frac{F_{A0}}{-r_{A2}}(X_2 - X_1)} \tag{2-24}$$

Para o segundo reator CSTR, lembre-se de que $-r_{A2}$ é calculada para X_2 e então use $(X_2 - X_1)$ para calcular V_2.

Nos exemplos que seguem, usaremos novamente a vazão molar de A do Exemplo 2-1 (isto é, F_{A0} = 0,4 mol A/s) e as condições de reação dadas na Tabela 2-3.

Exemplo 2-4 Comparando Volumes para CSTRs em Série

Para os dois CSTRs em série, a conversão de 40% é alcançada no primeiro reator. Qual é o volume necessário de cada um dos dois reatores, para alcançar a conversão global de 80% da espécie A alimentada? (Veja a Tabela 2-3.)

TABELA 2-3 DADOS PROCESSADOS 2

X	0,0	0,1	0,2	0,4	0,6	0,7	0,8
$(F_{A0}/-r_A)(m^3)$	0,89	1,09	1,33	2,05	3,54	5,06	8,0

Solução

Para o reator 1, observamos, tanto pela Tabela 2-3 como pela Figura E2-2B, que para X = 0,4, resulta

$$\left(\frac{F_{A0}}{-r_{A1}}\right)_{X=0,4} = 2{,}05 \text{ m}^3$$

Em seguida, usando a Equação (2-13)

$$V_1 = \left(\frac{F_{A0}}{-r_{A1}}\right)_{X_1} X_1 = \left(\frac{F_{A0}}{-r_{A1}}\right)_{0,4} X_1 = (2{,}05)(0{,}4) = 0{,}82 \text{ m}^3 = 820 \text{ dm}^3$$

Para o reator 2, quando $X_2 = 0{,}8$, resulta $\left(\frac{F_{A0}}{-r_A}\right)_{X=0,8} = 8{,}0 \text{ m}^3$

usando a Equação (2-24)

$$V_2 = \left(\frac{F_{A0}}{-r_{A2}}\right)(X_2 - X_1) \tag{2-24}$$

Para alcançar a mesma conversão global, o volume total de dois CSTRs em série é menor do que aquele requerido para um CSTR.

$$V_2 = (8{,}0 \text{ m}^3)(0{,}8 - 0{,}4) = 3{,}2 \text{ m}^3 = 3200 \text{ dm}^3$$

$$V_2 = 3200 \text{ dm}^3 \text{ (litros)}$$

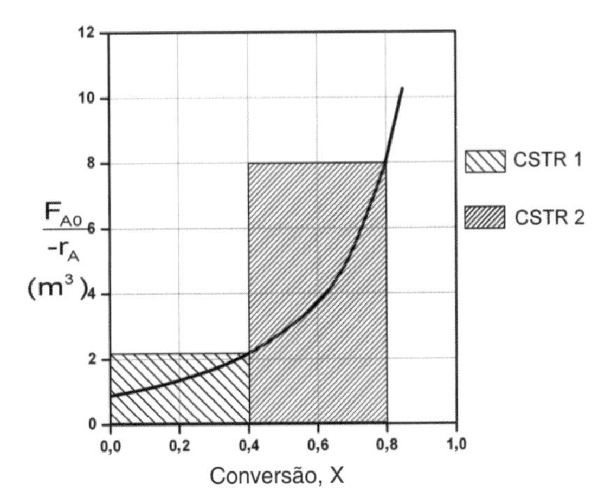

Figura E2-4.1 Dois CSTRs em série.

As áreas hachuradas na Figura E2-4.1 também podem ser usadas para determinar os volumes dos CSTRs 1 e 2.

Note ainda que, para CSTRs em série, a velocidade de reação $-r_{A1}$ é calculada na condição de conversão de 0,4 e $-r_{A2}$ na conversão de 0,8. O volume total para esses dois reatores em série é

$$V = V_1 + V_2 = 0{,}82 \text{ m}^3 + 3{,}2 \text{ m}^3 = 4{,}02 \text{ m}^3 = 4020 \text{ dm}^3$$

Necessitamos apenas de $-r_A = f(X)$ e F_{A0} para dimensionar reatores.

Em comparação, o volume necessário para atingir a conversão de 80% em **um** CSTR é

$$V = \left(\frac{F_{A0}}{-r_{A1}}\right) X = (8{,}0)(0{,}8) = 6{,}4 \text{ m}^3 = 6400 \text{ dm}^3$$

Repare, no Exemplo 2-5, que a soma dos volumes dos dois reatores CSTR em série (4,02 m^3) é menor que o volume de um CSTR (6,4 m^3), para alcançar a mesma conversão global.

Análise: Quando temos reatores em série, podemos aumentar a velocidade de nossa análise e cálculos, definindo uma conversão global num ponto da série, em vez da conversão de cada reator. Neste exemplo, vimos que a conversão de 40% foi alcançada no ponto 1, na saída do primeiro reator, e que um total de 80% foi obtido na saída do segundo reator.

Aproximando um PFR por um grande número de CSTRs em série

Considere aproximar um PFR por vários CSTRs pequenos, de mesmo volume V_i, em série (Figura 2-5). Queremos comparar o *volume total* de todos os CSTRs com o volume de um reator tubular de escoamento uniforme, para a mesma conversão, digamos de 80%.

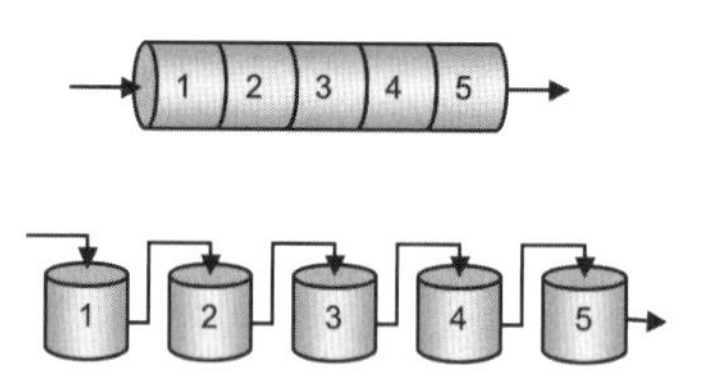

Figura 2-5 Modelando um PFR com uma série de CSTRs.

Da Figura 2-6 extraímos uma observação muito importante! O volume total, para alcançar 80% de conversão com 5 CSTRs de igual volume em série, é "aproximadamente" o mesmo que o volume de um PFR. Na medida em que fazemos o volume de cada CSTR menor e aumentamos o número de CSTRs, o volume total dos CSTRs em série e o volume do PFR se tornarão idênticos. *Isto é, nós podemos modelar um PFR com um conjunto de CSTRs em série.* Este conceito da utilização de muitos CSTRs em série, para modelar um PFR, será usado posteriormente em várias situações, tal como a modelagem da desativação de catalisador em reatores de leito de recheio, ou efeitos transientes de transferência de calor em PFRs.

O fato de que podemos modelar um PFR com um grande número de CSTRs é um resultado importante.

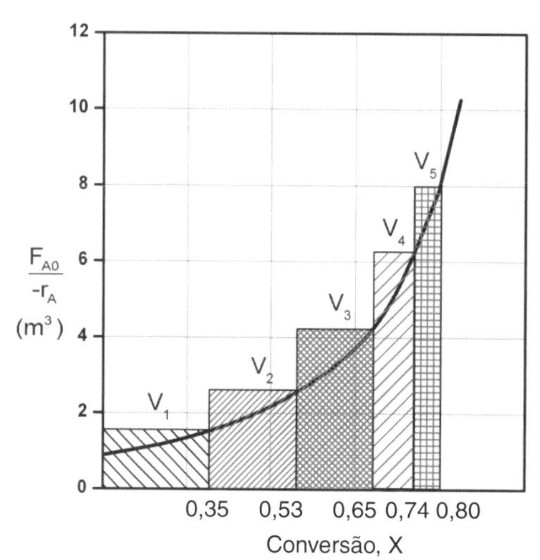

Figura 2-6 Gráfico de Levenspiel que mostra a comparação de CSTRs em série com um PFR.

2.5.2 PFRs em Série

Vimos que os dois CSTRs em série levaram a um volume total menor que o volume de um único CSTR, para alcançar a mesma conversão. Esta situação não se verifica para o caso de dois reatores tubulares de escoamento uniforme conectados em série, apresentados na Figura 2-7.

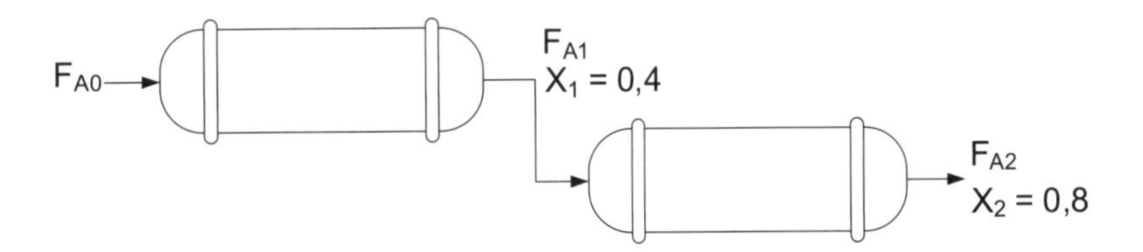

Figura 2-7 Dois PFRs em série.

PFRs em série

Podemos ver na Figura 2-8 e na equação seguinte

$$\int_0^{X_2} F_{A0}\frac{dX}{-r_A} \equiv \int_0^{X_1} F_{A0}\frac{dX}{-r_A} + \int_{X_1}^{X_2} F_{A0}\frac{dX}{-r_A}$$

que é indiferente se você coloca os dois reatores em série, ou se tem um único reator tubular longo, pois o volume total necessário para alcançar a mesma conversão é idêntico!

A conversão global de dois PFRs em série é a mesma que de um PFR com o mesmo volume total.

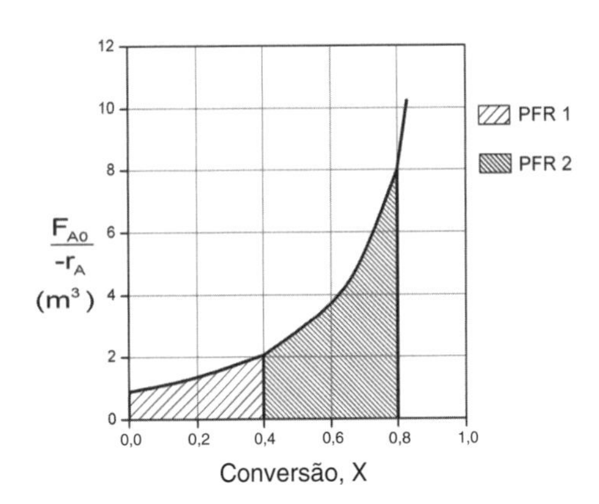

Figura 2-8 Gráfico de Levenspiel para dois PFRs em série.

2.5.3 Combinações de CSTRs e PFRs em Série

As sequências finais que vamos considerar são combinações de CSTRs e PFRs em série. Um exemplo industrial de reatores em série é mostrado na foto da Figura 2-9. Esta sequência é utilizada para dimerizar propileno (A) a iso-hexenos (B), por exemplo,

$$2CH_3-CH=CH_2 \longrightarrow CH_3\overset{\overset{\displaystyle CH_3}{|}}{C}=CH-CH_2-CH_3$$

$$2\,A \longrightarrow B$$

Figura 2-9 Unidade (de dois CSTRs e um reator tubular em série) de Dimersol G (um catalisador organometálico) para a dimerização de propileno a iso-hexenos. Processo do IFP – Instituto Francês do Petróleo. [A foto é cortesia de Editions Technip (Institut Français du Pétrole).]

Um esquema do sistema de reator industrial da Figura 2-9 é mostrado na Figura 2-10.

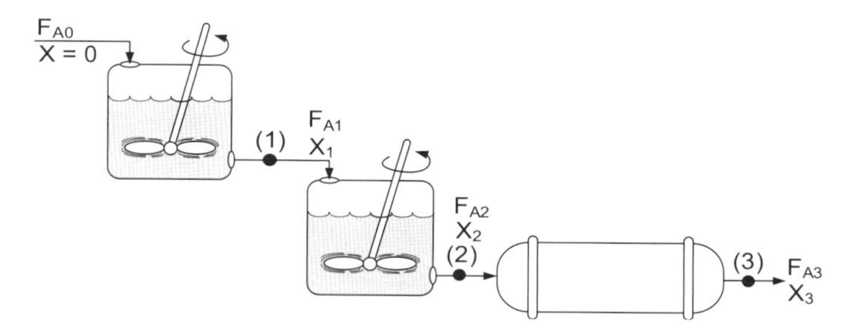

Figura 2-10 Esquema de um sistema real.

Como ilustração, vamos assumir que a reação conduzida nos reatores da Figura 2-10 obedeça à mesma curva $\left(\frac{F_{A0}}{-r_A}\right)$ em função de X, dada na Tabela 2-3.

Os volumes dos dois primeiros CSTRs em série (veja o Exemplo 2-5) são:

Neste arranjo em série, $-r_{A2}$ é calculada na condição X_2 para o segundo CSTR.

Reator 1
$$V_1 = \frac{F_{A0}X_1}{-r_{A1}} \tag{2-13}$$

Reator 2
$$V_2 = \frac{F_{A0}(X_2 - X_1)}{-r_{A2}} \tag{2-24}$$

Partindo da forma diferencial da equação de projeto do PFR

$$F_{A0}\frac{dX}{dV} = -r_A \tag{2-15}$$

rearranjando e integrando entre os limites, quando $V = 0$, então $X = X_2$, e quando $V = V_3$, então $X = X_3$, obtemos

Reator 3
$$V_3 = \int_{X_2}^{X_3} \frac{F_{A0}}{-r_A}dX \tag{2-25}$$

Os volumes correspondentes a cada um dos três reatores podem ser encontrados a partir das áreas sombreadas na Figura 2-11.

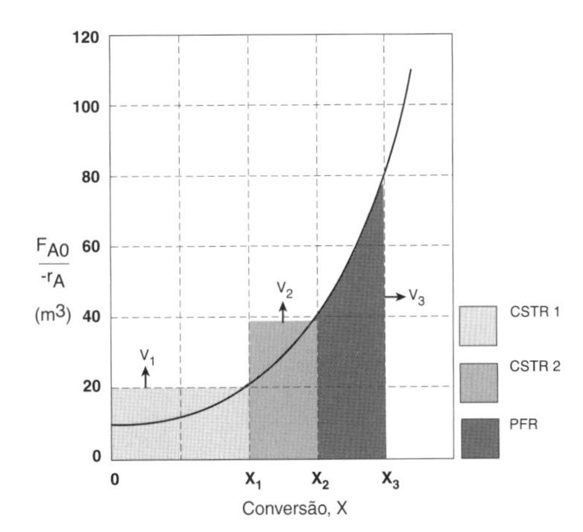

Figura 2-11 Gráfico de Levenspiel para determinar os volumes dos reatores V_1, V_2 e V_3.

As curvas de $F_{A0}/-r_A$ que utilizamos nos exemplos anteriores são típicas daquelas encontradas em sistemas reacionais *isotérmicos*. Agora consideraremos um sistema reacional real que é conduzido *adiabaticamente*. Sistemas reacionais isotérmicos são discutidos no Capítulo 5 e sistemas adiabáticos no Capítulo 11.

Exemplo 2-5 Uma isomerização Adiabática em Fase Líquida

A isomerização do butano

$$\text{n-C}_4\text{H}_{10} \rightleftarrows \text{i-C}_4\text{H}_{10}$$

foi conduzida adiabaticamente em fase líquida. Os dados para esta reação reversível são fornecidos na Tabela E2-5.1. (O Exemplo 11.3 mostra como os dados da Tabela E2-5.1 foram gerados.)

Tabela E2-5.1 Dados Coletados

X	0,0	0,2	0,4	0,6	0,65
$-r_A$(kmol/m^3 · h)	39	53	59	38	25

Dados Reais para uma Reação Real

Não se preocupe como foi que obtivemos esses dados, ou por que $(1/-r_A)$ se apresenta na forma dada; veremos como se constrói esta tabela, no Capítulo 11. Estes são *dados reais* para uma *reação real*, conduzida adiabaticamente, e o esquema de reatores apresentado na Figura E2-5.1 é usado.

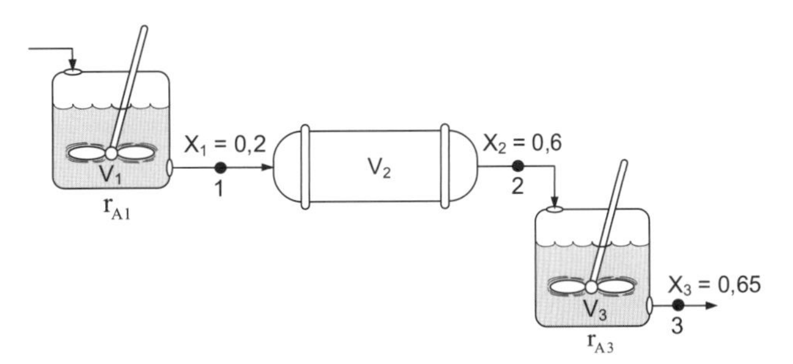

Figura E2-5.1 Reatores em série.

Calcule o volume de cada reator para uma vazão molar de entrada de n-butano de 50 kmol/h.

Solução

Tomando o inverso de $-r_A$ e multiplicando por F_{A0}, obtemos a Tabela E2-5.2.

Por exemplo, para $X = 0$: $\dfrac{F_{A0}}{-r_A} = \dfrac{50 \text{ kmol/h}}{39 \text{ kmol/h} \cdot \text{m}^3} = 1{,}28 \text{ m}^3$

TABELA E2-5.2 DADOS PROCESSADOS

X	0,0	0,2	0,4	0,6	0,65
$-r_A$ (kmol/m$^3 \cdot$ h)	39	53	59	38	25
$[F_{A0}/-r_A]$ (m^3)	1,28	0,94	0,85	1,32	2,0

(a) Para o primeiro CSTR,
quando $X = 0{,}2$, então $F_{A0}/(-r_A) = 0{,}94 \text{ m}^3$

$$V_1 = \frac{F_{A0}}{-r_A} X_1 = (0{,}94 \text{ m}^3)(0{,}2) = 0{,}188 \text{ m}^3 \tag{E2-5.1}$$

$$\boxed{V_1 = 0{,}188 \text{ m}^3 = 188 \text{ dm}^3} \tag{E2-5.2}$$

(b) Para o PFR,

$$V_2 = \int_{0,2}^{0,6} \left(\frac{F_{A0}}{-r_A}\right) dX$$

Usando a fórmula de Simpson para três pontos, com $\Delta X = (0{,}6 - 0{,}2)/2 = 0{,}2$, e $X_1 = 0{,}2$, $X_2 = 0{,}4$ e $X_3 = 0{,}6$.

$$V_2 = \int_{0,2}^{0,6} \frac{F_{A0}}{-r_A} dX = \frac{\Delta X}{3}\left[\left.\frac{F_{A0}}{-r_A}\right)_{X=0,2} + 4 \left.\frac{F_{A0}}{-r_A}\right)_{X=0,4} + \left.\frac{F_{A0}}{-r_A}\right)_{X=0,6}\right]$$

$$= \frac{0{,}2}{3}[0{,}94 + 4(0{,}85) + 1{,}32]\text{m}^3 \tag{E2-5.3}$$

$$\boxed{V_2 = 0{,}38 \text{ m}^3 = 380 \text{ dm}^3} \tag{E2-5.4}$$

(c) Para o último reator, o segundo CSTR, balanço molar para A no CSTR:

Entra – Sai + Gerado = 0

$$F_{A2} - F_{A3} + r_{A3}V_3 = 0 \tag{E2-5.5}$$

Rearranjando

$$V_3 = \frac{F_{A2} - F_{A3}}{-r_{A3}} \tag{E2-5.6}$$

$$F_{A2} = F_{A0} - F_{A0}X_2$$

$$F_{A3} = F_{A0} - F_{A0}X_3$$

$$V_3 = \frac{(F_{A0} - F_{A0}X_2) - (F_{A0} - F_{A0}X_3)}{-r_{A3}}$$

Simplificando

$$\boxed{V_3 = \left(\frac{F_{A0}}{-r_{A3}}\right)(X_3 - X_2)} \tag{E2-5.7}$$

Encontramos na Tabela E2-5.2 que para $X_3 = 0{,}65$, então $F_{A0}/(-r_{A3}) = 2{,}0$ m³

$$V_3 = 2\ \text{m}^3\ (0{,}65 - 0{,}6) = 0{,}1\ \text{m}^3$$

$$\boxed{V_3 = 0{,}1\ \text{m}^3 = 100\ \text{dm}^3} \qquad \text{(E2-5.8)}$$

Um gráfico de Levenspiel para $F_{A0}/(-r_A)$ em função de X é apresentado na Figura E2-5.2.

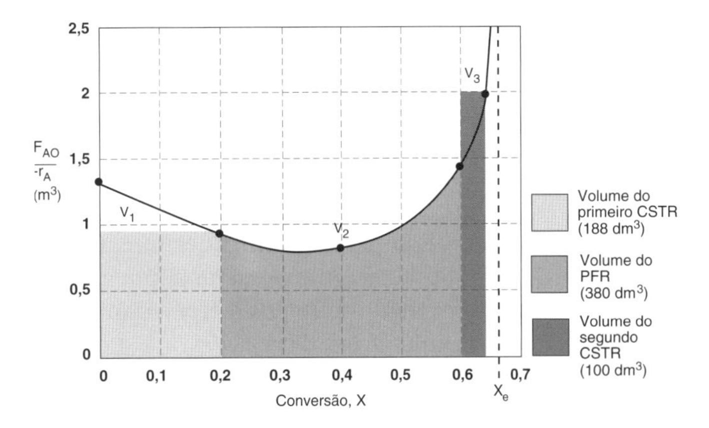

Figura E2-5.2 Gráfico de Levenspiel para reatores adiabáticos em série.

Para essa reação adiabática os três reatores em série conduziram a uma conversão global de 65%. A conversão máxima que pode ser alcançada é a conversão de equilíbrio, que é 68%, indicada na Figura E2-5.2 pela curva tracejada. Lembre-se de que, no equilíbrio, a velocidade de reação é zero, e um volume infinito de reator é necessário para alcançar o equilíbrio

$$\left(V \sim \frac{1}{-r_A} \sim \frac{1}{0} = \infty\right)$$

Análise: Para reações isotérmicas que não são conduzidas isotermicamente, a velocidade de reação geralmente aumenta no início da reação porque a temperatura aumenta. No entanto, à medida que a reação progride, a velocidade de reação eventualmente decresce, em função da conversão que aumenta pelo consumo dos reagentes. Esses dois efeitos que se opõem dão origem à forma curvada da linha na Figura (E2-5.2), que será discutida em detalhe no Capítulo 12. Nestas circunstâncias, vimos que o CSTR requer um volume menor do que um PFR, para baixas conversões.

2.5.4 Comparando os Volumes do CSTR e do PFR e o Sequenciamento dos Reatores

Qual arranjo é melhor?

ou

Se olharmos na Figura E2-5.2, a área sob a curva (volume do PFR) entre $X = 0$ e $X = 0{,}2$, vemos que a área do PFR é maior que a área retangular correspondente ao volume do CSTR, isto é, $V_{PFR} > V_{CSTR}$. No entanto, se compararmos as áreas para X entre 0,6 e 0,65, vemos que a área abaixo da curva (volume do PFR) é menor que a área retangular correspondente ao volume do CSTR, isto é, $V_{CSTR} > V_{PFR}$. Este resultado frequentemente ocorre quando a reação é conduzida adiabaticamente, o que será discutido quando abordarmos os efeitos térmicos no Capítulo 11.

No *sequenciamento de reatores*, frequentemente somos questionados: "Qual reator deve vir primeiro, para dar a maior conversão? Deveria ser um PFR seguido de um CSTR, ou dois CSTRs, e depois um PFR, ou ...?" A resposta é "**Depende.**" Depende não somente da forma da curva do gráfico de Levenspiel ($F_{A0}/-r_A$) em função de X, mas também do tamanho relativo dos reatores. Como exercício, examine a Figura E2-5.2 para saber se há uma maneira melhor de arranjar os dois CSTRs e um PFR. Suponha que você receba um gráfico de Levenspiel ($F_{A0}/-r_A$) em função de X, para três reatores em série, juntamente com os seus volumes, $V_{CSTR1} = 3$ m³, $V_{CSTR2} = 2$ m³, e $V_{PFR} = 1{,}2$ m³, e lhe fosse solicitado que encontrasse a maior conversão possível, X. O que você faria? Todos os métodos que usamos para calcular os volumes de reatores são aplicáveis, exceto que o procedimento é invertido e uma *solução por tentativa e erro* é necessária para encontrar a conversão global de saída associada a cada reator. Veja o Problema P2-5_B.

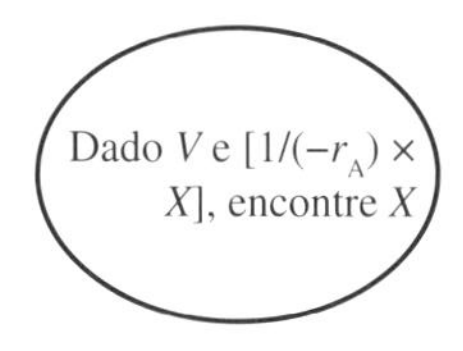

Os exemplos anteriores mostram que *se* conhecermos a vazão molar de alimentação do reator e a velocidade de reação em função da conversão, *então* poderemos calcular o volume do reator, necessário para alcançar uma conversão especificada. A velocidade de reação, no entanto, não depende somente da conversão. Ela também é afetada pela concentração inicial dos reagentes, temperatura e pressão. Consequentemente, os dados experimentais obtidos em laboratório e apresentados na Tabela 2-1, na forma de $-r_A$ em função de X, são úteis somente para o projeto de reatores de escala industrial que serão operados em *condições idênticas* às dos experimentos de laboratório (temperatura, pressão e concentração inicial dos reagentes). Entretanto, tais circunstâncias são **raramente** encontradas e, neste caso, devemos utilizar os métodos descritos nos Capítulos 3 e 4, para obter $-r_A$ em função de X.

Precisa-se somente de $-r_A = f(X)$ para dimensionar reatores contínuos

É importante entender que, se a velocidade de reação é disponível, ou pode ser obtida somente como uma função da conversão, $-r_A = f(X)$, ou se ela pode ser gerada por alguns cálculos intermediários, podemos projetar uma variedade de reatores e combinações de reatores.

O Capítulo 3 mostra como encontrar $-r_A = f(X)$.

Geralmente, dados de laboratório são usados para formular a lei de velocidade de reação, e então a dependência funcional da velocidade de reação em relação à conversão é determinada usando-se a lei de velocidade. As seções precedentes mostram que, a partir da relação da velocidade de reação com a conversão, diferentes esquemas de reatores podem ser facilmente dimensionados. Nos Capítulos 3 e 4, mostramos como obter esta relação entre a velocidade de reação e a conversão, a partir da lei de velocidade e da estequiometria da reação.

2.6 Algumas Definições Adicionais

Antes de nos dirigirmos ao Capítulo 3, alguns termos e equações comumente utilizados na engenharia das reações precisam ser definidos. Vamos também considerar o caso especial da equação de projeto do reator tubular quando a vazão volumétrica é constante.

2.6.1 Tempo Espacial

O tempo espacial tau, τ, é obtido pela divisão do volume do reator pela vazão volumétrica na entrada do reator:

τ é uma quantidade importante!

$$\boxed{\tau \equiv \frac{V}{v_0}} \tag{2-26}$$

O tempo espacial é o tempo necessário para processar um volume de reator considerando-se o fluido nas condições de entrada. Por exemplo, considere o reator tubular mostrado na Figura 2-12, que tem 20 m de comprimento e um volume de 0,2 m³. A linha tracejada na Figura 2-12 representa 0,2 m³ de fluido que se situa diretamente a montante do reator. O tempo que leva para este fluido entrar completamente no reator é chamado de *tempo espacial tau*. Ele também é chamado de *tempo de retenção* ou *tempo médio de residência*.

Tempo espacial, ou tempo de residência médio $\tau = V/v_0$

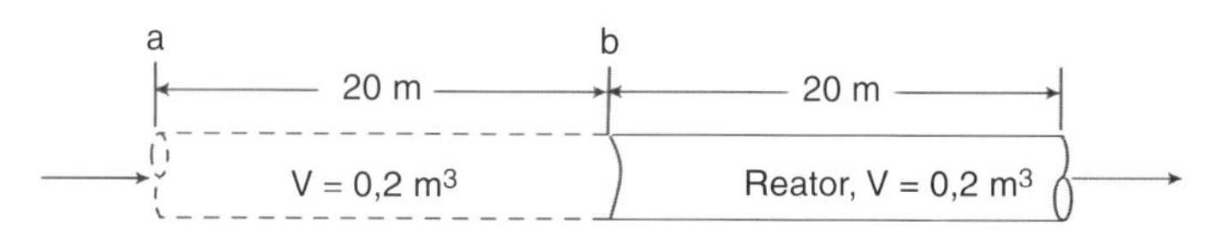

Figura 2-12 Reator tubular mostrando volume idêntico a montante do reator.

Por exemplo, se o volume do reator é 0,2 m^3 e a vazão volumétrica na entrada é 0,01 m^3/s, seria necessário o volume equivalente de reator a montante (V = 0,2 m^3) mostrado pelas linhas tracejadas, para um tempo τ igual a

$$\tau = \frac{0{,}2 \text{ m}^3}{0{,}01 \text{ m}^3/\text{s}} = 20 \text{ s}$$

para entrar o reator (V = 0,2 m^3). Em outras palavras, tomaria 20 s para as moléculas do fluido no ponto se moverem para o ponto b, que corresponde ao tempo espacial de 20 s.

Na presença de escoamento uniforme, o tempo espacial é igual ao tempo médio de residência no reator, t_m (veja o Capítulo 13 da quarta edição do livro *Elementos de Engenharia de Reações Químicas*, atualmente disponível no site da LTC Editora). Este tempo é o tempo médio que as moléculas permanecem no reator. Uma faixa típica de tempos de processamento, em termos de tempo espacial (tempo de residência) para reatores industriais, é mostrada na Tabela 2-4.

Orientações práticas

TABELA 2-4 TEMPOS ESPACIAIS TÍPICOS PARA REATORES INDUSTRIAIS*

Tipo de Reator	*Faixa de Tempo de Residência Médio*	*Capacidade de Produção*
Batelada	15 min a 20 h	Poucos kg/dia a 100.000 t/ano
CSTR	10 min a 4 h	10 a 3.000.000 t/ano
Tubular	0,5 s a 1 h	50 a 5.000.000 t/ano

* Trambouze, Landeghem, and Wauquier, *Chemical Reactors* (Paris: Editions Technip, 1988; Houston: Gulf Publishing Company, 1988), p. 154.

Material de Referência

Os tempos espaciais de várias reações industriais são apresentados nos *Materiais de Referência Profissional R2.2* no site da LTC Editora e na Web.

2.6.2 Velocidade Espacial

A velocidade espacial (SV), que é definida como

$$\text{SV} \equiv \frac{v_0}{V} \qquad \text{SV} = \frac{1}{\tau}, \tag{2-27}$$

pode, à primeira vista, ser confundida com o inverso do tempo espacial. No entanto, pode haver uma diferença nas definições dessas duas quantidades. Para o tempo espacial, a vazão volumétrica de alimentação é medida nas condições de entrada, enquanto para a velocidade espacial outras condições são frequentemente utilizadas. As duas velocidades espaciais comumente usadas na indústria são a LHSV, *velocidade espacial horária de líquido*, e a GHSV, *velocidade espacial horária de gás*. A vazão volumétrica, v_0, na LHSV é frequentemente expressa considerando-se o líquido na temperatura de 60 ou 75ºF, apesar de a alimentação do reator poder ser um vapor numa temperatura mais elevada. Estranho, mas verdadeiro. No caso da GHSV, v_0, é normalmente expressa nas condições padronizadas de temperatura e pressão (STP*).

* É preciso verificar com cuidado quais as condições padronizadas de temperatura e pressão a que se refere um documento, pois STP em aplicações técnicas industriais nos sistemas americano e britânico de unidades usualmente corresponde a 60ºF e 14,696 psia, o que não equivale às condições normais de temperatura e pressão (CNTP, no Brasil, e PTN em Portugal), que correspondem a 0ºC e 1 atm. (N.T.)

$$\text{LHSV} = \frac{v_0|_{\text{líquido}}}{V} \tag{2-28}$$

$$\text{GHSV} = \frac{v_0|_{\text{STP}}}{V} \tag{2-29}$$

Exemplo 2-6 Tempos Espaciais e Velocidades Espaciais de Reatores

Calcule o tempo espacial, τ, e as velocidades espaciais para os reatores dos Exemplos 2-1 e 2-3, para uma vazão volumétrica de entrada de 2 dm^3/s.

Solução

A vazão volumétrica de entrada é de 2 dm^3/s (0,002 m^3/s).

No Exemplo 2-1, o volume do CSTR era 6,4 m^3/s, e o tempo espacial, τ, e a velocidade espacial, SV, são

$$\tau = \frac{V}{v_0} = \frac{6{,}4\ \text{m}^3}{0{,}002\ \text{m}^3/\text{s}} = 3200\ \text{s} = 0{,}89\ \text{h}$$

Leva 0,89 h para encher o reator com 6,4 m^3 de fluido.

$$\text{SV} = \frac{1}{\tau} = \frac{1}{0{,}89\ \text{h}} = 1{,}125\ \text{h}^{-1}$$

No Exemplo 2-3, o volume do PFR era 2,165 m^3, e o tempo espacial e velocidade espacial são

$$\tau = \frac{V}{v_0} = \frac{2{,}165\ \text{m}^3}{0{,}002\ \text{m}^3/\text{s}} = 1083\ \text{s} = 0{,}30\ \text{h}$$

$$\text{SV} = \frac{1}{\tau} = \frac{1}{0{,}30\ \text{h}} = 3{,}3\ \text{h}^{-1}$$

Análise: Este exemplo fornece um *conceito industrial importante*. Os tempos espaciais são os tempos para que cada um dos reatores receba, no seu interior, o volume equivalente a um volume de reator.

Resumo

Nestes últimos exemplos, vimos que no projeto de reatores que devem operar em condições idênticas àquelas nas quais os dados de velocidade de reação foram obtidos (por exemplo, temperatura e concentração inicial) podemos dimensionar (determinar o volume do reator) tanto CSTRs e PFRs isolados como em várias combinações. Em princípio, pode ser possível ampliar a escala de um sistema de bancada de laboratório, ou de planta-piloto, apenas a partir do conhecimento de $-r_A$ como uma função de X ou C_A. No entanto, para a maioria dos sistemas de reatores na indústria, uma ampliação de escala do processo não pode ser obtida desta maneira, porque o conhecimento de $-r_A$ somente como uma função de X é raramente, se é que é disponível sob idênticas condições. Combinando os ensinamentos dos Capítulos 3 e 4, veremos como podemos obter $-r_A = f(X)$ a partir de informações obtidas tanto no laboratório como na literatura. Esta relação será desenvolvida num processo de dois passos. No Passo 1, encontraremos a lei de velocidade que fornece a velocidade de reação como uma função da concentração (Capítulo 3), e no Passo 2, encontraremos as concentrações como funções da conversão (Capítulo 4). Ou seja, combinando os Passos 1 e 2, dos Capítulos 3 e 4, obtemos $-r_A = f(X)$. Podemos então usar os métodos desenvolvidos neste Capítulo para, juntamente com integrais e métodos numéricos, dimensionar reatores.

Atrações Programadas para os Capítulos 3 e 4

Encerramento

Neste capítulo, mostramos que se lhe for fornecida a velocidade de reação como uma função da conversão, isto é, $-r_A = f(X)$, você será capaz de dimensionar CSTRs

O Algoritmo ERQ
- Balanço Molar, Cap. 1
- Lei de Velocidade de Reação, Cap. 3
- Estequiometria, Cap. 4
- Combine, Cap. 5
- Calcule, Cap. 5
- Balanço de Energia, Cap. 11

e PFRs e arranjar a sequência de um conjunto de reatores para determinar a conversão global máxima. Após completar este capítulo, o leitor deveria ser capaz de:

a. Definir o parâmetro *conversão* e reescrever o balanço molar em termos da conversão.
b. Mostrar que, expressando $-r_A$ como uma função da conversão X, vários reatores e sistemas de reatores podem ser dimensionados, ou a conversão pode ser calculada para um determinado tamanho de reator.
c. Arranjar reatores em série, para alcançar a máxima conversão para um dado gráfico de Levenspiel.

RESUMO

1. A conversão X é o número de mols de A reagidos por mol de A alimentado.

Para sistemas em batelada: $$X = \frac{N_{A0} - N_A}{N_{A0}} \quad \text{(R2-1)}$$

Para sistemas com escoamento contínuo: $$X = \frac{F_{A0} - F_A}{F_{A0}} \quad \text{(R2-2)}$$

Para reatores em série, sem entradas laterais, a conversão no ponto i é

$$X_i = \frac{\text{Total de mols de A reagidos até o ponto } i}{\text{mols de A alimentados ao primeiro reator}} \quad \text{(R2-3)}$$

2. Em termos da conversão, as formas diferencial e integral das equações de projeto tornam-se:

TABELA R2-1

	Forma Diferencial	*Forma Algébrica*	*Forma Integral*
Batelada	$N_{A0}\frac{dX}{dt} = -r_A V$		$t = N_{A0}\int_0^X \frac{dX}{-r_A V}$
CSTR		$V = \frac{F_{A0}(X_{\text{saída}} - X_{\text{entrada}})}{(-r_A)_{\text{saída}}}$	
PFR	$F_{A0}\frac{dX}{dV} = -r_A$		$V = F_{A0}\int_{X_{\text{entrada}}}^{X_{\text{saída}}} \frac{dX}{-r_A}$
PBR	$F_{A0}\frac{dX}{dW} = -r'_A$		$W = F_{A0}\int_{X_{\text{entrada}}}^{X_{\text{saída}}} \frac{dX}{-r'_A}$

3. Se a velocidade de desaparecimento de A é dada em função da conversão, as seguintes técnicas gráficas podem ser utilizadas para dimensionar um CSTR ou um reator tubular de escoamento uniforme.

A. Integração Gráfica Usando Gráficos de Levenspiel

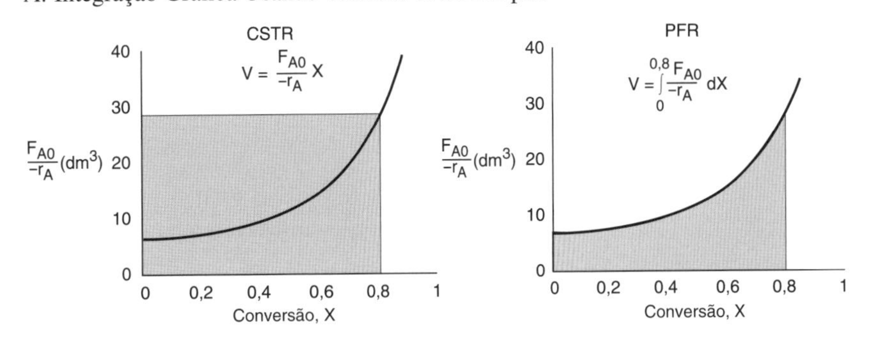

A integral do PFR também poderia ser avaliada por

B. Integração Numérica

Veja no Apêndice A.4 as fórmulas de quadratura, tal como a fórmula quadrática de cinco pontos, com $\Delta X = 0{,}8/4$ para cinco pontos igualmente espaçados, $X_1 = 0$, $X_2 = 0{,}2$, $X_3 = 0{,}4$, $X_4 = 0{,}6$, e $X_5 = 0{,}8$.

4. Tempo espacial, τ, e a velocidade espacial, SV, são dados por

$$\tau = \frac{V}{v_0} \tag{R2-4}$$

$$\text{SV} = \frac{v_0}{V} \text{ (em condições STP)} \tag{R2-5}$$

MATERIAIS DO SITE DA LTC EDITORA

- **Recursos de Aprendizagem**
  1. Notas de Resumo do Capítulo 2
  2. Módulo Web
     A. Sistema Digestivo do Hipopótamo

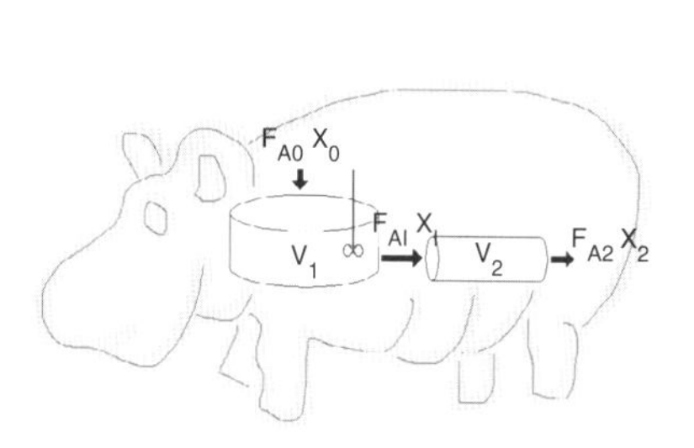

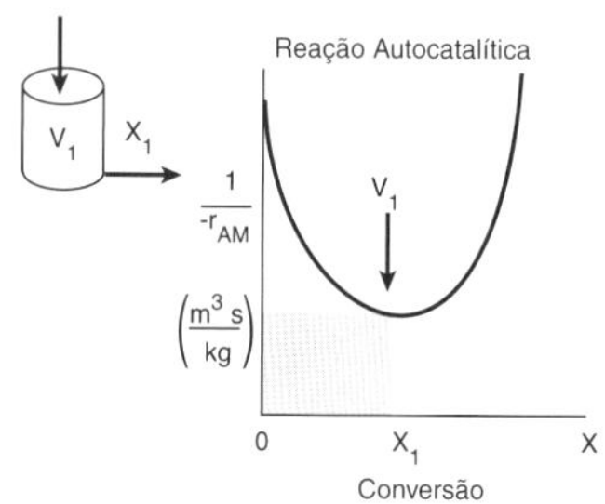

Gráfico de Levenspiel para Digestão Autocatalítica em um CSTR

  3. Jogos Interativos de Computador
     A. Sequenciamento de Reatores

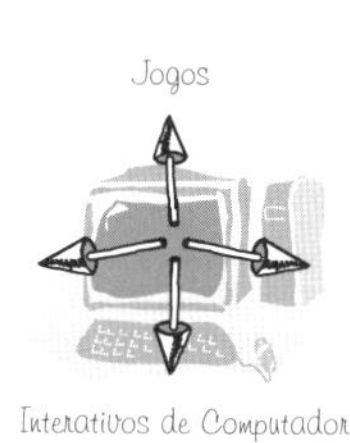

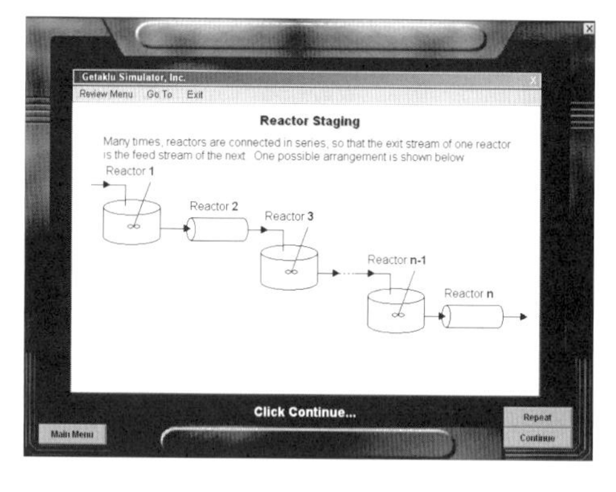

  4. Problemas Resolvidos
     A. CDP2-A_B Mais Cálculos com CSTR e PFR – Sem Memorização
- **FAQ [Perguntas Mais Frequentes]** (FAQ, do inglês, Frequently Asked Questions)
- **Material de Referência Profissional**

R2.1 *Gráficos de Levenspiel Modificados*

Para líquidos e reatores batelada de volume constante, as equações de balanço molar podem ser modificadas para

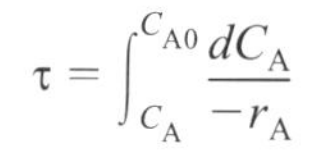

$$\tau = \int_{C_A}^{C_{A0}} \frac{dC_A}{-r_A}$$

Podemos usar este gráfico para estudar CSTRs, PFRs e reatores batelada. Este material que utiliza o tempo espacial como variável é apresentado no site da LTC Editora

R2.2 *Tempo Espacial, τ, para Várias Reações Industriais*

QUESTÕES E PROBLEMAS

O subíndice de cada um dos números dos problemas indica o seu nível de dificuldade: A, menos difícil; D, mais difícil.

A = ● B = ■ C = ◆ D = ◆◆

Antes de resolver os problemas, apresente ou esquematize qualitativamente os resultados esperados ou tendências.

P2-1$_A$ **(a)** Sem consultar as páginas anteriores, faça uma lista dos itens mais importantes que você aprendeu neste capítulo.

(b) Qual você acredita que seja o propósito global deste capítulo?

P2-2$_A$ **(a)** Reveja os **Exemplos 2-1** a **2-3**. Como as suas respostas mudariam se a vazão molar, F_{A0}, fosse reduzida à metade? E se fosse dobrada? Que conversão pode ser alcançada em um PFR de 4,5 m^3 e em um CSTR de mesmo volume?

(b) Reveja o **Exemplo 2-4**. Como as suas respostas mudariam se os dois CSTRs (um de 0,82 m^3 e o outro de 3,2 m^3) fossem colocados em paralelo com a vazão molar, F_{A0}, dividida igualmente entre os reatores?

(c) Reveja o **Exemplo 2-5**. (1) Quais seriam os volumes dos reatores se as duas conversões intermediárias fossem mudadas para 20% e 50%, respectivamente? (2) Quais seriam as conversões X_1, X_2 e X_3, se todos os reatores tivessem o mesmo volume de 100 dm^3 e fossem colocados na mesma ordem? (3) Qual é a pior maneira de arranjar os dois CSTRs e um PFR?

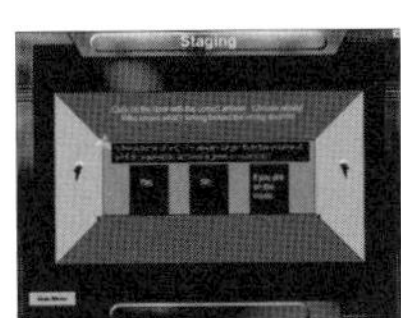

P2-3$_A$ Vá ao site da Web *www.engr.ncsu.edu./learningstyles/ilsweb.html*

(a) Faça o teste do Índice de Estilos de Aprendizagem e anote o seu estilo de aprendizagem, de acordo com a classificação de Solomon/Felder.

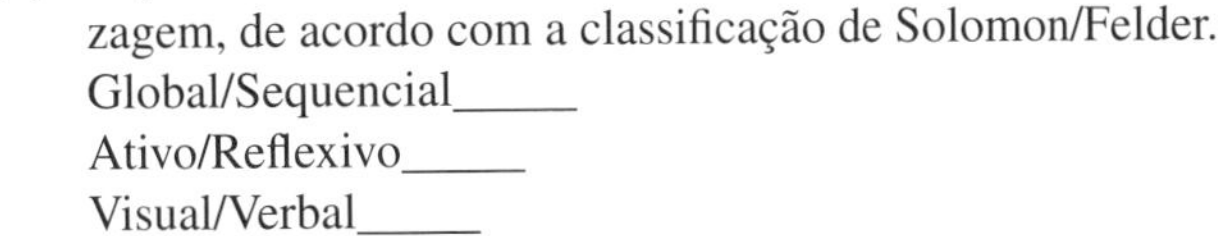

Global/Sequencial_____
Ativo/Reflexivo_____
Visual/Verbal_____
Sensorial/Intuitivo_____

(b) Depois de verificar a Seção H.2 e os estilos de aprendizagem, no final do Capítulo 2, *Notas de Resumo* no site da LTC Editora, sugira duas maneiras de facilitar seu estilo de aprendizagem, em cada uma das quatro categorias.

P2-4$_A$ **Sequenciamento de Reatores**. Baixe o Jogo Interativo de Computador (ICG, do inglês, Interactive Computer Game) do site da LTC Editora ou da Web. Execute este jogo e então anote o valor do número de avaliação do seu desempenho, que indica o seu domínio do assunto. O seu professor tem a chave para decodificar o seu número de desempenho. *Nota:* Para executar este jogo você deve ter o sistema operacional Windows 2000, ou uma versão mais recente.

Desempenho no ICG sobre sequenciamento de reatores nº_____________

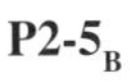

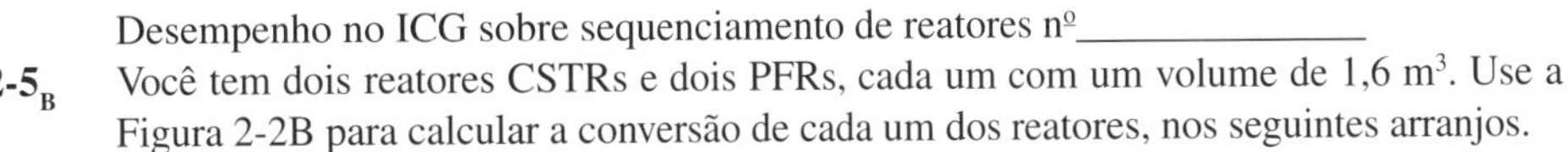

P2-5$_B$ Você tem dois reatores CSTRs e dois PFRs, cada um com um volume de 1,6 m^3. Use a Figura 2-2B para calcular a conversão de cada um dos reatores, nos seguintes arranjos.

(a) Dois CSTRs em série.

(b) Dois PFRs em série.

(c) Dois CSTRs em paralelo, com a alimentação, F_{A0}, dividida igualmente entre os dois reatores.

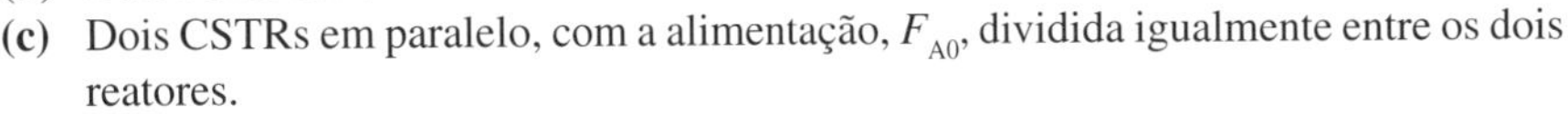

(d) Dois PFRs em paralelo, com a alimentação dividida igualmente entre os dois reatores.

(e) **Cuidado:** Este é um problema do nível C. Um CSTR e um PFR em paralelo, com a vazão igualmente dividida. Calcule a conversão global, X_{global}

$$X_{global} = \frac{F_{A0} - F_{ACSTR} - F_{APFR}}{F_{A0}}, \text{ com } F_{ACSTR} = \frac{F_{A0}}{2} - \frac{F_{A0}}{2} X_{CSTR},$$

$$F_{APFR} = \frac{F_{A0}}{2}(1 - X_{PFR})$$

(f) Um PFR seguido de um CSTR.

(g) Um CSTR seguido de um PFR.

(h) Um PFR seguido de dois CSTRs. Este arranjo é um bom arranjo, ou há um melhor?

P2-6$_B$ A reação exotérmica

$$A \longrightarrow B + C$$

foi conduzida adiabaticamente, e os seguintes dados foram registrados:

X	0	0,2	0,4	0,45	0,5	0,6	0,8	0,9
$-r_A$ (mol/dm³·min)	1,0	1,67	5,0	5,0	5,0	5,0	1,25	0,91

A vazão molar de entrada de A era de 300 mol/min.

(a) Quais são os volumes necessários de um PFR e de um CSTR para atingir a conversão de 40%? ($V_{PFR} = 72$ dm³, $V_{CSTR} = 24$ dm³)

(b) Em que faixa de conversões os volumes do CSTR e do PFR seriam idênticos?

(c) Qual é a máxima conversão que pode ser alcançada num CSTR de 105 dm³?

(d) Qual a conversão que pode ser alcançada se um PFR de 72 dm³ for colocado em série com um CSTR de 24 dm³?

(e) Qual a conversão que pode ser alcançada se um CSTR de 24 dm³ for colocado em série com um PFR de 72 dm³?

(f) Plote a conversão e a velocidade de reação como uma função do volume do reator PFR, para um volume de até 100 dm³.

P2-7$_B$ Em biorreatores, o crescimento é autocatalítico, no sentido de que quanto maior a quantidade de células, maior será a velocidade de crescimento (Capítulo 9)

$$\text{Células + nutrientes} \xrightarrow{\text{Células}} \text{mais células + produto}$$

A velocidade de crescimento celular, r_g, e a velocidade de consumo do nutriente, r_S, são diretamente proporcionais à concentração de células, para um dado conjunto de condições. Um gráfico de Levenspiel de $(1/-r_S)$, em função da conversão do nutriente $X_S = (C_{S0} - C_S)/C_{S0}$, é apresentado na Figura P2-7$_B$.

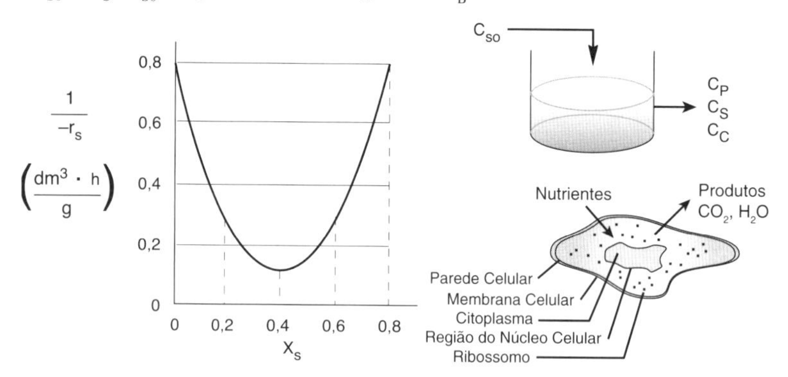

Figura P2-7$_B$ Gráfico de Levenspiel para crescimento de bactérias.

A vazão mássica de alimentação de nutriente é 1,0 kg/h, com $C_{S0} = 0,25$ g/dm³.

(a) Compare o volume do quimiostato (CSTR) necessário para alcançar 40% de conversão do substrato, com o volume necessário para alcançar 80% de conversão.

(b) Que conversão você poderia alcançar com um CSTR de 80 dm³?

(c) Como você poderia arranjar um CSTR e um PFR em série, para atingir 80% de conversão, com um volume total mínimo? Repita para dois CSTRs em série.

(d) Mostre que no caso da Equação de Monod para o crescimento celular

$$-r_S = \frac{kC_S C_C}{K_M + C_S}$$

é combinada com a relação estequiométrica entre a concentração de células, C_C, e a concentração de substrato, C_S, isto é,

$$C_C = Y_{C/S}[C_{S0} - C_S] + C_{C0} = 0{,}1[C_{S0} - C_S] + 0{,}001$$

A forma da curva de Levenspiel resultante é consistente com a forma da curva mostrada na Figura P2-7$_B$. *Observação*: K_M é a constante de Monod para o crescimento celular, e $Y_{C/S}$ é o coeficiente estequiométrico, cuja apresentação será aprofundada no Capítulo 9.

P2-8$_B$ A reação exotérmica, adiabática, irreversível, em fase gasosa

$$2A + B \longrightarrow 2C$$

deve ser conduzida em um reator contínuo com alimentação equimolar de A e B. Um gráfico de Levenspiel para esta reação é apresentado na Figura P2-8$_B$.

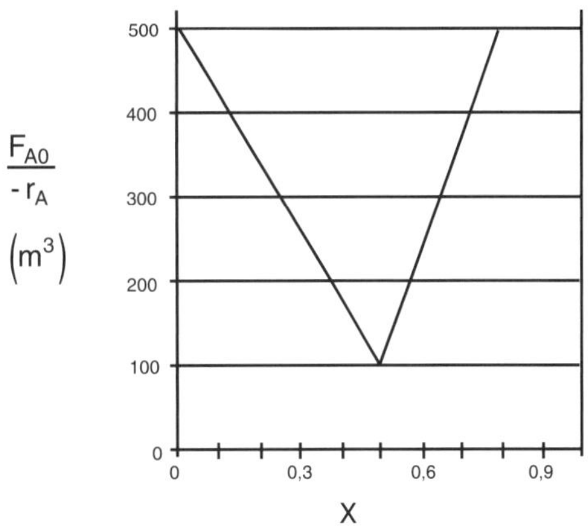

Figura P2-8$_B$ Gráfico de Levenspiel.

(a) Qual é o volume necessário de um PFR para atingir 50% de conversão?
(b) Qual é o volume necessário de um CSTR para atingir 50% de conversão?
(c) Qual é o volume necessário de um segundo CSTR, adicionado em série com o primeiro CSTR (**Parte b**), para alcançar a conversão global de 80%?
(d) Qual o volume de um PFR que deve ser conectado ao primeiro CSTR (**Parte b**), para elevar a conversão a 80%?
(e) Que conversão pode ser alcançada em um CSTR de 6×10^4 m^3 e também por um PFR de mesmo volume?
(f) Analise de forma crítica (conforme a Tabela P-1, Seção B-3, Prefácio) as respostas (números) deste problema.

P2-9$_A$ Estime os volumes dos dois reatores CSTR e o PFR mostrados na foto da Figura 2-9. [*Dica:* Use as dimensões da porta como escala.]

P2-10$_D$ Não calcule nada. Apenas vá para casa e relaxe.

P2-11$_B$ A curva mostrada na Figura 2-1 é típica de uma reação conduzida isotermicamente, enquanto a curva apresentada na Figura P2-11$_B$ é característica de uma reação desenvolvida adiabaticamente.

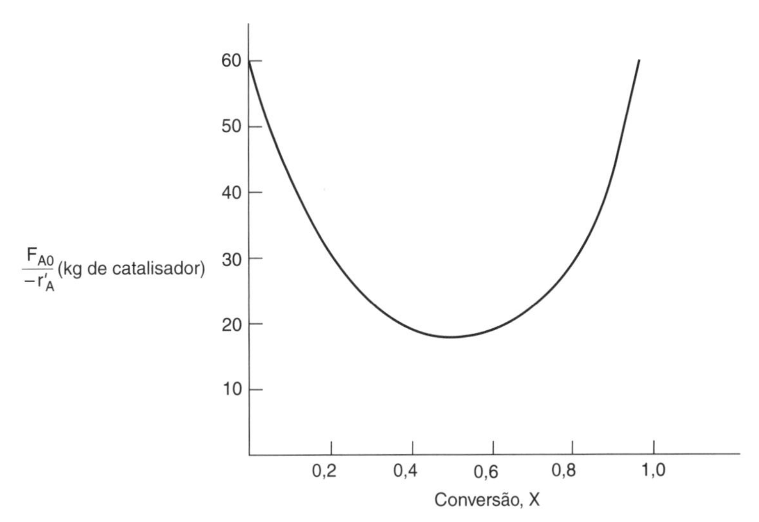

Figura 2-11$_B$ Gráfico de Levenspiel para uma reação heterogênea, exotérmica e adiabática.

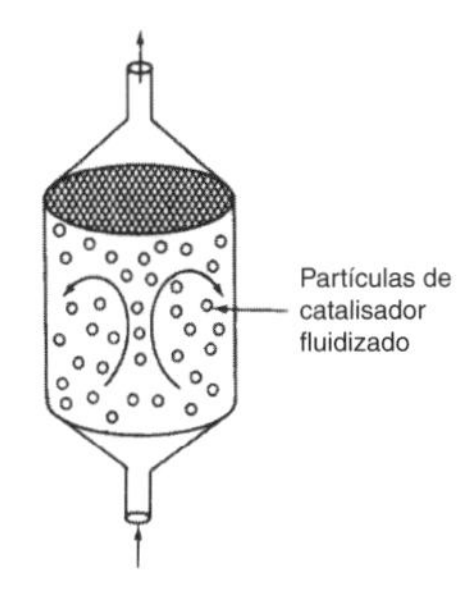

(a) Assumindo que você tenha um CSTR e um PFR contendo a mesma massa de catalisador, em qual sequência eles deveriam ser arranjados para operar de forma adiabática? Neste caso, utilize a menor quantidade de catalisador, mas, mesmo assim, atinja a conversão de 80%.
(b) Qual é a massa de catalisador necessária para alcançar a conversão de 80% em um CSTR fluidizado?
(c) Qual a massa de um CSTR fluidizado requerida para atingir 40% de conversão?
(d) Qual a massa de um PBR necessária para alcançar 80% de conversão?
(e) Qual a massa de um PBR necessária para alcançar 40% de conversão?
(f) Plote a velocidade de reação e a conversão, em função da massa de catalisador, W, em um PBR.

Informação adicional: $F_{A0} = 2$ mol/s.

P2-12$_A$ Leia o módulo "Engenharia das Reações Químicas do Estômago do Hipopótamo" no site da LTC Editora ou na Web.

(a) Escreva cinco sentenças resumindo o que você aprendeu sobre o módulo.

(b) Faça os problemas (1) e (2) do módulo do hipo (hipopótamo).

(c) O hipo necessita de 30% de conversão para sobreviver. Mas ele se contaminou com um fungo do rio, e agora o volume efetivo do compartimento tipo CSTR do seu estômago é somente 0,2 m^3. Nesta condição, ele sobreviverá?

(d) O hipo teve que passar por uma cirurgia para remover um bloqueio estomacal. Infelizmente, o cirurgião, Dr. No,* acidentalmente trocou as posições do CSTR e do PFR durante a operação. **Opa!!** Qual vai ser a conversão com o novo arranjo no sistema digestivo? Poderá o hipo sobreviver?

P2-13$_A$ **O que há de errado com esta solução?** Uma reação exotérmica em fase líquida deve ser conduzida em um CSTR de 25 dm^3. A vazão molar de entrada de A, multiplicada pelo inverso da velocidade de reação, é apresentada a seguir, na Figura P2-13$_A$(a), em função da conversão.

Qual é a conversão de saída do CSTR?

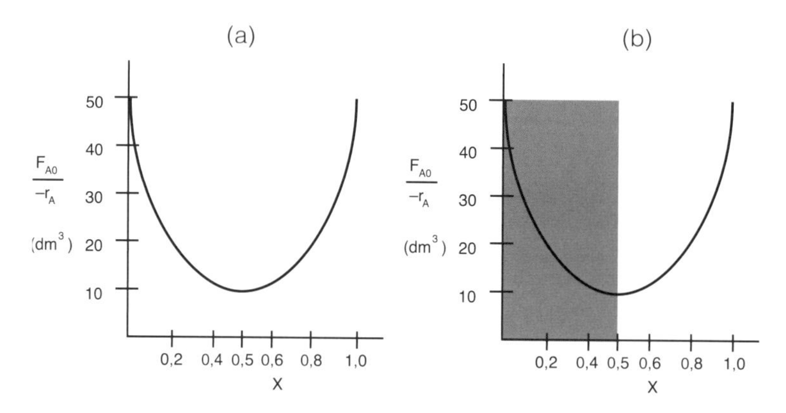

Figura P2-13$_A$

Solução

Os dados de $F_{A0}/(-r_A)$ nos são fornecidos em função de X e é informado que o volume do reator é de 25 dm^3. Precisamos encontrar o valor de X, tal que a área do retângulo do CSTR seja $[X \cdot F_{A0}/(-r_A)] = 25$ dm^3. O procedimento de solução será do tipo de tentativa e erro.

Vamos calcular a área do retângulo com a conversão no valor mínimo e verificar se ela corresponde ao volume de 25 dm^3 dado no enunciado do problema.

Para $X = 0,5$ a área do retângulo sombreado [Figura P2-13$_A$(b)] é

$$V = \left(\frac{F_{A0}}{-r_A}\right)X = (50 \text{ dm}^3)(0,5) = V = 25\text{dm}^3$$

A área corresponde ao volume de 25 dm^3!! Portanto, $X = 0,5$.

- **Problemas Propostos Adicionais no site da LTC Editora**

CDP2-A$_B$ Use os gráficos de Levenspiel para calcular volumes de reatores PFR e CSTR, conhecendo-se $-r_A = f(X)$. (**Inclui a Solução**) [*ECRE*, 2ª Edição, P2-12$_B$]

CDP2-B$_A$ Um dilema ético relacionado à determinação do tamanho dos reatores, em uma planta química de um competidor. [*ECRE*, 2ª Edição, P2-18$_B$]

* Do filme: "007 Contra o Satânico Dr. No", http://www.cedmagic.com/featured/007/dn-2-4338-dr-no.html. (N.T.)

LEITURAS SUPLEMENTARES

Uma discussão adicional sobre o sequenciamento apropriado de reatores em série, para várias leis de velocidade de reação, nas quais os gráficos de $1/(-r_A)$ em função de X são fornecidos, é apresentada por

BURGESS, THORNTON W., *The Adventures of Poor Mrs. Quack*, New York: Dover Publications, Inc., 1917.

KARRASS, CHESTER L., *Effective Negotiating: Workbook and Discussion Guide*, Beverly Hill, CA: Karrass Ltd., 2004.

LEVENSPIEL, O., *Chemical Reaction Engineering*, 3rd ed. New York: Wiley,1999, Chapter 6, pp. 139–156.

Leis de Velocidade 3

O sucesso é medido não pela posição que se atinge na vida, mas pelos obstáculos que tiveram de ser superados na busca do sucesso.

Booker T. Washington

Visão Geral. No Capítulo 2 mostramos que se tivermos a velocidade de reação como uma função da conversão, $-r_A = f(X)$, podemos calcular o volume de reator necessário para alcançar uma conversão especificada para sistemas com escoamento, e o tempo necessário para alcançar uma dada conversão em um sistema em batelada. Infelizmente, raramente, se é que é o caso, nos é dado $-r_A = f(X)$, diretamente a partir de dados cinéticos coletados. Mas não se assuste, pois nos próximos dois capítulos mostraremos como obter a velocidade de reação como uma função da conversão. Esta relação entre velocidade de reação e conversão será obtida em duas etapas:

- Na Etapa 1, descrita no Capítulo 3, definiremos a lei de velocidade, que relaciona a velocidade de reação com a temperatura e as concentrações das espécies reagentes.
- Na Etapa 2, descrita no Capítulo 4, definiremos as concentrações para sistemas com escoamento e sistemas em batelada e desenvolveremos uma tabela estequiométrica de tal forma que possamos escrever as concentrações como uma função da conversão.
- Combinando as Etapas 1 e 2, veremos então que podemos escrever a velocidade como uma função da conversão e utilizar as técnicas descritas no Capítulo 2 para projetar sistemas de reação.

Depois de completar este capítulo, você será capaz de

- relacionar as velocidades de reação entre as espécies de uma reação,
- escrever a lei de velocidade em termos de concentração, e
- usar a Equação de Arrhenius para encontrar a constante de velocidade como uma função da temperatura.

3.1 Definições Básicas

Tipos de reações

Uma *reação homogênea* é aquela que envolve apenas uma única fase. Uma *reação heterogênea* envolve mais de uma fase, e a reação normalmente ocorre na interface entre as fases. Uma *reação irreversível* é aquela que ocorre em apenas uma direção e continua naquela direção até que um dos reagentes se esgote. Uma *reação reversível*, por outro lado, pode ocorrer em ambas as direções, dependendo das concentrações dos reagentes e produtos relativamente às concentrações de equilíbrio correspondentes. Uma reação irreversível comporta-se como se a condição de equilíbrio não existisse. Estritamente falando, nenhuma reação química é completamente irreversível, mas em muitas reações o ponto de equilíbrio está tão deslocado para o lado dos produtos que elas são tratadas como reações irreversíveis.

A *molecularidade* de uma reação é o número de átomos, íons ou moléculas envolvidos (colidindo) em uma etapa da reação. Os termos *unimolecular*, *bimolecular*, e *trimolecular* referem-se às reações envolvendo, respectivamente, um, dois ou três átomos (ou moléculas) interagindo ou colidindo em qualquer passo da reação. O exemplo mais comum de uma reação *unimolecular* é o decaimento radiativo, tal como a emissão de uma partícula alfa pelo urânio 238 para produzir tório e hélio:

$${}_{92}\mathrm{U}^{238} \rightarrow {}_{90}\mathrm{Th}^{234} + {}_{2}\mathrm{He}^{4}$$

A velocidade de desaparecimento de urânio (U) é dada pela lei de velocidade

$$-r_{\mathrm{U}} = kC_{\mathrm{U}}$$

As únicas reações verdadeiramente bimoleculares são aquelas que envolvem a colisão com radicais livres (isto é, elétrons desemparelhados, por exemplo, Br•), tais como

$$\mathrm{Br}\bullet + \mathrm{C_2H_6} \rightarrow \mathrm{HBr} + \mathrm{C_2H_5}\bullet$$

com a lei de desaparecimento de bromo dada pela lei de velocidade

$$-r_{\mathrm{Br}\bullet} = kC_{\mathrm{Br}\bullet}C_{\mathrm{C_2H_6}}$$

A probabilidade de uma reação *trimolecular* na qual 3 moléculas colidem todas de uma vez é praticamente inexistente e, na maioria dos casos, o caminho da reação segue uma série de reações *bimoleculares*, como no caso da reação

$$2\mathrm{NO} + \mathrm{O_2} \rightarrow 2\mathrm{NO_2}$$

O caminho de reação para esta reação da "Galeria da Fama" é muito interessante e é discutido no Capítulo 9, juntamente com reações semelhantes que formam complexos intermediários ativos em suas vias de reação.

3.1.1 Velocidades de Reação Relativas

As velocidades de reação relativas das várias espécies envolvidas na reação podem ser obtidas a partir das razões dos coeficientes estequiométricos. Para a Reação (2-2),

$$\mathrm{A} + \frac{b}{a}\mathrm{B} \rightarrow \frac{c}{a}\mathrm{C} + \frac{d}{a}\mathrm{D} \tag{2-2}$$

vemos que para cada mol de A que é consumido, c/a mols de C aparecem. Em outras palavras,

Velocidade de formação de C = c/a (Velocidade de consumo de A)

$$r_{\mathrm{C}} = \frac{c}{a}(-r_{\mathrm{A}}) = -\frac{c}{a}\, r_{\mathrm{A}}$$

De forma semelhante, a relação entre as velocidades de formação de C e de D é

$$r_C = \frac{c}{d} r_D$$

A relação pode ser expressa diretamente a partir da estequiometria da reação,

$$aA + bB \rightarrow cC + dD \qquad (2\text{-}1)$$

para a qual

$$\boxed{\frac{-r_A}{a} = \frac{-r_B}{b} = \frac{r_C}{c} = \frac{r_D}{d}} \qquad (3\text{-}1)$$

Estequiometria da reação

ou

$$\boxed{\frac{r_A}{-a} = \frac{r_B}{-b} = \frac{r_C}{c} = \frac{r_D}{d}}$$

Por exemplo, na reação

$$2NO + O_2 \rightleftarrows 2NO_2$$

temos

$$\frac{r_{NO}}{-2} = \frac{r_{O_2}}{-1} = \frac{r_{NO_2}}{2}$$

Se o NO_2 está sendo formado a uma velocidade de 4 mol/m³/s, isto é,

$$r_{NO_2} = 4 \text{ mol/m}^3\text{/s},$$

então a velocidade de formação de NO é

$$r_{NO} = \frac{-2}{2} r_{NO_2} = -4 \text{ mol/m}^3\text{/s},$$

a velocidade de consumo de NO é

$$-r_{NO} = 4 \text{ mol/m}^3\text{/s}$$

e a velocidade de consumo de oxigênio, O_2, é

$$-r_{O_2} = \frac{-1}{-2} r_{NO_2} = 2 \text{ mol/m}^3\text{/s}$$

Resumo
$2NO + O_2 \rightarrow 2NO_2$
Se
$r_{NO_2} = 4$ mol/m³/s
Então
$-r_{NO} = 4$ mol/m³/s
$-r_{O_2} = 2$ mol/m³/s

3.2 A Ordem de Reação e a Lei de Velocidade

Nas reações químicas consideradas nos parágrafos seguintes, tomamos como base de cálculo a espécie A, que é um dos reagentes que está sendo consumido como resultado da reação. O reagente limitante é em geral escolhido como nossa base de cálculo. A velocidade de consumo de A, $-r_A$, depende da temperatura e da composição. Para muitas reações ela pode ser escrita como o produto de uma *constante de velocidade de reação*, k_A, e uma função das concentrações (atividades) das várias espécies envolvidas na reação:

$$\boxed{-r_A = [k_A(T)][\text{fn}(C_A, C_B, \ldots)]} \qquad (3\text{-}2)$$

A lei de velocidade fornece a relação entre a velocidade de reação e a concentração.

A equação algébrica que relaciona $-r_A$ com as concentrações das espécies é chamada expressão cinética ou **lei de velocidade**. A velocidade específica da reação (também chamada de constante de velocidade), k_A, assim como a velocidade de reação, $-r_A$, sempre diz respeito a uma espécie em particular nas reações e, normalmente, deve ser referenciada com um subíndice relacionado àquela espécie. Contudo, para reações nas quais o coeficiente estequiométrico é 1 para todas as espécies envolvidas na reação, por exemplo,

$$1\text{NaOH} + 1\text{HCl} \rightarrow 1\text{NaCl} + 1\ \text{H}_2\text{O},$$

podemos suprimir o subíndice da velocidade específica de reação (por exemplo, A em k_A), de modo que

$$k = k_{\text{NaOH}} = k_{\text{HCl}} = k_{\text{NaCl}} = k_{\text{H}_2\text{O}}$$

3.2.1 Modelos de Lei de Potência e Leis de Velocidade Elementar

A dependência da velocidade de reação, $-r_A$, com as concentrações das espécies presentes, $\text{fn}(C_j)$, é, quase sem nenhuma exceção, determinada por observações experimentais. Embora a dependência funcional com a concentração possa ser postulada a partir da teoria, os experimentos são necessários para confirmar a forma proposta. Uma das formas gerais mais comuns de dependência é dada pelo *modelo da lei de potência*. Neste caso, a lei da velocidade é o produto das concentrações das espécies reagentes individuais, cada uma delas elevada a uma potência, como, por exemplo,

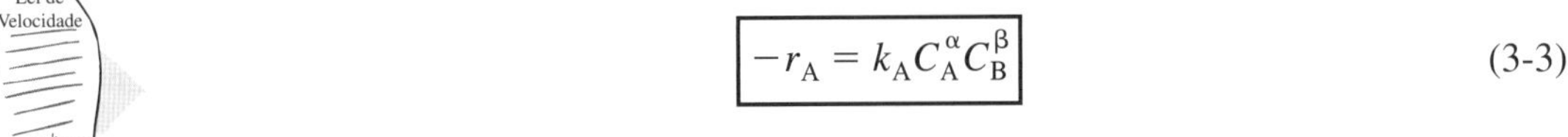

$$\boxed{-r_A = k_A C_A^{\alpha} C_B^{\beta}} \tag{3-3}$$

Os expoentes das concentrações na Equação (3-3) conduzem ao conceito de *ordem de reação*. A **ordem de uma reação** refere-se às potências às quais as concentrações são elevadas na lei cinética.[1] Na Equação (3-3) a reação é de *ordem α em relação ao reagente* A, *e ordem β em relação ao reagente* B. A ordem global da reação, ***n***, é

Ordem global da reação

$$n = \alpha + \beta$$

As unidades de $-r_A$ são escritas sempre em termos de concentração por unidade de tempo, enquanto as unidades da velocidade específica de reação, k_A, variam de acordo com a ordem da reação. Considere a reação envolvendo apenas um reagente, tal como

$$\text{A} \rightarrow \text{Produtos}$$

com uma ordem global de reação n. As unidades da constante de velocidade específica de reação são

$$k = \frac{(\text{Concentração})^{1-n}}{\text{Tempo}}$$

---

[1]Rigorosamente falando as velocidades de reação deveriam ser escritas em termos de atividades a_i ($a_i = \gamma_i C_i$, em que γ_i é o coeficiente de atividade). Kline e Fogler *JCIS*, *82*, 93 (1981); ibid., p. 103; e *Ind. Eng. Chem. Fundamentals* 20, 155 (1981).

$$-r_A = k'_A a_A^{\alpha} a_B^{\beta}$$

Entretanto, para muitos sistemas reacionais, os coeficientes de atividade, γ_i, não mudam de uma forma significativa durante o decorrer da reação, e eles são absorvidos nas constantes da velocidade de reação, k_A:

$$-r_A = k'_A a_A^{\alpha} a_B^{\beta} = k'_A(\gamma_A C_A)^{\alpha}(\gamma_B C_B)^{\beta} = \overbrace{\left(k'_A \gamma_A^{\alpha} \gamma_B^{\beta}\right)}^{k_A} C_A^{\alpha} C_B^{\beta} = k_A C_A^{\alpha} C_B^{\beta}$$

Consequentemente, as leis de velocidade correspondentes à reação de ordem zero, de primeira, segunda e terceira ordens, juntamente com as unidades típicas para as constantes das velocidades de reação correspondentes são:

Ordem zero ($n = 0$): $-r_A = k_A$:

$$\{k\} = \text{mol/dm}^3\text{/s} \tag{3-4}$$

Primeira ordem ($n = 1$): $-r_A = k_A C_A$:

$$\{k\} = \text{s}^{-1} \tag{3-5}$$

Segunda ordem ($n = 2$): $-r_A = k_A C_A^2$:

$$\{k\} = \text{dm}^3\text{/mol/s} \tag{3-6}$$

Terceira ordem ($n = 3$): $-r_A = k_A C_A^3$:

$$\{k\} = (\text{dm}^3\text{/mol})^2\text{/s} \tag{3-7}$$

Uma *reação elementar* é aquela que envolve uma etapa única, tal como a reação bimolecular entre um radical livre de oxigênio e a molécula de metanol

$$\text{O}\bullet + \text{CH}_3\text{OH} \rightarrow \text{CH}_3\text{O}\bullet + \text{OH}\bullet$$

Os coeficientes estequiométricos nesta reação são *idênticos* às potências na lei de velocidade. Consequentemente, a lei de velocidade para o consumo de oxigênio molecular é

$$-r_{\text{O}\bullet} = kC_{\text{O}\bullet}\, C_{\text{CH}_3\text{OH}}$$

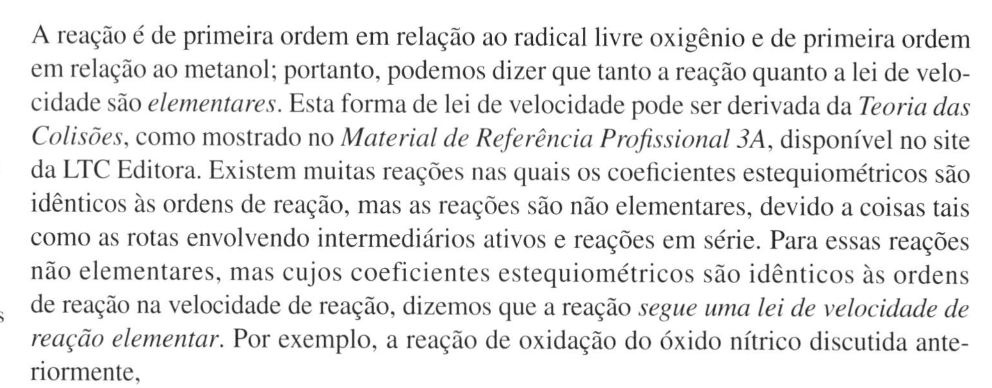

A reação é de primeira ordem em relação ao radical livre oxigênio e de primeira ordem em relação ao metanol; portanto, podemos dizer que tanto a reação quanto a lei de velocidade são *elementares*. Esta forma de lei de velocidade pode ser derivada da *Teoria das Colisões*, como mostrado no *Material de Referência Profissional 3A*, disponível no site da LTC Editora. Existem muitas reações nas quais os coeficientes estequiométricos são idênticos às ordens de reação, mas as reações são não elementares, devido a coisas tais como as rotas envolvendo intermediários ativos e reações em série. Para essas reações não elementares, mas cujos coeficientes estequiométricos são idênticos às ordens de reação na velocidade de reação, dizemos que a reação *segue uma lei de velocidade de reação elementar*. Por exemplo, a reação de oxidação do óxido nítrico discutida anteriormente,

Teoria das colisões

$$2\text{NO} + \text{O}_2 \rightarrow 2\text{NO}_2$$

não é de fato uma reação elementar; no entanto, segue uma lei de velocidade elementar. Portanto,

$$-r_{\text{NO}} = k_{\text{NO}} C_{\text{NO}}^2 C_{\text{O}_2}$$

Observação: A constante de velocidade de reação, k, é definida em relação ao NO.

Outra reação não elementar que segue uma lei de velocidade elementar é a reação em fase gasosa entre o hidrogênio e o iodo

$$\text{H}_2 + \text{I}_2 \rightarrow 2\text{HI}$$

com

$$-r_{\text{H}_2} = k_{\text{H}_2} C_{\text{H}_2} C_{\text{I}_2}$$

Em resumo, para muitas reações envolvendo múltiplas etapas e vias, as potências nas leis de velocidade concordam de forma surpreendente com os coeficientes estequiométricos.

Consequentemente, para facilitar a descrição desta classe de reações, dizemos que uma reação *segue uma lei de velocidade elementar* quando as ordens de reação são idênticas aos coeficientes estequiométricos das espécies reagentes para a ***reação assim como ela está escrita***. É importante lembrar que as leis de velocidade de reação **são determinadas pela observação experimental!** O Capítulo 7 descreve como essas e outras leis de velocidade podem ser desenvolvidas a partir de dados experimentais. Elas são uma função da química da reação e não do tipo de reator no qual elas ocorrem. A Tabela 3-1 fornece exemplos de leis de velocidade para diversas reações. A afirmação de que uma reação segue uma dada lei de velocidade de reação, da forma como é escrita, nos dá uma rápida ideia da estequiometria da reação e então podemos escrever a forma matemática da lei de velocidade. Os valores das velocidades específicas de reação para estas e várias outras reações podem ser encontrados na *Base de Dados* fornecida no site da LTC Editora e na Web.

Onde você encontra as leis de velocidade?

As constantes e as ordens de reação para um grande número de reações em fase gasosa e em fase líquida podem ser encontradas nas circulares e suplementos do Escritório Nacional de padrões (*National Bureau of Standards*).[2] Consulte também os periódicos listados no final do Capítulo 1.

Observe que na Tabela 3-1 a Reação Número 3 listada nas Leis de Velocidade de Primeira Ordem e a Reação Número 1 nas Leis de Velocidade de Segunda Ordem não seguem as leis de velocidade de reações elementares. Sabemos isso porque as ordens de reação não correspondem aos coeficientes estequiométricos das reações, na forma em que elas foram escritas.

TABELA 3-1 EXEMPLOS DE LEIS DE VELOCIDADE DE REAÇÃO

A. Leis de Velocidade de Primeira Ordem

	Reação	Lei de velocidade
(1)	$C_2H_6 \longrightarrow C_2H_4 + H_2$	$-r_A = kC_{C_2H_6}$
(2)	$\phi N = NCl \longrightarrow \phi Cl + N_2$	$-r_A = kC_{\phi N = NCl}$
(3)	$CH_2(O)CH_2 + H_2O \xrightarrow{H_2SO_4} CH_2OH{-}CH_2OH$	$-r_A = kC_{CH_2OCH_2}$
(4)	$CH_3COCH_3 \longrightarrow CH_2CO + CH_4$	$-r_A = kC_{CH_3COCH_3}$
(5)	$nC_4H_{10} \rightleftarrows iC_4H_{10}$	$-r_n = k[C_{nC_4} - C_{iC_4}/K_C]$

B. Leis de Velocidade de Segunda Ordem

	Reação	Lei de velocidade
(1)	$\phi(NO_2)Cl + 2NH_3 \longrightarrow \phi(NO_2)NH_2 + NH_4Cl$	$-r_A = k_{ONCB}C_{ONCB}C_{NH_3}$ †
(2)	$CNBr + CH_3NH_2 \longrightarrow CH_3Br + NCNH_2$	$-r_A = kC_{CNBr}C_{CH_3NH_2}$
(3)	$CH_3COOC_2H_5 + C_4H_9OH \rightleftarrows CH_3COOC_4H_9 + C_2H_5OH$ A + B ⇄ C + D	$-r_A = k[C_AC_B - C_CC_D/K_C]$

†Veja o Problema P3-13$_B$ e a Seção 13.2.

Referências muito importantes. Você deveria ainda verificar outras referências *antes* de ir para o laboratório.

[2]Dados cinéticos para um grande número de reações podem ser obtidos nos CD-ROMs fornecidos pelo Instituto Nacional de Padrões e Tecnologia (*National Institute of Standards and Technology – NIST*). Dados de Referência–Padrão 221/A320 Gaithersburg, MD 20899; telefone: (301) 975-2208. Fontes adicionais incluem as *Tabelas de Cinética Química: Reações Homogêneas* (*Tables of Chemical Kinetics: Homogeneous Reactions*), National Bureau of Standards Circular 510 (28/set/1951); Supl. 1 (14/nov/1956); Supl. 2 (5/ago/1960); Supl. 3 (15/set/1961) (Washington, DC: US Government Printing Office). Dados de Cinética Química e Fotoquímica (*Chemical Kinetics and Photochemical Data*) para uso em modelagem estratosférica, Avaliação Nº 10, JPL Publication 92-20 (Pasadena, Calif.: Jet Propulsion Laboratories, 15/ago/1992).

TABELA 3-1 EXEMPLOS DE LEIS DE VELOCIDADE DE REAÇÃO (CONTINUAÇÃO)

C. Leis de Velocidade Não Elementares

(1) Homogêneas

$$CH_3CHO \longrightarrow CH_4 + CO \qquad -r_{CH_3CHO} = kC_{CH_3CHO}^{3/2}$$

(2) Heterogêneas

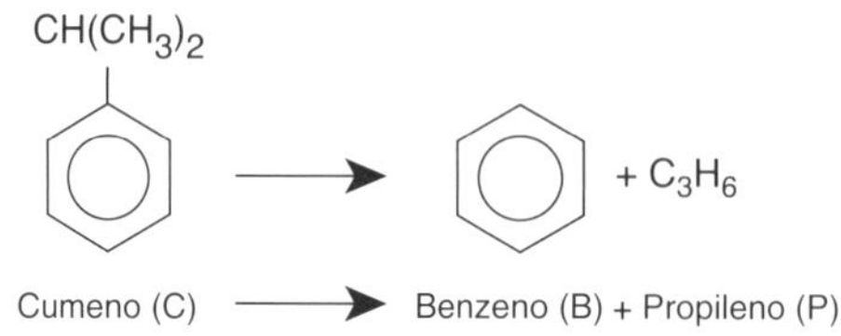

$$-r_C = \frac{k[P_C - P_B P_P / K_P]}{1 + K_B P_B + K_C P_C}$$

D. Reações Enzimáticas (Ureia (U) + Uréase (E))

$$NH_2CONH_2 + \text{Uréase} \xrightarrow{+H_20} 2NH_3 + CO_2 + \text{Uréase} \qquad -r_U = \frac{kC_U}{K_M + C_U}$$

E. Reações para a Biomassa

$$\text{Substrato (S)} + \text{Células (C)} \rightarrow \text{Mais células} + \text{Produto} \qquad -r_S = \frac{kC_S C_C}{K_S + C_S}$$

Obs.: As constantes de velocidade, k, e as energias de ativação para algumas das reações neste exemplo foram obtidas da Base de Dados do site da LTC Editora e Notas de Resumo.

3.2.2 Leis de Velocidade Não Elementares

Um grande número de reações tanto homogêneas quanto heterogêneas não segue leis simples de velocidade de reação. Exemplos de reações que não seguem leis de reação elementares simples são discutidos a seguir.

Reações Homogêneas: A ordem global de uma reação não tem necessariamente que ser um número inteiro, nem tem que ser inteiro em relação a quaisquer dos componentes individuais. Como exemplo, considere a síntese do fosgênio em fase gasosa:

$$CO + C1_2 \rightarrow COC1_2$$

na qual a *lei de velocidade* de reação cinética é

$$-r_{CO} = kC_{CO}C_{C1_2}^{3/2}$$

Essa reação é de primeira ordem em relação ao monóxido de carbono, de ordem três meios em relação ao cloro, e de ordem global cinco meios.

Algumas vezes as reações apresentam expressões complexas que não podem ser separadas em porções somente dependentes da temperatura e da concentração. Na decomposição do óxido nitroso

$$2N_2O \rightarrow 2N_2 + O_2$$

a *lei de velocidade* de reação cinética é

$$-r_{N_2O} = \frac{k_{N_2O}C_{N_2O}}{1 + k'C_{O_2}}$$

Ambos k_{N_2O} e k' são fortemente dependentes da temperatura. Quando ocorre uma expressão de velocidade tal como a descrita acima, não podemos falar de uma ordem global de reação. Neste caso, podemos apenas falar em ordens de reação sob certas condições limites. Por exemplo, para concentrações muito baixas de oxigênio, o segundo termo no denominador pode ser desprezível em relação a 1 ($1 >> k'C_{O_2}$), e a reação seria "aparentemente" de primeira ordem em relação ao óxido nitroso e de ordem global um. Contudo, se a concentração do oxigênio for suficientemente grande de forma que o número 1 no denominador seja insignificante em comparação com o segundo termo, $k'C_{O_2}$ ($k'C_{O_2} >> 1$), a ordem de reação *aparente* será –1 em relação ao oxigênio e 1 em relação ao óxido nitroso, produzindo uma ordem global *aparente* igual a zero. Expressões de velocidade deste tipo são muito comuns para reações em fase líquida e em fase gasosa promovidas por catalisadores sólidos (veja o Capítulo 10). Elas também ocorrem em sistemas de reação homogêneos com intermediários reativos (veja o Capítulo 9).

Recursos importantes para as **leis de velocidade**

É interessante observar que, embora as ordens de reação correspondam aos coeficientes estequiométricos, como evidenciado para a reação já discutida entre hidrogênio e iodo para formar HI, a expressão de velocidade para a reação entre hidrogênio e um outro halogênio, bromo, por exemplo, é muito complexa. Esta reação não elementar

$$H_2 + Br_2 \rightarrow 2HBr$$

ocorre via um mecanismo envolvendo radicais livres, e a lei de velocidade de reação é

$$-r_{Br_2} = \frac{k_{Br_2} C_{H_2} C_{Br_2}^{1/2}}{k' + C_{HBr}/C_{Br_2}} \tag{3-8}$$

As leis de velocidade que possuem esta forma normalmente envolvem um certo número de reações elementares e pelo menos um intermediário ativo. Um *intermediário ativo* é uma molécula de alta energia que reage virtualmente tão rápido quanto é formada. Como resultado, está presente apenas em baixas concentrações. Intermediários ativos (por exemplo, A^*) podem ser formados por colisão ou interação com outras moléculas.

$$A + M \rightarrow A^* + M$$

Neste caso, a ativação ocorre quando a energia cinética translacional é transferida para uma forma de energia armazenada que afeta o número de graus de liberdade, em particular os graus de liberdade vibracionais.[3] Uma molécula instável (isto é, um intermediário ativo) não é formada apenas como consequência de uma molécula que se move em alta velocidade (com energia cinética translacional). A energia precisa ser absorvida na forma de ligações químicas nas quais oscilações de grande amplitude causam a ruptura de ligações, rearranjo molecular, e decomposição. Na ausência de efeitos fotoquímicos ou fenômenos semelhantes, a transferência de energia translacional para energia vibracional que produz um intermediário ativo pode ocorrer apenas como consequência de colisão ou interação molecular. A teoria das colisões é discutida no *Material de Referência Profissional*, no Capítulo 3.

No Capítulo 9, discutiremos mecanismos e caminhos de reação que conduzem a leis de velocidade de reação não elementares, tais como a de velocidade de formação de HBr mostrada na Equação (3-8).

Reações Heterogêneas. Historicamente, tem sido a prática em muitos casos do reações catalíticas gás-sólido escrever a lei de velocidade em termos de pressões parciais em vez de concentrações. Em catálise heterogênea o importante é o peso do catalisador, em vez do volume do reator. Consequentemente, utilizamos $-r'_A$ para escrever a lei de velocidade em termos de mol por kg de catalisador por tempo, para que possamos projetar PBRs. Um exemplo de reação heterogênea e sua correspondente lei de velocidade é a hidrodesmetilação do tolueno (T) para formar benzeno (B) e metano (M), conduzida sobre um catalisador sólido.

[3]W. J. Moore, *Physical Chemistry* (Reading, Mass.: Longman Publishing Group, 1998).

$$C_6H_5CH_3 + H_2 \underset{cat}{\rightarrow} C_6H_6 + CH_4$$

A velocidade de consumo de tolueno por massa de catalisador, $-r'_T$, isto é, (mol/massa/tempo), segue a cinética de Langmuir-Hinshelwood (discutida no Capítulo 10), e a lei de velocidade encontrada experimentalmente é

$$-r'_T = \frac{kP_{H_2}P_T}{1 + K_B P_B + K_T P_T}$$

em que o apóstrofo em $-r'_A$ denota tipicamente unidades dadas por massa de catalisador (mol/kg cat/s); P_T, P_{H_2} e P_B são as pressões parciais de tolueno, hidrogênio e benzeno, em (kPa ou atm), e K_B e K_T são as constantes de adsorção do benzeno e tolueno, respectivamente, com unidades dadas em kPa^{-1} (ou atm^{-1}). A velocidade específica de reação, k, tem unidades de

$$[k] = \frac{\text{mol de tolueno}}{\text{kg cat} \cdot \text{s} \cdot \text{kPa}^2}$$

Você descobrirá que quase todas as reações catalíticas heterogêneas terão um termo do tipo $(1 + K_A P_A + \ldots)$ ou $(1 + K_A P_A + \ldots)^2$ no denominador da lei de velocidade (veja Capítulo 10).

Para expressar a velocidade de reação em termos de concentração, em vez de pressão parcial, nós simplesmente substituímos por P_i utilizando a lei de gás ideal

$$\boxed{P_i = C_i RT} \tag{3-9}$$

A velocidade de reação por unidade de massa de catalisador, $-r'_A$ (por exemplo, $-r'_T$) e a velocidade de reação por unidade de volume, $-r_A$, estão relacionadas através da massa específica ρ_b (massa de sólido/volume) das *partículas de catalisador* no meio fluido:

$$\boxed{-r_A = \rho_b(-r'_A)}$$

$$\frac{\text{mols}}{\text{tempo} \cdot \text{volume}} = \left(\frac{\text{massa}}{\text{volume}}\right)\left(\frac{\text{mols}}{\text{tempo} \cdot \text{massa}}\right)$$

Em leitos catalíticos fluidizados a massa específica do leito, ρ_b, é, em geral, uma função da vazão no leito.

Resumindo o que descobrimos para ordens de reação, elas **não podem** ser deduzidas da estequiometria da reação. Apesar de um grande número de reações seguir as leis de velocidade elementares, um número pelo menos igual não as segue. **Precisamos** descobrir a ordem da reação a partir de dados da literatura ou de experimentos.

3.2.3 Reações Reversíveis

As leis de velocidade para reações reversíveis *precisam* ser todas reduzidas à relação termodinâmica que relaciona as concentrações das espécies reagentes no equilíbrio. No equilíbrio, a velocidade de reação é igual a zero para todas as espécies (isto é, $-r_A \equiv 0$). Isto é, para a reação geral

$$aA + bB \rightleftarrows cC + dD \tag{2-1}$$

as concentrações no equilíbrio estão referidas pela seguinte relação termodinâmica para a constante de equilíbrio K_C (veja o Apêndice C).

Relação de Equilíbrio Termodinâmico

$$K_C = \frac{C_{Ce}^c C_{De}^d}{C_{Ae}^a C_{Be}^b} \tag{3-10}$$

As unidades da constante termodinâmica de equilíbrio, K_C, são $(mol/dm^3)^{d+c-b-a}$.

Para ilustrar como podemos escrever as leis de velocidade para reações reversíveis, usaremos a combinação de duas moléculas de benzeno para formar uma molécula de hidrogênio e uma de bifenila. Nessa discussão, consideraremos esta reação em fase gasosa como sendo elementar e reversível:

$$2C_6H_6 \underset{k_{-B}}{\overset{k_B}{\rightleftarrows}} C_{12}H_{10} + H_2$$

ou, simbolicamente,

$$2B \underset{k_{-B}}{\overset{k_B}{\rightleftarrows}} D + H_2$$

As constantes da velocidade específica de reação direta e reversa, k_B e k_{-B}, respectivamente, *serão definidas em relação ao benzeno.*

O benzeno (B) está sendo consumido pela reação direta

$$2C_6H_6 \xrightarrow{k_B} C_{12}H_{10} + H_2$$

na qual a velocidade de consumo de benzeno é

$$-r_{B,\text{direta}} = k_B C_B^2$$

Se multiplicarmos ambos os lados desta equação por –1, obtemos a expressão para a velocidade de formação de benzeno para a reação direta:

$$r_{B,\text{direta}} = -k_B C_B^2 \tag{3-11}$$

Para a reação reversa entre a bifenila (D) e o hidrogênio (H_2),

$$C_{12}H_{10} + H_2 \xrightarrow{k_{-B}} 2C_6H_6$$

A constante de velocidade específica de reação, k_i, precisa ser definida com relação a uma espécie em particular.

a velocidade de formação de benzeno é dada por

$$r_{B,\text{ reversa}} = k_{-B} C_D C_{H_2} \tag{3-12}$$

Novamente, tanto a constante de velocidade k_B quanto k_{-B} são *definidas em relação ao benzeno!!!*

A velocidade líquida de formação de benzeno é a soma das velocidades de formação a partir da reação direta [isto é, Equação (3-11)] e da reação inversa [ou seja, Equação (3-12)]:

$$r_B \equiv r_{B,\text{ líquida}} = r_{B,\text{ direta}} + r_{B,\text{ reversa}}$$

$$r_B = -k_B C_B^2 + k_{-B} C_D C_{H_2} \tag{3-13}$$

Multiplicando ambos os lados da Equação (3-13) por –1, e fatorando para eliminar k_B, obtemos a lei de velocidade para a velocidade de consumo de benzeno, $-r_B$:

Reversível elementar $A \rightleftarrows B$

$$-r_A = k\left(C_A - \frac{C_B}{K_C}\right)$$

$$-r_B = k_B C_B^2 - k_{-B} C_D C_{H_2} = k_B\left(C_B^2 - \frac{k_{-B}}{k_B} C_D C_{H_2}\right)$$

Substituindo a razão entre as constantes de velocidade reversa e direta pelo inverso da constante de equilíbrio com base nas concentrações, K_C, obtemos

$$-r_B = k_B\left(C_B^2 - \frac{C_D C_{H_2}}{K_C}\right) \tag{3-14}$$

em que

$$\frac{k_B}{k_{-B}} = K_C = \text{Constante de equilíbrio com base na concentração}$$

A constante de equilíbrio decresce com o aumento de temperatura para reações exotérmicas e aumenta com o aumento de temperatura para reações endotérmicas.

Vamos escrever a lei de formação de bifenila, r_D, em termos da concentração de hidrogênio, H_2, bifenila, D, e benzeno, B. A velocidade de formação da bifenila, r_D, **precisa** ter a mesma dependência funcional das concentrações das espécies reagentes, como ocorre com a velocidade de consumo de benzeno, $-r_B$. A velocidade de formação de bifenila é

$$r_D = k_D\left(C_B^2 - \frac{C_D C_{H_2}}{K_C}\right) \tag{3-15}$$

Utilizando a relação dada pela Equação (3-1) para a reação geral

Isto é apenas estequiometria.

$$\boxed{\frac{r_A}{-a} = \frac{r_B}{-b} = \frac{r_C}{c} = \frac{r_D}{d}} \tag{3-1}$$

podemos obter a relação entre as várias velocidades específicas de reação, k_B, k_D:

$$\frac{r_D}{1} = \frac{r_B}{-2} = \frac{-k_B\,[C_B^2 - C_D C_{H_2}/K_C]}{-2} = \frac{k_B}{2}\left[C_B^2 - \frac{C_D C_{H_2}}{K_C}\right] \tag{3-16}$$

Comparando as Equações (3-15) e (3-16), vemos que a relação entre a velocidade específica de reação quanto à bifenila, k_D, e a velocidade específica de reação quanto ao benzeno, k_B, é

$$k_D = \frac{k_B}{2}$$

Consequentemente, vemos a necessidade de definir a constante de velocidade, k, em relação a uma espécie em particular.

Finalmente, precisamos verificar se a lei de velocidade dada pela Equação (3-14) é termodinamicamente consistente no equilíbrio. Aplicando a Equação (3-10) (e Apêndice C) à reação da bifenila, e substituindo as concentrações das espécies envolvidas e os expoentes apropriados, a termodinâmica nos indica que

$$K_C = \frac{C_{De} C_{H_2e}}{C_{Be}^2} \tag{3-17}$$

Agora, vamos dar uma olhada na lei de velocidade. No equilíbrio, $-r_B \equiv 0$, e a lei de velocidade dada pela Equação (3-14) torna-se

No equilíbrio, a lei de velocidade precisa ser reduzida a uma equação que seja consistente com o equilíbrio termodinâmico.

$$-r_B \equiv 0 = k_B\left[C_{Be}^2 - \frac{C_{De} C_{H_2e}}{K_C}\right]$$

Rearranjando, obtemos, como esperado, a expressão de equilíbrio

$$K_C = \frac{C_{De} C_{H_2e}}{C_{Be}^2}$$

que é idêntica à Equação (3-17) obtida da termodinâmica.

Do Apêndice C, Equação (C-9), sabemos que quando não há variação no número total de mols e que o termo de capacidade térmica, $\Delta C_P = 0$, a dependência da constante de equilíbrio da concentração em relação à temperatura é

$$K_C(T) = K_C(T_1)\exp\left[\frac{\Delta H_{Rx}^{\circ}}{R}\left(\frac{1}{T_1} - \frac{1}{T}\right)\right] \tag{C-9}$$

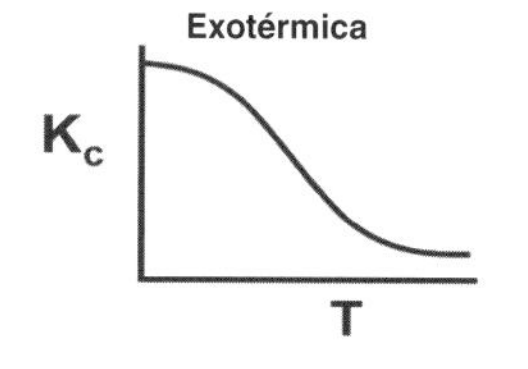

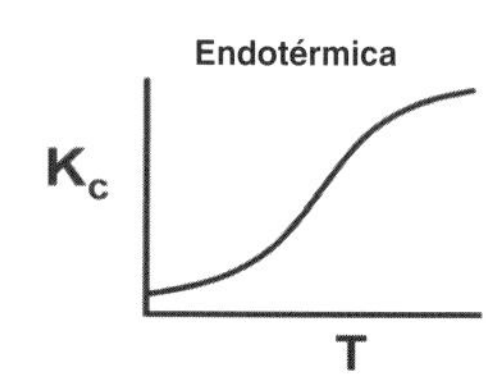

Portanto, se conhecemos a constante de equilíbrio a uma dada temperatura, T_1 [isto é, $K_C(T_1)$], e a entalpia de reação, ΔH^o_{Rx}, podemos calcular a constante de equilíbrio em qualquer outra temperatura T. Para reações endotérmicas, a constante de equilíbrio, K_C, aumenta com o aumento de temperatura; para reações exotérmicas, K_C diminui com o aumento de temperatura. Uma discussão mais aprofundada da constante de equilíbrio e sua relação termodinâmica é dada no Apêndice C.

3.3 A Constante de Velocidade de Reação

A constante de velocidade de reação, k, não é verdadeiramente uma constante, mas apenas independente das concentrações das espécies envolvidas na reação. A quantidade k é referida tanto como **velocidade específica de reação** quanto como **constante de velocidade**. É quase sempre fortemente dependente da temperatura. Depende também da presença ou não de um catalisador e, em reações em fase gasosa, pode ser uma função da pressão total. Em sistemas líquidos ela também pode ser uma função de outros parâmetros, tais como a força iônica e do solvente escolhido. Estas outras variáveis normalmente exibem um efeito muito menor sobre a velocidade específica de reação do que a temperatura, com exceção de solventes supercríticos tais como água supercrítica. Consequentemente, para os propósitos do assunto aqui apresentado, será admitido que k_A depende apenas da temperatura. Esta hipótese é válida para a maioria das reações de laboratório e industriais, e parece funcionar muito bem.

Foi o grande químico sueco Svante Arrhenius (1859-1927), agraciado com o Prêmio Nobel, quem primeiramente sugeriu que a dependência da velocidade específica de reação, k_A, com a temperatura pudesse ser correlacionada por uma equação do tipo

Equação de Arrhenius

$$k_A(T) = Ae^{-E/RT} \tag{3-18}$$

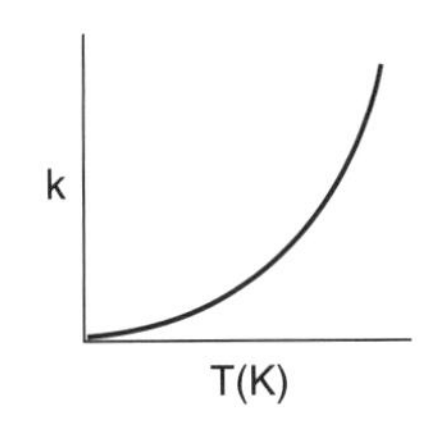

na qual
A = fator pré-exponencial ou fator de frequência
E = energia de ativação, J/mol ou cal/mol
R = constante dos gases = 8,314 J/mol · K = 1,987 cal/mol · K
T = temperatura absoluta, K

A Equação (3-18), conhecida como *equação de Arrhenius*, tem sido sistematicamente verificada empiricamente e descreve bem a dependência da temperatura para a maioria das constantes de velocidade de reação dentro dos erros experimentais em um amplo intervalo de temperatura. A derivação da equação de Arrhenius é mostrada no *Material de Referência Profissional 3.A: Teoria das Colisões*, disponível no site da LTC Editora.

Por que existe uma energia de ativação? Se os reagentes forem radicais livres que essencialmente reagem imediatamente após a colisão, normalmente não se observa uma energia de ativação. Contudo, para a maioria dos átomos e moléculas que sofrem reação existe uma energia de ativação. Algumas das razões para que ocorra uma reação são:

1. As moléculas precisam de energia para distorcer ou estirar suas ligações, para que elas se rompam e possam formar novas ligações.
2. As moléculas precisam de energia para vencer as forças repulsivas estéricas e forças repulsivas eletrônicas na medida em que se aproximam.

A energia de ativação pode ser pensada como uma barreira à transferência de energia (de energia cinética para energia potencial) entre as moléculas reagentes, e que precisa ser ultrapassada. A ativação é a elevação mínima na energia potencial dos reagentes, que precisa ser fornecida para transformar os reagentes em produtos. Este aumento pode ser provido pela energia cinética das moléculas em colisão. Uma forma de visualizar a barreira a uma reação é através do uso das *coordenadas de reação*. Essas coordenadas denotam a energia potencial mínima do sistema como uma função do avanço ao longo da via de reação na medida em que passamos de reagentes a intermediários e depois a produtos. Para a reação exotérmica

$$A + BC \rightleftarrows A - B - C \longrightarrow AB + C$$

a coordenada de reação é mostrada na Figura 3-1. Aqui, E_A, E_B, E_{AB} e E_{BC} são as energias das moléculas A, B, AB e BC, e E_{ABC} é a energia do complexo A–B–C no topo da barreira.

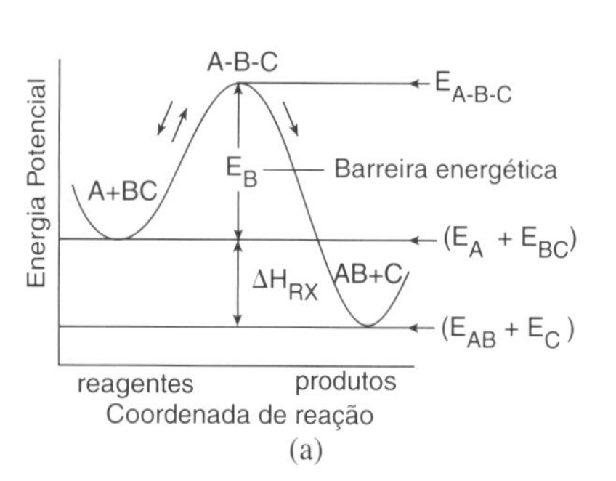

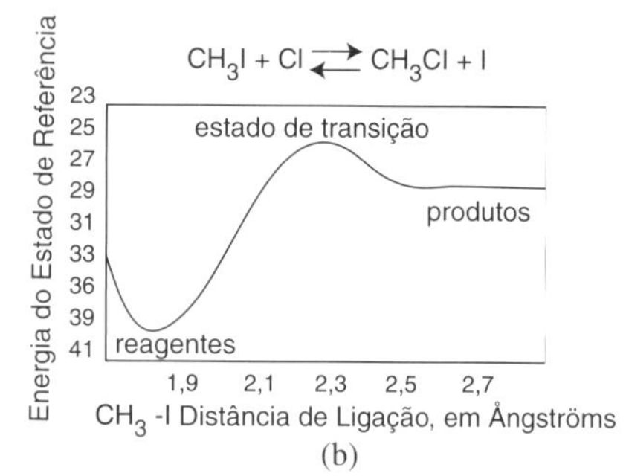

Figura 3-1 Progresso ao longo do caminho da reação. (a) Reação simbólica; (b) Calculado a partir de software computacional no site da LTC Editora, Capítulo 3, Módulo da Web.

A Figura 3-1(a) mostra a energia potencial de um sistema de três átomos (ou moléculas), A, B e C, e também como a reação progride na medida em que vamos de reagentes A e BC para produtos AB e C. Inicialmente, A e BC estão distantes e a energia do sistema é apenas a energia de ligação BC. No final da reação, os produtos AB e C estão afastados, e a energia do sistema é a energia de ligação AB. Na medida em que progredimos ao longo da coordenada de reação (eixo-*x*) para a direita na Figura 3-1(a), os reagentes A e BC aproximam-se um do outro, a ligação BC começa a se romper, e a energia do par de reação aumenta até que o topo da barreira seja alcançado. No topo, o *estado de transição* é alcançado, no qual as distâncias intermoleculares entre A e B e entre B e C são essencialmente iguais (isto é, A–B–C). Como resultado, a energia potencial dos três átomos (moléculas) iniciais é alta. Na medida em que a reação progride, a distância entre A e B diminui, e a ligação AB começa a se formar. Mais adiante, a distância entre AB e C aumenta, e a energia do par reagente diminui até alcançar o valor da energia de ligação AB. Os cálculos para se chegar à Figura 3-1(b) são discutidos no módulo da web, e a teoria do estado de transição é discutida no *Material de Referência Profissional R3.2 Teoria do Estado de Transição* para a reação real, ambos no site da LTC Editora.

Material de Referência Profissional

$$CH_3I + Cl \rightleftarrows CH_3Cl + I.$$

Vemos que, para que a reação ocorra, os reagentes precisam ultrapassar uma barreira de energia, E_B, como mostrado na Figura 3-1. A barreira de energia, E_B, está relacionada à energia de ativação, E. A altura da barreira de energia, E_B, pode ser calculada como a diferença entre a energia de formação da molécula do estado de transição e a energia de formação dos reagentes, isto é,

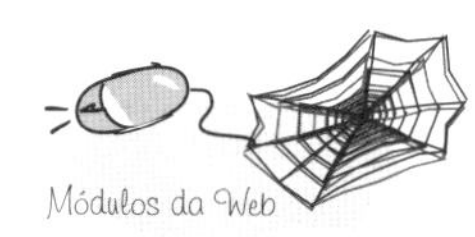
Módulos da Web

$$\boxed{E_B = E^\circ_{fA-B-C} - (E^\circ_{fA} + E^\circ_{fB-C})} \quad (3\text{-}19)$$

A energia de formação dos reagentes pode ser encontrada na literatura, enquanto a energia de formação do estado de transição pode ser calculada da mecânica quântica usando diversos pacotes de software, tais como Gaussian (*http://www.gaussian.com/*) e Dacapo (*https://wiki.fysik.dtu.dk/dacapo*). A energia de ativação, E, é frequentemente aproximada pela altura da barreira, o que é uma boa aproximação na ausência de tunelamento mecânico-quântico.

Agora que já temos uma boa ideia geral sobre coordenada de reação, vamos considerar outro sistema de reação real:

$$H\cdot + C_2H_6 \rightarrow H_2 + C_2H_5\cdot$$

O diagrama de coordenada energia-reação para a reação entre um átomo de hidrogênio e uma molécula de etano é mostrado na Figura 3.2, na qual as distorções, a quebra e a formação da ligação são identificadas.

Pode-se também visualizar a energia de ativação em termos da teoria das colisões (*Material de Referência Profissional R3.1*). Aumentando-se a temperatura, aumenta-se a energia cinética das moléculas reagentes. Esta energia cinética pode, por sua vez, ser transformada, através de colisões moleculares, em energia interna para aumentar o estiramento e a torção das ligações, levando-as a um estado ativado, vulnerável às quebras de ligação e reação (veja as Figuras 3-1 e 3-2).

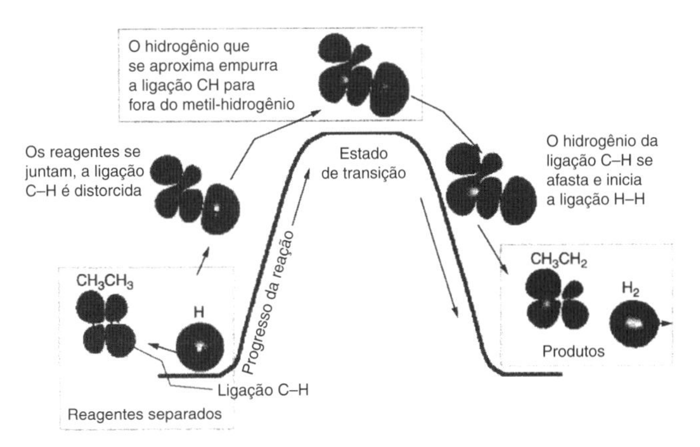

Figura 3-2 Um diagrama das distorções dos orbitais durante a reação.

$$H \bullet + CH_3CH_3 \rightarrow H_2 + CH_2CH_3 \bullet$$

O diagrama mostra apenas a interação com o estado de energia do etano (a ligação C–H). Outros orbitais moleculares do etano também se distorcem. [Cortesia de R. Masel, *Chemical Kinetics and Catalysis* (Wiley, 2001), p. 594.]

A energia de moléculas individuais segue uma distribuição de energias em que algumas moléculas possuem mais energia do que outras. Uma distribuição deste tipo é mostrada na Figura 3-3, na qual $f(E,T)$ é a função de distribuição de energia para as energias cinéticas das moléculas reagentes. É mais facilmente interpretada reconhecendo-se o produto $(f \cdot dE)$ como sendo a fração de colisões moleculares que possuem energia entre E e $(E + dE)$. Por exemplo, na Figura 3-3, a fração de colisões de moléculas que possuem energia entre 5 e 6 kcal é igual a 0,083, como mostrado pela área sombreada à esquerda. A energia de ativação corresponde à energia mínima que devem ter as moléculas reagentes antes de a reação ocorrer. A fração das colisões moleculares que possuem uma energia E_A ou superior é mostrada pelas áreas sombreadas à direita na Figura 3-3. As moléculas correspondentes a essas áreas sombreadas possuem energia cinética suficiente para romper ligações e permitir que reações ocorram. Observa-se que, à medida que a temperatura é aumentada ($T_2 > T_1$), a área sombreada aumenta, indicando que o número de moléculas que possuem energia suficiente para reagir aumenta, assim como ocorre com a velocidade de reação, $-r_A$.

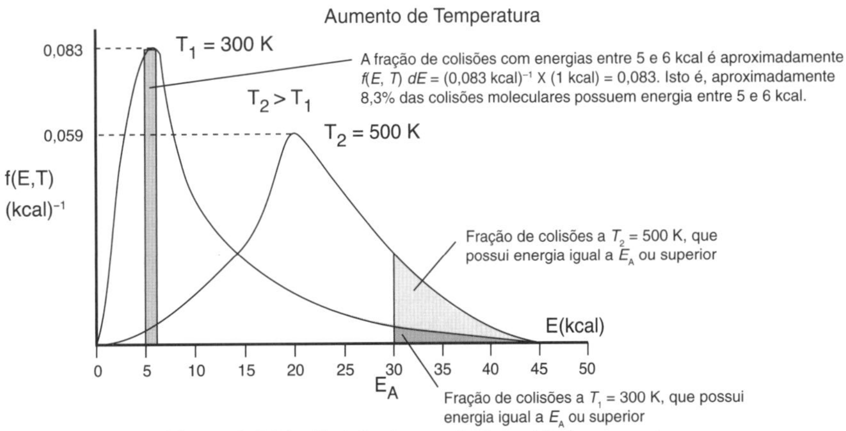

Figura 3-3 Distribuição de energia de moléculas reagentes.

Cálculo da energia de ativação

O postulado da equação de Arrhenius, Equação (3-18), é uma das maiores contribuições dadas à cinética química, e retém sua utilidade até hoje, mais de um século depois de formulado. A energia de ativação, E, é determinada experimentalmente medindo-se a velocidade de reação em diferentes temperaturas. Depois de tomarmos o logaritmo da Equação (3-18), obtemos

$$\ln k_A = \ln A - \frac{E}{R}\left(\frac{1}{T}\right) \tag{3-20}$$

Vemos que a energia de ativação pode ser encontrada a partir do gráfico de ln k_A em função de $(1/T)$, o que é conhecido como *gráfico de Arrhenius*. Quanto maior a energia de ativação, maior a sensibilidade da reação a variações de temperatura. Isto é, para grandes valores de E, um aumento de apenas alguns poucos graus na temperatura pode aumentar grandemente o valor de k e, portanto, aumentar a velocidade da reação.

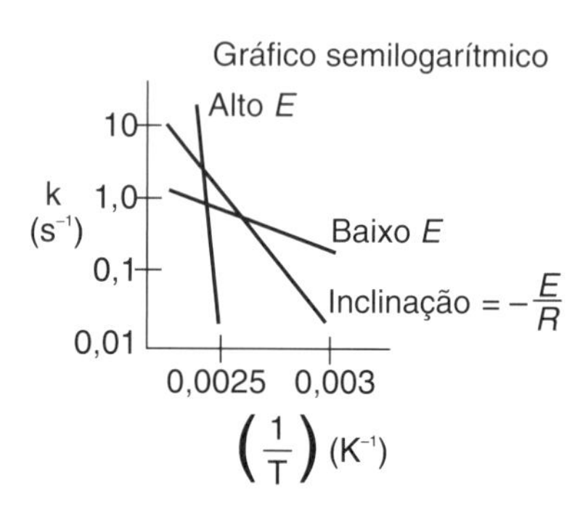

Figura 3-4 Cálculo da energia de ativação para um gráfico de Arrhenius.

Exemplo 3-1 Determinação da Energia de Ativação

Calcule a energia de ativação para a decomposição do cloreto de benzeno diazônio para produzir clorobenzeno e nitrogênio

$$C_6H_5N{=}NCl \longrightarrow C_6H_5Cl + N_2$$

usando a informação dada na Tabela E3-1.1 para esta reação de primeira ordem.

TABELA 3-1.1 DADOS

k (s^{-1})	0,00043	0,00103	0,00180	0,00355	0,00717
T (K)	313,0	319,0	323,0	328,0	333,0

Solução

Iniciamos recordando a Equação (3-20)

$$\ln k_A = \ln A - \frac{E}{R}\left(\frac{1}{T}\right) \tag{3-20}$$

Podemos usar os dados da Tabela E3-1.1 para determinar a energia de ativação, E, e o fator de frequência, A, de duas formas diferentes. Uma das formas é fazer um gráfico semilogarítmico de k em função de $(1/T)$ e determinar E a partir da inclinação $(-E/R)$ em um gráfico de Arrhenius. A outra forma é usar o Excel ou o Polymath para fazer uma regressão dos dados. Os dados fornecidos na Tabela E3-1.1 foram digitados no Excel e são mostrados na Figura E3-1.1, e então usados para obter a Figura E3-1.2.

figureE3-1

	A	B	C
1	k (s⁻¹)	ln (k)	1/T (K⁻¹)
2	0.00043	-7.75	0.00320
3	0.00103	-6.88	0.00314
4	0.00180	-6.32	0.00310
5	0.00355	-5.64	0.00305
6	0.00717	-4.94	0.00300

Figura E3-1.1 Planilha do Excel.

Tutoriais

Um tutorial passo a passo para construir tanto uma planilha do Excel quanto uma planilha do Polymath é dado nas Notas de Resumo do Capítulo 3, no site da LTC Editora.

$$k = k_1 \exp\left[\frac{E}{R}\left(\frac{1}{T_1} - \frac{1}{T}\right)\right]$$

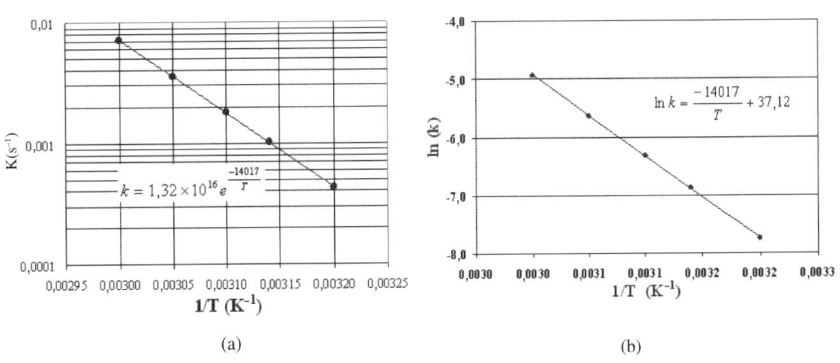

Figura E3-1.2 (a) Gráfico semilog do Excel; (b) Gráfico normal do Excel após calcularmos o ln(k).

A equação para o melhor ajuste dos dados

$$\ln k = \frac{-14{,}017}{T} + 37{,}12 \tag{E3-1.1}$$

é também mostrada na Figura E3-1.2(b). Da inclinação da reta na Figura 3-1.2(b) e Equação (3-20), obtemos

$$-\frac{E}{R} = -14.017\ \text{K}$$

$$E = (14.017\ \text{K})R = (14.017\ \text{K})\left(8{,}314\ \frac{\text{J}}{\text{mol}\cdot\text{K}}\right)$$

$$\boxed{E = 116{,}5\ \frac{\text{kJ}}{\text{mol}}}$$

Da Figura E3-1.2(b) e Equação (E3-1.1), vemos que

$$\ln A = 37{,}12$$

Tomando o antilogaritmo, encontramos o fator de frequência como sendo

$$A = 1{,}32 \times 10^{16}\ \text{s}^{-1}$$

$$k = 1{,}32 \times 10^{16}\ exp\left[-\frac{14.017\ \text{K}}{\text{T}}\right] \tag{E3-1.2}$$

Análise: A energia de ativação, E, e o fator de frequência, A, podem ser calculados conhecendo-se a velocidade específica de reação, k, a duas temperaturas, T_1 e T_2. Podemos tanto utilizar a Equação (3-18) de Arrhenius duas vezes, uma vez para T_1 e outra vez para T_2, para resolver o sistema de duas equações e duas incógnitas, A e E, ***quanto*** podemos tomar a inclinação de um gráfico de (ln k) em função de ($1/T$); a inclinação será igual a ($-E/R$).

A velocidade nem sempre dobra para um aumento de temperatura de 10ºC.

Material de Referência Profissional

Existe uma regra prática que estabelece que a velocidade de reação dobra para cada 10ºC de aumento na temperatura. Contudo, isto é verdadeiro apenas para uma combinação específica de energia de ativação e temperatura. Por exemplo, se a energia de ativação é de 53,6 kJ/mol, a velocidade será o dobro somente se a temperatura for aumentada de 300 K para 310 K. Se a energia de ativação é 147 kJ/mol, a regra será válida apenas se a temperatura for aumentada de 500 K para 510 K. (Veja o Problema P3-7_B para a dedução desta relação.)

Quanto maior é a energia de ativação, mais sensível à temperatura é a velocidade de reação. Considerando que não existem valores típicos para o fator de frequência e para a energia de ativação para uma reação de primeira ordem em fase gasosa, se fôssemos forçados a fazer uma estimativa, possíveis valores de A e E seriam 10^{13} s^{-1} e 100 kJ/mol. Todavia, para famílias de reações (por exemplo, halogenação), algumas correlações podem ser utilizadas para estimar a energia de ativação. Uma dessas correlações é a *equação de Polanyi-semenov*, que relaciona a energia de ativação com o calor de reação (veja o *Material de Referência Profissional 3.1*). Outra correlação relaciona a energia de ativação com as diferenças nas forças de ligação química entre os produtos e os reagentes.[4] Embora atualmente a energia de ativação não possa ser corretamente predita *a priori*, esforços de pesquisa significativos estão sendo realizados para calcular energias de ativação a partir de princípios fundamentais.[5]

Um comentário final sobre a equação de Arrhenius, Equação (3-18). Ela pode ser colocada em uma forma mais útil encontrando-se a velocidade específica de reação a uma temperatura T_0, isto é,

$$k(T_0) = Ae^{-E/RT_0}$$

e a uma temperatura T

$$k(T) = Ae^{-E/RT}$$

e tomando-se a razão entre elas para se obter

Uma forma mais útil para $k(T)$

$$\boxed{k(T) = k(T_0)e^{\frac{E}{R}\left(\frac{1}{T_0}-\frac{1}{T}\right)}} \qquad (3\text{-}21)$$

Esta equação mostra que se nós conhecemos a velocidade específica de reação $k(T_0)$ a uma temperatura T_0, e conhecemos a energia de ativação, E, podemos encontrar a velocidade específica de reação $k(T)$ em qualquer outra temperatura T, para essa reação.

Onde estamos?

3.4 O Estado Atual de Nossa Abordagem sobre Dimensionamento e Projeto de Reator

No Capítulo 2, combinamos os diferentes balanços molares com a definição de conversão para chegarmos à equação de projeto para cada um dos quatro tipos de reatores, como mostrado na Tabela 3-2. Depois disso, mostramos que *se* a velocidade de consumo for conhecida como uma função da conversão X:

$$-r_A = g(X)$$

então é possível dimensionar CSTRs, PFRs e PBRs operados nas mesmas condições sob as quais $-r_A = g(X)$ foi obtido.

[4] M. Boudart, *Kinetics of Chemical Processes* (Upper Saddle River, N.J.: Prentice Hall, 1968), p. 168. J. W. Moore e R. G. Pearson, *Kinetics and Mechanisms*, 3 ed. (New York: Wiley, 1981), p. 199. S. W. Benson, *Thermochemical Kinetics*, 2 ed. (New York: Wiley, 1976).

[5] R. Masel, *Chemical Kinetics and Catalysis*, New York: Wiley, 2001, p. 594.

TABELA 3-2 EQUAÇÕES DE PROJETO

	Forma Diferencial	Forma Algébrica	Forma Integral
Batelada	$N_{A0}\dfrac{dX}{dt} = -r_A V$ (2-6)		$t = N_{A0}\int_0^X \dfrac{dX}{-r_A V}$ (2-9)
De mistura (CSTR)		$V = \dfrac{F_{A0}X}{-r_A}$ (2-13)	
Tubular (PFR)	$F_{A0}\dfrac{dX}{dV} = -r_A$ (2-15)		$V = F_{A0}\int_0^X \dfrac{dX}{-r_A}$ (2-16)
De recheio (PBR)	$F_{A0}\dfrac{dX}{dW} = -r'_A$ (2-17)		$W = F_{A0}\int_0^X \dfrac{dX}{-r'_A}$ (2-18)

As equações de projeto

Em geral, a informação na forma de $-r_A = g(X)$ não está disponível. Contudo, vimos na Seção 3.2 que a velocidade de consumo de A, $-r_A$, é normalmente expressa em termos da concentração das espécies reagentes. Esta funcionalidade,

$$-r_A = [k_A(T)][\text{fn}(C_A, C_B, \ldots)] \tag{3-2}$$

é chamada *lei de velocidade*. No Capítulo 4 mostraremos como a concentração da espécie reagente pode ser escrita como uma função da conversão X,

$$C_j = h_j(X) \tag{3-22}$$

$-r_A = f(C_j)$
$+$
$C_j = h_j(X)$
$\downarrow$
$-r_A = g(X)$
e então podemos projetar reatores isotérmicos

Com estas relações adicionais, observamos que se a lei de velocidade for dada e as concentrações puderem ser expressas como uma função da conversão, *então de fato temos $-r_A$ como uma função de X, e isto é tudo que precisamos para aplicar as equações de projeto no cálculo de reatores isotérmicos.* Podemos utilizar as técnicas numéricas descritas no Capítulo 2 ou, como veremos no Capítulo 5, a tabela de integrais e/ou programas de computador (por exemplo, Polymath).

O Algoritmo de ERQ
- Balanço Molar, Cap. 1
- Lei de Velocidade, Cap. 3
- Estequiometria, Cap. 4
- Combinação, Cap. 5
- Avaliação, Cap. 5
- Balanço de Energia, Cap. 11

Encerramento. Uma vez completado este capítulo, você deverá ser capaz de escrever a lei de velocidade em termos de concentração e a dependência da temperatura dada por Arrhenius. Neste ponto, completamos os dois primeiros blocos de construção de nosso algoritmo para estudar reações e reatores químicos isotérmicos.

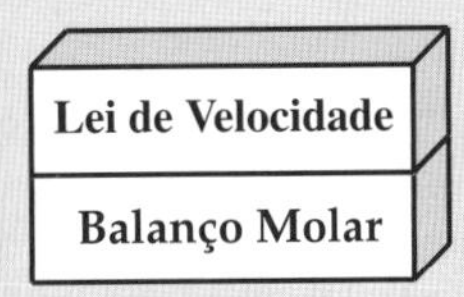

No Capítulo 4 focaremos no terceiro bloco de construção, a **Estequiometria**, na qual utilizamos tabelas estequiométricas para escrever as concentrações em termos de conversão e, finalmente, chegar a uma relação entre a velocidade de reação e a conversão.

RESUMO

1. Velocidades relativas de reação para a reação genérica:

$$A + \frac{b}{a}B \rightarrow \frac{c}{a}C + \frac{d}{a}D \tag{R3-1}$$

As velocidades relativas de reação podem ser escritas como

$$\boxed{\frac{-r_A}{a} = \frac{-r_B}{b} = \frac{r_C}{c} = \frac{r_D}{d}} \quad \text{ou} \quad \boxed{\frac{r_A}{-a} = \frac{r_B}{-b} = \frac{r_C}{c} = \frac{r_D}{d}} \tag{R3-2}$$

2. A *ordem de reação* é determinada a partir de observação experimental:

$$A + B \longrightarrow C \tag{R3-3}$$

$$-r_A = kC_A^{\alpha} C_B^{\beta}$$

A reação representada na Equação (R3-3) é de ordem α em relação à espécie A e de ordem β em relação à espécie B, enquanto a ordem global da reação, n, é ($\alpha + \beta$). Se $\alpha = 1$ e $\beta = 2$, dizemos que a reação é de primeira ordem em relação a A, de segunda ordem em relação a B, e de ordem global igual a três. Dizemos que a reação segue uma lei de velocidade elementar se as ordens da reação coincidem com os coeficientes estequiométricos para a reação na forma como ela foi escrita.

Exemplos de reações que seguem leis de velocidade elementares

Reações irreversíveis

Primeira ordem

$$C_2H_6 \longrightarrow C_2H_4 + H_2 \qquad \boxed{-r_A = kC_{C_2H_6}}$$

Segunda ordem

$$CNBr + CH_3NH_2 \longrightarrow CH_3Br + NCNH_2 \qquad \boxed{-r_A = kC_{CNBr}C_{CH_3NH_2}}$$

Reações reversíveis

Segunda ordem

$$2C_6H_6 \rightleftarrows C_{12}H_{10} + H_2 \qquad \boxed{-r_{C_2H_6} = k_{C_2H_6}\left(C_{C_2H_6} - \frac{C_{C_{12}H_{10}}C_{H_2}}{K_C}\right)}$$

Exemplos de reações que seguem leis de velocidade não elementares

Reações homogêneas

$$CH_3CHO \longrightarrow CH_4 + CH_2 \qquad \boxed{-r_{CH_3CHO} = kC_{CH_3CHO}^{3/2}}$$

Reações heterogêneas

$$C_2H_4 + H_2 \xrightarrow[cat]{} C_2H_6 \qquad \boxed{-r_{C_2H_4} = k\frac{P_{C_2H_4}P_{H_2}}{1 + K_{C_2H_4}P_{C_2H_4}}}$$

3. A dependência da velocidade específica de reação com a temperatura é dada pela *equação de Arrhenius*,

$$k = Ae^{-E/RT} \tag{R3-4}$$

na qual A é o fator de frequência e E é a energia de ativação.

Se conhecemos a velocidade específica de reação, k, a uma temperatura T_0, e a energia de ativação, podemos encontrar k a qualquer temperatura T,

$$k(T) = k(T_0)\exp\left[\frac{E}{R}\left(\frac{1}{T_0} - \frac{1}{T}\right)\right] \tag{R3-5}$$

De forma semelhante, como dado no Apêndice C, Equação (C-9), se conhecemos a constante de equilíbrio com base nas pressões parciais, K_P, a uma temperatura T_1, e o calor de reação, podemos encontrar a constante de equilíbrio a qualquer outra temperatura

$$K_P(T) = K_P(T_1)\exp\left[\frac{\Delta H^{\circ}_{Rx}}{R}\left(\frac{1}{T_1} - \frac{1}{T}\right)\right] \tag{C-9}$$

MATERIAL DO SITE DA LTC EDITORA

- **Recursos de Aprendizagem**
  1. *Notas de Resumo para o Capítulo 3*
  2. *Módulos da Web*
     A. Cozinhando uma Batata
     Princípios de engenharia de reações químicas são aplicados ao cozimento de uma batata

$$\text{Amido (cristalino)} \xrightarrow{k} \text{Amido amorfo}$$

com

$$k = Ae^{-E/RT}$$

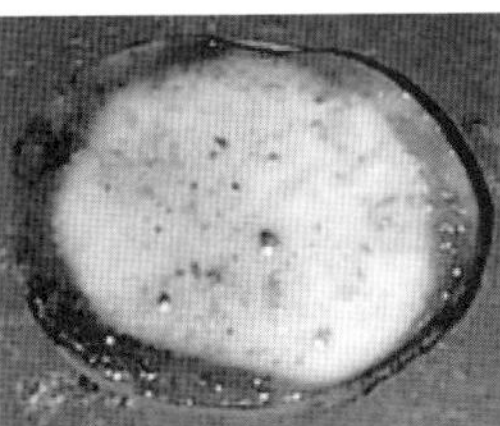

8 minutos a 400° F

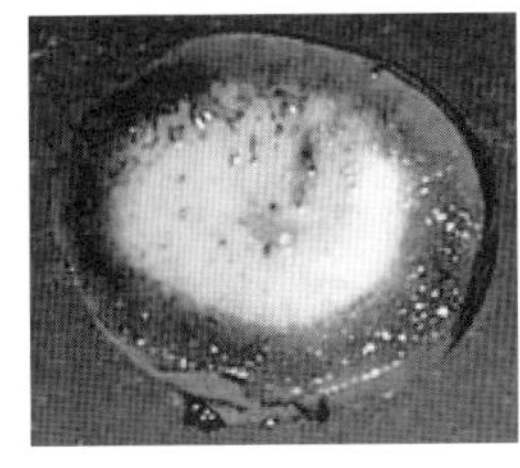

12 minutos a 400° F

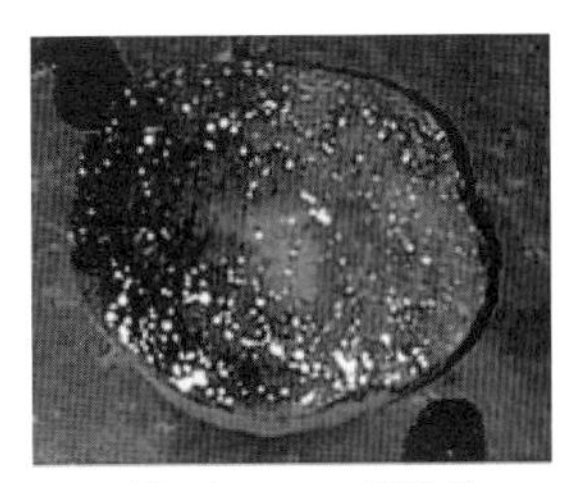

16 minutos a 400° F

B. Engenharia Molecular de Reações
Simuladores moleculares (por exemplo, Gaussian) são utilizados para fazer previsões de energia de ativação.

- **Perguntas Mais Frequentes**
- **Material de Referência Profissional**

R3.1 *Teoria das Colisões*
Nesta seção, os fundamentos da teoria das colisões

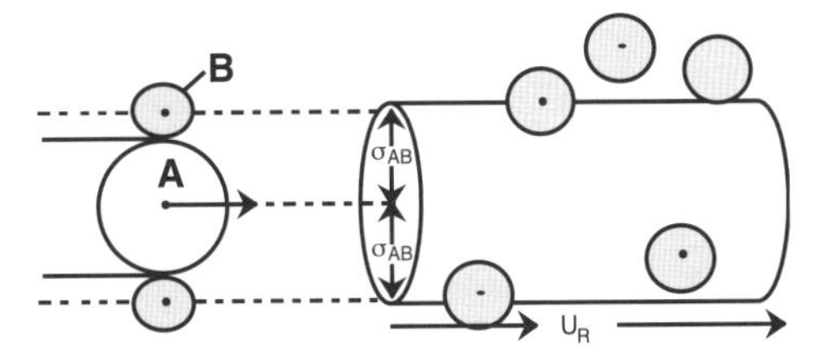

Esquema da área da seção transversal para colisão de **A** com **B**

são aplicados à reação

$$A + B \rightarrow C + D$$

para se chegar à seguinte lei de velocidade:

$$-r_A = \underbrace{\pi\sigma_{AB}^2\left(\frac{8\pi k_B T}{\mu\pi}\right)^{1/2} N_{\text{Avo}}}_{A} \; e^{-E_A/RT} C_A C_B = Ae^{-E_A/RT} C_A C_B$$

A energia de ativação, E_A, pode ser estimada a partir da equação de Polanyi

$$E_A = E_A^{\circ} + \gamma_P \Delta H_{Rx}$$

R3.2 *Teoria do Estado de Transição*
Nesta seção, a lei de velocidade e os parâmetros da lei de velocidade são derivados para a reação

$$A + BC \rightleftarrows ABC^{\#} \rightarrow AB + C$$

usando a teoria do estado de transição. [Assunto para curso de pós-graduação.]

R3.3 *Dinâmica Molecular*
As trajetórias da reação são calculadas para determinar a seção transversal da reação para as moléculas reagentes. A probabilidade de reação é encontrada pela contagem

do número de trajetórias reativas, de acordo com Karplus.[6] [Assunto para curso de pós-graduação.]

QUESTÕES E PROBLEMAS

O subíndice de cada um dos problemas numerados indica o grau de dificuldade: A, mais fácil; D, mais difícil.

A = ● B = ■ C = ◆ D = ◆◆

P3-1$_C$ **(a)** Faça uma lista dos conceitos importantes que você aprendeu neste capítulo. Quais os conceitos que não ficaram claros para você?

(b) Explique a estratégia para avaliar as equações de projeto de um reator e como este capítulo expande o Capítulo 2.

(c) Escolha uma das Perguntas Mais Frequentes, do Capítulo 1 ao Capítulo 3, e diga por que ela foi a mais útil?

(d) Ouça os áudios que estão no site da LTC Editora. Selecione um tópico e explique-o.

(e) Leia as seções Autoteste e Autoavaliação dos Capítulos 1 a 3 nas *Notas de Resumo* que estão no site da LTC Editora. Selecione uma e faça uma análise crítica.

(f) Qual dos exemplos das *Notas de Resumo* dos Capítulos 1 a 3 que estão no site da LTC Editora foi o mais útil?

P3-2$_A$ **(a)** **Exemplo 3-1.** Faça gráficos de k em função de T, e $ln\ k$ em função de $(1/T)$ para E = 240 kJ/mol e para E = 60 kJ/mol. (1) Escreva algumas linhas comentando o que você encontrou. (2) A seguir, escreva um parágrafo descrevendo a ativação, como ela afeta as velocidades de reações químicas e quais são suas origens.

(b) **Teoria das Colisões.** Material de Referência Profissional. Faça um esquema das etapas que foram utilizadas para derivar a equação

$$-r_A = Ae^{-E/RT} C_A C_B$$

(c) A lei de velocidade para a reação $(2A + B \rightarrow C)$ é $-r_A = k_A C_A^2 C_B$ com $k_A = 25\ (dm^3/mol)^2/s$. Quais são os valores de k_B e k_C?

P3-3$_B$ Energias de colisão moleculares – considere a Figura 3-3.

(a) Que fração de colisões moleculares possui energia menor do que ou igual a 35 kcal a 300 K? E a 500 K?

(b) Que fração de colisões moleculares possui energia entre 10 e 20 kcal em T = 300 K? E em T = 500 K?

(c) Que fração de colisões moleculares possui energia de ativação E_A = 25 kcal a kcal em T = 300 K? E em T = 500 K?

P3-4$_A$ A frequência de cintilação de vaga-lumes e a frequência de chirriada* de grilos como uma função da temperatura são dadas a seguir. [*J. Chem. Educ.*, *5*, 343 (1972) Reimpresso com permissão.]

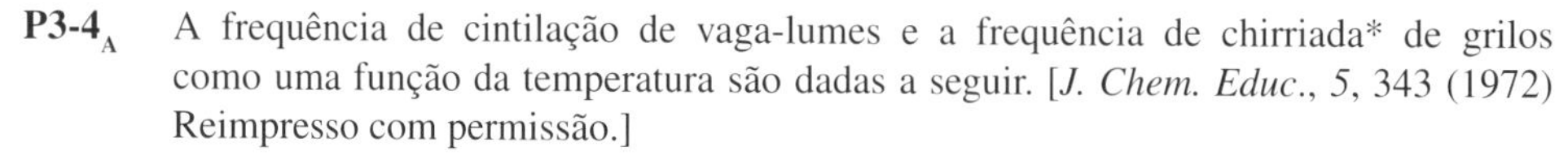

Para vaga-lumes:			
T (°C)	21,0	25,00	30,0
Cintilações/min	9,0	12,16	16,2

Para grilos:			
T (°C)	14,2	20,3	27,0
Chirriadas/min	80	126	200

A velocidade de corrida de formigas e a velocidade de voo de abelhas como uma função da temperatura são dadas a seguir. [*Fonte*: B. Heinrich, *The Hot-Blooded Insects* (Cambridge, Mass.: Harvard University Press, 1993).]

Para formigas:				
T (°C)	10	20	30	38
V (cm/s)	0,5	2	3,4	6,5

Para abelhas:				
T (°C)	25	30	35	40
V (cm/s)	0,7	1,8	3	?

[6]M. Karplus, R.N. Porter e R.D. Sharma, *J. Chem. Phys.*, *43*(9), 3259 (1965).
*Chirriada: som produzido pelo grilo. (N.T.)

(a) O que o vaga-lume e o grilo têm em comum? Quais são as suas diferenças?
(b) Qual é a velocidade da abelha a 40ºC? E a –5ºC?
(c) Existe alguma coisa em comum entre as abelhas, formigas, grilos e vaga-lumes? Se existe, o que é? Você pode também fazer uma comparação dois a dois.
(d) Dados adicionais ajudariam a esclarecer as relações entre frequência, velocidade e temperatura? Se sim, em que temperatura os dados deveriam ser obtidos? Escolha um inseto e explique como você conduziria o experimento para obter mais dados. [Para uma alternativa a este problema, veja DVDP3-A_B.]

P3-5_B **Solução de Problemas.** A ocorrência de corrosão em liga de aço inoxidável com alto teor de níquel foi encontrada numa coluna de destilação usada na DuPont para separar HCN e água. Ácido sulfúrico é sempre adicionado no topo da coluna para prevenir a polimerização do HCN. A água é coletada no fundo da coluna e o HCN no topo. A quantidade de corrosão em cada prato é mostrada na Figura P3-5_B como uma função da localização do prato na coluna.

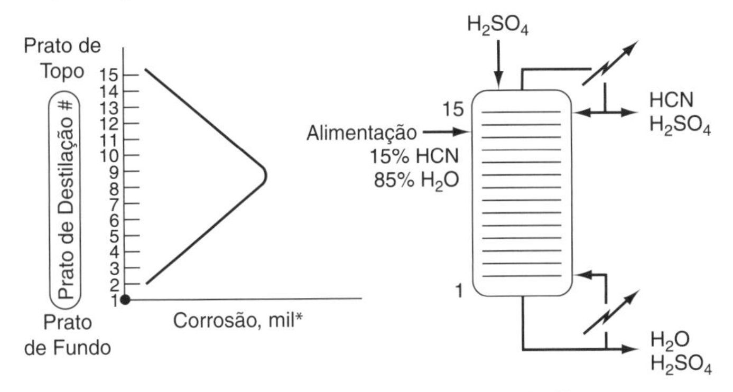

Figura P3-5_B Corrosão em uma coluna de destilação.

A temperatura máxima do fundo da coluna é de aproximadamente 125ºC e a do topo é de 100ºC. A velocidade de corrosão é uma função da temperatura e da concentração de um complexo HCN–H_2SO_4. Sugira uma explicação para o perfil de corrosão observado ao longo dos pratos da coluna. Qual o efeito das condições de operação da coluna no perfil de corrosão?

P3-6_B **Inspetor Sgto. Ambercromby da Scotland Yard.** Acredita-se, embora nunca tenha sido provado, que Bonnie assassinou seu primeiro marido, Lefty, envenenando-o com o conhaque morno que tomaram juntos no primeiro aniversário de seu casamento. Lefty não sabia que ela tinha revestido o próprio copo de vidro com um antídoto antes de encher ambos os copos com o conhaque envenenado. Bonnie casou-se novamente, desta vez com Clyde, e alguns anos mais tarde ela também se cansou dele, chamou-o para lhe contar sobre sua nova promoção no emprego, e sugerir que eles celebrassem com um copo de conhaque naquela noite. Ela tinha em mente o mesmo destino fatal para Clyde. Contudo, Clyde sugeriu que no lugar de conhaque eles celebrassem com vodca russa com gelo, bebendo ao estilo cossaco, num único gole. Ela concordou e decidiu seguir seu plano de sucesso anterior e colocou veneno na vodca e o antídoto em seu próprio copo. No dia seguinte, ambos estavam mortos. Chega então o Sgto. Ambercromby. Quais são as três primeiras perguntas que ele faz? Quais são as duas possíveis explicações? Baseado no que você aprendeu neste capítulo, o que você acha que o Sgto. Ambercromby sugeriu como hipótese mais provável?

[Professor Flavio Marin Flores, ITESM, Monterrey, México]

Vídeo do YouTube

[*Dica:* Assista ao vídeo do YouTube (*www.youtube.com*) produzido pelos alunos de engenharia das reações químicas da Universidade do Alabama, intitulado *The Black Widow*. Digite "chemicalreactor" para limitar sua busca. Você pode também acessá-lo diretamente seguindo o *link* dado nas *Notas de Resumo* do Capítulo 3 no Website (*www.umich.edu/~essen*), usando a barra de rolagem até você encontrar o vídeo *Black Widow*.]

P3-7_B **Energia de Ativação**

(a) A regra prática que estabelece que a velocidade de reação dobra para cada 10ºC de aumento na temperatura é observada apenas para uma temperatura específica para uma dada energia de ativação. Desenvolva uma relação entre a temperatura e a energia de ativação para a qual essa regra prática se aplique. Despreze qualquer variação de concentração com a temperatura.

*1 mil corresponde a um milésimo de polegada, ou $2{,}54 \times 10^{-5}$ m. (N.T.)

(b) Determine a energia de ativação e o fator de frequência a partir dos seguintes dados:

k (min^{-1})	0,001	0,050
T (°C)	00,0	100,0

(c) Escreva um parágrafo explicando o que é a energia de ativação, E, e como ela afeta a velocidade de reação química. Considere a Seção 3.3 e, particularmente, as *seções do Material de Referência Profissional R3.1*, *R3.2*, e *R3.3*, se necessário.

P3-8$_C$ A velocidade inicial de reação para a reação elementar

$$2A + B \rightarrow 4C$$

foi medida como uma função da temperatura quando a concentração de A era 2 M e a de B era 1,5 M.

$-r_A$(mol/dm^3 · s):	0,002	0,046	0,72	8,33
T(K):	300	320	340	360

(a) Qual é o valor da energia de ativação?
(b) Qual é o valor do fator de frequência?
(c) Qual é a constante de velocidade em função da temperatura, usando T = 300 K como caso base?

P3-9$_A$ **Batata Quente.** Reveja o módulo da Web "Cozinhando uma Batata" no site da LTC Editora ou na Web.

(a) A batata descrita no módulo da Web levou 1 hora para cozinhar a 350°F. O construtor Bob sugere que a batata pode ser cozida na metade do tempo se a temperatura do forno for elevada a 600°F. O que você acha?

(b) Buzz Lightyear disse, "negativo, Bob", e sugere que seria mais rápido cozinhar a batata em água fervente, a 100°C, porque o coeficiente de transferência de calor neste caso é 20 vezes maior. Quais os ganhos e perdas de cozinhar em função de ferver?

[*Dica:* Assista ao vídeo do YouTube (*www.youtube.com*) produzido pelos alunos de engenharia das reações químicas da Universidade do Alabama, intitulado *Baking a Potato by Bob the Builder and Friends*. Digite "chemicalreactor" para limitar sua busca. Você pode também acessá-lo diretamente seguindo o *link* dado nas *Notas de Resumo* do Capítulo 3 no Website (*www.umich.edu/~essen*).]

P3-10$_A$ Escreva a lei de velocidade para as seguintes reações, assumindo que cada reação segue uma lei de velocidade elementar.

(1) $$C_2H_6 \longrightarrow C_2H_4 + H_2$$

(2) $$C_2H_4 + \frac{1}{2}O_2 \rightarrow CH_2 - CH_2 \text{ (com O ligado a ambos os C)}$$

(3) $$(CH_3)_3COOC(CH_3)_3 \rightleftarrows C_2H_6 + 2CH_3COCH_3$$

(4) $$nC_4H_{10} \rightleftarrows iC_4H_{10}$$

(5) $$CH_3COOC_2H_5 + C_4H_9OH \rightleftarrows CH_3COOC_4H_9 + C_2H_5OH$$

P3-11$_A$ **(a)** Escreva a lei de velocidade para a reação

$$2A + B \rightarrow C$$

se a reação for de
(1) segunda ordem em B e de ordem global igual a 3,
(2) ordem zero em A e primeira ordem em B,
(3) ordem zero tanto em A quanto em B, e
(4) primeira ordem em A e ordem global zero.

(b) Encontre e escreva as leis de velocidade para as seguintes reações:

(1) $H_2 + Br_2 \rightarrow 2HBr$

(2) $H_2 + I_2 \rightarrow 2HI$

P3-12$_B$ As leis de velocidade para cada uma das reações listadas a seguir foram obtidas a baixas temperaturas. As reações são altamente exotérmicas e, portanto, reversíveis a altas temperaturas. Sugira uma lei de velocidade para cada uma das reações [(**a**), (**b**) e (**c**)] a altas temperaturas.

(a) A reação

$$A \rightarrow B$$

é irreversível a baixas temperaturas e a lei de velocidade é

$$-r_A = kC_A$$

(b) A reação

$$A + 2B \rightarrow 2D$$

é irreversível a baixas temperaturas e a lei de velocidade é

$$-r_A = kC_A^{1/2} C_B$$

(c) A reação catalisada gás-sólido

$$A + B \underset{cat}{\rightarrow} C + D$$

é irreversível a baixas temperaturas e a lei de velocidade é

$$-r_A = \frac{kP_A P_B}{1 + K_A P_A + K_B P_B}$$

Em cada caso, certifique-se de que as leis de velocidade a altas temperaturas são termodinamicamente consistentes no equilíbrio (veja o Apêndice C).

P3-13$_B$ Dados sobre o besouro tenebrionídeo, cuja massa corporal é 3,3 g, mostram que ele pode empurrar uma bola de esterco de 35 g a 6,5 cm/s a 27°C, 13 cm/s a 37°C, e 18 cm/s a 40°C.

(a) Qual a velocidade em que ele pode empurrar a bola a 41,5°C? [B. Heinrich. *The Hot-Blooded Insects* (Cambridge, Mass.: Harvard University Press, 1993).]

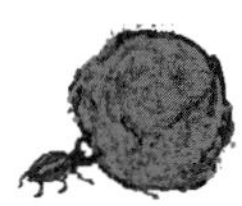

(b) Aplique uma ou mais das seis ideias descritas na Tabela P-3, página xiii desse problema.

P3-14$_C$ Na reação homogênea em fase gasosa

$$CH_4 + \frac{2}{3}O_2 \longrightarrow HCOOH + H_2O$$

Qual é a relação entre r_{CH_4} e r_{O_2}?

(1) $r_{CH_4} = r_{O_2}$

(2) Nada se pode afirmar sem conhecer os dados

(3) $r_{CH_4} = \frac{2}{3} r_{O_2}$

(4) $r_{CH_4} = \frac{3}{2} r_{O_2}$

(5) Nenhuma das respostas acima

P3-15$_B$ **Armazenamento de Energia Química Solar.** As principais formas de utilizar, capturar ou armazenar a energia do Sol são térmica solar (veja P8-14$_B$), voltaica solar, conversão de biomassa, hidrólise solar da água (P10-1$_B$), e química solar. A forma *química solar* refere-se ao processo que aproveita e armazena energia solar pela absorção de luz em uma reação química reversível *http://en.wikipedia.org/wiki/Solar_chemical*. Por exemplo, a fotodimerização do antraceno absorve e armazena energia solar, que pode ser liberada quando a reação reversa acontece.

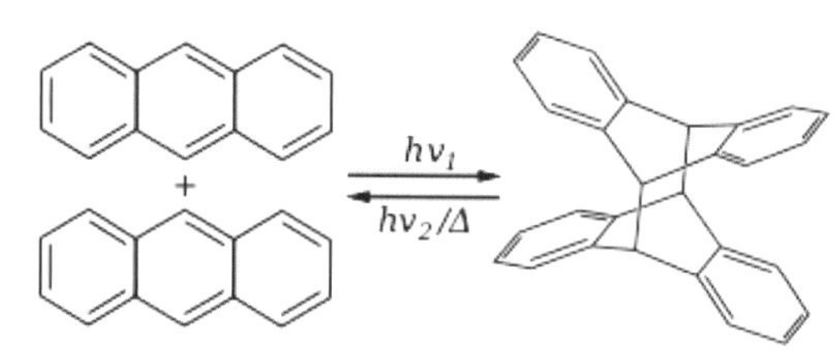

Figura P3-15.1 Dimerização do antraceno.

Outra reação de interesse é a da dupla Norbornadieno-Quadriciclano (NQ), na qual a energia solar é absorvida e armazenada em uma direção, e liberada na outra.

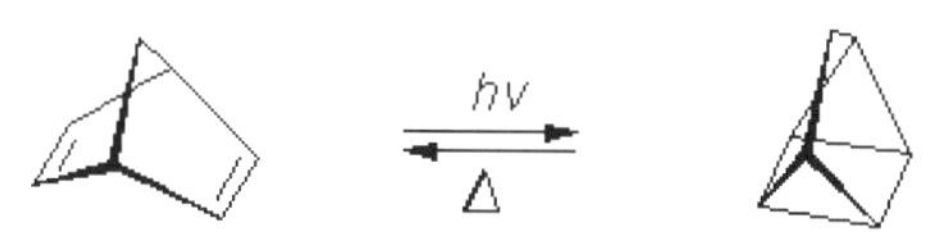

Figura P3-15.2 A dupla Norbornadieno-Quadriciclano (NQ) é de potencial interesse no armazenamento de energia solar.

(a) Sugira uma lei de velocidade para a fotodimerização reversível de antraceno.

(b) Sugira uma lei de velocidade para o armazenamento reversível de energia pela dupla NQ.

P3-16$_B$ **Quais os cinco erros desta solução?**

A reação

$$2A + B \rightarrow C$$

segue uma lei elementar. A 50°C a constante de velocidade específica de reação é 10 $(m^3/mol)^2/s$, com uma energia de ativação de 400 J/mol. Qual é a velocidade de reação a 100°C quando as concentrações de A e de B são de 2 e 4 mols/m^3, respectivamente?

Solução

Para consumirmos uma solução 4 molar de B, precisamos de uma solução de concentração 8 molar de A. Como a concentração inicial de A é de apenas 2 molar, A é o reagente limitante. Portanto, escolhemos A para nossa base de cálculo, e dividimos pelo coeficiente estequiométrico de A, para obter

$$A + \frac{1}{2}B \rightarrow \frac{1}{2}C$$

porque a reação segue uma lei de velocidade elementar

$$-r = kC_A C_B^{1/2}$$

Convertendo a constante de velocidade a 50°C para k a 100°C

$$k(100°C) = k(50°C)\exp\left(\frac{E}{R}\left(\frac{1}{T_1} - \frac{1}{T_2}\right)\right)$$

$$= 10\exp\frac{400}{1{,}98}\left[\frac{1}{50} - \frac{1}{100}\right]$$

$$= 75{,}4(m^3/mol)/s$$

Substituindo para k, C_A e C_B

$$-r_A = (75{,}4)(2)(4)^{1/2} = \frac{301\ mol}{m^3 \cdot h}$$

- **Problemas Propostos Adicionais no site da LTC Editora**

Efeitos de Temperatura

DVDP3-A$_B$ Utilize a equação de Polanyi para calcular energias de ativação. [*ECRE*, 3 ed, P3-20$_B$.]

LEITURA SUPLEMENTAR

1. Duas referências relacionadas à discussão sobre a energia de ativação já foram citadas neste capítulo. A energia de ativação é normalmente discutida em termos tanto da teoria das colisões quanto da teoria do estado de transição. Uma abordagem concisa e de leitura acessível destas duas teorias pode ser encontrada em

BURGESS, THORNTON W., *The Adventures of Reddy Fox*, New York: Dover Publications, Inc., 1913.

LAIDLER, K. J., *Chemical Kinetics*. New York: Harper & Row, 1987, Cap. 3.

MASEL, R., *Chemical Kinetics and Catalysis*, New York: Wiley, 2001, p. 594.

2. Os livros listados acima também fornecem leis de velocidade e energias de ativação para um grande número de reações; adicionalmente, como mencionado anteriormente neste capítulo, uma lista extensiva de leis de velocidade e energias de ativação pode ser encontrada em circulares do NBS.

   Dados cinéticos para um grande número de reações podem ser obtidos em CDs fornecidos pelo National Institute of Standards and Technology (NIST). Standard Reference Data 221/A320 Gaithersburg, MD 20899; fone: (301) 975-2208. Fontes adicionais são as Tables of Chemical Kinetics: Homogeneous Reactions, National Bureau of Standards Circular 510 (28/set/1951); Supl. 1 (14/nov/1956); Supl. 2 (5/ago/1960); Supl. 3 (15/set/1961) (Washington, D.C.: U.S. Government Printing Office). Dados de Cinética Química e Fotoquímica (*Chemical Kinetics and Photochemical Data*) para uso em modelagem estratosférica, Avaliação Nº 10, JPL Publication 92-20, 15/ago/1992, Jet Propulsion Laboratories Pasadena, Calif.

3. Consulte também a literatura corrente de química para as formas algébricas apropriadas para a lei de velocidade para uma dada reação. Por exemplo, consulte o *Journal of Physical Chemistry* em adição aos periódicos listados na Seção 4 da seção de Leitura Suplementar do Capítulo 4.

Estequiometria 4

Se você pensa que pode, você pode.
Se você pensa que não pode, você não pode.
Você está certo das duas maneiras.

Visão Geral. No Capítulo 3 descrevemos como a velocidade de reação, $-r_A$, está relacionada com a concentração e temperatura (*Passo 1*). Esta relação é o primeiro passo de um processo de dois passos para encontrar a velocidade de reação como função da conversão. Neste capítulo mostraremos como a concentração pode ser relacionada à conversão (*Passo 2*), e uma vez feito isto teremos $-r_A = f(X)$ e poderemos projetar uma grande variedade de sistemas de reação. Nós usaremos tabelas estequiométricas, juntamente com as definições de concentração, para encontrar a concentração como uma função de conversão.

Batelada

$$C_A = \frac{N_A}{V} = \frac{N_{A0}(1-X)}{V}$$

$$\downarrow$$

$$V = V_0$$

$$C_A = C_{A0}(1-X)$$

Escoamento contínuo

$$C_A = \frac{F_A}{v} = \frac{F_{A0}(1-X)}{v}$$

Líquido, $v = v_0$

$$\downarrow$$

$$C_A = C_{A0}(1-X)$$

Gás, $v = v_0(1+\varepsilon X)\frac{P_0}{P}\frac{T}{T_0}$

$$\downarrow$$

$$C_A = C_{A0}\frac{(1-X)}{(1+\varepsilon X)}\frac{P}{P_0}\frac{T_0}{T}$$

- Para sistemas em batelada o reator é rígido; assim, $V = V_0$, e então usamos a tabela estequiométrica para expressar a concentração em função da conversão: $C_A = N_A/V_0 = C_{A0}(1 - X)$.
- Para sistemas com escoamento contínuo em fase líquida a vazão volumétrica é constante, $v = v_0$, e $C_A = (F_{A0}/v_0)(1 - X) = C_{A0}(1 - X)$.
- Para sistemas com escoamento contínuo em fase gasosa o processo se torna mais complicado, porque a vazão volumétrica para gases pode variar com a conversão, e precisamos desenvolver a expressão que relaciona v e X, isto é, $v = v_0(1 + \varepsilon X)(P_0/P)(T/T_0)$, e assim

$$C_A = \frac{F_{A0}}{v_0} \frac{(1-X)}{(1+\varepsilon X)\left(\frac{P_0}{P}\right)\left(\frac{T}{T_0}\right)} = C_{A0}\frac{(1-X)}{(1+\varepsilon X)}\left(\frac{P}{P_0}\right)\left(\frac{T_0}{T}\right)$$

Após completar este capítulo você será capaz de escrever a velocidade de reação como uma função da conversão e calcular a conversão de equilíbrio, tanto para reatores batelada como de escoamento contínuo.

Agora que mostramos como a lei de velocidade pode ser expressa como uma função das concentrações, precisamos apenas expressar a concentração como uma função da conversão, a fim de realizar cálculos semelhantes aos apresentados no Capítulo 2 para dimensionar reatores. Se a lei de velocidade depende de mais de uma espécie, devemos relacionar as concentrações das diferentes espécies umas com as outras. Esta relação é mais facilmente estabelecida com o auxílio da tabela estequiométrica. Essa tabela apresenta as relações estequiométricas entre moléculas reagentes para uma única reação. Isto é, ela nos diz quantas moléculas de uma espécie serão formadas durante uma reação química, quando um dado número de moléculas de outra espécie desaparece. Essas relações serão desenvolvidas para a reação geral

$$aA + bB \rightleftarrows cC + dD \tag{2-1}$$

Lembre-se de que já usamos a tabela estequiométrica para relacionar as velocidades relativas de reação para a Equação (2-1):

Esta relação estequiométrica, que relaciona as velocidades de reação, será usada nos Capítulos 6 e 8.

$$\frac{-r_A}{a} = \frac{-r_B}{b} = \frac{r_C}{c} = \frac{r_D}{d} \tag{3-1}$$

Ao formularmos nossa tabela estequiométrica, tomaremos a espécie A como base de cálculo (isto é, o reagente limitante) e então dividiremos a Equação (2-1) pelo coeficiente estequiométrico de A,

$$A + \frac{b}{a} B \longrightarrow \frac{c}{a} C + \frac{d}{a} D \tag{2-2}$$

de forma a colocar tudo em uma base de "por mol de A".

A seguir, desenvolveremos para as espécies reagentes (isto é, A, B, C, e D) as relações estequiométricas que fornecem a mudança no número de mols de cada espécie.

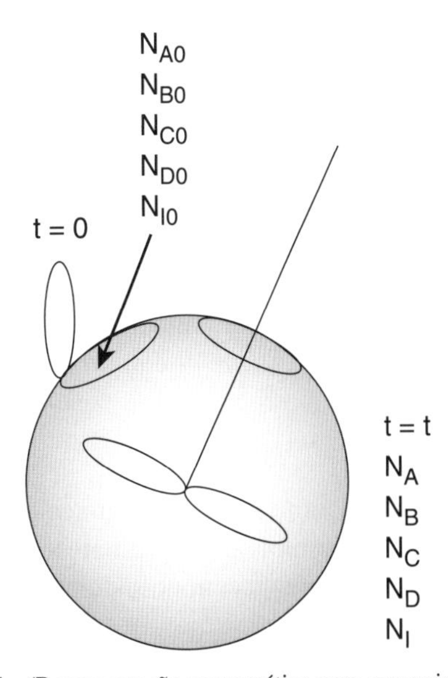

Figura 4-1 Reator batelada. (Representação esquemática com a permissão especial de Renwahr.)

4.1 Sistemas em Batelada

Reatores batelada são usados principalmente para a produção de materiais químicos de especialidade e para obter dados de velocidade de reação, a fim de determinar as leis de velocidade de reação e os parâmetros da lei de velocidade, tal como k, a velocidade específica de reação.

A Figura 4-1 mostra a representação gráfica, de um artista faminto, para um sistema em batelada no qual realizaremos a reação dada pela Equação (2-2). No tempo $t = 0$, abriremos o reator e colocaremos um determinado número de mols de cada espécie A, B, C, D e I (N_{A0}, N_{B0}, N_{C0}, N_{D0}, e N_{I0}, respectivamente) no reator.

A espécie A é nossa base de cálculo e N_{A0} é o número de mols de A inicialmente presentes no reator. Após um tempo t, $N_{A0}X$ mols de A são consumidos no sistema como resultado da reação química, restando ($N_{A0} - N_{A0}X$) mols de A no reator. Isto é, o número de mols de A que permanecem no reator depois que a conversão X foi alcançada é

$$N_A = N_{A0} - N_{A0}X = N_{A0}(1 - X)$$

Agora, usaremos a conversão desta maneira para expressar o número de mols de B, C, e D em termos da conversão.

Para determinar o número de mols de cada espécie que permanece depois de $N_{A0}X$ mols de A terem reagido, formamos a tabela estequiométrica (Tabela 4-1). Essa tabela estequiométrica apresenta as seguintes informações:

TABELA 4-1 TABELA ESTEQUIOMÉTRICA PARA UM SISTEMA EM BATELADA

Espécie	*Inicial* (mol)	*Variação* (mol)	*Restante* (mol)
A	N_{A0}	$-(N_{A0}X)$	$N_A = N_{A0} - N_{A0}X$
B	N_{B0}	$-\frac{b}{a}(N_{A0}X)$	$N_B = N_{B0} - \frac{b}{a}N_{A0}X$
C	N_{C0}	$\frac{c}{a}(N_{A0}X)$	$N_C = N_{C0} + \frac{c}{a}N_{A0}X$
D	N_{D0}	$\frac{d}{a}(N_{A0}X)$	$N_D = N_{D0} + \frac{d}{a}N_{A0}X$
I (inertes)	N_{I0}	–	$N_I = N_{I0}$
Totais	N_{T0}		$N_T = N_{T0} + \left(\frac{d}{a} + \frac{c}{a} - \frac{b}{a} - 1\right)N_{A0}X$

Componentes da tabela estequiométrica

Coluna 1: a espécie na reação
Coluna 2: o número de mols de cada espécie presentes inicialmente
Coluna 3: a variação do número de mols produzida pela reação
Coluna 4: o número de mols que permanecem no sistema em um tempo t

Para calcular o número de mols da espécie B restantes no tempo t, lembramos que no tempo t o número de mols de A que reagiu é $N_{A0}X$. Para cada mol de A que reage, b/a mols de B devem reagir; portanto, o número total de mols de B que reagiu é

$$\text{mols de B reagidos} = \frac{\text{mols de B reagidos}}{\text{mols de A reagidos}} \cdot \text{mols de A reagidos}$$

$$= \frac{b}{a}(N_{A0}X)$$

Como B está desaparecendo do sistema, o sinal da "variação" é negativo. N_{B0} é o número de mols de B presentes inicialmente no sistema. Portanto, o número de mols de B que permanecem no sistema, N_B, é dado na última coluna da Tabela 4-1 como

$$N_B = N_{B0} - \frac{b}{a}N_{A0}X$$

A tabela estequiométrica completa apresentada na Tabela 4-1 contém todas as espécies presentes na reação geral

$$A + \frac{b}{a}B \longrightarrow \frac{c}{a}C + \frac{d}{a}D \tag{2-2}$$

Vejamos os totais na última coluna da Tabela 4-1. Os coeficientes estequiométricos entre parênteses ($d/a + c/a - b/a - 1$) representam o aumento no número total de mols por mol de A reagido. Como este termo ocorre frequentemente em nossos cálculos, atribuímos a ele o símbolo δ:

$$\boxed{\delta = \frac{d}{a} + \frac{c}{a} - \frac{b}{a} - 1} \tag{4-1}$$

Definição de δ

O parâmetro δ nos informa a variação no número total de mols por mol de A reagido. O número total de mols pode agora ser calculado com a equação

$$N_T = N_{T0} + \delta N_{A0} X$$

Queremos $C_j = h_j(X)$

Lembramos que nos Capítulos 1 e 3, a lei de velocidade de reação (por exemplo, $-r_A = kC_A^2$) é apenas uma função das propriedades intensivas dos materiais reagentes (por exemplo, temperatura, pressão, concentração de espécies reagentes, e concentração de catalisador, se houver algum). A velocidade de reação, $-r_A$, depende normalmente da concentração da espécie reagente elevada a alguma potência. Assim, para determinar a velocidade de reação como uma função da conversão X, precisamos conhecer as concentrações das espécies reagentes como uma função da conversão, X.

4.1.1 Equações para Concentrações em Sistemas em Batelada

A concentração de A é o número de mols de A por unidade de volume:

Concentração em batelada

$$C_A = \frac{N_A}{V}$$

Depois de escrever equações similares para B, C, e D, utilizamos a tabela estequiométrica para expressar a concentração de cada componente em termos da conversão X:

$$C_A = \frac{N_A}{V} = \frac{N_{A0}(1-X)}{V} \tag{4-2}$$

$$C_B = \frac{N_B}{V} = \frac{N_{B0} - (b/a)N_{A0}X}{V} \tag{4-3}$$

$$C_C = \frac{N_C}{V} = \frac{N_{C0} + (c/a)N_{A0}X}{V} \tag{4-4}$$

$$C_D = \frac{N_D}{V} = \frac{N_{D0} + (d/a)N_{A0}X}{V} \tag{4-5}$$

Como quase todos os reatores batelada são vasos sólidos, o volume do reator é constante; assim, tomamos $V = V_0$, e então

$$C_A = \frac{N_A}{V_0} = \frac{N_{A0}(1-X)}{V_0}$$

$$C_A = C_{A0}(1-X) \tag{4-6}$$

Logo veremos que a Equação (4-6) também se aplica a sistemas líquidos.

Simplificamos adicionalmente estas equações definindo o parâmetro Θ_i, que nos permite fatorar N_{A0} em cada uma das expressões de concentração:

$$\boxed{\Theta_i = \frac{N_{i0}}{N_{A0}} = \frac{C_{i0}}{C_{A0}} = \frac{y_{i0}}{y_{A0}}},$$

$$C_B = \frac{N_{A0}[N_{B0}/N_{A0} - (b/a)X]}{V_0} = \frac{N_{A0}[\Theta_B - (b/a)X]}{V_0}$$

$$C_B = C_{A0}\left(\Theta_B - \frac{b}{a}X\right) \quad (4\text{-}7)$$

$$\text{com } \Theta_B = \frac{N_{B0}}{N_{A0}}$$

Alimentação
Equimolar: $\Theta_B = 1$
Estequiométrica: $\Theta_B = b/a$

Para uma alimentação equimolar de A e B temos $\Theta_B = 1$ e, para uma alimentação estequiométrica, $\Theta_B = b/a$.

Continuando, para as espécies C e D

$$C_C = \frac{N_{A0}[\Theta_C + (c/a)X]}{V_0}$$

$$C_C = C_{A0}\left(\Theta_C + \frac{c}{a}X\right) \quad (4\text{-}8)$$

Concentrações em batelada

$$\text{com } \Theta_C = \frac{N_{C0}}{N_{A0}}$$

$$C_D = \frac{N_{A0}[\Theta_D + (d/a)X]}{V_0}$$

$$C_D = C_{A0}\left(\Theta_D + \frac{d}{a}X\right) \quad (4\text{-}9)$$

$$\text{com } \Theta_D = \frac{N_{D0}}{N_{A0}}$$

Para reatores batelada de volume constante, $V = V_0$, e como C_{A0}, Θ_i e os coeficientes estequiométricos também são constantes, resulta a concentração como uma função da conversão. Se conhecermos a lei de velocidade, então poderemos obter $-r_A = f(X)$ para substituir no balanço molar diferencial em termos de conversão e resolver a equação diferencial obtida, isolando o tempo de reação, t.

Para reações em fase líquida que ocorrem em solução, o solvente normalmente domina a situação. Por exemplo, a maioria das reações orgânicas em fase líquida não varia a massa específica durante a reação e representa outro caso, para o qual as simplificações de volume constante se aplicam. Como resultado, alterações na massa específica do soluto **não** afetam significativamente a massa específica global da solução e, portanto, trata-se essencialmente de um processo de reação a volume constante, $V = V_0$ e $\upsilon = \upsilon_0$. Consequentemente, as Equações (4-6) a (4-9) podem ser usadas também para reações em fase líquida. Há uma exceção importante a esta regra geral no caso dos processos de polimerização.

Para líquidos
$V = V_0$ e $\upsilon = \upsilon_0$

Resumindo, para sistemas em batelada de volume constante e reações em fase líquida, podemos usar uma lei de velocidade para a reação (2-2) tal como $-r_A = k_A C_A C_B$ para obter $-r_A = f(X)$, ou seja,

$$-r_A = kC_A C_B = kC_{A0}^2(1 - X)\left(\Theta_B - \frac{b}{a}X\right) = f(X)$$

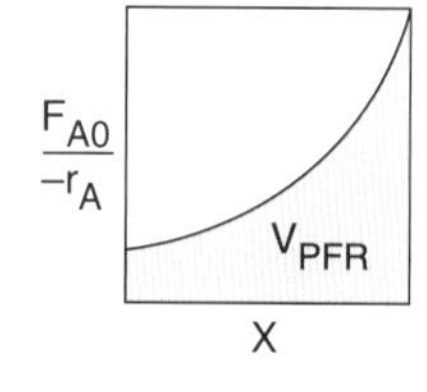

Substituindo os parâmetros k, C_{A0} e Θ_B dados, podemos então usar as técnicas do Capítulo 2 para dimensionar CSTRs e PFRs com reações em fase líquida.

Exemplo 4-1 Expressando $C_j = h_j(X)$ para uma Reação com Fase Líquida em Batelada

O sabão consiste em sais de sódio e potássio de vários ácidos graxos tais como os ácidos oleico, esteárico, palmítico, láurico, e mirístico. A saponificação para formação de sabão a partir de soda cáustica aquosa e estearato de glicerol é

$$3\text{NaOH(aq)} + (\text{C}_{17}\text{H}_{35}\text{COO})_3\text{C}_3\text{H}_5 \longrightarrow 3\text{C}_{17}\text{H}_{35}\text{COONa} + \text{C}_3\text{H}_5(\text{OH})_3$$

Se X representa a conversão do hidróxido de sódio (o número de mols de hidróxido de sódio reagidos por mol de hidróxido de sódio presente inicialmente), construa uma tabela estequiométrica expressando a concentração de cada espécie em termos de suas concentrações iniciais e a conversão X.

Solução

Como tomamos o hidróxido de sódio para a nossa base de cálculo, dividimos a equação estequiométrica da reação pelo coeficiente estequiométrico do hidróxido de sódio, a fim de colocarmos a expressão da reação na forma

Escolhendo uma base de cálculo

$$\text{NaOH} + \tfrac{1}{3}(\text{C}_{17}\text{H}_{35}\text{COO})_3\text{C}_3\text{H}_5 \longrightarrow \text{C}_{17}\text{H}_{35}\text{COONa} + \tfrac{1}{3}\text{C}_3\text{H}_5(\text{OH})_3$$

$$\text{A} \quad + \quad \tfrac{1}{3}\text{B} \quad \longrightarrow \quad \text{C} \quad + \quad \tfrac{1}{3}\text{D}$$

Podemos então realizar os cálculos mostrados na Tabela E4-1.1. Como esta é uma reação em fase líquida, a massa específica ρ é considerada constante; portanto, $V = V_0$.

$$C_A = \frac{N_A}{V} = \frac{N_A}{V_0} = \frac{N_{A0}(1-X)}{V_0} = C_{A0}(1-X)$$

$$\Theta_B = \frac{C_{B0}}{C_{A0}} \quad \Theta_C = \frac{C_{C0}}{C_{A0}} \quad \Theta_D = \frac{C_{D0}}{C_{A0}}$$

Tabela estequiométrica (batelada)

TABELA E4-1.1 TABELA ESTEQUIOMÉTRICA PARA REAÇÕES DE SAPONIFICAÇÃO EM FASE LÍQUIDA

Espécie	*Símbolo*	*Inicial*	*Variação*	*Restante*	*Concentração*
NaOH	A	N_{A0}	$-N_{A0}X$	$N_{A0}(1-X)$	$C_{A0}(1-X)$
$(\text{C}_{17}\text{H}_{35}\text{COO})_3\text{C}_3\text{H}_5$	B	N_{B0}	$-\frac{1}{3}N_{A0}X$	$N_{A0}\left(\Theta_B - \frac{X}{3}\right)$	$C_{A0}\left(\Theta_B - \frac{X}{3}\right)$
$\text{C}_{17}\text{H}_{35}\text{COONa}$	C	N_{C0}	$N_{A0}X$	$N_{A0}(\Theta_C + X)$	$C_{A0}(\Theta_C + X)$
$\text{C}_3\text{H}_5(\text{OH})_3$	D	N_{D0}	$\frac{1}{3}N_{A0}X$	$N_{A0}\left(\Theta_D + \frac{X}{3}\right)$	$C_{A0}\left(\Theta_D + \frac{X}{3}\right)$
Água (inerte)	I	N_{I0}	–	N_{I0}	C_{I0}
Totais		N_{T0}	0	$N_T = N_{T0}$	

Análise: O objetivo deste exemplo foi mostrar como a reação genérica da Tabela 4-1 é aplicada a uma reação real.

Exemplo 4-2 Qual É o Reagente Limitante?

Tendo construído a tabela estequiométrica no Exemplo 4-1, podemos agora prontamente utilizá-la para calcular as concentrações a uma dada conversão. Se a mistura inicial consiste em hidróxido de sódio à concentração de 10 mol/dm³ (isto é, 10 mol/L ou 10 kmol/m³) e de estearato de glicerila à concentração de 2 mol/dm³, quais são as concentrações de estearato de glicerila, B, e de glicerina, D, quando a conversão do hidróxido de sódio for **(a)** 20% e **(b)** 90%?

Solução

Apenas os reagentes NaOH e $(\text{C}_{17}\text{H}_{35}\text{COO})_3\text{C}_3\text{H}_5$ estão presentes inicialmente; portanto, $\Theta_C = \Theta_D = 0$.

(a) Para 20% de conversão de NaOH:

$$C_D = C_{A0}\left(\frac{X}{3}\right) = (10)\left(\frac{0{,}2}{3}\right) = 0{,}67 \text{ mol/L} = 0{,}67 \text{ mol/dm}^3$$

$$C_B = C_{A0}\left(\Theta_B - \frac{X}{3}\right) = 10\left(\frac{2}{10} - \frac{0{,}2}{3}\right) = 10(0{,}133) = 1{,}33 \text{ mol/dm}^3$$

(b) Para 90% de conversão de NaOH:

$$C_D = C_{A0}\left(\frac{X}{3}\right) = 10\left(\frac{0{,}9}{3}\right) = 3 \text{ mol/dm}^3$$

Calcularemos o valor de C_B:

$$C_B = 10\left(\frac{2}{10} - \frac{0{,}9}{3}\right) = 10(0{,}2 - 0{,}3) = -1 \text{ mol/dm}^3$$

Opa!! Concentração negativa — impossível! O que deu errado?

A base de cálculo deveria ser o reagente limitante.

Análise: Escolhemos a base de cálculo errada! Não é possível termos noventa por cento de conversão de NaOH porque o estearato de glicerila é o reagente limitante e é consumido antes que 90% de NaOH possa ter reagido. O estearato de glicerila deveria ter sido nossa base de cálculo e consequentemente não deveríamos ter dividido a reação como escrita pelo coeficiente estequiométrico 3.

4.2 Sistemas de Escoamento Contínuo

A forma da tabela estequiométrica para um sistema com escoamento contínuo (veja a Figura 4-2) é virtualmente idêntica àquela para um sistema em batelada (Tabela 4-1), exceto que substituímos N_{j0} por F_{j0} e N_j por F_j (Tabela 4-2). Novamente, tomando A como base, dividimos todos os termos da Equação (2-1) pelo coeficiente estequiométrico de A, obtendo

$$A + \frac{b}{a} B \longrightarrow \frac{c}{a} C + \frac{d}{a} D \qquad (2\text{-}2)$$

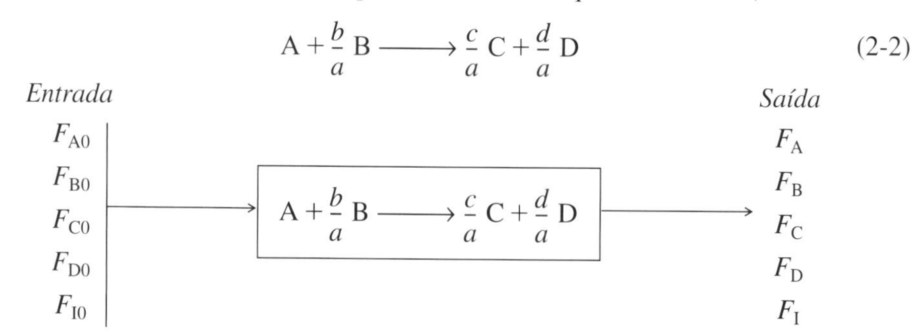

Figura 4-2 Reator de escoamento contínuo.

Tabela Estequiométrica para um Sistema com Escoamento Contínuo

TABELA 4-2 TABELA ESTEQUIOMÉTRICA PARA UM SISTEMA COM ESCOAMENTO CONTÍNUO

Espécie	*Vazão de Alimentação do Reator* (mol/tempo)	*Variação dentro do Reator* (mol/tempo)	*Vazão do Efluente do Reator* (mol/tempo)
A	F_{A0}	$-F_{A0}X$	$F_A = F_{A0}(1-X)$
B	$F_{B0} = \Theta_B F_{A0}$	$-\frac{b}{a}F_{A0}X$	$F_B = F_{A0}\left(\Theta_B - \frac{b}{a}X\right)$
C	$F_{C0} = \Theta_C F_{A0}$	$\frac{c}{a}F_{A0}X$	$F_C = F_{A0}\left(\Theta_C + \frac{c}{a}X\right)$
D	$F_{D0} = \Theta_D F_{A0}$	$\frac{d}{a}F_{A0}X$	$F_D = F_{A0}\left(\Theta_D + \frac{d}{a}X\right)$
I	$F_{I0} = \Theta_I F_{A0}$	–	$F_I = F_{A0}\Theta_I$
Totais	F_{T0}		$F_T = F_{T0} + \left(\frac{d}{a} + \frac{c}{a} - \frac{b}{a} - 1\right)F_{A0}X$ $F_T = F_{T0} + \delta F_{A0}X$

em que

$$\Theta_B = \frac{F_{B0}}{F_{A0}} = \frac{C_{B0}v_0}{C_{A0}v_0} = \frac{C_{B0}}{C_{A0}} = \frac{y_{B0}}{y_{A0}}$$

e Θ_C, Θ_D e Θ_I são definidos de forma similar

sendo

$$\delta = \frac{d}{a} + \frac{c}{a} - \frac{b}{a} - 1 \quad (4\text{-}1)$$

$$\delta = \frac{\text{Variação no número total de mols}}{\text{mols de A reagidos}}$$

4.2.1 Equações para Concentrações em Sistemas com Escoamento Contínuo

Para um sistema com escoamento contínuo, a concentração C_A em um dado ponto pode ser determinada a partir da vazão molar F_A e da vazão volumétrica v naquele ponto:

Definição de concentração para um sistema com escoamento contínuo

$$C_A = \frac{F_A}{v} = \frac{\text{mols/tempo}}{\text{litros/tempo}} = \frac{\text{mols}}{\text{litro}} \quad (4\text{-}10)$$

As unidades de v são tipicamente dadas em termos de litros por segundo, decímetros cúbicos por segundo, ou pés cúbicos por minuto. Agora podemos escrever as concentrações de A, B, C, e D para a reação geral dada pela Equação (2-2), em termos de suas respectivas vazões molares de entrada (F_{A0}, F_{B0}, F_{C0}, F_{D0}), da conversão X, e da vazão volumétrica, v.

$$C_A = \frac{F_A}{v} = \frac{F_{A0}}{v}(1 - X) \qquad C_B = \frac{F_B}{v} = \frac{F_{B0} - (b/a)F_{A0}X}{v}$$

$$C_C = \frac{F_C}{v} = \frac{F_{C0} + (c/a)F_{A0}X}{v} \qquad C_D = \frac{F_D}{v} = \frac{F_{D0} + (d/a)F_{A0}X}{v} \quad (4\text{-}11)$$

4.2.2 Concentrações em Fase Líquida

Para líquidos, a variação de volume do fluido em função da reação é insignificante quando não há mudanças de fase. Assim, tomamos

$$v = v_0$$

Para líquidos

$C_A = C_{A0}(1 - X)$

$C_B = C_{A0}\left(\Theta_B - \frac{b}{a}X\right)$

Portanto, para uma dada lei de velocidade, temos $-r_A = g(X)$.

Então

$$C_A = \frac{F_{A0}}{v_0}(1 - X) = C_{A0}(1 - X) \quad (4\text{-}12)$$

$$C_B = C_{A0}\left(\Theta_B - \frac{b}{a}X\right), \quad (4\text{-}13)$$

e assim por diante para C_C e C_D.

Consequentemente, usando qualquer uma das leis de velocidade do Capítulo 3, podemos agora encontrar $-r_A = f(X)$ *para reações em fase líquida.* **Entretanto**, para reações em fase gasosa, a vazão volumétrica varia mais frequentemente durante o curso da reação, devido a uma alteração no número total de mols, ou na temperatura, ou pressão. Por isso, não podemos sempre usar a Equação (4-13) para expressar a concentração como uma função da conversão para reações em fase gasosa.

4.2.3 Concentrações em Fase Gasosa

Em discussões anteriores, consideramos fundamentalmente sistemas nos quais o volume da reação ou a vazão volumétrica não variaram à medida que a reação progredia. A maioria dos sistemas em batelada em fase líquida e alguns em fase gasosa se enquadram nesta categoria. Há, porém, outros sistemas nos quais ou V ou v **de fato** variam; esses sistemas serão considerados, em seguida.

Uma situação onde se encontra uma vazão volumétrica que varia ocorre com bastante frequência em reações em fase gasosa, que não têm o mesmo número de mols de reagentes e produtos. Por exemplo, na síntese da amônia,

$$N_2 + 3H_2 \rightleftarrows 2NH_3$$

4 mols dos reagentes produzem 2 mols de produto. Em sistemas com escoamento contínuo nos quais esse tipo de reação ocorre, a vazão molar estará mudando à medida que a reação progride. Como números iguais de mols ocupam volumes iguais em fase gasosa, na mesma temperatura e pressão, a vazão volumétrica também se alterará.

Nas tabelas estequiométricas apresentadas anteriormente, não foi necessário fazer suposições com relação à mudança de volume nas primeiras quatro colunas da tabela (isto é, as espécies, número inicial de mols ou a vazão molar, variação molar dentro do reator, e o número restante de mols ou a vazão molar do efluente). Todas estas colunas da tabela estequiométrica independem do volume ou massa específica, e são *idênticas* para situações de volume constante (massa específica constante) e volume variável (massa específica variável). Apenas quando a concentração for expressa como uma função da conversão a influência da massa específica variável se tornará explícita.

Reatores de Escoamento Contínuo com Vazão Volumétrica Variável. Para deduzir as concentrações de cada espécie em termos de conversão para um sistema com escoamento contínuo em fase gasosa, usaremos as relações para a concentração total. A concentração total, C_T, em qualquer ponto no reator é a vazão molar total, F_T, dividida pela vazão volumétrica v [conforme a Equação (4-10)]. Na fase gasosa, a concentração total também é encontrada a partir da lei dos gases, $C_T = P/ZRT$. Igualando essas duas relações, resulta

$$C_T = \frac{F_T}{v} = \frac{P}{ZRT} \qquad (4\text{-}14)$$

Na entrada do reator,

$$C_{T0} = \frac{F_{T0}}{v_0} = \frac{P_0}{Z_0 R T_0} \qquad (4\text{-}15)$$

Dividindo a Equação (4-14) pela Equação (4-15) e assumindo variações desprezíveis no fator de compressibilidade, Z, ao longo da reação, obtemos após um rearranjo

Reações em Fase Gasosa

$$\boxed{v = v_0\left(\frac{F_T}{F_{T0}}\right)\frac{P_0}{P}\left(\frac{T}{T_0}\right)} \qquad (4\text{-}16)$$

Agora podemos expressar a concentração das espécies j para um sistema com escoamento contínuo, em termos da vazão molar, F_j, temperatura, T, e pressão total, P.

$$C_j = \frac{F_j}{v} = \frac{F_j}{v_0\left(\dfrac{F_T}{F_{T0}}\dfrac{P_0}{P}\dfrac{T}{T_0}\right)} = \left(\frac{F_{T0}}{v_0}\right)\left(\frac{F_j}{F_T}\right)\left(\frac{P}{P_0}\right)\left(\frac{T_0}{T}\right)$$

Use esta equação de concentração para reatores de membrana (Capítulo 6) e para reações múltiplas (Capítulo 8).

$$\boxed{C_j = C_{T0}\left(\frac{F_j}{F_T}\right)\left(\frac{P}{P_0}\right)\left(\frac{T_0}{T}\right)} \qquad (4\text{-}17)$$

A vazão molar total é apenas a soma das vazões molares de cada uma das espécies no sistema, ou seja,

$$F_T = F_A + F_B + F_C + F_D + F_I + \cdots = \sum_{j=1}^{n} F_j \tag{4-18}$$

As vazões molares, F_j, são encontradas resolvendo-se as equações de balanço molar. A concentração dada pela Equação (4-17) será usada com alguma medida do avanço da reação que não seja a conversão, quando discutirmos reatores de membrana (Capítulo 6) e reações múltiplas em fase gasosa (Capítulo 8).

Agora vamos expressar a concentração em termos da conversão para sistemas com escoamento gasoso. A partir da Tabela 4-2, a vazão molar total pode ser escrita em termos da conversão, sendo

$$F_T = F_{T0} + F_{A0}\,\delta X \tag{4-19}$$

Dividimos toda a Equação (4-19) por F_{T0}:

$$\frac{F_T}{F_{T0}} = 1 + \frac{F_{A0}}{F_{T0}}\delta X = 1 + \overbrace{y_{A0}\delta}^{\varepsilon} X$$

Então

$$\frac{F_T}{F_{T0}} = 1 + \varepsilon X \tag{4-20}$$

sendo y_{A0} a fração molar de A na entrada (isto é, F_{A0}/F_{T0}), δ calculado com a Equação (4-1) e ε obtido da relação

Relação entre δ e ε

$$\varepsilon = \left(\frac{d}{a} + \frac{c}{a} - \frac{b}{a} - 1\right)\frac{F_{A0}}{F_{T0}} = y_{A0}\delta$$

$$\boxed{\varepsilon = y_{A0}\delta} \tag{4-21}$$

A Equação (4-21) se aplica tanto a sistemas em batelada como com escoamento contínuo. Para interpretar ε, rearranjamos a Equação (4-20) para a condição de conversão completa (ou seja, $X = 1$ e $F_T = F_{Tf}$),

$$\varepsilon = \frac{F_{Tf} - F_{T0}}{F_{T0}}$$

Interpretação de ε

$$\boxed{\varepsilon = \frac{\text{Variação no número total de mols para conversão completa}}{\text{Total de mols alimentados}}} \tag{4-22}$$

Substituindo na Equação (4-16) (F_T/F_{T0}) pela Equação (4-20), obtemos a vazão volumétrica, v, na forma

Vazão volumétrica em fase gasosa

$$\boxed{v = v_0(1 + \varepsilon X)\,\frac{P_0}{P}\left(\frac{T}{T_0}\right)} \tag{4-23}$$

A concentração da espécie j num sistema com escoamento contínuo é

$$C_j = \frac{F_j}{v} \tag{4-24}$$

A vazão molar da espécie j é

$$F_j = F_{j0} + \nu_j(F_{A0}X) = F_{A0}(\Theta_j + \nu_j X)$$

em que ν_i são os coeficientes estequiométricos, que são negativos para os reagentes e positivos para os produtos. Por exemplo, para a reação

$$A + \frac{b}{a} B \longrightarrow \frac{c}{a} C + \frac{d}{a} D \tag{2-2}$$

$\nu_A = -1$, $\nu_B = -b/a$, $\nu_C = c/a$, $\nu_D = d/a$, e $\Theta_j = F_{j0}/F_{A0}$.

Substituindo, na Equação (4-24), υ pela Equação (4-23), e F_j, resulta

$$C_j = \frac{F_{A0}(\Theta_j + \nu_j X)}{\upsilon_0\left((1 + \varepsilon X)\frac{P_0}{P}\frac{T}{T_0}\right)}$$

Rearranjando

Concentração na fase gasosa como uma função da conversão

$$\boxed{C_j = \frac{C_{A0}(\Theta_j + \nu_j X)}{1 + \varepsilon X}\left(\frac{P}{P_0}\right)\frac{T_0}{T}} \tag{4-25}$$

Lembre-se de que $y_{A0} = F_{A0}/F_{T0}$, $C_{A0} = y_{A0}C_{T0}$, e ε é dado pela Equação (4-21) (isto é, $\varepsilon = y_{A0}\delta$).

A tabela estequiométrica para a reação em fase gasosa (2-2) é apresentada na Tabela 4-3.

Finalmente! Agora temos $C_j = h_j(X)$ e $-r_A = g(X)$ para um sistema em fase gasosa com volume variável.

TABELA 4-3 CONCENTRAÇÕES EM UM SISTEMA EM FASE GASOSA DE VOLUME VARIÁVEL

$$C_A = \frac{F_A}{\upsilon} = \frac{F_{A0}(1-X)}{\upsilon} = \frac{F_{A0}(1-X)}{\upsilon_0(1+\varepsilon X)}\left(\frac{T_0}{T}\right)\frac{P}{P_0} = C_{A0}\left(\frac{1-X}{1+\varepsilon X}\right)\frac{T_0}{T}\left(\frac{P}{P_0}\right)$$

$$C_B = \frac{F_B}{\upsilon} = \frac{F_{A0}[\Theta_B - (b/a)X]}{\upsilon} = \frac{F_{A0}[\Theta_B - (b/a)X]}{\upsilon_0(1+\varepsilon X)}\left(\frac{T_0}{T}\right)\frac{P}{P_0} = C_{A0}\left(\frac{\Theta_B - (b/a)X}{1+\varepsilon X}\right)\frac{T_0}{T}\left(\frac{P}{P_0}\right)$$

$$C_C = \frac{F_C}{\upsilon} = \frac{F_{A0}[\Theta_C + (c/a)X]}{\upsilon} = \frac{F_{A0}[\Theta_C + (c/a)X]}{\upsilon_0(1+\varepsilon X)}\left(\frac{T_0}{T}\right)\frac{P}{P_0} = C_{A0}\left(\frac{\Theta_C + (c/a)X}{1+\varepsilon X}\right)\frac{T_0}{T}\left(\frac{P}{P_0}\right)$$

$$C_D = \frac{F_D}{\upsilon} = \frac{F_{A0}[\Theta_D + (d/a)X]}{\upsilon} = \frac{F_{A0}[\Theta_D + (d/a)X]}{\upsilon_0(1+\varepsilon X)}\left(\frac{T_0}{T}\right)\frac{P}{P_0} = C_{A0}\left(\frac{\Theta_D + (d/a)X}{1+\varepsilon X}\right)\frac{T_0}{T}\left(\frac{P}{P_0}\right)$$

$$C_I = \frac{F_I}{\upsilon} = \frac{F_{A0}\Theta_I}{\upsilon} = \frac{F_{A0}\Theta_I}{\upsilon_0(1+\varepsilon X)}\left(\frac{T_0}{T}\right)\frac{P}{P_0} = \frac{C_{A0}\Theta_I}{1+\varepsilon X}\left(\frac{T_0}{T}\right)\frac{P}{P_0}$$

Um dos objetivos mais importantes deste capítulo é aprender como expressar qualquer lei de velocidade de reação $-r_A$ em função da conversão. O diagrama esquemático apresentado na Figura 4-3 ajuda a sumarizar nossa discussão sobre este ponto. A concentração do reagente-chave, A (nossa base de cálculo), é expressada em função da conversão tanto para sistemas com escoamento contínuo, como para sistemas em batelada, para várias condições de temperatura, pressão e volume.

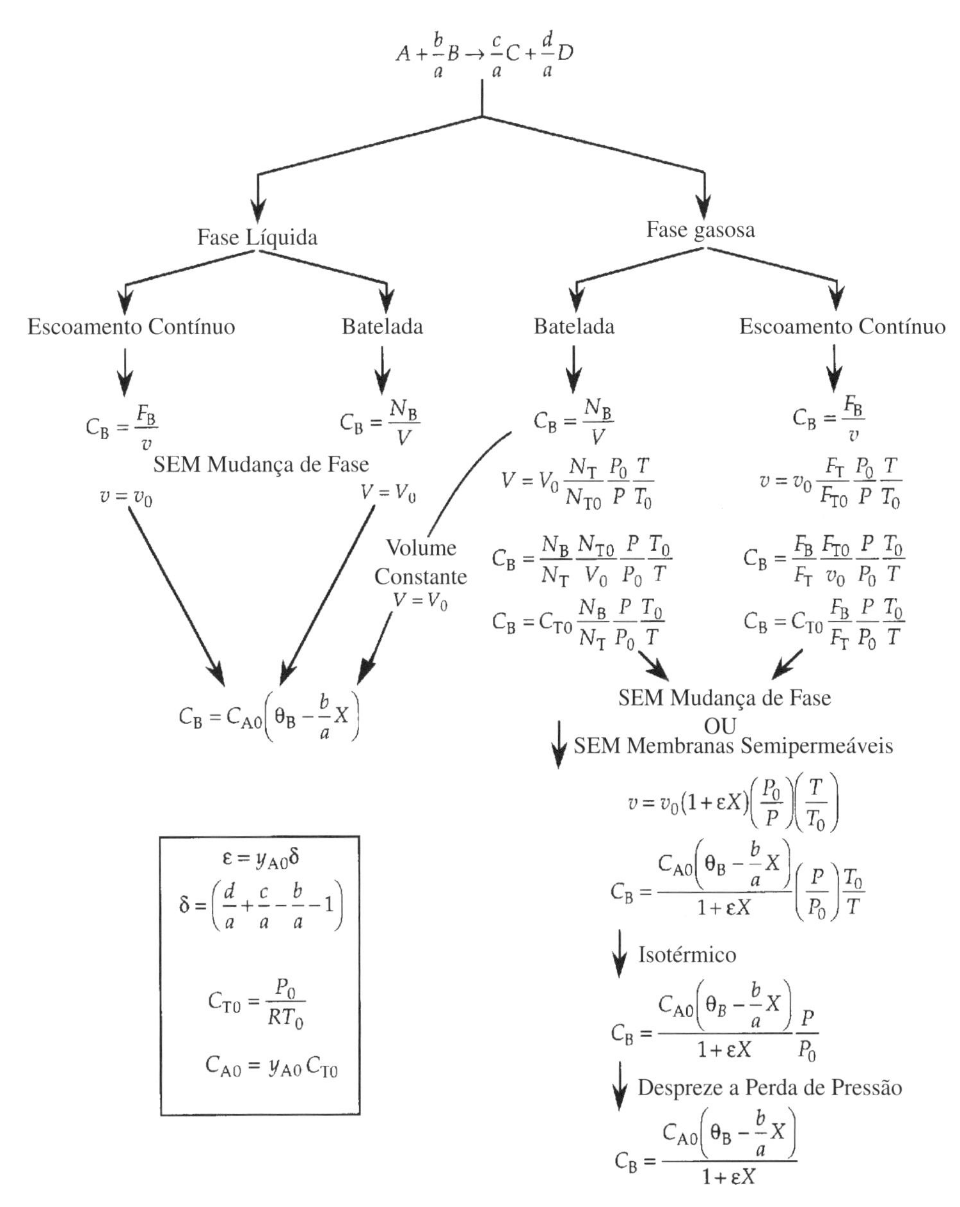

Figura 4-3 Expressando a concentração em função da conversão.

Exemplo 4-3 Determinando $C_j = h_j(X)$ para uma Reação em Fase Gasosa

Uma mistura de 28% SO_2 e 72% de ar é carregada em um reator de escoamento contínuo, no qual o SO_2 é oxidado.

$$2SO_2 + O_2 \longrightarrow 2SO_3$$

Primeiro, faça uma tabela estequiométrica usando somente símbolos (isto é, Θ_i, F_i) e então prepare uma segunda tabela calculando as concentrações das espécies em função da conversão, para o caso em que a pressão total é 1485 kPa (14,7 atm) e a temperatura é constante, 227ºC.

Solução

Tomando SO_2 como base de cálculo, dividimos a equação da reação pelo coeficiente estequiométrico da espécie escolhida como base de cálculo:

$$SO_2 + \tfrac{1}{2}O_2 \longrightarrow SO_3$$

A tabela estequiométrica é apresentada na Tabela E4-3.1.

TABELA E4-3.1 TABELA ESTEQUIOMÉTRICA PARA $SO_2 + ½ O_2 \longrightarrow SO_3$

Espécie	*Símbolo*	*Inicial*	*Variação*	*Restante*
SO_2	A	F_{A0}	$-F_{A0}X$	$F_A = F_{A0}(1-X)$
O_2	B	$F_{B0} = \Theta_B F_{A0}$	$-\frac{F_{A0}X}{2}$	$F_B = F_{A0}\left(\Theta_B - \frac{1}{2}X\right)$
SO_3	C	0	$+F_{A0}X$	$F_C = F_{A0}X$
N_2	I	$F_{I0} = \Theta_I F_{A0}$	–	$F_I = F_{I0} = \Theta_I F_{A0}$
Totais		F_{T0}		$F_T = F_{T0} - \frac{F_{A0}X}{2}$

No início, 72% do total de mols são constituídos de ar, contendo 21% de O_2 e 79% de N_2, que são acompanhados de 28% de SO_2.

$$F_{A0} = (0{,}28)(F_{T0})$$
$$F_{B0} = (0{,}72)(0{,}21)(F_{T0})$$
$$\Theta_B = \frac{F_{B0}}{F_{A0}} = \frac{(0{,}72)(0{,}21)}{0{,}28} = 0{,}54$$
$$\Theta_I = \frac{F_{I0}}{F_{A0}} = \frac{(0{,}72)(0{,}79)}{0{,}28} = 2{,}03$$

Usando a definição de conversão, substituímos tanto a vazão molar de SO_2 (símbolo A), como a vazão volumétrica, em função da conversão.

$$C_A = \frac{F_A}{v} = \frac{F_{A0}(1-X)}{v} \tag{E4-3.1}$$

Lembrando a Equação (4-23), temos

$$v = v_0(1+\varepsilon X)\frac{P_0}{P}\left(\frac{T}{T_0}\right) \tag{E4-23}$$

Desprezando a perda de pressão, $P = P_0$

Desprezando a perda de pressão na reação, $P = P_0$, resulta

$$v = v_0(1+\varepsilon X)\frac{T}{T_0} \tag{E4-3.2}$$

Se a reação também for conduzida de forma isotérmica, $T = T_0$, obtemos

Operação isotérmica, $T = T_0$

$$v = v_0(1+\varepsilon X)$$

$$C_A = \frac{F_{A0}(1-X)}{v_0(1+\varepsilon X)} = C_{A0}\left(\frac{1-X}{1+\varepsilon X}\right)$$

A concentração de entrada de A é igual à fração molar de A na entrada, multiplicada pela concentração molar total na entrada. A concentração molar na entrada pode ser calculada com uma equação de estado como a lei dos gases ideais. Lembre-se de que $y_{A0} = 0{,}28$; $T_0 = 500$ K e $P_0 = 1485$ kPa.

$$C_{A0} = y_{A0}C_{T0} = y_{A0}\left(\frac{P_0}{RT_0}\right)$$
$$= 0{,}28\left[\frac{1485 \text{ kPa}}{8{,}314 \text{ kPa}\cdot\text{dm}^3/(\text{mol}\cdot\text{K})\times 500 \text{ K}}\right]$$
$$= 0{,}1 \text{ mol/dm}^3$$

A concentração total é

$$C_T = \frac{F_T}{v} = \frac{F_{T0} + y_{A0}\delta X F_{T0}}{v_0(1+\varepsilon X)} = \frac{F_{T0}(1+\varepsilon X)}{v_0(1+\varepsilon X)}, \tag{E4-3.3}$$

$$\frac{F_{T0}}{v_0} = C_{T0} = \frac{P_0}{RT_0} = \frac{1485 \text{ kPa}}{[8{,}314 \text{ kPa}\cdot\text{dm}^3/(\text{mol}\cdot\text{K})](500 \text{ K})} = 0{,}357 \frac{\text{mol}}{\text{dm}^3} \tag{E4-3.4}$$

Agora calculamos ε.

$$\varepsilon = y_{A0}\,\delta = (0{,}28)(1 - 1 - \tfrac{1}{2}) = -0{,}14 \tag{E4-3.5}$$

Substituindo os valores de C_{A0} e ε nas concentrações das espécies:

SO_2

$$C_A = C_{A0}\left(\frac{1-X}{1+\varepsilon X}\right) = 0{,}1\left(\frac{1-X}{1-0{,}14X}\right)\text{mol/dm}^3 \tag{E4-3.6}$$

O_2

$$C_B = C_{A0}\left(\frac{\Theta_B - \frac{1}{2}X}{1+\varepsilon X}\right) = \frac{0{,}1\,(0{,}54 - 0{,}5X)}{1-0{,}14X}\text{ mol/dm}^3 \tag{E4-3.7}$$

SO_3

$$C_C = \frac{C_{A0}X}{1+\varepsilon X} = \frac{0{,}1X}{1-0{,}14X}\text{ mol/dm}^3 \tag{E4-3.8}$$

N_2

$$C_I = \frac{C_{A0}\Theta_I}{1+\varepsilon X} = \frac{(0{,}1)(2{,}03)}{1-0{,}14X}\text{ mol/dm}^3 \tag{E4-3.9}$$

As concentrações das várias espécies, para várias conversões, são apresentadas na Tabela E4-3.1 e plotadas na Figura E4-3.1. ***Note*** que a concentração de N_2 está variando, apesar de esta espécie ser inerte nesta reação!!

TABELA E4-3.2 CONCENTRAÇÃO COMO FUNÇÃO DA CONVERSÃO

Espécie		C_i (mol/dm³)				
		$X = 0{,}0$	$X = 0{,}25$	$X = 0{,}5$	$X = 0{,}75$	$X = 1{,}0$
SO_2	$C_A =$	0,100	0,078	0,054	0,028	0,000
O_2	$C_B =$	0,054	0,043	0,031	0,018	0,005
SO_3	$C_C =$	0,000	0,026	0,054	0,084	0,116
N_2	$C_I =$	0,203	0,210	0,218	0,227	0,236
Total	$C_T =$	0,357	0,357	0,357	0,357	0,357

Observação: Como a vazão volumétrica varia com a conversão, $v = v_0\,(1 - 0{,}14\,X)$, a concentração do inerte (N_2) *não* é constante.

Agora utilize as técnicas apresentadas no Capítulo 2 para dimensionar reatores.

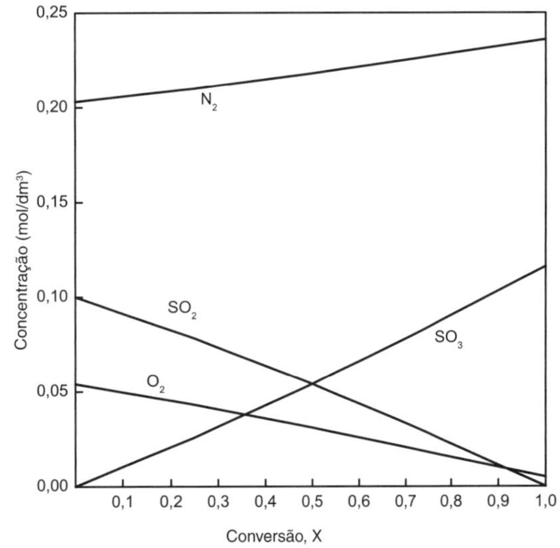

Figura E4-3.1 Concentração em função da conversão.

Agora estamos em condição de expressar $-r_A$ como um a função de X e usar as técnicas apresentadas no Capítulo 2. Porém, utilizaremos um método melhor para resolver os problemas de ERQ, a saber, o software Polymath, que será mostrado no próximo capítulo.

Análise: Neste exemplo, construímos a tabela estequiométrica em termos das vazões molares. Então, mostramos como expressar as concentrações de cada espécie de uma reação em fase gasosa, na qual há variação do número total de mols. Em seguida, plotamos as concentrações de cada espécie em função da conversão e notamos que a concentração do inerte, N_2, não era constante, mas aumentava com o aumento da conversão, porque a vazão molar total, F_T, decrescia com o aumento da conversão.

Exemplo 4-4 Expressando a Lei de Velocidade de Reação para a Oxidação do SO_2 em Termos das Pressões Parciais e Conversões

A oxidação do SO_2 discutida no Exemplo 4-3 deverá ser conduzida sobre um catalisador sólido de platina. Assim como para quase todas as reações catalíticas gás-sólido, a lei de velocidade de reação é expressa em termos das pressões parciais, em vez das concentrações. A lei de velocidade para esta oxidação do SO_2 foi determinada experimentalmente[1]

$$-r'_{SO_2} = \frac{k\left[P_{SO_2}\sqrt{P_{O_2}} - \frac{P_{SO_3}}{K_P}\right]}{\left(1+\sqrt{P_{O_2}K_{O_2}} + P_{SO_2}K_{SO_2}\right)^2}, \text{ mol } SO_2 \text{ oxidado}/(\text{h})(\text{g catalisador}) \quad \text{(E4-4.1)}$$

em que P_i (atm) é a pressão parcial da espécie i. A reação deve ser conduzida isotermicamente a 400°C. Nesta temperatura, a velocidade específica de reação k, as constantes de adsorção/dessorção para o O_2 (K_{O_2}) e SO_2 (K_{SO_2}), e a constante de equilíbrio baseada na pressão, K_p, foram obtidas experimentalmente:

$k = 9{,}7$ mol SO_2/(atm$^{3/2}\cdot$ h $\cdot$ g catalisador), $K_{O_2} = 38{,}5$ atm^{-1}, $K_{SO_2} = 42{,}5$ atm^{-1},
e $K_p = 930$ atm$^{-1/2}$

A pressão total e a composição de alimentação (por exemplo, 28% de SO_2) são as mesmas do Exemplo 4-3. Consequentemente, a pressão parcial de entrada do SO_2 é 4,1 atm. Não há perda de pressão neste reator.

Escreva as leis de velocidade de reação em função da conversão.

Solução

Sem Perda de Pressão e Operação Isotérmica

Para o SO_2

Primeiro precisamos lembrar a relação entre a pressão parcial e a concentração, e depois a relação entre concentração e conversão. Uma vez que soubermos como expressar a concentração em função da conversão, também saberemos como expressar a pressão parcial em função da conversão.

$$P_{SO_2} = C_{SO_2}RT = \frac{F_{SO_2}}{v}RT = \frac{F_{SO_2,0}(1-X)RT}{v_0(1+\varepsilon X)\frac{T}{T_0}\frac{P_0}{P}} = \frac{F_{SO_2,0}}{v_0}\frac{RT_0(1-X)\frac{P}{P_0}}{(1+\varepsilon X)}$$

$$P_{SO_2} = \frac{P_{SO_2,0}(1-X)\frac{P}{P_0}}{(1+\varepsilon X)} = \frac{P_{SO_2,0}(1-X)y}{(1+\varepsilon X)} \quad \text{(E4-4.2)}$$

Sem perda de pressão, temos $P = P_0$, $y = 1$

$$\boxed{P_{SO_2} = \frac{P_{SO_2,0}(1-X)}{(1+\varepsilon X)}}$$

$$P_{SO_2,0} = y_{SO_2,0}P_0 = 4{,}1 \text{ atm} \quad \text{(E4-4.3)}$$

[1]Uychara, O.A. e Watson, K. M., *Ind. Engrg. Chem.* 35 p. 541.

Para o SO_3

$$P_{SO_3} = C_{SO_3}RT = \frac{C_{SO_2,0}RT_0X}{(1+\varepsilon X)} = \frac{P_{SO_2,0}X}{1+\varepsilon X} \tag{E4-4.4}$$

Para o O_2

$$P_{O_2} = C_{O_2}RT = C_{SO_2,0}\frac{\left(\Theta_B - \frac{1}{2}X\right)RT_0}{(1+\varepsilon X)} = P_{SO_2,0}\frac{\left(\Theta_B - \frac{1}{2}X\right)}{(1+\varepsilon X)} \tag{E4-4.5}$$

Do Exemplo 4-3

$$\Theta_B = 0{,}54$$

Fatorando o ½ na Equação (E4-4.5), resulta

$$P_{O_2} = P_{SO_2,0}\frac{\left(\Theta_B - \frac{1}{2}X\right)}{(1+\varepsilon X)} = \frac{P_{SO_2,0}(1{,}08 - X)}{2(1+\varepsilon X)} \tag{E4-4.6}$$

Da Equação (E4-3.5)

$$\varepsilon = -0{,}14 \tag{E4-3.5}$$

Substitua a pressão parcial na lei de velocidade de reação, usando a Equação (E4-4.1)

$$-r'_{SO_2} = k\left[\frac{P_{SO_2,0}^{3/2}\left(\frac{1-X}{1-0{,}14X}\right)\sqrt{\frac{(1{,}08-X)}{2(1-0{,}14X)}} - \frac{P_{SO_2,0}X}{(1-0{,}14X)}\left(\frac{1}{930\ \text{atm}^{-1/2}}\right)}{\left(1+\sqrt{\frac{38{,}5\ P_{SO_2,0}(1{,}08-X)}{2(1-0{,}14X)}} + \frac{42{,}5\ P_{SO_2,0}(1-X)}{(1-0{,}14X)}\right)^2}\right] \tag{E4-4.7}$$

com k = 9,7 mol SO_2/atm$^{3/2}$/h/g cat $P_{SO_2,0} = 4{,}1$ atm, $P_{SO_2,0}^{3/2} = 8{,}3\ \text{atm}^{3/2}$

$$-r'_{SO_2} = 9{,}7\frac{\text{mol}}{\text{h g cat atm}^{3/2}}\left[\frac{\frac{8{,}3\ \text{atm}^{3/2}(1-X)}{(1-0{,}14X1)}\sqrt{\frac{1{,}08-X}{2(1-0{,}14X)}} - \frac{0{,}0044\ \text{atm}^{3/2}\ X}{(1-0{,}14X)}}{\left(1+\sqrt{\frac{79(1{,}08-X)}{(1-0{,}14X)}} + \frac{174(1-X)}{1-0{,}14X}\right)^2}\right] \tag{E4-4.8}$$

Poderíamos usar um gráfico de Levenspiel para encontrar a massa de catalisador *W*, num reator de leito de recheio (PBR) que alcance a conversão especificada.

$$F_{A0}\frac{dX}{dW} = -r'_A \tag{2-17}$$

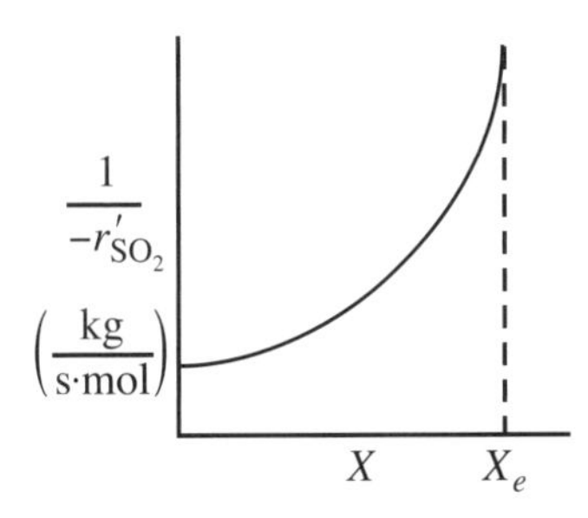

Figura E4-4.1 Inverso da velocidade de oxidação do SO_2 em função da conversão.

Entretanto, veremos no próximo capítulo que há um modo muito, muito melhor, de calcular a massa de catalisador, W, usando pacotes de programas de solução numérica. Por exemplo, acoplaríamos a Equação (E4-4.8) com a Equação (2-17) e usaríamos um software de solução de Equações Diferenciais Ordinárias (EDO), tal como o Polymath, para obter a conversão em função da massa de catalisador W.

Análise: Na maioria das reações catalíticas heterogêneas, as leis de velocidade de reação são expressas em termos das pressões parciais em vez das concentrações. No entanto, vemos que, pelo uso da lei dos gases ideais, podemos expressar as pressões parciais como função da concentração, a fim de formular a lei de velocidade de reação em função da conversão. Adicionalmente, para a maioria das reações heterogêneas você normalmente encontrará um termo como $(1 + K_A P_A + K_B P_B + ...)$ no denominador da lei de velocidade, como será explicado no Capítulo 10.

Primeiro é necessário calcular X_e

Até aqui neste capítulo, enfocamos principalmente as reações irreversíveis. O procedimento usado para o projeto de reator isotérmico, com reações reversíveis, é essencialmente o mesmo que aquele das reações irreversíveis, com uma notável exceção. A máxima conversão, que pode ser alcançada a uma dada temperatura de reação, é a conversão de equilíbrio, X_e. No exemplo seguinte será mostrado como o nosso algoritmo de projeto de reator é facilmente estendido às reações reversíveis.

Exemplo 4-5 Calculando a Conversão de Equilíbrio

A decomposição reversível do tetróxido de nitrogênio, N_2O_4, em fase gasosa, a dióxido de nitrogênio, NO_2,

$$N_2O_4 \rightleftharpoons 2NO_2$$

deve ser realizada à temperatura constante. A alimentação consiste em N_2O_4 puro a 340 K e 202,6 kPa (2 atm). A constante de equilíbrio baseada nas concentrações, K_C, a 340 K é 0,1 mol/dm^3, e a velocidade específica de reação $k_{N_2O_4}$ é 0,5 min^{-1}.

(a) Calcule a conversão de equilíbrio do N_2O_4 em um reator batelada de volume constante.
(b) Calcule a conversão de equilíbrio do N_2O_4 em um reator de escoamento contínuo.
(c) Assumindo que a reação seja elementar, expresse a velocidade de reação somente em função da conversão para um reator de escoamento contínuo e um reator batelada.
(d) Determine o volume necessário de um CSTR para atingir 80% da conversão de equilíbrio.

Solução

$$N_2O_4 \rightleftharpoons 2NO_2$$
$$A \rightleftharpoons 2B$$

No equilíbrio as concentrações das espécies reagentes são relacionadas por equações ditadas pela termodinâmica [veja a Equação (3-10) e o Apêndice C].

$$K_C = \frac{C_{Be}^2}{C_{Ae}} \tag{E4-5.1}$$

(a) Sistema em Batelada – Volume Constante, $V = V_0$.

TABELA E4-5.1 TABELA ESTEQUIOMÉTRICA

Espécie	*Símbolo*	*Inicial*	*Variação*	*Restante*
N_2O_4	A	N_{A0}	$-N_{A0}X$	$N_A = N_{A0}(1-X)$
NO_2	B	0	$+2N_{A0}X$	$N_B = 2N_{A0}X$
		$N_{T0} = N_{A0}$		$N_T = N_{T0} + N_{A0}X$

Para sistemas em batelada $C_i = N_i/V$

$$C_A = \frac{N_A}{V} = \frac{N_A}{V_0} = \frac{N_{A0}(1-X)}{V_0} = C_{A0}(1-X) \tag{E4-5.2}$$

$$C_B = \frac{N_B}{V} = \frac{N_B}{V_0} = \frac{2N_{A0}X}{V_0} = 2C_{A0}X \tag{E4-5.3}$$

$$C_{A0} = \frac{y_{A0}P_0}{RT_0} = \frac{(1)(2\text{ atm})}{(0{,}082\text{ atm}\cdot\text{dm}^3/\text{mol}\cdot\text{K})(340\text{ K})}$$
$$= 0{,}07174\text{ mol/dm}^3$$

No equilíbrio $X = X_e$, e substituímos as Equações (E4-5.2) e (E4-5.3) na Equação (E4-5.1),

$$K_C = \frac{C_{Be}^2}{C_{Ae}} = \frac{4C_{A0}^2X_e^2}{C_{A0}(1-X_e)} = \frac{4C_{A0}X_e^2}{1-X_e}$$

$$X_e = \sqrt{\frac{K_C(1-X_e)}{4C_{A0}}} \tag{E4-5.4}$$

-mat-mat-mat-matemática!

Usaremos o software Polymath para encontrar a conversão de equilíbrio. Façamos xeb representar a conversão de equilíbrio em um reator batelada de volume constante.
A Equação (E4-5.4) escrita na formatação própria para o Polymath torna-se

$$f(xeb) = xeb - [kc*(1-xeb)/(4*cao)]\ \hat{}0{,}5$$

O programa Polymath e a solução obtida são apresentados na Tabela E4-5.2.
Vendo a Equação (E4-5.4), você provavelmente se perguntaria: "Por que não usar a fórmula quadrática para calcular a conversão de equilíbrio para os sistemas em batelada e com escoamento contínuo?" ou seja,

Há um tutorial sobre o Polymath nas Notas de Resumo do Capítulo 1.

$$\text{Batelada:}\quad X_e = \frac{1}{8}[(-1+\sqrt{1+16C_{A0}/K_C})/(C_{A0}/K_C)]$$

$$\text{Escoamento Contínuo:}\quad X_e = \frac{[(\varepsilon-1)+\sqrt{(\varepsilon-1)^2+4(\varepsilon+4C_{A0}/K_C)}]}{2(\varepsilon+4C_{A0}/K_C)}$$

A resposta é que problemas futuros serão não lineares e vão requerer as soluções do Polymath; portanto, este simples exercício aumenta a familiaridade do leitor com este software.

TABELA E4-5.2 PROGRAMA POLYMATH E SOLUÇÃO PARA OS SISTEMAS EM BATELADA E COM ESCOAMENTO CONTÍNUO

Equações não lineares (ENL)

1 f(Xef) = Xef-(Kc*(1-Xef)*(1+epsilon*Xef)/(4*Cao))^0,5 = 0

2 f(Xeb) = Xeb-(Kc*(1-Xeb)/(4*Cao))^0,5 = 0

Equações explícitas

1 Cao = 0,07174

2 epsilon = 1,0

3 Kc = 0,1

Valores calculados das variáveis das ENL

	Variável	Valor	f(x)	Estimativa Inicial
1	Xeb	0,4412597	7,266E-09	0,4
2	Xef	0,5083548	2,622E-10	0,5

	Variável	Valor
1	Cao	0,07174
2	epsilon	1
3	Kc	0,1

A conversão de equilíbrio no reator batelada de volume constante é

$$\boxed{X_{eb} = 0{,}44}$$

Tutorial do Polymath, Capítulo 1

Observação: Um tutorial sobre o Polymath é apresentado nas Notas de Resumo do Capítulo 1.

(b) Sistema com escoamento contínuo. A tabela estequiométrica é a mesma que aquela já desenvolvida para um sistema em batelada, exceto que o número de mols de cada espécie, N_i, é substituído pela vazão molar daquela espécie, F_i. Para temperatura e pressões constantes, as concentrações resultantes para as espécies A e B são

$$C_A = \frac{F_A}{v} = \frac{F_{A0}(1-X)}{v} = \frac{F_{A0}(1-X)}{v_0(1+\varepsilon X)} = \frac{C_{A0}(1-X)}{1+\varepsilon X} \tag{E4-5.5}$$

$$C_B = \frac{F_B}{v} = \frac{2F_{A0}X}{v_0(1+\varepsilon X)} = \frac{2C_{A0}X}{1+\varepsilon X} \tag{E4-5.6}$$

No equilíbrio, $X = X_e$, podemos substituir as Equações (E4-5.5) e (E4-5.6) na Equação (E4-5.1) para obter a expressão

$$K_C = \frac{C_{Be}^2}{C_{Ae}} = \frac{[2C_{A0}X_e/(1+\varepsilon X_e)]^2}{C_{A0}(1-X_e)/(1+\varepsilon X_e)}$$

Simplificando, obtém-se

$$K_C = \frac{4C_{A0}X_e^2}{(1-X_e)(1+\varepsilon X_e)} \tag{E4-5.7}$$

Rearranjando para usar o Polymath, resulta

$$X_e = \sqrt{\frac{K_C(1-X_e)(1+\varepsilon X_e)}{4C_{A0}}} \tag{E4-5.8}$$

Para um sistema com escoamento contínuo com alimentação de N_2O_4 puro, $\varepsilon = y_{A0}\,\delta = 1\,(2 - 1) = 1$.

Façamos Xef representar a conversão de equilíbrio num sistema com escoamento contínuo. A Equação (E4-5.8) escrita no formato do Polymath torna-se

f(Xef) = Xef −[kc*(1 − Xef)*(1 + eps*Xef)/4/cao]^0,5

Esta solução é também apresentada na Tabela E4-5.2 $\boxed{X_{ef} = 0{,}51}$.

Note que a conversão de equilíbrio no reator de escoamento contínuo (isto é, $X_{ef} = 0{,}51$), sem perda de pressão, é maior que a conversão de equilíbrio no reator batelada de volume constante ($X_{eb} = 0{,}44$). Recordando o princípio de Le Châtelier, você poderia sugerir uma explicação para esta diferença em X_e?

(c) Leis de velocidade de reação. Assumindo que a reação obedece a uma lei de velocidade elementar, então

$$-r_A = k_A\left[C_A - \frac{C_B^2}{K_C}\right] \tag{E4-5.9}$$

1. *Para um sistema em batelada de volume constante* ($V = V_0$).

Neste caso, $C_A = N_A / V_0$ e $C_B = N_B / V_0$. Substituindo as Equações (E4-5.2) e (E4-5.3) na lei de velocidade de reação, obtemos a velocidade de desaparecimento de A, em função da conversão:

$-r_A = f(X)$ para um reator batelada com $V = V_0$

$$\boxed{-r_A = k_A\left[C_A - \frac{C_B^2}{K_C}\right] = k_A\left[C_{A0}(1-X) - \frac{4C_{A0}^2X^2}{K_C}\right]} \tag{E4-5.10}$$

$-r_A = f(X)$ para um reator de escoamento contínuo

2. *Para um sistema com escoamento contínuo.*

Neste caso, $C_A = F_A / v$ e $C_B = F_B / v$ com $v = v_0 (1 + \varepsilon X)$. Consequentemente, podemos substituir as Equações (E4-5.5) e (E4-5.6) na Equação (E4-5.9) para obter

$$\boxed{-r_A = k_A\left[\frac{C_{A0}(1-X)}{1+\varepsilon X} - \frac{4C_{A0}^2X^2}{K_C(1+\varepsilon X)^2}\right]} \quad \text{(E4-5.11)}$$

Como esperado, para reações em fase gasosa, a dependência da lei de velocidade de reação com relação à conversão para um sistema em batelada de volume constante [isto é, Equação (E4-5.10)] é diferente daquela para o sistema com escoamento contínuo [Equação (E4-5.11)].

Se substituirmos os valores para C_{A0}, K_C, ε, e $k_A = 0,5\ \text{min}^{-1}$ na Equação (E4-5.11), obtemos $-r_A$ somente como função de X para o sistema com escoamento contínuo.

$$-r_A = \frac{0,5}{\text{min}}\left[0,072\frac{\text{mol}(1-X)}{\text{dm}^3(1+X)} - \frac{4(0,072\ \text{mol/dm}^3)^2X^2}{0,1\ \text{mol/dm}^3(1+X)^2}\right]$$

$$-r_A = 0,036\left[\frac{(1-X)}{(1+X)} - \frac{2,88\,X^2}{(1+X)^2}\right]\left(\frac{\text{mol}}{\text{dm}^3\cdot\text{min}}\right) \quad \text{(E4-5.12)}$$

Podemos agora preparar o nosso gráfico de Levenspiel.

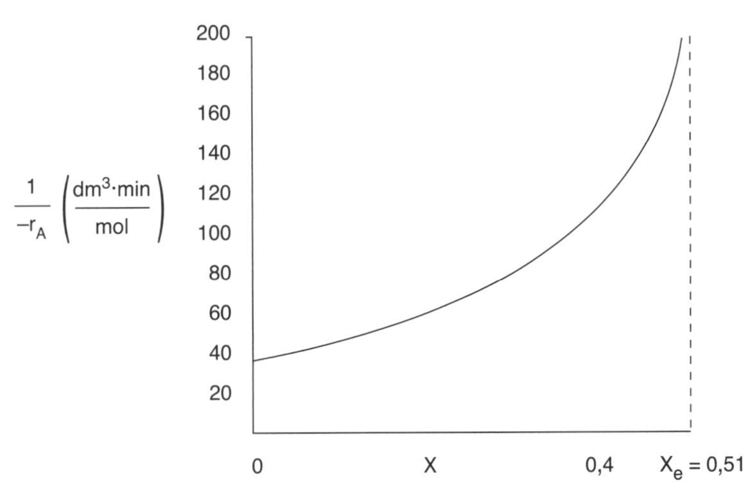

Figura E4-5.1 Gráfico de Levenspiel para um sistema com escoamento contínuo.

Vemos que $(1/-r_A)$ tende ao infinito quando X se aproxima de X_e.

(d) Volume do CSTR. Somente por diversão (e isto *realmente* é divertido), vamos calcular o volume do CSTR necessário para alcançar 80% da conversão de equilíbrio igual a 0,51 [isto é, $X = 0,8X_e = (0,8)(0,51) = 0,4$], para uma vazão molar de alimentação de A igual a 3 mol/min.

Solução

Para $X = 0,4$

$$-r_A = 0,036\left[\frac{(1-0,4)}{(1+0,4)} - \frac{2,88\,(0,4)^2}{(1+(0,4))^2}\right]$$

$$= 0,0070\ \text{mol/dm}^3/\text{min}/-r_A - 0,007\ \text{mol/dm}^3/\text{min}$$

$$V = \frac{F_{A0}X}{-r_A|_X} = \frac{F_{A0}(0,4)}{-r_A|_{0,4}} = \frac{(3\ \text{mol/min})(0,4)}{0,0070\ \dfrac{\text{mol}}{\text{dm}^3\cdot\text{min}}}$$

$$V = 171\ \text{dm}^3 = 0,171\ \text{m}^3$$

O volume do CSTR necessário para alcançar 40% de conversão é 0,171 m³.

Análise: O propósito deste exemplo foi calcular a conversão de equilíbrio, primeiro para um sistema em batelada de volume constante na parte **(a)**, e depois para um reator de escoamento contínuo e pressão constante, na parte **(b)**. Observa-se que há uma variação no número de mols nesta reação e, como resultado, as duas conversões de equilíbrio não são iguais!! Em seguida, mostramos como expressar $-r_A = f(X)$ para uma reação reversível em fase gasosa. Finalmente, na parte **(d)**, tendo $-r_A = f(X)$, especificamos uma vazão molar para A (por exemplo, 3,0 mol de A/min) e calculamos o volume necessário de um CSTR para alcançar a conversão de 40%. Fizemos este cálculo para proporcionar compreensão para os tipos de análises que os engenheiros químicos realizarão quando mudarmos para cálculos semelhantes, porém mais complexos, nos Capítulos 5 e 6.

Encerramento. Uma vez completado este capítulo, você deverá ser capaz de escrever a lei de velocidade de reação somente em termos da conversão e dos parâmetros da lei de velocidade, por exemplo, k, K_C, para reações tanto em fase líquida como gasosa. Uma vez que $-r_A = f(X)$ foi escrita, você pode utilizar as técnicas do Capítulo 2 para calcular os volumes e as conversões de CSTR, PFR e PBR isolados, bem como daqueles conectados em série. No entanto, no próximo capítulo, mostraremos como realizar estes cálculos, de forma muito mais fácil, sem utilizar os gráficos de Levenspiel. Depois de estudar este capítulo, você deverá ser capaz de calcular a conversão de equilíbrio para reatores batelada de volume constante e reatores de escoamento contínuo à pressão constante.

Estequiometria

Lei de Velocidade de Reação

Balanço Molar

No Capítulo 5, nosso foco serão as etapas de **combinação** e **avaliação**, que irão completar nosso algoritmo de projeto de reator químico isotérmico.

O ERQ Algoritmo
- Balanço Molar, Cap. 1
- Lei de Velocidade de Reação, Cap. 3
- Estequiometria, Cap. 4
- Combinação, Cap. 5
- Avaliação, Cap. 5
- Balanço de Energia, Cap. 11

RESUMO

1. A Equação (R4-1) representa uma reação geral

$$A + \frac{b}{a}B \rightarrow \frac{c}{a}C + \frac{d}{a}D \tag{R4-1}$$

2. Relações de volume e vazões para diferentes condições

Sistema em batelada de volume constante: $V = V_0$ (R4-2)

No caso de gases ideais, a Equação (R4-3) relaciona a vazão volumétrica à conversão

Sistemas com escoamento contínuo: Gás: $$v = v_0 \left(\frac{P_0}{P}\right)(1 + \varepsilon X)\frac{T}{T_0} \tag{R4-3}$$

Líquido: $v = v_0$ (R4-4)

Para a reação geral dada pela Equação (R4-1), temos

$$\boxed{\delta = \frac{d}{a} + \frac{c}{a} - \frac{b}{a} - 1} \tag{R4-5}$$

A *tabela estequiométrica* para uma reação dada pela Equação (R4-1), conduzida num sistema com escoamento contínuo, é

Espécie	*Entrada*	*Variação*	*Saída*
A	F_{A0}	$-F_{A0}X$	$F_{A0}(1 - X)$
B	F_{B0}	$-\left(\frac{b}{a}\right)F_{A0}X$	$F_{A0}\left(\Theta_B - \frac{b}{a}X\right)$
C	F_{C0}	$\left(\frac{c}{a}\right)F_{A0}X$	$F_{A0}\left(\Theta_C + \frac{c}{a}X\right)$
D	F_{D0}	$\left(\frac{d}{a}\right)F_{A0}X$	$F_{A0}\left(\Theta_D + \frac{d}{a}X\right)$
I	F_{I0}	- - -	F_{I0}
Totais	F_{T0}	- - -	$F_T = F_{T0} + \delta F_{A0}X$

$$\delta = \frac{\text{Variação no número total de mols}}{\text{Mols de A reagidos}}$$

Definições de δ e ε

e

$$\boxed{\varepsilon = y_{A0}\delta} \tag{R4-6}$$

$$\varepsilon = \frac{\text{Variação no número total de mols para conversão completa}}{\text{Número total de mols alimentados ao reator}}$$

3. Para líquidos incompressíveis $v = v_0$, as concentrações das espécies A e C na reação dada pela Equação (R4-1) podem ser escritas como

$$C_A = \frac{F_A}{v} = \frac{F_{A0}}{v_0}(1 - X) = C_{A0}(1 - X) \tag{R4-7}$$

$$C_C = C_{A0}\left(\Theta_C + \frac{c}{a}X\right) \tag{R4-8}$$

As Equações (R4-7) e (R4-8) também são válidas para as reações em fase gasosa, conduzidas a volume constante, em sistemas em batelada.

4. Para reações em fase gasosa, usamos a definição de concentração ($C_A = F_A/v$) juntamente com a tabela estequiométrica e a Equação (R4-3), para escrever as concentrações de A e C em termos de conversão.

$$C_A = \frac{F_A}{v} = \frac{F_{A0}(1-X)}{v} = C_{A0}\left[\frac{1-X}{1+\varepsilon X}\right]\frac{P}{P_0}\left(\frac{T_0}{T}\right) \tag{R4-9}$$

$$C_C = \frac{F_C}{v} = C_{A0}\left[\frac{\Theta_C + (c/a)X}{1+\varepsilon X}\right]\frac{P}{P_0}\left(\frac{T_0}{T}\right) \tag{R4-10}$$

com $\Theta_C = \dfrac{F_{C0}}{F_{A0}} = \dfrac{C_{C0}}{C_{A0}} = \dfrac{y_{C0}}{y_{A0}}$

5. A concentração da espécie i, em termos das vazões molares em fase gasosa, é

$$C_i = C_{T0}\frac{F_i}{F_T}\frac{P}{P_0}\frac{T_0}{T} \tag{R4-11}$$

A Equação (R4-11) deve ser usada para reatores de membrana (Capítulo 6) e para reações múltiplas (Capítulo 8).

MATERIAL DO SITE DA LTC EDITORA

Notas de Resumo

- **Recursos de Aprendizagem**
  1. *Notas de Resumo para o Capítulo 4*
  2. *Jogos Interativos de Computador*
     A. *Show* de Perguntas II

Jogos

Interativos de Computador

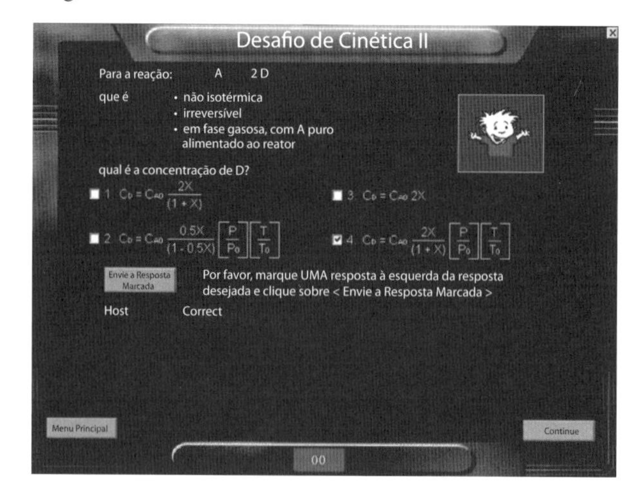

Problemas Resolvidos

  3. *Problemas Resolvidos*
     A. CDP4-B_B Indústria de Microeletrônica e a Tabela Estequiométrica
- **Problemas Exemplos de Simulação**
  1. *Exemplo 4-5 Calculando a Conversão de Equilíbrio*
- **FAQ [Perguntas Mais Frequentes] – Veja o ícone da seção Atualizações/FAQ**
- **Material de Referência Profissional**

QUESTÕES E PROBLEMAS

Problemas Propostos

O subíndice de cada um dos problemas numerados indica o seu grau de dificuldade: A, mais fácil; D, mais difícil.

A = ● B = ■ C = ◆ D = ◆◆

P4-1$_A$ **(a)** Liste os conceitos importantes que você aprendeu neste capítulo. Quais os conceitos que não estão claros para você?

(b) Explique a estratégia de como avaliar as equações de projeto do reator e como este capítulo expande o que foi apresentado nos Capítulos 2 e 3.

P4-2$_A$ **(a)** **Exemplo 4-1.** O exemplo estaria correto se a água fosse considerada um inerte? Explique.

(b) **Exemplo 4-2.** Como a resposta mudaria se a concentração do estearato de glicerila fosse 3 mol/dm^3?

(c) **Exemplo 4-3.** Em quais condições a concentração do nitrogênio (inerte) seria constante? Plote a Equação (E4-5.2) em termos de $(1/-r_A)$ como uma função de X até o valor de $X = 0{,}99$. O que você descobriu?

(d) **Exemplo 4-4.** A vazão de entrada do SO_2 é 1000 mol/h. Plote $(F_{A0}/-r'_A)$ como uma função de X para determinar a massa de catalisador para alcançar (1) 30% de conversão, (2) 60% de conversão, e (3) 99% de conversão.

(e) **Exemplo 4-5.** Por que a conversão de equilíbrio é mais baixa para o sistema em batelada do que para o sistema com escoamento contínuo? Isto sempre acontece para os sistemas em batelada de volume constante? Para o caso em que a concentração total C_{T0} deve permanecer constante, à medida que a proporção de inerte é variada, plote a conversão de equilíbrio em função da fração molar de inertes, tanto para um PFR como para um reator batelada de volume constante. A pressão e temperatura são constantes a 2 atm e 340 K. Somente N_2O_4 e o inerte I são alimentados.

Desafio de Cinética II

Velocidade	Lei	Esteq.
100	100	100
200	200	200
300	300	300

P4-3$_A$ Baixe o módulo de Desafio de Cinética do pacote de Jogos Interativos de Computador (ICG) que há no site da LTC Editora. Jogue este jogo e anote o seu número de desempenho, que indica o seu grau de aprendizagem do material do capítulo. Seu professor tem a chave para decodificar este número. Desempenho no módulo de Desafio de Cinética: nº ____________

P4-4$_B$ **Estequiometria.** A reação elementar em fase gasosa

$$4A + 2B \rightarrow 2C$$

é conduzida isotermicamente em um PFR sem perda de pressão. A alimentação é equimolar em A e B e a concentração de entrada de A é 0,1 mol/dm^3.

(a) Qual é a concentração (mol/dm^3) de entrada de B?

(b) Quais são as concentrações de A e C (mol/dm^3) para a conversão de A de 25%?

(c) Qual é a concentração de B (mol/dm^3) para a conversão de A de 25%?

(d) Qual é a concentração de B (mol/dm^3) para a conversão de A de 100%?

(e) Se a uma conversão específica a velocidade de formação de C é 2 mol/(min·dm^3), qual é a velocidade de formação de A nesta mesma conversão?

P4-5$_A$ Faça uma tabela estequiométrica para cada uma das seguintes reações e expresse a concentração de cada espécie da reação em função da conversão, calculando todas as constantes (por exemplo, ε, Θ). Em seguida, assuma que a reação obedece a uma lei de velocidade elementar e escreva sua equação, somente em função da conversão, ou seja, $-r_A = f(X)$.

(a) Para a reação em fase líquida

$$\underset{\text{(O ligado a ambos os C)}}{CH_2{-}CH_2} + H_2O \xrightarrow{H_2SO_4} \begin{array}{l} CH_2{-}OH \\ | \\ CH_2{-}OH \end{array}$$

as concentrações de entrada de óxido de etileno e água, depois de misturar as correntes de entrada, são 16,13 mol/dm^3 e 55,5 mol/dm^3, respectivamente. A velocidade de reação específica é $k = 0{,}1$ dm^3/(mol·s) a 300 K, com $E = 12.500$ cal/mol.

(1) Depois de encontrar $-r_A = f(X)$, calcule o tempo espacial, τ, de um CSTR para uma conversão de 90% a 300 K, e também a 350 K.

(2) Se a vazão volumétrica for 200 L/s, quais são os volumes de reator correspondentes?

(b) Para a pirólise isotérmica e isobárica, em fase gasosa

$$C_2H_6 \longrightarrow C_2H_4 + H_2$$

etano puro entra o reator de escoamento contínuo a 6 atm e 1100 K. Escreva $-r_A = f(X)$.

Como a sua equação para a velocidade de reação, ou seja, $-r_A = f(X)$, iria mudar, se a reação fosse conduzida em um reator batelada de volume constante?

(c) Para a oxidação catalítica, isotérmica e isobárica, em fase gasosa

$$C_2H_4 + \tfrac{1}{2}O_2 \longrightarrow \underset{\text{(O ligado a ambos os C)}}{CH_2{-}CH_2}$$

uma mistura estequiométrica constituída somente de oxigênio e etileno é alimentada a 6 atm e 260°C em um PBR.

(d) A reação catalítica em fase gasosa, isotérmica e isobárica, é conduzida em um CSTR fluidizado

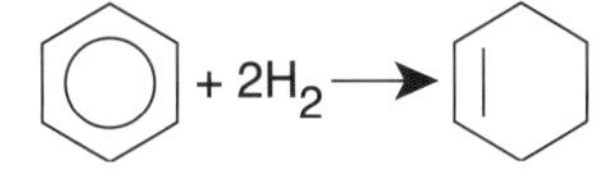

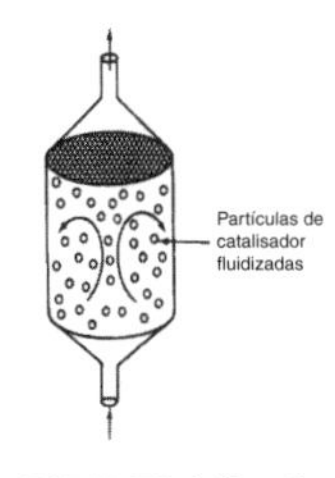

CSTR Fluidizado

a alimentação entra a 6 atm e 170°C e a mistura é estequiométrica. Qual massa de catalisador é necessária para alcançar 80% de conversão em um CSTR fluidizado, a 170°C e a 270°C? A velocidade específica de reação é definida em relação ao benzeno e $v_0 = 50$ dm^3/min.

$$k_B = \frac{53 \text{ mol}}{\text{kgcat} \cdot \text{min} \cdot \text{atm}^3} \text{ a 300 K com } E = 80 \text{ kJ/mol}$$

P4-6$_A$ A formação de *orto*nitroanilina [um intermediário importante para corantes – chamado de *fast orange* (alaranjado rápido)] é formado da reação do *orto*nitroclorobenzeno (ONCB) com amônia aquosa. (Veja a Tabela 3-1 e o Exemplo 13-2.)

NO_2, Cl $+ 2NH_3 \longrightarrow$ NO_2, NH_2 $+ NH_4Cl$

A reação em fase líquida é de primeira ordem tanto em relação ao ONCB como à amônia, com $k = 0{,}0017$ m³/(kmol·min) a 188ºC e $E = 11.273$ cal/mol. As concentrações de entrada do ONCB e da amônia são 1,8 kmol/m³ e 6,6 kmol/m³, respectivamente (mais informações sobre esta reação são encontradas no Capítulo 13).

(a) Escreva a lei de velocidade de reação para a velocidade de desaparecimento do ONCB, em função da concentração.

(b) Faça uma tabela estequiométrica para esta reação, com um sistema de escoamento contínuo.

(c) Explique como as partes (a) e (b) seriam diferentes para um sistema em batelada.

(d) Escreva $-r_A$ somente em função da conversão. $-r_A =$ __________

(e) Qual é a velocidade inicial de reação ($X = 0$)
a 188ºC? $-r_A =$ __________
a 25ºC? $-r_A =$ __________
a 288ºC? $-r_A =$ __________

(f) Qual é a velocidade de reação quando $X = 0{,}90$
a 188ºC? $-r_A =$ __________
a 25ºC? $-r_A =$ __________
a 288ºC? $-r_A =$ __________

(g) Qual seria o volume correspondente de um CSTR para alcançar 90% de conversão a 25ºC, com uma vazão de alimentação igual a 2 dm³/min? E a 288ºC?
a 25ºC? $V =$ __________
a 288ºC? $V =$ __________

P4-7$_C$ O crescimento de células ocorre em biorreatores chamados de quimiostatos[2] (conforme o Capítulo 9).

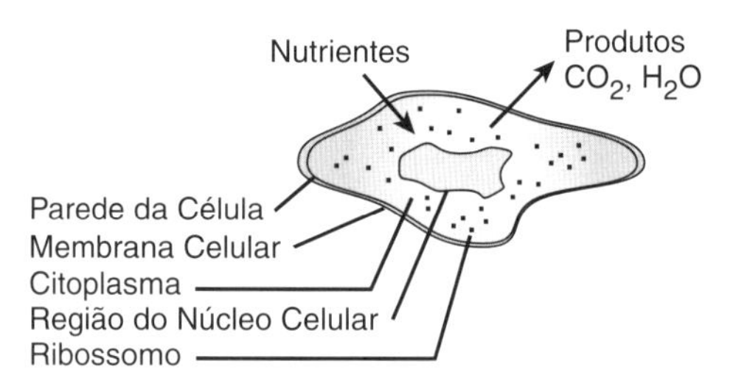

Um substrato como a glicose é usado para fazer crescer células e produzir um produto:

$$\text{Substrato} \xrightarrow{\text{células}} \text{Mais Células (biomassa)} + \text{Produto}$$

Uma fórmula genérica para a biomassa é $C_{4,4}H_{7,3}N_{0,86}O_{1,2}$. Considere o crescimento de um microrganismo genérico em um meio contendo glicose

$$C_6H_{12}O_6 + aO_2 + bNH_3 \rightarrow c(C_{4,4}H_{7,3}N_{0,86}O_{1,2}) + dH_2O + eCO_2$$

Foi mostrado experimentalmente que, para este organismo, as células convertem 2/3 do carbono do substrato em biomassa. (Mais informações sobre isto são encontradas no Capítulo 9.)

(a) Calcule os coeficientes estequiométricos *a*, *b*, *c*, *d* e *e*. (*Dica*: Faça o balanço por átomos [*Resp.*: c = 0,91].)

(b) Calcule os coeficientes de rendimento $Y_{C/S}$ (g células/g substrato) e Y_{C/O_2} (g células/g O_2). O grama de células é tomado em base seca (anidra – gPS)
(*Resp.*: $Y_{C/O_2} = 1{,}77$ gPS células/g O_2) (gPS = grama peso seco).

P4-8$_B$ A reação em fase gasosa

$$\tfrac{1}{2}N_2 + \tfrac{3}{2}H_2 \longrightarrow NH_3$$

será conduzida isotermicamente. A alimentação contém 50% de H_2 e 50% de N_2, na pressão de 16,4 atm e temperatura de 227ºC.

---

[2]Adaptado de M. L. Shuler e F. Kargi, *Bioprocess Engineering*, Upper Saddle River, NJ: Prentice Hall (2002).

(a) Construa uma tabela estequiométrica completa.

(b) Quais são os valores de C_{A0}, δ, e ε? Calcule as concentrações de amônia e hidrogênio quando a conversão do H_2 é de 60%. (*Resp.*: $C_{H_2} = 0{,}1$ mol/dm³)

(c) Supondo, hipoteticamente, que a reação seja elementar com $k_{N_2} = 40$ dm³/(mol·s), escreva a velocidade de reação *somente* em função da conversão, para (1) um sistema com escoamento contínuo e para (2) um sistema em batelada de volume constante.

P4-9$_B$ Calcule a conversão de equilíbrio e as concentrações para cada uma das seguintes reações

(a) A reação em fase líquida

$$A + B \rightleftarrows C$$

com $C_{A0} = C_{B0} = 2$ mol/dm³ e $K_C = 10$ dm³/mol.

(b) A reação em fase gasosa

$$A \rightleftarrows 3C$$

conduzida em um reator de escoamento contínuo, sem perda de pressão. A espécie A pura é alimentada na temperatura de 400 K e pressão de 10 atm. Nesta temperatura, $K_C = 0{,}25$ (mol/dm³)².

(c) A reação da parte **(b)** conduzida em um reator batelada de volume constante.

(d) A reação da parte **(b)** conduzida em um reator batelada de pressão constante.

P4-10$_C$ Considere um *reator batelada cilíndrico* que tem, em uma de suas extremidades, um pistão que pode ser deslocado sem atrito, ligado a uma mola (Figura P4-10$_C$). A reação

$$A + B \longrightarrow 8C$$

com a lei de velocidade de reação

$$-r_A = k_1 C_A^2 C_B$$

está ocorrendo neste tipo de reator.

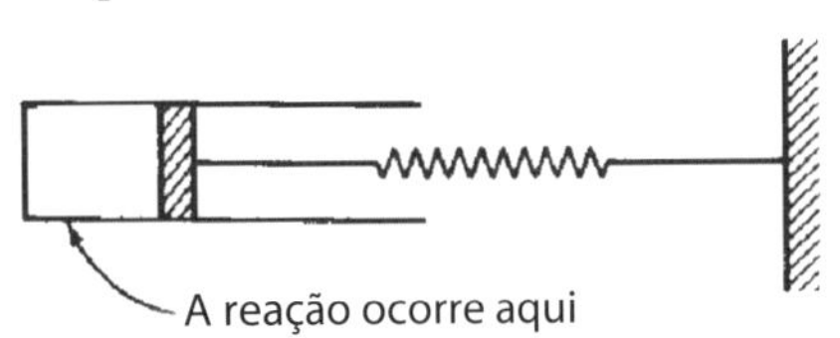

Figura P4-10$_C$

Informação adicional:

O mesmo número de mols de A e B estão presentes no tempo $t = 0$.

Volume inicial: 0,15 ft³

Valor de k_1: 1,0 (ft³/lb mol)²·s⁻¹

A relação entre o volume do reator e a pressão dentro do reator é

$$V = (0{,}1)(P) \qquad (V \text{ em ft}^3,\ P \text{ em atm})$$

Temperatura do sistema (considerada constante): 140°F

Constante dos gases ideais: 0,73 ft³·atm/(lb mol·°R)

(a) Escreva a lei de velocidade de reação, somente em função da conversão, calculando todos os símbolos que sejam possíveis. (*Resp.*: $-r_A = 5{,}03 \times 10^{-9}\ [(1 - X)^3/(1 + 3X)^{3/2}]$ lb mol/ft³·s.)

(b) Quais os valores da conversão e da velocidade de reação quando $V = 0{,}2$ ft³? (*Resp.*: $X = 0{,}259$, $-r_A = 8{,}63 \times 10^{-10}$ lb mol/(ft³·s).)

P4-11$_A$ **Quais são as quatro coisas que estão erradas nesta solução?** A reação em fase gasosa

$$3A + 2B \xrightarrow{k_1} 3C + 5D$$

segue uma lei de velocidade de reação elementar segundo sua equação estequiométrica e é conduzida num reator de escoamento contínuo, operado a 427°C e 28,7 atm. A perda de pressão pode ser desprezada. Expresse a lei de velocidade de reação e a concentração de cada espécie, somente em função da conversão. A velocidade específica de reação é 200 dm¹²/(mol⁴·s) e a alimentação é equimolar em A e B.

Solução

$$3A + 2B \longrightarrow 3C + 5D$$

Dado que A é o reagente limitante, dividimos a equação estequiométrica da reação pelo coeficiente de A

$$A + \frac{2}{3}B \longrightarrow C + \frac{5}{3}D$$

Então, a lei de velocidade de reação elementar é

$$-r_A = kC_A C_B^{2/3}$$

Mesma molaridade $y_{A0} = 1$: $\varepsilon = y_{A0}\delta = 3 + 5 - 2 - 3 = 3$

$$C_A = \frac{C_{A0}(1-X)}{1+\varepsilon X} = C_{A0}\frac{(1-X)}{1+3X}$$

A alimentação equimolar em A e B, logo

$$C_B = C_A = \frac{C_{A0}(1-X)}{(1+3X)}$$

$$C_{A0} = y_{A0}\frac{P_0}{RT_0} = (0{,}5)\frac{28{,}7}{(1{,}987)(427)} = 0{,}17\frac{\text{mol}}{\text{dm}^3}$$

$$-r_A = k_1 C_A C_B^{2/3} = k_1 C_{A0}^{5/3}\frac{(1-X)(1-X)}{(1+3X)^{5/3}} = (200)(0{,}17)^{5/3}\frac{(1-X)(1-X)}{(1+3X)^{5/3}}$$

- **Problemas Propostos Adicionais no Site da LTC Editora**

Vários problemas propostos que podem ser usados para exames ou como problemas suplementares são encontrados no site da LTC Editora e no site da Web para ERQ, *http://www.engin.umich.edu/~cre*. Também verifique o vídeo do YouTube Diet Coke. Há um link nas *Notas de Resumo* do Capítulo 5.

Novos Problemas na Web

CDP4-New De tempos em tempos, novos problemas relacionando o material do Capítulo 4 com interesses do dia a dia serão colocados na Web. Soluções desses problemas poderão ser obtidas enviando-se e-mail ao autor.

LEITURA SUPLEMENTAR

Para mais esclarecimentos sobre o desenvolvimento da equação geral de balanço, veja não somente o site da Web *www.engin.umich.edu/~cre*, mas também

FELDER, R. M., and R. W. ROUSSEAU, *Elementary Principles of Chemical Processes*, 3rd ed. New York: Wiley, 2000, Chapter 4.

HIMMELBLAU, D. M., and J. D. RIGGS, *Basic Principles and Calculations in Chemical Engineering*, 7th ed. Upper Saddle River, NJ: Prentice Hall, 2004, Chapters 2 and 6.

KEILLOR, GARRISON and TIM RUSSEL, *Dust and Lefty, the Lives of the Cowboys* (Audio CD), St. Paul, MN: Highbridge Audio, 2006.

Projeto de Reator Isotérmico: Conversão

5

Ora, uma criança de quatro anos poderia entender isto. Alguém aí me traga uma criança de quatro anos.

Groucho Marx

Visão Geral. Nos Capítulos 1 e 2 discutimos balanços molares nos reatores e manipulamos esses balanços para prever os tamanhos dos reatores. No Capítulo 3 discutimos reações, e no Capítulo 4 discutimos a estequiometria de reações. Nos Capítulos 5 e 6 combinaremos reações e reatores, juntando o material que já aprendemos nos quatro capítulos anteriores, para chegarmos a uma estrutura lógica para o projeto de vários tipos de reatores. Utilizando essa estrutura, devemos ser capazes de resolver problemas de engenharia de reações químicas por dedução em vez de memorizarmos um grande número de equações, juntamente com várias restrições sob as quais cada equação se aplica (por exemplo, se existe ou não uma variação no número total de mols, etc.).

Neste capítulo utilizamos os balanços molares em termos de conversão, Capítulo 2, Tabela 2S, para estudar projetos de reatores isotérmicos. A conversão é o parâmetro preferido para medir o progresso de reações simples ocorrendo em reatores batelada, CSTRs e PFRs. Tanto o tempo de reatores batelada quanto o volume de reatores de escoamento para alcançar uma dada conversão serão calculados.

Escolhemos quatro reações diferentes e quatro reatores diferentes para ilustrar os princípios fundamentais do projeto de reatores isotérmicos usando a conversão como variável, a saber

- O uso de um reator batelada de laboratório para determinar a constante de velocidade específica de reação, k, para a reação em fase líquida de formação de etileno glicol.
- O projeto de um CSTR industrial para produzir etileno glicol usando o k determinado nos experimentos em batelada.
- O projeto de um PFR para a pirólise em fase gasosa do etano para formar etileno.
- O projeto de um reator de leito de recheio com queda de pressão para formar óxido de etileno a partir da oxidação parcial do etileno.

Quando colocarmos todas essas reações e reatores juntos, como veremos, teremos projetado uma planta química para produzir 200 milhões de libras por ano de etileno glicol.

5.1 Estrutura de Projeto para Reatores Isotérmicos

Lógica *vs.* Memorização

Um dos objetivos principais deste capítulo é resolver problemas de engenharia de reatores químicos (ERQ) utilizando lógica no lugar da memorização de qual equação se aplica e onde. Pela experiência do autor, seguir esta estrutura, mostrada na Figura 5-1, conduzirá a uma melhor compreensão sobre o projeto de reatores isotérmicos. Começamos aplicando nossa equação geral de balanço molar (nível ①) a um reator específico para chegar a uma equação de projeto para esse reator (nível ②). Se as condições de alimentação forem especificadas (por exemplo, N_{A0} ou F_{A0}), tudo que é necessário para avaliar a equação de projeto é a velocidade de reação como uma função da conversão nas mesmas condições nas quais o reator será operado (por exemplo, temperatura e pressão). Quando $-r_A = f(X)$ for conhecida ou dada, pode-se ir diretamente do nível ③ para o último nível, o nível ⑨, para determinar o tempo de batelada ou o volume necessário do reator para alcançar a conversão especificada.

Utilize o algoritmo em vez de decorar equações.

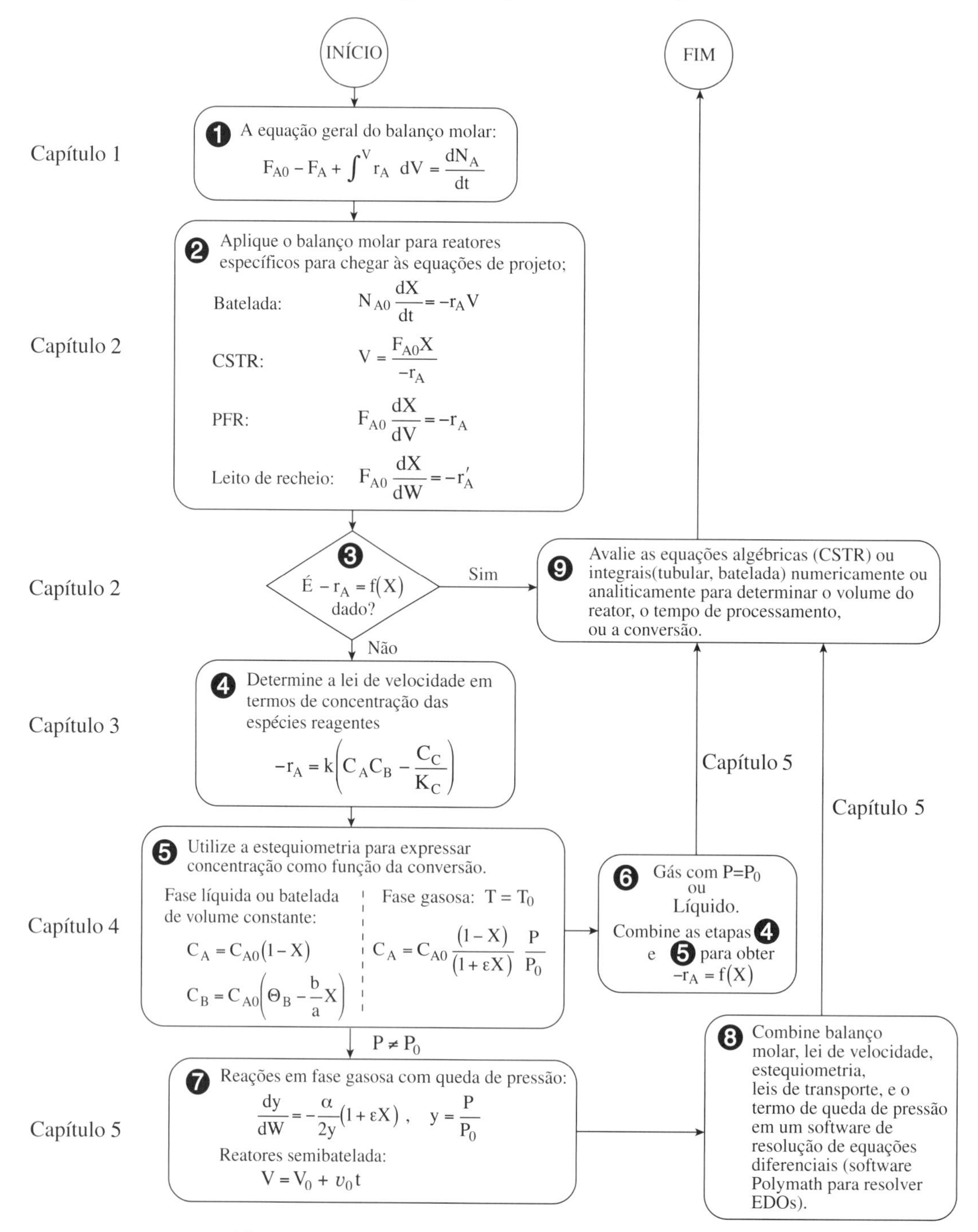

Figura 5-1 Algoritmo de projeto de reação isotérmica utilizando a conversão.

Quando a velocidade de reação não for dada explicitamente como uma função da conversão, devemos ir ao nível ④, onde a lei de velocidade precisa ser encontrada em livros ou revistas, ou determinada experimentalmente no laboratório. Técnicas para obter e analisar dados de reação para determinar a ordem de reação e a constante de velocidade são apresentadas no Capítulo 7. Depois de a lei de velocidade ter sido estabelecida, temos apenas que usar a estequiometria (nível ⑤), juntamente com as condições do sistema (por exemplo, volume constante, temperatura), para expressar a concentração como uma função da conversão.

Para reações em fase líquida e para reações em fase gasosa, sem queda de pressão ($P = P_0$), podem-se combinar as informações dos níveis ④ e ⑤ para expressar a velocidade de reação como uma função da conversão, e chegar ao nível ⑥. Agora é possível determinar tanto o tempo quanto o volume necessários para alcançar a conversão desejada, substituindo a relação que liga a conversão e a velocidade de reação na equação de projeto apropriada (nível ⑨).

Para reações em fase gasosa em leitos de recheio, em que há queda de pressão, necessitamos ir até o nível ⑦ para avaliar a relação de pressão (P/P_0) no termo da concentração, usando a equação de Ergun (Seção 5.5). No nível ⑧, combinamos as equações para queda de pressão no nível ⑦ com as informações nos níveis ④ e ⑤, para prosseguir até o nível ⑨, onde as equações são então avaliadas de uma forma apropriada [isto é, analiticamente usando uma tabela de integrais, ou numericamente usando um solver de Equações Diferenciais Ordinárias (EDOs)]. Embora esta estrutura enfatize a determinação do tempo de reação ou volume do reator para uma conversão específica, ela pode ser também prontamente utilizada para cálculo de outros tipos de reator, tais como determinação da conversão para um volume especificado. Diferentes manipulações podem ser realizadas no nível ⑨ para responder as diferentes questões aqui levantadas.

A estrutura mostrada na Figura 5-1 permite desenvolver alguns poucos conceitos básicos e então escolher os parâmetros (equações) associados a cada conceito, em uma variedade de formas. Sem uma estrutura desse tipo, estaremos diante da possibilidade de escolher ou talvez memorizar a equação correta entre uma *multiplicidade de equações* que podem surgir de uma variedade de diferentes reações, reatores, e conjunto de condições. O desafio é colocar tudo junto, de maneira ordenada e lógica, de forma que possamos chegar à equação correta para uma dada situação.

O Algoritmo

1. Balanço molar
2. Lei de velocidade
3. Estequiometria
4. Combine
5. Avalie

Felizmente, pelo uso de um algoritmo para formular problemas de Engenharia de Reações Químicas (ERQ) como mostrado na Figura 5-2, que por acaso é análogo ao algoritmo para se fazer um pedido de jantar a partir de um *menu* com os preços fixados em um fino restaurante francês, podemos eliminar virtualmente qualquer necessidade de memorização. Em ambos os algoritmos precisamos fazer **escolhas** em cada categoria. Por exemplo, no pedido de jantar do *menu* francês, começamos escolhendo um prato da lista de *aperitivos*. O passo 1 no análogo de ERQ mostrado na Figura 5-2 é começar pela escolha do balanço molar para um dos três tipos de reatores mostrados. No passo 2, escolhemos a lei de velocidade (*prato principal*), e no passo 3 especificamos se a reação é de *fase gasosa* ou *líquida* (*queijo* ou *sobremesa*). Finalmente, no passo 4 combinamos os passos 1, 2 e 3, e obtemos ou uma solução analítica, ou resolvemos as equações utilizando um pacote computacional para a resolução de equações diferenciais ordinárias (EDOs). (Veja um *menu* francês completo nas *Notas de Resumo* do Capítulo 5 no site da LTC Editora.)

Agora aplicaremos este algoritmo para uma situação específica. Suponha que tenhamos, como mostrado na Figura 5-2, balanços molares para três reatores, três leis de velocidade, e as equações para as concentrações tanto para a fase líquida quanto para a fase gasosa. Na Figura 5-2 vimos como o algoritmo é utilizado para formular as equações com base nas concentrações para calcular o *volume de um PFR para uma reação de primeira ordem em fase gasosa*. O caminho para se chegar a essa equação é mostrado pelos destaques ovais conectados às setas com linhas

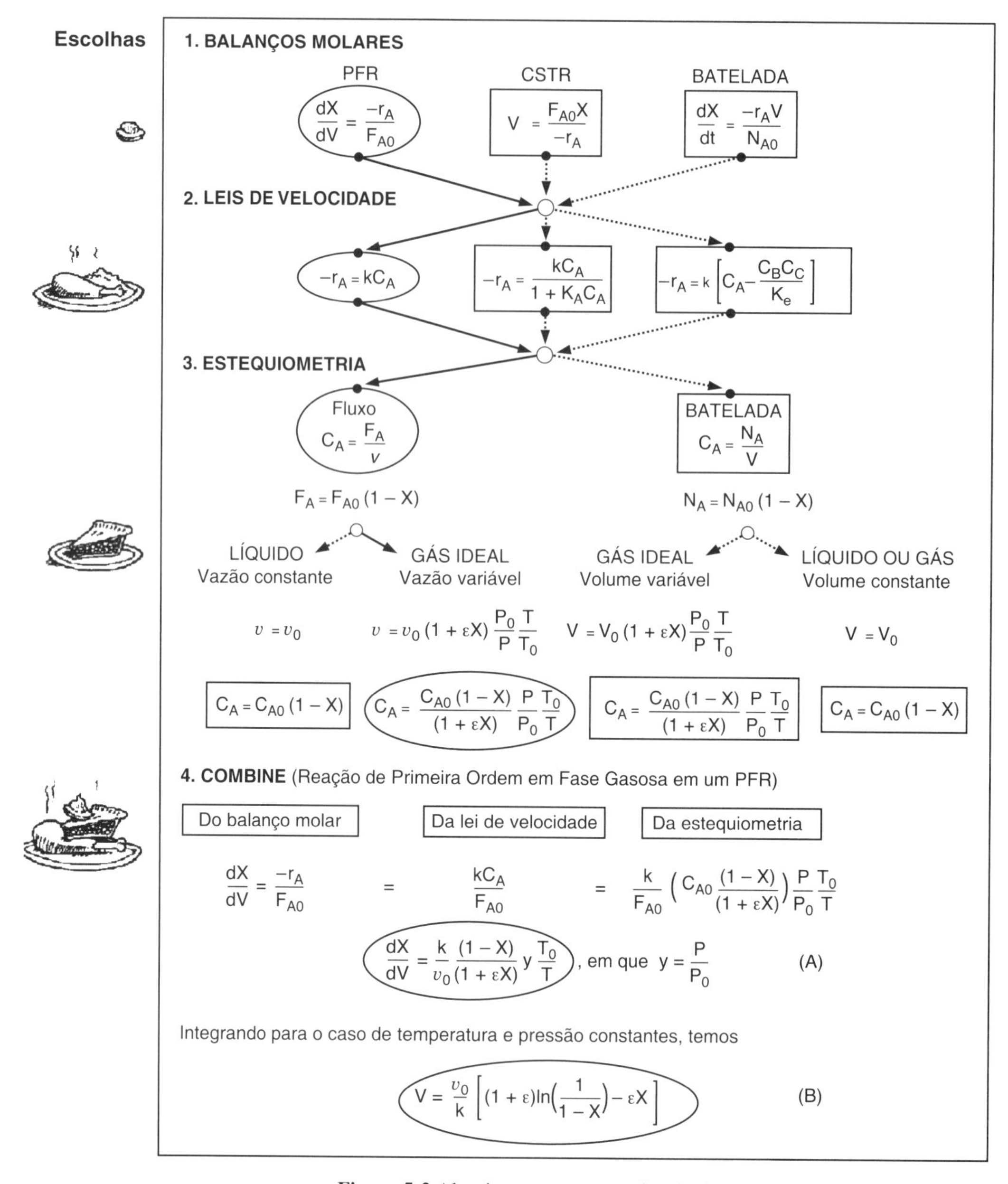

Figura 5-2 Algoritmo para reatores isotérmicos.

contínuas do algoritmo. As linhas tracejadas e destaques retangulares representam outros caminhos para outras soluções, para outras situações. O algoritmo para o caminho mostrado é

1. **Balanço molar**, escolha a espécie A reagindo em um PFR
2. **Leis de velocidade**, escolha a reação irreversível de primeira ordem
3. **Estequiometria**, escolha a concentração da fase gasosa
4. **Combine** as etapas 1, 2 e 3 para chegar à Equação A
5. **Avalie**. A etapa de combinação pode ser avaliada
   a. Analiticamente (Apêndice A1)
   b. Graficamente (Capítulo 2)
   c. Numericamente (Apêndice A4)
   d. Por meio de um software (Polymath)

Substitua os valores dos parâmetros nas etapas 1-4 *apenas* se eles forem zero.

Na Figura 5-2 escolhemos integrar a Equação A para temperatura e pressão constantes para encontrar o volume necessário para alcançar a conversão especificada (ou calcular a conversão que pode ser alcançada em um volume especificado do reator). A menos que os valores dos parâmetros sejam zero, tipicamente não substituímos os parâmetros por valores numéricos na etapa de combinação até chegarmos no final do algoritmo.

Podemos resolver as equações na etapa de **combinação**
1. Analiticamente (Apêndice A1)
2. Graficamente (Capítulo 2)
3. Numericamente (Apêndice 4)
4. Utilizando software (Polymath).

Para o caso de operação isotérmica sem queda de pressão, fomos capazes de obter uma solução analítica, dada pela equação B, que fornece o volume de reator necessário para alcançar uma conversão X para uma reação em fase gasosa conduzida isotermicamente em um PFR. Contudo, na maioria das situações, soluções analíticas para as equações diferenciais ordinárias que surgem nas etapas de combinação não são possíveis. Consequentemente, incluímos o Polymath ou outro pacote de programas para resolução de EDOs tais como o MATLAB, em nosso *menu*, o que torna a obtenção de soluções para as equações diferenciais muito mais palatável.

5.2 Reatores Batelada (RBs)

Um dos trabalhos nos quais engenheiros químicos estão envolvidos é o aumento de escala de experimentos de laboratório para operação em planta piloto ou produção em larga escala. No passado, uma planta piloto seria projetada com base em dados de laboratório. Nesta seção, mostraremos como analisar um reator batelada em escala de laboratório no qual é conduzida em fase líquida uma reação de ordem conhecida.

Na modelagem de um reator batelada, assumimos que não existe vazão de entrada ou de saída de material, e que o material no reator está bem misturado. Para a maioria das reações em fase líquida, a mudança de massa específica com a reação é usualmente pequena e pode ser desprezada (isto é, $V = V_0$). Adicionalmente, para reações em *fase gasosa* nas quais o volume do reator batelada permanece constante, também temos $V = V_0$.

5.2.1 Tempos de Reação em Batelada

O tempo necessário para alcançar uma conversão especificada depende de quão rápido se dá a reação que, por sua vez, depende da constante de velocidade e da concentração do reagente. Para termos uma ideia de quanto tempo é necessário para uma dada reação em batelada, calcularemos os tempos de reação em batelada para diferentes valores de constante de velocidade, k, tanto para uma reação de primeira ordem como para uma reação de segunda ordem. Inicialmente, vamos calcular o tempo necessário para alcançar uma conversão X para a reação de segunda ordem

$$2A \rightarrow B + C$$

O Algoritmo

1. O **balanço molar** para um reator batelada de volume constante, $V = V_0$, é

Balanço molar

$$N_{A0}\frac{dX}{dt} = -r_A V_0 \qquad (2\text{-}6)$$

Dividindo por N_{A0}, e reconhecendo que $C_{A0} = N_{A0}/V_0$, obtemos

$$\frac{dX}{dt} = -\frac{r_A}{C_{A0}} \qquad (5\text{-}1)$$

2. A **lei de velocidade** é

Lei de velocidade

$$-r_A = k_2 C_A^2 \qquad (5\text{-}2)$$

3. Da **estequiometria** para um reator batelada de volume constante, obtemos

Estequiometria

$$C_A = C_{A0}(1 - X) \qquad (4\text{-}12)$$

4. **Combinando** o **balanço molar**, a **lei de velocidade**, e a **estequiometria**, obtemos

Combine

$$\frac{dX}{dt} = k_2 C_{A0}(1 - X)^2 \qquad (5\text{-}3)$$

5. Para **avaliar**, separamos as variáveis e integramos

$$\frac{dX}{(1-X)^2} = k_2 C_{A0} dt$$

Inicialmente, se $t = 0$, então $X = 0$. Se a reação for conduzida isotermicamente, k será constante; podemos integrar esta equação (veja o Apêndice A.1 para uma tabela de integrais utilizadas em aplicações de ERQ) para obter

Avalie

$$\int_0^t dt = \frac{1}{k_2 C_{A0}} \int_0^X \frac{dX}{(1-X)^2}$$

Reação em batelada de segunda ordem, isotérmica, de volume constante

$$\boxed{t_R = \frac{1}{k_2 C_{A0}}\left(\frac{X}{1-X}\right)} \tag{5-4}$$

Este é o tempo de reação t (isto é, t_R) necessário para alcançar a conversão X para uma reação de segunda ordem em um reator batelada. De forma semelhante, podemos aplicar o algoritmo de ERQ para uma reação de primeira ordem para obter o tempo de reação, t_R, necessário para alcançar uma conversão X

$$t_R = \frac{1}{k_1} ln \frac{1}{1-X} \tag{5-5}$$

É importante que se tenha uma ideia da ordem de grandeza dos tempos de reação em batelada, t_R, para alcançar uma dada conversão, digamos 90%, para diferentes valores do produto da velocidade específica de reação, k, e a concentração inicial, C_{A0}. A Tabela 5-1 mostra o algoritmo para calcular os tempos de reação, t_R, tanto para reações de primeira ordem quanto de segunda ordem, conduzidas isotermicamente. Podemos obter essas estimativas para t_R, considerando reações irreversíveis de primeira ordem e de segunda ordem do tipo

$$2A \rightarrow B + C$$

TABELA 5-1 ALGORITMO PARA ESTIMAR OS TEMPOS DE REAÇÃO

	Primeira Ordem		Segunda Ordem
Balanços Molares		$\frac{dX}{dt_R} = \frac{-r_A}{N_{A0}} V$	
Lei de Velocidade	$-r_A = k_1 C_A$		$-r_A = k_2 C_A^2$
Estequiometria ($V = V_0$)		$C_A = \frac{N_A}{V_0} = C_{A0}(1-X)$	
Combine	$\frac{dX}{dt_R} = k_1(1-X)$		$\frac{dX}{dt_R} = k_2 C_{A0}(1-X)^2$
Avalie (Integre)	$t_R = \frac{1}{k_1} \ln \frac{1}{1-X}$		$t_R = \frac{X}{k_2 C_{A0}(1-X)}$

Para *reações de primeira ordem* o tempo de reação para alcançar 90% de conversão (isto é, $X = 0{,}9$) em um reator batelada de volume constante pode ser estimado por

$$t_R = \frac{1}{k_1} \ln \frac{1}{1-X} = \frac{1}{k_1} \ln \frac{1}{1-0{,}9} = \frac{2{,}3}{k_1}$$

Se $k_1 = 10^{-4}\ s^{-1}$,

$$t_R = \frac{2{,}3}{10^{-4}\ s^{-1}} = 23.000\ s = 6{,}4\ h$$

O tempo necessário para alcançar 90% de conversão em um reator batelada, para uma reação irreversível de primeira ordem na qual a velocidade específica de reação, k, é de 10^{-4} s^{-1}, é de 6,4 h.

Para *reações de segunda ordem*, temos

$$t_R = \frac{1}{k_2 C_{A0}} \frac{X}{1-X} = \frac{0{,}9}{k_2 C_{A0}(1-0{,}9)} = \frac{9}{k_2 C_{A0}}$$

Se $k_2 C_{A0} = 10^{-3}\ \text{s}^{-1}$,

$$t_R = \frac{9}{10^{-3}\ \text{s}^{-1}} = 9000\ \text{s} = 2{,}5\ \text{h}$$

Observe que, se quiséssemos conversão de 99% para este valor de kC_{A0}, o tempo de reação, t_R, aumentaria para 27,5 h.

A Tabela 5-2 fornece as *ordens de grandeza* do tempo para alcançar 90% de conversão para reações em batelada irreversíveis de primeira e de segunda ordem. Reatores contínuos devem ser utilizados para reações com *tempos de reação característicos*, t_R, da ordem de minutos ou menos.

Estimando Tempos de Reação

TABELA 5-2 TEMPOS DE REAÇÃO EM BATELADA

Primeira Ordem k_1 (s^{-1})	*Segunda Ordem* k_2C_{A0} (s^{-1})	*Tempo de Reação* t_R
10^{-4}	10^{-3}	Horas
10^{-2}	10^{-1}	Minutos
1	10	Segundos
1000	10.000	Milissegundos

Os tempos dados na Tabela 5-2 dizem respeito ao tempo de reação para alcançar 90% de conversão (isto é, para reduzir a concentração de C_{A0} para 0,1 C_{A0}). O tempo de ciclo total em qualquer operação em batelada é consideravelmente maior do que o tempo de reação, t_R, pois temos que considerar o tempo necessário para o enchimento (t_f) e aquecimento (t_e) do reator, juntamente com o tempo necessário para limpeza do reator entre as bateladas, t_c. Em alguns casos, o tempo de reação calculado a partir das Equações (5-4) e (5-5) pode ser apenas uma pequena fração do tempo total de ciclo, t_t:

$$t_t = t_f + t_e + t_c + t_R$$

Tempos de ciclo típicos para um processo de polimerização em batelada são mostrados na Tabela 5-3. Tempos de reação de polimerização em batelada podem variar de 5 a 60 horas. Obviamente, diminuir o tempo de reação de uma reação de 60 horas é um problema crítico. À medida que o tempo de reação é reduzido (por exemplo, 2,5 h para uma reação de segunda ordem com $k_2C_{A0} = 10^{-3}$ s^{-1}), torna-se importante utilizar grandes tubulações e bombas para obter transferências rápidas e utilizar um sequenciamento eficiente para minimizar o tempo de ciclo.

Tempos de operação em batelada

TABELA 5-3 TEMPOS DE CICLO TÍPICOS PARA UM REATOR BATELADA DE UM PROCESSO DE POLIMERIZAÇÃO

Atividade	*Tempo* (h)
1. Carregamento do reator e agitação, t_f	0,5–2,0
2. Aquecimento até a temperatura de reação, t_e	0,5–2,0
3. Tempo de reação, t_R	(variável)
4. Esvaziamento e limpeza do reator, t_c	1,5–3,0
Tempo total, excluindo a reação	2,5–7,0

Normalmente temos que otimizar o tempo de reação com os tempos de processamento listados na Tabela 5-3 para produzir o número máximo de bateladas (isto é, quilos do produto) em um dia. Veja os Problemas P5-8(**e**) e P5-12(**e**).

Nos próximos quatro exemplos descreveremos os vários reatores necessários para produzir 200 milhões de libras por ano de etileno glicol a partir de etano como matéria-prima. Começamos encontrando a constante de velocidade, k, para a hidrólise do óxido de etileno para formar etileno glicol.

Exemplo 5-1 Determinando k a partir de Dados de uma Reação em Batelada

Deseja-se projetar um CSTR para produzir 200 milhões de libras de etileno glicol por ano por hidrólise de óxido de etileno. Contudo, antes de o projeto ser feito, é necessário realizar experimentos em um reator batelada e fazer uma análise dos dados para determinar a constante de velocidade específica da reação, k. Como a reação será conduzida isotermicamente, será necessário somente determinar a velocidade específica de reação na temperatura de reação do CSTR. Em temperaturas mais altas há uma significativa formação de subprodutos, enquanto em temperaturas abaixo de 40ºC a reação não se processa a uma velocidade significativa. Consequentemente, a temperatura de 55ºC foi escolhida. Como a água está presente em excesso, sua concentração (55,5 mol/dm^3) pode ser considerada constante durante o curso da reação. A reação é de primeira ordem em óxido de etileno.

$$\underset{\text{A}}{\overset{\text{O}}{\overbrace{CH_2\text{—}CH_2}}} + \underset{\text{B}}{H_2O} \xrightarrow[\text{catalisador}]{H_2SO_4} \underset{\text{C}}{\begin{matrix} CH_2\text{—}OH \\ | \\ CH_2\text{—}OH \end{matrix}}$$

No experimento de laboratório, 500 mL de uma solução 2 M (2 kmol/m^3) de óxido de etileno em água foram misturados com 500 mL de água contendo 0,9% em peso de ácido sulfúrico, que é um catalisador. A temperatura foi mantida constante a 55ºC. A concentração de etileno glicol foi registrada como uma função do tempo (Tabela E5-1.1).

(**a**) Derive uma equação para a concentração de etileno glicol como uma função do tempo.
(**b**) Rearranje a equação derivada em (**a**) para obter um gráfico linear da função concentração em função do tempo.
(**c**) Usando os dados da Tabela E5-1.1, determine a velocidade específica de reação a 55ºC.

Veja os 10 tipos de problemas propostos no site da LTC Editora para mais exemplos resolvidos utilizando este algoritmo.

TABELA E5-1.1 DADOS DE CONCENTRAÇÃO-TEMPO

Tempo (min)	*Concentração de Etileno Glicol* (kmol/m^3)*
0,0	0,000
0,5	0,145
1,0	0,270
1,5	0,376
2,0	0,467
3,0	0,610
4,0	0,715
6,0	0,848
10,0	0,957

*1 kmol/m^3 = 1 mol/dm^3 = 1 mol/L.

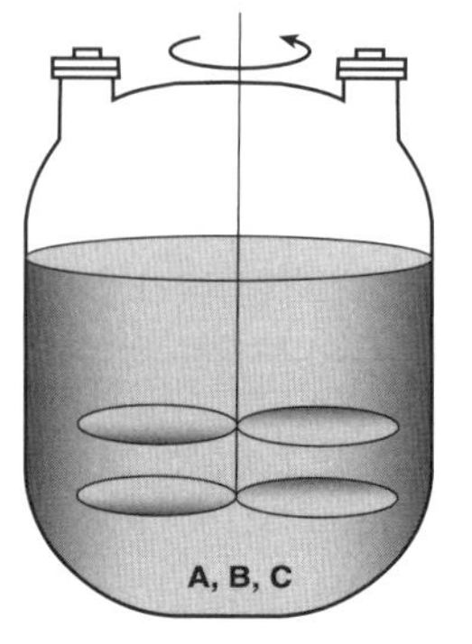

Reator Batelada

Solução

Parte (a)

1. O **balanço molar** dado na Equação (1-5) para um volume constante, V_0, para reator batelada bem misturado pode ser escrito como

$$\frac{1}{V_0}\frac{dN_A}{dt} = r_A \tag{E5-1.1}$$

Considerando V_0 no termo diferencial, e lembrando que a concentração é

$$C_A = \frac{N_A}{V_0}$$

então o balanço diferencial molar torna-se

$$\frac{d(N_A/V_0)}{dt} = \frac{dC_A}{dt} = r_A \tag{E5-1.2}$$

2. A **lei de velocidade** é

$$-r_A = kC_A \tag{E5-1.3}$$

Como a água está presente em grande excesso, a concentração de água em qualquer tempo t é virtualmente a mesma que a concentração inicial, e a lei de velocidade é independente da concentração de H_2O ($C_B \cong C_{B0}$).

3. **Estequiometria.** Fase líquida, sem mudança de volume, $V = V_0$ (Tabela E5-1.2):

TABELA E5-1.2 TABELA ESTEQUIOMÉTRICA

Espécie	*Símbolo*	*Inicial*	*Variação*	*Remanescente*	*Concentração*
CH_2CH_2O	A	N_{A0}	$-N_{A0}X$	$N_A = N_{A0}(1 - X)$	$C_A = C_{A0}(1 - X)$
H_2O	B	$\Theta_B N_{A0}$	$-N_{A0}X$	$N_B = N_{A0}(\Theta_B - X)$	$C_B = C_{A0}(\Theta_B - X)$
					$C_B \approx C_{A0}\Theta_B = C_{B0}$
$(CH_2OH)_2$	C	0	$N_{A0}X$	$N_C = N_{A0}X$	$C_C = C_{A0}X = C_{A0} - C_A$
		N_{T0}		$N_T = N_{T0} - N_{A0}X$	

Lembre-se de que Θ_B é a razão entre o número de mols inicial de B e o número de mols inicial de A (isto é, $\Theta_B = \frac{N_{B0}}{N_{A0}}$).

Para a espécie B,

$$C_B = C_{A0}(\Theta_B - X)$$

Observamos facilmente que a água está em excesso, porque a molaridade da água é de 55 mols por litro. A concentração inicial de A depois de misturarmos os dois volumes é de 1 molar. Portanto,

$$\Theta_B = \frac{55\,\text{mol/dm}^3}{1\,\text{mol/dm}^3} = 55$$

O valor máximo de X é 1, e $\Theta_B >> 1$, portanto C_B é virtualmente constante

$$C_B \cong C_{A0}\Theta = C_{B0}$$

Para a espécie C, a concentração é

$$C_C = \frac{N_C}{V_0} = \frac{N_{A0}X}{V_0} = \frac{N_{A0} - N_A}{V_0} = C_{A0} - C_A \tag{E5-1.4}$$

Combinando balanço molar, lei de velocidade, e estequiometria

4. **Combinando** a lei de velocidade e o balanço molar, temos

$$-\frac{dC_A}{dt} = kC_A \tag{E5-1.5}$$

5. **Avaliação.** *Para operação isotérmica, k* é constante, e então podemos integrar a equação (E5-1.5)

$$-\int_{C_{A0}}^{C_A} \frac{dC_A}{C_A} = \int_0^t k\, dt = k\int_0^t dt$$

usando a condição inicial para quando $t = 0$, então $C_A = C_{A0} = 1$ mol/dm³ = 1 kmol/m³. Integrando, resulta

$$\ln \frac{C_{A0}}{C_A} = kt \tag{E5-1.6}$$

A concentração de óxido de etileno em qualquer tempo t é

$$C_A = C_{A0}e^{-kt} \tag{E5-1.7}$$

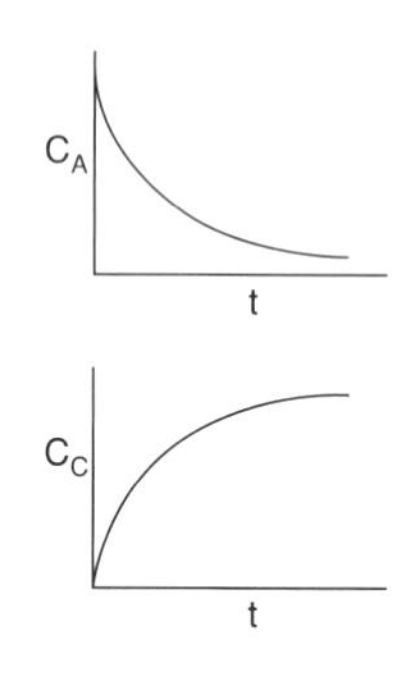

Parte (b)
A concentração de etileno glicol em qualquer tempo t pode ser obtida a partir da estequiometria da reação:

$$C_C = C_{A0} - C_A = C_{A0}(1 - e^{-kt}) \tag{E5-1.8}$$

Rearranjando, e tomando o logaritmo de ambos os lados, obtemos

$$\ln \frac{C_{A0} - C_C}{C_{A0}} = -kt \tag{E5-1.9}$$

Parte (c)
Podemos ver que um gráfico de $\ln[(C_{A0} - C_C)/C_{A0}]$ como uma função de t produzirá uma linha reta com uma inclinação $-k$. Usando a Tabela E5-1.1, podemos construir a Tabela E5-1.3, e utilizar o Excel para plotar $\ln[(C_{A0} - C_C)/C_{A0}]$ como uma função de t.

TABELA E5-1.3 DADOS PROCESSADOS

t (min)	C_C (kmol/m³)	$\frac{C_{A0} - C_C}{C_{A0}}$	$\ln\left(\frac{C_{A0} - C_C}{C_{A0}}\right)$
0,0	0,000	1,000	0,0000
0,5	0,145	0,855	–0,1570
1,0	0,270	0,730	–0,3150
1,5	0,376	0,624	–0,4720
2,0	0,467	0,533	–0,6290
3,0	0,610	0,390	–0,9420
4,0	0,715	0,285	–1,2550
6,0	0,848	0,152	–1,8840
10,0	0,957	0,043	–3,1470

Avaliando a velocidade de reação específica dos dados de concentração-tempo para o *reator batelada*

Da inclinação do gráfico de $\ln[(C_{A0} - C_C)/C_{A0}]$ em função de t, podemos encontrar k, como mostrado no gráfico do Excel da Figura E5-1.1.

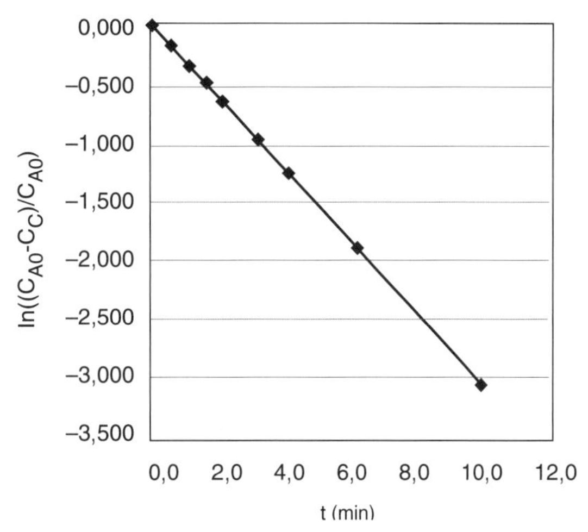

Figura E5-1.1 Gráfico do Excel a partir dos dados.

$$\text{Inclinação} = -k = -0{,}311 \text{ min}^{-1}$$

$$k = 0{,}311 \text{ min}^{-1}$$

A lei de velocidade torna-se

$$\boxed{-r_A = 0{,}311 \text{ min}^{-1} C_A}$$

Esta lei de velocidade pode agora ser utilizada no projeto de um CSTR industrial. Para aqueles que preferem encontrar k usando papel gráfico semilog, este tipo de análise é dado nas *Notas de Resumo* do Capítulo 7 no site da LTC Editora. Um tutorial do Excel para calcular as inclinações em gráficos semilog também é dado nas *Notas de Resumo* do Capítulo 3. *Detalhes adicionais sobre a solução de algoritmos podem ser encontrados na URL: http://www.engin.umich.edu/~problemsolving.*

***Análise*:** No exemplo, usamos nosso algoritmo de ERQ

(balanço molar → lei de velocidade → estequiometria → combinação)

para calcular a concentração da espécie C, C_C, como uma função do tempo, t. Utilizamos então dados experimentais de C_C em função de t do reator batelada para verificar se a reação é de primeira ordem e determinar a constante de velocidade de reação, k.

5.3 Reatores de Tanque Agitado Contínuos (CSTRs)

Reatores de tanque agitado contínuos (CSTRs), tais como este aqui mostrado esquematicamente, são tipicamente utilizados para reações em fase líquida.

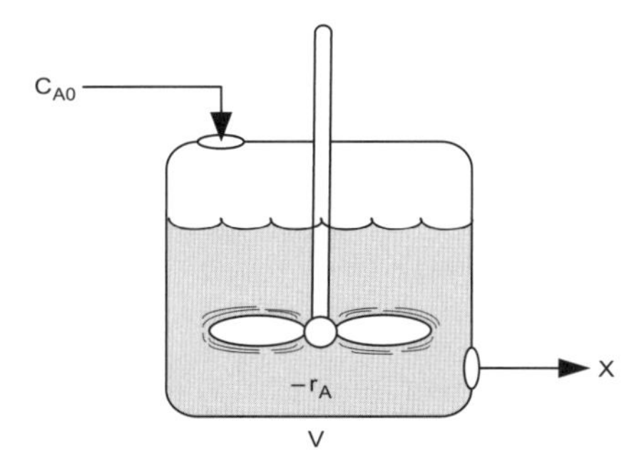

No Capítulo 2, derivamos a seguinte equação de projeto para um CSTR:

Balanço molar

$$V = \frac{F_{A0}X}{(-r_A)_{\text{saída}}} \tag{2-13}$$

que fornece o volume V necessário para alcançar uma conversão X. Como vimos no Capítulo 2, o tempo espacial, τ, é um tempo característico do reator. Para obter o tempo espacial, τ, como uma função da conversão, primeiro substituímos $F_{A0} = v_0 C_{A0}$ na Equação (2-13)

$$V = \frac{v_0 C_{A0} X}{(-r_A)_{\text{saída}}} \tag{5-6}$$

e então dividimos por v_0 para obter o tempo espacial, τ, e a conversão X em um CSTR

$$\tau = \frac{V}{v_0} = \frac{C_{A0} X}{(-r_A)_{\text{saída}}} \tag{5-7}$$

Esta equação se aplica a um único CSTR ou ao primeiro reator de CSTRs conectados em série.

5.3.1 Um Único CSTR

5.3.1.1 *Reação de Primeira Ordem*

Vamos considerar uma reação irreversível de primeira ordem para a qual a lei de velocidade é

Lei de velocidade

$$-r_A = kC_A$$

Para reações em fase líquida não há variação de volume durante o curso da reação e, então, podemos usar a Equação (4-12) para relacionar concentração e conversão,

Estequiometria

$$C_A = C_{A0}(1 - X) \tag{4-12}$$

Podemos combinar a Equação (5-7) do balanço molar, a lei de velocidade e a Equação (4-12) da concentração para obter

Combine

$$\tau = \frac{1}{k}\left(\frac{X}{1 - X}\right)$$

Relação entre tempo espacial e conversão para um CSTR com reação de primeira ordem em fase líquida

Rearranjando

$$\boxed{X = \frac{\tau k}{1 + \tau k}} \tag{5-8}$$

Um gráfico da conversão como uma função de τk usando a Equação (5-8) é mostrado na Figura 5-3.

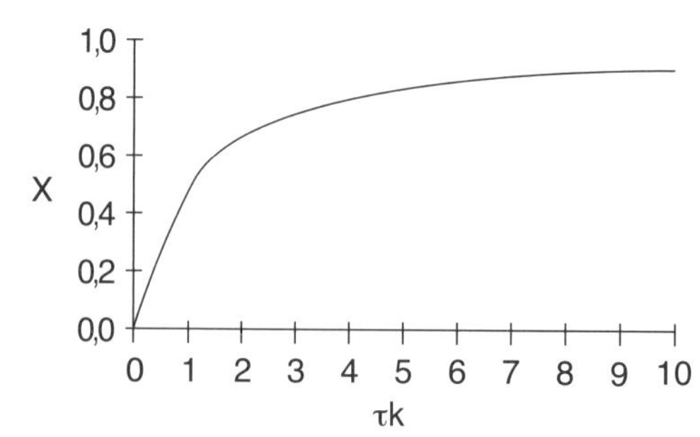

Figura 5-3 Reação de primeira ordem em um CSTR.

Vemos que quando aumentamos o volume do reator por um fator de dois, na medida em que vamos de $\tau k = 4$ para $\tau k = 8$, a conversão aumenta apenas de 0,8 para 0,89.

Poderíamos também combinar as Equações (4-12) e (5-8) para encontrarmos a concentração de A na saída do reator, C_A,

$$C_A = \frac{C_{A0}}{1 + \tau k} \tag{5-9}$$

5.3.1.2 *Uma Reação de Segunda Ordem em um CSTR*

Para uma reação de segunda ordem em fase líquida sendo conduzida em um CSTR, a **combinação** da lei de velocidade com a **equação de projeto** produz

$$V = \frac{F_{A0}X}{-r_A} = \frac{F_{A0}X}{kC_A^2} \tag{5-10}$$

Utilizando nossa tabela estequiométrica para o caso de massa específica constante, $v = v_0$, $C_A = C_{A0}(1 - X)$, e $F_{A0}X = v_0C_{A0}X$, então

$$V = \frac{v_0 C_{A0} X}{kC_{A0}^2(1-X)^2}$$

Dividindo por v_0,

$$\tau = \frac{V}{v_0} = \frac{X}{kC_{A0}(1-X)^2} \tag{5-11}$$

Resolvemos a Equação (5-11) para a conversão X:

Conversão para uma reação de segunda ordem em fase líquida em um CSTR

$$X = \frac{(1+2\tau kC_{A0}) - \sqrt{(1+2\tau kC_{A0})^2 - (2\tau kC_{A0})^2}}{2\tau kC_{A0}}$$

$$= \frac{(1+2\tau kC_{A0}) - \sqrt{1+4\tau kC_{A0}}}{2\tau kC_{A0}}$$

$$\boxed{X = \frac{(1+2\text{Da}) - \sqrt{1+4\text{Da}}}{2\text{Da}}} \tag{5-12}$$

O sinal negativo precisa ser utilizado na equação quadrática porque X não pode ser maior do que 1. A conversão é plotada em função do parâmetro de Damköhler para uma reação de segunda ordem, $\text{Da} = \tau kC_{A0}$, na Figura 5-4. Observe, desta figura, que para conversões elevadas (digamos, 67%) um aumento de 10 vezes no volume do reator (ou aumento na velocidade específica de reação pelo aumento de temperatura) aumentará a conversão em apenas 88%. Isto é uma consequência do fato de que o CSTR opera na condição de menor valor de concentração do reagente (isto é, a concentração de saída) e, consequentemente, com a menor velocidade de reação.

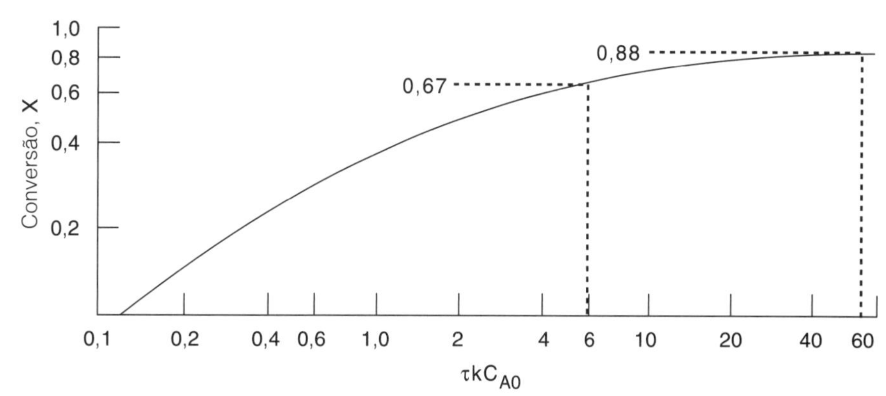

Figura 5-4 Conversão como uma função do número de Damköhler (τkC_{A0}) para uma reação de segunda ordem em um CSTR.

5.3.1.3 *O Número de Damköhler*

$$\text{Da} = \frac{-r_{A0}V}{F_{A0}}$$

Para uma reação de primeira ordem o produto τk é frequentemente referido como o **número de Damköhler** da reação, Da, que é um número adimensional que pode nos dar uma estimativa rápida do grau de conversão a ser alcançado em reatores de escoamento contínuo. O número de Damköhler é a razão entre a velocidade de reação de A e a velocidade de transporte convectivo de A, avaliado na entrada do reator.

$$\text{Da} = \frac{-r_{A0}V}{F_{A0}} = \frac{\text{Velocidade de reação na entrada}}{\text{Vazão de entrada de A}} = \frac{\text{“Velocidade de reação de A”}}{\text{“Velocidade advectiva de A”}}$$

O número de Damköhler para uma reação de primeira ordem irreversível é

$$\text{Da} = \frac{-r_{A0}V}{F_{A0}} = \frac{k_1 C_{A0} V}{v_0 C_{A0}} = \tau k_1$$

Para uma reação irreversível de segunda ordem, o número de Damköhler é

$$\text{Da} = \frac{-r_{A0}V}{F_{A0}} = \frac{k_2 C_{A0}^2 V}{v_0 C_{A0}} = \tau k_2 C_{A0}$$

$0{,}1 \leq \text{Da} \leq 10$

É importante saber que valores do número de Damköhler, Da, são correspondentes a valores de alta e baixa conversão em reatores de escoamento contínuo. Para reações irreversíveis, um valor de Da = 0,1 ou menor normalmente corresponderá a menos de 10% de conversão, e um valor de Da = 10,0 ou maior normalmente corresponderá a uma conversão maior do que 90%; isto é, a regra geral é

$$\text{se Da} < 0{,}1, \text{ então } X < 0{,}1$$

$$\text{se Da} > 10, \text{ então } X > 0{,}9$$

A Equação (5-8) para uma reação de primeira ordem em fase líquida em um CSTR também pode ser escrita em termos do número de Damköhler

$$X = \frac{\text{Da}}{1 + \text{Da}}$$

5.3.2 CSTRs em Série

Uma reação de primeira ordem sem variação no escoamento volumétrico ($v = v_0$) deve ser conduzida em dois CSTRs arranjados em série (Figura 5-5).

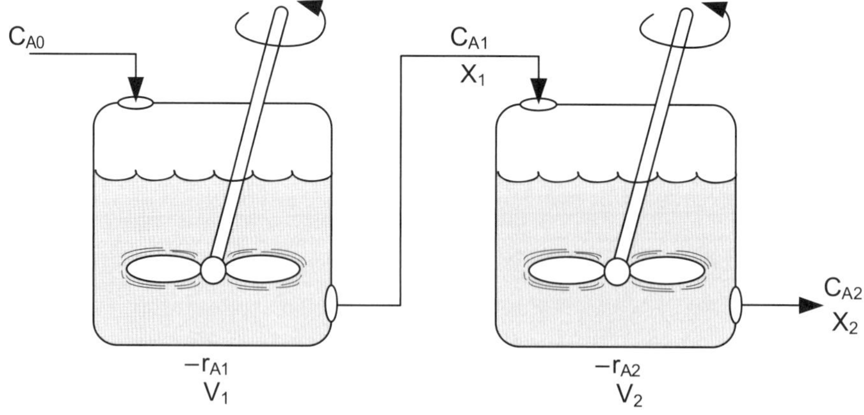

Figura 5-5 Dois CSTRs em série.

A concentração de saída do reagente A do primeiro CSTR pode ser encontrada usando a Equação (5-9)

$$C_{A1} = \frac{C_{A0}}{1 + \tau_1 k_1}$$

com $\tau_1 = V_1/v_0$. Do balanço molar para o reator 2,

$$V_2 = \frac{F_{A1} - F_{A2}}{-r_{A2}} = \frac{v_0(C_{A1} - C_{A2})}{k_2 C_{A2}}$$

Resolvendo para C_{A2}, a concentração de saída no segundo reator, obtemos

Reação de primeira ordem

$$C_{A2} = \frac{C_{A1}}{1+\tau_2 k_2} = \frac{C_{A0}}{(1+\tau_2 k_2)(1+\tau_1 k_1)} \tag{5-13}$$

Se ambos os reatores são de mesmo tamanho ($\tau_1 = \tau_2 = \tau$) e operam à mesma temperatura ($k_1 = k_2 = k$), então

$$C_{A2} = \frac{C_{A0}}{(1+\tau k)^2}$$

Se, em vez de dois CSTRs em série, tivéssemos n CSTRs de igual tamanho conectados em série [$\tau_1 = \tau_2 = \cdots = \tau_n = \tau_i = (V_i/v_0)$], operando à mesma temperatura ($k_1 = k_2 = \cdots = k_n = k$), a concentração de saída do último reator seria

$$C_{An} = \frac{C_{A0}}{(1+\tau k)^n} = \frac{C_{A0}}{(1+\text{Da})^n} \tag{5-14}$$

Substituindo C_{An} em termos de conversão,

CSTRs em série

$$C_{A0}(1-X) = \frac{C_{A0}}{(1+\text{Da})^n}$$

e rearranjando, a conversão para estes n reatores-tanque idênticos em série será

Conversão como uma função do número de tanques em série

$$X = 1 - \frac{1}{(1+\text{Da})^n} \equiv 1 - \frac{1}{(1+\tau k)^n} \tag{5-15}$$

Aspectos econômicos

Um gráfico da conversão como uma função do número de reatores em série, para uma reação de primeira ordem, é mostrado na Figura 5-6 para diversos valores de número de Damköhler τk. Observe, da Figura 5-6, que quando o produto entre o tempo espacial e a velocidade específica de reação é relativamente grande, digamos, Da ≥ 1, aproximadamente 90% de conversão é alcançada em dois ou três reatores; portanto, o custo de adicionar mais reatores poderia não ser justificável. Quando o produto τk é pequeno, Da ~ 0,1, a conversão continua a aumentar significativamente com cada reator adicionado.

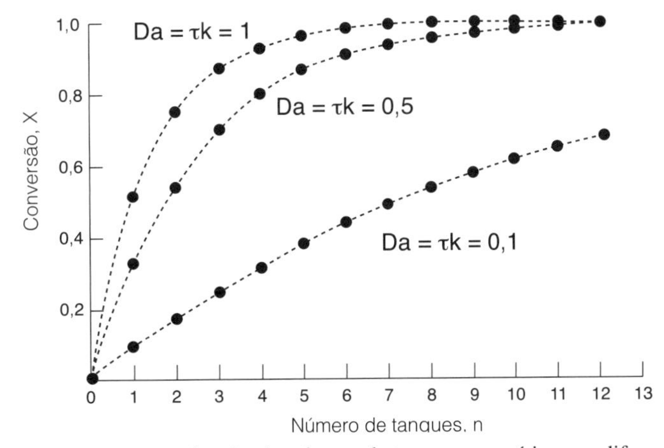

Figura 5-6 Conversão como uma função do número de tanques em série para diferentes números de Damköhler para uma reação de primeira ordem.

A velocidade de desaparecimento de A no enésimo reator é

$$-r_{An} = kC_{An} = k\,\frac{C_{A0}}{(1+\tau k)^n} \tag{5-16}$$

Exemplo 5-2 Produzindo 200 Milhões de Libras por Ano em um CSTR

Usos e aspectos econômicos

Aproximadamente 6 bilhões de libras de etileno glicol (EG) foram produzidas em 2007, o que colocou este produto em vigésimo sexto lugar na classificação dos produtos mais produzidos

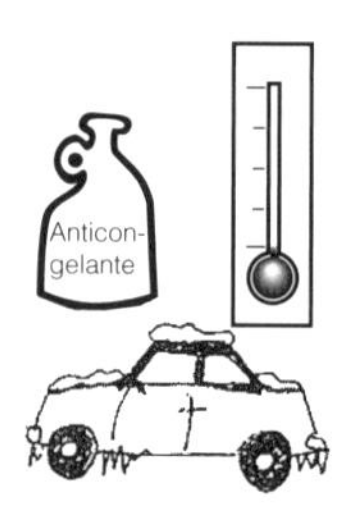

Dados para Aumento de Escala de um Reator Batelada

Escalonamento do Reator Batelada

naquele ano nos Estados Unidos, com base na quantidade total produzida, em libras. Cerca de metade do etileno glicol produzido é utilizado como *anticongelante* enquanto a outra metade é utilizada na fabricação de poliésteres. Na categoria poliéster, 88% foram utilizados para fibras e 12% para a fabricação de garrafas e filmes. O preço de venda do etileno glicol em 2000 foi de US$ 0,69 por libra.

Deseja-se produzir 200 milhões de libras por ano de etileno glicol. O reator deve ser operado isotermicamente. Uma solução de 16,1 mol/dm^3 de óxido de etileno (OE) em água é misturada (veja a Figura E5-2.1) com uma vazão volumétrica igual de uma solução aquosa contendo 0,9% em peso do catalisador H_2SO_4 e alimentada a um reator. A velocidade específica de reação é 0,311 min^{-1}, conforme determinada no Exemplo 5-1. Um guia prático de escalonamento do reator é dado por Mukesh.[1]

(a) Se o objetivo é alcançar 80% de conversão, determine o volume do CSTR necessário.
(b) Se dois reatores de 800 galões forem arranjados em paralelo com a alimentação dividida igualmente entre os dois reatores, qual será a conversão correspondente?
(c) Se dois reatores de 800 galões forem arranjados em série, qual será a conversão correspondente?

Solução

Hipóteses: Etileno glicol (EG) é o único produto formado.

$$\underset{\text{A}}{\overset{\overset{\text{O}}{\diagup\ \diagdown}}{\text{CH}_2\text{—CH}_2}} + \underset{\text{B}}{\text{H}_2\text{O}} \xrightarrow[\text{catalisador}]{\text{H}_2\text{SO}_4} \underset{\text{C}}{\begin{array}{c}\text{CH}_2\text{—OH}\\ |\\ \text{CH}_2\text{—OH}\end{array}}$$

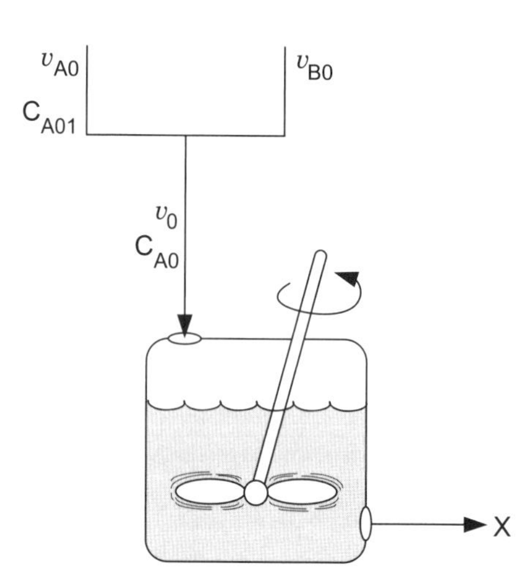

Figura E5-2.1 Um único CSTR.

A velocidade específica de produção de Etileno Glicol (EG) em mol/s é

$$F_C = 2 \times 10^8 \frac{\text{lb}_\text{m}}{\text{ano}} \times \frac{1 \text{ ano}}{365 \text{ dias}} \times \frac{1 \text{ dia}}{24 \text{ h}} \times \frac{1 \text{ h}}{3600 \text{ s}} \times \frac{454 \text{ g}}{\text{lb}_\text{m}} \times \frac{1 \text{ mol}}{62 \text{ g}} = 46{,}4 \ \frac{\text{mol}}{\text{s}}$$

Da estequiometria da reação

$$F_C = F_{A0} X$$

encontramos a vazão molar requerida de óxido de etileno para uma conversão de 80% como

$$F_{A0} = \frac{F_C}{X} = \frac{46{,}4 \text{ mol/s}}{0{,}8} = 58{,}0 \text{ mol/s}$$

(a) Podemos agora calcular o volume de um CSTR para alcançar 80% de conversão usando o **algoritmo de ERQ**.

Seguindo o Algoritmo

[1]D. Mukesh, *Chemical Engineering*, 46 (Jan. 2002); *www.CHE.com*.

1. **Balanço Molar para o CSTR:**

$$V = \frac{F_{A0}X}{-r_A} \tag{E5-2.1}$$

2. **Lei de Velocidade:**

$$-r_A = kC_A \tag{E5-2.2}$$

3. **Estequiometria:** Fase líquida ($v = v_0$):

$$C_A = \frac{F_A}{v_0} = \frac{F_{A0}(1-X)}{v_0} = C_{A0}(1-X) \tag{E5-2.3}$$

4. **Combinando:**

$$V = \frac{F_{A0}X}{kC_{A0}(1-X)} = \frac{v_0 X}{k(1-X)} \tag{E5-2.4}$$

5. **Avalie:**
A vazão volumétrica de entrada da corrente A, com C_{A01} = 16,1 mol/dm^3, antes da mistura, é

$$v_{A0} = \frac{F_{A0}}{C_{A01}} = \frac{58 \text{ mol/s}}{16{,}1 \text{ mol/dm}^3} = 3{,}60 \frac{\text{dm}^3}{\text{s}}$$

Do enunciado do problema, $v_{B0} = v_{A0}$

$$F_{B0} = v_{B0}C_{B01} = 3{,}62\frac{\text{dm}^3}{\text{s}} \times \left[\frac{1.000\text{g}}{\text{dm}^3} \times \frac{1\text{mol}}{18\text{g}}\right] = 201\frac{\text{mol}}{\text{s}}$$

A vazão volumétrica total do líquido de entrada é

$$v_0 = v_{A0} + v_{B0} = 3{,}62\frac{\text{dm}^3}{\text{s}} + 3{,}62\frac{\text{dm}^3}{\text{s}} = 7{,}20\frac{\text{dm}^3}{\text{s}}$$

Substituindo na Equação (E5-2.4), lembrando que $k = 0{,}311$ min^{-1}, temos

$$k_1 = \frac{0{,}311}{min} \times \frac{1\text{min}}{60\text{s}} = \frac{0{,}0052}{\text{s}}$$

$$V = \frac{v_0 X}{k(1-X)} = \frac{7{,}24\,\text{dm}^3/\text{s}}{0{,}0052/\text{s}}\frac{0{,}8}{1-0{,}8} = 5.570 \ \text{dm}^3$$

$$\boxed{V = 5{,}56\,\text{m}^3 = 196{,}4\,\text{ft}^3 = 1468 \text{ gal}}$$

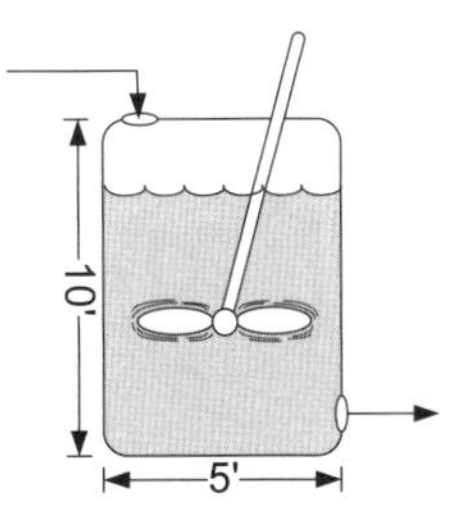

Tanque de 1500 galões

É necessário um tanque de aproximadamente 5 ft de diâmetro e 10 ft de altura para atingir 80% de conversão.

(b) CSTRs em paralelo: Para dois CSTRs de 800 gal, arranjados em paralelo (como mostrado na Figura E5-2.2) com 3,62 dm^3/s ($v_0/2$) alimentados a cada reator, a conversão atingida pode ser calculada rearranjando-se a Equação (E5-2.4)

$$\frac{V}{v_0}k = \tau k = \frac{X}{1-X}$$

para obter

$$X = \frac{\tau k}{1+\tau k} \tag{E5-2.5}$$

em que

$$\tau = \frac{V}{v_0/2} = 800 \text{ gal} \times \frac{3{,}785\,\text{dm}^3}{\text{gal}}\frac{1}{3{,}62\,\text{dm}^3/\text{s}} = 836{,}5\text{s}$$

O ***número de Damköhler*** é

$$Da = \tau k = 836{,}5\text{s} \times 0{,}0052\text{s}^{-1} = 4{,}35$$

Substituindo na Equação (E5-2.5), temos

$$X = \frac{\text{Da}}{1+\text{Da}} = \frac{4{,}35}{1+4{,}35} = 0{,}81$$

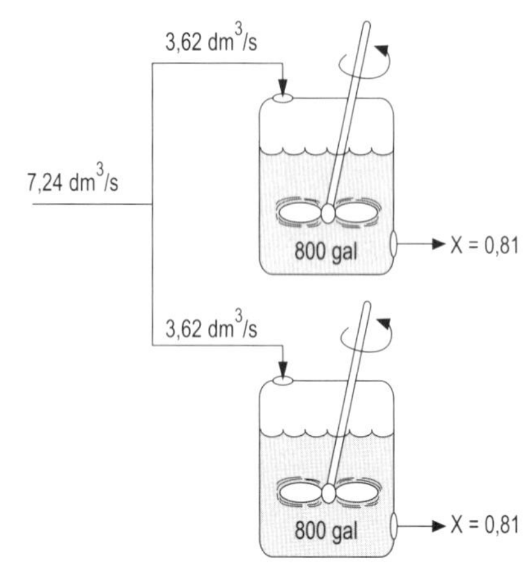

Figura E5-2.2 CSTRs em paralelo.

A conversão de saída de cada um dos CSTRs em paralelo é de 81%.

O problema P5-2(b) solicita que você generalize o resultado para n reatores de igual tamanho, V_i, em paralelo, com vazões molares de alimentação iguais (F_{A0}/n), e mostre que a conversão também seria a mesma se tudo fosse alimentado a um único grande reator de volume $V = nV_i$.

(c) CSTRs em série. Se os reatores de 800 galões forem arranjados em série, a conversão no *primeiro reator* [cf. Equação (E5-2.5)] será

$$X_1 = \frac{\tau_1 k}{1+\tau_1 k} \tag{E5-2.6}$$

em que

$$\tau = \frac{V_1}{v_0} \quad \left(800 \text{ gal} \times \frac{3{,}785 \text{ dm}^3}{\text{gal}}\right) \times \frac{1}{7{,}24 \text{ dm}^3/\text{s}} = 418{,}2 \text{ s}$$

Primeiro CSTR

O número de Damköhler é

$$Da_1 = \tau_1 k = 418{,}2 \text{ s} \times \frac{0{,}0052}{\text{s}} = 2{,}167$$

$$X_1 = \frac{2{,}167}{1+2{,}167} = \frac{2{,}167}{3{,}167} = 0{,}684$$

Para calcular a conversão de saída no segundo reator, lembramos que $V_1 = V_2 = V$ e $v_{01} = v_{02} = v_0$; então

$$\tau_1 = \tau_2 = \tau$$

A conversão no arranjo em série é maior do que no arranjo em paralelo para CSTRs. De nossa discussão sobre reatores em estágios no Capítulo 2, poderíamos ter predito que o arranjo em série daria a conversão mais alta.

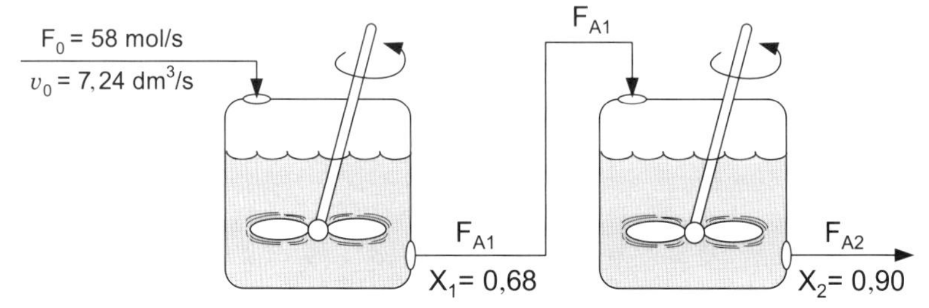

Figura E5-2.3 CSTRs em série.

Um balanço molar para o *segundo reator* é dado por

$$\text{Entrada} - \text{Saída} + \text{Geração} = 0$$

$$\overbrace{F_{A1}} - \overbrace{F_{A2}} + \overbrace{r_{A2}V} = 0$$

Baseando a conversão no número total de mols reagidos até um determinado ponto por mol de A alimentado ao primeiro reator,

Segundo CSTR

$$F_{A1} = F_{A0}(1 - X_1) \quad \text{e} \quad F_{A2} = F_{A0}(1 - X_2)$$

Rearranjando

$$V = \frac{F_{A1} - F_{A2}}{-r_{A2}} = F_{A0}\frac{X_2 - X_1}{-r_{A2}}$$

$$-r_{A2} = kC_{A2} = k\frac{F_{A2}}{v_0} = \frac{kF_{A0}(1 - X_2)}{v_0} = kC_{A0}(1 - X_2)$$

Combinando o balanço molar no segundo reator [cf. Equação (2-24)] com a lei de velocidade, obtemos

$$V = \frac{F_{A0}(X_2 - X_1)}{-r_{A2}} = \frac{C_{A0}v_0(X_2 - X_1)}{kC_{A0}(1 - X_2)} = \frac{v_0}{k}\left(\frac{X_2 - X_1}{1 - X_2}\right) \tag{E5-2.7}$$

Resolvendo para a conversão de saída, o segundo reator produz

$$X_2 = \frac{X_1 + \text{Da}}{1 + \text{Da}} = \frac{X_1 + \tau k}{1 + \tau k} = \frac{0{,}684 + 2{,}167}{1 + 2{,}167} = 0{,}90$$

O mesmo resultado poderia ter sido obtido da Equação (5-15):

$$X_2 = 1 - \frac{1}{(1 + \tau k)^n} = 1 - \frac{1}{(1 + 2{,}167)^2} = 0{,}90$$

Mais de dois milhões de libras de EG por ano podem ser produzidas usando dois reatores de 800 gal (3,0 m^3) em série.

***Análise*:** O algoritmo de ERQ foi aplicado a uma reação irreversível de primeira ordem em fase líquida, conduzida isotermicamente em um único CSTR, em 2 CSTRs em série, e também em 2 CSTRs em paralelo. As equações foram resolvidas algebricamente para cada caso. Quando a vazão molar de entrada foi igualmente dividida entre os 2 CSTRs em paralelo, a conversão global foi a mesma que a do CSTR isolado. Para os dois CSTRs em série, a conversão global foi maior do que para um único CSTR. Este resultado será sempre válido para o caso de reações isotérmicas com leis de potência para a velocidade de reação com ordens de reação maiores do que zero.

Considerações de segurança

Podemos encontrar informações a respeito dos dados de segurança do etileno glicol e outros produtos químicos na *World Wide Web* (WWW) (Tabela 5-4). Uma das fontes é o Serviço de Informações de Segurança de Vermont na Internet (Vermont SIRI, *www.siri.org*). Por exemplo, podemos aprender, a partir das *Medidas de Controle* (*Control Measures*), que devemos usar luvas de neoprene quando manipulamos o material, e que devemos evitar respirar os vapores. Se clicarmos em "Dow Chemical USA" e selecionarmos *Reactive Data* (*Dados de Reatividade*), encontraremos que o etileno glicol entra em ignição no ar a 413ºC.

Informação de Segurança – MSDS

TABELA 5-4 ACESSANDO INFORMAÇÕES DE SEGURANÇA

1. Digite: *www.siri.org/*.
2. Quando a primeira tela aparecer, clique em "SIRI MSDS Collection", que contém as Fichas de Dados de Segurança do Material.
3. Quando a próxima página aparecer, digite o nome do produto químico que você quer encontrar.
   Exemplo: Encontre ethylene glycol
   Então clique em Search.
4. A próxima página mostrará uma lista com o nome de empresas que fornecem dados sobre o etileno glicol.
   MALLINCKRODT BAKER
   FISHER
   DOW CHEMICAL USA
   etc.
   Vamos clicar em "Mallinckrodt Baker—ETHYLENE GLYCOL". A ficha de dados de segurança do material aparecerá.
5. Utilize a barra de rolagem do seu navegador para obter a informação que você desejar do etileno glicol.
   1. Identificação do Produto
   2. Composição/Informação sobre os Ingredientes
   3. Identificação de Periculosidade
   4. Medidas de Primeiros Socorros
   5. Medidas em Caso de Incêndio
   6. Medidas em Caso de Vazamentos
   7. Manuseio e Armazenamento
   8. Controle de Exposição/Proteção Pessoal
   9. Propriedades Físicas e Químicas
   10-16. Outras Informações

5.4 Reatores Tubulares

Reações em fase gasosa são conduzidas principalmente em reatores tubulares nos quais o escoamento é geralmente turbulento. Assumindo que não haja dispersão e que não existem gradientes radiais de temperatura, velocidade, concentração, ou velocidade de reação, podemos modelar o escoamento no reator como escoamento uniforme.[2]

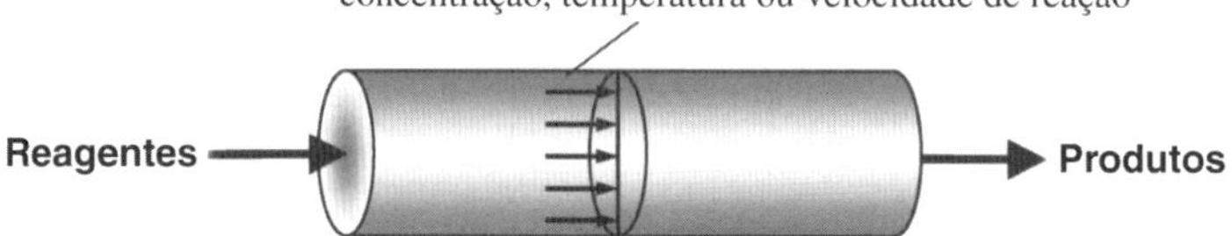

Figura 1-9 Reator tubular (Revisitado).

Utilize esta forma diferencial do **balanço molar** para o PFR/PBR quando houver ΔP.

A *forma diferencial* da equação de projeto do PFR

$$F_{A0}\frac{dX}{dV} = -r_A \tag{2-15}$$

precisa ser utilizada quando não houver queda de pressão no reator ou troca de calor entre o PFR e sua vizinhança. Na ausência de queda de pressão ou troca de calor, a forma integral da equação de *projeto do reator de escoamento uniforme* é utilizada.

$$V = F_{A0}\int_0^X \frac{dX}{-r_A} \tag{2-16}$$

[2]Reatores laminares são discutidos no site da LTC Editora, no Capítulo 13, assim como efeitos dispersivos, no Capítulo 14.

Como um exemplo, considere a reação elementar

$$2A \longrightarrow \text{Produtos}$$

para a qual a lei de velocidade é

Lei de Velocidade

$$-r_A = kC_A^2$$

Em primeiro lugar vamos considerar uma reação ocorrendo em fase líquida, e então ocorrendo em fase gasosa.

Fase Líquida $v = v_0$

A combinação do balanço molar do PFR com a lei de velocidade é

$$\frac{dX}{dV} = \frac{kC_A^2}{F_{A0}}$$

Se a reação for conduzida em fase líquida, a concentração de A é

Estequiometria (fase líquida)

$$C_A = C_{A0}(1 - X)$$

e para operação isotérmica, podemos retirar k da integral

Combine

$$V = \frac{F_{A0}}{kC_{A0}^2} \int_0^X \frac{dX}{(1-X)^2} = \frac{v_0}{kC_{A0}}\left(\frac{X}{1-X}\right)$$

Esta equação fornece o volume de reator para alcançar a conversão X. Dividindo por v_0 ($\tau = V/v_0$) e resolvendo para a conversão, encontramos

Avalie

$$\boxed{X = \frac{\tau k C_{A0}}{1 + \tau k C_{A0}} = \frac{\text{Da}_2}{1 + \text{Da}_2}}$$

em que Da_2 é o número de Damköhler para reação de segunda ordem, isto é, $\tau k C_{A0}$.

Fase Gasosa $v = v_0(1 + \varepsilon X)(T/T_0)(P_0/P)$

Para *reações em fase gasosa* à temperatura constante ($T = T_0$) e pressão constante ($P = P_0$), a concentração é expressa como uma função da conversão:

Estequiometria (fase gasosa)

$$C_A = \frac{F_A}{v} = \frac{F_A}{v_0(1+\varepsilon X)} = \frac{F_{A0}(1-X)}{v_0(1+\varepsilon X)} = C_{A0}\frac{(1-X)}{(1+\varepsilon X)}$$

e então combinando o balanço molar para o PFR, lei de velocidade e estequiometria

Combine

$$V = F_{A0} \int_0^X \frac{(1+\varepsilon X)^2}{kC_{A0}^2(1-X)^2}\, dX$$

A concentração de entrada, C_{A0}, pode ser retirada da integral, uma vez que ela não é função da concentração. Como a reação é conduzida isotermicamente, a constante de velocidade específica de reação, k, também pode ser retirada da integral.

Para uma reação isotérmica, k é constante.

$$V = \frac{F_{A0}}{kC_{A0}^2} \int_0^X \frac{(1+\varepsilon X)^2}{(1-X)^2}\, dX$$

Da equação integral no Apêndice A.1, encontramos que

Avalie. O volume do reator para uma reação de segunda ordem em fase gasosa

$$\boxed{V = \frac{v_0}{kC_{A0}}\left[2\varepsilon(1+\varepsilon)\ln(1-X) + \varepsilon^2 X + \frac{(1+\varepsilon)^2 X}{1-X}\right]} \quad (5\text{-}17)$$

O Efeito de ε na Conversão

Vamos ver agora o efeito da variação do número de mols na fase gasosa sobre a relação entre a conversão e o volume. Para temperatura e pressão constantes, a Equação (4-23) torna-se

$$v = v_0 (1 + \varepsilon X)$$

Vamos agora considerar três tipos de reação, uma na qual $\varepsilon = 0$ ($\delta = 0$), uma na qual $\varepsilon < 0$ ($\delta < 0$), e uma na qual $\varepsilon > 0$ ($\delta > 0$). Quando não há variação no número de mols com a reação (por exemplo, $A \rightarrow B$), $\delta = 0$ e $\varepsilon = 0$; então, o fluido se move ao longo do reator a uma vazão constante ($v = v_0$) na medida em que a conversão aumenta.

Quando há um decréscimo no número de mols ($\delta < 0$, $\varepsilon < 0$) na fase gasosa, a vazão volumétrica do gás diminui e a conversão aumenta. Por exemplo, quando A puro entra para sofrer a reação $2A \rightarrow B$, tomando A como base de cálculo, então $A \rightarrow B/2$ e temos: $\varepsilon = y_{A0}\delta = 1\,(½ - 1) = -0{,}5$.

$$v = v_0(1 - 0{,}5X)$$

Consequentemente, as moléculas gastarão mais tempo no reator do que elas despenderiam se a vazão fosse constante, $v = v_0$. Como resultado, este tempo de residência mais longo resulta em uma conversão mais alta do que se a vazão fosse constante, igual a v_0.

Por outro lado, se houver um aumento no número de mols ($\delta > 0$, $\varepsilon > 0$) na fase gasosa, então a vazão volumétrica aumentará com o aumento da conversão. Por exemplo, para a reação $A \rightarrow 2B$, $\varepsilon = y_{A0}\delta = 1(2 - 1) = 1$

$$v = v_0 (1 + X)$$

e as moléculas despenderão mais tempo no reator do que elas gastariam se a vazão volumétrica fosse constante. Como resultado deste menor tempo de residência no reator, a conversão será menor do que seria se a vazão volumétrica fosse mantida constante, igual a v_0.

A importância das variações na vazão volumétrica (isto é, $\varepsilon \neq 0$) com a reação

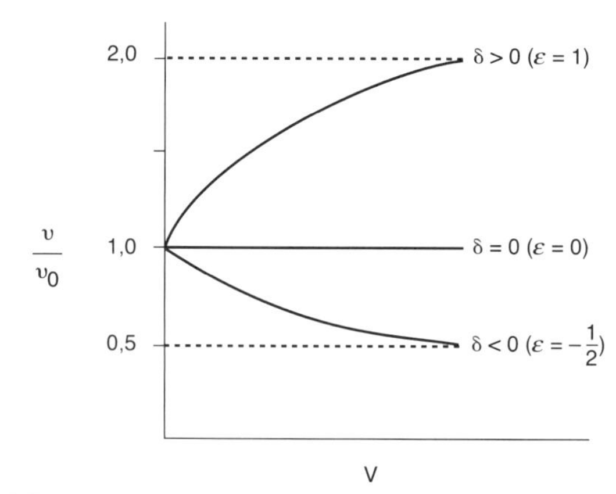

Figura 5-7 Variação na vazão volumétrica na fase gasosa ao longo do reator.

A Figura 5-7 mostra os perfis de vazão volumétrica para os três casos discutidos acima. Observe que, na saída do reator, alcança-se conversão virtualmente completa.

Exemplo 5-3 Produção de 300 Milhões de Libras por Ano de Etileno em Reator de Escoamento Uniforme: Projeto de um Reator tubular de Escala Industrial

Aspectos econômicos

Os usos

O etileno está classificado em primeiro lugar nos Estados Unidos com relação à produção anual, e é o número um entre os produtos químicos orgânicos produzidos a cada ano. Mais de 60 bilhões de libras foram produzidas em 2010, que foram vendidas por US$ 0,37 por libra. Sessenta e cinco por cento do etileno produzido é usado na fabricação de produtos de plástico, 20% para óxido de etileno, 16% para dicloroetano e etileno glicol, 5% para fibras, e 5% para solventes.

Determine o volume de reator de escoamento uniforme necessário para produzir 300 milhões de libras de etileno por ano a partir do craqueamento de uma corrente de etano puro. A reação é irreversível e segue uma lei de velocidade elementar. Queremos alcançar 80% de conversão para o etano, operando o reator isotermicamente a 1100 K e a uma pressão de 6 atm. A velocidade específica de reação a 1000 K é de 0,072 s^{-1}, e a energia de ativação é de 82.000 cal/mol.

Solução

$$C_2H_6 \longrightarrow C_2H_4 + H_2$$

Façamos A = C_2H_6, B = C_2H_4, e C = H_2. Usando a fórmula química,

$$A \longrightarrow B + C$$

Como queremos que o leitor se familiarize com unidades métricas **e** com unidades inglesas, desenvolveremos alguns exemplos utilizando unidades inglesas. Acredite, ainda há quem utilize concentrações em lb-mol/ft^3. Para auxiliá-lo a relacionar unidades inglesas e métricas, as unidades métricas correspondentes serão dadas entre parênteses, próximas às unidades inglesas. A única etapa do algoritmo que é diferente é a etapa de avaliação.

A vazão molar de etileno na saída do reator é

$$F_B = 300 \times 10^6 \frac{\text{lb}_m}{\text{ano}} \times \frac{1 \text{ ano}}{365 \text{ dias}} \times \frac{1 \text{ dia}}{24 \text{ h}} \times \frac{1 \text{ h}}{3600 \text{ s}} \times \frac{\text{lb-mol}}{28 \text{ lb}_m}$$

$$= 0{,}340 \frac{\text{lb-mol}}{\text{s}} \left(154{,}4 \frac{\text{mol}}{\text{s}}\right)$$

Em seguida, calcule a vazão molar de etano, F_{A0}, para produzir 0,34 lb-mol/s de etileno quando 80% de conversão é atingida.

$$F_B = F_{A0} X$$

$$F_{A0} = \frac{0{,}34 \text{ lb mol/s}}{0{,}8} = 0{,}425 \frac{\text{lb-mol}}{\text{s}} \quad (F_{A0} = 193 \text{ mol/s})$$

1. **Balanço Molar para Reator de Escoamento Uniforme:**

Balanço molar

$$F_{A0} \frac{dX}{dV} = -r_A \tag{2-15}$$

Rearranjando e integrando para o caso de **ausência de queda de pressão** e operação isotérmica, temos

$$\boxed{V = F_{A0} \int_0^X \frac{dX}{-r_A}} \tag{E5-3.1}$$

2. **Lei de Velocidade:**[3]

Lei de Velocidade

$$\boxed{-r_A = kC_A} \quad \text{com } k = 0{,}072 \text{ s}^{-1} \text{ a } 1000 \text{ K} \tag{E5-3.2}$$

A energia de ativação é 82 kcal/mol.

3. **Estequiometria.** Para operação isotérmica e queda de pressão desprezível, a concentração de etano é calculada como segue:
Fase gasosa, T e P constantes:

Estequiometria

$$v = v_0 \frac{F_T}{F_{T0}} = v_0(1 + \varepsilon X)$$

$$\boxed{C_A = \frac{F_A}{v} = \frac{F_{A0}(1-X)}{v_0(1+\varepsilon X)} = C_{A0}\left(\frac{1-X}{1+\varepsilon X}\right)} \tag{E5-3.3}$$

[3] *Ind. Eng. Chem. Process Des. Dev.*, 14, 218 (1975); *Ind. Eng. Chem.*, 59(5), 70 (1967).

$$C_C = \frac{C_{A0}X}{(1+\varepsilon X)} \tag{E5-3.4}$$

Combinando a equação de projeto, lei de velocidade, e estequiometria

4. **Combine** as Equações (E5-3.1) até (E5-3.3) para obter

$$V = F_{A0}\int_0^X \frac{dX}{kC_{A0}(1-X)/(1+\varepsilon X)} = F_{A0}\int_0^X \frac{(1+\varepsilon X)\,dX}{kC_{A0}(1-X)}$$
$$= \frac{F_{A0}}{C_{A0}}\int_0^X \frac{(1+\varepsilon X)\,dX}{k(1-X)} \tag{E5-3.5}$$

5. **Avalie.**
Como a reação é conduzida isotermicamente, podemos retirar k da integral e usar o Apêndice A.1 para realizar a integração.

Solução analítica

$$\boxed{V = \frac{F_{A0}}{kC_{A0}}\int_0^X \frac{(1+\varepsilon X)\,dX}{1-X} = \frac{F_{A0}}{kC_{A0}}\left[(1+\varepsilon)\ln\frac{1}{1-X} - \varepsilon X\right]} \tag{E5-3.6}$$

6. **Avaliação de parâmetros:**

Avaliação

$$C_{A0} = y_{A0}C_{T0} = \frac{y_{A0}P_0}{RT_0} = (1)\left(\frac{6 \text{ atm}}{(0{,}73 \text{ ft}^3\cdot\text{atm/lb-mol}\cdot°\text{R}) \times (1980°\text{R})}\right)$$
$$= 0{,}00415\ \frac{\text{lb-mol}}{\text{ft}^3}\quad (0{,}066 \text{ mol/dm}^3)$$

$$\varepsilon = y_{A0}\delta = (1)(1+1-1) = 1$$

Ôpa! A constante de velocidade k é dada a 1000 K, e precisamos calcular k na condição da reação, que é 1100 K.

$$k(T_2) = k(T_1)\exp\left[\frac{E}{R}\left(\frac{1}{T_1} - \frac{1}{T_2}\right)\right]$$
$$= k(T_1)\exp\left[\frac{E}{R}\left(\frac{T_2 - T_1}{T_1T_2}\right)\right]$$
$$= \frac{0{,}072}{\text{s}}\exp\left[\frac{82.000 \text{ cal/mol}(1100-1000)\text{ K}}{1{,}987 \text{ cal/(mol}\cdot\text{K)}(1000\text{ K})(1100\text{ K})}\right] \tag{E5-3.7}$$
$$= 3{,}07 \text{ s}^{-1}$$

Substituindo na Equação (E5-3.6), temos

$$V = \frac{0{,}425 \text{ lb mol/s}}{(3{,}07/\text{s})(0{,}00415 \text{ lb-mol/ft}^3)}\left[(1+1)\ln\frac{1}{1-X} - (1)X\right]$$
$$= 33{,}36 \text{ ft}^3\left[2\ln\left(\frac{1}{1-X}\right) - X\right] \tag{E5-3.8}$$

Para $X = 0{,}8$,

$$V = 33{,}36 \text{ ft}^3\left[2\ln\left(\frac{1}{1-0{,}8}\right) - 0{,}8\right]$$
$$= 80{,}7 \text{ ft}^3 = (2280 \text{ dm}^3 = 2{,}28 \text{ m}^3)$$

Decidiu-se pela utilização de um feixe de tubos de 2 polegadas, série 80, em paralelo, de 40 pés de comprimento. Para cada tubo série 80, a área de seção transversal é de 0,0205 ft². O número de tubos necessários é

O número de PFRs em paralelo

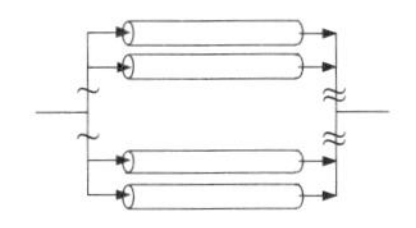

100 tubos em paralelo

$$n = \frac{80{,}7 \text{ ft}^3}{(0{,}0205 \text{ ft}^2)(40 \text{ ft})} = 98{,}4 \tag{E5-3.9}$$

Para determinar os perfis de concentração e conversão ao longo do reator, z, dividimos a Equação (E5-3.8) do volume pela área de seção transversal, A_C,

$$z = \frac{V}{A_C} \tag{E5-3.10}$$

A Equação (E5-3.9) foi utilizada com $A_C = 0{,}0205$ ft² e as Equações (E5-3.8) e (E5-3.3) para obter a Figura E5-3.1. Usando um feixe de 100 tubos, teremos o volume de reator necessário para produzir 300 milhões de libras por ano de etileno, a partir de etano. Os perfis de concentração e conversão para qualquer um dos tubos são mostrados na Figura E5-3.1.

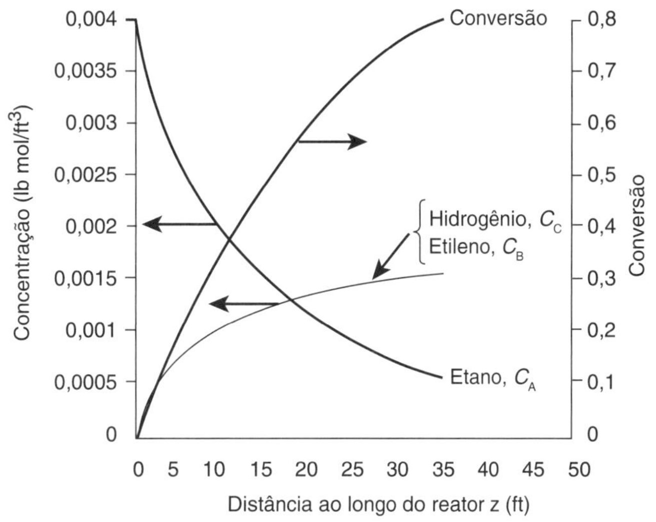

Figura E5-3.1 Perfis de conversão e concentração.

***Análise*:** O algoritmo de ERQ foi aplicado a uma reação em fase gasosa que tinha uma variação no número total de mols durante a reação. Um feixe de 100 tubos PFRs em paralelo, cada um com um volume de 0,81 ft³, dará a mesma conversão de 1 PFR com um volume de 81 ft³. Os perfis de conversão e concentração são mostrados na Figura E5-3.1. Observe que os perfis mudam muito mais rapidamente próximo à entrada do reator onde as concentrações de reagente são mais altas, e mudam mais lentamente próximo à saída, onde a maior parte dos reagentes foi consumida, resultando em uma velocidade de reação menor.

5.5 Queda de Pressão em Reatores

A queda de pressão é ignorada nos cálculos cinéticos de reações em fase líquida

Em reações de fase líquida, a concentração dos reagentes é insignificantemente afetada, mesmo por variações na pressão total relativamente grandes. Consequentemente, podemos ignorar totalmente os efeitos de queda de pressão sobre a velocidade de reação quando estivermos dimensionando reatores para reações químicas em fase líquida. Contudo, para reações em fase gasosa, a concentração da espécie reagente é proporcional à pressão total e, consequentemente, considerar os efeitos da queda de pressão no sistema de reação pode, em muitos casos, ser o fator chave do sucesso ou fracasso da operação de um reator. Este fato é especialmente verdadeiro em microrreatores recheados com catalisador sólido. Neste caso, os canais são tão pequenos (veja o Problema $5\text{-}24_B$) que a queda de pressão pode limitar a produção e conversão para reações em fase gasosa.

5.5.1 Queda de Pressão e a Lei de Velocidade

Para reações em fase gasosa, a queda de pressão pode ser muito importante.

Focalizaremos agora nossa atenção sobre a consideração da queda de pressão na lei de velocidade. Para um gás ideal, considerando a Equação (4-25), podemos escrever a concentração da espécie reagente i como

$$C_i = C_{A0}\left(\frac{\Theta_i + \nu_i X}{1+\varepsilon X}\right)\frac{P}{P_0}\frac{T_0}{T} \qquad (5\text{-}18)$$

em que $\Theta_i = F_{i0}/F_{A0}$, $\varepsilon = y_{A0}\delta$ e ν_i é o coeficiente estequiométrico (por exemplo, $\nu_A = -1$, $\nu_B = -b/a$). Precisamos agora determinar a razão de pressão (P/P_0) como uma função do volume, V, do reator PFR ou da massa de catalisador, W, do reator PBR, para levarmos em consideração a queda de pressão. Podemos então combinar a concentração, lei de velocidade, e equação de projeto. Contudo, quando levarmos em consideração os efeitos de queda de pressão, *a forma diferencial do balanço molar (equação de projeto) precisa ser utilizada.*

Se, por exemplo, a reação de segunda ordem

$$2A \longrightarrow B + C$$

Quando $P \neq P_0$ precisamos usar as formas diferenciais das equações de projeto para o PFR/PBR.

está sendo conduzida em um reator de leito de recheio ou leito fixo,* a **forma diferencial da equação do balanço molar** em termos de massa de catalisador é

$$F_{A0}\frac{dX}{dW} = -r'_A \qquad \left(\frac{\text{mols}}{\text{grama de catalisador}\cdot\text{min}}\right) \qquad (2\text{-}17)$$

A **velocidade de reação** é

$$-r'_A = kC_A^2 \qquad (5\text{-}19)$$

Da **estequiometria**, para reações em fase gasosa (Tabela 3-5),

$$C_A = \frac{C_{A0}(1-X)}{1+\varepsilon X}\frac{P}{P_0}\frac{T_0}{T}$$

e a lei de velocidade pode ser escrita como

$$-r'_A = k\left[\frac{C_{A0}(1-X)}{1+\varepsilon X}\frac{P}{P_0}\frac{T_0}{T}\right]^2 \qquad (5\text{-}20)$$

Observe, da Equação (5-20), que quanto maior a queda de pressão (isto é, quanto menor P), devido a perdas por fricção, menor a velocidade de reação!

Combinando a Equação (5-20) com o balanço molar (2-17) e assumindo operação isotérmica ($T = T_0$), temos

$$F_{A0}\frac{dX}{dW} = k\left[\frac{C_{A0}(1-X)}{1+\varepsilon X}\right]^2\left(\frac{P}{P_0}\right)^2$$

Dividindo por F_{A0} (isto é, $v_0 C_{A0}$), temos

$$\frac{dX}{dW} = \frac{kC_{A0}}{v_0}\left(\frac{1-X}{1+\varepsilon X}\right)^2\left(\frac{P}{P_0}\right)^2$$

Para operação isotérmica ($T = T_0$), o lado direito da equação é uma função apenas da conversão e da pressão:

Outra equação se faz necessária [por exemplo, $P = f(W)$].

$$\frac{dX}{dW} = F_1(X, P) \qquad (5\text{-}21)$$

Precisamos agora relacionar a queda de pressão à massa de catalisador a fim de determinarmos a conversão como uma função do peso de catalisador (isto é, a massa de catalisador).

*Para referências em Português, recomendam-se *Curso de Redação*, de Antônio Suárez Abreu, 12. ed. (Editora Ática, São Paulo, 2003) e *Manual de Redação e Estilo*, de Eduardo Martins (Editora Moderna, São Paulo, 1997). (N.T.)

5.5.2 Escoamento Através de um Leito de Recheio

A maioria das reações em fase gasosa é catalisada passando-se o reagente através de um leito de recheio com partículas de catalisador.

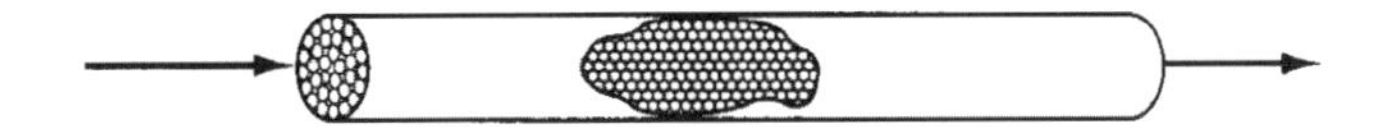

A equação mais utilizada para calcular a queda de pressão em um reator de leito de recheio poroso é a **equação de Ergun**:[4,5]

Equação de Ergun

$$\frac{dP}{dz} = -\frac{G}{\rho g_c D_P}\left(\frac{1-\phi}{\phi^3}\right)\left[\overbrace{\frac{150(1-\phi)\mu}{D_P}}^{\text{Termo 1}} + \overbrace{1{,}75G}^{\text{Termo 2}}\right] \tag{5-22}$$

O Termo 1 é dominante para escoamento em regime laminar, e o Termo 2 é dominante para escoamento em regime turbulento, em que

P = pressão, lb/ft^2 (kPa)
ϕ = porosidade = (volume de vazios/volume total do leito) = fração de vazios
$1 - \phi$ = (volume de sólido/volume total do leito)
g_c = 32,174 $lb_m \cdot ft/s^2 \cdot lb_f$ (fator de conversão)
= $4{,}17 \times 10^8$ $lb_m \cdot ft/h^2 \cdot lb_f$
(Lembre-se de que, para o sistema métrico, g_c = 1,0)
D_p = diâmetro da partícula no leito, ft (m)
μ = viscosidade do gás passando através do leito, lb_m/ft·h (kg/m·s)
z = posição ao longo do tubo do reator recheado, ft (m)
u = velocidade superficial = vazão volumétrica ÷ área de seção transversal do tubo, ft/h (m/s)
ρ = massa específica do gás, lb_m/ft^3 (kg/m^3)
$G = \rho u$ = velocidade mássica superficial, ($lb_m/ft^2 \cdot h$) ($kg/m^2 \cdot s$)

No cálculo da queda de pressão usando a equação de Ergun, o único parâmetro que varia com a pressão no lado direito da Equação (5-22) é a massa específica do gás, ρ. Vamos agora calcular a queda de pressão através do leito.

Como o reator é operado em regime estacionário, a vazão mássica em qualquer ponto ao longo do reator, $\dot{m}$ (kg/s), é igual à vazão mássica de entrada, $\dot{m}_0$ (isto é, equação da continuidade),

$$\dot{m}_0 = \dot{m}$$

$$\rho_0 v_0 = \rho v$$

Recordando a Equação (4-16), temos

$$v = v_0 \frac{P_0}{P}\left(\frac{T}{T_0}\right)\frac{F_T}{F_{T0}} \tag{4-16}$$

$$\rho = \rho_0 \frac{v_0}{v} = \rho_0 \frac{P}{P_0}\left(\frac{T_0}{T}\right)\frac{F_{T0}}{F_T} \tag{5-23}$$

Combinando as Equações (5-22) e (5-23), obtemos

[4]R.B. Bird, W.E. Stewart, and E.N. Lightfoot, *Transport Phenomena*, 2nd ed. (New York: Wiley, 2002), p. 191.
[5]Um conjunto levemente diferente de constantes para a Equação de Ergun (p. ex., 1,8G em vez de 1,75G) pode ser encontrado em *Ind. Eng. Chem. Fundamentals*, 18 (1979), p. 199.

$$\frac{dP}{dz} = -\underbrace{\frac{G(1-\phi)}{\rho_0 g_c D_P \phi^3}\left[\frac{150(1-\phi)\mu}{D_P} + 1{,}75G\right]}_{\beta_0} \frac{P_0}{P}\left(\frac{T}{T_0}\right)\frac{F_T}{F_{T0}}$$

Simplificando, resulta

$$\boxed{\frac{dP}{dz} = -\beta_0 \frac{P_0}{P}\left(\frac{T}{T_0}\right)\frac{F_T}{F_{T0}}} \tag{5-24}$$

em que β_0 é uma constante que depende apenas das propriedades do leito de recheio (ϕ, D_P) e das propriedades do fluido nas condições de entrada (isto é, μ, G, ρ_0, T_0, P_0).

$$\beta_0 = \frac{G(1-\phi)}{\rho_0 g_c D_P \phi^3}\left[\frac{150(1-\phi)\mu}{D_P} + 1{,}75G\right] \quad \left(\text{por exemplo, } \frac{\text{kPa}}{\text{m}}, \frac{\text{atm}}{\text{ft}}\right) \tag{5-25}$$

Para reatores de leito de recheio, estamos mais interessados na massa de catalisador do que na distância z ao longo do reator. A massa de catalisador até uma distância z da entrada do reator é

$$\underbrace{W}_{\begin{bmatrix}\text{Massa de}\\ \text{catalisador}\end{bmatrix}} = \underbrace{(1-\phi)A_c z}_{\begin{bmatrix}\text{Volume de}\\ \text{sólidos}\end{bmatrix}} \times \underbrace{\rho_c}_{\begin{bmatrix}\text{Massa específica}\\ \text{do catalisador sólido}\end{bmatrix}} \tag{5-26}$$

em que A_c é a área de seção transversal. A *massa específica* do catalisador no leito, ρ_b (massa de catalisador por volume de leito do reator), é dada simplesmente pelo produto entre a massa específica do sólido, ρ_c, e a fração de sólidos $(1-\phi)$:

Massa específica de catalisador

$$\rho_b = \rho_c\,(1-\phi)$$

Usando a relação entre z e W [Equação (5-26)], podemos modificar nossas variáveis para expressar a equação de Ergun em termos da massa de catalisador:

Utilize esta forma para reações múltiplas e reatores de membrana.

$$\frac{dP}{dW} = -\frac{\beta_0}{A_c(1-\phi)\rho_c}\frac{P_0}{P}\left(\frac{T}{T_0}\right)\frac{F_T}{F_{T0}}$$

Simplificações adicionais fornecem

$$\frac{dP}{dW} = -\frac{\alpha}{2}\frac{T}{T_0}\frac{P_0}{P/P_0}\left(\frac{F_T}{F_{T0}}\right) \tag{5-27}$$

Fazendo $y = (P / P_0)$, então

Utilizado para reações múltiplas.

$$\boxed{\frac{dy}{dW} = -\frac{\alpha}{2y}\frac{T}{T_0}\frac{F_T}{F_{T0}}} \tag{5-28}$$

em que

$$\boxed{\alpha = \frac{2\beta_0}{A_c\rho_c(1-\phi)P_0}} \tag{5-29}$$

Forma diferencial da equação de Ergun para queda de pressão em leitos de recheio.

A Equação (5-28) será uma das que utilizaremos quando estiverem ocorrendo reações múltiplas, ou quando houver queda de pressão em um reator de membrana. Entretanto, para reações simples em reatores de leito de recheio, é mais conveniente expressar a equação de Ergun em termos da conversão X. Lembrando a Equação (4-20) para F_T,

$$\frac{F_T}{F_{T0}} = 1 + \varepsilon X \tag{4-20}$$

em que, como anteriormente,

$$\varepsilon = y_{A0}\delta = \frac{F_{A0}}{F_{T0}}\delta \tag{4-22}$$

[Observação sobre nomenclatura: y com o subíndice A0 — isto é, y_{A0} — é a fração molar da espécie A na entrada, enquanto y sem o subíndice é a relação de pressão — isto é, $y = (P/P_0)$.]

Substituindo pela razão (F_T/F_{T0}), a Equação (5-28) pode agora ser escrita como

Utilize para reações simples.

$$\boxed{\frac{dy}{dW} = -\frac{\alpha}{2y}(1 + \varepsilon X)\frac{T}{T_0}} \tag{5-30}$$

Observamos que, quando ε for negativo, a queda de pressão ΔP será menor (isto é, pressão mais alta) do que para $\varepsilon = 0$. Quando ε for positivo, a queda de pressão ΔP será maior do que quando $\varepsilon = 0$.

Para operação isotérmica, a Equação (5-30) é uma função apenas da conversão e da pressão:

$$\frac{dP}{dW} = F_2(X, P) \tag{5-31}$$

Lembrando a Equação (5-21), para a combinação do balanço molar, lei de velocidade, e estequiometria,

Duas equações a serem resolvidas numericamente

$$\frac{dX}{dW} = F_1(X, P) \tag{5-21}$$

vemos que temos duas equações diferenciais de primeira ordem acopladas, (5-31) e (5-21), que precisam ser resolvidas simultaneamente. Uma variedade de pacotes computacionais (por exemplo, Polymath) e esquemas de integração numérica estão disponíveis para este propósito.

Solução Analítica. Se $\varepsilon = 0$, ***ou*** se pudermos desprezar (εX) em relação a 1,0 (isto é, $1 >> \varepsilon X$), podemos obter uma solução analítica para a Equação (5-30) para operação isotérmica (isto é, $T = T_0$). Para operação isotérmica quando $\varepsilon = 0$, a Equação (5-30) torna-se

Operação isotérmica com $\varepsilon = 0$

$$\frac{dy}{dW} = \frac{-\alpha}{2y} \tag{5-32}$$

Rearranjando, temos

$$2y\frac{dy}{dW} = -\alpha$$

Passando y para o interior da derivada, temos

$$\frac{dy^2}{dW} = -\alpha$$

Integrando com $y = 1$ $(P = P_0)$ para $W = 0$, produz-se

$$(y)^2 = 1 - \alpha W$$

Tomando a raiz quadrada de ambos os lados, resulta

Razão de pressão **apenas** para $\varepsilon = 0$

$$y = \frac{P}{P_0} = (1 - \alpha W)^{1/2} \tag{5-33}$$

Cuidado

Certifique-se de ***não*** utilizar esta equação se $\varepsilon \neq 0$ ou se a reação não é conduzida isotermicamente, em que, novamente,

$$\alpha = \frac{2\beta_0}{A_c(1-\phi)\rho_c P_0} \quad (\text{kg}^{-1} \text{ ou } \text{lb}_m^{-1}) \tag{5-29}$$

A Equação (5-33) pode ser utilizada para substituir a pressão na lei de velocidade, caso em que o balanço molar pode ser escrito unicamente como uma função da conversão e da massa de catalisador. A equação resultante pode ser prontamente resolvida tanto analítica quanto numericamente.

Se desejarmos expressar a pressão em termos de comprimento do reator, z, podemos utilizar a Equação (5-26) para substituir W na Equação (5-33). Então,

$$y = \frac{P}{P_0} = \left(1 - \frac{2\beta_0 z}{P_0}\right)^{1/2} \tag{5-34}$$

5.5.3 Queda de Pressão em Tubulações

Normalmente, a queda de pressão para gases escoando através de tubos sem recheio pode ser desprezada. Para escoamento em tubos, a queda de pressão ao longo do tubo é dada por

$$y = (1 - \alpha_p V)^{1/2} \tag{5-35}$$

em que

$$\alpha_p = \frac{4fG^2}{A_c \rho_0 P_0 D} \tag{5-36}$$

em que f é o fator de atrito de Fanning, D é o diâmetro do tubo, e outros parâmetros são como definidos anteriormente.

Para as condições de escoamento dadas no Exemplo 5.4 em um tubo de 1000 pés de comprimento e 1½ polegada de diâmetro, série 40, ($\alpha_p = 0{,}0118$ ft^{-3}), a queda de pressão é de menos de 10%. Todavia, para altos valores de vazão volumétrica em microrreatores, a queda de pressão pode ser significativa.

Exemplo 5-4 Calculando a Queda de Pressão em um Leito de Recheio

Faça um gráfico da queda de pressão em um tubo de 60 pés de comprimento e 1½ polegada, série 40, recheado com partículas de catalisador de ¼ polegada de diâmetro. Uma vazão de 104,4 lb_m/h de gás passa através do leito. A temperatura é constante ao longo do comprimento do tubo, que é mantido a 260ºC. A fração de vazios é de 45% e as propriedades do gás são semelhantes às do ar a esta temperatura. A pressão de entrada é de 10 atm.

Solução

(a) Em primeiro lugar, vamos calcular a queda de pressão total.
No final do reator, $z = L$ e a Equação (5-34) torna-se

$$\frac{P}{P_0} = \left(1 - \frac{2\beta_0 L}{P_0}\right)^{1/2} \tag{E5-4.1}$$

$$\beta_0 = \frac{G(1-\phi)}{g_c \rho_0 D_p \phi^3}\left[\frac{150(1-\phi)\mu}{D_p} + 1{,}75G\right] \tag{5-25}$$

Avaliando os parâmetros da queda de pressão

$$G = \frac{\dot{m}}{A_c} \tag{E5-4.2}$$

Para um tubo de 1½ polegada, série 40, $A_c = 0{,}01414\ \text{ft}^2$:

$$G = \frac{104{,}4\ \text{lb}_\text{m}/\text{h}}{0{,}01414\ \text{ft}^2} = 7383{,}3\ \frac{\text{lb}_\text{m}}{\text{h}\cdot\text{ft}^2}$$

Para o ar a 260°C e 10 atm,

$$\mu = 0{,}0673\ \text{lb}_\text{m}/\text{ft}\cdot\text{h}$$

$$\rho_0 = 0{,}413\ \text{lb}_\text{m}/\text{ft}^3$$

$$v_0 = \frac{\dot{m}}{\rho_0} = \frac{104{,}4\ \text{lb}_\text{m}/\text{h}}{0{,}413\ \text{lb}_\text{m}/\text{ft}^3} = 252{,}8\ \text{ft}^3/\text{h}\ \ (7{,}16\ \text{m}^3/\text{h})$$

Do enunciado do problema,

$$D_p = 1/2\ \text{in} = 0{,}0208\ \text{ft},\quad \phi = 0{,}45\ \text{e}$$

$$g_c = 4{,}17 \times 10^8\ \frac{\text{lb}_\text{m}\cdot\text{ft}}{\text{lb}_\text{f}\cdot\text{h}^2}$$

Avaliando os parâmetros na Equação de Ergun.

Substituindo esses valores na Equação (5-25), temos

$$\beta_0 = \left[\frac{7383{,}3\ \text{lb}_\text{m}/\text{ft}^2\cdot\text{h}(1-0{,}45)}{(4{,}17\times 10^8\ \text{lb}_\text{m}\cdot\text{ft}/\text{lb}_\text{f}\cdot\text{h}^2)(0{,}413\ \text{lb}_\text{m}/\text{ft}^3)(0{,}0208\ \text{ft})(0{,}45)^3}\right] \tag{E5-4.3}$$

$$\times\left[\frac{150(1-0{,}45)(0{,}0673\ \text{lb}_\text{m}/\text{ft}\cdot\text{h})}{0{,}0208\ \text{ft}} + 1{,}75(7383{,}3)\ \frac{\text{lb}_\text{m}}{\text{ft}^2\cdot\text{h}}\right]$$

$$\beta_0 = 0{,}01244\ \frac{\text{lb}_\text{f}\cdot\text{h}}{\text{ft}\cdot\text{lb}_\text{m}}\ [\overbrace{266{,}9}^{\text{Termo 1}} + \overbrace{12.920{,}8}^{\text{Termo 2}}]\ \frac{\text{lb}_\text{m}}{\text{ft}^2\cdot\text{h}} = 164{,}1\ \frac{\text{lb}_\text{f}}{\text{ft}^3} \tag{E5-4.4}$$

Observe que o termo para escoamento turbulento, Termo 2, é dominante.

Conversão de Unidades para β_0: 1 atm/ft = 333 kPa/m

$$\beta_0 = 164{,}1\ \frac{\text{lb}_\text{f}}{\text{ft}^3} \times \frac{1\ \text{ft}^2}{144\ \text{in}^2} \times \frac{1\ \text{atm}}{14{,}7\ \text{lb}_\text{f}/\text{in}^2}$$

$$\boxed{\beta_0 = 0{,}0775\ \frac{\text{atm}}{\text{ft}} = 25{,}8\ \frac{\text{kPa}}{\text{m}}} \tag{E5-4.5}$$

Estamos agora em posição de calcular a queda de pressão total, ΔP.

$$y = \frac{P}{P_0} = \left(1 - \frac{2\beta_0 L}{P_0}\right)^{1/2} = \left(1 - \frac{\overbrace{2\times 0{,}0775}^{0{,}155}\ \text{atm/ft}\times 60\ \text{ft}}{10\ \text{atm}}\right)^{1/2} \tag{E5-4.6}$$

$$y = 0{,}265$$

$$P = 0{,}265P_0 = 2{,}65\ \text{atm}\ \ (268\ \text{kPa}) \tag{E5-4.7}$$

$$\Delta P = P_0 - P = 10 - 2{,}65 = 7{,}35\ \text{atm}\ \ (744\ \text{kPa})$$

(**b**) Vamos agora usar os dados para graficar os perfis de pressão e vazão volumétrica. Usando a Equação (5-23) para o caso $\varepsilon = 0$ e $T = T_0$,

$$\boxed{v = v_0 \frac{P_0}{P} = \frac{v_0}{y}} \qquad \text{(E5-4.8)}$$

As Equações (5-34) e (E5-4.8) foram utilizadas para a construção da Tabela E5-4.1.

TABELA E5-4.1 PERFIS DE P E V

z (ft)	0	10	20	30	40	50	60
P (atm)	10	9,2	8,3	7,3	6,2	4,7	2,65
v (ft^3/h)	253	275	305	347	408	538	955

Para $\rho_c = 120\ \text{lb}_\text{m}/\text{ft}^3$

$$\alpha = \frac{2\beta_0}{\rho_c(1-\phi)A_cP_0} = \frac{2(0{,}0775)\text{atm/ft}}{120\ \text{lb}_\text{m}/\text{ft}^3(1-0{,}45)(0{,}01414\text{ft}^2)10\,\text{atm}}$$

$$\boxed{\alpha = 0{,}0165\ \text{lb}_\text{m}^{-1} = 0{,}037\ \text{kg}^{-1}} \qquad \text{(E5-4.9)}$$

As Equações (E5-34.1) e (E5-4.8), juntamente com os valores da Tabela E5-4.1, foram utilizadas para obter a Figura E5-4.1.

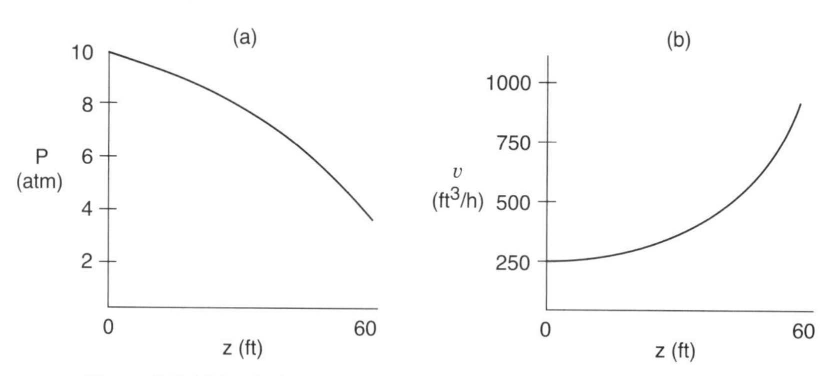

Figura E5-4.1 Perfis de pressão e vazão volumétrica ($z = W/(A_c\rho_c(1-\phi))$).

Observe como a vazão volumétrica aumenta dramaticamente à medida que se avança no reator.

***Análise*:** Este exemplo mostrou como calcular a queda de pressão e os parâmetros de queda de pressão (α e β_0) para escoamento gasoso através de reatores de leito de recheio. Os perfis de pressão e de vazão volumétrica foram calculados como uma função de z (isto é, massa de catalisador), como mostrado na Figura E5-4.1. Uma coisa que eu aposto que você não esperava nesta figura é o quanto a vazão volumétrica aumenta à medida que a pressão cai ao longo do comprimento do reator PBR.

5.5.4 Solução Analítica para Reação com Queda de Pressão

Como a queda de pressão, ΔP, afetará os nossos cálculos?

Vamos analisar como a queda de pressão afeta nosso algoritmo de ERQ. A Figura 5-8 mostra qualitativamente os efeitos da queda de pressão no projeto do reator. Começando pela Figura 5-8(**a**), vemos como a equação de Ergun prediz como a pressão diminui ao longo do reator de leito de recheio. As figuras seguintes, (**b**) a (**e**), mostram este efeito da queda de pressão sobre a concentração, velocidade de reação, conversão, e vazão volumétrica, respectivamente. Cada uma dessas figuras compara os respectivos perfis quando há queda de pressão com perfis nos quais *não* há queda de pressão. Vemos que quando existe queda de pressão no reator, as concentrações dos reagentes e, portanto, a

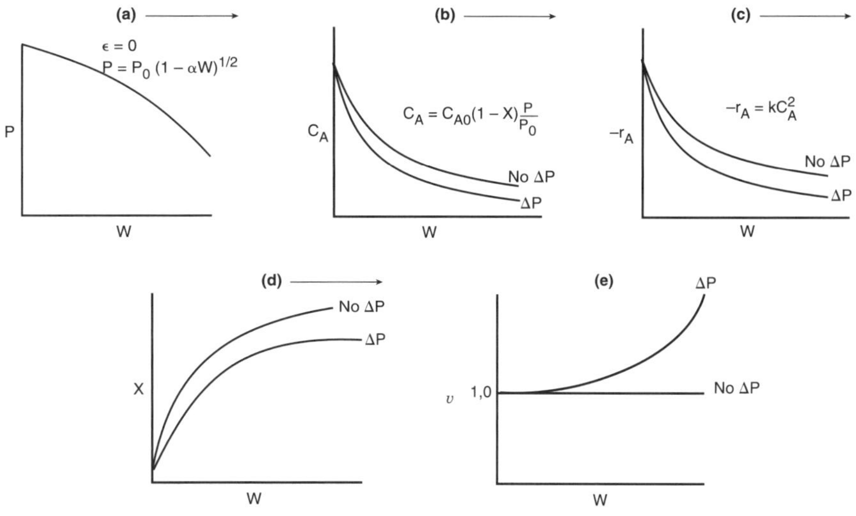

Figura 5.8 Efeito da queda de pressão: (**a**) Perfil de pressão (P), (**b**) C_A, (**c**) ($-r_A$), (**d**) X e (**e**) v.

velocidade de reação (para ordens de reações maiores que ordem 0), são sempre menores do que para o caso em que não há queda de pressão. Como resultado desta menor velocidade de reação, a conversão será menor quando houver queda de pressão do que quando não houver queda de pressão.

Reação de Segunda Ordem em um PBR

Agora que já expressamos a pressão como uma função da massa de catalisador [Equação (5-33) para $\varepsilon = 0$], podemos retornar à reação isotérmica de segunda ordem,

$$A \longrightarrow B$$

para relacionar a conversão e a massa de catalisador. Recorde nosso balanço molar, lei de velocidade e estequiometria.

1. Balanço Molar:

$$F_{A0}\frac{dX}{dW} = -r'_A \tag{2-17}$$

2. Lei de Velocidade:

$$-r'_A = kC_A^2 \tag{5-19}$$

Apenas para $\varepsilon = 0$

3. Estequiometria. Reação isotérmica em fase gasosa ($T = T_0$) com $\varepsilon = 0$. Da Equação (5-23), $v = v_0/y$

$$C_A = \frac{F_A}{v} = \frac{F_{A0}(1-X)}{v} = C_{A0}(1-X)\,y \tag{5-37}$$

$$y = (1-\alpha W)^{1/2} \tag{5-33}$$

Utilizando a Equação (5-33) para substituir y em termos de massa de catalisador, obtemos

$$C_A = C_{A0}(1-X)(1-\alpha W)^{1/2}$$

4. Combinando:

$$\frac{dX}{dW} = \frac{kC_{A0}^2}{F_{A0}}(1-X)^2\,[(1-\alpha W)^{1/2}]^2$$

5. Separando as Variáveis:

$$\frac{F_{A0}}{kC_{A0}^2}\frac{dX}{(1-X)^2} = (1-\alpha W)\,dW$$

Integrando, com os limites $X = 0$ quando $W = 0$, e substituindo para $F_{A0} = C_{A0}v_0$, temos

$$\frac{v_0}{kC_{A0}}\left(\frac{X}{1-X}\right)=W\left(1-\frac{\alpha W}{2}\right)$$

6.A Resolvendo para a conversão, temos

$$X=\frac{\dfrac{kC_{A0}W}{v_0}\left(1-\dfrac{\alpha W}{2}\right)}{1+\dfrac{kC_{A0}W}{v_0}\left(1-\dfrac{\alpha W}{2}\right)} \tag{5-38}$$

6.B Resolvendo para a massa de catalisador, temos

Massa de catalisador para reação de segunda ordem em PBR com ΔP

$$W=\frac{1-\{1-[(2v_0\alpha)/kC_{A0}][X/(1-X)]\}^{1/2}}{\alpha} \tag{5-39}$$

Exemplo 5-5 Efeito da Queda de Pressão no Perfil de Conversão

Reconsidere o reator de leito de recheio do Exemplo 5-4 para o caso de uma reação de segunda ordem

$$2A \rightarrow B + C$$

sendo conduzida em um tubo de 20 metros de 1½ polegada de diâmetro, série 40, empacotado com catalisador. As condições de escoamento e recheio do leito permanecem as mesmas, exceto que elas são convertidas para unidades SI; isto é, P_0 = 10 atm = 1013 kPa, e

Devemos ser capazes de trabalhar tanto no sistema métrico, S.I., como no sistema de unidades inglesas.

Vazão volumétrica de entrada: $v_0 = 7{,}15$ m³/h (252 ft³/h)
Tamanho da partícula de catalisador: $D_P = 0{,}006$ m (ca. ¼ polegada)
Massa específica do catalisador sólido: $\rho_c = 1923$ kg/m³ (120 lb_m/ft³)
Área da seção transversal do tubo de 1½ polegada, série 40: $A_c = 0{,}0013$ m²
Parâmetro de queda de pressão: $\beta_0 = 25{,}8$ kPa/m
Comprimento do reator: $L = 20$ m

Mudaremos o tamanho da partícula para entender seu efeito sobre o perfil de conversão. Todavia, assumiremos que a velocidade específica de reação, k, não é afetada pelo tamanho da partícula, uma hipótese que sabemos ser válida a partir do Capítulo DVD12 do site da LTC Editora apenas para partículas pequenas.

(**a**) Em primeiro lugar, calcule a conversão na ausência de queda de pressão.
(**b**) Em seguida, calcule a conversão levando em conta a queda de pressão.
(**c**) Finalmente, determine o quanto sua resposta para o item (**b**) mudaria se o diâmetro da partícula de catalisador fosse dobrado.

A concentração de entrada de A é 0,1 kmol/m³ e a velocidade específica de reação é

$$k=\frac{12\text{m}^6}{\text{kmol}\cdot\text{kg cat}\cdot\text{h}}$$

Solução

Usando a Equação (5-38),

$$X=\frac{\dfrac{kC_{A0}W}{v_0}\left(1-\dfrac{\alpha W}{2}\right)}{1+\dfrac{kC_{A0}W}{v_0}\left(1-\dfrac{\alpha W}{2}\right)} \tag{5-38}$$

Para a massa específica de catalisador,

$$\rho_b=\rho_c(1-\phi)=(1923)(1-0{,}45)=1058 \text{ kg/m}^3$$

A massa de catalisador no tubo de 20 m de 1½ polegada, série 40, é

$$W = A_c \rho_b L = (0{,}0013\ \text{m}^2)\left(1058\ \frac{\text{kg}}{\text{m}^3}\right)(20\ \text{m})$$

$$W = 27{,}5\ \text{kg}$$

$$\frac{kC_{A0}W}{v_0} = \frac{12\text{m}^6}{\text{kmol}\cdot\text{kg cat}\cdot\text{h}}\cdot 0{,}1\frac{\text{kmol}}{\text{m}^3}\cdot\frac{27{,}5\ \text{kg}}{7{,}15\ \text{m}^3/\text{h}} = 4{,}6$$

(a) Inicialmente, calcule a conversão para $\Delta P = 0$ (isto é, $\alpha = 0$)

$$X = \frac{\dfrac{kC_{A0}W}{v_0}}{1+\dfrac{kC_{A0}W}{v_0}} = \frac{4{,}6}{1+4{,}6} = 0{,}82 \tag{E5-5.1}$$

$$\boxed{X = 0{,}82}$$

(b) Em seguida, calcule a conversão com queda de pressão. Recorde a Equação (5-29) e substitua a massa específica $\rho_b = (1-\phi)\,\rho_c = 1058\ \text{kg/m}^3$

$$\alpha = \frac{2\beta_0}{P_0 A_c \rho_b} = \frac{2\left(25{,}8\ \dfrac{\text{kPa}}{\text{m}}\right)}{(1013\ \text{kPa})(0{,}0013\text{m}^2)\left(1058\ \dfrac{\text{kg}}{\text{m}^3}\right)} \tag{E5-5.2}$$

$$= 0{,}037\ \text{kg}^{-1}$$

então

$$\left(1-\frac{\alpha W}{2}\right) = 1-\frac{(0{,}037)(27{,}5)}{2} = 0{,}49 \tag{E5-5.3}$$

$$X = \frac{\dfrac{kC_{A0}W}{v_0}\left(1-\dfrac{\alpha W}{2}\right)}{1+\dfrac{kC_{A0}W}{v_0}\left(1-\dfrac{\alpha W}{2}\right)} = \frac{(4{,}6)(0{,}49)}{1+(4{,}6)(0{,}49)} = \frac{2{,}36}{3{,}26} \tag{E5-5.4}$$

$$\boxed{X = 0{,}693}$$

Tome cuidado com projeto subdimensionado!

Vemos que a conversão predita caiu de 82,2% para 69,3% por causa da queda de pressão. Seria não apenas embaraçador, mas também um desastre econômico se tivéssemos negligenciado a queda de pressão e a conversão real tivesse sido significativamente menor.

Betinho

(c) ***Betinho, o Preocupado*** se pergunta: *E se* aumentássemos o tamanho da partícula de catalisador por um fator de 2?
Vamos ajudar Betinho! Vemos, da Equação (E5-4.4), que o segundo termo na equação de Ergun é dominante; isto é,

$$1{,}75G >> \frac{150(1-\phi)\mu}{D_P} \tag{E5-5.5}$$

Portanto, da Equação (5-25),

$$\beta_0 = \frac{G(1-\phi)}{\rho_0 g_c D_P \phi^3}\left[\frac{150(1-\phi)\mu}{D_P} + 1{,}75G\right]$$

temos

$$\beta_0 = \frac{1{,}75G^2(1-\phi)}{\rho_0 g_c D_P \phi^3} \tag{E5-5.6}$$

Vemos, das condições dadas pela Equação (E5-5.6), que o parâmetro da queda de pressão varia inversamente com o diâmetro da partícula

$$\beta_0 \sim \frac{1}{D_P}$$

Aprenderemos mais sobre *Betinho, o Preocupado,* no Capítulo 11 do site da LTC Editora

e, então,

$$\alpha \sim \frac{1}{D_P}$$

Para o Caso 2, dobramos o diâmetro da partícula $D_{P2} = 2\ D_{P1}$

$$\alpha_2 = \alpha_1 \frac{D_{P_1}}{D_{P_2}} = (0{,}037\ \text{kg}^{-1})\frac{1}{2} \tag{E5-5.7}$$

$$= 0{,}0185\ \text{kg}^{-1}$$

Substituindo este novo valor de α na Equação (E5-5.4),

$$X_2 = \frac{(4{,}6)\left(1 - \dfrac{0{,}0185(27{,}5)}{2}\right)}{1 + (4{,}6)\left(1 - \dfrac{0{,}0185(27{,}5)}{2}\right)} = \frac{3{,}43}{4{,}43}$$

$$\boxed{X = 0{,}774}$$

Vemos que a conversão é maior para a partícula maior porque a ΔP é menor.

É importante que sejamos capazes de realizar uma *análise de engenharia* usando o Caso 1 e o Caso 2 e então utilizar a razão entre elas para estimar o efeito da variação dos parâmetros sobre a conversão e operação do reator.

***Análise*:** Como não há variação no número de mols durante esta reação isotérmica em fase gasosa ocorrendo em um PBR, podemos obter uma solução analítica através do nosso algoritmo de ERQ no lugar de utilizar o programa Polymath. Agora, vamos ver o que poderíamos esperar da mudança do diâmetro de partícula das partículas (*pellets*) de catalisador.

Com o aumento do diâmetro da partícula, diminuímos o parâmetro de queda de pressão e, portanto, aumentamos a velocidade de reação e a conversão. Contudo, no Capítulo 10 e no Capítulo 12 do site da LTC Editora, explica-se que quando efeitos de difusão interpartícula são importantes no *pellet* de catalisador, este aumento da conversão com o aumento do tamanho da partícula nem sempre ocorrerá. Para partículas maiores, leva mais tempo para um dado número de moléculas do reagente e do produto se difundirem tanto para o interior quanto para fora da partícula de catalisador quando elas estão reagindo (veja a Figura 10-5). Consequentemente, a velocidade específica de reação diminui com o aumento do tamanho de partícula, $k \sim 1/D_P$ [veja o Capítulo 12 do site da LTC Editora, Equação (12-35)], o que, por sua vez, diminui a conversão (veja a Figura 10-9). Para pequenos diâmetros, a constante de velocidade, k, é grande e alcança seu valor máximo, mas a queda de pressão também é grande, resultando numa pequena velocidade de reação. Com diâmetros de partícula maiores, a queda de pressão é pequena, mas a constante de velocidade, k, é também pequena, assim como a velocidade de reação, resultando em baixa conversão. Portanto, vemos uma baixa conversão tanto para diâmetros de partícula grandes quanto pequenos, com um valor ótimo entre eles. Este valor ótimo é mostrado na Figura E5-5.1.

A variação $k \sim 1/D_P$ é discutida em detalhes no Capítulo 12 do site da LTC Editora. Veja também *Notas de Resumo* no Capítulo 5.

X

Queda de pressão domina

Difusão interna dentro do catalisador domina

$D_{P\ ótimo}$ D_P

Figura E5-5.1 Encontrando o diâmetro ótimo da partícula.

Problemas com tubos de grande diâmetro
(1) Caminho preferencial no leito catalítico
(2) Menor área de troca térmica

Se a queda de pressão deve ser minimizada, *por que não empacotar o catalisador em um tubo de grande diâmetro* para diminuir a velocidade superficial, G, e assim reduzir ΔP? Existem duas razões para *não* aumentar o diâmetro do tubo: (1) Existe uma chance maior de o gás ser canalizado e não entrar em contato com a maior parte do catalisador (*bypass*), resultando em uma menor conversão; (2) a razão entre a área de troca térmica e o volume do reator (massa de catalisador) irá diminuir, dificultando a transferência de calor para reações altamente exotérmicas ou endotérmicas.

Prosseguimos agora com nosso Exemplo 5-6 para combinar queda de pressão com reação em um leito empacotado quando temos variação de volume com a reação e, portanto, não podemos obter uma solução analítica.[6]

Exemplo 5-6 Calculando X em um Reator com Queda de Pressão

Os aspectos econômicos

Os usos

Aproximadamente 8,5 bilhões de libras de óxido de etileno são produzidos nos Estados Unidos. O preço de venda em 2010 era de US$ 0,53 por libra, totalizando um valor comercial de US$ 4,0 bilhões. Mais de 60% do óxido de etileno produzido é utilizado para fabricar etileno glicol. Os principais usos finais do óxido de etileno são como anticongelante (30%), poliéster (30%), surfactantes (10%), e solventes (5%). Queremos calcular a massa de catalisador necessária para alcançar 60% de conversão quando óxido de etileno é produzido pela oxidação catalítica do etileno, com ar, em fase vapor.

$$C_2H_4 + \frac{1}{2}O_2 \longrightarrow \overset{\;\;O}{CH_2\!-\!CH_2}$$

$$A + \frac{1}{2}B \longrightarrow C$$

Etileno e oxigênio são alimentados em proporções estequiométricas a um reator de leito de recheio operado isotermicamente a 260ºC. O etileno é alimentado a uma vazão molar de 136,2 mol/s, a uma pressão de 10 atm (1013 kPa). Propõe-se utilizar 10 feixes de tubos série 40 de 1½ polegada de diâmetro empacotados com catalisador, com 100 tubos por feixe. Consequentemente, a vazão molar em cada tubo será 0,1362 mol/s. As propriedades do fluido reagente são consideradas idênticas às do ar nesta temperatura e pressão. A massa específica das partículas de catalisador de ¼ de polegada é 1925 kg/m³, a porosidade do leito é 0,45, e a massa específica do gás é 16 kg/m³. A lei de velocidade é

$$-r'_A = kP_A^{1/3}P_B^{2/3} \qquad \text{mol/kgcat}\cdot s$$

com

$$k = 0{,}00392\,\frac{\text{mol}}{\text{atm}\cdot\text{kgcat}\cdot\text{s}} \text{ a } 260°\text{C}$$

A massa específica de catalisador, o tamanho de partícula, a massa específica do gás, a porosidade do leito, a área de seção transversal do tubo, e a velocidade superficial são os mesmos do Exemplo E5-4. Consequentemente, estamos com sorte. Por que estamos com sorte? Porque não temos que calcular os parâmetros de queda de pressão β_0 e α, porque eles são os mesmos já calculados no Exemplo 5-4, e utilizaremos estes valores, isto é, β_0 = 25,8 atm/m e α = 0,0367 kg⁻¹, neste exemplo.

Solução

1. Balanço Molar Diferencial:

$$\boxed{F_{A0}\frac{dX}{dW} = -r'_A} \qquad \text{(E5-6.1)}$$

2. Lei de Velocidade:

$$-r'_A = kP_A^{1/3}P_B^{2/3} = k(C_ART)^{1/3}(C_BRT)^{2/3} \qquad \text{(E5-6.2)}$$

$$= kRTC_A^{1/3}C_B^{2/3} \qquad \text{(E5-6.3)}$$

[6]*Ind. Eng. Chem.*, *45*, 234 (1953).

O algoritmo

3. **Estequiometria.** Fase gasosa, isotérmico, $v = v_0(1 + \varepsilon X)(P_0/P)$:

$$C_A = \frac{F_A}{v} = \frac{C_{A0}(1-X)}{1+\varepsilon X}\left(\frac{P}{P_0}\right) = \frac{C_{A0}(1-X)y}{1+\varepsilon X} \quad \text{em que } y = \frac{P}{P_0} \tag{E5-6.4}$$

$$C_B = \frac{F_B}{v} = \frac{C_{A0}(\Theta_B - X/2)}{1+\varepsilon X}\,y \tag{E5-6.5}$$

Para alimentação estequiométrica $\Theta_B = \dfrac{F_{B0}}{F_{A0}} = \dfrac{1}{2}$

$$C_B = \frac{C_{A0}\,(1-X)}{2\;(1+\varepsilon X)}\,y$$

Para operação isotérmica, a Equação (5-30) torna-se

$$\frac{dy}{dW} = -\frac{\alpha}{2y}(1+\varepsilon X) \tag{E5-6.6}$$

4. **Combinando** a lei de velocidade e concentrações:

Podemos avaliar a etapa de **combinação**

1. Analiticamente
2. Graficamente
3. Numericamente, ou
4. Utilizando programas de computador

$$-r_A' = kRT_0\left[\frac{C_{A0}(1-X)}{1+\varepsilon X}(y)\right]^{1/3}\left[\frac{C_{A0}(1-X)}{2(1+\varepsilon X)}(y)\right]^{2/3} \tag{E5-6.7}$$

Fatorando $(1/2)^{2/3}$, e lembrando que $P_{A0} = C_{A0}RT_0$, podemos simplificar a Equação (E5-6.7) para

$$\boxed{-r_A' = k'\left(\frac{1-X}{1+\varepsilon X}\right)y} \tag{E5-6.8}$$

em que $k' = kP_{A0}\left(\frac{1}{2}\right)^{2/3} = 0{,}63kP_{A0}$

5. **Avaliação de parâmetro por tubo** (isto é, divida a taxa de alimentação por 1000):

Etileno: $F_{A0} = 0{,}1362$ mol/s

Oxigênio: $F_{B0} = 0{,}068$ mol/s

Inertes (N_2): $F_I = 0{,}068 \text{ mol/s} \times \dfrac{79 \text{ mol } N_2}{21 \text{ mol } O_2} = 0{,}256 \dfrac{\text{mol}}{\text{s}}$

Resumo: $F_{T0} = F_{A0} + F_{B0} + F_I = 0{,}460 \dfrac{\text{mol}}{\text{s}}$

$$y_{A0} = \frac{F_{A0}}{F_{T0}} = \frac{0{,}1362}{0{,}460} = 0{,}30$$

$$\varepsilon = y_{A0}\delta = (0{,}3)\left(1 - \frac{1}{2} - 1\right) = -0{,}15$$

$$P_{A0} = y_{A0}P_0 = 3{,}0 \text{ atm}$$

em que

$$k' = kP_{A0}\left(\frac{1}{2}\right)^{2/3} = 0{,}00392\,\frac{\text{mol}}{\text{atm kg cat}\cdot\text{s}} \times 3\text{atm} \times 0{,}63 = 0{,}0074\,\frac{\text{mol}}{\text{kg cat}\cdot\text{s}}$$

Como salientado no enunciado do problema, $\beta_0 = 25{,}8$ kPa/m e $\alpha = 0{,}0367$ kg^{-1}

6. **Resumo.** Combinando as Equações (E5-6.1) e (E5-6.8) e resumindo os resultados, temos:

$$\frac{dX}{dW} = \frac{-r'_A}{F_{A0}} \quad \text{(E5-6.9)}$$

$$\frac{dy}{dW} = -\alpha\frac{(1+\varepsilon X)}{2y} \quad \text{(E5-6.10)}$$

$$r'_A = -\frac{k'(1-X)}{1+\varepsilon X}y$$

$$k' = 0{,}0074\left(\frac{\text{mol}}{\text{kg}\cdot\text{s}}\right) \quad \text{(E5-6.11)}$$

$$F_{A0} = 0{,}1362\left(\frac{\text{mol}}{\text{s}}\right) \quad \text{(E5-6.12)}$$

$$\alpha = 0{,}0367\left(\text{kg}^{-1}\right) \quad \text{(E5-6.13)}$$

$$\varepsilon = -0{,}15 \quad \text{(E5-6.14)}$$

Estimamos que a massa final de catalisador para alcançar 60% de conversão será de 27 kg.

$$W_f = 27 \text{ kg}$$

Temos as condições de contorno $W = 0$, $X = 0$, $y = 1{,}0$, e $W_f = 27$ kg. Neste caso, estamos inicialmente supondo que o limite superior de integração será 27 kg, com a expectativa de que alcançaremos 60% de conversão no *interior* deste leito catalítico. Se não conseguirmos conversão de 60%, assumiremos um valor maior e refaremos os cálculos.

Exemplos de programas em Polymath e em MATLAB podem ser carregados diretamente do site da LTC Editora (veja a Introdução).

Um grande número de programas de computador para resolver equações diferenciais ordinárias (isto é, *solvers* para EDOs), que são extremamente amigáveis, estão agora disponíveis. Neste livro, utilizaremos o Polymath[7] para resolver os exemplos aqui apresentados. Com o Polymath, basta entrar com as Equações (E5-6.9) e (E5-6.10) e os valores correspondentes dos parâmetros [Equações (5-6.11) a (5-6.14)] no programa de computador, com as condições de contorno, e elas são resolvidas e mostradas como nas Figuras E5-6.1 e E5-6.2. As Equações (E5-6.9) e (E5-6.10) são entradas como equações diferenciais e os valores dos parâmetros são fornecidos utilizando-se equações explícitas. A lei de velocidade de reação pode ser fornecida como uma equação explícita para que se possa gerar um gráfico da velocidade de reação na medida em que ela muda ao longo do reator, utilizando funções gráficas do Polymath. O site da LTC Editora contém os arquivos dos programas com solução Polymath e MATLAB de todos os problemas usados como exemplo, assim como um exemplo utilizando AspenTech. Consequentemente, você pode carregar o programa Polymath diretamente do site, que contém as Equações (E5-6.9) a (E5-6.14), e rodar o programa para diferentes valores dos parâmetros.

Também é interessante observar o que acontece com a vazão volumétrica ao longo do reator. Recorde a Equação (4-23),

$$v = v_0(1+\varepsilon X)\frac{P_0}{P}\frac{T}{T_0} = \frac{v_0(1+\varepsilon X)(T/T_0)}{P/P_0} \quad \text{(4-23)}$$

A vazão volumétrica aumenta com o aumento da queda de pressão.

Façamos f a razão entre a vazão volumétrica, v, e a vazão volumétrica de alimentação, v_0, para qualquer ponto ao longo do reator. Para operação isotérmica, a Equação (4-23) torna-se

$$f = \frac{v}{v_0} = \frac{1+\varepsilon X}{y} \quad \text{(E5-6.15)}$$

O programa Polymath e o resultado de sua saída são mostrados nas Figuras E5-6.1 e E5-6.2.

[7]Desenvolvido pelo Professor M. Cutlip, da University of Connecticut, e pelo Professor M. Shacham, da Ben Gurion University. Disponibilizado pela CACHE Corporation, P.O. Box 7939, Austin, TX 78713, USA.

TABELA E5-6.1 PROGRAMA POLYMATH

(Informações de como obter e carregar o software Polymath podem ser encontradas no Apêndice E. Tutoriais podem ser encontrados na página de entrada do site da LTC Editora para este livro em "Problemas Exemplo de Simulação (Living Examples)", Polymath.)

Problema Exemplo de Simulação

RELATÓRIO EDO (STIFF)

Equações diferenciais

1 d(X)/d(W) = -raprime/Fao

2 d(y)/d(W) = -alpha*(1+eps*X)/2/y

Equações explícitas

1 eps = -0,15

2 kprime = 0,0074

3 Fao = 0,1362

4 alpha = 0,0367

5 raprime = -kprime*(1-X)/(1+eps*X)*y

6 f = (1+eps*X)/y

7 rate = -raprime

Figura E5-6.1 Programa Polymath.

Valores calculados das variáveis das EDs

	Variável	Valor inicial	Valor mínimo	Valor máximo	Valor final
1	alpha	0,0367	0,0367	0,0367	0,0367
2	eps	-0,15	-0,15	-0,15	-0,15
3	f	1	1	3,31403	3,31403
4	Fao	0,1362	0,1362	0,1362	0,1362
5	kprime	0,0074	0,0074	0,0074	0,0074
6	raprime	-0,0074	-0,0074	-0,0007504	-0,0007504
7	rate	0,0074	0,0007504	0,0074	0,0007504
8	W	0	0	27	27
9	X	0	0	0,6639461	0,6639461
10	y	1	0,2716958	1	0,2716958

Figura E5-6.2 Saída dos resultados numéricos.

$f = v/v_0$
$y = P/P_0$

(a)

Exemplo 5-6 Reator de Leito de Recheio com Queda de Pressão

x
y
f

W (kg)

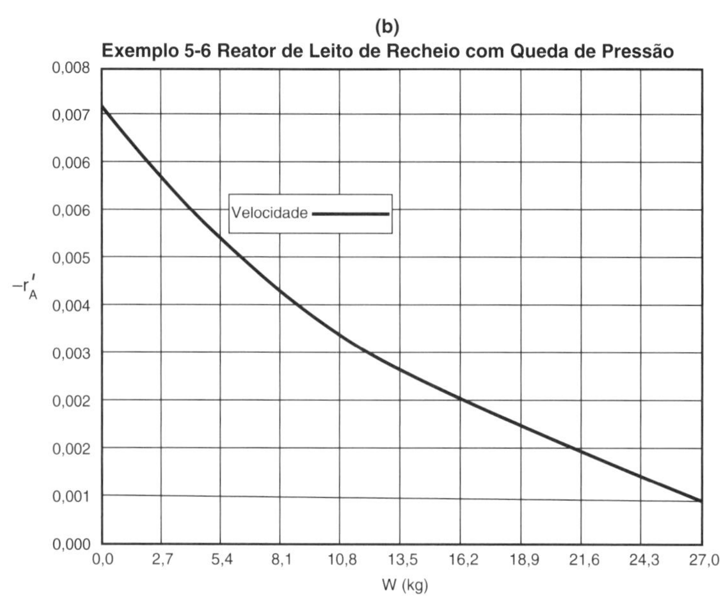

Figura E5-6.3 Saída em forma gráfica do Polymath.

Para todos os Problemas Exemplos de Simulação, os programas Polymath e MATLAB podem ser carregados diretamente do site da LTC Editora (veja a Introdução).

Efeito do catalisador adicionado na conversão

A Figura E5-6.3(a) mostra X, y (isto é, $y = P/P_0$), e f ao longo do comprimento do reator. Vemos que tanto a conversão quanto a vazão volumétrica aumentam ao longo do reator, enquanto a pressão diminui. A Figura E5-6.3(b) mostra como a velocidade de reação ($-r'_A$) diminui na medida em que progredimos no reator. Para reações em fase gasosa com ordens maiores do que zero, a diminuição da pressão causará uma diminuição da velocidade de reação em relação ao caso sem queda de pressão.

Tanto do perfil de conversão (mostrado na Figura E5-6.3) quanto da tabela de resultados do Polymath (não mostrada no texto, mas disponível no site da LTC Editora), encontramos 60% de conversão com 20 kg de catalisador em cada tubo.

Podemos observar, da Figura E5-6.3, que a massa de catalisador necessária para aumentar a conversão do último 1%, de 65% para 66% (0,9 kg) é 8,5 vezes maior do que aquela necessária para aumentar 1% de conversão na entrada do reator. Vê-se também que durante o aumento dos últimos 5% de conversão a pressão cai de 3,8 atm para 2,3 atm.

Esta massa de catalisador, de 20 kg/tubo, corresponde a uma queda de pressão de aproximadamente 5 atm. Se tivéssemos, erroneamente, desprezado a queda de pressão, a massa de catalisador encontrada pela integração da Equação (E5-6.9) com $y = 1$ daria

Desprezar a queda de pressão resulta em um projeto pobre (neste caso, 53% vs. 60% de conversão)

$$W = \frac{F_{A0}}{k'}\left[(1+\varepsilon)\ln\left(\frac{1}{1-X}\right) - \varepsilon X\right] \tag{E5-6.16}$$

$$= \frac{0,1362}{0,0074} \times \left[(1-0,15)\ln\frac{1}{1-0,6} - (-0,15)(0,6)\right] \tag{E5-6.17}$$

= 16 kg de catalisador por tubo (desprezando a queda de pressão)

Embaraçador!

***<u>Análise</u>*:** Se tivéssemos utilizado esses 16 kg de catalisador por tubo em nosso reator, a massa de catalisador seria insuficiente para atingir a conversão desejada. Para esses 16 kg de catalisador, a Figura E5-6.3(a) mostra que, para o caso com queda de pressão, apenas 53% de conversão seriam alcançados, e isso seria embaraçador. Ao chegar a esta conclusão salva-emprego aplicamos o algoritmo de ERQ para reações em fase gasosa com uma mudança no número total de mols conduzidas em um PBR. A única pequena mudança em relação ao exemplo anterior é que tivemos que utilizar o programa Polymath para combinar e resolver todas as etapas para obter os perfis de velocidade de reação ($-r'_A$), conversão (X), razão de pressão (P/P_0) e razão de vazão volumétrica (f) como uma função da massa de catalisador ao longo do comprimento do PBR.

5.6 Sintetizando uma Indústria Química

Material de Referência

Sintetizando uma indústria química

Sempre questione as hipóteses, restrições e limites do problema.

Um estudo cuidadoso das várias reações, reatores e vazões molares dos reagentes e produtos utilizados nos problemas exemplos neste capítulo revela que eles podem ser arranjados para formar uma planta industrial que produza 200 milhões de libras de etileno glicol a partir de 402 milhões de libras por ano de etano como matéria-prima. O fluxograma com o arranjo dos reatores, juntamente com as vazões molares das correntes, é mostrado na Figura 5-9. Aqui, 0,425 lb-mol/s de etano é alimentado a 100 reatores de escoamento uniforme tubulares conectados em paralelo. O volume total é 81 ft^3 para produzir 0,34 lb-mol/s de etileno (veja o Exemplo 5-3). A mistura reagente é então alimentada a uma unidade de separação na qual 0,04 lb-mol/s de etileno perde-se no processo de separação, nas correntes de etano e hidrogênio que saem do separador. Este processo fornece uma vazão molar de etileno de 0,3 lb-mol/s, que entra em um reator catalítico de leito fixo, juntamente com 0,15 lb-mol/s de O_2 e 0,564 lb-mol/s de N_2. São produzidos 0,18 lb-mol/s de óxido de etileno (veja o Exemplo 5-6) nos 1000 tubos arranjados em paralelo e recheados com partículas de catalisador recobertas com prata. Uma conversão de 60% é alcançada em cada tubo e a massa total de catalisador, considerando todos os tubos, é de 44.500 lb_m. A corrente efluente do reator é passada por um separador onde se perde 0,03 lb-mol/s de óxido de etileno. A corrente de óxido de etileno é então colocada em contato com água em um absorvedor de gás para produzir uma solução de 1 lb-mol/ft^3 de óxido de etileno em água. No processo de absorção, 0,022 lb-mol/s de óxido de etileno é perdido. A solução de óxido de etileno é alimentada a um CSTR de 197 ft^3, juntamente com uma solução de 0,9% em peso de H_2SO_4, para produzir etileno glicol a uma vazão de 0,102 lb-mol/s (veja o Exemplo 5-2). Esta vazão é aproximadamente equivalente a 200 milhões de libras de etileno glicol por ano.

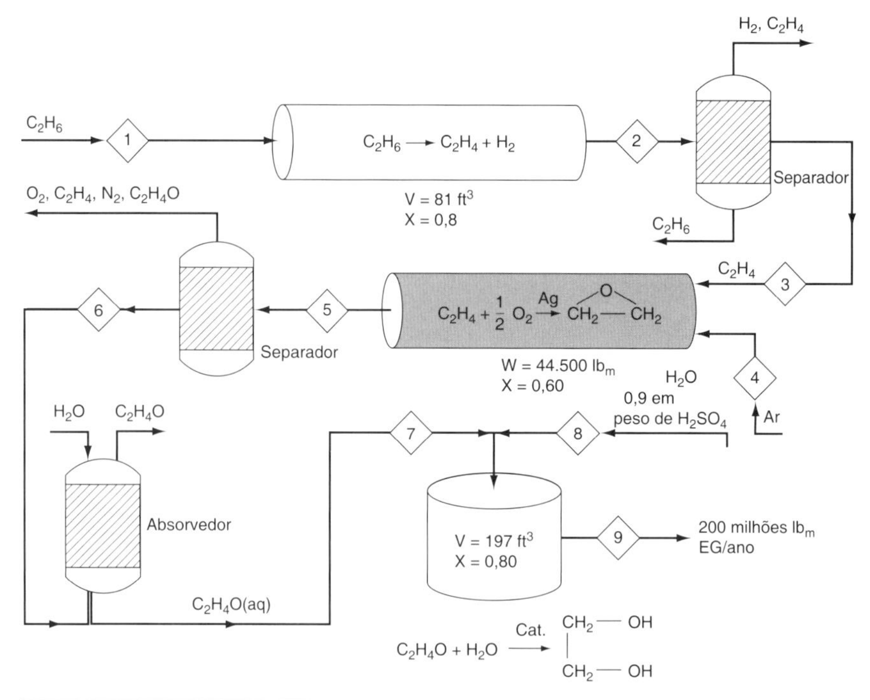

Corrente	Componente[a]	Vazão (lb mol/s)	Corrente	Componente[a]	Vazão (lb mol/s)
1	C_2H_6	0,425	6	OE	0,150
2	C_2H_4	0,340	7	OE	0,128
3	C_2H_4	0,300	8	H_2O	0,443
4	Ar	0,714	9	EG	0,102
5	OE	0,180			

[a]EG, etileno glicol; OE, óxido de etileno.

Figura 5-9 Produção de etileno glicol.

O lucro de uma instalação química será a diferença entre a receita obtida com as vendas e o custo para fabricar os produtos químicos. Uma fórmula aproximada pode ser

$$\begin{aligned}\text{Lucro} &= \text{Valor dos produtos} - \text{Custo dos reagentes}\\ &\quad - \text{Custos operacionais} - \text{Custos de separação}\end{aligned}$$

$$$$

Os custos operacionais incluem custos tais como energia, mão de obra, encargos diversos, e depreciação do equipamento. Você aprenderá mais sobre estes custos na disciplina de projetos de seu curso de graduação. Enquanto a maioria, senão todas, as correntes provenientes dos separadores podem ser recicladas, vamos considerar qual seria o lucro se essas correntes não fossem recuperadas. Vamos também, de forma conservadora, estimar que as despesas de operação e outros gastos sejam da ordem de US$ 12 milhões por ano e calcular o lucro. Seu professor de projetos poderia lhe fornecer números mais apropriados. Em 2006 os preços do etano, ácido sulfúrico e etileno glicol eram US$ 0,17, US$ 0,15 e US$ 0,69 por libra, respectivamente. Veja *www.chemweek.com* para preços atuais.

Para uma alimentação de 400 milhões de libras por ano e produção de 200 milhões de libras de etileno glicol por ano. O lucro está mostrado na Tabela 5-4.

TABELA 5-4 LUCROS

$$\text{Lucro} = \left[\overbrace{\left(\frac{\text{US\$0,69}}{\text{lb}_m} \times 2 \times 10^8 \, \frac{\text{lb}_m}{\text{ano}} \right)}^{\text{Valor do etileno glicol}} = \overbrace{\left(\frac{\text{US\$0,17}}{\text{lb}_m} \times 4 \times 10^8 \, \frac{\text{lb}_m}{\text{ano}} \right)}^{-\ \text{Custo do etano}} \right.$$

$$\left. - \overbrace{\left(\frac{\text{US\$0,15}}{\text{lb}_m} \times 2{,}26 \times 10^6 \, \frac{\text{lb}_m}{\text{ano}} \right)}^{-\ \text{Custo do ácido sulfúrico}} - \overbrace{\text{US\$12.000.000}}^{-\ \text{Custos operacionais}} \right]$$

$$= \text{US\$138.000.000} - \text{US\$68.000.000} - 340.000 - \text{US\$12.000.000}$$

$$\cong \text{US\$57,7 milhões}$$

Você aprenderá mais sobre economia relacionada a processos químicos em suas aulas de projetos.

Usando US$ 58 milhões por ano como uma estimativa grosseira de lucro, você pode agora fazer diferentes aproximações sobre a conversão, separações, correntes de reciclo e custos operacionais para aprender como elas afetam o lucro.

Encerramento. Este capítulo apresenta o coração da engenharia de reações químicas para reatores isotérmicos. Depois de estudar este capítulo, o leitor deverá ser capaz de aplicar os blocos de construção do algoritmo

O Algoritmo de ERQ

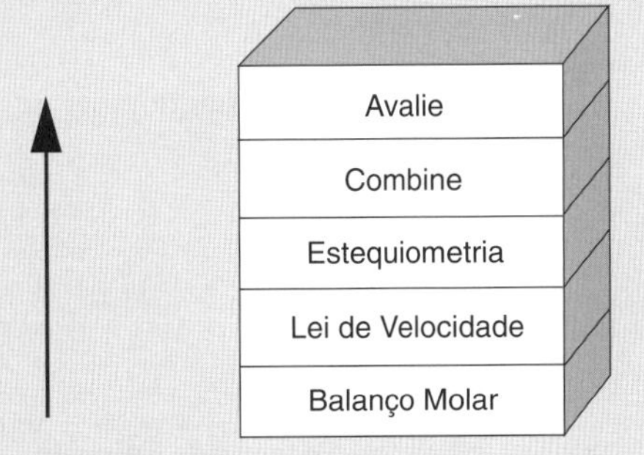

para quaisquer dos reatores discutidos neste capítulo: reator batelada, CSTR, PFR e PBR. O leitor deverá ser capaz de levar em consideração a queda de pressão e descrever os efeitos das variáveis do sistema tais como tamanho de partícula de catalisador na conversão de um PBR, e explicar por que existe um ótimo na conversão quando o tamanho da partícula de catalisador é variado. O leitor deverá ser capaz de usar conversão para resolver problemas de engenharia de reações químicas. Finalmente, depois de estudar este capítulo, o leitor deverá ser capaz de resolver os problemas do Exame do Conselho Profissional de Engenheiros da Califórnia em aproximadamente 30 minutos [cf. P15B a P20B] e diagnosticar e resolver problemas de mau funcionamento de reatores [cf. P5-8_B].

RESUMO

1. **Algoritmo de solução**
   a. **Balanços Molares** (CSTR, PFR, PBR):

$$N_{A0}\frac{dX}{dt} = -r_A V, \quad V = \frac{F_{A0}X}{-r_A}, \quad F_{A0}\frac{dX}{dV} = -r_A, \quad F_{A0}\frac{dX}{dW} = -r'_A \qquad \text{(R5-1)}$$

b. Lei de Velocidade. Por exemplo:

$$-r'_A = kC_A^2 \tag{R5-2}$$

c. Estequimetria: $A + \frac{b}{a}B \rightarrow \frac{c}{a}C + \frac{d}{a}D$

(1) *Fase líquida*: $v = v_0$

$$C_A = C_{A0}(1 - X) \tag{R5-3}$$

(2) *Fase gasosa*: $v = v_0(1 + \varepsilon X)\left(\frac{P_0}{P}\right)\left(\frac{T}{T_0}\right)$

$$f = v/v_0 \tag{R5-4}$$

$$C_A = \frac{F_A}{v} = \frac{F_{A0}(1-X)}{v} = \frac{F_{A0}(1-X)}{v_0(1+\varepsilon X)}\left(\frac{P}{P_0}\right)\frac{T_0}{T} = C_{A0}\left(\frac{1-X}{1+\varepsilon X}\right)y\,\frac{T_0}{T} \tag{R5-5}$$

Para um **PBR**

$$\frac{dy}{dW} = -\frac{\alpha(1+\varepsilon X)}{2y}\left(\frac{T}{T_0}\right) \tag{R5-6}$$

$$\alpha = \frac{2\beta_0}{A_c(1-\phi)\rho_c P_0} \quad \text{e} \quad \beta_0 = \frac{G(1-\phi)}{\rho_0 g_c D_p \phi^3}\left[\frac{150(1-\phi)\mu}{D_p} + 1{,}75G\right]$$

Massa específica variável com $\varepsilon = 0$ e $\varepsilon X << 1$ e operação isotérmica:

IFF ε = 0

$$\frac{P}{P_0} = (1 - \alpha W)^{1/2} \tag{R5-7}$$

d. Combinando a lei de velocidade e estequiometria para operação isotérmica em um PBR

$$\textit{Líquido}: \quad -r'_A = kC_{A0}^2(1-X)^2 \tag{R5-8}$$

$$\textit{Gás}: \quad -r'_A = kC_{A0}^2\frac{(1-X)^2}{(1+\varepsilon X)^2}y^2 \tag{R5-9}$$

e. Técnicas de **Solução**:

(1) Integração numérica – regra de Simpson
(2) Tabela de integrais
(3) Programas de computador
  (a) Polymath
  (b) MATLAB

Um programa para resolver EDOs (por exemplo, Polymath) combinará todas as equações para você.

ALGORITMO PARA RESOLVER EDOs

Quando utilizamos um pacote de programas para resolução de equações diferenciais ordinárias (EDOs) tais como Polymath ou MATLAB, normalmente é mais fácil deixar os balanços molares, leis de velocidade e concentrações como equações separadas do que combiná-las em uma única equação, como fizemos para obter uma solução analítica. Escrevendo as equações separadamente, deixamos para o computador a tarefa de combiná-las e produzir uma solução. As formulações para um reator de leito de recheio com queda de pressão são dadas abaixo para uma reação elementar reversível conduzida isotermicamente.

Fase Gasosa Reversível

$$A + B \rightleftarrows 3C$$

Reator de Leito de Recheio

$$\frac{dX}{dW} = \frac{-r'_A}{F_{A0}} \qquad k = 1000(\text{dm}^3/\text{mol})/\text{min/kg}$$

$$r'_A = -k\left[C_A C_B - \frac{C_C^3}{K_C}\right] \qquad \alpha = 0{,}01\ \text{kg}^{-1}$$

$$\theta_B = 2{,}0$$

$$\varepsilon = 0{,}33$$

$$C_A = C_{A0}\frac{1-X}{1+\varepsilon X}y \qquad C_{A0} = 0{,}01\ \text{mol/dm}^3$$

$$C_B = C_{A0}\frac{\theta_B - X}{1+\varepsilon X}y \qquad F_{A0} = 15{,}0\ \text{mol/min}$$

$$K_C = 0{,}05\ \text{mol/dm}^3$$

$$C_C = \frac{3C_{A0}X}{(1+\varepsilon X)}y \qquad W_{\text{final}} = 90\ \text{kg}$$

$$\frac{dy}{dW} = -\frac{\alpha(1+\varepsilon X)}{2y}$$

(em que $y = P/P_0$)

O Polymath combinará e resolverá as equações acima e então permitirá a você plotar as variáveis (por exemplo, y, $-r'_A$, C_A) como uma função de W, ou uma em relação à outra. A solução Polymath para as equações anteriores é dada no site da LTC Editora no **Capítulo 5** das ***Notas de Resumo***.

MATERIAL NO SITE DA LTC EDITORA

Módulos da Web

- **Recursos de Aprendizagem**
  1. *Sumário das Notas de Aula*
  2. *Módulos Web*
     A. Terras com Banhados
     B. Reatores de Membrana
     C. Destilação Reativa
     D. Reatores em Fase Aerossol
  3. *Módulos Computacionais Interativos*
     A. Mistério do Assassinato

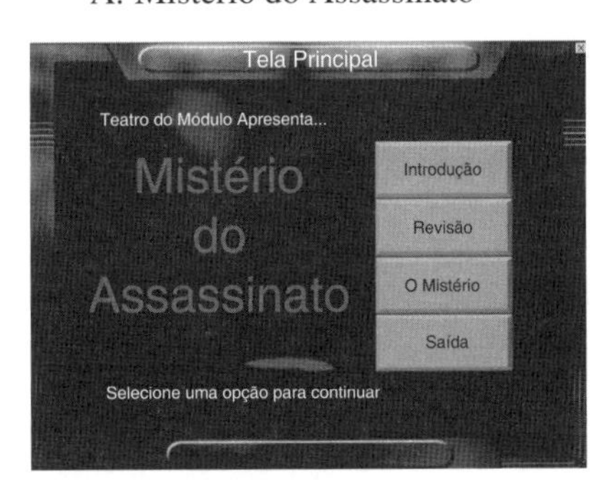

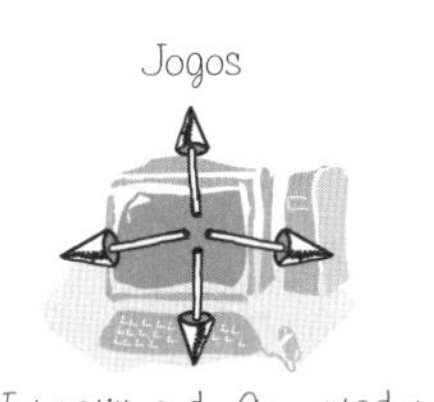

     B. Solução AspenTech para o Problema 5-3

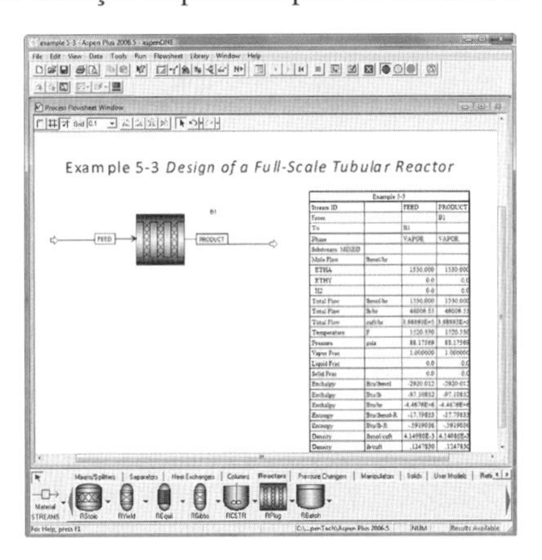

     C. Módulos para Reatores de Laboratório

     Os Módulos a seguir para Reatores de Laboratório (*Lab Modules*) que estão no site foram desenvolvidos pelo Professor Richard Herz, do Departamento de Engenharia Química da Universidade da Califórnia, San Diego. Eles são protegidos pela lei de direitos autorais, e de propriedade intelectual da UCSD e do Professor Hertz, e utilizados aqui com permissão dos autores.

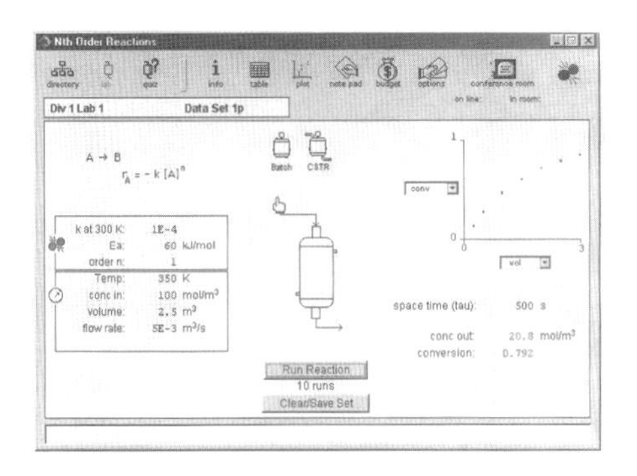

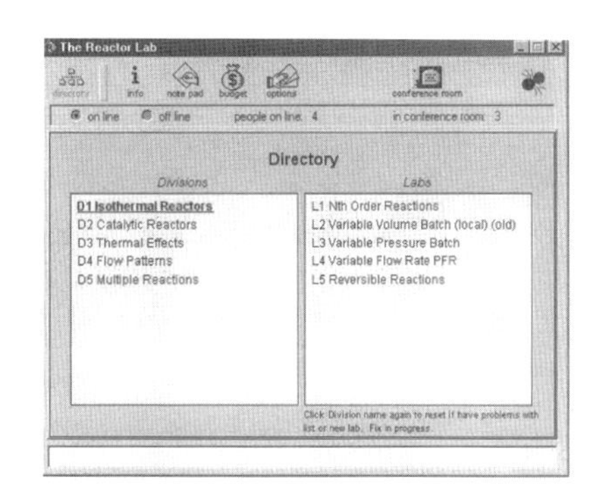

Problemas Resolvidos

4. *Problemas Resolvidos*
   A. Um cavalheiro de aparência sinistra está interessado em produzir perclorato de metila em um reator batelada. O reator tem uma lei de velocidade estranha e preocupante [*ECRE*, 2. ed., P4-28]
   B. Solução para Problema do Exame de Registro Profissional da Califórnia
   C. Dez tipos de Exercícios: 20 Problemas Resolvidos
5. *Analogia dos Algoritmos de ERQ com um Menu de um Restaurante Fino Francês*
6. *Algoritmo para Reação em Fase Gasosa*

- **Exemplo de Problemas de Simulação**

Problema Exemplo de Simulação

1. *Exemplo 5-6 Calculando a Conversão em um Reator com Queda de Pressão*
2. Solução AspenTech para o *Problema Exemplo 5-3*

- **Arquivo de Referência Profissional**

R5.1 *Reatores de Leito de Recheio Esféricos*

Quando pequenas partículas ou *pellets* de catalisador são necessárias, a queda de pressão pode ser significativa. Um tipo de reator que minimiza a queda de pressão, sendo também de baixo custo de construção, é o *reator esférico* aqui mostrado. Neste reator, chamado de *ultrarreformador*, são conduzidas reações de desidrogenação, tais como

$$\text{Parafina} \longrightarrow \text{Aromático} + 3H_2$$

R5.2 *Reatores com Reciclo*

Engenharia verde

Reatores com reciclo são utilizados (1) quando a conversão de produtos indesejados (tóxicos) é requerida e eles são reciclados até a extinção, (2) a reação é autocatalítica, ou (3) é necessário que se mantenha operação isotérmica. Para projetar reatores com reciclo, simplesmente seguimos o procedimento desenvolvido neste capítulo, e então completamos o projeto com alguns cálculos adicionais.

QUESTÕES E PROBLEMAS

O subíndice de cada um dos problemas numerados indica o grau de dificuldade: A, mais fácil; D, mais difícil.

A = ● B = ■ C = ◆ D = ◆◆

Em cada uma das questões e problemas abaixo, em vez de apenas assinalar a sua resposta, escreva uma sentença ou duas descrevendo como você resolveu o problema, as hipóteses que você formulou, a coerência de sua resposta, o que você aprendeu, e qualquer outro fato que você queira acrescentar. Talvez você queira consultar os livros de W. Strunk e E. B. White, *The Elements of Style*, 4. ed. (New York: Macmillan, 2000), e Joseph M. Williams, *Style: Ten Lessons in Clarity & Grace*, 6. ed. (Glenview, IL: Scott, Foresman, 1999),* para melhorar a qualidade de suas sentenças.

P5.1$_A$ Leia todos os problemas até o final deste capítulo. Construa e resolva um problema *original* baseado no material deste capítulo. (**a**) Utilize dados e reações reais da literatura. (**b**) Sugira uma reação e seus dados. (**c**) Utilize um exemplo do cotidiano (por exemplo, fazer torrada ou cozinhar espaguete). Na preparação do seu problema original, primei-

*Para referências em Português, recomendam-se *Curso de Redação*, de Antônio Suárez de Abreu, 12. ed. (Editora Ática, São Paulo, 2003), e *Manual de Redação e Estilo*, de Eduardo Martins (Editora Moderna, São Paulo, 1997). (N.T.)

ramente faça uma lista dos princípios que você deseja abordar e por que o problema é importante. Pergunte a você mesmo como seu exemplo será diferente daqueles do texto ou da aula. Outras coisas que você deve considerar quando escolher um problema são a relevância, o interesse, o impacto da solução, o tempo requerido para obter uma solução, e o grau de dificuldade. Folheie alguns periódicos para obtenção de dados, ou obtenha algumas ideias para reações industriais importantes, ou para novas aplicações dos princípios de engenharia de reatores químicos (meio ambiente, processamento de alimentos, etc.). No final do problema e sua solução, descreva o processo criativo usado para gerar a ideia para o problema. (**d**) Formule uma questão baseada no material deste capítulo que requeira pensamento crítico. Explique por que sua questão necessita de pensamento crítico. [Dica: Veja o Prefácio, Seção B.2.] (**e**) Ouça os áudios do site da LTC Editora, Notas de Aula, escolha uma e descreva como você poderia explicá-la de forma diferente.

P5-2$_B$ **E se...** você fosse solicitado a explorar os problemas exemplos deste capítulo para aprender os efeitos da variação de diferentes parâmetros? Esta análise de sensibilidade pode ser conduzida tanto baixando os exemplos da Web, fornecidos para este livro. Para cada um dos problemas exemplos que você investigar, escreva um parágrafo descrevendo suas descobertas.

Antes de resolver os problemas, formule ou esquematize qualitativamente os resultados e tendências esperados.

(**a**) **Exemplo 5-1.** Qual seria o erro em k se o reator batelada estivesse apenas 80% cheio, com as mesmas concentrações de reagentes, em vez de estar completamente cheio, como no exemplo? Que generalizações você pode tirar deste exemplo?

(**b**) **Exemplo 5-2.** (1) Que conversão seria atingida se três reatores CSTRs de 800 galões fossem arranjados em série? Em paralelo, com a alimentação igualmente dividida? (2) Quais são as vantagens e desvantagens de adicionar este terceiro reator? (3) Mostre que para n reatores CSTR de igual tamanho, V_i, arranjados em paralelo, com alimentação igual em cada um deles, $F_{Ai0} = F_{A0}/n$, a conversão alcançada em qualquer um dos reatores será idêntica àquela alcançada se o reator fosse alimentado por uma única corrente, $F_{A0} = nF_{Ai0}$, a um único grande reator de volume $V = nV_i$.

(**c**) **Exemplo 5-3.** Como o volume de seu reator e o número de reatores mudariam se você precisasse de apenas 50% de conversão para produzir 200 milhões de libras por ano? Que generalizações você pode fazer a partir deste exemplo?

(**d**) **Exemplo 5-4.** Como a queda de pressão e os parâmetros de queda de pressão, α e β_0, mudariam se o tamanho de partícula fosse reduzido de 25%? Plote α como uma função de ϕ, mantendo constantes os outros parâmetros do exemplo. Que generalizações você pode fazer a partir deste exemplo?

(**e**) **Exemplo 5-5.** Qual seria o volume do reator para $X = 0{,}8$ se a pressão fosse aumentada por um fator de 10, assumindo que todas as outras condições permanecem inalteradas? Plote e analise $-r_A$ como função de V. Que generalizações você pode fazer a partir deste exemplo?

(**f**) **Exemplo 5-6.** Carregue o *Problema Exemplo de Simulação 5-6* do site da LTC Editora. De quanto mudará a massa de catalisador se a pressão for aumentada por um fator de 5 e o tamanho da partícula diminuído por um fator de 5 (lembre-se de que α é também uma função de P_0)? Utilize gráficos e figuras para descrever seus resultados.

(**g**) **Exemplo 5-3 *AspenTech*.** (1) Usando $F_{A0} = 0{,}425$ lb_m mol/s, execute a simulação no AspenTech para 1000 K e para 1200 K, e compare com os resultados obtidos para temperatura especificada de 1100 K. (2) Explore o que uma pequena variação na energia de ativação pode fazer, mudando E de 82 kcal/mol para 74 kcal/mol e então para 90 kcal/mol, e compare seus resultados com o caso base de 82 kcal/mol. (3) Dobre tanto a vazão de A quanto a pressão, e descreva o que você encontrou.

(**h**) Como seus lucros/números mudariam na Tabela 5-4 se você utilizasse os preços dados a seguir, relativos ao ano de 2010? Etileno glicol: US$ 0,54/kg, etileno: US$ 0,76/kg, óxido de etileno: US$ 1,17/kg, etano: US$ 0,31/kg, ácido sulfúrico: US$ 0,10/kg (98% em peso), e propileno glicol: US$ 1,70/kg. O que isto lhe diz?

Vídeo do YouTube

(**i**) **Aprenda uma Nova Dança.** Veja o vídeo do YouTube (*www.youtube.com*) produzido pelos estudantes de engenharia de reações químicas da Universidade do Alabama, intitulado *CSTR*, para a música YMCA. Digite "chemicalreactor" para restringir sua busca. Você pode também acessar o vídeo diretamente a partir do *link* fornecido nas *Notas de Resumo* do Capítulo 5; no website, conteúdo em inglês, (*www.umich.edu/~essen*), role a barra de rolagem até encontrar no YouTube "CSTR".

(j) **Carregue o Laboratório de Reatores (Reactor Lab)** no seu computador e abra o módulo *D1 Reatores Isotérmicos* (*Isothermal Reactors*). Instruções detalhadas, com imagens das telas de computador, são dadas nas *Notas de Resumo* do Capítulo 4. (**1**) Para **L1** Reações de Ordem N, varie os parâmetros n, E, T, para reator batelada, CSTR e PFR. Escreva um parágrafo discutindo as tendências (por exemplo, primeira ordem *versus* segunda ordem) e descreva o que você encontrou. (**2**) A seguir, escolha "Quiz", na aba mostrada no topo da tela, e encontre a ordem da reação. (**3**) Registre o seu número de desempenho.

Número de desempenho: 

(k) **Resolva a Autoavaliação do Capítulo 5 da Web.** Escreva uma questão para este problema, que envolva pensamento crítico e explique por que ele envolve pensamento crítico.

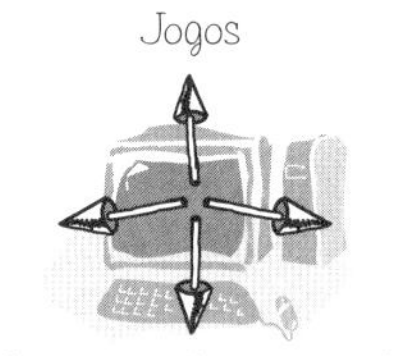

P5-3$_B$ Carregue os Jogos Interativos de Computador (*Interactive Computer Games* – ICG) do site da LTC Editora. Execute os jogos e então registre o seu número de desempenho, que indica que você domina o material. Seu professor tem a chave para decodificar o seu número de desempenho.

(a) ICG – O Mistério do Teatro – Um caso real de "quem fez isto?", veja *Pulp and Paper*, 25 (janeiro 1993), e também *Pulp and Paper*, 9 (julho 1993). O resultado do julgamento do homicídio está resumido no número de dezembro de 1995 de *Papermaker*, na página 12. Você utilizará fundamentos de engenharia química cobertos nas Seções 5.1 a 5.3 para identificar a vítima e o assassino.

Número de desempenho: 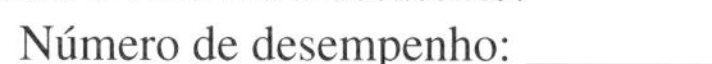

P5-4$_A$ Se se leva 11 minutos para cozinhar espaguete em Ann Arbor, Michigan, e 14 minutos em Boulder, Colorado, quanto tempo se levará em Cuzco, Peru? Discuta formas de se fazer um espaguete mais saboroso. Se você preferir fazer um jantar criativo, com espaguete, para sua família ou amigos, em vez de responder esta questão, está bem também; você ganhará os pontos da questão integralmente – mas **apenas se** você revelar a sua receita e trazer um tira-gosto para o professor. (*Resp.*: $t = 21$ min)

P5-5$_B$ Resolução de Problemas

(a) A isomerização A $\rightarrow$ B em fase líquida é conduzida em um CSTR de 1000 gal que possui um único agitador localizado à meia altura do reator. O líquido entra no topo do reator e sai pelo fundo. A reação é de segunda ordem. Dados experimentais retirados de um reator batelada permitem prever que a conversão do CSTR deveria ser de 50%. Contudo, a conversão medida no CSTR real foi de 57%. Sugira razões para essa discrepância, e sugira algo que dará melhor acordo entre a conversão prevista e a medida. Fundamente suas sugestões com cálculos. P.S.: Estava chovendo naquele dia.

(b) A reação de isomerização de primeira ordem em fase gasosa

$$A \xrightarrow{k} B \quad \text{com } k = 5 \text{ min}^{-1}$$

deve ser conduzida em um reator tubular. Para uma alimentação de A puro de 5 dm^3/min, a conversão esperada é de 63,2%. Todavia, quando o reator foi colocado em operação, a conversão foi de apenas 61,8%. Devemos salientar que um reator tubular reto não caberia no espaço disponível. Um dos engenheiros sugeriu que o tubo fosse cortado ao meio e que os dois reatores fossem colocados lado a lado com igual alimentação em ambos os reatores. Contudo, o gerente técnico não aceitou tal sugestão, alegando que o reator tubular teria que compor uma única peça, e então resolveu dobrar o reator em forma de um *W*, isto é, ∪∩∪. Uma das dobras não ficou boa. Reflita e sugira uma lista de coisas que poderiam explicar o menor desempenho do reator com este formato. Escolha a explicação ou modelo mais lógico, e realize os cálculos que demonstrem quantitativamente que com seu modelo a conversão é de 61,8%. [*Uma possível resposta*: 30% do total]

(c) A reação em fase líquida

$$A \longrightarrow B$$

é conduzida em um CSTR. Para uma concentração de entrada de 2 mol/dm^3, a conversão foi de 40%. Para o mesmo volume de reator e concentração de entrada do CSTR, a conversão esperada para um PFR é 48,6%. Entretanto, a conversão do PFR foi exatamente o valor incrível de 52,6%. Raciocine e encontre razões para esta disparidade. Mostre quantitativamente como surgiram essas conversões (isto é, a conversão esperada e a conversão real).

(**d**) A reação em fase líquida

$$A + B \longrightarrow C + D$$

é conduzida em um reator de leito de recheio. Quando o tamanho da partícula foi reduzido em 15%, a conversão permaneceu inalterada. Quando o tamanho da partícula foi reduzido em 20%, a conversão diminuiu. Quando o tamanho original da partícula foi aumentado em 15%, a conversão também diminuiu. Para todos os casos, a temperatura, a massa total de catalisador, e todas as outras condições permaneceram inalteradas. O que está acontecendo aqui?

P5-6$_A$ **Múltipla Escolha.** Em cada caso você precisará justificar sua resposta.

(**a**) Uma reação irreversível, em fase líquida, de segunda ordem, A → Produto(s), alcança 50% de conversão em um PFR operando isotermicamente, isobaricamente, e em regime estacionário. Qual a conversão que seria obtida se o PFR fosse operado à metade da pressão original (com as outras condições inalteradas)?
(1) > 50% (2) < 50% (3) 50% (4) informação insuficiente para uma resposta definitiva

(**b**) Uma reação irreversível, em fase gasosa, de segunda ordem, A → Produto(s), alcança 50% de conversão em um PFR operando isotermicamente, isobaricamente, e em regime estacionário. Qual a conversão que seria obtida se o PFR fosse operado à metade da pressão original (com as outras condições inalteradas)?
(1) > 50% (2) < 50% (3) 50% (4) informação insuficiente para uma resposta definitiva

(**c**) A constante de velocidade de reação para uma reação irreversível, heterogeneamente catalisada, em fase gasosa, de segunda ordem, A → Produto(s), foi determinada como 0,234 a partir de dados experimentais em um reator de leito de recheio. A pessoa que analisou os dados experimentais falhou em não considerar a grande queda de pressão no reator em sua análise. Se a queda de pressão fosse devidamente considerada, a constante de velocidade seria
(1) > 0,234 (2) < 0,234 (3) 0,234 (4) informação insuficiente para uma resposta definitiva

P5-7$_B$ **Múltipla Escolha.** Em cada um dos casos abaixo, de (**a**) a (**e**), você precisará explicar por que você escolheu a resposta que você selecionou.

A reação elementar de isomerização exotérmica

$$A \underset{cat}{\rightleftarrows} B$$

é conduzida isotermicamente a 400 K em um PBR no qual a queda de pressão é importante, com $\alpha = 0{,}001\ \text{kg}^{-1}$. Atualmente, 50% de conversão é alcançada. A constante de equilíbrio nesta temperatura é igual a 3,0.

(**a**) Para uma vazão mássica fixada, $\dot{m}$, se o diâmetro do reator for aumentado por um fator de 4, a conversão será
(1) $X > 0{,}5$ (2) $X < 0{,}5$ (3) $X = 0{,}5$ (4) informação insuficiente para qualquer afirmação

(**b**) Para uma vazão mássica fixada, $\dot{m}$, a conversão de equilíbrio é
(1) $X_e = 0{,}5$ (2) $X_e = 0{,}667$ (3) $X_e = 0{,}75$ (4) informação insuficiente para qualquer afirmação

(**c**) Para uma vazão mássica fixada, $\dot{m}$, se o diâmetro do reator for aumentado por um fator de 2, a conversão de equilíbrio, X_e, irá
(1) aumentar (2) diminuir (3) permanecer a mesma
(4) informação insuficiente para qualquer afirmação

(**d**) Para uma vazão mássica fixada, $\dot{m}$, se o tamanho de partícula for aumentado, a conversão de equilíbrio irá
(1) aumentar (2) diminuir (3) permanecer a mesma
(4) informação insuficiente para qualquer afirmação

(**e**) Para uma vazão mássica fixada, $\dot{m}$, se o tamanho de partícula for aumentado, a conversão irá
(1) aumentar (2) diminuir (3) permanecer a mesma
(4) informação insuficiente para qualquer afirmação

Problema com Solicitação Pendente para a Galeria da Fama

P5-8$_A$ A reação em fase líquida

$$A + B \longrightarrow C$$

segue uma lei de velocidade elementar e é conduzida isotermicamente em um sistema com escoamento contínuo. A concentração das correntes de alimentação de A e B é de 2 *M* antes da mistura. A vazão volumétrica de cada uma das correntes é de 5 dm^3/min e a temperatura de entrada é de 300 K. As correntes são misturadas imediatamente antes da entrada. Dois reatores estão disponíveis. Um deles é um CSTR cinza de 200,0 dm^3 que pode ser aquecido até 77°C ou resfriado até 0°C, e o outro é um PFR branco operado a 300 K que não pode ser aquecido nem resfriado, mas pode ser pintado de vermelho ou preto. Observe que k = 0,07 dm^3/mol·min a 300 K e E = 20 kcal/mol.

(a) Que reator e em que condições você recomendaria? Explique a razão de sua escolha (por exemplo, cor, custo, espaço disponível, condições climáticas). Fundamente seus argumentos com cálculos apropriados.

(b) Quanto tempo levaria para se alcançar 90% de conversão em um reator batelada de 200 dm^3, com $C_{A0} = C_{B0}$ = 1 *M* depois da mistura, a uma temperatura de 77°C?

(c) Como sua resposta para a parte **(b)** mudará se o reator for resfriado a 0°C? (*Resp.*: 2,5 dias.)

(d) Que conversão seria obtida se o CSTR e o PFR fossem operados a 300 K e conectados em série? Em paralelo, com 5 mol/min cada?

(e) Tendo em mente a Tabela 4-3, que volume de reator batelada seria necessário para processar a mesma quantidade da espécie A por dia num reator de escoamento que atinja pelo menos 90% de conversão? Considerando a Tabela 1-1, estime o custo do reator batelada.

(f) Escreva algumas frases descrevendo o que você aprendeu deste problema, e qual você acredita que seja o objetivo dele.

(g) Aplique uma ou mais das seis ideias da Tabela P-3, do Prefácio deste livro, a este problema.

P5-9$_B$ A reação em fase gasosa

$$A \rightarrow B + C$$

segue uma lei de velocidade de reação elementar e deve ser conduzida primeiramente em um PFR e, depois, em um experimento à parte, em um CSTR. Quando A puro é alimentado a um PFR de 10 dm^3 a 300 K e uma vazão volumétrica de 5 dm^3/s, a conversão é 80%. Quando uma mistura de 50% de inerte (I) é alimentada a um CSTR de 10 dm^3 a 320 K e uma vazão volumétrica de 5 dm^3, a conversão é também 80%. Qual é a energia de ativação, em cal/mol?

P5-10$_B$ A reação irreversível de primeira ordem em fase gasosa

$$A \rightarrow 3B$$

é conduzida primeiramente em um PFR, em que a alimentação é equimolar em A e inertes. A conversão sob essas circunstâncias é de 50%. A saída do PFR é alimentada a um CSTR de mesmo volume e conduzida sob condições idênticas (isto é, temperatura, pressão). Qual é a conversão de saída do CSTR?

P5-11$_B$ A desidratação de butanol é conduzida sobre um catalisador de sílica-alumina a 680 K.

$$CH_3CH_2CH_2CH_2OH \xrightarrow[\text{cat}]{} CH_3CH = CHCH_3 + H_2O$$

A lei de velocidade é

$$-r'_{Bu} = \frac{kP_{Bu}}{\left(1 + K_{Bu}P_{Bu}\right)^2}$$

com k = 0,054 mol/g cat·h·atm e K_{Bu} = 0,32 atm^{-1}. Butanol puro entra em um reator de leito de recheio de tubo fino, a uma vazão molar de 50 kmol/h e pressão de 10 atm (1013 kPa).

(a) Qual é a massa de catalisador para o PBR, necessária para se alcançar 80% de conversão, na ausência de queda de pressão? Plote e analise X, y, f, [isto é, (v/v_0)] e velocidade de reação, $-r'_A$, como uma função da massa de catalisador.

(b) Qual a massa de catalisador para um "CSTR fluidizado" necessária para alcançar 80% de conversão?

(**c**) Repita o item (**a**) para o caso com queda de pressão, com parâmetro de queda de pressão $\alpha = 0{,}0006\ kg^{-1}$. Você observa um máximo na velocidade de reação? Em caso positivo, por quê? Qual é a massa de catalisador necessária para alcançar 70% de conversão? Compare esta quantidade com a necessária para o caso sem queda de pressão, para a mesma conversão.

(**d**) Qual a generalização que você pode fazer acerca deste problema?

(**e**) Formule uma questão para este problema que requeira pensamento crítico e então explique por que sua questão requer pensamento crítico. [*Dica*: Veja o Prefácio, Seção B.2.]

Problema com Solicitação Pendente para a Galeria da Fama

$P5.12_A$ A reação elementar em fase gasosa

$$(CH_3)_3COOC(CH_3)_3 \rightarrow C_2H_6 + 2CH_3COCH_3$$

é conduzida isotermicamente em um reator de escoamento contínuo sem queda de pressão. A velocidade específica de reação a 50ºC é de $10^{-4}\ min^{-1}$ (dos dados de periculosidade) e a energia de ativação é de 85 kJ/mol. Peróxido de di-*terc*-butila puro entra no reator a 10 atm e 127 ºC e a uma vazão molar de 2,5 mol/min. Calcule o volume de reator e o tempo espacial para alcançar 90% de conversão em:

(**a**) um PFR [*Resp*.: 967 dm^3]

(**b**) um CSTR [*Resp*.: 4.700 dm^3]

(**c**) **Queda de pressão.** Plote e analise X, y, como uma função do volume do PFR quando $\alpha = 0{,}001\ dm^{-3}$. Quais são os valores de X e y para $V = 500\ dm^3$?

(**d**) Aplique uma ou mais das seis ideias da Tabela P-3, do Prefácio deste livro, a este problema.

(**e**) Se esta reação fosse conduzida isotermicamente a 127 ºC e pressão inicial de 10 atm em um reator batelada a volume constante, com 90% de conversão, qual o tamanho do reator e qual o custo que seria necessário para processar (2,5 mol/min × 60 min/h × 24 h/dia) 3.600 mol de peróxido de di-*terc*-butila por dia? (*Dica*: Veja a Tabela 4.1.)

(**f**) Assuma que a reação é reversível com $K_C = 0{,}025\ mol^2/dm^6$ e calcule a conversão de equilíbrio; então refaça (**a**) a (**c**) para alcançar uma conversão que seja 90% da conversão de equilíbrio.

$P5.13_C$ A reação de isomerização reversível em fase líquida $A \rightleftarrows B$ é conduzida *isotermicamente* em um CSTR de 1000 gal. A reação é de segunda ordem tanto na direção direta quanto na reversa. O líquido entra no topo do reator e sai pelo fundo. Dados experimentais obtidos em um reator batelada mostram que a conversão no CSTR é de 40%. A reação é reversível, com $K_C = 3{,}0$ a 300 K, e $\Delta H^\circ_{RX} = -25.000$ cal/mol. Assumindo que os dados para batelada obtidos a 300 K são acurados, e que $E = 15.000$ cal/mol, que temperatura de operação do CSTR você recomendaria para obter máxima conversão? [*Dica*: Leia o Apêndice C e assuma $\Delta C_P = 0$ na Equação (C-9), do Apêndice C]:

$$K_C(T) = K_C(T_0)\exp\left[\frac{\Delta H^\circ_{Rx}}{R}\left(\frac{1}{T_0} - \frac{1}{T}\right)\right]$$

Utilize o Polymath para plotar X em função de T. A curva passa por um máximo? Se sim, explique por quê.

$P5.14_A$ A hidrólise em fase líquida do anidrido acético para formar ácido acético é mostrada a seguir.

$$(CH_3CO)_2O + H_2O \rightarrow 2CH_3COOH$$

A hidrólise deve ser conduzida em um CSTR de 1 litro e um PFR de 0,311 litro. A vazão volumétrica para cada caso é $3{,}3 \times 10^{-3}\ dm^3/s$. A reação segue uma lei de velocidade elementar com uma velocidade específica de reação de $1{,}95 \times 10^4\ dm^3/mol \cdot s$. As concentrações de anidrido acético e de água na alimentação dos reatores são de 1 M e 51,2 M, respectivamente. Encontre a conversão (**a**) no CSTR e (**b**) no PFR.

Experimente trabalhar nos problemas do Exame de Engenheiros Profissionais da Califórnia por 30 minutos, que é normalmente o tempo concedido.

$P5\text{-}15_B$ A reação em fase gasosa $A \rightarrow B$ possui uma constante de velocidade de reação unimolecular de $0{,}0015\ min^{-1}$ a 80ºF. Esta reação deve ser conduzida em *tubos paralelos* de 10 pés de comprimento e 1 polegada de diâmetro interno a uma pressão de 132 psig a 260°F. Pretende-se produzir 1000 lb/h de B. Considerando uma energia de ativação de 25.000 cal/mol, quantos tubos serão necessários para que a conversão de A seja de 90%? Assuma comportamento de gás ideal. Ambas as espécies A e B possuem a mesma massa molecular igual a 58. [Do Exame de Engenheiros Profissionais da Califórnia.]

P5-16$_B$ (**a**) A reação elementar irreversível 2A → B ocorre em fase gasosa em um *reator tubular* (de *escoamento uniforme*) *isotérmico*. O reagente A e um diluente C são alimentados em razão equimolar, e a conversão de A é de 80%. Se a vazão molar de A for reduzida à metade, qual será a conversão de A, assumindo que a vazão de alimentação de C não muda? Considere comportamento de gás ideal e que a temperatura do reator permanece inalterada. Qual é o objetivo deste problema? [Do Exame de Engenheiros Profissionais, Califórnia.]

(**b**) Formule uma questão que requeira pensamento crítico e então explique por que sua questão requer pensamento crítico. Veja o Prefácio, Seção B.3.

P5.17$_B$ Um composto A é submetido a uma reação de isomerização reversível, A ⇄ B, sobre um catalisador metálico suportado. Sob condições pertinentes, A e B são líquidos, miscíveis, e de massa específica aproximadamente iguais. A constante de equilíbrio para a reação (em unidades de concentração) é 5,8. Em um *reator de leito fixo isotérmico*, no qual a mistura por fluxo reverso é desprezível (isto é, o escoamento é uniforme), a conversão de uma alimentação de A puro a B é 55%. A reação é elementar. Se um segundo reator idêntico ao primeiro, e operando à mesma temperatura, fosse colocado a jusante do primeiro, qual a conversão global de A você esperaria, se:

(**a**) Os reatores fossem diretamente conectados em série? [*Resp.*: $X = 0{,}74$.]

(**b**) Os produtos do primeiro reator fossem separados por processos apropriados e apenas o reagente A não convertido fosse alimentado ao segundo reator?

(**c**) Aplique uma ou mais das seis ideias da Tabela P-3, do Prefácio deste livro, a este problema.

P5-18$_C$ Um total de 2.500 gal/h de metaxileno está sendo isomerizado para uma mistura de ortoxileno, metaxileno e paraxileno em um reator contendo 1.000 ft^3 de catalisador. A reação está sendo conduzida a 750°F e 300 psig. Sob estas condições, 37% do metaxileno alimentado ao reator é isomerizado. A uma vazão de 1.667 gal/h, 50% do metaxileno é isomerizado nas mesmas condições de temperatura e pressão. As variações de energia são desprezíveis.

Propõe-se agora que uma segunda planta seja construída para processar 5.500 gal/h de metaxileno nas mesmas condições de temperatura e pressão descritas acima. Que tamanho de reator (isto é, que volume de catalisador) é necessário se a conversão na nova planta deve ser de 46% em vez de 37%? Justifique qualquer hipótese que você tenha feito nos cálculos do aumento de escala. [*Resp.*: 2.931 ft^3 de catalisador.] [Do Exame de Engenheiros Profissionais, Califórnia.] Faça uma lista das coisas que você aprendeu neste problema.

P5-19$_A$ Deseja-se conduzir a reação A → B em fase gasosa em um *reator tubular* que está disponível, e que consiste em 50 tubos paralelos, de 40 pés de comprimento, com um diâmetro interno de 0,75 polegada. Experimentos em escala de bancada forneceram a velocidade específica de reação para esta reação de primeira ordem como 0,00152 s^{-1} a 200°F, e 0,0740 s^{-1} a 300°F. A que temperatura deveria operar o reator para produzir uma conversão de A de 80% com uma alimentação de 500 lb$_m$/h de A puro e uma pressão de operação de 100 psig? O reagente A possui uma massa molecular igual a 73. Desvios do comportamento de gás ideal podem ser desprezados, e a reação reversa é insignificante nestas condições. [*Resp.*: T = 275°F.] [Do Exame de Engenheiros Profissionais da Califórnia.]

P5-20$_B$ Uma reação bimolecular de segunda ordem, A + B → C + D, ocorre em um sistema líquido homogêneo. Os reagentes e os produtos são mutuamente solúveis, e a variação de volume devida à reação é desprezível. A alimentação a um **reator tubular** (**escoamento uniforme**) que opera essencialmente de forma isotérmica a 260°F consiste em 210 lb$_m$/h de A e 260 lb$_m$/h de B. O volume total do reator é 5,33 ft^3 e, com esta vazão de alimentação, 50% do composto A da alimentação são convertidos. Propõe-se que, para aumentar a conversão, um reator agitado de 100 gal de capacidade seja instalado em série com um reator tubular, e imediatamente antes de um reator tubular. Se o reator com agitação operar à mesma temperatura, estime a conversão de A que pode ser esperada no novo sistema; despreze a reação reversa. Outros dados para as variáveis incluem:

	A	B
Massa específica a 260ºF (lb_m/ft^3)	47,8	54,0
Massa molar	139	172
Capacidade calorífica ($Btu/lb_m \cdot °F$)	0,55	0,52
Viscosidade (cP)	0,32	0,45
Ponto de ebulição (ºF)	390	415

[*Resp*.: $X = 0{,}68$.] [Do Exame de Engenheiros Profissionais, Califórnia.]

P5-21$_B$ **Quais as cinco coisas que estão erradas nesta solução?** A reação no Problema P5-10$_B$ é conduzida em um reator batelada, de volume variável, à pressão constante, com A puro, inicialmente. São necessárias 2 horas para que o volume diminua por um fator de 2 (isto é, de 2 dm³ para 1 dm³) quando a concentração inicial de A é 1,0 mol/dm³. Qual é o valor da constante de velocidade específica de reação?

Solução

$$N_{A0}\frac{dX}{dt} = kC_A = \frac{kN_{A0}(1-X)}{V_0(1+\varepsilon X)} \quad \text{(P5-21.1)}$$

Integrando

$$t = \frac{1}{k}(1-\varepsilon)\ln\frac{1}{1-X} + \varepsilon X \quad \text{(P5-21.2)}$$

$$\varepsilon = y_{A0}\delta = (1)(1-3) = -2$$

Para que o volume diminua por um fator de 2, então $X = 0{,}5$ a $t = 2$ h. Rearranjando (P5-21.2), e resolvendo para k,

$$k = \frac{1}{2\text{h}}(1+2)\ln\frac{1}{0{,}5} - (2)(0{,}5) \quad \text{(P5-21.3)}$$

$$k = 0{,}021\ \text{h}^{-1}$$

P5-22$_A$ A isomerização reversível

$$meta\text{-Xileno} \rightleftarrows para\text{-Xileno}$$

segue uma lei de velocidade elementar. Se X_e é a conversão de equilíbrio,

(a) Mostre para um reator batelada e para um PFR: $t_R = \tau_{PFR} = \dfrac{X_e}{k}\ln\dfrac{X_e}{X_e - X}$

(b) Mostre para um CSTR: $\tau_{CSTR} = \dfrac{X_e}{k}\left(\dfrac{X}{X_e - X}\right)$

(c) Mostre que a eficiência volumétrica é

$$\frac{V_{PFR}}{V_{CSTR}} = \frac{(X_e - X)\ln\left(\dfrac{X_e}{X_e - X}\right)}{X}$$

então plote a eficiência volumétrica como uma função da razão (X/X_e) de 0 a 1.

(d) Qual seria a eficiência volumétrica para dois CSTRs em série, com a soma dos dois volumes dos CSTRs sendo de mesmo valor do volume de um PFR?

P5-23$_B$ A reação irreversível de primeira ordem (em relação à pressão parcial de A) em fase gasosa

$$A \rightarrow B$$

é conduzida isotermicamente em um CSTR catalítico "fluidizado" contendo 50 kg de catalisador (veja a figura na margem).

Correntemente, 50% da conversão é alcançada com A puro entrando, a uma pressão de 20 atm. Praticamente não existe queda de pressão no CSTR. Propõe-se que seja colocado um PBR contendo a mesma massa de catalisador em série com o CSTR.

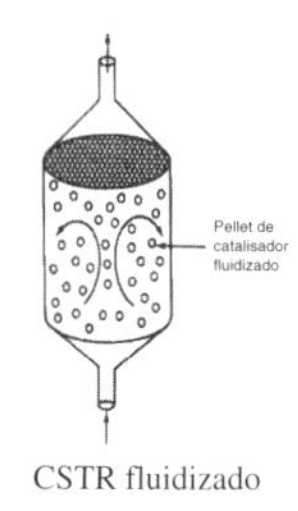

CSTR fluidizado

O parâmetro de queda de pressão para o PBR, α, dado pela Equação (5-29) é $\alpha = 0{,}018$ kg^{-1}. O tamanho de partícula é 0,2 mm, a porosidade do leito é de 40%, e a viscosidade é a mesma que a do ar a 200ºC.

(**a**) O PBR deve ser colocado antes ou depois do CSTR para se obter a máxima conversão? Explique, qualitativamente, usando conceitos que você aprendeu no Capítulo 2.
(**b**) Qual é a conversão de saída no último reator?
(**c**) Qual é a pressão na saída do reator de leito de recheio?
(**d**) Como suas respostas mudariam se o diâmetro do catalisador fosse diminuído por um fator de 2 e o diâmetro do PBR fosse aumentado de 50%, assumindo escoamento turbulento?

P5-24$_B$ Um microrreator semelhante ao mostrado na Figura P5-24$_B$, de um grupo do MIT, é utilizado para produzir fosgênio em fase gasosa.

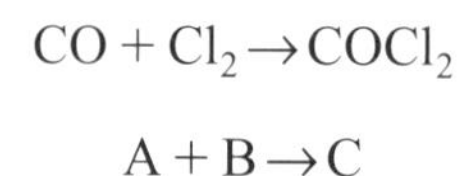

$$CO + Cl_2 \rightarrow COCl_2$$

$$A + B \rightarrow C$$

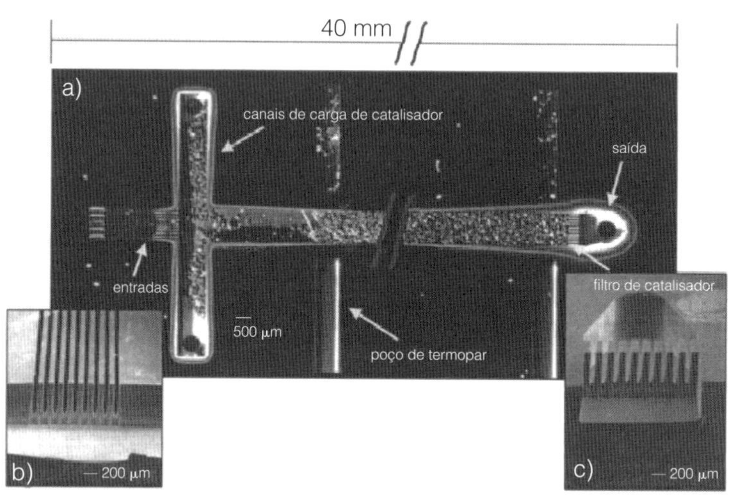

Figura P5-24$_B$ Microrreator. ["Microfabricated Packed-bed Reactor for Phosgene Syntesis". S. K. Ajmera, M. W. Losey, K. F. Jensen and M. A. Schmidt, *AIChE Journal*, Vol. 47, nº 7, July 2001. Reproduzido com permissão. Copyright 2001. American Institute of Chemical Engineers (AIChE).]

O microrreator possui 20 mm de comprimento, 500 μm de diâmetro, e empacotado com partículas de 35 μm de diâmetro. A pressão parcial de entrada de A é 231 kPa (2,29 atm), e a vazão de entrada para cada microrreator é equimolar. A vazão molar de CO é de 2×10^{-5} mol/s e a vazão volumétrica é de $2{,}83 \times 10^{-7}$ m^3/s. A massa de catalisador em cada microrreator é $W = 3{,}5 \times 10^{-6}$ kg. O reator é mantido isotérmico a 120ºC. Como o catalisador é também levemente diferente daquele da Figura P5-24$_B$, a lei de velocidade é também diferente:

$$-r'_A = k_A C_A C_B$$

Informação adicional:

$\alpha = 3{,}55 \times 10^5$/kg catalisador (baseado nas propriedades do ar e $\phi = 0{,}4$)
$k = 0{,}004$ m^6/(mol · s · kg catalisador) a 120ºC
$v_0 = 2{,}83 \times 10^{-7}$ m^3/s, $\rho = 7$ kg/m^3, $\mu = 1{,}94 \times 10^{-5}$ kg/m · s
$A_c = 1{,}96 \times 10^{-7}$ m^2, $G = 10{,}1$ $kg/m^2 \cdot s$

(**a**) Plote as vazões molares F_A, F_B e F_C, a conversão X, e razão de pressão, y, ao longo do comprimento do reator (isto é, massa de catalisador, W).
(**b**) Calcule o número de microrreatores em paralelo necessários para produzir 10.000 kg/ano de fosgênio.
(**c**) Repita a parte (**a**) para o caso em que a massa de catalisador permanece a mesma, mas o diâmetro da partícula é reduzido à metade. Se possível, compare sua resposta com a resposta da parte (**a**) e descreva o que você encontrou, chamando atenção para qualquer coisa não usual. [*Dica*: Reveja o Exemplo E5-5, parte (**c**).]
(**d**) Como a sua resposta para a parte (**a**) mudaria se a reação fosse reversível, com $K_C = 0{,}4$ dm^3/mol? Descreva o que você encontrou.

(**e**) Quais são as vantagens e desvantagens de utilizar um arranjo de microrreatores no lugar de utilizar um reator de leito de recheio convencional que forneça o mesmo rendimento e conversão?

(**f**) Formule uma questão para este problema que requeira pensamento crítico, e então explique por que sua questão requer pensamento crítico. [Veja o Prefácio, as Tabelas P-1 e P-2.]

(**g**) Aplique uma ou mais das seis ideias da Tabela P-3, do Prefácio deste livro, a este problema.

P5-25$_A$ Uma reação de tratamento de resíduo industrial patenteado, que codificaremos como $A \rightarrow B + S$, deve ser realizada em um CSTR de 10 dm^3 seguido por um PFR de 10 dm^3. A reação é elementar, mas A, que entra a uma concentração de 0,001 mol/dm^3 e a uma vazão molar de 20 mol/min, é de difícil decomposição. A velocidade específica de reação a 42ºC (isto é, à temperatura ambiente no deserto de Mojave) é 0,0001 s^{-1}. Contudo, não conhecemos a energia de ativação; portanto, não podemos realizar esta reação no inverno em Michigan. Consequentemente, embora esta reação seja importante, não vale a pena perdermos tempo estudando-a. Portanto, talvez você queira fazer uma pausa e ir assistir a um filme, tal como *Dança com Lobos* (um dos favoritos do autor), *Nome de Família, Julie & Julia* ou *Avatar* (3D).

P5-26$_B$ O acetato de etila é um solvente amplamente utilizado e pode ser formado pela esterificação em fase gasosa do ácido acético com etanol.

$$CH_3-\overset{\overset{\displaystyle O}{\|}}{C}-OOH + CH_3CH_2OH \longrightarrow CH_3-\overset{\overset{\displaystyle O}{\|}}{C}-OCH_2CH_3 + H_2O$$

A reação foi estudada utilizando-se uma resina microporosa como catalisador em um *microrreator tubular de recheio* [*Ind. Eng. Chem. Res.*, *26*(2), 198 (1987)]. A reação é de primeira ordem em etanol e pseudo-ordem zero em ácido acético. A vazão volumétrica total da alimentação é de 25 dm^3/min, a pressão inicial é de 10 atm, a temperatura é de 223ºC, e o parâmetro de queda de pressão, α, é igual a 0,01 kg^{-1}. Para uma vazão de alimentação equimolar de ácido acético e etanol, a velocidade específica de reação é de aproximadamente 1,3 dm^3/kg cat·min.

(**a**) Calcule a massa máxima de catalisador que poderia ser usada mantendo-se a pressão de saída acima de 1 atm. [*Resp.*: $W = 99$ kg.]

(**b**) Escreva o algoritmo de ERQ e então resolva estas equações analiticamente para determinar a massa de catalisador necessária para alcançar 90% de conversão.

(**c**) Escreva um programa Polymath para plotar e analisar X, y, e $f = v/v_0$ como uma função da massa de catalisador ao longo do reator de leito de recheio. Você pode utilizar equações analíticas para X, y e f ou você pode plotar estas equações utilizando o programa Polymath.

(**d**) Qual é a razão de catalisador necessária para alcançar os últimos 5% (85 a 90%) de conversão em relação à massa necessária para alcançar os primeiros 5% de conversão (0 a 5%) no reator? [Observação: Você pode usar os resultados da parte (**c**) para responder esta parte.]

P5-27$_B$ A reação em fase gasosa

$$A + B \rightarrow C + D$$

é conduzida isotermicamente a 300 K em um reator de leito de recheio no qual a alimentação é equimolar em A e B com $C_{A0} = 0,1$ mol/dm^3. A reação é de segunda ordem em relação a A e de ordem zero em relação a B. Correntemente, alcançam-se 50% de conversão em um reator com 100 kg de catalisador para uma vazão volumétrica de 100 dm^3/min. O parâmetro de queda de pressão é $\alpha = 0,0099$ kg^{-1}. Se a energia de ativação for de 10.000 cal/mol, qual será o valor da constante de velocidade específica de reação a 400 K?

P5-28$_B$ A reação em fase gasosa

$$A \rightarrow B + C$$

segue uma lei de velocidade elementar, e deve ser conduzida primeiramente em um PFR e então em um experimento separado, em um CSTR. Quando A puro é alimentado a um PFR de 10 dm^3 a 300 K e a uma vazão volumétrica de 5 dm^3/s, a conversão é de 80%. Quando uma mistura de 50% de A e 50% de inertes (I) é alimentada a um CSTR de 10 dm^3 a 320 K e a uma vazão volumétrica de 5 dm^3/s, a conversão é de 80%. Qual é a energia de ativação em cal/mol?

P5-29$_B$ **Queda de Pressão.** A reação em fase gasosa

$$A + B \longrightarrow C + D$$

é conduzida isotermicamente a 227 °C em um reator de leito de recheio com 100 kg de catalisador. A reação é de primeira ordem em A e de primeira ordem em B. A pressão de entrada é de 20 atm e a pressão de saída é de 1 atm. A alimentação é equimolar em *A* e em *B*, e o escoamento está em regime turbulento, com F_{A0} = 10 mol/min e C_{A0} = 0,244 mol/dm^3. Nesta situação, atinge-se conversão de 80%. Efeitos de difusão intrapartícula nas partículas de catalisador podem ser desprezados. Qual seria a conversão, se o tamanho da partícula fosse dobrado?

P5-30$_B$ Vá até o Laboratório de Reatores (**Reactor Lab**) do Professor Herz, no site da LTC Editora ou no website *www.SimzLab.com*. Carregue Division 2, Lab 2 do Reactor Lab referente a um reator de leito de recheio (chamado PFR) no qual um gás com propriedades físicas semelhantes às do ar escoa sobre *pellets* esféricos de catalisador. Execute experimentos aqui para ganhar sensibilidade sobre como a queda de pressão varia com os parâmetros de entrada, tais como diâmetro do reator, diâmetro do *pellet*, vazão do gás, e temperatura. Para obter uma queda de pressão significativa, talvez você tenha que alterar substancialmente alguns dos valores de entrada, em relação àqueles que você tem quando entra no módulo. Se você receber um aviso de que não pode obter a vazão desejada, então você precisará aumentar a pressão de entrada. No Capítulo 10, você aprenderá como analisar os resultados de conversão em tal reator.

- **Problemas Propostos Adicionais**
  Vários problemas que podem ser usados como exame, problemas complementares ou exemplos, podem ser encontrados no site da LTC Editora e no website de ERQ, *http://www.engin.umich.edu/~cre.*

Biorreatores e Reações

CDP5-B$_C$ (*Engenharia Ecológica*) Uma versão muito mais complicada do Problema 4-17 utiliza tamanhos de lagoas (CSTRs) e vazões reais na modelagem na forma de CSTRs de uma estação experimental nos pântanos do Rio Des Plaines (EW3), com a finalidade de degradar atrazina. [Veja o Módulo Web no site da LTC Editora ou na Web.]

CDP5-C$_B$ A velocidade de interação entre ligantes e receptores é estudada nesta aplicação de cinética para *bioengenharia*. Pretende-se estimar o tempo necessário para ligar 50% dos ligantes aos receptores [*ECRE,* 2 ed. P4-34] J. Lindeman, University of Michigan.

Novos Problemas na Web

Engenharia Verde

CDP-Novo De tempos em tempos, novos problemas relacionados ao material do Capítulo 5 a problemas de interesse do dia a dia ou de tecnologias emergentes serão publicados na Web. As soluções para esses problemas podem ser obtidas escrevendo-se um e-mail para o autor. Além disso, você pode visitar o website *www.rowan.edu/greenengineering* e resolver os problemas específicos relacionados com este capítulo.

LEITURA SUPLEMENTAR

BUTT, JOHN B. *Reaction Kinetics and Reactor Design*, 2. ed. *Revised and Expanded*. New York: Marcel Dekker, Inc., 1999.

KEILLOR, GARRISON, *Pretty Good Joke Book*, *A Prairie Home Companion*. St. Paul, MN: Highbridge Co., 2000.

LEVENSPIEL, O., *Chemical Reaction Engineering*, 3. ed., New York: Wiley, 1998, Caps. 4 e 5.

Informação recente sobre o projeto de reatores pode ser usualmente encontrada nos seguintes periódicos: *Chemical Engineering Science*, *Chemical Engineering Communications*, *Industrial and Engineering Chemistry Research*, *Canadian Journal of Chemical Engineering*, *AIChE Journal*, *Chemical Engineering Progress*.

Projeto de Reator Isotérmico: Vazões Molares

6

Não deixe que seus medos... fiquem no caminho dos seus sonhos.

Anônimo

Visão Geral. No último capítulo, usamos a conversão para projetar reatores isotérmicos para reações simples. Enquanto em muitas situações escrever os balanços molares em termos de conversão é uma estratégia extremamente eficaz, há muitos exemplos em que é mais conveniente, e em muitos casos absolutamente necessário, escrever o balanço molar em termos do número de mols (N_A, N_B), ou vazões molares (F_A, F_B), conforme mostrado na Tabela R-1 do Capítulo 1. Neste capítulo mostraremos como fazer pequenas alterações em nosso algoritmo para analisar estas situações. Usando nosso algoritmo, primeiro escreveremos um balanço molar para cada espécie e depois precisaremos relacionar as leis de velocidade de uma espécie em relação à outra utilizando as velocidades relativas descritas no Capítulo 2.

Utilizaremos as vazões molares em nosso balanço molar para analisar:

- Um microrreator com a reação

$$2NOCl \rightarrow 2NO + Cl_2$$

- Um reator de membrana utilizado para desidrogenação de etilbenzeno

$$C_6H_5CH_2CH_3 \rightarrow C_6H_5CH = CH_2 + H_2$$

Utilizaremos número de mols em nosso balanço para analisar

- Um reator semicontínuo para a reação

$$CNBr + CH_3NH_2 \rightarrow CH_3Br + NCNH_2$$

Novamente, utilizaremos balanços molares em termos dessas variáveis (N_i, F_i) para reações múltiplas no Capítulo 8 e para efeitos térmicos no Capítulo 11 ao Capítulo 13.

6.1 Algoritmo para o Balanço das Vazões Molares

Usado para:
- Reações múltiplas
- Membranas
- Regime transiente

Existe um número de situações em que é muito mais conveniente trabalhar em termos de número de mols (N_A, N_B) ou vazões molares (F_A, F_B, etc.) do que de conversão. Reatores de membrana e reações múltiplas que ocorrem em fase gasosa são dois desses casos nos quais as vazões molares são preferidas em vez da conversão. Modificamos agora nosso algoritmo, utilizando concentrações para líquidos e vazões molares para gases, como nossas variáveis dependentes. A principal diferença entre o algoritmo de conversão e o algoritmo de vazão molar/concentração é que, no caso do algoritmo de conversão, precisamos escrever um balanço molar para apenas *uma espécie*, enquanto no caso do algoritmo para a vazão molar e concentração temos que escrever um balanço molar para *cada espécie*. Este algoritmo é mostrado na Figura 6-1. Primeiro escrevemos os balanços molares para todas as espécies presentes, conforme mostrado na Etapa ①. Em seguida, escrevemos a lei de velocidade, Etapa ②, e então relacionamos os balanços molares um com o outro, por meio das velocidades relativas de reação, como mostrado na Etapa ③. As Etapas ④ e ⑤ são usadas para relacionar as concentrações na lei de velocidade às vazões molares. Na Etapa ⑥, todas as etapas são combinadas pelo *solver* de EDOs (por exemplo, Polymath).

6.2 Balanços Molares para CSTRs, PFRs e Reatores Batelada

6.2.1 Fase Líquida

Para reações em fase líquida, a massa específica permanece constante e, consequentemente, não há variação no volume V ou na vazão volumétrica $v = v_0$ durante o curso da reação. Portanto, a concentração é a variável de projeto preferida. Os balanços molares derivados no Capítulo 1 (Tabela R-1) são agora aplicados para cada espécie para a reação genérica

$$aA + bB \rightarrow cC + dD \tag{2-1}$$

Os balanços molares são então acoplados uns aos outros utilizando as velocidades relativas de reação

Usado para acoplar os balanços molares.

$$\frac{r_A}{-a} = \frac{r_B}{-b} = \frac{r_C}{c} = \frac{r_D}{d} \tag{3-1}$$

para chegarmos à Tabela 6-1, que fornece as equações dos balanços em termos de concentração para os quatro tipos de reatores que discutimos. Vemos, da Tabela 6-1, que temos somente que especificar os valores dos parâmetros para o sistema (C_{A0}, v_0, etc.) e os parâmetros da lei de velocidade (por exemplo, k_A, α, β) para resolver as equações diferenciais ordinárias acopladas para reatores PFR, PBR ou batelada, ou para resolver as equações algébricas acopladas para um CSTR.

$$A + 2B \rightleftarrows C$$

Balanço Molar

① Escreva os balanços molares para cada espécie.†

por exemplo, $\dfrac{dF_A}{dV} = r_A, \; \dfrac{dF_B}{dV} = r_B, \; \dfrac{dF_C}{dV} = r_C$

↓

Velocidade de Reação

② Escreva a velocidade de reação em termos de concentração.

por exemplo, $-r_A = k_A\left(C_A C_B^2 - \dfrac{C_C}{K_C}\right)$

↓

Velocidades Relativas de Reação

③ Relacione as velocidades de reação de cada espécie em relação às outras espécies.

$$\frac{-r_A}{1} = \frac{-r_B}{2} = \frac{r_C}{1}$$

por exemplo, $r_B = 2r_A, \; r_C = -r_A$

↓

Estequiometria

④ **(a)** Escreva as concentrações em termos das vazões molares para reações isotérmicas ($T = T_0$) em ***fase gasosa***.

por exemplo, $C_A = C_{T0}\dfrac{F_A}{F_T}\dfrac{P}{P_0}, \; C_B = C_{T0}\dfrac{F_B}{F_T}\dfrac{P}{P_0}$

com $F_T = F_A + F_B + F_C$

(b) Para reações em ***fase líquida***, utilize concentração, por exemplo, C_A, C_B

↓

Queda de Pressão

⑤ Escreva o termo de queda de pressão para *fase gasosa* em função das vazões molares.

$$\frac{dy}{dW} = -\frac{\alpha}{2y}\frac{F_T}{F_{T_0}}, \text{ com } y = \frac{P}{P_0}$$

↓

Combinação

⑥ Utilize um *solver* de EDO ou um *solver* de equação não linear (por exemplo, Polymath) para combinar as Etapas ① a ⑤ para resolver, por exemplo, os perfis de vazões molares, concentração e pressão.

---

† Para um PBR, utilize $\dfrac{dF_A}{dW} = r_A, \; \dfrac{dF_B}{dW} = r_B$ e $\dfrac{dF_C}{dW} = r_C$.

Figura 6-1 Algoritmo para balanço molar para projeto de reator isotérmico.

TABELA 6-1 BALANÇOS MOLARES PARA REAÇÕES EM FASE LÍQUIDA

Batelada	$\frac{dC_A}{dt} = r_A$	e	$\frac{dC_B}{dt} = \frac{b}{a} r_A$
CSTR	$V = \frac{v_0(C_{A0} - C_A)}{-r_A}$	e	$V = \frac{v_0(C_{B0} - C_B)}{-(b/a)r_A}$
PFR	$v_0 \frac{dC_A}{dV} = r_A$	e	$v_0 \frac{dC_B}{dV} = \frac{b}{a} r_A$
PBR	$v_0 \frac{dC_A}{dW} = r'_A$	e	$v_0 \frac{dC_B}{dW} = \frac{b}{a} r'_A$

6.2.2 Fase Gasosa

Os balanços molares para reações em fase gasosa são dados na Tabela 6-2, em termos do número de mols (batelada) ou das vazões molares, para a lei genérica de velocidade para a reação genérica, Equação (2-1). As vazões molares para cada espécie, F_j, são obtidas a partir de um balanço molar para cada espécie, conforme dado na Tabela 6-2. Por exemplo, para um reator de escoamento uniforme,

É preciso escrever um balanço molar para cada espécie

$$\frac{dF_j}{dV} = r_j \tag{1-11}$$

A lei de potência genérica da velocidade de reação é

Lei de Velocidade

$$-r_A = k_A C_A^{\alpha} C_B^{\beta} \tag{3-3}$$

Para relacionar concentrações a vazões molares, lembre-se da Equação (4-17), com $y = P/P_0$.

Estequiometria

$$\boxed{C_j = C_{T0} \frac{F_j}{F_T} \frac{T_0}{T} y} \tag{4-17}$$

A equação de queda de pressão, Equação (5-28), para operação isotérmica ($T = T_0$) é

$$\frac{dy}{dW} = \frac{-\alpha}{2y} \frac{F_T}{F_{T0}} \tag{5-28}$$

A vazão molar total é dada como a soma das vazões molares das espécies individuais:

$$F_T = \sum_{j=1}^{n} F_j$$

quando as espécies A, B, C, D e inerte I são as únicas presentes. Então

$$F_T = F_A + F_B + F_C + F_D + F_I$$

Combinamos todas as informações precedentes, conforme mostrado na Tabela 6-2.[1]

---

[1]Veja o vídeo no YouTube feito por estudantes de engenharia química da Universidade do Alabama, intitulado *Chemical Goodtime Rhyme*. Digite "chemicalreactor" (uma palavra) no YouTube para restringir sua busca. Os vídeos no YouTube podem ser encontrados em *www.youtube.com*, ou no site da LTC Editora para este livro.

TABELA 6-2 ALGORITMO PARA REAÇÕES EM FASE GASOSA

$$aA + bB \longrightarrow cC + dD$$

1. Balanços molares:

CSTR	*PFR*	*PBR*
$V = \dfrac{F_{A0} - F_A}{-r_A}$	$\dfrac{dF_A}{dV} = r_A$	$\dfrac{dF_A}{dW} = r_A'$
$V = \dfrac{F_{B0} - F_B}{-r_B}$	$\dfrac{dF_B}{dV} = r_B$	$\dfrac{dF_B}{dW} = r_B'$
$V = \dfrac{F_{C0} - F_C}{-r_C}$	$\dfrac{dF_C}{dV} = r_C$	$\dfrac{dF_C}{dW} = r_C'$
$V = \dfrac{F_{D0} - F_D}{-r_D}$	$\dfrac{dF_D}{dV} = r_D$	$\dfrac{dF_D}{dW} = r_D'$

Continuaremos o algoritmo utilizando um PBR como exemplo.

2. Velocidades:

Lei de Velocidade de Reação:

$$-r_A' = k_A C_A^{\alpha} C_B^{\beta}$$

Velocidades Relativas de Reação:

$$\frac{r_A}{-a} = \frac{r_B}{-b} = \frac{r_C}{c} = \frac{r_D}{d}$$

então

$$r_B = \frac{b}{a} r_A \qquad r_C = -\frac{c}{a} r_A \qquad r_D = -\frac{d}{a} r_A$$

3. Estequiometria:

Concentrações:

$$C_A = C_{T0} \frac{F_A}{F_T} \frac{T_0}{T} y \qquad C_B = C_{T0} \frac{F_B}{F_T} \frac{T_0}{T} y$$

$$C_C = C_{T0} \frac{F_C}{F_T} \frac{T_0}{T} y \qquad C_D = C_{T0} \frac{F_D}{F_T} \frac{T_0}{T} y$$

$$\frac{dy}{dW} = \frac{-\alpha}{2y} \frac{F_T}{F_{T0}} \frac{T}{T_0}, \quad y = \frac{P}{P_0}$$

Vazão molar total: $F_T = F_A + F_B + F_C + F_D + F_I$

4. Combinação:

Balanço Molar Apropriado para o Reator para Cada Espécie
Lei de Velocidade de Reação
Concentração para Cada Espécie
Equação da Queda de Pressão

5. Avaliação:

1. Especifique os valores dos parâmetros: $k_A, C_{T0}, \alpha, \beta, T_0, a, b, c, d$
2. Especifique as vazões molares de entrada: $F_{A0}, F_{B0}, F_{C0}, F_{D0}$, e o volume final, V_{final}

6. Utilize um *solver* de EDOs.

Muitas vezes deixaremos o *solver* de EDOs substituir a etapa de combinação.

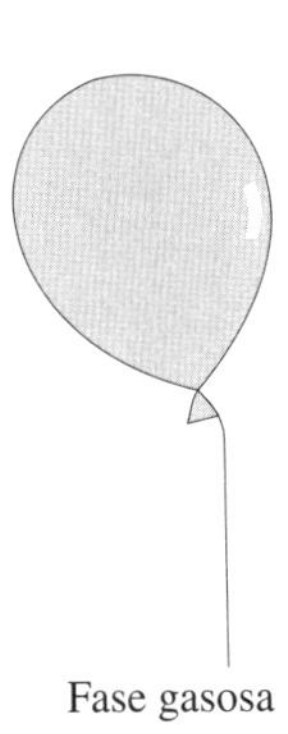

Fase gasosa

6.3 Aplicações do Algoritmo da Vazão Molar em Microrreatores

Microrreatores estão aparecendo como uma nova tecnologia em ERQ. Microrreatores são caracterizados por suas altas relações entre área superficial e volume, em suas regiões microestruturadas que contêm tubos ou canais. Uma largura típica de um canal é de 100 μm, com um comprimento de 20.000 μm (2 cm). A alta razão resultante entre a área superficial e o volume (cerca de 10.000 m²/m³) reduz, ou mesmo elimina, as resistências à transferência de calor e de massa, frequentemente encontradas em reatores maiores. Consequentemente, reações catalisadas em superfícies podem ser grandemente facilitadas, pontos quentes em reações altamente exotérmicas podem ser eliminados e, em muitos casos, reações altamente exotérmicas podem ocorrer isotermicamente. Essas características fornecem a oportunidade para que microrreatores possam ser utilizados para estudar a cinética intrínseca de reações. Outra vantagem dos microrreatores é seu uso na produção de intermediários tóxicos ou explosivos, em que um vazamento ou microexplosão em uma única unidade provocará um estrago mínimo, por causa da pequena quantidade de material envolvido. Outras vantagens incluem menor tempo de residência e distribuições mais estreitas de tempo de residência.

Vantagens dos microrreatores

A Figura 6-2 mostra (a) um microrreator com trocador de calor e (b) uma microplanta com reator, válvulas e misturadores. Calor, $\dot{Q}$, é adicionado ou retirado por um fluido escoando perpendicularmente aos canais de reação, conforme mostrado na Figura 6-2(a). A produção em sistemas de microrreatores pode ser aumentada, simplesmente adicionando mais unidades em paralelo. Por exemplo, a reação catalisada

$$R-CH_2OH + {}^1/_2O_2 \xrightarrow[Ag]{} R-CHO + H_2O$$

requer somente 32 sistemas microrreacionais em paralelo, com o objetivo de produzir 2.000 ton/ano de acetato!

Microrreatores são também utilizados para a produção de produtos químicos especiais, exploração química combinatorial, laboratório em um *chip* e sensores químicos. Na modelagem de microrreatores, consideraremos que eles operam com escoamento uniforme, para o qual o balanço molar é

$$\frac{dF_A}{dV} = r_A \qquad (1\text{-}12)$$

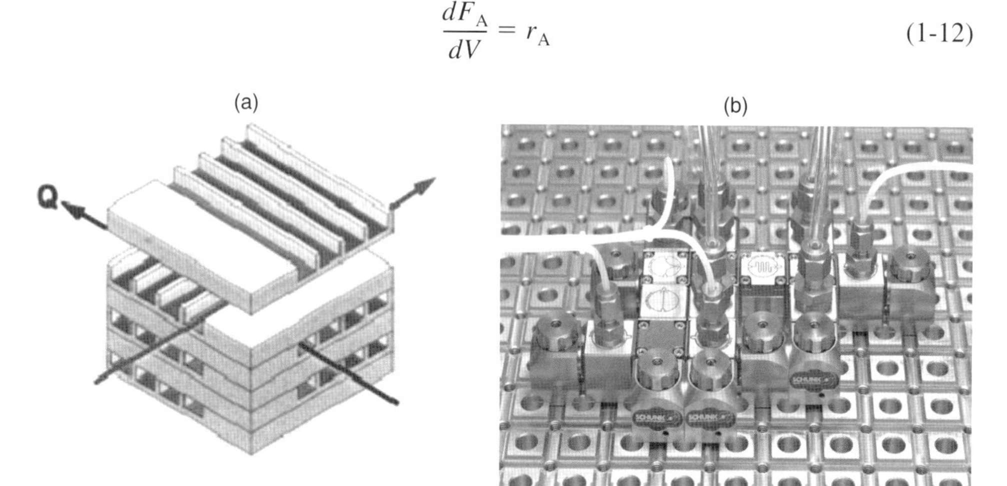

Figura 6-2 Microrreator (a) e Microplanta (b). Cortesia de Ehrfeld, Hessel e Löwe, *Microreactors: New Technology for Modern Chemistry* (Weinheim, Alemanha: Wiley-VCH, 2000).

ou com escoamento laminar, no qual usaremos o modelo de segregação, discutido no Capítulo DVD13. Para o caso de escoamento uniforme (ou seja, empistonado ou *plug flow*), o algoritmo é descrito na Figura 6-1.

Exemplo 6-1 Reação em Fase Gasosa em um Microrreator – Vazões Molares

A reação em fase gasosa

$$2NOCl \longrightarrow 2NO + Cl_2$$

é realizada a 425°C e a 1.641 kPa (16,2 atm). NOCl puro é alimentado e a reação segue uma lei elementar de velocidade.[2] Deseja-se produzir 20 ton de NO por ano em um sistema com microrreatores utilizando um banco de dez microrreatores em paralelo. Cada microrreator possui 100 canais quadrados, cada um deles com 0,2 mm de lado e 250 mm de comprimento.

[2]J. B. Butt, *Reaction Kinetics and Reactor Design*, 2. ed. (New York: Marcel Dekker, 2001), p. 153.

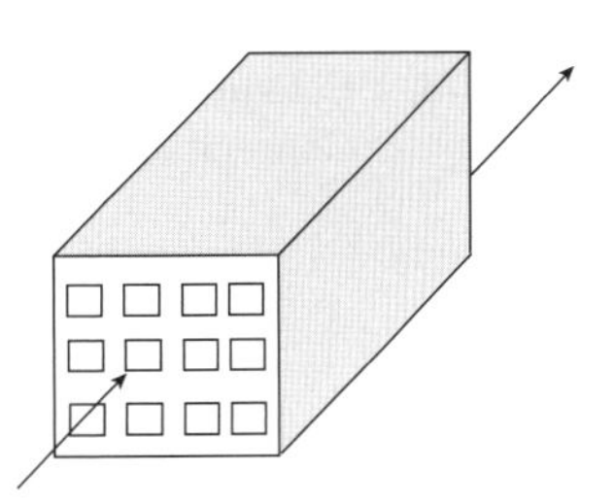

(**a**) Faça um gráfico e analise as vazões molares em função do volume ao longo do comprimento do reator. O volume de cada canal é de 10^{-5} dm^3.
(**b**) Qual é o volume do reator necessário para atingir 85% de conversão?

Informação Adicional

Para produzir 20 ton por ano de NO, com uma conversão de 85%, é necessária uma vazão de alimentação de 0,0226 mol/s de NOCl, ou 2,26 × 10^{-5} mol/s por canal. A constante de velocidade é

$$k = 0{,}29 \frac{\text{dm}^3}{\text{mol} \cdot \text{s}} \text{ em 500 K com } E = 24 \frac{\text{kcal}}{\text{mol}}$$

Solução

Para um canal,

Encontre V.

$$F_{A0} = \frac{22{,}6\ \mu\text{mol}}{\text{s}} \longrightarrow \boxed{\quad} \longrightarrow F_B = \frac{19{,}2\ \mu\text{mol}}{\text{s}}, \quad X = 0{,}85, \quad V = ?$$

Embora esse problema particular possa ser resolvido usando a conversão, ilustraremos como ele pode ser resolvido usando as vazões molares como variáveis no balanço molar. Por que fazemos isto? Fazemos isso para ganhar prática no uso das vazões molares como variáveis, a fim de preparar o leitor para os problemas mais complexos, em que a conversão não pode ser usada como variável. Primeiro escrevemos a reação em uma forma simbólica e, então, a dividimos pelo coeficiente estequiométrico do reagente limitante, NOCl.

$$2\text{NOCl} \rightarrow 2\text{NO} + \text{Cl}_2$$
$$2\text{A} \rightarrow 2\text{B} + \text{C}$$
$$\text{A} \rightarrow \text{B} + \tfrac{1}{2}\text{C}$$

1. **Balanços molares para as espécies A, B e C:**

$$\frac{dF_A}{dV} = r_A \tag{E6-1.1}$$

$$\frac{dF_B}{dV} = r_B \tag{E6-1.2}$$

$$\frac{dF_C}{dV} = r_C \tag{E6-1.3}$$

2. **Leis de Velocidade:**
   (**a**) *Lei de Velocidade de Reação*

$$-r_A = kC_A^2, \text{ com } k = 0{,}29 \frac{\text{dm}^3}{\text{mol} \cdot \text{s}} \text{ em 500 K} \tag{E6-1.4}$$

   (**b**) *Velocidades Relativas de Reação*

$$\frac{r_A}{-1} = \frac{r_B}{1} = \frac{r_C}{\frac{1}{2}}$$

$$r_B = -r_A$$

$$r_C = -\tfrac{1}{2} r_A$$

3. Estequiometria: Fase gasosa com $T = T_0$ e $P = P_0$; então, $v = v_0(F_T/F_{T0})$
Concentração na Fase Gasosa

$$C_j = C_{T0}\left(\frac{F_j}{F_T}\right)\left(\frac{P}{P_0}\right)\left(\frac{T_0}{T}\right) \tag{4-17}$$

Aplicando a Equação (4-17) para as espécies A, B e C, para $T = T_0$, $P = P_0$, as concentrações são

$$C_A = C_{T0}\frac{F_A}{F_T}, \quad C_B = C_{T0}\frac{F_B}{F_T}, \quad C_C = C_{T0}\frac{F_C}{F_T} \tag{E6-1.5}$$

$$\text{com } F_T = F_A + F_B + F_C$$

4. Combine: A lei de velocidade, em termos das vazões molares, é

$$-r_A = kC_{T0}^2\left(\frac{F_A}{F_T}\right)^2$$

combinando tudo

$$\frac{dF_A}{dV} = -kC_{T0}^2\left(\frac{F_A}{F_T}\right)^2 \tag{E6-1.6}$$

$$\frac{dF_B}{dV} = kC_{T0}^2\left(\frac{F_A}{F_T}\right)^2 \tag{E6-1.7}$$

$$\frac{dF_C}{dV} = \frac{k}{2}C_{T0}^2\left(\frac{F_A}{F_T}\right)^2 \tag{E6-1.8}$$

5. Avalie:

$$C_{T0} = \frac{P_0}{RT_0} = \frac{(1641 \text{ kPa})}{\left(8{,}314\ \frac{\text{kPa}\cdot\text{dm}^3}{\text{mol}\cdot\text{K}}\right)698 \text{ K}} = 0{,}286\frac{\text{mol}}{\text{dm}^3} = \frac{0{,}286 \text{ mmol}}{\text{cm}^3}$$

Quando se usa o Polymath ou outro *solver* de EDOs não se tem realmente que combinar os balanços molares, as leis de velocidade e a estequiometria, como foi feito previamente na etapa de combinação no Capítulo 5. O *solver* de EDOs fará isso para você. Obrigado, *solver* de EDOs! O Programa Polymath e seus resultados são mostrados na Tabela E6-1.1 e na Figura E6-1.1. Note que a equação explícita #6 no Programa Polymath calcula a constante da velocidade de reação k a uma temperatura especificada de 425°C (isto é, 698 K).

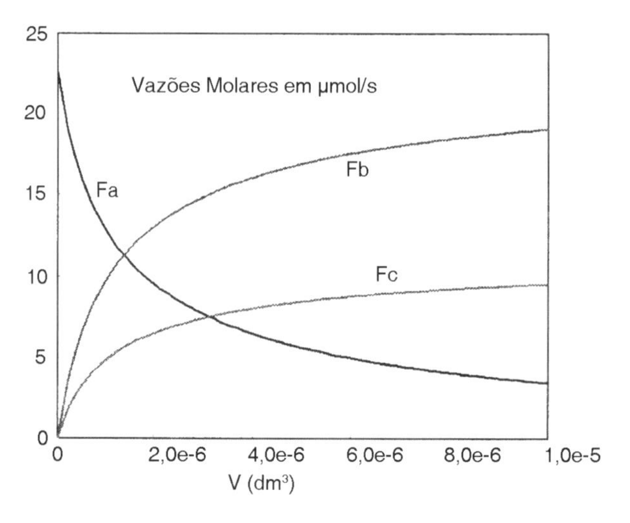

Figura E6-1.1 Perfis de vazões molares no microrreator.

Tabela E6-1.1 Programa Polymath

Informações sobre como obter e carregar o programa Polymath podem ser encontradas no Apêndice E.

Equações diferenciais

```
1 d(Fa)/d(V) = ra
2 d(Fb)/d(V) = rb
3 d(Fc)/d(V) = rc
```

Equações explícitas

```
1  T = 698
2  Cto = 1641/8,314/T
3  E = 24000
4  Ft = Fa+Fb+Fc
5  Ca = Cto*Fa/Ft
6  k = 0,29*exp(E/1,987*(1/500-1/T))
7  Fao = 0,0000226
8  vo = Fao/Cto
9  Tau = V/vo
10 ra = -k*Ca^2
11 X = 1-Fa/Fao
12 rb = -ra
13 rc = -ra/2
```

Valores calculados das variáveis das EDOs

	Variável	Valor inicial	Valor final
1	Ca	0,2827764	0,0307406
2	Cto	0,2827764	0,2827764
3	E	2,4E+04	2,4E+04
4	Fa	2,26E-05	3,495E-06
5	Fao	2,26E-05	2,26E-05
6	Fb	0	1,91E-05
7	Fc	0	9,552E-06
8	Ft	2,26E-05	3,215E-05
9	k	274,4284	274,4284
10	ra	-21,94397	-0,2593304
11	rateA	21,94397	0,2593304
12	rb	21,94397	0,2593304
13	rc	10,97199	0,1296652
14	T	698,00	698,00
15	Tau	0	0,1251223
16	V	0	1,0E-05
17	vo	7,992E-05	7,992E-05
18	X	0	0,8453416

Análise: Este exemplo envolvendo uma reação em fase gasosa em um PFR poderia facilmente ser resolvido utilizando a conversão como base. Entretanto, reatores de membranas e reações múltiplas **não podem** ser resolvidos utilizando-se a conversão. Você vai notar que apenas escrevemos as equações nas Etapas 1 a 5 de nosso algoritmo de reação (Tabela 6-2) e, então, as digitamos diretamente em nosso *solver* de EDOs, Polymath, para obter os perfis das vazões molares mostrados na Figura E6-1.1. Observe que os perfis se alteram rapidamente próximo à entrada do reator e se modificam pouco após 6×10^{-3} dm^3, ao longo do reator.

Outras variáveis de interesse, que você vai querer plotar quando carregar este programa do *Problema Exemplo de Simulação*, são a vazão molar total, F_T, as concentrações das espécies reagentes, C_A, C_B e C_C (para C_B e C_C você precisará digitar duas equações adicionais) e as velocidades de reação $-r_A$, r_B e r_C.

6.4 Reatores de Membranas

Reatores de membranas podem ser utilizados para aumentar a conversão quando a reação é termodinamicamente limitada, assim como para aumentar a seletividade quando reações múltiplas estão ocorrendo. Reações termodinamicamente limitadas são reações em que o equilíbrio está deslocado para a esquerda (isto é, para o lado dos reagentes), havendo pouca conversão. Se a reação for exotérmica, aumentar a temperatura somente direcionará a reação mais para a esquerda; diminuir a temperatura, por outro lado, resultará em uma velocidade de reação tão lenta que haverá uma conversão muito baixa. Se a reação for endotérmica, aumentar a temperatura moverá a reação para a direita, de modo a favorecer uma conversão mais elevada; no entanto, para muitas reações, essas temperaturas mais altas podem desativar o catalisador.

O termo *reator de membrana* descreve alguns tipos diferentes de reatores que contêm uma membrana. A membrana pode prover uma barreira para certos componentes e ser permeável a outros; prevenir certos componentes, tais como particulados, de entrar em contato com o catalisador; ou conter sítios reativos e ser ela própria um catalisador. Como em destilação reativa, o reator de membrana é outra técnica para direcionar reações reversíveis para a direita, em direção à sua completude para atingir conversões muito altas. Essas conversões altas podem ser alcançadas por meio da difusão de um dos produtos da reação para fora da membrana semipermeável que cerca a mistura reagente. Como resultado, a reação reversa não será capaz de ocorrer, e a reação continuará prosseguindo para a direita, em direção à sua completude.

Fazendo um dos produtos passar através da membrana, conduziremos a reação na direção de sua completude.

Dois dos principais tipos de reatores catalíticos de membranas são mostrados na Figura 6-3. O reator na Figura 6-3(b) é chamado de um *reator de membrana inerte, com partículas de catalisador no lado da alimentação* (IMRCF).* Aqui, a membrana é inerte e serve como uma barreira aos reagentes e a alguns dos produtos. O reator na Figura 6-3(c) é um *reator de membrana catalítica* (CMR).† O catalisador é depositado diretamente na membrana, e somente produtos específicos da reação são capazes de sair do lado permeado. Por exemplo, na reação reversível

$$C_6H_{12} \rightleftarrows 3H_2 + C_6H_6$$

$$A \rightleftarrows 3B + C$$

O H_2 se difunde através da membrana, o mesmo não acontecendo com o C_6H_6.

a molécula de hidrogênio é pequena o suficiente para se difundir através de pequenos poros da membrana, enquanto o C_6H_{12} e o C_6H_6 não podem. Consequentemente, a reação continua prosseguindo para a direita, mesmo para um valor baixo da constante de equilíbrio.

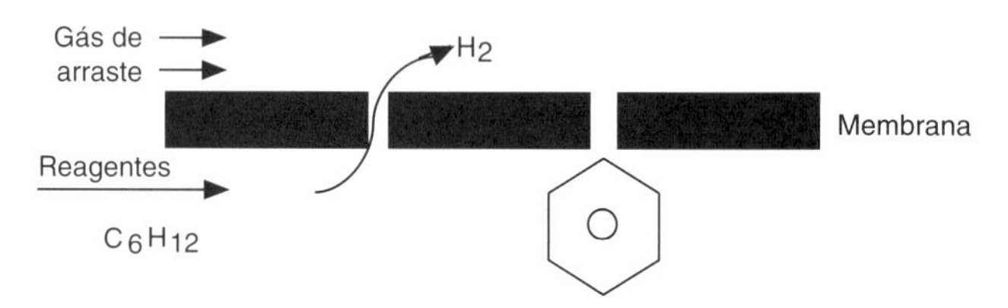

O hidrogênio, espécie B, sai pelos lados do reator à medida que escoa ao longo do mesmo juntamente com os outros produtos, os quais não podem sair antes do final do reator.

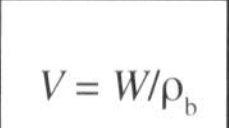

Analisando reatores de membrana, percebemos que precisamos somente fazer uma pequena mudança no algoritmo mostrado na Figura 6-1. Para esse exemplo, devemos escolher o volume do reator, em vez da massa de catalisador, como nossa variável independente. A massa de catalisador, W, e o volume do reator, V, são facilmente relacionados à massa específica do leito de catalisador, ρ_b (isto é, $W = \rho_b V$). Os balanços molares para as espécies químicas que ficam *no interior* do reator, ou seja, A e C, são mostrados na Figura 6-3(d).

$$\boxed{\frac{dF_A}{dV} = r_A} \tag{1-11}$$

O balanço molar para C é realizado de maneira idêntica ao de A, e a equação resultante é

$$\boxed{\frac{dF_C}{dV} = r_C} \tag{6-1}$$

Contudo, o balanço molar para B (H_2) precisa ser modificado, uma vez que o hidrogênio sai tanto pelos lados do reator como pela saída, ao final do reator.

Primeiro, devemos fazer os balanços molares no elemento de volume ΔV mostrado na Figura 6-3(d). O balanço molar para o hidrogênio (B) é feito sobre um elemento de volume diferencial ΔV, mostrado na Figura 6-3(d), resultando em

---

*Em inglês, IMRCF é a sigla para *Inert Membrane Reactor with Catalyst Pellet on the Feed Side* (Reator de Membrana Inerte com Partículas de Catalisador no Lado da Alimentação). (N.T.)
†CMR é a sigla em inglês para *Catalytic Membrane Reactor* (Reator de Membrana Catalítica). (N.T.)

(a)

(b)

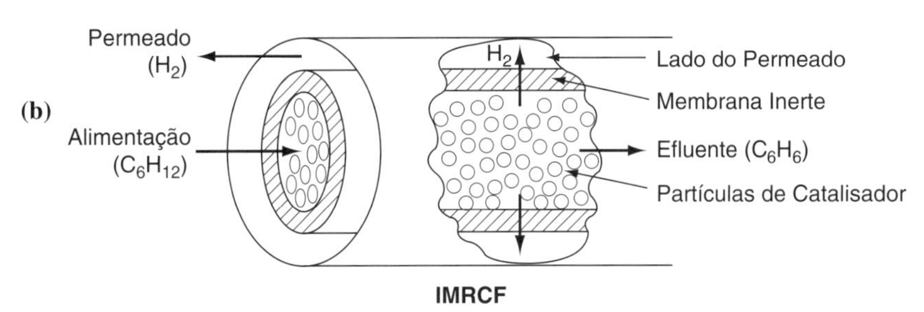

(c)

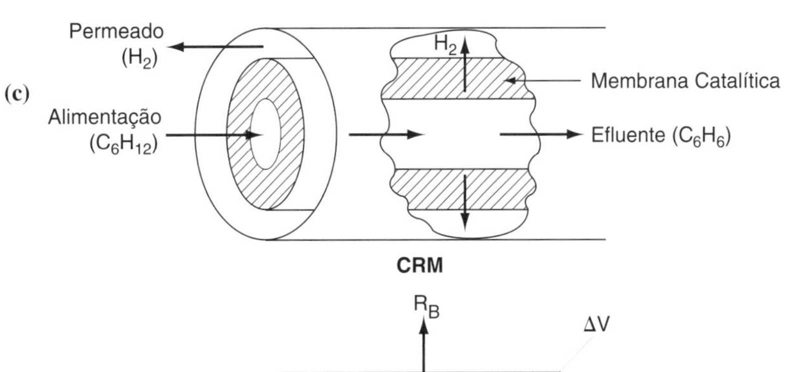

(d)

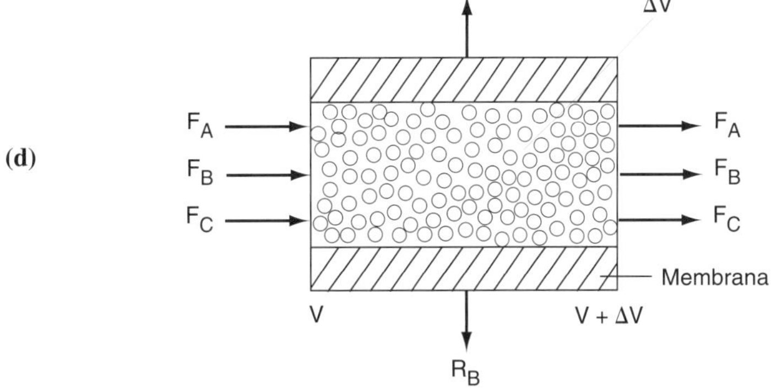

Figura 6-3 Reatores de membrana. (a) Foto de reatores de material cerâmico; (b) seção transversal de IMRCF; (c) seção transversal de CRM; (d) esquema para balanço molar em IMRCF. (Cortesia da foto: Coors Ceramics, Golden, Colorado.)

Balanço para B no leito catalítico:

Agora, existem dois termos de "SAÍDA" para a espécie B.

$$\begin{bmatrix}\text{Entrada por}\\ \text{escoamento}\end{bmatrix} - \begin{bmatrix}\text{Saída por}\\ \text{escoamento}\end{bmatrix} - \begin{bmatrix}\text{Saída por}\\ \text{difusão}\end{bmatrix} + [\text{Geração}] = [\text{Acúmulo}]$$

$$\overbrace{F_{B}|_{V}} - \overbrace{F_{B}|_{V+\Delta V}} - \overbrace{R_B \Delta V} + \overbrace{r_B \Delta V} = 0 \tag{6-2}$$

sendo R_B a vazão molar de B que sai através dos lados do reator por volume unitário de reator (mol/dm^3·s). Dividindo por ΔV, e tomando o limite quando $\Delta V \rightarrow 0$, obtém-se

$$\boxed{\frac{dF_B}{dV} = r_B - R_B} \tag{6-3}$$

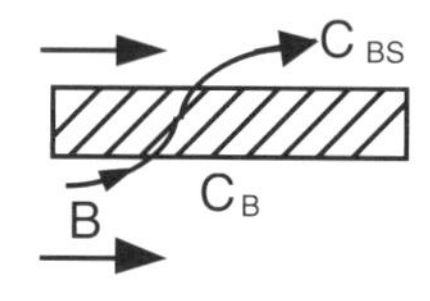

A velocidade de transporte de B para fora da membrana, R_B, é o produto do fluxo molar de B normal à membrana, W_B (mol/m²/s), e a área superficial por unidade de volume do reator, a (m²/m³). O fluxo molar de B, W_B (mol/m²/s), através das laterais do reator, é o produto do coeficiente de transferência de massa, k'_c (m/s), pela força motriz de concentração através da membrana.

$$W_B = k'_C(C_B - C_{BS}) \tag{6-4}$$

Aqui, k'_c é o coeficiente global de transferência de massa, m/s, e C_{BS} é a concentração de B (mol/dm³) no canal do gás de arraste. O coeficiente global de transferência de massa considera todas as resistências ao transporte: a resistência no lado do tubo da membrana, a própria membrana, e a resistência no lado do casco (gás de arraste). Formas mais elaboradas para o coeficiente de transferência de massa e suas correlações podem ser encontradas na literatura, no Capítulo 11 no site da LTC Editora. Em geral, esse coeficiente pode ser uma função das propriedades da membrana e do fluido, da velocidade do fluido e dos diâmetros do tubo.

Para obter a velocidade de remoção de B por unidade de volume de reator, R_B (mol/m³/s), necessitamos multiplicar o fluxo através da membrana, W_B (mol/m²·s), pela área superficial da membrana por volume de reator, a (m²/m³); isto é,

$$R_B = W_B a = k'_C a(C_B - C_{BS}) \tag{6-5}$$

A área superficial da membrana por unidade de volume de reator é

$$a = \frac{\text{Área}}{\text{Volume}} = \frac{\pi DL}{\frac{\pi D^2}{4}L} = \frac{4}{D}$$

Considerando $k_c = k'_c a$, e assumindo que a concentração no gás de arraste seja essencialmente zero (isto é, $C_{BS} \approx 0$), obtemos

Velocidade de B que sai lateralmente.

$$\boxed{R_B = k_C C_B} \tag{6-6}$$

sendo a unidade de k_C igual a s⁻¹.

Uma modelagem mais detalhada das etapas de transporte e de reação nos reatores de membrana está além do escopo deste texto, porém pode ser encontrada em *Membrane Reactor Technology*.[3] As características mais relevantes, no entanto, podem ser ilustradas pelo exemplo seguinte. Quando analisamos reatores de membrana, devemos usar vazões molares, visto que a vazão molar de B em termos de conversão não considera a quantidade de B que deixa o reator pelas saídas laterais.

De acordo com o Departamento de Energia dos EUA, 10 trilhões de Btu/ano poderiam ser economizados pela utilização de reatores de membrana.

Exemplo 6-2 Reator de Membrana

De acordo com o Departamento de Energia dos Estados Unidos (DOE), uma economia de energia de 10 trilhões de Btu por ano poderia resultar do uso de reatores catalíticos de membrana em substituição a reatores convencionais para reações de desidrogenação, tal como a desidrogenação de etilbenzeno a estireno:

[3]R. Govind e N. Itoh, eds., *Membrane Reactor Technology*, AIChE Symposium Series nº 268, Vol. 85 (1989). T. Sun e S. Khang, *Ind. Eng. Chem. Res.*, *27*, 1136 (1988).

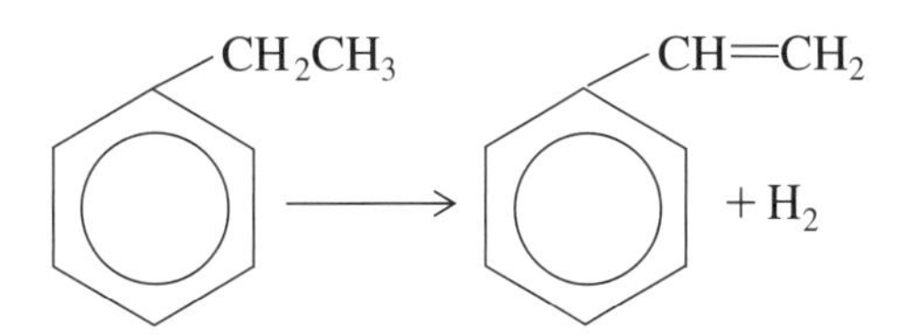

e de butano a buteno:

$$C_4H_{10} \longrightarrow C_4H_8 + H_2$$

A desidrogenação do propano é outra reação que se provou ser bem-sucedida com o uso de um reator de membrana.[4]

$$C_3H_8 \longrightarrow C_3H_6 + H_2$$

Todas as reações de desidrogenação acima podem ser representadas simbolicamente como

$$A \rightleftarrows B + C$$

e ocorrerão no lado catalítico de um IMRCF. A constante de equilíbrio para esta reação é muito pequena a 227°C (isto é, $K_C = 0{,}05$ mol/dm³). A membrana é permeável a B (por exemplo, H_2), mas não a A e C. Gás puro A entra no reator a 8,2 atm e 227°C ($C_{T0} = 0{,}2$ mol/dm³) a uma vazão molar de 10 mol/min.

A velocidade de difusão de B para fora do reator, por unidade de volume do reator, R_B, é proporcional à concentração de B (isto é, $R_B = k_C C_B$).

(a) Faça os balanços molares diferenciais para A, B e C para chegar a um conjunto de equações diferenciais acopladas a ser resolvido.
(b) Plote e analise as vazões molares de cada espécie em função do volume do reator.
(c) Calcule a conversão de A para $V = 500$ dm³.

Informação adicional: Mesmo que esta seja uma reação catalítica gás-sólido, faremos uso da massa específica do leito de catalisador a fim de escrever nossos balanços em termos de volume de reator em vez da massa de catalisador (lembre-se de que $-r_A = -r'_A \rho_b$). Para a massa específica do leito de catalisador $\rho_b = 1{,}5$ g/cm³ e diâmetro interno do tubo de 2 cm contendo as partículas de catalisador, a velocidade específica de reação, k, e o coeficiente de transporte, k_C, são $k = 0{,}7$ min⁻¹ e $k_C = 0{,}2$ min⁻¹, respectivamente.

Solução

Escolheremos o volume de reator em vez da massa de catalisador como nossa variável independente para este exemplo. A massa de catalisador, W, e o volume de reator, V, são facilmente relacionados por meio da massa específica do leito do catalisador, ρ_b (isto é, $W = \rho_b V$). Primeiro, devemos realizar balanços molares sobre o elemento de volume ΔV mostrado na Figura 6-3(d).

Balanço molar para cada espécie e para todas as espécies

1. Balanços molares:

Balanço para A no leito catalítico:

$$\begin{bmatrix}\text{Entrada por}\\ \text{escoamento}\end{bmatrix} - \begin{bmatrix}\text{Saída por}\\ \text{escoamento}\end{bmatrix} + \begin{bmatrix}\text{Geração}\end{bmatrix} = \begin{bmatrix}\text{Acúmulo}\end{bmatrix}$$

$$\overbrace{F_A|_V} - \overbrace{F_A|_{V+\Delta V}} + \overbrace{r_A \Delta V} = 0$$

Dividindo por ΔV, e levando ao limite quando $\Delta V \to 0$, temos

$$\boxed{\frac{dF_A}{dV} = r_A} \tag{E6-2.1}$$

[4] *J. Membrane Sci., 77,* 221 (1993).

Balanço para B no leito catalítico:
O balanço para B é dado pela Equação (6-3):

$$\boxed{\frac{dF_B}{dV} = r_B - R_B} \tag{E6-2.2}$$

em que R_B é a vazão molar de B que sai da membrana por unidade de volume do reator.

O balanço molar para C é conduzido de maneira idêntica ao de A, e a equação resultante é

$$\boxed{\frac{dF_C}{dV} = r_C} \tag{E6-2.3}$$

2. **Velocidades:**
Lei de Velocidade de Reação

$$\boxed{-r_A = k\left(C_A - \frac{C_B C_C}{K_C}\right)} \tag{E6-2.4}$$

Velocidades Relativas de Reação

$$\frac{r_A}{-1} = \frac{r_B}{1} = \frac{r_C}{1} \tag{E6-2.5}$$

$$r_B = -r_A \tag{E6-2.6}$$

$$r_C = -r_A \tag{E6-2.7}$$

3. **Transporte para fora do reator.** Aplicamos a Equação (6-5) para o caso em que a concentração de B no lado do arraste é zero, $C_{BS} = 0$, de modo a obter

$$\boxed{R_B = k_C C_B} \tag{E6-2.8}$$

em que k_C é um coeficiente de transporte. Neste exemplo, devemos considerar que a resistência da espécie B para fora da membrana é uma constante, e, consequentemente, k_C é uma constante.

4. **Estequiometria.** Lembrando a Equação (4-17) para o caso de temperatura e pressão constantes, temos, para operação isotérmica e sem queda de pressão ($T = T_0$, $P = P_0$),
Concentrações:

$$C_A = C_{T0}\frac{F_A}{F_T} \tag{E6-2.9}$$

$$C_B = C_{T0}\frac{F_B}{F_T} \tag{E6-2.10}$$

$$C_C = C_{T0}\frac{F_C}{F_T} \tag{E6-2.11}$$

$$F_T = F_A + F_B + F_C \tag{E6-2.12}$$

5. **Combinando e resumindo:**

Resumo das equações descrevendo o escoamento e a reação em um reator de membrana

$$\frac{dF_A}{dV} = r_A$$

$$\frac{dF_B}{dV} = -r_A - k_C C_{T0}\left(\frac{F_B}{F_T}\right)$$

$$\frac{dF_C}{dV} = -r_A$$

$$-r_A = kC_{T0}\left[\left(\frac{F_A}{F_T}\right) - \frac{C_{T0}}{K_C}\left(\frac{F_B}{F_T}\right)\left(\frac{F_C}{F_T}\right)\right]$$

$$F_T = F_A + F_B + F_C$$

6. **Avaliação de parâmetros:**

$$C_{T0} = \frac{P_0}{RT_0} = \frac{830{,}6 \text{ kPa}}{[8{,}314 \text{ k Pa}\cdot\text{dm}^3/(\text{mol}\cdot\text{K})]\ (500 \text{ K})} = 0{,}2\ \frac{\text{mol}}{\text{dm}^3}$$

$$k = 0{,}7 \text{ min}^{-1},\ K_C = 0{,}05 \text{ mol/dm}^3,\ k_C = 0{,}2 \text{ min}^{-1}$$

$$F_{A0} = 10 \text{ mol/min}$$

$$F_{B0} = F_{C0} = 0$$

7. **Solução numérica.** As Equações (E6-2.1) a (E6-2.11) foram resolvidas utilizando-se o Polymath e o MATLAB, outro *solver* de EDOs. Os perfis de vazão molar são mostrados aqui. A Tabela E6-2.1 mostra os programas Polymath, e a Figura E6-2.1 mostra os resultados da solução numérica para as condições de entrada.

$$V = 0:\quad F_A = F_{A0},\quad F_B = 0,\quad F_C = 0$$

Informações sobre como obter e carregar o programa Polymath podem ser encontradas no Apêndice E.

TABELA E6-2.1 PROGRAMA POLYMATH

Equações diferenciais

```
1 d(Fa)/d(V) = ra
2 d(Fb)/d(V) = -ra-kc*Cto*(Fb/Ft)
3 d(Fc)/d(V) = -ra
```

Equações explícitas

```
1 Kc = 0,05
2 Ft = Fa+Fb+Fc
3 k = 0,7
4 Cto = 0,2
5 ra = -k*Cto*((Fa/Ft)-Cto/Kc*(Fb/Ft)*(Fc/Ft))
6 kc = 0,2
```

Valores calculados das variáveis das EDOs

	Variável	Valor inicial	Valor final
1	Cto	0,2	0,2
2	Fa	10.	3,995179
3	Fb	0	1,832577
4	Fc	0	6,004821
5	Ft	10.	11,83258
6	k	0,7	0,7
7	Kc	0,05	0,05
8	kc	0,2	0,2
9	ra	-0,14	-0,0032558
10	V	0	500.

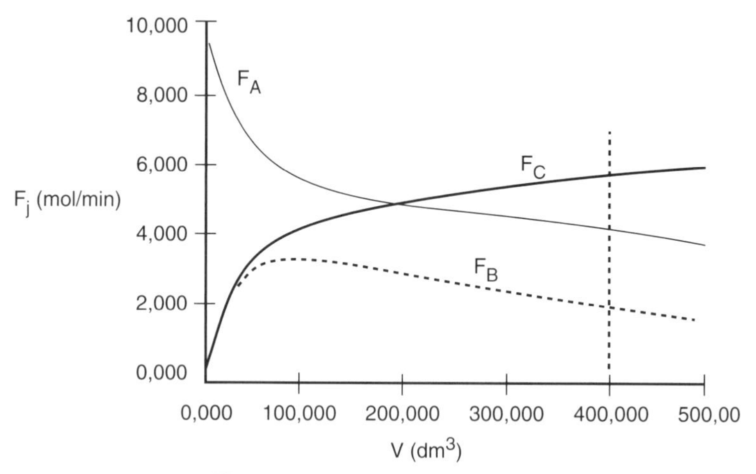

Figura E6-2.1 Solução do Polymath.

Observamos que F_B atinge um valor máximo como resultado da competição entre a velocidade de reação de B sendo formado a partir de A e a velocidade de reação de B sendo removido através das laterais do reator.

(**c**) Da Figura E6-2.1, vemos que a vazão molar de saída de A em 500 dm³ é de 4 mol/min, para a qual a conversão correspondente é

$$X = \frac{F_{A0} - F_A}{F_{A0}} = \frac{10-4}{10} = 0{,}6$$

***Análise*:** A vazão molar de A cai rapidamente até aproximadamente 100 dm³, em que a reação se aproxima do equilíbrio. Neste ponto, a reação prosseguirá somente para a direita, na mesma velocidade em que B é removido através das laterais da membrana, conforme observado pelas inclinações semelhantes de F_A e F_B neste gráfico. Você vai querer usar o Problema 6-2_A(b) para mostrar que, se B for removido rapidamente, F_B será próximo de zero e a reação se comporta como se fosse irreversível, e que, se B for removido lentamente, F_B será maior ao longo do reator, e a velocidade de reação, $-r_A$, será pequena.

Uso de Reatores de Membrana para Aumentar a Seletividade. Em adição às espécies saindo através das laterais do reator de membrana, as espécies podem também ser alimentadas no reator através das laterais da membrana. Por exemplo, para a reação

$$A + B \rightarrow C + D$$

a espécie A poderia ser alimentada somente pela entrada, e a espécie B poderia ser alimentada somente através da membrana, conforme mostrado aqui.

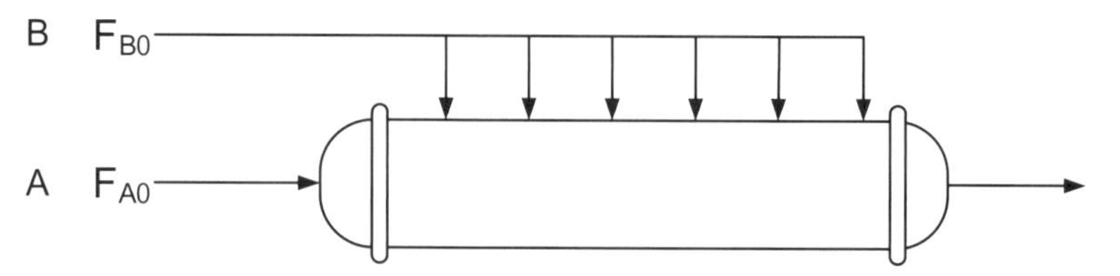

Como veremos no Capítulo 8, esse arranjo é frequentemente utilizado para melhorar a seletividade quando ocorrem reações múltiplas. Aqui, B é geralmente alimentado uniformemente através da membrana, ao longo do comprimento do reator. O balanço para B é

$$\frac{dF_B}{dV} = r_B + R_B \tag{6-7}$$

em que $R_B = F_{B0}/V_t$, com F_{B0} sendo a vazão molar total de alimentação de B através das laterais e V_t o volume total do reator. A vazão de alimentação de B pode ser controlada por meio da queda de pressão através da membrana do reator.[5] Este arranjo manterá a concentração de A alta e a concentração de B baixa, para maximizar a seletividade dada pela Equação (E8-2.2), para as reações dadas na Seção 8.6.

6.5 Operação de Reatores Agitados em Regime Não Estacionário

No Capítulo 5 discutimos operações transientes de um tipo de reator, o reator batelada. Nesta seção discutiremos dois outros aspectos da operação em regime não estacionário: partida de um CSTR e de um reator semicontínuo. Primeiro, a partida de um CSTR é examinada para determinar o tempo necessário para atingir operação em regime estacionário [veja a Figura 6-4(a)] e, em seguida, são discutidos os reatores semicontínuos. Em cada um destes casos, estamos interessados em prever a concentração e a conversão em função do tempo. Soluções analíticas exatas das equações diferenciais que surgem do balanço molar para esses tipos de reatores podem ser obtidas somente para reações de ordem zero e reações de primeira ordem. *Solvers* de EDOs devem ser utilizados para outras ordens de reação.

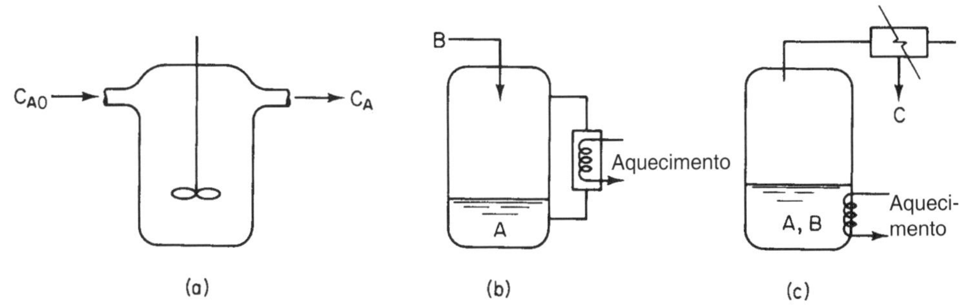

Figura 6-4 Reatores semicontínuos. (**a**) Partida do reator; (**b**) reator semicontínuo com resfriamento; e (**c**) destilação reativa. [Obtido por permissão especial de *Chem. Eng.*, *63*(10) 211 (Oct. 1956). Copyright © 1956 McGraw-Hill, Inc., New York, NY 10020.]

Existem dois tipos básicos de operações semicontínuas. Em um dos tipos, um dos reagentes na reação

$$A + B \rightarrow C + D$$

(por exemplo, B) é lentamente alimentado ao reator contendo o outro reagente (por exemplo, A), o qual já foi alimentado anteriormente ao reator, como o caso mostrado na Figura 6-4(b). Este tipo de reator é geralmente utilizado quando reações laterais indesejáveis ocorrem a altas concentrações de B (veja a Seção 8.1) ou quando a reação é altamente exotérmica (Capítulo 11). Em algumas reações, o reagente B é um gás que é borbulhado continuamente através de um reagente líquido A. Exemplos de reações utilizadas neste tipo de operação de reator semicontínuo incluem *amonólise*, *cloração* e *hidrólise*. O outro tipo de reator semicontínuo refere-se à destilação reativa, e é mostrado esquematicamente na Figura 6-4(c). Neste caso, os reagentes A e B são carregados simultaneamente e um dos produtos é vaporizado e retirado conti-

[5] A velocidade de B através da membrana, U_B, é dada pela lei de Darcy

$$U_B = K(P_s - P_r)$$

sendo K a permeabilidade da membrana, P_s a pressão no lado do casco e P_r a pressão no lado do reator.

$$F_{B0} = \overbrace{C_{B0} a U_B}^{R_B} V_t = R_B V_t$$

em que, como antes, a é a área superficial da membrana por unidade de volume, C_{B0} é a concentração de entrada de B, e V_t é o volume total do reator.

nuamente. A remoção de um dos produtos desta maneira (por exemplo, C) desloca o equilíbrio em direção à direita, aumentando a conversão final acima daquela que seria alcançada se C não tivesse sido removido. Adicionalmente, a remoção de um dos produtos concentra ainda mais o reagente, promovendo, consequentemente, um aumento na velocidade de reação, e diminuindo o tempo de processamento. Este tipo de operação de reação é chamado *destilação reativa*. Exemplos de reações conduzidas neste tipo de reator incluem *reações de acetilação* e *reações de esterificação* nas quais a água é removida.

6.6 Reatores Semicontínuos

6.6.1 Motivação para o Uso de um Reator Semicontínuo

Uma das melhores razões para usarmos reatores semicontínuos é para aumentar a seletividade de reações em fase líquida. Por exemplo, considere as duas reações simultâneas a seguir. Uma reação produz o produto desejado D

$$A + B \xrightarrow{k_D} D$$

com a lei de velocidade de reação

$$r_D = k_D C_A^2 C_B$$

e a outra produz um produto indesejável U

$$A + B \xrightarrow{k_U} U$$

com a lei de velocidade de reação

$$r_U = k_U C_A C_B^2$$

A seletividade instantânea $S_{D/U}$ é a razão entre essas duas velocidades

Queremos $S_{D/U}$ tão grande quanto possível.

$$S_{D/U} = \frac{r_D}{r_U} = \frac{k_D C_A^2 C_B}{k_U C_A C_B^2} = \frac{k_D}{k_U}\frac{C_A}{C_B} \qquad (6\text{-}8)$$

e nos orienta como obter a maior quantidade de nosso produto desejado e o mínimo de nosso produto indesejado (veja a Seção 8.1). Vemos, a partir da seletividade instantânea, que podemos aumentar a formação de D e diminuir a formação de U mantendo a concentração de A alta e a concentração de B baixa. Esse resultado pode ser alcançado pelo uso de um reator semicontínuo que é carregado com A puro, sendo B puro alimentado lentamente ao tanque.

6.6.2 Balanços Molares em Reator Semicontínuo

Dos dois tipos de reatores semicontínuos, concentraremos nossa atenção primariamente naquele de alimentação molar constante. Um diagrama esquemático deste reator semicontínuo é mostrado na Figura 6-5. Consideraremos a reação elementar em fase líquida

$$A + B \rightarrow C$$

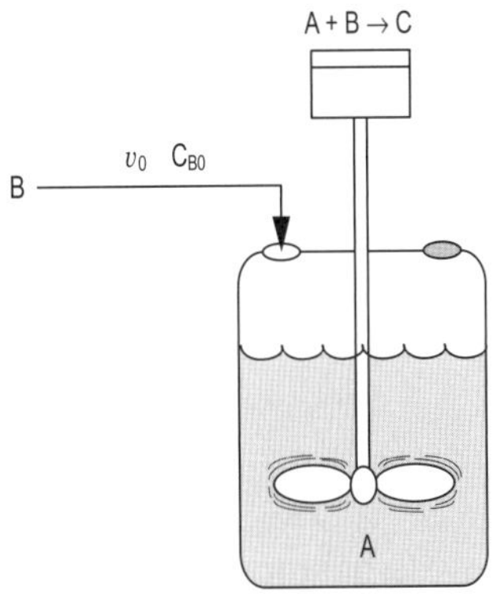

Figura 6-5 Reator semicontínuo.

na qual o reagente B é lentamente adicionado a um tanque bem misturado contendo o reagente A.

Um **balanço molar para a espécie A produz**

$$\begin{bmatrix}\text{Vazão molar}\\ \text{de entrada}\end{bmatrix} - \begin{bmatrix}\text{Vazão molar}\\ \text{de saída}\end{bmatrix} + \begin{bmatrix}\text{Velocidade}\\ \text{de geração}\end{bmatrix} = \begin{bmatrix}\text{Velocidade}\\ \text{de acúmulo}\end{bmatrix} \tag{6-9}$$

Balanço molar para a espécie A

$$\overbrace{0} \quad - \quad \overbrace{0} \quad + \quad \overbrace{r_A V(t)} \quad = \quad \overbrace{\frac{dN_A}{dt}}$$

Três variáveis podem ser usadas para formular e resolver problemas de reatores semicontínuos: as concentrações, C_j, o número de mols, N_j, e a conversão, X.

Usaremos a concentração como nossa variável, deixando a análise de reatores semicontínuos utilizando o número de mols, N_j, e a conversão X no site da LTC Editora.

Lembrando que o número de mols de A, N_A, é simplesmente o produto da concentração de A, C_A, pelo volume V, [isto é, $(N_A = C_A V)$], podemos escrever a Equação (6-9) como

$$r_A V = \frac{d(C_A V)}{dt} = \frac{V dC_A}{dt} + C_A \frac{dV}{dt} \tag{6-10}$$

Observe que, quando o reator está sendo carregado, o volume V varia com o tempo. O volume do reator em qualquer tempo t pode ser encontrado a partir de um **balanço global de massa** para todas as espécies. A vazão mássica de carregamento do reator, $\dot{m}_0$, é simplesmente o produto da massa específica do líquido, ρ_0, pela vazão volumétrica, v_0. A massa de líquido dentro do reator, m, é simplesmente o produto da massa específica do líquido, ρ, pelo volume do líquido, V, no reator. Não há massa saindo e nem geração de massa.

Balanço global de massa

$$\begin{bmatrix}\text{Vazão}\\ \text{mássica}\\ \text{de entrada}\end{bmatrix} - \begin{bmatrix}\text{Vazão}\\ \text{mássica}\\ \text{de saída}\end{bmatrix} + \begin{bmatrix}\text{Velocidade}\\ \text{de geração}\end{bmatrix} = \begin{bmatrix}\text{Velocidade}\\ \text{de acúmulo}\end{bmatrix}$$

$$\dot{m}_0 \quad - \quad 0 \quad + \quad 0 \quad = \quad \frac{dm}{dt}$$

$$\overbrace{\rho_0 v_0} \quad - \quad \overbrace{0} \quad + \quad \overbrace{0} \quad = \quad \overbrace{\frac{d(\rho V)}{dt}} \tag{6-11}$$

Para um sistema de massa específica constante, $\rho_0 = \rho$, e

$$\frac{dV}{dt} = v_0 \tag{6-12}$$

Com a condição inicial $V = V_0$ em $t = 0$, a integração para o caso de vazão volumétrica constante, v_0, resulta em

Volume do reator semicontínuo em função do tempo

$$\boxed{V = V_0 + v_0 t} \tag{6-13}$$

Substituindo a Equação (6-12) no lado direito da Equação (6-10), e rearranjando, temos

$$-v_0 C_A + V r_A = \frac{V dC_A}{dt}$$

O **balanço para A** [isto é, Equação (6-10)] pode ser reescrito como

Balanço molar para A

$$\boxed{\frac{dC_A}{dt} = r_A - \frac{v_0}{V} C_A} \tag{6-14}$$

Um **balanço molar para B**, que é alimentado ao reator à vazão F_{B0}, é

$$\overbrace{F_{B0}}^{\text{Entrada}} + \overbrace{0}^{\text{Saída}} + \overbrace{r_B V}^{\text{Geração}} = \overbrace{\frac{dN_B}{dt}}^{\text{Acúmulo}}$$

Rearranjando

$$\frac{dN_B}{dt} = r_B V + F_{B0} \tag{6-15}$$

Diferenciando N_B ($N_B = C_B V$) e, então, utilizando a Equação (6-12) para substituir (dV/dt), o balanço molar para B torna-se

$$\frac{d(VC_B)}{dt} = \frac{dV}{dt} C_B + \frac{V dC_B}{dt} = r_B V + F_{B0} = r_B V + v_0 C_{B0}$$

Rearranjando

Balanço molar para B

$$\boxed{\frac{dC_B}{dt} = r_B + \frac{v_0 (C_{B0} - C_B)}{V}} \tag{6-16}$$

De maneira semelhante, para a espécie C temos

$$\frac{dN_C}{dt} = r_C V = -r_A V \tag{6-17}$$

$$\frac{dN_C}{dt} = \frac{d(C_C V)}{dt} = V\frac{dC_C}{dt} + C_C \frac{dV}{dt} = V\frac{dC_C}{dt} + v_0 C_C \tag{6-18}$$

Combinando (6-17) e (6-18) e rearranjando, obtemos

$$\boxed{\frac{dC_C}{dt} = r_C - \frac{v_0 C_C}{V}} \tag{6-19}$$

Seguindo o mesmo procedimento para a espécie D

$$\boxed{\frac{dC_D}{dt} = r_D - \frac{v_0 C_D}{V}} \tag{6-20}$$

No tempo $t = 0$, as concentrações iniciais de B, C e D no tanque são zero, $C_{Bi} = 0$. A concentração de B na alimentação é C_{B0}. Se a ordem da reação for diferente de zero ou diferente de ordem 1, ou se a reação não ocorrer isotermicamente, temos que usar técnicas numéricas para determinar a conversão em função do tempo. As Equações (6-14), (6-16), (6-19) e (6-20) são facilmente resolvidas com um *solver* de EDOs.

Exemplo 6-3 Reator Semicontínuo Isotérmico com Reação de Segunda Ordem*

A produção de brometo de metila é uma reação irreversível em fase líquida que segue uma lei de velocidade elementar. A reação

$$\mathrm{CNBr + CH_3NH_2 \rightarrow CH_3Br + NCNH_2}$$

é conduzida isotermicamente em um reator semicontínuo. Uma solução aquosa de metilamina (B) à concentração de 0,025 ml/dm^3 deve ser alimentada a uma vazão volumétrica de 0,05 dm^3/s a uma solução aquosa de cianeto de bromo (A) contida em um reator revestido internamente de vidro. O volume inicial do fluido no tanque deve ser de 5 dm^3, com uma concentração de cianeto de bromo igual a 0,05 mol/dm^3. A constante de velocidade específica de reação é

$$k = 2{,}2\ \mathrm{dm^3/s \cdot mol}$$

Obtenha as soluções para a velocidade de reação e as concentrações de cianeto de bromo e de brometo de metila, como funções do tempo, e analise os seus resultados.

Solução

Simbolicamente, escrevemos a reação como

$$\mathrm{A + B \rightarrow C + D}$$

Balanços Molares:

$$\frac{dC_A}{dt} = r_A - \frac{\upsilon_0 C_A}{V} \tag{6-14}$$

$$\frac{dC_B}{dt} = \frac{\upsilon_0 (C_{B0} - C_B)}{V} + r_B \tag{6-16}$$

$$\frac{dC_C}{dt} = r_C - \frac{\upsilon_0 C_C}{V} \tag{6-18}$$

$$\frac{dC_D}{dt} = r_D - \frac{\upsilon_0 C_D}{V} \tag{6-19}$$

Lei de Velocidade

Velocidades:

Lei de Velocidade (Elementar)

$$-r_A = kC_A C_B \tag{E6-3.1}$$

Leis de Velocidade Relativas

$$-r_A = -r_B = r_C = r_D \tag{E6-3.2}$$

Combinando os balanços molares [Equações (6-14), (6-16), (6-19) e (6-20)], a lei de velocidade, Equação (E6-3.1), e as leis de velocidade relativas, Equação (E6-3.2), obtemos as seguintes formas dos balanços molares para A, B, C e D, exclusivamente em termos de concentrações.

Balanços molares e leis de velocidade combinados para as espécies A, B, C e D

$$\frac{dC_A}{dt} = -kC_A C_B - \frac{\upsilon_0 C_A}{V} \tag{E6-3.3}$$

$$\frac{dC_B}{dt} = -kC_A C_B + \frac{\upsilon_0 (C_{B0} - C_B)}{V} \tag{E6-3.4}$$

$$\frac{dC_C}{dt} = kC_A C_B - \frac{\upsilon_0 C_C}{V} \tag{E6-3.5}$$

$$\frac{dC_D}{dt} = kC_A C_D - \frac{\upsilon_0 C_D}{V} \tag{E6-3.6}$$

*O reator semicontínuo também é conhecido como reator semibatelada. (N.T.)

O volume de líquido no reator em um tempo qualquer t é

$$V = V_0 + v_0 t \tag{E6-3.7}$$

Essas equações acopladas são facilmente resolvidas com um *solver* de EDOs tal como o Polymath.

Poderíamos calcular também a conversão de A:

$$X = \frac{N_{A0} - N_A}{N_{A0}} \tag{E6-3.8}$$

Substituindo N_{A0} e N_A,

$$\boxed{X = \frac{C_{A0}V_0 - C_A V}{C_{A0}V_0}} \tag{E6-3.9}$$

As condições iniciais são $t = 0$, $C_{A0} = 0{,}05$ mol/dm^3, $C_B = C_C = C_D = 0$ e $V_0 = 5$ dm^3.

As Equações (E6-3.2) a (E6-3.9) são facilmente resolvidas com a ajuda de um *solver* de EDOs, tal como o Polymath (Tabela E6-3.1).

TABELA E6-3.1 PROGRAMA POLYMATH

RELATÓRIO DE EDOs (RKF45)

Equações diferenciais
1 d(Ca)/d(t) = ra- vo*Ca/V
2 d(Cb)/d(t) = ra+ (Cbo-Cb)*vo/V
3 d(Cc)/d(t) = -ra-vo*Cc/V
4 d(Cd)/d(t) = -ra-vo*Cd/V

Equações explícitas
1 vo = 0,05
2 Vo = 5
3 V = Vo+vo*t
4 k = 2,2
5 Cbo = 0,025
6 ra = -k*Ca*Cb
7 Cao = 0,05
8 rate = -ra
9 X = (Cao*Vo-Ca*V)/(Cao*Vo)

Valores calculados das variáveis das EDOs

	Variável	Valor inicial	Valor final
1	Ca	0,05	7,731E-06
2	Cao	0,05	0,05
3	Cb	0	0,0125077
4	Cbo	0,025	0,025
5	Cc	0	0,0083256
6	Cd	0	0,0083256
7	k	2,2	2,2
8	ra	0	-2,127E-07
9	rate	0	2,127E-07
10	t	0	500.
11	V	5.	30.
12	vo	0,05	0,05
13	Vo	5.	5.
14	X	0	0,9990722

Por que a concentração de CH_3Br (C) alcança um máximo com o tempo?

As concentrações de cianeto de bromo (A) e metilamina são mostradas como uma função do tempo na Figura E6-3.1, e a velocidade é mostrada na Figura E6-3.2.

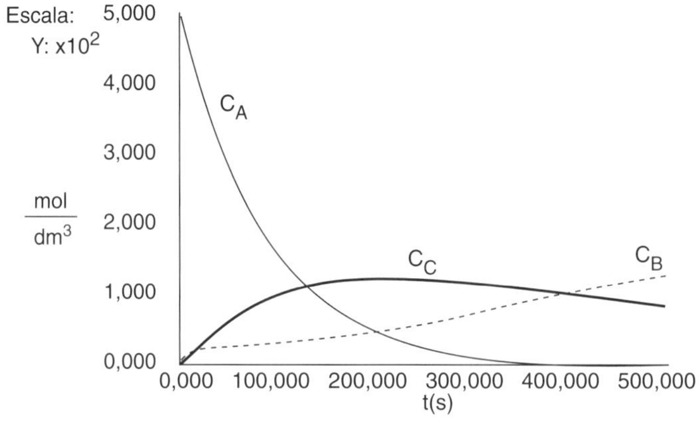

Figura E6-3.1 Saída do Polymath: Trajetórias concentração-tempo.

Observamos que a concentração de C alcança um máximo. O máximo ocorre porque quando a espécie A for totalmente consumida, a espécie C não será mais formada e o escoamento contínuo de B para dentro do reator diluirá os mols de C produzidos e, consequentemente, a concentração de C.

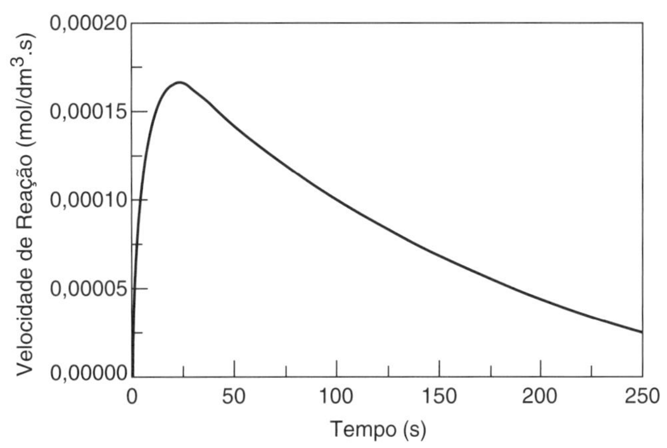

Figura E6-3.2 Trajetória velocidade de reação-tempo.

Análise: Vamos analisar as tendências. A concentração de A cai para perto de zero em aproximadamente 250 segundos, assim como a velocidade de reação. Consequentemente, pouco C é formado após este tempo, e o que se forma começa a ser diluído à medida que B continua a ser adicionado ao reator, e cessa antes de transbordar. Agora, o que você acha do tempo necessário para realizar esta reação? Ele é de aproximadamente 5 minutos, tempo praticamente suficiente apenas para abrir e fechar as válvulas. Aprenda as seguintes lições: Enquanto este exemplo mostrou como analisar um reator semicontínuo, você não utilizaria um reator semicontínuo para realizar esta reação a esta temperatura porque o tempo é demasiado curto. Em vez disso, você usaria um reator tubular com a espécie B sendo alimentada através das laterais do reator, ou certo número de CSTRs em série, com A sendo alimentado no primeiro reator e pequenas quantidades de B alimentadas em cada um dos reatores seguintes. Discutiremos isso melhor no Capítulo 8.

Conversão de Equilíbrio. Para reações reversíveis conduzidas em um reator semicontínuo, a máxima conversão que pode ser obtida (isto é, a *conversão de equilíbrio*) mudará à medida que a reação prossegue, porque mais reagente é continuamente adicionado ao reator. Esta adição desloca o equilíbrio continuamente para a direita, na direção de mais produto. Uma discussão sobre este ponto e sobre o cálculo da conversão de equilíbrio pode ser encontrada em *Referências Profissionais* R6.1D no site da LTC Editora.

Encerramento. Os Capítulos 5 e 6 apresentam a essência da engenharia das reações químicas para reatores isotérmicos. Uma vez completados estes capítulos, você deverá ser capaz de aplicar o algoritmo de blocos de construção

O algoritmo de ERQ

para qualquer um dos tipos de reatores discutidos neste capítulo: reator batelada, CSTR, PFR, PBR, reator de membrana e reator semicontínuo. Você deverá ser capaz de considerar a queda de pressão e descrever os efeitos das variáveis do sistema. Deverá, ainda, ser capaz de usar tanto conversões (Capítulo 5) quanto concentrações e vazões molares (Capítulo 6) para resolver os problemas de engenharia das reações químicas.

RESUMO

1. **Algoritmo de solução – outras variáveis além da conversão**
   Quando se usam outras variáveis além da conversão para o projeto do reator, os balanços molares devem ser escritos para cada uma das espécies da mistura reacional:

Balanços molares para cada espécie e para todas as espécies

$$\frac{dF_A}{dV} = r_A, \quad \frac{dF_B}{dV} = r_B, \quad \frac{dF_C}{dV} = r_C, \quad \frac{dF_D}{dV} = r_D \tag{R6-1}$$

Os balanços molares são, então, acoplados por meio de suas velocidades relativas de reação. Se

Velocidade de Reação

$$-r_A = kC_A^\alpha C_B^\beta \tag{R6-2}$$

para $aA + bB \rightarrow cC + dD$, então

Velocidades Relativas de Reação

$$r_B = \frac{b}{a}r_A, \quad r_C = -\frac{c}{a}r_A, \quad r_D = -\frac{d}{a}r_A \tag{R6-3}$$

A concentração pode também ser expressa em termos do número de mols (batelada) e em termos de vazões molares (escoamento).

$$\textit{Gás:} \quad C_A = C_{T0}\frac{F_A}{F_T}\frac{P}{P_0}\frac{T_0}{T} = C_{T0}\frac{F_A}{F_T}\frac{T_0}{T}\,y \tag{R6-4}$$

$$C_B = C_{T0}\frac{F_B}{F_T}\frac{T_0}{T}y \tag{R6-5}$$

$$y = \frac{P}{P_0}$$

Estequiometria

$$F_T = F_A + F_B + F_C + F_D + F_I \tag{R6-6}$$

$$\frac{dy}{dW} = \frac{-\alpha}{2y}\left(\frac{F_T}{F_{T0}}\right)\left(\frac{T}{T_0}\right) \tag{R6-7}$$

$$\textit{Líquido:} \quad C_A = \frac{F_A}{v_0} \tag{R6-8}$$

2. Para **reatores de membrana**, os balanços molares para a reação

$$A \rightleftarrows B + C$$

quando o reagente A e o produto C não se difundem para fora da membrana

Balanço Molar

$$\frac{dF_A}{dV} = r_A, \quad \frac{dF_B}{dV} = r_B - R_B \quad \text{e} \quad \frac{dF_C}{dV} = r_C \tag{R6-9}$$

com

Lei de Transporte

$$R_B = k_c C_B \tag{R6-10}$$

e k_c é o coeficiente global de transferência de massa.

3. Para **reatores semicontínuos**, o reagente B é alimentado continuamente ao tanque, que contém, inicialmente, somente A:

$$A + B \rightleftarrows C + D$$

Balanços Molares

$$\boxed{\frac{dC_A}{dt} = r_A - \frac{v_0}{V}C_A} \tag{R6-11}$$

$$\boxed{\frac{dC_B}{dt} = r_B + \frac{v_0(C_{B0} - C_B)}{V}} \tag{R6-12}$$

ALGORITMO PARA RESOLVER EDOs

Quando utilizamos um pacote computacional para a resolução de equações diferenciais ordinárias, tais como Polymath ou MATLAB, normalmente é mais fácil deixar os balanços molares, leis de velocidade e concentrações como equações separadas do que combiná-las em uma única equação, como fizemos para obter uma solução analítica. Escrevendo as equações separadamente, deixamos para o computador a tarefa de combiná-las e produzir uma solução. As formulações para um reator de leito de recheio com queda de pressão e um reator semicontínuo são dadas abaixo para duas reações elementares conduzidas isotermicamente.

Fase Gasosa

$A + B \rightarrow 3C$

Reator de Leito de Recheio

$$\frac{dF_A}{dW} = r'_A$$

$$\frac{dF_B}{dW} = r'_B$$

$$\frac{dF_C}{dW} = r'_C$$

$$r'_A = -kC_A C_B$$

$$r'_B = r'_A$$

$$r'_C = 3(-r'_A)$$

$$C_A = C_{T0} \frac{F_A}{F_T} y$$

$$C_B = C_{T0} \frac{F_B}{F_T} y$$

$$\frac{dy}{dW} = -\frac{\alpha}{2y} \frac{F_T}{F_{T0}}$$

$F_{T0} = 30,\ C_{T0} = 0{,}02,\ C_{A0} = 0{,}01,$
$C_{B0} = 0{,}01,\ k = 5000,\ \alpha = 0{,}009$
$W_{final} = 80$

Fase Líquida

$A + B \rightleftarrows 2C$

Reator Semicontínuo

$$\frac{dC_A}{dt} = r_A - \frac{v_0 C_A}{V}$$

$$\frac{dC_B}{dt} = r_A + \frac{v_0(C_{B0} - C_B)}{V}$$

$$\frac{dC_C}{dt} = -2r_A - \frac{v_0 C_C}{V}$$

$$r_A = -k\left[C_A C_B - \frac{C_C^2}{K_C}\right]$$

$$V = V_0 + v_0 t$$

$k = 0{,}15,\ K_C = 16{,}0,\ V_0 = 10{,}0$
$v_0 = 0{,}1,\ C_{B0} = 0{,}1,\ C_{Ai} = 0{,}04$
$t_{final} = 200$

As soluções do Polymath para as equações acima são dadas no site da LTC Editora nas ***Notas de Resumo*** do **Capítulo 6**.

MATERIAL NO SITE DA LTC EDITORA

Módulos da Web

- **Recursos de Aprendizagem**
  1. *Notas de Resumo*
  2. *Módulos e Jogos*
     A. Módulo da Web para Banhados
     B. Jogo Interativo Tic-Tac

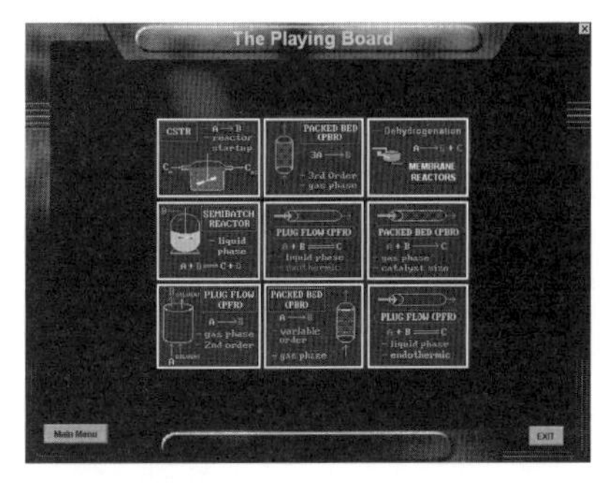

- **Problemas Exemplos de Simulação**
  - Exemplo 6-1 Reação em Fase Gasosa em Microrreator – Vazão Molar
  - Exemplo 6-2 Reator de Membrana
  - Exemplo 6-3 Reator Semicontínuo Isotérmico
- **Material de Referência Profissional**

R6.1 *Reatores CSTRs e Semicontínuos em Operação Transiente*

- R6.1A *Partida de um CSTR*
- R6.1B *Balanços em Termos do Número de Mols para Reator Semicontínuo*
- R6.1C *Balanço em Termos de Conversão para Reator Semicontínuo*
- R6.1D *Conversão de Equilíbrio*

R6.2 *O Lado Prático*

Uma série de orientações práticas para a operação de reatores químicos é dada.

R6.3 *Reatores com Aerossol*

Reatores com aerossol são utilizados para sintetizar nanopartículas. Devido a seu tamanho, forma e alta área superficial específica, as nanopartículas podem ser usadas em algumas aplicações, tais como pigmentos em cosméticos, membranas, reatores fotocatalíticos, catalisadores e cerâmicas, e reatores catalíticos.

Usamos a produção de partículas de alumínio como exemplo de uma operação em um reator de escoamento uniforme com aerossol (APFR). Uma corrente de gás argônio, saturado com vapor de Al, é resfriada.

Nanopartículas

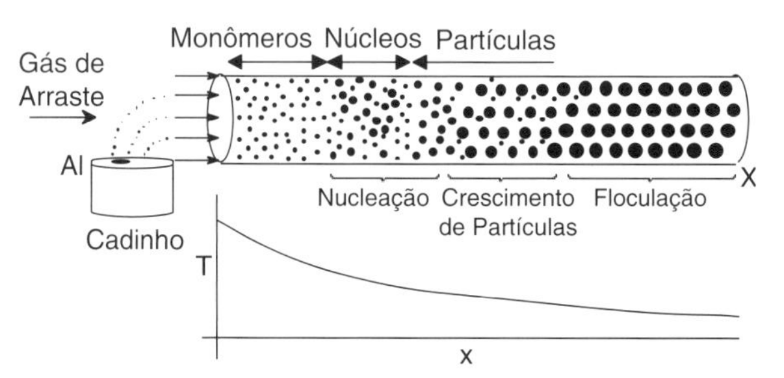

Reator com aerossol e perfil de temperatura.

À medida que o gás esfria, ele se torna supersaturado, levando à nucleação das partículas. Esta nucleação é o resultado da colisão e aglomeração de moléculas até que um tamanho crítico do núcleo seja alcançado e a partícula seja formada. À medida que essas partículas se movem ao longo do reator, as moléculas do gás supersaturado se condensam sobre as partículas causando um aumento no tamanho com a sua consequente floculação. No desenvolvimento do site da LTC Editora, modelaremos a formação e o crescimento de nanopartículas em um APFR.

QUESTÕES E PROBLEMAS

O subíndice de cada um dos problemas numerados indica o grau de dificuldade: A, mais fácil; D, mais difícil.

Problemas Propostos

Em cada uma das perguntas e problemas a seguir, em vez de apenas assinalar a sua resposta, escreva uma sentença ou duas descrevendo como você resolveu o problema, as hipóteses que você formulou, a coerência de sua resposta, o que você aprendeu, e quaisquer outros fatos que você queira acrescentar. Talvez você queira consultar os livros *Curso de Redação*, de Antônio Suárez Abreu, 12. ed. (Editora Ática, São Paulo, 2004) e *Manual de Redação e Estilo*, 3. ed., de Eduardo Martins (Editora Moderna, São Paulo, 1997) para melhorar a qualidade de suas sentenças.* Veja o Prefácio para partes genéricas adicionais (x), (y), (z) para os exercícios.

P6-1$_A$ Leia todos os problemas até o final deste capítulo. Construa e resolva um problema *original* baseado no material deste capítulo. (**a**) Utilize dados e reações reais para instruções adicionais. (**b**) Sugira uma reação e seus respectivos dados. (**c**) Utilize um exemplo do cotidiano (por exemplo, cozinhar espaguete) [Veja P5-1$_A$].

---

*Em inglês, você pode consultar W. Strunk e E. B. White, *The Elements of Style*, 4. ed. (New York: Macmillan, 2000) e Joseph M. Williams, *Style: Ten Lessons in Clarity & Grace,* 6. ed. (Glenview, Ill.: Scott, Foresman, 1999.) (N.T.)

Antes de resolver os problemas, tente prever ou esquematize qualitativamente os resultados ou tendências esperadas.

P6-2$_B$ **E se...** você fosse solicitado a investigar os problemas exemplos neste capítulo para aprender os efeitos da variação de diferentes parâmetros? Esta análise de sensibilidade pode ser conduzida baixando os exemplos da Web ou carregando os programas do site da LTC Editora fornecido com o livro. Para cada um dos problemas exemplos que você investigar, escreva um parágrafo descrevendo suas descobertas.

(a) **Exemplo 6-1**. Carregue o *Problema Exemplo de Simulação 6-1* a partir do site da LTC Editora. (1) Qual será a conversão se a pressão for dobrada e a temperatura for diminuída de 20ºC? (2) Compare os perfis da Figura E6-1.1 com aqueles para uma reação reversível com $K_C = 0{,}02$ mol/dm^3 e descreva as diferenças nos perfis. (3) Como seus perfis mudariam para o caso de uma reação irreversível com queda de pressão, com $\alpha_p = 99 \times 10^3$ dm^{-3} para cada tubo?

(b) **Exemplo 6-2**. Carregue o *Problema Exemplo de Simulação 6-2* a partir do site da LTC Editora. (1) Qual o efeito da adição de inertes na alimentação? (2) Varie parâmetros (por exemplo, k_C) e as razões entre os parâmetros (k/k_C), ($k\tau C_{A0}/K_e$), etc., e escreva um parágrafo descrevendo o que você encontrou. Que razão de parâmetros tem o maior efeito sobre a conversão $X = (F_{A0} - F_A)/F_{A0}$?

(c) **Exemplo 6-3**. Carregue o *Problema Exemplo de Simulação 6-3* a partir do site da LTC Editora. A temperatura deve ser baixada em 35ºC, de modo que a constante de velocidade de reação seja agora (1/10) de seu valor original. (1) Se a concentração de B deve ser mantida a 0,01 mol/dm^3 ou abaixo, qual deve ser a máxima vazão de alimentação de B? (2) Como sua resposta mudaria se a concentração de A fosse triplicada? (3) Refaça este problema para o caso de reação reversível com $K_C = 0{,}1$ e compare com o caso irreversível. (Serão necessárias apenas algumas alterações no programa Polymath.)

(d) ***Módulos da Web para Banhados*** a partir do site da LTC Editora. Carregue o programa Polymath e varie alguns parâmetros, tais como a precipitação de chuva, taxa de evaporação, concentração de atrazina e vazão de líquido. Escreva um parágrafo descrevendo o que você encontrou. Esse tópico é uma área "quente" de pesquisa em Engenharia Química.

(e) ***Módulos da Web para Reatores com Aerossol*** a partir do site da LTC Editora. Carregue o programa Polymath e (1) varie parâmetros tais como a taxa de resfriamento e a vazão, e descreva seu efeito sobre cada um dos regimes: nucleação, crescimento e floculação. Escreva um parágrafo descrevendo o que você encontrou. (2) Propõe-se trocar o gás de arraste por hélio.

(i) Compare seus gráficos (He *versus* Ar) do número de partículas de Al em função do tempo. Explique a forma dos gráficos.

(ii) Como o valor final de d_p se compara com aquele quando o gás de arraste era argônio? Explique.

(iii) Compare o tempo no qual a taxa de nucleação atinge um pico nos dois casos [gás de arraste = Ar e He]. Discuta a sua comparação.

Dados referentes a uma molécula de He: massa = $6{,}64 \times 10^{-27}$ kg, volume = $1{,}33 \times 10^{-29}$ m^3, área superficial = $2{,}72 \times 10^{-19}$ m^2, massa específica = 0,164 kg/m^3, nas condições normais de temperatura (25ºC) e pressão (1 atm).

(f) ***Exercícios de Autoavaliação na Web***. Escreva uma questão para esse problema que envolva raciocínio crítico e explique por que ele envolve raciocínio crítico. Veja exemplos na Web e *Notas de Resumo* do Capítulo 6.

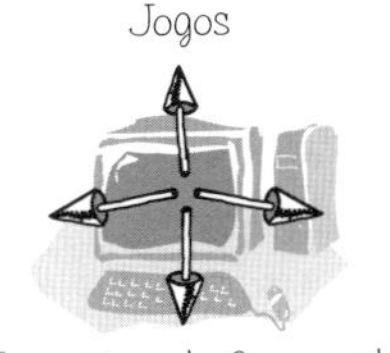

P6-3$_B$ Carregue os Jogos Interativos de Computador (ICG) a partir do site da LTC Editora. Execute os jogos e então grave seu número de desempenho, que indica seu domínio sobre o assunto. Seu professor tem a chave para decodificar seu número de desempenho. Um bom conhecimento de todas as seções é necessário para atiçar sua sagacidade contra seu adversário, o computador, para jogar o Tic-Tac-Toe.

Número de desempenho: ______________

P6-4$_B$ Reveja o problema P5-12$_B$ para o caso em que a reação é reversível com $K_C = 0{,}025$ dm^6/mol^2 e a reação é realizada a 300 K em um reator de membrana no qual C_2H_6 está se difundindo para fora. O coeficiente de transferência na membrana é $k_C = 0{,}08$ s^{-1}.

(a) Qual é a conversão convencional de equilíbrio em um PFR? Qual é a conversão na saída?

(b) Plote e analise a conversão e as vazões molares em um reator de membrana em função do volume de reator até o ponto onde 80% de conversão do peróxido de di-*terc*-butila é atingida. Observe a existência de qualquer máximo nas vazões.

(c) Aplique uma ou mais das seis ideias da Tabela P-3, no Prefácio deste livro, para este problema.

P6-5$_A$ A nutrição é um aspecto importante dos cereais instantâneos. Para tornar os cereais mais saudáveis, muitos nutrientes são adicionados. Infelizmente, os nutrientes se degradam com o tempo, exigindo a adição de uma quantidade maior do que a declarada para assegurar uma quantidade suficiente durante a vida do cereal. A vitamina V_1 é declarada a um nível de 20% da Quantidade Diária Recomendável por porção (uma porção = 30 g). A Quantidade Diária Recomendável é de 6.500 UI ($1,7 \times 10^6$ UI = 1 g). Descobriu-se que a degradação do nutriente é de primeira ordem em relação à quantidade de nutrientes. Testes acelerados de vida de prateleira foram conduzidos com este cereal, com os seguintes resultados:

Temperatura (°C)	45	55	65
k (semana^{-1})	0,0061	0,0097	0,0185

(a) A partir da informação acima, e sabendo-se que o cereal possui um nível de vitamina acima do nível declarado de 6.500 UI por 1 ano a 25°C, que valor de UI deve estar presente no cereal no momento de sua fabricação? Você pode dar sua resposta também em percentagem em excesso (%OU). [*Resp.*: 12%.]

$$\%OU = \frac{C\,(t=0) - C\,(t = 1\text{ ano})}{C\,(t = 1\text{ ano})} \times 100$$

(b) Em que percentagem do valor declarado de 6.500 UI você precisa aplicar a vitamina? Se 10.000.000 lb/ano do cereal são fabricadas e o custo do nutriente é de US$ 100 por libra, quanto custará esta porcentagem em excesso?

(c) Se esta fábrica fosse sua, que percentagem em excesso você realmente aplicaria e por quê?

(d) Como sua resposta mudaria se você tivesse que armazenar o material em um armazém em Bangkok por 6 meses, onde a temperatura diária é de 40°C, antes de enviá-lo ao supermercado? (A tabela de resultados de testes acelerados de vida de prateleira do cereal e o problema do nível de vitamina do cereal após a estocagem foram gentilmente fornecidos pela General Mills, Minneapolis, MN.)

P6-6$_B$ A produção de etilenoglicol a partir de *etileno cloridrina e bicarbonato de sódio*

$$CH_2OHCH_2Cl + NaHCO_3 \rightarrow (CH_2OH)_2 + NaCl + CO_2$$

é realizada em um reator semicontínuo. Uma solução 1,5 M de etileno cloridrina é alimentada com vazão de 0,1 mol/min a 1.500 dm^3 de uma solução 0,75 M de bicarbonato de sódio. A reação é elementar e realizada isotermicamente a 30°C, e a velocidade específica de reação é 5,1 dm^3/mol/h. Temperaturas elevadas levam à produção de reações paralelas indesejadas. O reator pode ser mantido a um volume máximo de líquido de 2.500 dm^3. Assuma massa específica constante.

(a) Plote e analise a conversão, a velocidade de reação, a concentração de reagentes e produtos, e o número de mols de glicol formado em função do tempo.

(b) Suponha que você pudesse variar a vazão entre 0,01 e 200 mol/min. Que vazão e tempo de reação você escolheria para produzir o maior número de mols de etilenoglicol em 24 horas, tendo em mente o tempo necessário para limpeza, carregamento do reator, etc., mostrado na Tabela 5-3?

(c) Suponha que o etileno cloridrina é alimentado a uma vazão de 0,15 mol/min até que o reator esteja cheio e seja fechado. Plote a conversão em função do tempo.

(d) Discuta o que você aprendeu neste problema e o que você acredita ser o ponto-chave deste problema.

P6-7$_C$ A seguinte reação elementar ocorre em fase líquida

$$NaOH + CH_3COOC_2H_5 \longrightarrow CH_3COO^-Na^+ + C_2H_5OH$$

As concentrações iniciais são 0,2 M em NaOH e 0,25 M em $CH_3COOC_2H_5$, com k = $5,2 \times 10^{-5}$ m^3/mol · s a 20°C, e com E = 42.810 J/mol. Projete uma série de condições operacionais (por exemplo, v_0, T, ...) para produzir 200 mol/dia de etanol em um reator semicontínuo que não opera acima de 37°C e abaixo de uma concentração de NaOH de 0,02 molar.[6] O reator semicontínuo que você tem a sua disposição tem 1,5 m de diâmetro e 2,5 m de altura. O tempo de parada é $(t_c + t_e + t_f) = 3$ h.

[6]Manual do Laboratório de Engenharia Química, Universidade de Nancy, Nancy, França, 1994 (*eric@ist.uni-stuttgart.de; www.sysbio.del/AICHE*).

P6-8$_C$ (*Reator de membrana*) A reação de primeira ordem reversível

$$A \rightleftarrows B + 2C$$

está ocorrendo em um reator de membrana. A puro entra no reator, e B se difunde através da membrana. Infelizmente, parte do reagente A também se difunde através da membrana.

(a) Plote e analise as vazões de A, B e C ao longo do reator, assim como as vazões de A e B através da membrana.

(b) Compare os perfis de conversão de um PFR convencional com aqueles de um reator de membrana. Que generalizações você pode fazer?

(c) A conversão de A seria maior ou menor se C estivesse se difundindo para fora em vez de B?

(d) Discuta qualitativamente como suas curvas mudariam se a temperatura fosse aumentada significativamente ou diminuída significativamente, para uma reação exotérmica. Repita a discussão para uma reação endotérmica.

Informação adicional:

$k = 10\ \text{min}^{-1}$ $\quad F_{A0} = 100$ mol/min

$K_C = 0{,}01\ \text{mol}^2/\text{dm}^6$ $\quad v_0 = 100\ \text{dm}^3/\text{min}$

$k_{CA} = 1\ \text{min}^{-1}$ $\quad V_{\text{reator}} = 20\ \text{dm}^3$

$k_{CB} = 40\ \text{min}^{-1}$

P6-9$_B$ **Células a Combustível.** Devido à ênfase atual em fontes de energias limpas renováveis, estamos nos movendo em direção a um aumento no uso de células a combustível para operar utensílios em geral, de computadores a automóveis. Por exemplo, a célula a combustível de hidrogênio/oxigênio produz *energia limpa*, visto que os produtos são água e eletricidade, o que pode levar a uma economia baseada no hidrogênio em vez de uma economia baseada no petróleo. Um componente importante na rota de processamento para células a combustível é o reator de membrana para a reação de deslocamento gás-água (M. Gummala, N. Gupla, B. Olsomer e Z. Dardas, *Paper 103c,* 2003, AIChE National Meeting, New Orleans, LA).

Célula a Combustível

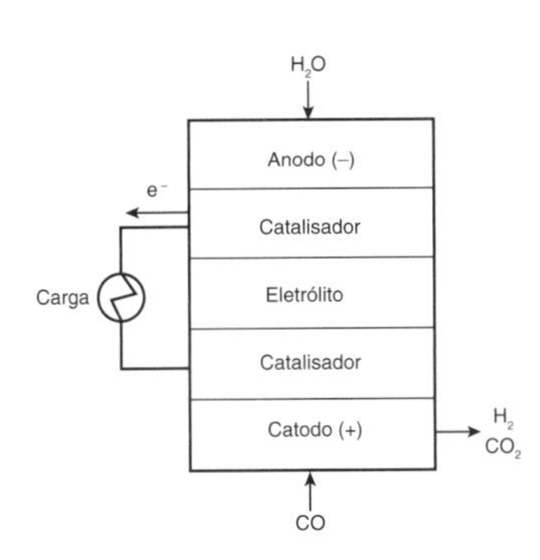

$$CO + H_2O \rightleftarrows CO_2 + H_2$$

Aqui, CO e água são alimentados ao reator de membrana, que contém o catalisador. Hidrogênio pode se difundir para fora, pelos lados, através da membrana, enquanto CO, H_2O e CO_2 não podem. Baseando-se nas informações seguintes, faça um gráfico das concentrações e das vazões molares de cada uma das espécies reagentes ao longo do comprimento do reator de membrana. Suponha que a vazão volumétrica de alimentação é de 10 dm³/min a 10 atm, e a alimentação equimolar de CO e vapor de água, com $C_{T0} = 0{,}4$ mol/dm³. A constante de equilíbrio é $K_e = 1{,}44$. A constante específica da velocidade de reação, k, é de 1,37 dm⁶/(mol · kg cat · min), e o coeficiente de transferência de massa para o hidrogênio é $k_{H_2} = 0{,}1$ dm³/(kg cat · min).

(a) Qual é o volume de reator necessário para atingir uma conversão de 85% de CO?

(b) Compare com um PFR.

(c) Para o mesmo volume de reator, qual seria a conversão se a vazão de alimentação fosse dobrada?

P6-10$_B$ Vá ao **Laboratório de Reatores**, do Professor Herz, no site da LTC Editora ou na Web em *www.SimzLab.com*. Carregue a Divisão 2, Lab 2 do Laboratório de Reatores, que diz respeito a um reator de leito de recheio (chamado de PFR), em que um gás, com propriedades físicas do ar, escoa sobre partículas esféricas de catalisador. Faça experimentos aqui para verificar como a queda de pressão varia com os parâmetros de entrada, tais como diâmetro do reator, diâmetro da partícula de catalisador, vazão do gás e temperatura. Para conseguir uma queda de pressão significativa, você pode necessitar mudar substancialmente alguns dos valores de entrada em relação àqueles mostrados quando você entrou no laboratório. Se você perceber que não pode conseguir a vazão desejada, então você precisará aumentar a pressão de entrada.

P6-11$_B$ Butanol puro deve ser alimentado a um *reator semicontínuo* contendo acetato de etila puro para produzir acetato de butila e etanol. A reação

$$CH_3COOC_2H_5 + C_4H_9OH \rightleftarrows CH_3COOC_4H_9 + C_2H_5OH$$

é elementar e reversível. A reação é conduzida isotermicamente a 300 K. Nesta temperatura, a constante de equilíbrio é igual a 1,08 e a velocidade específica de reação é 9×10^{-5} dm^3/mol · s. Inicialmente existem 200 dm^3 de acetato de etila no vaso e o butanol é alimentado a uma vazão volumétrica de 0,05 dm^3/s. A concentração de alimentação do butanol e a concentração inicial do acetato de etila são, respectivamente, 10,93 mol/dm^3 e 7,72 mol/dm^3.

(**a**) Plote e analise a conversão de equilíbrio do acetato de etila como uma função do tempo.

(**b**) Plote e analise a conversão do acetato de etila, a velocidade de reação e a concentração de butanol como uma função do tempo.

(**c**) Refaça a parte (**b**) assumindo que o etanol evapora (destilação reativa), tão logo ele é formado. [Esta é uma questão em nível de pós-graduação.]

(**d**) Utilize o Polymath ou algum outro *solver* de EDOs visando estudar como a conversão depende das várias combinações dos parâmetros [por exemplo, varie F_{B0}, N_{A0}, v_0].

(**e**) Aplique uma ou mais das seis ideias da Tabela P-3, no Prefácio deste livro, para este problema.

(**f**) Escreva uma questão para esse problema que envolva raciocínio crítico e explique por que ele envolve raciocínio crítico. [*Dica:* Veja o Prefácio, Seção B.3.]

P6-12$_C$ Uma reação isotérmica reversível A $\rightleftarrows$ B é conduzida em uma solução aquosa. A reação é de primeira ordem em ambas as direções. A constante da reação direta é 0,4 h^{-1} e a constante de equilíbrio é 4,0. A alimentação da planta contém 100 kg/m^3 de A entrando a uma vazão de 12 m^3/h. Os efluentes do reator seguem para um separador, em que B é completamente removido. O reator é um *tanque agitado* de volume igual a 60 m^3. A fração, f_1, de efluente não reagido é reciclada como uma solução contendo 100 kg/m^3 de A, e o restante é descartado. O produto B vale US$ 2 por quilograma e os custos operacionais são de US$ 50 por metro cúbico de solução que entra no separador. Qual o valor de f que maximiza o lucro operacional da planta? Que fração de A alimentada à planta é convertida no ponto ótimo? [*H. S. Shankar, ITT Mumbai.*]

P6-13$_C$ A reação de segunda ordem em fase líquida

$$C_6H_5COCH_2Br + C_6H_5N \longrightarrow C_6H_5COCH_2NC_5H_5Br$$

é conduzida em um reator batelada a 35ºC. A constante específica da velocidade de reação é 0,0445 dm^3/mol/min. O reator 1 é carregado com 1.000 dm^3, em que a concentração de cada reagente após a mistura é 2 M.

(**a**) Qual é a conversão após 10, 50 e 100 minutos?

Considere agora o caso para o qual, após o enchimento do reator 1, o dreno na base do reator 1 é deixado aberto e escoa para o interior do reator 2, situado logo abaixo, a uma vazão volumétrica de 10 dm^3/min.

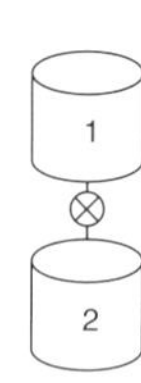

(**b**) Qual será a conversão e qual a concentração de cada espécie no reator 1 após 10, 50 e 80 minutos no reator que está sendo drenado?

(**c**) Qual é a conversão e qual a concentração de cada espécie no reator 2, que está sendo preenchido com o líquido que vem do reator 1, após 10 minutos, e também após 50 minutos?

(**d**) Ao final dos 50 minutos, os conteúdos dos dois reatores são reunidos. Qual a conversão global após a mistura?

(**e**) Aplique uma ou mais das seis ideias da Tabela P-3, no Prefácio deste livro, para este problema.

P6-14$_B$ **Quais são as quatro coisas que estão erradas nesta solução?**

A reação elementar em fase gasosa

$$2A \rightarrow B + 2C$$

é conduzida em um reator de membrana no qual há queda de pressão, com $\alpha = 0{,}019$ kg^{-1}. Uma alimentação equimolar de A e inertes, I, entra no reator com $C_{A0} = 0{,}4$ mol/dm^3, a uma vazão volumétrica total de 25 dm^3/s. Somente a espécie B pode sair através da membrana. A velocidade específica de reação é $k_A = 2{,}5$ dm^6/mol/kg/s, e o coeficiente de transferência de massa é $k_C = 1{,}5$ dm^3/kg · s. Plote a conversão de A ao longo do reator de membrana contendo 50 kg de catalisador.

Solução

```
Equações diferenciais
1 d(Fa)/d(W) = ra
2 d(Fb)/d(W) = rb-Rb
3 d(Fc)/d(W) = rc

Equações explícitas
1  Ft = Fa+Fb+Fc
2  ka = 2,5
3  Cto = 0,4
4  alpha = 0,019
5  y = (1-alpha*W)^0,5
6  Cb = Cto*Fb*y/Ft
7  Ca = Cto*Fa*y/Ft
8  rb = ka*Ca
9  ra = -rb/2
10 rc = -ra
11 kc = 1,5
12 Rb = kc*Cb
```

Boas Alternativas (GA) no site da LTC Editora e na Web

Os problemas a seguir são similares àqueles já apresentados, mas usam reações diferentes ou têm um número de figuras que necessitariam de muito espaço no livro. Por isso, os enunciados completos dos problemas encontram-se no site da LTC Editora.

CDGA 6-1 Um reator semicontínuo é utilizado para conduzir a reação

$$CH_3COOC_2H_5 + C_4H_9OH \rightleftharpoons CH_3COOC_4H_9 + C_2H_5OH$$

CDGA 6-2 Um CSTR com dois agitadores é modelado como três CSTRs em série [*Engenharia das Reações Químicas*, 3. ed., P4-29$_B$].

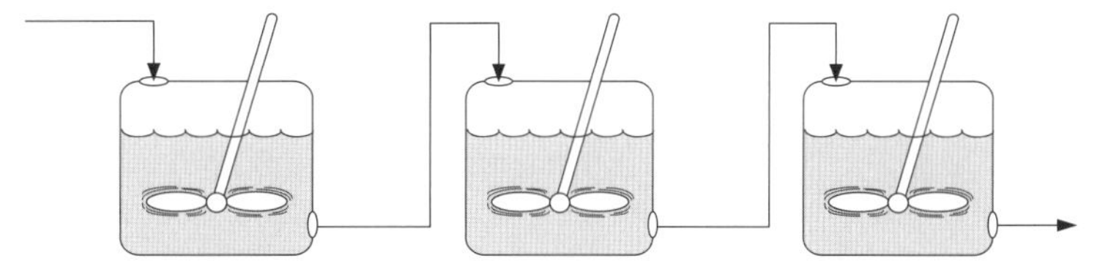

- **Problemas Propostos Adicionais**

  Alguns problemas adicionais, que podem ser utilizados para provas e exames, como problemas suplementares ou como exemplos, podem ser encontrados no site da LTC Editora e no site da Web, *www.umich.edu/~essen.*

Engenharia Verde

Novos Problemas na Web

CDP4-Novo De tempos em tempos, novos problemas relacionados com o material do Capítulo 6 e a problemas de interesse do dia a dia, ou de tecnologias emergentes, serão publicados na Web. As soluções para esses problemas podem ser obtidas escrevendo-se um e-mail para o autor. Além disso, você pode visitar o website *www.rowan.edu/greenengineering* e resolver os problemas específicos relacionados a este capítulo.

LEITURA SUPLEMENTAR

Froment, G. F., e K. B. Bischoff, *Chemical Reactor Analysis and Design*, 2. ed., New York: Wiley, 1990.

Keillor, Garrison e Tim Russell, *Dusty and Lefty: The Lives of the Cowboys* (Audio CD). St. Paul: MN: Highbridge Audio, 2006.

Informação recente sobre projetos de reatores pode ser usualmente encontrada nos seguintes periódicos: *Chemical Engineering Science*, *Chemical Engineering Communications*, *Industrial and Engineering Chemistry Research*, *Canadian Journal of Chemical Engineering*, *AIChE Journal* e *Chemical Engineering Progress.*

Aquisição e Análise de Dados 7

Você pode observar muito apenas assistindo.
Yogi Berra, New York Yankees

Visão Geral. Nos Capítulos 5 e 6 mostramos que, uma vez que conhecemos a lei de velocidade, a mesma pode ser substituída na equação de balanço molar apropriado, e, com o uso de relações estequiométricas adequadas, podemos usar os algoritmos de ERQ para analisar qualquer sistema de reações isotérmicas. Neste capítulo focaremos nas diversas formas de obter e analisar dados de velocidade de reação para encontrar a lei de velocidade para uma determinada reação.

Discutiremos dois tipos comuns de reatores que são utilizados para obter dados de reação: o reator batelada, utilizado principalmente para reações homogêneas, e o reator diferencial, utilizado para reações heterogêneas sólido-fluido. Nos experimentos em um reator batelada, concentração, pressão e/ou volume são comumente medidos e registrados em tempos diferentes durante a reação. Os dados adquiridos em um reator batelada são em operação transiente, enquanto as medidas em um reator diferencial são realizadas em operação no regime estacionário. Nos experimentos com reator diferencial, a concentração dos produtos é normalmente monitorada para um conjunto de condições de alimentação diferentes.

Três métodos diferentes de análise de dados são utilizados:

- O método diferencial
- O método integral
- Regressão não linear (análise pelo método de mínimos quadrados)

Os métodos diferencial e integral são usados principalmente na análise de dados obtidos em reatores batelada. Como há atualmente um número considerável de pacotes computacionais disponíveis para análise de dados (por exemplo, Polymath, MATLAB), uma longa discussão sobre regressão não linear foi incluída.

7.1 O Algoritmo para Análise de Dados

Para sistemas em batelada, o procedimento comum é adquirir dados de concentração-tempo, que então utilizamos para determinar a lei de velocidade de reação. A Tabela 7-1 apresenta um procedimento de sete passos que enfatizaremos na análise de dados de engenharia de reações.

Dados para reações homogêneas são obtidos mais frequentemente em reatores batelada. Após postular uma lei de velocidade na Etapa 1 e combinar com o balanço molar na Etapa 2, nós usamos qualquer um ou todos os métodos na Etapa 5 para processar os dados e obter as ordens de reação e as constantes específicas de velocidade de reação.

A análise de reações heterogêneas é mostrada na Etapa 6. Para reações heterogêneas gás-sólido, devemos ter uma compreensão da reação e de possíveis mecanismos, de forma a postular a lei de velocidade na Etapa 6B. Após estudarmos o Capítulo 10, que versa sobre reações heterogêneas, será possível postular diferentes expressões para a lei de velocidade e então usar regressão não linear no pacote Polymath para obter a "melhor" lei de velocidade e os "melhores" parâmetros da lei de velocidade.

O procedimento que usaremos para delinearmos a lei de velocidade e os parâmetros da lei de velocidade é apresentado na Tabela 7-1.

TABELA 7-1 ETAPAS UTILIZADAS NA ANÁLISE DE DADOS DE REAÇÃO

1. **Postule uma lei de velocidade.**
   A. Modelos de lei de velocidade para reações homogêneas

$$-r_A = kC_A^\alpha, \quad -r_A = kC_A^\alpha C_B^\beta$$

   B. Modelos do tipo Langmuir-Hinshelwood para reações heterogêneas

$$-r_A' = \frac{kP_A}{1+K_AP_A}, \quad -r_A' = \frac{kP_AP_B}{(1+K_AP_A+P_B)^2}$$

2. **Selecione um tipo de reator e o balanço molar correspondente.**
   A. Se for um reator batelada (Seção 7-2), utilize o balanço molar para o reagente A

$$-r_A = -\frac{dC_A}{dt} \quad \text{(TE7-1.1)}$$

   B. Se for um PBR diferencial (Seção 7.6), utilize o balanço molar para o produto P (A → P)

$$-r_A' = \frac{F_P}{\Delta W} = C_P v_0/\Delta W \quad \text{(TE7-1.2)}$$

3. **Processe os seus dados em termos da variável medida** (por exemplo, N_A, C_A ou P_A). Se necessário, reescreva o seu balanço molar em termos da variável medida (por exemplo, P_A).
4. **Procure simplificar.** Por exemplo, se um dos reagentes estiver em excesso, considere que a sua concentração é constante. Se a fração molar em fase gasosa do reagente A é pequena, faça $\varepsilon \approx 0$.
5. **Para um reator batelada, calcule $-r_A$ em função da concentração C_A para determinar a ordem de reação.**
   A. *Análise diferencial* (Seção 7-4)
   Combine o balanço molar (TE7-1.1) e o modelo de lei de velocidade (TE7-1.3).

$$-r_A = kC_A^\alpha \quad \text{(TE7-1.3)}$$

$$-\frac{dC_A}{dt} = kC_A^\alpha \quad \text{(TE7-1.4)}$$

   e então tome o logaritmo natural.

$$\ln\left(-\frac{dC_A}{dt}\right) = \ln(-r_A) = \ln k + \alpha \ln C_A \quad \text{(TE7-1.5)}$$

   (1) Encontre $-\frac{dC_A}{dt}$ a partir de dados de C_A *versus* t por

TABELA 7-1 ETAPAS UTILIZADAS NA ANÁLISE DE DADOS DE REAÇÃO (CONTINUAÇÃO)

(a) Diferenciação gráfica
(b) Método de diferenças finitas
(c) Ajuste polinomial

(2) Faça um gráfico de $\left[\ln\left(-\frac{dC_A}{dt}\right)\right]$ *versus* ln C_A para encontrar a ordem de reação α, que é o coeficiente angular da reta que se ajusta aos dados ***ou***

(3) Utilize regressão para encontrar α e k simultaneamente.

B. *Método integral* (Seção 7-3)
Para $-r_A = kC_A^\alpha$, o balanço molar combinado com a lei de velocidade é

$$-\frac{dC_A}{dt} = kC_A^\alpha \qquad \text{(TE7-1.4)}$$

Suponha α e integre a Equação (TE7-1.4). Rearranje a equação para obter a função apropriada de C_A que, quando plotada como função do tempo, deve ser linear. Se for linear, então o valor assumido de α está correto e o coeficiente linear é a constante da velocidade, k. Se não for linear, assuma novo valor de α. Se você supuser α = 0, 1 e 2 e nenhuma dessas ordens se ajustar aos dados, realize uma regressão não linear.

C. *Regressão não linear* (Polymath) (Seção 7-5):
Integre a Equação (TE7-1.4) para obter

$$t = \frac{1}{k}\left[\frac{C_{A0}^{(1-\alpha)} - C_A^{(1-\alpha)}}{(1-\alpha)}\right] \text{ para } \alpha \neq 1 \qquad \text{(TE7-1.6)}$$

Use a regressão no Polymath para encontrar α e k. Um tutorial do Polymath sobre regressão com imagens de telas do programa é fornecido nas *Notas de Resumo* do Capítulo 7 no site da LTC Editora e na Web.

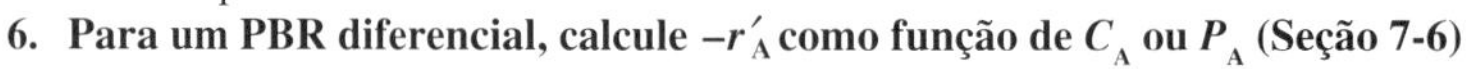

6. Para um PBR diferencial, calcule $-r'_A$ como função de C_A ou P_A (Seção 7-6)

A. Calcule $-r'_A = \frac{v_0 C_P}{\Delta W}$ como função da concentração de reagente, C_A ou pressão parcial P_A.

B. Escolha um modelo (veja Capítulo 10), por exemplo,

$$-r'_A = \frac{kP_A}{1 + K_A P_A}$$

C. Utilize regressão não linear para encontrar o melhor modelo e os melhores parâmetros. Veja o exemplo nas *Notas de Resumo* para o Capítulo 10 no site da LTC Editora, usando dados de catálise heterogênea.

7. **Analise seu modelo de lei de velocidade quanto à qualidade do ajuste.** Calcule o coeficiente de correlação.

7.2 Determinação da Ordem de Reação Individual para Dois Reagentes Utilizando o Método do Excesso

Os reatores batelada são usados principalmente para determinar os parâmetros da lei de velocidade para reações homogêneas. Essa determinação normalmente é obtida medindo-se a concentração como função do tempo e em seguida utilizando-se os métodos diferencial, integral ou de regressão não linear de análise de dados para determinar a ordem de reação, α, e a constante específica da velocidade de reação, k. Se algum parâmetro outro que a concentração é monitorado, tal como pressão, o balanço molar deve ser reescrito em termos da variável medida (por exemplo, pressão, como mostrado no exemplo constante nos *Problemas Resolvidos* no site da LTC Editora).

Processar os dados em termos da variável medida.

Quando a reação é *irreversível*, é possível em muitos casos determinar a ordem de reação, α, e a constante específica da velocidade tanto por regressão linear quanto pela diferenciação numérica dos *dados de concentração versus tempo*. Esse último método é aplicável quando as condições de reação são tais que a velocidade é essencialmente uma função da concentração de apenas um dos reagentes; por exemplo, se, para a reação de decomposição

Assumir que a lei de velocidade tem a forma $-r_A = k_A C_A^\alpha$.

$$A \rightarrow \text{Produtos}$$

$$-r_A = k_A C_A^\alpha \tag{7-1}$$

então o método diferencial pode ser utilizado.

No entanto, ao utilizarmos o método do excesso, é possível determinar a relação entre $-r_A$ e a concentração de outros reagentes. Isto é, para a reação irreversível

$$A + B \rightarrow \text{Produtos}$$

com a lei de velocidades

$$-r_A = k_A C_A^\alpha C_B^\beta \tag{7-2}$$

em que α e β são desconhecidos, a reação pode ser realizada primeiro com excesso de B tal que C_B permanece essencialmente constante durante o curso da reação (isto é, $C_B \approx C_{B0}$) e

$$-r_A = k' C_A^\alpha \tag{7-3}$$

em que

Método do excesso

$$k' = k_A C_B^\beta \approx k_A C_{B0}^\beta$$

Após determinar α, a reação é realizada com excesso de A, para a qual a lei de velocidade pode ser aproximada por

$$-r_A = k'' C_B^\beta \tag{7-4}$$

em que $k'' = k_A C_A^\alpha \approx k_A C_{A0}^\alpha$

Uma vez determinadas α e β, k_A pode ser calculada a partir dos valores medidos de $-r_A$ para concentrações conhecidas de A e B:

$$k_A = \frac{-r_A}{C_A^\alpha C_B^\beta} = (\text{dm}^3/\text{mol})^{\alpha+\beta-1}/\text{s} \tag{7-5}$$

Tanto α quanto β podem ser determinadas usando o método do excesso, em conjunto com a análise dos dados obtidos em reator batelada pelo método diferencial.

7.3 Método Integral

Esse é o método mais rápido para determinar a lei de velocidade se a reação for de ordem zero, um ou dois. No método integral, estima-se a ordem de reação, α, na equação que combina o balanço molar para um reator batelada e a equação da velocidade de reação

O método integral usa um procedimento de tentativa e erro para encontrar a ordem de reação.

$$\frac{dC_A}{dt} = -kC_A^\alpha \tag{7-6}$$

e integra a equação diferencial para obter a concentração como função do tempo. Se a ordem assumida for correta, o gráfico apropriado (determinado a partir da integração) dos dados de concentração *vs.* tempo deve ser linear. O método integral é usado mais frequentemente quando a ordem de reação é conhecida e quando se deseja encontrar o valor da constante específica da velocidade de reação em diferentes temperaturas para determinar a energia de ativação.

No método integral de análise de dados de reação, procuramos pela função da concentração que corresponde a uma lei de velocidade que seja linear com o tempo. Você deve se familiarizar bem com os métodos de obtenção desses gráficos lineares para reações de ordem zero, um e dois.

Para a reação

$$\text{A} \rightarrow \text{Produtos}$$

É importante saber como se obtêm gráficos de funções *lineares* de C_A *versus* t para reações de ordem zero, de primeira ordem e de segunda ordem.

conduzida em um reator batelada a volume constante, o balanço molar é

$$\frac{dC_A}{dt} = r_A$$

Para a reação de ordem zero, $r_A = -k$, que, substituída na equação de balanço molar, nos fornece

$$\frac{dC_A}{dt} = -k \tag{7-7}$$

Integrando, com $C_A = C_{A0}$ para $t = 0$, temos

Ordem zero

$$\boxed{C_A = C_{A0} - kt} \tag{7-8}$$

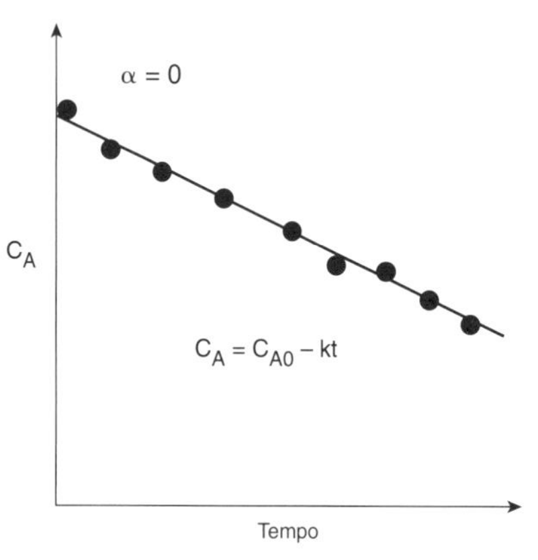

Figura 7-1 Reação de ordem zero.

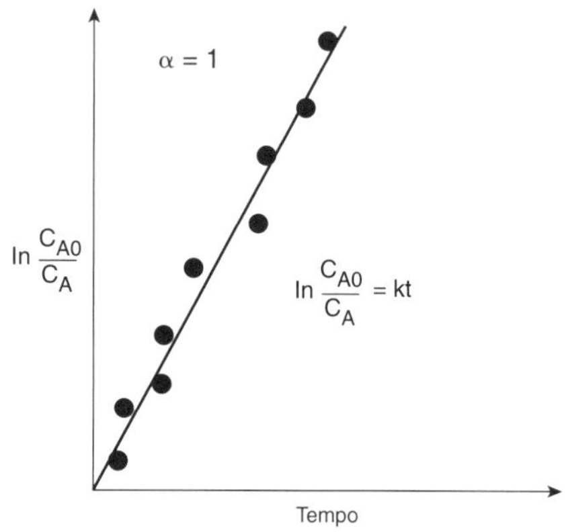

Figura 7-2 Reação de primeira ordem.

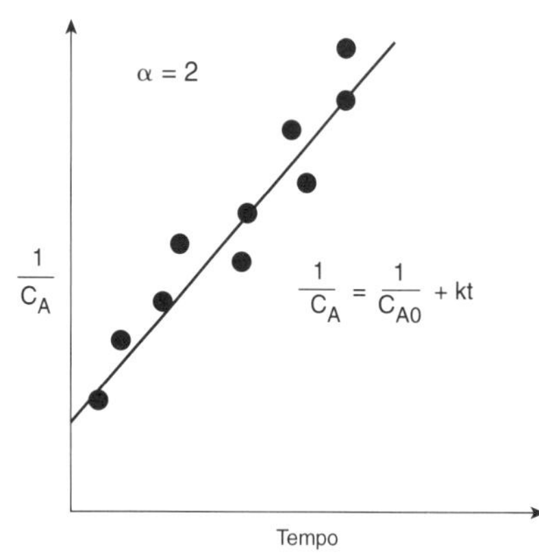

Figura 7-3 Reação de segunda ordem.

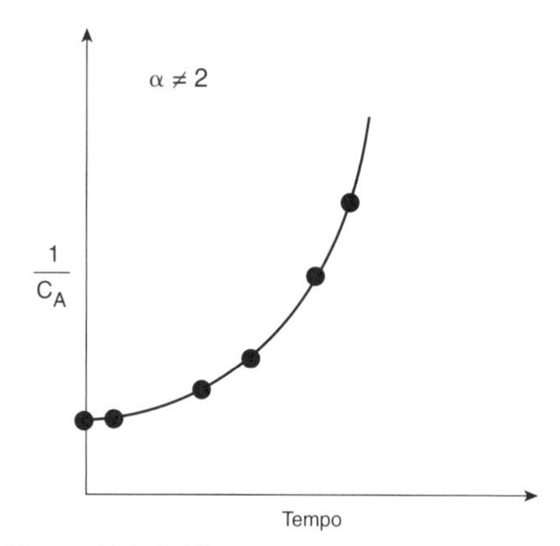

Figura 7-4 Gráfico do inverso da concentração como função do tempo.

Um gráfico da concentração de A como função do tempo será linear (Figura 7-1) com coeficiente angular ($-k$) para uma reação de ordem zero conduzida em um reator batelada a volume constante.

Se a reação é de primeira ordem (Figura 7-2), a integração da lei de velocidade substituída na equação de balanço molar

$$-\frac{dC_A}{dt} = kC_A$$

com o limite $C_A = C_{A0}$ em $t = 0$ nos dá

Primeira ordem

$$\boxed{\ln\frac{C_{A0}}{C_A} = kt} \tag{7-9}$$

Consequentemente, vemos que o gráfico de $[\ln(C_A/C_{A0})]$ como função do tempo é linear com coeficiente angular k.

Se a reação é de segunda ordem (Figura 7-3), então

$$-\frac{dC_A}{dt} = kC_A^2$$

Integrando, com $C_A = C_{A0}$ inicialmente, obtém-se

Segunda ordem

$$\boxed{\frac{1}{C_A} - \frac{1}{C_{A0}} = kt} \qquad (7\text{-}10)$$

Vemos que para uma reação de segunda ordem o gráfico de $(1/C_A)$ como função do tempo deve ser linear com coeficiente angular k.

Nas Figuras 7-1, 7-2 e 7-3 vemos que, quando plotamos a função apropriada da concentração (isto é, C_A, ln C_A, ou $1/C_A$) *versus* tempo, os gráficos são lineares, e concluímos que as reações são de ordem zero, um ou dois, respectivamente. No entanto, se os gráficos de dados de concentração *versus* tempo **não são lineares**, como mostrado na Figura 7-4, devemos dizer que a ordem de reação proposta não se ajustou aos dados. No caso da Figura 7-4, concluímos que a reação não é de segunda ordem.

A ideia é ajustar os dados de tal forma que um ajuste linear seja obtido.

É importante reafirmar que, dada uma lei de velocidade, você deve ser capaz de escolher uma função da concentração ou conversão apropriada cujo gráfico em função do tempo ou tempo espacial é uma linha reta. A qualidade do ajuste da reta aos dados pode ser calculada estatisticamente pelo coeficiente de correlação linear, r^2, que deve ser tão próximo de 1 quanto possível. O valor de r^2 é calculado nos ajustes de regressão não linear do pacote Polymath.

Exemplo 7-1 Análise de Dados pelo Método Integral de ERQ

A reação em fase líquida

$$\text{Tritil (A)} + \text{Metanol (B)} \rightarrow \text{Produtos}$$

foi conduzida em um reator batelada a 25°C em uma solução de benzeno e piridina em excesso de metanol (C_{B0} = 0,5 mol/dm^3). A piridina reage com HCl que então precipita como hidrocloreto de piridina tornando a reação irreversível. A reação é de primeira ordem em metanol. A concentração de cloreto de trifenilmetano (A) foi medida em função do tempo e é mostrada abaixo.

TABELA E7-1.1 DADOS COLETADOS

t (min)	0	50	100	150	200	250	300
C_A (mol/dm^3)	0,05	0,038	0,0306	0,0256	0,0222	0,0195	0,0174

Utilize o método integral para confirmar que a reação é de segunda ordem em relação ao cloreto de trifenilmetano.

Solução

Usamos o modelo da lei de potência, (Equação 7-2), e a informação do enunciado do problema de que a reação é de primeira ordem em relação ao metanol, (B), isto é, $\beta = 1$, para obter

$$-r_A = kC_A^\alpha C_B \qquad (E7\text{-}1.1)$$

Excesso de metanol: A concentração inicial de metanol (B) é 10 vezes a do tritil (A), de tal forma que, mesmo que A seja totalmente consumido, ainda restarão 90% de B. Consequentemente, assumiremos que a concentração de B é constante e a agruparemos ao valor de k para obter

$$-r_A = kC_A^\alpha C_{B0} = k'C_A^\alpha \qquad (E7\text{-}1.2)$$

em que k' é a pseudoconstante da velocidade $k' = kC_{B0}$ e k é a verdadeira constante da velocidade. Considerando $\alpha = 2$ e substituindo na equação de balanço molar para um reator batelada, obtemos

$$-\frac{dC_A}{dt} = k'C_A^2 \tag{E7-1.3}$$

Integrando, com $C_A = C_{A0}$ em $t = 0$

$$t = \frac{1}{k'}\left[\frac{1}{C_A} - \frac{1}{C_{A0}}\right] \tag{E7-1.4}$$

Rearranjando

$$\frac{1}{C_A} = \frac{1}{C_{A0}} + k't \tag{E7-1.5}$$

Vemos que, se a reação for realmente de segunda ordem, então um gráfico de $(1/C_A)$ *versus* t deve ser linear. Os dados da Tabela E7-1.1 serão usados para construir a Tabela E7-1.2.

Tabela 7-1.2 Dados Processados

t (min)	0	50	100	150	200	250	300
C_A (mol/dm³)	0,05	0,038	0,0306	0,0256	0,0222	0,0195	0,0174
$1/C_A$ (dm³/mol)	20	26,3	32,7	39,1	45	51,3	57,5

Em uma solução gráfica, os dados da Tabela 7-1.2 devem ser utilizados para construir o gráfico de $1/C_A$ como função de t, que fornecerá a velocidade específica de reação k'. Esse gráfico é mostrado na Figura E7-1.1. Novamente, poder-se-iam utilizar os softwares Excel ou Polymath para encontrar o valor de k' a partir dos dados da Tabela E7-1.2. O coeficiente angular da reta é a constante específica da velocidade k'.

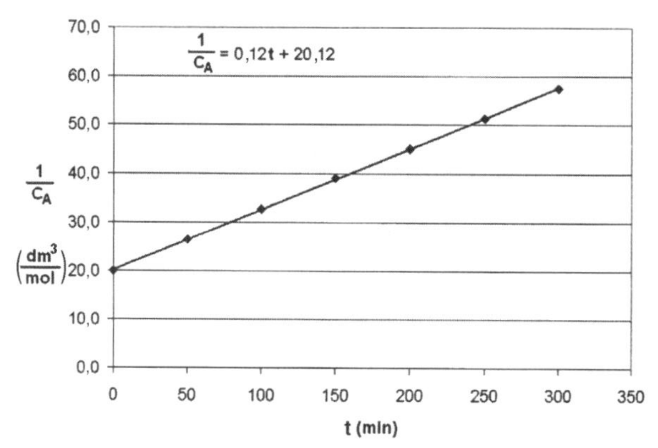

Figura 7-1.1 Gráfico do inverso de C_A *versus* t para uma reação de segunda ordem.

Vemos que, da análise em Excel e do gráfico, que o coeficiente angular da reta é 0,12 dm³/mol · min.

$$k' = 0{,}12\ \frac{\text{dm}^3}{\text{mol}\cdot\text{min}} \tag{E7-1.6}$$

Agora usamos a Equação E7-1.6 e a concentração inicial de metanol para encontrar a verdadeira constante da velocidade, k.

$$k = \frac{k'}{C_{B0}} = \frac{0{,}12}{0{,}5}\frac{\text{dm}^3/\text{mol/min}}{\text{mol/dm}^3} = 0{,}24\left(\frac{\text{dm}^3}{\text{mol}}\right)^2/\text{min}$$

A lei de velocidade é

$$\boxed{-r_A = \left[0{,}24\left(\frac{\text{dm}^3}{\text{mol}}\right)^2/\text{min}\right]C_A^2 C_B} \tag{E7-1.7}$$

Observamos que o método integral tende a suavizar os dados.

***Análise*:** Neste exemplo as ordens de reação são conhecidas de forma que o método integral pode ser usado para (1) verificar se a reação é de segunda ordem em tritil e (2) encontrar a pseudoconstante da velocidade, $k' = kC_{B0}$ para o caso de excesso de metanol (B). Conhecendo k' e C_{B0}, podemos então determinar o valor da constante da velocidade verdadeira, k.

7.4 Análise pelo Método Diferencial

Para delinear o procedimento usado no método diferencial de análise, consideraremos uma reação isotérmica realizada em um reator batelada a volume constante com a concentração de A medida como função do tempo. *Combinando o balanço molar com a lei de velocidade dada pela Equação* (7-1), obtemos

Reator batelada a volume constante

$$-\frac{dC_A}{dt} = k_A C_A^{\alpha}$$

Após tomar o logaritmo natural dos dois lados da Equação (5-6),

$$\ln\left(-\frac{dC_A}{dt}\right) = \ln k_A + \alpha \ln C_A \tag{7-11}$$

observa-se que o coeficiente angular do gráfico de $[\ln(-dC_A/dt)]$ como função de ($\ln C_A$) é igual à ordem de reação, α (Figura 7-5).

Gráfico de $\ln(-dC_A/dt)$ *versus* $\ln C_A$ para encontrar α e k_A

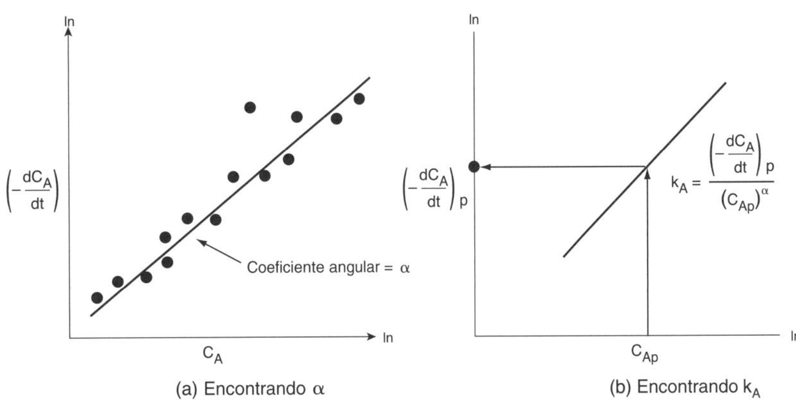

Figura 7-5 Método diferencial para determinar a ordem de reação.

A Figura 7-5(a) mostra o gráfico de $[-(dC_A/dt)]$ *versus* $[C_A]$ no papel log-log (ou você pode também utilizar o Excel para fazer o gráfico) em que o coeficiente angular é igual à ordem de reação. A constante da velocidade, k_A, pode ser encontrada escolhendo primeiro um valor de concentração no gráfico, digamos C_{Ap}, e em seguida encontrando o valor correspondente de $[-(dC_A/dt)_p]$ na reta, como mostrado na Figura 7-5(b). A concentração escolhida, C_{Ap}, para encontrar a derivada em C_{Ap}, não precisa ser um valor medido. Após elevar C_{Ap} ao expoente α encontra-se k_A fazendo o quociente entre $[-(dC_A/dt)_p]$ e C_{Ap}^{α}.

$$k_A = \frac{-(dC_A/dt)_p}{(C_{Ap})^{\alpha}} \tag{7-12}$$

Para obter a derivada usada nesse gráfico, devemos diferenciar os dados concentração-tempo numericamente ou graficamente. Vamos considerar três métodos para determinar a derivada a partir dos dados de concentração como função do tempo. Esses métodos são:

Métodos para encontrar $-dC_A/dt$ a partir de dados concentração-tempo

- Diferenciação gráfica
- Fórmulas de diferenciação numérica
- Diferenciação do polinômio ajustado aos dados

Discutiremos apenas o método de diferenciação gráfica.

7.4.1 Método de Diferenciação Gráfica

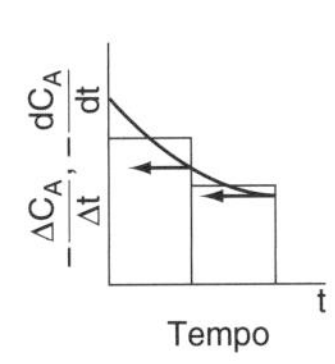

Esse é um método bastante antigo (dos tempos das réguas de cálculo — "O que é uma régua de cálculo, vovô?"), quando comparado com os inúmeros novos recursos computacionais. Então, por que utilizá-lo? Porque com esse método disparidades nos dados são facilmente vistas. Consequentemente, é vantajoso usar essa técnica para analisar os dados antes de planejar o próximo conjunto de experimentos. Como explicado no Apêndice A.2, o método gráfico envolve plotar $(-\Delta C_A/\Delta t)$ como função de t e então usar a diferenciação de áreas iguais para obter $(-dC_A/dt)$. Um exemplo também é apresentado no Apêndice A.2.

Veja o Apêndice A.2.

Além da técnica gráfica para diferenciar os dados, outros dois métodos são bastante utilizados: fórmulas de diferenciação e ajuste polinomial.

7.4.2 Encontrando os Parâmetros da Lei de Velocidade

Assim, usando o método gráfico, as fórmulas de diferenciação ou a diferenciação polinomial, a seguinte tabela pode ser montada.

Tempo	t_0	t_1	t_2	t_3
Concentração	C_{A0}	C_{A1}	C_{A2}	C_{A3}
Derivada	$\left(-\frac{dC_A}{dt}\right)_0$	$\left(-\frac{dC_A}{dt}\right)_1$	$\left(-\frac{dC_A}{dt}\right)_2$	$\left(-\frac{dC_A}{dt}\right)_3$

A ordem de reação pode ser encontrada agora a partir de um gráfico de ln $(-dC_A/dt)$ em função de ln C_A, como mostrado na Figura 7-5(a), uma vez que

$$\ln\left(-\frac{dC_A}{dt}\right) = \ln k_A + \alpha \ln C_A \qquad (7\text{-}7)$$

Antes de resolver um exemplo, reveja os passos para determinar a lei de velocidade de reação a partir de um conjunto de dados (Tabela 7-1).

Exemplo 7-2 Determinando a Lei de Velocidade

A reação entre o cloreto de trifenil metano (tritil) (A) e metanol (B) discutida no Exemplo 7-1 é analisada agora utilizando o método diferencial.

$$(C_6H_5)_3CCl + CH_3OH \rightarrow (C_6H_5)_3\overset{\overset{0}{\|}}{C}CH_3 + HCl$$

$$A \quad + \quad B \quad \rightarrow \quad C \quad + \; D$$

Os dados concentração-tempo na Tabela 7-2.1 foram obtidos em um reator batelada.

Tabela 7-2.1 Dados Coletados

Tempo (min)	0	50	100	150	200	250	300
Concentração de A (mol/dm^3) × 10^3 (em $t = 0$, $C_A = 0{,}05$ M)	50	38	30,6	25,6	22,2	19,5	17,4

A concentração inicial do metanol era 0,5 mol/dm^3.

Parte (1) Determine a ordem de reação em relação ao cloreto de trifenil metano.

Parte (2) Em experimentos em separado determinou-se que a reação em relação ao metanol era de primeira ordem. Determine a constante específica da velocidade de reação.

Solução

Parte (1) Encontre a ordem de reação em relação ao tritil (A).

Passo 1 Postule uma lei de velocidade.

$$-r_A = kC_A^{\alpha}C_B^{\beta} \qquad (E7\text{-}2.1)$$

Passo 2 Trate seus dados em termos de variável medida, que nesse caso é C_A.

Passo 3 Procure por simplificações. Como a concentração de metanol é 10 vezes a concentração inicial de cloreto de trifenil metano, a sua concentração é essencialmente constante.

$$C_B = C_{B0} \quad \text{(E7-2.2)}$$

Substituindo C_B na Equação (E7-2.1)

$$-r_A = \underbrace{kC_{B0}^{\beta}}_{k'} C_A^{\alpha}$$

$$-r_A = k' C_A^{\alpha} \quad \text{(E7-2.3)}$$

Passo 4 **Utilize o algoritmo ERQ.**

Balanço Molar

$$\frac{dN_A}{dt} = r_A V \quad \text{(E7-2.4)}$$

Lei da Velocidade:

$$-r_A = k' C_A^{\alpha} \quad \text{(E7-2.3)}$$

Estequiometria: Líquido $V = V_0$

$$C_A = \frac{N_A}{V_0}$$

Combine: Balanço molar, lei de velocidade e estequiometria.

$$-\frac{dC_A}{dt} = k' C_A^{\alpha} \quad \text{(E7-2.5)}$$

Avalie: Tomando o logaritmo natural dos dois lados da Equação (7-2.5).

$$\ln\left[-\frac{dC_A}{dt}\right] = \ln k' + \alpha \ln C_A \quad \text{(E7-2.6)}$$

O coeficiente angular da reta em um gráfico de ln $[-dC_A/dt]$ *versus* ln C_A fornecerá a ordem de reação α em relação ao cloreto de trifenil metano (A).

Passo 5 Encontre $[-dC_A/dt]$ como função de C_A a partir dos dados concentração-tempo.

Passo 5A.1a ***Método Gráfico.*** Construímos agora a Tabela E7-2.2.

A derivada $(-dC_A/dt)$ é determinada calculando e plotando $(-\Delta C_A/\Delta t)$ como função do tempo, t, e então usando a técnica de diferenciação por áreas iguais (Apêndice A.2) para determinar $(-dC_A/dt)$ como função de C_A. Primeiro calculamos a razão $(-\Delta C_A/\Delta t)$ a partir das duas primeiras colunas da Tabela E7-2.2; o resultado é escrito na terceira coluna.

TABELA E7-2.2 DADOS PROCESSADOS

t (min)	$C_A \times 10^3$ (mol/dm³)	$-\frac{\Delta C_A}{\Delta t} \times 10^4$ (mol/dm³ · min)	$-\frac{dC_A}{dt} \times 10^4$ (mol/dm³ · min)
0	50		3,0
		2,40†	
50	38		1,86
		1,48	
100	30,6		1,2
		1,00	
150	25,6		0,8
		0,68	
200	22,2		0,5
		0,54	
250	19,5		0,47
		0,42	
300	17,4		

† $-\frac{\Delta C_A}{\Delta t} = -\frac{C_{A2} - C_{A1}}{t_2 - t_1} = -\left(\frac{38-50}{50-0}\right) \times 10^{-3} = 0{,}24 \times 10^{-3} = 2{,}4 \times 10^{-4} (\text{mol/dm}^3 \cdot \text{min})$

Em seguida podemos usar a Tabela E7-2.2 para esboçar o gráfico da terceira coluna em função da primeira coluna na Figura E7-1.1 [isto é, $(-\Delta C_A/\Delta t)$ *versus* t]. Utilizando a diferenciação por áreas iguais, o valor de $(-dC_A/dt)$ pode ser lido da figura (representado pelas setas); usa-se esse valor, então, para completar a quarta coluna da Tabela E7-2.2.

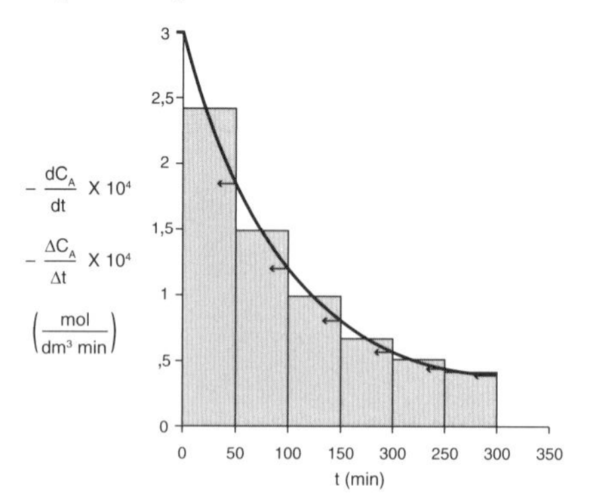

Figura E7-2.1 Diferenciação gráfica.

Os resultados para encontrar $(-dC_A/dt)$ para cada tempo, t, e a concentração, C_A, são resumidos na Tabela E7-2.3.

Utilizaremos agora a Tabela E7-2.3 para fazer o gráfico da coluna 2 $\left(-\frac{dC_A}{dt} \times 10.000\right)$ como função da coluna 3 ($C_A \times 1.000$) no papel log-log, como mostrado na Figura E7-2.2. Poderíamos também substituir os valores dos parâmetros na Tabela E7-2.3 em uma planilha Excel para encontrar α e k'. Note que a maioria dos pontos gerados por cada método são praticamente coincidentes.

Tabela E7-2.3 Resumo dos Dados Processados

t (*min*)	*Gráfico* $-\frac{dC_A}{dt} \times 10.000$ (mol/dm³ · min)	$C_A \times 1.000$ (mol/dm³)
0	3,0	50
50	1,86	38
100	1,20	30,6
150	0,80	25,6
200	0,68	22,2
250	0,54	19,5
300	0,42	17,4

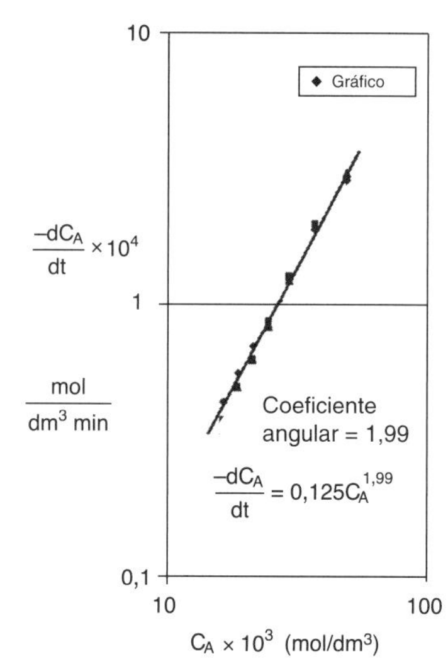

Figura E7-2.2 Gráfico gerado no Excel para determinar α e k.

Da Figura E7-2.2, encontramos que o coeficiente angular é 1,99, o que significa que a reação é de segunda ordem (α = 2,0) em relação ao cloreto de trifenil metano. Para encontrar k', podemos calcular a derivada na Figura E7-2.2 em $C_{Ap} = 20 \times 10^{-3}$ mol/dm³, que é

$$\left(-\frac{dC_A}{dt}\right)_p = 0{,}5\times10^{-4}\ \text{mol/dm}^3\cdot\text{min} \tag{E7-2.7}$$

então

$$k' = \frac{\left(-\frac{dC_A}{dt}\right)_p}{C_{Ap}^2} \tag{E7-2.8}$$

$$= \frac{0{,}5\times10^{-4}\text{mol/dm}^3\cdot\text{min}}{(20\times10^{-3}\text{mol/dm}^3)^2} = 0{,}125\ \text{dm}^3/\text{mol}\cdot\text{min}$$

Como será mostrado na Seção 7-5, também podemos usar regressão não linear na Equação (E7-1.5) para calcular k':

$$k' = 0{,}122\ \text{dm}^3/\text{mol} \cdot \text{min} \qquad \text{(E7-2.9)}$$

O gráfico feito em Excel mostrado na Figura E7-2.2 nos fornece $\alpha = 1{,}99$ e $k' = 0{,}13$ dm³/mol · min. Podemos dizer que $\alpha = 2$ e fazer nova regressão para encontrar $k' = 0{,}122$ dm³/mol · min.

Regressão EDO. Há técnicas e softwares disponíveis nos quais programas para resolver EDOs podem ser combinados com programas de regressão para resolver equações diferenciais, tais como

$$-\frac{dC_A}{dt} = k_A' C_A^{\alpha} \qquad \text{(E7-2.5)}$$

para encontrar k_A e α a partir de dados de concentração-tempo.

Parte (2) Acredita-se que a reação seja de primeira ordem em relação ao metanol, $\beta = 1$,

$$k' = C_{B0}^{\beta} k = C_{B0} k \qquad \text{(E7-2.10)}$$

Assumindo que C_{B0} é constante e igual a 0,5 mol/dm³, e resolvendo para k, obtém-se[1]

$$k = \frac{k'}{C_{B0}} = \frac{0{,}122 \dfrac{\text{dm}^3}{\text{mol} \cdot \text{min}}}{0{,}5 \dfrac{\text{mol}}{\text{dm}^3}}$$

$$k = 0{,}244\ (\text{dm}^3/\text{mol})^2\ /\ \text{min}$$

A lei de velocidade é

$$\boxed{-r_A = [0{,}244(\text{dm}^3/\text{mol})^2/\text{min}] C_A^2 C_B} \qquad \text{(E7-2.11)}$$

Análise: Neste exemplo o método diferencial de análise dos dados foi usado para encontrar a ordem de reação em relação ao tritil ($\alpha = 1{,}99$) e a pseudoconstante da velocidade ($k' = 0{,}125$ (dm³/mol)/min). A ordem de reação foi arredondada para $\alpha = 2$ e os dados foram submetidos a uma nova regressão que resultou em $k' = 0{,}122$ (dm³/mol)/min; novamente, conhecendo k' e C_{B0}, a verdadeira constante da velocidade é determinada como $k = 0{,}244$ (dm³/mol)²/min.

O método integral é normalmente utilizado para encontrar k quando a ordem é conhecida

Comparando os métodos de análise dos dados de reação apresentados nos Exemplos 7-1 e 7-2, observamos que o método diferencial tem a tendência de acentuar as incertezas nos dados, enquanto o método integral tem a tendência de suavizar os dados, consequentemente encobrindo as incertezas neles contidas. Na maioria das análises, é imperativo que o engenheiro conheça os limites e as incertezas dos dados. Esse conhecimento prévio é necessário para obter um fator de segurança que possa ser utilizado em projetos de aumento de escala de um processo, desde a escala de laboratório até um projeto de plantas piloto ou de plantas industriais.

7.5 Regressão Não Linear

Na análise por regressão não linear, procuramos pelo valor dos parâmetros que minimizem a soma dos quadrados das diferenças entre os valores medidos e os valores calculados para todos os pontos experimentais. A regressão não linear não encontra somente as melhores estimativas dos valores dos parâmetros, mas também pode ser usada para discriminar entre os diferentes modelos de lei de velocidade, tais como os modelos de Langmuir-Hinshelwood discutidos no Capítulo 10. Existem vários pacotes computacionais para encontrar os valores desses parâmetros de tal forma que tudo o

[1]M. Hoepfner e D. K. Roper. "Describing Temperature Increases in Plasmon-Resonant Nanoparticle Systems", *Journal of Thermal Analysis and Calorimetry*, Vol. 98(1), 197-202 (2009).

que é necessário é alimentar o pacote escolhido com os dados do problema. O software Polymath será utilizado para ilustrar essa técnica. De modo a conduzir a busca de forma eficiente, em alguns casos deve-se entrar com estimativas iniciais dos parâmetros que sejam próximas dos valores reais. Essas estimativas podem ser obtidas usando o método dos mínimos quadrados discutido no *Material de Referência Profissional* R7.3., do site da LTC Editora.

Usaremos agora a regressão não linear nos dados de reação para determinar os parâmetros da lei de velocidade. Aqui estimamos os valores iniciais dos parâmetros (por exemplo, ordem de reação, constante da velocidade) para calcular a concentração em cada ponto, C_{ic}, obtida ao resolver a forma integrada do balanço molar junto com a lei de velocidade. Então comparamos a concentração medida naquele ponto, C_{im}, com o valor calculado, C_{ic}, para os valores dos parâmetros escolhidos. Fazemos essa comparação calculando a soma dos quadrados das diferenças em cada ponto, $\Sigma\,(C_{im} - C_{ic})^2$. Continuamos, então, a escolher novos valores dos parâmetros e a procurar por aqueles valores dos parâmetros da lei de velocidade que minimizem a soma dos quadrados das diferenças entre os valores das concentrações medidas, C_{im}, e calculadas, C_{ic}. Isto é, queremos encontrar os parâmetros da lei de velocidade para os quais a soma de todos os pontos $\Sigma\,(C_{im} - C_{ic})^2$ é mínima. Se N experimentos foram realizados, queremos encontrar os valores dos parâmetros (por exemplo, *E*, energia de ativação, ordens de reação) que minimizam a quantidade

$$\sigma^2 = \frac{s^2}{N-K} = \sum_{i=1}^{N} \frac{(C_{im} - C_{ic})^2}{N-K} \tag{7-13}$$

em que

$$s^2 = \sum_{i=1}^{i=N} (C_{im} - C_{ic})^2$$

N = número de corridas experimentais

K = número de parâmetros a ser determinados

C_{im} = valor medido da concentração na corrida i

C_{ic} = valor calculado da concentração na corrida i

Observa-se que, ao minimizar s^2, minimiza-se σ^2.

Para ilustrar essa técnica, consideremos a reação

$$\text{A} \longrightarrow \text{Produto}$$

para a qual desejamos determinar a ordem de reação, α, e a constante da velocidade, k,

$$-r_{\text{A}} = kC_{\text{A}}^{\alpha}$$

A velocidade de reação é medida para diferentes valores de concentração. Escolhemos agora os valores de k e α e calculamos a concentração (C_{ic}) para a velocidade de reação medida em cada valor de ponto experimental. Em seguida subtraímos o valor calculado (C_{ic}) do valor medido (C_{im}), elevamos ao quadrado o resultado, e somamos os quadrados para todas as corridas para os valores escolhidos de k e α.

Prossegue-se com esse procedimento variando α e k até encontrarmos aqueles valores de k e α que minimizam a soma dos quadrados. Muitas técnicas de busca conhecidas estão disponíveis para obter $\sigma^2_{\text{mín}}$, o valor mínimo.[2] A Figura 7-7 mostra um gráfico hipotético da soma dos quadrados como função dos parâmetros α e k:

$$\sigma^2 = f(k, \alpha) \tag{7-14}$$

---

[2](a) B. Carnahan e J. O. Wilkes, *Digital Computing and Numerical Methods* (New York: Wiley, 1973), p. 405. (b) D. J. Wilde e C. S. Beightler, *Foundations of Optimization*, 2. ed. (Upper Saddle River, N.J.: Prentice Hall, 1979). (c) D. Miller e M. Frenklach, *Int. J. Chem. Kinet.*, *15*, 677 (1983).

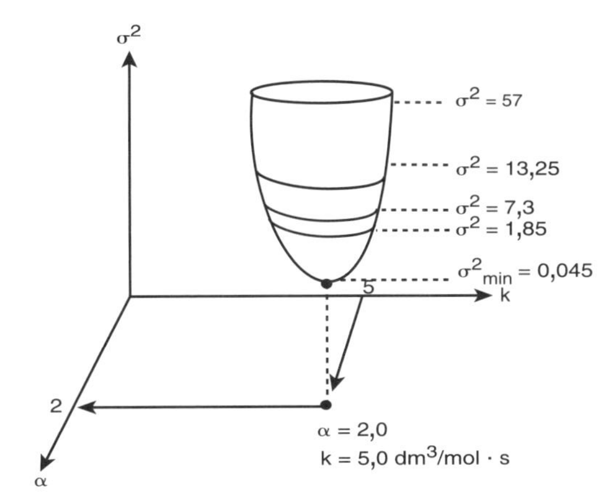

Figura 7-6 Soma dos quadrados mínima.

Observe o círculo do topo da figura. Vemos que há várias combinações de α e k (por exemplo, $\alpha = 2,2$, $k = 4,8$ ou $\alpha = 1,8$, $k = 5,3$) que resultam no valor de $\sigma^2 = 57$. O mesmo é verdade para $\sigma^2 = 1,85$. Precisamos encontrar a combinação de α e k que resulte no menor valor de σ^2.

Na procura pelos valores dos parâmetros que resultam no valor mínimo da soma dos quadrados σ^2, podemos usar várias técnicas de otimização ou pacotes computacionais. O procedimento de busca se inicia com a suposição dos valores dos parâmetros seguido pelo cálculo de C_c e σ^2 para esses valores. Em seguida, alguns conjuntos de valores dos parâmetros são escolhidos próximos aos valores escolhidos inicialmente, e σ^2 é calculado para esses novos valores. A técnica de busca procura os parâmetros numéricos que fornecem o menor valor de σ^2 em torno da vizinhança dos valores iniciais e então procede ao longo de uma trajetória de direção decrescente de σ^2 para determinar os valores dos diferentes parâmetros e o valor correspondente de σ^2. A trajetória de busca é ajustada continuamente de tal forma a continuar sempre na direção de σ^2 decrescente até que o valor mínimo de σ^2 seja obtido. Por exemplo, na Figura 7-6 a técnica de busca escolhe combinações de α e k até que o mínimo valor de $\sigma^2 = 0,0045$ (mol/dm^3)^2 seja obtido. A combinação que fornece esse valor mínimo é $\alpha = 2$ e $k = 5,0$ dm^3/mol · min. Se as equações são altamente não lineares, a suposição inicial de α e k é muito importante.

Vários pacotes computacionais estão disponíveis para realizar o procedimento para determinar as melhores estimativas dos valores dos parâmetros e os intervalos de confiança correspondentes. Tudo que é necessário fazer é alimentar os valores experimentais no computador, especificar o modelo, entrar com as suposições iniciais dos parâmetros e então apertar a tecla "calcule", e as melhores estimativas dos valores dos parâmetros para um intervalo de confiança de 95% aparecem. Se o intervalo de confiança para um dado parâmetro for maior do que próprio parâmetro, o parâmetro provavelmente não é significativo e deve ser descartado do modelo. Após eliminar os parâmetros não significativos, o programa é rodado novamente para determinar o melhor ajuste para a nova equação do modelo.

Dados Concentração-Tempo. Usaremos agora a regressão não linear para determinar os parâmetros da lei de velocidade a partir de dados concentração-tempo obtidos em reator batelada. Lembramos que a combinação da lei de velocidade-estequiometria-balanço molar para um reator batelada a volume constante é

$$\frac{dC_A}{dt} = -kC_A^\alpha \tag{7-6}$$

Agora, integramos a Equação (7-6) para obter

$$C_{A0}^{1-\alpha} - C_A^{1-\alpha} = (1-\alpha)kt$$

Rearranjando, obtemos a concentração como função do tempo

$$C_A = [C_{A0}^{1-\alpha} - (1-\alpha)kt]^{1/(1-\alpha)} \tag{7-15}$$

Podemos então utilizar o Polymath ou o MATLAB para encontrar os valores de α e k que minimizariam a soma dos quadrados das diferenças entre o valor medido e o valor calculado das concentrações. Isto é, para N pontos,

$$s^2 = \sum_{i=1}^{N} (C_{Aim} - C_{Aic})^2 = \sum_{i=1}^{N} \left[C_{Aim} - [C_{A0}^{1-\alpha} - (1-\alpha)kt_i]^{1/(1-\alpha)} \right]^2 \tag{7-16}$$

desejamos os valores de α e k que tornem s^2 mínimo.

Se o Polymath é utilizado, devemos usar o valor absoluto para o termo entre colchetes na Equação 7-16, isto é,

$$s^2 = \sum_{i=1}^{n} \left[C_{Aim} - \{(\text{abs}[C_{A0}^{1-\alpha} - (1-\alpha)kt_i]\}^{1/(1-\alpha)} \right]^2 \tag{7-17}$$

Outra forma de obter os valores dos parâmetros é usar o tempo em vez das concentrações:

$$\boxed{t_c = \frac{C_{A0}^{1-\alpha} - C_A^{1-\alpha}}{k(1-\alpha)}} \tag{7-18}$$

Isto é, encontramos os valores de α e k que minimizem

$$s^2 = \sum_{i=1}^{N} (t_{im} - t_{ic})^2 = \sum_{i=1}^{N} \left[t_{im} - \frac{C_{A0}^{1-\alpha} - C_{Ai}^{1-\alpha}}{k(1-\alpha)} \right]^2 \tag{7-19}$$

Material de Referência

Finalmente, uma discussão sobre mínimos quadrados ponderados usados para uma reação de primeira ordem é apresentada no *Material de Referência Profissional* R7.4 constante no site da LTC Editora.

Exemplo 7-3 Uso de Regressão para Encontrar os Parâmetros da Lei de Velocidade

Usaremos a reação e os dados dos Exemplos E7-1 e E7-2 para ilustrar como utilizar a regressão para encontrar α e k'.

$$(C_6H_5)_3CCl + CH_3OH \rightarrow (C_6H_5)_3COCH_3 + HCl$$

$$\text{A} \quad + \quad \text{B} \quad \rightarrow \quad \text{C} \quad + \quad \text{D}$$

O programa de regressão do Polymath está incluído no site da LTC Editora. Da Equação (E7-1.5),

$$-\frac{dC_A}{dt} = k'C_A^{\alpha} \tag{E7-2.5}$$

e integrando com a condição inicial em $t = 0$, $C_A = C_{A0}$ para $\alpha \neq 1$.

$$\boxed{t = \frac{1}{k'} \frac{C_{A0}^{(1-\alpha)} - C_A^{(1-\alpha)}}{(1-\alpha)}} \tag{E7-3.1}$$

Podemos prosseguir, a partir desse ponto, de duas formas diferentes, ambas levando ao mesmo resultado. Podemos procurar por uma combinação de α e k que minimize $[\sigma^2 = \Sigma (t_{im} - t_{ic})^2]$, ou podemos resolver a Equação (E7-4.3) para C_A e encontrar α e k que minimizem $[\sigma^2 = \Sigma (C_{A_{im}} - C_{A_{ic}})^2]$. Escolheremos a primeira forma.

Substituindo a concentração inicial $C_{A0} = 0{,}05$ mol/dm³

$$t = \frac{1}{k'} \frac{(0{,}05)^{(1-\alpha)} - C_A^{(1-\alpha)}}{(1-\alpha)} \quad \text{(E7-3.2)}$$

Notas de Resumo

O tutorial do Polymath no site da LTC Editora mostra alguns exemplos de como entrar com os dados constantes na Tabela E7-2.1 e como fazer uma regressão não linear na Equação (E7-3.2). Para $C_{A0} = 0{,}05$ mol/dm³, a Equação (E7-3.1) torna-se

$$t_c = \frac{1}{k'} \frac{(0{,}05)^{(1-\alpha)} - C_A^{(1-\alpha)}}{(1-\alpha)} \quad \text{(E7-3.3)}$$

Queremos minimizar s^2 para dados α e k'.

$$s^2 = \sum_{i=1}^{N} (t_{im} - t_{ic})^2 = \sum_{i=1}^{N} \left[t_{im} - \frac{0{,}05^{(1-\alpha)} - C_{Aic}^{(1-\alpha)}}{k'(1-\alpha)} \right]^2 \quad \text{(7-19)}$$

Os resultados da primeira e segunda regressões realizadas com o Polymath são mostrados nas Tabelas E7-3.1 e E7-3.2.

TABELA E7-3.1 RESULTADOS DA PRIMEIRA REGRESSÃO

Resultados do POLYMATH

Exemplo 5-3 Uso de Regressão para Encontrar Parâmetros da Lei de Velocidades 05-08-2004

Regressão não linear (L-M)

Modelo: t = (0,05^(1-a)-Ca^(1-a))/(k*(1-a))

Variável	Estimativa inicial	Valor	95% de confiança
a	3	2,04472	0,0317031
k	0,1	0,1467193	0,0164118

Configurações da regressão não linear
Nº máximo de interações = 64

Precisão
R^2 = 0,9999717
R^2adj = 0,999966
Rmsd = 0,2011604
Variância = 0,3965618

Os resultados mostrados são

$$\alpha = 2{,}04$$
$$k' = 0{,}147 \text{ dm}^3/\text{mol} \cdot \text{min}$$

TABELA E7-3.2 RESULTADOS DA SEGUNDA REGRESSÃO

Resultados do POLYMATH

Exemplo 5-3 Uso de Regressão para Encontrar Parâmetros da Lei de Velocidades 05-08-2004

Regressão não linear (L-M)

Modelo: t = (0,05^(1-2)-Ca^(1-2))/(k*(1-2))

Variável	Estimativa inicial	Valor	95% de confiança
k	0,1	0,1253404	7,022E-04

Configurações da regressão não linear
Nº máximo de interações = 64

Precisão
R^2 = 0,9998978
R^2adj = 0,9998978
Rmsd = 0,3821581
Variância = 1,1926993

$$\alpha = 2{,}00$$
$$k' = 0{,}125 \text{ dm}^3/\text{mol} \cdot \text{min}$$

A primeira regressão fornece $\alpha = 2{,}04$, como mostrado na Tabela E7-3.1. Arredondaremos o valor de α para tornar a reação em segunda ordem (isto é, $\alpha = 2{,}00$). Tendo fixado $\alpha = 2{,}0$, procedemos com uma nova regressão (conforme a Tabela E7-3.2) para k', uma vez que a Tabela E7-3.1 refere-se a $\alpha = 2{,}04$. Fazemos a regressão da equação

$$t = \frac{1}{k'}\left[\frac{1}{C_A} - \frac{1}{C_{A0}}\right]$$

A segunda regressão fornece $k' = 0{,}125$ dm³/mol min. Calculamos então k

$$k = \frac{k'}{C_{A0}} = 0{,}25 \left(\frac{\text{dm}^3}{\text{mol}}\right)^2 / \text{min}$$

Análise: Neste exemplo mostramos como utilizar regressão não linear para encontrar k' e α. A primeira regressão fornece $\alpha = 2{,}04$ que arredondamos para 2,00 e então procedemos com nova regressão para o melhor valor de k' para $\alpha = 2{,}0$ que foi $k' = 0{,}125$ (dm³/mol)/min dando o valor da constante da velocidade verdadeira $k = 0{,}25$ $(\text{mol/dm}^3)^2/\text{min}$. Observamos que a ordem de reação é a mesma que aquela dos Exemplos 7-1 e 7-2; no entanto, o valor de k é cerca de 8% maior. O valor de r^2 e outros coeficientes estatísticos são apresentados no resultado do Polymath.

Links

Discriminação entre os Modelos. Pode-se determinar que modelo ou equação se ajusta melhor aos dados experimentais, comparando as somas dos quadrados para cada modelo e então escolhendo a equação com a menor soma dos quadrados e/ou fazendo um teste-F. De forma alternativa, podemos comparar o gráfico de resíduos para cada modelo. Esses gráficos mostram o erro associado a cada ponto experimental, e então procuramos ver se o erro é distribuído aleatoriamente ou se há uma tendência no erro. Quando o erro está distribuído aleatoriamente, isso é uma indicação adicional de que a lei de velocidade correta foi escolhida. Um exemplo de discriminação de modelos usando regressão não linear é apresentado no site da LTC Editora no Capítulo 10 nas *Notas de Resumo*.

7.6 Dados de Velocidade de Reação de Reatores Diferenciais

Reator catalítico mais comumente utilizado para obter dados experimentais

A aquisição de dados usando o método de velocidades iniciais é similar àquela usando um reator diferencial, pois a velocidade de reação é determinada para um número predeterminado de concentrações iniciais ou concentrações de entrada do reator. Um reator diferencial (PBR) é normalmente utilizado para determinar a velocidade de reação como função da concentração ou da pressão parcial. Consiste em um tubo contendo uma quantidade muito pequena de catalisador, em geral disposto na forma de um cilindro de pequena altura ou disco fino. Um arranjo típico é mostrado esquematicamente na Figura 7-7. O critério para um reator ser considerado diferencial é que a conversão dos reagentes no leito seja muito pequena, assim como as variações de temperatura e concentração dos reagentes no leito. Assim, a concentração de reagentes no reator é essencialmente constante e aproximadamente igual à concentração na entrada do reator. Isto é, supõe-se que não há gradientes no interior do reator[3] e a velocidade de reação é considerada espacialmente uniforme no interior do leito.

Limitações do reator diferencial

O reator diferencial é relativamente fácil de ser construído a um preço baixo. Devido à baixa conversão nesse reator, o calor liberado por unidade de volume é pequeno (ou pode ser diminuído diluindo o leito com sólidos inertes) de tal forma que o reator opera essencialmente de maneira isotérmica. Durante a operação desse reator, devem-se tomar algumas precauções para evitar que gases ou líquidos formem canais no leito ou contornem o leito, mas, do contrário, que fluam uniformemente através do leito catalítico. Se o catalisador em estudo desativa rapidamente, o reator diferencial não é uma boa escolha, pois os parâmetros da velocidade de reação no início da reação serão diferentes daqueles no final da reação. Em alguns casos, a amostragem e a análise da corrente de produtos podem ser difíceis para conversões baixas em sistemas multicomponentes.

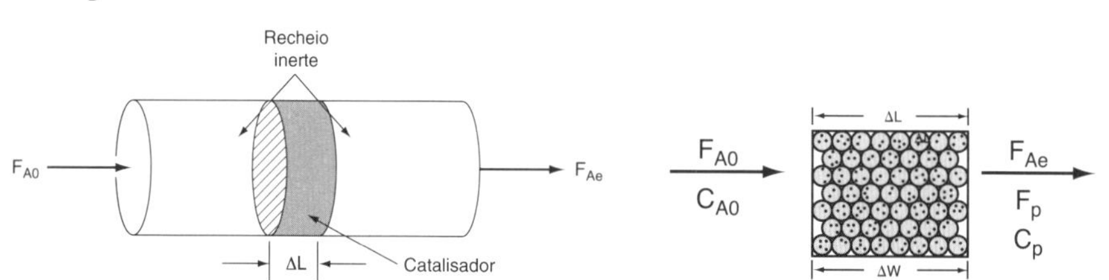

Figura 7.7 Reator diferencial.

Figura 7.8 Leito catalítico diferencial.

[3]B. Anderson, ed., *Experimental Methods in Catalytic Research* (San Diego, Calif.: Academic Press, 1976).

Para a reação

$$A \rightarrow P$$

a vazão volumétrica através do leito catalítico é monitorada, assim como as concentrações na entrada e saída do reator (Figura 7-9). Portanto, se a massa de catalisador, ΔW, é conhecida, a velocidade de reação por unidade de massa de catalisador, $-r'_A$, pode ser calculada. Como se considera que não há gradientes no reator diferencial, a equação de projeto será semelhante à de um CSTR. No regime estacionário o balanço molar para o reagente A fornece

$$\begin{bmatrix}\text{Vazão}\\ \text{na}\\ \text{entrada}\end{bmatrix} - \begin{bmatrix}\text{Vazão}\\ \text{na}\\ \text{saída}\end{bmatrix} + \begin{bmatrix}\text{Velocidade}\\ \text{de geração}\end{bmatrix} = \begin{bmatrix}\text{Velocidade}\\ \text{de acúmulo}\end{bmatrix}$$

$$[F_{A0}] - [F_{Ae}] + \left[\left(\frac{\text{Velocidade de reação}}{\text{Massa de catalisador}}\right)(\text{Massa de catalisador})\right] = 0$$

$$F_{A0} - F_{Ae} + (r'_A)(\Delta W) = 0$$

O subíndice e refere-se à saída do reator. Resolvendo para $-r'_A$, temos

$$-r'_A = \frac{F_{A0} - F_{Ae}}{\Delta W} \tag{7-20}$$

A equação de balanço molar também pode ser escrita em termos da concentração

Equação de projeto para um reator diferencial

$$\boxed{-r'_A = \frac{v_0 C_{A0} - v C_{Ae}}{\Delta W}} \tag{7-21}$$

ou em termos da conversão ou vazão de produto F_P:

$$\boxed{-r'_A = \frac{F_{A0}X}{\Delta W} = \frac{F_P}{\Delta W}} \tag{7-22}$$

O termo $F_{A0}X$ fornece a velocidade de formação de produtos, F_P, quando os coeficientes estequiométricos de A e P são idênticos. A Equação (7-22) deve ser ajustada quando esse não for o caso.

Para uma vazão volumétrica constante, a Equação (7-22) se reduz a

$$-r'_A = \frac{v_0(C_{A0} - C_{Ae})}{\Delta W} = \frac{v_0 C_P}{\Delta W} \tag{7-23}$$

Consequentemente, vemos que a velocidade de reação, $-r'_A$, pode ser determinada medindo-se a concentração de produto, C_P.

Usando muito pouco catalisador e vazões volumétricas altas, a diferença de concentração, $(C_{A0} - C_{Ae})$, pode ser feita bem pequena. A velocidade de reação determinada a partir da Equação (7-23) pode ser obtida como função da concentração do reagente no leito catalítico, C_{Ab}:

$$-r'_A = -r'_A(C_{Ab}) \tag{7-24}$$

variando a concentração na alimentação. Uma aproximação da concentração de A no leito catalítico, C_{Ab}, seria a média aritmética das concentrações na entrada e na saída:

$$C_{Ab} = \frac{C_{A0} + C_{Ae}}{2} \tag{7-25}$$

No entanto, como ocorre muito pouca reação no leito catalítico, a concentração é praticamente igual à concentração na entrada

$$C_{Ab} \approx C_{A0}$$

de tal forma que $-r'_A$ é uma função de C_{A0}:

$$-r'_A = -r'_A(C_{A0}) \tag{7-26}$$

Como no caso do método das velocidades iniciais [veja DVD MRP R7.1], várias técnicas numéricas e gráficas podem ser utilizadas para determinar a equação algébrica apropriada para a lei de velocidade. Ao adquirir dados para sistemas reativos fluido-sólido, devemos tomar cuidado para usarmos sempre altas vazões através do reator diferencial, e partículas pequenas de catalisador para evitar limitações por transferência de massa. Se os dados mostram que a reação é de primeira ordem com baixa energia de ativação, digamos 8 kcal/mol, devemos suspeitar que os dados foram obtidos em regime limitado por transferência de massa. No Capítulo 10 e nos Capítulos DVD 11 e DVD 12 do site da LTC Editora estenderemos as discussões sobre limitações por transferência de massa e discutiremos modos de evitá-las.

Exemplo 7-4 Usando um Reator Diferencial para Obter Dados de Velocidade de Reação Catalítica

A formação de metano a partir de monóxido de carbono e hidrogênio usando um catalisador de níquel foi estudada por Pursley.[4] A reação

$$3H_2 + CO \rightarrow CH_4 + H_2O$$

foi conduzida a 500ºF em um reator diferencial no qual a concentração de metano no efluente foi medida. Os dados coletados são mostrados na Tabela E7-4.1.

TABELA E7-4.1 DADOS COLETADOS

Corrida	P_{CO} (atm)	P_{H_2} (atm)	C_{CH_4}(mol/dm³)
1	1	1,0	$1{,}73 \times 10^{-4}$
2	1,8	1,0	$4{,}40 \times 10^{-4}$
3	4,08	1,0	$10{,}0 \times 10^{-4}$
4	1,0	0,1	$1{,}65 \times 10^{-4}$
5	1,0	0,5	$2{,}47 \times 10^{-4}$
6	1,0	4,0	$1{,}75 \times 10^{-4}$

P_{H_2} é constante nas corridas 1, 2, 3.
P_{CO} é constante nas corridas 4, 5, 6.

A vazão volumétrica na saída do leito catalítico diferencial contendo 10 g de catalisador foi mantida em 300 dm³/min em cada corrida. As pressões parciais de H_2 e CO foram medidas na entrada do reator, e a concentração de metano foi medida na saída do reator.

(**a**) Relacione a velocidade de reação com a concentração de metano na saída do reator. Presume-se que a lei de velocidade seja o produto de uma função da pressão parcial de CO e uma função da pressão parcial de H_2,

$$r'_{CH_4} = f(CO) \cdot g(H_2) \tag{E7-4.1}$$

(**b**) Determine a dependência da lei de velocidade com a pressão parcial de CO, usando os dados gerados na parte (**a**). Suponha que a dependência funcional de r'_{CH_4} com P_{CO} tem a seguinte forma:

$$r'_{CH_4} \sim P_{CO}^{\alpha} \tag{E7-4.2}$$

(**c**) Determine a dependência da lei de velocidade com a pressão parcial de H_2. Crie uma tabela de velocidade de reação em função das pressões parciais de monóxido de carbono e hidrogênio.

[4]J. A. Pursley, "An Investigation of the Reaction between Carbon Monoxide and Hydrogen on a Nickel Catalyst above One Atmosphere", Ph.D. thesis, University of Michigan.

Solução

(**a**) Neste exemplo, é medida a composição do produto, em vez da concentração dos reagentes. O termo ($-r'_{CO}$) pode ser escrito em termos da vazão de metano da reação,

$$-r'_{CO} = r'_{CH_4} = \frac{F_{CH_4}}{\Delta W}$$

Substituindo F_{CH_4} em termos da vazão volumétrica e da concentração de metano, resulta em

$$-r'_{CO} = \frac{v_0 C_{CH_4}}{\Delta W} \tag{E7-4.3}$$

Como v_0, C_{CH_4} e ΔW são conhecidos para cada corrida, podemos calcular a velocidade de reação.

Para a corrida 1:

$$-r'_{CO} = \left(\frac{300\ \text{dm}^3}{\text{min}}\right)\frac{1{,}73 \times 10^{-4}}{10\ \text{g cat}}\ \text{mol/dm}^3 = 5{,}2 \times 10^{-3}\ \frac{\text{mol CH}_4}{\text{g cat} \times \text{min}}$$

As velocidades de reação para as corridas 2 a 6 podem ser calculadas de maneira semelhante (Tabela E7-4.2).

TABELA E7-4.2 DADOS COLETADOS E CALCULADOS

Corrida	P_{CO} (atm)	P_{H_2} (atm)	C_{CH_4}(mol/dm³)	$r'_{CH_4}\left(\frac{\text{mol CH}_4}{\text{g cat} \times \text{min}}\right)$
1	1,0	1,0	$1{,}73 \times 10^{-4}$	$5{,}2 \times 10^{-3}$
2	1,8	1,0	$4{,}40 \times 10^{-4}$	$13{,}2 \times 10^{-3}$
3	4,08	1,0	$10{,}0 \times 10^{-4}$	$30{,}0 \times 10^{-3}$
4	1,0	0,1	$1{,}65 \times 10^{-4}$	$4{,}95 \times 10^{-3}$
5	1,0	0,5	$2{,}47 \times 10^{-4}$	$7{,}42 \times 10^{-3}$
6	1,0	4,0	$1{,}75 \times 10^{-4}$	$5{,}25 \times 10^{-3}$

(**b**) ***Determinação da Dependência da Lei de Velocidade em Relação ao CO***

Para concentração de hidrogênio constante (corridas 1, 2 e 3), a lei de velocidade

$$r'_{CH_4} = kP_{CO}^{\alpha} \cdot g(P_{H_2})$$

pode ser escrita como

$$r'_{CH_4} = k' P_{CO}^{\alpha} \tag{E7-4.4}$$

Tomando o logaritmo natural da Equação (E7-4.4), temos

$$\ln(r'_{CH_4}) = \ln k' + \alpha \ln P_{CO}$$

Fazemos o gráfico de ln (r'_{CH_4}) *versus* ln P_{CO} para as corridas 1, 2 e 3.

Dados das corridas (experimentos) 1, 2 e 3, para as quais a concentração de H_2 é constante, são plotados na Figura E7-4.1. Vemos, do gráfico produzido no Excel, que $\alpha = 1{,}22$. Se tivéssemos incluído mais pontos, teríamos encontrado que a reação é essencialmente de primeira ordem, com $\alpha = 1$, isto é,

$$-r'_{CO} = k' P_{CO} \tag{E7-4.5}$$

Dos primeiros três pontos em que a pressão parcial de H_2 é constante, vemos que a velocidade é linear com a pressão parcial de CO.

$$r'_{CH_4} = k' P_{CO} \cdot g(H_2)$$

Se tivéssemos usado mais pontos (não mostrados), teríamos encontrado $\alpha = 1$.

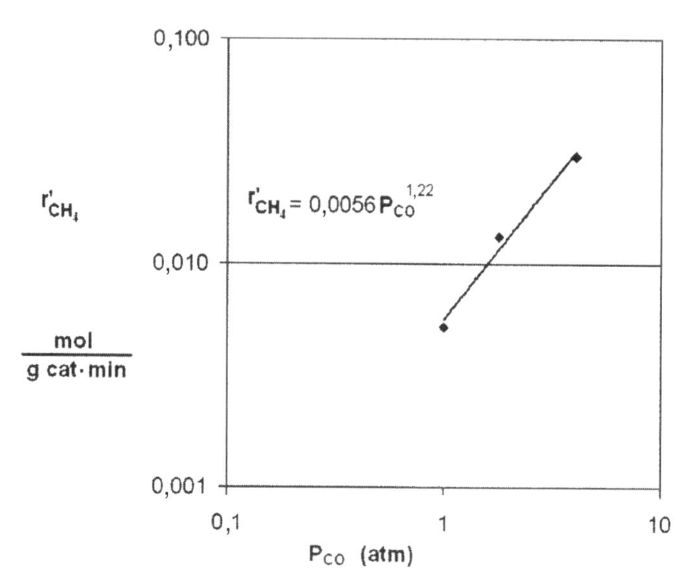

Figura 7-4.1 Velocidade de reação em função da concentração.

Olhemos agora para a dependência do hidrogênio.

(**c**) ***Determinando a Dependência da Lei de Velocidade do H_2***

Da Tabela E7-4.2, parece que a dependência de r'_{CH_4} com P_{H_2} não pode ser representada por uma lei de potência. Comparando a corrida 4 com a corrida 5 e em seguida a corrida 5 com a corrida 6, vemos que a velocidade de reação primeiro aumenta com o aumento da pressão parcial de hidrogênio, e subsequentemente diminui com o aumento de P_{H_2}. Isto é, parece haver uma concentração de hidrogênio para a qual a velocidade de reação é máxima. Um conjunto de leis de velocidade consistente com essas observações é:

1. Em baixas concentrações de H_2, em que r'_{CH_4} aumenta com o aumento de P_{H_2}, a lei de velocidade pode ser da forma

$$r'_{CH_4} \sim P_{H_2}^{\beta_1} \tag{E7-4.6}$$

2. Em concentrações altas de H_2, em que r'_{CH_4} diminui com o aumento de P_{H_2},

$$r'_{CH_4} \sim \frac{1}{P_{H_2}^{\beta_2}} \tag{E7-4.7}$$

Gostaríamos de encontrar uma lei de velocidade consistente com os dados, tanto para concentrações altas quanto para concentrações baixas de hidrogênio. Após estudar reações heterogêneas no Capítulo 10, saberemos que as Equações (E7-4.6) e (E7-4.7) podem ser combinadas em uma expressão do tipo

$$r'_{CH_4} \sim \frac{P_{H_2}^{\beta_1}}{1 + bP_{H_2}^{\beta_2}} \tag{E7-4.8}$$

Veremos no Capítulo 10 que essa combinação, assim como outras expressões da velocidade semelhantes, onde aparecem as concentrações dos reagentes (ou pressões parciais) no numerador e no denominador, são comuns em *catálise heterogênea*.

Vejamos se a lei de velocidade (E7-4.8) é qualitativamente consistente com a velocidade observada.

1. *Para a condição 1.* Para P_{H_2} baixas, $[b(P_{H_2})^{\beta_2} << 1]$ e a Equação (E7-4.8) se reduz a

$$r'_{CH_4} \sim P_{H_2}^{\beta_1} \tag{E7-4.9}$$

A Equação E7-4.9 é consistente com a tendência observada ao comparar as corridas 4 e 5.

2. *Para a condição 2.* Para P_{H_2} altas, $[b(P_{H_2})^{\beta_2} >> 1]$ e a Equação (E7-4.8) se reduz a

$$r'_{CH_4} \sim \frac{(P_{H_2})^{\beta_1}}{(P_{H_2})^{\beta_2}} \sim \frac{1}{(P_{H_2})^{\beta_2 - \beta_1}} \tag{E7-4.10}$$

em que $\beta_2 > \beta_1$. A Equação (E7-4.10) é consistente com a tendência observada ao comparar as corridas 5 e 6.

Combinando as Equações (E7-4.8) e (E7-4.5),

Forma típica para a lei de velocidade em catálise heterogênea

$$r'_{CH_4} = \frac{aP_{CO}P_{H_2}^{\beta_1}}{1 + bP_{H_2}^{\beta_2}} \tag{E7-4.11}$$

Usamos agora o programa de regressão do Polymath para encontrar os parâmetros a, b, β_1 e β_2. Os resultados são mostrados na Tabela E7-4.3.

Tabela E7-4.3 Primeira Regressão

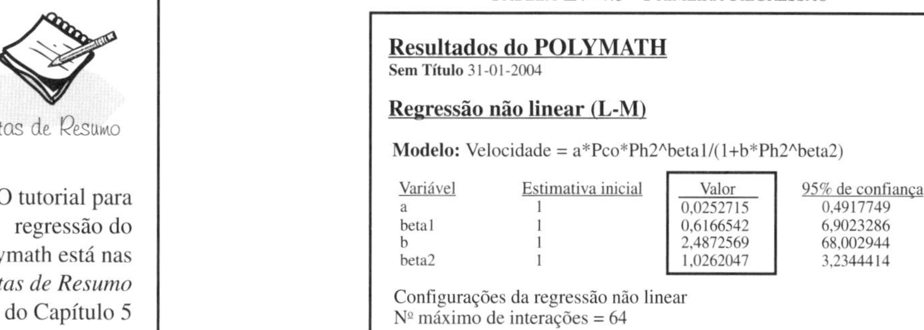

Notas de Resumo

Resultados do POLYMATH
Sem Título 31-01-2004

Regressão não linear (L-M)

Modelo: Velocidade = a*Pco*Ph2^beta1/(1+b*Ph2^beta2)

Variável	Estimativa inicial	Valor	95% de confiança
a	1	0,0252715	0,4917749
beta1	1	0,6166542	6,9023286
b	1	2,4872569	68,002944
beta2	1	1,0262047	3,2344414

Configurações da regressão não linear
Nº máximo de interações = 64

O tutorial para regressão do Polymath está nas *Notas de Resumo* do Capítulo 5

A lei de velocidade resultante é

$$r'_{CH_4} = \frac{0{,}025P_{CO}P_{H_2}^{0{,}61}}{1 + 2{,}49P_{H_2}} \tag{E7-4.12}$$

Poderíamos usar a lei de velocidade dada pela Equação (E7-4.12), mas temos apenas seis pontos, e devemos nos preocupar com a extrapolação da lei de velocidade para uma faixa maior de pressões parciais. Poderíamos coletar mais dados, e/ou fazer uma análise teórica como a discutida no Capítulo 10 para reações heterogêneas. Se admitirmos que o hidrogênio é adsorvido dissociativamente na superfície do catalisador, podemos esperar uma dependência da pressão parcial de hidrogênio de potência ½. Como 0,61 é próximo a 0,5, vamos realizar nova regressão dos dados com β_1 = ½ e β_2 = 1,0. Os resultados são mostrados na Tabela E7-4.4.

Tabela E7-4.4 Segunda Regressão

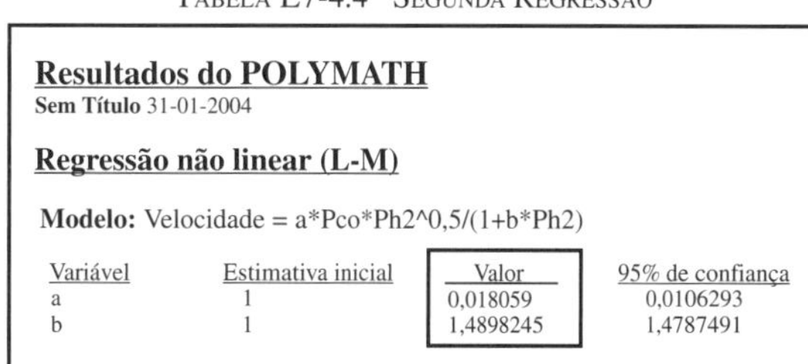

Resultados do POLYMATH
Sem Título 31-01-2004

Regressão não linear (L-M)

Modelo: Velocidade = a*Pco*Ph2^0,5/(1+b*Ph2)

Variável	Estimativa inicial	Valor	95% de confiança
a	1	0,018059	0,0106293
b	1	1,4898245	1,4787491

A lei de velocidade é agora

$$r'_{CH_4} = \frac{0{,}018P_{CO}P_{H_2}^{1/2}}{1 + 1{,}49P_{H_2}}$$

em que r'_{CH_4} é dada em (mol/g cat · s) e as pressões parciais em (atm).

Poderíamos também ter assumido que β_1 = ½ e β_2 = 1,0 e rearranjado a Equação (E7-4.11) sob a forma

Linearizando a expressão da velocidade para determinar os parâmetros da lei de velocidade.

$$\frac{P_{CO}P_{H_2}^{1/2}}{r'_{CH_4}} = \frac{1}{a} + \frac{b}{a}P_{H_2} \tag{E7-4.13}$$

Um gráfico de $P_{CO}P_{H_2}^{1/2}/r'_{CH_4}$ em função de P_{H_2} deve produzir uma linha reta com coeficiente linear $1/a$ e coeficiente angular b/a. Do gráfico na Figura E7-4.2, vemos que a lei de velocidade é realmente consistente com os dados de reação.

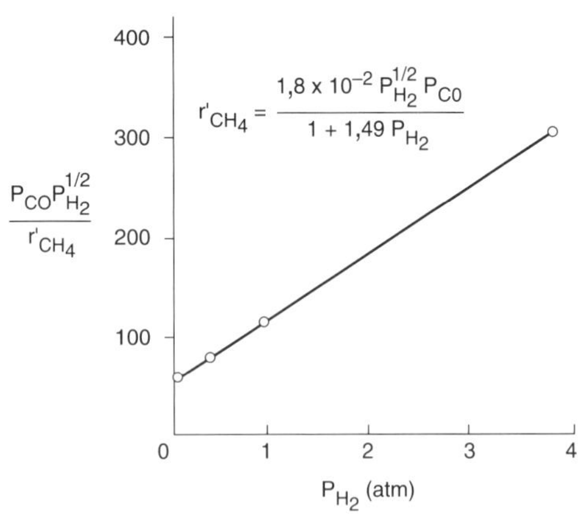

Figura E7-4.2 Gráfico dos dados linearizados.

***Análise*:** Os dados de velocidade de reação neste exemplo foram obtidos no regime estacionário, e, portanto, nem o método integral nem o método diferencial de análise podem ser utilizados. Um dos objetivos deste exemplo é mostrar como chegar a uma forma para a lei de velocidade e então usar regressão para determinar os parâmetros da lei de velocidade. Uma vez obtidos os parâmetros, mostramos como linearizar a lei de velocidade [por exemplo, Equação E7-4.13] para obter um único gráfico para todos os dados. Figura (E7-4.2).

7.7 Planejamento de Experimentos

Quatro a seis semanas no laboratório podem economizar uma hora na biblioteca.

Dr. G. C. Quarderer, Dow Chemical Co.

Até agora, este capítulo apresentou vários métodos para análise de dados de velocidade de reação. É tão importante saber em que circunstâncias usar cada método quanto saber a mecânica desses métodos. Em MRP R7.5 no site da LTC Editora, apresentamos uma breve descrição de uma heurística de planejamento experimental visando gerar os dados necessários para o projeto de um reator. No entanto, para uma discussão mais ampla, recomendam-se ao leitor os livros e artigos de Box e Hunter.[5]

Encerramento. Após ler este capítulo, o leitor deve ser capaz de analisar dados para determinar a lei de velocidade e os parâmetros da lei de velocidade utilizando métodos gráficos e numéricos, assim como pacotes computacionais. A regressão não linear é o método mais simples para analisar dados concentração-tempo e determinar os parâmetros, mas outras técnicas, tais como a diferenciação numérica, nos auxiliam a termos uma ideia das disparidades nos dados. O leitor deve ser capaz de descrever os cuidados necessários ao utilizar regressão não linear para garantir a não obtenção de um falso σ^2 mínimo. Consequentemente, recomenda-se o uso de mais de um método na análise de dados.

RESUMO

1. *Método integral*
   a. Suponha uma ordem de reação e integre a equação de balanço molar.
   b. Calcule a função resultante das concentrações para os seus dados e faça o gráfico dessa função em função do tempo. Se o gráfico resultante for linear, provavelmente você supôs a ordem de reação correta.
   c. Se o gráfico não for linear, suponha outra ordem de reação e repita o procedimento.

[5] G. E. P. Box, W. G. Hunter e J. S. Hunter, *Statistics for Experimenters: An Introduction to Design, Data Analysis, and Model Building* (New York: Wiley, 1978).

2. *Método diferencial para sistemas a volume constante*

$$-\frac{dC_A}{dt} = kC_A^{\alpha} \tag{R7-1}$$

a. Faça o gráfico de $-\Delta C_A/\Delta t$ em função de t.
b. Determine $-dC_A/dt$ a partir desse gráfico.
c. Tome o ln dos dois lados de (R7.1) para obter

$$\ln\left(-\frac{dC_A}{dt}\right) = \ln k + \alpha \ln C_A \tag{R7-2}$$

Faça o gráfico de $\ln(-dC_A/dt)$ *versus* $\ln C_A$. O coeficiente angular da reta será a ordem de reação. Podem-se usar fórmulas de diferenças finitas ou pacotes computacionais para calcular $(-dC_A/dt)$ como função do tempo e da concentração.

3. *Regressão não linear:* Tente encontrar os parâmetros da lei de velocidade que minimizem a soma dos quadrados das diferenças entre os valores da velocidade de reação medida e calculada, a partir dos parâmetros escolhidos. Para N corridas experimentais e K parâmetros a serem determinados, utilize o Polymath.

$$\sigma^2 = \sum_{i=1}^{N} \frac{[P_i(\text{medida}) - P_i(\text{calculada})]^2}{N-K} \tag{R7-3}$$

$$s^2 = \sum_{i=1}^{N}(t_{im} - t_{ic})^2 = \sum_{i=1}^{N}\left[t_{im} - \frac{C_{A0}^{1-\alpha} - C_{Ai}^{1-\alpha}}{k(1-\alpha)}\right]^2 \tag{R7-4}$$

Atenção: Certifique-se de que um falso mínimo para σ^2 não é obtido, variando a estimativa inicial.

4. *Modelando o reator diferencial*

A velocidade de reação é calculada a partir da equação

$$-r'_A = \frac{F_{A0}X}{\Delta W} = \frac{F_P}{\Delta W} = \frac{v_0(C_{A0} - C_{Ae})}{\Delta W} = \frac{C_P v_0}{\Delta W} \tag{R7-5}$$

Ao calcular a ordem de reação, α,

$$-r'_A = kC_A^{\alpha}$$

a concentração de A é medida tanto nas condições de alimentação quanto como o valor médio entre C_{A0} e C_{Ae}.

No entanto, leis de potência, tais como

$$-r'_A = kC_A^{\alpha}C_B^{\beta} \tag{R7-6}$$

não são as melhores formas para descrever a lei de velocidade para reações heterogêneas. Em geral elas têm a forma

$$-r'_A = \frac{kP_A P_B}{1 + K_A P_A + K_B P_B}$$

ou similares, com a pressão parcial dos reagentes no numerador e no denominador da lei de velocidade.

MATERIAL NO SITE DA LTC EDITORA

- **Recursos de Aprendizagem**
  1. *Notas de Resumo para o Capítulo 7*
  2. *Jogos Interativos de Computador*
     A. Ecologia

Jogos
Interativos de Computador

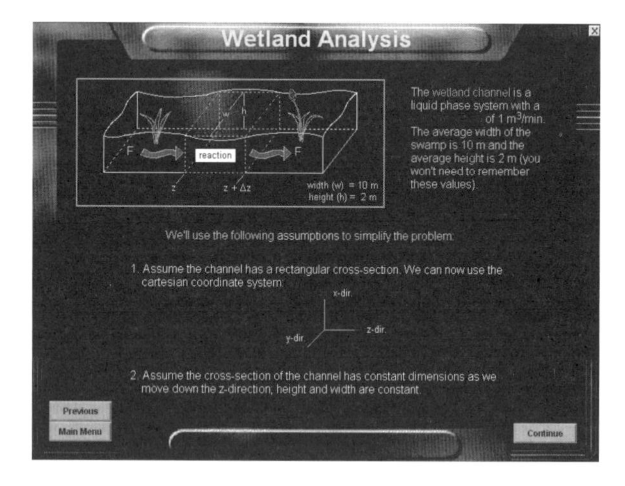

B. Laboratório de Reatores (*www.SimzLab.com*). Veja *Laboratório de Reatores, Capítulo 7*, P7-3_B.

Problemas Resolvidos

3. *Problemas Resolvidos*
   A. Exemplo: Método Diferencial de Análise de Dados Pressão-Tempo.
   B. Exemplo: Método Integral de Análise de Dados Pressão-Tempo.
   C. Exemplo: Oxigenação do Sangue.

Problema Exemplo de Simulação

- **Problemas Exemplos de Simulação**
  1. *Exemplo 7-3 Uso de Regressão para Encontrar os Parâmetros da Lei de Velocidade*
- **FAQ [Perguntas Mais Frequentes] – Nas Atualizações/Veja o ícone da seção Atualizações/FAQ**
- **Material de Referência Profissional**

R7.1 *Método das Velocidades Iniciais*

R7.2 *Método da Meia-Vida*

R7.3 *Análise dos Mínimos Quadrados da Lei de Velocidade Linearizada*
O site da LTC Editora descreve como a lei de velocidade

$$-r_A = kC_A^{\alpha}\, C_B^{\beta}$$

Material de Referência

é linearizada

$$\ln(-r_A) = \ln k + \alpha \ln C_A + \beta \ln C_B$$

e colocada na forma

$$Y = a_0 + \alpha X_1 + \beta X_2$$

e usada para encontrar os valores de α, β e k. A gravação (*etching*) de um semicondutor, MnO_2, é utilizada para ilustrar essa técnica.

R7.4 *Uma Discussão sobre Mínimos Quadrados Ponderados*
Para o caso em que o erro na medida não é constante, devemos usar a análise dos mínimos quadrados ponderados.

R7.5 *Planejamento Experimental*
A. Por que realizar um experimento?
B. Você escolheu os parâmetros corretos?
C. Qual a faixa de variação das variáveis experimentais?
D. Você pode repetir os experimentos? (Precisão)
E. Extraia o máximo que puder de seus dados.
F. Nós não acreditamos nos experimentos até serem provados pela teoria.
G. Comente seus resultados com outras pessoas.

R7.6 *Avaliação de Reatores de Laboratório*

TABELA 7-2 RESUMO DE CLASSIFICAÇÃO DE REATORES:* GÁS-LÍQUIDO, CATALISADOR EM PÓ, SISTEMA COM DESATIVAÇÃO CATALÍTICA†

Tipo de Reator	*Amostragem e Análise*	*Isotermicidade*	*Contato Fluido-Sólido*	*Desativação do Catalisador*	*Facilidade de Construção*
Diferencial	P–F	F–G	F	P	G
Leito fixo	G	P–F	F	P	G
Batelada agitado	F	G	G	P	G
Agitado contendo sólido	G	G	F–G	P	F–G
Tanque agitado contínuo	F	G	F–G	F–G	P-F
Transporte ascendente	F–G	P–F	F–G	G	F–G
Transporte com recirculação	F–G	G	G	F–G	P–F
Pulso	G	F–G	P	F–G	G

* †G, bom; F, regular; P, ruim.

QUESTÕES E PROBLEMAS

O subíndice de cada um dos problemas numerados indica o seu grau de dificuldade: A, mais fácil; D, mais difícil.

A = ● B = ■ C = ◆ D = ◆◆

P7-1$_A$ (**a**) Ouça as gravações no site da LTC Editora, escolha uma e diga por que poderá ser eliminada .

(**b**) Crie um problema original baseado no material apresentado no Capítulo 7.

(**c**) Planeje um experimento para laboratório de graduação que demonstre os princípios de engenharia de reações químicas e que custe menos do que US$ 500 em partes necessárias para a sua construção. (Da Competição Nacional do AIChE, Seção Estudante.) As regras são apresentadas no site da LTC Editora.

(**d**) **Experimento de Ensino Fundamental**. Plante várias sementes em vasos diferentes (milho funciona bem). A planta e o solo de cada vaso serão expostos a condições diferentes. Meça a altura da planta em função do tempo e a concentração de fertilizante. Outras variáveis podem incluir exposição à luz, pH e temperatura ambiente. (Excelente projeto para escolas de ensino fundamental e médio.)

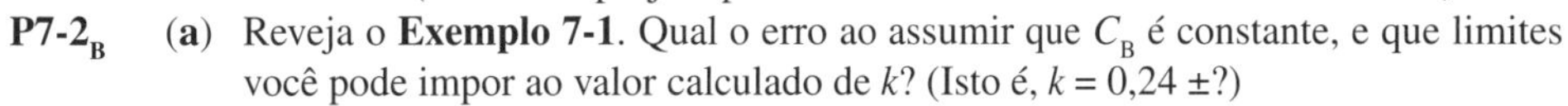

P7-2$_B$ (**a**) Reveja o **Exemplo 7-1**. Qual o erro ao assumir que C_B é constante, e que limites você pode impor ao valor calculado de k? (Isto é, $k = 0{,}24 \pm ?$)

(**b**) Reveja o **Exemplo 7-3**. Explique por que a regressão foi realizada duas vezes para calcular k' e k.

(**c**) Reveja o **Exemplo 7-4**. Faça regressão nos dados para ajustá-los à lei de velocidade.

$$r_{CH_4} = kP_{CO}^{\alpha}P_{H_2}^{\beta}$$

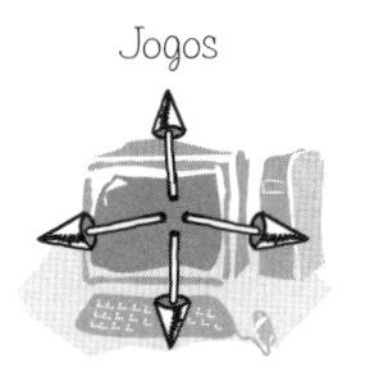

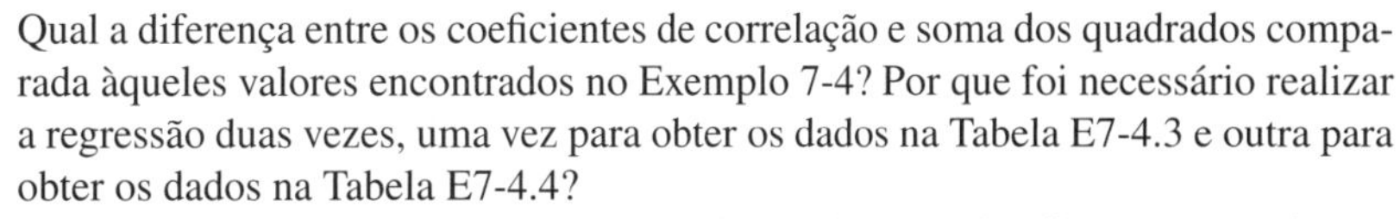

Qual a diferença entre os coeficientes de correlação e soma dos quadrados comparada àqueles valores encontrados no Exemplo 7-4? Por que foi necessário realizar a regressão duas vezes, uma vez para obter os dados na Tabela E7-4.3 e outra para obter os dados na Tabela E7-4.4?

P7-3$_A$ Carregue o Jogo Interativo de Computador (JIC) do site da LTC Editora. Jogue o jogo e anote o seu placar no módulo que indica a sua compreensão do material. Seu professor tem o código para decodificar o seu desempenho.

Número de Desenvolvimento Ecológico ICM ____________________

Visite o Laboratório de Reatores

P7-4$_A$ Vá até o **Laboratório de Reatores** do Professor Herz no site da LTC Editora ou na internet, no endereço *www.SimzLab.com*. Faça (a) um problema, ou (b) dois problemas da Divisão 1. Quando você entrar pela primeira vez no laboratório, você verá todos os valores de entrada e poderá variá-los. Em um laboratório, aperte o botão 'Problema' na barra de navegação para carregar o problema para aquele laboratório. No problema você não poderá ver algumas das variáveis de entrada: você precisa encontrá-las com o símbolo "???", que esconde os valores. No problema, realize os experimentos e analise os seus dados para determinar os valores desconhecidos. Veja a parte de baixo da página do Exemplo em *www.SimzLab.com* para as equações que relacionam E e k. Aperte no "???" próximo a uma entrada e entre com um valor. Sua resposta será aceita se estiver dentro de ± 20% do valor correto. A contagem é feita em dólares imaginários para enfatizar que você deve projetar o seu estudo experimental em vez de fazer experimentos aleatórios. Cada vez que você faz um problema, novos valores desconhecidos são atribuídos. Para entrar novamente em um problema não resolvido no mesmo estágio em que você o deixou, clique o botão de informação [i] no Diretório para mais instruções. Entregue as cópias dos seus dados, seu trabalho de análise e seu relatório de orçamento.

P7-5$_B$ Quando sangue arterial entra em um tecido capilar, ele troca oxigênio e dióxido de carbono com o meio, conforme mostrado neste diagrama:

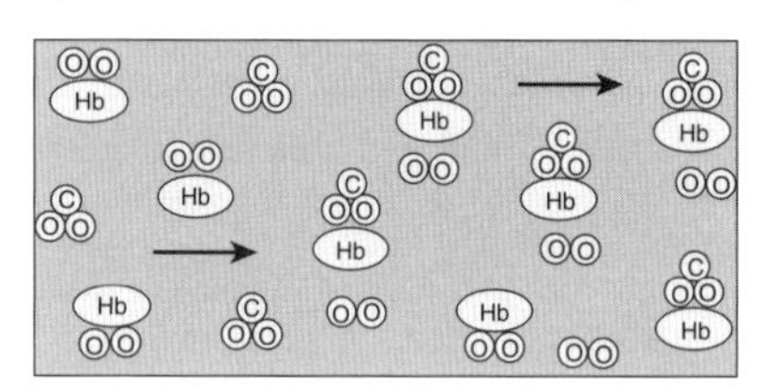

A cinética dessa desoxigenação da hemoglobina no sangue foi estudada, com o auxílio de um **reator tubular**, por Nakamura e Staub [*J. Physiol., 173*, 161].

$$HbO_2 \underset{k_{-1}}{\overset{k_1}{\rightleftarrows}} Hb + O_2$$

Apesar de ser uma reação reversível, as medidas foram realizadas na fase inicial da decomposição de tal forma que a reação reversa pode ser desconsiderada. Considere um sistema similar ao usado por Nakamura e Staub: a solução entra no reator tubular (0,158 cm de diâmetro) que contém eletrodos de oxigênio colocados em intervalos de 5 cm ao longo do tubo. O fluxo volumétrico de solução no reator é de 19,6 cm^3/s com C_{A0} = 2,33 × 10^{-6} mol/cm^3.

Posição do Eletrodo	1	2	3	4	5	6	7
Percentagem de Decomposição da HbO_2	0,00	1,93	3,82	5,68	7,48	9,25	11,00

(**a**) Usando o método diferencial de análise dos dados de reação, determine a ordem de reação e a constante da velocidade da reação direta k_1 para a desoxigenação da hemoglobina.

(**b**) Repita o exercício acima usando regressão.

P7-6$_A$ A reação irreversível em fase líquida

$$A \rightarrow B + C$$

foi realizada em um CSTR. Para determinar a lei de velocidade, variou-se a vazão volumétrica, v_0, e as concentrações da espécie A foram determinadas como função do tempo espacial τ. A puro entra no reator com concentração de 2 mol/dm^3. As medidas foram realizadas quando o sistema estava em regime estacionário.

Corrida	1	2	3	4	5
τ (min)	15	38	100	300	1200
C_A (mol/dm^3)	1,5	1,25	1,0	0,75	0,5

(**a**) Determine a ordem de reação e a constante da velocidade.

(**b**) Se você repetisse o experimento para determinar a sua cinética, o que você faria de diferente? Você faria os experimentos em temperaturas mais altas, mais baixas ou na mesma temperatura? Se você fosse coletar mais dados, onde você faria os experimentos (por exemplo, τ)?

(**c**) Acredita-se que o técnico de laboratório possa ter cometido um erro de 10 vezes o fator de diluição em uma das medidas de concentração. O que você acha? Como a sua resposta utilizando regressão (Polymath ou outro software) se compara com aquelas utilizando método gráfico?

Observação: Todas as medidas foram realizadas no regime estacionário.

P7-7$_B$ A reação

$$A \rightarrow B + C$$

foi realizada em um reator batelada a volume constante onde os seguintes valores de concentração foram medidos em função do tempo.

t (min)	0	5	9	15	22	30	40	60
C_A (mol/dm^3)	2	1,6	1,35	1,1	0,87	0,70	0,53	0,35

(a) Utilize o método dos mínimos quadrados e outro método para determinar a ordem de reação, α, e a constante da velocidade, k.
(b) Se você fosse coletar mais dados, onde você colocaria os pontos? Por quê?
(c) Se você fosse repetir o experimento para determinar a cinética da reação, o que você faria diferente? Você realizaria os experimentos em temperaturas mais altas, mais baixas ou na mesma temperatura? Você tomaria pontos diferentes? Explique.
(d) Acredita-se que o técnico de laboratório fez um erro de diluição na concentração medida em 60 min. O que você acha? Como a sua resposta utilizando regressão (Polymath ou outro software) se compara com aquelas utilizando método gráfico?

P7-8$_B$ A reação em fase líquida entre o metanol e o trifenil é realizada em um reator batelada a 25ºC

$$CH_3OH + (C_6H_5)_3\,CCl \rightarrow (C_6H_5)_3COCH_3 + HCl$$

$$A \quad + \quad B \quad \rightarrow \quad C \quad + \quad D$$

Para uma alimentação equimolar, os seguintes dados de concentração-tempo foram obtidos para o metanol:

C_A (mol/dm^3)	1,0	0,95	0,816	0,707	0,50	0,370
t (h)	0	0,278	1,389	2,78	8,33	16,66

Os seguintes dados de concentração-tempo foram obtidos para uma concentração inicial de metanol de 0,01 mol/dm^3 e uma concentração inicial de trifenil de 1,0 mol/dm^3:

C_A (mol/dm^3)	0,1	0,0847	0,0735	0,0526	0,0357
t (h)	0	1	2	5	10

(a) Determine a lei de velocidade e os parâmetros da lei de velocidade.
(b) Se você tivesse que coletar dados adicionais, quais seriam as condições razoáveis (por exemplo, C_{A0}, C_{B0})? Por quê?

P7-9$_B$ Os dados abaixo foram reportados [C. N. Hinshelwood e P. J. Ackey, *Proc. R. Soc. (Lond).*, *A115*, 215] para a decomposição em fase gasosa de éter dimetílico a 504ºC em reator batelada a volume constante. Inicialmente, apenas $(CH_3)_2O$ estava presente.

Tempo (s)	390	777	1195	3155	∞
Pressão Total (mmHg)	408	488	562	799	931

(a) Por que você acha que o valor da pressão total em $t = 0$ não aparece na tabela? Você pode estimá-la?
(b) Considerando que a reação

$$(CH_3)_2O \rightarrow CH_4 + H_2 + CO$$

é irreversível e ocorre até o consumo total do éter, determine a ordem de reação e a constante da velocidade k.
(c) Que condições experimentais você sugeriria se você fosse obter dados adicionais?
(d) Como os dados e a sua resposta mudariam se a reação fosse realizada em temperaturas maiores? E em temperaturas menores?

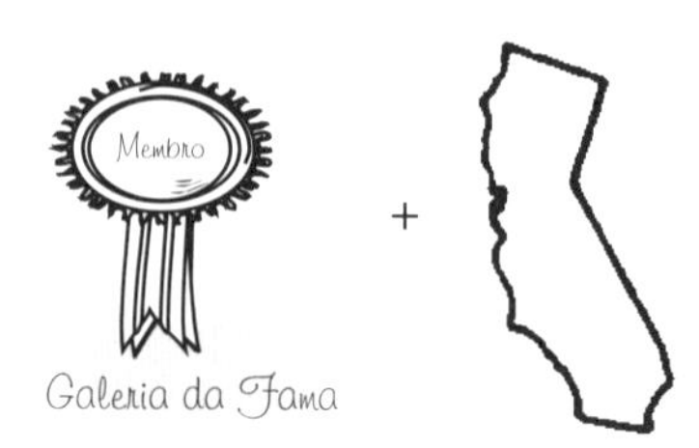

P7-10$_B$ Para estudar o decaimento fotoquímico de bromo aquoso exposto à luz solar, uma pequena quantidade de bromo líquido foi dissolvida em água contida em um jarro de vidro e exposta ao sol. Os seguintes dados foram obtidos a 25ºC:

Tempo (min)	10	20	30	40	50	60
ppm Br_2	2,45	1,74	1,23	0,88	0,62	0,44

(a) Determine se a ordem de reação em relação ao bromo é zero, um ou dois e calcule a constante da velocidade nas unidades da sua escolha.

(b) Considerando condições de exposição idênticas, calcule a vazão de injeção de bromo (em libras por hora) em um corpo d'água exposto ao sol com volume de 25.000 galões de forma a manter o nível de esterilização do bromo em 1 ppm. [*Resp.*: 0,43 lb/h]

(c) Use uma ou mais das seis ideias constantes na Tabela P-3, do Prefácio, para esse problema.

(*Observação*: ppm = partes de bromo por milhão de partes de água bromada, em peso. Em soluções aquosas diluídas, 1 ppm = 1 miligrama por litro.) (Extraído do Exame Profissional de Engenheiros da Califórnia.)

P7-11$_C$ A reação de decomposição de ozônio foi estudada na presença de alcenos [R. Atkinson et al., *Int. J. Chem. Kinet., 15*(8), 721 (1983)]. Os dados na Tabela P7-10 são para um dos alcenos estudados, o *cis*-2-buteno. A reação foi realizada de maneira isotérmica a 297 K. Determine a lei de velocidade e os valores dos parâmetros da velocidade.

Corrida	*Velocidade de Ozônio* (mol/s · dm^3 × 10^7)	*Concentração de Ozônio* (mol/dm^3)	*Concentração de Buteno* (mol/dm^3)
1	1,5	0,01	10^{-12}
2	3,2	0,02	10^{-11}
3	3,5	0,015	10^{-10}
4	5,0	0,005	10^{-9}
5	8,8	0,001	10^{-8}
6	4,7*	0,018	10^{-9}

*[*Dica*: o ozônio também se decompõe por colisões com as paredes.]

P7-12$_A$ Foram realizados testes em um pequeno reator experimental usado para a decomposição de óxidos de nitrogênio presentes nos gases de exaustão de automóveis. Em uma série de testes, uma corrente de nitrogênio contendo várias concentrações de NO_2 foi alimentada ao reator, e os dados cinéticos obtidos são mostrados na Figura P7-11$_A$. Cada ponto representa uma corrida completa,

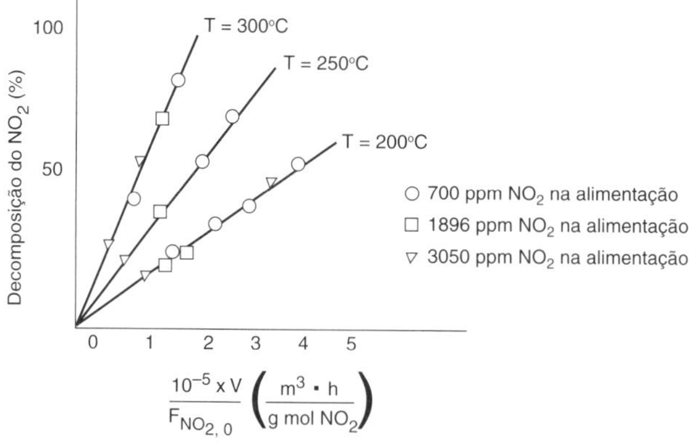

Figura P7-11$_A$ Dados de exaustão de automóveis.

O reator opera essencialmente como um reator de tanque agitado contínuo isotérmico (CSTR). O que você pode deduzir sobre a ordem de reação aparente na faixa de temperatura estudada?

O gráfico mostra a fração decomposta de NO_2 *versus* a razão entre o volume do reator V (em cm^3) e a vazão de alimentação de NO_2, $F_{NO_{2,0}}$ (gmol/h), para diferentes valores de concentração de alimentação de NO_2 (em partes por milhão, em peso).

P7-13$_B$ *Dispositivos microeletrônicos* são produzidos primeiro formando uma pastilha de silício por deposição química de vapor (Figura P7-12$_B$). Esse procedimento é seguido pela cobertura com um polímero chamado fotorresiste. O padrão do circuito eletrônico é então colocado sobre o polímero e a amostra é irradiada com luz ultravioleta. Se o polímero é um fotorresiste positivo, as seções irradiadas se dissolverão em um solvente apropriado, e aquelas seções não irradiadas protegerão o SiO_2 de tratamentos posteriores. A pastilha é então exposta a ácidos fortes, como HF, que gravam (isto é, dissolvem) o SiO_2 exposto. É extremamente importante conhecer a cinética da reação, para que a profundidade apropriada do canal seja obtida. A reação de dissolução é

$$SiO_2 + 6HF \rightarrow H_2SiF_6 + 2H_2O$$

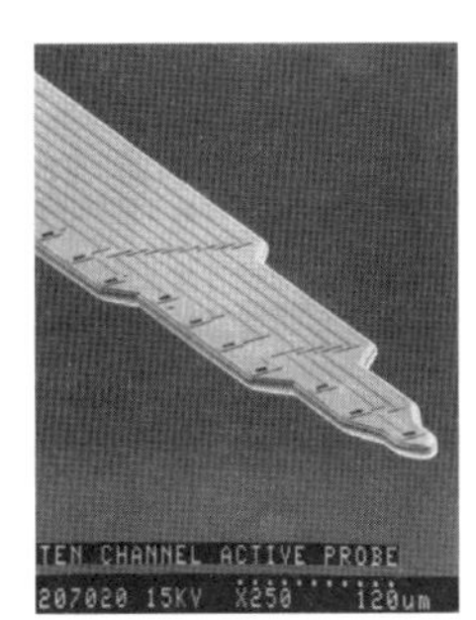

A partir dos dados de velocidade inicial, determine a lei de velocidade.

Velocidade de Gravação (nm/min)	60	200	600	1000	1400
HF (% em peso)	8	20	33	40	48

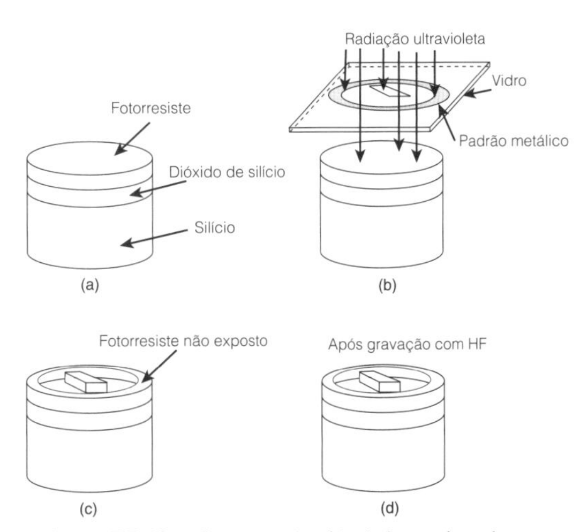

Figura P7-12$_B$ Gravação (*etching*) de semicondutores.

Um total de 1000 pastilhas finas (*chips*) devem ser colocadas em 0,5 dm^3 de uma solução 20% de HF. Se um canal espiral de 10 μm de largura e 10 m de comprimento deve ser gravado até a profundidade de 50 μm de ambos os lados de cada pastilha, quanto tempo os *chips* devem ser deixados na solução? Considere que a solução é bem misturada.

P7-14$_C$ A decomposição térmica de isocianato de propila foi estudada em um *reator de leito de recheio diferencial*. Dos dados na Tabela P7-13, determine os parâmetros da velocidade de reação.

TABELA P7-13 DADOS COLETADOS

Corrida	*Velocidade* (mol/s·dm^3)	*Concentração* (mol/dm^3)	*Temperatura* (*K*)
1	$4{,}9 \times 10^{-4}$	0,2	700
2	$1{,}1 \times 10^{-4}$	0,02	750
3	$2{,}4 \times 10^{-3}$	0,05	800
4	$2{,}2 \times 10^{-2}$	0,08	850
5	$1{,}18 \times 10^{-1}$	0,1	900
6	$1{,}82 \times 10^{-2}$	0,06	950

P7-15$_B$ **O que está errado com essa solução?**
A reação em fase líquida

$$A \rightarrow B + C$$

é realizada em um reator batelada. Determine a lei de velocidade e a constante da velocidade a partir dos dados.

t(h)	0	1	2	3	4
C_A (mol/dm³)	1	0,5	0,3	0,2	0,15

Solução

t (h)	C_A (mol/dm³)	$-\frac{\Delta C_A}{\Delta t}$ (mol/dm³/h)	$-\frac{\Delta C_A}{\Delta t}$	$\ln\left(-\frac{\Delta C_A}{\Delta t}\right)$
0	1,0	$-\frac{(1-0,5)}{1-0}$	= 0,5	–0,55
1	0,5	$-\frac{1-0,3}{2-1}$	= 0,7	–0,36
2	0,3	$-\frac{1-0,2}{3-2}$	= 0,8	–0,22
3	0,2	$-\frac{1-0,15}{4-3}$	= 0,85	–0,16
4	0,15			

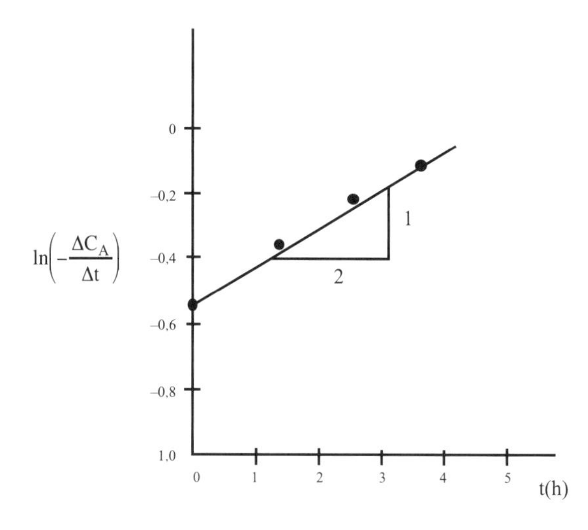

$$\alpha = \text{coeficiente angular} = \frac{1}{2} = 0,5$$

$$-\frac{dC_A}{dt} = kC_A^{1/2}$$

$$\text{no tempo t = 0: } \ln\left(-\frac{dC_A}{dt}\right) = -0,55 = -k,$$

$$k = 0,55$$

$$-\frac{dC_A}{dt} = 0,55\ C_A^{1/2}$$

Engenharia Verde

- **Problemas Adicionais podem ser encontrados no site da LTC Editora**

Problemas Propostos Adicionais no site da LTC Editora

CDP7-Novo De tempos em tempos, novos problemas relacionando o material apresentado no Capítulo 7 aos interesses do dia a dia ou tecnologias emergentes serão colocados na Web. Soluções para esses problemas podem ser obtidas enviando email ao autor. Pode-se, também, ir ao site da Web *www.rowan.edu/greenengineering* (em inglês), e trabalhar o problema específico ao capítulo.

LEITURAS SUPLEMENTARES

1. Uma grande variedade de técnicas para medir concentrações das espécies reagentes pode ser encontrada em

BURGESS, THORNTON W., *Mr. Toad and Danny the Meadow Mouse Take a Walk*. New York: Dover Publications, Inc., 1915.

FOGLER, H. SCOTT e STEVEN E. LEBLANC, *Strategies for Creative Problem Solving*. Englewood Cliffs, NJ: Prentice Hall, 1995.

KARRASS, CHESTER L., *In Business As in Life, You Don't Get What You Deserve, You Get What You Negotiate*. Hill, CA: Stanford Street Press, 1996.

ROBINSON, J. W., *Undergraduate Instrumental Analysis*, 5 ed. New York: Marcel Dekker, 1995.

SKOOG, DOUGLAS A., F. JAMES HOLLER, e TIMOTHY A. NIEMAN, *Principles of Instrumental Analysis*, 5 ed. Philadelphia: Saunders College Publishers, Harcourt Brace College Publishers, 1998.

2. O projeto de reatores catalíticos de laboratório utilizados para obter dados de velocidade de reação é apresentado em

RASE, H. F., *Chemical Reactor Design for Process Plants*, Vol. 1. New York: Wiley, 1983, Cap. 5.

3. O projeto de experimentos e estimativa de parâmetros de forma sequencial é abordado em

BOX, G. E. P., W. G. HUNTER, e J. S. HUNTER, *Statistics for Experimenters: An Introduction to Design, Data Analysis, and Model Building*. New York: Wiley, 1978.

Reações Múltiplas 8

O desjejum dos campeões não é cereal, são os seus opositores.
Nick Seitz

Visão Geral. Raramente a reação que interessa é a *única* que ocorre em um reator químico. Normalmente, ocorrem reações múltiplas, algumas desejadas e outras indesejadas. Um dos fatores principais para o sucesso econômico de uma indústria química é a minimização de reações secundárias indesejadas que ocorrem junto com a reação desejada.

Neste capítulo, discutimos a seleção de reatores e o balanço molar geral, velocidades resultantes de reação e velocidades relativas para reações múltiplas.
Primeiro, descrevemos os quatro tipos básicos de reações múltiplas:
- Em série
- Em paralelo
- Independentes
- Complexas

Em seguida, definimos o parâmetro de seletividade e discutimos como ele pode ser usado para minimizar reações secundárias indesejadas através da escolha apropriada das condições de operação e da seleção de reatores.
Na sequência, mostramos como modificar nosso ERQ algoritmo para resolver problemas da engenharia de reações quando reações múltiplas estão envolvidas.
Finalmente, são dados alguns exemplos que mostram como o algoritmo é aplicado em várias reações reais.

8.1 Definições

8.1.1 Tipos de Reações

Há quatro tipos básicos de reações múltiplas: em série, em paralelo, complexas e independentes. Esses tipos de reações múltiplas podem ocorrer por si mesmas, em pares, ou todas ao mesmo tempo. Quando há uma combinação de reações paralelas e em série, elas são frequentemente chamadas de *reações complexas*.

Reações em paralelo (também chamadas de *reações competitivas*) são reações nas quais o reagente é consumido em duas rotas reacionais diferentes para formar produtos diferentes:

Reações paralelas

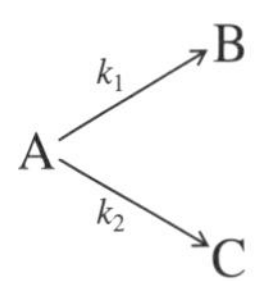

Um exemplo de reação paralela de importância industrial é a reação de oxidação do etileno a óxido de etileno, na qual se evita a combustão completa a dióxido de carbono e água.

Química levada a sério

$$CH_2{=}CH_2 + O_2 \nearrow 2CO_2 + 2H_2O$$
$$CH_2{=}CH_2 + O_2 \searrow \overset{O}{\widehat{CH_2{-}CH_2}}$$

Reações em série (também chamadas de *reações consecutivas*) são reações nas quais o reagente forma um produto intermediário, que continua reagindo, para formar outro produto:

Reações em série

$$A \xrightarrow{k_1} B \xrightarrow{k_2} C$$

Um exemplo de reação em série é a reação do óxido de etileno (EO) com a amônia para formar mono, di e trietanolamina.

$$\overset{O}{\widehat{CH_2{-}CH_2}} + NH_3 \longrightarrow HOCH_2CH_2NH_2$$
$$\xrightarrow{EO} (HOCH_2CH_2)_2NH \xrightarrow{EO} (HOCH_2CH_2)_3N$$

Nos últimos anos, tem havido uma mudança em relação à produção de dietanolamina que passou a ser o produto *desejado* em vez da trietanolamina.

Reações independentes são reações que ocorrem ao mesmo tempo, mas nem os produtos nem os reagentes reagem com eles mesmos, ou uns com os outros.

Reações independentes

$$A \longrightarrow B + C$$
$$D \longrightarrow E + F$$

Um exemplo é o craqueamento do óleo cru para formar gasolina, no qual duas das muitas reações que ocorrem são

$$C_{15}H_{32} \longrightarrow C_{12}C_{26} + C_3H_6$$
$$C_8H_{18} \longrightarrow C_6H_{14} + C_2H_4$$

Reações complexas são reações múltiplas que envolvem combinações de reações em série e reações paralelas, tais como

$$A + B \longrightarrow C + D$$
$$A + C \longrightarrow E$$
$$E \longrightarrow G$$

Um exemplo de combinação de reações em série e em paralelo é a formação do butadieno a partir do etanol:

$$C_2H_5OH \longrightarrow C_2H_4 + H_2O$$
$$C_2H_5OH \longrightarrow CH_3CHO + H_2$$
$$C_2H_4 + CH_3CHO \longrightarrow C_4H_6 + H_2O$$

8.1.2 Seletividade

Reações Desejadas e Indesejadas. São de especial interesse os reagentes que são consumidos na formação de um *produto desejado*, D, e na formação de um *produto indesejado*, U, em uma reação competitiva ou secundária. Na sequência de reações em paralelo

$$A \xrightarrow{k_D} D$$
$$A \xrightarrow{k_U} U$$

ou na sequência de reações em série

$$A \xrightarrow{k_D} D \xrightarrow{k_U} U$$

queremos minimizar a formação de U e maximizar a formação de D, porque quanto maior for a formação de produto indesejado, maior será o custo da separação do produto indesejado, U, do produto desejado, D (Figura 8-1).

O incentivo econômico

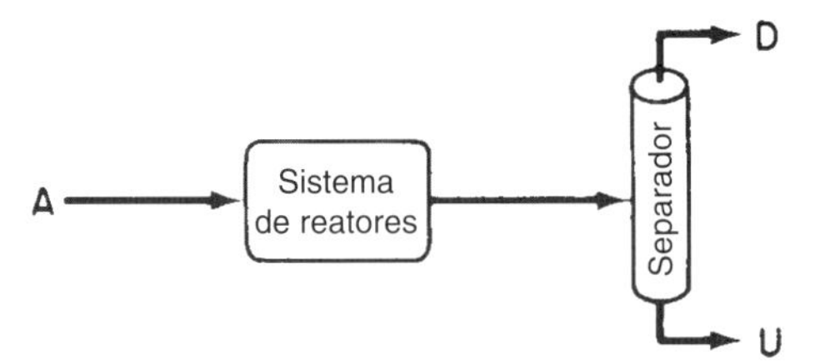

Figura 8-1 Sistema de reação-separação que produz tanto o produto desejado como o indesejado.

A **seletividade** nos indica como um produto é formado preferencialmente em relação a outro quando temos reações múltiplas. Podemos quantificar a formação de D em relação a U definindo a seletividade e o rendimento do sistema. A **seletividade instantânea** de D em relação a U é a razão entre a velocidade da reação de formação de D e a velocidade da reação de formação de U.

Seletividade instantânea

$$\boxed{S_{D/U} = \frac{r_D}{r_U} = \frac{\text{Velocidade da reação de formação de D}}{\text{Velocidade da reação de formação de U}}} \tag{8-1}$$

Na próxima seção, veremos como a avaliação de $S_{D/U}$ nos orientará no projeto e na seleção do nosso sistema reacional para maximizar a seletividade.

Outra definição de seletividade usada na literatura corrente, $\tilde{S}_{D/U}$, é dada em termos das vazões molares que saem do reator. $\tilde{S}_{D/U}$ é a **seletividade global**.

Seletividade global

$$\boxed{\tilde{S}_{D/U} = \frac{F_D}{F_U} = \frac{\text{Vazão molar do produto desejado na saída}}{\text{Vazão molar do produto indesejado na saída}}} \tag{8-2a}$$

É facilmente mostrado que para um CSTR as seletividades instantânea e global são idênticas. Veja P8-1$_A$ (d) e as *Notas de Resumo* na Web e no site da LTC Editora.

Para um reator batelada, a seletividade global é dada em termos do número de mols de D e de U, no final do tempo de reação:

$$\boxed{\tilde{S}_{D/U} = \frac{N_D}{N_U}} \tag{8-2b}$$

8.1.3 Rendimento

Duas definições para seletividade e rendimento são encontradas na literatura.

O **rendimento de uma reação**, assim como sua seletividade, têm duas definições: uma baseada na razão das velocidades de reação e outra baseada na razão das vazões molares. No primeiro caso, o rendimento em um determinado ponto pode ser definido como a razão da velocidade de reação de um dado produto pela velocidade de reação de um reagente de *referência* A, usualmente a base de cálculo. Esse rendimento é denominado *rendimento instantâneo* Y_D.

Rendimento instantâneo baseado nas velocidades de reação

$$\boxed{Y_D = \frac{r_D}{-r_A}} \tag{8-3}$$

O *rendimento global* $\tilde{Y}_D$ é baseado nas vazões molares, e definido como a razão do número de mols do produto formado no final da reação pelo número de mols do reagente de referência, A, que foi consumido.

Para um sistema em batelada:

Rendimento global baseado no número de mols

$$\boxed{\tilde{Y}_D = \frac{N_D}{N_{A0} - N_A}} \tag{8-4}$$

Para um sistema com escoamento contínuo:

Rendimento global baseado nas vazões molares

$$\boxed{\tilde{Y}_D = \frac{F_D}{F_{A0} - F_A}} \tag{8-5}$$

Assim como na seletividade, o rendimento instantâneo e o rendimento global são idênticos para um reator CSTR (isto é, $\tilde{Y}_D = Y_D$). Sob uma perspectiva econômica, as seletividades *globais*, $\tilde{S}$, e os rendimentos *globais*, $\tilde{Y}$, são importantes na determinação dos lucros, enquanto as seletividades instantâneas auxiliam na escolha de reatores e esquemas reacionais que ajudarão a maximizar o lucro. Há, frequentemente, um conflito entre a seletividade e a conversão porque você deseja produzir a máxima quantidade possível de um determinado produto desejado (D) e, ao mesmo tempo, minimizar a quantidade de produto indesejado (U). Entretanto, em muitos casos, quando você alcança maior conversão, você não apenas produz mais D, como também forma mais U.

8.2 Algoritmo para Reações Múltiplas

O algoritmo de reações múltiplas pode ser aplicado a reações em paralelo, reações em série, reações complexas e reações independentes. A disponibilidade de pacotes computacionais com software para solução de EDOs (Equações Diferenciais Ordinárias) torna a solução de problemas muito mais fácil usando o número de mols N_j, ou as vazões molares F_j, em vez da conversão. Para sistemas líquidos, a concentração é, geralmente, a variável preferencialmente usada nas equações de balanço molar.

Os balanços molares para os vários tipos de reatores que temos estudado são mostrados na Tabela 8-1. As equações diferenciais acopladas resultantes dos balanços molares podem ser facilmente resolvidas usando-se um software para solução de EDOs. Na verdade, esta seção foi desenvolvida para aproveitar a vasta quantidade de técnicas computacionais agora disponíveis nos computadores pessoais (por exemplo, Polymath).

TABELA 8-1 BALANÇOS MOLARES PARA REAÇÕES MÚLTIPLAS

Balanço molar aplicado a cada uma das espécies químicas

	Quantidades Molares (Gás ou Líquido)	Concentração (Líquido)
Balanço Molar Geral $\frac{dN_j}{dt} = F_{j0} - F_j + \int^V r_j dV$		
Batelada	$\frac{dN_A}{dt} = r_A V$	$\frac{dC_A}{dt} = r_A$
	$\frac{dN_B}{dt} = r_B V$	$\frac{dC_B}{dt} = r_B$
	$\vdots$	$\vdots$
PFR/PBR	$\frac{dF_A}{dV} = r_A$	$\frac{dC_A}{dV} = \frac{r_A}{v_0}$
	$\frac{dF_B}{dV} = r_B$	$\frac{dC_B}{dV} = \frac{r_B}{v_0}$
	$\vdots$	$\vdots$
CSTR	$V = \frac{F_{A0}-F_A}{(-r_A)_{saída}}$	$V = \frac{v_0[C_{A0}-C_A]}{(-r_A)_{saída}}$
	$V = \frac{F_{B0}-F_B}{(-r_B)_{saída}}$	$V = \frac{v_0[C_{B0}-C_B]}{(-r_B)_{saída}}$
	$\vdots$	$\vdots$
Membrana: C difunde para fora	$\frac{dF_A}{dV} = r_A$	$\frac{dF_A}{dV} = r_A$
	$\frac{dF_B}{dV} = r_B$	$\frac{dF_B}{dV} = r_B$
	$\frac{dF_C}{dV} = r_C - R_C$	$\frac{dF_C}{dV} = r_C - R_C$
	$\vdots$	$\vdots$
Semicontínuo B adicionado ao **A**	$\frac{dN_A}{dt} = r_A V$	$\frac{dC_A}{dt} = r_A - \frac{v_0 C_A}{V}$
	$\frac{dN_B}{dt} = F_{B0} + r_B V$	$\frac{dC_B}{dt} = r_B + \frac{v_0[C_{B0}-C_B]}{V}$
	$\vdots$	$\vdots$

8.2.1 Adaptação do ERQ Algoritmo do Capítulo 6 para Reações Múltiplas

Apenas poucas mudanças em nosso ERQ algoritmo para adaptá-lo às reações múltiplas

Há poucas e pequenas mudanças a serem introduzidas no ERQ algoritmo já apresentado na Tabela 6-2 do Capítulo 6, e elas serão descritas em detalhe quando discutirmos as reações complexas na Seção 8.5. Entretanto, antes de discutirmos as reações paralelas e em série, faz-se necessário apontarmos algumas modificações em nosso algoritmo. Essas mudanças estão destacadas na Tabela 8-2. Quando analisamos reações múltiplas, devemos realizar um balanço molar em cada uma das espécies químicas envolvidas, assim como fizemos no Capítulo 6, para analisarmos reações em termos de balanços molares para diferentes tipos de reatores. As velocidades de reação de formação mostradas nos balanços molares da Tabela 6-2 (por exemplo, r_A, r_B, r_j) são as *velocidades de reação resultantes* para a formação das espécies. A principal mudança introduzida no ERQ algoritmo da Tabela 6-2 é que a etapa **Lei de Velocidade de Reação**, no nosso algoritmo, será agora substituída pela etapa **Velocidades de Reação**, a qual inclui três subetapas:

- Leis de Velocidade de Reação
- Velocidades de Reação Resultantes
- Velocidades Relativas de Reação

TABELA 8-2 MODIFICAÇÕES NO ERQ ALGORITMO

Identifique	1. Numere Todas as Reações Separadamente
Balanço Molar	2. Balanço Molar de Cada Espécie
Velocidades de Reação	3. Lei de Velocidade de Reação para Cada Reação por exemplo, $-r_{ij} = k_{ij} f(C_A, C_B, \ldots C_j)$ O subíndice "i" refere-se ao número da reação e o subíndice "j" refere-se às espécies químicas. 4. *Velocidades Resultantes de Reação* para Cada Espécie; por exemplo j $r_j = \sum_{i=1}^{N} r_{ij}$ Para N reações, a velocidade resultante de reação para a formação da espécie A é: $r_A = \sum_{i=1}^{N} r_{iA} = r_{1A} + r_{2A} + \ldots$ 5. *Velocidades Relativas* para cada reação Para uma dada reação i: $a_i A + b_i B \rightarrow c_i C + d_i D$ $\frac{r_{iA}}{-a_i} = \frac{r_{iB}}{-b_i} = \frac{r_{iC}}{c_i} = \frac{r_{iD}}{d_i}$
As etapas que completam o algoritmo da Tabela 6-2 permanecem inalteradas; por exemplo,	
Estequiometria	Fase Gasosa $C_j = C_{T0} \frac{F_j}{F_T} \frac{P}{P_0} \frac{T_0}{T}$ $F_T = \sum_{j=1}^{n} F_j$ Fase Líquida $C_j = \frac{F_j}{v_0}$

r_{ij} — espécie; número da reação

8.3 Reações Paralelas

8.3.1 Seletividade

Nesta seção, discutiremos vários meios de minimizar o produto indesejado, U, por meio da seleção do tipo de reator e das condições de operação. Discutiremos também o desenvolvimento de eficientes esquemas de reatores.

Para reações competitivas

$$(1) \quad A \xrightarrow{k_D} D \quad \text{(desejado)}$$

$$(2) \quad A \xrightarrow{k_U} U \quad \text{(indesejado)}$$

as leis de velocidade de reação são

Leis de velocidade de formação de produtos desejados e indesejados

$$r_D = k_D C_A^{\alpha_1} \tag{8-6}$$

$$r_U = k_U C_A^{\alpha_2} \tag{8-7}$$

A velocidade de reação resultante para o desaparecimento de A, nesta sequência de reações, é a soma das velocidades de formação de U e D:

$$-r_A = r_D + r_U \tag{8-8}$$

$$-r_A = k_D C_A^{\alpha_1} + k_U C_A^{\alpha_2} \tag{8-9}$$

em que α_1 e α_2 são ordens de reação positivas. Queremos que a velocidade de formação de D, r_D, seja alta em relação à velocidade de formação de U, r_U. Levando em consideração a razão dessas velocidades [isto é, Equação (8-6) dividida pela Equação (8-7)], obtemos a *seletividade instantânea*, $S_{D/U}$, que deve ser maximizada:

Seletividade instantânea

$$S_{D/U} = \frac{r_D}{r_U} = \frac{k_D}{k_U} C_A^{\alpha_1 - \alpha_2} \tag{8-10}$$

8.3.2 Maximizando o Produto Desejado para Um Reagente

Nesta seção, examinaremos maneiras de maximizar a seletividade instantânea, $S_{D/U}$, para diferentes ordens de reação de produtos desejados e indesejados.

Caso 1: $\alpha_1 > \alpha_2$. A ordem de reação do produto desejado, α_1, é maior do que a ordem de reação do produto indesejado, α_2. Seja a um número positivo que é a diferença entre essas ordens de reação ($a > 0$):

$$\alpha_1 - \alpha_2 = a$$

Em seguida, substituindo esta relação na Equação (8-10), obtemos:

Para $\alpha_1 > \alpha_2$, faça C_A tão grande quanto possível usando um PFR ou Reator Batelada.

$$S_{D/U} = \frac{r_D}{r_U} = \frac{k_D}{k_U} C_A^{a} \tag{8-11}$$

Para tornar essa razão tão grande quanto possível, queremos realizar a reação de forma que mantenhamos a concentração do reagente A, a mais alta possível, durante a reação. se a reação for realizada em fase gasosa, devemos conduzi-la sem inertes e a altas pressões para manter C_A alta. se a reação for realizada em fase líquida, o uso de diluentes deve ser mantido em um nível mínimo.[1]

Um reator batelada ou de escoamento uniforme deve ser usado nesse caso porque, nesses dois reatores, a concentração de A inicia com um valor alto e é reduzida progressivamente durante o curso da reação. Em um CSTR de *mistura perfeita*, a concentração do reagente dentro do reator está sempre em seu nível mais baixo (isto é, no nível de concentração da saída) e, portanto, o CSTR não deve ser escolhido nessas circunstâncias.

Caso 2: $\alpha_2 > \alpha_1$. A ordem de reação do produto não desejado é maior do que aquela do produto desejado. Façamos $b = \alpha_2 - \alpha_1$, em que b é um número positivo; então

$$S_{D/U} = \frac{r_D}{r_U} = \frac{k_D C_A^{\alpha_1}}{k_U C_A^{\alpha_2}} = \frac{k_D}{k_U C_A^{\alpha_2 - \alpha_1}} = \frac{k_D}{k_U C_A^{b}} \tag{8-12}$$

Para que a razão r_D/r_U seja alta, a concentração de A deve ser a mais baixa possível.

Para $\alpha_2 > \alpha_1$ use um CSTR e dilua a corrente de alimentação.

Essa baixa concentração pode ser conseguida diluindo-se a alimentação com inertes e operando o reator com baixas concentrações da espécie A. Um CSTR deve ser usado porque as concentrações dos reagentes são mantidas em um nível baixo. Um reator de reciclo, no qual a corrente do produto age como um diluente, pode ser usado para manter a concentração de A na entrada em um valor baixo.

---

[1]Para algumas reações em fase líquida, a escolha correta de um solvente pode melhorar a seletividade. Veja, por exemplo, *Ind. Eng. Chem.*, *62*(9), 16. Em reações catalíticas heterogêneas em fase gasosa, a seletividade é um parâmetro importante de qualquer catalisador.

Não se pode determinar se a reação deve ser conduzida a baixas ou a altas temperaturas, se as energias de ativação das duas reações nos casos 1 e 2 não forem dadas. A sensibilidade do parâmetro de seletividade em relação à temperatura pode ser determinada a partir da razão das velocidades de reação específicas escritas em função de T,

Efeito da temperatura na seletividade

$$S_{D/U} \sim \frac{k_D}{k_U} = \frac{A_D}{A_U} e^{-[(E_D - E_U)/RT]} \tag{8-13}$$

em que A é o fator de frequência e E a energia de ativação, e os subíndices D e U referem-se, respectivamente, ao produto desejado e indesejado.

Caso 3: $E_D > E_U$. Neste caso, a velocidade específica de reação da reação desejada k_D (e, portanto, a taxa global r_D) aumenta mais rapidamente com o aumento da temperatura, T, do que a velocidade específica da reação indesejada k_U. Consequentemente, o sistema de reação deve ser operado à temperatura mais alta possível para maximizar $S_{D/U}$.

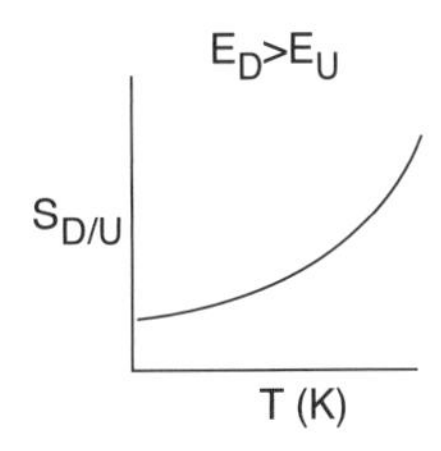

Caso 4: $E_U > E_D$. Neste caso, a reação deve ser realizada a uma temperatura baixa para maximizar $S_{D/U}$, *mas não* tão baixa que a reação desejada não alcance uma conversão significativa.

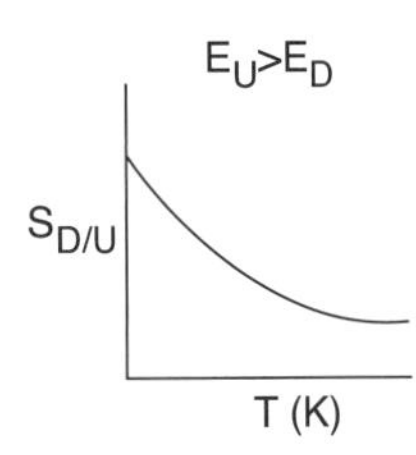

Exemplo 8-1 Maximizando a Seletividade para as Famosas Reações de Trambouze

O reagente A se decompõe por meio de três reações simultâneas para formar três produtos, um que é desejado, B, e dois que não são desejados, X e Y. Essas reações em fase gasosa, juntamente com as leis de velocidade de reação apropriadas, são chamadas de *reações de Trambouze* [*AIChE J.*, *5*, 384].

1) $A \xrightarrow{k_1} X \qquad -r_{1A} = r_X = k_1 = 0{,}0001 \dfrac{\text{mol}}{\text{dm}^3 \cdot \text{s}}$ (ordem zero)

2) $A \xrightarrow{k_2} B \qquad -r_{2A} = r_B = k_2 C_A = (0{,}0015\ s^{-1}) C_A$ (primeira ordem)

3) $A \xrightarrow{k_3} Y \qquad -r_{3A} = r_Y = k_3 C_A^2 = \left(0{,}008 \dfrac{\text{dm}^3}{\text{mol} \cdot \text{s}}\right) C_A^2$ (segunda ordem)

As velocidades específicas de reação são dadas em 300 K e as energias de ativação para as reações (1), (2) e (3) são E_1 = 10.000 kcal/mol, E_2 = 15.000 kcal/mol e E_3 = 20.000 kcal/mol.

(a) Como e sob quais condições (por exemplo, tipo(s) de reator(es), temperatura, concentrações) a reação deve ser realizada para maximizar a seletividade da espécie B, para uma concentração de entrada da espécie A de 0,4 M e uma vazão volumétrica de 2,0 dm^3/s?

(b) Como a conversão de B pode ser aumentada e ainda assim mantermos a seletividade relativamente alta?

Solução

Parte (a)

A seletividade instantânea da espécie B em relação às espécies X e Y é

$$S_{B/XY} = \frac{r_B}{r_X + r_Y} = \frac{k_2 C_A}{k_1 + k_3 C_A^2} \tag{E8-1.1}$$

Plotando $S_{B/XY}$ em função de C_A, vemos que há um máximo, como mostrado na Figura E8-1.1.

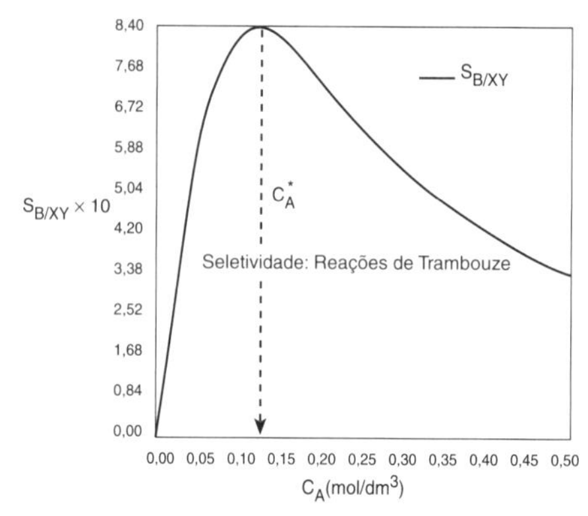

Figura E8-1.1 Seletividade em função da concentração de A.

Como podemos ver, a seletividade alcança um máximo na concentração C_A^*. Como a concentração de A muda ao longo de um PFR, não conseguimos operar nessa condição de seletividade máxima. Consequentemente, usamos um CSTR e o projetamos para operar nesse máximo. Para determinar esse máximo, derivamos $S_{B/XY}$ em relação à concentração C_A, igualamos a derivada a zero e encontramos C_A^*. Ou seja,

$$\frac{dS_{B/XY}}{dC_A} = 0 = \frac{k_2[k_1 + k_3 C_A^{*2}] - k_2 C_A^*[2k_3 C_A^*]}{[k_1 + k_3 C_A^{*2}]^2} \tag{E8-1.2}$$

Isolando C_A^*, resulta

$$C_A^* = \sqrt{\frac{k_1}{k_3}} = \sqrt{\frac{0{,}0001(\text{ mol/dm}^3 \cdot \text{s})}{0{,}008 \text{ (dm}^3\text{/mol} \cdot \text{s)}}} = 0{,}112 \text{ mol/dm}^3 \tag{E8-1.3}$$

Trabalhe com o CSTR na seguinte concentração do reagente: $C_A^* = 0{,}112$ mol/dm^3.

Vemos, na Figura E8-1.1, que a seletividade se encontra, de fato, num máximo para $C_A^* = 0{,}112$ mol/dm^3.

$$C_A^* = \sqrt{\frac{k_1}{k_3}} = 0{,}112 \text{ mol/dm}^3$$

Portanto, para maximizar a seletividade $S_{B/XY}$, temos que realizar nossa reação de tal forma que a concentração de A no CSTR esteja sempre na concentração C_A^*. A seletividade correspondente ao ponto C_A^* é

$$S_{B/XY} = \frac{k_2 C_A^*}{k_1 + k_3 C_A^{*2}} = \frac{k_2\sqrt{\frac{k_1}{k_3}}}{k_1 + k_1} = \frac{k_2}{2\sqrt{k_1 k_3}} = \frac{0{,}0015}{2[(0{,}0001)(0{,}008)]^{1/2}} \tag{E8-1.4}$$

$$S_{B/XY} = 0{,}84$$

Agora calculamos o volume e a conversão do CSTR nessas condições. A velocidade da reação resultante para a formação de A, a partir das reações (1), (2) e (3), é

$$r_A = r_{1A} + r_{2A} + r_{3A} = -k_{1A} - k_{2A}C_A - k_{3A}C_A^2 \tag{E8-1.5}$$

$$-r_A = k_1 + k_2 C_A + k_3 C_A^2$$

Usando a Equação (E8-1.5) no balanço molar de um CSTR para essa reação em fase líquida ($v = v_0$),

$$V = \frac{v_0[C_{A0} - C_A^*]}{-r_A^*} = \frac{v_0[C_{A0} - C_A^*]}{[k_1 + k_2 C_A^* + k_3 C_A^{*2}]} \quad \text{(E8-1.6)}$$

$$\tau = \frac{V}{v_0} = \frac{C_{A0} - C_A^*}{-r_A^*} = \frac{(C_{A0} - C_A^*)}{k_1 + k_2 C_A^* + k_3 C_A^{*2}} \quad \text{(E8-1.7)}$$

$$\tau = \frac{(0{,}4 - 0{,}112)}{(0{,}0001) + (0{,}0015)(0{,}112) + 0{,}008(0{,}112)^2} = 782 \text{ s}$$

Volume do CSTR para maximizar a seletividade $\tilde{S}_{B/XY} = S_{B/XY}$

$$V = v_0 \tau = (2 \text{ dm}^3/\text{s})(782 \text{ s})$$

$$\boxed{V = 1564 \text{ dm}^3}$$

Para uma vazão volumétrica na entrada de 2 dm^3/s, devemos ter um volume do CSTR de 1564 dm^3 para maximizar a seletividade, $S_{B/XY}$.

Maximize a seletividade em relação à temperatura

$$S_{B/XY} = \frac{k_2 C_A^*}{k_1 + k_3 C_A^{*2}} = \frac{k_2 \sqrt{\frac{k_1}{k_3}}}{k_1 + k_1} = \frac{k_2}{2\sqrt{k_1 k_3}} \quad \text{(E8-1.4)}$$

A que temperatura devemos operar o CSTR?

$$S_{B/XY} = \frac{A_2}{2\sqrt{A_1 A_3}} \exp\left[\frac{\frac{E_1 + E_3}{2} - E_2}{RT}\right] \quad \text{(E8-1.8)}$$

Caso 1: Se $\frac{E_1 + E_3}{2} < E_2$ Opere a uma temperatura mais alta possível com o equipamento disponível e tome cuidado com reações paralelas que possam ocorrer a temperaturas mais altas.

Caso 2: Se $\frac{E_1 + E_3}{2} > E_2$ Opere a temperaturas baixas, mas não tão baixas que uma conversão significativa não seja obtida.

Para as energias de ativação dadas neste exemplo

$$\frac{E_1 + E_3}{2} - E_2 = \frac{10.000 + 20.000}{2} - 15.000 = 0$$

Portanto, a seletividade para essa combinação de energias de ativação é independente da temperatura!

Qual é a conversão de A no CSTR?

$$\boxed{X^* = \frac{C_{A0} - C_A^*}{C_{A0}} = \frac{0{,}4 - 0{,}112}{0{,}4} = 0{,}72}$$

Parte (b)

Se uma conversão de A maior que 72% for desejada, digamos 90%, então o CSTR operado com uma concentração de 0,112 mol/dm^3 deve ser seguido por um PFR, porque a conversão aumentará continuamente à medida que o meio reacional se mover ao longo do PFR [veja a Figura E8-1.2(**b**)]. Entretanto, como pode ser visto na Figura E8-1.2, a concentração decrescerá continuamente a partir de C_A^*, assim como a seletividade $S_{B/XY}$, conforme o meio reacional se desloca ao longo do PFR até alcançar a concentração de saída C_{Af}. Portanto, o sistema

$$\left[CSTR|_{C_A^*} + PFR|_{C_A^*}^{C_{Af}} \right]$$

Como podemos aumentar a conversão e ainda assim obter uma alta seletividade $S_{B/XY}$?

fornece a maior seletividade e o menor volume total do reator, enquanto produz mais do produto desejado B, além do que foi formado com a concentração C_A^* no CSTR.

A Figura E8-1.2 ilustra como a conversão é aumentada acima de X^* pela adição do volume do PFR ao sistema; no entanto, a seletividade diminui.

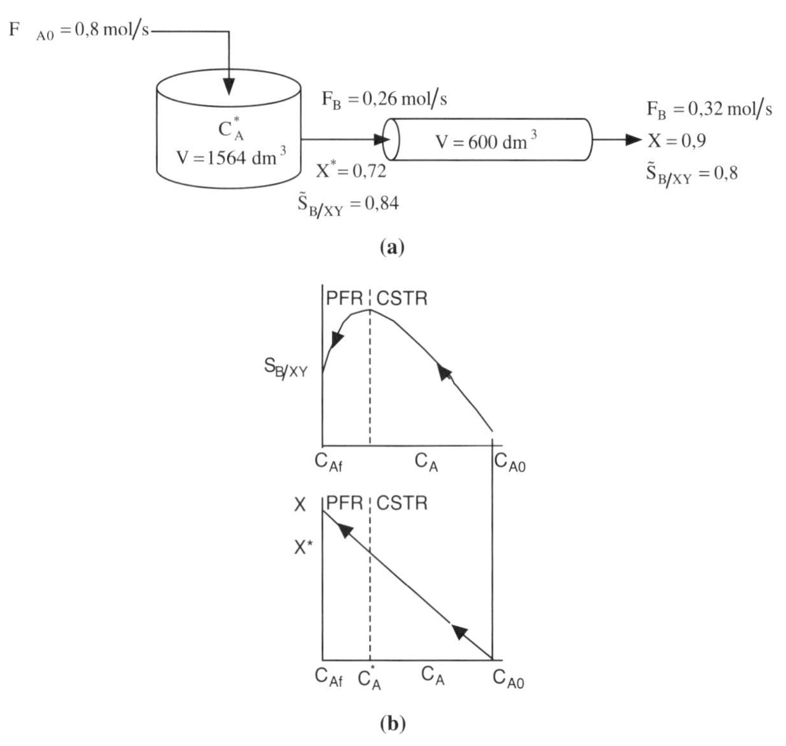

Figura E8-1.2 Efeito da adição de um PFR para aumentar a conversão. **(a)** Arranjo do sistema de reatores; **(b)** Trajetórias da seletividade e da conversão.

Este cálculo para o PFR está demonstrado no site da LTC Editora no Exemplo 8-1. Os resultados desse cálculo mostram que na saída do PFR as vazões molares são F_X = 0,22 mol/s, F_B = 0,32 mol/s e F_Y = 0,18 mol/s que correspondem à conversão de X = 0,9. A seletividade correspondente para a conversão de 90% é

Você realmente quer acrescentar o PFR?

$$\tilde{S}_{B/XY} = \frac{F_B}{F_X + F_Y} = 0{,}8$$

Análise: Agora se faz necessário decidir se a adição ou não do PFR para aumentar a conversão de A de 0,72 para 0,9 e a vazão molar de saída de B de 0,26 para 0,32 mol/s vale a pena devido não somente ao custo adicional do PFR, como também à diminuição da seletividade de 0,84 para 0,8. Neste exemplo, usamos as reações de Trambouze para mostrar como otimizar a seletividade para a espécie B em um CSTR. Aqui, encontramos as condições ótimas na saída (C_A = 0,112 mol/dm^3), a conversão (X = 0,72) e a seletividade ($S_{B/XY}$ = 0,84). O volume correspondente do CSTR foi V = 1564 dm^3. Se quiséssemos aumentar a conversão para 90%, poderíamos usar um PFR depois do CSTR e descobriríamos que a seletividade diminuía.

8.3.3 Seleção do Reator e das Condições de Operação

A seguir, considere duas reações simultâneas nas quais dois reagentes, A e B, estão sendo consumidos para produzir um produto desejado, D, e um produto indesejado, U, resultante de uma reação paralela. As leis de velocidade para as reações

$$A + B \xrightarrow{k_1} D$$

$$A + B \xrightarrow{k_2} U$$

são

$$r_D = k_1 C_A^{\alpha_1} C_B^{\beta_1} \tag{8-14}$$

$$r_U = k_2 C_A^{\alpha_2} C_B^{\beta_2} \tag{8-15}$$

A seletividade instantânea

Seletividade instantânea

$$S_{D/U} = \frac{r_D}{r_U} = \frac{k_1}{k_2} C_A^{\alpha_1 - \alpha_2} C_B^{\beta_1 - \beta_2} \tag{8-16}$$

deve ser maximizada. Na Figura 8-2 são mostrados vários esquemas de reatores e condições que podem ser usados para maximizar $S_{D/U}$.

Os dois reatores com reciclo mostrados em (i) e (j) podem ser usados em reações altamente exotérmicas. Aqui, a corrente de reciclo é resfriada e enviada de volta ao reator para diluir e resfriar a corrente de entrada, evitando, dessa forma, pontos quentes e reações fora de controle. O PFR com reciclo é usado para reações em fase gasosa, e o CSTR é usado para reações em fase líquida. Os dois últimos reatores, (k) e (l), são usados para reações termodinamicamente limitadas, nas quais o equilíbrio permanece bem à esquerda (lado do reagente)

$$A + B \rightleftarrows C + D$$

Seleção de Reator
Critérios:
- Segurança
- Seletividade
- Rendimento
- Controle de temperatura
- Custo

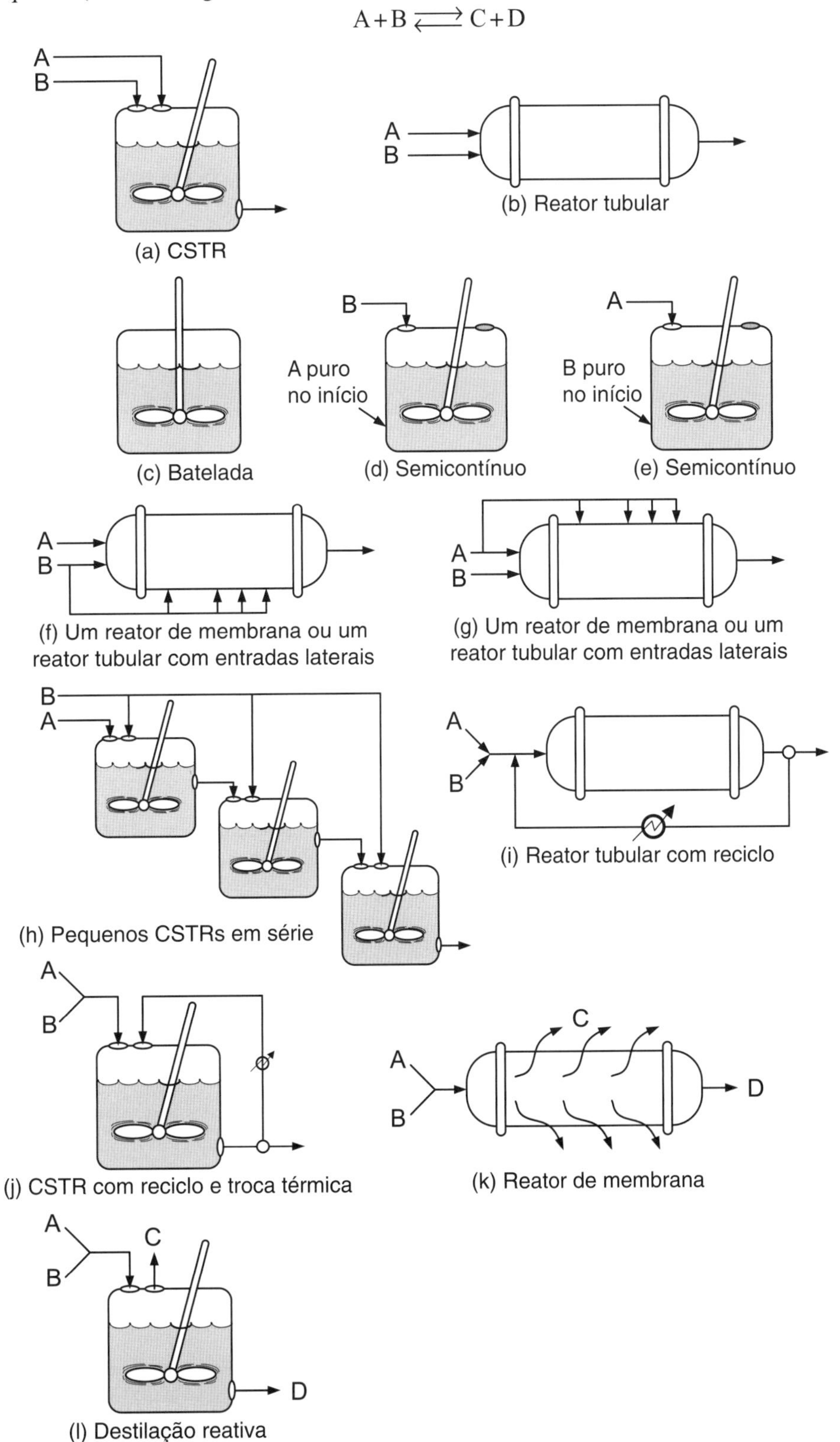

Figura 8-2 Diferentes reatores e esquemas para minimizar um produto indesejado.

e um dos produtos deve ser removido (por exemplo, C) para a reação continuar até ser completada. O reator de membrana (k) é usado para reações em fase gasosa termodinamicamente limitadas, enquanto a destilação reativa (l) é usada para reações em fase líquida quando um dos produtos tem uma volatilidade mais alta (por exemplo, C) do que as outras espécies no reator.

Os critérios para a seleção de um reator são *segurança*, *seletividade*, *rendimento*, *controle de temperatura* e *custo*.

Exemplo 8-2 Escolha de Reator e Condições para Minimizar Produtos Indesejados

Para as reações paralelas

$$A + B \longrightarrow D: \qquad r_D = k_1 C_A^{\alpha_1} C_B^{\beta_1}$$

$$A + B \longrightarrow U: \qquad r_U = k_2 C_A^{\alpha_2} C_B^{\beta_2}$$

considere todas as combinações possíveis das ordens das reações e selecione o esquema de reação que maximizará $S_{D/U}$.

Solução

Caso I: $\alpha_1 > \alpha_2$, e $\beta_1 > \beta_2$. Sejam $a = \alpha_1 - \alpha_2$ e $b = \beta_1 - \beta_2$, em que a e b são constantes positivas. Usando essas definições, podemos escrever a Equação (8-16) na forma

$$\boxed{S_{D/U} = \frac{r_D}{r_U} = \frac{k_1}{k_2} C_A^a C_B^b} \qquad \text{(E8-2.1)}$$

Para maximizar a razão r_D/r_U, mantenha ambas as concentrações de A e B tão altas quanto possível. Para fazer isso, use

- Um reator tubular [Figura 8-2(b)]
- Um reator batelada [Figura 8-2(c)]
- Altas pressões (se for em fase gasosa), e reduza os inertes

Caso II: $\alpha_1 > \alpha_2$, $\beta_1 < \beta_2$. Sejam $a = \alpha_1 - \alpha_2$ e $b = \beta_2 - \beta_1$, em que a e b são constantes positivas. Usando essas definições, podemos escrever a Equação (8-16) da seguinte forma

$$S_{D/U} = \frac{r_D}{r_U} = \frac{k_1 C_A^a}{k_2 C_B^b} \qquad \text{(E8-2.2)}$$

Para fazer $S_{D/U}$ tão grande quanto possível, devemos usar a concentração de A alta e a concentração de B baixa. Para alcançar este resultado, use

- Um reator semicontínuo carregado com uma grande quantidade de A, no qual B é lentamente alimentado [Figura 8-2(d)]
- Um reator de membrana ou um reator tubular continuamente alimentado com correntes laterais de B [Figura 8-2(f)]
- Uma série de pequenos CSTRs com A sendo alimentada somente no primeiro reator e cada reator sendo alimentado com pequenas quantidades de B. Desta forma, B é quase todo consumido antes que a corrente de saída de cada CSTR escoe para o próximo reator [Figura 8-2(h)]

Caso III: $\alpha_1 < \alpha_2$, $\beta_1 < \beta_2$. Sejam $a = \alpha_2 - \alpha_1$ e $b = \beta_2 - \beta_1$, em que a e b são constantes positivas. Usando essas definições, podemos escrever a Equação (8-16) na forma

$$S_{D/U} = \frac{r_D}{r_U} = \frac{k_1}{k_2 C_A^a C_B^b} \qquad \text{(E8-2.3)}$$

Para fazer $S_{D/U}$ tão grande quanto possível, a reação deve ser realizada a baixas concentrações de A e de B. Use

- Um CSTR [Figura 8-2(a)]
- Um reator tubular no qual haja uma alta razão de reciclo [Figura 8-2(i)]
- Uma alimentação diluída com inertes
- Baixa pressão (se for fase gasosa)

Caso IV: $\alpha_1 < \alpha_2$, $\beta_1 > \beta_2$. Sejam $a = \alpha_2 - \alpha_1$ e $b = \beta_1 - \beta_2$, em que a e b são constantes positivas. Usando essas definições, podemos escrever a Equação (8-16) na forma

$$S_{D/U} = \frac{r_D}{r_U} = \frac{k_1 C_B^b}{k_2 C_A^a} \tag{E8-2.4}$$

Para maximizar $S_{D/U}$, realize a reação a altas concentrações de B e a baixas concentrações de A. Use

- Um reator semicontínuo no qual A é adicionada lentamente a uma grande quantidade de B [Figura 8-2(e)]
- Um reator de membrana ou um reator tubular com correntes laterais de A [Figura 8-2 (g)]
- Uma série de pequenos CSTRs com B sendo alimentado somente no primeiro reator e cada reator sendo alimentado com pequenas quantidades de A.

Análise: Neste exemplo *muito* importante, mostramos como usar a seletividade instantânea, $S_{D/U}$, para nos orientar na seleção do tipo de reator e o seu modo de operação para maximizar a seletividade em relação à espécie desejada D.

8.4 Reações em Série

Na Seção 8.1, vimos que o produto indesejado poderia ser minimizado ajustando-se as condições de reação (por exemplo, concentração, temperatura) e pela escolha do reator apropriado. Para reações em série (isto é, consecutivas), a variável mais importante é o tempo: tempo espacial para um reator de escoamento contínuo e tempo real de reação para um reator batelada. Para ilustrar a importância do fator tempo, consideraremos a sequência

$$A \xrightarrow{k_1} B \xrightarrow{k_2} C$$

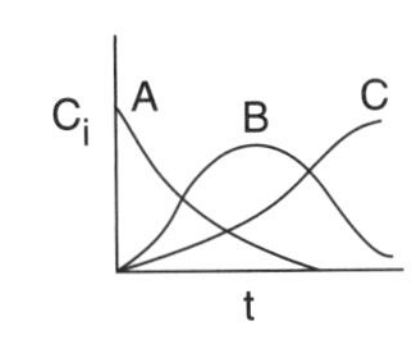

na qual a espécie B é o produto desejado.

Se a primeira reação for lenta e a segunda reação for rápida, será extremamente difícil produzir a espécie B. Se a primeira reação (formação de B) for rápida e a reação para formar C for lenta, um grande rendimento de B pode ser alcançado. Entretanto, se for permitido que a reação prossiga por um longo tempo em um reator batelada, ou se o reator tubular de escoamento uniforme for muito longo, o produto desejado B será convertido ao produto indesejado C. Em nenhum outro tipo de reação a exatidão no cálculo do tempo necessário para a realização da reação é mais importante do que nas reações em série.

Exemplo 8-3 Reações em Série em um Reator Batelada

As reações elementares em série e em fase líquida

$$A \xrightarrow{k_1} B \xrightarrow{k_2} C$$

são realizadas em um reator batelada. A reação é aquecida muito rapidamente à temperatura de reação e permanece nessa temperatura até o tempo em que ela é esfriada rapidamente.

(a) Plote e analise as concentrações das espécies A, B e C em função do tempo.

(b) Calcule o tempo no qual a concentração de B atinge o máximo, momento em que a reação deverá ser rapidamente resfriada.

(c) Quais são a seletividade e os rendimentos globais para este tempo, e quando a reação deverá ser resfriada?

Informação adicional

$$C_{A0} = 2\text{M},\ k_1 = 0{,}5\text{h}^{-1},\ k_2 = 0{,}2\text{h}^{-1}$$

Solução

Parte (a)

Numere as reações:

As reações em série deste exemplo podem ser escritas como duas reações, na forma

$$\text{(1) Reação 1} \quad A \xrightarrow{k_1} B \quad -r_{1A} = k_1 C_A$$

$$\text{(2) Reação 2} \quad B \xrightarrow{k_2} C \quad -r_{2B} = k_2 C_B$$

1. **Balanços Molares**:

2A. **Balanço molar para A:**

$$\frac{dN_A}{dt} = r_A V$$

a. O **Balanço molar** em termos de concentração para $V = V_0$ torna-se

$$\frac{dC_A}{dt} = r_A \tag{E8-3.1}$$

b. **Lei de Velocidade para Reação 1:** A reação é elementar

$$r_A = r_{1A} = -k_1 C_A \tag{E8-3.2}$$

c. **Combinando** o balanço molar e a lei da velocidade de reação

$$\frac{dC_A}{dt} = -k_1 C_A \tag{E8-3.3}$$

Integrando com a condição inicial $C_A = C_{A0}$ para o tempo $t = 0$

$$ln \frac{C_A}{C_{A0}} = -k_1 t \tag{E8-3.4}$$

Resolvendo para C_A

$$\boxed{C_A = C_{A0} e^{-k_1 t}} \tag{E8-3.5}$$

2B. **Balanço molar para B:**

a. **Balanço molar** para um reator batelada de volume constante

$$\frac{dC_B}{dt} = r_B \tag{E8-3.6}$$

b. **Velocidades de Reação**

Leis de Velocidade de Reação

Reações elementares

$$r_{2B} = -k_2 C_B \tag{E8-3.7}$$

Velocidades Relativas

A velocidade de formação de B na Reação 1 é a mesma que a velocidade de desaparecimento de A na Reação 1

$$r_{1B} = -r_{1A} = k_1 C_A \tag{E8-3.8}$$

Velocidades de Reação Resultantes

A velocidade resultante de reação de B será a velocidade de formação de B na reação (1) mais a velocidade de formação de B na reação (2)

$$r_B = r_{1B} + r_{2B} \tag{E8-3.9}$$

$$r_B = k_1 C_A - k_2 C_B \tag{E8-3.10}$$

c. **Combinando** o balanço molar e a lei da velocidade de reação

$$\frac{dC_B}{dt} = k_1 C_A - k_2 C_B \tag{E8-3.11}$$

Reajustando e substituindo C_A com a Equação (E8-3.5)

$$\frac{dC_B}{dt} + k_2 C_B = k_1 C_{A0} e^{-k_1 t} \tag{E8-3.12}$$

Há um tutorial sobre o fator de integração no Apêndice A e na Web.

Usando o fator de integração, resulta

$$\frac{d\left(C_B e^{k_2 t}\right)}{dt} = k_1 C_{A0} e^{(k_2 - k_1)t} \quad \text{(E8-3.13)}$$

No tempo $t = 0$, $C_B = 0$. Resolvendo a Equação (E8-3.13), temos

$$\boxed{C_B = k_1 C_{A0}\left[\frac{e^{-k_1 t} - e^{-k_2 t}}{k_2 - k_1}\right]} \quad \text{(E8-3.14)}$$

2C. **Balanço molar para C:**
O balanço molar para C é similar à Equação (E8-3.1)

$$\frac{dC_C}{dt} = r_C \quad \text{(E8-3.15)}$$

A velocidade de formação de C é exatamente a velocidade de desaparecimento de B na reação (2), isto é, $r_C = -r_{2B} = k_2 C_B$

$$\frac{dC_C}{dt} = k_2 C_B \quad \text{(E8-3.16)}$$

Substituindo C_B com a Equação (E8-3.14)

$$\frac{dC_C}{dt} = \frac{k_1 k_2 C_{A0}}{k_2 - k_1}\left(e^{-k_1 t} - e^{-k_2 t}\right)$$

e integrando com $C_C = 0$ para o tempo $t = 0$, temos

$$\boxed{C_C = \frac{C_{A0}}{k_2 - k_1}\left[k_2\left[1 - e^{-k_1 t}\right] - k_1\left[1 - e^{-k_2 t}\right]\right]} \quad \text{(E8-3.17)}$$

Note que, para $t \to \infty$, resulta $C_C = C_{A0}$ como esperado. Também observamos que a concentração de C, C_C, poderia ter sido obtida mais facilmente, a partir de um balanço molar global.

Calculando a concentração de C da forma mais fácil.

$$\boxed{C_C = C_{A0} - C_A - C_B} \quad \text{(E8-3.18)}$$

As concentrações de A, B e C são mostradas a seguir, em função do tempo.

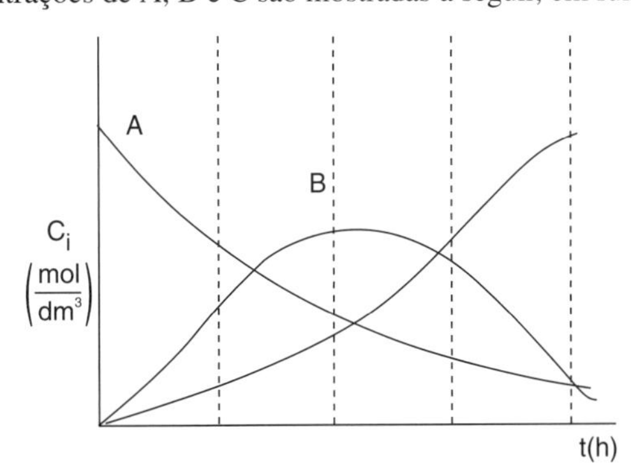

Figura E8-3.1 Trajetórias de concentração em um reator batelada.

Parte (b)

4. **Rendimento Ótimo**
Na Figura E8-3.1 notamos que a concentração de B passa por um máximo. Consequentemente, para encontrar o máximo, precisamos diferenciar a Equação E8-3.14 e igualar o resultado a zero.

$$\frac{dC_B}{dt} = 0 = \frac{k_1 C_{A0}}{k_2 - k_1}\left[-k_1 e^{-k_1 t} + k_2 e^{-k_2 t}\right] \quad \text{(E8-3.19)}$$

Resolvendo para $t_{máx}$, resulta

Reações em Série

$$\boxed{t_{\text{máx}} = \frac{1}{k_2 - k_1}\ln\frac{k_2}{k_1}} \qquad \text{(E8-3.20)}$$

Substituindo a Equação (E8-3.20) na Equação (E8-3.5), encontramos que a concentração de A para o valor máximo de C_B é

$$C_A = C_{A0}e^{-k_1\left(\frac{1}{k_2-k_1}\ln\frac{k_2}{k_1}\right)} \qquad \text{(E8-3.21)}$$

$$\boxed{C_A = C_{A0}\left[\frac{k_1}{k_2}\right]^{\frac{k_1}{k_2-k_1}}} \qquad \text{(E8-3.22)}$$

De modo similar, a concentração máxima de B é

$$\boxed{C_B = \frac{k_1 C_{A0}}{k_2 - k_1}\left[\left(\frac{k_1}{k_2}\right)^{\frac{k_1}{k_2-k_1}} - \left(\frac{k_1}{k_2}\right)^{\frac{k_2}{k_2-k_1}}\right]} \qquad \text{(E8-3.23)}$$

5. **Avalie:** Para C_{A0} = 2 mol/dm^3, k_1 = 0,5 h^{-1} e k_2 = 0,2 h^{-1} as concentrações em função do tempo são:

$$C_A = 2\,\text{mol/dm}^3\left(e^{-0,5t}\right)$$

$$C_B = \frac{2\left(\text{mol/dm}^3\right)}{(0,2-0,5)}(0,5)\left[e^{-0,5t} - e^{-0,2t}\right]$$

$$C_B = 3,33\left(\text{mol/dm}\ \right)\left[e^{-0,2t} - e^{-0,5t}\right]$$

$$C_C = 2\,\text{mol/dm}\ - 2\left(\text{mol/dm}\ \right)e^{-0,5t} - 3,33\,\text{mol/dm}\ \left[e^{-0,2t} - e^{-0,5t}\right]$$

Substituindo na Equação (E8-3.20)

$$t_{\text{máx}} = \frac{1}{0,2-0,5}\ln\frac{0,2}{0,5} = \frac{1}{0,3}\ln\frac{0,5}{0,2}$$

$$\boxed{t_{\text{máx}} = 3,05\text{h}}$$

O tempo a partir do qual a reação deve ser resfriada rapidamente é 3,05 h.

<u>Para $t_{\text{máx}}$ = 3,05h</u>

$$C_A = 2\frac{\text{mol}}{\text{dm}^3}\left[\left(\frac{0,5}{0,2}\right)^{\left(\frac{(0,5)}{0,2-0,5}\right)}\right] = 0,44\frac{\text{mol}}{\text{dm}^3}$$

$$C_B = 2\frac{\text{mol}}{\text{dm}^3}\frac{(0,5)}{(0,2-0,5)}\left[\left(\frac{0,5}{0,2}\right)^{\left(\frac{0,5}{0,2-0,5}\right)} - \left(\frac{0,5}{0,2}\right)^{\left(\frac{0,2}{0,2-0,5}\right)}\right]$$

$$C_B = 1,07\frac{\text{mol}}{\text{dm}^3}$$

A concentração de C no tempo que começamos a resfriar a reação rapidamente é

$$C_C = C_{A0} - C_A - C_B = 2 - 0,44 - 1,07 = 0,49\ \text{mol/dm}^3$$

Parte (c)

A seletividade é

$$\tilde{S}_{B/C} = \frac{C_B}{C_C} = \frac{1,07}{0,49} = 2,2$$

O rendimento é

$$\tilde{Y}_B = \frac{C_B}{C_{A0} - C_A} = \frac{1{,}07}{2{,}0 - 0{,}44} = 0{,}69$$

Análise: Neste exemplo, aplicamos nosso ERQ algoritmo para reações múltiplas, na reação em série A → B → C. Aqui obtivemos uma solução analítica para encontrar o tempo no qual a concentração do produto desejado B atingiu seu máximo e, consequentemente, o tempo no qual devemos iniciar o resfriamento rápido da reação. Também calculamos as concentrações de A, B e C para este tempo, juntamente com a seletividade e o rendimento.

Agora consideraremos essas mesmas reações em série, no caso de um CSTR.

Exemplo 8-4 Reações em Série em um CSTR

As reações discutidas no Exemplo 8-3 devem, agora, ser realizadas em um CSTR.

$$A \xrightarrow{k_1} B$$

$$B \xrightarrow{k_2} C$$

(a) Determine as concentrações na saída do CSTR.
(b) Encontre o valor do tempo espacial τ que maximizará a concentração de B.

Solução

Parte (a)

1. a. **Balanço molar para A:**

ENTRADA	–	SAÍDA	+	GERAÇÃO	=	0
F_{A0}	–	F_A	+	$r_A V$	=	0
$v_0 C_{A0}$	–	$v_0 C_A$	+	$r_A V$	=	0

Dividindo por v_0, rearranjando e lembrando que $\tau = V/v_0$, obtemos

$$C_{A0} - C_A + r_A \tau = 0 \quad \text{(E8-4.1)}$$

b. **Velocidades de Reação**
As leis de velocidade e as velocidades de reação resultantes são as mesmas que no Exemplo 8-3.

$$\text{Reação 1:} \qquad r_A = -k_1 C_A \quad \text{(E8-4.2)}$$

c. **Combinando** o balanço molar de A com a velocidade de desaparecimento de A,

$$C_{A0} - C_A - k_1 C_A \tau = 0 \quad \text{(E8-4.3)}$$

Resolvendo para C_A,

$$\boxed{C_A = \frac{C_{A0}}{1 + \tau k_1}} \quad \text{(E8-4.4)}$$

Agora usaremos o mesmo algoritmo para a Espécie B, que usamos para a Espécie A, a fim de obter a concentração de B.

2. a. **Balanço molar para B:**

ENTRADA	–	SAÍDA	+	GERAÇÃO	=	0
0	–	F_B	+	$r_B V$	=	0
	–	$v_0 C_B$	+	$r_B V$	=	0

Dividindo por v_0 e rearranjando,

$$-C_B + r_B \tau = 0 \quad \text{(E8-4.5)}$$

b. **Velocidades de reação**
As leis de velocidade e as velocidades de reação resultantes são as mesmas que no Exemplo 8-3.
Velocidades de Reação Resultantes

$$r_B = k_1C_A - k_2C_B \tag{E8-4.6}$$

c. **Combine**

$$-C_B + (k_1C_A - k_2C_B)\tau = 0$$

$$C_B = \frac{k_1C_A\tau}{1+k_2\tau} \tag{E8-4.7}$$

Substituindo C_A usando a Equação (E8-4.4), resulta

$$\boxed{C_B = \frac{\tau k_1 C_{A0}}{(1+k_1\tau)(1+k_2\tau)}} \tag{E8-4.8}$$

3. **Balanço molar para C:**

$$0 - v_0C_C + r_CV = 0$$

$$-C_C + r_C\tau = 0 \tag{E8-4.9}$$

Velocidades de Reação

$$r_C = -r_{2B} = k_2C_B$$

$$C_C = r_C\tau = k_2C_B\tau$$

$$\boxed{C_C = \frac{\tau^2 k_1 k_2 C_{A0}}{(1+k_1\tau)(1+k_2\tau)}} \tag{E8-4.10}$$

Parte (b) Concentração Ótima de B

Para encontrarmos a concentração máxima de B, igualamos a zero a derivada da Equação (E8-4.8) em relação ao tempo τ.

$$\frac{dC_B}{d\tau} = \frac{k_1C_{A0}(1+\tau k_1)(1+\tau k_2) - \tau k_1 C_{A0}(k_1+k_2+2\tau k_1k_2)}{[(1+k_1\tau)(1+k_2\tau)]^2} = 0$$

Resolvendo para o tempo espacial τ no qual a concentração de B é um máximo,

$$\boxed{\tau_{\text{máx}} = \frac{1}{\sqrt{k_1k_2}}} \tag{E8-4.11}$$

A concentração de saída de B no valor ótimo de τ é

$$C_B = \frac{\tau_{\text{máx}}k_1C_{A0}}{(1+\tau_{\text{máx}}k_1)(1+\tau_{\text{máx}}k_2)} = \frac{\tau_{\text{máx}}k_1C_{A0}}{1+\tau_{\text{máx}}k_1+\tau_{\text{máx}}k_2+\tau_{\text{máx}}^2k_1k_2} \tag{E8-4.12}$$

Substituindo $\tau_{\text{máx}}$ pela Equação (E8-4.11) na Equação (E8-4.12),

$$C_B = \frac{C_{A0}\dfrac{k_1}{\sqrt{k_1k_2}}}{1+\dfrac{k_1}{\sqrt{k_1k_2}}+\dfrac{k_2}{\sqrt{k_1k_2}}+1} \tag{E8-4.13}$$

Rearranjando, encontramos que a concentração de B no tempo espacial ótimo é

$$\boxed{C_B = \frac{C_{A0}k_1}{2\sqrt{k_1k_2}+k_1+k_2}} \tag{E8-4.14}$$

Cálculos

$$\tau_{\text{máx}} = \frac{1}{\sqrt{(0{,}5)(0{,}2)}} = 3{,}16\text{h}$$

Para $\tau = \tau_{\text{máx}}$

$$C_A = \frac{C_{A0}}{1+\tau_{máx}k_1} = \frac{2\dfrac{\text{mol}}{\text{dm}^3}}{1+(3{,}16\text{h})\left(\dfrac{0{,}5}{h}\right)} = 0{,}78\frac{\text{mol}}{\text{dm}^3}$$

$$C_B = 2\frac{\text{mol}}{\text{dm}^3}\frac{0{,}5}{2\sqrt{(0{,}2)(0{,}5)}+0{,}2+0{,}5} = 0{,}75\frac{\text{mol}}{\text{dm}^3}$$

$$C_C = C_{A0} - C_A - C_B = \left(2-0{,}78-0{,}75\frac{\text{mol}}{\text{dm}^3}\right) = 0{,}47\frac{\text{mol}}{\text{dm}^3}$$

A conversão é

$$X = \frac{C_{A0}-C_A}{C_{A0}} = \frac{2-0{,}78}{2} = 0{,}61$$

A seletividade obtida foi

$$\tilde{S}_{B/C} = \frac{C_B}{C_C} = \frac{0{,}75}{0{,}47} = 1{,}60$$

e o rendimento

$$\tilde{Y}_B = \frac{C_B}{C_{A0}-C_A} = \frac{0{,}75}{2-0{,}78} = 0{,}63$$

Análise: O ERQ algoritmo para reações múltiplas foi aplicado às reações em série A → B → C, em um CSTR, com o objetivo de encontrar o tempo espacial necessário para maximizar a concentração de B, isto é, $\tau = 3{,}16$ h. A conversão neste tempo espacial é 61%, a seletividade, $\tilde{S}_{B/C}$, é 1,60 e o rendimento, $\tilde{Y}_B$, é 0,63. A conversão e a seletividade são menores para o CSTR do que aquelas obtidas com o reator batelada, no tempo de resfriamento rápido.

PFR

Se a reação em série fosse realizada em um PFR, os resultados seriam praticamente os mesmos que aqueles de um reator batelada no qual trocamos a variável de tempo "*t*" pela variável de tempo espacial, "τ". Resultados para a reação em série

$$\text{Etanol} \xrightarrow{k_1} \text{Aldeído} \xrightarrow{k_2} \text{Produtos}$$

são comparados para diferentes valores das velocidades de reação específicas, k_1 e k_2, na Figura 8-3.

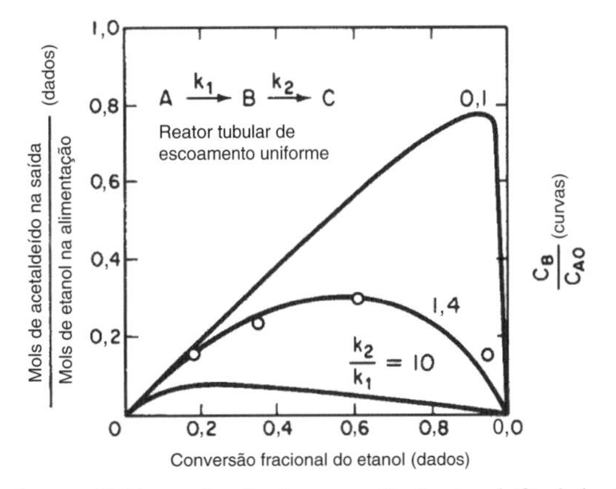

Figura 8-3 Rendimento de acetaldeído em função da conversão do etanol. Os dados foram obtidos a 518 K. Os pontos com dados experimentais foram obtidos (em ordem decrescente de conversão do etanol) a velocidades espaciais de 26.000, 52.000, 104.000 e 208.000 h^{-1}. As curvas foram calculadas para uma reação em série de primeira ordem, em um reator tubular de escoamento uniforme, e mostram o rendimento da espécie intermediária B em função da conversão do reagente, para três razões das constantes de velocidade, k_2/k_1. [Reimpresso com a permissão da revista *Ind. Eng. Chem. Prod. Res. Dev.*, *22*, 212 (1983). Direitos Autorais © 1983 American Chemical Society.]

Uma análise completa dessa reação, conduzida em um PFR, é apresentada no site da LTC Editora.

Nota Suplementar: Coagulação do Sangue

Muitas reações metabólicas envolvem um grande número de reações sequenciais, tais como aquelas que ocorrem na coagulação do sangue.

$$\text{Corte} \rightarrow \text{Sangue} \rightarrow \text{Coágulo}$$

A coagulação do sangue é parte de um importante mecanismo de defesa do hospedeiro chamado de *hemostasia*, o qual causa a interrupção da perda de sangue de uma lesão vascular. O processo de coagulação é iniciado quando uma lipoproteína não enzimática (chamada *fator tecidual*) entra em contato com o plasma sanguíneo devido ao dano na célula. O fator tecidual (FT) não está normalmente em contato com o plasma (veja a Figura B), dado que o endotélio está intacto. A ruptura (por exemplo, corte) do endotélio expõe o plasma ao FT e uma cascata de reações em série ocorre (Figura C). Essas reações em série finalmente resultam na conversão do fibrinogênio (solúvel) em fibrina (insolúvel), que produz o coágulo. Mais tarde, quando ocorre a cura do ferimento, mecanismos que restringem a formação de coágulos de fibrina, necessários para manter a fluidez do sangue, começam a funcionar.

Ai!

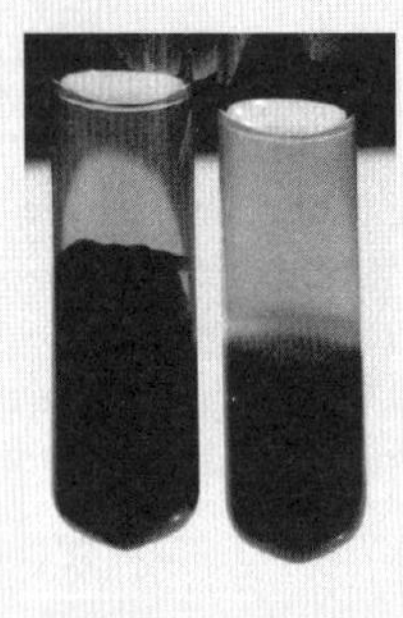

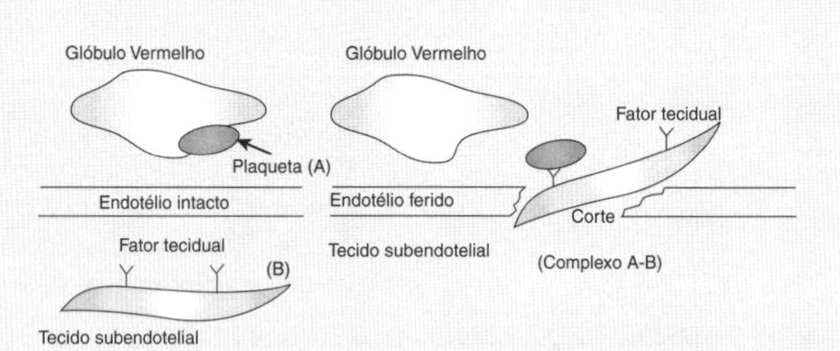

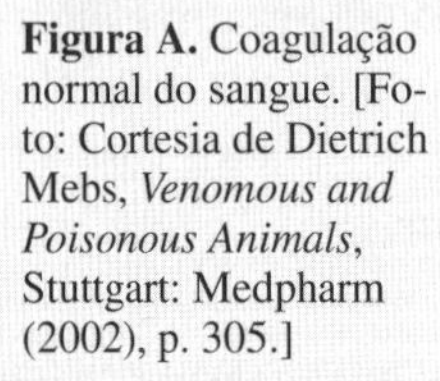

Figura A. Coagulação normal do sangue. [Foto: Cortesia de Dietrich Mebs, *Venomous and Poisonous Animals*, Stuttgart: Medpharm (2002), p. 305.]

Figura B. Esquema de separação do FT (A) e plasma (B) antes da ocorrência do corte.

Figura C. O corte permite o contato do FT com o plasma para iniciar a coagulação. (A + B → Cascata)

*As plaquetas proporcionam superfícies pró-coagulantes equivalentes aos fosfolipídios, sobre as quais estão localizadas as reações dependentes do complexo de coagulação do sangue, em efeito cascata.

Uma forma abreviada (1) do início e da sequência das reações metabólicas em cascata, que pode representar o processo de coagulação, é

$$\begin{array}{l} \text{FT} + \text{VIIa} \underset{k_{-1}}{\overset{k_1}{\rightleftarrows}} \text{FT} - \text{VIIa(complexo)} \xrightarrow[k_2]{+\text{x}} \text{Xa} \\ \qquad\qquad\qquad\qquad\qquad\qquad\qquad\qquad\qquad \downarrow k_3,\ +\text{II} \\ \text{Coágulo} \xleftarrow[k_5(\textit{rápido})]{+\text{XIIIa}} \text{Fibrina} \xleftarrow[k_4]{+\textit{fibrinogênio}} \text{IIa} \end{array} \tag{1}$$

Para manter a fluidez do sangue, a sequência de coagulação (2) deve ser moderada. As reações que atenuam o processo de coagulação são

$$\begin{array}{r} \text{ATIII} + \text{Xa} \xrightarrow{k_6} \text{Xa}_{\text{inativo}} \\ \text{ATIII} + \text{IIa} \xrightarrow{k_7} \text{IIa}_{\text{inativo}} \\ \text{ATIII} + \text{TF} - \text{VIIa} \xrightarrow{k_8} \text{TF} - \text{VIIa}_{\text{inativo}} \end{array} \tag{2}$$

em que FT = fator tecidual, VIIa = forma ativada do Fator VII, X = fator Stuart Prower, Xa = fator Stuart Prower ativado, II = protrombina, IIa = trombina, ATIII = antitrombina, e XIIIa = fator XIIIa.

Simbolicamente, as equações de coagulação podem ser escritas como

$$\boxed{\text{Corte} \rightarrow \text{A} + \text{B} \rightarrow \text{C} \rightarrow \text{D} \rightarrow \text{E} \rightarrow \text{F} \rightarrow \text{Coágulo}}$$

Pode-se modelar o processo de coagulação de maneira idêntica às reações em série, escrevendo o balanço molar e a lei da velocidade de reação para cada espécie, tal como

$$\frac{dC_{\text{TF}}}{dt} = -k_1 \cdot C_{\text{TF}} \cdot C_{\text{VIIa}} + k_{-1} \cdot C_{\text{TF-VIIa}}$$

$$\frac{dC_{VIIa}}{dt} = -k_1 \cdot C_{TF} \cdot C_{\text{VIIa}} + k_{-1} \cdot C_{\text{TF-VIIa}}$$

etc.,

e, então, usar o Polymath para resolver as equações acopladas para predizer a concentração da trombina (mostrada na Figura D) e a concentração de outras espécies em função do tempo e, também, para determinar o tempo de coagulação. Dados de laboratório também são apresentados a seguir para uma concentração de FT de 25 pM. **Observe que, no caso de se utilizar o conjunto completo de equações, o resultado do Polymath é idêntico ao da Figura E.** O conjunto completo de equações, juntamente com o *programa do Problema Exemplo de Simulação escrito para o Polymath*, é dado na seção de *Problemas Resolvidos* do site da LTC Editora. Você pode carregar o programa diretamente e variar alguns dos seus parâmetros.

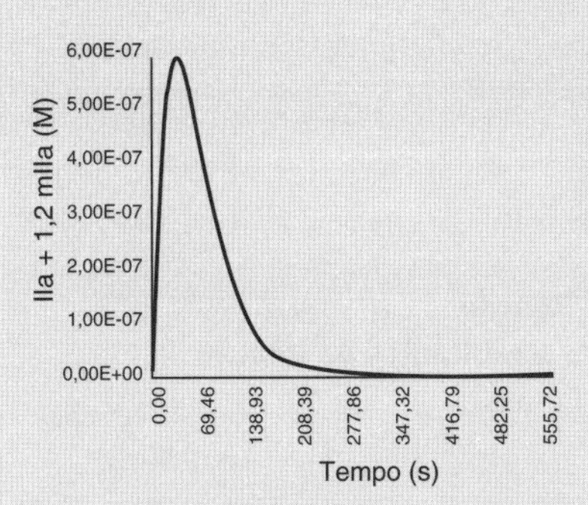

Figura D. Trombina total em função do tempo, com uma concentração inicial de FT de 25 pM (depois de rodar o programa Polymath) para a cascata abreviada de reações de coagulação do sangue.

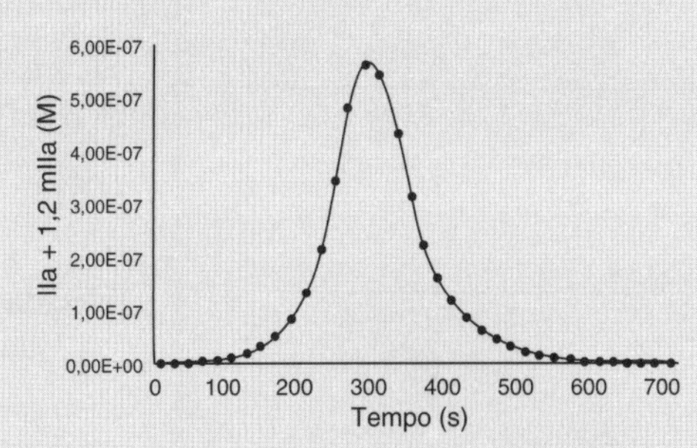

Figura E. Trombina total em função do tempo com uma concentração inicial de FT de 25 pM. [Figura: cortesia de M. F. Hockin et al., "A Model for the Stoichiometric Regulation of Blood Coagulation", *The Journal of Biological Chemistry*, 277[21], pp. 18322-18333, 2002. Direitos autorais © 2002, pela American Society for Biochemistry and Molecular Biology.] Completa cascata da coagulação do sangue.

8.5 Reações Complexas

Um sistema complexo de reações consiste em uma combinação de reações em série e paralelas que se interagem. Uma visão geral desse algoritmo é muito similar ao que foi dado no Capítulo 6 para escrever os balanços molares em termos de vazões molares e concentrações (isto é, Figura 6-1). Depois de numerar cada reação, escrevemos o balanço molar para cada espécie, de forma similar àqueles da Figura 6-1. A maior diferença entre os dois algoritmos está na etapa da lei da velocidade de reação. Como mostra a Tabela 8-2, temos as três etapas (3, 4 e 5) para encontrar a velocidade de reação resultante para cada espécie, em termos das concentrações das espécies reagentes. Como exemplo, estudaremos as seguintes reações complexas

$$\text{A} + 2\text{B} \longrightarrow \text{C}$$

$$2\text{A} + 3\text{C} \longrightarrow \text{D}$$

conduzidas em um PBR, um CSTR e um reator semicontínuo.

8.5.1 Reações Complexas em um PBR

Exemplo 8-5 Reações Múltiplas com Fase Gasosa em um PBR

As seguintes reações complexas em fase gasosa seguem leis de velocidade elementares

$$(1) \qquad A + 2B \rightarrow C \qquad -r'_{1A} = k_{1A} C_A C_B^2$$

$$(2) \qquad 2A + 3C \rightarrow D \qquad -r'_{2C} = k_{2C} C_A^2 C_C^3$$

e ocorrem isotermicamente em um PBR. A alimentação é equimolar em A e B com $F_{A0} = 10$ mol/min e vazão volumétrica de 100 dm³/min. A massa de catalisador é 1.000 kg, o fator de perda de pressão α vale 0,0019 kg⁻¹, e a concentração total na entrada, C_{T0}, é 0,2 mol/dm³.

$$k_{1A} = 100\left(\frac{\text{dm}^9}{\text{mol}^2 \cdot \text{kgcat} \cdot \text{min}}\right) \text{ e } k_{2C} = 1.500\left(\frac{\text{dm}^{15}}{\text{mol}^4 \cdot \text{kgcat} \cdot \text{min}}\right)$$

(a) Plote e analise F_A, F_B, F_C, F_D, y e $\tilde{S}_{C/D}$ em função da massa de catalisador, W.

Solução

PBR com Fase Gasosa

Balanços Molares

$$(1) \qquad \frac{dF_A}{dW} = r'_A \qquad \left(F_{A0} = 10\frac{\text{mol}}{\text{min}}\right) \qquad W_f = 1.000 \text{ kg} \qquad \text{(E8-5.1)}$$

$$(2) \qquad \frac{dF_B}{dW} = r'_B \qquad \left(F_{B0} = 10\frac{\text{mol}}{\text{min}}\right) \qquad \text{(E8-5.2)}$$

$$(3) \qquad \frac{dF_C}{dW} = r'_C \qquad \text{(E8-5.3)}$$

$$(4) \qquad \frac{dF_D}{dW} = r'_D \qquad \text{(E8-5.4)}$$

Velocidades de Reação

Velocidades Resultantes de Reação

$$(5) \qquad r'_A = r'_{1A} + r'_{2A} \qquad \text{(E8-5.5)}$$

$$(6) \qquad r'_B = r'_{1B} \qquad \text{(E8-5.6)}$$

$$(7) \qquad r'_C = r'_{1C} + r'_{2C} \qquad \text{(E8-5.7)}$$

$$(8) \qquad r'_D = r'_{2D} \qquad \text{(E8-5.8)}$$

Leis de Velocidade de Reação

$$(9) \qquad r'_{1A} = -k_{1A} C_A C_B^2 \qquad \text{(E8-5.9)}$$

$$(10) \qquad r'_{2C} = -k_{2C} C_A^2 C_C^3 \qquad \text{(E8-5.10)}$$

Velocidades Relativas de Reação

$$\text{Reação 1:} \quad A + 2B \rightarrow C \qquad \frac{r'_{1A}}{-1} = \frac{r'_{1B}}{-2} = \frac{r'_{1C}}{1}$$

$$(11) \qquad r'_{1B} = 2\ r'_{1A} \qquad \text{(E8-5.11)}$$

$$(12) \qquad r'_{1C} = -r'_{1A} \qquad \text{(E8-5.12)}$$

$$\text{Reação 2:} \quad 2A + 3C \rightarrow D \qquad \frac{r'_{2A}}{-2} = \frac{r'_{2C}}{-3} = \frac{r'_{2D}}{1}$$

$$(13) \qquad r'_{2A} = \frac{2}{3} r'_{2C} \qquad \text{(E8-5.13)}$$

$$(14) \qquad r'_{2D} = -\frac{1}{3} r'_{2C} \qquad \text{(E8-5.14)}$$

As *velocidades resultantes de reação* para as espécies A, B, C e D são

$$r'_A = r'_{1A} + r'_{2A} = -k_{1A}C_A C_B^2 - \frac{2}{3}k_{2C}C_A^2 C_C^3$$
$$r'_B = r'_{1B} = -2k_{1A}C_A C_B^2$$
$$r'_C = r'_{1C} + r'_{2C} = k_{1A}C_A C_B^2 - k_{2C}C_A^2 C_C^3$$
$$r'_D = r'_{2D} = \frac{1}{3}k_{2C}C_A^2 C_C^3$$

Seletividade

$$\tilde{S}_{C/D} = \frac{F_C}{F_D}$$

Quando $W = 0$, temos $F_D = 0$, fazendo com que $S_{C/D}$ tenda a infinito. Portanto, fazemos com que $S_{C/D} = 0$ no intervalo entre $W = 0$ e um número muito pequeno, $W = 0{,}0001$ kg, para evitar que o software de solução de Equações Diferenciais Ordinárias (EDOs) deixe de funcionar. No Polymath (software com versão disponível somente em inglês) esta equação é escrita na forma

(15) $\tilde{S}_{C/D} = \text{if } (W > 0{,}0001) \text{ then } \left(\frac{F_C}{F_D}\right) \text{ else } (0),$ (E8-5.15)

ou seja, $\tilde{S}_{C/D} = F_C/F_D$ se $W > 0{,}0001$ e $\tilde{S}_{C/D} = 0$ se $W \leq 0{,}0001$.

Estequiometria Isotérmico: $T = T_0$

(16) $C_A = C_{T0}\left(\frac{F_A}{F_T}\right)y$ (E8-5.16)

(17) $C_B = C_{T0}\left(\frac{F_B}{F_T}\right)y$ (E8-5.17)

(18) $C_C = C_{T0}\left(\frac{F_C}{F_T}\right)y$ (E8-5.18)

(19) $C_D = C_{T0}\left(\frac{F_D}{F_T}\right)y$ (E8-5.19)

(20) $\frac{dy}{dW} = -\frac{\alpha}{2y}\left(\frac{F_T}{F_{T0}}\right)$ (E8-5.20)

(21) $F_T = F_A + F_B + F_C + F_D$ (E8-5.21)

Parâmetros

(22) $C_{T0} = 0{,}2 \text{ mol/dm}^3$

(23) $\alpha = 0{,}0019 \text{ kg}^{-1}$

(24) $\upsilon_0 = 100 \text{ dm}^3/\text{min}$

(25) $k_{1A} = 100 \ (\text{dm}^3/\text{mol})^2/\text{min}/\text{kgcat}$

(26) $k_{2C} = 1.500(\text{dm}^{15}/\text{mol}^4)/\text{min}/\text{kgcat}$

(27) $F_{T0} = 20 \text{ mol/min}$

Digitando as equações da solução no *solver* de EDOs do programa Polymath, obtemos os resultados da Tabela E8-5.1 e Figuras E8-5.1 e E8-5.2.

Análise: Notamos na Figura E8-5.2 que a seletividade alcança um máximo muito próximo da entrada (W = 60 kg) e, então, é rapidamente reduzida. Entretanto, 90% de A não é consumida até 200 kg de catalisador, que é a massa para a qual o produto desejado C alcança sua vazão máxima. Se a energia de ativação da reação (1) é maior do que a da reação (2), tente aumentar a temperatura para aumentar a velocidade da vazão molar de C e a seletividade. No entanto, se isso não ajudar, então devemos decidir qual é mais importante, a seletividade ou a vazão molar do produto desejado. No caso de a maior seletividade ser mais importante, a massa de catalisador do PBR será 60 kg, e, no caso de a maior vazão molar ser mais importante, a massa de catalisador do PBR será 200 kg, conforme as Figuras E8-5.2 e E8-5.1, respectivamente.

Resultados do PBR

TABELA E8-5.1 PROGRAMA POLYMATH E SEUS RESULTADOS

Equações diferenciais

```
1 d(Fa)/d(W) = ra
2 d(Fb)/d(W) = rb
3 d(Fc)/d(W) = rc
4 d(Fd)/d(W) = rd
5 d(y)/d(W) = -alpha/2/y*(Ft/Fto)
```

Equações explícitas

```
1 Ft = Fa+Fb+Fc+Fd
2 k1a = 100
3 k2c = 1500
4 Cto = 0.2
5 Ca = Cto*(Fa/Ft)*y
6 Cb = Cto*(Fb/Ft)*y
7 Cc = Cto*(Fc/Ft)*y
8 r1a = -k1a*Ca*Cb^2
9 r1b = 2*r1a
10 rb = r1b
11 r2c = -k2c*Ca^2*Cc^3
12 r2a = 2/3*r2c
13 r2d = -1/3*r2c
14 r1c = -r1a
15 rd = r2d
16 ra = r1a+r2a
17 rc = r1c+r2c
18 v = 100
19 Cd = Cto*(Fd/Ft)*y
20 alpha = .0019
21 Fto = 20
22 Scd = if(W>0.0001)then(Fc/Fd)else(0)
```

Relatório POLYMATH
Equações Diferenciais Ordinárias

Valores calculados de variáveis das equações diferenciais

	Variável	Valor inicial	Valor mínimo	Valor máximo	Valor final
1	alpha	0.0019	0.0019	0.0019	0.0019
2	Ca	0.1	0.0257858	0.1	0.0257858
3	Cb	0.1	0.0020471	0.1	0.0020471
4	Cc	0	0	0.0664046	0.0211051
5	Cd	0	0	0.0057647	0.0026336
6	Cto	0.2	0.2	0.2	0.2
7	Fa	10.	4.293413	10.	4.293413
8	Fb	10.	0.3408417	10.	0.3408417
9	Fc	0	0	4.038125	3.514068
10	Fd	0	0	0.4385037	0.4385037
11	Ft	20.	8.586827	20.	8.586827
12	Fto	20.	20.	20.	20.
13	k1a	100.	100.	100.	100.
14	k2c	1500.	1500.	1500.	1500.
15	r1a	-0.1	-0.1	-1.081E-05	-1.081E-05
16	r1b	-0.2	-0.2	-2.161E-05	-2.161E-05
17	r1c	0.1	1.081E-05	0.1	1.081E-05
18	r2a	0	-0.0022091	0	-6.251E-06
19	r2c	0	-0.0033136	0	-9.376E-06
20	r2d	0	0	0.0011045	3.125E-06
21	ra	-0.1	-0.1	-1.706E-05	-1.706E-05
22	rb	-0.2	-0.2	-2.161E-05	-2.161E-05
23	rc	0.1	-0.0015019	0.1	1.429E-06
24	rd	0	0	0.0011045	3.125E-06
25	Scd	0	0	7747.617	8.01377
26	v	100.	100.	100.	100.
27	W	0	0	1000.	1000.
28	y	1.	0.2578577	1.	0.2578577

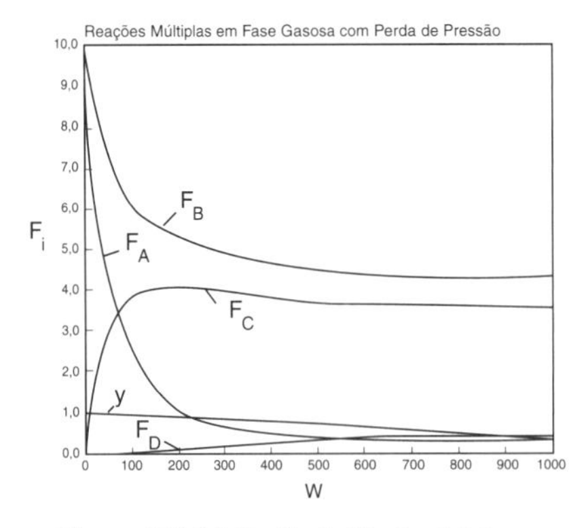

Figura E8-5.1 Perfis de Vazões Molares

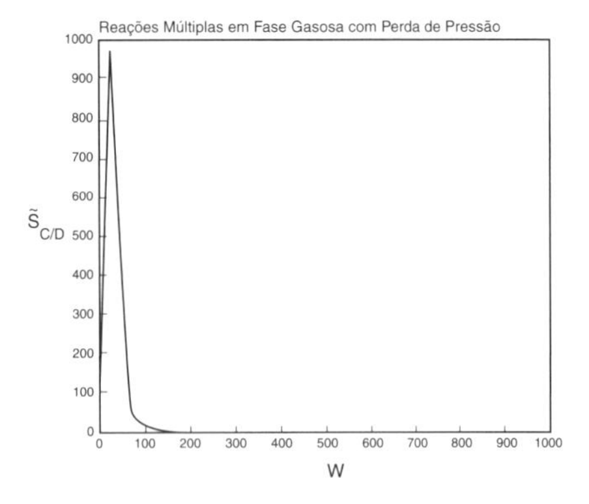

Figura E8-5.2 Perfil de Seletividade

8.5.2 Reações Múltiplas em um CSTR

Para um CSTR, um conjunto acoplado de equações algébricas, análogas às equações diferenciais do PFR, deve ser resolvido. Chega-se a essas equações a partir do balanço molar no CSTR aplicado a cada espécie, juntamente com as etapas das leis de velocidade e a estequiometria. Para um número q de reações em fase líquida, ocorrendo com N espécies químicas diferentes que estão presentes, temos o seguinte conjunto de equações algébricas:

$$F_{10} - F_1 = -r_1 V = V \sum_{i=1}^{q} -r_{i1} = V \cdot f_1(C_1 \ldots, C_N) \quad (8\text{-}17)$$

$$\vdots$$

$$F_{j0} - F_j = -r_j V = V \cdot f_j(C_1 \ldots, C_N) \quad (8\text{-}18)$$

$$\vdots$$

$$F_{N0} - F_N = -r_N V = V \cdot f_N(C_1 \ldots, C_N) \quad (8\text{-}19)$$

Podemos usar o *solver* do Polymath para a solução de equações algébricas não lineares (NLE), ou um programa similar, para resolver as Equações de (8-17) a (8-19).

Exemplo 8-6 Reações Complexas em um CSTR com Fase Líquida

As reações complexas discutidas no Exemplo 8-5 agora ocorrem em *fase líquida*, num CSTR de 2.500 dm^3. A alimentação é equimolar em A e B com F_{A0} = 200 mol/min e vazão volumétrica de 100 dm^3/min. As constantes de velocidade de reação são

$$k_{1A} = 10\left(\frac{\text{dm}^3}{\text{mol}}\right)^2 \Big/ \text{min} \quad \text{e} \quad k_{2C} = 15\left(\frac{\text{dm}^3}{\text{mol}}\right)^4 \Big/ \text{min}$$

Encontre as concentrações de A, B, C e D na saída do reator, juntamente com a seletividade global, $\tilde{S}_{C/D}$.

$$\tilde{S}_{C/D} = \frac{C_C}{C_D}$$

Solução

CSTR com Fase Líquida: $v = v_0$ (Formulação Polymath)

Balanços Molares

$$(1) \quad f(C_A) = v_0 C_{A0} - v_0 C_A + r_A V \quad (E8\text{-}6.1)$$

$$(2) \quad f(C_B) = v_0 C_{B0} - v_0 C_B + r_B V \quad (E8\text{-}6.2)$$

$$(3) \quad f(C_C) = \quad - v_0 C_C + r_C V \quad (E8\text{-}6.3)$$

$$(4) \quad f(C_D) = \quad - v_0 C_D + r_D V \quad (E8\text{-}6.4)$$

As **Leis de Velocidade de Reação**, **Velocidades Relativas de Reação** e **Velocidades Resultantes de Reação** são as mesmas que as do Exemplo 8-5. Adicionalmente, as etapas de (5) a (14) [isto é, das Equações de (E8-5.5) a (E8-5.14) do Exemplo 8-5] permanecem as mesmas para este exemplo. Isso vai nos poupar muito tempo na resolução deste problema exemplo.

Seletividade

Observação: Adicionamos um número muito pequeno (0,001 mol/min) ao termo no denominador para evitar que $\tilde{S}_{C/D}$ vá tender ao infinito quando F_D = 0.

$$(15) \quad \tilde{S}_{C/D} = \frac{F_C}{(F_D + 0{,}001)} \quad (E8\text{-}6.5)$$

Parâmetros

$$(16) \quad v_0 = 100 \ \text{dm}^3/\text{min}$$

$$(17) \quad k_{1A} = 10 \ (\text{dm}^3/\text{mol})^2/\text{min}$$

$$(18) \quad k_{2C} = 15 \ (\text{dm}^3/\text{mol})^4/\text{min}$$

(19) $V = 2.500\ \text{dm}^3$

(20) $C_{A0} = 2{,}0\,\text{mol}/\text{dm}^3$

(21) $C_{B0} = 2{,}0\,\text{mol}/\text{dm}^3$

Estas equações são agora usadas para obter as concentrações na saída do CSTR usando o software de solução de equações não lineares do Polymath.

CSTR em Fase Líquida

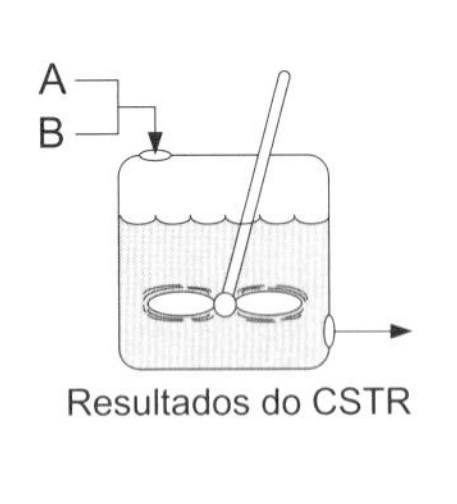

Resultados do CSTR

TABELA E8-6.1 PROGRAMA POLYMATH E SEUS RESULTADOS

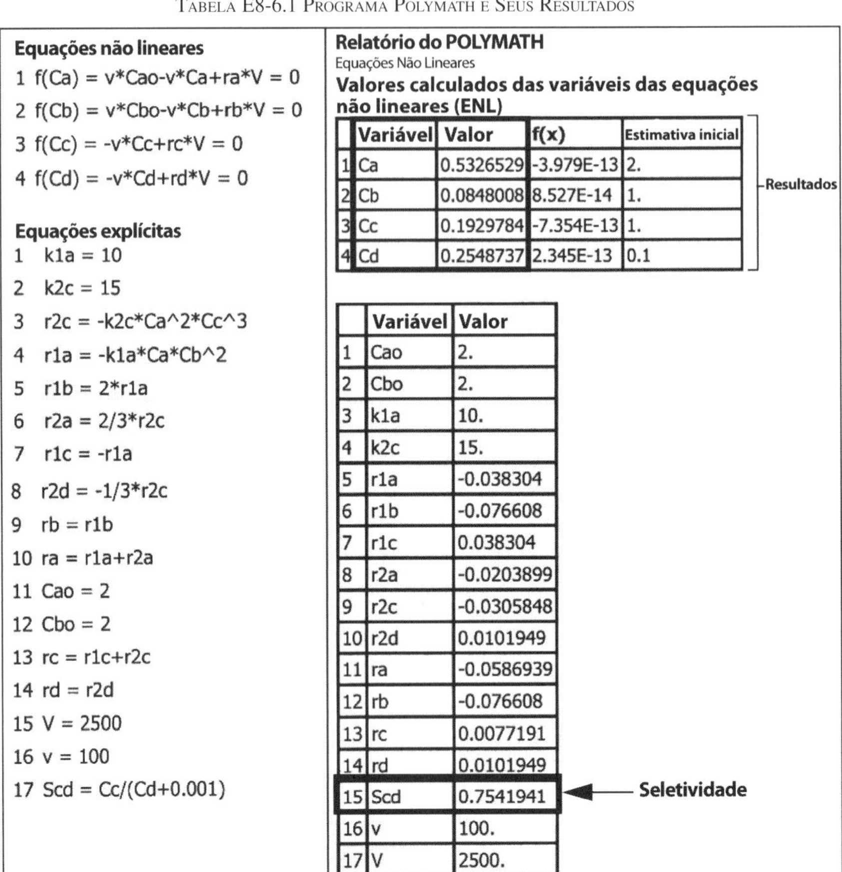

Equações não lineares

1 f(Ca) = v*Cao-v*Ca+ra*V = 0
2 f(Cb) = v*Cbo-v*Cb+rb*V = 0
3 f(Cc) = -v*Cc+rc*V = 0
4 f(Cd) = -v*Cd+rd*V = 0

Equações explícitas

1 k1a = 10
2 k2c = 15
3 r2c = -k2c*Ca^2*Cc^3
4 r1a = -k1a*Ca*Cb^2
5 r1b = 2*r1a
6 r2a = 2/3*r2c
7 r1c = -r1a
8 r2d = -1/3*r2c
9 rb = r1b
10 ra = r1a+r2a
11 Cao = 2
12 Cbo = 2
13 rc = r1c+r2c
14 rd = r2d
15 V = 2500
16 v = 100
17 Scd = Cc/(Cd+0.001)

Relatório do POLYMATH
Equações Não Lineares
Valores calculados das variáveis das equações não lineares (ENL)

	Variável	Valor	f(x)	Estimativa inicial
1	Ca	0.5326529	-3.979E-13	2.
2	Cb	0.0848008	8.527E-14	1.
3	Cc	0.1929784	-7.354E-13	1.
4	Cd	0.2548737	2.345E-13	0.1

Resultados

	Variável	Valor
1	Cao	2.
2	Cbo	2.
3	k1a	10.
4	k2c	15.
5	r1a	-0.038304
6	r1b	-0.076608
7	r1c	0.038304
8	r2a	-0.0203899
9	r2c	-0.0305848
10	r2d	0.0101949
11	ra	-0.0586939
12	rb	-0.076608
13	rc	0.0077191
14	rd	0.0101949
15	Scd	0.7541941
16	v	100.
17	V	2500.

Seletividade

As concentrações na saída são $C_A = 0{,}53$ M, $C_B = 0{,}085$ M, $C_C = 0{,}19$ M e $CD = 0{,}25$ M com $\tilde{S}_{C/D} = 0{,}75$. A conversão de A correspondente é

$$X = \frac{C_{A0} - C_A}{C_{A0}} = \frac{2 - 0{,}533}{2} = 0{,}73$$

***Análise*:** O ERQ algoritmo para uma reação complexa realizada em um CSTR foi resolvido usando-se um software de resolução de equações não lineares. As concentrações na saída do CSTR mostradas na tabela de resultados correspondem à seletividade $\tilde{S}_{C/D} = 0{,}75$, como mostrado no relatório do Polymath. Enquanto a conversão do CSTR é razoável, a seletividade é considerada baixa. O PFR é uma escolha melhor para que essas reações maximizem a seletividade.

Reações Múltiplas com Fase Líquida em um Reator Semicontínuo

Exemplo 8-7 Reações Complexas em um Reator Semicontínuo

As reações complexas em fase líquida discutidas no Exemplo 8-6 agora ocorrem em um reator semicontínuo, em que A é alimentado sobre B, com $F_{A0} = 3$ mol/min. A vazão volumétrica de alimentação de A é 10 dm^3/min e o volume inicial do reator é 1.000 dm^3. As constantes de velocidade das reações são

$$k_{1A} = 10\left(\frac{dm^3}{mol}\right)^2 \Big/ min \text{ e } k_{2C} = 15\left(\frac{dm^3}{mol}\right)^4 \Big/ min$$

O volume máximo é 2.000 dm³. A concentração de A na entrada é C_{A0} = 0,3 mol/dm³ e a concentração inicial de B é C_{Bi} = 0,2 mol/dm³.

(a) Plote e analise N_A, N_B, N_C, N_D e $S_{C/D}$ em função do tempo.

Solução

Balanços Molares

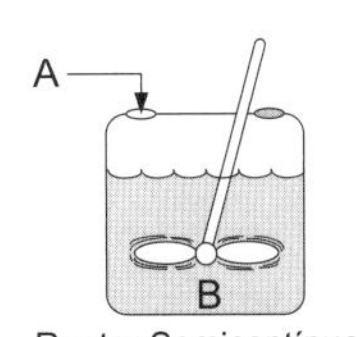

Reator Semicontínuo

$$(1) \quad \frac{dN_A}{dt} = r_A V + F_{A0} \qquad (N_{Ai} = 0) \qquad \text{(E8-7.1)}$$

$$(2) \quad \frac{dN_B}{dt} = r_B V \qquad (N_{Bi} = C_{Bi}V_0 = 200 \text{ mols}) \qquad \text{(E8-7.2)}$$

$$(3) \quad \frac{dN_C}{dt} = r_C V \qquad (N_{Ci} = 0) \qquad \text{(E8-7.3)}$$

$$(4) \quad \frac{dN_D}{dt} = r_D V \qquad (N_{Di} = 0) \qquad \text{(E8-7.4)}$$

As Velocidades Resultantes de Reação, Leis de Velocidade de Reação e Velocidades Relativas de Reação – são as mesmas que no CSTR com Fase Líquida.

[Isto é, são válidas as etapas de (5) a (14), com as Equações de (E8-5.5) a (E8-5.14).]

Estequiometria

$$(15) \quad C_A = N_A/V \qquad \text{(E8-7.5)}$$

$$(16) \quad C_B = N_B/V \qquad \text{(E8-7.6)}$$

$$(17) \quad C_C = N_C/V \qquad \text{(E8-7.7)}$$

$$(18) \quad C_D = N_D/V \qquad \text{(E8-7.8)}$$

$$(19) \quad V = V_0 + v_0 t \qquad \text{(E8-7.9)}$$

Seletividade

$$(20) \quad \tilde{S}_{C/D} = \text{if } (t > 0.0001) \text{ then } \left(\frac{N_C}{N_D}\right) \text{ else } (0) \qquad \text{(E8-7.10)}$$

ou seja, $\tilde{S}_{C/D} = N_C/N_D$ se $t > 0{,}0001$ e $\tilde{S}_{C/D} = 0$ se $t \leq 0{,}0001$.

Parâmetros

Novos Parâmetros

$$(21) \quad v_0 = 10 \text{ dm}^3/\text{min}$$

$$(22) \quad V_0 = 1.000 \text{ dm}^3$$

$$(23) \quad F_{A0} = 3 \text{ mol/min}$$

Colocando estas informações no *solver* de solução de EDOs do Polymath, obtemos os seguintes resultados:

Reações Múltiplas com Fase Líquida em um Reator Semicontínuo

Equações diferenciais

```
1 d(Nb)/d(t) = rb*V
2 d(Na)/d(t) = ra*V+Fao
3 d(Nd)/d(t) = rd*V
4 d(Nc)/d(t) = rc*V
```

Equações explícitas

```
1 k1a = 10
2 k2c = 15
3 Vo = 1000
4 vo = 10
5 V = Vo+vo*t
6 Ca = Na/V
7 Cb = Nb/V
8 r1a = –k1a*Ca*Cb^2
9 Cc = Nc/V
10 r1b = 2*r1a
11 rb = r1b
12 r2c = –k2c*Ca^2*Cc^3
13 Fao = 3
14 r2a = 2/3*r2c
15 r2d = –1/3*r2c
16 r1c = –r1a
17 rd = r2d
18 ra  = r1a+r2a
19 Cd = Nd/V
20 rc = r1c+r2c
21 Scd = if(t>0.0001)then(Nc/Nd)else(0)
```

Relatório POLYMATH

Equações Diferenciais Ordinárias

Valores calculados de variáveis das EDOs

	Variável	Valor inicial	Valor final
1	Ca	0	0.1034461
2	Cb	0.2	0.0075985
3	Cc	0	0.0456711
4	Cd	0	0.0001766
5	Fao	3.	3.
6	k1a	10.	10.
7	k2c	15.	15.
8	Na	0	206.8923
9	Nb	200.	15.197
10	Nc	0	91.34215
11	Nd	0	0.3531159
18	ra	0	-6.992E-05
19	rb	0	-0.0001195
20	rc	0	4.444E-05
21	rd	0	5.097E-06
22	Scd	0	258.6747
23	t	0	100.
24	V	1000.	2000.
25	vo	10.	10.
26	Vo	1000.	1000.

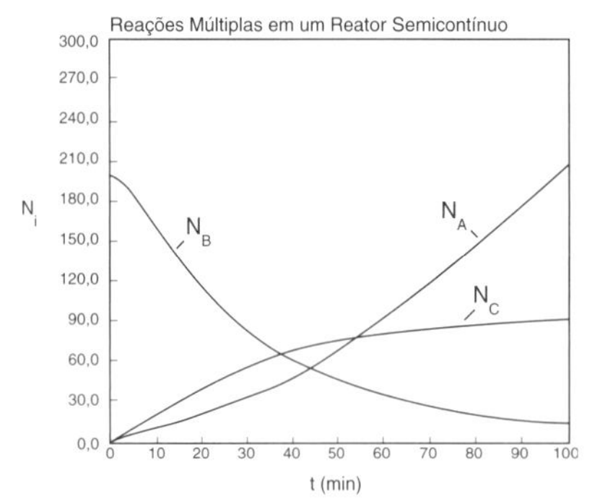

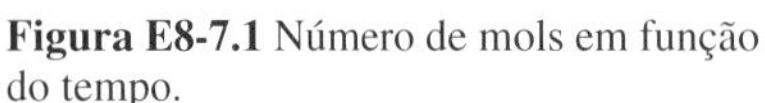

Figura E8-7.1 Número de mols em função do tempo.

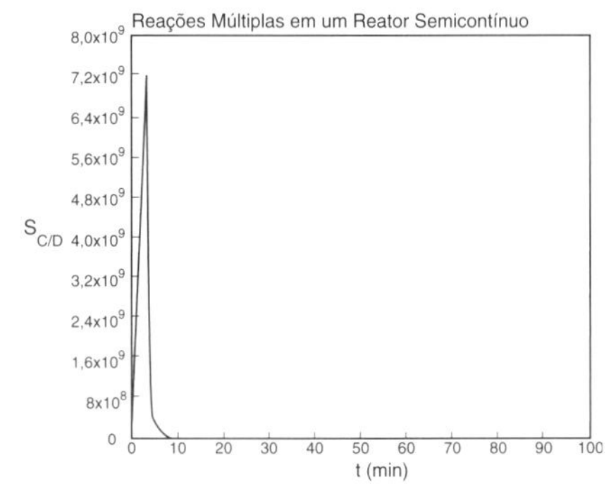

Figura E8-7.2 Seletividade em função do tempo.

Análise: O ERQ algoritmo para uma reação complexa foi aplicado a um reator semicontínuo e resolvido usando-se o *solver* de solução de EDOs do programa Polymath. O máximo na seletividade ocorre depois de apenas 6,5 minutos; entretanto, muito pouco do produto desejado, C, é formado nesse tempo. Se $E_D > E_U$, tente primeiro mudar a temperatura para ver se isto melhorará a seletividade e a quantidade de produto formado. Se não funcionar, uma decisão baseada em termos econômicos precisa ser tomada. A seletividade e o custo da separação de C e D são mais importantes do que a obtenção de uma maior quantidade de C para a venda?

Notamos, na Figura E8-7.1, que, depois de 70 minutos, o número de mols das espécies A, C e D muda muito pouco; entretanto, o número de mols de B continua a aumentar porque B é continuamente alimentado e não há mais A suficiente para reagir com B. Finalmente, notamos que os tempos de 6,5 e 10 minutos são extremamente curtos para usar um reator semicontínuo e, consequentemente, devemos considerar outro esquema de reator tal como aquele da Figura 8-2(g), em que A é alimentado ao longo do reator, ou um análogo ao que é mostrado na Figura 8-2(h), em que A é alimentado em cada um dos CSTRs.

8.6 Reatores de Membrana para Melhorar a Seletividade de Reações Múltiplas

Além de usar um reator de membrana para extrair um produto da reação e deslocar o equilíbrio da reação no sentido da formação dos produtos, também podemos usar reatores de membrana para aumentar a seletividade em reações múltiplas. Este aumento pode ser alcançado injetando-se um dos reagentes ao longo do reator. Isto é particularmente efetivo na oxidação parcial de hidrocarbonetos, como também nas reações de cloração, etoxilação, hidrogenação, nitração e sulfonação, só para mencionar algumas.[2]

$$C_2H_4 + \frac{1}{2}O_2 \longrightarrow C_2H_4O \xrightarrow{+\frac{5}{2}O_2} 2CO_2 + 2H_2O$$

Nas duas reações antes indicadas, o produto desejado é o intermediário (por exemplo, C_2H_4O). Entretanto, como há oxigênio presente, os reagentes e intermediários podem ser completamente oxidados e formar os produtos indesejados CO_2 e água. O produto desejado na reação seguinte é o xileno. Mantendo um dos reagentes a uma concentração baixa, podemos aumentar a seletividade. Alimentando um reagente lateralmente em um reator de membrana, podemos manter sua concentração baixa.

No exemplo resolvido no site da LTC Editora, usamos um reator de membrana (RM) para a reação de hidrodealquilação do mesitileno. De certa forma, este exemplo do site se assemelha ao uso de RMs para reações de oxidação parcial. Faremos agora um exemplo de reação diferente para ilustrar as vantagens de um RM para certos tipos de reação.

Exemplo 8-8 Aplicação do Reator de Membrana para Aumentar a Seletividade de Reações Múltiplas

As reações

$$(1)\ A + B \longrightarrow D \qquad -r_{1A} = k_{1A}C_A^2C_B, \quad k_{1A} = 2\ \text{dm}^6/\text{mol}^2\cdot\text{s}$$

$$(2)\ A + B \longrightarrow U \qquad -r_{2A} = k_{2A}C_AC_B^2, \quad k_{2A} = 3\ \text{dm}^6/\text{mol}^2\cdot\text{s}$$

ocorrem em fase gasosa. As seletividades globais, $\tilde{S}_{C/D}$, devem ser comparadas para um reator de membrana e um PFR convencional. Primeiramente utilizaremos a seletividade instantânea, para determinar quais espécies devem ser alimentadas através da membrana.

$$S_{D/U} = \frac{k_1C_A^2C_B}{k_2C_B^2C_A} = \frac{k_1C_A}{k_2C_B}$$

Vemos que para maximizar $\tilde{S}_{D/U}$ é necessário manter a concentração de A alta e a concentração de B baixa; portanto, alimentamos B pela membrana. A vazão molar de A que entra no reator é de 4 mol/s e a de B que entra pela membrana é de 4 mol/s, como mostrado na Figura E8-8.1. No PFR, B entra junto com A.

[2]W. J. Asher, D. C. Bomberger, and D. L. Huestis, *Evaluation of SRI's Novel Reactor Process Permix™* (New York: AIChE 2000).

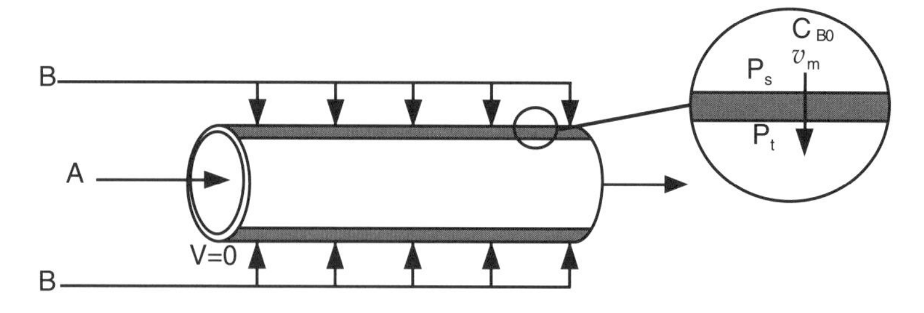

Figura E8-8.1

O volume do reator é 50 dm³ e a concentração total de entrada é 0,8 mol/dm³.

(a) **Plote e analise** as vazões molares e a seletividade global, $\tilde{S}_{C/D}$, em função do volume do reator, tanto para o RM como para o PFR.

Solução

Balanço Molar para ambos os PFR e RM

	PFR		**MR**	
Espécie A:	$\frac{dF_A}{dV} = r_A$	(E8-8.1[a])	$\frac{dF_A}{dV} = r_A$	(E8-8.1[b])
Espécie B:	$\frac{dF_B}{dV} = r_B$	(E8-8.2[a])	$\frac{dF_B}{dV} = r_B + R_B$	(E8-8.2[b])
Espécie C:	$\frac{dF_D}{dV} = r_D$	(E8-8.3[a])	$\frac{dF_D}{dV} = r_D$	(E8-8.3[b])
Espécie D:	$\frac{dF_U}{dV} = r_U$	(E8-8.4[a])	$\frac{dF_U}{dV} = r_U$	(E8-8.4[b])

As Velocidades Resultantes de Reação e Leis de Velocidade de Reação (são iguais para o **PFR** e **RM**)

$$r_A = r_{1A} + r_{2A} = -k_{1A}C_A^2 C_B - k_{2A}C_A C_B^2 \tag{E8-8.5}$$

$$r_B = r_{1B} + r_{2B} = -k_{1A}C_A^2\ C_B - k_{2A}C_A C_B^2 \tag{E8-8.6}$$

$$r_D = r_{1D} = k_{1A}C_A^2\ C_B \tag{E8-8.7}$$

$$r_U = r_{2U} = k_{2A}C_A C_B^2 \tag{E8-8.8}$$

Lei de Transporte (RM)

A vazão volumétrica através da membrana é dada pela Lei de Darcy (veja a nota de rodapé no final da Seção 6.4, no Capítulo 6):

$$v_m = K[P_s - P_t]A_t \tag{E8-8.9}$$

em que K é a permeabilidade da membrana (m/s · kPa), P_S (kPa) e P_t (kPa) são, respectivamente, as pressões do lado do casco e do lado do tubo, e A_t é a área superficial da membrana (m²). A vazão através da membrana pode ser controlada pela perda de pressão na membrana ($P_s - P_t$). Lembre-se da Equação (6-5), em que "a" é a área superficial da membrana por unidade de volume do reator,

$$A_t = aV_t \tag{E8-8.10}$$

A vazão molar total de B através dos lados do reator é

$$F_{B0} = C_{B0}v_m = \underbrace{C_{B0}K[P_s - P_t]a}_{R_B} \cdot V_t = R_B V_t \tag{E8-8.11}$$

A vazão molar de B por unidade de volume do reator é

$$R_B = \frac{F_{B0}}{V_t} \quad \text{(E8-8.12)}$$

Estequiometria (a mesma para o **PFR** e **RM**)
Considere o reator isotérmico ($T = T_0$) e despreze a queda de pressão ao longo do reator ($P = P_0$, $y = 1{,}0$).

Para uma queda de pressão nula ao longo do reator e operação isotérmica, as concentrações de ambos os PFR e RM são

Aqui $T = T_0$ e $\Delta P = 0$

$$C_A = C_{T0}\frac{F_A}{F_T} \quad \text{(E8-8.13)} \qquad C_D = C_{T0}\frac{F_D}{F_T} \quad \text{(E8-8.15)}$$

$$C_B = C_{T0}\frac{F_B}{F_T} \quad \text{(E8-8.14)} \qquad C_U = C_{T0}\frac{F_U}{F_T} \quad \text{(E8-8.16)}$$

Combine
O Programa Polymath combinará o balanço molar, as velocidades de reação resultantes e as equações estequiométricas para determinar as vazões molares e os perfis de seletividade, tanto para o PFR convencional como para o RM.

Um aviso de cautela no cálculo da seletividade global

$$\tilde{S}_{D/U} = \frac{F_D}{F_U} \quad \text{(E8-8.17)}$$

Engane o Polymath!

Temos que enganar o Polymath porque, na entrada do reator, $F_U = 0$. O programa Polymath encontrará a Equação (E8-8.17) e irá parar, avisando que ocorre divisão por zero. Portanto, precisamos adicionar um número muito pequeno ao denominador, digamos 0,0001 mol/s, ou seja,

$$\tilde{S}_{D/U} = \frac{F_D}{F_U + 0{,}0001} \quad \text{(E8-8.18)}$$

Esquematize as tendências ou resultados que você espera, **antes** de trabalhar nos detalhes do problema.

A Tabela E8-8.1 apresenta o programa Polymath e os resultados obtidos.

TABELA E8-8.1 PROGRAMA POLYMATH

Equações diferenciais (EDOs)

```
1 d(Fa)/d(V) = ra
2 d(Fb)/d(V) = rb+Rb
3 d(Fd)/d(V) = rd
4 d(Fu)/d(V) = ru
```

Equações explícitas

```
1  Ft = Fa+Fb+Fd+Fu
2  Ct0 = 0.8
3  k1a = 2
4  k2a = 3
5  Cb = Ct0*Fb/Ft
6  Ca = Ct0*Fa/Ft
7  ra = -k1a*Ca^2*Cb-k2a*Ca*Cb^2
8  rb = ra
9  Cd = Ct0*Fd/Ft
10 Cu = Ct0*Fu/Ft
11 rd = k1a*Ca^2*Cb
12 ru = k2a*Ca*Cb^2
13 Vt = 50
14 Fbo = 4
15 Rb = Fbo/Vt
16 Sdu = Fd/(Fu+.0000000000001)
```

Valores calculados das variáveis das EDOs

	Variável	Valor inicial	Valor final
1	Ca	0.8	0.2020242
2	Cb	0	0.2020242
3	Cd	0	0.2855303
4	Ct0	0.8	0.8
5	Cu	0	0.1104213
6	Fa	4.	1.351387
7	Fb	0	1.351387
8	Fbo	4.	4.
9	Fd	0	1.909979
10	Ft	4.	5.351387
11	Fu	0	0.7386336
12	k1a	2.	2.
13	k2a	3.	3.
14	ra	0	-0.0412269
15	rb	0	-0.0412269
16	Rb	0.08	0.08
17	rd	0	0.0164908
18	ru	0	0.0247361
19	Sdu	0	2.585827
20	V	0	50.
21	Vt	50.	50.

Podemos modificar facilmente o programa mostrado na Tabela E8-8.1, para aplicar no caso de um PFR, simplesmente fixando R_B igual a zero ($R_B = 0$) e colocando o valor inicial da vazão molar de B como 4,0.

As Figuras E8-8.2(a) e E8-8.2(b) apresentam os perfis das vazões molares para o PFR convencional e RM, respectivamente.

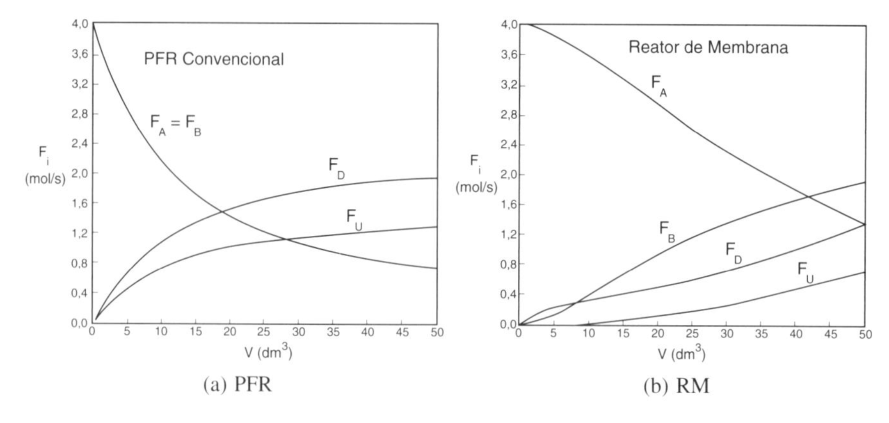

Figura E8-8.2 Vazões molares.

Seletividades para um volume $V = 5$ dm³
RM: $\tilde{S}_{D/U} = 14$
PFR: $\tilde{S}_{D/U} = 0{,}65$

As Figuras E8-8.3(a) e E8-8.3(b) mostram as seletividades para PFR e RM. É notável o enorme incremento no valor da seletividade do RM em relação ao PFR.

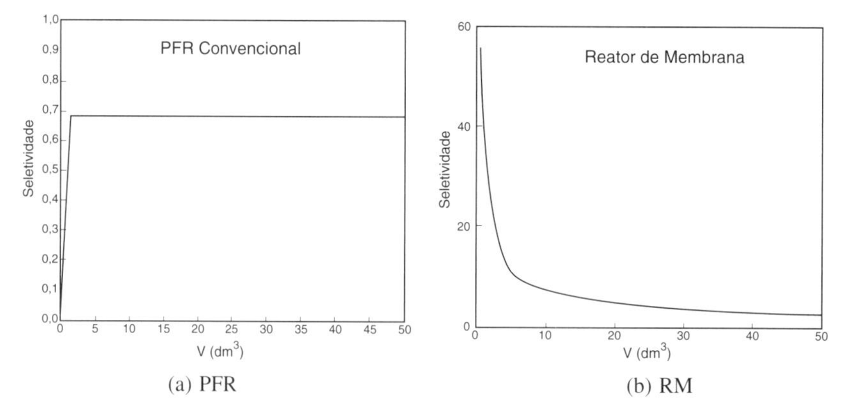

Figura E8-8.3 Seletividade.

Certifique-se de carregar este Problema Exemplo de Simulação do site da LTC Editora e faça modificações nas reações e nos reatores. Com pequenas modificações você será capaz de explorar reações análogas às oxidações parciais

$$A + B \longrightarrow D \qquad r_D = k_1 C_A C_B \tag{E8-8.19}$$

$$B + D \longrightarrow U \qquad r_U = k_2 C_B C_D \tag{E8-8.20}$$

nas quais o oxigênio (B) é alimentado lateralmente na membrana. Veja o Problema P8-15$_C$.

***Análise*:** Pode-se notar que A é consumido mais rapidamente no PFR do que no RM alimentado lateralmente, e que há também, no PFR, a formação de maior quantidade do produto desejado. Entretanto, a seletividade é muito maior no RM do que no PFR. Ao comparar as vazões molares, pode-se observar, também, que as vazões no RM alimentado lateralmente continuam mudando significativamente após serem percorridos 30 dm³ ao longo do reator, enquanto essas vazões não mudam significativamente, após 30 dm³, no caso do PFR.

8.7 Resolvendo Todas as Situações

No Exemplo 8-5 foram dadas as leis de velocidade de reação e foi pedido para calcular a distribuição dos produtos. O inverso do problema descrito no Exemplo 8-5 frequentemente deve ser resolvido. Especificamente, as leis de velocidade de reação precisam ser determinadas a partir da variação da distribuição gerada por mudanças na concentração de alimentação. Em alguns casos, essa determinação pode não ser possível, sem que se realizem experimentos independentes para algumas das reações da sequência. A melhor estratégia a ser usada para calcular todos os parâmetros das leis de velocidade de reação variará de uma sequência de reações para outra. Consequentemente, a estratégia desenvolvida para um sistema pode não ser a melhor abordagem para outros sistemas de reações múltiplas. Uma regra geral é começar uma análise procurando espécies produzidas somente em uma reação e, em seguida, estudar as espécies envolvidas em somente duas reações, depois três, e assim por diante.

Método não linear dos mínimos quadrados

Quando alguns dos produtos intermediários são radicais livres, pode ser que não seja possível realizar experimentos independentes para determinar os parâmetros das velocidades de reação. Consequentemente, precisamos deduzir esses parâmetros pelas mudanças observadas na distribuição dos produtos, em função das condições de alimentação. Nessas circunstâncias, a análise se torna um problema de otimização, que tem o objetivo de calcular os melhores valores dos parâmetros que minimizarão a soma dos quadrados das diferenças entre os valores das variáveis estimadas e das medidas experimentais correspondentes. Este processo é basicamente o mesmo descrito na Seção 7.5, porém mais complexo devido ao grande número de parâmetros a ser determinado. Começamos estimando os valores dos parâmetros e fazendo uso de alguns dos métodos já discutidos. Em seguida, usaremos nossas estimativas para determinar, através de técnicas de regressão não linear, quais são as melhores estimativas dos parâmetros a partir de todos os dados experimentais.[3] O número de pacotes computacionais disponíveis para a realização de análises desse tipo tem aumentado.

8.8 A Parte Divertida

Não estou falando da diversão que você pode ter em um parque de diversões, mas de diversão com a ERQ. Agora que já entendemos como obter as concentrações de saída para o caso de reações múltiplas em um CSTR e como fazer um gráfico das concentrações das espécies ao longo do comprimento do PRF ou PBR, podemos abordar uma das áreas mais importantes e divertidas da Engenharia das Reações Químicas. Nessa área, discutida na Seção 8.3, aprende-se como maximizar a quantidade do produto desejado e minimizar a formação do produto indesejado. É uma área que pode tanto viabilizar como inviabilizar financeiramente um processo químico. É também uma área que requer criatividade no projeto de esquemas reacionais e condições de alimentação que maximizarão o lucro. Você pode criar arranjos de reatores, variar condições de alimentação na entrada do reator e na alimentação lateral, bem como alterar as razões das concentrações dos reagentes alimentados, visando maximizar ou minimizar as seletividades de uma espécie em particular. Chamo os problemas deste tipo, de *problemas da era digital*[4] porque, normalmente, precisamos de softwares de resolução de EDOs, além das habilidades de pensamento crítico e criativo, para encontrar a melhor resposta. Vários problemas no final deste capítulo permitirão que você pratique essas habilidades. Esses problemas oferecem a oportunidade de explorar muitas soluções alternativas para aumentar a seletividade, e você pode divertir-se fazendo isso.

Entretanto, para levar a ERQ ao próximo nível e divertir-se muito mais resolvendo problemas de reações múltiplas, teremos que ser pacientes por mais um pouco de tempo. A razão é que neste capítulo consideraremos somente reações múltiplas isotérmicas, e é nas reações múltiplas não isotérmicas que as coisas realmente se tornam interessantes. Consequentemente, teremos que esperar até que estudemos os efeitos da transferência de calor nos Capítulos 11, 12 e 13, para podermos desenvolver esquemas que maximizem o

[3]Veja, por exemplo, Y. Bard, *Nonlinear Parameter Estimation* (San Diego, Calif.: Academic Press, 1974).

[4]H. Scott Fogler, *Teaching Critical Thinking, Creative Thinking, and Problem Solving in The Digital Age*, Phillips Lecture (Stillwater, Okla.: OSU Press, 1997).

As Reações Múltiplas com efeitos de transferência de calor são exclusividade deste livro.

produto desejado em reações múltiplas não isotérmicas. Depois de estudar esses capítulos, acrescentaremos uma nova dimensão às reações múltiplas, já que teremos uma nova variável, a temperatura, que talvez possamos, ou não, usar para afetar a seletividade e o rendimento. Em um problema particularmente interessante (**P12-24$_C$**), estudaremos a produção de estireno a partir de etilbenzeno, na qual duas reações paralelas, uma endotérmica e outra exotérmica, devem ser consideradas. Neste problema podemos variar um grande número de variáveis, tais como a temperatura de entrada, a razão de diluente, e observar os valores ótimos para a produção do estireno. No entanto, teremos que deixar para mais tarde nossa gratificação de estudar a produção de estireno, até que dominemos os Capítulos 11 e 12.

Encerramento. Uma vez completado este capítulo, você deverá ser capaz de descrever os diferentes tipos de reações múltiplas (em série, paralelas, complexas e independentes) e selecionar o sistema de reação que maximize a seletividade. Você deverá ser capaz de reproduzir e usar o algoritmo para resolver problemas de ERQ com reações múltiplas. Da mesma forma, deverá ser capaz de destacar as maiores diferenças entre o ERQ algoritmo para as reações múltiplas e para os casos de uma só reação e, então, discutir por que se deve tomar cuidado ao escrever as etapas da lei de velocidade e da estequiometria, para levar em consideração as leis de velocidade de cada reação, as velocidades relativas e as velocidades resultantes.

Finalmente, você deverá se sentir realizado por saber que agora alcançou um nível, no qual pode resolver problemas realísticos de ERQ com cinéticas complexas.

RESUMO

1. Para as reações competitivas

$$\text{Reação 1:} \quad A + B \xrightarrow{k_D} D \qquad r_D = A_D e^{-E_D/RT} C_A^{\alpha_1} C_B^{\beta_1} \tag{R8-1}$$

$$\text{Reação 2:} \quad A + B \xrightarrow{k_U} U \qquad r_U = A_U e^{-E_U/RT} C_A^{\alpha_2} C_B^{\beta_2} \tag{R8-2}$$

o parâmetro de seletividade instantâneo é definido como

$$S_{D/U} = \frac{r_D}{r_U} = \frac{A_D}{A_U} \exp\left(-\frac{(E_D - E_U)}{RT}\right) C_A^{\alpha_1-\alpha_2} C_B^{\beta_1-\beta_2} \tag{R8-3}$$

(a) Se $E_D > E_U$, o parâmetro da seletividade $S_{D/U}$ aumentará com o aumento da temperatura.

(b) Se $\alpha_1 > \alpha_2$ e $\beta_2 > \beta_1$ a reação deveria ser realizada com altas concentrações de A e baixas concentrações de B para manter o parâmetro de seletividade $S_{D/U}$ com um valor alto. Use, inicialmente, um reator semicontínuo somente com A ou um reator tubular no qual B é alimentado em diferentes pontos ao longo do reator. Outros casos discutidos no texto são ($\alpha_2 > \alpha_1$, $\beta_1 > \beta_2$), ($\alpha_2 > \alpha_1$, $\beta_2 > \beta_1$) e ($\alpha_1 > \alpha_2$, $\beta_1 > \beta_2$).

A *seletividade global*, baseada nas vazões molares que saem do reator, para as reações dadas pelas Equações (R8-1) e (R8-2) é

$$\tilde{S}_{D/U} = \frac{F_D}{F_U} \tag{R8-4}$$

2. O *rendimento global* é a razão do número de mols de um produto no final da reação pelo número de mols do reagente de referência que foi consumido:

$$\tilde{Y}_D = \frac{F_D}{F_{A0} - F_A} \tag{R8-5}$$

3. O algoritmo para reações múltiplas é apresentado na Tabela 8R-1. Como observado anteriormente neste capítulo, as equações que descrevem as **Etapas de Velocidades de Reação** são as principais mudanças no nosso ERQ algoritmo.

TABELA 8R-1 ALGORITMO PARA REAÇÕES MÚLTIPLAS

Numere todas as reações

Balanços molares:

Balanço molar para cada espécie

PFR $$\frac{dF_j}{dV} = r_j \qquad \text{(R8-6)}$$

CSTR $$F_{j0} - F_j = -r_j V \qquad \text{(R8-7)}$$

Seguindo o Algoritmo

Batelada $$\frac{dN_j}{dt} = r_j V \qquad \text{(R8-8)}$$

Membrana ("i" se difunde em) $$\frac{dF_i}{dV} = r_i + R_i \qquad \text{(R8-9)}$$

Líquido semicontínuo $$\frac{dC_j}{dt} = r_j + \frac{v_0(C_{j0} - C_j)}{V} \qquad \text{(R8-10)}$$

Velocidades de reação:

Leis de velocidade de reação $$r_{ij} = k_{ij} f_i(C_j, C_n) \qquad \text{(R8-11)}$$

Velocidades relativas de reação $$\frac{r_{iA}}{-a_i} = \frac{r_{iB}}{-b_i} = \frac{r_{iC}}{c_i} = \frac{r_{iD}}{d_i} \qquad \text{(R8-12)}$$

Velocidades resultantes de reação $$r_j = \sum_{i=1}^{q} r_{ij} \qquad \text{(R8-13)}$$

Estequiometria:

Fase gasosa $$C_j = C_{T0} \frac{F_j}{F_T} \frac{P}{P_0} \frac{T_0}{T} = C_{T0} \frac{F_j}{F_T} \frac{T_0}{T} y \qquad \text{(R8-14)}$$

$$y = \frac{P}{P_0}$$

$$F_T = \sum_{j=1}^{n} F_j \qquad \text{(R8-15)}$$

$$\frac{dy}{dW} = -\frac{\alpha}{2y} \left(\frac{F_T}{F_{T0}} \right) \frac{T}{T_0} \qquad \text{(R8-16)}$$

Fase líquida $$v = v_0$$

$$C_A, C_B, \ldots$$

Combine:
O programa Polymath combinará todas as equações para você. Obrigado, Polymath!!

MATERIAL DO SITE DA LTC EDITORA

- **Recursos de Aprendizagem**
  1. *Notas de Resumo*
  2. *Módulos da Web*

A. Picadas de Naja

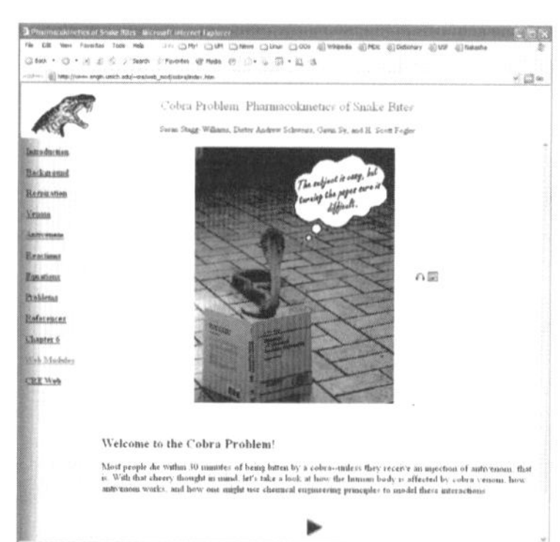

B. Módulos da Web

Jogos Interativos de Computador

3. *Jogos Interativos de Computador (ICG)*
   A Grande Corrida

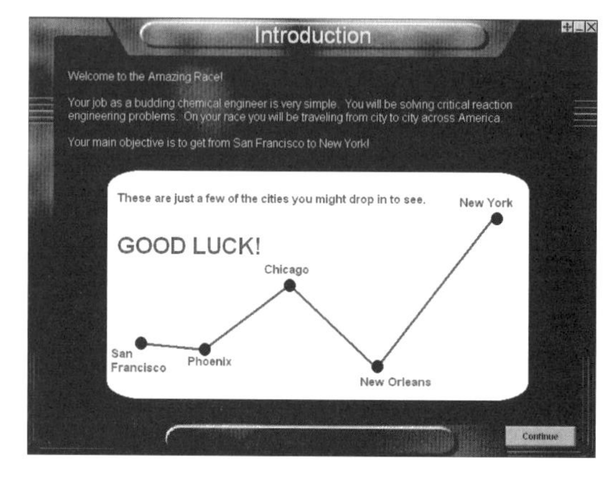

4. *Reactor Lab. Veja Recursos de Aprendizagem, no final do Capítulo 5, para uma descrição desses exercícios interativos de computador.*
5. *Problemas Resolvidos*
   A. Coagulação do Sangue
   B. Hidrodealquilação do Metileno em PFR, CSTR e de Membrana
   C. Tudo o que Você Queria Saber Sobre Como Fazer Anidrido Málico e Mais
   D. Oxidação da Amônia em um PFR
6. *Clarificação: PFR com alimentação lateral ao longo do reator*

Problemas Resolvidos

- **Problemas Exemplos de Simulação**

Problema Exemplo de Simulação

1. *Exemplo 8-1 Reação de Trambouzi: Tomando o produto de saída de um CSTR e o alimentando a um PFR para aumentar a conversão (com diminuição da seletividade).*
2. *Exemplo 8-5 Reações Complexas com Fase Gasosa em um PFR*
3. *Exemplo 8-6 Reações Complexas com Fase Líquida em um CSTR*
4. *Exemplo 8-7 Reações Complexas com Fase Líquida em um Reator Semicontínuo*
5. *Exemplo 8-8 Reator de Membrana para Melhorar a Seletividade de Reações Múltiplas*
6. *Exemplo da Web/site da LTC Editora Calculando as Concentrações em Função da Posição na Oxidação de NH_3 em um PFR. (Veja, no Capítulo 8, Problemas Resolvidos no site da LTC Editora, para a descrição do problema.)*
7. *Exemplo da Web/site da LTC Editora: Problema sobre Picadas de Naja*
8. *Exemplo de Problemas Resolvidos da Web e do site da LTC Editora: Coagulação do Sangue*
9. *Exemplo da Web/site da LTC Editora: Reações Oscilantes*
10. *Exemplo do AspenTech: Pirólise de Benzeno*

- **FAQ [Perguntas Mais Frequentes] – No ícone da seção Updates/FAQ (Atualizações/Perguntas Mais Frequentes)**
- **Material de Referência Profissional**

R8.1 *Análise da Região Acessível (ARA)*

A ARA permite que se encontre o sistema de reação ótimo para certos tipos de leis de velocidade de reação. O exemplo usado aborda a **cinética de van de Vusse** modificada

$$A \rightleftarrows B \rightarrow C$$
$$2A \rightarrow D$$

para achar o ponto ótimo com respeito à produção de B, usando uma combinação de PFRs e CSTRs.

R8.2 *Oxidação da Amônia*
As reações acopladas para a oxidação da amônia são modeladas usando-se um PFR.

QUESTÕES E PROBLEMAS

O subíndice de cada um dos números dos problemas indica o seu nível de dificuldade: A, mais fácil; D, mais difícil.

Em cada uma das questões e problemas a seguir, em vez de somente assinalar sua resposta, descreva em uma ou duas sentenças como você solucionou o problema, as suposições que você fez, a coerência de sua resposta, o que você aprendeu, e quaisquer outros fatos que você queira incluir.

P8-1$_A$ **(a)** Invente e resolva um problema original para ilustrar os princípios deste capítulo. Veja as diretrizes dadas no Problema P5-1$_A$.

(b) Escreva uma questão baseada no material deste capítulo que requeira pensamento crítico. Explique por que sua questão requer pensamento crítico. [*Dica*: Veja o Prefácio, Seção B.2.]

(c) Mostre que para um CSTR a seletividade global e a instantânea são idênticas, isto é, $S_{D/U} \equiv \tilde{S}_{D/U}$. Mostre, também, que o rendimento instantâneo e o global para um CSTR são iguais, isto é, $Y_D \equiv \tilde{Y}_D$.

P8-2$_A$ **(a)** **Exemplo 8-1.** (1) O que são C_A, C_X e C_Y em C_A^*? (2) Qual teria sido a seletividade $S_{B/XY}$ e a conversão X se a reação tivesse sido realizada em um único PFR com o mesmo volume de um CSTR? (3) Como suas respostas mudariam se a pressão fosse aumentada por um fator de 100?

(b) **Exemplo 8-2.** Faça uma tabela/lista para cada reator mostrado na Figura 8-3, identificando todos os tipos de reação que seriam mais bem realizadas nesse reator. Por exemplo, a Figura 8-2(d) Semicontínuo: usado para (1) reações altamente exotérmicas e (2) aumentar a seletividade.

(c) **Exemplo 8-3.** Como $t_{\text{ótimo}}$ mudaria se $k_1 = k_2 = 0{,}25\ \text{h}^{-1}$ a 300 K?

(d) **Exemplo 8-4.** (1) O que são $S_{B/C}$ = e Y_B? Qual a temperatura operacional de um CSTR (com $\tau = 0{,}5$ s) que você recomendaria para maximizar B se $C_{A0} = 5$ mol/dm^3, $k_1 = 0{,}4\ \text{s}^{-1}$ e $k_2 = 0{,}01\ \text{s}^{-1}$ com $E_1 = 10$ kcal/mol e $E_2 = 20$ kcal/mol? [*Dica*: Plote C_B em função de T.]

(e) **Exemplo 8-5.** Carregue o *Problema Exemplo de Simulação* do *site da LTC Editora* (ou da Web). Explore o problema. (1) Varie a razão das vazões de entrada para A sobre B a fim de determinar o efeito sobre a seletividade. (2) Faça o mesmo para a vazão volumétrica. (3) Como suas respostas mudariam se a primeira reação fosse reversível $A + 2B \rightleftarrows C$ com a constante de equilíbrio $K_C = 0{,}002\ (\text{dm}^3/\text{mol})^2$?

(f) **Exemplo 8-6.** Carregue o *Problema Exemplo* do *site da LTC Editora* (ou da Web). Explore o problema e descreva o que você encontrou. [*Dica*: Repita **(e)**.]

(g) **Exemplo 8-7.** Carregue o *Problema Exemplo* do *site da LTC Editora* (ou da Web). Varie a vazão para saber qual é seu efeito sobre a seletividade. Alimente A sobre B para saber como a seletividade varia.

(h) **Exemplo 8-8.** Carregue o *Problema Exemplo* do *site da LTC Editora*. (1) Como suas respostas mudariam se $F_{B0} = 2F_{A0}$? (2) E se a reação (1) fosse $A+2B \rightarrow D$ com a lei de velocidade de reação permanecendo a mesma?

(i) **Exemplo da Pirólise de Benzeno do AspenTech.** (1) Mude as energias de ativação para $E_1 = 28$ kcal/mol e $E_2 = 32$ kcal/mol, execute o programa AspenTech e descreva o que encontrar. Compare com os dados originais. Repita (1) mudando para $E_1 = 32$ kcal/mol e $E_2 = 28$ kcal/mol e descreva o que você achar. (2) Dobre o volume do reator e compare os perfis das vazões molares. Descreva o que você descobrir.

(j) **Exemplo do site da LTC Editora.** Reação do Mesitileno em um PFR. Carregue o *Problema Exemplo de Simulação* do site da LTC Editora. (1) Como suas respostas mudariam se na alimentação houvesse o mesmo número de mols de hidrogênio e mesitileno? (2) Qual é o efeito de Θ_H sobre $\tau_{\text{ótimo}}$? E sobre $\tilde{S}_{X/T}$?

(k) **Exemplo do site da LTC Editora.** Reação do Mesitileno em um CSTR. Mesmas perguntas como no P8-2(h)?

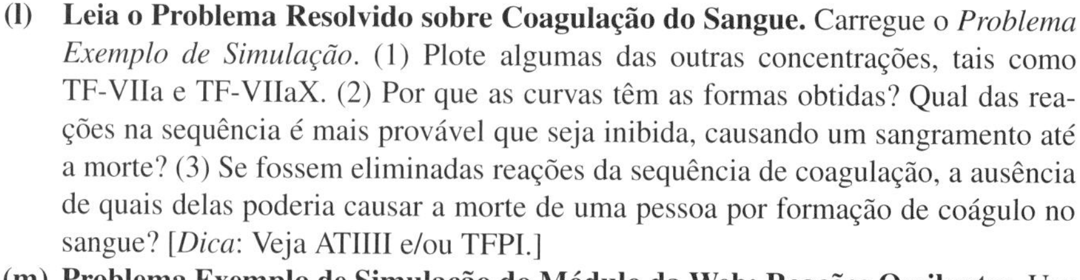

(l) **Leia o Problema Resolvido sobre Coagulação do Sangue.** Carregue o *Problema Exemplo de Simulação*. (1) Plote algumas das outras concentrações, tais como TF-VIIa e TF-VIIaX. (2) Por que as curvas têm as formas obtidas? Qual das reações na sequência é mais provável que seja inibida, causando um sangramento até a morte? (3) Se fossem eliminadas reações da sequência de coagulação, a ausência de quais delas poderia causar a morte de uma pessoa por formação de coágulo no sangue? [*Dica*: Veja ATIIII e/ou TFPI.]

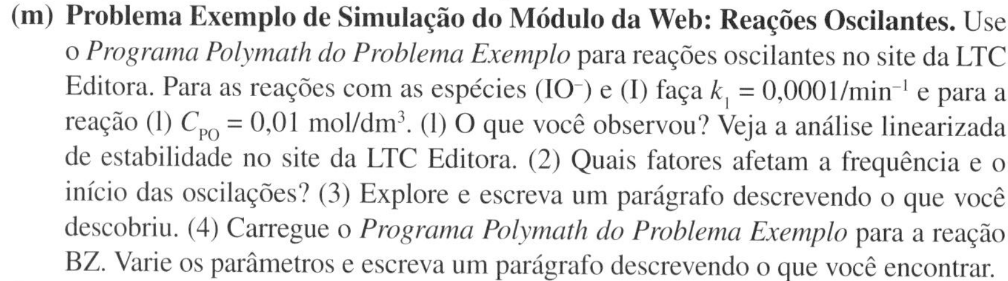

(m) **Problema Exemplo de Simulação do Módulo da Web: Reações Oscilantes.** Use o *Programa Polymath do Problema Exemplo* para reações oscilantes no site da LTC Editora. Para as reações com as espécies (IO^-) e (I) faça $k_1 = 0{,}0001/\text{min}^{-1}$ e para a reação (l) $C_{PO} = 0{,}01\ \text{mol/dm}^3$. (1) O que você observou? Veja a análise linearizada de estabilidade no site da LTC Editora. (2) Quais fatores afetam a frequência e o início das oscilações? (3) Explore e escreva um parágrafo descrevendo o que você descobriu. (4) Carregue o *Programa Polymath do Problema Exemplo* para a reação BZ. Varie os parâmetros e escreva um parágrafo descrevendo o que você encontrar.

P8-3$_A$ Carregue o *Jogo Interativo de Computador* (ICG)*: A Grande Corrida*, do site da LTC Editora. Execute o jogo e, então, grave o número do seu desempenho, que indica o seu domínio do material deste módulo. Seu professor tem a chave para decodificar o número do seu desempenho.

Desempenho nº ___________________

P8-4$_C$ Leia o **Módulo** da Naja na **Web** ou no site da LTC Editora.

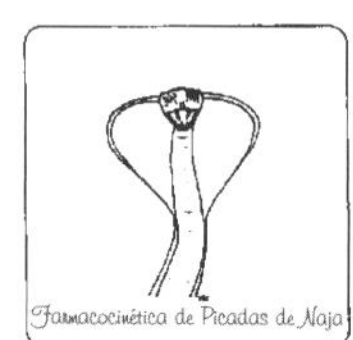

(a) Determine quantas picadas da cobra naja são necessárias, de forma que qualquer quantidade de antídoto não seja mais capaz de salvar a vítima.

(b) Suponha que a vítima seja picada por uma cobra não venenosa, e não por uma naja, e o antídoto seja injetado. Que quantidade de antídoto teria que ser injetada para causar sua morte?

(c) Qual é a quantidade de antídoto e qual o tempo limite máximo para que ele seja injetado, depois da picada, para que a vítima não morra?

(d) Aplique a este problema uma ou mais das seis ideias da Tabela P-3, do Prefácio. [*Dica*: O programa Polymath deste *Problema Exemplo* está no site da LTC Editora.]

P8-5$_B$ As seguintes reações

$$A \underset{}{\overset{k_1}{\rightleftarrows}} D \qquad -r_{1A} = k_1[C_A - C_D/K_{1A}]$$

$$A \underset{}{\overset{k_2}{\rightleftarrows}} U \qquad -r_{2A} = k_2[C_A - C_U/K_{2A}]$$

ocorrem em um reator batelada.

Informação adicional:

$k_1 = 1{,}0\ \text{min}^{-1}$, $K_{1A} = 10$

$k_2 = 100\ \text{min}^{-1}$, $K_{2A} = 1{,}5$

$C_{A0} = 1\ \text{mol/dm}^3$

(Adaptado de um problema de John Falkner, Universidade do Colorado.)

(a) Plote e analise a conversão e as concentrações de A, D e U em função do tempo. Quando você pararia a reação para maximizar a concentração de D?

(b) Quando a concentração máxima de U ocorre?

(c) Quais são as concentrações de equilíbrio de A, D e U?

(d) Quais seriam as concentrações na saída de um CSTR com um tempo espacial de 1,0 min? De 10,0 min? De 100 min?

P8-6$_A$ Considere o seguinte sistema de reações em fase gasosa:

$$A \longrightarrow X \qquad r_X = k_1 C_A^{1/2} \qquad k_1 = 0{,}004(\text{mol/dm}^3)^{1/2} \cdot \text{min}^{-1}$$

$$A \longrightarrow B \qquad r_B = k_2 C_A \qquad k_2 = 0{,}3\ \text{min}^{-1}$$

$$A \longrightarrow Y \qquad r_Y = k_3 C_A^2 \qquad k_3 = 0{,}25\ \text{dm}^3/\text{mol} \cdot \text{min}$$

B é o produto desejado, e X e Y são poluentes malcheirosos de descarga dispendiosa. As velocidades específicas de reação são dadas a 27°C. O sistema reacional deverá ser operado a 27°C e 4 atm. A puro entra no sistema na vazão volumétrica de 10 dm³/min.

(a) Faça um esboço das seletividades instantâneas [$S_{B/X}$, $S_{B/Y}$ e $S_{B/XY} = r_B/(r_X + r_Y)$] em função da concentração de C_A.

(b) Considere reatores em série. Qual deveria ser o volume do primeiro reator?
(c) Quais são as concentrações de A, B, X e Y no efluente do primeiro reator?
(d) Qual é a conversão de A no primeiro reator?
(e) Se uma conversão de 99% de A é desejada, que esquema e tamanho de reatores você deveria usar para maximizar $S_{B/XY}$?
(f) Suponha que E_1 = 20.000 cal/mol, E_2 = 10.000 cal/mol e E_3 = 30.000 cal/mol. Que temperatura você recomendaria para um único CSTR com um tempo espacial de 10 min e uma concentração de entrada de A igual a 0,1 mol/dm^3?
(g) Se você pudesse variar a pressão entre 1 e 100 atm, que pressão você escolheria?

P8-7$_B$ A farmacocinética diz respeito à ingestão, distribuição, reação, e eliminação de drogas do corpo. Considere a aplicação da farmacocinética a um dos maiores problemas dos Estados Unidos – beber e dirigir. Aqui iremos modelar quanto tempo alguém precisa esperar antes de dirigir, depois de ter tomado um drinque duplo de Martini. Na maioria dos estados americanos, o limite legal de intoxicação é 0,8 g de etanol por litro de fluido corporal. (Na Suécia é 0,5 g/L, e no Leste Europeu e na Rússia é qualquer valor acima de 0,0 g/L.)

A ingestão de etanol na corrente sanguínea e sua subsequente eliminação pode ser modelada como reações em série. A velocidade de absorção do etanol do trato gastrointestinal para a corrente sanguínea e para o corpo é uma reação de primeira ordem com uma constante de velocidade específica de reação de 10 h^{-1}. A velocidade com que o etanol é metabolizado na corrente sanguínea é limitada pela regeneração de uma coenzima. Consequentemente, o processo pode ser modelado como uma reação de ordem zero, com uma velocidade específica de reação por litro de fluido corporal de 0,192 g/(h·L).

Quanto tempo uma pessoa teria que esperar (**a**) nos Estados Unidos; (**b**) na Suécia; e (**c**) na Rússia, se foram bebidos dois drinques duplos de Martini, imediatamente após a chegada a uma festa? Como sua resposta mudaria se (**d**) os drinques fossem tomados com um intervalo de ½ h; (**e**) os dois drinques fossem consumidos a uma velocidade uniforme durante a primeira hora?

(**f**) Suponha que alguém tenha ido a uma festa, bebido um e meio drinque duplo de Martini logo que chegou, e, então, tenha recebido uma ligação telefônica dizendo que havia ocorrido uma emergência, e que esta pessoa precisaria ir para casa imediatamente. Em quantos minutos ele(ela) teria que chegar em casa antes que ficasse legalmente intoxicado(a), assumindo que esta pessoa não havia bebido mais nada depois? (**g**) Como suas respostas mudariam para uma pessoa magra? E para uma pessoa com sobrepeso? [Dica: Em todos os casos baseie a concentração de etanol no volume do fluido do corpo. Plote a concentração de etanol no sangue como uma função do tempo.] Que generalizações você pode fazer? Que detalhe de grande importância deste problema não foi mencionado?

Informação adicional:
Etanol em um drinque duplo de Martini: 40 g
Volume de fluido no corpo: 40 L **(Problema do tipo SADD-MADD)***
[Veja o Capítulo 9 PRS R9-7 para ler uma análise mais profunda sobre o metabolismo do etanol.]

P8.8$_B$ (*Farmacocinética*) Tarzlon é um antibiótico líquido que é tomado oralmente para tratar infecções do baço. Ele é efetivo apenas se for possível manter uma concentração na corrente sanguínea (baseada no volume de fluido do corpo) acima de 0,4 mg por dm^3 de fluido corporal. Idealmente, uma concentração de 1,0 mg/dm^3 no sangue deveria ser obtida. Todavia, se a concentração no sangue exceder 1,5 mg/dm^3, efeitos colaterais prejudiciais podem ocorrer. Tão logo o Tarzlon chega ao estômago, ele pode seguir dois caminhos, ambos de primeira ordem: (1) Ele pode ser absorvido pela corrente sanguínea através das paredes do estômago; (2) ele pode passar pelo trato gastrointestinal e ser expelido, sem ser absorvido pelo sangue. Ambos os processos são de primeira ordem em relação à concentração de Tarzlon no estômago. Uma vez na corrente sanguínea, o Tarzlon ataca células bacterianas e é, subsequentemente, degradado por um processo de ordem zero. O Tarzlon também pode ser removido do sangue e excretado pela urina, por um processo de primeira ordem nos rins. No estômago:

Adsorção no sangue	$k_1 = 0{,}15\ h^{-1}$
Eliminação através do sistema gastrointestinal	$k_2 = 0{,}6\ h^{-1}$

*SADD-MADD refere-se às organizações Student Against Destructive Decisions (Estudantes Contra Decisões Destrutivas) e Mothers Against Driving Drunk (Mães Contra Dirigir Bêbado). (N.T.)

Na corrente sanguínea:

Degradação do Tarzlon	$k_3 = 0,1$ mg/(dm³ · h)
Eliminação através da urina	$k_4 = 0,2$ h⁻¹

Uma dose de Tarzlon corresponde a 250 mg na forma líquida. Considere o volume de fluido no corpo = 40 dm³.

(a) Plote e analise a concentração de Tarzlon no sangue em função do tempo, quando uma dose (por exemplo, uma cápsula líquida) de Tarzlon é ingerida.

(b) Como o Tarzlon deveria ser administrado (dosagem e frequência) em um período de 48 horas, para ser mais efetivo?

(c) Comente sobre as concentrações da dose e riscos potenciais.

(d) Como suas respostas mudariam se a droga fosse tomada com o estômago cheio ou vazio?

P8-9$_C$ (***Seleção de reator e condições de operação***) Para cada um dos seguintes conjuntos de reações descreva seu sistema reacional e condições para maximizar a seletividade da espécie D. Faça gráficos esquematizados onde for necessário, para dar suporte às suas escolhas. As velocidades de reação estão em [mol/(dm³ · s)] e as concentrações em (mol/dm³).

(a) (1) $A + B \rightarrow D$ $\quad -r_{1A} = 10 \exp(-8.000 \text{ K}/T)C_A C_B$

(2) $A + B \rightarrow U$ $\quad -r_{2A} = 100 \exp(-1.000 \text{ K}/T)C_A^{1/2} C_B^{3/2}$

(b) (1) $A + B \rightarrow D$ $\quad -r_{1A} = 100 \exp(-1.000 \text{ K}/T)C_A C_B$

(2) $A + B \rightarrow U$ $\quad -r_{2A} = 10^6 \exp(-8.000 \text{ K}/T)C_A C_B$

(c) (1) $A + B \rightarrow D$ $\quad -r_{1A} = 10 \exp(-1.000 \text{ K}/T)C_A C_B$

(2) $B + D \rightarrow U$ $\quad -r_{2B} = 10^9 \exp(-10.000 \text{ K}/T)C_B C_D$

(d) (1) $A \longrightarrow D$ $\quad -r_{1A} = 4280 \exp(-12.000 \text{ K}/T)C_A$

(2) $D \longrightarrow U_1$ $\quad -r_{2D} = 10{,}100 \exp(-15.000 \text{ K}/T)C_D$

(3) $A \longrightarrow U_2$ $\quad -r_{3A} = 26 \exp(-18.800 \text{ K}/T)C_A$

(e) (1) $A + B \rightarrow D$ $\quad -r_{1A} = 10^9 \exp(-10.000 \text{ K}/T)C_A C_B$

(2) $D \rightarrow A + B$ $\quad -r_{2D} = 20 \exp(-2.000 \text{ K}/T)C_D$

(3) $A + B \rightarrow U$ $\quad -r_{3A} = 10^3 \exp(-3.000 \text{ K}/T)C_A C_B$

(f) Considere as seguintes reações em paralelo:[5]

(1) $A + B \rightarrow D$ $\quad -r_{1A} = 10 \exp(-8.000 \text{ K}/T)C_A C_B$

(2) $A \rightarrow U$ $\quad -r_{2A} = 26 \exp(-10.800 \text{ K}/T)C_A$

(3) $U \rightarrow A$ $\quad -r_{3U} = 10.000 \exp(-15.000 \text{ K}/T)C_U$

(g) Para as seguintes reações [a velocidade de reação é dada em mol/(dm³ · min)]

(1) $A + B \rightarrow D$ $\quad -r_{1A} = 800\exp\left(\frac{-8.000 \text{ K}}{T}\right)C_A^{0,5} C_B$

(2) $A + B \rightarrow U_1$ $\quad r_{2B} = 10\exp\left(\frac{-300 \text{ K}}{T}\right)C_A C_B$

(3) $D + B \rightarrow U_2$ $\quad r_{3D} = 10^6\exp\left(\frac{-8.000 \text{ K}}{T}\right)C_D C_B$

P8-10$_B$ As reações elementares em série e em fase líquida

$$A \xrightarrow{k_1} B \xrightarrow{k_2} C$$

são conduzidas em um reator batelada de 500 dm³. A concentração inicial de A é 1,6 mol/dm³. O produto desejado é B e a separação do produto indesejado C é muito difícil e dispendiosa. Como a reação é conduzida a uma temperatura relativamente alta, a reação é facilmente resfriada de forma rápida.

Engenharia Verde

[5]Assuma que as reações reversíveis são muito rápidas. Técnicas para minimizar o resíduo U são discutidas no *Green Engineering* de D. Allen e D. Shonard (Upper Saddle River, N.J.: Prentice Hall, 2000).

(a) Plote e analise as concentrações de A, B e C em função do tempo, admitindo que cada reação é reversível, com $k_1 = 0{,}4\ h^{-1}$ e $k_2 = 0{,}01\ h^{-1}$.
(b) Plote e analise as concentrações de A, B e C em função do tempo, para o caso em que a primeira reação é reversível com $k_{-1} = 0{,}3\ h^{-1}$.
(c) Plote e analise as concentrações de A, B e C em função do tempo, para o caso em que ambas as reações são reversíveis, e $k_{-2} = 0{,}005\ h^{-1}$.
(d) Compare (**a**), (**b**) e (**c**) e descreva o que você observa.
(e) Varie k_1, k_2, k_{-1} e k_{-2}. Explique a consequência de $k_1 > 100$ e $k_2 < 0{,}1$ com $k_{-1} = k_{-2} = 0$, e para os casos $k_{-2} = 1$, $k_{-1} = 0$, e $k_{-2} = 0{,}25$.
(f) Aplique a este problema uma ou mais das seis ideias da Tabela P-3, do Prefácio.

P8-11$_B$ Ácido tereftálico (TPA) é extensivamente usado na manufatura de fibras sintéticas (por exemplo, Dacron) e como intermediário em filmes de poliéster (por exemplo, Mylar). A formação do tereftalato de potássio a partir do benzoato de potássio foi estudada usando-se um reator tubular [*Ind. Eng. Chem. Res.*, *26*, 1691 (1987)].

Descobriu-se que os intermediários (essencialmente K-ftalatos) eram formados pela dissociação do K-benzoato sobre um catalisador à base de $CdCl_2$ e reagiam com o K-tereftalato em uma reação autocatalítica, de acordo com as etapas

$$A \xrightarrow{k_1} R \xrightarrow{k_2} S \qquad \text{Reações em série}$$

$$R + S \xrightarrow{k_3} 2S \qquad \text{Reação autocatalítica}$$

em que A = K-benzoato, R = intermediários agrupados (K-ftalatos, K-isoftalatos e K-benzenocarboxilatos) e S = K-tereftalato. A puro é carregado no reator a uma pressão de 110 kPa. As velocidades de reação específicas a 410 °C são $k_1 = 1{,}08 \times 10^{-3}\ s^{-1}$ com $E_1 = 42{,}6$ kcal/mol, $k_2 = 1{,}19 \times 10^{-3}\ s^{-1}$ com $E_2 = 48{,}6$ kcal/mol, $k_3 = 1{,}59 \times 10^{-3}\ dm^3/(mol{\cdot}s)$ com $E_3 = 32$ kcal/mol.
(a) Plote e analise as concentrações de A, R e S em função do tempo para um reator batelada a 410 °C, e anote quando ocorre o máximo em R.
(b) Repita **(a)** para as temperaturas de 430°C e 390°C.
(c) Quais seriam as concentrações de saída em um CSTR operado a 410°C com um tempo espacial de 1200 s?

P8-12$_A$ As seguintes reações em fase líquida foram conduzidas em um CSTR a 325 K.

$$3A \longrightarrow B + C \qquad -r_{1A} = k_{1A}C_A \qquad k_{1A} = 1{,}0\ min^{-1}\ s$$

$$2C + A \longrightarrow 3D \qquad r_{2D} = k_{2D}C_C^2C_A \qquad k_{2D} = 3{,}0\ \frac{dm^6}{mol^2 \cdot min}$$

$$4D + 3C \longrightarrow 3E \qquad r_{3E} = k_{3E}C_DC_C \qquad k_{3E} = 2{,}0\ \frac{dm^3}{mol \cdot min}$$

Esquematize as tendências ou os resultados que você espera, **antes** de resolver os detalhes do problema.

As concentrações medidas no *interior* do reator foram $C_A = 0{,}10$, $C_B = 0{,}93$, $C_C = 0{,}51$ e $C_D = 0{,}049$, todas em mol/dm³.
(a) Quais são os valores de r_{1A}, r_{2A} e r_{3A}? [$r_{1A} = -0{,}07\ mol/(dm^3 \cdot min)$]
(b) Quais são os valores de r_{1B}, r_{2B} e r_{3B}?
(c) Quais são os valores de r_{1C}, r_{2C} e r_{3C}? [$r_{1C} = 0{,}023\ mol/(dm^3 \cdot min)$]
(d) Quais são os valores de r_{1D}, r_{2D} e r_{3D}?
(e) Quais são os valores de r_{1E}, r_{2E} e r_{3E}?
(f) Quais são as velocidades resultantes de formação de A, B, C, D e E?
(g) A vazão volumétrica de entrada é 100 dm³/min e a concentração de entrada de A é 3 M. Qual é o volume do CSTR? (Resp.: 400 dm³.)
(h) Quais são as vazões molares de saída do CSTR de 400 dm³?
(i) **PFR.** Agora assuma que as reações ocorrem em fase gasosa. Use os dados anteriores para plotar as vazões molares, a seletividade e $y = P/P_0$ em função do volume do PFR até completar 400 dm³. O parâmetro de perda de pressão é 0,001 dm^{-3}, a concentração total na entrada do reator é 0,2 mol/dm³ e $v_0 = 100$ dm³/min. Quais são os valores de $\tilde{S}_{D/E}$ e $\tilde{S}_{C/D}$?
(j) **Reator de Membrana.** Repita (i) quando a espécie C se difunde para fora da membrana do reator e o coeficiente de transporte, k_C, é 10 min^{-1}. Compare os seus resultados com aqueles do item (i).

P8-13$_B$ Neste problema, as reações complexas descritas adiante serão realizadas primeiro em fase líquida [itens de **(a)** a (**d**)] e depois em fase gasosa [itens de (**e**) a (**g**)]. Não é necessário resolver primeiro os problemas de fase líquida para depois resolver os problemas de fase gasosa.

As seguintes reações são realizadas isotermicamente.

$$A+2B \longrightarrow C+D \qquad r_{1D}=k_{1D}C_AC_B^2$$
$$2D+3A \longrightarrow C+E \qquad r_{2E}=k_{2E}C_AC_D$$
$$B+2C \longrightarrow D+F \qquad r_{3F}=k_{3F}C_BC_C^2$$

Informação adicional:

$$k_{1D} = 0{,}25 \text{ dm}^6/\text{mol}^2\cdot\text{min} \qquad v_0 = 10 \text{ dm}^3/\text{min}$$
$$k_{2E} = 0{,}1 \text{ dm}^3/\text{mol}\cdot\text{min} \qquad C_{A0} = 1{,}5 \text{ mol/dm}^3$$
$$k_{3E} = 5{,}0 \text{ dm}^6/\text{mol}^2\cdot\text{min} \qquad C_{B0} = 2{,}0 \text{ mol/dm}^3$$

(a) Considere que as reações ocorram em fase líquida, e plote as concentrações das espécies e a conversão de A, em função da distância (isto é, volume), até um volume de 50 dm^3 de um PFR. Observe se há algum ponto de máximo.

(b) Considere que as reações ocorram em fase líquida, e determine as concentrações dos efluentes e a conversão de um CSTR de 50 dm^3. (*Resp.*: $C_A = 0{,}61$, $C_B = 0{,}79$, $C_F = 0{,}25$ e $C_D = 0{,}45$ mol/dm^3.)

(c) Plote e analise as concentrações das espécies e a conversão de A, em função do tempo, quando a reação é realizada em um reator semicontínuo, inicialmente contendo 40 dm^3 de líquido. Considere dois casos: (1) A é alimentado sobre B, e (2) B é alimentado sobre A. Que diferenças você observa nestes dois casos?

(d) Varie a razão entre B e A ($1 < \Theta_B < 10$) na alimentação de um PFR e descreva o que você encontrar. Que generalizações você pode fazer deste problema?

(e) Refaça o item **(a)** considerando a reação em fase gasosa. Manteremos as mesmas constantes para que você não tenha que fazer muitas mudanças no seu programa Polymath, mas faremos $v_0 = 100$ dm^3/min, $C_{T0} = 0{,}4$ mol/dm^3, $V = 500$ dm^3 e uma alimentação equimolar de A e B. Plote as vazões molares e $S_{C/D}$ e $S_{E/F}$ ao longo do PFR.

(f) Repita **(e)** quando D difunde-se para fora dos lados de um reator de membrana, no qual o coeficiente de transferência de massa, k_{CD}, pode ser variado entre 0,1 min^{-1} e 10 min^{-1}. Que tendências você encontra?

(g) Repita **(e)** quando B é alimentado pelos lados de um reator de membrana.

P8-14$_B$ As reações complexas envolvidas na oxidação de formaldeído a ácido fórmico sobre um catalisador de óxido de vanádio e titânio [*Ind. Eng. Chem. Res. 28*, p. 387 (1989)] são mostradas a seguir. Cada reação segue uma lei de velocidade de reação elementar.

$$HCHO + \frac{1}{2}O_2 \xrightarrow{k_1} HCOOH \xrightarrow{k_3} CO + H_2O$$
$$2HCHO \xrightarrow{k_2} HCOOCH_3$$
$$HCOOCH_3 \xrightarrow{k_4} CH_3OH + HCOOH$$

Sejam A = HCHO, B = O_2, C = HCOOH, D = $HCOOCH_3$, E = CO, W = H_2O e G = CH_3OH.

As vazões de entrada são $F_{AO} = 10$ mol/s, $F_{BO} = 5$ mol/s e $v_0 = 100$ dm^3/s. Para uma concentração total de entrada $C_{T0} = 0{,}147$ mol/dm^3, o volume sugerido para o reator é 1.000 dm^3.

Informação adicional:

A 300 K

$$k_1 = 0{,}014\left(\frac{\text{dm}^3}{\text{mol}}\right)^{1/2}\Big/\text{s}, \quad k_2 = 0{,}007\frac{\text{dm}^3}{\text{mol}\cdot\text{s}}$$

$$k_3 = 0{,}014/\text{s}, \quad k_4 = 0{,}45\frac{\text{dm}^3}{\text{mol}\cdot\text{s}}$$

(a) Plote e analise $\tilde{Y}_C$, $\tilde{S}_{A/E}$, $\tilde{S}_{C/D}$, $\tilde{S}_{D/G}$ e as vazões molares ao longo do comprimento do reator. Observe quaisquer pontos de máximo e o volume nos quais eles ocorrem.

(b) Plote e analise o rendimento global de HCOOH e as seletividades globais de HCOH para CO, de $HCOOCH_3$ para CH_3OH e de HCOOH para $HCOOCH_3$ em função de Θ_{O_2}. Sugira algumas condições para melhorar a produção de ácido fórmico. Escreva um parágrafo descrevendo o que você descobrir.

(c) Compare seu gráfico do item **(a)** com um gráfico similar quando a perda de pressão é considerada com $\alpha = 0{,}002\ dm^{-3}$.

(d) Suponha que $E_1 = 10.000$ cal/mol, $E_2 = 30.000$ cal/mol, $E_3 = 20.000$ cal/mol e $E_4 = 10.000$ cal/mol. Que temperatura você recomendaria para um PFR de 1000 dm^3?

P8-15$_C$ A epoxidação do etileno deverá ser realizada em um reator de leito fixo, usando-se um catalisador de prata dopado com césio.

$$(1)\quad C_2H_4 + \frac{1}{2}O_2 \rightarrow C_2H_4O \qquad -r_{1E} = \frac{k_{1E}P_EP_O^{0,58}}{(1+K_{1E}P_E)^2}$$

Juntamente com a reação desejada, também ocorre a combustão completa do etileno

$$(2)\quad C_2H_4 + 3O_2 \rightarrow 2CO_2 + 2H_2O \qquad -r_{2E} = \frac{k_{2E}P_EP_O^{0,3}}{(1+K_{2E}P_E)^2}$$

[M. Al-Juaied, D. Lafarga e A. Varma, *Chem. Eng. Sci. 56*, 395 (2001).]

Propõe-se substituir o PBR convencional por um reator de membrana com o objetivo de melhorar a seletividade. Como regra aproximada, um aumento de 1% na seletividade do óxido de etileno representa um aumento de lucro de aproximadamente US$2 milhões de dólares/ano. A alimentação é constituída de 12% (molar) de oxigênio, 6% de etileno, e o restante, de nitrogênio, a uma temperatura de 250°C e uma pressão de 2 atm. A vazão molar total de alimentação de um reator que contém 2 kg de catalisador é 0,0093 mol/s.

Informação adicional

$$k_{1E} = 0{,}15\frac{\text{mol}}{\text{kg}\cdot\text{s atm}^{1,58}} \text{ a } 523 \text{ K com } E_1 = 60{,}7 \text{ kJ/mol}$$

$$k_{2E} = 0{,}0888\frac{\text{mol}}{\text{kg}\cdot\text{s atm}^{1,3}} \text{ a } 523 \text{ K com } E_2 = 73{,}2 \text{ kJ/mol}$$

$$K_{1E} = 6{,}50 \text{ atm}^{-1}, K_{2E} = 4{,}33 \text{ atm}^{-1}$$

(a) Que conversão e seletividade, $\tilde{S}$, são esperadas para um PBR convencional?

(b) Quais seriam a conversão e a seletividade se a vazão molar total fosse dividida e uma corrente de oxigênio (sem etileno), 12% da vazão molar total, fosse uniformemente alimentada pelos lados do reator de membrana, e uma corrente de etileno (sem oxigênio), 6% da vazão molar total, fosse alimentada na entrada?

(c) Repita o item **(b)** para o caso em que o etileno é alimentado uniformemente pelos lados e o oxigênio é alimentado na entrada. Compare os resultados com os itens **(a)** e **(b)**.

P8-16$_B$ A captação de **energia solar** tem grande potencial para ajudar a satisfazer a crescente demanda mundial por energia, que foi de 12 terawatts em 2010 e, acredita-se, alcançará 36 terawatts em 2050 (conforme **P3-15$_B$**). O Prof. Al Weimer e seus alunos, na Universidade do Colorado, estão envolvidos no desenvolvimento de métodos para tornar viável a utilização da energia térmica solar. Em reatores termossolares, espelhos são usados para focalizar e concentrar a energia solar em um tipo de reator com uma cavidade de escoamento, onde temperaturas muito elevadas, da ordem de 1200°C, podem ser alcançadas, como mostrado na Figura P8-16.1.

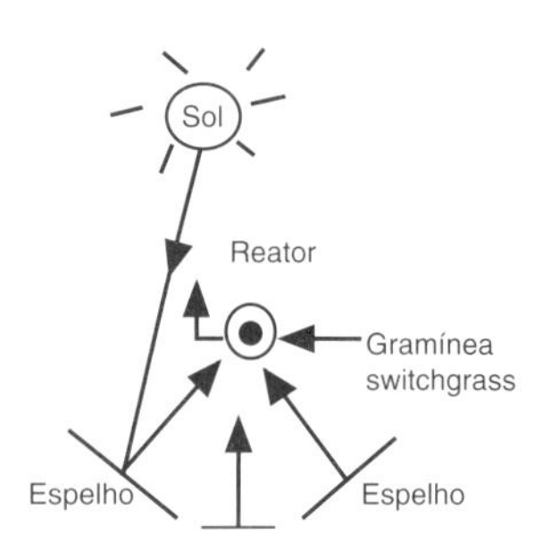

Figura P8-16.1 Projeto de campo solar. Cinco torres de 265 m de altura, com três torres/campos heliostáticos, 275 acres de terra em Daggett, CA. Neste sistema resulta uma concentração luminosa equivalente a 3.868 sóis, sendo 295 MW enviados a cada reator solar. (Melinda M. Channel, Jonathan Scheffe, Allan Lewandowski, and Alan W. Weimer, November 11, 2009.) Veja, também, a referência *Chemical Engineering*, 116, p. 18, March 2009.

A gramínea denominada switchgrass é alimentada ao reator termossolar que está na temperatura de 1200°C. Nessa temperatura, a biomassa pode ser convertida a CO e H_2, isto é, Syngas, o qual, por sua vez, pode ser usado em substituição aos combustíveis líquidos. A gramínea switchgrass, que é composta aproximadamente por 2/3 de celulose ($C_6H_{10}O_5$) e 1/3 de lignina ($C_{10}H_{12}O_3$), é alimentada juntamente com vapor para produzir CO, H_2 e uma pequena quantidade de cinza, que não será considerada. A fim de simplificar esse processo, gerando um problema que possa ser resolvido mais facilmente, assumimos que a switchgrass é volatilizada imediatamente ao entrar no reator de escoamento uniforme e que as reações e as leis de velocidade postuladas são

(1) Celulose: $C_6H_{10}O_5(C) + H_2O(W) \rightarrow 6H_2 + 6CO$

(2) Lignina: $C_{10}H_{12}O_3(L) + 7H_2O(W) \rightarrow 13H_2 + 10CO$

[*AIChE J. 55*, p. 286 (2009)]. Veja também a referência *Science*, p. 326, 1472 (2009).

As leis de velocidade de reação e suas constantes são tomadas, hipoteticamente, como

$$-r_{1C} = k_{1C}C_C C_W$$

$$-r_{2L} = k_{2L}C_L C_W^2$$

$$\text{com } k_{1C} = 3\times10^4\left(\frac{dm^3}{mol}\right)\Big/s \quad e \quad k_{2L} = 1{,}4\times10^7\left(\frac{dm^3}{mol}\right)\Big/s$$

A concentração total de gás na alimentação do reator é $C_{T0} = \frac{P_0}{RT_0} = \frac{1\text{ atm}}{(0{,}082)(1473)} =$ 0,00828 mol/dm³ e as vazões molares de entrada de celulose, lignina e água são F_{C0} = 0,00411 mol/s e F_{L0} = 0,0185 mol/s, F_{W0} = 0,02 mol/s, respectivamente.

(a) Plote e analise as vazões molares em função do volume do PFR até V = 0,417 dm³.
(b) Plote e analise Y_C, Y_W, Y_L e $\tilde{S}_{CO/H_2}$ ao longo do reator.
(c) Repita **(a)** para diferentes vazões molares de água.

P8-17$_B$ A **gaseificação termossolar de biochar** (biomassa parcialmente carbonizada) também tem sido estudada na Universidade do Colorado (Veja **P8-16$_B$**). *Chemical Engineering and Processing: Process Intensification* 48, p. 1279 (2009) and *AIChE J. 55*, p. 286 (2009). Enquanto esse processo segue um modelo do núcleo não reagido (veja o Capítulo 11 do site da LTC Editora), para o propósito deste exemplo, usaremos a seguinte sequência simplificada de reações:

(1) Lignina: $C_{10}H_{12}O_3(L) + 3H_2O(W) \rightarrow 3H_2 + 3CO + Char$ (por exemplo, cresol)

(2) Char: $Char(Ch) + 4H_2O \rightarrow 10H_2 + 7CO$

Aqui, Char* representa o produto intermediário da pirólise da lignina na presença de vapor d'água.

*Nos processos termoquímicos de conversão de biomassa a combustíveis gasosos ou líquidos, o termo *char* é normalmente aplicado ao resíduo sólido da biomassa convertida, total ou parcialmente, a carvão vegetal, com liberação de compostos voláteis. (N.T.)

As leis de velocidade de reação a 1200°C são hipoteticamente definidas por

$$-r_{1L} = k_{1L}C_L C_W^2 \text{ com } k_{1L} = 3721\left(\frac{dm^3}{mol}\right)^2 \Big/ s$$

$$-r_{2Ch} = k_{2Ch}C_{Ch}C_W^2 \text{ com } k_{2Ch} = 1.000\left(\frac{dm^3}{mol}\right)^2 \Big/ s$$

As vazões molares na entrada são F_{L0} = 0,0123 mol/s, F_{W0} = 0,0111 mol/s, a concentração total na entrada é C_{T0} = 0,2 mol/dm³ e o volume do reator é 0,417 dm³.

(a) Plote e analise F_{Ch}, F_L, F_W, F_{CO} e F_{H2} ao longo do comprimento de um reator de escoamento uniforme.

(b) Repita o item **(a)** para as concentrações C_C, C_{Ch}, etc.

(c) Plote e analise a seletividade $\tilde{S}_{CO/H_2}$ e os rendimentos $\tilde{Y}_W$ e Y_L ao longo do PFR.

(d) Em que ponto a vazão molar do *Char* está no máximo? Como ela varia em função de mudanças nas condições de alimentação, tal como a razão (F_{W0}/F_{L0}), C_{T0} etc.?

P8-18$_B$ Reações em fase gasosa ocorrem isotermicamente em um reator de membrana recheado com catalisador. A puro entra no reator a 24,6 atm e 500 K, com uma vazão molar de A de 10 mol/min.

$$A \rightleftarrows B + C \qquad r'_{1C} = k_{1C}\left[C_A - \frac{C_B C_C}{K_{1C}}\right]$$

$$A \longrightarrow D \qquad r'_{2D} = k_{2D}C_A$$

$$2C + D \longrightarrow 2E \qquad r'_{3E} = k_{3E}C_C^2 C_D$$

Somente a espécie B difunde-se para fora do reator através da membrana.

Informação adicional:

O coeficiente de transferência de massa global é k_C = 1,0 dm³ / (kg cat · min)

k_{1C} = 2 dm³ / kg cat · min
K_{1C} = 0,2 mol / dm³
k_{2D} = 0,4 dm³ / kg cat · min
k_{3E} = 5,0 dm³ / mol² · kg cat · min
W_f = 100 kg
α = 0,008 kg^{-1}

(a) Plote e analise as concentrações ao longo do comprimento do reator.

(b) Explique por que suas curvas têm tal aparência.

(c) Descreva as maiores diferenças que você observar quando C, em vez de B, se difunde para fora do reator, com o mesmo valor do coeficiente de transferência de massa.

(d) Varie alguns dos parâmetros (por exemplo, k_B, k_{1C}, K_{1C}) e escreva um parágrafo descrevendo suas conclusões.

P8-19$_B$ Procure o **Laboratório de Reatores** (Reactor Lab) do Professor Hertz no site da LTC Editora ou no site da Web *www.SimzLab.com.*

(a) Use o site da LTC Editora para carregar a Divisão 5, do Lab 2, do Laboratório de Reatores, que simula a oxidação seletiva do etileno a óxido de etileno. Clique no botão [i] para obter informação sobre o sistema. Realize experimentos de simulação e desenvolva equações de velocidade para as reações. Escreva um resumo técnico que contenha seus resultados e inclua gráficos e medidas estatísticas que mostrem a qualidade do ajuste do seu modelo cinético aos dados experimentais.

(b) Carregue a Divisão 5, dos Labs 3 e 4, do Laboratório de Reatores, que simula reatores batelada com reações paralelas ou em série. Investigue como a diluição com um solvente afeta a seletividade para reações de diferentes ordens, e escreva um resumo descrevendo suas conclusões.

P8-20$_B$ **Quais são as cinco coisas que estão erradas nesta solução?**

As *reações de van de Vusse*

$$2A \xrightarrow{k_3} D$$

$$A \underset{}{\overset{k_1}{\rightleftarrows}} B + C$$

ocorrem em fase gasosa e todas seguem leis de velocidade de reação elementares. A puro entra em um PFR de 100 dm³ a uma vazão volumétrica de 10 dm³/min a uma concentração de 3 mol/m³.

$k_1 = 0{,}05$ min

$k_3 = 0{,}015$ (dm³/mol)/min

$K_C = 0{,}5$ dm³/mol

Plote C_A, C_B, C_C e C_D em função de V.

Solução

Toma-se A como base de cálculo para ambas as reações

$$A \xrightarrow{k_1} D/2$$

$$A \rightleftarrows B + C$$

As equações para a solução do problema no Polymath são:

Valores calculados das variáveis das Equações Diferenciais

	Variável	Valor inicial	Valor mínimo	Valor máximo	Valor final
1	Ca	3.	0.4541998	4.381897	0.4541998
2	Cb	0	0	2.809564	1.340173
3	Cc	0	0	2.809564	1.340173
4	Cd	0	0	3.885973	3.885973
5	V	0	0	100.	100.

Equações Diferenciais

1 d(Cc)/d(V) = 0,05*(Ca-Cb*Cc/2)

2 d(Cb)/d(V) = 0,05*(Ca-Cb*Cc/2)

3 d(Ca)/d(V) = 0,05*(Ca-Cb*Cc/2) – 0,015*Ca

4 d(C_D)/d/(V) = 0,015*Ca

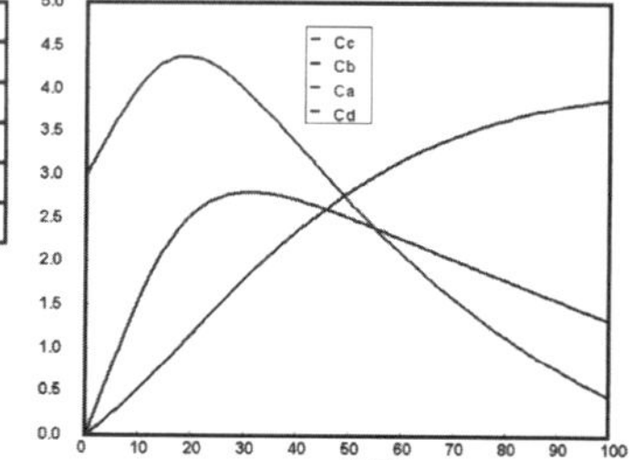

E os resultados obtidos são:

Indicação dos erros:

1) Na linha ___ lê-se ___________________, deveria ser ___________________

2) Na linha ___ lê-se ___________________, deveria ser ___________________

3) Na linha ___ lê-se ___________________, deveria ser ___________________

etc.

- **Problemas Propostos Adicionais**
  Alguns problemas propostos, encontrados no site da LTC Editora e no site de ERQ da Web, *http://www.engin.umich.edu/~cre*, poderão ser usados em exames, ou como problemas suplementares, ou exemplos.

Novos Problemas na Web

Engenharia Verde

CDP8-Novo De tempos em tempos, novos problemas que relacionam o material do Capítulo 8 a interesses do cotidiano, ou tecnologias de ponta, serão colocados na Web. As soluções para esses problemas podem ser obtidas enviando-se e-mails ao autor.

Também pode-se visitar o site da Web *www.rowan.edu/greeengineering* e resolver os problemas ali propostos sobre engenharia verde, que são específicos a este capítulo.

LEITURA SUPLEMENTAR

1. Seletividade, esquemas de reator e sequenciamento de reatores para reações múltiplas, juntamente com a avaliação das equações de projeto correspondentes, são apresentados em

BURGESS, THORNTON W., *The Adventures of Chatterer the Red Squirrel*, New York: Dover Publications, Inc., 1915.

BUTT, JOHN B., *Reaction Kinetics and Reactor Design, Second Edition, Revised and Expanded*, New York: Marcel Dekker, Inc., 1999.

DENBIGH, K. G., e J. C. R. TURNER, *Chemical Reactor Theory*, 2nd ed. Cambridge: Cambridge University Press, 1971, Chap. 6.

2. Muitas soluções analíticas para reações em paralelo, em série, e suas combinações são apresentadas em

WALAS, S. M., *Chemical Reaction Engineering Handbook of Solved Problems*. Newark, N. J.: Gordon and Breach, 1995.

Mecanismos de Reação, Rotas, Biorreações e Biorreatores

9

Quase tão bom quanto saber alguma coisa é saber onde encontrar informações a respeito dela.

Samuel Johnson (1709-1784)

Visão Geral. Dois dos principais fundamentos que embasam este capítulo são a hipótese do estado pseudoestacionário (HEPE) e o conceito de intermediários ativos. Intermediários ativos são espécies químicas altamente reativas que desaparecem quase tão rapidamente quanto são formadas. Consequentemente, podemos usar a HEPE que assume que a velocidade de reação resultante de formação de um intermediário ativo é zero. Utilizaremos a HEPE para desenvolver leis de velocidade de reação para reações químicas que não seguem leis de velocidade de reação elementares e para reações biológicas.

As reações globais que não seguem leis de velocidade de reação elementares geralmente envolvem um mecanismo de várias reações. Para desenvolver leis de velocidade de reação para reações não elementares:

- escolhemos os intermediários ativos e um mecanismo de reação,
- escrevemos uma lei de velocidade de reação elementar para cada reação do mecanismo,
- escrevemos as velocidades de reação resultantes para cada espécie,
- aplicamos a HEPE aos intermediários ativos a fim de desenvolver uma lei de velocidade de reação que seja coerente com a observação experimental.

Em seguida, aplicaremos a HEPE às reações biológicas, enfocando as reações enzimáticas. Estudaremos nesta seção

- a Cinética de Michaelis-Menten
- o gráfico de Lineweaver-Burk, e outros tipos
- a Cinética de Inibição de Enzimas

Na última seção deste capítulo, os conceitos de reações enzimáticas são estendidos aos microrganismos e à síntese de biomassa. Nesta seção, a cinética de crescimento de microrganismos é usada na modelagem tanto de reatores batelada como de CSTRs (quimiostatos).

9.1 Intermediários Ativos e Leis de Reações Não Elementares

No Capítulo 3, vários modelos simples de leis de potência foram apresentados, como, por exemplo,

$$-r_A = kC_A^n$$

em que n é um número inteiro 0, 1 ou 2 que corresponde respectivamente a uma reação de ordem zero, primeira ou segunda ordem. Entretanto, para um grande número de reações, as ordens não são inteiras, como é o caso da decomposição do acetaldeído a 500ºC.

$$CH_3CHO \rightarrow CH_4 + CO$$

em que a lei de velocidade de reação desenvolvida no Problema P9-5$_B$(**b**) é

$$-r_{CH_3CHO} = kC_{CH_3CHO}^{3/2}$$

A lei de velocidade de reação poderia ter, também, termos de concentração tanto no numerador quanto no denominador, como é o caso da formação de HBr a partir de hidrogênio e bromo

$$H_2 + Br_2 \rightarrow 2HBr$$

em que a lei de velocidade da reação desenvolvida no Problema P9-5$_B$(**c**) é

$$r_{HBr} = \frac{k_1 C_{H_2} C_{Br_2}^{3/2}}{C_{HBr} + k_2 C_{Br_2}}$$

Leis de velocidades de reação, como esta, normalmente envolvem várias reações elementares e, pelo menos, um intermediário ativo. Um *intermediário ativo* é uma molécula muito energética que virtualmente reage tão rapidamente quanto é formada. Como resultado, está presente em pequenas concentrações. Intermediários ativos (por exemplo, A^*) podem ser formados pela colisão ou interação com outras moléculas.

$$A + M \rightarrow A^* + M$$

Propriedades de um intermediário ativo A*

Neste caso, a ativação ocorre quando a energia cinética translacional é transformada em energia interna, isto é, energia vibracional e rotacional.[1] Uma molécula instável (isto é, um intermediário ativo) não é formada unicamente em consequência de se mover a uma alta velocidade (elevada energia cinética de translação). A energia precisa ser absorvida nas ligações químicas, nas quais as oscilações de alta amplitude levarão à ruptura das ligações, ao rearranjo molecular e à decomposição. Na ausência de efeitos fotoquímicos ou fenômenos similares, a transformação de energia translacional para energia vibracional, em que há a formação de um intermediário ativo, pode ocorrer somente como consequência de uma colisão ou interação molecular. A teoria da colisão é discutida no *Material de Referência Profissional*, no Capítulo 3. Outros tipos de intermediários que podem ser formados são os *radicais livres* (um ou mais elétrons desemparelhados; por exemplo, CH_3•), intermediários iônicos (por exemplo, íon carbônio) e complexos enzima-substrato, entre outros.

A ideia de um intermediário ativo foi postulada inicialmente por F. A. Lindemann,[2] que usou este conceito para explicar mudanças na ordem da reação em função de mudanças nas concentrações dos reagentes. Devido ao fato de os intermediários ativos terem uma vida tão curta e estarem presentes em concentrações muito baixas, a sua existência não foi definitivamente confirmada até a realização do trabalho de Ahmed Zewail, que

---

[1]W. J. Moore, *Physical Chemistry* (Reading, Mass.: Longman Publishing Group, 1998).

[2]F. A. Lindemann, *Trans. Faraday. Soc.*, *17*, 598 (1922).

recebeu o Prêmio Nobel em 1999 pela pesquisa sobre espectroscopia de femtossegundo.[3] Seu trabalho com ciclobutano mostrou que a reação para formar duas moléculas de etileno não ocorria de modo direto, conforme pode ser visto na Figura 9-1(a), mas formava o intermediário ativo mostrado no pequeno vale no topo da barreira energética, no diagrama de coordenadas da reação na Figura 9-1(b). Como apresentado no Capítulo 3, uma estimativa do tamanho da barreira energética, *E*, pode ser obtida usando-se pacotes de software como Spartan, Cerius^2, ou Gaussian, conforme o que foi discutido no *Módulo de Modelagem Molecular* do Capítulo 3 do site da LTC Editora.

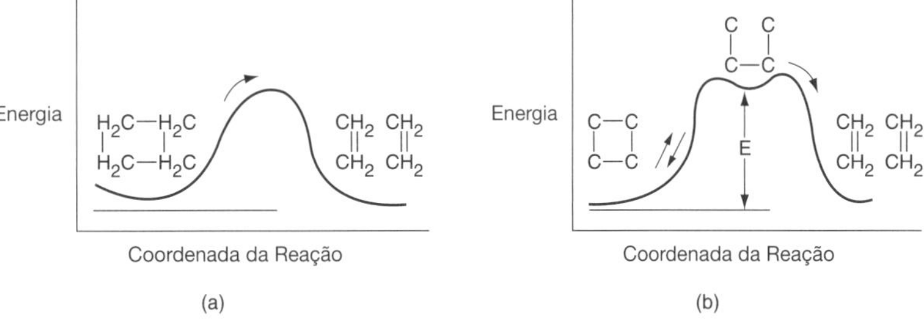

Figura 9-1 Coordenada da reação. Cortesia da *Science News, 156*, 247 (1999).

9.1.1 Hipótese do Estado Pseudoestacionário (HEPE)

Na teoria dos intermediários ativos, a decomposição do intermediário não ocorre instantaneamente após a ativação interna da molécula; ao contrário, tem um tempo de espera, embora infinitesimalmente pequeno, durante o qual as espécies permanecem ativadas. O trabalho de Zewail foi a primeira prova definitiva da existência de um intermediário ativo na fase gasosa que surge por um pequeno tempo infinitesimal. Devido ao fato de que um intermediário reativo reage praticamente, tão rapidamente quanto é formado, a velocidade de formação resultante de um intermediário ativo (por exemplo, A*) é zero, isto é,

HEPE

$$r_{A*} \equiv 0 \tag{9-1}$$

Esta condição é também chamada de *Hipótese do Estado Pseudoestacionário* (HEPE). Se o intermediário ativo aparece em *n* reações, então

$$\boxed{r_{A*} = \sum_{i=1}^{n} r_{iA*} = 0} \tag{9-2}$$

Para ilustrar como leis de velocidade de reação deste tipo são formadas, primeiro consideraremos a decomposição do azometano, AZO, em fase gasosa, formando etano e nitrogênio:

$$(CH_3)_2N_2 \longrightarrow C_2H_6 + N_2$$

Observações experimentais[4] mostram que a velocidade de formação de etano é de primeira ordem em relação ao AZO para pressões maiores que 1 atm (concentrações relativamente grandes)

$$r_{C_2H_6} \propto C_{AZO}$$

e de segunda ordem a pressões abaixo de 50 mmHg (baixas concentrações):

$$r_{C_2H_6} \propto C_{AZO}^2$$

Podemos combinar estas duas observações para postular uma lei de velocidade de reação na forma

---

[3]J. Peterson, *Science News*, *156*, 247 (1999).
[4]H. C. Ramsperger, *J. Am. Chem. Soc.*, *49*, 912 (1927).

$$-r_{AZO} = \frac{k_1 C_{AZO}^2}{1 + k_2 C_{AZO}}$$

Para encontrarmos um mecanismo que seja consistente com as observações experimentais, tomamos os passos a seguir.

TABELA 9-1 PASSOS PARA DEDUZIR UMA LEI DE VELOCIDADE DE REAÇÃO

1. Proponha um ou mais intermediário(s) ativo(s).
2. Proponha um mecanismo que use leis de velocidade de reação obtidas a partir de dados experimentais, se possível.
3. Modele cada reação na sequência do mecanismo como uma reação elementar.
4. Depois de escrever as leis de velocidade de reação para a velocidade de formação do produto desejado, escreva as leis de velocidade de reação para cada um dos intermediários ativos.
5. Escreva a velocidade de reação resultante para os intermediários ativos e use a HEPE.
6. Elimine as concentrações das espécies intermediárias nas leis de velocidade de reação resolvendo as equações simultâneas desenvolvidas nos Passos 4 e 5.
7. Se a lei de velocidade de reação obtida não concorda com as observações experimentais, desenvolva um novo mecanismo de reação e/ou assuma novo(s) intermediário(s) ativo(s) e continue a partir do Passo 3. Uma base sólida de conhecimentos de química orgânica e inorgânica é desejável para a previsão de intermediário(s) ativo(s) da reação que estiver sendo considerada.

Passo 1. ***Proponha um intermediário ativo.*** Escolheremos como intermediário ativo uma molécula de azometano que está sendo excitada por colisões moleculares para formar AZO*, isto é, $[(CH_3)_2N_2]^*$.

Passo 2. ***Proponha um mecanismo.***

$$\text{Mecanismo} \begin{cases} \text{Reação 1:} & (CH_3)_2N_2 + (CH_3)_2N_2 \xrightarrow{k_{1AZO^*}} (CH_3)_2N_2 + [(CH_3)_2N_2]^* \\ \text{Reação 2:} & [(CH_3)_2N_2]^* + (CH_3)_2N_2 \xrightarrow{k_{2AZO^*}} (CH_3)_2N_2 + (CH_3)_2N_2 \\ \text{Reação 3:} & [(CH_3)_2N_2]^* \xrightarrow{k_{3AZO^*}} C_2H_6 + N_2 \end{cases}$$

Na *reação 1*, duas moléculas AZO se chocam e a energia cinética de uma molécula AZO é transferida nas formas de energia vibracional e rotacional para a outra molécula AZO, que se torna ativada e altamente reativa (isto é AZO*). Na *reação 2*, a molécula ativada (AZO*) é desativada ao colidir com outra molécula AZO, transferindo parte de sua energia interna, a qual, por sua vez, aumenta a energia cinética das moléculas que colidem AZO*. Na *reação 3*, a molécula altamente ativada (AZO*), que está vibrando violentamente, se decompõe espontaneamente em metano e nitrogênio.

Passo 3. ***Escreva as leis de velocidade de reação.***
Devido ao fato de que cada etapa da reação é elementar, as leis de velocidade de reação para o ativo intermediário AZO* nas reações (1), (2) e (3) são

Nota: As velocidades específicas de reação, k, são todas definidas em relação ao intermediário ativo AZO*.

(1) $$r_{1AZO^*} = k_{1AZO^*} C_{AZO}^2 \tag{9-3}$$

(2) $$r_{2AZO^*} = -k_{2AZO^*} C_{AZO^*} C_{AZO} \tag{9-4}$$

(3) $$r_{3AZO^*} = -k_{3AZO^*} C_{AZO^*} \tag{9-5}$$

[Seja $k_1 = k_{1AZO^*}$, $k_2 = k_{2AZO^*}$ e $k_3 = k_{3AZO^*}$]
Estas leis de velocidade de reação [Equações (9-3) a (9-5)] são quase sem utilidade no projeto de sistemas reacionais porque a concentração do intermediário ativo AZO* não pode ser medida diretamente. Consequentemente, usaremos a HEPE para obter uma lei de velocidade de reação em termos de concentrações que podem ser medidas.

Passo 4. ***Escreva as leis de velocidade de formação do produto.***
Primeiramente escrevemos a velocidade de formação do produto

$$\boxed{r_{C_2H_6} = k_3 C_{AZO^*}} \tag{9-6}$$

Passo 5. ***Escreva a velocidade de reação resultante para a formação do intermediário ativo e use a HEPE.***

Para encontrar a concentração de um intermediário ativo AZO*, igualamos a velocidade de formação resultante do AZO* a zero,[5] $r_{AZO^*} \equiv 0$.

$$r_{AZO^*} = r_{1AZO^*} + r_{2AZO^*} + r_{3AZO^*} = 0$$

$$= k_1 C_{AZO}^2 - k_2 C_{AZO^*} C_{AZO} - k_3 C_{AZO^*} = 0 \qquad (9\text{-}7)$$

Resolvendo para C_{AZO^*}

$$C_{AZO^*} = \frac{k_1 C_{AZO}^2}{k_2 C_{AZO} + k_3} \qquad (9\text{-}8)$$

Passo 6. ***Elimine a concentração das espécies ativas intermediárias nas leis de velocidade de reação resolvendo simultaneamente as equações desenvolvidas nos Passos 4 e 5.***

Substituindo a Equação (9-8) na Equação (9-6),

$$\boxed{r_{C_2H_6} = \frac{k_1 k_3 C_{AZO}^2}{k_2 C_{AZO} + k_3}} \qquad (9\text{-}9)$$

Passo 7. ***Compare com os dados experimentais.***

Para baixas concentrações de AZO,

$$k_2 C_{AZO} \ll k_3$$

Neste caso obtemos a seguinte lei de velocidade de reação de segunda ordem:

$$r_{C_2H_6} = k_1 C_{AZO}^2$$

Para concentrações elevadas,

$$k_2 C_{AZO} \gg k_3$$

Neste caso a expressão da velocidade de reação segue uma cinética de primeira ordem,

$$r_{C_2H_6} = \frac{k_1 k_3}{k_2} C_{AZO} = k C_{AZO}$$

Ordens de Reação Aparentes

Ao descrever ordens aparentes de reação para esta equação, pode-se dizer que a reação é *aparentemente de primeira ordem* para concentrações elevadas de azometano e *aparentemente de segunda ordem* para baixas concentrações de azometano.

A HEPE também pode explicar por que são observadas tantas reações de primeira ordem, tais como

$$(CH_3)_2O \rightarrow CH_4 + H_2 + CO$$

Simbolicamente, essa reação será representada como A formando o produto P, ou seja,

$$A \rightarrow P$$

com

$$-r_A = kC_A$$

A reação é de primeira ordem, mas não é elementar. A reação ocorre inicialmente pela formação de um intermediário ativo, A*, resultante da colisão entre a molécula do reagente e uma molécula inerte de M. Esse intermediário ativo A* que oscila violentamente, ou é desativado ao colidir com o inerte M, ou ele se decompõe para formar o produto.

[5]Para maior aprofundamento nesta seção, veja R. Aris, *Am. Sci.*, *58*, 419 (1970).

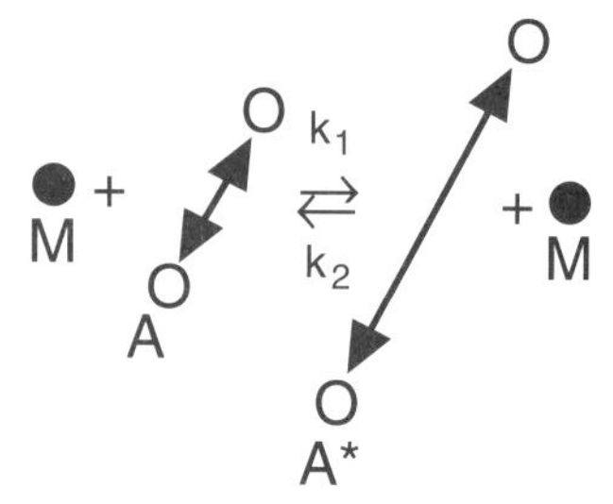

Figura 9-2 Colisão e ativação de uma molécula vibrante A.

Rotas de reação

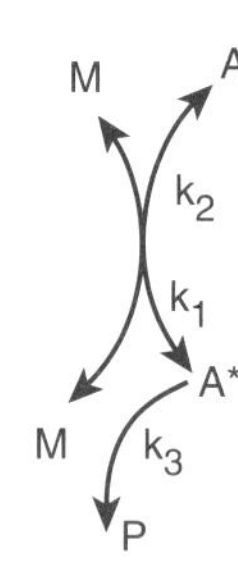

O mecanismo consiste em três reações elementares:

1. Ativação $\quad A + M \xrightarrow{k_1} A^* + M$
2. Desativação $\quad A^* + M \xrightarrow{k_2} A + M$
3. Decomposição $\quad A^* \xrightarrow{k_3} P$

Escrevendo a velocidade de formação do produto

$$r_P = k_3 C_{A*}$$

e usando a HEPE para encontrar as concentrações de A* de maneira parecida com a decomposição do azometano descrita anteriormente, a lei de velocidade de reação de formação de produto pode ser deduzida

$$r_P = -r_A = \frac{k_3 k_1 C_A C_M}{k_2 C_M + k_3} \tag{9-10}$$

Devido à concentração do inerte M ser constante, fazemos

$$k = \frac{k_1 k_3 C_M}{k_2 C_M + k_3} \tag{9-11}$$

Lei de velocidade de reação de primeira ordem para uma reação não elementar

para obter a lei de velocidade de reação de primeira ordem

$$-r_A = kC_A$$

Consequentemente, vemos que a reação

$$A \rightarrow P$$

segue uma lei de velocidade de reação elementar, mas a reação não é elementar.

9.1.2 Procurando um Mecanismo

Em muitos casos, os dados de velocidade são correlacionados antes que um mecanismo seja encontrado. É um procedimento normal reduzir a constante somada no denominador a 1. Dividimos, portanto, o numerador e o denominador da Equação (9-9) por k_3 para obter

$$\boxed{r_{C_2H_6} = \frac{k_1 C_{AZO}^2}{1 + k' C_{AZO}}} \tag{9-12}$$

Considerações Gerais. As regras práticas listadas na Tabela 9-2 podem ser de ajuda para o desenvolvimento de um mecanismo que seja consistente com a lei de velocidade de reação experimental.

TABELA 9-2 REGRAS PRÁTICAS PARA O DESENVOLVIMENTO DE UM MECANISMO

1. A(s) espécie(s) cuja(s) concentração(ões) aparece(m) no *denominador* da lei de velocidade de reação provavelmente colide(m) com o intermediário ativo. Por exemplo,

$$A + A^* \longrightarrow [\text{Produtos de colisão}]$$

2. Se uma constante aparece no denominador, um dos passos da reação é, provavelmente, a decomposição espontânea do intermediário ativo. Por exemplo,

$$A^* \longrightarrow [\text{Produtos de decomposição}]$$

3. A(s) espécie(s) cuja(s) concentração(ões) aparece(m) no *numerador* da lei de velocidade de reação provavelmente produz(em) o intermediário ativo em um dos passos da reação. Por exemplo,

$$[\text{reagente}] \longrightarrow A^* + [\text{Outros produtos}]$$

Ao aplicarmos a Tabela 9-2 ao exemplo do azometano já discutido, observamos os seguintes resultados em relação à Equação de velocidade (9-12):

1. O intermediário ativo, AZO*, colide com o azometano, AZO [Reação 2], resultando na concentração de AZO no denominador.
2. O AZO* se decompõe espontaneamente [Reação 3], resultando no aparecimento de uma constante no denominador da expressão da velocidade de reação.
3. O fato de AZO aparecer no numerador sugere que o intermediário ativo AZO* é formado a partir do AZO. Referindo-nos à [Reação 1], vemos que isso é realmente verdade.

Exemplo 9-1 A Equação de Stern-Volmer

Luz é emitida quando uma onda ultrassônica de alta intensidade é aplicada à água.[6] Essa luz resulta de bolhas de gás de tamanho micro (0,1 mm) que são formadas pela onda ultrassônica e que, então, são comprimidas por ela. Durante o estágio de compressão da onda, o conteúdo da bolha (água e qualquer componente que esteja dissolvido nela, por exemplo, CS_2, O_2, N_2) é comprimido adiabaticamente.

Essa compressão eleva a altas temperaturas e energias cinéticas as moléculas de gás, e estas, por meio de colisões moleculares, geram os intermediários ativos e provocam reações químicas dentro da bolha.

Colapso da microbolha de cavitação

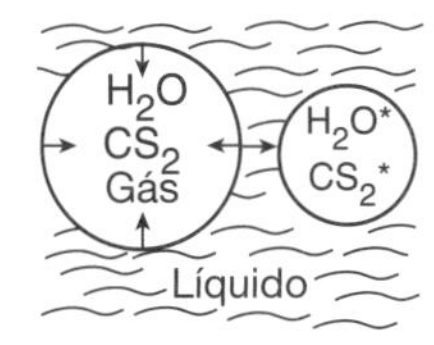

$$M + H_2O \longrightarrow H_2O^* + M$$

A intensidade da luz emitida, I, é proporcional à velocidade de desativação de uma molécula de água ativada, que foi formada na microbolha.

$$H_2O^* \xrightarrow{k} H_2O + h\nu$$

$$\text{Intensidade de luz } (I) \propto (-r_{H_2O^*}) = kC_{H_2O^*}$$

Um aumento da ordem de magnitude na intensidade de sonoluminescência é observado quando dissulfeto de carbono, ou tetracloreto de carbono, é adicionado à água. A intensidade de luminescência, I, para a reação

$$CS_2^* \xrightarrow{k_4} CS_2 + h\nu$$

é

$$I \propto (-r_{CS_2^*}) = k_4 C_{CS_2^*}$$

Um resultado similar existe para o CCl_4.

[6] P. K. Chendke and H. S. Fogler, *J. Phys. Chem.*, *87*, 1362 (1983).

Entretanto, quando um álcool alifático, X, é adicionado à solução, a intensidade decresce com o aumento da concentração de álcool. Os dados são geralmente relatados em termos de um gráfico de Stern-Volmer, no qual a intensidade relativa é dada em função da concentração de álcool, C_X. (Veja a Figura E9-1.1, em que I_0 é a intensidade de sonoluminescência na ausência de álcool, e I é a intensidade de sonoluminescência na presença de álcool.)

(a) Sugira um mecanismo consistente com a observação experimental.
(b) Deduza a lei de velocidade de reação consistente com a Figura E9-1.1.

Gráfico de Stern-Volmer

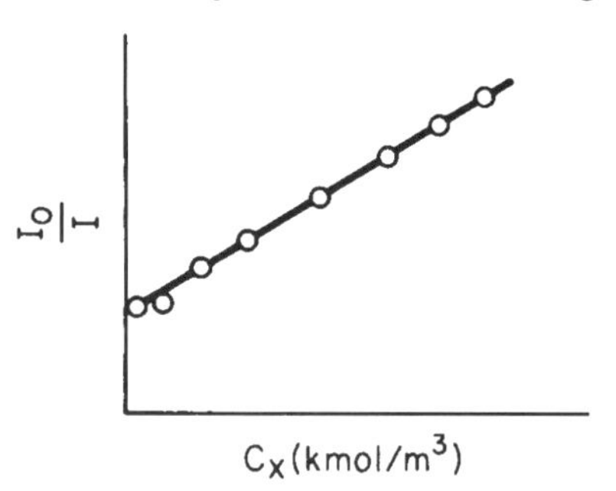

Figura E9-1.1 Razão das intensidades de luminescência em função da concentração do sequestrador.

Solução

(a) Mecanismo
A partir do gráfico linear, sabemos que

$$\frac{I_0}{I} = A + BC_X \equiv A + B(X) \tag{E9-1.1}$$

em que $C_X = (X)$. Invertendo os rendimentos, resulta em

$$\frac{I}{I_0} = \frac{1}{A + B(X)} \tag{E9-1.2}$$

De acordo com a regra 1 da Tabela 9-2, o denominador sugere que o álcool (X) colide com o intermediário ativo:

$$X + \text{Intermediário} \longrightarrow \text{Produtos da desativação} \tag{E9-1.3}$$

Rotas Reacionais

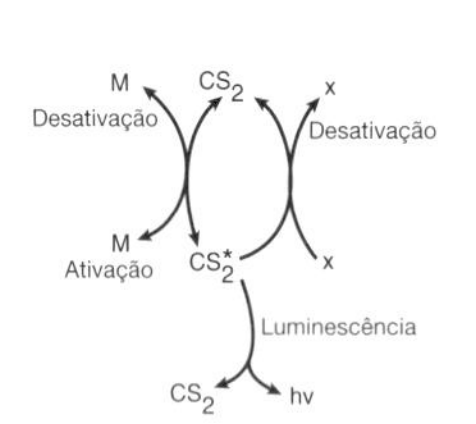

O álcool age como o que se pode chamar de um *sequestrador* para desativar o intermediário ativo. O fato de que a adição de CCl_4 ou CS_2 aumenta a intensidade de luminescência,

$$I \propto (CS_2) \tag{E9-1.4}$$

nos leva a postular (regra 3 da Tabela 9-2) que o ativo intermediário foi provavelmente formado a partir do CS_2:

$$M + CS_2 \longrightarrow CS_2^* + M \tag{E9-1.5}$$

em que M é o terceiro corpo (CS_2, H_2O, N_2 etc.).

Também sabemos que a desativação pode ocorrer pela reação inversa (E9-1.5). Combinando estas informações, temos como nosso mecanismo:

O mecanismo

$$\text{Ativação:} \quad M + CS_2 \xrightarrow{k_1} CS_2^* + M \qquad \text{(E9-1.5)}$$

$$\text{Desativação:} \quad M + CS_2^* \xrightarrow{k_2} CS_2 + M \qquad \text{(E9-1.6)}$$

$$\text{Desativação:} \quad X + CS_2^* \xrightarrow{k_3} CS_2 + X \qquad \text{(E9-1.3)}$$

$$\text{Luminescência:} \quad CS_2^* \xrightarrow{k_4} CS_2 + h\nu \qquad \text{(E9-1.7)}$$

$$I = k_4(CS_2^*) \tag{E9-1.8}$$

(b) Lei de Velocidade de Reação
Usando a HEPE no CS_2^* em cada um dos rendimentos das reações elementares acima,

$$r_{CS_2^*} = 0 = k_1(CS_2)(M) - k_2(CS_2^*)(M) - k_3(X)(CS_2^*) - k_4(CS_2^*)$$

Resolvendo para (CS_2^*) e substituindo na Equação (E9-1.8), nos dá

$$I = \frac{k_4 k_1 (CS_2)(M)}{k_2(M) + k_3(X) + k_4} \quad \text{(E9-1.9)}$$

Na ausência de álcool,

$$I_0 = \frac{k_4 k_1 (CS_2)(M)}{k_2(M) + k_4} \quad \text{(E9-1.10)}$$

Para concentrações constantes de CS_2 e do terceiro corpo, M, tomamos a razão da Equação (E9-1.10) pela (E9-1.9):

$$\frac{I_0}{I} = 1 + \frac{k_3}{k_2(M) + k_4}(X) = 1 + k'(X) \quad \text{(E9-1.11)}$$

a qual é da mesma forma daquela sugerida pela Figura E9-1.1. A Equação (E9-1.11) e outras similares, que envolvem sequestrantes, são chamadas de *equações de Stern-Volmer*.

Análise: Este exemplo mostrou como usar as Regras Práticas (Tabela 9-2) para desenvolver um mecanismo. Supõe-se que cada passo no mecanismo segue uma lei de velocidade de reação elementar. A HEPE foi aplicada à velocidade resultante da reação para o *intermediário ativo* com a finalidade de encontrar a concentração desse *intermediário ativo*. Essa concentração foi, então, substituída na lei de velocidade de reação para a velocidade de formação do produto, a fim de obter a lei de velocidade da reação. A lei de velocidade de reação do mecanismo se mostrou consistente com os dados experimentais.

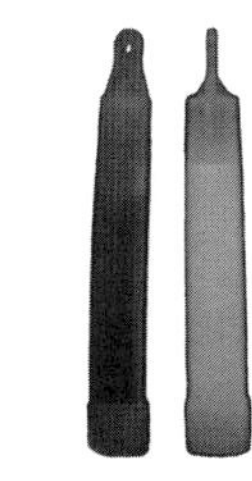

Módulo da Web sobre Barras Luminosas

A discussão da luminescência continua no **Módulo da Web no site da LTC Editora, Barras Luminosas**. Aqui, a HEPE é aplicada às barras luminosas. Primeiro, um mecanismo para as reações e luminescência é desenvolvido. Em seguida, equações de balanço molar são escritas para cada espécie e acopladas à lei de velocidade de reação obtida usando-se a HEPE. As equações resultantes são resolvidas e comparadas com os dados experimentais.

9.1.3 Reações em Cadeia

Passos de uma reação em cadeia

Uma reação em cadeia é formada pela seguinte sequência:

1. *Iniciação*: formação de um intermediário ativo
2. *Propagação ou transferência em cadeia*: interação de um intermediário ativo com o reagente, ou produto, para produzir outro intermediário ativo
3. *Término*: desativação do intermediário ativo para formar produtos

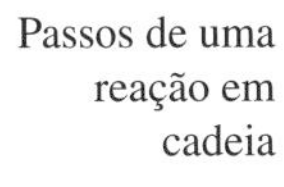

Problema Exemplo de Simulação

Um exemplo que compara a aplicação da HEPE com a solução Polymath do conjunto completo de equações encontra-se no site da LTC Editora para o craqueamento de etano. Também está incluída uma discussão de *Rotas Reacionais* e da química da formação de *smog* (nevoeiro poluído formado por uma mistura de neblina e fumaça).

9.2 Fundamentos das Reações Enzimáticas

Uma *enzima* é uma proteína de elevada massa molar, ou substância parecida com uma proteína, que age em um substrato (molécula reagente) para transformá-lo quimicamente a uma velocidade muito acelerada, geralmente de 10^3 a 10^{17} vezes mais rápido do que a velocidade não catalisada. Sem enzimas, reações biológicas essenciais não ocorreriam a uma velocidade necessária para sustentar a vida. As enzimas estão geralmente presentes em pequenas quantidades e não são consumidas durante o curso da reação, nem afetam o equilíbrio da reação química. As enzimas fornecem uma rota alternativa para a reação ocorrer e, desse modo, requerem uma energia de ativação mais baixa. A Figura 9-3 mostra a coordenada da reação de uma reação não catalisada para formar um produto (P) a partir de uma molécula reagente chamada *substrato* (S).

$$S \rightarrow P$$

A figura também mostra a rota da reação catalisada que prossegue de um *intermediário ativo* (E · S), chamado *complexo enzima-substrato*, isto é,

$$\boxed{S + E \rightleftarrows E \cdot S \rightarrow E + P}$$

Uma vez que as rotas reacionais possuem energias de ativação mais baixas, aumentos nas velocidades de reação podem ser enormes, assim como ocorre na degradação da ureia pela uréase, na qual a velocidade de degradação fica na ordem de 10^{14} vezes mais rápida do que na ausência da enzima uréase.

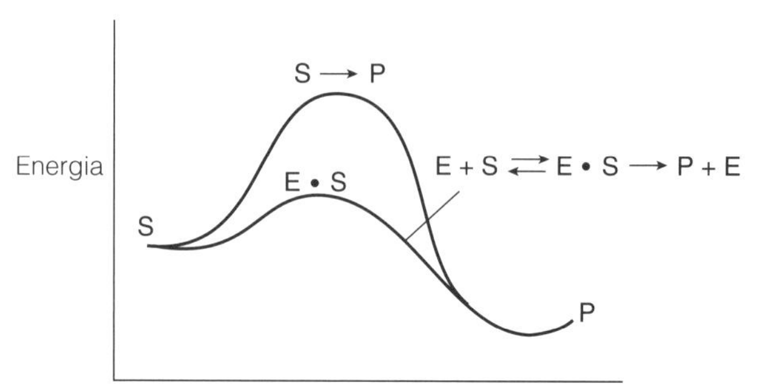

Figura 9-3 Coordenada de reação para catálise enzimática.

Uma propriedade importante das enzimas é que elas são específicas, isto é, *uma* enzima pode, normalmente, catalisar somente *um* tipo de reação. Por exemplo, a protease hidrolisa *somente* ligações entre aminoácidos específicos em proteínas; a amilase atua em ligações entre moléculas de glicose no amido; e a lipase ataca as gorduras, degradando-as em ácidos graxos e glicerol. Consequentemente, produtos indesejados são facilmente controlados em reações catalisadas por enzimas. Enzimas são produzidas somente por organismos vivos; as enzimas comerciais são comumente produzidas por bactérias. As enzimas geralmente trabalham (isto é, catalisam as reações) sob condições brandas: pH 4 a 9 e temperaturas entre 24°C a 71°C. A maioria das enzimas recebe nomes em função das reações que elas catalisam. É uma prática comum adicionar o sufixo *-ase* à maior parte do nome do substrato sobre o qual a enzima age. Por exemplo, a enzima que catalisa a decomposição da ureia é a uréase, e a enzima que ataca a tirosina é a tirosinase. Entretanto, há exceções à convenção de nomeação, tal como α-amilase. A enzima α-amilase catalisa a transformação do amido de milho no primeiro passo da produção do adoçante constituído de um xarope de alto teor de frutose (HFCS) usado em refrigerantes (por exemplo, Red Pop nos Estados Unidos), que é um negócio de $4 bilhões de dólares por ano.

9.2.1 Complexo Enzima-Substrato

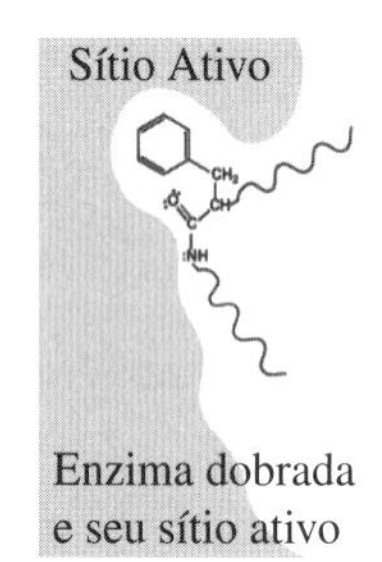

Velocidade de reação

pH

O fator preponderante que separa as reações enzimáticas de outras reações catalisadas é a formação de um complexo enzima-substrato (E · S). Aqui, o substrato se liga a um *sítio ativo* específico da enzima para formar esse complexo.[7] A Figura 9-4 mostra um esquema da enzima quimotripsina (Massa Molar = 25.000 Dáltons), que catalisa a quebra hidrolítica de ligações polipeptídicas. Em muitos casos, os sítios catalíticos ativos da enzima são encontrados onde as várias dobras ou voltas interagem. Para a quimotripsina, os sítios catalíticos estão marcados pelos aminoácidos número 57, 102 e 195, na Figura 9-4. Muito do poder catalítico é atribuído à energia de ligação do substrato à enzima por múltiplas ligações com os grupos funcionais específicos da enzima (cadeias laterais de amina, íons metálicos). As interações que estabilizam o complexo enzima-substrato são ligações de hidrogênio, hidrofóbicas e iônicas, e forças de London van

[7] M. L. Shuler and F. Kargi, *Bioprocess Engineering Basic Concepts*, 2nd ed. (Upper Saddle River, N.J.: Prentice Hall, 2002.)

der Waals. Se a enzima é exposta a ambientes extremos de temperaturas ou pH (isto é, ambos altos e baixos valores de pH), ela pode desdobrar-se, perdendo seus sítios ativos. Quando isso ocorre, diz-se que a enzima foi *desnaturada*. Veja o Problema P9-13_B.

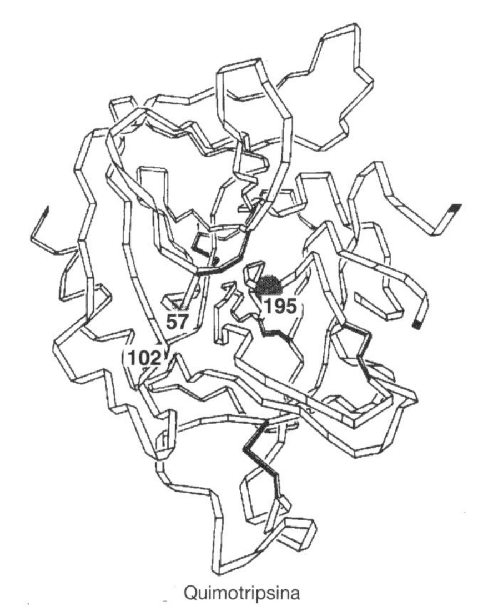

Figura 9-4 Enzima quimotripsina. [Do livro *Biochemistry*, 3ª edição de Lubert Stryer © 1988. Usado com a permissão de W. H. Freeman and Company.]

Há dois modelos para as interações enzima-substrato: o *modelo fechadura e chave* e o *modelo de ajuste induzido*, ambos mostrados na Figura 9-5. Por muitos anos, o modelo fechadura e chave foi o preferido por causa dos efeitos estereoespecíficos de uma enzima agindo em um substrato. Entretanto, o modelo de ajuste induzido é o mais útil. Neste modelo, tanto a molécula da enzima como a molécula do substrato são distorcidas. Essas mudanças de conformação distorcem uma ou mais ligações do substrato, dessa forma tensionando e enfraquecendo a ligação, deixando a molécula mais suscetível a um rearranjo ou uma ligação.

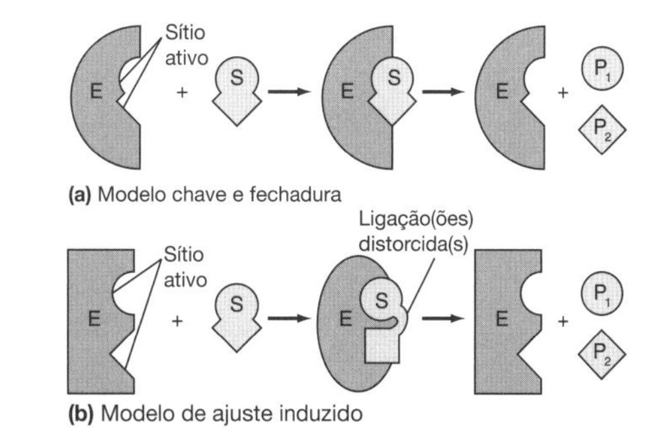

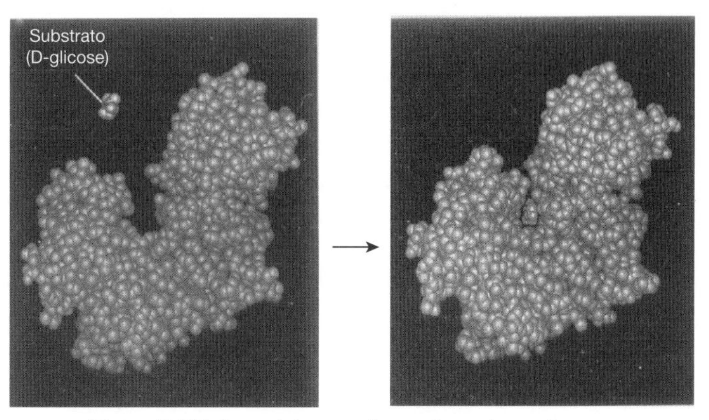

Figura 9-5 Dois modelos para interação enzima-substrato.

Há somente seis categorias de enzimas:

1. Oxidorredutases	$AH_2 + B + \mathbf{E} \rightarrow A + BH_2 + \mathbf{E}$
2. Transferases	$AB + C + \mathbf{E} \rightarrow AC + B + \mathbf{E}$
3. Hidrolases	$AB + H_2O + \mathbf{E} \rightarrow AH + BOH + \mathbf{E}$
4. Isomerases	$A + \mathbf{E} \rightarrow isoA + \mathbf{E}$
5. Liases	$AB + \mathbf{E} \rightarrow A + B + \mathbf{E}$
6. Ligases	$A + B + \mathbf{E} \rightarrow AB + \mathbf{E}$

Mais informações sobre enzimas podem ser encontradas nos dois seguintes sites da Web: *http://us.expasy.org/enzyme/* e *www.chem.qmw.ac.uk/iubmb/enzyme*. Esses sites também fornecem informações sobre reações enzimáticas em geral.

9.2.2 Mecanismos

Ao desenvolver alguns princípios elementares da cinética de reações enzimáticas, discutiremos uma reação enzimática que foi sugerida por Levine e LaCourse como parte de um sistema que reduziria o tamanho de um rim artificial.[8] O resultado desejado é a produção de um rim artificial que poderia ser usado pelo paciente e incorporaria uma unidade substituível para a eliminação dos resíduos nitrogenados produzidos pelo corpo, tais como o ácido úrico e a creatinina. No esquema de microencapsulação proposto por Levine e LaCourse, a enzima uréase seria usada na remoção da ureia da corrente sanguínea. Aqui, a ação catalítica da uréase faria a ureia se decompor em amônia e dióxido de carbono. Acredita-se que o mecanismo da reação ocorre por meio da seguinte sequência de reações elementares:

O mecanismo da reação

$$S + E \rightleftarrows E \cdot S \xrightarrow{+H_2O} P + E$$

1. A enzima uréase (E) reage com o substrato ureia (S) para formar um complexo enzima-substrato (E · S):

$$NH_2CONH_2 + \text{Uréase} \xrightarrow{k_1} [NH_2CONH_2 \cdot \text{Uréase}]^* \tag{9-13}$$

2. O complexo (E · S) pode se decompor de volta à ureia (S) e uréase (E):

$$[NH_2CONH_2 \cdot \text{Uréase}]^* \xrightarrow{k_2} \text{Uréase} + NH_2CONH_2 \tag{9-14}$$

3. Ou pode reagir com água (W) para dar os produtos (P) amônia e dióxido de carbono e recuperar a enzima uréase (E):

$$[NH_2CONH_2 \cdot \text{Uréase}]^* + H_2O \xrightarrow{k_3} 2NH_3 + CO_2 + \text{Uréase} \tag{9-15}$$

Simbolicamente, a reação global é escrita na forma

$$S + E \rightleftarrows E \cdot S \xrightarrow{+H_20} P + E$$

Vemos que certa quantidade da enzima adicionada à solução liga-se à ureia, e parte da enzima permanece livre sem formar ligação. Apesar de podermos facilmente medir a concentração total de enzima, (E_t), é difícil medir tanto a concentração de enzima livre (E), quanto a concentração da enzima que se ligou (E · S).

Fazendo com que E, S, W, E · S e P representem respectivamente a enzima, o substrato, a água, o complexo enzima-substrato e os produtos da reação, podemos escrever as Reações (9-13), (9-14) e (9-15) simbolicamente nas formas

$$S + E \xrightarrow{k_1} E \cdot S \tag{9-16}$$

$$E \cdot S \xrightarrow{k_2} E + S \tag{9-17}$$

$$E \cdot S + W \xrightarrow{k_3} P + E \tag{9-18}$$

[8] N. Levine e W. C. LaCourse, *J. Biomed. Mater. Res.*, *1*, 275.

Aqui $P = 2NH_3 + CO_2$.

As leis de velocidade de reação correspondentes para as Reações (9-16), (9-17) e (9-18) são

$$r_{1E \cdot S} = k_1(E)(S) \tag{9-16A}$$

$$r_{2E \cdot S} = -k_2(E \cdot S) \tag{9-17A}$$

$$r_{3E \cdot S} = -k_3(E \cdot S)(W) \tag{9-18A}$$

em que as velocidades de reação específicas são definidas em relação a (E · S). A velocidade de reação resultante de formação do produto, r_P, é

$$r_P = k_3(W)(E \cdot S) \tag{9-19}$$

Para a reação global

$$E + S \longrightarrow P + E$$

sabemos que $-r_S = r_P$.

Essa lei de velocidade de reação (Equação 9-19) não nos é de muito uso para fazer cálculos de engenharia de reação porque não podemos medir a concentração do complexo enzima-substrato (E · S). Usaremos a HEPE para expressar (E · S) em termos de variáveis que podem ser medidas.

A velocidade de reação resultante da formação do complexo enzima-substrato é

$$r_{E \cdot S} = r_{1E \cdot S} + r_{2E \cdot S} + r_{3E \cdot S}$$

Substituindo as leis de velocidade de reação, obtemos

$$r_{E \cdot S} = k_1(E)(S) - k_2(E \cdot S) - k_3(W)(E \cdot S) \tag{9-20}$$

Usando a HEPE, $r_{E \cdot S} = 0$, podemos agora resolver a Equação (9-20) para (E · S)

$$(E \cdot S) = \frac{k_1(E)(S)}{k_2 + k_3(W)} \tag{9-21}$$

e substituir (E · S) na [Equação (9-19)]

$$-r_S = r_P = \frac{k_1 k_3(E)(S)(W)}{k_2 + k_3(W)} \tag{9-22}$$

Precisamos substituir a concentração da enzima que não se ligou (*E*) na lei de velocidade de reação.

Ainda não podemos usar essa lei de velocidade de reação porque não podemos medir a concentração total de enzima que não se ligou (E); no entanto, podemos medir a concentração total de enzimas, E_t.

Na ausência de desnaturação da enzima, a concentração de enzima no sistema, (E_t), é constante e igual à soma das concentrações da enzimas livres, ou que não se ligaram, (E), e do complexo enzima-substrato (E · S):

Concentração total de enzima = Concentração de enzimas ligadas + Concentração de enzimas livres.

$$(E_t) = (E) + (E \cdot S) \tag{9-23}$$

Substituindo (E · S),

$$(E_t) = (E) + \frac{k_1(E)(S)}{k_2 + k_3(W)}$$

Resolvendo para (E),

$$(E) = \frac{(E_t)(k_2 + k_3(W))}{k_2 + k_3(W) + k_1(S)}$$

Substituindo (E) na Equação (9-22), a lei de velocidade de reação para o consumo do substrato é

$$-r_S = \frac{k_1k_3(W)(E_t)(S)}{k_1(S) + k_2 + k_3(W)} \quad (9\text{-}24)$$

Nota: Ao longo do texto, o símbolo $E_t \equiv (E_t)$ = concentração total de enzimas com unidades típicas tais como (kmol/m^3) ou (g/dm^3).

9.2.3 Equação de Michaelis-Menten

Já que a reação da ureia com uréase é realizada em uma solução aquosa, a água está, naturalmente, em excesso, e a concentração da água é, portanto, considerada constante. Seja

$$k_{cat} = k_3(W) \quad \text{e} \quad K_M = \frac{k_{cat} + k_2}{k_1}$$

Dividindo o numerador e o denominador da Equação (9-24) por k_1, obtemos a forma da *equação de Michaelis-Menten*:

A forma final da lei de velocidade de reação

$$-r_S = \frac{k_{cat}(E_t)(S)}{(S) + K_M} \quad (9\text{-}25)$$

Número de turnover k_{cat}

Constante de Michaelis K_M

O parâmetro k_{cat} também é conhecido como *número de turnover*, ou *taxa de giro do ciclo catalítico*. É o número de moléculas do substrato convertido em produto em um dado intervalo de tempo, em uma única molécula de enzima, quando a enzima está saturada com o substrato (isto é, todos os sítios ativos da enzima estão ocupados, (S) >> K_M). Por exemplo, o número de turnover para a decomposição do peróxido de hidrogênio, H_2O_2, pela enzima catalase é 40×10^6 s^{-1}. Isto é, 40 milhões de moléculas de H_2O_2 são decompostas a cada segundo em uma única molécula de enzima saturada com H_2O_2. A constante K_M (mol/dm^3) é chamada de *constante de Michaelis* e, para sistemas simples, é uma medida da afinidade da enzima por seu substrato. Por isso, é também chamada de *constante de afinidade*. A constante de Michaelis, K_M, para a decomposição de H_2O_2 discutida anteriormente é 1,1 M, enquanto para a quimotripsina é 0,1 M.[9]

Se, adicionalmente, fizermos $V_{máx}$ representar a velocidade máxima de reação para uma dada concentração total de enzima,

$$V_{máx} = k_{cat}(E_t)$$

a equação de Michaelis-Menten tomará a forma familiar

Equação de Michaelis-Menten

$$-r_S = \frac{V_{máx}(S)}{K_M + (S)} \quad (9\text{-}26)$$

Para uma dada concentração de enzima, um gráfico da velocidade de desaparecimento do substrato é mostrado em função da concentração do substrato na Figura 9-6.

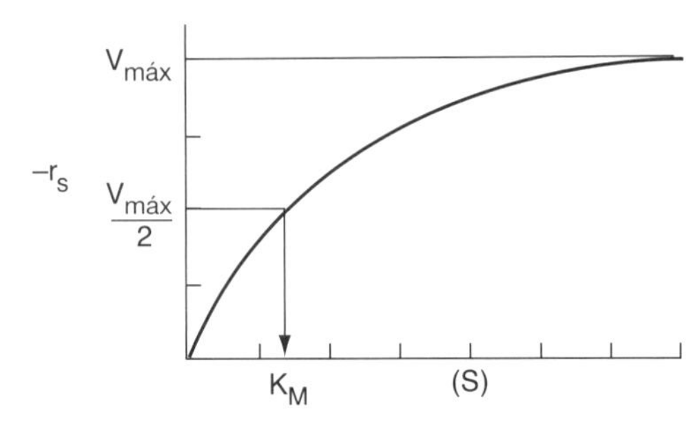

Figura 9-6 Gráfico de Michaelis-Menten identificando os parâmetros $V_{máx}$ e K_M.

[9] D. L. Nelson and M. M. Cox, *Lehninger Principles of Biochemistry*, 3rd ed. (New York: Worth Publishers, 2000.)

Um gráfico deste tipo é algumas vezes chamado de gráfico de *Michaelis-Menten*. A uma baixa concentração de substrato, $K_M >> (S)$,

$$-r_S \cong \frac{V_{máx}(S)}{K_M}$$

e a reação é aparentemente de primeira ordem, considerando-se a concentração do substrato. Para altas concentrações do substrato,

$$(S) \gg K_M$$

e a reação é de aparente ordem zero

$$-r_S \cong V_{máx}$$

O que K_M representa? Considere o caso quando a concentração do substrato é tal que a lei de velocidade de reação é igual à metade da velocidade máxima,

$$-r_S = \frac{V_{máx}}{2}$$

Então,

$$\frac{V_{máx}}{2} = \frac{V_{máx}(S_{1/2})}{K_M + (S_{1/2})} \tag{9-27}$$

Resolvendo a Equação (9-27) para a constante de Michaelis, chega-se a

Interpretação da constante de Michaelis

$$\boxed{K_M = (S_{1/2})} \tag{9-28}$$

$K_M = (S_{1/2})$

A constante de Michaelis é igual à concentração do substrato na qual a velocidade de reação é igual à metade da velocidade de reação máxima. Quanto maior o valor de K_M, maior a concentração do substrato necessária para a velocidade da reação alcançar metade de seu valor máximo.

Os parâmetros $V_{máx}$ e K_M caracterizam as reações enzimáticas que são descritas pela cinética de Michaelis-Menten. $V_{máx}$ é dependente da concentração total de enzimas, enquanto K_M não é.

Duas enzimas podem ter os mesmos valores para k_{cat}, mas ter velocidades de reação diferentes devido a valores diferentes de K_M. Uma maneira de comparar as eficiências catalíticas de diferentes enzimas é comparar suas razões k_{cat}/K_M. Quando esta razão se aproxima de 10^8 a 10^9 (dm^3/mol/s), a velocidade da reação se torna limitada por difusão. Isto é, leva um longo tempo para a enzima e o substrato se encontrarem, mas, uma vez que isso ocorre, eles reagem imediatamente. Discutiremos reações de difusão limitada no Material de Referência Profissional (PRS), Capítulos DVD11 e DVD12 no site da LTC Editora.

Exemplo 9-2 Avaliação dos Parâmetros $V_{máx}$ e K_M da Equação de Michaelis-Menten

Determine os parâmetros $V_{máx}$ e K_M da Equação de Michaelis-Menten para a reação

$$\text{Ureia} + \text{Uréase} \underset{k_2}{\overset{k_1}{\rightleftarrows}} [\text{Ureia} \cdot \text{Uréase}]^* \xrightarrow[+H_2O]{k_3} 2NH_3 + CO_2 + \text{Uréase}$$

$$S + E \rightleftarrows E \cdot S \xrightarrow{+H_2O} P + E$$

A velocidade da reação é dada em função da concentração da ureia na tabela a seguir, em que $(S) \equiv C_{ureia}$.

$C_{ureia}(kmol/m^3)$	0,2	0,02	0,01	0,005	0,002
$-r_{ureia}(kmol/m^3 \cdot s)$	1,08	0,55	0,38	0,2	0,09

Equação de Lineweaver-Burk

Solução

Invertendo a Equação (9-26), obtemos a equação de Lineweaver-Burk

$$\frac{1}{-r_s} = \frac{(S)+K_M}{V_{máx}(S)} = \frac{1}{V_{máx}} + \frac{K_M}{V_{máx}}\frac{1}{(S)} \tag{E9-2.1}$$

ou

$$\boxed{\frac{1}{-r_{ureia}} = \frac{1}{V_{máx}} + \frac{K_M}{V_{máx}}\left(\frac{1}{C_{ureia}}\right)} \tag{E9-2.2}$$

Um gráfico do inverso da velocidade de reação em função do inverso da concentração de ureia deveria ser uma linha reta, com intercepto ($1/V_{máx}$) e inclinação ($K_M/V_{máx}$). Esse tipo de gráfico é chamado de *gráfico de Lineweaver-Burk*. Usaremos os dados da Tabela E9-2.1 para fazer dois gráficos. Um gráfico de $-r_{ureia}$ em função de C_{ureia} usando a Equação (9-26), que é chamado *gráfico de Michaelis-Menten* e é mostrado na Figura 9-2.1(**a**). Um gráfico de ($1/-r_{ureia}$) em função de ($1/C_{ureia}$), o qual é chamado de *gráfico de Lineweaver-Burk*, e mostrado na Figura 9-2.1(**b**).

Tabela E9-2.1 Dados Coletados e Processados

C_{ureia} (kmol/m^3)	$-r_{ureia}$ (kmol/m$^3\cdot$s)	$1/C_{ureia}$ (m^3/kmol)	$1/-r_{ureia}$ (m$^3\cdot$s/kmol)
0,20	1,08	5,0	0,93
0,02	0,55	50,0	1,82
0,01	0,38	100,0	2,63
0,005	0,20	200,0	5,00
0,002	0,09	500,0	11,11

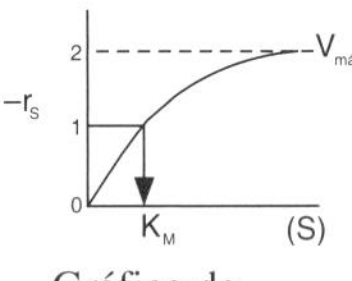

Gráfico de Michaelis-Menten

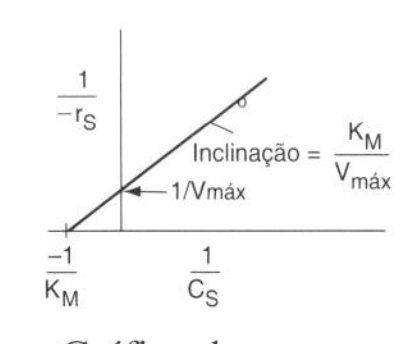

Gráfico de Lineweaver-Burk

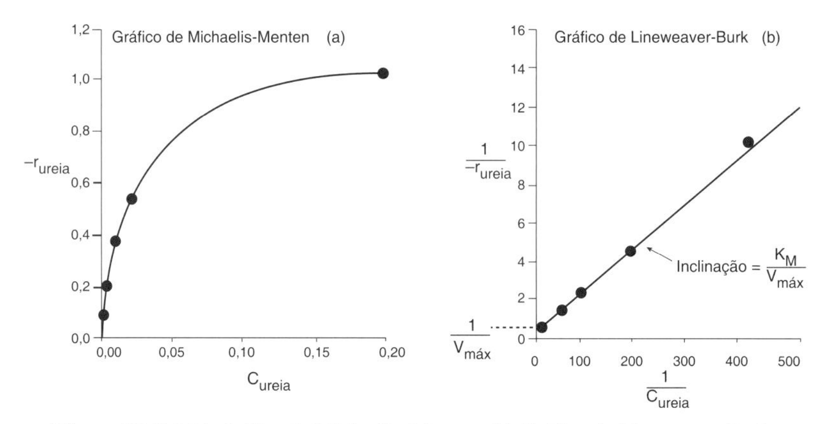

Figura E9-2.1 (a) Gráfico de Michaelis-Menten. (b) Gráfico de Lineweaver-Burk.

O intercepto na Figura E9-2.1(b) é 0,75; então,

$$\frac{1}{V_{máx}} = 0{,}75 \text{ m}^3\cdot\text{s/kmol}$$

Portanto, a velocidade máxima da reação é

$$V_{máx} = 1{,}33 \text{ kmol/m}^3\cdot\text{s} = 1{,}33 \text{ mol/dm}^3\cdot\text{s}$$

A partir da inclinação, que é 0,02 s, podemos calcular a constante de Michaelis, K_M:

$$\frac{K_M}{V_{máx}} = \text{inclinação} = 0{,}02 \text{ s}$$

$$K_M = 0{,}0266 \text{ kmol/m}^3$$

Para reações enzimáticas, os dois parâmetros-chave da lei de velocidade de reação são $V_{máx}$ e K_M.

Substituindo K_M e $V_{máx}$ na Equação (9-26), temos

$$\boxed{-r_{ureia} = \frac{1{,}33C_{ureia}}{0{,}0266 + C_{ureia}}} \tag{E9-2.3}$$

em que C_{ureia} tem unidades de (kmol/m³) e $-r_{ureia}$ tem unidades de (kmol/m³ · s). Levine e LaCourse sugerem que a concentração total da uréase, (E_t), correspondente ao valor da $V_{máx}$ mencionada antes, é aproximadamente 5 g/dm³.

Gráfico de Eadie-Hofstee

Além do *gráfico de Lineweaver-Burk*, pode-se, também, usar um *gráfico de Hanes-Woolf* ou um *gráfico de Eadie-Hofstee*. Aqui $S \equiv C_{ureia}$ e $-r_S \equiv -r_{uréase}$. A Equação (9-26)

$$-r_S = \frac{V_{máx}(S)}{K_M + (S)} \tag{9-26}$$

pode ser rearranjada nas seguintes formas: Para a forma *Eadie-Hofstee*,

$$\boxed{-r_S = V_{máx} - K_M\left(\frac{-r_S}{(S)}\right)} \tag{E9-2.4}$$

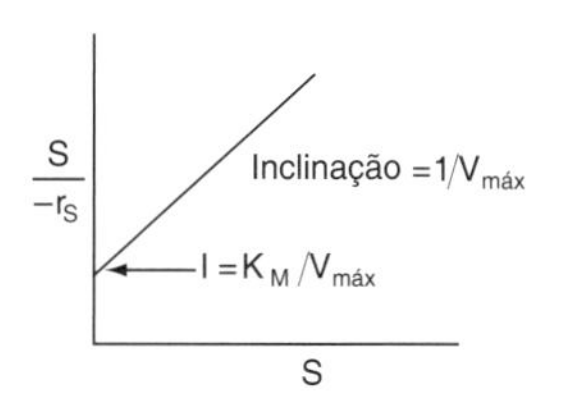

Gráfico de Hanes-Woolf

Para a forma de *Hanes-Woolf*, podemos rearranjar a Equação (9-26) como

$$\boxed{\frac{(S)}{-r_S} = \frac{K_M}{V_{máx}} + \frac{1}{V_{máx}}(S)} \tag{E9-2.5}$$

Para o *modelo de Eadie-Hofstee* plotamos $-r_S$ em função de $[-r_S/(S)]$ e, para o *modelo de Hanes-Woolf*, plotamos $[(S)/-r_S]$ em função de (S). O *gráfico de Eadie-Hofstee* não apresenta pontos tendenciosos a baixas concentrações do substrato, e o *gráfico de Hanes-Woolf* dá uma avaliação mais precisa da $V_{máx}$. Na Tabela E9-2.2, adicionamos duas colunas à Tabela E9-2.1 para gerar esses gráficos ($C_{ureia} \equiv S$).

Tabela E9-2.2 Dados Coletados e Processados

S (kmol/m³)	$-r_S$ (kmol/m³ · s)	$1/S$ (m³/kmol)	$1/-r_S$ (m³ · s/kmol)	$S/-r_s$ (s)	$-r_S/S$ (1/s)
0,20	1,08	5,0	0,93	0,185	5,4
0,02	0,55	50,0	1,82	0,0364	27,5
0,01	0,38	100,0	2,63	0,0263	38
0,005	0,20	200,0	5,00	0,0250	40
0,002	0,09	500,0	11,11	0,0222	45

Colocando na forma gráfica os dados da Tabela E9-2.2, obtemos as Figuras E9-2.2 e E9-2.3.

$$\frac{(S)}{-r_S} = \frac{K_M}{V_{máx}} + \frac{1\,(S)}{V_{máx}}$$

Gráfico de Hanes-Woolf

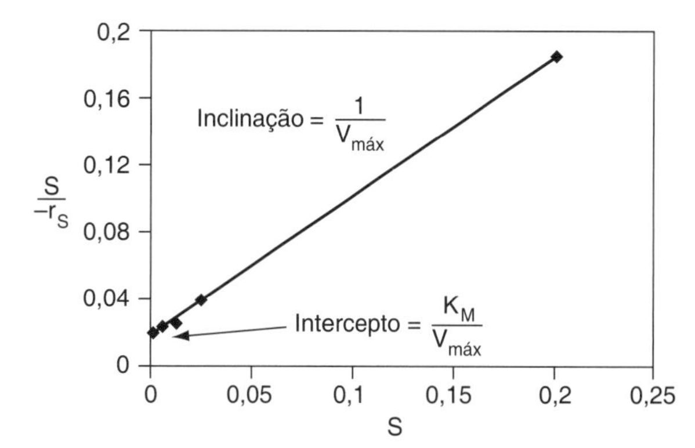

Figura E9-2.2 Gráfico de Hanes-Woolf.

$$-r_S = V_{máx} - K_M\left(\frac{-r_S}{(S)}\right)$$

Gráfico de Eadie-Hofstee

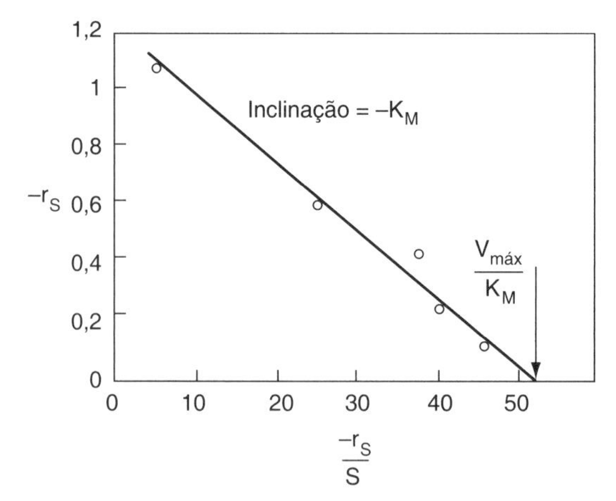

Figura E9-2.3 Gráfico de Eadie-Hofstee.

Regressão

A Equação (9-26) e a Tabela E9-2.1 foram usadas no programa de regressão do Polymath resultando o relatório de saída* apresentado adiante, com os seguintes resultados para $V_{máx}$ = 1,2 mol/dm³ · s e K_M = 0,0233 mol/dm³.

Nonlinear regression (L-M)

Model: rate = Vmax*Curea/(Km+Curea)

Variable	Ini guess	Value	95% confidence
Vmax	1	1.2057502	0.0598303
Km	0.02	0.0233322	0.003295

Nonlinear regression settings
Max # iterations = 64

Precision
R^2 = 0.9990611
R^2adj = 0.9987481
Rmsd = 0.0047604
Variance = 1.888E-04

Estes valores estão dentro do erro experimental dos valores de $V_{máx}$ e K_M determinados graficamente.

Análise: Este exemplo demonstrou como avaliar os parâmetros $V_{máx}$ e K_M na lei de velocidade de reação de Michaelis-Menten, a partir de dados de reação enzimática. Duas técnicas foram usadas: um gráfico de Lineweaver-Burk e regressão não linear. Também foi mostrado como a análise poderia ser realizada usando-se gráficos de Hanes-Woolf e Eadie-Hofstee.

O Complexo Produto-Enzima

Em muitas reações o complexo da enzima e do produto (E · P) é formado diretamente a partir do complexo enzima-substrato (E · S), de acordo com a sequência

$$E + S \rightleftarrows E \cdot S \rightleftarrows P \cdot E \rightleftarrows P + E$$

---

*Neste relatório, que só é emitido em inglês porque o programa Polymath não tem versão em português, os termos traduzidos são:
Regressão não linear (L-M – Método dos Mínimos Quadrados)
Modelo: velocidade = ...
Variável / Estimativa inicial / Valor / 95% de confiança
Configuração dos parâmetros de regressão não linear
Máximo nº de iterações = 64
Precisão
Variança (N.T.)

Aplicando a HEPE, obtemos

Lei de Velocidade de Reação de Briggs-Haldane

$$-r_S = \frac{V_{máx}(C_S - C_P/K_C)}{C_S + K_{máx} + K_P C_P} \tag{9-29}$$

que é normalmente referenciada como a Equação de Briggs-Haldane [veja P9-8_B (**a**)] e a aplicação da HEPE à cinética enzimática frequentemente chamada de *aproximação de Briggs-Haldane*.

9.2.4 Cálculos para Reações Enzimáticas em Reator Batelada

Um balanço molar da ureia em um reator batelada fornece

Balanço molar

$$-\frac{dN_{ureia}}{dt} = -r_{ureia}V$$

Uma vez que essa reação ocorre em fase líquida, $V = V_0$ e o balanço molar pode ser colocado da seguinte forma:

$$-\frac{dC_{ureia}}{dt} = -r_{ureia} \tag{9-30}$$

A lei de velocidade de reação para a decomposição da ureia é

Lei de velocidade de reação

$$-r_{ureia} = \frac{V_{máx}C_{ureia}}{K_M + C_{ureia}} \tag{9-31}$$

Substituindo a Equação (9-31) na Equação (9-30) e, então, rearranjando e integrando, chegamos a

Combine

$$t = \int_{C_{ureia}}^{C_{ureia0}} \frac{dC_{ureia}}{-r_{ureia}} = \int_{C_{ureia}}^{C_{ureia0}} \frac{K_M + C_{ureia}}{V_{máx}C_{ureia}} dC_{ureia}$$

Integre

$$t = \frac{K_M}{V_{máx}} \ln \frac{C_{ureia0}}{C_{ureia}} + \frac{C_{ureia0} - C_{ureia}}{V_{máx}} \tag{9-32}$$

Podemos escrever a Equação (9-32) em termos de conversão como

$$C_{ureia} = C_{ureia0}(1 - X)$$

Tempo para alcançar uma conversão X em uma reação enzimática em batelada

$$\boxed{t = \frac{K_M}{V_{máx}} \ln \frac{1}{1-X} + \frac{C_{ureia0}X}{V_{máx}}} \tag{9-32}$$

Os parâmetros K_M e $V_{máx}$ podem ser prontamente determinados a partir de dados de um reator batelada pelo uso do método integral de análise. Dividindo ambos os lados da Equação (9-32) por $(tK_M/V_{máx})$ e rearranjando, resulta em

$$\frac{1}{t} \ln \frac{1}{1-X} = \frac{V_{máx}}{K_M} - \frac{C_{ureia0}X}{K_M t}$$

Vemos que K_M e $V_{máx}$ podem ser determinados a partir da inclinação e do ponto de intersecção de um gráfico de $(1/t)\ln[1/(1 - X)]$ em função de X/t. Poderíamos, também, expressar a equação de Michaelis-Menten em termos da concentração do substrato S:

$$\boxed{\frac{1}{t} \ln \frac{S_0}{S} = \frac{V_{máx}}{K_M} - \frac{S_0 - S}{K_M t}} \tag{9-33}$$

em que S_0 é a concentração inicial do substrato. Em casos similares à Equação (9-33), nos quais não há possibilidade de confusão, podemos não nos preocupar com a inclusão do substrato, ou outra espécie, entre parênteses para representar a concentração [isto é, $C_S \equiv (S) \equiv S$]. O gráfico correspondente em termos da concentração do substrato é mostrado na Figura 9-7.

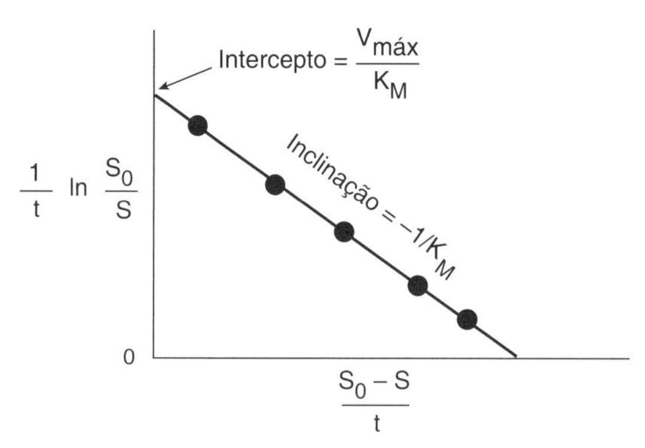

Figura 9-7 Avaliando $V_{máx}$ e K_M a partir de dados de um reator batelada.

Exemplo 9-3 Reatores Enzimáticos Batelada

Calcule o tempo necessário para converter 99% da ureia em amônia e dióxido de carbono em um reator de 0,5 dm³. A concentração inicial de ureia é 0,1 mol/dm³ e a concentração da uréase é 0,001 g/dm³. A reação deve ser realizada isotermicamente à mesma temperatura na qual os dados da Tabela E9-2.2 foram obtidos.

Solução

Podemos usar a Equação (9-32),

$$t = \frac{K_M}{V_{máx}} \ln \frac{1}{1-X} + \frac{C_{ureia0} X}{V_{máx}} \tag{9-32}$$

com $K_M = 0{,}0266$ mol/dm³, $X = 0{,}99$ e $C_{ureia0} = 0{,}1$ mol/dm³, enquanto $V_{máx}$ era 1,33 mol/dm³ · s. Entretanto, para as condições do reator batelada, a concentração de enzima é somente 0,001 g/dm³, comparada com 5 g/dm³ no Exemplo 9-2. Porque $V_{máx} = E_t \cdot k_3$, $V_{máx}$ para esta outra concentração de enzima é

$$V_{máx2} = \frac{E_{t2}}{E_{t1}} V_{máx1} = \frac{0{,}001}{5} \times 1{,}33 = 2{,}66 \times 10^{-4} \text{ mol/s} \cdot \text{dm}^3$$

$$K_M = 0{,}0266 \text{ mol/dm}^3 \quad \text{e} \quad X = 0{,}99$$

Substituindo na Equação (9-32)

$$t = \frac{2{,}66 \times 10^{-2} \text{ mol/dm}^3}{2{,}66 \times 10^{-4} \text{ mol/dm}^3/\text{s}} \ln\left(\frac{1}{0{,}01}\right) + \frac{(0{,}1 \text{ mol/dm}^3)(0{,}99)}{2{,}66 \times 10^{-4} \text{ mol/dm}^3/\text{s}} \text{s}$$

$$= 460 \text{ s} + 380 \text{ s}$$

$$= 840 \text{ s (14 minutos)}$$

Análise: Este exemplo mostra um tipo direto de cálculo do Capítulo 5, do tempo necessário para um reator batelada alcançar uma dada conversão X, no caso de uma reação enzimática com uma lei de velocidade de reação de Michaelis-Menten. Este tempo de reação batelada é muito curto; consequentemente, um reator de vazão contínua seria mais adequado para esta reação.

Efeito da Temperatura

O efeito da temperatura sobre as reações enzimáticas é muito complexo. Se a estrutura da enzima permanecesse sem mudança conforme a temperatura fosse aumentada, a lei de velocidade de reação, provavelmente, seguiria a dependência da temperatura de Arrhenius. Entretanto, conforme a temperatura aumenta, a enzima pode se desenrolar e/ou tornar-se desnaturada e perder sua atividade catalítica. Consequentemente, conforme a temperatura aumenta, a velocidade de reação, $-r_S$, aumenta até um máximo e, então, decresce à medida que a temperatura é aumentada ainda mais. A parte descendente dessa curva indica a chamada *temperatura de inativação* ou *desnaturação térmica*.[10] A Figura 9-8 mostra um exemplo desse ponto ótimo da atividade enzimática.[11]

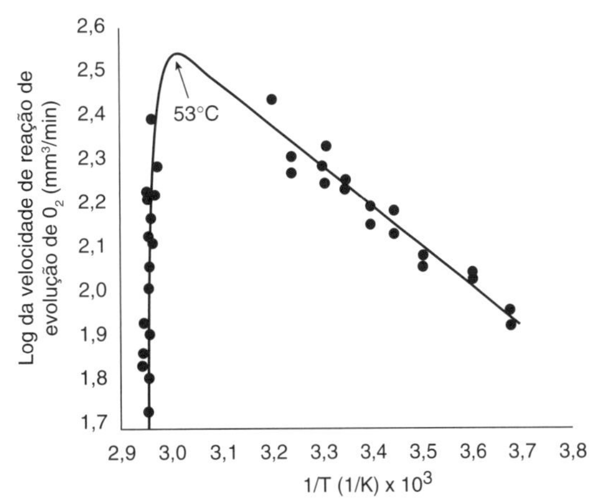

Figura 9-8 Velocidade de decomposição catalítica da H_2O_2 em função da temperatura. Cortesia de S. Aiba, A. E. Humphrey, e N. F. Mills, *Biochemical Engineering*, Academic Press (1973).

Nota Suplementar: Laboratório em um Chip. A polimerização de nucleotídeos catalisada por enzima é um passo-chave na identificação de DNA. O dispositivo microfluídico mostrado na Figura SN9.1 é usado para identificar cadeias de DNA e foi desenvolvido na Universidade de Michigan.

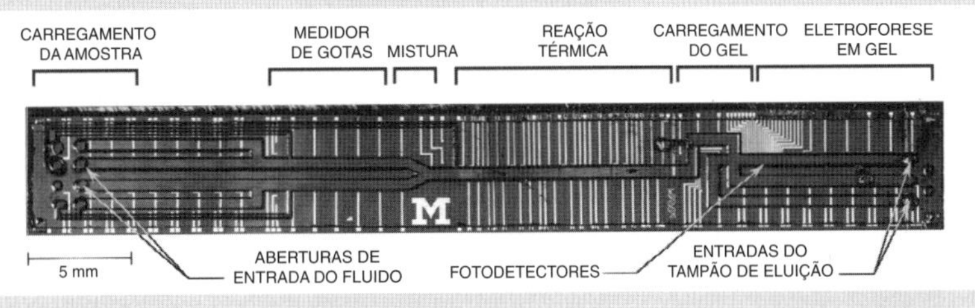

Figura SN9.1 Dispositivo Microfluídico para identificar DNA. Cortesia de *Science*, *282*, 484 (1998).

A fim de identificar o DNA, sua concentração deve ser elevada a um nível que possa ser facilmente quantificada. Esse aumento é tipicamente alcançado quando se replica o DNA, da seguinte maneira: Depois da injeção de uma amostra biológica (por exemplo, saliva purificada, sangue) no microdispositivo, ela é aquecida e as ligações de hidrogênio que conectam as cadeias do DNA são quebradas. Em seguida, um *primer* se liga ao DNA para formar um complexo DNA-*primer*, DNA*. Uma enzima E, então se liga a este par, formando o complexo DNA*-enzima, DNA* • E. Uma vez que esse complexo é formado, a reação de polimerização ocorre assim que os nucleotídeos (dNTPs-dATP, dGTP, dCTP e dTTP-**N**) se ligam ao *primer*, uma molécula de cada vez, como mostrado na Figura SN9.2. A enzima interage com a cadeia de DNA para adicionar o nucleotídeo apropriado, na ordem apropriada. A adição continua conforme a enzima percorre a cadeia, ligando os nucleotídeos até que a outra ponta da cadeia do DNA é alcançada. Nesse ponto a enzima se desliga da cadeia de DNA e uma duplicata de uma molécula de DNA de cadeia dupla é formada. A sequência da reação é

[10] M. L. Shuler and F. Kargi, *Bioprocess Engineering Basic Concepts*, 2nd ed. (Upper Saddle River, N. J.: Prentice Hall, 2002), p. 77.
[11] S. Aiba, A. E. Humphrey, and N. F. Mills, *Biochemical Engineering* (New York: Academic Press, 1973), p. 47.

Figura SN9.2 Sequência de replicação.

O esquema na Figura SN9.2 pode ser escrito em termos de reações de passo único em que N é um dos quatro nucleotídeos.
Formação de complexo:

$$\text{DNA} + \textit{Primer} \rightarrow \text{DNA}^*$$

$$\text{DNA}^* + \text{E} \rightleftarrows \text{DNA}^* \cdot \text{E}$$

Adição/polimerização do nucleotídeo

$$\text{DNA}^* \cdot \text{E} + \text{N} \rightarrow \text{DNA}^* \cdot \text{N}_1 \cdot \text{E}$$

$$\text{DNA}^* \cdot \text{N}_1 \cdot \text{E} + \text{N} \rightarrow \text{DNA}^* \cdot \text{N}_2 \cdot \text{E}$$

O processo, então, continua de modo semelhante a um zíper conforme a enzima se desloca ao longo da cadeia para adicionar mais nucleotídeos e aumentar o *primer*. A adição do último nucleotídeo é

$$\text{DNA}^* \cdot \text{N}_{i-1} \cdot \text{E} + \text{N} \rightarrow \text{DNA}^* \cdot \text{N}_i \cdot \text{E}$$

em que i é o número das moléculas de nucleotídeo no DNA original, menos os nucleotídeos do *primer*. Uma vez que um DNA completo de cadeia dupla se forma, a polimerização cessa, a enzima desliga-se, e a separação ocorre.

$$\text{DNA}^* \cdot \text{N}_i \cdot \text{E} \rightarrow 2\text{DNA} + \text{E}$$

Aqui duas cadeias de DNA realmente representam uma hélice de DNA duplamente espiralada. Assim que ocorre a replicação no dispositivo, os comprimentos das moléculas do DNA podem ser analisados por eletroforese, para indicar as informações genéticas relevantes.

9.3 Inibição de Reações Enzimáticas

Em adição à temperatura e pH da solução, outro fator que grandemente influencia as velocidades das reações catalisadas por enzimas é a presença de um inibidor. Inibidores são espécies que interagem com enzimas e as tornam ineficazes para catalisar sua reação específica. As consequências mais dramáticas da inibição de enzima são encontradas nos organismos vivos, onde a inibição de qualquer enzima específica envolvida em uma rota metabólica primária tornará inoperante toda a rota envolvida, resultando em um sério dano ou morte do organismo. Por exemplo, a inibição de uma única enzima, o citocromo c oxidase, pelo cianeto fará com que o processo de oxidação aeróbica pare e a morte ocorra em poucos minutos. Há, também, inibidores beneficiais, tais como os que são usados no tratamento de leucemia e outras doenças neoplásicas. A aspirina inibe a enzima que catalisa a síntese da molécula prostaglandina, que está envolvida no processo de geração da dor. Recentemente, a descoberta do inibidor da enzima DDP-4, Januvia, foi aprovada para o tratamento do diabetes Tipo 2, um mal que afeta 240 milhões de pessoas ao redor do mundo (veja o Problema P9-14_B).

Os três tipos mais comuns de inibição reversível que ocorrem em reações enzimáticas são *competitiva, acompetitiva* e *não competitiva*. A molécula de enzima é análoga a uma superfície catalítica heterogênea no que concerne ao fato de conter sítios ativos. Quando uma inibição *competitiva* ocorre, o substrato e o inibidor são, geralmente, moléculas similares que competem pelo mesmo sítio na enzima. A inibição *acompetitiva* ocorre quando o inibidor desativa o complexo enzima-substrato, algumas vezes por se ligar a ambas as moléculas do complexo – a molécula da enzima e a molécula do substrato. A inibição *não competitiva* ocorre com enzimas que contêm pelo menos dois tipos diferentes de sítios. O substrato se liga somente a um tipo de sítio e o inibidor se liga somente a outro, para tornar a enzima inativa.

9.3.1 Inibição Competitiva

A inibição competitiva é de particular importância na farmacocinética (no caso de terapia com medicamentos). Se um paciente receber duas ou mais drogas que reajam simultaneamente dentro do corpo com uma mesma enzima, cofator, ou espécie ativa, essa interação pode levar a uma inibição competitiva na formação dos respectivos metabólitos e produzir sérias consequências.

Na inibição competitiva, outra substância, I, compete com o substrato pelas moléculas de enzima para formar um complexo enzima-inibidor, como mostrado na Figura 9-9.

Além dos três passos de reação de Michaelis-Menten, há dois passos adicionais quando o inibidor se liga reversivelmente à enzima, como mostrado nos passos de reação 4 e 5.

Passos de Reação

$$(1) \quad E + S \xrightarrow{k_1} E \cdot S$$
$$(2) \quad E \cdot S \xrightarrow{k_2} E + S$$
$$(3) \quad E \cdot S \xrightarrow{k_3} P + E$$
$$(4) \quad I + E \xrightarrow{k_4} E \cdot I \text{ (inativo)}$$
$$(5) \quad E \cdot I \xrightarrow{k_5} E + I$$

Rota de Inibição Competitiva

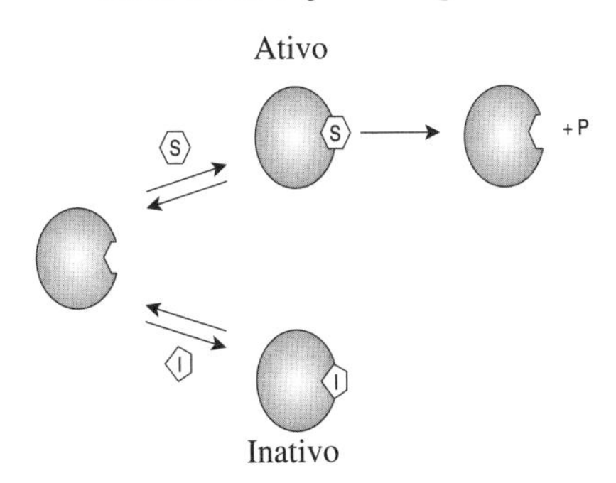

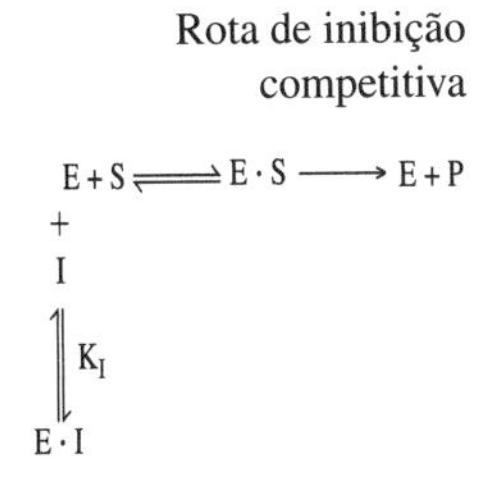

(a) Inibição competitiva. Cortesia de D. L. Nelson e M. M. Cox, Lehninger *Principles of Biochemistry*, 3rd ed. (New York: Worth Publishers, 2000), p. 266.

Figura 9-9 Passos da inibição enzimática competitiva.

A lei de velocidade de reação para a formação do produto é a mesma [conforme Equações (9-18A) e (9-19)] como era antes, na ausência do inibidor.

$$r_P = k_3\,(E \cdot S) \tag{9-34}$$

Aplicando-se a HEPE, a velocidade de reação resultante do complexo enzima-substrato é

$$r_{E \cdot S} = 0 = k_1\,(E)(S) - k_2(E \cdot S) - k_3\,(E \cdot S) \tag{9-35}$$

A velocidade de reação resultante da formação do complexo inibidor-substrato também é igual a zero

$$r_{E \cdot I} = 0 = k_4\,(E)(I) - k_5(E \cdot I) \tag{9-36}$$

A concentração total de enzima é a soma das concentrações das enzimas ligadas e não ligadas

$$E_t = [E] + (E \cdot S) + (E \cdot I) \tag{9-37}$$

Combinando as Equações (9-35), (9-36) e (9-37), resolvendo para (E · S), substituindo na Equação (9-34) e simplificando, resulta em

Lei de velocidade de reação para inibição competitiva

$$\boxed{r_P = -r_S = \frac{V_{máx}(S)}{(S) + K_M\left(1 + \dfrac{(I)}{K_I}\right)}} \tag{9-38}$$

$V_{máx}$ e K_M são as mesmas constantes como anteriormente definidas, quando o inibidor não está presente, isto é,

$$V_{máx} = k_3 E_t \text{ e } K_M = \frac{k_2 + k_3}{k_1}$$

e a constante de inibição K_I (mol/dm^3) é

$$K_I = \frac{k_5}{k_4}$$

Se fizermos $K'_M = K_M\,(1 + (I)/K_I)$, podemos ver que o efeito da adição de um inibidor competitivo é aumentar a constante de Michaelis "aparente", K'_M. A consequência da maior constante de Michaelis K_M "aparente" é que uma concentração de substrato maior é necessária para a velocidade da decomposição do substrato, $-r_S$, atingir metade de sua velocidade máxima.

Rearranjando a Equação (9-38) para gerar um gráfico de Lineweaver-Burk,

$$\boxed{\frac{1}{-r_s} = \frac{1}{V_{máx}} + \frac{1}{(S)}\left[\frac{K_M}{V_{máx}}\left(1 + \frac{(I)}{K_I}\right)\right]} \tag{9-39}$$

A partir do gráfico de Lineweaver-Burk (Figura 9-10), vemos que, conforme a concentração do inibidor (I) é aumentada, a inclinação aumenta (isto é, a velocidade de reação diminui), enquanto o intercepto permanece fixo.

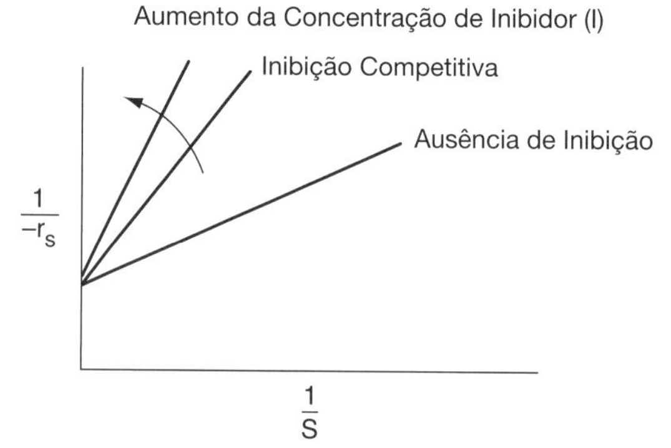

Figura 9-10 Gráfico de Lineweaver-Burk para inibição competitiva.

Nota Suplementar: Envenenamento por Metanol. Um interessante e importante exemplo de *inibição de substrato competitiva* ocorre com a enzima álcool-desidrogenase (ADH) na presença de etanol e metanol. Se uma pessoa ingere metanol, ADH irá convertê-lo a formaldeído e, então, a formiato, o qual causa cegueira. Por isso, o tratamento envolve a injeção intravenosa de etanol a uma velocidade controlada. O etanol é metabolizado com velocidade mais baixa do que o metanol e, assim, ligando-se a ADH diminui o metabolismo do metanol a formaldeído e deste ao formiato. Em consequência, os rins têm tempo para filtrar o metanol, que é, então, excretado na urina. Com esse tratamento, a cegueira pode ser evitada.

9.3.2 Inibição Acompetitiva

Aqui o inibidor não tem afinidade, por si só, pela enzima e, portanto, não compete com o substrato pela enzima, mas, em vez disso, ele se liga ao complexo enzima-substrato formando um complexo inibidor-enzima-substrato, (I · E · S), que é inativo. Em inibição acompetitiva, o inibidor liga-se reversivelmente ao complexo enzima-substrato, *depois* que ele foi formado.

Assim como com a inibição competitiva, dois passos adicionais de reação são adicionados à cinética de Michaelis-Menten para denotar a inibição acompetitiva, como mostrado nos passos 4 e 5 da reação na Figura 9-11.

Passos da Reação

$$(1)\quad E + S \xrightarrow{k_1} E \cdot S$$
$$(2)\quad E \cdot S \xrightarrow{k_2} E + S$$
$$(3)\quad E \cdot S \xrightarrow{k_3} P + E$$
$$(4)\quad I + E \cdot S \xrightarrow{k_4} I \cdot E \cdot S \text{ (inativo)}$$
$$(5)\quad I \cdot E \cdot S \xrightarrow{k_5} I + E \cdot S$$

Rota da inibição acompetitiva

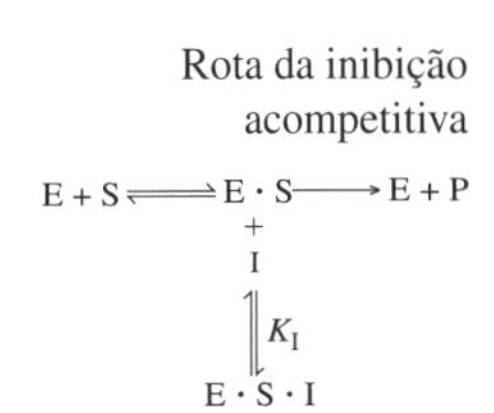

Rota Acompetitiva

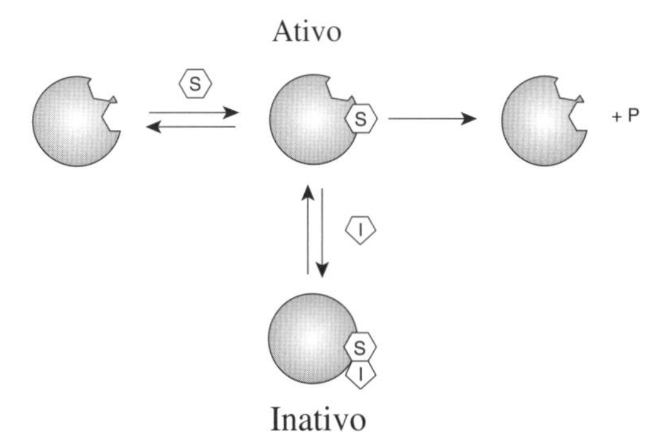

Figura 9-11 Passos da inibição acompetitiva de uma enzima.

Iniciando com a equação para a velocidade de formação do produto, Equação (9-34), e, então, aplicando a hipótese do estado pseudoestacionário ao intermediário (I · E · S), chegamos à lei da velocidade de reação para a inibição acompetitiva.

Lei da velocidade de reação para inibição acompetitiva

$$-r_s = r_p = \frac{V_{máx}(S)}{K_M + (S)\left(1 + \frac{(I)}{K_I}\right)} \quad \text{em que } K_I = \frac{k_5}{k_4} \tag{9-40}$$

Os passos intermediários são mostrados no Capítulo 9, *Notas de Resumo*, no site da LTC Editora. Rearranjando a Equação (9-40),

$$\frac{1}{-r_s} = \frac{1}{(S)}\frac{K_M}{V_{máx}} + \frac{1}{V_{máx}}\left(1 + \frac{(I)}{K_I}\right) \tag{9-41}$$

O gráfico de Lineweaver-Burk é mostrado na Figura 9-12 para diferentes concentrações do inibidor. A inclinação ($K_M/V_{máx}$) permanece a mesma, à medida que a concentração de inibidor (I) é aumentada, enquanto o intercepto $[(1/V_{máx})(1 + (I)/K_1)]$ aumenta.

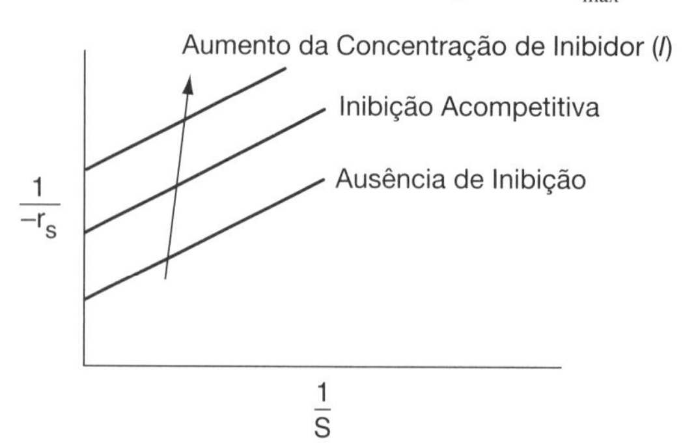

Figura 9-12 Gráfico de Lineweaver-Burk para inibição acompetitiva.

9.3.3 Inibição Não Competitiva (Inibição Mista)[12]

Em inibição não competitiva, também algumas vezes chamada de *inibição mista*, as moléculas do substrato e do inibidor reagem com diferentes tipos de sítio na molécula da enzima. Quando o inibidor está ligado à enzima, ela fica inativada e não consegue formar produtos. Consequentemente, o complexo inativo (I · E · S) pode ser formado por duas rotas de reação reversíveis.

1. Depois que a molécula do substrato se liga à molécula da enzima no sítio do substrato, então a molécula de inibidor se liga à enzima no sítio do inibidor.
2. Depois que uma molécula de inibidor se liga à molécula da enzima no sítio do inibidor, então a molécula do substrato se liga à enzima no sítio do substrato.

Essas rotas, junto com a formação do produto, P, são mostradas na Figura 9-13. Em inibição não competitiva, a enzima pode ser levada a sua forma inativa tanto *antes* como *depois* de formar o complexo enzima-substrato, como mostrado nos passos 2, 3 e 4.

Novamente começando com a lei de velocidade da reação para a velocidade de formação do produto e, então, aplicando a HEPE aos complexos (I · E) e (I · E · S), chegamos à lei de velocidade de reação para inibição não competitiva

Lei de velocidade de reação para inibição não competitiva

$$-r_s = \frac{V_{máx}(S)}{((S) + K_M)\left(1 + \frac{(I)}{K_I}\right)} \tag{9-42}$$

A derivação da lei de velocidade de reação é dada nas *Notas de Resumo* no site da LTC Editora. A Equação (9-42) é a forma da lei de velocidade de reação que resulta para uma reação enzimática que exibe inibição não competitiva. Íons de metais pesados tais como Pb^{2+}, Ag^{+} e Hg^{2+}, assim como inibidores que reagem com a enzima para formar derivados químicos, são exemplos típicos de inibidores não competitivos.

Passos da Reação

(1) $E + S \rightleftarrows E \cdot S$
(2) $E + I \rightleftarrows I \cdot E$ (inativo)
(3) $I + E \cdot S \rightleftarrows I \cdot E \cdot S$ (inativo)
(4) $S + I \cdot E \rightleftarrows I \cdot E \cdot S$ (inativo)
(5) $E \cdot S \longrightarrow P + E$

[12]Em alguns textos, inibição mista é a combinação de inibição competitiva com inibição acompetitiva.

Rota Acompetitiva

Inibição mista

$$\begin{array}{ccc} E + S & \rightleftharpoons & E \cdot S \longrightarrow E + P \\ + & & + \\ I & & I \\ \Big\Updownarrow K_I & & \Big\Updownarrow K_I \\ E \cdot I + S & \rightleftharpoons & E \cdot S \cdot I \end{array}$$

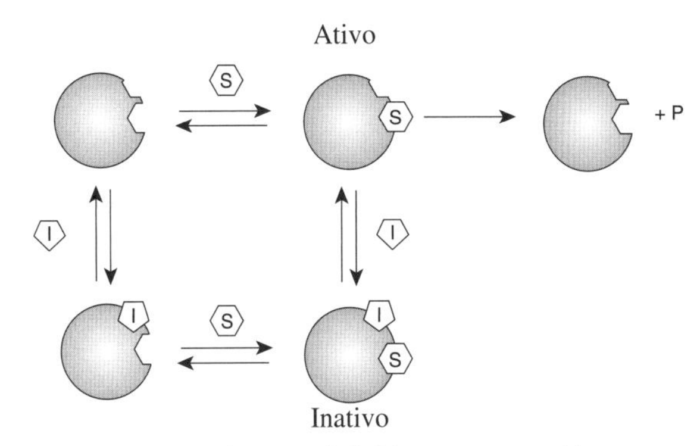

Figura 9-13 Passos da inibição não competitiva.

Rearranjando,

$$\boxed{\frac{1}{-r_s} = \frac{1}{V_{\text{máx}}}\left(1 + \frac{(I)}{K_I}\right) + \frac{1}{(S)}\frac{K_M}{V_{\text{máx}}}\left(1 + \frac{(I)}{K_I}\right)} \quad (9\text{-}43)$$

Para inibição não competitiva, vemos, na Figura 9-14, que tanto a inclinação $\left(\frac{K_M}{V_{\text{máx}}}\left[1 + \frac{(I)}{K_I}\right]\right)$ como o intercepto $\left(\frac{1}{V_{\text{máx}}}\left[1 + \frac{(I)}{K_I}\right]\right)$ aumentam com o aumento da concentração do inibidor. Na prática, a *inibição acompetitiva* e a *inibição mista* são geralmente observadas somente para enzimas com dois ou mais substratos, S_1 e S_2.

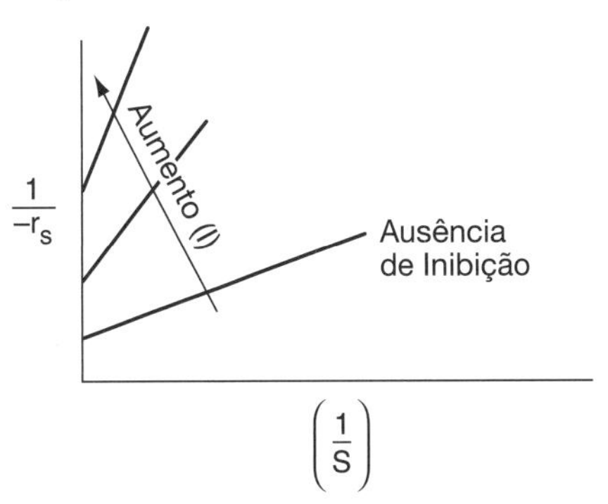

Figura 9-14 Gráfico de Lineweaver-Burk para inibição enzimática não competitiva.

Os três tipos de inibição são comparados com uma reação sem inibidores e estão resumidos no gráfico de Lineweaver-Burk mostrado na Figura 9-15.

Gráfico de resumo dos tipos de inibição

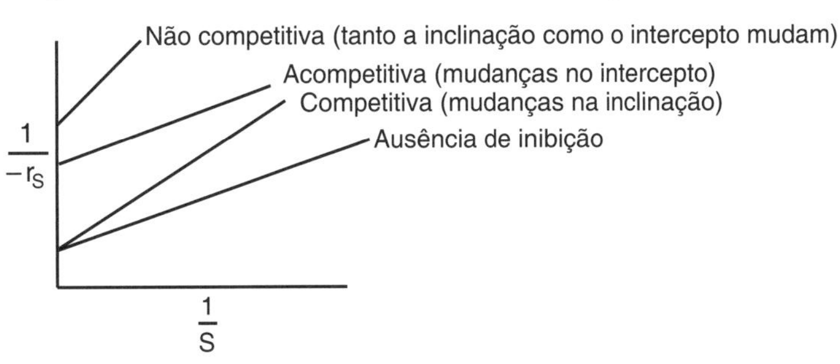

Figura 9-15 Resumo: Gráficos de Lineweaver-Burk para três tipos de inibição enzimática.

Resumindo, observamos as seguintes tendências e relações:

1. Na *inibição competitiva*, a inclinação aumenta com o aumento da concentração do inibidor, enquanto o intercepto permanece fixo.
2. Na *inibição acompetitiva*, o intercepto (no eixo y) aumenta com o aumento da concentração do inibidor, enquanto a inclinação permanece fixa.
3. Na inibição *não competitiva* (*inibição mista*), o intercepto (no eixo y) e a inclinação aumentarão com o aumento da concentração de inibidor.

O Problema P9-12_B pede para que você encontre o tipo de inibição para a reação de amido catalisada por enzima.

9.3.4 Inibição pelo Substrato

Em vários casos, o próprio substrato pode agir como um inibidor. No caso de inibição acompetitiva, a molécula inativa (S · E · S) é formada pela reação

$$S + E \cdot S \longrightarrow S \cdot E \cdot S \quad \text{(inativo)}$$

Consequentemente, vemos que quando substituímos (I) por (S) na Equação (9-40), a lei de velocidade de reação para $-r_S$ se torna

$$-r_S = \frac{V_{máx}(S)}{K_M + (S) + \frac{(S)^2}{K_I}} \tag{9-44}$$

Vemos que, para baixas concentrações de substrato,

$$K_M >> \left((S) + \frac{(S)^2}{K_I}\right) \tag{9-45}$$

então

$$-r_S \sim \frac{V_{máx}(S)}{K_M} \tag{9-46}$$

e a velocidade de reação aumenta linearmente com o aumento da concentração do substrato.

Para altas concentrações de substrato $[(S)^2 / K_I) >> K_M + (S)]$, então

Inibição pelo substrato

$$-r_S = \frac{V_{máx}K_I}{S} \tag{9-47}$$

e vemos que a velocidade de reação diminui, à medida que a concentração do substrato aumenta. Consequentemente, a velocidade da reação passa por um máximo em função da concentração do substrato, como mostrado na Figura 9-16. Vemos, também, que há uma concentração ótima de substrato na qual se deve trabalhar. Esse máximo é encontrado fazendo com que a derivada de $-r_S$, em relação a S, na Equação (9-44), seja igual a 0, resultando em

$$\boxed{S_{máx} = \sqrt{K_M K_I}} \tag{9-48}$$

Quando pode ocorrer a inibição de substrato, um reator semicontínuo, chamado *batelada alimentada*, é frequentemente usado com $S \approx S_{máx}$, ou um CSTR nesta condição, para maximizar a velocidade de reação e a conversão.

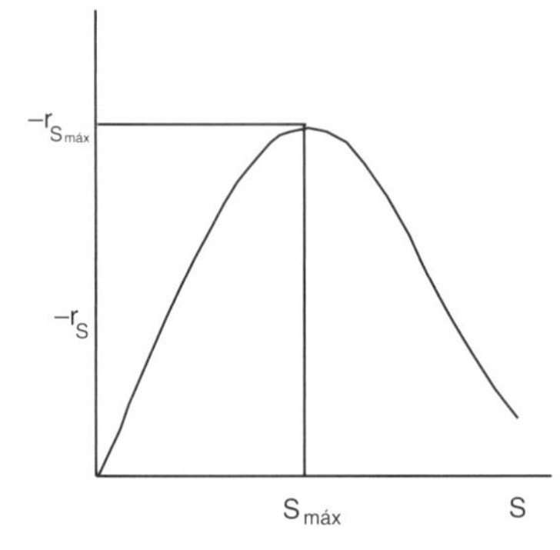

Figura 9-16 Velocidade de reação do substrato em função de sua concentração, com inibição pelo substrato.

Nossa discussão sobre enzimas continua no *Material de Referência Profissional*, no site da LTC Editora, onde descrevemos sistemas com múltiplos substratos e enzimas, regeneração de enzima e cofatores de enzima (veja a referência R9.6).

9.4 Biorreatores e Biossínteses

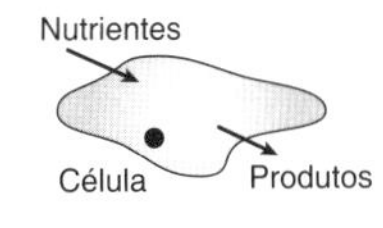

Um *biorreator* é um reator que sustenta e mantém a vida de células e culturas de tecido. Praticamente todas as reações celulares necessárias para manter a vida são mediadas por enzimas, pois elas catalisam vários aspectos do metabolismo das células, tais como a transformação da energia química e a construção, decomposição e digestão dos componentes celulares. Porque as reações enzimáticas estão envolvidas no crescimento de microrganismos (biomassa), passaremos a estudar o crescimento microbiano e os biorreatores. Assim, não é surpresa que a equação de Monod, que descreve a lei de crescimento de várias bactérias, seja semelhante à equação de Michaelis-Menten. Consequentemente, apesar de os biorreatores não serem verdadeiramente homogêneos, devido à presença de células vivas, nós os incluiremos neste capítulo, como uma progressão lógica das reações enzimáticas.

O crescimento da biotecnologia

$ 24 bilhões de dólares

O uso de células vivas para produzir produtos químicos viáveis para o mercado está se tornando cada vez mais importante. O número de produtos químicos, produtos para a agricultura e produtos alimentícios produzidos por biossíntese aumentou dramaticamente. Em 2007, companhias nesse setor angariaram mais de $24 bilhões de dólares em novos financiamentos.[13] Ambas as células de microrganismos e as de mamíferos estão sendo usadas para produzir uma variedade de produtos, tais como insulina, a maioria dos antibióticos e polímeros. Espera-se que, no futuro, vários produtos químicos orgânicos atualmente derivados do petróleo sejam produzidos por células vivas. As vantagens de bioconversões são as condições amenas para a reação, rendimentos altos (por exemplo, 100% de conversão da glicose a ácido glucônico com o fungo *Aspergillus niger*) e o fato de que os organismos contêm várias enzimas que podem catalisar sucessivos passos em uma reação e, o que é mais importante, agir como catalisadores estereoespecíficos. Um exemplo comum da especificidade da produção por bioconversão de um *único* isômero desejado que, ao ser produzido quimicamente rende uma mistura de isômeros, é a conversão do ácido *cis*-propenilfosfônico ao antibiótico ácido (-) *cis*-1,2-epoxipropil-fosfônico. Bactérias podem ser modificadas e transformadas em fábricas químicas vivas. Por exemplo, usando um DNA recombinante, a firma Biotechnic International manipulou uma bactéria para produzir fertilizantes convertendo nitrogênio em nitratos.[14]

Mais recentemente, a síntese de biomassa (isto é, célula/organismos) tornou-se uma fonte de energia alternativa importante. Em 2009, a ExxonMobil investiu mais de 600 milhões de dólares para desenvolver o crescimento e a produção de algas em tanques de resíduos. Estima-se que um acre de algas possa produzir 2.000 galões de gasolina por ano.

Em biossíntese, as células, também chamadas de *biomassa*, consomem nutrientes para cultivar e produzir mais células e produtos importantes. Internamente, uma célula usa seus nutrientes para produzir energia e mais células. Essa transformação de nutrientes em energia e bioprodutos é realizada por meio do uso que a célula faz de várias enzimas, em uma série de reações, para produzir produtos metabólicos. Esses produtos podem tanto permanecer na célula (produto intracelular) como ser secretados das células (produto extracelular). No primeiro caso, as células devem ser lisadas (rompidas) e o produto filtrado e purificado do caldo total (mistura reacional). Uma representação esquemática de uma célula é apresentada na Figura 9-17.

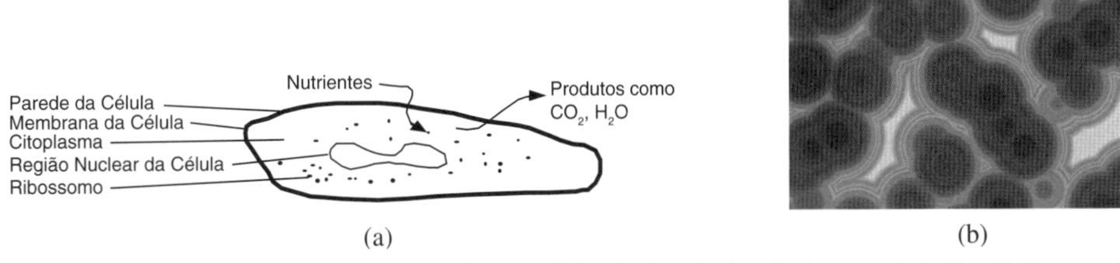

Figura 9-17 (a) Representação esquemática de uma célula; (b) foto da divisão de uma célula *E. coli*. Cortesia de D. L. Nelson e M. M. Cox, *Lehninger Principles of Biochemistry*, 3rd ed. (New York: Worth Publishers, 2000.)

[13] *C & E News*, January 12, 2004, p. 7.
[14] *Chem. Eng. Progr.*, August 1988, p. 18.

A célula contém uma parede celular e uma membrana externa que envolve o citoplasma. O citoplasma contém a região nuclear e os ribossomos. A parede celular protege a célula de influências externas. A membrana da célula se encarrega do transporte seletivo de materiais para dentro e para fora da célula. Outras substâncias podem se ligar à membrana da célula para realizar importantes funções celulares. No citoplasma existem os ribossomos que contêm o ácido ribonucleico (RNA), que é importante para a síntese das proteínas. A região nuclear contém ácido desoxirribonucleico (DNA), o qual proporciona a informação genética para a produção de proteínas e outras substâncias e estruturas celulares.[15]

Todas as reações nas células ocorrem simultaneamente e são classificadas em três classes: classe (I) degradação de nutrientes (reações de alimentação); classe (II) síntese de pequenas moléculas (aminoácidos); e classe (III) síntese de moléculas grandes (polimerização; por exemplo, RNA, DNA). Uma visão geral aproximada, com somente uma fração das reações e rotas metabólicas, é apresentada na Figura 9-18. Um modelo mais detalhado é apresentado nas Figuras 5.1 e 6.14 de Shuler e Kargi.[16] Nas reações de Classe I, trifosfato de adenosina (ATP) participa da degradação dos nutrientes para formar produtos que sejam usados em reações de biossíntese (Classe II) de pequenas moléculas (por exemplo, aminoácidos), as quais são, então, polimerizadas para formar o RNA e o DNA (Classe III). O ATP também transfere a energia que libera quando perde um grupo fosfato e forma o difosfato de adenosina (ADP).

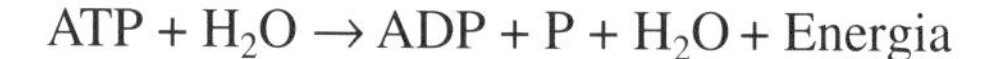

$$ATP + H_2O \rightarrow ADP + P + H_2O + Energia$$

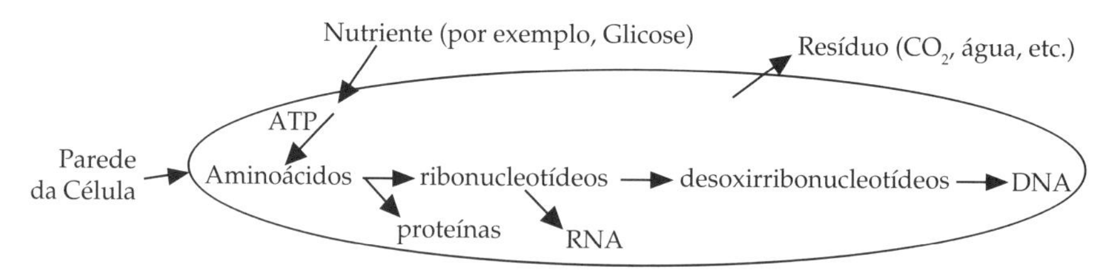

Figura 9-18 Exemplo de reações que ocorrem na célula.

Crescimento Celular e Divisão

O crescimento celular e a divisão típica das células dos mamíferos são mostrados esquematicamente na Figura 9-19. As quatro fases da divisão celular são chamadas G1, S, G2 e M, e estão descritas na Figura 9-19.

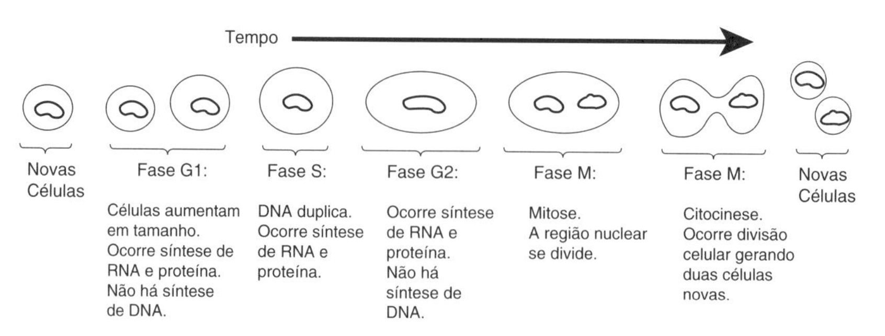

Figura 9-19 Fases da divisão celular.

Em geral, o crescimento de um organismo aeróbico segue a equação

---

[15]M. L. Shuler and F. Kargi, *Bioprocess Engineering Basic Concepts*, 2nd ed. (Upper Saddle River, N. J.: Prentice Hall, 2002.)

[16]M. L. Shuler and F. Kargi, *Bioprocess Engineering Basic Concepts*, 2nd ed. (Upper Saddle River, N. J.: Prentice Hall, 2002), pp. 135, 185.

Multiplicação de células

$$[\text{Células}] + \begin{bmatrix}\text{Fonte de}\\ \text{carbono}\end{bmatrix} + \begin{bmatrix}\text{Fonte de}\\ \text{nitrogênio}\end{bmatrix} + \begin{bmatrix}\text{Fonte de}\\ \text{oxigênio}\end{bmatrix} + \begin{bmatrix}\text{Fonte de}\\ \text{fosfato}\end{bmatrix} + \cdots \xrightarrow[\text{(pH, temperatura, etc.)}]{\text{Condições do meio de cultura}} [CO_2] + [H_2O] + [\text{Produtos}] + \begin{bmatrix}\text{Mais}\\ \text{células}\end{bmatrix} \quad (9\text{-}49)$$

Uma forma mais abreviada da Equação (9-49), geralmente usada, resume: um substrato, na presença de células, produz mais células e mais produtos, ou seja,

$$\text{Substrato} \xrightarrow{\text{Células}} \text{Mais células} + \text{Produto} \quad (9\text{-}50)$$

Os produtos na Equação (9-50) incluem CO_2, água, proteínas e outras espécies específicas à reação em particular. Uma excelente discussão da estequiometria (balanços molar e atômico) da Equação (9-49) pode ser encontrada em Shuler e Kargi,[17] Bailey e Ollis[18] e Blanch e Clark.[19] O meio de cultura do substrato contém todos os nutrientes (carbono, nitrogênio, etc.) juntamente com outros produtos químicos necessários para o crescimento. Como veremos em breve, a velocidade dessa reação é proporcional à concentração de células e, por isso, a reação é autocatalítica. Um diagrama simplificado de um reator bioquímico batelada simples e do crescimento de dois tipos de microrganismos, cocos (isto é, bactérias esféricas) e leveduras, é mostrado na Figura 9-20.

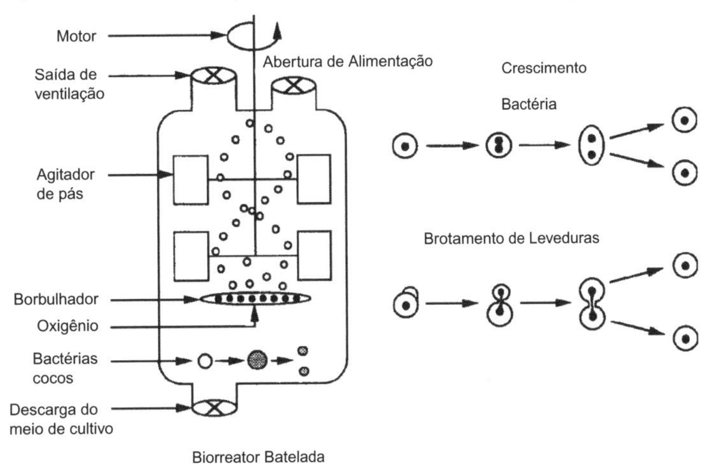

Figura 9-20 Biorreator batelada.

9.4.1 Crescimento de Células

Etapas do crescimento celular em um reator batelada são mostradas esquematicamente nas Figuras 9-21 e 9-22. Inicialmente, um pequeno número de células é inoculado (isto é, adicionado) ao reator batelada contendo os nutrientes, e o processo de crescimento se inicia, como mostrado na Figura 9-21. Na Figura 9-22, o número de células vivas é apresentado em função do tempo.

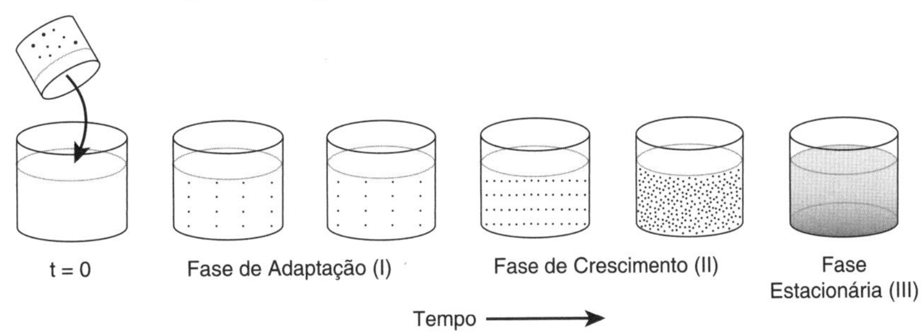

Figura 9-21 Aumento da concentração celular.

[17]M. L. Shuler and F. Kargi, *Bioprocess Engineering Basic Concepts*, 2nd ed. (Upper Saddle River, N. J.: Prentice Hall, 2002.)
[18]J. E. Bailey and D. F. Ollis, *Biochemical Engineering*, 2nd ed. (New York: McGraw-Hill, 1987.)
[19]H. W. Blanch and D. S. Clark, *Biochemical Engineering* (New York: Marcel Dekker, Inc. 1996).

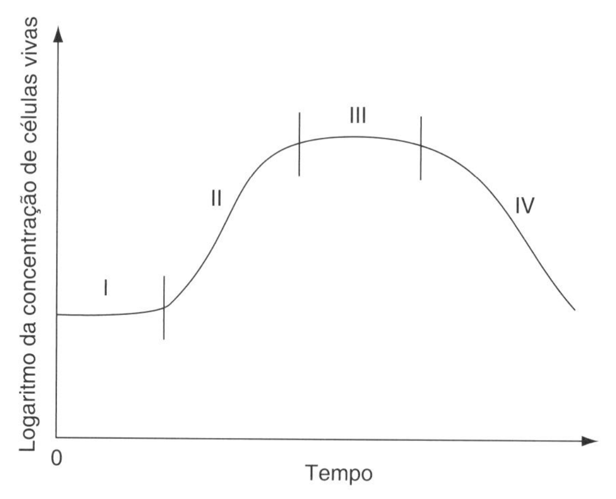

Figura 9-22 Fases do crescimento celular de bactéria.

Fase de adaptação

A Fase I, mostrada na Figura 9-22, é chamada de *fase de adaptação*. Há pouco aumento da concentração celular nesta fase. Na fase de adaptação as células estão se ajustando ao seu novo ambiente, realizando funções tais como a síntese de proteínas de transporte para mover o substrato para dentro da célula, a síntese de enzimas para utilizar o novo substrato, e iniciando o trabalho para replicar o material genético das células. A duração da fase de adaptação depende de vários fatores, um dos quais é a semelhança do meio de crescimento do qual o inóculo foi tirado, em relação ao meio reacional no qual o inóculo é colocado. Se o inóculo for similar ao meio do reator batelada, a fase de adaptação pode ser quase inexistente. Se, no entanto, o inóculo for colocado em um meio com um nutriente diferente ou outras substâncias, ou se a cultura do inóculo estiver na fase estacionária ou morta, as células têm que reajustar sua rota metabólica para que seja possível consumir os nutrientes em seu novo ambiente.[20]

Fase de crescimento exponencial

A Fase II é chamada de *fase de crescimento exponencial*, devido ao fato de que a velocidade de crescimento celular é proporcional à concentração de células. Nesta fase as células estão se dividindo à velocidade máxima porque todas as rotas das enzimas para metabolizar o substrato estão ativas (como resultado da fase de adaptação) e as células são capazes de usar os nutrientes de modo mais eficaz.

A Fase III é a *fase estacionária*, durante a qual as células atingem um espaço biológico mínimo em que a falta de um ou mais nutrientes limita o crescimento celular. Durante a fase estacionária, a velocidade resultante do crescimento celular é zero por causa do esgotamento dos nutrientes e de metabólitos essenciais. Muitos produtos fermentativos importantes, incluindo muitos antibióticos, são produzidos na fase estacionária. Por exemplo, a penicilina produzida comercialmente usando o fungo *Penicillium chrysogenum* é formada somente depois que o crescimento celular cessa. O crescimento celular é, também, diminuído pelo acúmulo de ácidos orgânicos e materiais tóxicos gerados durante a fase de crescimento.

Antibióticos produzidos durante a fase estacionária

Fase de morte celular

A fase final, Fase IV, é a *fase de declínio* ou *morte celular*, na qual ocorre a diminuição da concentração de células vivas. Este declínio ocorre em consequência de subprodutos tóxicos, ambientes severos e/ou grande diminuição do fornecimento de nutrientes.

9.4.2 Leis de Velocidade de Reação

Enquanto existem muitas leis para a velocidade do crescimento celular de células novas, isto é,

$$\text{Células} + \text{Substrato} \longrightarrow \text{Mais células} + \text{Produto}$$

[20]B. Wolf and H. S. Fogler, "Alteration of the Growth Rate and Lag Time of *Leuconostoc mesenteroides* NRRL-B523", *Biotechnology and Bioengineering*, *72* (6), 603 (2001).
B. Wolf and H. S. Fogler, "Growth of *Leuconostoc mesenteroides* NRRL-B523, in Alkaline Medium", *Biotechnology and Bioengineering*, *89* (1), 96 (2005).

a expressão mais comumente usada é a equação de *Monod* para o crescimento exponencial:

$$r_g = \mu C_c \tag{9-51}$$

em que r_g = velocidade de crescimento celular, g/dm³ · s
C_c = concentração celular, g/dm³
μ = velocidade específica de crescimento, s^{-1}

A concentração celular é frequentemente dada em termos da massa (g) de células secas por volume líquido e é especificada em "gramas de peso seco por dm³", isto é, (g/dm³).

A velocidade específica do crescimento celular pode ser expressa como

$$\mu = \mu_{\text{máx}} \frac{C_s}{K_s + C_s} \quad s^{-1} \tag{9-52}$$

em que $\mu_{\text{máx}}$ = velocidade específica máxima de crescimento, s^{-1}
K_S = constante de *Monod*, g/dm³
C_S = concentração de substrato (isto é, nutriente), g/dm³

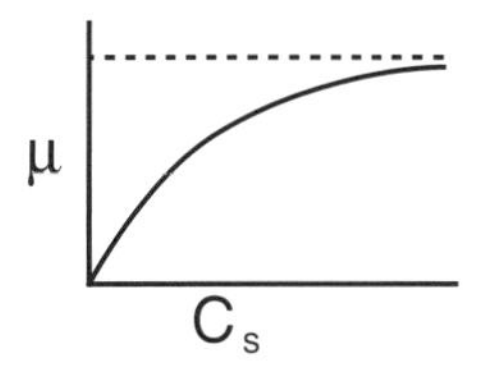

Figura 9-23 Velocidade específica de crescimento celular, μ, em função da concentração de substrato, C_s.

Valores representativos de $\mu_{\text{máx}}$ e K_s são 1,3 h^{-1} e $2{,}2 \times 10^{-5}$ g/dm³, respectivamente, os quais são os valores dos parâmetros para o crescimento da *E. coli* em meio de glicose. Combinando as Equações (9-51) e (9-52), chegamos à equação de Monod para a velocidade de crescimento de células de bactérias

Equação de Monod

$$\boxed{r_g = \frac{\mu_{\text{máx}} C_s C_c}{K_s + C_s}} \tag{9-53}$$

Para várias bactérias diferentes, a constante K_s é muito pequena em relação às concentrações típicas de substrato, e em tais casos a lei de velocidade da reação se reduz a

$$r_g = \mu_{\text{máx}} C_c \tag{9-54}$$

A velocidade de crescimento, r_g, frequentemente depende da concentração de mais de um nutriente; entretanto, o nutriente que limita é, geralmente, aquele usado na Equação (9-53).

Em muitos sistemas, o produto inibe a velocidade de crescimento. Exemplo clássico dessa inibição está presente na fabricação de vinho, em que a fermentação da glicose para produzir etanol é inibida pelo produto etanol. Há várias equações diferentes que representam a inibição. Uma dessas leis de velocidade de reação tem a forma empírica

$$r_g = k_{\text{obs}} \frac{\mu_{\text{máx}} C_s C_c}{K_s + C_s} \tag{9-55}$$

em que

Forma empírica da equação de Monod para a inibição do produto

$$k_{\text{obs}} = \left(1 - \frac{C_p}{C_p^*}\right)^n \tag{9-56}$$

com

C_P = concentração do produto (g/dm³)
C_P^* = concentração do produto na qual todo metabolismo cessa, g/dm³
n = constante empírica

Para a fermentação de glicose a etanol, os parâmetros de inibição típicos são

$$n = 0{,}5 \quad \text{e} \quad C_p^* = 93 \text{ g/dm}^3$$

Além da equação de *Monod*, duas outras equações são também comumente usadas para descrever a velocidade de crescimento das células; elas são a equação de *Tessier*,

$$r_g = \mu_{\text{máx}}\left[1 - \exp\left(-\frac{C_s}{k}\right)\right]C_c \tag{9-57}$$

e a equação de *Moser*,

$$r_g = \frac{\mu_{\text{máx}}C_c}{(1 + kC_s^{-\lambda})} \tag{9-58}$$

em que λ e k são constantes empíricas determinadas por um ajuste dos dados. As leis de crescimento de Moser e Tessier são frequentemente usadas porque foram consideradas as que melhor se ajustam no início ou no final da fermentação. Outras equações de crescimento podem ser encontradas em Dean.[21]

A velocidade com que a célula morre é resultado de ambientes severos, forças de cisalhamento devido à mistura, redução local de nutrientes e presença de substâncias tóxicas. A equação de velocidade de reação é

$$r_d = (k_d + k_t C_t)C_c \tag{9-59}$$

em que C_t é a concentração de uma substância tóxica para a célula. As constantes específicas das taxas de morte celular k_d e k_t referem-se à morte natural e à morte devida à substância tóxica, respectivamente. Valores representativos de k_d variam de 0,1 h^{-1} a menos de 0,0005 h^{-1}. O valor de k_t depende da natureza da toxina.

Tempos de duplicação

Velocidades de crescimento microbiano são medidas em termos de *tempos de duplicação*. O tempo de duplicação é o tempo que uma massa de organismo leva para dobrar. Tempos de duplicação típicos para bactérias variam de 45 minutos a uma hora, mas podem ser tão rápidos quanto 15 minutos. Tempos de duplicação para eucariotos simples, tais como as leveduras, variam de 1,5 a 2 horas, mas podem ser tão rápidos quanto 45 minutos.

Efeito da Temperatura. Assim como acontece com as enzimas (conforme Figura 9-8), há uma velocidade de crescimento ótima em função da temperatura, devido à competição de velocidades crescentes com o aumento da temperatura e a desnaturação de enzimas a altas temperaturas. Uma lei empírica que descreve essa funcionalidade é dada em Aiba et al.[22] e tem a forma

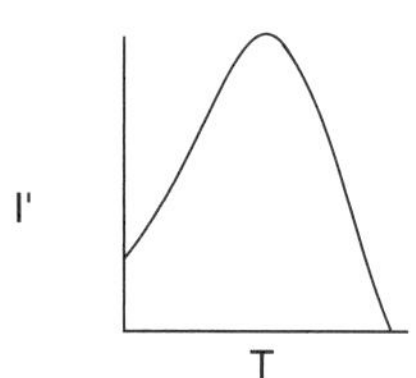

$$\mu(T) = \mu(T_m)I'$$

$$I' = \frac{aTe^{-E_1/RT}}{1 + be^{-E_2/RT}} \tag{9-60}$$

em que I' é a fração da velocidade máxima de crescimento, T_m é a temperatura na qual o crescimento máximo ocorre, e $\mu(T_m)$ é a velocidade de crescimento nesta temperatura. Para a velocidade de absorção do oxigênio do *Rhizobium trifollic*, a equação toma a forma

$$I' = \frac{0{,}0038Te^{[21{,}6 - 6700/T]}}{1 + e^{[153 - 48.000/T]}} \tag{9-61}$$

O crescimento máximo do *Rhizobium trifollic* ocorre a 310 K.

[21]A. R. C. Dean, *Growth, Function and Regulation in Bacterial Cells* (London: Oxford University Press, 1964).
[22]S. Aiba, A. E. Humphrey, and N. F. Millis, *Biochemical Engineering* (New York: Academic Press, 1973, p. 407.

9.4.3 Estequiometria

A estequiometria para o crescimento celular é muito complexa e varia com o sistema microrganismo/nutriente e condições do ambiente, tais como pH, temperatura e potencial de oxirredução. Essa complexidade é particularmente verdadeira quando mais de um nutriente contribui para o crescimento celular, como geralmente ocorre. Focalizaremos nossa discussão em uma versão simplificada do crescimento celular, que seja limitada por somente um nutriente no meio. Em geral, temos

$$\text{Células} + \text{Substrato} \longrightarrow \text{Mais células} + \text{Produto}$$

A fim de relacionar o substrato consumido às novas células formadas e produto gerado, introduzimos os coeficientes de *rendimento*. O coeficiente de rendimento de células em função do consumo de substrato é

$$\boxed{Y_{c/s} = \frac{\text{Massa de novas células formadas}}{\text{Massa de substrato consumido}} = -\frac{\Delta C_c}{\Delta C_s}} \tag{9-62}$$

Um valor representativo de $Y_{c/s}$ pode ser 0,4 (g/g).

O inverso de $Y_{c/s,}$ isto é, $Y_{s/c}$,

$$Y_{s/c} = \frac{1}{Y_{c/s}}$$

relaciona a razão entre $-\Delta C_s$ (substrato que precisa ser consumido para aumentar a concentração de células de ΔC_c) e o aumento da concentração de células ΔC_c.

A formação do produto pode ocorrer durante diferentes fases do ciclo de crescimento celular. Quando a formação do produto somente ocorre durante a fase exponencial de crescimento, a velocidade de formação do produto é

Formação de produto associada ao crescimento

$$r_p = Y_{p/c} r_g = Y_{p/c} \mu C_C = Y_{p/c} \frac{\mu_{\text{máx}} C_c C_s}{K_s + C_s} \tag{9-63}$$

em que

$$\boxed{Y_{p/c} = \frac{\text{Massa de produto formado}}{\text{Massa de novas células formadas}} = \frac{\Delta C_p}{\Delta C_c}} \tag{9-64}$$

O produto de $Y_{p/c}$ e μ — isto é, ($q_P = Y_{p/c}\mu$) — é frequentemente chamado *velocidade específica de formação do produto*, q_P, (massa do produto/volume/tempo). Quando o produto é formado durante a fase estacionária, na qual não ocorre nenhum crescimento celular, podemos relacionar a velocidade de formação do produto com o consumo do substrato por

Formação de produto não associada ao crescimento

$$r_p = Y_{p/s}(-r_s) \tag{9-65}$$

O substrato neste caso é, geralmente, um nutriente secundário, que será discutido mais adiante, com mais detalhes, quando a fase estacionária for discutida.

O coeficiente de rendimento estequiométrico que relaciona a quantidade do produto formado com a quantidade de massa de substrato consumida é

$$\boxed{Y_{p/s} = \frac{\text{Massa de produto formado}}{\text{Massa de substrato consumido}} = -\frac{\Delta C_p}{\Delta C_s}} \tag{9-66}$$

Além de consumir o substrato para produzir células novas, parte do substrato deve ser usada para manter as atividades diárias da célula. O termo correspondente para a utilização de manutenção é

Manutenção da célula

$$\boxed{m = \frac{\text{Massa de substrato consumido para a manutenção}}{\text{Massa de células} \cdot \text{Tempo}}}$$

Um valor típico é

$$m = 0{,}05\ \frac{\text{g substrato}}{\text{g massa seca}}\frac{1}{\text{h}} = 0{,}05\ \text{h}^{-1}$$

A velocidade de consumo de substrato para a manutenção, r_{sm}, com ou sem o crescimento das células, é

$$\boxed{r_{sm} = mC_c} \tag{9-67}$$

Quando a manutenção pode ser omitida, podemos relacionar a concentração das novas células formadas com a quantidade de substrato consumido pela equação

Omitindo a manutenção da célula

$$\boxed{C_c = Y_{c/s}[C_{s0} - C_s]} \tag{9-68}$$

Esta equação pode ser usada para ambos os reatores: batelada e de fluxo contínuo.

Se for possível separar o substrato (S) que é consumido na presença de células para formar novas células (C), do substrato que é consumido para formar o produto (P), isto é,

$$S \xrightarrow{\text{células}} Y'_{c/s}\,C + Y'_{p/s}\,P$$

os coeficientes de rendimento podem ser escritos na forma

$$Y'_{s/c} = \frac{\text{Massa de substrato consumido para formar novas células}}{\text{Massa de novas células formadas}} \tag{9-69A}$$

$$Y'_{s/p} = \frac{\text{Massa de substrato consumido para formar produto}}{\text{Massa de produto formado}} \tag{9-69B}$$

Estes coeficientes serão discutidos, a seguir, na seção de utilização do substrato.

Utilização do Substrato. Agora desenvolveremos a tarefa de relacionar a velocidade de consumo de nutriente (isto é, substrato), $-r_s$, às velocidades de crescimento celular, geração de produto e manutenção da célula. De modo geral, podemos escrever

Contabilização do substrato

$$\begin{bmatrix}\text{Velocidade}\\ \text{resultante de}\\ \text{consumo do}\\ \text{substrato}\end{bmatrix} = \begin{bmatrix}\text{Velocidade}\\ \text{de consumo}\\ \text{do substrato}\\ \text{pelas células}\end{bmatrix} + \begin{bmatrix}\text{Velocidade}\\ \text{de consumo}\\ \text{do substrato}\\ \text{para formar}\\ \text{o produto}\end{bmatrix} + \begin{bmatrix}\text{Velocidade de}\\ \text{consumo do}\\ \text{substrato para}\\ \text{a manutenção}\end{bmatrix}$$

$$-r_s \quad = \quad Y'_{s/c}r_g \quad + \quad Y'_{s/p}r_p \quad + \quad mC_c$$

Em vários casos, atenção extra deve ser dada ao balanço do substrato. Se o produto é produzido durante a fase de crescimento, pode ser que não seja possível separar a quantidade do substrato consumido para o crescimento celular (isto é, para produzir mais células), do que foi consumido para produzir o produto. Sob essas circunstâncias, todo o substrato consumido para o crescimento e para a formação do produto é reunido em um único coeficiente de rendimento estequiométrico, $Y_{s/c}$, e a velocidade de desaparecimento do substrato é

$$\boxed{-r_s = Y_{s/c}r_g + mC_c} \tag{9-70}$$

A velocidade correspondente de formação de produto é

Formação de produto associada à fase de crescimento

$$\boxed{r_p = r_gY_{p/c}} \tag{9-63}$$

A Fase Estacionária. Visto não haver nenhum crescimento durante a fase estacionária, está claro que a Equação (9-70) não pode ser usada para contabilizar o consumo do substrato, nem a velocidade de formação do produto pode ser relacionada à velocidade de crescimento celular [por exemplo, Equação (9-63)]. Muitos antibióticos, tais como a penicilina, são produzidos na fase estacionária. Nesta fase, o nutriente necessário para o crescimento torna-se praticamente exaurido, e um nutriente diferente, chamado *nutriente secundário*, é usado para a manutenção da célula e para produzir o produto desejado. Geralmente, a lei de velocidade de reação para a formação do produto durante a fase estacionária é similar em forma à equação de Monod, ou seja,

Formação de produto não associada ao crescimento, na fase estacionária

$$\boxed{r_p = \frac{k_p C_{sn} C_c}{K_{sn} + C_{sn}}} \tag{9-71}$$

em que k_p = constante de velocidade específica com respeito ao produto, $(dm^3/g \cdot s)$
C_{sn} = concentração do nutriente secundário, (g/dm^3)
C_c = concentração celular, g/dm^3 (g = gms = grama de massa seca)
K_{sn} = constante de Monod para o nutriente secundário, (g/dm^3)
$r_p = Y_{p/sn}(-r_{sn})$, $(g/dm^3 \cdot s)$

Na fase estacionária, a concentração de células vivas é constante.

A velocidade resultante do consumo do nutriente secundário, r_{sn}, durante a fase estacionária é

$$-r_{sn} = mC_c + Y_{sn/p} r_p$$

$$-r_{sn} = mC_c + \frac{Y_{sn/p} k_p C_{sn} C_c}{K_{sn} + C_{sn}} \tag{9-72}$$

Visto que o produto desejado pode ser produzido quando não há crescimento celular, é sempre melhor relacionar a concentração do produto à mudança de concentração do nutriente secundário. Para um sistema em batelada a concentração do produto, C_p, formado depois de um tempo t na fase estacionária, pode ser relacionada à concentração do nutriente secundário, C_{sn}, naquele momento.

Desconsidera a manutenção da célula

$$C_p = Y_{p/sn}(C_{sn0} - C_{sn}) \tag{9-73}$$

Consideramos duas situações limitantes para relacionar o consumo do substrato ao crescimento celular e à formação do produto: a formação do produto somente durante a fase de crescimento e a formação do produto somente durante a fase estacionária. Um exemplo no qual nenhuma dessas situações pode ser aplicada é a fermentação que usa lactobacilos, em que o ácido lático é produzido durante tanto no crescimento exponencial, como na fase estacionária.

A velocidade específica da formação do produto é frequentemente dada em termos da equação de Luedeking-Piret, que tem dois parâmetros: α (crescimento) e β (ausência de crescimento).

Equação de Luedeking-Piret para a velocidade de formação do produto

$$q_p = \alpha \mu_g + \beta \tag{9-74}$$

com

$$r_p = q_p C_c$$

Quando usamos aqui o parâmetro β, assumimos a hipótese de que o nutriente secundário está em excesso.

Exemplo 9-4 Estimativa dos Coeficientes de Rendimento

Os dados seguintes foram obtidos de experimentos em um reator batelada para a levedura *Saccharomyces cerevisiae*.

TABELA E9-4.1 DADOS COLETADOS

Glicose $\xrightarrow{\text{células}}$ Mais células + Etanol

Tempo, t (h)	Células, C_c (g/dm³)	Glicose, C_s (g/dm³)	Etanol, C_p (g/dm³)
0	1	250	0
1	1,37	245	2,14
2	1,87	238,7	5,03
3	2,55	229,8	8,96

(a) Determine os coeficientes de rendimento $Y_{s/c}$, $Y_{c/s}$, $Y_{s/p}$, $Y_{p/s}$ e $Y_{p/c}$. Suponha a ausência da fase de adaptação e desconsidere a manutenção no início da fase de crescimento, quando há somente poucas células.

(b) Descreva como encontrar os parâmetros da lei de velocidade de reação $\mu_{máx}$ e K_s.

Solução

(a) Coeficientes de rendimento

Calcule os *coeficientes de rendimento* do substrato e da célula, $Y_{s/c}$ e $Y_{c/s}$ entre $t = 0$ e $t = 1$ h

$$Y_{s/c} = \frac{-\Delta C_s}{\Delta C_c} = -\frac{245 - 250}{1,37 - 1} = 13,51 \text{ g/g} \tag{E9-4.1}$$

Entre $t = 2$ e $t = 3$ h

$$Y_{s/c} = -\frac{229,8 - 238,7}{2,55 - 1,87} = \frac{8,9}{0,68} = 13,1 \text{ g/g} \tag{E9-4.2}$$

Calculando a média,

$$\boxed{Y_{s/c} = 13,3 \text{ g/g}} \tag{E9-4.3}$$

Poderíamos também ter usado o Polymath para fazer a regressão e obter

$$\boxed{Y_{c/s} = \frac{1}{Y_{s/c}} = \frac{1}{13,3 \text{ g/g}} = 0,075 \text{ g/g}} \tag{E9-4.4}$$

Similarmente, usando os dados para 1 e 2 horas, o *coeficiente de rendimento* substrato/produto é

$$Y_{s/p} = -\frac{\Delta C_s}{\Delta C_P} = -\frac{238,7 - 245}{5,03 - 2,14} = \frac{6,3}{2,89} = 2,18 \text{ g/g} \tag{E9-4.5}$$

$$\boxed{Y_{p/s} = \frac{1}{Y_{s/p}} = \frac{1}{2,18 \text{ g/g}} = 0,459 \text{ g/g}} \tag{E9-4.6}$$

e o *coeficiente de rendimento* produto/célula é

$$Y_{p/c} = \frac{\Delta C_P}{\Delta C_c} = \frac{5,03 - 2,14}{1,87 - 1,37} = 5,78 \text{ g/g} \tag{E9-4.7}$$

$$\boxed{Y_{c/p} = \frac{1}{Y_{p/c}} = \frac{1}{5,78 \text{ g/g}} = 0,173 \text{ g/g}} \tag{E9-4.8}$$

(b) Parâmetros da lei de velocidade de reação

Precisamos agora determinar os parâmetros da lei de velocidade de reação $\mu_{máx}$ e K_s na equação de Monod

$$r_g = \frac{\mu_{máx} C_c C_s}{K_s + C_s} \tag{9-53}$$

Para um sistema em batelada,

$$r_g = \frac{dC_c}{dt} \tag{E9-4.9}$$

Para encontrarmos os parâmetros da lei de velocidade de reação $\mu_{máx}$ e K_s, primeiro aplicamos o procedimento de diferenciação do Capítulo 7 nas colunas 1 e 2 da Tabela E9-4.1 para calcularmos r_g e, então, usamos os resultados para adicionar outra coluna à Tabela E9-4.1. Porque $C_s >> K_s$ inicialmente, é melhor fazermos uma regressão dos dados usando a forma de Hanes-Woolf para a equação de Monod.

Como fazer a regressão da equação de Monod para obter $\mu_{máx}$ e K_s

$$\frac{C_c}{r_g} = \frac{K_s}{\mu_{máx}}\left(\frac{1}{C_s}\right) + \frac{1}{\mu_{máx}} \qquad \text{(E9-4.10)}$$

Agora usamos o valor de r_g recentemente calculado e C_c e C_s da Tabela E9-4.1 para preparar uma tabela de (C_c/r_g) em função de $(1/C_s)$. Em seguida, fazemos uma regressão não linear no Polymath com a Equação (E9-4.10), com mais pontos experimentais, para obter $\mu_{máx} = 0{,}33$ h^{-1} e $K_s = 1{,}7$ g/dm^3.

Análise: Primeiro usamos os dados da Tabela E9-4.1 para calcular os coeficientes de rendimento $Y_{s/c}$, $Y_{c/s}$, $Y_{s/p}$, $Y_{p/s}$ e $Y_{p/c}$. A seguir, usamos uma regressão não linear para encontrar os parâmetros $\mu_{máx}$ e K_s da lei de velocidade de reação de Monod.

9.4.4 Balanços de Massa

Há duas maneiras pelas quais podemos considerar o crescimento de microrganismos. Uma consiste em considerarmos o número de células vivas, e a outra a massa de células vivas. Usaremos a segunda maneira. Um balanço de massa dos microrganismos em um CSTR (quimiostato) (por exemplo, figura da margem esquerda e Figura 9-24) com volume constante é

Balanço de Massa das Células

$$\begin{bmatrix}\text{Velocidade}\\ \text{de acúmulo}\\ \text{de células,}\\ \text{g/s}\end{bmatrix} = \begin{bmatrix}\text{Vazão}\\ \text{mássica de}\\ \text{entrada de}\\ \text{células,}\\ \text{g/s}\end{bmatrix} - \begin{bmatrix}\text{Vazão}\\ \text{mássica}\\ \text{de saída}\\ \text{de células,}\\ \text{g/s}\end{bmatrix} + \begin{bmatrix}\text{Velocidade de}\\ \text{geração de}\\ \text{células vivas,}\\ \text{g/s}\end{bmatrix} \qquad \text{(9-75)}$$

$$V\frac{dC_c}{dt} = \upsilon_0 C_{c0} - \upsilon_0 C_c + (r_g - r_d)V$$

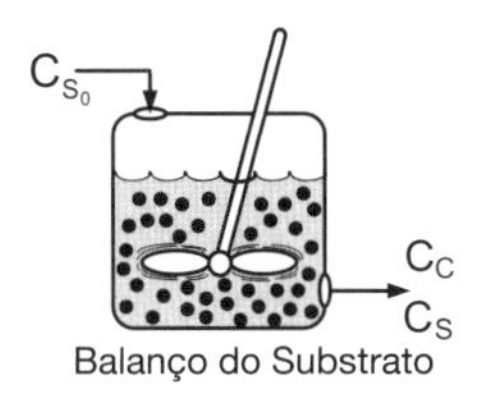

Balanço do Substrato

O balanço correspondente para o substrato é

$$\begin{bmatrix}\text{Velocidade}\\ \text{de acúmulo}\\ \text{de substrato,}\\ \text{g/s}\end{bmatrix} = \begin{bmatrix}\text{Vazão}\\ \text{mássica de}\\ \text{entrada de}\\ \text{substrato,}\\ \text{g/s}\end{bmatrix} - \begin{bmatrix}\text{Vazão}\\ \text{mássica de}\\ \text{saída de}\\ \text{substrato,}\\ \text{g/s}\end{bmatrix} + \begin{bmatrix}\text{Velocidade}\\ \text{de geração}\\ \text{de substrato,}\\ \text{g/s}\end{bmatrix} \qquad \text{(9-76)}$$

$$V\frac{dC_s}{dt} = \upsilon_0 C_{s0} - \upsilon_0 C_s + r_s V$$

Na maioria dos sistemas, a concentração de entrada dos microrganismos, C_{c0}, é zero para um reator de escoamento contínuo.

Operação Batelada

Para um sistema em batelada $\upsilon = \upsilon_0 = 0$, os balanços de massa são os seguintes:

Balanço de Massa das Células

Balanços de massa

$$V\frac{dC_c}{dt} = r_g V - r_d V$$

Dividindo pelo volume do reator V, obtemos

$$\frac{dC_c}{dt} = r_g - r_d \qquad \text{(9-77)}$$

Balanço de Massa do Substrato

A velocidade de desaparecimento do substrato, $-r_s$, resulta da utilização do substrato para o crescimento celular e para a manutenção celular.

$$V\frac{dC_s}{dt} = r_sV = Y_{s/c}(-r_g)V - mC_cV \tag{9-78}$$

Dividindo por V, obtemos o balanço do substrato para a fase de crescimento

Fase de crescimento

$$\frac{dC_s}{dt} = Y_{s/c}(-r_g) - mC_c \tag{9-79}$$

Para as células na *fase estacionária*, quando não há crescimento da concentração celular, a manutenção da célula e a formação de produto são as únicas reações que consomem o substrato secundário. Nestas condições, o balanço do substrato, Equação (9-76), se reduz a

Fase estacionária

$$V\frac{dC_{sn}}{dt} = -mC_cV + Y_{sn/p}(-r_p)V \tag{9-80}$$

Tipicamente, r_p terá a mesma forma da lei de velocidade de reação de Monod como r_g [por exemplo, Equação (9-71)]. Naturalmente, a Equação (9-79) somente se aplica para concentrações de substrato maiores que zero.

Balanço de Massa do Produto

A velocidade de formação do produto, r_p, pode ser relacionada à velocidade do consumo do substrato, $-r_s$, por meio do seguinte balanço quando $m = 0$:

Fase de crescimento estacionária em batelada

$$V\frac{dC_p}{dt} = r_pV = Y_{p/s}(-r_s)V \tag{9-81}$$

Durante a fase de crescimento poderíamos também relacionar a velocidade de formação do produto, r_p, à velocidade de crescimento das células, r_g, Equação (9-63), isto é, $r_p = Y_{p/c}r_g$. As equações diferenciais ordinárias de primeira ordem acopladas, dadas anteriormente, podem ser resolvidas por uma variedade de técnicas numéricas.

Exemplo 9-5 Crescimento de Bactéria em um Reator Batelada

A fermentação de glicose a etanol deve ser realizada em um reator batelada utilizando um organismo tal como a levedura *Saccharomyces cerevisiae*. Plote a concentração das células, do substrato e do produto e as velocidades de reação r_g, r_d e r_{sm} em função do tempo. A concentração celular inicial é 1,0 g/dm³, e a concentração do substrato (glicose) é 250 g/dm³.

Dados adicionais [fonte parcial: R. Miller e M. Melick, *Chem. Eng.*, Feb. 16, p. 113 (1987)]:

$$C_p^* = 93 \text{ g/dm}^3 \qquad Y_{c/s} = 0{,}08 \text{ g/g}$$

$$n = 0{,}52 \qquad Y_{p/s} = 0{,}45 \text{ g/g}$$

$$\mu_{\text{máx}} = 0{,}33 \text{ h}^{-1} \qquad Y_{p/c} = 5{,}6 \text{ g/g}$$

$$K_s = 1{,}7 \text{ g/dm}^3 \qquad k_d = 0{,}01 \text{ h}^{-1}$$

$$m = 0{,}03 \text{ (g substrato)/(g células}\cdot\text{h)}$$

Solução

1. **Balanços de massa:**

Células:

$$V\frac{dC_c}{dt} = (r_g - r_d)V \tag{E9-5.1}$$

O algoritmo

Substrato:

$$V\frac{dC_s}{dt} = Y_{s/c}(-r_g)V - r_{sm}V \tag{E9-5.2}$$

Produto: $$V\frac{dC_p}{dt} = Y_{p/c}(r_g V) \tag{E9-5.3}$$

2. **Leis de Velocidade de Reação:**

Crescimento: $$r_g = \mu_{\text{máx}}\left(1 - \frac{C_p}{C_p^*}\right)^{0,52} \frac{C_c C_s}{K_s + C_s} \tag{E9-5.4}$$

Morte das células: $$r_d = k_d C_c \tag{E9-5.5}$$

Seguindo o Algoritmo

Manutenção: $$r_{sm} = mC_c \tag{9-67}$$

3. **Estequiometria:**

$$r_p = Y_{p/c} r_g \tag{E9-5.6}$$

4. **Combinando, resulta em**

$$\frac{dC_c}{dt} = \mu_{\text{máx}}\left(1 - \frac{C_p}{C_p^*}\right)^{0,52} \frac{C_c C_s}{K_s + C_s} - k_d C_c \tag{E9-5.7}$$

Células / Substrato / Produto

$$\frac{dC_s}{dt} = -Y_{s/c}\,\mu_{\text{máx}}\left(1 - \frac{C_p}{C_p^*}\right)^{0,52} \frac{C_c C_s}{K_s + C_s} - mC_c \tag{E9-5.8}$$

$$\frac{dC_p}{dt} = Y_{p/c} r_g$$

Estas equações foram resolvidas usando um programa de resolução de EDOs (veja a Tabela E9-5.1). Os resultados são mostrados na Figura E9-5.1 para os valores dos parâmetros fornecidos no enunciado do problema.

Problema Exemplo de Simulação

TABELA E9-5.1 PROGRAMA POLYMATH

Equações diferenciais
1 d(Cc)/d(t) = rg-rd
2 d(Cs)/d(t) = Ysc*(-rg)-rsm
3 d(Cp)/d(t) = rg*Ypc

Equações explícitas
1 rd = Cc*,01
2 Ysc = 1/,08
3 Ypc = 5,6
4 Ks = 1,7
5 m = ,03
6 umax = ,33
7 rsm = m*Cc
8 kobs = (umax*(1-Cp/93)^,52)
9 rg = kobs*Cc*Cs/(Ks+Cs)

Valores calculados das variáveis das EDOs

	Variável	Valor inicial	Valor final
1	Cc	1,	16,18406
2	Cp	0	89,82293
3	Cs	250,	46,93514
4	kobs	0,33	0,0570107
5	Ks	1,7	1,7
6	m	0,03	0,03
7	rd	0,01	0,1618406
8	rg	0,3277712	0,8904142
9	rsm	0,03	0,4855217
10	t	0	12,
11	umax	0,33	0,33
12	Ypc	5,6	5,6
13	Ysc	12,5	12,5

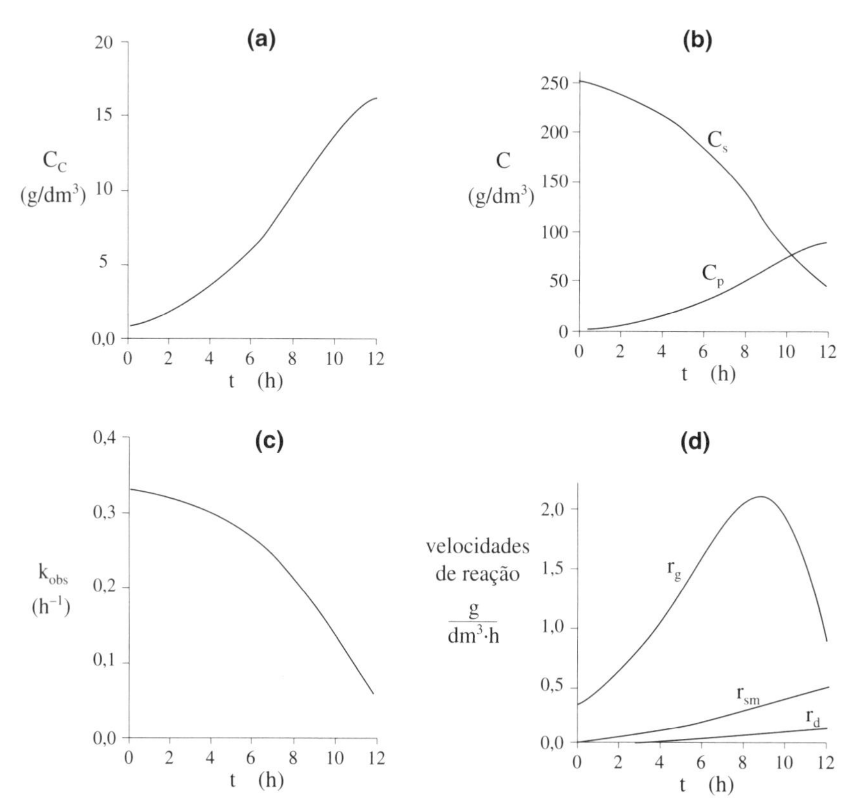

Figura E9-5.1 Concentrações e velocidades de reação em função do tempo.

A concentração do substrato C_s nunca pode ser menor que zero. Entretanto, notamos que, se um substrato é completamente consumido, o primeiro termo do lado direito da Equação (E9-5.8) (e a linha 3 do programa Polymath) será zero, mas o segundo termo, que é referente à manutenção, mC_c, não será. Consequentemente, **se** a integração é levada adiante no tempo, o programa de integração preverá um valor **negativo** de C_s! Essa inconsistência pode ser resolvida de inúmeras formas, tais como incluindo um comando **if** no programa Polymath (por exemplo, se C_s for menor ou igual a zero, então $m = 0$).

Análise: Neste exemplo, aplicamos um algoritmo ERQ modificado para a formação da biomassa e resolvemos o sistema de equações resultante, usando o recurso de resolução de Equações Diferenciais Ordinárias (EDOs) do Polymath. Notamos na Figura E9-5.1 (**d**) que a velocidade de crescimento, r_g, atinge um pico de crescimento a partir do início da reação conforme a concentração das células, C_c, aumenta, e, então, diminui conforme o substrato (nutriente) e k_{obs} diminuem. Vemos a partir das Figuras E9-5.1 (**a**) e (**b**) que a concentração celular aumenta dramaticamente com o tempo, enquanto a concentração do produto não aumenta. A razão para essa diferença é que parte do substrato é consumida para a manutenção e parte para o crescimento celular, deixando somente o que restou do substrato para ser transformado em produto.

9.4.5 Quimiostatos

Os *quimiostatos* são essencialmente CSTRs que contêm microrganismos. Um quimiostato típico é mostrado na Figura 9-24, juntamente com o equipamento de monitoração associado e o controlador de pH. Uma das características mais importantes do quimiostato é que ele permite que o operador controle a velocidade de crescimento das células. Este controle da velocidade de crescimento é obtido pelo ajuste da vazão de alimentação volumétrica (taxa de diluição).

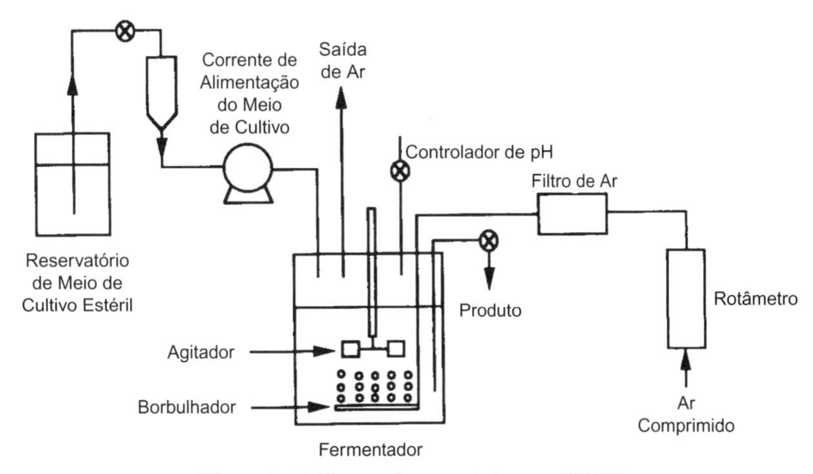

Figura 9-24 Sistema de um quimiostato (CSTR).

9.4.6 Operação de Biorreator CSTR

Nesta seção retornamos às equações de balanço de massa para as células [Equação (9-75)] e para o substrato [Equação (9-76)] e consideramos o caso em que as vazões volumétricas de entrada e saída são as mesmas, e que nenhuma célula viva (isto é, viável) entra no quimiostato. Em seguida, definimos um parâmetro comum aos biorreatores, chamado de taxa de diluição, D. A taxa de diluição é

$$D = \frac{v_0}{V}$$

sendo, simplesmente, o inverso do tempo espacial τ. Dividindo as Equações (9-75) e (9-76) por V e usando a definição de taxa de diluição, temos

Acúmulo = Entra – Sai + Gerado

Balanços de Massa em um CSTR

$$\text{Célula:} \quad \frac{dC_c}{dt} = 0 \quad - DC_c + (r_g - r_d) \tag{9-82}$$

$$\text{Substrato:} \quad \frac{dC_s}{dt} = DC_{s0} - DC_s + r_s \tag{9-83}$$

Usando a Equação de Monod, a velocidade de crescimento é expressa na forma

Lei de Velocidade de Reação

$$r_g = \mu C_c = \frac{\mu_{\text{máx}} C_s C_c}{K_s + C_s} \tag{9-53}$$

Para operação em regime estacionário, obtemos

$$DC_c = r_g - r_d \tag{9-84}$$

Regime Estacionário

e

$$D(C_{s0} - C_s) = -r_s \tag{9-85}$$

Agora negligenciamos a velocidade de morte das células, r_d, e combinamos as Equações (9-51) e (9-84), no caso de operação em regime estacionário, para obtermos a vazão mássica de saída de células do sistema, $\dot{m}_c$.

$$\dot{m}_c = C_c v_0 = r_g V = \mu C_c V \tag{9-86}$$

Depois dividimos por $C_c V$,

Taxa de diluição

$$\boxed{D = \mu} \tag{9-87}$$

Como controlar o crescimento celular

Uma inspeção da Equação (9-87) revela que a velocidade de crescimento específica das células *pode ser controlada* pelo operador, controlando-se a taxa de diluição D. Usando a Equação (9-52)

$$\mu = \mu_{\text{máx}} \frac{C_s}{K_s + C_s} \quad s^{-1} \tag{9-52}$$

para substituir μ em termos da concentração do substrato e, então, resolvendo para a concentração do substrato em regime estacionário, resulta em

$$C_s = \frac{DK_s}{\mu_{\text{máx}} - D} \tag{9-88}$$

Assumindo que um único nutriente é limitante, que o crescimento celular é o único processo que contribui para a utilização do substrato, e que a manutenção da célula pode ser negligenciada, a estequiometria é

$$-r_s = r_g Y_{s/c} \tag{9-89}$$

$$C_c = Y_{c/s}(C_{s0} - C_s) \tag{9-68}$$

Substituindo C_s usando a Equação (7-87) e rearranjando, obtemos

$$\boxed{C_c = Y_{c/s}\left[C_{s0} - \frac{DK_s}{\mu_{\text{máx}} - D}\right]} \tag{9-90}$$

9.4.7 Arraste de Células

Para aprendermos sobre o efeito do aumento da taxa de diluição, combinamos as Equações (9-82) e (9-54) e fazemos $r_d = 0$, para obter

$$\frac{dC_c}{dt} = (\mu - D)C_c \tag{9-91}$$

Vemos que se $D > \mu$, então dC_c/dt será negativa, e a concentração de células continuará a diminuir até atingir um ponto no qual todas as células serão arrastadas para fora do quimiostato:

$$C_c = 0$$

A taxa de diluição na qual o arraste de todas as células ocorrerá é obtida da Equação (9-90) fazendo $C_c = 0$.

Vazão na qual ocorre o arraste das células

$$\boxed{D_{\text{máx}} = \frac{\mu_{\text{máx}} C_{s0}}{K_s + C_{s0}}} \tag{9-92}$$

A seguir, queremos determinar o outro extremo para a taxa de diluição, que é a taxa da produção máxima de células. A taxa de produção celular por unidade de volume do reator é a vazão mássica de saída de células do reator (isto é, $\dot{m}_c = C_c v_0$) dividida pelo volume V, ou

$$\frac{\dot{m}_c}{V} = \frac{v_0 C_c}{V} = DC_c \tag{9-93}$$

Usando a Equação (9-90) para substituir a concentração celular C_c, resulta em

$$DC_c = DY_{c/s}\left(C_{s0} - \frac{DK_s}{\mu_{\text{máx}} - D}\right) \tag{9-94}$$

A Figura 9-25 mostra a velocidade de produção de células, a concentração das células e do substrato em função da taxa de diluição.

Velocidade máxima de produção de células (DC_c)

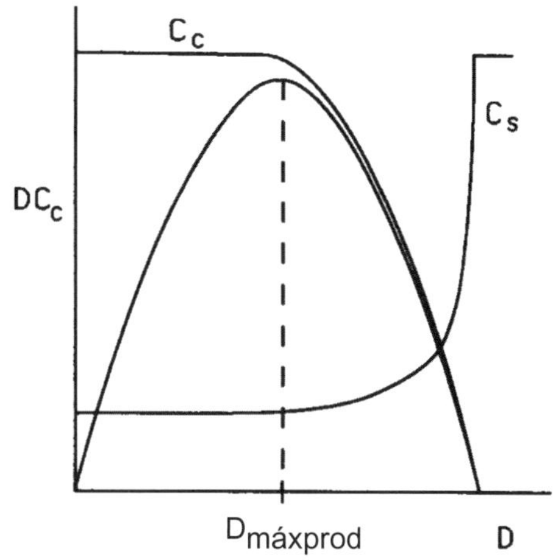

Figura 9-25 Concentração e velocidade de produção de células em função da taxa de diluição.

Observamos um máximo na velocidade de produção de células, e este máximo pode ser encontrado diferenciando-se a velocidade de produção, Equação (9-94), em relação à taxa de diluição D:

$$\frac{d(DC_c)}{dD} = 0 \tag{9-95}$$

Então

Velocidade máxima de produção de células

$$\boxed{D_{máxprod} = \mu_{máx}\left(1 - \sqrt{\frac{K_s}{K_s + C_{s0}}}\right)} \tag{9-96}$$

O organismo *Streptomyces aureofaciens* foi estudado em um quimiostato de 10 dm³ usando-se sacarose como substrato. A concentração celular, C_c(mg/mL), a concentração do substrato, C_s(mg/mL), e a velocidade de produção, DC_c (mg/mL · h), foram medidas em regime estacionário para diferentes taxas de diluição. Os dados são mostrados na Figura 9-26.[23] Note que os dados seguem as mesmas tendências que aquelas discutidas na Figura 9-25.

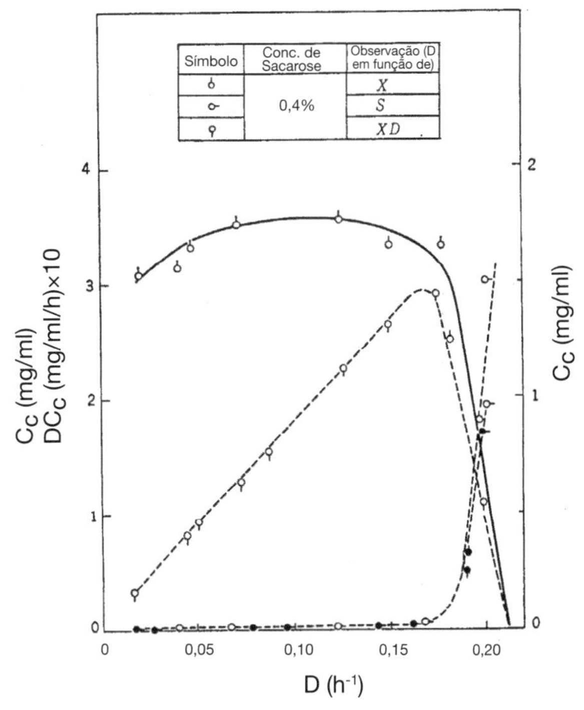

Figura 9-26 Cultura contínua de *Streptomyces aureofaciens* em quimiostatos. (Observação: $X \equiv C_c$.) Cortesia de S. Aiba, A. E. Humphrey e N. F. Millis, *Biochemical Engineering*, 2nd ed. (New York: Academic Press, 1973.)

[23]B. Sikyta, J. Slezak, e M. Herold, *Appl. Microbiol.*, *9*, 233 (1961).

Encerramento. A ideia principal que permeia a maior parte deste capítulo é a HEPE, na forma que se aplica às reações químicas e às reações enzimáticas. Você deverá ser capaz de aplicar a HEPE às reações em problemas, tais como P9-4_B a P9-8_B, a fim de desenvolver leis de velocidade de reação. Uma vez completado este capítulo, você deverá ser capaz de descrever e analisar as reações enzimáticas e os diferentes tipos de inibições, pelas suas formas em um gráfico de Lineweaver-Burk. Você deverá ser capaz de explicar o uso de microrganismos para produzir produtos químicos, juntamente com os estágios de crescimento celular e como a equação de Monod para o crescimento celular é acoplada com balanços de massa do substrato, das células e do produto para obter as trajetórias da concentração em função do tempo, em um reator batelada. Você deverá ser capaz de aplicar as leis de crescimento e as equações de balanço em um quimiostato (CSTR) para predizer a vazão máxima do produto e a taxa de diluição que causa o arraste das células.

RESUMO

1. Na HEPE, estabelecemos a velocidade de formação do intermediário ativo igual a zero. Se o intermediário ativo A* está envolvido em *m* diferentes reações, aplica-se

$$r_{A^*,\text{resultante}} \equiv \sum_{i=1}^{m} r_{A^*i} = 0 \tag{R9-1}$$

Esta aproximação é justificável quando o intermediário ativo é altamente reativo e está presente em baixas concentrações.

2. O mecanismo de decomposição do azometano (AZO) é

$$\begin{aligned} 2\text{AZO} &\underset{k_2}{\overset{k_1}{\rightleftarrows}} \text{AZO} + \text{AZO}^* \\ \text{AZO}^* &\xrightarrow{k_3} \text{N}_2 + \text{etano} \end{aligned} \tag{R9-2}$$

$$r_{N_2} = \frac{k(\text{AZO})^2}{1 + k'(\text{AZO})} \tag{R9-3}$$

Aplicando-se a HEPE ao AZO*, mostramos que a lei de velocidade de reação apresenta uma dependência de primeira ordem com respeito ao AZO, a altas concentrações de AZO, e dependência de segunda ordem com respeito ao AZO, a baixas concentrações de AZO.

3. Cinética Enzimática: as reações enzimáticas seguem a sequência:

$$\text{E} + \text{S} \underset{k_2}{\overset{k_1}{\rightleftarrows}} \text{E} \cdot \text{S} \xrightarrow{k_3} \text{E} + \text{P}$$

Usando a HEPE para (E · S) e um balanço do total de enzima, E_t, incluindo as concentrações tanto das enzimas ligadas (E · S) como das não ligadas (E)

$$\text{E}_t = (\text{E}) + (\text{E} \cdot \text{S})$$

chegamos à equação de Michaelis-Menten

$$-r_s = \frac{V_{\text{máx}}(\text{S})}{K_\text{M} + (\text{S})} \tag{R9-4}$$

em que $V_{\text{máx}}$ é a velocidade máxima de reação quando há grandes concentrações do substrato ($S >> K_\text{M}$) e K_M é a constante de Michaelis. K_M é a concentração do substrato na qual a velocidade de reação é a metade da velocidade máxima ($S_{1/2} = K_\text{M}$).

4. Os três tipos diferentes de inibição — competitiva, acompetitiva e não competitiva — são mostrados no gráfico de Lineweaver-Burk:

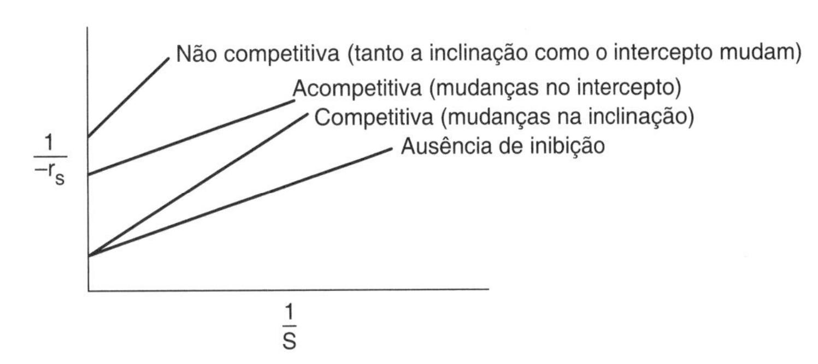

5. Biorreatores:

$$\text{Células} + \text{Substrato} \rightarrow \text{Mais células} + \text{Produto}$$

(a) Fases do crescimento de bactéria:

I. Adaptação II. Exponencial III. Estacionária IV. Morte celular

(b) **Balanço de massa** em regime não estacionário em um quimiostato:

$$\frac{dC_c}{dt} = D(C_{c0} - C_c) + r_g - r_d \tag{R9-5}$$

$$\frac{dC_s}{dt} = D(C_{s0} - C_s) + r_s \tag{R9-6}$$

(c) **Lei de velocidade** de crescimento de Monod:

$$r_g = \mu_{\text{máx}} \frac{C_c C_s}{K_s + C_s} \tag{R9-7}$$

(d) **Estequiometria:**

$$Y_{c/s} = \frac{\text{Massa de novas células formadas}}{\text{Massa de substrato consumido}} \tag{R9-8}$$

$$Y_{s/c} = \frac{1}{Y_{c/s}} \tag{R9-9}$$

Consumo de substrato:

$$-r_s = Y_{s/c} r_g + mC_c \tag{R9-10}$$

MATERIAL DO SITE DA LTC EDITORA

- **Recursos de Aprendizagem**
  1. *Notas de Resumo*
  2. *Módulos da Web*
     A. Camada de Ozônio
     B. Barras Luminosas

Quantidade Total de Ozônio Vista Através da Sonda da Terra TOMs

8 de setembro de 2000

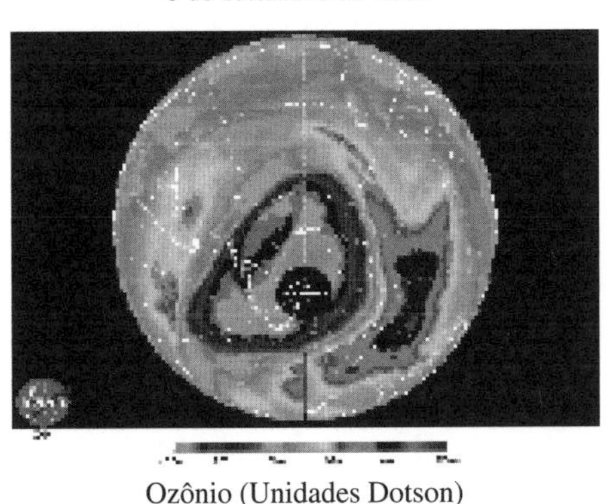

Ozônio (Unidades Dotson)

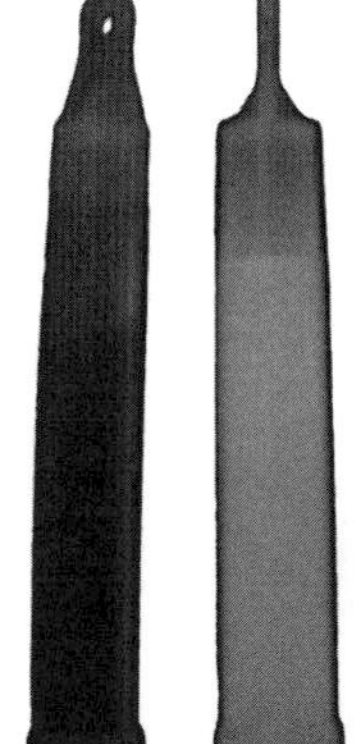

Foto: cortesia do Goddard Space Flight Center (NASA). Veja no site da LTC Editora fotos da camada de ozônio e fotos de barras luminosas.

3. *Jogos Interativos de Computador*
   A. Homem Enzima

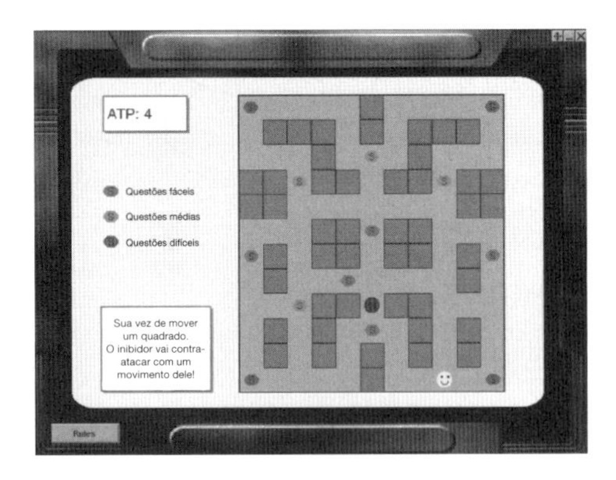

Problema Exemplo de Simulação

- **Problemas Exemplos de Simulação**
  1. *Exemplo 9-5 Crescimento de Bactéria em um Reator Batelada*
  2. *Exemplo do SITE-2 HEPE Aplicada ao Craqueamento Térmico de Etano*
  3. *Exemplo do SITE-7 Metabolismo do Álcool*
  4. *Exemplo do Módulo da Web: Ozônio*
  5. *Exemplo do Módulo da Web: Barras Luminosas*
  6. *Exemplo do Módulo da Web: Víbora de Russel*
  7. *Exemplo do Módulo da Web: Fer-de-Lance*
  8. *Exemplo R7.4 Receptor de Endocitose*
- **Material de Referência Profissional**
  R9-1 *Problema Exemplo de Reações em Cadeia*
  R9-2 *Rotas Reacionais*

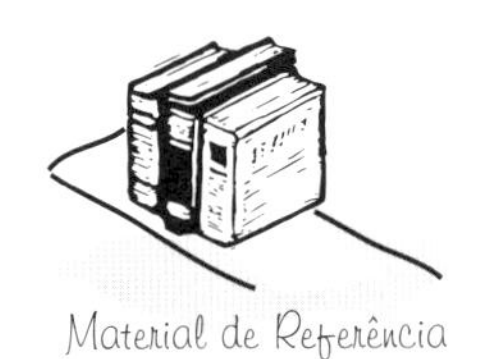

Rotas de reação

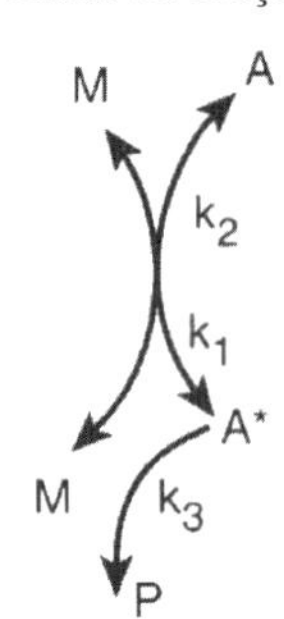

R9-3 *Polimerização*
  A. Polimerização por Adição
    Exemplo R9-3.1 Determinando a Concentração de Polímeros para a Polimerização por Adição
  B. Polimerizações em Cadeia
    Exemplo R9-3.2 Parâmetros de Distribuição da Massa Molar
  C. Polimerização Aniônica
    Exemplo R9-3.3 Calculando os Parâmetros de Distribuição a partir de Expressões Analíticas para Polimerização Aniônica
    Exemplo R9-3.4 Determinação da Distribuição de Polímero Morto Quando a Transferência de Monômero É o Passo Primário de Término

R9-4 *Escalonamento de Fermentação Limitada em Oxigênio*

R9-5 *Cinética de Receptor*
  A. Cinética de sinalização

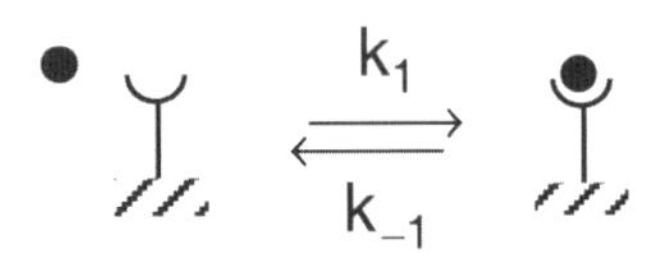

  B. Endocitose

R9-6 *Sistemas Múltiplos de Enzima e Substrato*

A. Regeneração de Enzima

Exemplo PRS9-6.1 Construa um Gráfico de Lineweaver-Burk para Diferentes Concentrações de Oxigênio

B. Cofatores Enzimáticos

(1) *Exemplo PRS9-6.2* Derive a Lei de Velocidade de Reação para a Desidrogenase de Álcool

(2) *Exemplo PRS9-6.3* Derive a Lei de Velocidade de Reação para um Sistema de Substrato Múltiplo

(3) *Exemplo PRS9-6.4* Calcule a Velocidade Inicial de Formação de Etanol na Presença de Propanodiol

R9-7 *Modelos Farmacocinéticos Baseados na Fisiologia (MFBF).* Estudo de Caso: Metabolismo de Álcool em Humanos

$$C_2H_5OH \underset{ADH}{\rightleftarrows} CH_3CHO \xrightarrow[AlDH]{} CH_3COOH$$

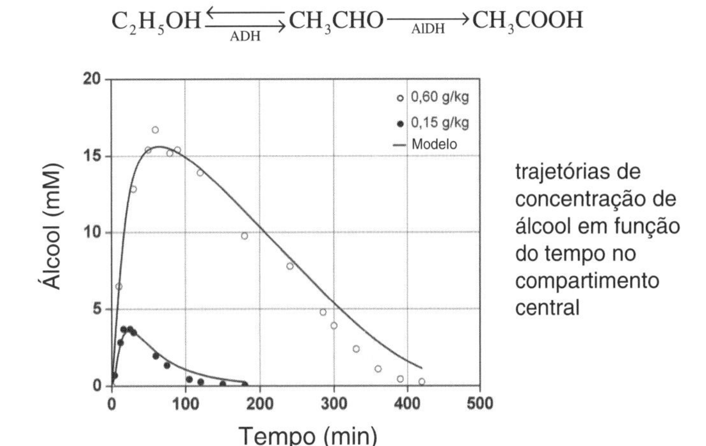

Figura R9-7.1 Curvas de concentração de álcool em função do tempo a partir de dados de Wilkinson et al.[24]

R9-8 *Farmacocinética na Liberação de Drogas Medicamentosas*

Modelos farmacocinéticos de liberação de drogas para medicação administrada tanto oral quanto intravenosa são desenvolvidos e analisados.

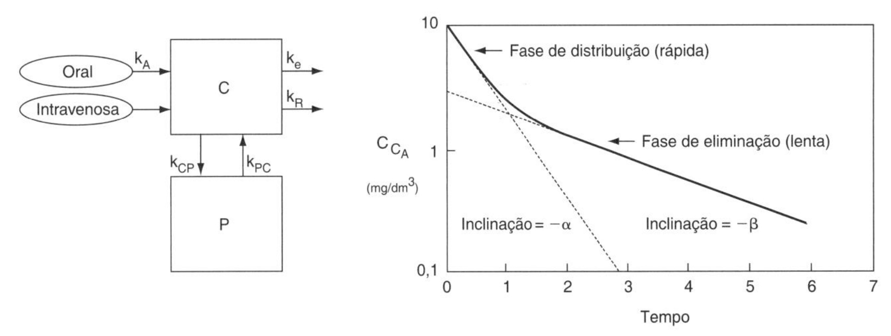

Figura A. Modelo de dois compartimentos. **Figura B.** Curva de resposta da droga.

QUESTÕES E PROBLEMAS

Em cada um dos problemas e questões seguintes, em vez de apenas desenhar um círculo ao redor de sua resposta, escreva uma sentença ou duas descrevendo como você resolveu o problema, as hipóteses que assumiu, quão razoável é sua resposta, e o que você aprendeu, além de quaisquer outras coisas que deseje incluir.

Talvez você queira consultar o livro: ANDRADE, Maria Margarida de. GUIA PRÁTICO DE REDAÇÃO: Exemplos e Exercícios. 3ª ed. São Paulo: Atlas, 2011. 280 p., para melhorar a qualidade de suas sentenças.

P9-1$_A$ Jogo Interativo de Computador (ICG) Homem Enzima.

(a) Carregue o ICG no seu computador e faça o exercício. Número de desempenho = ______________________.

[24]P. K. Wilkinson, et al., "Pharmacokinetics of Ethanol After Oral Administration in the Fasting State", J. *Pharmacoket. Biopharm.*, 5(3):207-224 (1977).

(b) Aplique a esse problema uma ou mais das seis ideias na Tabela P-3, Seção B.4, Prefácio.

Problema Exemplo de Simulação

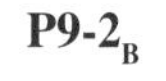

P9-2$_B$ **(a)** **Exemplo 9-1.** Como os resultados mudariam se as concentrações de CS_2 e M fossem aumentadas?

(b) **Exemplo 9-2.** (1) Os seguintes experimentos adicionais foram realizados na presença de um inibidor.

C_{ureia} (kmol/m^3)	$C_{inibidor}$ (kmol/m^3)	$-r_{ureia}$(kmol/m^3 · s)
0,01	0,1	0,125
0,005	0,1	0,065

Que tipo de inibição está ocorrendo? (2) Esboce as curvas para a ausência de inibição, inibições competitiva, acompetitiva e não competitiva (mista), e para a inibição do substrato, em um gráfico de Woolf-Hanes e em um gráfico de Eadie-Hofstee.

(c) **Exemplo 9-3.** (1) Qual seria a conversão depois de 10 minutos se a concentração inicial de ureia fosse diminuída por um fator de 100? (2) Qual seria a conversão em um CSTR com um tempo de residência, τ, numericamente igual ao tempo t do reator batelada? (3) E para um PFR?

(d) **Exemplo 9-4.** Qual é a massa total do substrato consumida, em gramas, por massa de células, mais o que é consumido para formar o produto? Há disparidade aqui?

Problema Exemplo de Simulação

(e) **Exemplo 9-5.** Carregue o *Problema Exemplo de Simulação*. (1) Modifique o programa para realizar a fermentação em um reator batelada alimentado (por exemplo, semicontínuo) no qual o substrato é alimentado a uma velocidade de 0,5 dm^3/h com uma concentração de 5 g/dm^3 em um volume líquido inicial de 1,0 dm^3 contendo uma massa de células com uma concentração inicial de C_{ci} = 0,2 mg/dm^3 e uma concentração inicial do substrato de C_{ci} = 0,5 mg/dm^3. Plote e analise a concentração das células, do substrato e do produto em função do tempo, junto com a massa do produto até 24 horas. (2) Repita (1) quando o crescimento é inibido de modo não competitivo pelo substrato com K_I = 0,7 g/dm^3. (3) Estabeleça C_P^* = 10000 g/dm^3 e compare seus resultados com o caso base.

(f) **Exemplo de Reação em Cadeia** discutido no Material de Referência Profissional R9.1 no site da LTC Editora. Durante qual período de tempo a HEPE não é válida? Carregue o *Problema Exemplo de Simulação*. Varie a temperatura na faixa (800 < T < 1600). Qual temperatura dá a maior disparidade com os resultados da HEPE? Compare especificamente a solução da HEPE com a solução numérica completa.

(g) **Exemplo do Metabolismo de Álcool no site da LTC Editora.** Este problema é uma **mina de ouro** para aprender novas informações sobre o efeito do álcool no corpo humano. Carregue o *Problema Exemplo de Simulação Polymath* do site da LTC Editora. (1) Comece variando as doses iniciais de álcool. (2) A seguir, considere os indivíduos que têm deficiência da enzima ALDH, os quais incluem cerca de 40% a 50% dos asiáticos e dos indígenas norte-americanos. Estabeleça $V_{máx}$ para os acetaldeídos entre 10% e 50% do seu valor normal e compare as trajetórias das curvas tempo-concentração com os casos-padrões. (*Dica*: Leia o artigo UMULIS, D. M. et al. A physiologically based model for ethanol and acetaldehyde metabolism in human beings, *Alcohol*, *35*, p. 3-12, 2005.)

P9-3$_B$ (*Retardantes de chama*) Radicais hidrogênio são importantes para sustentar reações de combustão. Consequentemente, se compostos químicos que sequestram os radicais hidrogênio forem introduzidos, as chamas podem ser apagadas. Ainda que muitas reações ocorram durante o processo de combustão, escolheremos as chamas de CO como modelo para ilustrar o processo [S. Senkan et al., *Combustion and Flame*, *69*, 113 (1987)]. Na ausência de inibidores

$$O_2 \longrightarrow O\cdot + O\cdot \quad \text{(P9-3.1)}$$

$$H_2O + O\cdot \longrightarrow 2OH\cdot \quad \text{(P9-3.2)}$$

$$CO + OH\cdot \longrightarrow CO_2 + H\cdot \quad \text{(P9-3.3)}$$

$$H\cdot + O_2 \longrightarrow OH\cdot + O\cdot \quad \text{(P9-3.4)}$$

As duas últimas reações são rápidas se comparadas com as duas primeiras. Quando HCl é introduzido na chama, ocorrem as seguintes reações adicionais:

$$H\cdot + HCl \longrightarrow H_2 + Cl\cdot$$

$$H\cdot + Cl\cdot \longrightarrow HCl$$

Assuma que todas as reações são elementares e que a HEPE seja válida para os radicais O·, OH· e Cl·.

(a) Deduza a lei de velocidade para o consumo de CO quando não há retardante presente.

(b) Deduza uma equação para a concentração de H· em função do tempo, assumindo concentração constante do O_2, CO, e H_2O, tanto no caso da combustão não inibida como na combustão com presença de HCl. Esquematize as curvas de H· em função do tempo para ambos os casos.

P9-4$_A$ Acredita-se que a pirólise do acetaldeído ocorra de acordo com a seguinte sequência reacional:

$$CH_3CHO \xrightarrow{k_1} CH_3\cdot + CHO\cdot$$

$$CH_3\cdot + CH_3CHO \xrightarrow{k_2} CH_3\cdot + CO + CH_4$$

$$CHO\cdot + CH_3CHO \xrightarrow{k_3} CH_3\cdot + 2CO + H_2$$

$$2CH_3\cdot \xrightarrow{k_4} C_2H_6$$

(a) Deduza a expressão da velocidade de reação para o desaparecimento do acetaldeído, $-r_{Ac}$.

(b) Sob quais condições esta expressão se reduz à primeira equação da Seção 9.1?

(c) Esquematize um diagrama da rota reacional para esta reação. [*Dica*: Veja a nota de margem com Rotas de Reação no Exemplo 9-1, Item (a) Mecanismo.]

P9-5$_B$ Sugira um mecanismo para cada uma das reações nas partes **(a)**, **(b)** e **(c)**. Aplique a HEPE e veja se o mecanismo é consistente com a lei de velocidade de reação.

(a) Reação de oxidação do monóxido de nitrogênio (NO) em fase gasosa homogênea a dióxido (NO_2),

$$2NO + O_2 \xrightarrow{k} 2NO_2$$

Sabe-se que a reação acima obedece a uma cinética de terceira ordem, a qual sugere que a reação é tão elementar quanto indica a sua forma escrita, pelo menos a baixas pressões parciais dos óxidos de nitrogênio. Entretanto, a velocidade específica da reação, *k*, de fato *decresce* com o aumento da temperatura, indicando uma energia de ativação aparentemente *negativa*. Como a energia de ativação de uma reação deve ser positiva, cabe uma explicação que justifique este resultado.

Forneça uma explicação, iniciando pelo fato de que a espécie intermediária ativa, NO_3, participa de algumas outras reações que envolvem óxidos de nitrogênio. Desenhe um esquema reacional. [*Dica*: Veja a nota de margem com Rotas de Reação no Exemplo 9-1, Item (a) Mecanismo.]

(b) A formação do fosgênio, $COCl_2$, a partir do gás cloro, Cl_2, e monóxido de carbono, CO, segue a lei de velocidade de reação:

$$r_{COCl_2} = kC_{CO}C_{Cl_2}^{3/2}$$

Sugira um mecanismo para esta reação que seja consistente com esta lei de velocidade de reação e desenhe a rota reacional. [*Dica*: Cl formado a partir da dissociação de Cl_2 é um dos dois intermediários ativos.]

(c) Sugira um (ou mais) intermediário(s) ativo(s) e o mecanismo para a reação $H_2 + Br_2 \rightarrow 2HBr$. Use a HEPE para mostrar se o mecanismo é, ou não, consistente com a lei de velocidade de reação

$$r_{HBr} = \frac{k_1 C_{H_2} C_{Br}^{3/2}}{C_{HBr} + k_2 C_{Br_2}}$$

P9-6$_C$ (*Tribologia*) **Por que você troca o óleo do motor?** Uma das principais razões para a degradação de óleos lubrificantes de motores é a oxidação. Para retardar o processo de degradação, a maioria dos óleos contém um antioxidante [veja o artigo: *Ind. Eng. Chem.*, *26*, 902 (1987)]. Na ausência de um inibidor de oxidação, o mecanismo sugerido para baixas pressões é

Por que você precisa trocar o óleo do motor do seu carro?

$$I_2 \xrightarrow{k_0} 2I\cdot$$

$$I\cdot + RH \xrightarrow{k_i} R\cdot + HI$$

$$R\cdot + O_2 \xrightarrow{k_{p1}} RO_2^{\cdot}$$

$$RO_2^{\cdot} + RH \xrightarrow{k_{p2}} ROOH + R\cdot$$

$$2RO_2^{\cdot} \xrightarrow{k_t} \text{inativo}$$

em que I_2 é um iniciador e RH é o hidrocarboneto no óleo lubrificante.

Quando um antioxidante é adicionado para retardar a degradação, a baixas temperaturas, as seguintes reações adicionais de término ocorrem:

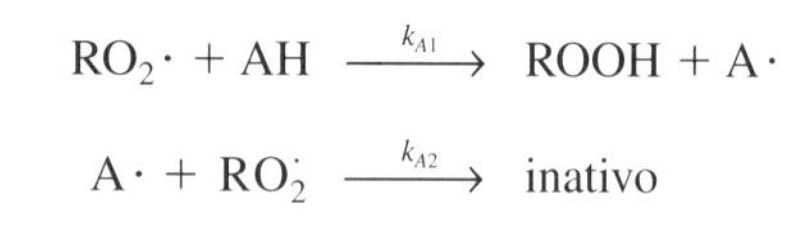

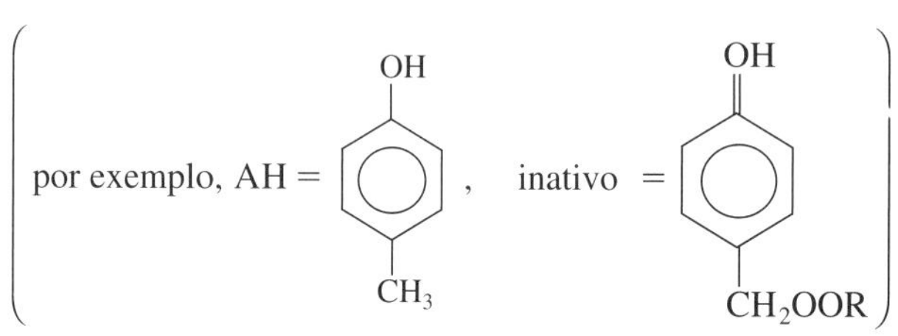

(a) Deduza a lei de velocidade de degradação do óleo do motor a baixas temperaturas, na ausência de um antioxidante.

(b) Deduza a lei de velocidade de degradação do óleo do motor a baixas temperaturas, na presença de um antioxidante.

(c) Como modificaria a sua resposta do item **(a)** se os radicais $I\cdot$ fossem produzidos a uma velocidade constante no motor e depois fossem incorporados ao óleo?

(d) Esquematize um diagrama para as rotas desta reação para altas e baixas temperaturas, e com e sem antioxidante.

(e) Veja o problema aberto G.2, no Apêndice G do site da LTC Editora, para obter mais detalhes deste problema.

P9-7$_A$ **Epidemiologia**. Considere a aplicação da HEPE à epidemiologia. Trataremos cada um dos seguintes passos como elementar, no sentido de que a velocidade de reação será proporcional ao número de pessoas enquadradas num estado particular de saúde. Uma pessoa sadia, H, pode ficar doente, I, espontaneamente, como, por exemplo, se contrair o vírus da varíola:

$$H \xrightarrow{k_1} I \qquad \text{(P9-7.1)}$$

ou ela pode ficar doente pelo contato com outra pessoa doente:

$$I + H \xrightarrow{k_2} 2I \qquad \text{(P9-7.2)}$$

A pessoa doente pode se restabelecer:

$$I \xrightarrow{k_3} H \qquad \text{(P9-7.3)}$$

ou ela pode falecer:

$$I \xrightarrow{k_4} D \qquad \text{(P9-7.4)}$$

A reação representada pela Equação (P9-7.4) é normalmente considerada completamente irreversível, porém a ocorrência da reação inversa já foi relatada.

(a) Deduza uma equação para a velocidade de falecimento das pessoas (taxa de mortalidade).

(b) Qual é a concentração de pessoas sadias na qual a velocidade de falecimento se torna crítica? [*Resp.*: Quando [H] = $(k_3 + k_4)/k_2$.]

(c) Comente sobre a validade da aplicação da HEPE sob as condições do item **(b)**.

(d) Se $k_1 = 10^{-8}$ h^{-1}, $k_2 = 10^{-16}$ (pessoa · h)$^{-1}$, $k_3 = 5 \times 10^{-10}$ h, $k_4 = 10^{-11}$ h, e $H_0 = 10^9$ pessoas, plote H, I e D em função do tempo, usando o software Polymath. Varie os valores de k_i e descreva os resultados. Consulte o *posto de saúde local* ou pesquise na *Web*, a fim de modificar ou substituir valores apropriados de k_i no modelo. Estenda o modelo levando em consideração o que você aprendeu de outras fontes (por exemplo, na Web).

(e) Liste maneiras pelas quais você pode resolver este problema incorretamente.

(f) Aplique uma ou mais ideias da Tabela P-3, Seção B.4, Prefácio, para este problema.

P9-8$_B$ Deduza as leis de velocidade de reação para as seguintes reações enzimáticas. Faça um esquema e compare, quando for possível, com o gráfico mostrado na Figura E9-2.1.

(a) $E + S \rightleftarrows E \cdot S \rightleftarrows P + E$

(b) $E + S \rightleftarrows E \cdot S \rightleftarrows \cdot E \cdot P \rightarrow P + E$

(c) $E + S_1 \rightleftarrows E \cdot S_1$

$E \cdot S_1 + S_2 \rightleftarrows E \cdot S_1S_2$

$E \cdot S_1S_2 \rightarrow P + E$

(d) $E + S \rightleftarrows E \cdot S \rightarrow P$

$P + E \rightleftarrows E \cdot P$

(e) Dois produtos

$E_0 + S$ (Glicose) $\rightleftarrows E_0 \cdot S \rightarrow E_r + P_1$ (*s*-Lactona)

$O_2 + E_r \rightarrow E_0P_1 \rightarrow E_0 + P_2(H_2O_2)$

(f) Quais das reações de **(a)** a **(e)**, se houver alguma, podem ser analisadas pelo gráfico de Lineweaver-Burk?

P9-9$_B$ Catalase bovina foi utilizada para acelerar a decomposição de água oxigenada produzindo água e oxigênio [*Chem. Eng. Educ.*, *5*, 141 (1971)]. Na tabela seguinte, a concentração da água oxigenada é dada em função do tempo para uma mistura reacional mantida a 30°C e pH 6,76.

t (min)	0	10	20	50	100
$C_{H_2O_2}$ (mol/L)	0,02	0,01775	0,0158	0,0106	0,005

(a) Determine os parâmetros de Michaelis-Menten $V_{máx}$ e K_M.

(b) Se a concentração da enzima for triplicada, qual será a concentração do substrato após 20 minutos?

(c) Aplique uma ou mais ideias da Tabela P-3, Seção B.4, Prefácio, para este problema.

(d) Liste maneiras pelas quais você pode resolver este problema incorretamente.

P9-10$_B$ Foi observado que a inibição pelo substrato ocorre na seguinte reação enzimática:

$$E + S \longrightarrow P + E$$

(a) Mostre que a lei de velocidade de reação é inconsistente com o gráfico na Figura P9-10$_B$ que mostra $-r_s$ (mmol/L · min) em função da concentração do substrato S (mmol/L).

(b) Se esta reação for conduzida num CSTR de volume igual a 1000 dm^3 e vazão volumétrica de 3,2 dm^3/min, determine os três possíveis regimes estacionários, identificando, se possível, quais são estáveis. A concentração de entrada do substrato é de 50 mmol/dm^3. Qual é a maior conversão que pode ser alcançada neste CSTR nas condições acima especificadas?

(c) Qual seria a concentração do substrato no efluente se a concentração total de enzima for reduzida em 33%?

(d) Liste maneiras pelas quais você pode resolver este problema incorretamente.

(e) Como você poderia deixar este problema mais difícil?

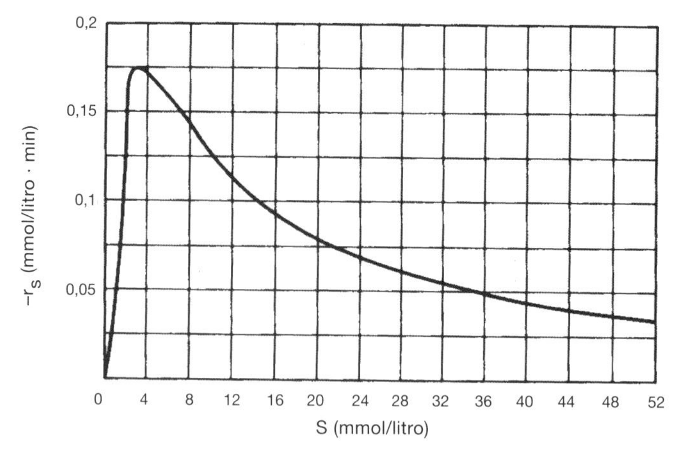

Figura P9-10$_B$ Gráfico de Michaelis-Menten para o caso de inibição pelo substrato.

P9-11$_B$ Os dados seguintes foram obtidos para o cultivo de levedura de panificação, num meio particular a 23,4ºC, com e sem a presença do inibidor sulfanilamida. A velocidade de reação ($-r_s$) foi medida em termos da vazão volumétrica de consumo de oxigênio Q_{O_2}, obtida em função da pressão parcial do oxigênio.

(a) Assuma que o valor de Q_{O_2} segue a cinética de Michaelis-Menten em relação ao oxigênio. Calcule o valor máximo de Q_{O_2} (isto é, $V_{máx}$) e a constante de Michaelis-Menten, K_M. [*Resposta*: $V_{máx}$ = 52,63 μL O_2/(h · mg células).]

(b) Usando o gráfico de Lineweaver-Burk determine o tipo de inibição da sulfanilamida que causa mudanças no consumo de O_2.

P_{O_2} *	Q_{O_2} (sem sulfanilamida)	Q_{O_2} (20 mg de sulfanilamida/mL adicionada ao meio)
0,0	0,0	0,0
0,5	23,5	17,4
1,0	33,0	25,6
1,5	37,5	30,8
2,5	42,0	36,4
3,5	43,0	39,6
5,0	43,0	40,0

*P_{O_2} = pressão parcial do oxigênio em mmHg; Q_{O_2} = taxa de oxigênio consumido, μL de O_2 por hora, por mg de células.

(c) Liste maneiras pelas quais você pode resolver este problema incorretamente.

(d) Aplique uma ou mais das seis ideias da Tabela P-3, Seção B.4, Prefácio, para este problema.

P9-12$_B$ A hidrólise enzimática do amido foi realizada com e sem maltose e α-dextrina adicionadas. [Adaptado de S. Aiba, A. E. Humphrey, and N. F. Mills, *Biochemical Engineering* (New York: Academic Press, 1973).]

$$\text{Amido} \rightarrow \alpha\text{-dextrina} \rightarrow \text{Dextrina limite} \rightarrow \text{Maltose}$$

Ausência de inibição				
C_S (g/dm^3)	12,5	9,0	4,25	
$-r_S$ (relativa)	100	92	70	
Maltose adicionada (I = 12,7 mg/dm^3)				
C_S (g/dm^3)	10	5,25	2,0	1,67
$-r_S$ (relativo)	77	62	38	34
α-dextrina adicionada (I = 3,34 mg/dm^3)				
C_S (g/dm^3)	33	10	3,6	1,6
$-r_S$ (relativo)	116	85	55	32

Determine os tipos de inibição para a maltose e para a α-dextrina.

P9-13$_B$ O íon de hidrogênio, H^+, se liga com a enzima (E^-) para ativá-la na forma EH. H^+ também se liga com EH para desativá-la formando EH_2^+.

$$H^+ + E^- \rightleftarrows EH \qquad K_1 = \frac{(EH)}{(H^+)(E^-)}$$

$$H^+ + EH \rightleftarrows EH_2^+ \qquad K_2 = \frac{(EH_2^+)}{(H^+)(EH)}$$

$$EH + S \underset{}{\overset{K_M}{\rightleftarrows}} EHS \longrightarrow EH + P, \quad K_M = \frac{(EHS)}{(EH)(S)}$$

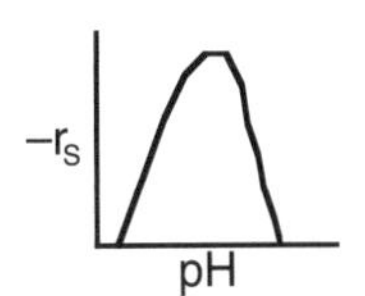

Figura P9-13$_B$ Dependência do pH para a velocidade de reação da enzima.

em que E^- e EH_2^+ são inativas.

(a) Determine se a sequência anterior pode explicar o ponto ótimo da atividade enzimática em função do pH, mostrado na Figura P9-13$_B$.

(b) Liste maneiras pelas quais você pode resolver este problema incorretamente.

(c) Aplique a este problema uma ou mais das seis ideias na Tabela P-3, Seção B.4, Prefácio.

P9-14$_B$ A diabetes é uma epidemia que afeta mais de 240 milhões de pessoas ao redor do mundo. A maioria dos casos é do Tipo 2. Recentemente, uma droga, Januvia (J), foi descoberta para tratar a diabetes Tipo 2. Quando o alimento entra no estômago, um peptídeo, GLP-1 (peptídeo 1 tipo glucagon) é liberado, o qual leva à secreção de insulina, dependente de glicose, e à supressão do glucagon.* A meia-vida do GLP-1 é muito curta porque ele é rapidamente degradado por uma enzima, a dipeptidil peptidase-IV (DPP-IV), que parte os dois terminais do aminoácido do peptídeo, assim desativando-o. O DPP-IV rapidamente rompe a forma ativa do GLP-1 (GLP-1[7-36] amida) à sua forma inativa (GLP-1[9-36] amida), com uma meia-vida de 1 minuto/2 ~1 min; acredita-se que seja a principal enzima responsável por essa hidrólise.[25]

Ruim / Boa

GLP-1(9-36) ← E.GLP-1(7-36) $\overset{E}{\longleftarrow}$ GLP-1(7-36) → Age no pâncreas para estimular a liberação de insulina e suprimir o glucagon

Portanto, espera-se que a inibição da Enzima DPP-IV, (E), reduza significantemente o grau de inativação do GLP-1[7-36] e leve a um aumento dos níveis correntes da forma ativa do hormônio. Evidências que dão suporte a isso vêm de ratos com deficiência da enzima DPP-IV, os quais têm níveis elevados de GLP-[7-36] amida.[26] De uma forma bem aproximada, trate a reação da seguinte forma: A nova droga, um inibidor da enzima DPP-IV (E), é o Januvia (**J**), que impede que a enzima desative o GLP-1.

$$E + \text{GLP-1} \rightleftarrows E \cdot \text{GLP-1} \rightarrow \text{Liberação de Glicose}$$

Inibida

$$E + \mathbf{J} \rightleftarrows E \cdot \mathbf{J} \text{ (Inativo)}$$

Ao retardar a degradação de GLP-1, o inibidor é capaz de ampliar a ação da insulina e, também, suprimir a liberação do glucagon.

(a) Plote a razão da velocidade de reação $-r_{GLP}$ (sem inibição) pela velocidade de reação $-r_{GLPi}$ (com inibição), em função da constante do inibidor DDP-IV, tanto para a inibição competitiva como para a inibição acompetitiva.

(b) Assumindo que o corpo é um reator de mistura perfeita, desenvolva um modelo similar aos Problemas **P9-7** e **P9-8** para o cronograma de dosagem do Januvia.

---

*O glucagon e a insulina são hormônios que têm efeitos opostos no metabolismo dos carboidratos, sendo a função mais conhecida do glucagon aumentar a concentração de glicose no sangue, enquanto a da insulina é reduzir. (N.T.)

[25]Veja também a) J. J. Holstand D. F. Deacon, *Diabetes, 47*, 1663 (1998); b) B. Balkan, et al., *Diabetiologia*, *42*, 1324 (1999); c) K. Augustyns, et al., *A Current Medicinal Chemistry*, *6*, 311 (1999).

[26]D. Marguet, et al., *Proc. Natl. Acad. Sci.*, *97*, 6864 (2000).

P9-15$_B$ A produção de um produto P a partir de uma bactéria gram-negativa, em particular, segue a lei de crescimento de Monod

$$r_g = \frac{\mu_{máx} C_s C_c}{K_S + C_s}$$

Com $\mu_{máx}$ =1 h^{-1}, K_S = 0,25 g/dm^3 e $Y_{c/s}$ = 0,5 g/g.

(a) A reação deve ser realizada em um reator batelada com uma concentração inicial de células C_{c0} = 0,1 h^{-1} e uma concentração de substrato C_{s0} = 20 g/dm^3.

$$C_c = C_{c0} + Y_{c/s}(C_{s0} - C_s)$$

Plote r_g, $-r_s$, $-r_c$, C_s e C_c em função do tempo.

(b) A reação deve ser agora realizada em um CSTR com C_{s0} = 20 g/dm^3 e C_{c0} = 0. Qual é a taxa de diluição na qual as bactérias são arrastadas para fora do reator?

(c) Para as condições da parte **(b)**, qual é a taxa de diluição que proporcionará a maior velocidade de produção (g/h) se $Y_{p/c}$ = 0,15 g/g? Quais são as concentrações C_c, C_s, C_p e $-r_s$ para este valor particular de D?

(d) Como mudariam as suas respostas para **(b)** e **(c)** se a manutenção não pudesse ser negligenciada com k_d = 0,002 h^{-1}?

(e) Como mudariam as suas respostas para **(b)** e **(c)** se a manutenção não pudesse ser negligenciada com k_d = 0,2 g/h/dm^3?

(f) Refaça a parte **(a)** e use a lei de **crescimento logístico**

$$r_g = \mu_{máx}\left(1 - \frac{C_c}{C_\infty}\right)C_c$$

e faça um gráfico de C_c e r_c em função do tempo. O termo C_∞ é o máximo de concentração de massa celular, sendo chamado de *capacidade de carga*, e igual a C_∞ = 1,0 g/dm^3. Você consegue encontrar uma solução analítica para o reator batelada? Compare com a parte **(a)** para $C_\infty = Y_{c/s}\, C_{s0} + C_{c0}$.

(g) Liste maneiras pelas quais você pode resolver este problema incorretamente.

(h) Aplique a este problema uma ou mais das seis ideias na Tabela P-3, Seção B.4, Prefácio.

P9-16$_B$ Refaça o Problema P9-15$_B$ **(a)**, **(c)** e **(d)** usando a equação de Tessier

$$r_g = \mu_{máx}[1 - e^{-C_s/k}]C_c$$

com $\mu_{máx}$ = 1,0 h^{-1} e k = 8 g/dm^3.

(a) Liste maneiras pelas quais você pode resolver este problema incorretamente.

(b) Como você poderia tornar este problema mais difícil?

P9-17$_B$ O cultivo da bactéria X-II pode ser descrito por uma simples equação de Monod com $\mu_{máx}$ = 0,8 h^{-1} e K_S = 4 g/dm^3, $Y_{p/c}$ = 0,2 g/g e $Y_{s/c}$ = 2 g/g. O processo é realizado em um CSTR no qual a velocidade de alimentação é 1000 dm^3/h com uma concentração do substrato de 10 g/dm^3.

(a) Qual o tamanho do fermentador necessário para alcançar 90% da conversão do substrato? Qual a concentração de células na saída?

(b) Como sua resposta de **(a)** mudaria se todas as células fossem filtradas do efluente do reator e retornadas à corrente de alimentação?

(c) Considere agora dois CSTRs de 5000 dm^3 ligados em série. Quais são as concentrações de saída C_s, C_c e C_p de cada um dos reatores?

(d) Determine, se possível, a vazão volumétrica na qual as células desaparecem e, também, a vazão volumétrica na qual a produção de células ($C_c \upsilon_0$), em gramas por dia, atinge um máximo.

(e) Suponha que você pudesse usar os dois reatores de 5000 dm^3 como reatores batelada que levam duas horas para esvaziar, limpar e encher. Qual seria sua velocidade de produção em gramas por dia, se sua concentração de células inicial fosse 0,5 g/dm^3? Quantos reatores de 500 dm^3 você precisaria para igualar a taxa de produção dos CSTRs?

(f) Liste maneiras pelas quais você pode resolver este problema incorretamente.

(g) Aplique a este problema uma ou mais das seis ideias da Tabela P-3, Seção B.4, Prefácio.

P9-18$_A$ Um CSTR está sendo operado em regime estacionário. O crescimento celular segue a lei de crescimento de Monod sem inibição. As concentrações do substrato e das células são medidas na saída do reator, em função da vazão volumétrica (representada pela taxa de diluição), e os resultados são apresentados na tabela seguinte. Naturalmente, as medidas não foram tomadas até que o regime estacionário fosse alcançado, após cada mudança de vazão. Despreze o consumo de substrato para a manutenção das células e a taxa de morte celular. Assuma que $Y_{p/c}$ é zero. Para o teste 4, a concentração do substrato na entrada era 50 g/dm^3 e a vazão volumétrica do substrato era 2 dm^3/h.

Teste	C_s (g/dm^3)	D (dia^{-1})	C_c (g/dm^3)
1	1	1	0,9
2	3	1,5	0,7
3	4	1,6	0,6
4	10	1,8	4

(a) Determine os parâmetros de crescimento de Monod, $\mu_{máx}$ e K_S.
(b) Estime os coeficientes estequiométricos, $Y_{c/s}$ e $Y_{s/c}$.
(c) Aplique a este problema uma ou mais das seis ideias da Tabela P-3, Seção B.4, Prefácio.
(d) Como você poderia tornar este problema mais difícil?

P9-19$_B$ **Fonte Alternativa de Energia.**[27] No verão de 2009, a ExxonMobil decidiu investir 600 milhões de dólares no desenvolvimento de algas como um combustível alternativo. Algas seriam cultivadas e seu óleo extraído para prover uma fonte de energia. Estima-se que um acre de um tanque de biomassa pode produzir 6000 galões de gasolina por ano, que necessitaria da captura de uma fonte de CO_2 mais concentrada que o ar (por exemplo, gás combustível de uma refinaria), e também contribuiria para o sequestro de CO_2. A biossíntese da biomassa durante o dia é

$$\text{Luz do Sol} + CO_2 + H_2O + \text{Alga} \rightarrow \text{Mais Alga} + O_2$$

Considere um tanque de 5000 galões com canos perfurados nos quais CO_2 é injetado e lentamente borbulhado na solução para manter a água saturada com CO_2.

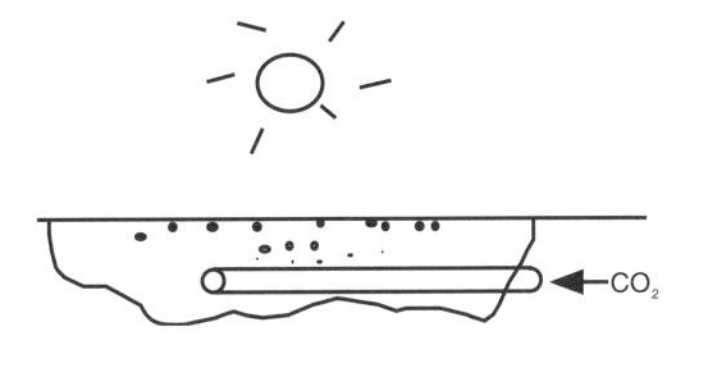

Figura P9-19.1 Produção de microalga comercial em tanques de canais abertos agitados por rodas de pás. Cortesia da Cyanotech Co., Havaí.

O tempo de duplicação durante o dia é de 12 horas no pico da luz do sol do meio-dia e zero durante a noite. Em uma primeira aproximação, a lei de crescimento durante as 12 horas de luz solar é

$$r_g = f\mu C_C$$

com f = luz do Sol = seno (π t/12) entre 6 horas da manhã e 6 horas da tarde, e fora deste intervalo de tempo f = 0, C_C é a concentração de algas (g/dm^3) e μ = 0,9 dia^{-1} (assume uma saturação do CO_2 constante a 1 atm de 1,69 g/kg de água). O tanque tem uma profundidade de 30 cm e, para uma penetração efetiva da luz solar, a concentração de algas não pode exceder 200 mg/dm^3.

(a) Deduza uma equação para a razão entre a concentração celular de algas C_C em um tempo t e a concentração de células inicial C_{C0}, isto é, (C_C/C_{C0}). Plote e analise (C_C/C_{C0}) em função do tempo, para um intervalo de até 48 horas.

[27]As contribuições de John Benemann para este problema são apreciadas.

(b) Se o tanque é inicialmente alimentado com 0,5 mg/dm^3 de alga, quanto tempo levará para a alga atingir uma densidade celular (isto é, concentração) de 200 mg/dm^3, que é a concentração na qual a luz solar não pode mais penetrar efetivamente no tanque? Plote e analise r_g e C_C em função do tempo. Em uma primeira aproximação, assuma que o tanque é de mistura perfeita.

(c) Suponha que as algas limitem a penetração do Sol significantemente, mesmo antes que a concentração alcance 200 mg/dm^3 com, por exemplo, $\mu = \mu_0 (1 - C_C/200)$. Plote e analise r_g e C_C em função do tempo. Quanto tempo levaria para parar completamente o crescimento em 200 mg/dm^3?

(d) Consideremos, agora, uma operação contínua. Uma vez que a densidade das células atinge 200 mg/dm^3, metade do tanque é colhida e o caldo remanescente é misturado com nutriente fresco. Qual é a produtividade de alga em regime estacionário em g/ano, novamente assumindo que o tanque é de mistura perfeita?

(e) Agora considere uma alimentação constante de água de efluente e a remoção de alga a uma taxa de diluição de 1 dia^{-1}. Qual é a vazão mássica de escoamento de algas (em g/d) de um tanque de 5000 galões? Assuma que o tanque é de mistura perfeita.

(f) Agora considere que a reação seja realizada em um reator transparente fechado. O reator pode ser pressurizado com CO_2 até 10 atm com K_S = 2 g/dm^3. Assuma que, depois de uma pressurização inicial, mais nenhum CO_2 pode ser injetado. Plote e analise a concentração de algas em função do tempo.

(g) Uma alga invasora pode duplicar duas vezes mais rápido do que a cepa que você está cultivando. Assuma que ela esteja a uma concentração inicial de 0,1 mg/L. Quanto tempo leva para que ela se torne a espécie dominante (acima de 50% da densidade celular)?

P9-20$_A$ Quais são as seis coisas erradas na solução desse problema?

Avalie os parâmetros cinéticos da lei de velocidade de reação da enzima inibida $V_{máx}$, K_M e K_I. Dados de uma reação inibida pelo substrato (S) são mostrados a seguir, na forma de um gráfico de Eadie-Hofstee.

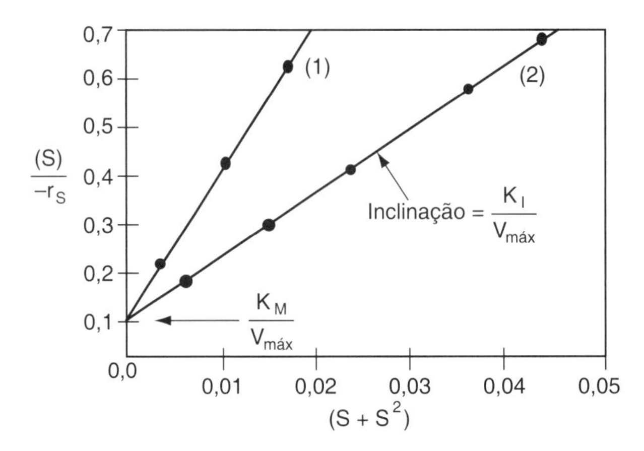

Para uma concentração de inibição competitiva (I) de 0,02 M (linha 1), achamos (C_I). Para uma concentração de inibição de 0,05 M (linha 2), encontramos a inclinação (1) = 2,5 e a inclinação (2) = 1,0. Resolvendo duas equações usando a inclinação e o intercepto, encontramos $V_{máx}$ = 2 e K_I = 5, e do intercepto obtém-se K_M = 0,5.

- **Problemas Propostos Adicionais**

  Vários problemas propostos que podem ser usados para exames, ou como problemas suplementares, ou exemplos, são encontrados no site da LTC Editora e no website ERQ, *http://www.engin.umich.edu/~cre* (em inglês).

PROBLEMAS NOVOS NA WEB

CDP9-Novo De tempos em tempos, novos problemas que relacionam o material do Capítulo 9 a interesses do dia a dia, ou a tecnologias emergentes, serão colocados na Web. Soluções para esses problemas podem ser obtidas mediante o envio de e-mail para o autor.

LEITURA SUPLEMENTAR

Web

Revise os seguintes websites:

www.cells.com

www.enzymes.com

www.pharmacokinetics.com

Texto

1. Uma discussão sobre reações complexas que envolvem intermediários ativos é dada em

FROST, A. A., and R. G. PEARSON, *Kinetics and Mechanism*, 2nd ed. New York: Wiley, 1961; veja o Capítulo 10. Exemplos antigos, mas bons.

LAIDLER, K. J., *Chemical Kinetics*, 3rd ed. New York: HarperCollins, 1987.

PILLING, M. J., *Reaction Kinetics*, New York: Oxford University Press, 1995.

2. Discussões adicionais sobre reações enzimáticas são apresentadas:

Praticamente qualquer assunto que você queira saber sobre cinética enzimática básica pode ser encontrado em SEGEL, I. H. *Enzyme Kinetics*. New York: Wiley-Interscience, 1975.

Uma excelente descrição sobre estimativa de parâmetros, retroalimentação biológica e rotas reacionais pode ser encontrada em VOIT, E. O. *Computational Analysis of Biochemical Systems*. Cambridge, UK: Cambridge University Press, 2000.

BLANCH, H. W. and D. S. CLARK, *Biochemical Engineering*. New York: Marcel Dekker, 1996.

CORNISH-BOWDEN, A., *Analysis of Enzyme Kinetic Data*. New York: Oxford University Press, 1995.

NELSON, D. L., and M. M. COX, *Lehninger Principles of Biochemistry*, 3rd ed. New York: Worth Publishers, 2000.

SHULER, M. L., and F. KARGI, *Bioprocess Engineering Principles*, 2nd ed. Upper Saddle River, N.J.: Prentice Hall, 2002.

STEPHANOPOULOS, G. N., A. A. ARISTIDOU, and J. NIELSEN, *Metabolic Engineering*. New York: Academic Press, 1998.

3. Material sobre biorreatores pode ser encontrado em

AIBA, S., A. E. HUMPHREY, and N. F. MILLIS, *Biochemical Engineering*, 2nd ed. San Diego, Calif.: Academic Press, 1973.

BAILEY, T. J., and D. OLLIS, *Biochemical Engineering*, 2nd ed. New York: McGraw-Hill, 1987.

BLANCH, H. W., and D. S. CLARK, *Biochemical Engineering*. New York: Marcel Dekker, 1996.

4. Veja também

BURGESS, THORNTON W., *The Adventures of Old Mr. Toad*. New York: Dover Publications, Inc., 1916.

KEILLOR, GARRISON, *Pretty Good Joke Book, A Prairie Home Companion*. St. Paul, MN: HighBridge Co., 2000.

MASKILL, HOWARD, *The Investigation of Organic Reactions and Their Mechanisms*. Oxford UK: Blackwell Publishing Ltd, 2006.

Catálise e Reatores Catalíticos

10

Não é que eles não possam ver a solução. É que eles não podem ver o problema.

G. K. Chesterton

Visão Geral. O objetivo deste capítulo é desenvolver um entendimento de catálise, mecanismos de reação e projeto de reatores catalíticos. Especificamente, após ler este capítulo, deve-se ser capaz de

- Definir um catalisador e descrever suas propriedades
- Descrever as etapas em uma reação catalítica e na deposição química de vapor (CVD)*
- Sugerir um mecanismo e usar o conceito de etapa limitante para obter a lei de velocidade
- Utilizar regressão não linear para determinar a lei de velocidade e os parâmetros da lei de velocidade que melhor se ajustam aos dados
- Utilizar os parâmetros da lei de velocidade para projetar PBRs e CSTRs fluidizados

As diversas seções deste capítulo correspondem aproximadamente a esses objetivos.

---

*A sigla CVD, do inglês *Chemical Vapor Deposition*, é de uso corrente. (N.T.)

10.1 Catalisadores

Catalisadores são utilizados pela humanidade há mais de 2000 anos.[1] Os primeiros usos observados de catalisadores foram na fabricação de vinho, queijo e pão. Verificou-se que era sempre necessário adicionar uma pequena quantidade da batelada anterior para fazer a batelada seguinte. No entanto, somente em 1835 Berzelius começou a juntar as observações feitas por químicos antigos sugerindo que aquelas pequenas quantidades de substâncias externas poderiam afetar substancialmente o curso das reações químicas. Essa força misteriosa atribuída a essas substâncias foi chamada de *força catalítica*. Em 1894, Ostwald expandiu a explicação dada por Berzelius, afirmando que catalisadores eram substâncias que aceleravam a velocidade de reações químicas sem serem consumidas. Durante os 175 anos desde o trabalho de Berzelius, catalisadores têm tido um importante papel econômico no mercado mundial. Para considerar apenas os Estados Unidos, mais de US$ 3,5 bilhões em catalisadores foram comercializados em 2007, os principais usos sendo o refino de petróleo e a produção de produtos químicos.

10.1.1 Definições

Catalisador é uma substância que afeta a velocidade de uma reação química, mas que sai do processo sem modificações. Um catalisador em geral muda a velocidade de reação fornecendo um caminho molecular alternativo ("um outro mecanismo") para a reação. Por exemplo, hidrogênio e oxigênio gasosos são praticamente inertes a temperatura ambiente, mas reagem rapidamente quando expostos à platina. A coordenada de reação mostrada na Figura 10-1 é uma medida do progresso da reação à medida que H_2 e O_2 se aproximam e cruzam a barreira de energia de ativação para formar H_2O. *Catálise* é a ocorrência, o estudo e o uso de catalisadores e processos catalíticos. Catalisadores químicos comerciais são muitíssimo importantes. Aproximadamente um terço do produto interno bruto material dos Estados Unidos envolve algum processo catalítico nas etapas de transformação da matéria-prima até o produto acabado.[2] O desenvolvimento e o uso de catalisadores são os principais aspectos na constante busca por novas formas de aumento do rendimento dos produtos e da seletividade de reações químicas. Como um catalisador torna possível a obtenção de um produto final por um caminho diferente com menor barreira de energia, ele pode afetar tanto o rendimento quanto a seletividade.

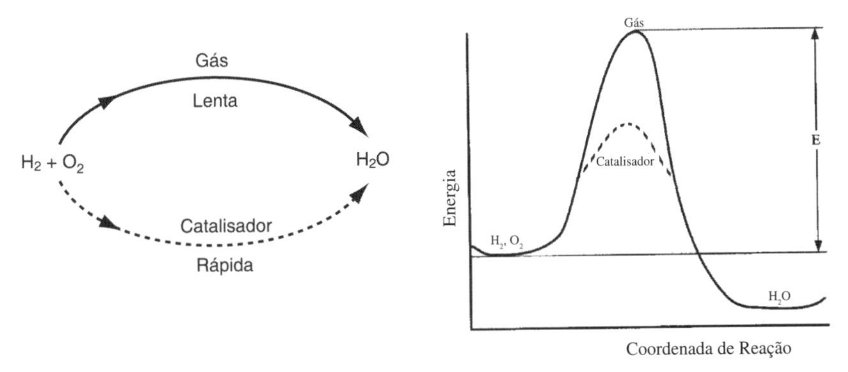

Figura 10-1 Diferentes caminhos de reação.

Catalisadores podem acelerar a velocidade de reação, mas não podem alterar o equilíbrio.

Normalmente quando falamos sobre catalisador, nos referimos às substâncias que aceleram uma reação, apesar de, estritamente falando, um catalisador poder tanto acelerar quanto frear a formação de determinado produto. *Um catalisador altera somente a velocidade de reação; não afeta o equilíbrio.*

O Prêmio Nobel de Química de 2007 foi concedido a Gerhard Ertl pelo seu trabalho pioneiro sobre reações catalíticas heterogêneas. Uma *reação catalítica heterogênea* envolve mais de uma fase; em geral o catalisador é sólido e os reagentes e produtos são

[1]S. T. Oyama e G. A. Somorjai, *J. Chem. Educ.*, *65*, 765 (1986).
[2]V. Haensel e R. L. Burwell, Jr., *Sci. Am.*, *225*(10), 46.

líquidos ou gasosos. Um exemplo é a produção de benzeno, que atualmente é obtido principalmente pela desidrogenação de ciclo-hexano (obtido a partir da destilação de petróleo cru) usando um catalisador de platina sobre alumina:

Ciclo-hexano $\xrightarrow[Al_2O_3 \cdot H_2O]{\text{Pt on}}$ Benzeno + $3H_2$ Hidrogênio

A separação simples e completa da mistura de produtos do catalisador sólido torna a catálise heterogênea atraente do ponto de vista econômico, especialmente porque muitos catalisadores são bastante valiosos e o seu reúso é exigido.

Uma reação catalítica heterogênea ocorre na (ou muito próximo da) interface sólido-fluido. Os princípios que governam reações catalíticas heterogêneas podem ser utilizados tanto para reações catalíticas quanto para reações não catalíticas sólido-fluido. Os outros dois tipos de reações heterogêneas envolvem sistemas gás-líquido e gás-líquido-sólido. Reações entre gases e líquidos são em geral limitadas por transferência de massa.

10.1.2 Propriedades de Catalisadores

Dez gramas desse catalisador possuem uma área superficial maior do que um campo de futebol.

Como uma reação catalítica ocorre na interface fluido-sólido, uma área interfacial grande é quase sempre essencial para que a velocidade de reação seja significativa. Em muitos catalisadores, essa área é fornecida por uma estrutura porosa interna (isto é, o sólido contém muitos poros estreitos, e a superfície desses poros é responsável pela área necessária para uma alta velocidade de reação). A área de alguns materiais utilizados como catalisadores sólidos é surpreendentemente alta. Um catalisador de craqueamento típico de sílica-alumina tem um volume poroso de 0,6 cm^3/g e poros com diâmetro médio de 4 nm. A área superficial correspondente é de 300 m^2/g para esses *catalisadores porosos*. Exemplos incluem níquel Raney utilizado na hidrogenação de óleos animais e vegetais, platina sobre alumina utilizada na reforma de nafta de petróleo para obter gasolina de alta octanagem, e ferro promovido utilizado na síntese de amônia. Algumas vezes os poros são tão pequenos que somente pequenas moléculas podem penetrá-los, impedindo a entrada de moléculas grandes. Materiais com esse tipo de poro são chamados *peneiras moleculares*, e são derivados de substâncias naturais, como algumas argilas e zeólitos, ou podem ser totalmente sintéticos, tais como alguns aluminossilicatos cristalinos (veja a Figura 10-2). Essas peneiras podem formar a base para catalisadores bastante seletivos; os poros podem controlar o tempo de residência de várias moléculas próximo à superfície cataliticamente ativa a ponto de permitir a reação *apenas* das moléculas desejadas. Um exemplo da alta atividade de um catalisador zeolítico é a formação de paraxileno a partir de tolueno e metano, como mostrado na Figura 10-2(b).[3] Aqui, benzeno e tolueno entram nos poros do zeólito e reagem na superfície interna para formar uma mistura de orto, meta e paraxilenos. No entanto, o tamanho da abertura do poro é tal que apenas o paraxileno pode sair do poro, enquanto meta e ortoxilenos com o seu grupo metila na lateral não podem passar pela boca do poro. Há sítios internos que podem isomerizar orto e metaxilenos em paraxileno. Assim, temos uma alta seletividade para a formação de paraxileno.

Tipos de catalisadores:
- Porosos
- Peneiras moleculares
- Monolíticos
- Suportados
- Mássicos

Catalisador zeolítico típico

Alta seletividade para paraxileno

Em alguns casos o catalisador consiste em partículas diminutas de um material ativo disperso sobre uma substância menos ativa chamada *suporte*. O material ativo é frequentemente um metal puro ou uma liga metálica. Esses catalisadores são chamados de *catalisadores suportados*, para distingui-los de *catalisadores mássicos* ou *não suportados*. Catalisadores podem receber também pequenas quantidades de ingredientes ativos chamados *promotores*, que aumentam a sua atividade. Exemplos de catalisadores suportados incluem conversores catalíticos de leito de recheio utilizados em automó-

[3]R. I. Masel, *Chemical Kinetics and Catalysis* (New York: Wiley Interscience, 2001), p. 741.

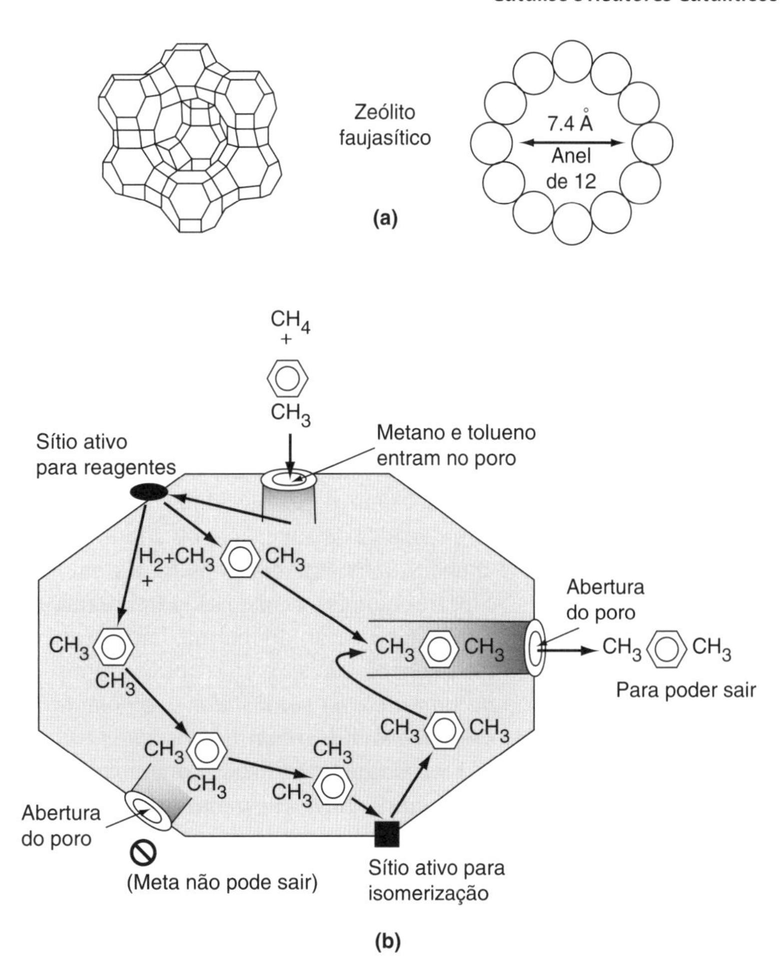

Figura 10-2 (a) Estrutura cristalina e (b) seção reta dos poros de dois tipos de zeólitos. (a) Zeólito do tipo faujasita tem um sistema de canais tridimensionais com poros de pelo menos 7,4 Å de diâmetro. Um poro é formado por 12 átomos de oxigênio dispostos em um anel. (b) Esquema da reação entre CH_4 e $C_6H_5CH_3$. (Note que o tamanho da abertura do poro e o interior do zeólito não estão em escala.) [(a) de N. Y. Chen e T. F. Degnan, *Chem. Eng. Prog., 84* (2), 33 (1988). Reproduzido sob permissão do American Institute of Chemical Engineers. Copyright ©1988 AIChE. Todos os direitos reservados.]

veis, catalisadores de platina sobre alumina utilizados na reforma de petróleo, e pentóxido de vanádio sobre sílica, utilizado para oxidar o dióxido de enxofre na fabricação de ácido sulfúrico. Por outro lado, tela de platina para a oxidação de amônia, ferro promovido para síntese de amônia, e catalisadores de sílica-alumina para desidrogenação de butadieno são catalisadores não suportados típicos.

10.1.3 Interações Catalíticas Gás-Sólido

Por enquanto, focaremos nossa atenção em reações em fase gasosa catalisadas por superfícies sólidas. Para que uma reação catalítica ocorra, pelo menos um e frequentemente todos os reagentes devem aderir à superfície. Essa aderência é conhecida como *adsorção* e ocorre por dois processos diferentes: adsorção física e adsorção química ou quimissorção. A *adsorção física* é semelhante à condensação. O processo é exotérmico, e o calor de adsorção é relativamente pequeno, da ordem de 1 a 15 kcal/mol. As forças de atração entre as moléculas gasosas e a superfície sólida são fracas. Essas forças de van der Waals consistem na interação entre dipolos permanentes, entre dipolos permanentes e dipolos induzidos, e/ou entre átomos neutros e moléculas. A quantidade de gás adsorvida fisicamente diminui rapidamente com o aumento da temperatura, e acima de sua temperatura crítica somente uma pequena quantidade da substância é adsorvida fisicamente.

O tipo de adsorção que afeta a velocidade de uma reação química é a *quimissorção*. Aqui, os átomos ou moléculas adsorvidas são ligados à superfície por forças de valência do mesmo tipo que existem entre átomos ligados em uma molécula. Assim, a estrutura eletrônica de uma molécula quimissorvida é perturbada significativamente, tornando-a extremamente reativa. A interação com o catalisador distende as ligações dos reagentes adsorvidos, tornando mais fácil a sua quebra.

A Figura 10-3 mostra a ligação do etileno durante a adsorção na superfície da platina para formar o etilidino. Como a adsorção física, a quimissorção é um processo exotérmico, mas o calor de adsorção é em geral da mesma ordem de grandeza do calor de uma reação química (isto é, de 40 a 400 kcal/mol). Se uma reação catalítica envolve quimissorção, deve ser conduzida dentro da faixa de temperatura em que a quimissorção dos reagentes é apreciável.

Quimissorção nos centros ativos é o que catalisa a reação.

Em um marco para a teoria catalítica, Taylor[4] sugeriu que as reações não são catalisadas em toda a superfície sólida, mas apenas em certos *sítios* ou *centros ativos*. Taylor visualizou esses sítios como átomos insaturados nos sólidos, resultantes de irregularidades na superfície, deslocamentos, cantos de cristais, e falhas entre os limites de grão. Outros pesquisadores se opuseram a essa definição, e indicaram que outras propriedades da superfície do sólido também são importantes. Os sítios ativos podem também ser vistos como os locais em que intermediários altamente reativos (isto é, espécies quimissorvidas) são estabilizados por um tempo longo o suficiente para reagir. Essa estabilização do intermediário reativo é chave no projeto de qualquer catalisador. Consequentemente, para o nosso propósito definiremos um *sítio ativo* como *um ponto na superfície do catalisador que pode formar ligações químicas fortes com um átomo ou molécula adsorvida.*

Um parâmetro utilizado para quantificar a atividade de um catalisador é a *frequência de reação** (*Turnover frequency – TOF*), *f*. É o número de moléculas que reagem por sítio ativo por segundo nas condições do experimento. Quando um catalisador metálico como a platina é depositado em um suporte, os átomos metálicos são considerados os centros ativos. A *dispersão*, *D*, de um catalisador é a fração de átomos metálicos depositados que estão na superfície.

Um exemplo que mostra como calcular a frequência de reação é apresentado nas *Notas de Resumo* no site da LTC Editora para o Capítulo 10.

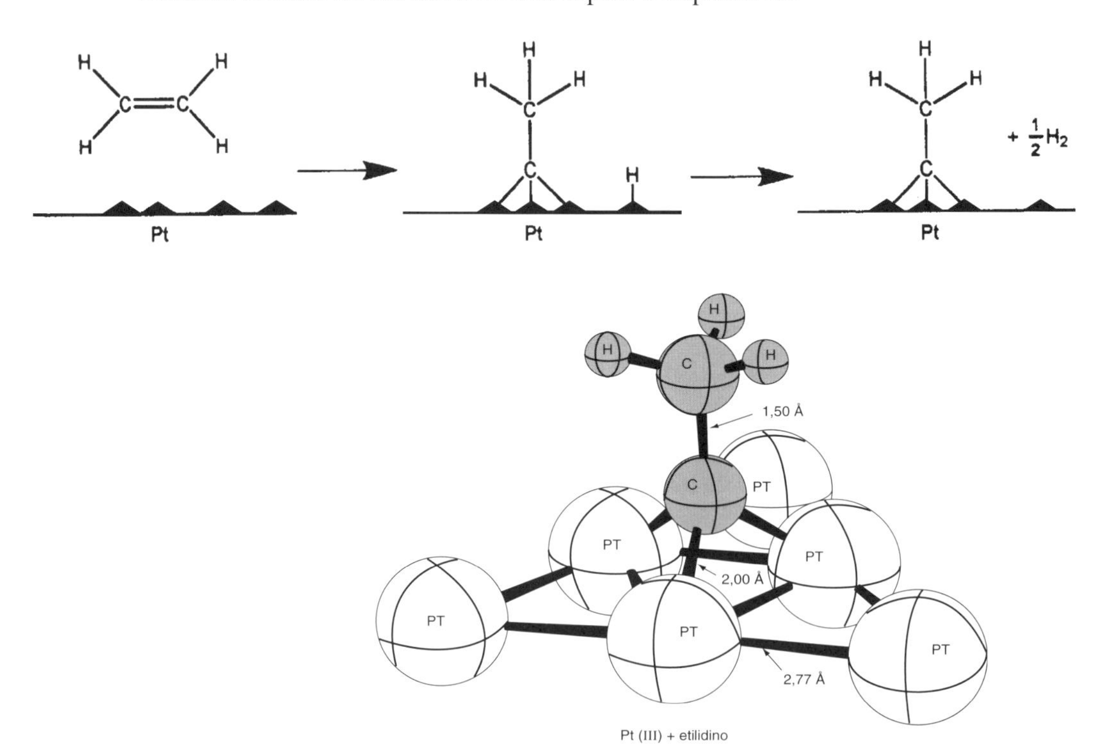

Figura 10-3 Etilidino adsorvido na platina. (Adaptado de G. A. Somorjai, *Introduction to Surface Chemistry and Catalysis*. New York: Wiley, 1994.)

[4]H. S. Taylor, *Proc. R. Soc. London, A108*, 105 (1928).

*Também conhecido como *número de renovação* ou *velocidade de giro do ciclo catalítico*. (N.T.)

10.1.4 Classificação de Catalisadores

Uma forma comum de classificar catalisadores é em função do tipo de reações que eles catalisam.

A Tabela 10-1 apresenta uma lista representativa de reações e seus catalisadores correspondentes. Discussões adicionais para cada classe de reação e os materiais que as catalisam podem ser encontradas no *Material de Referência Profissional* R10.1 no site da LTC Editora.

TABELA 10-1 TIPO DE REAÇÃO E SEUS CATALISADORES

Reação	*Catalisadores*
1. Halogenação/desalogenação	$CuCl_2$, AgCl, Pd
2. Hidratação/desidratação	Al_2O_3, MgO
3. Alquilação/desalquilação	$AlCl_3$, Pd, Zeólitos
4. Hidrogenação/desidrogenação	Co, Pt, Cr_2O_3, Ni
5. Oxidação	Cu, Ag, Ni, V_2O_5
6. Isomerização	$AlCl_3$, Pt/Al_2O_3, Zeólitos

Se, por exemplo, deseja-se produzir estireno a partir de uma mistura equimolar de etileno e benzeno, pode-se realizar uma reação de alquilação para produzir etilbenzeno, que é então desidrogenado para formar estireno. Precisa-se tanto de um catalisador de alquilação quanto um outro de desidrogenação.

$$C_2H_4 + C_6H_6 \xrightarrow[\text{Traços de HCl}]{AlCl_3} C_6H_5C_2H_5 \xrightarrow{Ni} C_6H_5CH{=}CH_2 + H_2$$

10.2 Etapas em uma Reação Catalítica

Uma fotografia de diferentes tipos e tamanhos de catalisador é mostrada na Figura 10-4a. Um diagrama esquemático de um reator tubular recheado com partículas de catalisadores é mostrado na Figura 10-4b. O processo global no qual reações catalíticas heterogêneas acontecem pode ser dividido na sequência de etapas individuais mostrada na Tabela 10-2 e ilustrada na Figura 10-5 para uma reação de isomerização.

Figura 10-4a Tamanhos e formas diferentes de catalisadores. (Cortesia da Engelhard Corporation.)

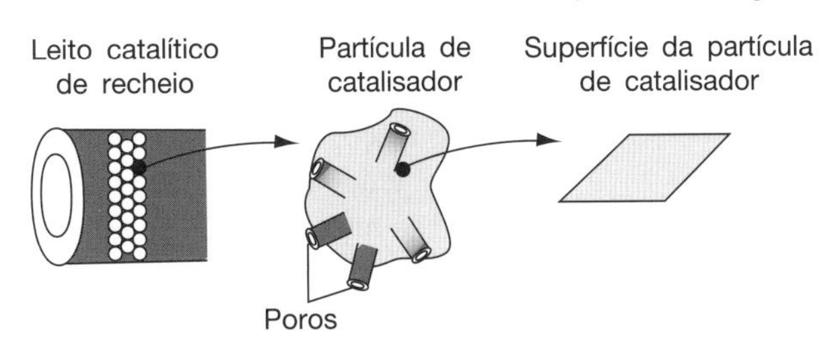

Figura 10-4b Esquema de um reator catalítico de leito de recheio.

Cada etapa da Tabela 10-2 é mostrada esquematicamente na Figura 10-5.

A reação ocorre *na superfície*, mas as espécies envolvidas na reação precisam *chegar a* ela e *poder sair* dela.

A velocidade global da reação é limitada pela velocidade da etapa mais lenta do mecanismo. Quando as etapas de difusão (1, 2, 6 e 7 na Tabela 10-2) são muito rápidas comparadas às etapas de reação (3, 4 e 5), a concentração nas vizinhanças do centro ativo é praticamente a mesma daquela no seio do fluido. Nessa situação, o transporte ou as etapas de difusão não afetam a velocidade global de reação. Em outras situações, se as etapas de reação são muito rápidas comparadas às etapas de difusão, o transporte de massa afeta a velocidade de reação. Em sistemas em que a difusão do seio do gás ou do líquido até a superfície ou a entrada do poro afeta a velocidade, a modificação das condições de fluxo em torno do catalisador altera a velocidade global da reação. Em catalisadores porosos, por outro lado, a difusão no interior dos poros do catalisador pode limitar a velocidade de reação e, consequentemente, a velocidade global não será afetada pelas condições de fluxo externas, mesmo que a difusão afete a velocidade global de reação.

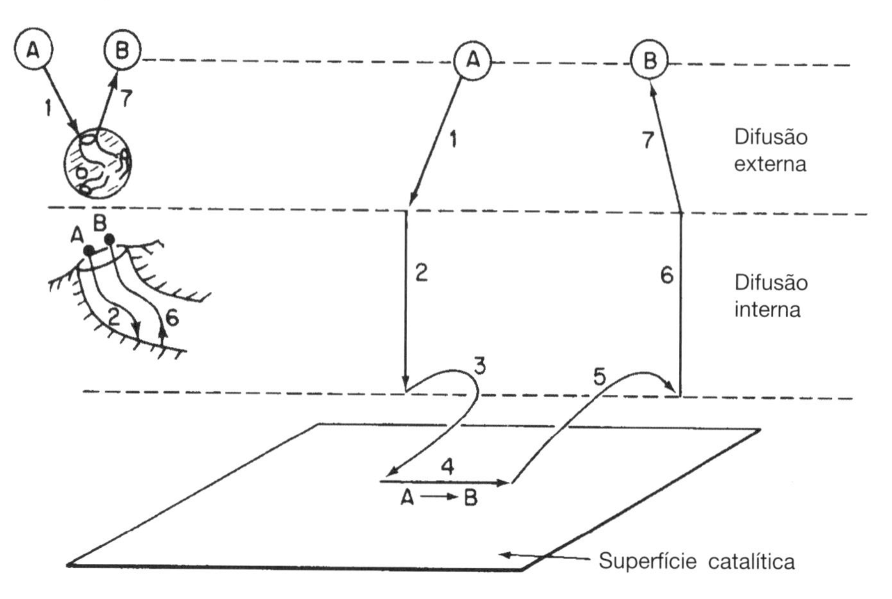

Figura 10-5 Etapas em uma reação catalítica heterogênea.

TABELA 10-2 ETAPAS EM UMA REAÇÃO CATALÍTICA

1. Transferência de massa (difusão) do(s) reagente(s) (por exemplo, espécie A) do seio do fluido até a superfície externa da partícula de catalisador
2. Difusão do reagente pela entrada do poro, através do poro, até as vizinhanças da superfície catalítica interna
3. Adsorção do reagente A na superfície catalítica
4. Reação na superfície do catalisador (por exemplo, A ⟶ B)
5. Dessorção dos produtos (por exemplo, B) da superfície
6. Difusão dos produtos do interior da partícula até a entrada do poro na superfície externa
7. Transferência de massa dos produtos da superfície externa das partículas para o seio do fluido

Neste capítulo focaremos nas etapas de
3. Adsorção
4. Reação superficial
5. Dessorção

Há muitas variações das situações descritas na Tabela 10-2. Algumas vezes, naturalmente, dois reagentes são necessários para que a reação ocorra, e ambos devem seguir as etapas listadas acima. Outras reações entre duas substâncias podem ter somente uma delas adsorvida.

Com essa introdução, estamos prontos para tratar individualmente as etapas envolvidas em reações catalíticas. Neste capítulo, apenas as etapas de adsorção, reação na superfície, e dessorção serão tratadas [isto é, considera-se que as etapas de difusão (1, 2, 6 e 7) são muito rápidas de tal modo que a velocidade global de reação não é afetada de forma alguma por transferência de massa]. Tratamentos adicionais dos efeitos envolvendo limitações por difusão são apresentados no site da LTC Editora para os Capítulos 11 e 12.

"Se você não sabe aonde você vai, é provável que você acabe em algum outro lugar."
Yogi Berra

Para Onde Vamos? Como vimos no Capítulo 7, uma das obrigações de um engenheiro de reações químicas é analisar dados de reação e obter uma lei de velocidade que possa ser utilizada no projeto de reatores. Leis de velocidade em catálise heterogênea raramente seguem modelos de leis de potência; portanto, são inerentemente mais difíceis de serem formuladas a partir dos dados experimentais. Para desenvolver uma compreensão e um discernimento mais profundo sobre como as leis de velocidade são formadas a partir de dados de reações catalíticas heterogêneas, procederemos de uma forma um tanto quanto contrária ao que é normalmente feito na indústria quando se é solicitado a desenvolver uma lei de velocidade. Isto é, postularemos mecanismos para reações catalíticas e então obteremos as leis de velocidade para os diversos mecanismos. O mecanismo típico terá uma etapa de adsorção, de reação na superfície, e de dessorção, uma das quais é limitante da velocidade. Sugerir mecanismos e etapas limitantes não é a primeira coisa que se faz quando se é apresentado aos dados de reação. No entanto, obtendo as equações para diferentes mecanismos, observaremos as várias formas da lei de velocidade que podemos ter em catálise heterogênea. Conhecendo as diferentes formas que a expressão da velocidade de uma reação catalítica pode assumir, será mais fácil observar as tendências nos dados e deduzir a lei de velocidade apropriada. Essa dedução é o que é normalmente feito na indústria antes de se propor um mecanismo. Conhecendo a forma da lei de velocidade, pode então calcular numericamente os parâmetros da lei de velocidade e postular um mecanismo de reação e uma etapa limitante consistentes com os dados de reação. Finalmente, usamos a lei de velocidade para projetar reatores catalíticos. Esse procedimento é mostrado na Figura 10-6. As linhas tracejadas representam o *feedback* para obtenção de novos dados em regiões específicas (por exemplo, concentrações, temperaturas) para calcular os parâmetros da lei de velocidade de forma mais precisa ou para distinguir entre mecanismos alternativos de reação.

Um algoritmo

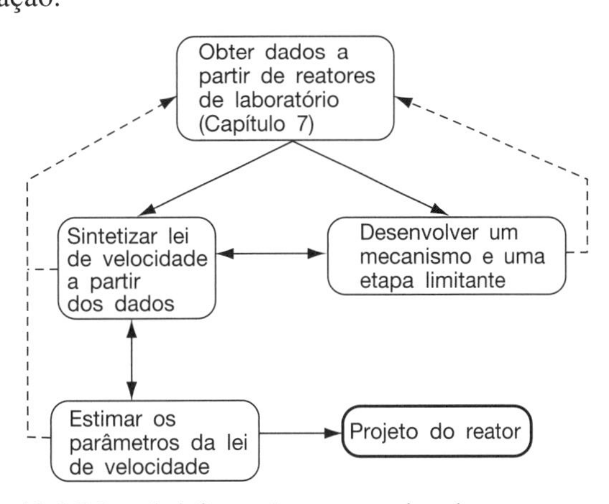

Figura 10-6 Coletando informações para o projeto de um reator catalítico.

Discutiremos cada uma das etapas mostradas na Figura 10-5 e na Tabela 10-2. Como mencionado anteriormente, este capítulo se concentra nas Etapas 3, 4 e 5 (etapas de adsorção, reação na superfície e dessorção) e considera que as Etapas 1, 2, 6 e 7 são muito rápidas. Consequentemente, para entender quando essa suposição é válida, faremos uma breve descrição das Etapas 1, 2, 6 e 7. As Etapas 1 e 2 envolvem difusão dos reagentes até e dentro das partículas do catalisador. Embora essas etapas de difusão sejam descritas com mais detalhes nos Capítulos 11 e 12 do site da LTC Editora, vale a pena descrevermos brevemente essas duas etapas de transferência de massa para melhor entendermos toda a sequência de etapas envolvidas.

10.2.1 Visão Global da Etapa 1: Difusão do Seio do Fluido até a Superfície Externa do Catalisador

Transferências de massa externa e interna no catalisador são apresentadas em detalhe nos Capítulos 11 e 12 no site da LTC Editora.

Por enquanto, consideraremos que o transporte de A do seio do fluido até a superfície externa do catalisador é a etapa mais lenta da sequência. Agruparemos todas as resistências à transferência do seio do fluido até a superfície na transferência de massa na camada-limite em torno do *pellet* (isto é, partícula ou pastilha de catalisador). Nessa etapa, o reagente A com concentração no seio do fluido C_{Ab} deve se deslocar (difundir) através da camada-limite de espessura δ até a superfície externa do *pellet*, onde a concentração é C_{As}, como mostrado na Figura 10-7. A velocidade de transferência (e, portanto, a velocidade de reação, $-r'_A$) para essa etapa mais lenta é

$$\text{Velocidade} = k_C (C_{Ab} - C_{As})$$

em que o coeficiente de transferência de massa, k_c, é uma função das condições hidrodinâmicas, a saber a velocidade do fluido, U, e do diâmetro da partícula, D_p.

Transferência de Massa Externa

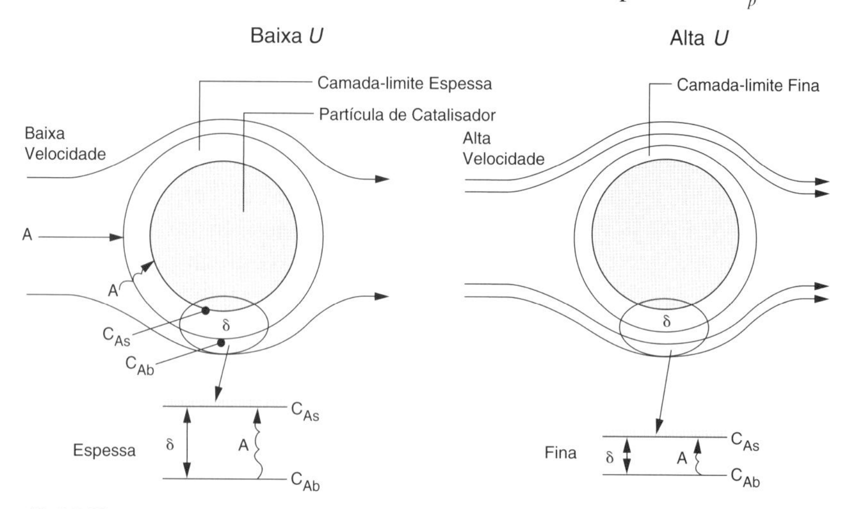

Figura 10-7 Difusão através da camada-limite externa. [Veja também a Figura E11-1.1 no site da LTC Editora.]

Como pode ser visto (no site da LTC Editora, Capítulo 11), o coeficiente de transferência de massa é inversamente proporcional à espessura da camada-limite, δ, e diretamente proporcional ao coeficiente de difusão (isto é, a difusividade D_{AB}).

$$k_C = \frac{D_{AB}}{\delta}$$

Em velocidades baixas do fluido na partícula, a camada-limite através da qual A e B devem difundir-se é espessa, e leva um longo tempo para que A atravesse-a até a superfície, resultando em pequenos coeficientes de transferência de massa k_c. Assim, a transferência de massa na camada-limite é lenta e limita a velocidade da reação global. À medida que a velocidade na partícula aumenta, a camada-limite torna-se menos espessa e a velocidade de transferência de massa aumenta. Em velocidades muito altas, a camada-limite é tão fina que não oferece mais nenhuma resistência à difusão. Assim, transferência de massa externa não mais limita a velocidade de reação. À medida que a velocidade do fluido aumenta e/ou o diâmetro da partícula diminui, o coeficiente de transferência de massa aumenta até um valor-limite ser alcançado, como mostrado na Figura 10-8. Nesse valor assimptótico, $C_{Ab} \approx C_{As}$, e uma das outras etapas na sequência é a etapa lenta e limita a velocidade global de reação. Detalhes adicionais sobre transferência de massa externa são discutidos no Capítulo 11 no site da LTC Editora.

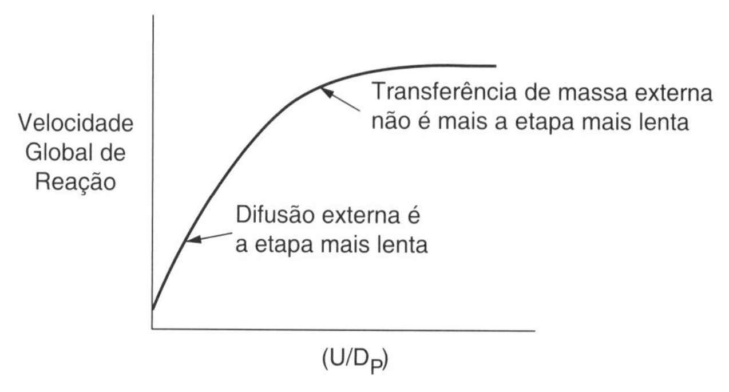

Figura 10-8 Efeito do tamanho das partículas e da velocidade do fluido na velocidade global de reação.

10.2.2 Visão Global da Etapa 2: Difusão Interna

Consideraremos agora que operamos em uma velocidade de fluido em que a difusão externa não é limitante da velocidade e que a difusão interna é a etapa mais lenta. Na Etapa 2 o reagente A se difunde da superfície externa do catalisador em uma concentração C_{As} para o interior, onde a concentração é C_A. À medida que A se difunde no interior da partícula, reage com o catalisador depositado na parede do poro.

Para partículas grandes, o reagente A leva um longo tempo para se difundir para o interior, comparado com o tempo que leva para reagir no interior do poro. Nessas circunstâncias, o reagente é consumido próximo à superfície externa da partícula e o catalisador próximo ao centro da partícula é desperdiçado. Por outro lado, para partículas muito pequenas, o tempo para se difundir para dentro e para fora do interior da partícula é curto e, consequentemente, a difusão interna não mais limita a velocidade de reação. A velocidade de reação pode ser expressa como

$$\text{Velocidade} = k_r C_{As}$$

em que C_{As} é a concentração na superfície externa da pastilha e k_r é a constante global da velocidade, que é uma função do tamanho da partícula. A constante global da velocidade, k_r, aumenta à medida que o diâmetro da partícula diminui. No Capítulo 12 do site da LTC Editora, mostramos que a Figura 12-5 pode ser combinada com a Equação (12-34) (ambos no site) para obtermos o gráfico de k_r como função de D_P, conforme mostrado na Figura 10-9(b).

Vemos na Figura 10-9 que, para tamanhos de partícula pequenos, a difusão interna não é mais a etapa mais lenta e que a sequência das etapas de adsorção, reação na superfície e dessorção (Etapas 3, 4 e 5 na Figura 10-5) é que limita a velocidade global de reação. Considere agora outro ponto sobre difusão interna e reação na superfície. Essas etapas (de 2 a 6) **não são de forma nenhuma** afetadas pelas condições de fluxo externas à partícula.

Transferência de Massa Interna

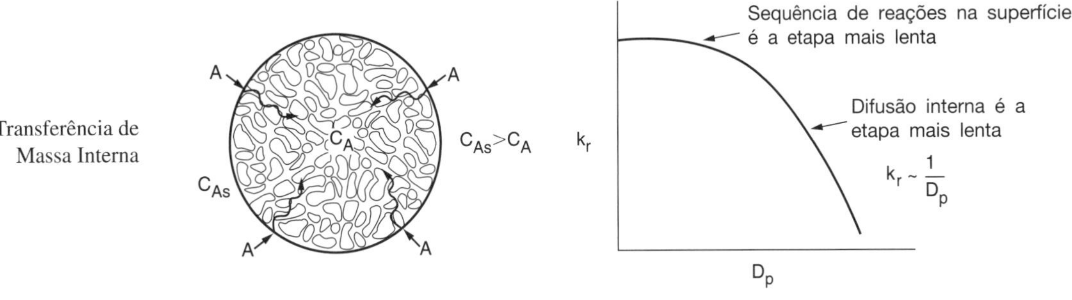

Figura 10-9 Efeito do tamanho de partícula na constante global da velocidade de reação. (a) Ramificação de um poro com metal depositado. (b) Diminuição na velocidade específica de reação com aumento do diâmetro da partícula. (Veja o site da LTC Editora, Capítulo 12.)

A seguir, escolheremos o tamanho da partícula e a velocidade externa do fluido de tal forma que nem a difusão externa nem a difusão interna sejam limitantes. Ao contrário, consideraremos que ou a Etapa 3 (adsorção), ou a Etapa 4 (reação na superfície), ou a Etapa 5 (dessorção), ou uma combinação dessas etapas, limita a velocidade global de reação.

10.2.3 Isotermas de Adsorção

Como a quimissorção em geral é parte necessária do processo catalítico, nós a discutiremos antes de tratar das velocidades de reações catalíticas. A letra S representará um sítio ativo; sozinho, denotará um sítio vazio, desprovido de átomos, moléculas ou complexos adsorvidos. A combinação da letra S com outra letra (por exemplo, A · S) significará que uma unidade da espécie A estará adsorvida no sítio S. A espécie A pode ser um átomo, uma molécula ou outra combinação atômica, dependendo das circunstâncias. Consequentemente, a adsorção de A no sítio S é representada por

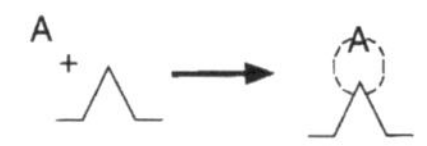

$$A + S \rightleftarrows A \cdot S$$

A concentração molar total dos centros ativos por unidade de massa do catalisador é igual ao número de centros ativos por unidade de massa dividido pelo número de Avogadro e será rotulada C_t (mol/g cat). A concentração molar de sítios vazios, C_v, é o número de sítios vazios por unidade de massa de catalisador dividido pelo número de Avogadro. Na ausência de desativação do catalisador, consideramos que a concentração total de sítios ativos permanece constante. Algumas definições adicionais incluem

P_i = pressão parcial da espécie i em fase gasosa, (atm ou kPa)

$C_{i \cdot S}$ = concentração de sítios superficiais ocupados pela espécie i, (mol/g cat)

Um modelo conceitual que ilustra as espécies A e B em dois sítios é mostrado na Figura 10-10.

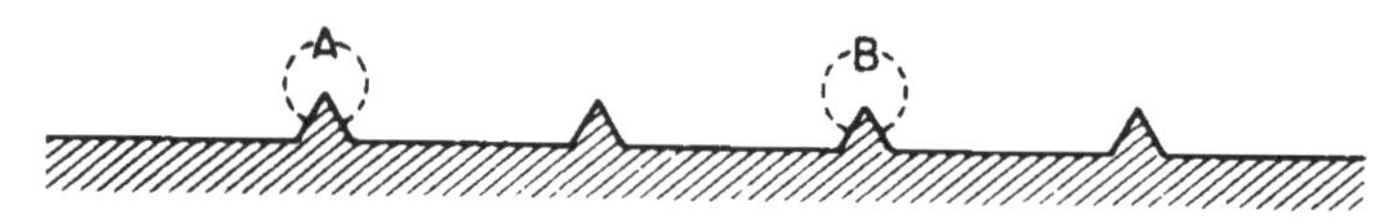

Figura 10-10 Sítios vazios e ocupados.

Para o sistema mostrado na Figura 10-10, a concentração total de sítios é dada por

Balanço de sítios

$$C_t = C_v + C_{A \cdot S} + C_{B \cdot S} \tag{10-1}$$

Essa equação é chamada de *balanço de sítios*.

Considere agora a adsorção de um gás não reativo na superfície de um catalisador. Dados de adsorção são apresentados frequentemente na forma de *isotermas* de adsorção. Isotermas nos fornecem a quantidade de gás adsorvido em um sólido em diferentes pressões, mas somente a uma temperatura.

Proponha modelos; depois, veja quais se ajustam aos dados.

Primeiro, um modelo é proposto, e então a isoterma obtida a partir do modelo é comparada com os dados experimentais mostrados na curva. Se a curva predita pelo modelo está de acordo com os dados experimentais, o modelo pode descrever razoavelmente bem o que ocorre fisicamente no sistema real. Se a curva predita não se ajusta bem aos dados experimentais, o modelo não se ajusta à situação física em pelo menos uma característica importante, ou talvez mais de uma.

Para ilustrar a diferença entre adsorção molecular e adsorção dissociativa, proporemos dois modelos para a adsorção de monóxido de carbono em superfícies metálicas. Em um modelo, CO é adsorvido como molécula, CO,

$$CO + S \rightleftarrows CO \cdot S$$

como é o caso sobre níquel

Dois modelos:
1. Adsorção como CO
2. Adsorção como C e O

$$\begin{array}{ccc} CO & & C \\ & & \backslash \\ + & & O \\ & & \vdots \\ \text{–Ni–Ni–Ni–} & \rightleftarrows & \text{–Ni–Ni–Ni–} \end{array}$$

No outro, o monóxido de carbono é adsorvido como átomos de oxigênio e carbono em vez de CO molecular.

$$CO + 2S \rightleftarrows C \cdot S + O \cdot S$$

como no caso do ferro[5]

[5]R. I. Masel, *Principles of Adsorption and Reaction on Solid Surfaces* (New York: Wiley, 1996).

$$\begin{array}{ccc} \text{CO} & & \text{C}\quad\text{O} \\ + & & \vdots\quad\vdots \\ \text{–Fe–Fe–Fe–} & \rightleftarrows & \text{–Fe–Fe–Fe–} \end{array}$$

A primeira é chamada de *adsorção molecular* ou *não dissociativa* (por exemplo, CO) e a segunda é chamada de *adsorção dissociativa* (por exemplo, C e O). Se uma molécula é adsorvida não dissociativamente ou dissociativamente depende da superfície.

A adsorção de moléculas de monóxido de carbono será considerada primeiro. Como o monóxido de carbono não reage após a adsorção, só precisamos considerar o processo de adsorção:

$$\text{CO} + \text{S} \rightleftarrows \text{CO}\cdot\text{S} \tag{10-2}$$

Veja

para Adsorção de H_2

$P_{CO} = C_{CO}RT$

Para obter a lei de velocidade para a velocidade de adsorção, a reação na Equação (10-2) pode ser tratada como uma *reação elementar*. A velocidade de aderência das moléculas de monóxido de carbono ao centro ativo na superfície é proporcional ao número de colisões dessas moléculas com os sítios ativos na superfície por segundo. Em outras palavras, uma fração específica das moléculas que colidem com a superfície é adsorvida. A velocidade de colisão é, por sua vez, diretamente proporcional à pressão parcial do monóxido de carbono, P_{CO}. Como as moléculas de monóxido de carbono são adsorvidas somente nos sítios vazios e não nos sítios já ocupados por outras moléculas de monóxido de carbono, a velocidade de aderência é também proporcional à concentração de sítios vazios, C_v. Combinar esses dois fatos significa que a velocidade de aderência das moléculas de monóxido de carbono à superfície é diretamente proporcional ao produto da pressão parcial de CO com a concentração de sítios vazios; isto é,

$$\text{Velocidade de aderência} = k_A P_{CO} C_v$$

A velocidade de desprendimento das moléculas da superfície pode ser um processo de primeira ordem; isto é, o desprendimento de moléculas de monóxido de carbono da superfície é, em geral, diretamente proporcional à concentração de sítios ocupados pelas moléculas adsorvidas (por exemplo, $C_{CO\cdot S}$):

$$\text{Velocidade de desprendimento} = k_{-A} C_{CO\cdot S}$$

A velocidade de adsorção resultante é igual à velocidade de aderência molecular na superfície menos a velocidade de desprendimento da superfície. Se k_A e k_{-A} são as constantes de proporcionalidade dos processos de aderência e desprendimento, então

$$r_{AD} = k_A P_{CO} C_v - k_{-A} C_{CO\cdot S} \tag{10-3}$$

A razão $K_A = k_A/k_{-A}$ é a *constante de equilíbrio de adsorção*. Usando K_A para rearranjar a Equação (10-3), obtemos

$$\boxed{r_{AD} = k_A\left(P_{CO}C_v - \frac{C_{CO\cdot S}}{K_A}\right)} \tag{10-4}$$

Adsorção

$$A + S \rightleftarrows A\cdot S$$

$$r_{AD} = k_A\left(P_A C_v - \frac{C_{A\cdot S}}{K_A}\right)$$

A velocidade de reação específica de adsorção, k_A, para a adsorção molecular é praticamente independente da temperatura, enquanto a velocidade de reação específica de dessorção, k_{-A}, aumenta exponencialmente com o aumento da temperatura. Consequentemente, a constante de equilíbrio de adsorção K_A diminui exponencialmente com o aumento da temperatura.

Como o monóxido de carbono é o único material adsorvido no catalisador, o balanço de sítios é dado por

$$C_t = C_v + C_{CO\cdot S} \tag{10-5}$$

$-r'_A = r_{AD} = \left(\frac{\text{mol}}{\text{gcat}\cdot\text{s}}\right)$

$k_A = \left(\frac{1}{\text{atm}\cdot\text{s}}\right)$

$P_A = (\text{atm})$

$C_v = \left(\frac{\text{mol}}{\text{gcat}}\right)$

$K_A = \left(\frac{1}{\text{atm}}\right)$

$C_{A\cdot S} = \left(\frac{\text{mol}}{\text{gcat}}\right)$

No equilíbrio, a velocidade resultante de adsorção é igual a zero, isto é, $r_{AD} \equiv 0$. Igualando o lado esquerdo da Equação (10-4) a zero e resolvendo para a concentração de CO adsorvido na superfície, obtemos

$$C_{CO\cdot S} = K_A C_v P_{CO} \tag{10-6}$$

Usando a Equação (10-5) para obter C_v em função de $C_{CO\cdot S}$ e o número total de sítios C_t, podemos resolver para o valor de equilíbrio de $C_{CO\cdot S}$ em termos das constantes e da pressão de monóxido de carbono:

$$C_{CO\cdot S} = K_A C_v P_{CO} = K_A P_{CO}(C_t - C_{CO\cdot S})$$

Rearranjando, obtemos

$$C_{CO\cdot S} = \frac{K_A P_{CO} C_t}{1 + K_A P_{CO}} \tag{10-7}$$

Esta equação fornece a concentração de equilíbrio de monóxido de carbono adsorvido na superfície, $C_{CO\cdot S}$, em função da pressão parcial de monóxido de carbono, e é uma equação para a isoterma de adsorção. Esse tipo particular de equação é chamado de *isoterma de Langmuir*.[6] A Figura 10-11(a) mostra a isoterma de Langmuir para a quantidade de CO adsorvida por unidade de massa de catalisador como função da pressão parcial de CO.

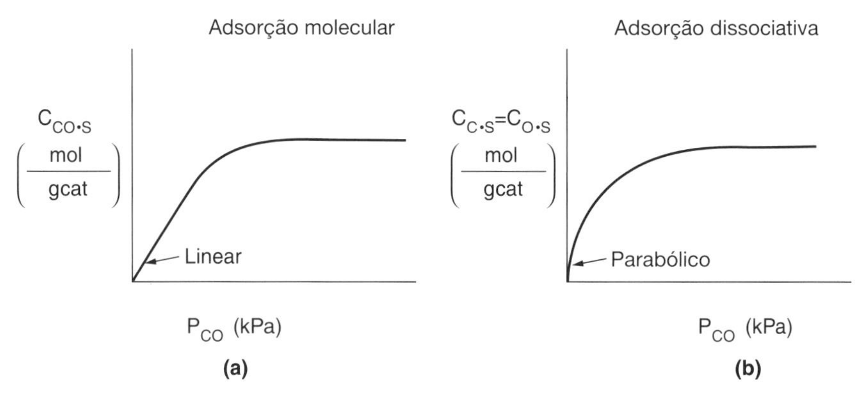

Figura 10-11 Isotermas de Langmuir para (a) adsorção molecular, (b) adsorção dissociativa de CO.

Uma forma de verificar se um modelo (por exemplo, adsorção molecular *versus* adsorção dissociativa) prediz o comportamento dos dados experimentais é linearizar a equação do modelo e em seguida fazer o gráfico das variáveis indicadas. Por exemplo, a Equação (10-7) pode ser rearranjada na forma

$$\frac{P_{CO}}{C_{CO\cdot S}} = \frac{1}{K_A C_t} + \frac{P_{CO}}{C_t} \tag{10-8}$$

e a linearidade de um gráfico de $P_{CO}/C_{CO\cdot S}$ em função de P_{CO} determinará se os dados se ajustam a uma isoterma de Langmuir para um sítio.

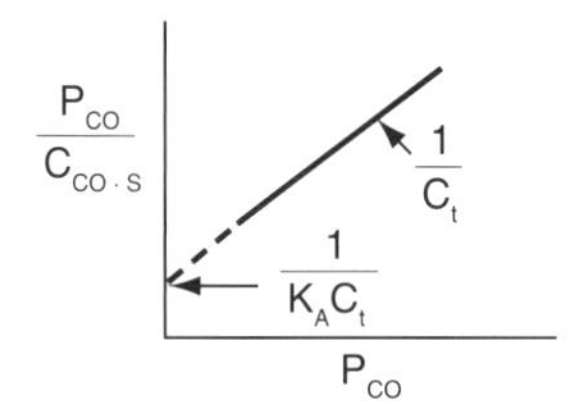

[6]Assim chamada em homenagem a Irving Langmuir (1881-1957), quem primeiro a propôs. Ele recebeu o Prêmio Nobel em 1932 por suas descobertas em química de superfícies.

A seguir, obtemos a isoterma para a adsorção do monóxido de carbono dissociando em átomos separados durante a adsorção na superfície, isto é,

Adsorção dissociativa

$$CO + 2S \rightleftarrows C \cdot S + O \cdot S$$

Quando a molécula de monóxido de carbono se dissocia durante a adsorção, temos a chamada *adsorção dissociativa* do monóxido de carbono. Como no caso da adsorção molecular, a velocidade de adsorção é proporcional à pressão de monóxido de carbono no sistema, porque essa velocidade é governada pelo número de colisões do gás com a superfície. Para uma molécula se dissociar ao ser adsorvida, no entanto, são necessários dois sítios vazios adjacentes, em vez de um sítio, como é o caso em adsorção molecular. A probabilidade da ocorrência de dois sítios vazios vizinhos é proporcional ao quadrado da concentração de sítios vazios. Essas duas observações implicam que a velocidade de adsorção é proporcional ao produto da pressão parcial de monóxido de carbono e o quadrado da concentração de sítios vazios, $P_{CO}C_v^2$.

Para que ocorra a dessorção, os dois sítios ocupados devem ser vizinhos, o que significa que a velocidade de dessorção é proporcional ao produto da concentração dos sítios ocupados, $(C \cdot S) \times (O \cdot S)$. A velocidade de adsorção resultante pode ser expressa como

$$r_{AD} = k_A P_{CO} C_v^2 - k_{-A} C_{O \cdot S} C_{C \cdot S} \tag{10-9}$$

Dividindo por k_A, a equação para *adsorção dissociativa* fica

Velocidade de adsorção dissociativa

$$r_{AD} = k_A \left(P_{CO} C_v^2 - \frac{C_{C \cdot S} C_{O \cdot S}}{K_A} \right)$$

em que

$$K_A = \frac{k_A}{k_{-A}}$$

Para adsorção dissociativa, tanto k_A quanto k_{-A} aumentam exponencialmente com o aumento da temperatura, enquanto K_A diminui com o aumento da temperatura.
No equilíbrio, $r_{AD} \equiv 0$, e

$$k_A P_{CO} C_v^2 = k_{-A} C_{C \cdot S} C_{O \cdot S}$$

Para $C_{C \cdot S} = C_{O \cdot S}$,

$$(K_A P_{CO})^{1/2} C_v = C_{O \cdot S} \tag{10-10}$$

Substituindo $C_{C \cdot S}$ e $C_{O \cdot S}$ na equação de balanço de sítios, Equação (10-1),

Balanço de sítios:

$$C_t = C_v + C_{O \cdot S} + C_{C \cdot S} = C_v + (K_{CO} P_{CO})^{1/2} C_v + (K_{CO} P_{CO})^{1/2} C_v = C_v (1 + 2(K_{CO} P_{CO})^{1/2})$$

Resolvendo para C_v

$$C_v = C_t / (1 + 2(K_{CO} P_{CO})^{1/2})$$

Esse valor pode ser substituído na Equação (10-10) para obtermos uma expressão que pode ser resolvida para o valor $C_{O \cdot S}$ no equilíbrio. A equação resultante para a isoterma mostrada na Figura 10-11(b) é

Isoterma de Langmuir para adsorção atômica de monóxido de carbono

$$C_{O \cdot S} = \frac{(K_A P_{CO})^{1/2} C_t}{1 + 2(K_A P_{CO})^{1/2}} \tag{10-11}$$

Tomando o inverso de ambos os lados da equação, e multiplicando por $(P_{CO})^{1/2}$, obtém-se

$$\frac{(P_{CO})^{1/2}}{C_{O \cdot S}} = \frac{1}{C_t (K_A)^{1/2}} + \frac{2(P_{CO})^{1/2}}{C_t} \tag{10-12}$$

Se a adsorção dissociativa é o modelo correto, um gráfico de $(P_{CO}^{1/2}/C_{O\cdot S})$ *versus* $P_{CO}^{1/2}$ deve ser linear com coeficiente angular $(2/C_t)$.

Adsorção dissociativa

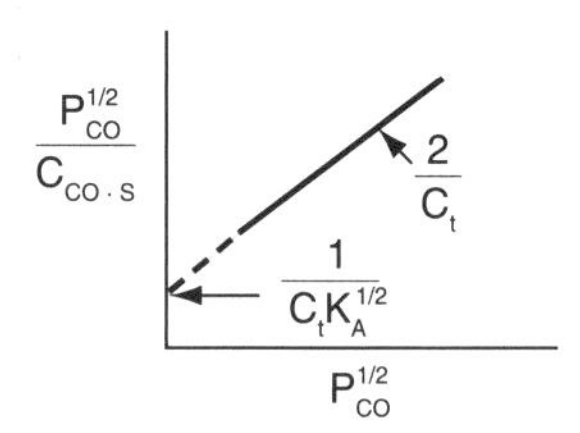

Quando mais de uma substância está presente, as equações para as isotermas de adsorção são um pouco mais complexas. Os princípios são os mesmos, no entanto, e as equações das isotermas podem ser obtidas facilmente. É proposto como exercício mostrar que a isoterma de adsorção de A na presença de outro adsorbato B é dada pela relação

$C_t = C_v + C_{A\cdot S} + C_{B\cdot S}$

$$C_{A\cdot S} = \frac{K_A P_A C_t}{1 + K_A P_A + K_B P_B} \tag{10-13}$$

Quando a adsorção de A e B for um processo de primeira ordem, as dessorções também serão de primeira ordem, e ambos são adsorvidos como moléculas. A obtenção de outras isotermas de Langmuir é relativamente fácil.

Observe as considerações do modelo e verifique a sua validade.

Ao obter as equações para a isoterma de Langmuir, vários aspectos do sistema de adsorção são pressupostos. O mais importante, e o que tem sido objeto de muitas dúvidas, é que a superfície é *uniforme*. Em outras palavras, qualquer sítio ativo tem a mesma afinidade por uma molécula que venha com ele colidir assim como qualquer outro sítio ativo. Isotermas diferentes da isoterma de Langmuir, como a isoterma de Freundlich, podem ser obtidas com base em várias considerações sobre o sistema de adsorção, incluindo tipos diferentes de superfície não uniforme.

10.2.4 Reação na Superfície

A velocidade de adsorção da espécie A em uma superfície sólida

$$A + S \rightleftarrows A\cdot S$$

é dada por

$$r_{AD} = k_A \left(P_A C_v - \frac{C_{A\cdot S}}{K_A} \right) \tag{10-14}$$

Modelos de reação na superfície

Após o reagente ter sido adsorvido na superfície, isto é, A·S, ele é capaz de reagir de várias maneiras para formar um produto de reação. Três dessas maneiras são:

1. *Sítio único*. A reação na superfície pode ser considerada um mecanismo em um único sítio no qual apenas um sítio em que o reagente está adsorvido está envolvido na reação. Por exemplo, uma molécula de A adsorvida pode se isomerizar (ou talvez se decompor) diretamente no sítio ao qual está aderida, tal como em

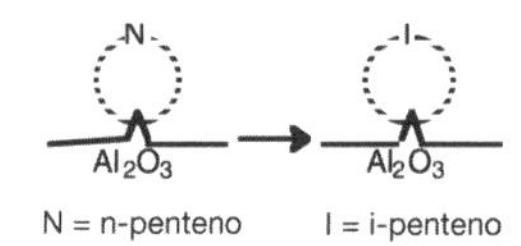

A isomerização do pentano pode ser escrita de forma genérica como

$$A\cdot S \rightleftarrows B\cdot S$$

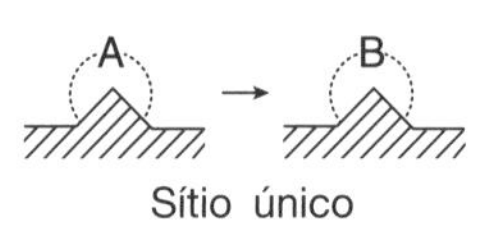

Sítio único

Cada etapa no mecanismo de reação é elementar, de tal forma que a lei de velocidade da reação é

Sítio único
$k_s = (1/s)$
K_s = (adimensional)

$$r_S = k_S C_{A\cdot S} - k_{-S} C_{B\cdot S} = k_S\left(C_{A\cdot S} - \frac{C_{B\cdot S}}{K_S}\right) \tag{10-15}$$

em que K_s é a constante de equilíbrio da reação na superfície $K_s = k_s/k_{-s}$.

2. *Sítio duplo*. A reação na superfície pode ocorrer segundo um mecanismo *Sítio* envolvendo dois sítios no qual o reagente adsorvido interage com outro sítio (ocupado ou vazio) para formar o produto.

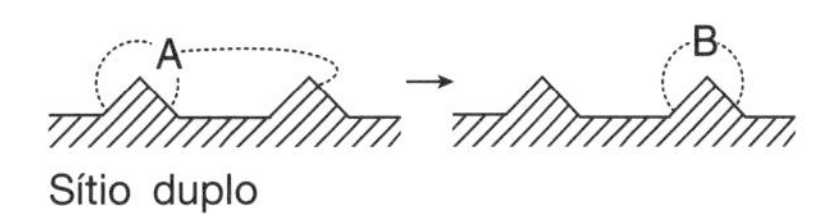

Por exemplo, A adsorvido pode reagir com um sítio vazio vizinho para produzir um sítio vazio e um sítio sobre o qual o produto está adsorvido ou, como no caso da desidratação de butanol, o produto pode adsorver em dois sítios vizinhos.

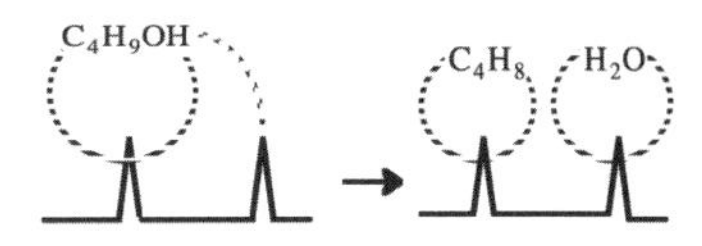

Para a reação genérica

$$A\cdot S + S \rightleftarrows B\cdot S + S$$

Sítio duplo
$r_S = \left(\frac{\text{mol}}{\text{gcat}\cdot \text{s}}\right)$
$k_S = \left(\frac{\text{gcat}}{\text{mol}\cdot \text{s}}\right)$
K_S = (adimensional)

a lei de velocidade correspondente à reação na superfície é

$$r_S = k_S\left(C_{A\cdot S}C_v - \frac{C_{B\cdot S}C_v}{K_S}\right) \tag{10-16}$$

Um segundo mecanismo de sítio duplo é a reação entre duas espécies adsorvidas, tal como a reação entre CO com O.

CO O → CO_2
Pt Pt Pt Pt

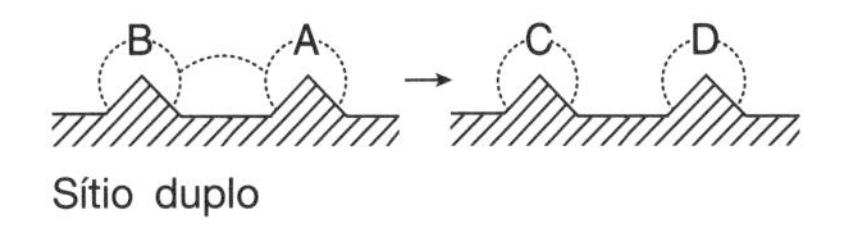

Para a reação genérica

$$A\cdot S + B\cdot S \rightleftarrows C\cdot S + D\cdot S$$

a lei de velocidade correspondente à reação na superfície é

$$r_S = k_S\left(C_{A\cdot S}C_{B\cdot S} - \frac{C_{C\cdot S}C_{D\cdot S}}{K_S}\right) \tag{10-17}$$

Um terceiro mecanismo de sítio duplo é a reação entre duas espécies adsorvidas em sítios de tipos diferentes S e S', tal como na reação entre CO com O.

CO O → CO_2
Pt Fe Pt Fe Pt Fe Pt Fe

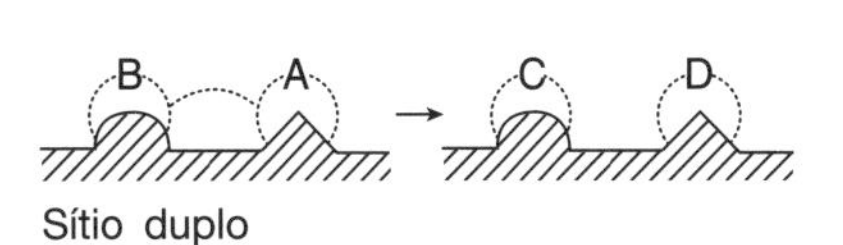

Para a reação genérica

$$A\cdot S + B\cdot S' \rightleftarrows C\cdot S' + D\cdot S$$

a lei de velocidade correspondente à reação na superfície é

$$r_S = k_S\left(C_{A\cdot S}C_{B\cdot S'} - \frac{C_{C\cdot S'}C_{D\cdot S}}{K_S}\right) \tag{10-18}$$

Cinética de Langmuir-Hinshelwood

Reações cujo mecanismo envolve tanto um sítio único quanto um sítio duplo, como descrito acima, seguem a chamada *cinética de Langmuir-Hinshelwood*.

3. *Eley-Rideal*. Um terceiro tipo de mecanismo é a reação entre uma molécula adsorvida e uma molécula da fase gasosa, tal como a reação entre o benzeno e o propileno.

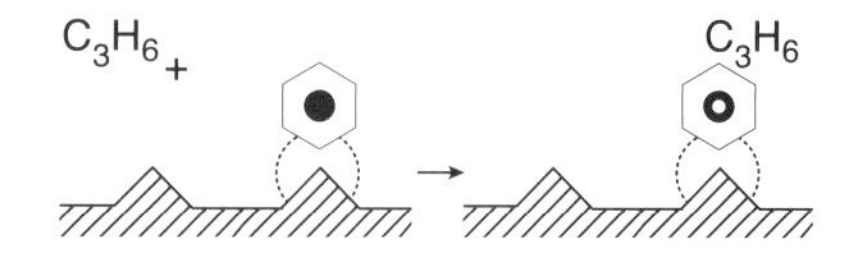

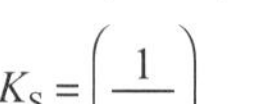

Mecanismo Eley-Rideal

Para a reação genérica

$$A \cdot S + B(g) \rightleftarrows C \cdot S$$

a lei de velocidade correspondente à reação na superfície é

$$k_s = \left(\frac{1}{\text{atm}\cdot\text{s}}\right)$$

$$r_S = k_S \left(C_{A \cdot S} P_B - \frac{C_{C \cdot S}}{K_S} \right) \tag{10-19}$$

$$K_S = \left(\frac{1}{\text{atm}}\right)$$

Esse tipo de mecanismo é chamado de *mecanismo de Eley-Rideal*.

10.2.5 Dessorção

Em cada um dos casos anteriores, os produtos da reação na superfície que estão adsorvidos na superfície são subsequentemente dessorvidos para a fase gasosa. Para a dessorção de uma espécie (por exemplo, C),

$K_{DC} = (\text{atm})$

$$C \cdot S \rightleftarrows C + S$$

$$k_D = \left(\frac{1}{\text{s}}\right)$$

a velocidade de dessorção de C é

$$r_{DC} = k_D \left(C_{C \cdot S} - \frac{P_C C_v}{K_{DC}} \right) \tag{10-20}$$

em que K_{DC} é a constante de equilíbrio de dessorção. Olhemos para a adsorção acima, da direita para a esquerda. Observamos que a etapa de dessorção de C é a etapa reversa da etapa de adsorção. Consequentemente, a velocidade de dessorção de C, r_{DC}, é a velocidade de adsorção de C com o sinal trocado, r_{ADC}:

$$r_{DC} = -r_{ADC}$$

Além disso, vimos que a constante de equilíbrio de dessorção K_{DC} é exatamente o inverso da constante de equilíbrio de adsorção para C, K_C:

$K_{DC} = (\text{atm})$

$$K_{DC} = \frac{1}{K_C}$$

$$K_C = \left(\frac{1}{\text{atm}}\right)$$

caso em que a velocidade de dessorção de C pode ser escrita como

$$r_{DC} = k_D (C_{C \cdot S} - K_C P_C C_v) \tag{10-21}$$

No material que se segue, a forma da equação para a etapa de dessorção que usaremos para obter as leis de velocidade será similar à da Equação (10-21).

10.2.6 Etapa Limitante da Velocidade

Quando reações heterogêneas são realizadas em regime estacionário, as velocidades de cada uma das três etapas de reação em série (adsorção, reação na superfície, e dessorção) são iguais:

$$\boxed{-r'_A = r_{AD} = r_S = r_D}$$

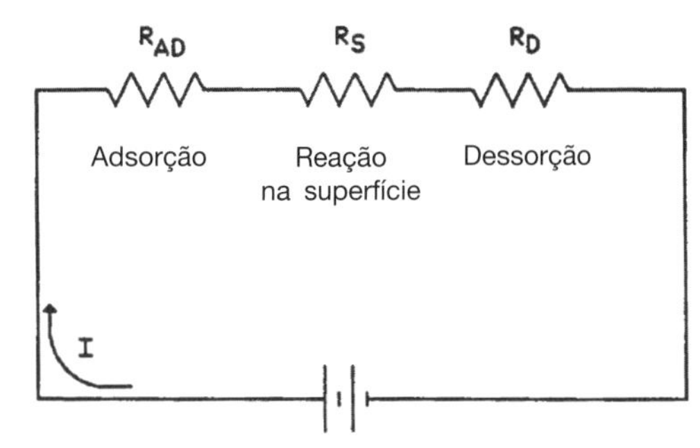

Figura 10-12 Análogo elétrico ao sistema de reações heterogêneo.

No entanto, em geral uma das etapas na série *limita* ou *controla a velocidade*. Isto é, se pudéssemos fazer com que essa etapa ocorresse a uma velocidade maior, toda a reação ocorreria em uma velocidade acelerada. Considere a analogia com circuitos elétricos mostrada na Figura 10-12. Uma dada concentração de reagentes é análoga a uma dada força motriz ou força eletromagnética (FEM). A corrente I (com unidade de Coulombs/s) é análoga à velocidade de reação, $-r'_A$ (mol/s·g cat), e uma resistência R_i é associada a cada uma das etapas em série. Como as resistências estão em série, a resistência total é simplesmente a soma das resistências individuais, para adsorção (R_{AD}), reação na superfície (R_S), e dessorção (R_D). A corrente, I, para uma dada voltagem, E, é

$$I = \frac{E}{R_{\text{tot}}} = \frac{E}{R_{\text{AD}} + R_{\text{S}} + R_{\text{D}}}$$

O conceito de etapa limitante. Quem está nos segurando?

Como observamos apenas a resistência total, R_{tot}, é nossa tarefa descobrir qual resistência é muito maior (digamos, 100 Ω) do que as demais (digamos, 0,1 Ω). Assim, se pudéssemos diminuir a resistência maior, a corrente I (isto é, $-r'_A$), seria muito maior para uma dada voltagem, E. Analogamente, desejamos saber que etapa na série adsorção-reação na superfície-dessorção limita a velocidade global de reação.

Um algoritmo para determinar a etapa limitante

A abordagem para determinar mecanismos de reações catalíticas e heterogêneas é comumente chamada de *abordagem de Langmuir-Hinshelwood*, pois é derivada das ideias propostas por Hinshelwood[7] baseadas nos princípios de Langmuir para adsorção.

A abordagem de Langmuir-Hinshelwood foi popularizada por Hougen e Watson[8] e algumas vezes inclui os seus nomes. Consiste em primeiro considerar uma sequência de etapas para a reação. Ao escrever essa sequência, deve-se escolher entre aqueles mecanismos de adsorção molecular ou atômica, e reação em sítios simples ou duplos. Em seguida, leis de velocidade são escritas para as etapas individuais como mostrado na seção anterior, considerando que todas as etapas são reversíveis. Finalmente, uma etapa limitante é postulada, e as etapas que não são limitantes são utilizadas para eliminar todos os termos dependentes da cobertura. A consideração mais questionável quando se usa essa técnica para obter a lei de velocidade é a hipótese de que a atividade da superfície é essencialmente uniforme no que se refere às várias etapas envolvidas na reação.

<u>Exemplo de uma Reação Limitada por Adsorção</u>

Um exemplo de uma reação limitada por adsorção é a síntese de amônia a partir de hidrogênio e nitrogênio,

$$3H_2 + N_2 \longrightarrow 2NH_3$$

conduzida sobre um catalisador de ferro, e que ocorre conforme o seguinte mecanismo:[9]

[7]C. N. Hinshelwood, *The Kinetics of Chemical Change* (Oxford: Clarendon Press, 1940).

[8]O. A. Hougen e K. M. Watson, *Ind. Eng. Chem.*, *35*, 529 (1943).

[9]Da literatura citada em G. A. Somorjai, *Introduction to Surface Chemistry and Catalysis* (New York: Wiley, 1994), p. 482.

$$H_2 + 2S \longrightarrow 2H \cdot S \qquad \text{Rápida}$$

A adsorção dissociativa de N_2 é a etapa limitante

$$\left.\begin{array}{l} N_2 + S \rightleftarrows N_2 \cdot S \\ N_2 \cdot S + S \longrightarrow 2N \cdot S \end{array}\right\} \qquad \text{Limitante}$$

$$\left.\begin{array}{l} N \cdot S + H \cdot S \rightleftarrows HN \cdot S + S \\ NH \cdot S + H \cdot S \rightleftarrows H_2N \cdot S + S \\ H_2N \cdot S + H \cdot S \rightleftarrows NH_3 \cdot S + S \\ NH_3 \cdot S \rightleftarrows NH_3 + S \end{array}\right\} \qquad \text{Rápida}$$

Acredita-se que a etapa limitante da velocidade seja a adsorção da molécula de N_2 na forma de átomos de N.

Exemplo de uma Reação Limitada por Reação na Superfície

Um exemplo de uma reação limitada pela reação na superfície é a reação entre dois produtos nocivos de exaustão de automóveis, CO e NO,

$$CO + NO \longrightarrow CO_2 + \tfrac{1}{2} N_2$$

que ocorre sobre catalisadores de cobre, para formar dois produtos ambientalmente aceitáveis, N_2 e CO_2:

$$\left.\begin{array}{l} CO + S \rightleftarrows CO \cdot S \\ NO + S \rightleftarrows NO \cdot S \end{array}\right\} \qquad \text{Rápida}$$

A reação na superfície é limitante da velocidade

$$NO \cdot S + CO \cdot S \rightleftarrows CO_2 + N \cdot S + S\} \qquad \text{Limitante}$$

$$\left.\begin{array}{l} N \cdot S + N \cdot S \rightleftarrows N_2 \cdot S \\ N_2 \cdot S \longrightarrow N_2 + S \end{array}\right\} \qquad \text{Rápida}$$

A análise da lei de velocidade sugere que CO_2 e N_2 são fracamente adsorvidos, isto é, têm constantes de adsorção infinitesimalmente pequenas (veja o Problema P10-9_B).

10.3 Sintetizando uma Lei de Velocidade, um Mecanismo e uma Etapa Limitante

Desejamos agora desenvolver leis de velocidade para reações catalíticas que não são limitadas por difusão. Ao desenvolver o procedimento para obter um mecanismo, uma etapa limitante, e uma lei de velocidade consistente com as observações experimentais, discutiremos uma reação catalítica particular, a decomposição do cumeno para formar benzeno e propileno. A reação global é

$$C_6H_5CH(CH_3)_2 \longrightarrow C_6H_6 + C_3H_6$$

Um modelo conceitual que representa a sequência de etapas para essa reação catalisada por platina é mostrado na Figura 10-13. A Figura 10-13 é apenas uma representação esquemática da adsorção de cumeno; um modelo mais realista é a formação de um complexo dos orbitais π do benzeno com a superfície catalítica, como mostrado na Figura 10-14.

- Adsorção
- Reação na superfície
- Dessorção

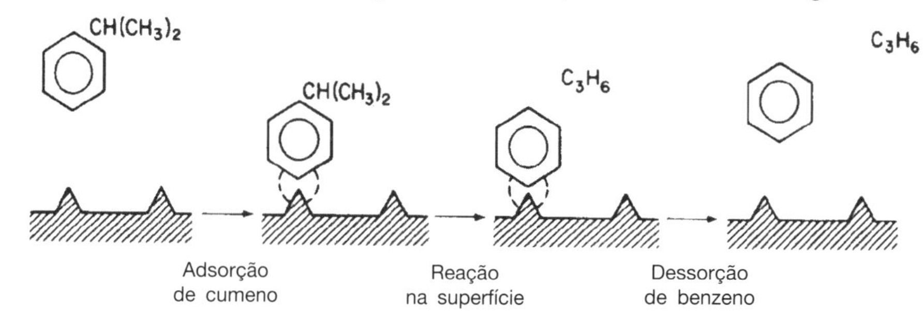

Figura 10-13 Sequência de etapas em uma reação catalítica limitada pela reação na superfície.

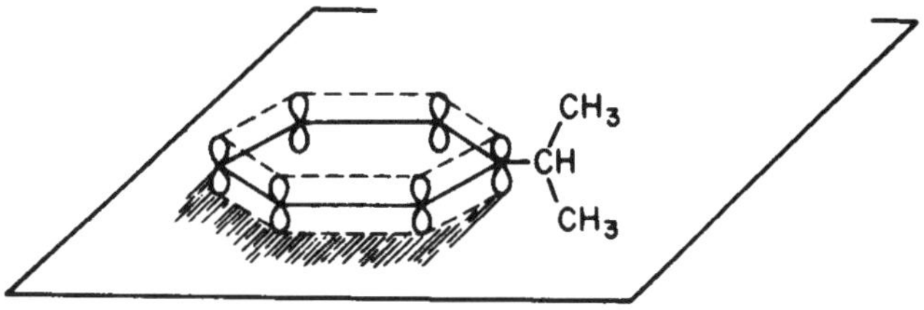

Figura 10-14 Complexo de orbitais π na superfície.

A nomenclatura na Tabela 10-3 será utilizada para denotar as várias espécies nessa reação: C = cumeno, B = benzeno e P = propileno. A sequência de reação para essa decomposição é mostrada na Tabela 10-3.

Essas três etapas representam o mecanismo para a decomposição do cumeno.

TABELA 10-3 ETAPAS EM UM MECANISMO DO TIPO LANGMUIR-HINSHELWOOD

Reação	Descrição	Eq.
$C + S \underset{k_{-A}}{\overset{k_A}{\rightleftarrows}} C \cdot S$	Adsorção de cumeno na superfície	(10-22)
$C \cdot S \underset{k_{-S}}{\overset{k_S}{\rightleftarrows}} B \cdot S + P$	Reação na superfície para formar benzeno adsorvido e propileno em fase gasosa	(10-23)
$B \cdot S \underset{k_{-D}}{\overset{k_D}{\rightleftarrows}} B + S$	Dessorção de benzeno da superfície	(10-24)

As Equações (10-22) a (10-24) representam o mecanismo proposto para essa reação.

Ao escrever as leis de velocidade para essas etapas, tratamos cada etapa como uma reação elementar; a única diferença é que as concentrações das espécies em fase gasosa são substituídas pelas suas respectivas pressões parciais:

Lei dos gases ideais $P_C = C_C RT$

$$C_C \longrightarrow P_C$$

Não há uma razão teórica para essa substituição das concentrações, C_C, pelas pressões parciais, P_C; é apenas a convenção iniciada em 1930 e utilizada desde então. Felizmente, P_C pode ser calculada diretamente a partir de C_C usando a lei dos gases ideais (isto é, $P_C = C_C RT$).

A expressão da velocidade para a adsorção de cumeno como dada pela Equação (10-22) é

$C + S \underset{k_{-A}}{\overset{k_A}{\rightleftarrows}} C \cdot S$

$$r_{AD} = k_A P_C C_v - k_{-A} C_{C \cdot S}$$

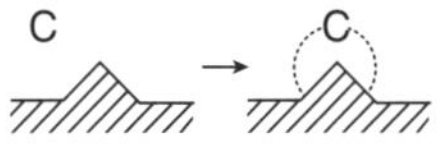

C → C

$$\text{Adsorção:} \quad r_{AD} = k_A \left(P_C C_v - \frac{C_{C \cdot S}}{K_C} \right) \tag{10-25}$$

Se r_{AD} tem unidades de (mol/g cat·s) e $C_{C \cdot S}$ tem unidades de (mol de cumeno adsorvido/g cat), então as unidades típicas de k_A, k_{-A} e K_C devem ser

$$[k_A] \equiv (\text{kPa} \cdot \text{s})^{-1} \text{ ou } (\text{atm} \cdot \text{h})^{-1}$$

$$[k_{-A}] \equiv \text{h}^{-1} \text{ ou } \text{s}^{-1}$$

$$[K_C] \equiv \left[\frac{k_A}{k_{-A}} \right] \equiv \text{kPa}^{-1}$$

A lei de velocidade para a etapa de reação na superfície que produz benzeno adsorvido e propileno em fase gasosa,

$$C \cdot S \underset{k_{-S}}{\overset{k_S}{\rightleftarrows}} B \cdot S + P(g) \quad (10\text{-}23)$$

é

$$r_S = k_S C_{C \cdot S} - k_{-S} P_P C_{B \cdot S}$$

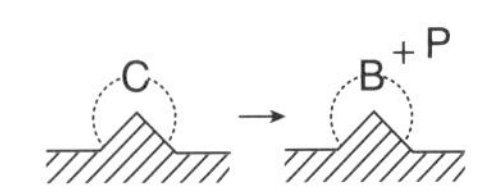

$$\text{Reação na superfície:} \quad r_S = k_S \left(C_{C \cdot S} - \frac{P_P C_{B \cdot S}}{K_S} \right) \quad (10\text{-}26)$$

com a *constante de equilíbrio para a etapa de reação na superfície* sendo

$$K_S = \frac{k_S}{k_{-S}}$$

Unidades típicas para k_S e K_S são s[1] e kPa, respectivamente.

O propileno não é adsorvido na superfície. Consequentemente, a sua concentração na superfície é zero.

$$C_{P \cdot S} = 0$$

A velocidade de dessorção de benzeno [veja a Equação (10-24)] é

$$r_D = k_D C_{B \cdot S} - k_{-D} P_B C_v \quad (10\text{-}27)$$

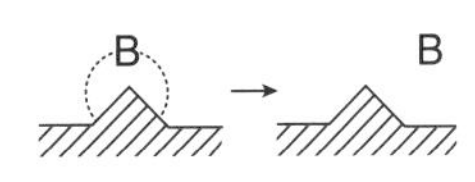

$$\text{Dessorção:} \quad r_D = k_D \left(C_{B \cdot S} - \frac{P_B C_v}{K_{DB}} \right) \quad (10\text{-}28)$$

Unidades típicas para k_D e K_{DB} são s^{-1} e kPa, respectivamente. Se olharmos a dessorção de benzeno,

$$B \cdot S \rightleftarrows B + S$$

da direita para a esquerda, veremos que a dessorção é apenas o reverso da adsorção do benzeno. Consequentemente, como mencionado anteriormente, é fácil mostrar que a constante de equilíbrio para a adsorção de benzeno K_B é simplesmente o inverso da constante de equilíbrio da dessorção de benzeno K_{DB}:

$$K_B = \frac{1}{K_{DB}}$$

e a Equação (10-28) pode ser escrita como

$$\text{Dessorção:} \quad r_D = k_D (C_{B \cdot S} - K_B P_B C_v) \quad (10\text{-}29)$$

Como não há acúmulo das espécies reativas na superfície, as velocidades de cada etapa na sequência são todas iguais:

$$-r'_C = r_{AD} = r_S = r_D \quad (10\text{-}30)$$

Para o mecanismo proposto na sequência dada pelas Equações (10-22) a (10-24), desejamos determinar qual etapa é a limitante. Primeiro consideramos uma das etapas como limitante (controladora) e então formulamos a lei de velocidade em termos das pressões parciais das espécies presentes. A partir dessa expressão podemos determinar a variação da velocidade inicial de reação com a pressão total inicial. Se a velocidade predita variar com a pressão da mesma maneira que a velocidade observada experimentalmente, a conclusão é que o mecanismo proposto e a etapa limitante estão corretos.

10.3.1 A Adsorção de Cumeno É a Etapa Limitante?

Para responder a essa pergunta consideraremos que a adsorção de cumeno é de fato a etapa limitante, obteremos a lei de velocidade correspondente, e verificaremos se isso é consistente com a observação experimental. Ao propor que essa etapa (ou qualquer outra) é a etapa limitante, assumimos que a velocidade de reação específica dessa etapa (nesse caso k_A) é pequena em relação às demais constantes da velocidade (nesse caso k_S e k_D).[10] A velocidade de adsorção é

Precisamos expressar C_v e $C_{C\cdot S}$ em termos de P_C, P_B e P_P

$$-r'_C = r_{AD} = k_A\left(P_C C_v - \frac{C_{C\cdot S}}{K_C}\right) \quad (10\text{-}25)$$

Como não podemos medir nem C_v nem $C_{C\cdot S}$, devemos substituir essas variáveis na lei de velocidade por quantidades mensuráveis para que a equação faça sentido.

Para o regime estacionário, temos

$$-r'_C = r_{AD} = r_S = r_D \quad (10\text{-}30)$$

Para reações limitadas pela adsorção, k_A é muito pequena e k_S e k_D são muito grandes. Consequentemente, as razões r_S/k_S e r_D/k_D são muito pequenas (aproximadamente zero), enquanto a razão r_{AD}/k_A é relativamente grande.

A lei de velocidade para a reação na superfície é

$$r_S = k_S\left(C_{C\cdot S} - \frac{C_{B\cdot S}P_P}{K_S}\right) \quad (10\text{-}31)$$

Novamente, para reações limitadas por adsorção, a velocidade específica de reação para a reação na superfície k_S é comparativamente grande e podemos escrever

$$\frac{r_S}{k_S} \simeq 0 \quad (10\text{-}32)$$

e resolver a Equação (10-31) para $C_{C\cdot S}$:

$$C_{C\cdot S} = \frac{C_{B\cdot S}P_P}{K_S} \quad (10\text{-}33)$$

Para expressarmos $C_{C\cdot S}$ somente em termos das pressões parciais das espécies presentes, precisamos calcular $C_{B\cdot S}$. A velocidade de dessorção do benzeno é

$$r_D = k_D\,(C_{B\cdot S} - K_B P_B C_v) \quad (10\text{-}29)$$

Usando $r_S/k_S \approx 0 \approx r_D/k_D$ para encontrar $C_{B\cdot S}$ e $C_{C\cdot S}$ em termos das pressões parciais

No entanto, para reações limitadas por adsorção, k_D é grande em comparação com k_A e podemos escrever

$$\frac{r_D}{k_D} \simeq 0 \quad (10\text{-}34)$$

e então resolver a Equação (10-29) para $C_{B\cdot S}$:

$$C_{B\cdot S} = K_B P_B C_v \quad (10\text{-}35)$$

[10]Estritamente falando, deve-se comparar o produto $k_A P_C$ com k_S e k_D.

$$r_{AD} = k_A P_C\left[C_v - \frac{C_{C\cdot S}}{K_C P_C}\right]$$

$$\frac{\text{mol}}{\text{s}\cdot\text{kg cat}} = \left(\frac{1}{\text{s atm}}\right)\cdot(\text{atm})\cdot\left[\frac{\text{mol}}{\text{kg cat}}\right] = \left[\frac{1}{\text{s}}\right]\frac{\text{mol}}{\text{kg cat}}$$

Dividindo r_{AD} por $k_A P_C$ observamos $r_{AD}/k_A P_C$ = mol/kg cat. A razão pela qual fazemos isso é para comparar os termos, as razões $(-r_{AD}/k_A P_C)$, (r_S/k_S) e (r_D/k_D) devem todas ter as mesmas unidades [mol/kg cat]. Felizmente para nós, o resultado final é o mesmo, no entanto.

Após combinar as Equações (10-33) e (10-35), temos

$$C_{C \cdot S} = K_B \frac{P_B P_P}{K_S} C_v \tag{10-36}$$

Substituindo $C_{C \cdot S}$ na equação da velocidade pela Equação (10-36), e dividindo por C_v, obtemos

$$r_{AD} = k_A \left(P_C - \frac{K_B P_B P_P}{K_S K_C} \right) C_v = k_A \left(P_C - \frac{P_B P_P}{K_P} \right) C_v \tag{10-37}$$

Observamos que, no equilíbrio, $r_{AD} = 0$ e a Equação (10-37) pode ser rearranjada para

$$\frac{P_{Be} P_{Pe}}{P_{Ce}} = \frac{K_C K_S}{K_B}$$

Sabemos, da termodinâmica (Apêndice C), que para a reação

$$C \rightleftarrows B + P$$

também no equilíbrio ($-r'_C = 0$) temos as seguintes relações para a constante de equilíbrio baseada nas pressões parciais:

$$K_P = \frac{P_{Be} P_{Pe}}{P_{Ce}}$$

Consequentemente, a seguinte relação deve ser válida

$$\boxed{\frac{K_S K_C}{K_B} = K_P} \tag{10-38}$$

A constante de equilíbrio pode ser determinada a partir de dados termodinâmicos e está relacionada à variação na energia livre de Gibbs, $\Delta G°$, pela equação (veja o Apêndice C)

$$\boxed{RT \ln K = -\Delta G°} \tag{10-39}$$

em que R é a constante dos gases ideais e T é a temperatura absoluta.

A concentração de sítios vazios, C_v, pode agora ser eliminada da Equação (10-37) usando o balanço de sítios para obter a concentração total de sítios, C_t, que foi considerada constante:[11]

$$\boxed{\text{Total de sítios} = \text{Sítios vazios} + \text{Sítios ocupados}}$$

Como cumeno e benzeno estão adsorvidos na superfície, a concentração de sítios ocupados é ($C_{C \cdot S} + C_{B \cdot S}$), e a concentração total de sítios é

Balanço de sítios

$$C_t = C_v + C_{C \cdot S} + C_{B \cdot S} \tag{10-40}$$

Substituindo as Equações (10-35) e (10-36) na Equação (10-40), temos

$$C_t = C_v + \frac{K_B}{K_S} P_B P_P C_v + K_B P_B C_v$$

[11]Alguns autores preferem escrever a velocidade de reação na superfície em termos da fração da superfície coberta (isto é, f_A), em vez do número de sítios cobertos $C_{A \cdot S}$, a diferença sendo um fator de multiplicação da concentração total de sítios, C_t. De qualquer maneira, a forma final da lei de velocidade é a mesma porque C_t, K_A, k_S e demais constantes são todas agrupadas em uma velocidade específica de reação, k.

Resolvendo para C_v, temos

$$C_v = \frac{C_t}{1 + P_B P_P K_B / K_S + K_B P_B} \tag{10-41}$$

Combinando as Equações (10-41) e (10-37), encontramos que a lei da velocidade para decomposição catalítica do cumeno, considerando que a adsorção do cumeno é a etapa limitante, é

Lei de velocidade para reação de cumeno se a adsorção é a etapa limitante

$$\boxed{-r'_C = r_{AD} = \frac{C_t k_A (P_C - P_P P_B / K_P)}{1 + K_B P_P P_B / K_S + K_B P_B}} \tag{10-42}$$

Desejamos agora esboçar um gráfico da velocidade inicial de reação em função da pressão parcial de cumeno, P_{C0}. Inicialmente, nenhum produto está presente; consequentemente, $P_P = P_B = 0$. A velocidade inicial é dada por

$$-r'_{C0} = C_t k_A P_{C0} = k P_{C0} \tag{10-43}$$

Se a decomposição de cumeno for limitada pela adsorção, então a velocidade inicial será linear com a pressão parcial de cumeno, como mostrado na Figura 10-15.

Antes de verificar se a Figura 10-15 é consistente com os dados experimentais, obteremos as leis de velocidades correspondentes às outras possíveis etapas limitantes e então desenvolveremos os gráficos de velocidade inicial para o caso de a etapa limitante ser a reação na superfície e então para o caso quando a etapa de dessorção de benzeno for a etapa limitante.

Se a adsorção for a etapa limitante, os dados devem mostrar um aumento de $-r'_0$ linear com P_{C0}.

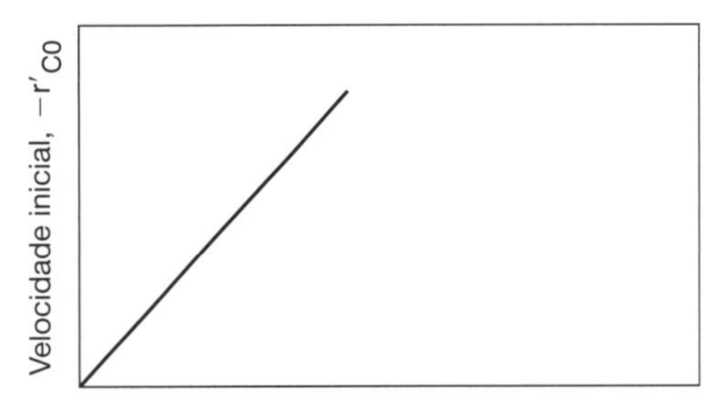

Figura 10-15 Reação limitada pela adsorção.

10.3.2 A Etapa de Reação na Superfície É Limitante?

A velocidade da reação na superfície é

Mecanismo de sítio único

$$r_S = k_S \left(C_{C \cdot S} - \frac{P_P C_{B \cdot S}}{K_S} \right) \tag{10-26}$$

Como não podemos medir as concentrações das espécies adsorvidas, devemos utilizar as etapas de adsorção e dessorção para eliminar $C_{C \cdot S}$ e $C_{B \cdot S}$ dessa equação.

Da expressão da velocidade de adsorção na Equação (10-25) e da condição de que k_A e k_D são muito grandes comparadas com k_S quando a reação na superfície for a etapa limitante (isto é, $r_{AD}/k_A \approx 0$),[12] obtemos a relação para a concentração de cumeno adsorvido na superfície:

$$C_{C \cdot S} = K_C P_C C_v$$

Da mesma forma, a concentração superficial de benzeno adsorvido pode ser calculada a partir da expressão da velocidade de dessorção [Equação (10-29)] com a seguinte aproximação:

[12]Veja a nota de rodapé 10.

Usando $r_{AD}/k_A \approx 0 \approx r_D/k_D$ para obter $C_{B \cdot S}$ e $C_{C \cdot S}$ em termos das pressões parciais

$$\text{quando } \frac{r_D}{k_D} \cong 0 \qquad \text{então } C_{B \cdot S} = K_B P_B C_v$$

Substituindo $C_{B \cdot S}$ e $C_{C \cdot S}$ na Equação (10-26), obtemos

$$r_S = k_S \left(P_C K_C - \frac{K_B P_B P_P}{K_S} \right) C_v = k_S K_C \left(P_C - \frac{P_B P_P}{K_P} \right) C_v$$

em que a constante de equilíbrio termodinâmico foi utilizada para substituir a razão entre as constantes das velocidades de adsorção e dessorção, isto é,

$$K_P = \frac{K_C K_S}{K_B}$$

A única variável a ser eliminada é C_v:

Balanço de sítios

$$C_t = C_v + C_{B \cdot S} + C_{C \cdot S}$$

Substituindo as concentrações das espécies adsorvidas, $C_{B \cdot S}$ e $C_{C \cdot S}$, resulta em

$$C_v = \frac{C_t}{1 + K_B P_B + K_C P_C}$$

Lei de velocidade do cumeno para reação na superfície como etapa limitante

$$-r'_C = r_S = \frac{\overbrace{k_S C_t K_C}^{k}(P_C - P_P P_B / K_P)}{1 + P_B K_B + K_C P_C} \qquad (10\text{-}44)$$

A velocidade inicial da reação é

$$-r'_{C0} = \frac{\overbrace{k_S C_t K_C}^{k} P_{C0}}{1 + K_C P_{C0}} = \frac{k P_{C0}}{1 + K_C P_{C0}} \qquad (10\text{-}45)$$

A Figura 10-16 mostra a velocidade inicial da reação como função da pressão parcial inicial de cumeno para o caso de a etapa limitante ser a reação na superfície.

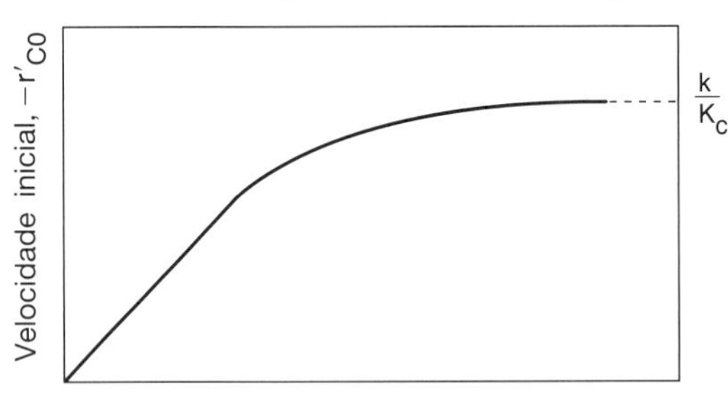

Figura 10-16 A reação na superfície é a etapa limitante.

Em baixas pressões parciais de cumeno

$$1 \gg K_C P_{C0}$$

e observamos que a velocidade inicial aumenta linearmente com a pressão parcial inicial de cumeno:

$$-r'_{C0} \approx k P_{C0}$$

Em pressões altas

$$K_C P_{C0} \gg 1$$

e a Equação (10-45) se torna

Se a reação na superfície for a etapa limitante, os dados devem ter esse comportamento.

$$-r'_{C0} \cong \frac{kP_{C0}}{K_C P_{C0}} = \frac{k}{K_C}$$

e a velocidade inicial é independente da pressão parcial inicial de cumeno.

10.3.3 A Dessorção do Benzeno É a Etapa Limitante?

A expressão da velocidade para a dessorção de benzeno é

$$r_D = k_D\,(C_{B\cdot S} - K_B P_B C_v) \tag{10-29}$$

Para reações limitadas pela dessorção, ambas k_A e k_S são muito grandes comparadas com k_D, que é pequena.

Da expressão da velocidade para a reação na superfície, Equação (10-26), usamos

$$\frac{r_S}{k_S} \simeq 0$$

para obter

$$C_{B\cdot S} = K_S \left(\frac{C_{C\cdot S}}{P_P}\right) \tag{10-46}$$

Da mesma forma, para a etapa de adsorção, Equação (10-25), usamos

$$\frac{r_{AD}}{k_A} \simeq 0$$

para obter

$$C_{C\cdot S} = K_C P_C C_v$$

e então substituir essa expressão de $C_{C\cdot S}$ na Equação (10-46) para obter

$$C_{B\cdot S} = \frac{K_C K_S P_C C_v}{P_P} \tag{10-47}$$

Combinando as Equações (10-29) e (10-47), obtemos

$$r_D = k_D K_C K_S \left(\frac{P_C}{P_P} - \frac{P_B}{K_P}\right) C_v \tag{10-48}$$

em que K_C é a constante de equilíbrio de adsorção do cumeno, K_S é a constante de equilíbrio para a etapa de reação na superfície, e K_P é a constante de equilíbrio termodinâmica em fase gasosa [Equação (10-38)] para a reação. A expressão para C_v é obtida a partir do balanço de sítios:

$$\text{Balanço de sítios:} \qquad C_t = C_{C\cdot S} + C_{B\cdot S} + C_v$$

Após substituir as concentrações das espécies na superfície, resolvemos o balanço de sítios para C_v:

$$C_v = \frac{C_t}{1 + K_C K_S P_C / P_P + K_C P_C} \tag{10-49}$$

Substituindo C_v na Equação (10-48) pela Equação (10-49) e multiplicando o numerador e o denominador por P_P, obtemos a expressão da velocidade para a reação controlada pela dessorção:

Lei de velocidade para decomposição de cumeno *se* a dessorção for a etapa limitante

$$\boxed{-r'_C = r_D = \frac{\overbrace{k_D C_t K_S K_C}^{k}\,(P_C - P_B P_P / K_P)}{P_P + P_C K_C K_S + K_C P_P P_C}} \tag{10-50}$$

Se a dessorção é limitante, a velocidade inicial independe da pressão parcial de cumeno.

Para determinar a dependência da velocidade inicial de reação com a pressão parcial inicial de cumeno, novamente fazemos $P_P = P_B = 0$; e a lei de velocidade se reduz a

$$-r'_{C0} = k_D C_t$$

com o gráfico correspondente para $-r'_{C0}$ mostrado na Figura 10-17. Se a dessorção fosse limitante da velocidade, veríamos que a velocidade inicial de reação seria independente da pressão parcial inicial de cumeno.

Figura 10-17 Reação limitada por dessorção.

10.3.4 Resumo da Decomposição de Cumeno

A decomposição de cumeno é limitada pela reação na superfície.

O mecanismo com etapa limitante sendo a reação na superfície é consistente com os dados experimentais.

As observações experimentais de $-r'_{C0}$ como função de P_{C0} são mostradas na Figura 10-18. Do gráfico na Figura 10-18, vemos claramente que nem a adsorção nem a dessorção são as etapas limitantes. Para a reação e mecanismo dado por

$$C + S \rightleftarrows C\cdot S \tag{10-22}$$

$$C\cdot S \rightleftarrows B\cdot S + P \tag{10-23}$$

$$B\cdot S \rightleftarrows B + S \tag{10-24}$$

a lei de velocidade obtida considerando a reação na superfície como etapa limitante está de acordo com os dados.

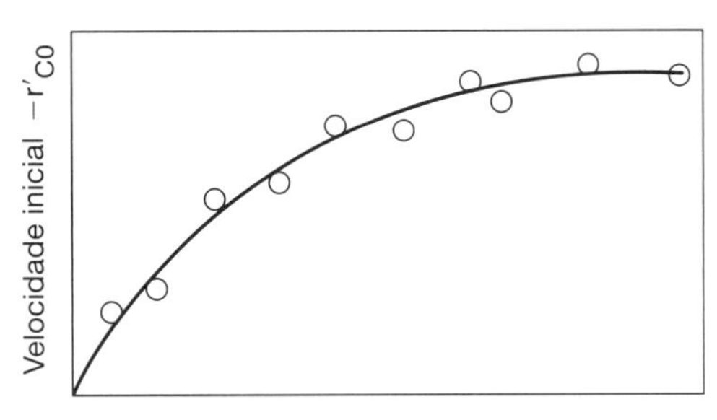

Figura 10-18 Velocidade inicial real em função da pressão parcial de cumeno.

A lei de velocidade para o caso em que não há inertes adsorvidos na superfície é

$$\boxed{-r'_C = \frac{k(P_C - P_B P_P / K_P)}{1 + K_B P_B + K_C P_C}} \tag{10-44}$$

A reação direta de decomposição de cumeno é um mecanismo de sítio simples envolvendo apenas o cumeno adsorvido, enquanto a reação reversa do propileno em fase gasosa reagindo com o benzeno adsorvido é um mecanismo do tipo Eley-Rideal.

Se tivéssemos um adsorbato inerte na alimentação, o inerte não participaria da reação, mas ocuparia sítios ativos na superfície do catalisador:

$$I + S \rightleftarrows I\cdot S$$

O balanço de sítios é agora

$$C_t = C_v + C_{C \cdot S} + C_{B \cdot S} + C_{I \cdot S} \tag{10-51}$$

Como a adsorção do inerte está em equilíbrio, a concentração de sítios ocupados pelo inerte é

$$C_{I \cdot S} = K_I P_I C_v \tag{10-52}$$

Substituindo os sítios inertes no balanço de sítios, a lei de velocidade para a reação limitada pela reação na superfície quando um adsorbato inerte está presente é

Adsorbatos inertes

$$-r'_C = \frac{k(P_C - P_B P_P / K_P)}{1 + K_C P_C + K_B P_B + K_I P_I} \tag{10-53}$$

Observa-se que a velocidade diminui à medida que a pressão parcial de inertes aumenta.

10.3.5 Catalisadores de Reforma

Consideraremos agora um mecanismo com dois sítios, que aparece na reação de reforma encontrada em refinarias de petróleo e utilizada para aumentar a octanagem da gasolina.

Nota: Octanagem ou Número de Octanas. Combustíveis com baixa octanagem podem produzir combustão espontânea no cilindro do motor de automóveis antes de a mistura ar/combustível ser comprimida até o ponto desejado e ser ignitada pela faísca da vela. A figura a seguir mostra a frente de onda desejada durante a combustão se movendo a jusante da vela e uma onda devido a uma combustão espontânea indesejada no canto inferior direito. Essa combustão espontânea resulta em ondas de detonação que caracterizam a autoignição, também chamada "batida de pino" do motor. Quanto menor for a octanagem, maior a chance de combustão espontânea e autoignição.

A octanagem da gasolina é determinada a partir de uma curva de calibração que relaciona a intensidade de autoignição com a percentagem de iso-octano numa mistura de iso-octano e heptano. Uma forma de calibrar a octanagem é colocar um transdutor ao lado do cilindro para medir a intensidade da autoignição (*knock intensity*-K.I.) (pulso de pressão) para várias misturas de heptano e iso-octano. A octanagem é a percentagem de iso-octano nessa mistura. Isto é, iso-octano puro tem octanagem 100, 80% iso-octano/20% heptano tem octanagem 80, e assim por diante. A intensidade de autoignição é medida para essa mistura 80/20 e então registrada. As percentagens relativas de iso-octano e heptano são mudadas (por exemplo, 90/10), e o teste é repetido. Após uma série de experimentos, uma curva de

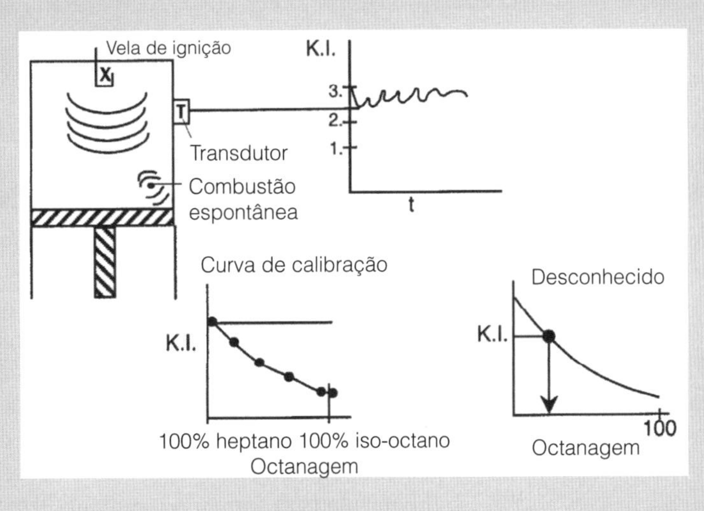

calibração é construída. A gasolina a ser calibrada é então utilizada no motor de teste, em que a intensidade-padrão da batida é medida. Conhecendo a intensidade da autoignição, a octanagem de um combustível é lida da curva de calibração. Uma gasolina com octanagem 92 significa que tem o mesmo rendimento de uma mistura com 92% de iso-octano e 8% de heptano. Outra forma de calibrar a octanagem é estabelecer uma intensidade de autoignição e aumentar a razão de compressão. Uma percentagem fixa de iso-octano e heptano é então introduzida no motor de teste e a razão de compressão (RC) é aumentada continuamente até que ocorra a autoignição, produzindo a batida de pino. A razão de compressão e a composição correspondente da mistura são registradas, e o teste é repetido para obter uma curva de calibração da razão de compressão como função da percentagem de iso-octano. Após a obtenção da curva de calibração, o combustível desconhecido é colocado no cilindro, e a razão de compressão variada até a intensidade da batida de pino devido à autoignição ser excedida. A RC é então lida na curva de calibração para encontrar a octanagem correspondente.

Quanto mais compacta a molécula, maior a sua octanagem.

Quanto mais compacta a molécula de hidrocarboneto, menos provável que ocorram autoignição e batida de pino. Consequentemente, é desejável isomerizar moléculas de hidrocarbonetos lineares em moléculas mais compactas por meio de um processo catalítico conhecido como *reforma*.

Fabricação de catalisadores

Um catalisador de reforma comumente utilizado é platina sobre alumina. O catalisador de platina sobre alumina (Al_2O_3) (veja a foto tirada em microscopia eletrônica de varredura, MEV, abaixo) é um catalisador bifuncional que pode ser preparado expondo *pellets* de alumina a uma solução de ácido hexacloroplatínico, secando, e então aquecendo em ar entre 775 K e 875 K por várias horas. Em seguida, o material é exposto a hidrogênio entre 725 K e 775 K para produzir aglomerados metálicos muito pequenos (*clusters*) de Pt sobre alumina. Esses aglomerados têm tamanhos da ordem de 10 Å, ao passo que os poros da alumina nos quais a Pt está depositada são da ordem de 100 Å a 10.000 Å (isto é, de 10 nm a 1000 nm).

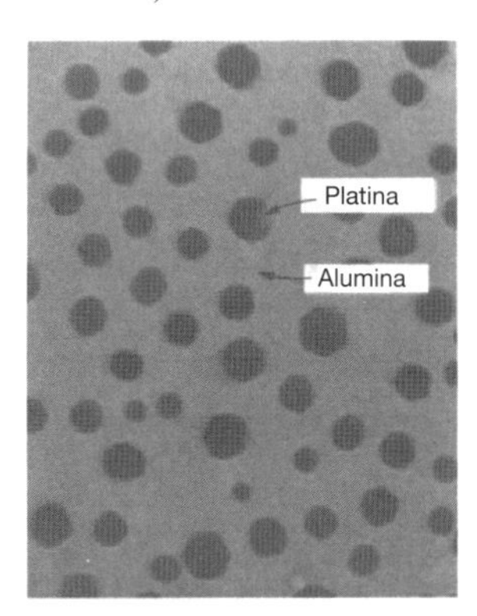

Figura 10-19 Platina sobre alumina. [Figura de R. I. Masel, *Chemical Kinetics and Catalysis*. New York: Wiley, 2001, p.700.]

Como exemplo de reforma catalítica consideraremos a isomerização do *n*-pentano a *i*-pentano:

$$n\text{-pentano} \underset{Al_2O_3}{\overset{0{,}75\ \text{wt\% Pt}}{\rightleftharpoons}} i\text{-pentano}$$

Gasolina	
C_5	10%
C_6	10%
C_7	20%
C_8	25%
C_9	20%
C_{10}	10%
$C_{11\text{-}12}$	5%

A octanagem do pentano é 62, enquanto a do *iso*pentano, que é mais compacto, é 90! O *n*-pentano é adsorvido na platina, onde é desidrogenado para formar o *n*-penteno. O *n*-penteno é dessorvido da platina e é adsorvido na alumina, onde é isomerizado a *i*-penteno, que então é dessorvido e subsequentemente é adsorvido na platina, onde é hidrogenado para formar o *i*-pentano. Isto é,

$$n\text{-pentano} \underset{\text{Pt}}{\overset{-\text{H}_2}{\rightleftarrows}} n\text{-penteno} \overset{\text{Al}_2\text{O}_3}{\rightleftarrows} i\text{-penteno} \underset{\text{Pt}}{\overset{+\text{H}_2}{\rightleftarrows}} i\text{-pentano}$$

Analisaremos a etapa de isomerização para desenvolver o mecanismo e a lei de velocidade:

$$n\text{-penteno} \overset{\text{Al}_2\text{O}_3}{\rightleftarrows} i\text{-penteno}$$

$$\text{N} \rightleftarrows \text{I}$$

O procedimento para formular um mecanismo, etapa limitante, e lei de velocidade correspondente é apresentado na Tabela 10-4.

TABELA 10-4 ALGORITMO PARA DETERMINAR O MECANISMO DE REAÇÃO E A ETAPA LIMITANTE

Isomerização de n-penteno (N) a i-penteno (I) sobre alumina

$$\text{N} \overset{\text{Al}_2\text{O}_3}{\rightleftarrows} \text{I}$$

Reação de reforma para aumentar a octanagem da gasolina

1. *Selecione um mecanismo* (Mecanismo de Sítio Duplo)

$$\begin{array}{lrcl} \text{Adsorção:} & \text{N} + \text{S} & \rightleftarrows & \text{N}\cdot\text{S} \\ \text{Reação na superfície:} & \text{N}\cdot\text{S} + \text{S} & \rightleftarrows & \text{I}\cdot\text{S} + \text{S} \\ \text{Dessorção} & \text{I}\cdot\text{S} & \rightleftarrows & \text{I} + \text{S} \end{array}$$

   Trate cada etapa da reação como elementar ao escrever as leis de velocidade.

2. *Considere uma etapa como limitante da velocidade.* Escolha primeiro a reação na superfície, porque *mais de 75% de todas as reações heterogêneas que não são limitadas por difusão são limitadas pela etapa de reação na superfície.* Observe que a HEPE deve ser utilizada quando mais de uma etapa é limitante (veja a subseção 10.3.6).

   A lei de velocidade para a reação na superfície é

$$-r'_{\text{N}} = r_{\text{S}} = k_{\text{S}}\left(C_v C_{\text{N}\cdot\text{S}} - \frac{C_{\text{I}\cdot\text{S}}C_v}{K_{\text{S}}}\right)$$

3. *Encontre a expressão para as concentrações das espécies adsorvidas $C_{i\cdot\text{S}}$.* Use as demais etapas que não são limitantes para obter $C_{i\cdot\text{S}}$ (por exemplo, $C_{\text{N}\cdot\text{S}}$ e $C_{\text{I}\cdot\text{S}}$). Para essa reação,

$$\text{De } \frac{r_{\text{AD}}}{k_{\text{A}}} \simeq 0: \qquad C_{\text{N}\cdot\text{S}} = P_{\text{N}}K_{\text{N}}C_v$$

$$\text{De } \frac{r_{\text{D}}}{k_{\text{D}}} \simeq 0: \qquad C_{\text{I}\cdot\text{S}} = \frac{P_{\text{I}}C_v}{K_{\text{D}}} = K_{\text{I}}P_{\text{I}}C_v$$

4. *Escreva o balanço de sítios.*

$$C_t = C_v + C_{\text{N}\cdot\text{S}} + C_{\text{I}\cdot\text{S}}$$

5. *Obtenha a lei de velocidade.* Combine as Etapas 2, 3, e 4 para obter a lei de velocidade:

$$-r'_{\text{N}} = r_{\text{S}} = \frac{\overbrace{k_{\text{S}}C_t^2K_{\text{N}}}^{k}\,(P_{\text{N}} - P_{\text{I}}/K_{\text{P}})}{(1 + K_{\text{N}}P_{\text{N}} + K_{\text{I}}P_{\text{I}})^2}$$

6. *Compare com os dados.* Compare a lei de velocidade obtida na Etapa 5 com os dados experimentais. Se a lei de velocidade se ajustar aos dados, há uma boa chance de que você tenha encontrado o mecanismo correto e a etapa limitante. Se a sua lei de velocidade (isto é, modelo) não se ajustar aos dados experimentais:
   a. Considere uma etapa limitante diferente, e repita as Etapas 2 a 6.
   b. Se, após considerar cada etapa como limitante, nenhuma das leis de velocidade se ajustar aos dados experimentais, selecione um mecanismo diferente (por exemplo, sítio único):

$$\begin{array}{rcl} \text{N} + \text{S} & \rightleftarrows & \text{N}\cdot\text{S} \\ \text{N}\cdot\text{S} & \rightleftarrows & \text{I}\cdot\text{S} \\ \text{I}\cdot\text{S} & \rightleftarrows & \text{I} + \text{S} \end{array}$$

   e então proceda com as Etapas 2 a 6.
   O mecanismo de sítio único é o correto. Para esse mecanismo a lei de velocidade é

$$-r'_{\text{N}} = \frac{k(P_{\text{N}} - P_{\text{I}}/K_{\text{P}})}{(1 + K_{\text{N}}P_{\text{N}} + K_{\text{I}}P_{\text{I}})}$$

   c. Se dois ou mais modelos se ajustarem aos dados experimentais, os testes estatísticos vistos no Capítulo 7 (por exemplo, comparação de resíduos) devem ser utilizados para discriminar entre eles (veja a Leitura Complementar).

A Tabela 10-5 apresenta as leis de velocidade para diferentes mecanismos que são irreversíveis e limitados por reações na superfície.

TABELA 10-5 LEIS DE VELOCIDADE LIMITADAS POR REAÇÕES IRREVERSÍVEIS NA SUPERFÍCIE

Mecanismo	Lei de velocidade
Sítio único	
$A\cdot S \longrightarrow B\cdot S$	$-r'_A = \dfrac{kP_A}{1+K_AP_A+K_BP_B}$
Sítio duplo	
$A\cdot S + S \longrightarrow B\cdot S + S$	$-r'_A = \dfrac{kP_A}{(1+K_AP_A+K_BP_B)^2}$
$A\cdot S + B\cdot S \longrightarrow C\cdot S + S$	$-r'_A = \dfrac{kP_AP_B}{(1+K_AP_A+K_BP_B+K_CP_C)^2}$
Eley-Rideal	
$A\cdot S + B(g) \longrightarrow C\cdot S$	$-r'_A = \dfrac{kP_AP_B}{1+K_AP_A+K_CP_C}$

É necessário tomar cuidado nesse ponto. Só porque um determinado mecanismo e etapa limitante se ajustam aos dados não significa que o mecanismo é o correto.[13] Em geral, medidas espectroscópicas são necessárias para confirmar um mecanismo de forma absoluta. No entanto, o desenvolvimento de vários mecanismos e etapas limitantes da velocidade pode fornecer ideias sobre a melhor forma para correlacionar os dados e desenvolver uma lei de velocidade.

10.3.6 Leis de Velocidade Obtidas a partir da Hipótese de Estado (Regime) Pseudoestacionário (HEPE)

Na Seção 9.1 discutimos a HEPE, em que a velocidade líquida de formação de intermediários de reação foi considerada igual a zero. Uma forma alternativa para determinarmos uma lei de velocidade para uma reação catalítica em vez de fazermos

$$\frac{r_{AD}}{k_A} \cong 0$$

é considerar que cada espécie adsorvida na superfície é um intermediário de reação. Consequentemente, a velocidade resultante de formação das espécies i adsorvidas na superfície será zero:

$$r^*_{i\cdot S} = 0 \tag{10-54}$$

A HEPE é utilizada quando mais de uma etapa é limitante da velocidade. O exemplo de isomerização mostrado na Tabela 10-4 foi resolvido usando a HEPE no site da LTC Editora.

10.3.7 Dependência da Temperatura da Lei de Velocidade

Considere uma isomerização irreversível limitada pela reação na superfície

$$A \longrightarrow B$$

na qual ambos A e B estão adsorvidos na superfície. A lei de velocidade para este caso é

$$-r'_A = \frac{kP_A}{1+K_AP_A+K_BP_B} \tag{10-55}$$

[13]R. I. Masel, *Principles of Adsorption and Reaction on Solid Surfaces* (New York: Wiley, 1996), p. 506, http://www.uiuc.edu/ph/www/r-masel/.

A velocidade específica de reação, k, em geral terá uma dependência da temperatura do tipo Arrhenius e aumentará exponencialmente com a temperatura. No entanto, a adsorção de todas as espécies na superfície é exotérmica. Consequentemente, quanto maior a temperatura, menor será a constante de equilíbrio de adsorção. Isto é, à medida que a temperatura aumenta, K_A e K_B diminuem, diminuindo assim a cobertura da superfície pelas espécies A e B. Portanto, em temperaturas maiores o denominador da lei de velocidade da reação catalítica se aproxima de 1. Isto é, em temperaturas altas (coberturas baixas),

$$1 \gg (P_A K_A + P_B K_B)$$

A lei de velocidade pode então ser aproximada por

Desprezando as espécies adsorvidas em altas temperaturas

$$-r'_A \simeq kP_A \tag{10-56}$$

ou, para uma reação reversível de isomerização, teríamos

$$-r'_A \simeq k\left(P_A - \frac{P_B}{K_P}\right) \tag{10-57}$$

Algoritmo / *Deduza* a Lei de Velocidade / *Encontre* o Mecanismo / *Avalie* os Parâmetros da lei de velocidade / *Projete* PBR CSTR

O algoritmo que podemos usar como começo postulando um mecanismo de reação e uma etapa limitante é mostrado na Tabela 10-4. Novamente, não podemos provar que o mecanismo é o correto comparando a lei de velocidade obtida com os dados experimentais. Experimentos espectroscópicos independentes são normalmente necessários para confirmar o mecanismo. Podemos, no entanto, provar que um mecanismo proposto é inconsistente com os dados experimentais seguindo o algoritmo da Tabela 10-4. Em vez de coletar todos os dados experimentais para então tentar construir um modelo a partir dos dados, Box *et al.*[14] descrevem técnicas para coletar dados em sequência e construir um modelo.

10.4 Análise de Dados Heterogêneos para Projeto de Reatores

Nesta seção nos concentraremos em quatro operações que engenheiros de reações químicas precisam ser capazes de executar:

(1) Desenvolver uma lei de velocidade algébrica consistente com observações experimentais;
(2) Analisar a lei de velocidade de tal maneira que os parâmetros (por exemplo, k, K_A) possam ser prontamente determinados a partir dos dados experimentais;
(3) Encontrar um mecanismo e uma etapa limitante consistente com os dados experimentais;
(4) Projetar um reator catalítico em que uma conversão específica possa ser obtida.

Usaremos a hidrodesmetilação do tolueno para ilustrar essas quatro operações.

Hidrogênio e tolueno reagem sobre um catalisador mineral contendo clinoptilolita (uma sílica-alumina cristalina) para formar metano e benzeno:[15]

$$C_6H_5CH_3 + H_2 \xrightarrow[\text{catalisador}]{} C_6H_6 + CH_4$$

Desejamos projetar um reator de leito de recheio e um CSTR de leito fluidizado para processar uma alimentação contendo 30% de tolueno, 45% de hidrogênio, e 25% de inertes. A vazão de alimentação de tolueno é de 50 mol/min na temperatura de 640 °C e pressão de 40 atm (4052 kPa). Para projetar um PBR, devemos primeiro determinar a lei de velocidade a partir dos dados obtidos em um reator diferencial, apresentados na Tabela 10-6. Nessa tabela são fornecidas as velocidades de reação de tolueno em função

[14]G. E. P. Box, W. G. Hunter e J. S. Hunter, *Statistics for Engineers* (New York: Wiley, 1978).
[15]J. Papp, D. Kallo e G. Schay, *J. Catal., 23*, 168 (1971).

das pressões parciais de hidrogênio (H_2), tolueno (T), benzeno (B) e metano (M). Nas primeiras duas corridas, metano foi introduzido na alimentação junto com hidrogênio e tolueno, enquanto o outro produto, benzeno, foi alimentado ao reator junto com os reagentes apenas nas corridas 3, 4 e 6. Nas corridas 5 e 16, ambos metano e benzeno foram introduzidos na alimentação. Nas demais corridas, nenhum dos produtos estava presente na alimentação. Como a conversão foi menor do que 1% no reator diferencial, as pressões parciais dos produtos, metano e benzeno, formados nessas corridas, foram essencialmente zero, e as velocidades de reação foram iguais às velocidades iniciais de reação.

Tabela 10-6 Dados de um Reator Diferencial

	$-r'_T \times 10^{10}$	*Pressão Parcial* (atm)			
Corrida	$\left(\frac{\text{g mol tolueno}}{\text{g cat.} \cdot \text{s}}\right)$	*Tolueno,* P_T	*Hidrogênio* (H_2), P_{H_2}	*Metano,* P_M	*Benzeno,* P_B
Conjunto A					
1	71,0	1	1	1	0
2	71,3	1	1	4	0
Conjunto B					
3	41,6	1	1	0	1
4	19,7	1	1	0	4
5	42,0	1	1	1	1
6	17,1	1	1	0	5
Conjunto C					
7	71,8	1	1	0	0
8	142,0	1	2	0	0
9	284,0	1	4	0	0
Conjunto D					
10	47,0	0,5	1	0	0
11	71,3	1	1	0	0
12	117,0	5	1	0	0
13	127,0	10	1	0	0
14	131,0	15	1	0	0
15	133,0	20	1	0	0
16	41,8	1	1	1	1

Decifre os dados para encontrar a lei de velocidade

10.4.1 Deduzindo a Lei de Velocidade a partir de Dados Experimentais

Considerando que a reação é essencialmente irreversível (o que parece razoável após compararmos as corridas 3 e 5), perguntamos que conclusões qualitativas podem ser tiradas a partir dos dados sobre a dependência da velocidade de desaparecimento do tolueno, $-r'_T$, das pressões parciais de tolueno, hidrogênio, metano e benzeno.

$$\text{T} + \text{H}_2 \xrightarrow{\text{catalisador}} \text{M} + \text{B}$$

1. *Dependência do produto metano.* Se metano fosse adsorvido na superfície, a pressão parcial do metano apareceria no denominador da expressão da velocidade e a velocidade variaria com o inverso da concentração de metano:

$$-r'_T \sim \frac{[\cdot]}{1 + K_M P_M + \cdots} \tag{10-67}$$

No entanto, das corridas 1 e 2 observamos que um aumento de quatro vezes na pressão do metano tem um efeito muito pequeno em $-r'_T$. Consequentemente, consideramos que o metano está ou fracamente adsorvido (isto é, $K_M P_M \ll 1$) ou passa diretamente para a fase gasosa, de maneira similar ao propileno na decomposição de cumeno, discutida anteriormente.

Se está no denominador, provavelmente está na superfície.

2. *Dependência do produto benzeno.* Nas corridas 3 e 4, observamos que, para concentrações (pressões parciais) constantes de hidrogênio e tolueno, a velocidade diminui com o aumento da concentração de benzeno. A expressão da velocidade

na qual a pressão parcial de benzeno aparece no denominador poderia explicar essa dependência:

$$-r'_T \sim \frac{1}{1+K_B P_B + \cdots} \quad (10\text{-}68)$$

O tipo de dependência de $-r'_T$ sobre P_B dado na Equação (10-68) sugere que o benzeno é adsorvido na superfície da clinoptilolita.

3. *Dependência do tolueno.* Em concentrações baixas de tolueno (corridas 10 e 11), a velocidade aumenta com o aumento da pressão parcial de tolueno, enquanto em concentrações altas de tolueno (corridas 14 e 15) a velocidade é essencialmente independente da pressão parcial de tolueno. Uma forma da expressão da velocidade que descreveria esse comportamento é

$$-r'_T \sim \frac{P_T}{1+K_T P_T + \cdots} \quad (10\text{-}69)$$

Uma combinação das Equações (10-68) e (10-69) sugere que a lei de velocidade pode ser da forma

$$-r'_T \sim \frac{P_T}{1+K_T P_T + K_B P_B + \cdots} \quad (10\text{-}70)$$

4. *Dependência do hidrogênio.* Quando examinamos as corridas 7, 8 e 9 na Tabela 10-6, vemos que a velocidade aumenta linearmente com o aumento da concentração de hidrogênio, e concluímos que a reação é de primeira ordem em relação ao H_2. Em vista desse fato, o hidrogênio não está adsorvido na superfície ou a sua cobertura na superfície é muito pequena ($1 \gg K_{H_2} P_{H_2}$) para as pressões utilizadas. Se o H_2 estivesse adsorvido, $-r'_T$ teria uma dependência da P_{H_2} análoga à dependência da pressão parcial de tolueno, P_T [veja a Equação (10-69)]. Para uma dependência de primeira ordem do H_2,

$$-r'_T \sim P_{H_2} \quad (10\text{-}71)$$

Combinando as Equações de (10-67) a (10-71) encontramos que a lei de velocidade

$$\boxed{-r'_T = \frac{k P_{H_2} P_T}{1+K_B P_B + K_T P_T}}$$

tem uma concordância qualitativa com os dados na Tabela 10-6.

10.4.2 Encontrando um Mecanismo Consistente com as Observações Experimentais

Aproximadamente 75% de todas as reações heterogêneas são limitadas pela etapa de reação na superfície.

Proporemos agora um mecanismo para a hidrodesmetilação do tolueno. Consideraremos que o tolueno está adsorvido na superfície e então reage com hidrogênio em fase gasosa para produzir benzeno adsorvido na superfície e metano em fase gasosa. Benzeno é então dessorvido da superfície. Como aproximadamente 75% a 80% de todos os mecanismos de reações heterogêneas são limitados pela reação na superfície e não pela adsorção ou dessorção, começaremos considerando que a reação entre tolueno adsorvido e hidrogênio gasoso é a etapa limitante. Simbolicamente, esse mecanismo e as leis de velocidade associadas para cada etapa elementar são

Mecanismo Eley-Rideal

Mecanismo Proposto

Adsorção: $T(g) + S \rightleftarrows T\cdot S$

$$r_{AD} = k_A\left(C_v P_T - \frac{C_{T\cdot S}}{K_T}\right) \quad (10\text{-}72)$$

Reação na superfície: $H_2(g) + T\cdot S \rightleftarrows B\cdot S + M(g)$

$$r_S = k_S\left(P_{H_2} C_{T\cdot S} - \frac{C_{B\cdot S} P_M}{K_S}\right) \quad (10\text{-}73)$$

Dessorção: $B\cdot S \rightleftarrows B(g) + S$

$$r_D = k_D\,(C_{B\cdot S} - K_B P_B C_v) \quad (10\text{-}74)$$

Para mecanismos limitados pela reação na superfície

$$r_S = k_S\left(P_{H_2} C_{T\cdot S} - \frac{C_{B\cdot S} P_M}{K_S}\right) \quad (10\text{-}73)$$

vemos que precisamos substituir $C_{T\cdot S}$ e $C_{B\cdot S}$ na Equação (10-73) por quantidades mensuráveis.

Para mecanismos limitados pela reação na superfície, usamos a Equação (10-72) para a velocidade de adsorção para obter $C_{T\cdot S}$:[16]

$$\frac{r_{AD}}{k_A} \approx 0$$

Então

$$C_{T\cdot S} = K_T P_T C_v \quad (10\text{-}75)$$

e usamos a Equação (10-74) para a velocidade de dessorção para obter $C_{B\cdot S}$:

$$\frac{r_D}{k_D} \approx 0$$

Então

$$C_{B\cdot S} = K_B P_B C_v \quad (10\text{-}76)$$

A concentração total de sítios é

Faça um balanço de sítios para obter C_v.

$$\boxed{C_t = C_v + C_{T\cdot S} + C_{B\cdot S}} \quad (10\text{-}77)$$

Substituindo as Equações (10-75) e (10-76) na Equação (10-77) e rearranjando, obtemos

$$C_v = \frac{C_t}{1 + K_T P_T + K_B P_B} \quad (10\text{-}78)$$

Em seguida, substitua as expressões para $C_{T\cdot S}$ e $C_{B\cdot S}$ e então para C_v na Equação (10-73) para obter a lei de velocidade para o caso de reação controlada pela etapa de reação na superfície:

$$-r'_T = \frac{\overbrace{C_t k_S K_T}^{k}\,(P_{H_2} P_T - P_B P_M / K_P)}{1 + K_T P_T + K_B P_B} \quad (10\text{-}79)$$

[16]Veja a nota de rodapé 10.

Desconsiderando a reação reversa, temos

Lei de velocidade do tipo Eley-Rideal para um mecanismo limitado pela reação na superfície

$$-r'_T = \frac{kP_{H_2}P_T}{1+K_BP_B+K_TP_T} \tag{10-80}$$

Novamente observamos que a constante de equilíbrio para a adsorção de uma dada espécie é exatamente igual ao inverso da constante de equilíbrio para a dessorção dessa espécie.

10.4.3 Cálculo dos Parâmetros da Lei de Velocidade

No trabalho original para essa reação publicado por Papp *et al.*,[17] mais de 25 modelos foram testados para os dados experimentais, e concluiu-se que o mecanismo acima, assim como a etapa limitante (isto é, reação na superfície entre o tolueno adsorvido e o gás H_2), é o correto. Considerando que a reação é essencialmente irreversível, a lei de velocidade para a reação na clinoptilolita é

$$-r'_T = k\frac{P_{H_2}P_T}{1+K_BP_B+K_TP_T} \tag{10-80}$$

Desejamos agora determinar a melhor forma de analisar os dados para calcular os parâmetros da lei de velocidade, k, K_T, e K_B. Essa análise é chamada de *estimativa de parâmetros*.[18] Nós então rearranjaremos a lei de velocidade para obter uma relação linear entre as nossas variáveis medidas. Para a lei de velocidade dada pela Equação (10-80), vemos que, se ambos os lados da Equação (10-80) forem divididos por $P_{H_2}P_T$ e a equação for invertida,

Linearize a equação da velocidade para obter os parâmetros da lei de velocidade.

$$\frac{P_{H_2}P_T}{-r'_T} = \frac{1}{k}+\frac{K_BP_B}{k}+\frac{K_TP_T}{k} \tag{10-81}$$

As técnicas de regressão apresentadas no Capítulo 7 podem ser utilizadas para determinar os parâmetros da lei de velocidade usando a equação

$$Y_j = a_0+a_1X_{1j}+a_2X_{2j}$$

Uma análise de mínimos quadrados linear dos dados mostrados na Tabela 10-6 é apresentada no site da LTC Editora.

Pode-se usar uma análise de mínimos quadrados linear (PRS 7.3) para obter as estimativas iniciais dos parâmetros k, K_T, K_B, para conseguir uma convergência em uma regressão não linear. No entanto, em muitos casos é possível usar uma análise por regressão não linear diretamente, como descrito nas Seções 7.5 e 7.6, e no Exemplo 10-1.

Exemplo 10-1 Análise por Regressão Não Linear para Determinar os Parâmetros do Modelo k, K_B e K_T

(a) Use regressão não linear, como discutido no Capítulo 7, junto com os dados na Tabela 10-6, para encontrar as melhores estimativas dos parâmetros da lei de velocidade k, K_B e K_T na Equação (10-80).
(b) Escreva a lei de velocidade como função somente das pressões parciais.
(c) Encontre a razão dos sítios ocupados por tolueno, $C_{T\cdot S}$, e aqueles ocupados por benzeno, $C_{B\cdot S}$, para uma conversão de tolueno de 40%.

Solução

Os dados da Tabela 10-6 foram inseridos no programa de mínimos quadrados não linear do Polymath com a seguinte modificação: as velocidades de reação na coluna 1 foram multipli-

---

[17]*Ibid.*
[18]Veja a Leitura Complementar para uma variedade de técnicas para estimar os parâmetros da lei de velocidade.

Problema Exemplo de Simulação

cadas por 10^{10}, de tal forma que cada número na coluna 1 foi inserido como tal (isto é, 71,0, 71,3, ...). A equação do modelo foi

$$\text{Velocidade} = \frac{kP_T P_{H_2}}{1 + K_B P_B + K_T P_T} \qquad \text{(E10-1.1)}$$

De acordo com o procedimento passo a passo para regressão no Capítulo 7 e nas *Notas de Resumo* no site da LTC Editora, chegamos aos seguintes valores dos parâmetros mostrados na Tabela E10-1.1

TABELA E10-1.1 VALORES CALCULADOS PARA OS PARÂMETROS

Dados originais e dados calculados

	PT	PH2	PB	VELOC	VELOC. calc	Delta VELOC
1	1	1	0	7,1	71,0197	-0,0196996
2	1	1	0	71,3	71,0197	0,2803004
3	1	1	1	41,6	42,21931	-0,6193089
4	1	1	4	19,7	19,04705	0,6529537
5	1	1	1	42	42,21931	-0,2193089
6	1	1	5	17,1	16,10129	0,9987095
7	1	1	0	71,8	71,0197	0,7803004
8	1	2	0	142	142,0394	-0,0393992
9	1	4	0	284	284,0788	-0,0787985
10	0,5	1	0	47	47,64574	-0,6457351
11	1	1	0	71,3	71,0197	0,2803004
12	5	1	0	117	116,8977	0,102331
13	10	1	0	127	127,1662	-0,1661677
14	15	1	0	131	131,002	-0,0019833
15	20	1	0	133	133,008	-0,007997
16	1	1	1	41,8	42,21931	-0,4193089

Modelo: VELOC = k*PT*PH2/(1+KB*PB+KT*PT)

Variável	Est. inicial	Valor	95% confiança
k	144,	144,7673	1,240307
KB	1,4	1,390525	0,0457965
KT	1,03	1,038411	0,0131585

Ajustes da regressão não linear.
No Máx. interações = 64

Precisão

R^2	0,9999509
R^2adj	0,9999434
Rmsd	0,1128555
Variância	0,2508084

(a) As melhores estimativas são mostradas na caixa no canto superior direito da Tabela E10-1.1.

(b) Convertendo a lei de velocidade para quilogramas de catalisador e minutos,

$$-r'_T = \frac{1{,}45 \times 10^{-8} P_T P_{H_2}}{1 + 1{,}39 P_B + 1{,}038 P_T} \frac{\text{mol T}}{\text{g cat} \cdot \text{s}} \times \frac{1000 \text{ g}}{1 \text{ kg}} \times \frac{60 \text{ s}}{\text{min}} \qquad \text{(E10-1.2)}$$

temos

$$\boxed{-r'_T = \frac{8{,}7 \times 10^{-4} P_T P_{H_2}}{1 + 1{,}39 P_B + 1{,}038 P_T} \left(\frac{\text{g mol T}}{\text{kg cat.} \cdot \text{min}} \right)} \qquad \text{(E10-1.3)}$$

Razão dos sítios ocupados pelo tolueno em relação àqueles ocupados pelo benzeno.

(c) Após calcular os valores das constantes de adsorção, K_T e K_B, podemos calcular a razão de sítios ocupados pelas diversas espécies. Por exemplo, tomando a razão entre as Equações (10-75) e (10-76), a razão dos sítios ocupados por tolueno e por benzeno para uma conversão de 40% é

$$\frac{C_{T\cdot S}}{C_{B\cdot S}} = \frac{C_v K_T P_T}{C_v K_B P_B} = \frac{K_T P_T}{K_B P_B} = \frac{K_T P_{A0}(1-X)}{K_B P_{A0} X}$$

$$= \frac{K_T(1-X)}{K_B X} = \frac{1{,}038(1-0{,}4)}{1{,}39(0{,}4)} = 1{,}12$$

Vemos que para conversão de 40% há aproximadamente 12% mais sítios ocupados por tolueno do que por benzeno.

Análise: Este exemplo mostra uma vez mais como determinar os valores dos parâmetros da lei de velocidade a partir de dados experimentais usando regressão com o programa Polymath. Mostra também como calcular as diferentes frações de sítios, vazios e ocupados, em função da conversão.

10.4.4 Projeto do Reator

Nosso próximo passo é expressar as pressões parciais P_T, P_B, e P_{H_2} em função de X, combinar as pressões parciais com a lei de velocidade, $-r'_A$, como função da conversão, e fazer a integração da equação de projeto de um reator de leito de recheio.

$$\frac{dX}{dW} = \frac{-r'_A}{F_{A0}} \tag{2-17}$$

Exemplo 10-2 Projeto de um Reator Catalítico

A hidrodesmetilação do tolueno será conduzida em um reator catalítico PBR.

$$C_6H_5CH_3 + H_2 \xrightarrow[\text{catalisador}]{} C_6H_6 + CH_4$$

A vazão molar de alimentação de tolueno para o reator é 50 mol/min, e a entrada do reator está a 40 atm e 640 °C. A alimentação consiste em 30% de tolueno, 45% de hidrogênio e 25% de inertes. Hidrogênio é utilizado em excesso para evitar formação de coque. O parâmetro de queda de pressão (perda de carga), α, é $9{,}8 \times 10^{-5}$ kg^{-1}.

(a) Faça o gráfico e analise a conversão, a razão de pressões, y, e a pressão parcial de tolueno, hidrogênio e benzeno em função da massa de catalisador no PBR.
(b) Determine a massa de catalisador em um reator CSTR fluidizado com massa específica de 400 kg/m^3 (0,4 g/cm^3) para obter uma conversão de 65%.

Solução

(a) PBR com queda de pressão

1. Balanço Molar:

Balanço para o tolueno (T)

$$\frac{dF_T}{dW} = r'_T$$

$$\frac{dX}{dW} = \frac{-r'_T}{F_{T0}} \tag{E10-2.1}$$

2. Lei de Velocidade: Da Equação (E10-2.1), temos

$$-r'_T = \frac{kP_{H_2}P_T}{1+K_BP_B+K_TP_T} \tag{E10-2.2}$$

com $k = 0{,}00087$ mol/atm^2/ kg cat/min, $K_B = 1{,}39$ atm^{-1}, e $K_T = 1{,}038$ atm^{-1}.

3. Estequiometria:

$$P_T = C_TRT = C_{T0}RT_0\left(\frac{1-X}{1+\varepsilon X}\right)y = P_{T0}\left(\frac{1-X}{1+\varepsilon X}\right)y$$

$$\varepsilon = y_{T0}\delta = 0{,}3(0) = 0$$

$$P_T = P_{T0}(1 - X)y \tag{E10-2.3}$$

Relacionando Tolueno (T) / Benzeno (B) / Hidrogênio (H_2)

$$P_{H_2} = P_{T0}(\Theta_{H_2} - X)y$$

$$\Theta_{H_2} = \frac{0{,}45}{0{,}30} = 1{,}5$$

$$P_{H_2} = P_{T0}(1{,}5 - X)y \tag{E10-2.4}$$

$$P_B = P_{T0}Xy \tag{E10-2.5}$$

Como $\varepsilon = 0$, podemos usar a forma integrada da expressão de queda de pressão.

P_0 = pressão total na entrada

$$y = \frac{P}{P_0} = (1-\alpha W)^{1/2} \tag{4-33}$$

$$\alpha = 9{,}8 \times 10^{-5}\ \text{kg}^{-1}$$

A queda de pressão em PBRs é discutida na Seção 5.5.

Observe que P_{T0} designa a pressão parcial de tolueno na entrada do reator. Neste exemplo, a pressão total na entrada é designada P_0 para evitar qualquer confusão. A fração molar de tolueno na entrada é 0,3 (isto é, $y_{T0} = 0{,}3$), de tal forma que a pressão parcial de tolueno é

$$P_{T0} = (0{,}3)(40) = 12 \text{ atm}$$

Calculamos em seguida a quantidade máxima de catalisador que podemos ter, de tal forma que a pressão de saída não seja menor do que a pressão atmosférica para uma dada vazão de alimentação. Essa massa é calculada substituindo a pressão de entrada de 40 atm e a pressão de saída de 1 atm na Equação (5-33), isto é,

$$\frac{1}{40} = (1 - 9{,}8 \times 10^{-5}W)^{1/2}$$

$$W = 10.197 \text{ kg}$$

4. **Avalie:** Consequentemente, fixaremos a massa final em 10.000 kg e determinaremos a conversão em função da massa de catalisador até este valor. As Equações (E10-2.1) a (E10-2.5) são mostradas no programa Polymath na Tabela E10-2.1. A conversão é mostrada como função da massa do catalisador na Figura E10-2.1, e os perfis de pressão parcial de tolueno, hidrogênio e benzeno são mostrados na Figura E10-2.2. Observa-se que a queda de pressão faz com que a pressão parcial do benzeno passe por um máximo, à medida que atravessa o reator.

Problema Exemplo de Simulação

TABELA E10-2.1 PROGRAMA POLYMATH E SAÍDA

Equações diferenciais

1 d(X)/d(w) = -rt/FTo

Equações explícitas

1 FTo = 50
2 k = 0,00087
3 KT = 1,038
4 KB = 1,39
5 alfa = 0,000098
6 Po = 40
7 PTo = 0,3*Po
8 y = (1-alfa*w)^0,5
9 P = y*Po
10 PH2 = PTo*(1,5-X)*y
11 PB = PTo*X*y
12 PT = PTo*(1-X)*y
13 rt = -k*PT*PH2/(1+KB*PB+KT*PT)
14 VELOC. = -rt

Valores calculados das variáveis das EDOs

	Variável	Valor inicial	Valor final
1	alfa	9,8E-05	9,8E-05
2	FTo	50,	50,
3	k	0,00087	0,00087
4	KB	1,39	1,39
5	KT	1,038	1,038
6	P	40,	5,656854
7	PB	0	1,157913
8	PH2	18,	1,387671
9	Po	40,	40,
10	PT	12,	0,5391433
11	PTo	12,	12,
12	VELOC.	0,0139655	0,0002054
13	rt	-0,0139655	-0,0002054
14	w	0	10000,
15	X	0	0,6823067
16	y	1,	0,1414214

Perfil de conversão ao longo do leito de recheio

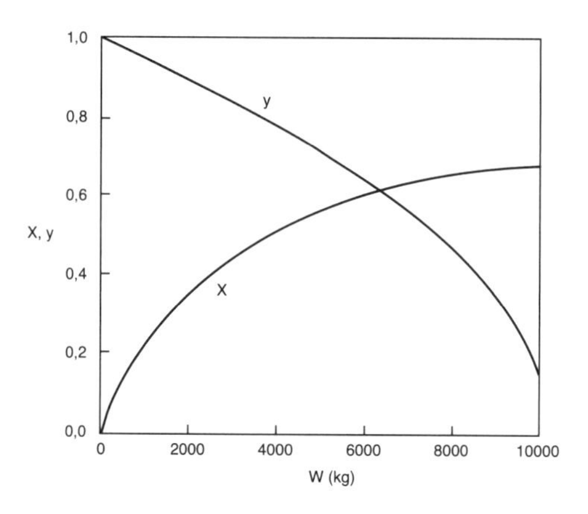

Figura E10-2.1 Perfis de conversão e razão de pressão.

Observe que a pressão parcial de benzeno passa por um máximo. Por quê?

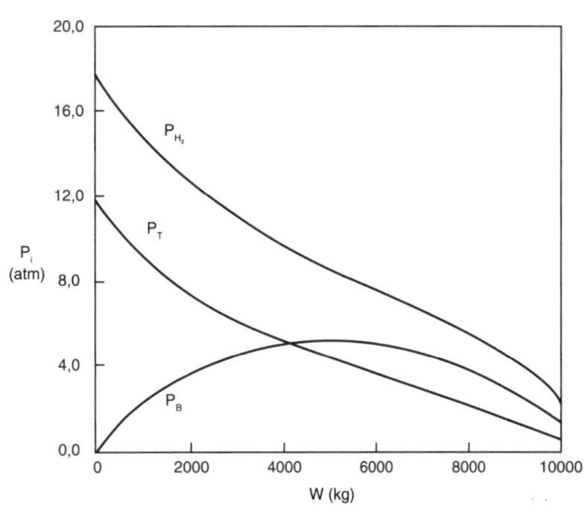

Figura E10-2.2 Perfis de pressão parcial.

Se a queda de pressão ΔP não fosse considerada, teria sido um tanto embaraçoso.

Análise do PBR: Para o caso sem queda de pressão, a conversão que seria obtida com 10.000 kg de catalisador seria 79%, comparada com 68,2% quando há queda de pressão no reator. Para realizar esse cálculo use o programa exemplo de simulação e simplesmente multiplique o parâmetro de queda de pressão por zero, isto é, linha (5) onde se lê α = 0,00098*0. *Para a vazão de alimentação dada, eliminar ou minimizar a queda de pressão aumentaria a produção de benzeno em cerca de 61 milhões de libras por ano!* Finalmente, notamos na Figura E10-2.2 que a pressão parcial de benzeno (P_B) passa por um máximo. Esse máximo pode ser explicado lembrando que P_B é apenas o produto da fração molar do benzeno (x_B) e da pressão total (P) [isto é, $P_B = x_B P$]. Próximo ao meio e até o final do leito, o benzeno não mais é formado, de tal forma que x_B para de aumentar. No entanto, por causa da perda de carga, a pressão total diminui e, como consequência, também a P_B diminui.

(b) CSTR Fluidizado

Calcularemos agora a massa de catalisador em um CSTR fluidizado necessária para obter a mesma (ca.) conversão em um reator de leito de recheio nas mesmas condições operacionais. A massa específica total no reator de leito fluidizado é 0,4 g/cm³. A equação de projeto é

CSTR Fluidizado

1. **Balanço Molar:**

Entrada	–	Saída	+	Geração	=	Acúmulo
F_{T0}	–	F_T	+	$r'_T W$	=	0

Rearranjando,

$$W = \frac{F_{T0} - F_T}{-r'_T} = \frac{F_{T0} X}{-r'_T} \tag{E10-2.6}$$

2. **Lei de velocidade** e **3. Estequiometria** são as mesmas que na parte (**a**) para o cálculo do PBR
4. **Combinar e Avaliar:** Escrevendo a Equação (E10-2.3) em termos da conversão e substituindo $X = 0{,}65$ e $P_{T0} = 12$ atm na Equação (E10-2.2), temos

$$-r'_T = \frac{8{,}7\times10^{-4} P_T P_{H_2}}{1 + 1{,}39 P_B + 1{,}038 P_T} = \frac{8{,}7\times10^{-4} P_{T0}^2(1-X)(1{,}5-X)}{1+1{,}39 P_{T0} X + 1{,}038 P_{T0}(1-X)} = 2{,}3\times10^{-3}\,\frac{\text{mol}}{\text{kgcat}\cdot\text{min}}$$

$$W = \frac{F_{T0} X}{-r'_T} = \frac{(50 \text{ mol T/min})(0{,}65)}{2{,}3\times10^{-3} \text{ mol T/kg cat}\cdot\text{min}}$$

$$\boxed{W = 1{,}41\times10^4 \text{ kg de catalisador}}$$

e o volume do reator correspondente é

$$V = \frac{W}{\rho_b} = \frac{1{,}41\times10^4 \text{ kg}}{400 \text{ kg/m}^3} = 35{,}25 \text{ m}^3$$

Como podemos reduzir a massa de catalisador?

Análise: Este exemplo usou dados reais e o algoritmo ERQ para projetar um PBR e CSTR. Um ponto importante a destacar é que foi mostrado como pode ser embaraçoso não incluir a queda de pressão no projeto de um reator de leito de recheio. Notamos também que para ambos, PBR e CSTR fluidizado, os valores para a massa de catalisador e volume do reator são bem altos, especialmente para as baixas vazões de alimentação dadas. *Consequentemente, a temperatura da mistura reagente deve ser aumentada para reduzir a massa de catalisador, desde que reações laterais e desativação do catalisador não se tornem um problema em temperaturas mais altas.*

O Exemplo 10-2 ilustra as principais atividades pertinentes ao projeto de um reator catalítico descrito anteriormente na Figura 10-6. No mesmo exemplo a lei de velocidade foi obtida diretamente dos dados e então um mecanismo consistente com os dados experimentais foi proposto. Por outro lado, propor um mecanismo factível pode guiar o desenvolvimento de uma lei de velocidade.

10.5 Engenharia de Reações na Fabricação Microeletrônica

10.5.1 Visão Geral

Estenderemos agora os princípios das seções anteriores para tecnologias emergentes em engenharia química. Engenheiros químicos têm atualmente um papel importante na indústria eletrônica. Especificamente, eles estão se envolvendo mais na fabricação de dispositivos eletrônicos e fotônicos, materiais de gravação e, especialmente, dispositivos médicos do tipo de *chips* para determinações analíticas.

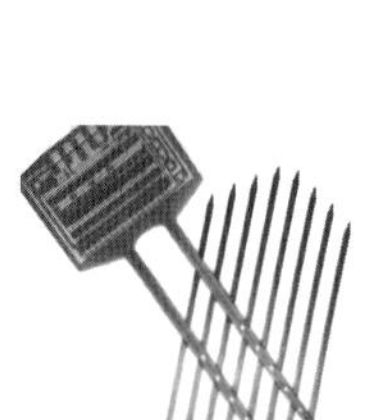

Reações na superfície têm um papel importante na fabricação de dispositivos eletrônicos. Um dos desenvolvimentos mais importantes do Século XX foi a invenção do circuito integrado. Avanços no desenvolvimento de circuitos integrados resultaram na produção de circuitos que podem ser colocados em um único *chip* de semicondutor do tamanho da cabeça de um alfinete, capaz de realizar várias tarefas controlando o fluxo de elétrons através de uma vasta rede de canais. Esses canais, que são feitos a partir de semicondutores, tais como silício, arseneto de gálio, fosfeto de índio e germânio, levaram ao desenvolvimento de uma grande variedade de novos dispositivos eletrônicos. Exemplos de dispositivos microeletrônicos de detecção que usam os princípios de engenharia de reações químicas são mostrados na margem do texto.

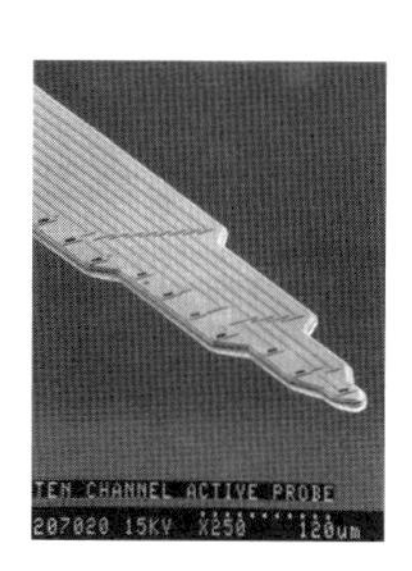

A manufatura de um circuito integrado requer a fabricação de uma rede de vias para os elétrons. As etapas principais de engenharia de reações químicas do processo de fabricação incluem a deposição do material na superfície de um material chamado *substrato* (por exemplo, por deposição química de vapor), mudança da condutividade de regiões da superfície (por exemplo, por dopagem com boro ou implante de íons), e remoção do material não desejado (por exemplo, por gravação ou ataque químico*). Ao usar essas etapas sistematicamente, circuitos eletrônicos em miniatura podem ser fabricados em *chips* de semicondutores muito pequenos. A fabricação de dispositivos microeletrônicos pode ter de 30 a 200 etapas individuais para produzir *chips* com até 10^9 elementos por *chip*.

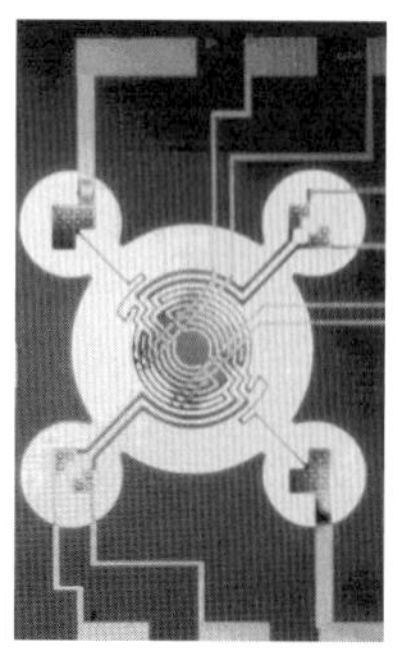

Princípios de engenharia química estão de fato envolvidos em todas as etapas!

Um esquema simplificado das etapas envolvidas para produzir um dispositivo semicondutor típico, o transistor de efeito de campo de semicondutor de óxido metálico (MOSFET) é mostrado na Figura 10-20. A partir do campo superior esquerdo, vemos que lingotes de monocristais de silício crescem em um cristalizador de Czochralski, são cortados em *wafers,*** e polidos química e fisicamente. Esses *wafers* polidos servem como materiais iniciais para uma variedade de dispositivos microeletrônicos. Uma sequência típica de fabricação é mostrada para o processamento do *wafer*, começando com a formação de uma camada de SiO_2 sobre o silício. A camada de SiO_2 pode ser formada tanto por oxidação de uma camada de silício como pela colocação de uma

---

*O termo original, em inglês, é *etching*, que é uma gravação por ataque químico do semicondutor. (N.T.)

***Wafer* é uma pastilha fina, normalmente em forma de disco. (N.T.)

camada de SiO_2 por deposição química de vapor (CVD). Em seguida, o *wafer* é coberto com uma camada de fotorresiste polimérico, uma máscara com um padrão a ser decapado na camada de SiO_2 é colocada sobre o fotorresiste e o *wafer* é exposto à radiação ultravioleta. Se a máscara for um fotorresiste positivo, as áreas expostas do polímero irradiadas pela luz se dissolverão quando colocadas no líquido revelador. Por outro lado, quando uma máscara de fotorresiste negativo é exposta à radiação ultravioleta, ocorre reticulação do polímero, e as áreas *não expostas* se dissolvem no líquido revelador. A porção não revelada do fotorresiste (nos dois casos) protegerá as áreas cobertas da gravação (*etching*).

Após a gravação das áreas expostas da SiO_2 para formar os sulcos (tanto por gravação úmida quanto por gravação por plasma), o fotorresiste remanescente é removido. Em seguida, o *wafer* é colocado em um forno contendo moléculas em fase gasosa do dopante desejado, que então se difundem no silício exposto. Após a difusão do dopante até a profundidade desejada no *wafer*, o mesmo é removido e então a SiO_2 é removida por gravação. A sequência de colocação de máscara, gravação, CVD e metalização continua até o dispositivo desejado ser formado. Um esquema do *chip* final é mostrado no canto inferior direito da Figura 10-20. Na Seção 10.5.2 discutiremos uma das etapas-chave do processo, a CVD.

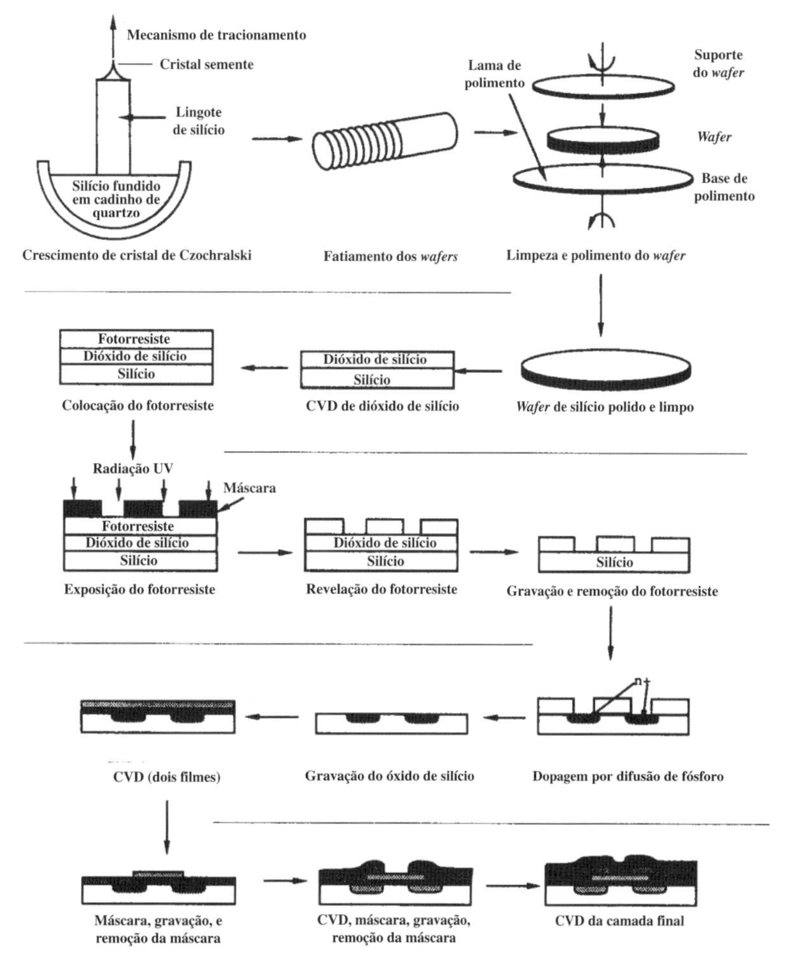

Figura 10-20 Etapas de fabricação microeletrônica.

10.5.2 Deposição Química de Vapor

Os mecanismos pelos quais a CVD ocorre são muito semelhantes àqueles de catálise heterogênea discutidos neste capítulo. O(s) reagente(s) adsorve(m) na superfície e então reage(m) na superfície para formar uma nova superfície. Esse processo pode ser seguido por uma etapa de dessorção, dependendo da reação particular.

Ge utilizado em Células Solares

O crescimento epitaxial de um filme de germânio como uma camada intermediária entre uma camada de arseneto de gálio e uma camada de silício tem chamado a atenção na indústria microeletrônica.[19] O germânio epitaxial é um material importante também na fabricação de células solares em série. O crescimento de filmes de germânio pode ser obtido por CVD. Um mecanismo proposto é

Dissociação em fase gasosa:	$GeCl_4(g) \rightleftarrows GeCl_2(g) + Cl_2(g)$
Adsorção:	$GeCl_2(g) + S \underset{}{\overset{k_A}{\rightleftarrows}} GeCl_2 \cdot S$
Adsorção:	$H_2 + 2S \underset{}{\overset{k_H}{\rightleftarrows}} 2H \cdot S$
Reação na superfície:	$GeCl_2 \cdot S + 2H \cdot S \xrightarrow{k_S} Ge(s) + 2HCl(g) + 2S$

Em princípio pode parecer que um sítio foi perdido quando comparamos os lados direito e esquerdo da etapa de reação na superfície. No entanto, o átomo de germânio que foi formado do lado direito é um sítio para uma adsorção futura de $H_2(g)$ ou $GeCl_2(g)$, e há três sítios em ambos os lados, direito e esquerdo, da etapa de reação na superfície. Esses sítios são mostrados esquematicamente na Figura 10-21.

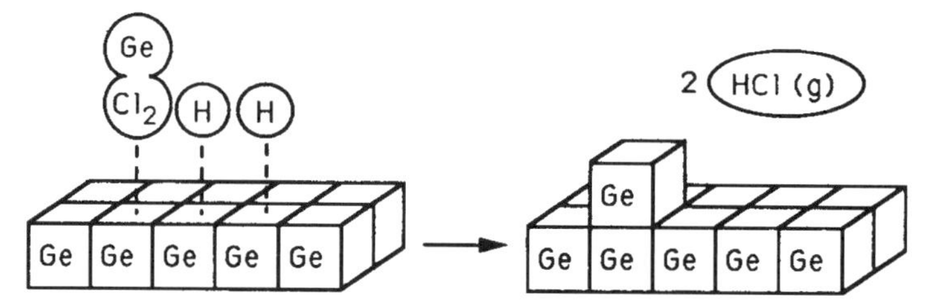

Figura 10-21 Reação na superfície por CVD para o germânio.

Lei de velocidade para a etapa limitante

Acredita-se que a reação na superfície entre o hidrogênio molecular adsorvido e o dicloreto de germânio é a etapa limitante. A reação segue uma lei de velocidade elementar com a velocidade proporcional à fração da superfície coberta por $GeCl_2$ vezes o quadrado da fração da superfície coberta por hidrogênio molecular.

$$r''_{Dep} = k_S f_{GeCl_2} f_H^2 \tag{10-82}$$

em que r''_{Dep} = velocidade de deposição por unidade de área, nm/s
k_s = velocidade específica de reação na superfície, nm/s
f_{GeCl_2} = fração da superfície coberta por dicloreto de germânio
f_H = fração da superfície coberta por hidrogênio molecular

A velocidade de deposição (velocidade de crescimento do filme) é frequentemente expressa em nanômetros por segundo e facilmente convertida para uma velocidade molar ($mol/m^2 \cdot s$) multiplicando pela densidade molar do germânio sólido (mol/m^3).

A diferença entre o desenvolvimento da lei de velocidade para CVD e a lei de velocidade para catálise é que a concentração de sítios (por exemplo, C_υ) é substituída pela fração de cobertura da superfície (por exemplo, a fração da superfície que está vazia, f_υ). A fração total da superfície disponível para adsorção deve, naturalmente, ser igual a 1,0.

Balanço de área

Balanço das frações de área: $$f_v + f_{GeCl_2} + f_H = 1 \tag{10-83}$$

[19]H. Ishii e Y. Takahashi, *J. Electrochem. Soc.*, *135*, p. 1539.

Concentraremos a nossa atenção primeiro na adsorção de $GeCl_2$. A velocidade de aderência à superfície é proporcional à pressão parcial de $GeCl_2$, P_{GeCl_2}, e à fração da superfície que está vazia, f_v. A velocidade de adsorção de $GeCl_2$ resultante é

$$r_{AD} = k_A \left(f_v P_{GeCl_2} - \frac{f_{GeCl_2}}{K_A} \right) \tag{10-84}$$

Como a etapa de reação na superfície é limitante da velocidade, de forma análoga às reações catalíticas, temos para a adsorção de $GeCl_2$

A adsorção de $GeCl_2$ não é limitante da velocidade

$$\frac{r_{AD}}{k_A} \approx 0$$

Resolvendo a Equação (10-84) para a fração de cobertura da superfície do $GeCl_2$, obtemos

$$\boxed{f_{GeCl_2} = f_v K_A P_{GeCl_2}} \tag{10-85}$$

Para a adsorção dissociativa de hidrogênio na superfície do Ge, a equação análoga à (10-84) é

$$r_{ADH_2} = k_H \left(P_{H_2} f_v^2 - \frac{f_H^2}{K_H} \right) \tag{10-86}$$

Como a reação na superfície é limitante da velocidade,

A adsorção de H_2 não é limitante da velocidade

$$\frac{r_{ADH_2}}{k_H} \approx 0$$

Então

$$\boxed{f_H = f_v \sqrt{K_H P_{H_2}}} \tag{10-87}$$

Substituindo f_{GeCl2} e f_H na Equação (10-82) para a velocidade de deposição de germânio, obtemos

$$r''_{Dep} = f_v^3 k_S K_A P_{GeCl_2} K_H P_{H_2} \tag{10-88}$$

Resolvemos para f_v de forma idêntica àquela utilizada para C_v em catálise heterogênea. Substituindo as Equações (10-85) e (10-87) na Equação (10-83), temos

$$f_v + f_v \sqrt{K_H P_{H_2}} + f_v K_A P_{GeCl_2} = 1$$

Rearranjando, obtemos

$$f_v = \frac{1}{1 + K_A P_{GeCl_2} + \sqrt{K_H P_{H_2}}} \tag{10-89}$$

Finalmente, substituindo f_v na Equação (10-88), encontramos que

$$r''_{Dep} = \frac{k_S K_H K_A P_{GeCl_2} P_{H_2}}{(1 + K_A P_{GeCl_2} + \sqrt{K_H P_{H_2}})^3}$$

e, agrupando K_A, K_H e k_s na velocidade específica de reação k', obtemos

Velocidade de deposição de Ge

$$\boxed{r''_{Dep} = \frac{k' P_{GeCl_2} P_{H_2}}{(1 + K_A P_{GeCl_2} + \sqrt{K_H P_{H_2}})^3}} \tag{10-90}$$

Precisamos agora correlacionar a pressão parcial de $GeCl_2$ com a pressão parcial de $GeCl_4$ para calcular a conversão de $GeCl_4$. Se assumirmos que a reação em fase gasosa

Equilíbrio na fase gasosa

$$GeCl_4(g) \rightleftarrows GeCl_2(g) + Cl_2(g)$$

está em equilíbrio, temos

$$K_P = \frac{P_{GeCl_2} P_{Cl_2}}{P_{GeCl_4}}$$

$$P_{GeCl_2} = \frac{P_{GeCl_4}}{P_{Cl_2}} \cdot K_P$$

e se o hidrogênio é fracamente adsorvido ($\sqrt{K_H P_{H_2}} < 1$), obtemos a velocidade de deposição como

$$r''_{Dep} = \frac{k P_{GeCl_4} P_{H_2} P^2_{Cl_2}}{(P_{Cl_2} + K_P P_{GeCl_4})^3} \qquad (10\text{-}91)$$

Podemos usar então a estequiometria para expressar a pressão parcial de cada espécie em termos da conversão e da pressão parcial de $GeCl_4$ na entrada, P_{GeCl_4}, e então calcular a conversão.

Devemos notar também que é possível que o $GeCl_2$ possa ser formado por reação do $GeCl_4$ e Ge na superfície, e nesse caso com uma lei de velocidade diferente.

10.6 Escolha do Modelo

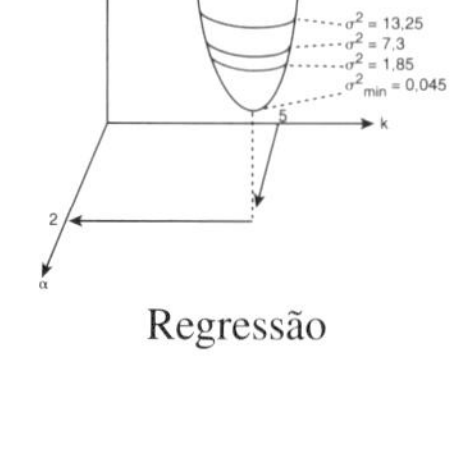

Regressão

Vimos que para cada mecanismo e cada etapa limitante podemos obter uma lei de velocidade. Consequentemente, se tivermos três possíveis mecanismos e três etapas limitantes para cada mecanismo, teríamos nove leis de velocidade possíveis para comparar com os dados experimentais. Usaremos as técnicas de regressão discutidas no Capítulo 7 para identificar que equação de modelo melhor se adapta aos dados, escolhendo aquela para a qual obtemos a menor soma dos quadrados e/ou com o teste F. Poderíamos também comparar o gráfico dos resíduos para cada modelo, que não mostra apenas o erro associado com cada ponto experimental, mas também mostra se o erro está distribuído aleatoriamente ou se há uma tendência no erro. Se o erro está distribuído de forma aleatória, esse resultado indica que a lei de velocidade correta foi escolhida.

Precisamos alertar aqui sobre a escolha de um modelo com a menor soma dos quadrados. O cuidado que devemos ter é que os valores dos parâmetros do modelo que dão a menor soma devem ser realistas. No caso de catálise heterogênea, todos os valores da constante de equilíbrio para adsorção devem ser positivos. Além disso, se a dependência da temperatura é fornecida, como a adsorção é exotérmica, a constante de equilíbrio de adsorção deve diminuir com o aumento da temperatura. Para ilustrar esses princípios, olhemos o exemplo seguinte.

Exemplo 10-3 Hidrogenação de Etileno a Etano

A hidrogenação (H) de etileno (E) para formar etano (EA),

$$H_2 + C_2H_4 \rightarrow C_2H_6$$

é conduzida sobre um catalisador de cobalto molibdênio [*Collect. Czech. Chem. Commun.*, *51*, 2760 (1988)]. Faça uma análise de regressão não linear dos dados apresentados na Tabela E10-3.1, e determine que lei de velocidade melhor descreve os dados.

TABELA E10-3.1 DADOS DE REATOR DIFERENCIAL

Corrida	*Velocidade de Reação (mol/kg cat. · s)*	P_E *(atm)*	P_{EA} *(atm)*	P_H *(atm)*
1	1,04	1	1	1
2	3,13	1	1	3
3	5,21	1	1	5
4	3,82	3	1	3
5	4,19	5	1	3
6	2,391	0,5	1	3
7	3,867	0,5	0,5	5
8	2,199	0,5	3	3
9	0,75	0,5	5	1

Procedimento

- Entre com os dados
- Entre com o modelo
- Faça uma estimativa inicial dos parâmetros
- Faça a regressão
- Examine os parâmetros e a variância
- Observe a distribuição dos erros
- Escolha o modelo

Notas de Resumo

Problema Exemplo de Simulação

Determine quais das seguintes leis de velocidade melhor descrevem os dados na Tabela E10-3.1.

(a) $-r'_E = \dfrac{kP_E P_H}{1 + K_{EA}P_{EA} + K_E P_E}$ (c) $-r'_E = \dfrac{kP_E P_H}{(1 + K_E P_E)^2}$

(b) $-r'_E = \dfrac{kP_E P_H}{1 + K_E P_E}$ (d) $-r'_E = kP_E^a P_H^b$

Solução

O Polymath foi escolhido como recurso computacional para resolver esse problema. Os dados na Tabela E10-3.1 foram introduzidos no sistema. Um conjunto de instruções passo a passo é apresentado no site da LTC Editora, nas *Notas de Resumo* do Capítulo 7. Após entrar com os dados e seguir as etapas do passo a passo, os resultados mostrados na Tabela E10-3.2 são obtidos.

TABELA E10-3.2 RESULTADOS DA REGRESSÃO NÃO LINEAR NO POLYMATH

Modelo (a)

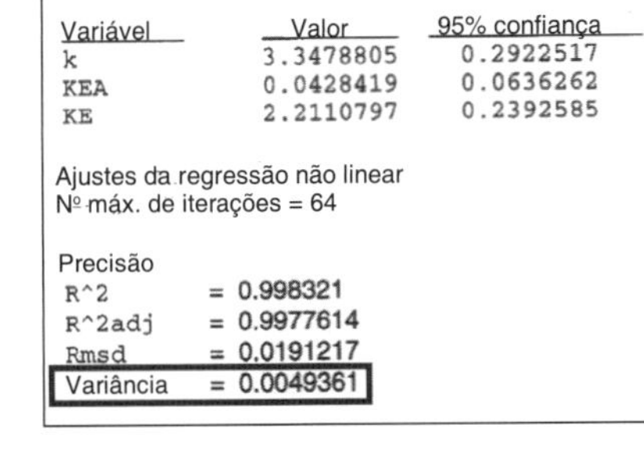

Modelo: VELOC = k*Pe*PH2/(1+KEA*Pea+KE*Pe)

Variável	Valor	95% confiança
k	3.3478805	0.2922517
KEA	0.0428419	0.0636262
KE	2.2110797	0.2392585

Ajustes da regressão não linear
Nº máx. de iterações = 64

Precisão
R^2 = 0.998321
R^2adj = 0.9977614
Rmsd = 0.0191217
Variância = 0.0049361

Modelo (b)

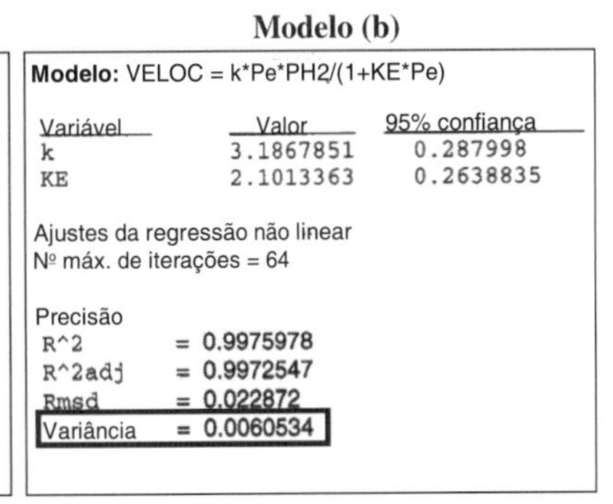

Modelo: VELOC = k*Pe*PH2/(1+KE*Pe)

Variável	Valor	95% confiança
k	3.1867851	0.287998
KE	2.1013363	0.2638835

Ajustes da regressão não linear
Nº máx. de iterações = 64

Precisão
R^2 = 0.9975978
R^2adj = 0.9972547
Rmsd = 0.022872
Variância = 0.0060534

Modelo (c)

Modelo: VELOC = k*Pe*PH2/(1+KE*Pe)^2

Variável	Valor	95% confiança
k	2.0087761	0.2661838
KE	0.3616652	0.0623045

Ajustes da regressão não linear
Nº máx. de iterações = 64

Precisão
R^2 = 0.9752762
R^2adj = 0.9717442
Rmsd = 0.0733772
Variância = 0.0623031

Modelo (d)

Modelo: VELOC = k*Pe^a*PH2^b

Variável	Valor	95% confiança
k	0.8940237	0.2505474
a	0.2584412	0.0704628
b	1.0615542	0.2041339

Ajustes da regressão não linear
Nº máx. de iterações = 64

Precisão
R^2 = 0.9831504
R^2adj = 0.9775338
Rmsd = 0.0605757
Variância = 0.0495372

Modelo (a)

Dos dados da Tabela E10-3.2, podemos obter

$$-r'_E = \frac{3{,}348\ P_E P_H}{1 + 0{,}043 P_{EA} + 2{,}21\ P_E} \qquad \text{(E10-3.1)}$$

Examinaremos agora a soma dos quadrados (variância) e a faixa das variáveis. A soma dos quadrados é razoável e de fato a menor para todos os modelos e igual 0,0049. *No entanto*, vamos olhar para K_{EA}. Observamos que o valor para o limite de confiança de 95% de ± 0,0636 é maior que o valor nominal de $K_{EA} = 0{,}043\ \text{atm}^{-1}$ (isto é, $K_{EA} = 0{,}043 \pm 0{,}0636$). O limite de confiança de 95% significa que se os experimentos fossem realizados 100 vezes, em 95 deles o valor de K_{EA} estaria entre $(-0{,}021) < K_{EA} < (0{,}1066)$. Como K_{EA} não pode ser negativo, vamos rejeitar esse modelo. Consequentemente, fazemos $K_{EA} = 0$ e seguimos para o Modelo (b).

Modelo (b)
Da Tabela E10-3.2, podemos obter

$$-r'_E = \frac{3{,}187\ P_E P_H}{1+2{,}1\ P_E} \qquad \text{(E10-3.2)}$$

O valor da constante de adsorção $K_E = 2{,}1\ \text{atm}^{-1}$ é razoável e não é negativo dentro do limite de confiança de 95%. Além disso, a variância é pequena, com $\sigma_B^2 = 0{,}0061$.

Modelo (c)
Da Tabela E10-3.2, podemos obter

$$-r'_E = \frac{2{,}0\ P_E P_{H_2}}{(1+0{,}036\ P_E)^2} \qquad \text{(E10-3.3)}$$

Apesar de K_E ser pequeno, nunca é negativo dentro do intervalo de confiança de 95%. A variância desse modelo é $\sigma_C^2 = 0{,}0623$, muito maior que a dos outros modelos. Comparando a variância do Modelo (**c**) com a do Modelo (**b**),

$$\frac{\sigma_C^2}{\sigma_B^2} = \frac{0{,}0623}{0{,}0061} = 10{,}2$$

Vemos que σ_C^2 é uma ordem de grandeza maior do que σ_B^2 e, portanto, eliminamos o modelo (**c**).[20]

Modelo (d)
Da mesma forma para um modelo de lei de potências, obtemos da Tabela E10-3.2

$$-r'_E = 0{,}894\ P_E^{0{,}26} P_{H_2}^{1{,}06} \qquad \text{(E10-3.4)}$$

Como no modelo (**c**) a variância é bem grande comparada à do modelo (**b**)

$$\frac{\sigma_D^2}{\sigma_B^2} = \frac{0{,}049}{0{,}0061} = 8{,}03$$

Então eliminamos o modelo (**d**). Para reações heterogêneas, leis de velocidade do tipo Langmuir-Hinshelwood são mais adequadas do que modelos baseados em leis de potência.

Análise: *Escolha o Melhor Modelo.* Neste exemplo fomos apresentados a quatro leis de velocidade e fomos perguntados que lei melhor se ajustava aos dados. Como todos os valores dos parâmetros são realistas para o **modelo** (**b**) e a soma dos quadrados é significativamente menor para o **modelo** (**b**) do que para os demais, escolhemos o **modelo** (**b**). Notamos novamente que há o cuidado que precisamos ressaltar sobre o uso de regressão! Não podemos simplesmente fazer uma regressão e escolher o modelo com o menor valor da soma dos quadrados. Se esse fosse o caso, teríamos escolhido o **modelo** (**a**), que tem o menor valor da soma dos quadrados para todos os modelos, com $\sigma^2 = 0{,}049$. No entanto, devemos considerar o realismo físico dos parâmetros no modelo. No **modelo** (**a**) o intervalo de confiança de 95% era maior que o parâmetro, originando assim valores negativos para o parâmetro, K_{AE}, o que é fisicamente impossível.

[20]Veja G. F. Froment e K. B. Bishoff, *Chemical Reaction Analysis and Design*, 2. ed. (New York: Wiley, 1990), p. 96.

Encerramento. Uma vez completado este capítulo, você deverá ser capaz de discutir as etapas de uma reação heterogênea (adsorção, reação na superfície, e dessorção) e descrever o que entende por etapa limitante. As diferenças entre adsorção molecular e adsorção dissociativa devem ser explicadas pelo leitor, assim como devem ser os tipos diferentes de reações na superfície (sítio simples, sítio duplo, e Eley-Rideal). Para um conjunto de dados de velocidade de uma reação heterogênea, o leitor deve ser capaz de analisar os dados e propor uma lei de velocidade para a cinética de Langmuir-Hinshelwood. O leitor deve ser capaz de escolher entre leis de velocidade para encontrar que modelo melhor se ajusta aos dados. Após calcular os parâmetros da lei de velocidade, o leitor deve proceder ao projeto de um PBR e um CSTR fluidizado.

A aplicação dos conceitos de ERQ na indústria eletrônica foi discutida e os leitores devem ser capazes de descrever a analogia entre a cinética de Langmuir-Hinshelwood e deposição química de vapor (CVD) e obter a lei de velocidade para mecanismos de CVD.

Este capítulo continua no site da LTC Editora, (Capítulo 10), que discute desativação de catalisadores.

RESUMO

1. Tipos de adsorção
   a. Quimissorção
   b. Adsorção física
2. A **isoterma de Langmuir**, que relaciona a concentração da espécie A na superfície com a pressão parcial de A em fase gasosa, é

$$C_{A\cdot S} = \frac{K_A C_t P_A}{1 + K_A P_A} \quad \text{(R10-1)}$$

3. A sequência de etapas para uma reação de isomerização catalisada por sólidos

$$\mathbf{A} \longrightarrow \mathbf{B} \quad \text{(R10-2)}$$

é:

   a. **Transferência de massa de A** do seio do fluido para a superfície externa da partícula de catalisador (*pellet*)
   b. **Difusão de A** no interior da partícula
   c. **Adsorção de A** na superfície catalítica
   d. **Reação na superfície de A** para formar **B**
   e. **Dessorção de B** da superfície
   f. **Difusão de B** do interior da partícula até a sua superfície externa
   g. **Transferência de massa de B** da superfície do sólido até o seio do fluido
4. Assumindo que a transferência de massa não é a etapa limitante, a velocidade de adsorção é

$$r_{AD} = k_A \left(C_v P_A - \frac{C_{A\cdot S}}{K_A} \right) \quad \text{(R10-3)}$$

A velocidade de reação na superfície é

$$r_S = k_S \left(C_{A\cdot S} - \frac{C_{B\cdot S}}{K_S} \right) \quad \text{(R10-4)}$$

A velocidade de dessorção é

$$r_D = k_D \left(C_{B\cdot S} - K_B P_B C_v \right) \quad \text{(R10-5)}$$

No regime estacionário,

$$-r'_A = r_{AD} = r_S = r_D \quad \text{(R10-6)}$$

Se não há inibidores presentes, a concentração total de sítios é

$$C_t = C_v + C_{A \cdot S} + C_{B \cdot S} \tag{R10-7}$$

5. Se assumirmos que a reação na superfície é a etapa limitante, fazemos

$$\frac{r_{AD}}{k_A} \simeq 0 \qquad \frac{r_D}{k_D} \simeq 0$$

e resolvemos para $C_{A \cdot S}$ e $C_{B \cdot S}$ em termos de P_A e P_B. Após a substituição dessas quantidades na Equação (R10-4), a concentração de sítios vazios é eliminada com o auxílio da Equação (R10-7):

$$-r_A' = r_S = \frac{\overbrace{C_t k_S K_A}^{k}\left(P_A - P_B / K_P\right)}{1 + K_A P_A + K_B P_B} \tag{R10-8}$$

Lembrando que a constante de equilíbrio para a dessorção da espécie B é o inverso da constante de equilíbrio para a adsorção da espécie B:

$$K_B = \frac{1}{K_{DB}} \tag{R10-9}$$

e que a constante de equilíbrio termodinâmico, K_P, é

$$K_P = K_A K_S / K_B \tag{R10-10}$$

6. Deposição química de vapor:

$$SiH_4(g) \rightleftarrows SiH_2(g) + H_2(g) \tag{R10-11}$$

$$SiH_2(g) + S \longrightarrow SiH_2 \cdot S \tag{R10-12}$$

$$SiH_2 \cdot S \longrightarrow Si(s) + H_2(g) \tag{R10-13}$$

$$r_{Dep} = \frac{kP_{SiH_4}}{P_{H_2} + KP_{SiH_4}} \tag{R10-14}$$

MATERIAL NO SITE DA LTC EDITORA

- **Recursos de Aprendizagem**
  1. *Notas de Resumo para o Capítulo 10*
  2. *Jogos Interativos de Computador*
     Catálise Heterogênea

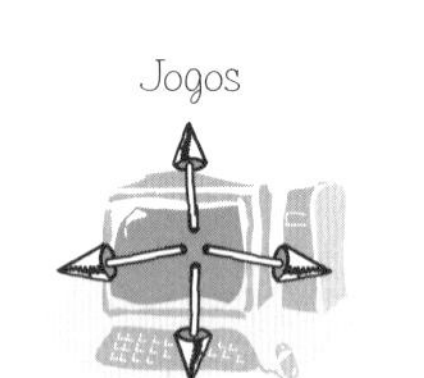

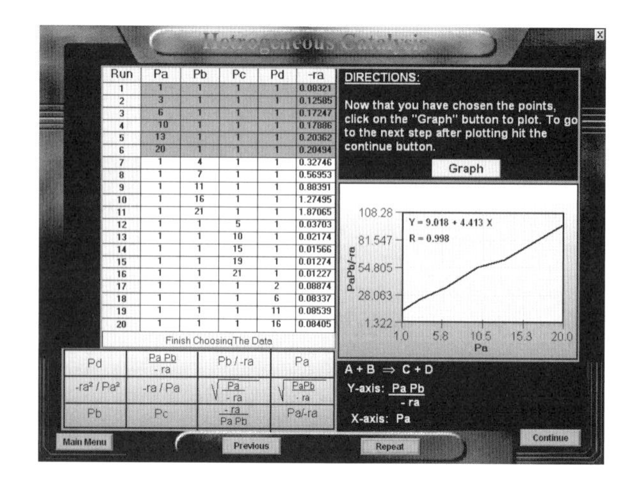

Run	Pa	Pb	Pc	Pd	-ra
1	1	1	1	1	0.08321
2	3	1	1	1	0.12585
3	6	1	1	1	0.17247
4	10	1	1	1	0.17886
5	13	1	1	1	0.20362
6	20	1	1	1	0.20494
7	1	4	1	1	0.32746
8	1	7	1	1	0.56953
9	1	11	1	1	0.88391
10	1	16	1	1	1.27495
11	1	21	1	1	1.87065
12	1	1	5	1	0.03703
13	1	1	10	1	0.02174
14	1	1	15	1	0.01566
15	1	1	19	1	0.01274
16	1	1	21	1	0.01227
17	1	1	1	2	0.08874
18	1	1	1	6	0.08337
19	1	1	1	11	0.08539
20	1	1	1	16	0.08405

3. *Problemas Resolvidos*
   Exemplo DVD10-1 Análise de uma Reação Heterogênea [Problema de Sala de Aula da Universidade de Michigan]
   Exemplo DVD10-2 Análise de Mínimos Quadrados para Determinar os Parâmetros da Lei de Velocidade k, k_T e k_B
   Exemplo DVD10-3 Desativação em um Reator de Leito de Transporte Ascendente
   Exemplo DVD10-4 Envenenamento de Catalisadores em um Reator Batelada

- **Problemas Exemplos de Simulação**
  1. *Exemplo 10-2 Análise de Regressão para Determinar os Parâmetros do Modelo*
  2. *Exemplo 10-3 Projeto de um Reator de Leito Fixo*
  3. *Exemplo 10-4 Escolha do Modelo*
  4. *Exemplo* DVD10-6 *Desativação de Catalisadores em um Reator de Leito Fluidizado Modelado como um CSTR*
  5. *Exemplo* DVD10-8 *Desativação em um Reator de Leito de Transporte Ascendente*

- **Material de Referência Profissional**
  R10.1 *Classificação de Catalisadores*
  R10.2 *Adsorção de Hidrogênio*
  A. Adsorção Molecular
  B. Adsorção Dissociativa
  R10.2 *Análise das Leis de Desativação de Catalisadores*
  A. Método Integral
  B. Método Diferencial
  R10.3 *Gravação de Semicondutores* (*Ataque Químico* ou *Etching*)
  A. Gravação a Seco
  B. Gravação a Úmido
  C. Catálise da Dissolução
  R10.4 *Desativação de Catalisadores*
  A. Tipos de Desativação Catalítica
  B. Trajetórias Temperatura-Tempo
  C. Reatores de Leito Móvel
  D. Reatores de Leito de Transporte Ascendente

Após Ler Cada Página Neste Livro, Faça uma Pergunta para Si sobre o Que Você Leu

QUESTÕES E PROBLEMAS

O subíndice de cada um dos números dos problemas indica o seu nível de dificuldade: A, mais fácil; D, mais difícil

A = ● B = ■ C = ◆ D = ◆◆

P10-1$_A$ Leia os problemas no fim deste capítulo. Crie um problema original que use os conceitos apresentados neste capítulo. Veja o Problema P5-1$_A$ para sugestões. Para obter a solução:

(**a**) Crie os seus próprios dados e reação.

(**b**) Utilize uma reação real e dados reais.

Os periódicos apresentados no final do Capítulo 1 podem ser úteis para a formulação na parte (**b**).

(**c**) Escolha uma das perguntas mais frequentes (FAQ) do Capítulo 10 e diga por que foi útil.

(**d**) Ouça os arquivos de áudio constantes no site da LTC Editora (em inglês) escolha um e diga por que foi útil.

P10-2$_B$ (**a**) **Exemplo 10-1**. Faça o gráfico e analise (1) a razão entre os sítios ocupados pelo tolueno e pelo benzeno, (2) a fração de sítios vazios e (3) a razão de sítios ocupados pelo benzeno como função da conversão a 1 atm.

(**b**) **Exemplo 10-2**. (1) Se a pressão de entrada fosse aumentada para 80 atm ou reduzida para 1 atm, como as suas respostas seriam afetadas? (2) Se o fluxo molar fosse reduzido em 50%, como X e y seriam afetados? (3) Que massa de catalisador seria necessária para uma conversão de 60%?

(**c**) **Exemplo 10-3**. (1) Como as suas respostas mudariam se os dados para a corrida 10 fossem incorporados na sua tabela de regressão?

$-r'_E = 0{,}8$ mol/kg cat · s, $P_E = 0{,}5$ atm, $P_{EA} = 15$ atm, $P_H = 2$ atm.

(2) Como as leis de velocidade (**e**) e (**f**)

$$(\mathbf{e})\ -r'_E = \frac{kP_E P_H}{(1+K_A P_{EA}+K_E P_E)^2} \qquad (\mathbf{f})\ -r'_E = \frac{kP_H P_E}{1+K_A P_{EA}}$$

podem ser comparadas às leis de velocidade utilizadas para ajustar os dados?

(**d**) Escreva uma pergunta para este problema que envolva pensamento crítico ou criativo e explique por que ela o requer.

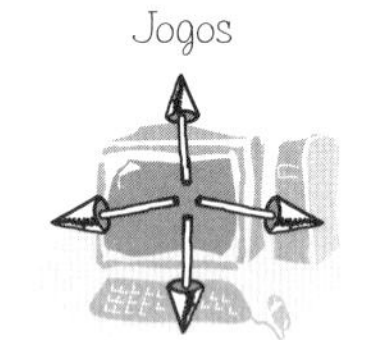

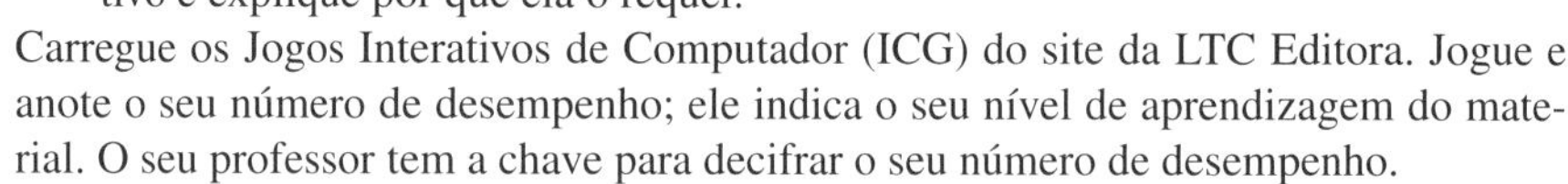

P10-3 Carregue os Jogos Interativos de Computador (ICG) do site da LTC Editora. Jogue e anote o seu número de desempenho; ele indica o seu nível de aprendizagem do material. O seu professor tem a chave para decifrar o seu número de desempenho.

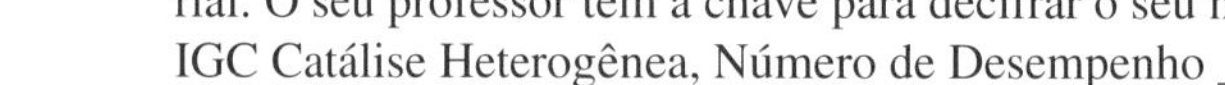

IGC Catálise Heterogênea, Número de Desempenho _________________.

P10-4$_A$ Álcool *t*-butílico (TBA) é usado para aumentar o número de octanas da gasolina no lugar de aditivos à base de chumbo [*Ind. Eng. Chem. Res. 27*, 2224 (1988)]. TBA foi produzido pela hidratação em fase líquida (W) de isobuteno (I) sobre um catalisador Amberlyst-15. O sistema é, em geral, uma mistura multifásica de hidrocarbonetos, água, e catalisador sólido. No entanto, o uso de cossolventes ou excesso de TBA resulta em uma miscibilidade razoável. Acredita-se que o mecanismo de reação é

$$I + S \rightleftarrows I \cdot S \qquad (P10\text{-}4.1)$$

$$W + S \rightleftarrows W \cdot S \qquad (P10\text{-}4.2)$$

$$W \cdot S + I \cdot S \rightleftarrows TBA \cdot S + S \qquad (P10\text{-}4.3)$$

$$TBA \cdot S \rightleftarrows TBA + S \qquad (P10\text{-}4.4)$$

Obtenha a lei de velocidade assumindo:

(**a**) A reação na superfície é limitante da velocidade de reação.

(**b**) A adsorção de isobuteno é limitante da velocidade de reação.

(**c**) A reação acontece segundo a cinética do tipo Eley-Rideal

$$I \cdot S + W \longrightarrow TBA \cdot S \qquad (P10\text{-}4.5)$$

e a reação na superfície é limitante.

(**d**) Isobuteno (I) e água (W) são adsorvidos em sítios diferentes.

$$I + S_1 \rightleftarrows I \cdot S_1 \qquad (P10\text{-}4.6)$$

$$W + S_2 \rightleftarrows W \cdot S_2 \qquad (P10\text{-}4.7)$$

O TBA *não* está na superfície, e a reação na superfície é limitante da velocidade.

$$\left[Resp.:\ r'_{TBA} = -r'_I = \frac{k[C_I C_W - C_{TBA}/K_c]}{(1+K_W C_W)(1+K_I C_I)} \right]$$

(**e**) Que generalização você pode fazer ao comparar as leis de velocidade obtidas nas partes (**a**) a (**d**)?

P10-5$_A$ A lei de velocidade para a hidrogenação (H) de etileno (E) a etano (A) sobre um catalisador de cobalto molibdênio [*Collection Czech. Chem. Commun., 51*, 2760 (1988)] é

$$-r'_E = \frac{kP_E P_H}{1+K_E P_E}$$

(**a**) Sugira um mecanismo e uma etapa limitante consistentes com a lei de velocidade.

(**b**) Qual foi a parte mais difícil para encontrar o mecanismo?

P10-6$_B$ Acredita-se que a formação do propanol em uma superfície catalítica aconteça segundo o seguinte mecanismo

$$O_2 + 2S \rightleftarrows 2O \cdot S$$

$$C_3H_6 + O \cdot S \rightarrow C_3H_5OH \cdot S$$

$$C_3H_5OH \cdot S (\rightleftarrows C_3H_5OH + S)$$

Sugira uma etapa limitante e obtenha a lei de velocidade.

P10-7$_B$ A desidratação do álcool *n*-butílico (butanol) sobre um catalisador de sílica-alumina foi estudada por J. F. Maurer (Tese de Ph.D., Universidade de Michigan). Os dados na Figura P10-7$_B$ foram obtidos a 750 °F em um reator diferencial modificado. A alimentação era constituída apenas de butanol puro.

(**a**) Sugira um mecanismo e uma etapa limitante da velocidade consistentes com os dados experimentais.

(**b**) Calcule os parâmetros da lei de velocidade.

(**c**) Qual a fração de sítios vazios no ponto em que a velocidade inicial é máxima? Qual a fração de sítios ocupados por A e B?

(**d**) Que generalizações você pode fazer ao estudar este problema?

(**e**) Escreva um enunciado que requeira pensamento crítico e explique por que ele o requer. [*Sugestão*: Veja o Prefácio, Seção B.2.]

(**f**) Use uma ou mais das seis ideias na Tabela P-3, do prefácio deste livro, para este problema.

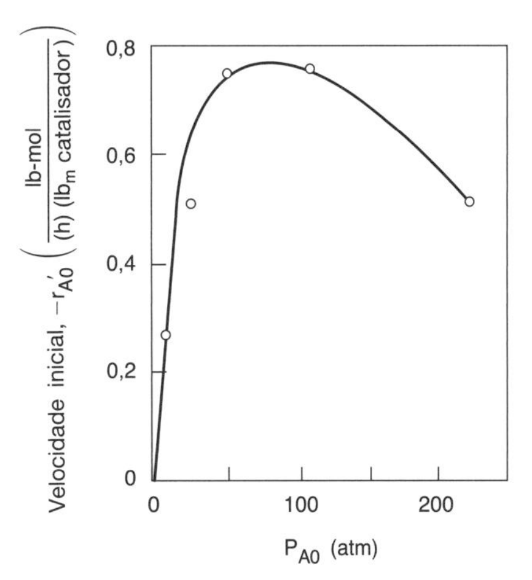

Figura P10-7$_B$ Velocidade inicial de reação como função da pressão parcial de butanol.

P10-8$_B$ A desidratação catalítica de metanol (ME) para formar éter dimetílico (DME) e água foi conduzida em um catalisador de troca iônica [K. Klusacek, *Collection Czech. Chem. Commun.*, *49*, 170 (1984)]. O leito de recheio foi preenchido inicialmente com nitrogênio, e em $t = 0$ a alimentação de vapor de metanol puro entrou no reator a 413 K, 100 kPa, e 0,2 cm^3/s. As pressões parciais abaixo foram registradas na saída do reator diferencial contendo 1,0 g de catalisador e com volume de 4,5 cm^3.

	t(s)						
	0	10	50	100	150	200	300
P_{N_2} (kPa)	100	50	10	2	0	0	0
P_{ME} (kPa)	0	2	15	23	25	26	26
P_{H_2O} (kPa)	0	10	15	30	35	37	37
P_{DME} (kPa)	0	38	60	45	40	37	37

Sugira um mecanismo, uma etapa limitante, e uma lei de velocidade consistentes com estes dados.

P10-9$_B$ Em 1981 o governo dos EUA apresentou o seguinte plano para os fabricantes de automóveis, visando reduzir as emissões automotivas nos anos seguintes.

	Ano		
	1981	1993	2010
Hidrocarbonetos	0,41	0,25	0,125
CO	3,4	3,4	1,7
NO	1,0	0,4	0,2

Todos os valores são em gramas por milha. Um automóvel que emita 3,74 lb_m de CO e 0,37 lb_m de NO em um trajeto de 1000 milhas atenderia às exigências governamentais.

Para remover os óxidos de nitrogênio (assumindo serem NO) dos gases de exaustão automotivos, propôs-se um esquema em que CO não queimado (CO) presente nos gases de exaustão é utilizado para reduzir o NO sobre um catalisador sólido, de acordo com a reação

$$CO + NO \xrightarrow[\text{catalisador}]{} \text{Produtos } (N_2, CO_2)$$

Os dados experimentais para esse catalisador sólido em particular indicam que a reação pode ser representada em uma ampla faixa de temperaturas por

$$-r'_N = \frac{kP_N P_C}{(1+K_1P_N+K_2P_C)^2} \qquad \text{(P10-9.1)}$$

em que P_N = pressão parcial do NO em fase gasosa
P_C = pressão parcial do CO em fase gasosa
k, K_1, K_2 = coeficientes dependentes somente da temperatura

(**a**) Proponha um mecanismo do tipo adsorção-reação na superfície-dessorção e uma etapa limitante que sejam consistentes com a lei de velocidade observada experimentalmente. Você precisa assumir que uma das espécies está fracamente adsorvida para obter uma expressão semelhante à Equação (P10-9.1)?

(**b**) Um certo engenheiro acha que seria desejável operar o sistema com um grande excesso de CO para minimizar o volume do reator catalítico. Você concorda ou discorda? Explique.

P10-10$_B$ Butanona, também conhecida como metil-etil-cetona (MEK), é um importante solvente industrial que pode ser produzido pela desidrogenação de 2-butanol (Bu) em um catalisador de óxido de zinco [*Ind. Eng. Chem. Res.*, *27*, 2050 (1988)]:

$$Bu \xrightarrow[\text{catalisador}]{} MEK + H_2$$

Os seguintes dados de velocidade de reação para a MEK foram obtidos em um reator diferencial a 490 ºC.

P_{Bu} (atm)	2	0,1	0,5	1	2	1
P_{MEK} (atm)	5	0	2	1	0	0
P_{H_2} (atm)	0	0	1	1	0	10
r'_{MEK} (mol/h·g cat.)	0,044	0,040	0,069	0,060	0,043	0,059

(**a**) Sugira uma lei de velocidade consistente com os dados experimentais.

(**b**) Sugira um mecanismo de reação e uma etapa limitante consistentes com a lei de velocidade. [*Sugestão*: Algumas espécies podem estar fracamente adsorvidas.]

(**c**) Use uma ou mais das seis ideias apresentadas na Tabela P-3, do Prefácio deste livro, para resolver este problema.

(**d**) Faça o gráfico da conversão (até 90%) e da velocidade de reação como função da massa do catalisador para uma vazão molar de entrada de 2-butanol puro de 10 mol/min a uma pressão de entrada P_0 = 10 atm. $W_{máx}$ = 23 kg.

(**e**) Formule uma pergunta que requeira raciocínio crítico e explique por que a sua pergunta requer raciocínio crítico. [*Sugestão:* Veja o Prefácio, Seção B.2.]

(**f**) Repita a parte (**d**) levando em conta a queda de pressão e α = 0,03 kg^{-1}. Faça o gráfico de y e X em função da massa de catalisador no reator.

P10-11$_B$ Ciclo-hexanol foi passado sobre um catalisador para formar água e ciclo-hexeno:

$$\text{Ciclo-hexanol} \xrightarrow[\text{catalisador}]{} \text{Água} + \text{Ciclo-hexeno}$$

Suspeita-se que a reação envolva um mecanismo com sítio duplo, mas não se pode afirmar categoricamente. Acredita-se que a constante de equilíbrio de adsorção para o ciclo-hexanol é cerca de 1,0 e é, grosso modo, uma ou duas ordens de grandeza maior do que as constantes de equilíbrio dos demais compostos. Usando estes dados,

TABELA P10-11$_B$ DADOS PARA A FORMAÇÃO DE CICLO-HEXENO

Corrida	*Velocidade de Reação* (mol/dm^3·s) × 10^5	*Pressão Parcial de Ciclo-Hexanol (atm)*	*Pressão Parcial de Ciclo-Hexeno (atm)*	*Pressão Parcial de Vapor (H_2O) (atm)*
1	3,3	1	1	1
2	1,05	5	1	1
3	0,565	10	1	1
4	1,826	2	5	1
5	1,49	2	10	1
6	1,36	3	0	5
7	1,08	3	0	10
8	0,862	1	10	10
9	0	0	5	8
10	1,37	3	3	3

(**a**) Sugira uma lei de velocidade e um mecanismo consistentes com os dados aqui apresentados.
(**b**) Determine os valores dos parâmetros da lei de velocidade [*Ind. Eng. Chem. Res.*, *32*, 2626-2632].
(**c**) Por que você acha que estimativas dos parâmetros da lei de velocidade foram dadas?
(**d**) Para uma vazão molar de entrada de ciclo-hexanol de 10 mol/s a uma pressão parcial na entrada de 15 atm, que massa de catalisador é necessária para obter 85% de conversão quando a massa específica global do catalisador é de 1500 g/dm^3?

P10-12$_B$ **Absorção de Energia Solar: Decomposição Eletrolítica da Água**. Hidrogênio e O_2 podem ser combinados em uma célula a combustível para gerar eletricidade. Energia solar pode ser utilizada para decompor a água e gerar o combustível H_2, e O_2, para células a combustível. Um método de termorredução solar utiliza $NiFe_2O_4$ como na sequência

$$\text{Etapa (1) Energia Solar} + \overbrace{NiFe_2O_4}^{\text{Superfície }(S)} \rightarrow \overbrace{1{,}2FeO + 0{,}4Fe_2O_3 + NiO}^{\text{Solução Sólida}(S')} + 0{,}3O_2 \uparrow$$

$$\text{Etapa (2)} \quad \overbrace{1{,}2FeO + 0{,}4Fe_2O_3 + NiO}^{\text{Solução Sólida}(S')} + 0{,}6H_2O \rightarrow \overbrace{NiFe_2O_4}^{\text{Superfície }(S)} + 0{,}6H_2 \uparrow$$

$$h\upsilon \downarrow\downarrow \quad \boxed{S} \rightarrow \boxed{S'} + 0{,}3\ O_2\uparrow$$

$$0{,}6\ H_2O + \boxed{S'} \rightarrow \boxed{S} + 0{,}6\ H_2\uparrow$$

Observamos que $NiFe_2O_4$ é regenerado no processo.[21]

(**a**) Obtenha a lei de velocidade para a Etapa (2), assumindo que a água é adsorvida na solução sólida em um mecanismo de sítio único e que a reação é irreversível.
(**b**) Repita o item (**a**) para uma reação reversível em que o sítio de adsorção da água na solução sólida (S') é diferente do sítio de adsorção do H_2 no $NiFe_2O_4$, (S).

$$H_2O + S' \rightleftarrows S' \cdot H_2O$$

$$S' \cdot H_2O \rightleftarrows S \cdot H_2$$

$$H_2 \cdot S \rightleftarrows S + H_2$$

(**c**) Como a sua lei de velocidade mudaria se incluirmos a Etapa 1?

$$S + h\upsilon \rightleftarrows S' \cdot O_2$$

$$S' \cdot O_2 \rightleftarrows S' + O_2$$

[21] Scheffe, J. R., J. Li e A. W. Weimer, "A Spinel Ferrite/Hercynite Water-Splitting Redox Cycle", *International Journal of Hydrogen Energy, 35*, 3333-3340 (2010).

P10-13$_B$ Em um estudo recente sobre a *deposição química* de sílica a partir *de vapor* de silano (SiH_4) sugeriu-se que a reação ocorre segundo o seguinte mecanismo em duas etapas [*J. Electrochem. Soc. 139*(9), 2659 (1992)]:

$$SiH_4 + S \xrightarrow{k_1} SiH_2 \cdot S + H_2 \quad (1)$$

$$SiH_2 \cdot S \xrightarrow{k_2} Si + H_2 \quad (2)$$

Esse mecanismo é algo diferente, pois, quando o SiH_2 é adsorvido irreversivelmente, é altamente reativo. De fato, o SiH_2 adsorvido reage tão logo é formado [isto é, $r^*_{SiH_2 \cdot S} = 0$, isto é, HEPE (Capítulo 9)], de tal modo que pode-se assumir que se comporta como um centro ativo.

(**a**) Determine se o mecanismo é consistente com os seguintes dados:

Velocidade de Deposição (mm/min)	0,25	0,5	0,75	0,80
Pressão de Silano (mtorr)	5	15	40	60

(**b**) Em que pressão parcial de silano você mediria os dois próximos pontos experimentais?

P10-14$_A$ Óxidos de vanádio são de interesse em várias aplicações como sensores, devido às transições bruscas metal-isolante que ocorrem em função da temperatura, pressão ou tensão. Tri-isopropóxido de vanádio (VTIPO) foi utilizado para o crescimento de filmes de óxido de vanádio por *deposição química de vapor* [*J. Electrochem. Soc. 136*, 897 (1989)]. A velocidade de deposição como função da pressão de VTIPO para duas temperaturas é mostrada a seguir:

$\underline{T = 120°C}$:

Velocidade de Crescimento (μm/h)	0,004	0,015	0,025	0,04	0,068	0,08	0,095	0,1
	0,1	0,2	0,3	0,5	0,8	1,0	1,5	2,0

$\underline{T = 200°C}$:

Velocidade de Crescimento (μm/h)	0,028	0,45	1,8	2,8	7,2
Pressão de VTIPO (torr)	0,05	0,2	0,4	0,5	0,8

Usando o material apresentado neste Capítulo, analise os dados e descreva os seus resultados. Diga onde dados adicionais devem ser tomados.

P10-15$_A$ Dióxido de titânio, um semicondutor com uma grande lacuna entre a banda de condução e a banda de valência (*band gap*), é bastante promissor como um isolante dielétrico em capacitores com tecnologia VLSI e para uso em células solares. Deseja-se preparar filmes finos de TiO_2 por *deposição química de vapor* a partir de tetraisopropóxido de titânio (TTIP). A reação global é dada por

$$Ti(OC_3H_7)_4 \longrightarrow TiO_2 + 4C_3H_6 + 2H_2O$$

Acredita-se que o mecanismo de reação em um reator de CVD é dado por [K. L. Siefering e G. L. Griffin, *J. Electrochem. Soc. 137*, 814 (1990)]

$$TTIP(g) + TTIP(g) \rightleftarrows I + P_1$$

$$I + S \rightleftarrows I \cdot S$$

$$I \cdot S \longrightarrow TiO_2 + P_2$$

em que I é o centro ativo, P_1 é um conjunto de produtos de reação (por exemplo, H_2O, C_3H_6) e P_2 é outro conjunto. Assumindo que a etapa homogênea em fase gasosa para o TTIP está em equilíbrio, obtenha a lei de velocidade para a deposição de TiO_2. Os resultados experimentais mostram que a 200ºC a reação é de segunda ordem em baixas pressões parciais de TTIP e de ordem zero em pressões parciais altas, enquanto a 300ºC a reação é de segunda ordem em TTIP em toda a faixa de pressões. Discuta os resultados em função da lei de velocidade que você obteve.

P10-16$_B$ A desidrogenação do metil-ciclo-hexano (M) para produzir tolueno (T) foi realizada em um catalisador de 0,3% Pt/Al_2O_3 em um reator diferencial. A reação foi conduzida na presença de hidrogênio (H_2) para evitar a formação de coque [*J. Phys. Chem.*, *64*, 1559 (1960)].

(**a**) Determine os parâmetros do modelo para cada uma das leis de velocidade.

$$(1)\ -r'_M = kP_M^{\alpha}P_{H_2}^{\beta} \qquad (3)\ -r'_M = \frac{kP_MP_{H_2}}{(1+K_MP_M)^2}$$

$$(2)\ -r'_M = \frac{kP_M}{1+K_MP_M} \qquad (4)\ -r'_M = \frac{kP_MP_{H_2}}{1+K_MP_M+K_{H_2}P_{H_2}}$$

Utilize os dados da Tabela P10-16, abaixo.

(**b**) Qual lei de velocidade melhor se ajusta aos dados? (*Sugestão:* Nem K_{H_2} nem K_M podem ter valores negativos.)

(**c**) Onde você tomaria pontos experimentais adicionais?

(**d**) Sugira um mecanismo e uma etapa limitante consistentes com a lei de velocidade que você escolheu.

Tabela P10-16$_B$ Desidrogenação de Metil-Ciclo-Hexano

P_{H_2} (atm)	P_M (atm)	$r'_T\left(\frac{\text{mol tolueno}}{\text{s}\cdot\text{kg cat}}\right)$
1	1	1,2
1,5	1	1,25
0,5	1	1,30
0,5	0,5	1,1
1	0,25	0,92
0,5	0,1	0,64
3	3	1,27
1	4	1,28
3	2	1,25
4	1	1,30
0,5	0,25	0,94
2	0,05	0,41

P10-17$_D$ **O que está errado com esta solução?** A reação em fase gasosa catalisada por um sólido

$$2A + B \rightarrow C$$

segue o mecanismo do tipo Eley-Rideal

$$A + S \rightleftarrows A\cdot S$$

$$A\cdot S + A\cdot S \rightleftarrows A_2\cdot S + S$$

$$A_2\cdot S + B(g) \rightleftarrows C\cdot S$$

$$C\cdot S \rightarrow C + S$$

Obtenha uma lei de velocidade assumindo a dessorção de C como a etapa limitante da velocidade.

Solução

Assuma que a dessorção de C é a etapa limitante da velocidade (*rate-limiting step*, RLS)

$$r_C = k_C(C_{C\cdot S})$$

$$(C_{C\cdot S}) = K_{DC}C_{A_2\cdot S}$$

$$C_{A_2\cdot S} = K_S\,C_{A_2\cdot S}^2/C_V$$

$$C_{A\cdot S} = K_AP_AC_V$$

$$C_T = C_V + C_{A\cdot S} + C_{A_2\cdot S}$$

Resolvendo e substituindo

$$r_C = \frac{\overbrace{C_T k_C K_A}^{k} P_A^2}{1 + K_A P_A + K_{A_2} P_{A_2}}$$

- **Problemas Adicionais** similares aos exemplos abaixo podem ser encontrados no site da LTC Editora.

CD10GA-1 Sugira uma lei de velocidade e um mecanismo para a oxidação catalítica do etanol sobre óxido de tântalo quando a adsorção do etanol e do oxigênio acontecem em sítios diferentes [Segunda edição P6-17].

CD10GA-2 Filmes de titânio são utilizados como cobertura decorativa bem como ferramentas resistentes à abrasão por causa de sua estabilidade térmica e baixa resistividade elétrica. TiN é produzido por CVD a partir de uma mistura de $TiCl_4$ e NH_3TiN. Obtenha uma lei de velocidade, um mecanismo, identifique uma etapa limitante e calcule os parâmetros da lei de velocidade.

LEITURA COMPLEMENTAR

1. Uma discussão excelente sobre mecanismos de reações catalíticas heterogêneas e etapas limitantes da velocidade pode ser encontrada em

   MASEL, R. I., *Principles of Adsorption and Reaction on Solid Surfaces*. New York: Wiley, 1996.

   SOMORJAI, G. A., *Introduction to Surface Chemistry and Catalysis*. New York: Wiley, 1994.

2. Uma discussão verdadeiramente excelente dos tipos e velocidades de adsorção junto com técnicas utilizadas na medida de áreas superficiais de catalisadores sólidos é apresentada em

   MASEL, R. I., *Principles of Adsorption and Reaction on Solid Surfaces*. New York: Wiley, 1996.

3. Técnicas de discriminação entre mecanismos e modelos podem ser encontradas em

   BOX, G. E. P., W. G. HUNTER e J. S. HUNTER, *Statistics for Experimenters*. New York: Wiley, 1978.

4. Exemplos de aplicação de princípios de catálise na fabricação de dispositivos microeletrônicos podem ser encontrados em

   BURGESS, THORNTON W., *The Adventures of Grandfather Frog*. New York: Dover Publications, Inc., 1915.

   BUTT, JOHN B. *Reaction Kinetics and Reactor Design. Second Edition, Revised and Expanded*. New York: Marcel Dekker, Inc. 1999.

   DOBKIN, D. M. e M. K. ZURAW. *Principles of Chemical Vapor Deposition*. The Netherlands: Kluwer Academic Publishers, 2003.

11 Projeto de Reator Não Isotérmico — O Balanço de Energia em Regime Estacionário e Aplicações de PFR Adiabático

Se você não pode aguentar o *calor*, saia da cozinha.

Harry S. Truman

Visão Geral. Como a maioria das reações não são conduzidas isotermicamente, focalizaremos agora nossa atenção nos efeitos térmicos sobre os reatores químicos. As equações básicas de balanço molar, leis de velocidade e relações estequiométricas derivadas e utilizadas nos Capítulos 5 e 6 para o projeto de reator isotérmico ainda são válidas para o projeto de reatores não isotérmicos, assim como o algoritmo de ERQ. A diferença principal está no método de avaliação da equação dos balanços molares quando a temperatura varia ao longo do comprimento de um PFR ou quando calor é removido de um CSTR. Este capítulo está estruturado como segue:

- A Seção 11.1 mostra por que precisamos do balanço de energia e como ele será utilizado para resolver problemas de projeto de reatores.
- A Seção 11.2 desenvolve o balanço de energia para sua aplicação aos vários tipos de reatores. O texto nos fornece então o resultado final relacionando temperatura e conversão ou velocidade de reação para os principais tipos de reatores que estudamos até agora.
- A Seção 11.3 desenvolve balanços de energia para reatores, de uma forma amigável.
- A Seção 11.4 discute a operação de reatores adiabáticos.
- A Seção 11.5 mostra como determinar a conversão de equilíbrio adiabática e como implementar resfriamento interestágios.
- A Seção 11.6 fecha o capítulo com uma discussão sobre a temperatura ótima de entrada para alcançar a máxima conversão em operação adiabática.

11.1 Justificativa

Para identificar as informações adicionais necessárias para projetar reatores não isotérmicos consideramos o exemplo seguinte no qual uma reação altamente exotérmica é conduzida adiabaticamente em um reator de escoamento uniforme.

Exemplo 11-1 Que Informação Adicional É Necessária?

A reação de primeira ordem em fase líquida

$$A \longrightarrow B$$

é conduzida em um PFR. A reação é exotérmica, e o reator opera adiabaticamente. Como resultado, a temperatura aumentará com a conversão ao longo do comprimento do reator. Como T varia ao longo do reator, k também variará, ao contrário do que ocorre no caso de reatores isotérmicos de escoamento uniforme.

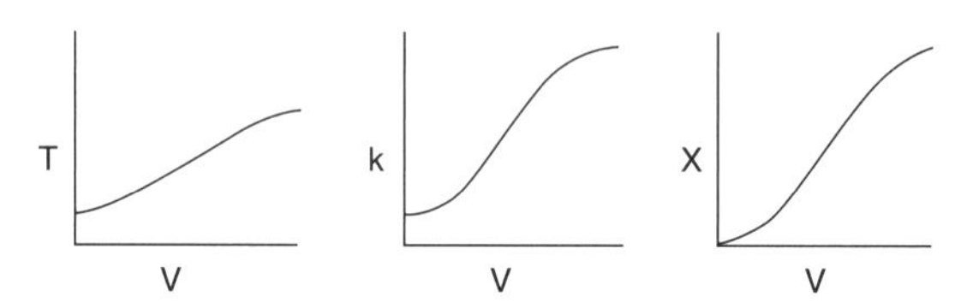

Calcule o volume de reator necessário para alcançar 70% de conversão.

Solução

O mesmo algoritmo ERQ pode ser aplicado a reações não isotérmicas adicionando-se apenas mais uma etapa, ***o balanço de energia***.

1. **Balanço Molar (equação de projeto):**

$$\frac{dX}{dV} = \frac{-r_A}{F_{A0}} \tag{E11-1.1}$$

2. **Lei de Velocidade de Reação:**

$$-r_A = kC_A \tag{E11-1.2}$$

Recordando a equação de Arrhenius,

$$k = k_1 \exp\left[\frac{E}{R}\left(\frac{1}{T_1} - \frac{1}{T}\right)\right] \tag{E11-1.3}$$

sabemos que k é uma função da temperatura, T.

3. **Estequiometria (fase líquida):** $\upsilon = \upsilon_0$

$$C_A = C_{A0}(1-X) \tag{E11-1.4}$$

4. **Combinando:**

$$-r_A = k_1 \exp\left[\frac{E}{R}\left(\frac{1}{T_1} - \frac{1}{T}\right)\right] C_{A0}(1-X) \tag{E11-1.5}$$

Combinando as Equações (E11-1.1), (E11-1.2) e (E11-1.4), e cancelando a concentração de entrada, C_{A0}, temos

$$\frac{dX}{dV} = \frac{k(1-X)}{\upsilon_0} \tag{E11-1.6}$$

Combinando as Equações (E11-1.3) e (E11-1.6), temos

$$\frac{dX}{dV} = k_1 \exp\left[\frac{E}{R}\left(\frac{1}{T_1} - \frac{1}{T}\right)\right] \frac{1-X}{\upsilon_0} \tag{E11-1.7}$$

Por que precisamos do balanço de energia?

Vemos que precisamos de outra expressão que relacione X e T ou T e V para resolver esta equação. *O balanço de energia nos fornecerá essa relação.*

Portanto, adicionamos outra etapa ao nosso algoritmo; esta etapa é o balanço de energia.

T_0 = Temperatura de Entrada /
ΔH_{Rx} = Calor de Reação /
C_{P_A} = Calor Específico da espécie A

5. **Balanço de Energia:**
Nesta etapa encontraremos o balanço de energia apropriado para relacionar temperatura e conversão ou velocidade de reação. Por exemplo, se a reação for adiabática, mostraremos que a relação temperatura-conversão pode ser escrita da seguinte forma:

$$T = T_0 + \frac{-\Delta H^{\circ}_{Rx}}{C_{P_A}} X \tag{E11-1.8}$$

Agora temos todas as equações de que necessitamos para encontrar os perfis de conversão e temperatura.

Análise: O propósito deste exemplo foi demonstrar que para reações químicas não isotérmicas necessitamos de outra etapa em nosso algoritmo de ERQ, ***o balanço de energia***. O balanço de energia nos permite calcular a temperatura de reação, que é necessária para avaliar a constante específica da velocidade de reação, $k(T)$.

11.2 O Balanço de Energia

11.2.1 A Primeira Lei da Termodinâmica

Começamos com a aplicação da primeira lei da termodinâmica a um sistema fechado e então a aplicamos a um sistema aberto. Um sistema é qualquer porção limitada do universo, estacionária ou em movimento, que é escolhida para a aplicação de várias equações termodinâmicas. Para um sistema fechado, no qual nenhuma massa cruza as fronteiras do sistema, a variação na energia total do sistema, $d\hat{E}$, é igual ao fluxo de calor **para** o sistema, δQ, menos o trabalho realizado **pelo** sistema **sobre** suas vizinhanças, δW. Para um *sistema fechado*, o balanço de energia é

$$d\hat{E} = \delta Q - \delta W \tag{11-1}$$

Os δ's significam que δQ e δW não são diferenciais exatas de uma função de estado.

Os reatores de escoamento contínuo que discutimos até agora são considerados como *sistemas abertos* no sentido de que massa cruza as fronteiras do sistema. Realizaremos um balanço de energia para um sistema aberto como o mostrado na Figura 11-1. Para um sistema aberto no qual uma parte da energia é obtida pelo fluxo de massa através das fronteiras do sistema, o balanço de energia para o caso de *apenas uma* espécie entrando e saindo do sistema torna-se

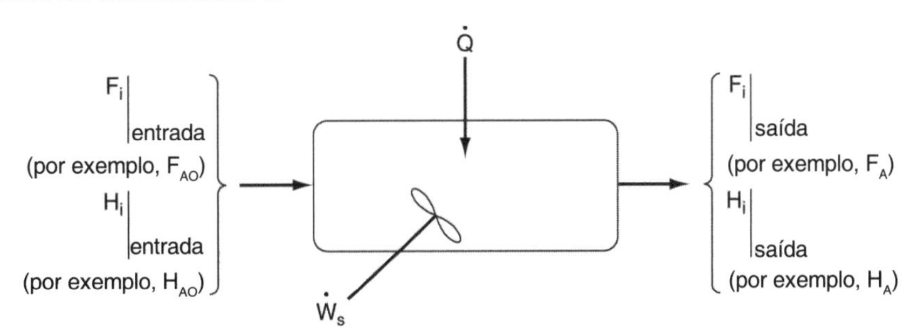

Figura 11-1 Esquema de um balanço de energia em um sistema aberto de mistura perfeita.

Taxa de acúmulo de energia *no* sistema	=	Taxa de fluxo de calor *para* o sistema *a partir das* vizinhanças	−	Taxa de realização de trabalho realizado *pelo* sistema *sobre* as vizinhanças	+	Taxa com que energia é adicionada ao sistema pela massa que entra *no* sistema	−	Taxa com que energia deixa o sistema multiplicada pela massa que sai *do* sistema

Balanço de energia em um sistema aberto

$$\frac{d\hat{E}_{sist}}{dt} = \dot{Q} - \dot{W} + F_{entra}E_{entra} - F_{sai}E_{sai} \tag{11-2}$$

$$(J/s) = (J/s) - (J/s) + (J/s) - (J/s)$$

As unidades típicas para cada termo da Equação (11-2) são (Joule/s).

Assumiremos que o conteúdo do volume do sistema está bem misturado, uma hipótese que poderíamos relaxar mas que nos custaria algumas páginas de texto a ser desenvolvido, e o resultado final seria o mesmo! O balanço de energia para o regime não estacionário para um sistema aberto bem agitado que tenha n espécies, cada qual entrando ou saindo do sistema, com suas respectivas vazões molares F_i (mols de i por tempo) e com suas respectivas energias E_i (joules por mol de i), é

O ponto de partida

$$\frac{d\hat{E}_{\text{sist}}}{dt} = \dot{Q} - \dot{W} + \sum_{i=1}^{n} E_i F_i \Big|_{\text{entrada}} - \sum_{i=1}^{n} E_i F_i \Big|_{\text{saída}} \tag{11-3}$$

Discutiremos agora cada um dos termos da Equação (11-3).

11.2.2 Avaliando o Termo Trabalho

É costume separarmos o termo trabalho, $\dot{W}$, em *trabalho de escoamento* e *outras formas de trabalho*, $\dot{W}_s$. O termo $\dot{W}_s$, normalmente referido como *trabalho de eixo*, pode ser produzido por coisas tais como um agitador em um CSTR, ou uma turbina em um PFR. O *trabalho de escoamento* diz respeito ao trabalho necessário para fazer a massa *entrar* e *sair* do sistema. Por exemplo, quando não há tensões de cisalhamento, escrevemos

Trabalho de escoamento e trabalho de eixo

$$\dot{W} = \overbrace{-\sum_{i=1}^{n} F_i P \tilde{V}_i \Big|_{\text{entra}} + \sum_{i=1}^{n} F_i P \tilde{V}_i \Big|_{\text{sai}}}^{\text{[Taxa de trabalho de escoamento]}} + \dot{W}_s \tag{11-4}$$

em que P é a pressão (Pa) [1 Pa = 1 Newton/m^2 = 1 kg·m/s^2/m^2] e $\tilde{V}_i$ é o volume molar específico da espécie i (m^3/mol de i).

Vamos examinar as unidades do termo de trabalho de escoamento, que é

$$F_i \cdot P \cdot \tilde{V}_i$$

em que F_i é dado em mol/s, P é dado em Pa (1 Pa = 1 Newton/m^2), e $\tilde{V}_i$ é dado em m^3/mol.

$$F_i \cdot P \cdot \tilde{V}_i \ [=] \ \frac{\text{mol}}{\text{s}} \cdot \frac{\text{Newton}}{\text{m}^2} \cdot \frac{\text{m}^3}{\text{mol}} = (\text{Newton} \cdot \text{m}) \cdot \frac{1}{\text{s}} = \text{Joules/s} = \text{Watts}$$

Vemos que as unidades do trabalho de escoamento são consistentes com as dos outros termos na Equação (E11-3), isto é, J/s.

Convenção
Calor **Adicionado**
$\dot{Q} = +10$ J/s
Calor **Removido**
$\dot{Q} = -10$ J/s
Trabalho Realizado **pelo** Sistema
$\dot{W}_s = +10$ J/s
Trabalho Realizado **sobre o** Sistema
$\dot{W}_s = -10$ J/s

Na maioria dos casos o termo de trabalho de escoamento é combinado com aqueles termos do balanço de energia que representam a energia trocada pelo fluxo de massa através das fronteiras do sistema. Substituindo a Equação (11-4) na (11-3) e agrupando os termos, temos

$$\frac{d\hat{E}_{\text{sist}}}{dt} = \dot{Q} - \dot{W}_s + \sum_{i=1}^{n} F_i(E_i + P\tilde{V}_i) \Big|_{\text{entra}} - \sum_{i=1}^{n} F_i(E_i + P\tilde{V}_i) \Big|_{\text{sai}} \tag{11-5}$$

A energia E_i é a soma da energia interna (U_i), da energia cinética ($u_i^2/2$), da energia potencial (gz_i) e de quaisquer outras formas de energia tais como energia elétrica ou magnética, ou luz:

$$E_i = U_i + \frac{u_i^2}{2} + gz_i + \text{outras} \tag{11-6}$$

Em quase todas as situações envolvendo reatores químicos, os termos de energia cinética, potencial e "outras" são desprezíveis em comparação com a entalpia, a transferência de calor e os termos de trabalho e, portanto, serão omitidos; isto é,

$$E_i = U_i \tag{11-7}$$

Lembramos que a entalpia, H_i (J/mol), é definida em termos da energia interna U_i (J/mol), e do produto $P\tilde{V}_i$ (1 Pa · m³/mol = 1 J/mol):

Entalpia

$$H_i = U_i + P\tilde{V}_i \tag{11-8}$$

Unidades típicas de H_i são

$$(H_i) = \frac{\text{J}}{\text{mol } i} \text{ ou } \frac{\text{Btu}}{\text{lb-mol } i} \text{ ou } \frac{\text{cal}}{\text{mol } i}$$

A entalpia conduzida para dentro (ou para fora) do sistema pode ser expressa como a soma da energia interna conduzida para dentro (ou para fora) do sistema pelo escoamento de massa mais o trabalho de escoamento:

$$F_i H_i = F_i (U_i + P\tilde{V}_i)$$

Combinando as Equações (11-5), (11-7) e (11-8), podemos agora escrever o balanço de energia na forma

$$\frac{d\hat{E}_{\text{sist}}}{dt} = \dot{Q} - \dot{W}_s + \sum_{i=1}^{n} F_i H_i \bigg|_{\text{entra}} - \sum_{i=1}^{n} F_i H_i \bigg|_{\text{sai}}$$

A energia do sistema em qualquer instante, $\hat{E}_{\text{sist.}}$, é a soma dos produtos do número de mols de cada espécie no sistema multiplicado pelas suas respectivas energias. Este termo será discutido com mais detalhes quando considerarmos a operação de reatores não isotérmicos, no Capítulo 13.

Vamos utilizar o subíndice "0" para representar as condições de entrada. Variáveis sem subíndice representarão as condições de saída do volume de controle escolhido para o sistema.

Balanço de Energia

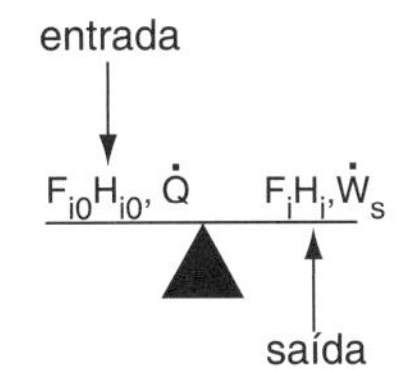

$$\boxed{\dot{Q} - \dot{W}_s + \sum_{i=1}^{n} F_{i0} H_{i0} - \sum_{i=1}^{n} F_i H_i = \frac{d\hat{E}_{\text{sist}}}{dt}} \tag{11-9}$$

Na Seção 11-1, discutimos que para resolvermos problemas de engenharia de reações químicas com efeitos térmicos precisamos relacionar temperatura, conversão e velocidade de reação. O balanço de energia como dado pela Equação (11-9) é o ponto de partida mais conveniente para desenvolvermos esta relação.

11.2.3 Visão Geral dos Balanços de Energia

Qual é o plano? Nas páginas seguintes, manipularemos a Equação (11-9) a fim de aplicá-la a cada um dos tipos de reatores que discutimos até agora: batelada, PFR, PBR e CSTR. O resultado final da aplicação do balanço de energia para cada um dos tipos de reatores é mostrado na Tabela 11-1. Estas equações podem ser utilizadas na **Etapa 5** do algoritmo, discutida no Exemplo E11-1. As equações da Tabela 11-1 relacionam a temperatura à conversão e às vazões molares e aos parâmetros do sistema, tais como o coeficiente global de transferência de calor e a área, Ua, com a correspondente temperatura ambiente, T_a, e à entalpia (ou calor) de reação, ΔH_{Rx}.

TABELA 11-1 BALANÇOS DE ENERGIA PARA REATORES COMUNS

Resultados finais da manipulação do balanço de energia (Seções 11.2.4, 12.1 e 12.3).

1. **Adiabático ($\dot{Q} \equiv 0$)** CSTR, PFR, Batelada ou PBR. A relação entre conversão, X_{EB} e temperatura para $\dot{W}_s = 0$, C_{P_i} constante e $\Delta C_P = 0$ é

$$X_{EB} = \frac{\Sigma\Theta_i C_{P_i}(T - T_0)}{-\Delta H^\circ_{Rx}} \qquad \text{(T11-1.A)}$$

$$T = T_0 + \frac{(-\Delta H^\circ_{Rx})X_{EB}}{\Sigma\Theta_i C_{P_i}} \qquad \text{(T11-1.B)}$$

Para uma reação exotérmica $(-\Delta H_{Rx}) > 0$

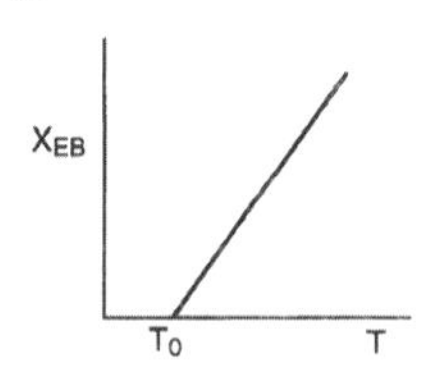

2. **CSTR com troca térmica**, $UA(T_a - T)$ e grande vazão de fluido de refrigeração.

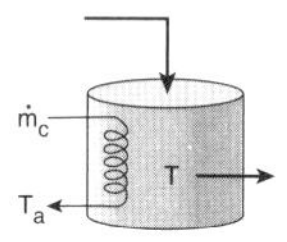

$$X_{EB} = \frac{\left(\frac{UA}{F_{A0}}(T - T_a)\right) + \Sigma\Theta_i C_{P_i}(T - T_0)}{-\Delta H^\circ_{Rx}} \qquad \text{(T11-1.C)}$$

3. **PFR/PBR com troca térmica**

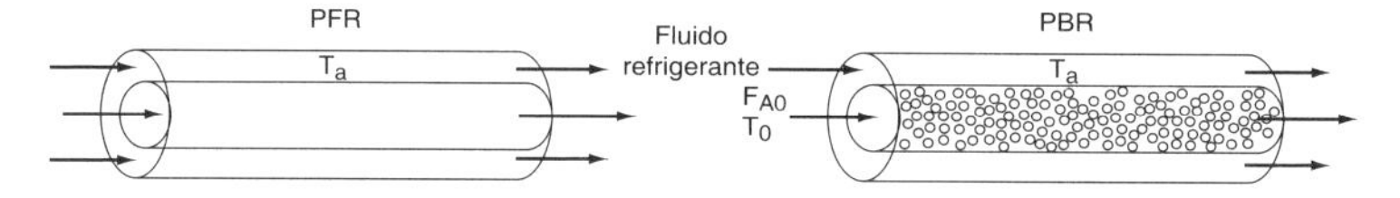

Em geral, a maioria dos balanços de energia do PFR e PBR pode ser escrita como

$$\frac{dT}{dV} = \frac{(\text{Calor "gerado"}) - (\text{Calor "removido"})}{\sum F_i C_{P_i}} = \frac{Q_g - Q_r}{\sum F_i C_{P_i}}$$

Resultados finais da manipulação do balanço de energia (Seções 11.2.4, 12.1 e 12.3).

3A. PFR em termos de conversão

$$\frac{dT}{dV} = \frac{\overbrace{r_A \Delta H_{Rx}(T)}^{Q_g} - \overbrace{Ua(T - T_a)}^{Q_r}}{F_{A0}\left(\Sigma\Theta_i C_{P_i} + \Delta C_P X\right)} = \frac{Q_g - Q_r}{F_{A0}\left(\Sigma\Theta_i C_{P_i} + \Delta C_P X\right)} \qquad \text{(T11-1.D)}$$

3B. PBR em termos de conversão

$$\frac{dT}{dW} = \frac{r'_A \Delta H_{Rx}(T) - \frac{Ua}{\rho_b}(T - T_a)}{F_{A0}\left(\Sigma\Theta_i C_{P_i} + \Delta C_P X\right)} \qquad \text{(T11-1.E)}$$

3C. PBR em termos de vazões molares

$$\frac{dT}{dW} = \frac{r'_A \Delta H_{Rx}(T) - \frac{Ua}{\rho_b}(T - T_a)}{\sum F_i C_{P_i}} \qquad \text{(T11-1.F)}$$

3D. PFR em termos de vazões molares

$$\frac{dT}{dV} = \frac{r_A \Delta H_{Rx}(T) - Ua(T - T_a)}{\sum F_i C_{P_i}} = \frac{Q_g - Q_r}{\sum F_i C_{P_i}} \qquad \text{(T11-1.G)}$$

Tabela 11-1 Balanços de Energia para Reatores Comuns (Continuação)

4. **Batelada**

$$\frac{dT}{dt} = \frac{(r_A V)(\Delta H_{Rx}) - UA(T - T_a)}{\sum N_i C_{P_i}} \quad \text{(T11-1.H)}$$

5. **Para CSTR Transiente ou Semicontínuo**

$$\frac{dT}{dt} = \frac{\dot{Q} - \dot{W}_s - \sum_{i=1}^{n} F_{i0}(C_{P_i}(T - T_{i0}) + [-\Delta H_{Rx}(T)](-r_A V))}{\sum_{i=1}^{n} N_i C_{P_i}} \quad \text{(T11-1.I)}$$

6. **Para reações múltiplas em um PFR** (q reações e m espécies)

Resultados finais da manipulação do balanço de energia (Seções 11.2.4, 12.1 e 12.3).

$$\frac{dT}{dV} = \frac{\sum_{i=1}^{q} r_{ij} \Delta H_{Rxij} - Ua(T - T_a)}{\sum_{j=1}^{m} F_j C_{P_j}} \quad \text{(T11-1.J)}$$

i = número da reação, j = espécie

7. **Temperatura variável do fluido de troca de calor, T_a**

Troca Concorrente

$$\frac{dT_a}{dV} = \frac{Ua(T - T_a)}{\dot{m}_c C_{P_c}} \quad \text{(T11-1.K)}$$

$V = 0 \quad T_a = T_{a0}$

Troca Contracorrente

$$\frac{dT_a}{dV} = \frac{Ua(T_a - T)}{\dot{m}_c C_{P_c}} \quad \text{(T11-1.L)}$$

$V = V_{final} \quad T_a = T_{a0}$

As equações na Tabela 11-1 são as que utilizaremos para resolver problemas de engenharia de reações químicas com efeitos térmicos.

[**Nomenclatura:** U = coeficiente global de transferência de calor, (J/m^2 · s · K); A = área de troca térmica do CSTR, (m^2); a = área de troca térmica do PFR por volume de reator, (m^2/m^3); C_{P_i} = calor específico da espécie i, (J/mol/K); C_{P_c} = calor específico do fluido refrigerante, (J/kg/K); $\dot{m}_c$ = vazão mássica do fluido refrigerante; ΔH_{Rx} = calor de reação, (J/mol);

$$\Delta H^\circ_{Rx} = \left(\frac{d}{a}H^\circ_D + \frac{c}{a}H^\circ_C - \frac{b}{a}H^\circ_B - H^\circ_A\right) \text{J/molA};$$

ΔH_{Rxij} = calor de reação com relação à espécie j na reação i, (J/mol);

$\dot{Q}$ = calor adicionado ao reator, (J/s); e

$$\Delta C_P = \left(\frac{d}{a}C_{P_D} + \frac{c}{a}C_{P_C} - \frac{b}{a}C_{P_B} - C_{P_A}\right) \text{(J/molA · K)}.$$

Todos os símbolos estão definidos nos Capítulos 5 e 6.]

Exemplos de Como Utilizar a Tabela 11-1. Acoplaremos agora ao algoritmo as equações do balanço de energia da Tabela 11-1 com as equações apropriadas para o balanço molar no reator, a velocidade de reação e o algoritmo de estequiometria para resolvermos problemas de engenharia de reações químicas com efeitos térmicos. Por exemplo, recorde a lei de velocidade para uma reação de primeira ordem, Equação (E11-1.5), dada no Exemplo 11-1.

$$-r_A = k_1 \exp\left[\frac{E}{R}\left(\frac{1}{T_1} - \frac{1}{T}\right)\right] C_{A0}(1 - X) \quad \text{(E11-1.5)}$$

Se a reação for conduzida adiabaticamente, então usamos a Equação (T11-1.B) para a reação A $\longrightarrow$ B do Exemplo 11-1 para obtermos

Adiabático

$$T = T_0 + \frac{-\Delta H^\circ_{Rx} X}{C_{P_A}} \tag{T11-1.B}$$

Consequentemente, podemos agora obter $-r_A$ como uma função apenas de X, primeiramente escolhendo X e então calculando T pela Equação (T11-1.B), depois calculando k a partir da Equação (E11-1.3) e, finalmente, calculando $(-r_A)$ pela Equação (E11-1.5).

O Algoritmo

$$\boxed{\text{Escolha } X \rightarrow \text{calcule } T \rightarrow \text{calcule } k \rightarrow \text{calcule } -r_A \rightarrow \text{calcule } \frac{F_{A0}}{-r_A}}$$

Gráfico de Levenspiel

Podemos usar esta sequência para preparar uma tabela de $(F_{A0}/-r_A)$ como uma função de X. Podemos então prosseguir calculando o tamanho de PFRs e CSTRs. No caso do pior cenário possível, poderíamos utilizar as técnicas descritas no Capítulo 2 (por exemplo, gráficos de Levenspiel ou as fórmulas de quadratura dadas no Apêndice A). Todavia, em vez de usar o gráfico de Levenspiel, provavelmente usaremos um programa tal como o Polymath para resolver as equações acopladas dos balanços diferenciais de energia e molar.

Se houver resfriamento ao longo do comprimento do PFR, poderemos então aplicar a Equação (T11-1.D) a esta reação para chegarmos às duas equações diferenciais acopladas.

PFR Não adiabático

$$\frac{dX}{dV} = k_1 \exp\left[\frac{E}{R}\left(\frac{1}{T_1} - \frac{1}{T}\right)\right] C_{A0}(1-X)/F_{A0}$$

$$\frac{dT}{dV} = \frac{r_A \Delta H_{Rx}(T) - Ua(T - T_a)}{F_{A0} C_{P_A}}$$

que são facilmente resolvidas usando um *solver* de EDOs tal como o Polymath.

De forma semelhante, para o caso da reação A → B conduzida em um CSTR, poderíamos usar o Polymath ou o MATLAB para resolver as duas equações algébricas não lineares em X e em T. Estas duas equações constituem a combinação do balanço molar

CSTR Não adiabático

$$V = \frac{F_{A0} X}{k_1 \exp\left[\frac{E}{R}\left(\frac{1}{T_1} - \frac{1}{T}\right)\right] C_{A0}(1-X)}$$

com a aplicação da Equação (T11-1.C), que é rearranjada na forma

$$T = \frac{F_{A0} X(-\Delta H_{Rx}) + UAT_a + F_{A0} C_{P_A} T_0}{UA + C_{P_A} F_{A0}}$$

Destes três casos, (1) PFR e CSTR adiabáticos, (2) PFR e PBR com efeitos térmicos e (3) CSTR com efeitos térmicos, podemos ver como os balanços de energia e balanços molares são acoplados. Em princípio, poderíamos simplesmente utilizar e aplicar a Tabela 11-1 para os diferentes reatores e sistemas de reação sem maiores discussões. Contudo, entender a dedução dessas equações facilitará em muito sua adequada aplicação e avaliação para os vários reatores e sistemas de reação. Consequentemente, derivaremos agora as equações dadas na Tabela 11-1.

Por que se incomodar? Aqui está o porquê!!

Por que se incomodar com a dedução das equações da Tabela 11-1? Porque eu descobri que os estudantes podem *aplicar* estas equações com *muito* mais precisão para resolver problemas de engenharia de reações químicas com efeitos térmicos se eles forem expostos a essas deduções e entender as hipóteses e manipulações utilizadas para chegar às equações da Tabela 11-1.

11.3 As Equações Amigáveis do Balanço de Energia

Dissecaremos agora as vazões molares e os termos de entalpia na Equação (11-9) para chegarmos ao conjunto de equações que podemos prontamente aplicar a um grande número de situações.

11.3.1 Dissecando as Vazões Molares em Regime Estacionário para Obter a Entalpia de Reação

Para iniciarmos nossa jornada, começaremos com a equação do balanço de energia (11-9) e então procederemos para finalmente encontrarmos as equações dadas na Tabela 11-1, primeiramente dissecando dois termos:

1. As vazões molares, F_i e F_{i0}
2. As entalpias molares, H_i, H_{i0} $[H_i \equiv H_i(T)$ e $H_{i0} \equiv H_i(T_0)]$

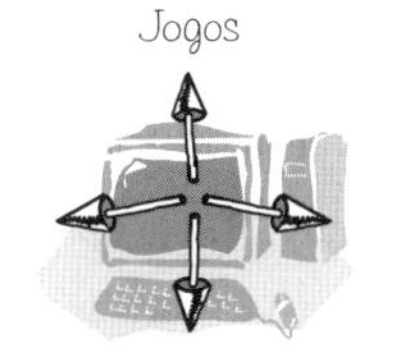

Uma versão animada do que segue com relação à dedução do balanço de energia pode ser encontrada nos módulos de engenharia de reações químicas "Heat Effects 1" e "Heat Effects 2" no site da LTC Editora. As equações movem-se pela tela, realizando substituições e aproximações, até chegar às equações da Tabela 11-1. Alunos que aprendem melhor visualmente consideram esses dois módulos um recurso útil de aprendizagem.

Consideraremos agora sistemas de escoamento que são operados em regime estacionário. O balanço de energia para o regime estacionário é obtido fazendo-se $(d\hat{E}_{sist}/dt)$ igual a zero na Equação (11-9) para produzir

Balanço de energia em regime estacionário

$$\boxed{\dot{Q} - \dot{W}_s + \sum_{i=1}^{n} F_{i0}H_{i0} - \sum_{i=1}^{n} F_i H_i = 0} \tag{11-10}$$

Para realizarmos a manipulação a fim de escrevermos a Equação (11-10) em termos de entalpia de reação, utilizaremos a reação genérica

$$A + \frac{b}{a}B \longrightarrow \frac{c}{a}C + \frac{d}{a}D \tag{2-2}$$

Os termos de entrada e saída na Equação (11-10) são expandidos, respectivamente, para

Entrada: $$\Sigma\, H_{i0}F_{i0} = H_{A0}F_{A0} + H_{B0}F_{B0} + H_{C0}F_{C0} + H_{D0}F_{D0} + H_{I0}F_{I0} \tag{11-11}$$

e

Saída: $$\Sigma\, H_iF_i = H_AF_A + H_BF_B + H_CF_C + H_DF_D + H_IF_I \tag{11-12}$$

em que o subscrito I representa espécies inertes.

Em seguida expressamos as vazões molares em termos de conversão.

Em geral, a vazão molar das espécies i para o caso de não haver acúmulo e para um coeficiente estequiométrico υ_i é

$$F_i = F_{A0}(\Theta_i + \nu_i X)$$

Especificamente, para a Reação (2-2), $A + \frac{b}{a}B \longrightarrow \frac{c}{a}C + \frac{d}{a}D$, temos

$$F_A = F_{A0}(1 - X)$$

Operação em regime estacionário

$$\left.\begin{aligned} F_B &= F_{A0}\left(\Theta_B - \frac{b}{a}X\right) \\ F_C &= F_{A0}\left(\Theta_C + \frac{c}{a}X\right) \\ F_D &= F_{A0}\left(\Theta_D + \frac{d}{a}X\right) \\ F_I &= \Theta_I F_{A0} \end{aligned}\right\} \text{ em que } \Theta_i = \frac{F_{i0}}{F_{A0}}$$

Podemos substituir estes símbolos para as vazões molares nas Equações (11-11) e (11-12) e então subtrair a Equação (11-12) da (11-11) para obtermos

$$\sum_{i=1}^{n} F_{i0}H_{i0} - \sum_{i=1}^{n} F_iH_i = F_{A0}[(H_{A0} - H_A) + (H_{B0} - H_B)\Theta_B$$
$$+ (H_{C0} - H_C)\Theta_C + (H_{D0} - H_D)\Theta_D + (H_{I0} - H_I)\Theta_I]$$
$$- \underbrace{\left(\frac{d}{a}H_D + \frac{c}{a}H_C - \frac{b}{a}H_B - H_A\right)}_{\Delta H_{Rx}} F_{A0}X \qquad (11\text{-}13)$$

O termo entre parênteses que está multiplicado por $F_{A0}X$ é chamado de **entalpia de reação** ou **calor de reação** à temperatura T e é denominado $\Delta H_{Rx}(T)$.

Entalpia de reação à temperatura T

$$\boxed{\Delta H_{Rx}(T) = \frac{d}{a}H_D(T) + \frac{c}{a}H_C(T) - \frac{b}{a}H_B(T) - H_A(T)} \qquad (11\text{-}14)$$

Todas as entalpias (por exemplo, H_A, H_B) são avaliadas à temperatura de saída do volume de controle do sistema e, consequentemente, $[\Delta H_{Rx}(T)]$ é a entalpia de reação à temperatura T especificada. A entalpia de reação é sempre dada por mol da espécie tomada como base de cálculo [isto é, espécie A (joules por mol de A reagido)].

Substituindo a Equação (11-14) na (11-13) e revertendo para notação de somatório para as espécies, a Equação (11-13) torna-se

$$\sum_{i=1}^{n} F_{i0}H_{i0} - \sum_{i=1}^{n} F_iH_i = F_{A0} \sum_{i=1}^{n} \Theta_i(H_{i0} - H_i) - \Delta H_{Rx}(T)F_{A0}X \qquad (11\text{-}15)$$

Combinando as Equações (11-10) e (11-15), podemos agora escrever o balanço de energia para o *regime estacionário* [isto é, $(d\hat{E}_{sist}/dt = 0)$] em uma forma mais facilmente utilizável:

Podemos utilizar esta forma do balanço de energia para o regime estacionário se as entalpias estiverem disponíveis.

$$\boxed{\dot{Q} - \dot{W}_s + F_{A0} \sum_{i=1}^{n} \Theta_i(H_{i0} - H_i) - \Delta H_{Rx}(T)F_{A0}X = 0} \qquad (11\text{-}16)$$

Se ocorrer uma *mudança de fase* durante o curso da reação, esta é a forma do balanço de energia [isto é, Equação (11-16)] que *precisa* ser utilizada.

11.3.2 Dissecando as Entalpias

Estamos desprezando quaisquer variações de entalpia devido à mistura, de forma que as entalpias parciais molares são iguais às entalpias molares das espécies puras. A entalpia molar da espécie i a uma temperatura e pressão particular, H_i, é usualmente expressa em termos de *entalpia de formação* da espécie i em alguma temperatura de referência T_R, $H_i^\circ(T_R)$, mais a variação de entalpia ΔH_{Qi} que resulta quando a temperatura é elevada da temperatura de referência até alguma temperatura T:

$$H_i = H_i^\circ(T_R) + \Delta H_{Qi} \tag{11-17}$$

A temperatura de referência, na qual $H_i^\circ(T_R)$ é dada, é usualmente 25 °C. Para qualquer substância i que está sendo aquecida de T_1 a T_2, na *ausência* de mudança de fase,

Sem mudança de fase

$$\Delta H_{Qi} = \int_{T_1}^{T_2} C_{P_i}\, dT \tag{11-18}$$

Unidades típicas para o calor específico, C_{Pi}, são

$$(C_{P_i}) = \frac{\text{J}}{(\text{mol de } i)(\text{K})} \text{ ou } \frac{\text{Btu}}{(\text{lb mol de } i)(^\circ\text{R})} \text{ ou } \frac{\text{cal}}{(\text{mol de } i)(\text{K})}$$

Um grande número de reações químicas conduzidas na indústria não envolve mudança de fase. Consequentemente, iremos refinar nosso balanço de energia para aplicá-lo a reações químicas de uma *única fase*. Sob estas condições, a entalpia da espécie i à temperatura T está relacionada à entalpia de formação na temperatura de referência T_R por

$$H_i(T) = H_i^\circ(T_R) + \int_{T_R}^{T} C_{P_i}\, dT \tag{11-19}$$

Se houver mudança de fase, no entanto, quando se vai da temperatura na qual a entalpia de formação é dada até a temperatura de reação T, a Equação (11-17) deve ser utilizada no lugar da Equação (11-19).

O calor específico à temperatura T é frequentemente expresso como uma função quadrática da temperatura, isto é,

$$C_{P_i} = \alpha_i + \beta_i T + \gamma_i T^2 \tag{11-20}$$

Contudo, enquanto o texto vai considerar apenas casos de **calor específico constante**, o problema PRS R11.3 dado no site da LTC Editora possui exemplos com calores específicos variáveis.

Para calcular a variação de entalpia $(H_i - H_{i0})$ quando o fluido reagente é aquecido sem mudança de fase, de sua temperatura de entrada T_{i0} até a temperatura T, integramos a Equação (11-19) com C_{Pi} constante, e escrevemos

$$H_i - H_{i0} = \left[H_i^\circ(T_R) + \int_{T_R}^{T} C_{P_i}\, dT\right] - \left[H_i^\circ(T_R) + \int_{T_R}^{T_{i0}} C_{P_i}\, dT\right]$$

$$= \int_{T_{i0}}^{T} C_{P_i}\, dT = C_{P_i}\,[T - T_{i0}] \tag{11-21}$$

Substituindo H_i e H_{i0} na Equação (11-16), temos

Resultado de dissecar as entalpias

$$\boxed{\dot{Q} - \dot{W}_s - F_{A0}\sum_{i=1}^{n} \Theta_i C_{P_i}\,[T - T_{i0}] - \Delta H_{Rx}(T) F_{A0} X = 0} \tag{11-22}$$

11.3.3 Relacionando $\Delta H_{Rx}(T)$, $\Delta H^\circ_{Rx}(T_R)$ e ΔC_P

Lembre-se de que a entalpia de reação à temperatura T foi dada em termos da entalpia de cada espécie reagente à temperatura T na Equação (11-14), isto é,

$$\Delta H_{Rx}(T) = \frac{d}{a}H_D(T) + \frac{c}{a}H_C(T) - \frac{b}{a}H_B(T) - H_A(T) \tag{11-14}$$

em que a entalpia de cada espécie é dada por

$$H_i(T) = H_i^\circ(T_R) + \int_{T_R}^{T} C_{P_i}\, dT = H_i^\circ(T_R) + C_{P_i}(T - T_R) \tag{11-19}$$

Se agora substituirmos a entalpia de cada espécie, temos

Para a reação geral

$$A+\frac{b}{a}B\rightarrow\frac{c}{a}C+\frac{d}{a}D$$

$$\Delta H_{Rx}(T)=\left[\frac{d}{a}H_D^\circ(T_R)+\frac{c}{a}H_C^\circ(T_R)-\frac{b}{a}H_B^\circ(T_R)-H_A^\circ(T_R)\right]+\left[\frac{d}{a}C_{P_D}+\frac{c}{a}C_{P_C}-\frac{b}{a}C_{P_B}-C_{P_A}\right](T-T_R) \quad (11\text{-}23)$$

O primeiro grupo de termos do lado direito da Equação (11-23) representa a entalpia de reação à temperatura de reação T_R,

$$\Delta H_{Rx}^\circ(T_R)=\frac{d}{a}H_D^\circ(T_R)+\frac{c}{a}H_C^\circ(T_R)-\frac{b}{a}H_B^\circ(T_R)-H_A^\circ(T_R) \quad (11\text{-}24)$$

As entalpias de formação de muitos compostos, $H_i^\circ(T_R)$, são usualmente tabuladas a 25 ºC e podem ser facilmente encontradas no *Handbook of Chemistry and Physics*[1] e manuais similares. Isto é, podemos consultar as entalpias de formação a T_R, e então calcular o calor de reação nesta temperatura de referência. A entalpia (ou calor) de combustão (também disponível nesses manuais) pode ser utilizada para determinar a entalpia de formação, $H_i^\circ(T_R)$. O método de cálculo é descrito nesses manuais. Com esses valores de entalpia de formação padrão, $H_i^\circ(T_R)$, podemos calcular a entalpia de reação à temperatura de referência T_R a partir da Equação (11-24).

O segundo termo entre colchetes no lado direito da Equação (11-23) representa a variação total no calor específico por mol de A reagido, ΔC_p,

$$\Delta C_P=\frac{d}{a}C_{P_D}+\frac{c}{a}C_{P_C}-\frac{b}{a}C_{P_B}-C_{P_A} \quad (11\text{-}25)$$

Combinando as Equações (11-25), (11-24) e (11-23), temos

Entalpia de reação à temperatura T

$$\Delta H_{Rx}(T)=\Delta H_{Rx}^\circ(T_R)+\Delta C_P(T-T_R) \quad (11\text{-}26)$$

A Equação (11-26) fornece a entalpia de reação a qualquer temperatura T em termos da entalpia de reação à temperatura de referência (usualmente 298 K) e do termo ΔC_p. Técnicas para determinar a entalpia de reação a pressões acima da atmosférica podem ser encontradas em Chen.[2] Para a reação entre hidrogênio e nitrogênio a 400 ºC foi mostrado que a entalpia de reação aumentou em apenas 6% quando se aumentou a pressão de 1 atm para 200 atm!

Exemplo 11-2 Entalpia de Reação

Calcule a entalpia de reação para a síntese de amônia a partir de hidrogênio e nitrogênio, a 150 ºC, em kcal/mol de N_2 reagido *e também* em kJ/mol de H_2 reagido.

Solução

$$N_2+3H_2\longrightarrow 2NH_3$$

Calcule a entalpia de reação à temperatura de referência usando as entalpias de formação das espécies reagentes obtidas do *Handbook do Perry*[3] ou do *Handbook of Chemistry and Physics*.

---

[1] *CRC Handbook of Chemistry and Physics* (Boca Raton, Flórida: CRC Press, 2009).

[2] N. H. Chen, *Process Reactor Design* (Needham Heights, Massachusetts: Allyn e Bacon, 1983), p. 26.

[3] D. W. Green e R. H. Perry, eds., *Perry's Chemical Engineers' Handbook*, 8 ed. (New York: McGraw-Hill, 2008.)

As entalpias de formação a 25 °C são

$$H^{\circ}_{NH_3} = -11,020 \frac{\text{cal}}{\text{mol NH}_3}, \quad H^{\circ}_{H_2} = 0, \text{ e } H^{\circ}_{N_2} = 0$$

Observação: As entalpias de formação de todos os elementos (por exemplo, H_2, N_2) são **zero** a 25 °C.

Para calcular $\Delta H^{\circ}_{Rx}(T_R)$ tomamos as entalpias de formação dos produtos (por exemplo, NH_3) multiplicadas pelos coeficientes estequiométricos apropriados (2 para NH_3) e subtraímos as entalpias de formação dos reagentes (por exemplo, H_2, N_2) multiplicadas por seus coeficientes estequiométricos (por exemplo, 3 para H_2, 1 para N_2).

$$\Delta H^{\circ}_{Rx}(T_R) = 2H^{\circ}_{NH_3}(T_R) - 3H^{\circ}_{H_2}(T_R) - H^{\circ}_{N_2}(T_R) \tag{E11-2.1}$$

$$\begin{aligned}\Delta H^{\circ}_{Rx}(T_R) &= 2H^{\circ}_{NH_3}(T_R) - 3(0) - 0 = 2H^{\circ}_{NH_3} \\ &= 2(-11{,}020)\ \frac{\text{cal}}{\text{mol N}_2} \\ &= -22.040 \text{ cal/mol N}_2 \text{ reagido}\end{aligned}$$

ou

Reação exotérmica

$$\begin{aligned}\Delta H^{\circ}_{Rx}(298 \text{ K}) &= -22{,}04 \text{ kcal/mol N}_2 \text{ reagido} \\ &= -92{,}22 \text{ kJ/mol N}_2 \text{ reagido}\end{aligned}$$

O sinal de menos indica que a reação é *exotérmica*. Se os calores específicos forem constantes, ou se os calores específicos médios no intervalo de 25 °C a 150 °C estiverem disponíveis, a determinação do ΔH_{Rx} a 150 °C será muito simples.

$$\begin{aligned}C_{P_{H_2}} &= 6{,}992 \text{ cal/mol H}_2 \cdot \text{K} \\ C_{P_{N_2}} &= 6{,}984 \text{ cal/mol N}_2 \cdot \text{K} \\ C_{P_{NH_3}} &= 8{,}92 \text{ cal/mol NH}_3 \cdot \text{K}\end{aligned}$$

$$\begin{aligned}\Delta C_P &= 2C_{P_{NH_3}} - 3C_{P_{H_2}} - C_{P_{N_2}} \\ &= 2(8{,}92) - 3(6{,}992) - 6{,}984 \\ &= -10{,}12 \text{ cal/mol N}_2 \text{ reagido} \cdot \text{K}\end{aligned} \tag{E11-2.2}$$

$$\Delta H_{Rx}(T) = \Delta H^{\circ}_{Rx}(T_R) + \Delta C_P(T - T_R) \tag{11-26}$$

$$\begin{aligned}\Delta H_{Rx}(423 \text{ K}) &= -22.040 + (-10{,}12)(423 - 298) \\ &= -23.310 \text{ cal/mol N}_2 = -23{,}31 \text{ kcal/mol N}_2 \\ &= -23{,}3 \text{ kcal/mol N}_2 \times 4{,}184 \text{ kJ/kcal}\end{aligned}$$

$$\boxed{\Delta H_{Rx}(423 \text{ K}) = -97{,}5 \text{ kJ/mol N}_2}$$

(Lembre-se: 1 cal = 4,184 J)

A entalpia de reação baseada no número de mols de H_2 reagidos é

$$\Delta H_{Rx}(423 \text{ K}) = \frac{1 \text{ mol N}_2}{3 \text{ mol H}_2}\left(-97{,}53\ \frac{\text{kJ}}{\text{mol N}_2}\right)$$

$$\Delta H_{Rx}(423 \text{ K}) = -32{,}51\ \frac{\text{kJ}}{\text{mol H}_2} \text{ a } 423 \text{ K}$$

Análise: Este exemplo mostrou (1) como calcular a entalpia de reação com relação a uma determinada espécie, dadas as entalpias de formação dos reagentes e dos produtos, e (2) como encontrar a entalpia de reação com relação a uma outra espécie, dadas as entalpias de reação em relação a uma outra espécie na reação. Vimos também como a entalpia de reação mudou à medida que aumentamos a temperatura.

Agora que vimos que podemos calcular a entalpia de reação a qualquer temperatura, vamos substituir a Equação (11-22) em termos de ΔH_R (T_R) e ΔC_P [isto é, Equação (11-26)]. O balanço de energia para o regime estacionário é agora dado por

Balanço de energia em termos de calor específico médio ou constante

$$\dot{Q} - \dot{W}_s - F_{A0}\sum_{i=1}^{n}\Theta_i C_{P_i}(T - T_{i0}) - [\Delta H^\circ_{Rx}(T_R) + \Delta C_P(T - T_R)]F_{A0}X = 0 \quad (11\text{-}27)$$

Daqui para a frente, como forma de simplificação, considere

$$\Sigma = \sum_{i=1}^{n}$$

a menos que especificado em contrário.

Na maioria dos sistemas, o termo de trabalho, $\dot{W}_s$, pode ser desprezado (observe uma exceção no Problema P12-6_B, do Exame de Engenheiros Profissionais da Califórnia, no final do Capítulo 12). Desprezando $\dot{W}_s$, o balanço de energia torna-se

$$\dot{Q} - F_{A0}\Sigma\Theta_i C_{P_i}(T - T_{i0}) - [\Delta H^\circ_{Rx}(T_R) + \Delta C_P(T - T_R)]F_{A0}X = 0 \quad (11\text{-}28)$$

Em quase todos os sistemas que estudaremos, os reagentes estarão entrando no sistema à mesma temperatura; portanto, $T_{i0} = T_0$.

Podemos utilizar a Equação (11-28) para relacionar temperatura e conversão e então continuar para avaliar o algoritmo descrito no Exemplo 11-1. Todavia, a menos que a reação seja conduzida adiabaticamente, a Equação (11-28) ainda é difícil de ser avaliada porque em reatores não adiabáticos o calor adicionado ou removido do sistema varia ao longo do comprimento do reator. Este problema não ocorre em reatores adiabáticos, que são frequentemente encontrados na indústria. Por isso, analisaremos primeiro o reator tubular adiabático.

11.4 Operação Adiabática

Reações industriais são frequentemente conduzidas adiabaticamente com aquecimento ou resfriamento fornecidos tanto na alimentação quanto na saída do reator. Consequentemente, analisar e dimensionar reatores adiabáticos é uma tarefa importante.

11.4.1 Balanço de Energia Adiabático

Na Seção anterior deduzimos a Equação (11-28) que relaciona a conversão com a temperatura e com o calor adicionado, $\dot{Q}$. Vamos parar por um minuto e considerar um sistema sob um conjunto de condições especiais, como, por exemplo, onde nenhum trabalho é realizado, $\dot{W}_s = 0$, e a operação é adiabática, $\dot{Q} = 0$; faça $T_{i0} = T_0$ e então rearranje (11-28) na forma

Para operação adiabática, o Exemplo 11.1 pode ser agora resolvido!

$$X = \frac{\Sigma\ \Theta_i C_{P_i}(T - T_0)}{-[\Delta H^\circ_{Rx}(T_R) + \Delta C_P(T - T_R)]} \quad (11\text{-}29)$$

Relação entre X e T para reações exotérmicas *adiabáticas*

Para muitos casos, o termo ΔC_P $(T - T_R)$ no denominador da Equação (11-29) é desprezível em relação ao termo ΔH°_{Rx} de forma que um gráfico de X em função de T normalmente será linear, como mostrado na Figura 11-2. Para nos lembrarmos de que a conversão nesse gráfico foi obtida do balanço de energia, em vez de obtida do balanço molar, utilizamos o subíndice EB (isto é, X_{EB}) na Figura 11-2.

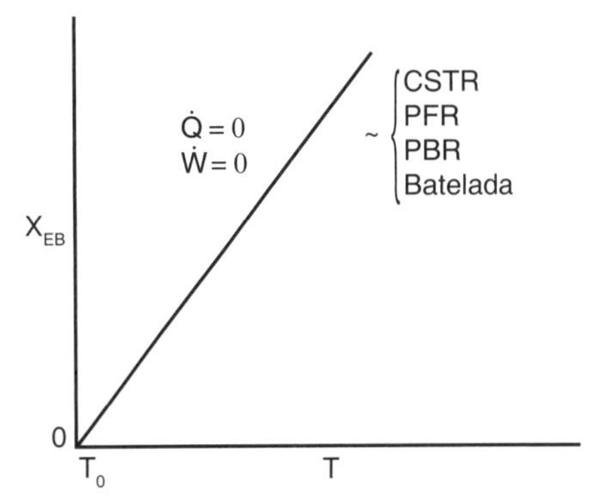

Figura 11-2 Relação temperatura-conversão adiabática.

A Equação (11-29) se aplica a CSTR, PFR ou PBR e também a um reator batelada (como será mostrado no Capítulo 13). Para $\dot{Q} = 0$ e $\dot{W}_s = 0$, a Equação (11-29) nos fornece a relação explícita entre X e T necessária para ser utilizada em conjunto com o balanço molar para resolvermos problemas de engenharia de reações, como discutido na Seção 11.1.

11.4.2 Reator Tubular Adiabático

Podemos rearranjar a Equação (11-29) para encontrarmos a temperatura como função da conversão; isto é,

Balanço de energia para operação de um PFR adiabático

$$T = \frac{X[-\Delta H^\circ_{Rx}(T_R)] + \Sigma\Theta_i C_{P_i} T_0 + X\Delta C_P T_R}{\Sigma\Theta_i C_{P_i} + X\Delta C_P} \tag{11-30}$$

Esta equação será acoplada ao balanço diferencial molar

$$F_{A0}\frac{dX}{dV} = -r_A(X, T)$$

para obter a temperatura, conversão e perfis de concentração ao longo do comprimento do reator. O algoritmo para resolver PBRs e PFRs operados adiabaticamente usando uma reação de primeira ordem reversível $A \rightleftarrows B$ é dada como exemplo na Tabela 11-2.

A Tabela 11-3 fornece dois métodos diferentes para resolver as equações da Tabela 11-2 para encontrar os perfis de conversão, X, e de temperatura, T, ao longo do reator. A técnica numérica (por exemplo, cálculo manual) é apresentada sobretudo para dar introspecção e compressão sobre o procedimento de solução, e esta compreensão é importante. Com este procedimento poderíamos tanto construir um gráfico de Levenspiel como utilizar uma fórmula de quadratura para encontrar o volume do reator. É duvidoso que alguém utilizaria de fato qualquer um desses métodos, a menos que não se tivesse **absolutamente nenhum** acesso imediato ou possibilidade de acesso a um computador (por exemplo, se estivesse abandonado em uma ilha deserta com um laptop sem conexão por satélite). A solução para os problemas de engenharia de reações hoje é utilizar programas de computador com *solvers* para equações diferenciais ordinárias (EDO), tais como Polymath, MATLAB, ou Excel, para resolver as equações de balanço molar e de energia acopladas.

Apenas se não puder utilizar meu computador.

TABELA 11-2 ALGORITMO PARA PFR/PBR ADIABÁTICO

A reação elementar reversível em fase gasosa

$$A \rightleftarrows B$$

é conduzida em um PFR no qual a perda de pressão é desprezada e o reagente A puro entra no reator.

Balanço Molar: $$\frac{dX}{dV} = \frac{-r_A}{F_{A0}} \tag{T11-2.1}$$

TABELA 11-2 ALGORITMO PARA PFR/PBR ADIABÁTICO (CONTINUAÇÃO)

Lei de Velocidade:

$$-r_A = k\left(C_A - \frac{C_B}{K_C}\right) \tag{T11-2.2}$$

com

$$k = k_1(T_1)\ \exp\left[\frac{E}{R}\left(\frac{1}{T_1} - \frac{1}{T}\right)\right] \tag{T11-2.3}$$

e para $\Delta C_P = 0$

$$K_C = K_{C2}(T_2)\ \exp\left[\frac{\Delta H^\circ_{Rx}}{R}\left(\frac{1}{T_2} - \frac{1}{T}\right)\right] \tag{T11-2.4}$$

Estequiometria: Gás, $\varepsilon = 0$, $P = P_0$

$$C_A = C_{A0}(1-X)\frac{T_0}{T} \tag{T11-2.5}$$

$$C_B = C_{A0}X\frac{T_0}{T} \tag{T11-2.6}$$

Combinando:

$$-r_A = kC_{A0}\left[(1-X) - \frac{X}{K_C}\right]\frac{T_0}{T} \tag{T11-2.7}$$

Balanço de Energia:

Para relacionar temperatura e conversão, aplicamos o balanço de energia a um PFR adiabático. Se todas as espécies entrarem à mesma temperatura, então $T_{i0} = T_0$.

Resolvendo a Equação (11-29), com $\dot{Q} = 0$, $\dot{W}_s = 0$, para obtermos T como uma função da conversão, temos

$$T = \frac{X[-\Delta H^\circ_{Rx}(T_R)] + \Sigma\,\Theta_i C_{P_i} T_0 + X\,\Delta C_P T_R}{\Sigma\,\Theta_i C_{P_i} + X\,\Delta C_P} \tag{T11-2.8}$$

Se a alimentação for de A puro e se, e somente se, $\Delta C_p = 0$; então,

$$T = T_0 + \frac{X[-\Delta H^\circ_{Rx}(T_R)]}{C_{P_A}} \tag{T11-2.9}$$

As Equações (T11-2.1) a (T11-2.9) podem ser facilmente resolvidas usando-se tanto a Regra de Simpson quanto um pacote de software para resolver EDOs.

TABELA 11-3 PROCEDIMENTOS DE SOLUÇÃO PARA UM PFR/PBR ADIABÁTICO

A **técnica numérica** é apresentada para fornecer introspecção de como as variáveis (k, K_c, etc.) mudam à medida que avançamos no reator, de $V = 0$ até V_f e X_f.

A. Técnica Numérica

Integrando o balanço molar para o PFR,

Escolha $X \rightarrow$ Calcule $T \rightarrow$ Calcule $k \rightarrow$ Calcule $-r_A \rightarrow$ Calcule $\dfrac{F_{A0}}{-r_A}$

$$V = \int_0^{X_3} \frac{F_{A0}}{-r_A}dX \tag{T11-3.1}$$

1. Faça $X = 0$.
2. Calcule T usando a Equação (T11-2.9).
3. Calcule k usando a Equação (T11-2.3).
4. Calcule K_C usando a Equação (T11-2.4).
5. Calcule T_0/T (fase gasosa).
6. Calcule $-r_A$ usando a Equação (T11-2.7).
7. Calcule $(F_{A0}/-r_A)$.
8. Se X for menor do que a conversão de saída X_3 especificada, incremente X (isto é, $X_{i+1} = X_i + \Delta X$) e retorne ao passo 2.
9. Prepare uma tabela de X em função de $(F_{A0}/-r_A)$.
10. Use fórmulas de integração numérica dadas no Apêndice A; por exemplo,

TABELA 11-3 PROCEDIMENTOS DE SOLUÇÃO PARA UM PFR/PBR ADIABÁTICO (CONTINUAÇÃO)

Utilize as técnicas de avaliação discutidas no Capítulo 2.

$$V = \int_0^{X_3} \frac{F_{A0}}{-r_A} dX = \frac{3}{8} h \left[\frac{F_{A0}}{-r_A(X=0)} + 3\frac{F_{A0}}{-r_A(X_1)} + 3\frac{F_{A0}}{-r_A(X_2)} + \frac{F_{A0}}{-r_A(X_3)} \right] \quad \text{(T11-3.2)}$$

com $h = \frac{X_3}{3}$

B. Programa para Resolver Equações Diferenciais Ordinárias (EDO)

Quase sempre utilizaremos um software para resolver EDOs.

1. $$\frac{dX}{dV} = \frac{kC_{A0}}{F_{A0}} \left[(1-X) - \frac{X}{K_C} \right] \frac{T_0}{T} \quad \text{(T11-3.3)}$$

2. $$k = k_1(T_1) \exp\left[\frac{E}{R} \left(\frac{1}{T_1} - \frac{1}{T} \right) \right] \quad \text{(T11-3.4)}$$

3. $$K_C = K_{C2}(T_2) \exp\left[\frac{\Delta H^\circ_{Rx}}{R} \left(\frac{1}{T_2} - \frac{1}{T} \right) \right] \quad \text{(T11-3.5)}$$

4. $$T = T_0 + \frac{X[-\Delta H^\circ_{Rx}(T_R)]}{C_{P_A}} \quad \text{(T11-3.6)}$$

5. Entre com os valores dos parâmetros k_1, E, R, K_{C2}, $\Delta H^\circ_{Rx}(T_R)$, C_{P_A}, $\Delta C_P = 0$, C_{A0}, T_0, T_1, T_2.
6. Entre com os valores iniciais $X = 0$, $V = 0$, e o valor final para o volume, $V = V_f$.

Aplicaremos agora o algoritmo da Tabela 11-2 e o procedimento de solução B da Tabela 11-3 para uma reação real.

Exemplo 11-3 Isomerização do Butano Normal em Fase Líquida

Problema Exemplo de Simulação

O butano normal, C_4H_{10}, deve ser isomerizado a isobutano em um reator de escoamento uniforme. O isobutano é um produto valioso, utilizado para produzir aditivos para gasolina. Por exemplo, o isobutano pode ser posteriormente reagido para formar iso-octano. O preço de venda do n-butano em 2010 era de 44 centavos de dólar por quilograma, enquanto o preço do isobutano era de 68 centavos de dólar por quilograma.

Esta reação elementar reversível deve ser conduzida *adiabaticamente* em fase líquida sob alta pressão, usando essencialmente traços de um catalisador líquido que promove uma velocidade específica de reação de 31,1 h^{-1} a 360 K. A alimentação entra a 330 K.

(a) Calcule o volume de PFR necessário para processar 100.000 gal/dia (163 kmol/h), a 70% de conversão, de uma mistura de 90 mol% de n-butano e 10 mol% de i-pentano, que é considerado um inerte.
(b) Faça um gráfico e analise X, X_e, T e $-r_A$ ao longo do comprimento do reator.
(c) Calcule o volume de um CSTR para 40% de conversão.

A motivação econômica: US$ 0,68/kg *vs.* 0,44/kg

Informação adicional:

$$\Delta H^\circ_{Rx} = -6900 \text{ J/mol } n\text{-butano}, \quad \text{Energia de ativação} = 65{,}7 \text{ kJ/mol}$$

$$K_C = 3{,}03 \text{ a } 60°\text{C}, \quad C_{A0} = 9{,}3 \text{ mol/dm}^3 = 9{,}3 \text{ kmol/m}^3$$

Butano

$$C_{P_{n\text{-}B}} = 141 \text{ J/mol} \cdot \text{K}$$

$$C_{P_{i\text{-}B}} = 141 \text{ J/mol} \cdot \text{K} = 141 \text{ kJ/kmol} \cdot K$$

i-Pentano

$$C_{P_{i\text{-}P}} = 161 \text{ J/mol} \cdot \text{K}$$

Solução

$$n\text{-}C_4H_{10} \rightleftarrows i\text{-}C_4H_{10}$$
$$A \rightleftarrows B$$

(a) Algoritmo PFR

1. Balanço Molar:

$$F_{A0} \frac{dX}{dV} = -r_A \quad \text{(E11-3.1)}$$

O algoritmo

2. Lei de Velocidade de Reação: $-r_A = k\left(C_A - \frac{C_B}{K_C}\right)($ (E11-3.2)

com

$$k = k(T_1)e^{\left[\frac{E}{R}\left(\frac{1}{T_1}-\frac{1}{T}\right)\right]} \quad \text{(E11-3.3)}$$

$$K_C = K_C(T_2)e^{\left[\frac{\Delta H^\circ_{Rx}}{R}\left(\frac{1}{T_2}-\frac{1}{T}\right)\right]} \quad \text{(E11-3.4)}$$

3. Estequiometria (fase líquida, $\upsilon = \upsilon_0$):

$$C_A = C_{A0}(1-X) \quad \text{(E11-3.5)}$$

$$C_B = C_{A0}X \quad \text{(E11-3.6)}$$

4. Combine:

Seguindo o Algoritmo

$$-r_A = kC_{A0}\left[1 - \left(1 + \frac{1}{K_C}\right)X\right] \quad \text{(E11-3.7)}$$

5. Balanço de Energia. Relembrando a Equação (11-27), temos

$$\dot{Q} - \dot{W}_s - F_{A0}\Sigma\Theta_i C_{P_i}(T-T_0) - F_{A0}X[\Delta H^\circ_{Rx}(T_R) + \Delta C_P(T-T_R)] = 0 \quad \text{(11-27)}$$

Do enunciado do problema,

Adiabático: $\dot{Q} = 0$

Sem trabalho: $\dot{W} = 0$

$\Delta C_P = C_{P_B} - C_{P_A} = 141 - 141 = 0$

Aplicando as condições acima à Equação (11-27) e rearranjando, temos

$$T = T_0 + \frac{(-\Delta H^\circ_{Rx})X}{\Sigma\Theta_i C_{P_i}} \quad \text{(E11-3.8)}$$

Observação sobre a Nomenclatura

$\Delta H_{Rx}(T) \equiv \Delta H_{Rx}$
$\Delta H_{Rx}(T_R) \equiv \Delta H^\circ_{Rx}$
$\Delta H_{Rx} = \Delta H^\circ_{Rx} + \Delta C_P(T - T_R)$

6. Avaliação dos Parâmetros:

$$F_{A0} = 0{,}9F_{T0} = (0{,}9)\left(163\,\frac{\text{kmol}}{\text{h}}\right) = 146{,}7\,\frac{\text{kmol}}{\text{h}}$$

$$\Sigma\Theta_i C_{P_i} = C_{P_A} + \Theta_I C_{P_I} = \left(141 + \frac{0{,}1}{0{,}9}161\right)\text{J/mol}\cdot\text{K}$$

$$= 159\ \text{J/mol}\cdot\text{K}$$

$$T = 330 + \frac{-(-6900)}{159}X$$

$$\boxed{T = 330 + 43{,}4X} \quad \text{(E11-3.9)}$$

em que T é em Kelvin.

Substituindo a energia de ativação, T_1, e k_1 na Equação (E11-3.3), obtemos

$$k = 31{,}1\ \exp\left[\frac{65.700}{8{,}31}\left(\frac{1}{360} - \frac{1}{T}\right)\right](h^{-1})$$

$$\boxed{k = 31{,}1\ \exp\left[7906\left(\frac{T-360}{360T}\right)\right](h^{-1})} \quad \text{(E11-3.10)}$$

Substituindo ΔH°_{Rx}, T_2 e $K_C(T_2)$ na Equação (E11-3.4), resulta em

$$K_C = 3{,}03 \exp\left[\frac{-6900}{8{,}31}\left(\frac{1}{333} - \frac{1}{T}\right)\right]$$

$$\boxed{K_C = 3{,}03 \exp\left[-830{,}3\left(\frac{T-333}{333T}\right)\right]} \quad \text{(E11-3.11)}$$

Lembrando que a lei de velocidade nos fornece

$$-r_A = kC_{A0}\left[1 - \left(1 + \frac{1}{K_C}\right)X\right] \quad \text{(E11-3.7)}$$

7. Conversão de Equilíbrio:
No equilíbrio,

$$-r_A \equiv 0$$

e, portanto, podemos resolver a Equação (E11-3.7) para a conversão de equilíbrio

$$X_e = \frac{K_C}{1+K_C} \quad \text{(E11-3.12)}$$

Como conhecemos $K_C(T)$, podemos encontrar X_e como uma função da temperatura.

Solução para o PFR

É um negócio de risco tentar atingir 70% de conversão em uma reação reversível.

(a) Encontre o volume de PFR necessário para alcançar 70% de conversão. Este enunciado de problema é de risco. Por quê? Porque a conversão de equilíbrio adiabática pode ser menor do que 70%! Felizmente, não o é para a condição aqui apresentada, em que $0{,}7 < X_e$. Em geral deveríamos calcular o volume de reator necessário para obter 95% da conversão de equilíbrio, $X_f = 0{,}95\, X_e$.
(b) Grafique e analise X, X_e, $-r_A$ e T ao longo do comprimento (volume) do reator.

Resolveremos o conjunto de equações precedentes para encontrar o volume de reator PFR tanto utilizando cálculos manuais quanto resolvendo EDOs utilizando computador. Faremos os cálculos manualmente para obtermos uma compreensão intuitiva de como os parâmetros X_e e $-r_A$ variam com a conversão e a temperatura. A solução computacional nos permite graficar prontamente as variáveis de reação ao longo do comprimento do reator e também estudar a reação e o reator através da variação dos valores dos parâmetros do sistema, tais como C_{A0} e T_0.

Parte (a) [Solução por Cálculo Manual para talvez nos dar uma introspecção maior e para melhor utilizarmos as técnicas do Capítulo 2].

Faremos isso apenas uma única vez!!

Integraremos agora a Equação (E11-3.8) usando a regra de Simpson depois de formarmos a Tabela (E11-3.1) para calcular $(F_{A0}/-r_A)$ como uma função de X. Este procedimento é semelhante àquele descrito no Capítulo 2. Realizaremos agora alguns cálculos para mostrar como a Tabela E11-3.1 foi construída.

Por exemplo, para $X = 0{,}2$.

Amostra de cálculo para a Tabela E11-3.1

(a) $T = 330 + 43{,}4(0{,}2) = 338{,}6 \text{ K}$

(b) $k = 31{,}1 \exp\left[7906\left(\frac{338{,}6-360}{(360)(338{,}6)}\right)\right] = 31{,}1 \exp(-1{,}388) = 7{,}76 \text{ h}^{-1}$

(c) $K_C = 3{,}03 \exp\left[-830{,}3\left(\frac{338{,}6-333}{(333)(338{,}6)}\right)\right] = 3{,}03e^{-0{,}0412} = 2{,}9$

(d) $X_e = \frac{2{,}9}{1+2{,}9} = 0{,}74$

(e) $-r_A = \left(\frac{7{,}76}{\text{h}}\right)(9{,}3)\frac{\text{mol}}{\text{dm}^3}\left[1 - \left(1 + \frac{1}{2{,}9}\right)(0{,}2)\right] = 52{,}8 \frac{\text{mol}}{\text{dm}^3 \cdot \text{h}} = 52{,}8 \frac{\text{kmol}}{\text{m}^3 \cdot \text{h}}$

(f) $$\frac{F_{A0}}{-r_A} = \frac{(0{,}9 \text{ mol butano/mol total})(163.\text{ kmol total/h})}{52{,}8 \dfrac{\text{kmol}}{\text{m}^3 \cdot \text{h}}} = 2{,}78 \text{ m}^3$$

TABELA E11-3.1 CÁLCULO MANUAL

X	T (K)	k (h^{-1})	K_C	X_e	$-r_A$(kmol/m³·h)	$\frac{F_{A0}}{-r_A}$ (m³)
0	330	4,22	3,1	0,76	39,2	3,74
0,2	338,7	7,76	2,9	0,74	52,8	2,78
0,4	347,3	14,02	2,73	0,73	58,6	2,50
0,6	356,0	24,27	2,57	0,72	37,7	3,88
0,65	358,1	27,74	2,54	0,718	24,5	5,99
0,7	360,3	31,67	2,5	0,715	6,2	23,29

Precedendo dessa maneira para outras conversões, podemos completar a Tabela E11-3.1.

Utilize os dados na Tabela E11-3.1 para fazer o gráfico de Levenspiel, como no Capítulo 2.

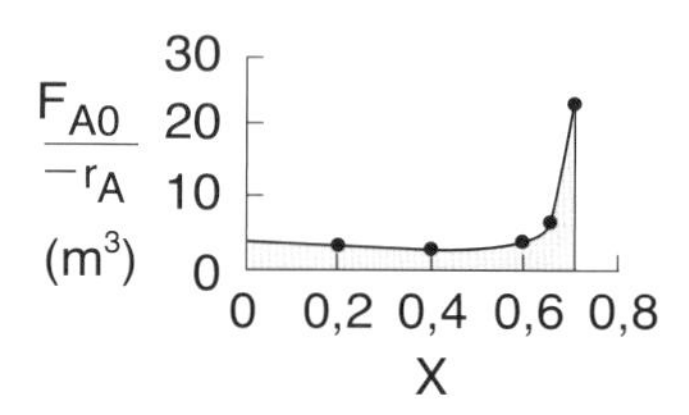

O volume do reator para 70% de conversão será avaliado usando fórmulas de quadratura. Como ($F_{A0}/-r_A$) aumenta rapidamente à medida que nos aproximamos da conversão de equilíbrio adiabático, 0,71, dividiremos a integral em duas partes.

$$V = \int_0^{0,7} \frac{F_{A0}}{-r_A}\, dX = \int_0^{0,6} \frac{F_{A0}}{-r_A}\, dX + \int_{0,6}^{0,7} \frac{F_{A0}}{-r_A}\, dX \qquad \text{(E11-3.13)}$$

Por que estamos fazendo esses cálculos manuais? Se você não os achar úteis, envie-me um e-mail e você não verá isto novamente.

Usando as Equações (A.24) e (A.22) do Apêndice A, obtemos

$$V = \frac{3}{8} \times \frac{0{,}6}{3}[3{,}74 + 3 \times 2{,}78 + 3 \times 2{,}50 + 3{,}88]\text{m}^3 + \frac{1}{3} \times \frac{0{,}1}{2}[3{,}88 + 4 \times 5{,}99 + 23{,}29]\text{m}^3$$

$$V = 1{,}75 \text{ m}^3 + 0{,}85 \text{ m}^3$$

$$\boxed{V = 2{,}60 \text{ m}^3}$$

Você provavelmente nunca fará um cálculo manual como o mostrado acima. Então, por que o fizemos? Espera-se que isso tenha dado a você uma ideia mais intuitiva da ordem de grandeza de cada um dos termos e como eles mudam à medida que progredimos ao longo do comprimento do reator (isto é, o que a solução computacional está fazendo), assim como mostrar como os Gráficos de Levenspiel de ($F_{A0}/-r_A$) vs. X do Capítulo 2 foram construídos. Na saída, $V = 2{,}6$ m³, $X = 0{,}7$, $X_e = 0{,}715$ e $T = 360$ K.

Parte (b) Solução computacional para o PFR e perfis variáveis

Poderíamos também ter resolvido este problema usando o Polymath ou algum outro programa para resolver EDOs. O programa para o Polymath, usando as Equações (E11-3.1), (E11-3.7), (E11-3.9), (E11-3.10), (E11-3.11) e (E11-3.12) é mostrado na Tabela E11-3.2.

TABELA E11-3.2 PROGRAMA POLYMATH PARA ISOMERIZAÇÃO ADIABÁTICA

Equações diferenciais

```
1 d(X)/d(V) = -ra/Fa0
```

Equações explícitas

```
1 Ca0 = 9,3
2 Fa0 = ,9*163
3 T = 330+43,3*X
4 Kc = 3,03*exp(-830,3*((T-333)/(T*333)))
5 k = 31,1*exp(7906*(T-360)/(T*360))
6 Xe = Kc/(1+Kc)
7 ra = -k*Ca0*(1-(1+1/Kc)*X)
8 rate = -ra
```

Relatório POLYMATH
Equações Diferenciais Ordinárias

Valores calculados para as variáveis das ED

	Variável	Valor inicial	Valor final
6	Velocidade	39,28165	0,0029845
7	T	330,	360,9227
8	V	0	5
9	X	0	0,7141504
10	Xe	0,7560658	0,7141573

(a) Exemplo 11-3 Isomerização Adiabática de Butano Normal — T vs. V

(b) Exemplo 11-3 Isomerização Adiabática de Butano Normal — velocidade vs. V

(c) Exemplo 11-3 Isomerização Adiabática de Butano Normal — X, X_e vs. V

Figura E11-3.1 Perfis de temperatura, velocidade de reação e conversão para o PFR adiabático.

***Análise*:** A saída gráfica é mostrada na Figura E11-3.1. Vemos na Figura E11-3.1(c) que é necessário 1,15 m^3 para alcançar conversão de 40%. A temperatura e os perfis de velocidade de reação também são mostrados. Há alguma coisa estranha? Observamos que a velocidade de reação

Veja a forma das curvas na Figura E11-3.1. Por que elas se parecem desse jeito?

$$-r_A = \underbrace{kC_{A0}}_{A} \underbrace{\left[1 - \left(1 + \frac{1}{K_C}\right)X\right]}_{B} \tag{E11-3.14}$$

passa por um máximo. Perto da entrada do reator, T aumenta, assim como k, fazendo o termo A aumentar mais rapidamente do que o termo B diminui, e, portanto, a velocidade de reação aumenta. Perto da saída do reator, o termo B está diminuindo mais rapidamente do que o termo A está aumentando. Consequentemente, devido a esses dois fatores concorrentes, temos um ponto de máximo na velocidade de reação.

AspenTech: O Exemplo 11-3 também foi formulado no AspenTech e pode ser carregado no seu computador diretamente do site da LTC Editora.

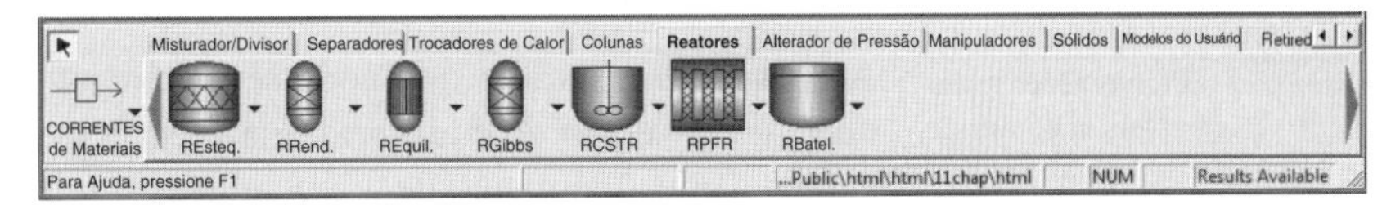

Parte (c) Solução para o CSTR

Vamos calcular agora o volume de CSTR necessário para alcançar 40% de conversão. Você acha que o CSTR será maior ou menor do que o PFR? O balanço molar é

$$V = \frac{F_{A0}X}{-r_A}$$

É $V_{PFR} > V_{CSTR}$ ou é $V_{PFR} < V_{CSTR}$?

Usando a Equação (E11-3.7) no balanço molar, obtemos

$$V = \frac{F_{A0}X}{kC_{A0}\left[1 - \left(1 + \frac{1}{K_C}\right)X\right]} \qquad \text{(E11-3.15)}$$

Do balanço de energia temos a Equação (E11-3.10):

$$T = 330 + 43{,}4X$$

Para 40% de conversão

$$T = 330 + 43{,}4(0{,}4) = 347{,}3\text{K}$$

Usando as Equações (E11-3.10) e (E11-3.11) ou com base na Tabela E11-3.1,

$$k = 14{,}02 \text{ h}^{-1}$$
$$K_C = 2{,}73$$

Então,

$$-r_A = 58{,}6 \text{ kmol/m}^3 \cdot \text{h}$$

$$V = \frac{(146{,}7 \text{ kmol butano/h})(0{,}4)}{58{,}6 \text{ kmol/m}^3 \cdot \text{h}}$$

$$V = 1{,}0 \text{ m}^3$$

Vemos que o volume do CSTR (1 m³) para alcançar 40% de conversão nesta reação adiabática é menor do que o volume do PFR (1,15 m³).

Pode-se prontamente verificar por que o volume do reator para 40% de conversão nessa reação adiabática é menor para um CSTR do que para um PFR, lembrando-se dos gráficos de Levenspiel do Capítulo 2. O gráfico de $(F_{A0}/-r_A)$ em função de X a partir dos dados da Tabela E11-3.1 é mostrado aqui.

O volume do CSTR adiabático é *menor* do que o volume do PFR.

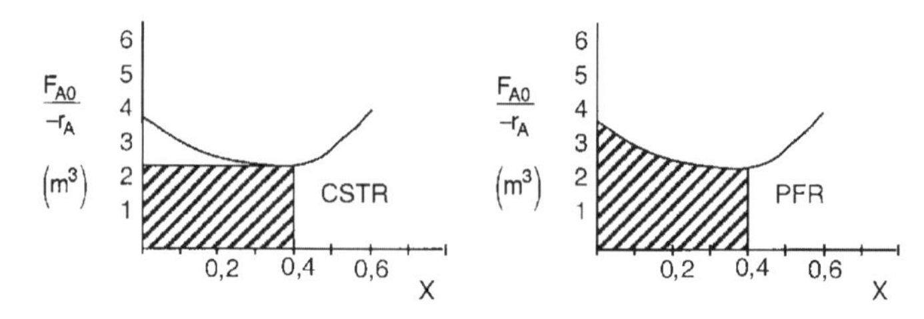

A área (volume) do PFR é maior do que a área (volume) do CSTR.

Análise: Neste exemplo, aplicamos o algoritmo de ERQ para uma reação reversível de primeira ordem conduzida adiabaticamente em um PFR e em um CSTR. Observamos que o volume de um CSTR necessário para alcançar 40% de conversão é menor do que o necessário para alcançar a mesma conversão em um PFR. Na Figura E11-3.1(c) vemos também que, para o volume de três m³ de PFR, o equilíbrio é essencialmente alcançado a cerca de metade do reator, e nenhuma mudança de temperatura, velocidade de reação, conversão de equilíbrio ou conversão é observada além deste ponto no reator.

11.5 Conversão de Equilíbrio Adiabático e Reação em Estágios

Para reações reversíveis, a conversão de equilíbrio, X_e, é normalmente calculada antes.

A conversão mais alta que pode ser alcançada em reações reversíveis é a correspondente à conversão de equilíbrio. Para reações endotérmicas, a conversão de equilíbrio aumenta com o aumento de temperatura até um máximo de 1,0. Para reações exotérmicas, a conversão de equilíbrio diminui com o aumento de temperatura.

11.5.1 Conversão de Equilíbrio

Reações Exotérmicas. A Figura 11-3(a) mostra a variação da conversão de equilíbrio em função da temperatura para uma reação exotérmica (veja Apêndice C), e a Figura 11-3(b) mostra a conversão de equilíbrio correspondente X_e como uma função da temperatura. No Exemplo 11-3, vimos que para uma reação de primeira ordem a conversão de equilíbrio poderia ser calculada utilizando a Equação (E11-3.13).

Reação reversível de primeira ordem

$$X_e = \frac{K_C}{1+K_C} \tag{11-3.12}$$

Consequentemente, X_e pode ser calculada diretamente utilizando-se a Figura 11-3(a).

Para reações exotérmicas a conversão de equilíbrio diminui com o aumento de temperatura.

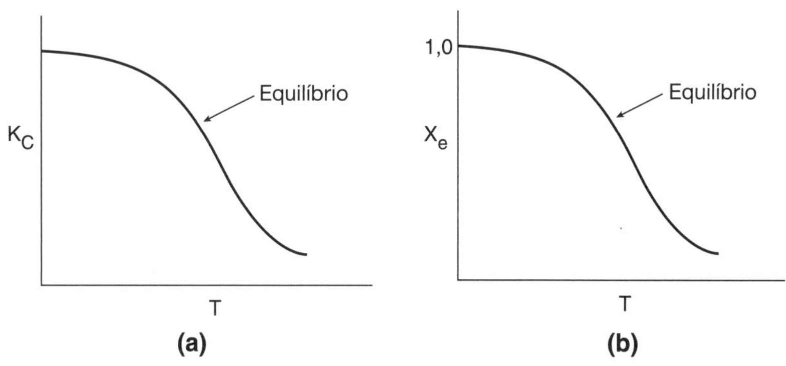

Figura 11-3 Variação da constante de equilíbrio e da conversão com a temperatura para uma reação exotérmica.

Observamos que a forma da curva X_e *versus* T na Figura 11-3(b) será similar para outras ordens de reação, que não são de primeira ordem.

Para determinar a conversão máxima que pode ser alcançada em uma reação exotérmica, conduzida adiabaticamente, encontramos a interseção da conversão de equilíbrio em função da temperatura [Figura 11-3(b)] com as relações temperatura-conversão do balanço de energia [Figura 11-2 e Equação (T11-1.A)], como mostrado na Figura 11-4.

$$X_{EB} = \frac{\Sigma\,\Theta_i C_{P_i}(T - T_0)}{-\Delta H_{Rx}(T)} \tag{T11-1.A}$$

Esta interseção da linha X_{EB} com a curva X_e fornece a conversão de equilíbrio adiabática e a temperatura para uma dada temperatura de entrada T_0.

Conversão de equilíbrio adiabática para reações exotérmicas

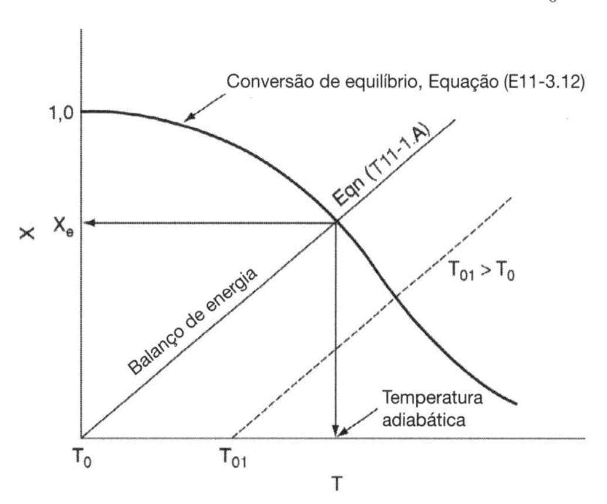

Figura 11-4 Solução gráfica das equações de conservação e balanço de energia para obter a temperatura e a conversão de equilíbrio X_e.

Se a temperatura de entrada for aumentada de T_0 para T_{01}, a linha do balanço de energia será deslocada para a direita e permanecerá paralela à linha original, como mostrado pela linha tracejada. Observe que à medida que a temperatura aumenta, a conversão de equilíbrio adiabática diminui.

Exemplo 11-4 Calculando a Temperatura de Equilíbrio Adiabática

Para a reação elementar em fase líquida catalisada por sólido

$$A \rightleftarrows B$$

construa um gráfico da conversão de equilíbrio em função da temperatura.

Determine a temperatura e a conversão de equilíbrio adiabáticas para o caso de A puro ser alimentado ao reator à temperatura de 300 K.

Informação adicional:

$$H_A^\circ(298\ \text{K}) = -40.000\ \text{cal/mol} \qquad H_B^\circ(298\ \text{K}) = -60.000\ \text{cal/mol}$$

$$C_{P_A} = 50\ \text{cal/mol}\cdot\text{K} \qquad C_{P_B} = 50\ \text{cal/mol}\cdot\text{K}$$

$$K_e = 100.000 \text{ a } 298\ \text{K}$$

Solução

1. **Lei de Velocidade de Reação:**

$$-r_A = k\left(C_A - \frac{C_B}{K_e}\right) \tag{E11-4.1}$$

2. **Equilíbrio:** $-r_A = 0$; portanto,

$$C_{Ae} = \frac{C_{Be}}{K_e}$$

3. **Estequiometria:** $(\upsilon = \upsilon_0)$ fornece

$$C_{A0}(1 - X_e) = \frac{C_{A0}X_e}{K_e}$$

Resolvendo para X_e, resulta em

$$\boxed{X_e = \frac{K_e(T)}{1 + K_e(T)}} \tag{E11-4.2}$$

4. **Constante de Equilíbrio:** Calcule ΔC_p, para $K_e\ (T)$

$$\Delta C_P = C_{P_B} - C_{P_A} = 50 - 50 = 0\ \text{cal/mol}\cdot\text{K}$$

Para $\Delta C_p = 0$, a constante de equilíbrio varia com a temperatura de acordo com a relação

$$K_e(T) = K_e(T_1)\exp\left[\frac{\Delta H_{Rx}^\circ}{R}\left(\frac{1}{T_1} - \frac{1}{T}\right)\right] \tag{E11-4.3}$$

$$\Delta H_{Rx}^\circ = H_B^\circ - H_A^\circ = -20.000\ \text{cal/mol}$$

$$K_e(T) = 100.000\exp\left[\frac{-20.000}{1{,}987}\left(\frac{1}{298} - \frac{1}{T}\right)\right]$$

$$K_e = 100.000\exp\left[-33{,}78\left(\frac{T - 298}{T}\right)\right] \tag{E11-4.4}$$

Substituindo a Equação (E11-4.4) na Equação (E11-4.2), podemos calcular a conversão de equilíbrio como uma função da temperatura:

5. **Conversão de Equilíbrio a partir da Termodinâmica:**

Conversão calculada a partir da relação de equilíbrio

$$\boxed{X_e = \frac{100.000\exp[-33{,}78(T - 298)/T]}{1 + 100.000\exp[-33{,}78(T - 298)/T]}} \tag{E11-4.5}$$

Os cálculos são apresentados na Tabela E11-4.1.

Tabela E11-4.1 Conversão de Equilíbrio como uma Função da Temperatura

$T(K)$	K_e	X_e
298	100.000,00	1,00
350	661,60	1,00
400	18,17	0,95
425	4,14	0,80
450	1,11	0,53
475	0,34	0,25
500	0,12	0,11

6. Balanço de Energia:

Para a reação conduzida adiabaticamente, o balanço de energia [Equação (T11-1.A)] se reduz a

$$X_{EB} = \frac{\Sigma \Theta_i C_{P_i}(T - T_0)}{-\Delta H_{Rx}} = \frac{C_{P_A}(T - T_0)}{-\Delta H^{\circ}_{Rx}} \quad (E11\text{-}4.6)$$

Conversão calculada a partir do balanço de energia

$$\boxed{X_{EB} = \frac{50(T - 300)}{20.000} = 2{,}5 \times 10^{-3}(T - 300)} \quad (E11\text{-}4.7)$$

Dados da Tabela E11-6.1; os dados a seguir estão plotados na Figura E11-4.1.

$T(K)$	300	400	500	600
X_{EB}	0	0,25	0,50	0,75

A interseção de X_{EB}(T) e X_e(T) fornece X_e = 0,42 e T_e = 465 K.

Para uma temperatura de alimentação de 300 K, a temperatura de equilíbrio adiabática é 465 K e a correspondente conversão de equilíbrio adiabática é apenas 0,42.

Conversão de equilíbrio e temperatura adiabáticas

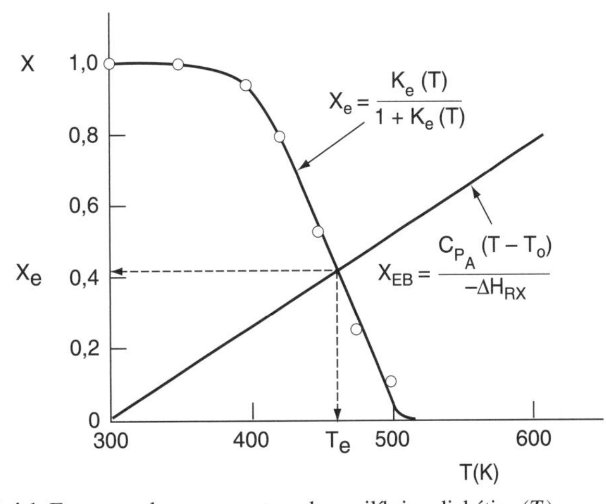

Figura E11-4.1 Encontrando a temperatura de equilíbrio adiabática (T_e) e a conversão (X_e).
Nota: As curvas usam pontos interpolados aproximados.

Análise: O propósito deste exemplo é introduzir o conceito de conversão e temperatura adiabáticas. A conversão de equilíbrio adiabática, X_e, é uma das primeiras coisas a determinar quando estamos realizando uma análise envolvendo reações reversíveis. Ela é a máxima conversão que se pode alcançar para uma dada temperatura de entrada, T_0, e composição de alimentação. Se X_e é muito baixa para ser economicamente interessante, tente diminuir a temperatura de alimentação e/ou adicione inertes. Da Equação (E11-4.6), observamos que uma mudança da vazão não afeta a conversão de equilíbrio. Para reações exotérmicas, a conversão adiabática diminui com o aumento da temperatura de entrada T_0. Para reações endotérmicas, a conversão aumenta com o aumento da entrada T_0. Pode-se facilmente gerar a Figura E11-4.1 utilizando o Polymath com as Equações (E11-4.5) e (E11-4.7).

Se a adição de inertes ou diminuição da temperatura de entrada não for possível, então deve-se considerar a reação em estágios.

11.5.2 Reação em Estágios

Reação em Estágios com Resfriamento ou Aquecimento Interestágios. Conversões mais altas do que aquelas mostradas na Figura E11-4.1 podem ser alcançadas para operações adiabáticas conectando-se reatores em série com resfriamento interestágio:

Figura 11-5 Reatores em série com resfriamento interestágio.

Reações Exotérmicas. O gráfico de conversão-temperatura para este esquema é mostrado na Figura 11-6. Vemos que, com três trocadores para resfriamento interestágio, podemos alcançar 88% de conversão; compare com a conversão de equilíbrio de 35% para o caso sem resfriamento interestágio.

Resfriamento interestágio utilizado para reações exotérmicas reversíveis

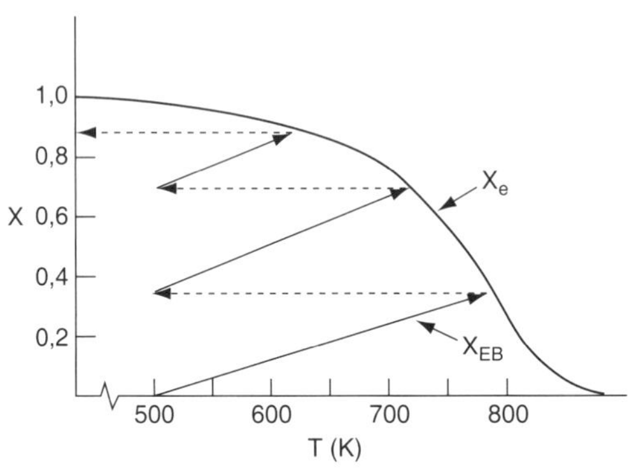

Figura 11-6 Aumento da conversão por resfriamento interestágio para uma reação exotérmica.

Valores típicos para composição da gasolina

Gasolina	
C_5	10%
C_6	10%
C_7	20%
C_8	25%
C_9	20%
C_{10}	10%
C_{11}-C_{12}	5%

Reações Endotérmicas. Outro exemplo da necessidade de troca de calor interestágios em uma série de reatores pode ser encontrado quando se deseja melhorar a octanagem da gasolina. Quanto mais compacta for a molécula de hidrocarboneto para um dado número de átomos de carbono, maior será seu índice de octanagem (veja a Seção 10.3.5). Consequentemente, é desejável converter hidrocarbonetos de cadeia linear em isômeros ramificados, naftênicos e aromáticos. A sequência de reações é

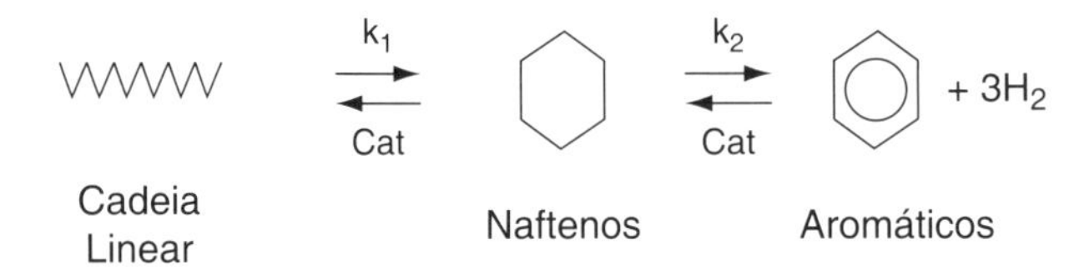

O primeiro passo da reação (k_1) é lento comparado ao segundo passo, e todos os passos são altamente endotérmicos. O intervalo de temperatura permitido para se poder conduzir esta reação é muito estreito: acima de 530 ºC ocorrem reações paralelas indesejadas, e abaixo de 430 ºC a reação virtualmente não ocorre. Uma alimentação típica poderia ser constituída de 75% de cadeias lineares, 15% de naftas e 10% de aromáticos.

Um arranjo presentemente utilizado para realizar essas reações é mostrado na Figura 11-7. Observe que os reatores não são todos do mesmo tamanho. Tamanhos típicos são da ordem de 10 a 20 m de altura e 2 a 5 m de diâmetro. Uma vazão de alimentação típica de gasolina é de aproximadamente 200 m^3/h, alimentados a 2 atm. O hidrogênio é usualmente separado da corrente de produtos e reciclado.

Verão 2010: US$ 2,89/gal para octanagem (ON) ON = 89

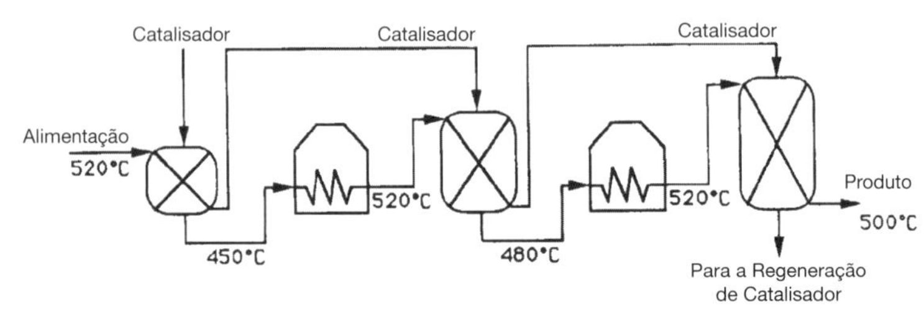

Figura 11-7 Aquecimento interestágio para produção de gasolina em reatores de leito móvel.

Como a reação é endotérmica, a conversão de equilíbrio aumenta com o aumento de temperatura. Uma curva de equilíbrio típica e uma trajetória temperatura-conversão para a sequência dada de reatores são apresentadas na Figura 11-8.

Aquecimento interestágio

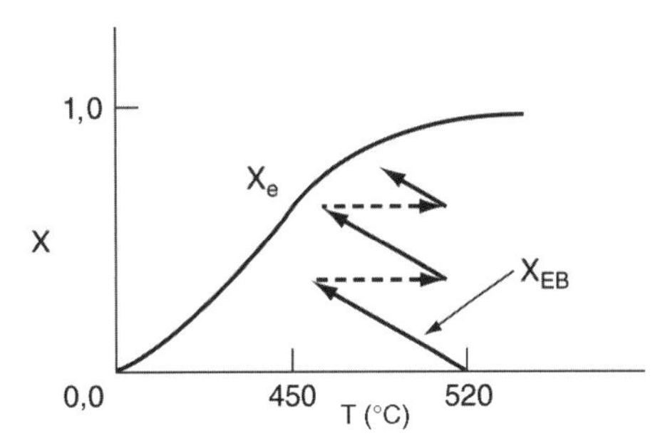

Figura 11-8 Trajetória temperatura-conversão para aquecimento interestágio de uma reação endotérmica, análoga à Figura 11-6.

Exemplo 11-5 Resfriamento Interestágio para Reações Altamente Exotérmicas

Que conversão poderia ser alcançada no Exemplo 11-4, se dois resfriadores interestágios estivessem disponíveis e tivessem a capacidade de resfriar a corrente de saída até 350 K? Determine também a carga térmica de cada trocador para uma vazão molar de A de 40 mol/s. Assuma que 95% da conversão de equilíbrio é alcançada em cada reator. A temperatura de alimentação no primeiro reator é 300 K.

Solução

1. **Calcule a Temperatura de Saída**
Vimos no Exemplo 11-4

$$A \rightleftarrows B$$

que, para uma temperatura de entrada de 300 K, a conversão de equilíbrio adiabática era 0,42. Para 95% da conversão de equilíbrio (X_e = 0,42), a conversão de saída no primeiro reator é 0,4. A temperatura de saída é encontrada a partir de um rearranjo da Equação (E11-4.7):

$$T = 300 + 400X = 300 + (400)(0{,}4) \tag{E11-5.1}$$
$$T_1 = 460 \text{ K}$$

Agora, resfriamos o gás que sai do reator a 460 K para 350 K em um trocador de calor (Figura E11-5.2).

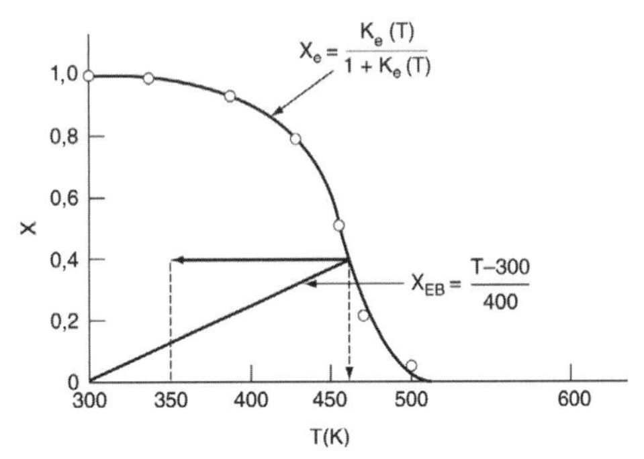

Figura E11-5.1 Determinando a conversão de saída e a temperatura no primeiro estágio.

2. **Calcule a Carga Térmica**
Como não existe trabalho realizado sobre a mistura gasosa de reação no trocador, e como também não há reação no trocador, nestas condições ($F_{i|\text{entr.}} = F_{i|\text{saída}}$), o balanço de energia dado pela Equação (11-10) fornece

$$\dot{Q} - \dot{W}_s + \Sigma F_{i0} H_{i0} - \Sigma F_i H_i = 0 \tag{11-10}$$

Balanço de energia para a mistura gasosa reagente **no** trocador de calor

para $\dot{W}_s = 0$, torna-se

$$\dot{Q} = \Sigma\, F_i H_i - \Sigma\, F_{i0} H_{i0} = \Sigma\, F_{i0}(H_i - H_{i0}) \tag{E11-5.2}$$

$$= \Sigma\, F_i C_{P_i}(T_2 - T_1) = (F_A C_{P_A} + F_B C_{P_B})(T_2 - T_1) \tag{E11-5.3}$$

Mas, como $C_{P_A} = C_{P_B}$,

$$\dot{Q} = (F_A + F_B)(C_{P_A})(T_2 - T_1) \tag{E11-5.4}$$

Também, para este exemplo, $F_{A0} = F_A + F_B$,

$$\dot{Q} = F_{A0} C_{P_A}(T_2 - T_1)$$

$$= \frac{40 \text{ mol}}{\text{s}} \cdot \frac{50 \text{ cal}}{\text{mol} \cdot \text{K}}(350 - 460)\text{ K}$$

$$= -220\ \frac{\text{kcal}}{\text{s}} \tag{E11-5.5}$$

Isto é, 220 kcal/s precisam ser removidas para resfriar a mistura de reação de 460 K para 350 K para uma vazão de alimentação de 40 mol/s.

3. **Segundo Reator**

Vamos agora retornar para determinar a conversão no segundo reator. Rearranjando a Equação (E11-4.7) para o segundo reator,

$$T_2 = T_{20} + \Delta X\left(\frac{-\Delta H^\circ_{Rx}}{C_{P_A}}\right)$$

$$= 350 + 400\Delta X$$

As condições de entrada no segundo reator são $T = 350$ K e $X = 0{,}4$. O balanço de energia partindo desse ponto é mostrado na Figura E11-5.2. A conversão de equilíbrio adiabática correspondente é de 0,63. Noventa e cinco por cento da conversão de equilíbrio equivale a 60% e a temperatura de saída correspondente é $T = 350 + (0{,}6 - 0{,}4)\ 400 = 430$ K.

4. **Carga Térmica**

A carga térmica para resfriar a mistura de reação de 430 K para 350 K pode ser calculada a partir da Equação (E11-5.5):

$$\dot{Q} = F_{A0} C_{P_A}(350 - 430) = \left(\frac{40 \text{ mol}}{\text{s}}\right)\left(\frac{50 \text{ cal}}{\text{mol} \cdot \text{K}}\right)(-80)$$

$$= -160\ \frac{\text{kcal}}{\text{s}}$$

5. **Reatores Subsequentes**

Para o último reator, começamos a $T_0 = 350$ K e $X = 0{,}6$, e seguimos a linha representando a equação do balanço de energia ao longo do ponto de interseção com a conversão de equilíbrio, que é $X = 0{,}8$. Consequentemente, a conversão final alcançada com três reatores e dois estágios intermediários de resfriamento é $(0{,}95)(0{,}8) = 0{,}76$.

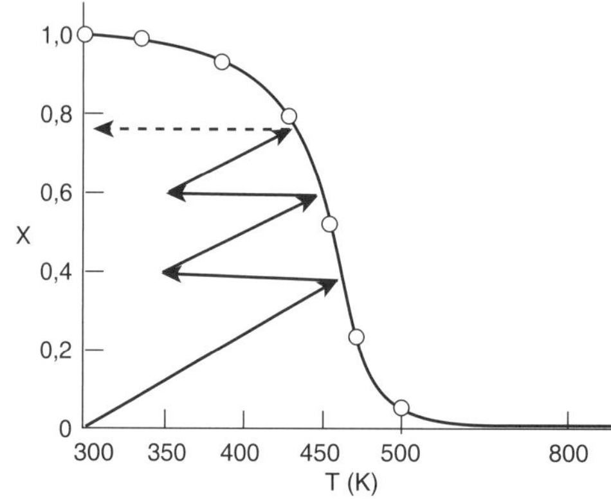

Figura E11-5.2 Três reatores em série com resfriamento interestágio.

Análise: Para reações altamente exotérmicas conduzidas adiabaticamente, reatores em estágios com resfriamento interestágio podem ser utilizados para obter altas conversões. Observa-se que a conversão e a temperatura de saída do primeiro reator são 40% e 460 K, respectivamente, como mostrado pela linha do balanço de energia. A corrente de saída nesta conversão é então resfriada até 350 K, temperatura na qual entra no segundo reator. No segundo reator a conversão global e a temperatura aumentam para 60% e 430 K. A inclinação de X *versus* T do balanço de energia é a mesma do primeiro reator. Este exemplo também mostrou como calcular a carga térmica em cada trocador de calor. Também podemos observar que a carga térmica no terceiro trocador será menor do que a do primeiro trocador porque a temperatura de saída do segundo reator (430 K) é menor do que a do primeiro reator (460 K). Consequentemente, necessita-se remover menos calor no terceiro trocador.

11.6 Temperatura Ótima de Alimentação

Consideraremos agora um reator adiabático de tamanho ou massa de catalisador fixos, e investigaremos o que acontece à medida que a temperatura de alimentação é mudada. A reação é reversível e exotérmica. Em um dos extremos de temperatura, usando uma temperatura de alimentação muito alta, a velocidade específica de reação será muito grande, e a reação ocorrerá rapidamente, mas a conversão de equilíbrio será próxima de zero. Consequentemente, muito pouco produto será formado. No ponto extremo das baixas temperaturas de alimentação, pouco produto será formado, porque a velocidade de reação é muito baixa. Um gráfico da conversão de equilíbrio e conversão calculada do balanço de energia adiabático é mostrado na Figura 11-9. Substituindo na Equação (T11-1.A) para o caso em que $\frac{\Sigma\,\Theta_i C_{P_i}}{\Delta H^\circ_{Rx}} = 0{,}069\ K^{-1}$, a linha do balanço de energia mostrada na Figura 11-9 é $X_{EB} = 0{,}0069\ (T - T_0)$. Vemos que para uma temperatura de entrada de 600 K a conversão de equilíbrio adiabática é 0,15, enquanto para uma temperatura de entrada de 350 K é de 0,75. O perfil de conversão correspondente ao longo do reator é mostrado na Figura 11-10. A conversão de equilíbrio, que pode ser calculada pela Equação (E11-4.2) para uma reação de primeira ordem, também varia ao longo do comprimento do reator, como mostrado pela linha tracejada na Figura 11-10. Vemos também que, devido à alta temperatura de entrada, a velocidade de reação é muito alta na entrada e o equilíbrio é alcançado muito próximo à entrada do reator.

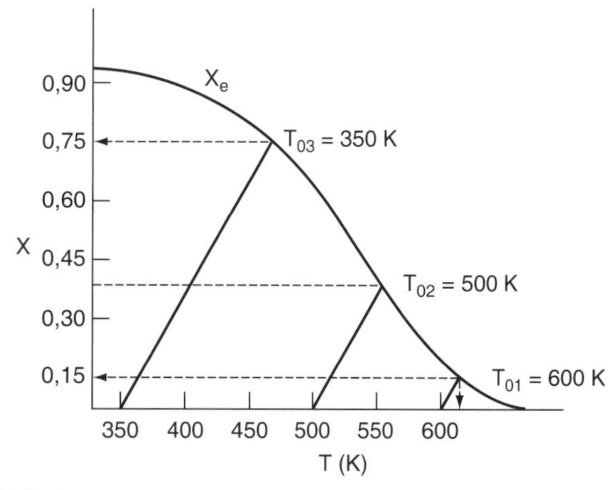

Figura 11-9 Conversão de equilíbrio para diferentes temperaturas de alimentação.

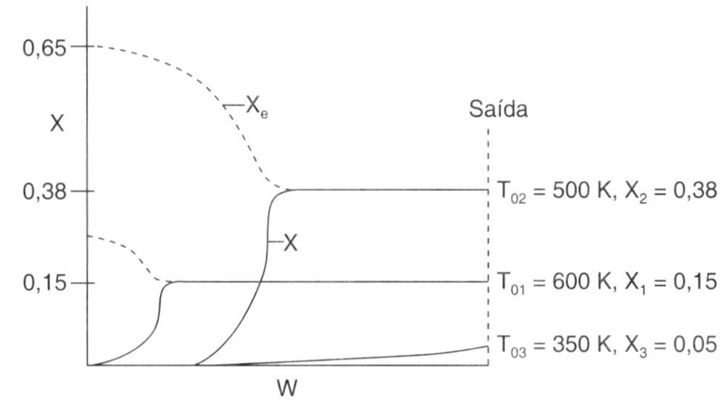

Observe como o perfil de conversão muda à medida que a temperatura de entrada diminui a partir de 600 K.

Figura 11-10 Perfis de conversão adiabática para diferentes temperaturas de alimentação.

Observamos que a conversão e a temperatura aumentam muito rapidamente em uma pequena distância (isto é, uma pequena quantidade de catalisador). Este aumento rápido é algumas vezes chamado de "ponto" ou temperatura de "ignição" da reação. Se a temperatura de entrada for reduzida a 500 K, a conversão de equilíbrio correspondente será aumentada para 0,38; contudo, a velocidade de reação será menor para esta temperatura mais baixa, de forma que esta conversão não será alcançada senão próximo ao final do reator. Se a temperatura de entrada for abaixada até 350 K, a conversão de equilíbrio correspondente será 0,75, mas a velocidade de reação será tão lenta que uma conversão de apenas 0,05 será obtida para a massa de catalisador contida no reator. Para uma temperatura de entrada muito baixa, a velocidade específica de reação será também tão baixa que virtualmente todo o reagente passará pelo reator sem reagir. É evidente que, com conversões próximas de zero tanto para temperaturas de entrada baixas quanto altas, deve haver uma temperatura de alimentação ótima que maximiza a conversão. À medida que a temperatura de alimentação é aumentada a partir de um valor muito baixo, a velocidade específica de reação aumentará, o que também ocorrerá com a conversão. A conversão continuará aumentando com uma temperatura crescente na alimentação, até que a conversão de equilíbrio seja alcançada. Aumentos adicionais na temperatura de alimentação para esta reação exotérmica apenas diminuirão a conversão devido ao decréscimo da conversão de equilíbrio. Essa temperatura ótima de entrada é mostrada na Figura 11-11.

Temperatura ótima de entrada

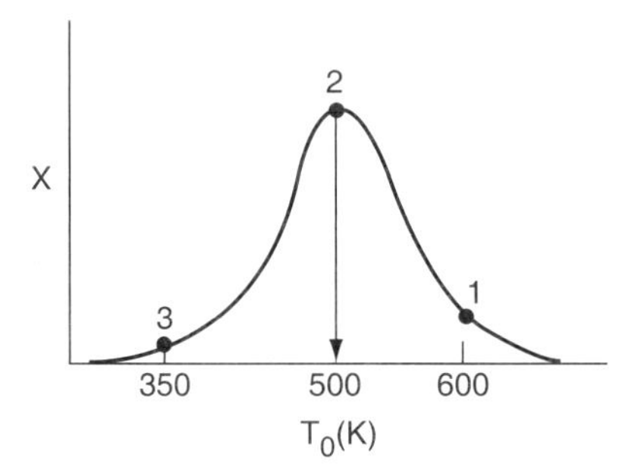

Figura 11-11 Encontrando a temperatura ótima de alimentação.

Encerramento. Virtualmente todas as reações que são conduzidas na indústria envolvem efeitos térmicos. Este capítulo fornece a base para projetar reatores que operam em regime estacionário e que envolvem efeitos térmicos. Para modelar esses reatores, simplesmente adicionamos outra etapa ao nosso algoritmo; esta etapa é o balanço de energia. Um dos objetivos deste capítulo é compreender cada um dos termos envolvidos no balanço de energia e como ele foi deduzido. Descobrimos que se o leitor compreende as várias etapas desta dedução ele/ela estará em uma situação mais privilegiada para aplicar a equação corretamente. Para não sobrecarregar o leitor enquanto estuda reações com efeitos térmicos, separamos os diversos casos, e apenas consideramos neste capítulo o caso de reatores operados adiabaticamente. O Capítulo 12 focalizará reatores com troca térmica. Uma reação adiabática industrial que fornece um grande número de detalhes práticos está incluída no problema PRS R12.4 do site da LTC Editora.

RESUMO

Para a reação

$$A + \frac{b}{a}B \rightarrow \frac{c}{a}C + \frac{d}{a}D$$

1. A entalpia de reação à temperatura T, por mol de A, é

$$\Delta H_{Rx}(T) = \frac{c}{a}H_C(T) + \frac{d}{a}H_D(T) - \frac{b}{a}H_B(T) - H_A(T) \qquad \text{(R11-1)}$$

2. A diferença de calor específico médio, ΔC_P, por mol de A é

$$\Delta C_P = \frac{c}{a}C_{PC} + \frac{d}{a}C_{PD} - \frac{b}{a}C_{PB} - C_{PA} \qquad \text{(R11-2)}$$

em que C_{P_i} é o calor específico médio da espécie i, entre as temperaturas T_R e T.

3. Quando não há mudança de fase, a entalpia de reação à temperatura T está relacionada à entalpia-padrão de reação na temperatura de referência, T_R, pela relação

$$\Delta H_{Rx}(T) = H^{\circ}_{Rx}(T_R) + \Delta C_P(T - T_R) \qquad \text{(R11-3)}$$

4. O balanço de energia do regime estacionário para um sistema de volume V é

$$\boxed{\dot{Q} - F_{A0}\Sigma\Theta_i C_{P_i}(T - T_{i0}) - [\Delta H^{\circ}_{Rx}(T_R) + \Delta C_P(T - T_R)]F_{A0}X = 0} \qquad \text{(R11-4)}$$

5. Para operação adiabática ($\dot{Q} \equiv 0$) de um PFR, PBR, CSTR ou reator batelada, e desprezando W°_s, resolvemos a Equação (R11-4) para a relação adiabática, cuja relação conversão-temperatura é:

$$\boxed{X = \frac{\Sigma\Theta_i C_{P_i}(T - T_0)}{\Delta H^{\circ}_{Rx}(T_R) + \Delta C_P(T - T_R)}} \qquad \text{(R11-5)}$$

Resolvendo a Equação (R11-5) para a relação adiabática conversão-temperatura:

$$\boxed{T = \frac{X[-\Delta H^{\circ}_{Rx}(T_R)] + \Sigma\,\Theta_i C_{P_i} T_0 + X\,\Delta C_P T_R}{[\Sigma\,\Theta_i C_{P_i} + X\,\Delta C_P]}} \qquad \text{(R11-6)}$$

MATERIAL DO SITE DA LTC EDITORA

- **Recursos de Aprendizagem**
  1. *Notas de Resumo*
  2. *PFR/PBR Procedimento de Solução para uma Reação Reversível em Fase Gasosa*
- **Problemas Exemplos de Simulação**
  1. *Exemplo 11-3 Isomerização Adiabática de Butano Normal usando o Polymath*
  2. *Exemplo 11-3 Formulado no AspenTech — Carregue do site da LTC Editora*

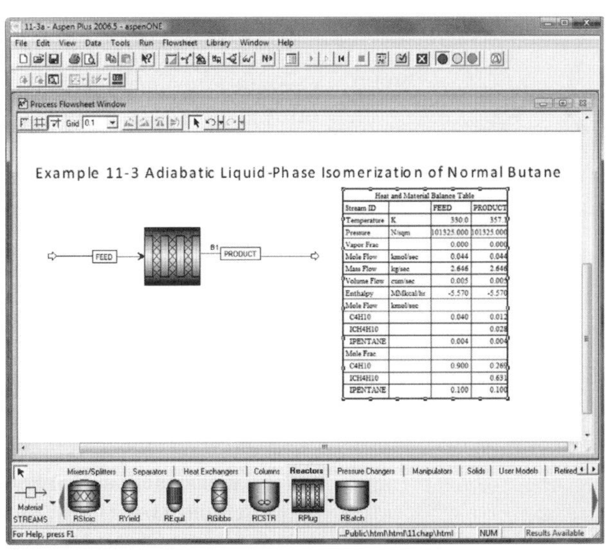

Um tutorial passo a passo no AspenTech é dado no site da LTC Editora.

Problema Exemplo de Simulação

- **Material de Referência Profissional**

R11.1 *Calor Específico Variável.* A seguir, desejamos encontrar uma forma para o balanço de energia para o caso em que os calores específicos são funções fortemente dependentes da temperatura sobre um grande intervalo de temperatura. Sob essas condições, os valores médios do calor específico podem não ser adequados para a relação entre conversão e temperatura. Combinando a entalpia de reação com a forma quadrática do calor específico,

$$C_{P_i} = \alpha_i + \beta_i T + \gamma_i T^2$$

Calor específico como uma função da temperatura

encontramos

$$\boxed{\Delta H_{Rx}(T) = \Delta H^{\circ}_{Rx}(T_R) + \Delta\alpha(T - T_R) + \frac{\Delta\beta}{2}(T^2 - T_R^2) + \frac{\Delta\gamma}{3}(T^3 - T_R^3)}$$

O Exemplo 11-4 é revisto para o caso de calores específicos variáveis.

QUESTÕES E PROBLEMAS

Problemas Propostos

O subíndice de cada um dos números dos problemas indica o seu nível de dificuldade: A, menos difícil; D, mais difícil.

Problemas Criativos

Em cada uma das questões e problemas abaixo, em vez de somente assinalar sua resposta, descreva em uma ou duas sentenças como você solucionou o problema, as suposições que você fez, a coerência de sua resposta, o que você aprendeu, e quaisquer outros fatos que você queira incluir. Veja no Prefácio as partes adicionais genéricas relativas (**x**), (**y**), (**z**) para os exercícios propostos.

P11-1$_A$ Leia todos os problemas no final deste capítulo. Construa e resolva um problema original que use os conceitos apresentados neste capítulo. Para obter uma solução:

(**a**) Invente seus dados e a reação.

(**b**) Utilize uma reação e dados reais. Veja as diretrizes dadas no Problema P5-1$_A$.

(**c**) Prepare uma lista de considerações de segurança para o projeto e operação de reatores químicos. Quais seriam os primeiros quatro itens de sua lista? (Veja *www.sache.org* e *www.siri.org/graphics.*) A edição de agosto de 1985 da revista *Chemical Engineering Progress* pode ser de utilidade.

Antes de resolver os problemas, sugira ou esboce qualitativamente os resultados ou tendências esperados.

(**d**) Leia as questões de Autoteste e Autoavaliação do Capítulo 11 no site da LTC Editora, e escolha a mais difícil.

(**e**) Qual dos exemplos das Notas de Aula do Capítulo 11 no site da LTC Editora foi o mais difícil?

(**f**) E se você fosse solicitado a dar um exemplo do dia a dia que demonstrasse os princípios deste capítulo? (Provar uma colher de chá de Tabasco ou outro molho picante seria um bom exemplo?)

(**g**) Refaça o Problema P2-11$_B$ (no Capítulo 2) para o caso de operação adiabática.

P11-2$_A$ Carregue os seguintes programas do Polymath do site da LTC Editora onde apropriado:

do Hall da Fama

(**a**) **Exemplo 11-1.** Como este exemplo mudaria se um CSTR fosse utilizado no lugar de um PFR?

(**b**) **Exemplo 11-2.** Qual seria a entalpia de reação se 50% de inertes (por exemplo, hélio) fossem adicionados ao sistema? Qual seria o erro percentual se o termo ΔC_P fosse desprezado?

(**c**) **Exemplo 11-3.** E se a reação do butano fosse conduzida em um PFR de 0,8 m^3 que pudesse ser pressurizado a pressões muito altas? Qual a temperatura de entrada que você recomendaria? Existe uma temperatura ótima de entrada? Grafique o calor que precisará ser removido ao longo do comprimento do reator [$\dot{Q}$ vs. V] para manter a operação isotérmica.

(**d**) **AspenTech Exemplo 11-3.** Carregue o programa AspenTech do site da LTC Editora. (1) Repita o Problema P11-2$_B$ (**c**) usando o AspenTech. (2) Varie a vazão e a temperatura de entrada e descreva o que você encontrou.

(**e**) **Exemplo 11-4.** (1) Faça um gráfico da conversão de equilíbrio como uma função da temperatura de entrada, T_0. (2) O que você observa para valores altos e baixos de T_0? (3) Faça um gráfico de X_e *versus* T_0 para o caso de alimentação equimolar em inertes que tenham o mesmo calor específico da alimentação reagente. (4) Compare os gráficos de X_e *versus* T_0 com e sem inertes e descreva o que você encontrou.

(f) **Exemplo 11-5.** (1) Determine a vazão molar de água de refrigeração (C_{Pw} = 18 cal/mol·K) necessária para remover 220 kcal/s no primeiro trocador. A água de refrigeração entra a 270 K e sai a 400 K. (2) Determine a área de troca necessária, A (m²), para um coeficiente global de transferência de calor igual a 100 cal/s·m²·K. Você precisa usar a média logarítmica da força motriz nos cálculos de A. [*Dica*: Veja as *Notas de Resumo* no site da LTC Editora.]

Ligação com as operações unitárias

$$\dot{Q} = UA\frac{[(T_{h2} - T_{c2}) - (T_{h1} - T_{c1})]}{\ln\left(\dfrac{T_{h2} - T_{c2}}{T_{h1} - T_{c1}}\right)} \tag{E11-5.7}$$

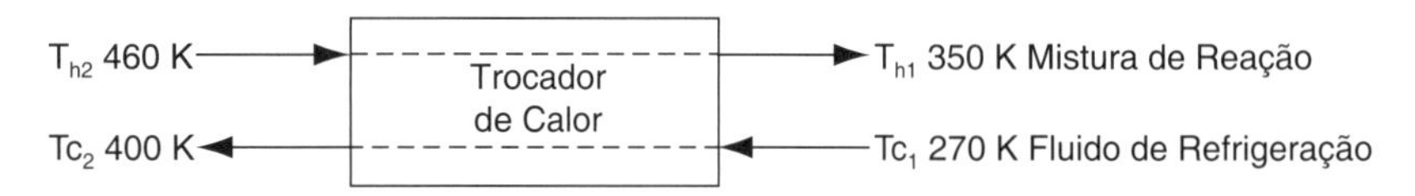

Figura P11-2$_B$ (e) Trocador de calor contracorrente.

P11-3$_A$ A reação elementar, irreversível, em fase líquida orgânica,

$$A + B \rightarrow C$$

é conduzida adiabaticamente em um reator de escoamento contínuo. Uma alimentação equimolar de A e B entra a 27 °C, e a vazão volumétrica é de 2 dm³/s, com C_{A0} = 0,1 kmol/m³.

Informação adicional:

$$H_A^\circ(273\ \text{K}) = -20\ \text{kcal/mol}, H_B^\circ(273\ \text{K}) = -15\ \text{kcal/mol},$$
$$H_C^\circ(273\ \text{K}) = -41\ \text{kcal/mol}$$

$$C_{P_A} = C_{P_B} = 15\ \text{cal/mol}\cdot\text{K} \qquad C_{P_C} = 30\ \text{cal/mol}\cdot\text{K}$$

$$k = 0{,}01\ \frac{\text{dm}^3}{\text{mol}\cdot\text{s}}\ \text{a 300 K} \qquad E = 10.000\ \text{cal/mol}$$

(a) Grafique e então analise a conversão e a temperatura como função do volume para um PFR até onde X = 0,85. Descreva as tendências.

(b) Qual é a máxima temperatura de entrada que se poderá ter para que o ponto de ebulição do líquido (550 K) não seja ultrapassado, mesmo para uma conversão completa?

(c) Plote a quantidade de calor que precisará ser removida ao longo do reator [$\dot{Q}$ vs. V] para manter a operação isotérmica.

(d) Plote e analise os perfis de conversão e temperatura até um volume de PFR de 10 dm³ para o caso em que a reação é reversível com K_C = 10 m³/kmol a 450 K. Plote o perfil da conversão de equilíbrio. Como as tendências se diferenciam da parte (**a**)?

P11-4$_A$ A reação elementar irreversível em fase gasosa

$$A \rightarrow B + C$$

é conduzida adiabaticamente em um PFR recheado com catalisador. Reagente A puro entra no reator a uma vazão volumétrica de 20 dm³/s, pressão de 10 atm, e temperatura de 450 K.

Informação adicional:

$$C_{P_A} = 40\ \text{J/mol}\cdot\text{K} \qquad C_{P_B} = 25\ \text{J/mol}\cdot\text{K} \qquad C_{P_C} = 15\ \text{J/mol}\cdot\text{K}$$

$$H_A^\circ = -70\ \text{kJ/mol} \qquad H_B^\circ = -50\ \text{kJ/mol} \qquad H_C^\circ = -40\ \text{kJ/mol}$$

Todas as entalpias de formação são relativas a 273 K.

$$k = 0{,}133 \exp\left[\frac{E}{R}\left(\frac{1}{450} - \frac{1}{T}\right)\right] \frac{\text{dm}^3}{\text{kg} \cdot \text{cat} \cdot \text{s}} \quad \text{com } E = 31{,}4 \text{ kJ/mol}$$

(a) Plote e então analise a conversão e a temperatura ao longo do reator de escoamento uniforme até que uma conversão de 80% (se possível) seja alcançada. (A quantidade máxima de catalisador que pode ser empacotada no reator é de 50 kg.) Assuma que $\Delta P = 0$.
(b) Varie a temperatura de entrada e descreva o que você encontrou.
(c) Plote a quantidade de calor que precisará ser removida ao longo do reator [$\dot{Q}$ vs. V] para manter a operação isotérmica.
(d) Leve em consideração agora a perda de pressão em um PBR, com 7pb = 1 kg/dm³. O reator pode ser recheado com partículas de apenas um entre dois tamanhos. Escolha um.

$\alpha = 0{,}019$/kg cat. para a partícula com diâmetro D_1

$\alpha = 0{,}0075$/kg cat. para a partícula com diâmetro D_2

(e) Plote e analise a temperatura, conversão e pressão ao longo do comprimento do reator. Varie os parâmetros α e P_0 para descobrir o intervalo de valores em que eles afetam drasticamente a conversão.
(f) Aplique uma ou mais das seis ideias da Tabela P-3, no Prefácio deste livro, a este problema.

P11-5$_B$ A reação seguinte, endotérmica, irreversível e em fase vapor, segue uma lei de velocidade elementar

$$CH_3COCH_3 \rightarrow CH_2CO + CH_4$$
$$A \rightarrow B + C$$

e é conduzida adiabaticamente em um PFR de 500 dm³. A espécie A é alimentada ao reator a uma vazão de 10 mol/min e à pressão de 2 atm. Uma corrente inerte também é alimentada ao reator a 2 atm, como mostrado na Figura P11-5$_B$. A temperatura de entrada de ambas as correntes é de 1100 K.

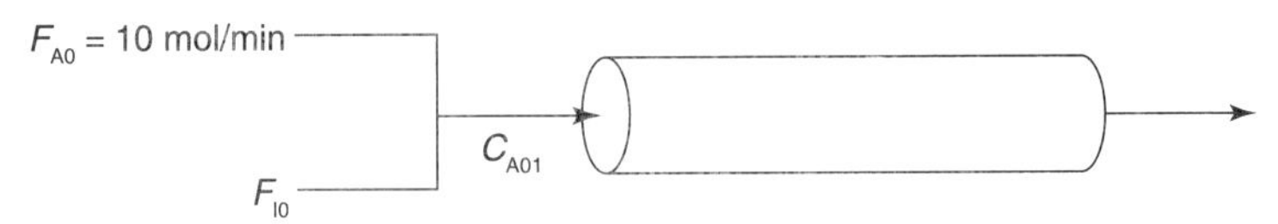

Figura P11-5$_B$ PFR adiabático com inertes.

Informação adicional:

$k = \exp(34{,}34 - 34.222/T)$ dm³/mol · min $\quad C_{P_I} = 200$ J/mol · K

(T em Kelvin)

$C_{P_A} = 170$ J/mol · K $\quad C_{P_B} = 90$ J/mol · K

$C_{P_C} = 80$ J/mol · K $\quad \Delta H^\circ_{Rx} = 80.000$ J/mol

(a) Primeiramente, derive uma expressão para C_{A01} como uma função de C_{A0} e Θ_I.
(b) Faça um esboço dos perfis de conversão e temperatura para o caso em que não há presença de inertes. Usando uma linha tracejada, esboce os perfis para quando uma quantidade moderada de inertes é adicionada. Usando uma linha pontilhada, esboce os perfis para quando uma grande quantidade de inertes é adicionada. Esboços qualitativos são suficientes. Descreva as semelhanças e diferenças entre as curvas.
(c) Esboce ou plote e então analise a conversão de saída como uma função de Θ_I. Existe alguma razão entre as vazões molares de entrada de inertes e de A (isto é, $\Theta_I = F_{I0}/F_{A0}$) para a qual a conversão é máxima? Explique por que "existe" ou "não existe" um máximo.
(d) O que mudaria nas partes (**b**) e (**c**) se as reações fossem exotérmicas e reversíveis com $\Delta H^\circ_{Rx} = -80$ kJ/mol e $K_C = 2$ dm³/mol a 1100 K?
(e) Esboce ou plote F_B para as partes (**c**) e (**d**) e descreva o que você encontrou.
(f) Plote a quantidade de calor que será necessário remover ao longo do reator [$\dot{Q}$ vs. V] para manter a operação isotérmica para alimentação com A puro e reação exotérmica.

P11-6$_B$ A reação reversível em fase gasosa

$$A \rightleftarrows B$$

é conduzida sob alta pressão em um reator de leito de recheio com queda de pressão. A alimentação consiste tanto em inertes I e espécie química A, com uma razão de inertes por espécie A de 2 para 1. A vazão molar de A é 5 mol/min à temperatura de 300 K e concentração de 2 mol/dm^3. Trabalhe este problema em termos de volume [*Dica*: $V = W/\rho_B$, $r_A = \rho_B r'_A$].

Informação adicional:

$F_{A0} = 5{,}0\ \text{mol/min}$	$T_0 = 300$ K
$C_{A0} = 2\ \text{mol/dm}^3$	$T_1 = 300$ K
$C_I = 2\ C_{A0}$	$k_1 = 0{,}1\ \text{min}^{-1}$ a 300 K
$C_{P_I} = 18$ cal/mol/K	$Ua = 150\ \text{cal/dm}^3\text{/min/K}$
$C_{P_A} = 160$ cal/mol/K	$T_{ao} = 300$ K
$E = 10.000$ cal/mol	$V = 40\ \text{dm}^3$
$\Delta H_{Rx} = -20.000$ cal/mol	$\alpha\rho_b = 0{,}02\ \text{dm}^{-3}$
$K_C = 1.000$ a 300 K	Refrigerante
$C_{P_B} = 160$ cal/mol/K	$\dot{m}_C = 50\ \text{mol/min}$
$\rho_B = 1{,}2\ \text{kg/dm}^3$	$C_{P_{Refrig}} = 20\ \text{cal/mol/K}$

(**a**) **Operação Adiabática.** Grafique X, X_e, T e a velocidade de consumo como uma função de V até $V = 40$ dm^3. Explique por que as curvas são do jeito que são.

(**b**) Varie a razão de inertes em relação a A ($0 \leq \Theta_i \leq 10$) e a temperatura de entrada, e descreva o que você encontrar.

(**c**) Grafique o calor que precisa ser removido ao longo do reator [$\dot{Q}$ vs. V] para manter a operação isotérmica.

Continuaremos este problema no Capítulo 12.

P11-7$_B$ **Algoritmo para reação em um PBR com efeitos térmicos**

A Reação Elementar em Fase Gasosa

$$A + B \rightleftarrows 2C$$

é conduzida em um reator de leito de recheio. As vazões molares de entrada são $F_{A0} =$ 5 mol/s, $F_{B0} = 2F_{A0}$, $F_I = 2F_{A0}$, com $C_{A0} = 0{,}2$ mol/dm^3. A temperatura de entrada é 325 K e um fluido de resfriamento está disponível a 300 K.

Informação adicional:

$C_{P_A} = C_{P_B} = C_{P_C} = 20$ cal/mol/K	$k = 0{,}0002 \dfrac{\text{dm}^6}{\text{kg} \cdot \text{mol} \cdot \text{s}}$ @ 300K	
$C_{P_I} = 18$ cal/mol/K	$\alpha = 0{,}00015\ \text{kg}^{-1}$	$Ua = 320 \dfrac{\text{Cal}}{\text{s} \cdot \text{m}^3 \cdot \text{K}}$
$E = 25 \dfrac{\text{kcal}}{\text{mol}}$	$\dot{m}_c = 18$ mol/s	$\rho_b = 1400 \dfrac{\text{kg}}{\text{m}^3}$
$\Delta H_{Rx} = -20 \dfrac{\text{kcal}}{\text{mol}}$ @ 298K	$C_{P_{Refrig}} = 18$ cal/mol (refrigerante)	
	$K_C = 1000$ @ 305K	

(**a**) Escreva o balanço molar, a lei de velocidade, K_C como uma função de T, k como uma função de T, e C_A, C_B, C_C como uma função de X, y e T.

(**b**) Escreva a lei de velocidade como uma função de X, y e T.

(**c**) Mostre que a conversão de equilíbrio é

$$X_e = \frac{\dfrac{3K_C}{4} - \sqrt{\left(\dfrac{3K_C}{4}\right)^2 - 2K_C\left(\dfrac{K_C}{4} - 1\right)}}{2\left(\dfrac{K_C}{4} - 1\right)}$$

(**d**) Quais os valores de $\Sigma\Theta_i C_{P_i}$, ΔC_P, T_0, temperatura de entrada, T_1 (lei de velocidade) e T_2 (constante de equilíbrio)?
(**e**) Escreva o balanço de energia para operação adiabática.
(**f**) **Caso 1 Operação Adiabática.** Plote e então analise X_e, X, y e T *versus* W, quando a reação é conduzida adiabaticamente. Descreva por que os perfis se parecem desse jeito? Identifique os termos que serão afetados pelos inertes. Esboce os perfis que você prevê para X_e, X, y e T, antes de rodar o programa Polymath para graficar os perfis.
(**g**) Grafique o calor que precisará ser removido ao longo do reator [$\dot{Q}$ vs. V] para manter a operação isotérmica.

P11-8$_A$ A reação

$$\mathrm{A + B \rightleftarrows C + D}$$

é conduzida adiabaticamente em uma série de reatores de leito de recheio em série, com resfriamento interestágio (veja a Figura 11-5). A temperatura mais baixa na qual a corrente reagente pode ser resfriada é 27 ºC. A alimentação é equimolar em A e B, e a massa de catalisador em cada reator é suficiente para alcançar 99,9% da conversão de equilíbrio. A alimentação entra a 27 ºC e a reação é conduzida adiabaticamente. Se quatro reatores e três resfriadores estiverem disponíveis, que conversão poderá ser alcançada?

Informação adicional:

$$\Delta H^\circ_{Rx} = -30.000 \text{ cal/mol A} \qquad C_{P_A} = C_{P_B} = C_{P_C} = C_{P_D} = 25 \text{ cal/g mol} \cdot \text{K}$$

$$K_e(50°\text{C}) = 500.000 \qquad F_{A0} = 10 \text{ mol A/min}$$

Primeiramente, prepare um gráfico da conversão de equilíbrio como uma função da temperatura. [*Resp. parcial:* T = 360 K, X_e = 0,984; T = 520 K, X_e = 0,09; T = 540 K, X_e = 0,057.]

P11-9$_A$ A Figura P11-9 mostra a trajetória temperatura-conversão para uma sequência de reatores com aquecimento interestágio. Considere agora substituir o aquecimento interestágio por uma injeção da corrente de alimentação em três porções iguais, como mostrado na Figura 11-9:

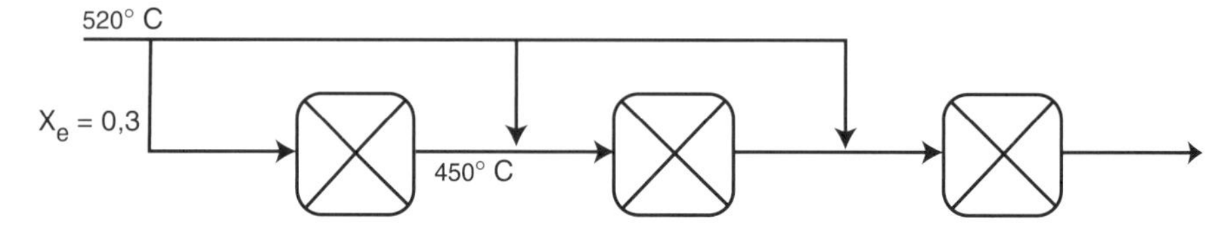

Figura P11-9

Esboce as trajetórias temperatura-conversão para (**a**) uma reação endotérmica com as temperaturas de entrada como mostrado, e (**b**) uma reação exotérmica com as temperaturas de entrada e saída do primeiro reator invertidas, isto é, T_0 = 450 ºC.

P11-10$_B$ **O que está errado com esta solução?**
A reação elementar em fase líquida

$$\mathrm{2A \longrightarrow B + C}$$

é conduzida adiabaticamente em um PFR adiabático de 5 dm^3. A entalpia de reação a 298 K é –10.000 cal/mol A. A alimentação é equimolar em A e em inertes a 77 ºC, com F_A = 10 mol/min e C_{A0} = 4 mol/dm^3.

Plote X como uma função do volume do reator.

Informação adicional:

C_{P_A} = 18 cal/mol, C_{P_B} = C_{P_C} = 9 cal/mol e $C_{P_{inertes}}$ = 15 cal/mol

k = 10^{-6} dm^3/mol·min a 360 K e E = 6.000 cal/mol.

Solução

Tomando A como nossa base de cálculo, e dividindo por 2, o coeficiente estequiométrico,

$$A \longrightarrow \frac{1}{2}B + \frac{1}{2}C$$

o calor de reação a 298 K por mol da nossa base de cálculo é então

$$\Delta H^{\circ}_{Rx} = \frac{1}{2}(-10.000) = -5.000 \text{ cal/mol A.}$$

$$\Delta H_{Rx} = \Delta H^{\circ}_{Rx}(298) + \left(2C_{P_A} - C_{P_B} - C_{BC} - C_{P_{Inertes}}\right)(T - 298) = -5.000 + 3(T - 298)$$

A solução Polymath é mostrada abaixo

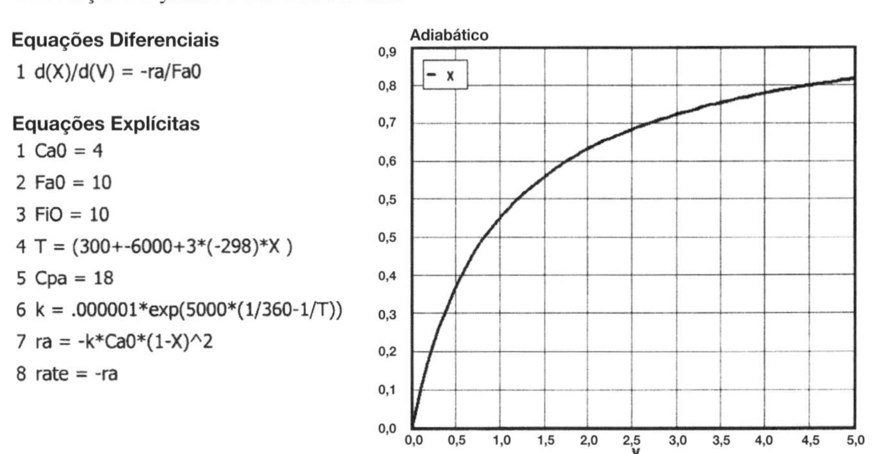

Figura P11-10$_B$ Programa Polymath e saída gráfica

LEITURA SUPLEMENTAR

1. Um desenvolvimento excelente sobre balanço de energia é apresentado em

ARIS, R., *Elementary Chemical Reactor Analysis*. Upper Saddle River, N.J.: Prentice Hall, 1969, Cap. 3 e Cap. 6.

Um grande número de problemas exemplos tratando de reatores não isotérmicos pode ser encontrado em

BURGESS, THORNTON W., *The Adventures of Old Man Coyote*. New York: Dover Publications, Inc., 1916.

BUTT, JOHN B., *Reaction Kinetics and Reactor Design,* Revised and Expanded, 2 ed. New York: Marcel Dekker, Inc., 1999.

WALAS, S. M., *Chemical Reaction Engineering Handbook of Solved Problems*, Amsterdam: Gordon and Breach, 1995. Veja os seguintes problemas resolvidos: 4.10.1, 4.10.08, 4.10.09, 4.10.13, 4.11.02, 4.11.09, 4.11.03, 4.10.11.

Para uma discussão mais completa sobre entalpia de reação e constante de equilíbrio pode-se também consultar

DENBIGH, K. G., *Principles of Chemical Equilibrium*, 4 ed. Cambridge: Cambridge University Press, 1981.

2. Entalpias de formação, $H_i(T)$, energias livres de Gibbs, $G_i(T_R)$ e calores específicos de vários compostos podem ser encontrados em

GREEN, D. W. e R. H. PERRY, eds., *Chemical Engineers' Handbook*, 8 ed.

New York: McGraw-Hill, 2008.

REID, R. C., J. M. PRAUSNITZ e T. K. SHERWOOD, *The Properties of Gases and Liquids*, 3 ed. New York: McGraw-Hill, 1977.

WEAST, R. C., ed., *CRC Handbook of Chemistry and Physics*, 66 ed. Boca Raton, Fla.: CRC Press, 1985.

Projeto de Reator Não Isotérmico em Regime Estacionário – Reatores Contínuos com Transferência de Calor

12

Pesquisar é ver o que todos os outros veem e pensar aquilo que ninguém pensou.

Albert Szent-Györgyi

Visão Geral. Este capítulo se concentra em reatores químicos com transferência térmica. Os tópicos do capítulo são arranjados da seguinte maneira:

- A Seção 12.1 desenvolve adicionalmente o balanço de energia, para facilitar sua aplicação em PFRs e PBRs.
- A Seção 12.2 descreve PFRs e PBRs para quatro tipos de operações com trocador de calor.
  (1) Fluido de troca térmica com temperatura constante, T_a
  (2) Temperatura variável T_a do fluido, com operação cocorrente
  (3) Temperatura variável T_a do fluido, com operação contracorrente
  (4) Operação adiabática
- A Seção 12.3 descreve o algoritmo de projeto de um PFR/PBR com efeitos térmicos.
- A Seção 12.4 aplica o balanço de energia a um CSTR.
- A Seção 12.5 mostra como um CSTR pode operar em regime estacionário com diferentes temperaturas e conversões, e como decidir quais destas condições são estáveis ou instáveis.
- A Seção 12.6 descreve um dos tópicos mais importantes de todo o texto, reações múltiplas com efeitos térmicos, que é exclusiva deste livro didático.

O *Material de Referência Profissional*, disponível no site da LTC Editora, descreve um reator industrial não isotérmico típico e sua reação, a oxidação do SO_2, e fornece muitos detalhes práticos.

12.1 Reator Tubular em Regime Estacionário com Transferência de Calor

Nesta seção, consideramos um reator tubular no qual é adicionado ou removido calor através da parede cilíndrica do reator (Figura 12.1). Na modelagem do reator, consideraremos que não há gradientes radiais* no seu interior e que o fluxo de calor através da parede por unidade de volume do reator é como mostrado na Figura 12-1.

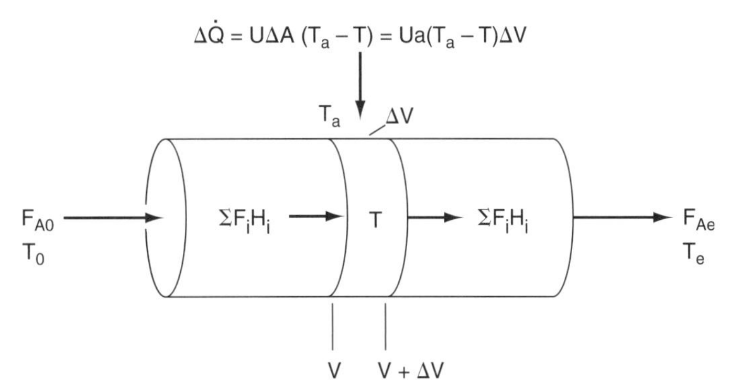

Figura 12-1 Reator tubular com perda ou ganho de calor.

12.1.1 Deduzindo o Balanço de Energia para um PFR

Vamos realizar um balanço de energia no volume ΔV. Não há trabalho realizado, isto é, $\dot{W}_S = 0$; então a Equação (11-10) torna-se

$$\Delta\dot{Q} + \Sigma F_i H_i|_V - \Sigma F_i H_i|_{V+\Delta V} = 0 \tag{12-1}$$

O calor que flui para o reator, $\Delta\dot{Q}$, é dado em termos do coeficiente de troca térmica global, U, a área de transferência térmica, ΔA, e a diferença entre a temperatura do ambiente T_a e a temperatura do reator, T.

$$\Delta\dot{Q} = U\Delta A(T_a - T) = Ua\Delta V(T_a - T)$$

em que a é a área de transferência térmica por unidade de volume do reator. Para um reator tubular,

$$a = \frac{A}{V} = \frac{\pi DL}{\dfrac{\pi D^2 L}{4}} = \frac{4}{D}$$

em que D é o diâmetro do reator. Substituindo $\Delta\dot{Q}$ na Equação (2-1), dividindo por ΔV e, em seguida, levando ao limite quando $\Delta V \to 0$, obtemos

$$Ua(T_a - T) - \frac{d\,\Sigma(F_i H_i)}{dV} = 0$$

Expandindo a derivada do produto,

$$Ua(T_a - T) - \Sigma\frac{dF_i}{dV}H_i - \Sigma F_i\frac{dH_i}{dV} = 0 \tag{12-2}$$

Para um balanço molar na espécie i, temos

$$\frac{dF_i}{dV} = r_i = \nu_i(-r_A) \tag{12-3}$$

Diferenciando a entalpia, Equação (11-19) em relação a V

* Gradientes radiais são discutidos nos Capítulos 14 e 15 disponíveis no site da LTC Editora.

$$\frac{dH_i}{dV} = C_{P_i}\frac{dT}{dV} \tag{12-4}$$

Substituindo as Equações (12-3) e (12-4) na Equação (12-2), obtemos

$$Ua(T_a - T) - \underbrace{\Sigma \nu_i H_i}_{\Delta H_{Rx}}(-r_A) - \Sigma F_i C_{P_i}\frac{dT}{dV} = 0$$

Rearranjando, resulta

Esta forma do balanço de energia também será aplicada às reações múltiplas.

$$\frac{dT}{dV} = \frac{\overbrace{r_A \Delta H_{Rx}}^{\substack{Q_g \\ \text{Calor} \\ \text{"Gerado"}}} - \overbrace{Ua(T - T_a)}^{\substack{Q_r \\ \text{Calor} \\ \text{"Removido"}}}}{\Sigma F_i C_{P_i}} \tag{12-5}$$

e

$$\frac{dT}{dV} = \frac{Q_g - Q_r}{\Sigma F_i C_{P_i}} \tag{T11-1G}$$

onde

$$Q_g = r_A \Delta H_{Rx}$$

$$Q_r = Ua(T - T_a)$$

que é a Equação (T11-1G) da Tabela 11-1 na Seção 11.2.3.

Para reações exotérmicas, notamos que no caso de o calor "gerado", Q_g, ser maior que o calor "removido", Q_r (isto é, $Q_g > Q_r$), a temperatura aumentará ao longo do reator. Quando $Q_r > Q_g$ a temperatura decrescerá ao longo do reator.

Para reações endotérmicas, Q_g será um número negativo e Q_r também, porque $T_a > T$. A temperatura decrescerá se $(-Q_g) > (-Q_r)$ e aumentará se $(-Q_r) > (-Q_g)$.

A Equação (12-5) está relacionada com o balanço molar de cada espécie [Equação (12-3)]. Em seguida, expressamos r_A como uma função da concentração se for para sistemas líquidos, ou da vazão molar se for para sistemas gasosos, como descrito no Capítulo 4. Usaremos o balanço de energia na forma de vazão molar para reatores com membrana e também estenderemos esta forma às reações múltiplas.

Poderíamos também escrever a Equação (12-5) em termos da conversão, lembrando a relação $F_i = F_{A0}(\Theta_i + \upsilon_i X)$ e substituindo esta expressão no denominador da Equação (12-5).

Balanço de energia de um PFR

$$\frac{dT}{dV} = \frac{r_A \Delta H_{Rx} - Ua(T - T_a)}{F_{A0}(\Sigma \Theta_i C_{P_i} + \Delta C_P X)} = \frac{Q_g - Q_r}{\Sigma F_i C_{P_i}} \tag{12-6}$$

Para um reator de leito de recheio, $dW = \rho_b\, dV$, em que ρ_b é a massa específica do leito,

Balanço de energia de um PBR

$$\frac{dT}{dW} = \frac{r'_A \Delta H_{Rx} - \dfrac{Ua(T - T_a)}{\rho_b}}{\Sigma F_i C_{P_i}} \tag{12-7}$$

As Equações (12-6) e (12-7) são também apresentadas na Tabela 11-1, como as Equações (T11-1E) e (T11-1F). Como já observado, tendo passado pela dedução destas equações, será mais fácil aplicá-las corretamente a problemas de ERQ com efeitos térmicos.

Aplicando o Algoritmo

Fase Gasosa

Se a reação ocorre em fase gasosa e a perda de pressão é levada em conta, há quatro equações diferenciais que devem ser resolvidas simultaneamente. A equação diferencial que descreve a variação de temperatura em função do volume do reator (isto é, distância ao longo dele),

Balanço de energia

$$\frac{dT}{dV} = g(X, T, T_a) \qquad \textbf{(A)}$$

deve estar acoplada ao balanço molar

Balanço molar

$$\frac{dX}{dV} = \frac{-r_A}{F_{A0}} = f(X, T, y) \qquad \textbf{(B)}$$

e à equação de perda de pressão ($y = P/P_0$)

Perda de pressão

$$\frac{dy}{dV} = -h(y, X, T) \qquad \textbf{(C)}$$

e ser resolvida simultaneamente com estas. Se a temperatura do fluido de troca térmica, T_a, varia ao longo do reator, devemos adicionar o balanço de energia aplicado ao fluido de troca térmica. Na próxima seção, deduziremos a seguinte equação para o caso de transferência de calor cocorrente:

Trocador de calor

$$\frac{dT_a}{dV} = \frac{Ua(T - T_a)}{\dot{m}_{C0} C_{P_{C0}}} \qquad \textbf{(D)}$$

A integração numérica das equações diferenciais acopladas (**A**) a (**D**) é necessária.

juntamente com a equação para o caso de transferência de calor contracorrente. Vários esquemas numéricos podem ser usados (por exemplo, o Polymath), para resolver estas equações diferenciais acopladas (**A**), (**B**), (**C**) e (**D**).

Fase Líquida

Para reações em fase líquida a velocidade de reação não é função da pressão total, e desta forma o balanço molar é

$$\frac{dX}{dV} = \frac{-r_A}{F_{A0}} = f(X, T) \qquad \textbf{(E)}$$

Consequentemente, precisamos resolver somente as equações (**A**), (**D**) e (**E**) simultaneamente.

12.2 Balanço para o Fluido de Troca Térmica

12.2.1 Escoamento Cocorrente

O fluido de troca térmica será o fluido refrigerante para reações exotérmicas e fluido de aquecimento para reações endotérmicas. Se a vazão do fluido de troca térmica é suficientemente alta em relação ao calor liberado (ou absorvido) pela mistura reacional, então a temperatura do fluido de troca térmica será praticamente constante ao longo do reator. No material que é apresentado a seguir, desenvolveremos as equações básicas que se aplicam quando um fluido refrigerante remove o calor de reações exotérmicas; no entanto, as mesmas equações se aplicam às reações endotérmicas, nas quais um fluido de aquecimento é usado para fornecer calor.

Agora, desenvolvemos um balanço de energia para o fluido refrigerante no ânulo entre R_1 e R_2 e entre V e $V + \Delta V$, como mostrado na Figura 12-2. A vazão mássica do fluido de troca térmica (por exemplo, fluido refrigerante) é $\dot{m}_c$. Consideraremos o caso em que o reator é resfriado e o raio externo do canal de resfriamento, R_2, é *isolado termicamente*. Lembre-se de que, por convenção, $\dot{Q}$ é o calor **adicionado** ao sistema.

Figura 12-2 Trocador de calor de tubos concêntricos, com escoamento cocorrente.

O reagente e o fluido refrigerante escoam na mesma direção

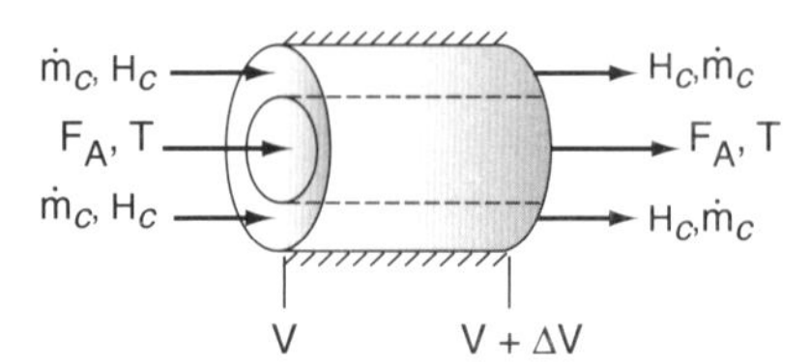

O balanço de energia no fluido refrigerante, no volume entre V e $(V + \Delta V)$, é

$$\begin{bmatrix}\text{Taxa de entrada}\\ \text{de energia em } V\end{bmatrix} - \begin{bmatrix}\text{Taxa de saída de}\\ \text{energia em } V + \Delta V\end{bmatrix} + \begin{bmatrix}\text{Taxa de calor adicionado}\\ \text{por condução, através da}\\ \text{parede interna}\end{bmatrix} = 0$$

$$\dot{m}_c H_c\big|_V \quad - \quad \dot{m}_c H_c\big|_{V+\Delta V} \quad + \quad Ua(T - T_a)\Delta V \quad = 0$$

em que T_a é a temperatura do fluido refrigerante, e T é a temperatura da mistura reagente no interior do tubo.

Dividindo por ΔV e tomando o limite quando $\Delta V \to 0$,

$$-\dot{m}_c \frac{dH_c}{dV} + Ua(T - T_a) = 0 \tag{12-8}$$

Analogamente à Equação (12-4), a variação de entalpia do fluido refrigerante pode ser escrita na forma

$$\frac{dH_c}{dV} = C_{P_c} \frac{dT_a}{dV} \tag{12-9}$$

A variação da temperatura do fluido refrigerante T_a ao longo do reator é

$$\boxed{\frac{dT_a}{dV} = \frac{Ua(T - T_a)}{\dot{m}_c C_{P_c}}} \tag{12-10}$$

Esta equação é válida tanto para o caso de o fluido de troca térmica ser um fluido refrigerante como de aquecimento.

Perfis típicos de temperatura são mostrados a seguir, tanto para reações exotérmicas, como para endotérmicas, quando o fluido de troca térmica entra com a temperatura T_{a0}.

Exotérmico Endotérmico

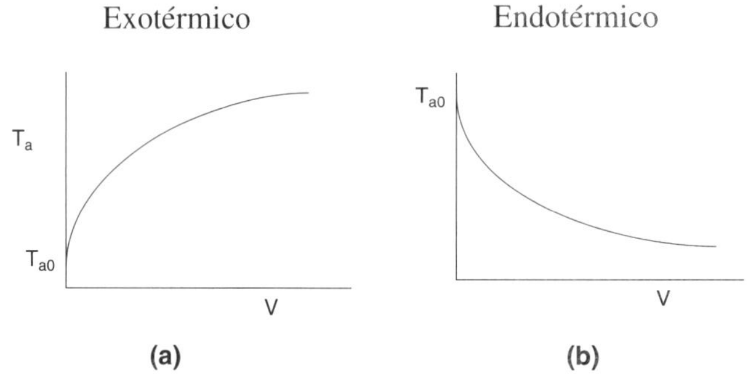

Figura 12-3 Perfis de temperatura para o fluido de troca térmica, no caso de trocador de calor com escoamento cocorrente. (**a**) Fluido refrigerante. (**b**) Fluido de aquecimento.

12.2.2 Escoamento Contracorrente

No caso de escoamento contracorrente de reagentes e fluido refrigerante, a mistura reagente e o fluido refrigerante escoam em direções opostas. Na entrada do reator, $V = 0$, os reagentes entram na temperatura T_0 e o fluido refrigerante sai na temperatura T_{a2}. No final do reator, os reagentes e produtos saem na temperatura T, enquanto o fluido refrigerante entra na temperatura T_{a0}.

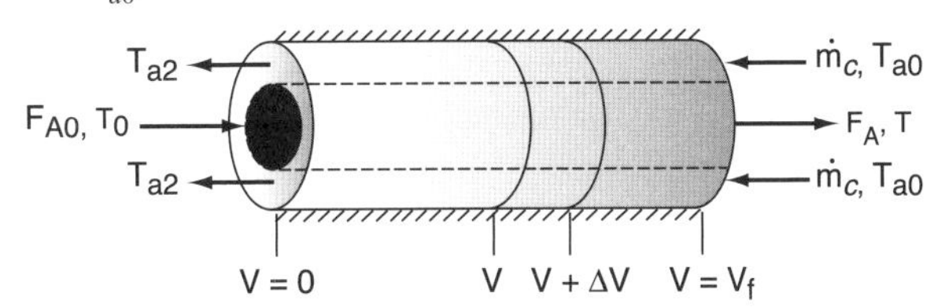

Figura 12-4 Trocador de calor de dois tubos concêntricos, com escoamento contracorrente.

Novamente, escrevemos um balanço de energia aplicado a um volume diferencial do reator, obtendo

$$\boxed{\frac{dT_a}{dV} = \frac{Ua(T_a - T)}{\dot{m}_c\, C_{P_c}}} \tag{12-11}$$

Na entrada $V = 0$, $\therefore X = 0$ e $T_a = T_{a2}$.
Na saída $V = V_f$ $\therefore T_a = T_{a0}$.

Observamos que a única diferença entre as Equações (12-10) e (12-11) é a diferença de sinal nos termos $(T - T_a)$ e $(T_a - T)$, respectivamente.

A solução de um problema de escoamento contracorrente, para encontrar a conversão e temperatura de saída, requer um procedimento de *tentativa e erro*.

Um Procedimento de Tentativa e Erro É Necessário

TABELA 12-1 PROCEDIMENTO PARA OBTER AS CONDIÇÕES DE SAÍDA RESOLVENDO PFRs COM TROCADOR DE CALOR CONTRACORRENTE

1. Considere uma reação exotérmica na qual a corrente de fluido refrigerante entra à saída do reator ($V = V_f$) na temperatura T_{a0}, digamos 300 K. Devemos realizar um procedimento de *tentativa e erro*, para encontrar a temperatura de saída do fluido refrigerante.
2. Assuma que a temperatura de saída do fluido refrigerante, na entrada do reator ($X = 0$, $V = 0$), seja $T_{a2} = 340$ K, como mostra a Figura 12-5(**a**).
3. Use um programa que resolva EDOs (Equações Diferenciais Ordinárias) para calcular X, T, e T_a em função de V.

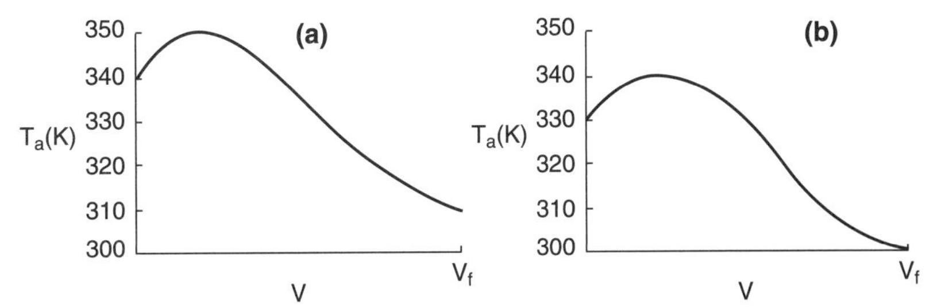

Figura 12-5 Resultados do procedimento de tentativa e erro para o trocador de calor contracorrente.

Vemos, na Figura 12-5(**a**), que nossa suposição inicial de $T_{a2} = 340$ K na entrada do reator ($V = 0$ e $X = 0$) fornece uma temperatura de entrada do fluido refrigerante de 310 K em $V = V_f$, que não confere com a temperatura real de entrada do fluido refrigerante que é 300 K.

4. Agora suponha uma temperatura de 330 K para o fluido refrigerante em $V = 0$ e $X = 0$. Vemos na Figura 12-5(**b**) que uma temperatura de saída de $T_{a2} = 330$ K do fluido refrigerante fornece uma temperatura de entrada de 300 K em $V = V_f$ para o fluido refrigerante, que confere com a temperatura real T_{a0}.

12.3 Algoritmo para o Projeto de PFRs/PBRs com Efeitos Térmicos

Agora, temos todas as ferramentas para resolver os problemas de engenharia das reações químicas envolvendo efeitos térmicos em PFRs e PBRs, nos casos de temperatura constante ou variável do fluido refrigerante.

A Tabela 12-2 apresenta o algoritmo para o projeto de PFRs e PBRs com trocador de calor: No Caso A, a *Conversão* é a variável de reação, e no Caso B, as *Vazões Molares* são as variáveis de reação. O procedimento do Caso B deve ser usado para analisar reações múltiplas com efeitos térmicos.

TABELA 12-2 ALGORITMO PARA PROJETO DE PFR/PBR COM EFEITOS TÉRMICOS

Problema Exemplo de Simulação

A. Conversão como variável da reação

$$A + B \rightleftarrows 2C$$

1. Balanço Molar:

$$\frac{dX}{dV} = \frac{-r_A}{F_{A0}} \quad \text{(T12-1.1)}$$

2. Lei de Velocidade de Reação:

Reação Elementar

$$-r_A = k_1\left(C_A C_B - \frac{C_C^2}{K_C}\right) \quad \text{(T12-1.2)}$$

$$k = k_1(T_1)\exp\left[\frac{E}{R}\left(\frac{1}{T_1} - \frac{1}{T}\right)\right] \quad \text{(T12-1.3)}$$

para $\Delta C_P \cong 0$.

$$K_C = K_{C2}(T_2)\exp\left[\frac{\Delta H_{Rx}^{\circ}}{R}\left(\frac{1}{T_2} - \frac{1}{T}\right)\right] \quad \text{(T12-1.4)}$$

3. Estequiometria (fase gasosa, **sem ΔP**):

$$C_A = C_{A0}(1-X)\frac{T_0}{T} \quad \text{(T12-1.5)}$$

$$C_B = C_{A0}(\Theta_B - X)\frac{T_0}{T} \quad \text{(T12-1.6)}$$

$$C_C = 2C_{A0}X\frac{T_0}{T} \quad \text{(T12-1.7)}$$

4. Balanços de Energia:

Reagentes:
$$\frac{dT}{dV} = \frac{Ua(T_a - T) + (-r_A)(-\Delta H_{Rx})}{F_{A0}[C_{P_A} + \Theta_B C_{P_B} + X\,\Delta C_P]} \quad \text{(T12-1.8)}$$

Fluido Refrigerante Cocorrente:
$$\frac{dT_a}{dV} = \frac{Ua(T - T_a)}{\dot{m}_c C_{P_c}} \quad \text{(T12-1.9)}$$

B. Vazões Molares como as variáveis de reação

1. Balanços Molares:

$$\frac{dF_A}{dV} = r_A \quad \text{(T12-1.10)}$$

$$\frac{dF_B}{dV} = r_B \quad \text{(T12-1.11)}$$

$$\frac{dF_C}{dV} = r_C \quad \text{(T12-1.12)}$$

Seguindo o Algoritmo

2. Lei de Velocidade de Reação: Reação Elementar

$$-r_A = k_1\left(C_A C_B - \frac{C_C^2}{K_C}\right) \quad \text{(T12-1.2)}$$

$$k = k_1(T_1)\exp\left[\frac{E}{R}\left(\frac{1}{T_1} - \frac{1}{T}\right)\right] \quad \text{(T12-1.3)}$$

$$K_C = K_{C2}(T_2)\exp\left[\frac{\Delta H_{Rx}^{\circ}}{R}\left(\frac{1}{T_2} - \frac{1}{T}\right)\right] \quad \text{(T12-1.4)}$$

Problema Exemplo de Simulação

3. Estequiometria (fase gasosa, **sem ΔP**):

$$r_B = r_A \quad \text{(T12-1.13)}$$

$$r_C = -2r_A \quad \text{(T12-1.14)}$$

$$C_A = C_{T0}\frac{F_A}{F_T}\frac{T_0}{T} \quad \text{(T12-1.15)}$$

$$C_B = C_{T0}\frac{F_B}{F_T}\frac{T_0}{T} \quad \text{(T12-1.16)}$$

TABELA 12-2 ALGORITMO PARA PROJETO DE PFR/PBR COM EFEITOS TÉRMICOS (CONTINUAÇÃO)

$$C_C = C_{T0}\frac{F_C}{F_T}\frac{T_0}{T} \quad \text{(T12-1.17)}$$

$$F_T = F_A + F_B + F_C \quad \text{(T12-1.18)}$$

4. Balanços de Energia:

Reator:

$$\frac{dT}{dV} = \frac{Ua(T_a - T) + (-r_A)(-\Delta H_{Rx})}{F_A C_{P_A} + F_B C_{P_B} + F_C C_{P_C}} \quad \text{(T12-1.19)}$$

Temperatura de entrada do fluido refrigerante variável

Trocadores de Calor:

Se a temperatura do fluido de troca térmica (por exemplo, fluido refrigerante), T_a, não é constante, o balanço de energia no fluido de troca térmica resulta

Escoamento cocorrente

$$\frac{dT_a}{dV} = \frac{Ua(T - T_a)}{\dot{m}_c C_{P_c}} \quad \text{(T12-1.20)}$$

Escoamento contracorrente

$$\frac{dT_a}{dV} = \frac{Ua(T_a - T)}{\dot{m}_c C_{P_c}} \quad \text{(T12-1.21)}$$

em que $\dot{m}_c$ é a vazão mássica do fluido refrigerante (por exemplo, kg/s), e C_{P_c} é a capacidade térmica do fluido refrigerante (por exemplo, kJ/kg·K).

Caso A. Conversão como Variável Independente

$$k_1,\ E,\ R,\ C_{T0},\ T_a,\ T_0,\ T_1,\ T_2,\ K_{C2},\ \Theta_B,\ \Delta H^\circ_{Rx},\ C_{P_A},\ C_{P_B},\ C_{P_C},\ Ua$$

com valores iniciais T_0 e $X = 0$ para $V = 0$, e valor final: $V_f =$ ____

Caso B. Vazões Molares como Variáveis Independentes

Mesmo que o Caso A, exceto que os valores de entrada F_{A0} e F_{B0} são especificados, em vez de X para $V = 0$.

Observação: As equações desta tabela foram aplicadas diretamente a um PBR (lembre-se de que utilizamos simplesmente $W = \rho_b V$) usando os valores para E e ΔH_{Rx} dados no Problema P12-3$_B$, para o *Problema Exemplo de Simulação* 12-T12-3 disponível no site da LTC Editora. Carregue este *Problema Exemplo de Simulação* do site da LTC Editora e varie a taxa de resfriamento, vazão, temperatura de entrada, e outros parâmetros, para desenvolver um sentimento intuitivo do que acontece em reatores com efeitos térmicos. Depois de resolver este exercício, clique em **WORKBOOK (PASTA DE TRABALHO)** no final de *Summary Notes* (*Notas de Resumo*) do Capítulo 12 na Web, ou no site da LTC Editora, e responda as questões**.**

As figuras seguintes apresentam perfis representativos que resultam da solução das equações acima. O leitor é encorajado a carregar o *Problema Exemplo de Simulação* da Tabela 12-2 e variar alguns parâmetros, como discutido no Problema P12-3$_B$. Certifique-se de que você possa explicar a forma das curvas obtidas.

Certifique-se de que você possa explicar a forma das curvas obtidas.

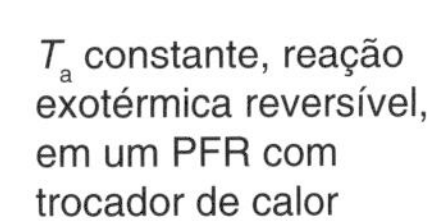

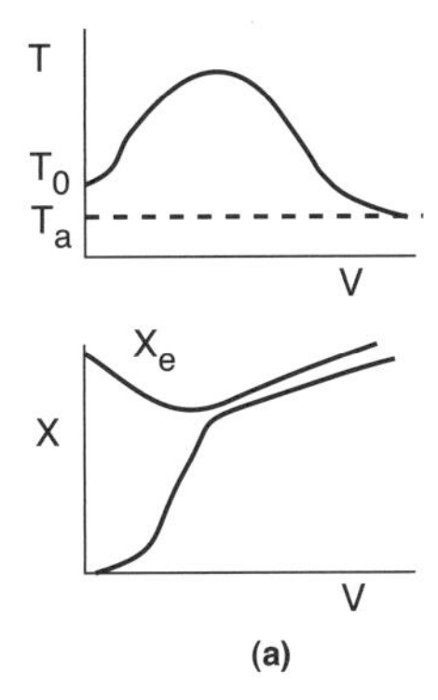

(a)

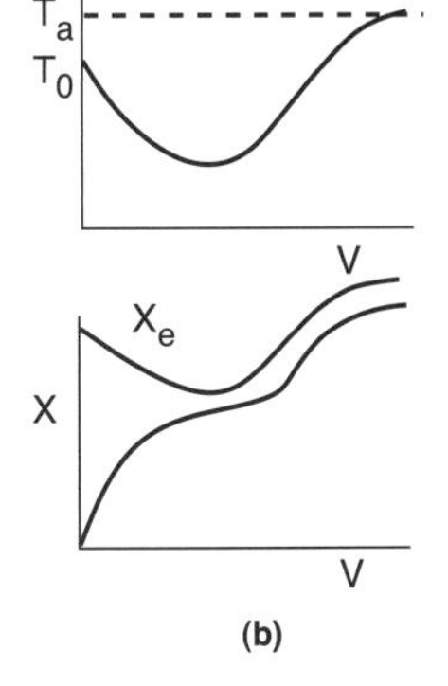

(b)

TABELA 12-2 ALGORITMO PARA PROJETO DE PFR/PBR COM EFEITOS TÉRMICOS (CONTINUAÇÃO)

T_a variável, reação exotérmica, troca térmica contracorrente

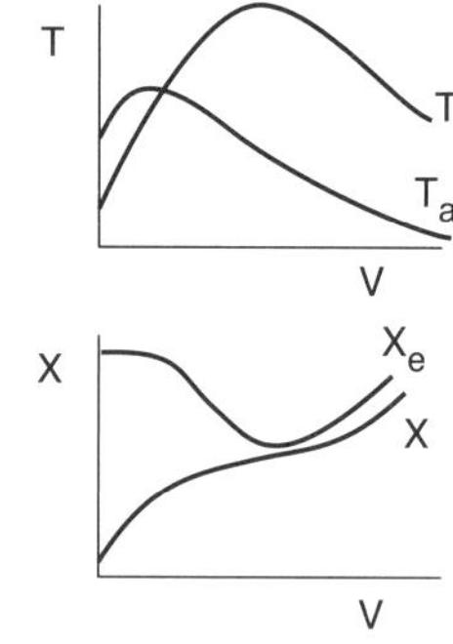

T_a variável, reação exotérmica, troca térmica cocorrente

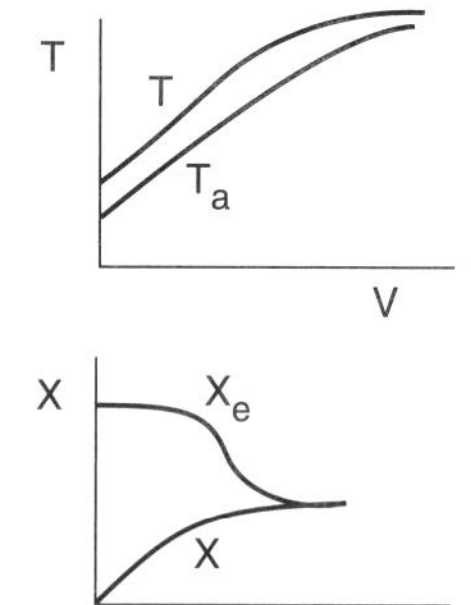

12.3.1 Aplicação do Algoritmo a uma Reação Exotérmica

Exemplo 12-1 Continuação da Isomerização do Buteno – OPA!

Quando verificamos a pressão de vapor na saída do reator adiabático do Exemplo 11-3, no qual a temperatura é 360 K, descobrimos que a pressão de vapor do isobuteno era aproximadamente 1,5 MPA, que é maior que a pressão de ruptura do reator de vidro utilizado. Felizmente, há um banco de 10 reatores tubulares, sendo cada reator de 5 m^3. O banco de reatores é formado de trocadores de calor de tubos concêntricos, com os reagentes escoando no tubo interior e Ua = 5000 kJ/(m^3·h·K). A temperatura de entrada dos reagentes é 305 K e a temperatura de entrada do fluido refrigerante é 310 K. A vazão mássica do fluido refrigerante, $\dot{m}_c$, é 500 kg/h e sua capacidade térmica, C_{p_c}, é 28 kJ/(kg·K). A temperatura em qualquer um dos reatores não pode ultrapassar 325 K. Desenvolva as seguintes análises:

(a) Trocador de calor cocorrente. Plote X, X_e, T, T_a e $-r_A$, ao longo do reator.
(b) Trocador de calor contracorrente. Plote X, X_e, T, T_a e $-r_A$, ao longo do reator.
(c) Temperatura do fluido de refrigeração constante, T_a. Plote X, X_e, T, e $-r_A$, ao longo do reator.
(d) Compare as partes (**a**), (**b**), e (**c**) acima com o caso adiabático, discutido no Exemplo 11-3. Escreva um parágrafo descrevendo o que você descobriu.

Informação adicional

Lembre-se de que, no Exemplo 11-3, C_{p_A} = 141 kJ/kg·K,

$C_{p_0} = \Sigma\Theta_i C_{p_i}$ = 159 kJ/(kg·K), ΔH_{Rx} = −6.900 kJ/kmol e $\Delta C_p = 0$.

Solução

Primeiro resolveremos a Parte (**a**), o caso de troca térmica cocorrente, e então faremos pequenas mudanças no programa Polymath para as Partes de (**b**) a (**d**).

Para cada um dos 10 reatores em paralelo

$$F_{A0} = (0{,}9)(163 \text{ kmol/h}) \times \frac{1}{10} = 14{,}7 \ \frac{\text{kmol A}}{\text{h}}$$

O balanço molar, a lei de velocidade de reação, e a estequiometria são os mesmos que do caso adiabático discutido previamente no **Exemplo 11-3**, ou seja,

Igual ao Exemplo 11-3

Balanço Molar:

$$\boxed{\frac{dX}{dV} = \frac{-r_A}{F_{A0}}} \qquad \text{(E11-3.1)}$$

Lei de Velocidade de Reação, e Estequiometria:

$$\boxed{r_A = -kC_{A0}\left[1 - \left(1 + \frac{1}{K_C}\right)X\right]} \qquad \text{(E11-3.7)}$$

$$Q_g = r_A \Delta H_{Rx}$$
$$Q_r = Ua(T - T_a)$$
$$\frac{dT}{dV} = \frac{Q_g - Q_r}{F_{A0} C_{P0}}$$

com

$$k = 31{,}1 \exp\left[7906\left(\frac{T-360}{360T}\right)\right] \text{ h}^{-1} \quad \text{(E11-3.10)}$$

$$K_C = 3{,}03 \exp\left[-830{,}3\left(\frac{T-333}{333T}\right)\right] \quad \text{(E11-3.11)}$$

A conversão de equilíbrio é

$$X_e = \frac{K_C}{1+K_C} \quad \text{(E11-3.12)}$$

Balanço de Energia

O balanço de energia para o reator é

$$\frac{dT}{dV} = \frac{r_A \Delta H_{Rx} - Ua(T - T_a)}{F_{A0} \underbrace{\Sigma \Theta_i C_{P_i}}_{C_{P_0}}} = \frac{r_A \Delta H_{Rx} - Ua(T - T_a)}{F_{A0} C_{P_0}} \quad \text{(E12-1.1)}$$

Parte (a) Transferência Térmica Cocorrente

Para escoamento cocorrente, o balanço para o fluido de troca térmica é

$$\frac{dT_a}{dV} = \frac{Ua(T - T_a)}{\dot{m}_C C_{P_C}} \quad \text{(E12-1.2)}$$

com T_a = 310 K para V = 0. O programa Polymath e sua solução são apresentados na Tabela E12-1.1.

Tabela E12-1.1 Parte (a) Transferência Térmica Cocorrente

Relatório POLYMATH
Equações Diferenciais Ordinárias (EDOs)

Equações diferenciais
```
1 d(Ta)/d(V) = Ua*(T-Ta)/m/Cpc
2 d(X)/d(V) = -ra/Fa0
3 d(T)/d(V) = ((ra*deltaH)-Ua*(T-Ta))/Cpo/Fa0
```

Equações explícitas
```
1 Cpc = 28
2 m = 500
3 Ua = 5000
4 Ca0 = 9.3
5 Fa0 = .9*163*.1
6 Kc = 3.03*exp(-830.3*((T-333)/(T*333)))
7 k = 31.1*exp(7906*(T-360)/(T*360))
8 Xe = Kc/(1+Kc)
9 ra = -k*Ca0*(1-(1+1/Kc)*X)
10 deltaH = -6900
11 Cpo = 159
12 rate = -ra
```

Valores calculados das variáveis das EDOs

	Variável	Valor inicial	Valor final
1	Ca0	9.3	9.3
2	Cpc	28.	28.
3	Cpo	159.	159.
4	deltaH	-6900.	-6900.
5	Fa0	14.67	14.67
6	k	0.5927441	1.263424
7	Kc	3.809372	3.518315
8	m	500.	500.
9	ra	-5.51252	-0.0465915
10	rate	5.51252	0.0465915
11	T	305.	314.1728
12	Ta	310.	314.0794
13	Ua	5000.	5000.
14	V	0	5.
15	X	0	0.7755909
16	Xe	0.7920726	0.7786786

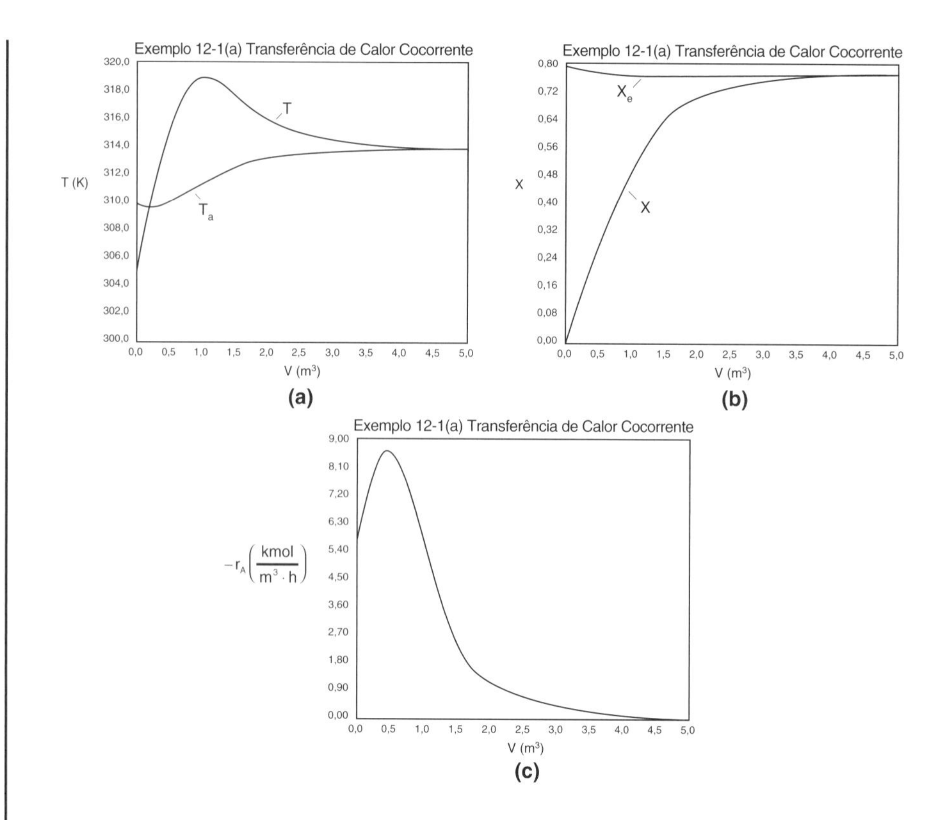

Figura E12-1.1 Perfis ao longo do reator para transferência de calor cocorrente **(a)** temperatura, **(b)** conversão, **(c)** velocidade de reação.

<u>Análise:</u> **Parte (a) Transferência Térmica Cocorrente:** Observamos que a temperatura do reator passa por um máximo. Próximo à entrada do reator, as concentrações dos reagentes são elevadas e, portanto, a velocidade de reação é alta [conforme a Figura E12-1.1(a)] e $Q_g > Q_r$. Consequentemente, a temperatura aumenta com o aumento do volume da região de reação. Entretanto, mais longe da entrada, os reagentes foram consumidos na sua maior parte, a velocidade de reação é pequena, $Q_r > Q_g$, e a temperatura decresce. Também observamos que, na medida em que as temperaturas do fluido de troca térmica e do reator se aproximam, deixa de existir uma força motriz para esfriar o reator. Consequentemente, a temperatura se estabiliza ao longo do reator, bem como a conversão de equilíbrio, que é função somente da temperatura.

Parte (b) Transferência Térmica Contracorrente:

Para escoamento contracorrente, precisamos fazer apenas duas mudanças no programa. Primeiro, multiplicamos o lado direito da Equação (E12-1.2) por menos um, obtendo

$$\frac{dT_a}{dV} = -\frac{Ua(T - T_a)}{\dot{m}_C C_{P_C}} \qquad \text{(E12-1.2)}$$

Em seguida, fazemos uma estimativa inicial para T_a em $V = 0$ e verificamos se este valor leva ao valor correto de T_{a0} em $V = 5$ m³. Se isto não ocorre, fazemos outra estimativa. Neste exemplo, estimamos T_a $(V = 0) = 315$ K e verificamos se $T_a = T_{a0} = 310$ K em $V = 5$ m³.

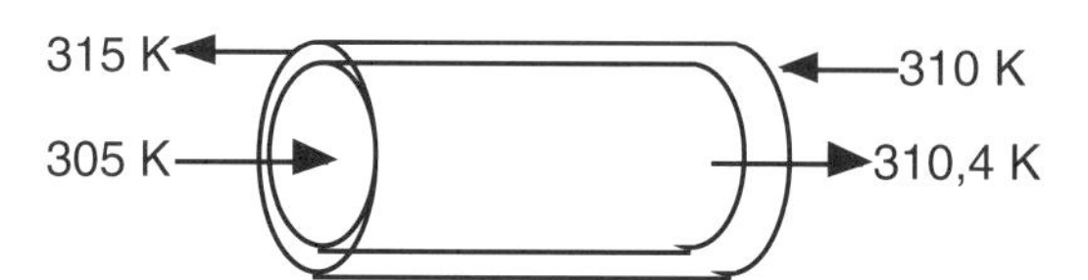

Bom palpite!

TABELA E12-1.2 PARTE (b) TRANSFERÊNCIA TÉRMICA CONTRACORRENTE

Relatório POLYMATH
Equações Diferenciais Ordinárias (EDOs)

Equações diferenciais

1 d(Ta)/d(V) = - Ua*(T-Ta)/m/Cpc
2 d(X)/d(V) = -ra/Fa0
3 d(T)/d(V) = ((ra*deltaH)-Ua*(T-Ta))/Cpo/Fa0

As equações explícitas de (1) a (12) são as mesmas que as da Tabela E12-1.1

Valores calculados das variáveis das EDOs

	Variável	Valor inicial	Valor final
10	rate	5,51252	0,0492436
11	T	305,	310,4146
12	Ta	315,	310,2648
13	Ua	5000,	5000,
14	V	0	5,
15	X	0	0,7796868
16	Xe	0,7920726	0,7841437

A estimativa inicial de $T_a(V=0) = 315$ K ← reproduz corretamente $T_{a0} = 310$ K

Que sorte foi a nossa estimativa inicial de 315 K para $V = 0$, pois resultou em $T_{a0} = 310$!! Os perfis das variáveis são apresentados na Figura E12-1.2.

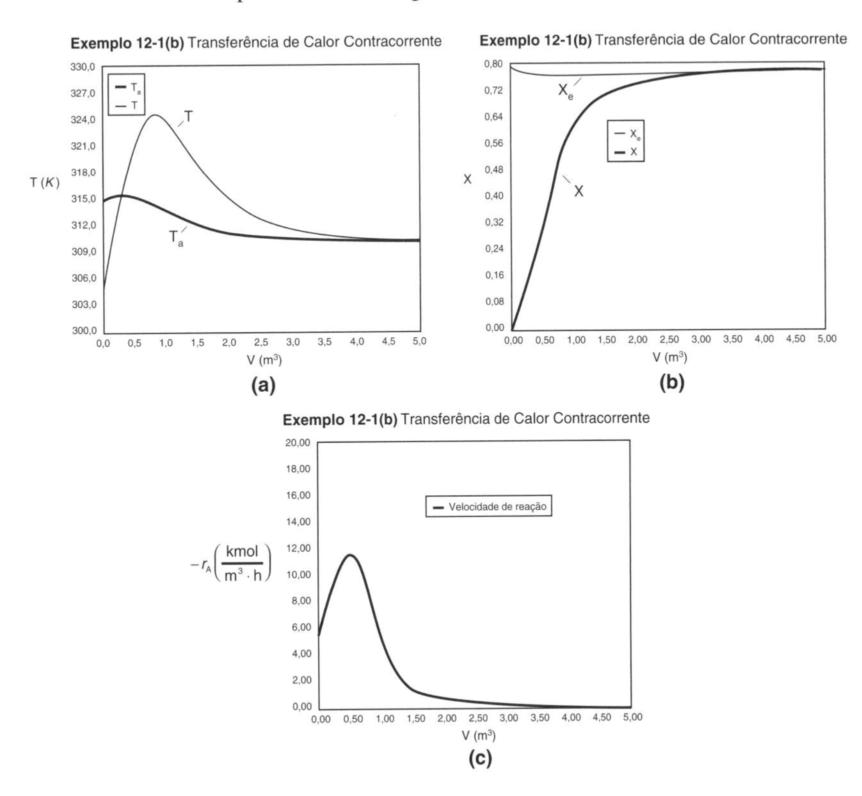

Figura E12-1.2 Perfis ao longo do reator para transferência de calor contracorrente (**a**) temperatura, (**b**) conversão, (**c**) velocidade de reação.

Análise: **Parte (b) Transferência Térmica Contracorrente:** Observamos que, próximo à entrada do reator, a temperatura do fluido refrigerante é maior que a temperatura dos reagentes na entrada. No entanto, à medida que deslocamos ao longo do reator, a reação gera "calor" e a temperatura do reator aumenta acima da temperatura do fluido refrigerante. Observamos que X_e atinge um mínimo (que corresponde à temperatura máxima do reator), próximo à entrada do reator, e então aumenta, conforme a temperatura do reator decresce. Uma temperatura máxima maior no reator, juntamente com uma maior conversão na saída, X, e conversão de equilíbrio, X_e, são alcançadas no sistema com transferência de calor contracorrente, do que para o sistema cocorrente.

Parte (c) Constante T_a

Para T_a constante, use o programa Polymath da Parte (a), mas multiplique o lado direito da Equação (E12-1.2) por zero, no programa, isto é,

$$\frac{dT_a}{dV} = \frac{Ua(T - T_a)}{\dot{m}_C C_{P_C}} * 0 \tag{E12-1.3}$$

TABELA E12-1.3 PARTE (c) CONSTANTE T_a

Equações diferenciais

```
1 d(Ta)/d(V) = Ua*(T-Ta)/m/Cpc*0
2 d(X)/d(V) = -ra/Fa0
3 d(T)/d(V) = ((ra*deltaH)-Ua*(T-Ta))/Cpo/Fa0
```

As equações explícitas de (1) a (12) são as mesmas que as da Tabela E12-1.1

Relatório POLYMATH
Equações Diferenciais Ordinárias (EDOs)

Valores calculados das variáveis das EDOs

	Variável	Valor inicial	Valor final
10	rate	5,51252	0,0936951
11	T	305,	310,2015
12	Ta	310,	310,
13	Ua	5000,	5000,
14	V	0	5,
15	X	0	0,7758214
16	Xe	0,7920726	0,7844545

Os valores iniciais e finais são apresentados no relatório do Polymath e os perfis das variáveis na Figura E12-1.3.

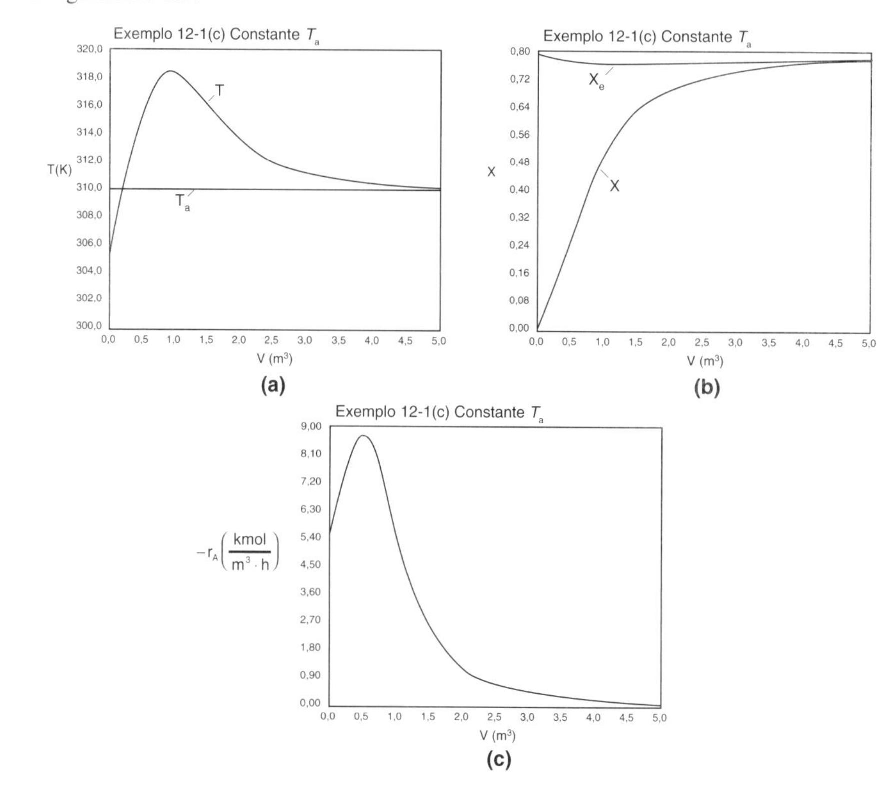

Figura E12-1.3 Perfis ao longo do reator, para temperatura T_a constante do fluido de troca térmica **(a)** temperatura, **(b)** conversão, **(c)** velocidade de reação.

Análise: **Parte (c) Constante T_a:** Quando a vazão do fluido refrigerante for suficientemente alta, a temperatura T_a do fluido refrigerante será praticamente constante. Se o volume do reator for suficientemente grande, a temperatura do reator converge para a temperatura do fluido refrigerante, como é o caso aqui. Nesta temperatura de saída, que é a menor alcançada neste exemplo, a conversão de equilíbrio é a maior dos quatro casos estudados neste exemplo.

Parte (d) Operação Adiabática

No Exemplo 11-3, calculamos a temperatura em função da conversão e então usamos esta relação para calcular k e K_C. Uma forma mais fácil de fazer é resolver o caso geral ou de base para um trocador de calor com escoamento cocorrente e usar o Polymath para escrever o programa correspondente. Em seguida, usamos o programa Polymath da Parte (**a**) multiplicando o parâmetro Ua por zero, ou seja,

$$Ua = 5.000 * 0$$

TABELA E12-1.4 PARTE (**d**) OPERAÇÃO ADIABÁTICA

Equações diferenciais

1 d(Ta)/d(V) = Ua*(T-Ta)/m/Cpc

2 d(X)/d(V) = -ra/Fa0

3 d(T)/d(V) = ((ra*deltaH)-Ua*(T-Ta))/Cpo/Fa0

Equações explícitas

1 Cpc = 28

2 m = 500

3 Ua = 5000*0

Os outros parâmetros são como na Parte (**a**), ou seja, linhas de (4) a (12) na Tabela E12-1.1

Relatório POLYMATH

Equações Diferenciais Ordinárias (EDOs)

Valores calculados das variáveis das EDOs

	Variável	Valor inicial	Valor final
10	rate	5.51252	1.842E-10
11	T	305.	337.3646
12	Ta	310.	310.
13	Ua	0	0
14	V	0	5.
15	X	0	0.745794
16	Xe	0.7920726	0.745794

As condições inicial e de saída são mostradas no relatório do Polymath, enquanto os perfis para T, X, X_e, e $-r_A$ são apresentados na Figura E12-1.4.

Análise: **Parte (d) Operação Adiabática:** Como não há resfriamento, o reator alcança a maior temperatura e menor conversão de equilíbrio dos quatro casos considerados neste exemplo, ou seja, a temperatura de equilíbrio adiabática e conversão correspondente. De fato, esses valores são alcançados quando se atinge o volume de 2 m^3 ao longo do reator; desta forma, o volume restante depois desse ponto, até completar 5 m^3, não tem utilidade. Quando comparamos a conversão alcançada no caso adiabático (X = 0,746) com a conversão obtida nos reatores com trocador de calor (cerca de X = 0,78), devemos nos perguntar: – "O custo de um trocador de calor se justifica?" Se ocorrerem reações paralelas, a resposta é sim.

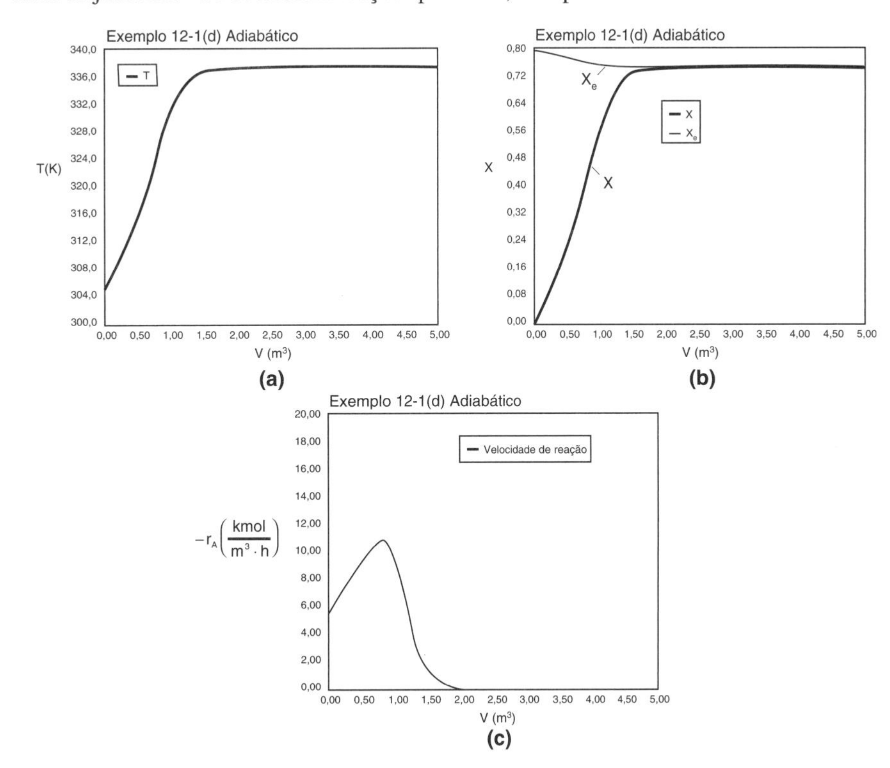

Figura E12-1.4 Perfis ao longo do reator para o caso de reator adiabático (**a**) temperatura, (**b**) conversão, (**c**) velocidade de reação.

Análise Geral: Este é um exemplo extremamente importante, uma vez que aplicamos nosso algoritmo de ERQ para PFRs com troca térmica, no caso de uma reação exotérmica reversível. Analisamos quatro tipos de operações com trocadores de calor. Vimos que o reator PFR, com trocador de calor contracorrente, fornece a maior conversão, e com operação adiabática, a menor conversão. A conversão de equilíbrio é alcançada mais rapidamente no reator adiabático (menor volume, 1,5 m^3) e mais lentamente no reator com T_a constante (maior volume).

12.3.2 Aplicação do Algoritmo a uma Reação Endotérmica

No Exemplo 12-1 estudamos quatro tipos de trocadores de calor com uma reação exotérmica. Nesta Seção, realizaremos o mesmo tipo de estudo para uma *reação endotérmica*.

Exemplo 12-2 Produção de Anidrido Acético

Jeffreys,[2] num tratado sobre o projeto de uma planta de produção de anidrido acético, afirma que um dos passos-chave é o craqueamento endotérmico, em fase vapor, da acetona a ceteno e metano.

$$CH_3COCH_3 \rightarrow CH_2CO + CH_4$$

Ele afirma, adicionalmente, que esta reação é de primeira ordem em relação à acetona e que a velocidade específica de reação pode ser expressa pela equação:

$$\ln k = 34{,}34 - \frac{34.222}{T} \tag{E12-2.1}$$

Exemplos de reações endotérmicas em fase gasosa
1. Adiabática
2. Transferência térmica com T_a constante
3. Transferência térmica cocorrente com T_a variável
4. Transferência térmica contracorrente com T_a variável

em que k tem unidades de s^{-1} e T deve ser usada em Kelvin. Neste projeto deseja-se alimentar 7850 kg de acetona por hora, num reator tubular. O reator consiste em um feixe de 1000 tubos de 1 polegada, série 40. Consideraremos quatro casos. A temperatura e a pressão de entrada são as mesmas para todos os casos, 1035 K e 162 KPa (1,6 atm), e a temperatura de entrada do fluido de aquecimento disponível é de 1250 K.

Um feixe de 1000 tubos de 1 polegada, série 40, de 1,79 m de comprimento, corresponde a 1,0 m^3 (0,001 m^3/tubo = 1,0 dm^3/tubo) e fornece a conversão de 20%. Ceteno é instável e tende a explodir, sendo isto uma boa razão para manter a conversão baixa. Contudo, o material de construção do tubo e o número de série devem ser checados para verificar se são adequados para a temperatura e pressão dadas. O fluido de troca térmica tem uma vazão mássica, $\dot{m}_c$, de 0,111 mol/s, com um calor específico de 34,5 J/(mol·K).

Caso 1 O reator é operado adiabaticamente.
Caso 2 Temperatura constante do fluido de troca térmica, T_a = 1250 K.
Caso 3 Transferência térmica cocorrente com T_{a0} = 1250 K.
Caso 4 Transferência térmica contracorrente com T_{a0} = 1250 K.

Informação adicional

$$CH_3COCH_3 \quad (A): H_A^\circ(T_R) = -216{,}67\,kJ/mol,\ C_{P_A} = 163\,J/mol \cdot K$$
$$CH_2CO \quad (B): H_B^\circ(T_R) = -61{,}09\,kJ/mol,\ C_{P_B} = 83\,J/mol \cdot K$$
$$CH_4 \quad (C): H_C^\circ(T_R) = -74{,}81\,kJ/mol,\ C_{P_C} = 71\,J/mol \cdot K$$
$$Ua = 110\,J/s \cdot m^3 \cdot K$$

Solução
Sejam A = CH_3COCH_3, B = CH_2CO, e C = CH_4. Reescrevendo a reação com estes símbolos, obtemos

$$A \rightarrow B + C$$

Algoritmo para um PFR com Efeitos Térmicos

1. **Balanço Molar:** $$\frac{dX}{dV} = -\frac{r_A}{F_{A0}} \tag{E12-2.2}$$

2. **Lei de Velocidade de Reação:** $$-r_A = kC_A \tag{E12-2.3}$$
Rearranjando (E12-2.1)

$$k = 8{,}2 \times 10^{14} \exp\left[-\frac{34.222}{T}\right] = 3{,}58 \exp\left[34.222\left(\frac{1}{T} - \frac{1}{1035}\right)\right] \tag{E12-2.4}$$

[2]G. V. Jeffreys, *A Problem in Chemical Engineering Design: The Manufacture of Acetic Anhydride*, 2nd ed. (London: Institution of Chemical Engineers, 1964).

3. **Estequiometria** (reação em fase gasosa sem perda de pressão):

$$C_A = \frac{C_{A0}(1-X)T_0}{(1+\varepsilon X)T} \tag{E12-2.5}$$

$$\varepsilon = y_{A0}\delta = 1(1+1-1) = 1$$

4. **Combinando**, resulta:

$$-r_A = \frac{kC_{A0}(1-X)}{1+X}\frac{T_0}{T} \tag{E12-2.6}$$

Antes de combinar as Equações (E12-2.2) e (E12-2.6), é necessário primeiro usar o balanço molar para determinar T como uma função de X.

5. **Balanço de Energia:**

(a) Balanço no reator

$$\frac{dT}{dV} = \frac{Ua(T_a - T) + (r_A)[\Delta H^{\circ}_{Rx} + \Delta C_P(T - T_R)]}{F_{A0}(\sum \Theta_i C_{P_i} + X\Delta C_P)} \tag{E12-2.7}$$

(b) Trocador de calor. Usaremos o balanço de energia com escoamento cocorrente como nosso caso de base. Em seguida, mostraremos como podemos facilmente modificar o programa de solução da EDO (por exemplo, Polymath) para resolver os outros casos, simplesmente multiplicando uma linha apropriada da codificação do caso base por zero ou menos um.

Para *escoamento cocorrente*:

$$\frac{dT_a}{dV} = \frac{Ua(T - T_a)}{\dot{m}C_{P_c}} \tag{E12-2.8}$$

6. **Cálculo dos Parâmetros do Balanço Molar por Tubo:**

$$F_{A0} = \frac{7.850 \text{ kg/h}}{58 \text{ kg/kmol}} \times \frac{1}{1.000 \text{ tubos}} = 0{,}135 \text{ kmol/h} = 0{,}0376 \text{ mol/s}$$

$$C_{A0} = \frac{P_{A0}}{RT} = \frac{162 \text{ kPa}}{8{,}31 \dfrac{\text{kPa}\cdot\text{m}^3}{\text{kmol}\cdot\text{K}}(1035 \text{ K})} = 0{,}0188 \frac{\text{kmol}}{\text{m}^3} = 18{,}8 \text{ mol/m}^3$$

$$v_0 = \frac{F_{A0}}{C_{A0}} = 2{,}0 \text{ dm}^3\text{/s}, \quad V = \frac{1 \text{ m}^3}{1000 \text{ tubos}} = \frac{0{,}001 \text{ m}^3}{\text{tubo}}$$

7. **Cálculo dos Parâmetros do Balanço de Energia:**

Termodinâmica:

a. $\Delta H^{\circ}_{Rx}(T_R)$: A 298 K, usando os calores de formação padrões:

$$\Delta H^{\circ}_{Rx}(T_R) = H^{\circ}_B(T_R) + H^{\circ}_C(T_R) - H^{\circ}_A(T_R)$$
$$= (-61{,}09) + (-74{,}81) - (-216{,}67) \text{ kJ/mol}$$
$$= 80{,}77 \text{ kJ/mol}$$

b. ΔC_p: Usando os calores específicos médios:

$$\Delta C_P = C_{P_B} + C_{P_C} - C_{P_A} = (83 + 71 - 163) \text{ J/mol}\cdot\text{K}$$

$$\Delta C_P = -9 \text{ J/mol}\cdot\text{K}$$

Transferência de Calor:

Balanço de energia. A partir do Caso 1 adiabático, já temos C_p e C_{P_A}.
A área de troca térmica por unidade de volume do tubo é

$$a = \frac{\pi DL}{(\pi D^2/4)L} = \frac{4}{D} = \frac{4}{0{,}0266 \text{ m}} = 150 \text{ m}^{-1}$$

$$U = 110 \text{ J/m}^2\cdot\text{s}\cdot\text{K}$$

Combinando o coeficiente global de troca térmica com a área, resulta

$$Ua = 16.500 \text{ J/m}^3\cdot\text{s}\cdot\text{K}$$

Tabela E12-2.1 Resumo dos Valores dos Parâmetros

	Valor dos Parâmetros	
$\Delta H^{\circ}_{Rx}(T_R) = 80{,}77\,\text{kJ/mol}$	$\Delta C_P = -9\,\text{J/mol}\cdot\text{K}$	$T_0 = 1035\text{K}$
$F_{A0} = 0{,}0376\,\text{mol/s}$	$C_{A0} = 18{,}8\,\text{mol/m}^3$	$T_R = 298\text{K}$
$C_{P_A} = 163\,\text{J/mol A/K}$	$Ua = 16.500\,\text{J/m}^3\cdot\text{s}\cdot\text{K}$	$\dot{m}_C = 0{,}111\,\text{mol/s}$
$C_{P_{Frio}} \equiv C_{Pc} = 34{,}5\,\text{J/mol/K}$		$V_f = 0{,}001\ \text{m}^3$

Resolveremos para os quatro casos neste exemplo de reação endotérmica, da mesma forma que fizemos para a reação exotérmica no Exemplo 12-1. Ou seja, escreveremos as equações para o programa Polymath no caso de troca térmica cocorrente e usaremos este caso como o caso base. Então, manipularemos os diferentes termos no balanço de energia do fluido térmico (Equações 12-10 e 12-11) para resolver os outros casos, iniciando pelo caso adiabático, no qual multiplicaremos o coeficiente de troca térmica do caso base por zero.

Caso 1 Adiabático

Iniciaremos pelo caso adiabático para mostrar os efeitos dramáticos de como a reação se estingue à medida que a temperatura decresce. De fato, estenderemos cada volume a 5 dm^3, para observar este efeito e demostrar a necessidade de adicionar um trocador de calor. No caso adiabático, simplesmente multiplicamos Ua por zero em nosso programa Polymath. Outras mudanças não são necessárias, e a resposta será a mesma, quer usemos um banco de 1000 reatores, cada um de 1 dm^3, ou um reator de 1 m^3. Para ilustrar como uma reação endotérmica pode virtualmente se extinguir completamente, ampliaremos o volume de um único tubo de 1 dm^3 a 5 dm^3.

$$Ua = 16.500 * 0$$

O programa Polymath é apresentado na Tabela E12-2.2. A Figura E12-2.1 mostra o gráfico resultante.

Problema Exemplo de Simulação

Tabela E12-2.2 Programa Polymath e Resultados para Operação Adiabática

Relatório POLYMATH
Equações Diferenciais Ordinárias (EDOs)

Equações diferenciais

```
1 d(X)/d(V) = -ra/Fao
2 d(T)/d(V) = (Ua*(Ta-T)+ra*deltaH)/(Fao*(Cpa+X*delCp))
3 d(Ta)/d(V) = Ua*(T-Ta)/mc/Cpc
```

Equações explícitas

```
1  Fao = .0376
2  Cpa = 163
3  delCp = -9
4  Cao = 18.8
5  To = 1035
6  deltaH = 80770+delCp*(T-298)
7  ra = -Cao*3.58*exp(34222*(1/To-1/T))*(1-X)*(To/T)/(1+X)
8  Ua = 16500*0
9  mc = .111
10 Cpc = 34.5
11 rate = -ra
```

Valores calculados das variáveis das EDOs

	Variável	Valor inicial	Valor final
1	Cao	18.8	18.8
2	Cpa	163.	163.
3	Cpc	34.5	34.5
4	delCp	-9.	-9.
5	deltaH	7.414E+04	7.531E+04
6	Fao	0.0376	0.0376
7	mc	0.111	0.111
8	ra	-67.304	-0.3704982
9	rate	67.304	0.3704982
10	T	1035.	904.8156
11	Ta	1250.	1250.
12	To	1035.	1035.
13	Ua	0	0
14	V	0	0.005
15	X	0	0.2817744

Reação endotérmica em um PFR adiabático

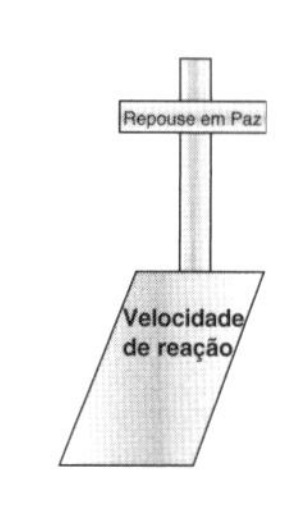

Morte de uma reação

Figura E12-2.1 Perfis de (**a**) conversão adiabática e temperatura; (**b**) velocidade de reação.

Análise: **Caso 1 Operação Adiabática:** À medida que a temperatura decresce, k se reduz e, consequentemente, a velocidade de reação, $-r_A$, diminui a um valor insignificante. Note que para esta reação endotérmica e adiabática a velocidade de reação praticamente *se extingue* após o volume atingir 3,5 dm^3, devido à grande queda de temperatura e, por isso, a conversão aumenta muito pouco além desse ponto. Uma forma de aumentar a conversão seria adicionar um diluente como nitrogênio, que poderia suprir o calor sensível para esta reação endotérmica. No entanto, se muito diluente for adicionado, a concentração será reduzida e, portanto, a velocidade de reação será muito baixa. Contrariamente, se muito pouco diluente for adicionado, a temperatura irá cair e a reação será praticamente extinta. Quanto diluente deve ser adicionado é deixado como exercício. Enquanto nas Figuras E12-2.1 **(a)** e **(b)** o volume do reator é de 5 dm^3, no programa e na Tabela E12-2.2 o volume é de 1 dm^3 (0,001 m^3) a fim de comparar facilmente a concentração na saída com os outros casos de transferência de calor.

Caso 2 Temperatura do Fluido de Troca Térmica, T_a, Constante

Fazemos as seguintes alterações na linha 3 do nosso programa do caso base **(a)**

$$\frac{dT_a}{dV} = \frac{Ua(T - T_a)}{\dot{m}C_{P_c}} * 0$$

$$Ua = 16.500 \text{ J/m}^3\text{/s/K}$$

TABELA E12-2.3 PROGRAMA POLYMATH E RESULTADOS PARA CONSTANTE T_a

Equações diferenciais

1 d(X)/d(V) = -ra/Fao
2 d(T)/d(V) = (Ua*(Ta-T)+ra*deltaH)/(Fao*(Cpa+X*delCp))
3 d(Ta)/d(V) = Ua*(T-Ta)/mc/Cpc*0

Equações explícitas

1 Fao = .0376
2 Cpa = 163
3 delCp = -9
4 Cao = 18.8
5 To = 1035
6 deltaH = 80770+delCp*(T-298)
7 ra = -Cao*3.58*exp(34222*(1/To-1/T))*(1-X)*(To/T)/(1+X)
8 Ua = 16500
9 mc = .111
10 Cpc = 34.5
11 rate = -ra

Valores calculados das variáveis das EDOs

	Variável	Valor inicial	Valor final
1	Cao	18.8	18.8
2	Cpa	163.	163.
3	Cpc	34.5	34.5
4	delCp	-9.	-9.
5	deltaH	7.414E+04	7.343E+04
6	Fao	0.0376	0.0376
7	mc	0.111	0.111
8	ra	-67.304	-16.48924
9	rate	67.304	16.48924
10	T	1035.	1114.093
11	Ta	1250.	1250.
12	To	1035.	1035.
13	Ua	1.65E+04	1.65E+04
14	V	0	0.001
15	X	0	0.9508067

Os perfis de T, X e $-r_A$ são apresentados a seguir.

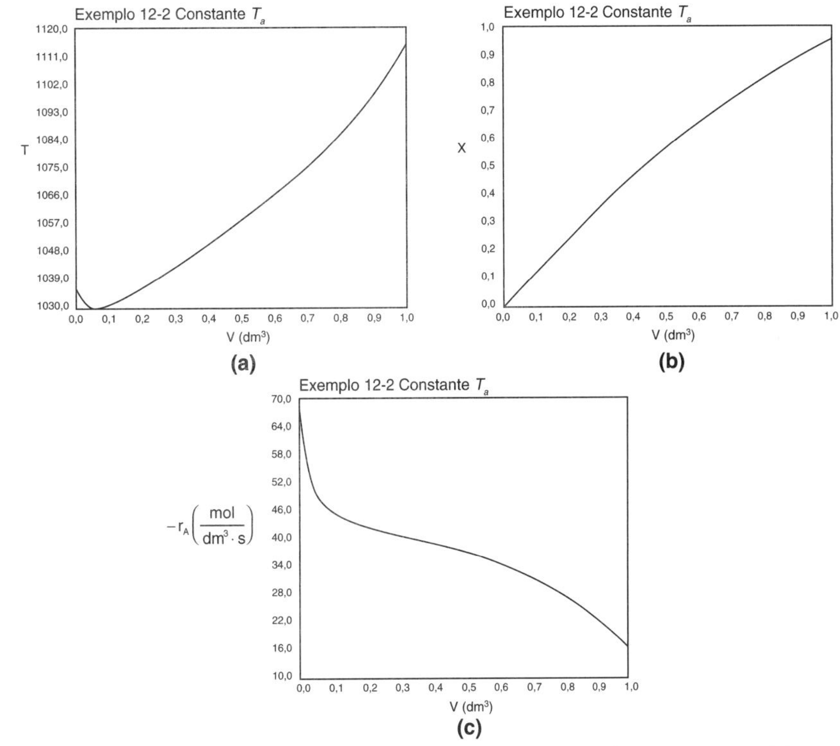

Figura E12-2.2 Perfis para o caso de temperatura do fluido de troca térmica, T_a, constante: **(a)** temperatura, **(b)** conversão, e **(c)** velocidade de reação.

Análise: **Caso 2 T_a Constante:** Logo após a entrada do reator, a temperatura da reação cai, à medida que o calor sensível do meio reacional supre a energia para a reação endotérmica. Esta queda de temperatura também causa a queda da velocidade de reação. Avançando ao longo do reator, a velocidade de reação decresce mais, conforme os reagentes são consumidos. Eventualmente, mais adentro do reator, o calor fornecido pelo trocador de calor com temperatura constante T_a se torna maior que aquele "consumido" pela reação endotérmica e a temperatura do reator aumenta. Consequentemente, a conversão eventualmente alcança o valor de 95%.

Caso 3 Transferência de Calor Cocorrente

O balanço de energia para um trocador de calor cocorrente é

$$\frac{dT_a}{dV} = \frac{Ua(T - T_a)}{\dot{m}_C C_{P_C}}$$

com T_{a0} = 1250 K para V = 0.

TABELA E12-2.4 PROGRAMA POLYMATH E RESULTADOS PARA TRANSFERÊNCIA COCORRENTE

Equações diferenciais

```
1 d(X)/d(V) = -ra/Fao
2 d(T)/d(V) = (Ua*(Ta-T)+ra*deltaH)/(Fao*(Cpa+X*delCp))
3 d(Ta)/d(V) = Ua*(T-Ta)/mc/Cpc
```

Equações explícitas

```
1 Fao = .0376
2 Cpa = 163
3 delCp = -9
4 Cao = 18.8
5 To = 1035
6 deltaH = 80770+delCp*(T-298)
7 ra = -Cao*3.58*exp(34222*(1/To-1/T))*(1-X)*(To/T)/(1+X)
8 Ua = 16500
9 mc = .111
10 Cpc = 34.5
11 rate = -ra
```

Valores calculados das variáveis das EDOs

	Variável	Valor inicial	Valor final
1	Cao	18.8	18.8
2	Cpa	163.	163.
3	Cpc	34.5	34.5
4	delCp	-9.	-9.
5	deltaH	7.414E+04	7.459E+04
6	Fao	0.0376	0.0376
7	mc	0.111	0.111
8	ra	-67.304	-4.899078
9	rate	67.304	4.899078
10	T	1035.	984.8171
11	Ta	1250.	996.215
12	To	1035.	1035.
13	Ua	1.65E+04	1.65E+04
14	V	0	0.001
15	X	0	0.456201

Os perfis das variáveis T, T_a, X e $-r_A$ são mostrados a seguir.

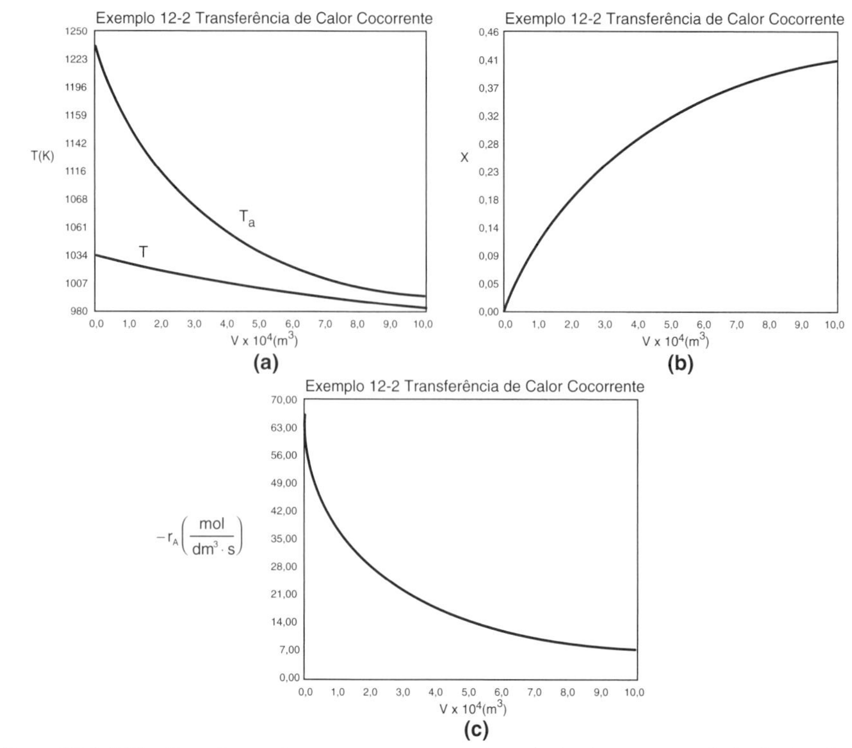

Figura E12-2.3 Perfis ao longo do reator para uma reação endotérmica com transferência de calor cocorrente: **(a)** temperatura, **(b)** conversão, e **(c)** velocidade de reação.

Análise: **Caso 3 Transferência de Calor Cocorrente:** Para troca térmica cocorrente, vemos que a temperatura do fluido térmico, T_a, decai rapidamente no início e continua a cair ao longo do reator, na medida em que este supre a energia consumida pela reação endotérmica. Uma vez que a temperatura do reator com transferência de calor cocorrente é menor do que no caso de constante T_a, a velocidade de reação será menor. Resulta disso que uma conversão significativamente menor é alcançada em comparação ao caso de temperatura constante do fluido térmico, T_a.

Caso 4 Transferência de Calor Contracorrente

Para troca térmica contracorrente, primeiro usando o programa Polymath da Tabela 12-2.4, multiplicamos o lado direito da equação de balanço de energia cocorrente por −1, colocando-o na Tabela 12-2.5 e deixando o restante do programa sem alteração.

$$\frac{dT_a}{dV} = -\frac{Ua\left(T - T_a\right)}{\dot{m}C_{P_C}}$$

Em seguida, estimamos $T_a\ (V = 0) = 995{,}15$ K para obter $T_{a0} = 1250$ K. (Nem por um segundo, acredite que a minha primeira tentativa tenha sido 995,15 K!) Uma vez que esta correspondência tenha sido obtida, podemos obter o relatório de saída mostrado na Tabela 12-2.5 e os perfis da Figura E12-2.4.

Boa estimativa!

TABELA E12-2.5 PROGRAMA POLYMATH E RESULTADOS PARA TRANSFERÊNCIA CONTRACORRENTE

Relatório POLYMATH
Equações Diferenciais Ordinárias (EDOs)

Valores calculados das variáveis das EDOs

	Variável	Valor inicial	Valor final
9	Velocidade de reação	67.304	31.79235
10	T	1035.	1034.475
11	Ta	995.15	1249.999
12	To	1035.	1035.
13	Ua	1.65E+04	1.65E+04
14	V	0	0.001
15	X	0	0.3512403

Estimativa de T_{a2} = 995,15 K para $V = 0$

Corresponde a T_{a0} = 1250 K para $V_f = 0{,}001$ m³

Equações diferenciais

```
1 d(X)/d(V) = -ra/Fao
2 d(T)/d(V) = (Ua*(Ta-T)+ra*deltaH)/(Fao*(Cpa+X*delCp))
3 d(Ta)/d(V) = -Ua*(T-Ta)/mc/Cpc
```

As equações explícitas são as mesmas que no Caso 3, Troca Cocorrente.

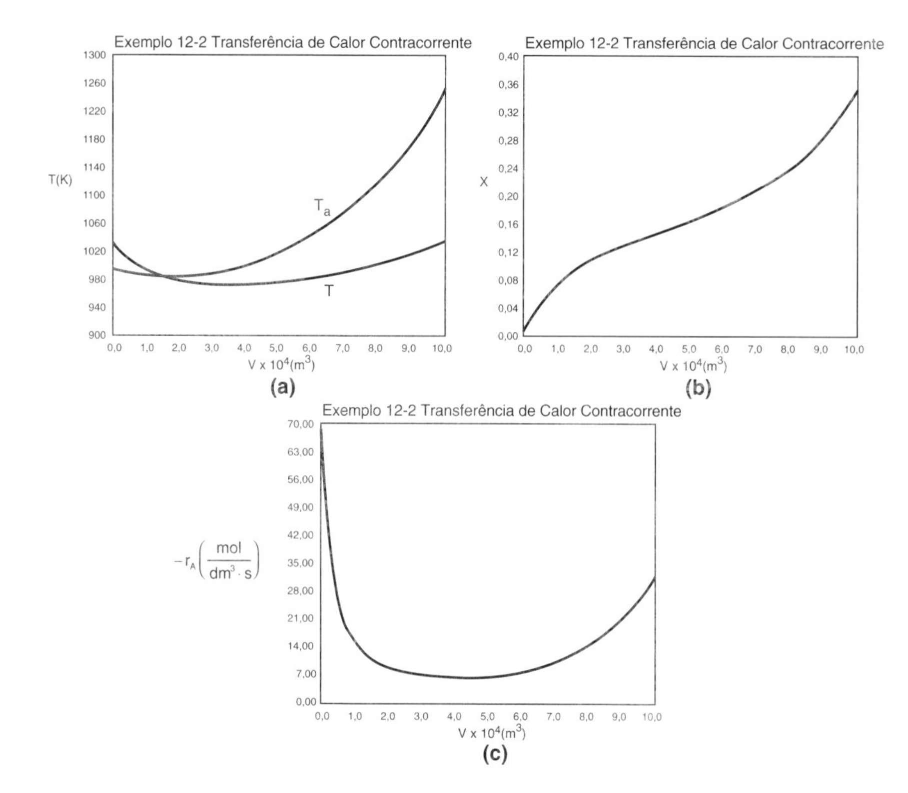

Figura E12-2.4 Perfis ao longo do reator para transferência de calor contracorrente: (**a**) temperatura, (**b**) conversão, e (**c**) velocidade de reação.

Análise: **Caso 4 Transferência de Calor Contracorrente:** Observamos que a temperatura do reator passa por um mínimo ao longo do seu comprimento. No início do reator, a reação ocorre muito rapidamente, consumindo o calor latente do gás reagente e reduzindo a sua temperatura, já que o trocador de calor não consegue suprir energia na mesma taxa, ou maior. "Calor" adicional é perdido na entrada, no caso de troca térmica contracorrente, porque a temperatura do fluido de troca térmica, T_a, está abaixo da temperatura de entrada do reator, T. Esta queda de temperatura, associada ao consumo dos reagentes, reduz a velocidade de reação ao longo do reator, resultando numa conversão menor do que em qualquer um dos outros três casos deste exemplo. Próximo ao centro do reator a velocidade de reação diminui, os reagentes são esgotados, e o trocador de calor fornece energia a uma taxa maior do que a reação consome, resultando que, eventualmente, a temperatura do meio reacional aumenta.

Software AspenTech: O Exemplo 12-2 também foi formulado para ser executado no programa AspenTech e pode ser carregado no seu computador, diretamente do site da LTC Editora.

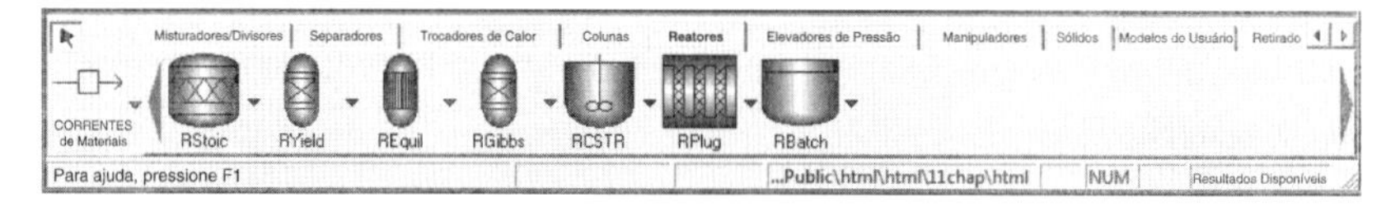

12.4 CSTR com Efeitos Térmicos

Nesta seção aplicamos a forma geral do balanço de energia [Equação (11-22)] a um CSTR em regime estacionário. Então, apresentamos exemplos de problemas que mostram como o balanço molar e o balanço de energia são combinados para dimensionar reatores operados adiabaticamente ou não adiabaticamente.

O balanço de energia para o regime estacionário foi deduzido no Capítulo 11:

$$\boxed{\dot{Q} - \dot{W}_s - F_{A0}\Sigma\Theta_i C_{P_i}(T - T_{i0}) - [\Delta H^\circ_{Rx}(T_R) + \Delta C_P(T - T_R)]F_{A0}X = 0} \quad (11\text{-}28)$$

Lembre-se de que $\dot{W}_s$ é o trabalho de eixo, isto é, o trabalho **realizado pelo** agitador ou misturador instalado no CSTR **sobre** o fluido reacional no interior do CSTR.

Consequentemente, devido à convenção de que $\dot{W}_s$ **realizado pelo** sistema **sobre** a vizinhança é positivo, o trabalho do agitador do CSTR será um número negativo, por exemplo, $\dot{W}_s = -1.000$ J/s. [Veja o Problema P12-6$_B$, um problema do Exame para os Profissionais de Engenharia da Califórnia.]

[Nota: Em muitos cálculos realizados, o balanço molar do CSTR deduzido no Capítulo 2

$$(F_{A0}X = -r_A V)$$

Estas são as formas do balanço em regime estacionário que utilizaremos.

será utilizado para substituir o termo entre colchetes na Equação (11-28); ou seja, $(F_{A0}X)$ será substituído por $(-r_A V)$ para chegar à Equação (12-12).]

Rearranjando, obtemos o balanço molar em regime estacionário

$$\boxed{\dot{Q} - \dot{W}_s - F_{A0}\Sigma\Theta_i C_{P_i}(T - T_{i0}) + (r_A V)(\Delta H_{Rx}) = 0} \qquad (12\text{-}12)$$

Embora o CSTR possua a característica de ser bem misturado e de a temperatura ser uniforme no interior do reator, estas condições não significam que a reação é conduzida isotermicamente. Uma operação isotérmica ocorre quando a temperatura de alimentação é idêntica à temperatura do fluido no interior do CSTR.

O termo $\dot{Q}$ no CSTR

12.4.1 Calor Adicionado ao Reator, $\dot{Q}$

A Figura 12-6 mostra o esquema de um CSTR com um trocador de calor. O fluido de troca térmica entra no trocador a uma vazão mássica $\dot{m}_c$ (por exemplo, kg/s) a uma temperatura T_{a1} e sai a uma temperatura T_{a2}. A taxa de transferência de calor *do* trocador *para* o fluido reacional a uma temperatura T é[3]

Para reações exotérmicas ($T > T_{a2} > T_{a1}$)

$$\dot{Q} = \frac{UA(T_{a1} - T_{a2})}{\ln[(T - T_{a1})/(T - T_{a2})]} \qquad (12\text{-}13)$$

Para reações endotérmicas ($T_{a1} > T_{a2} > T$)

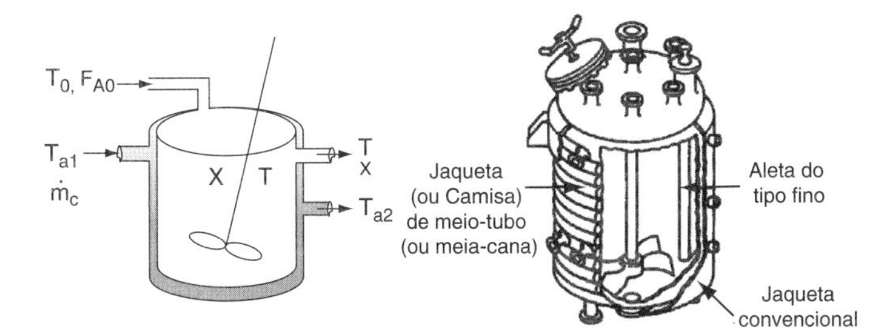

Figura 12-6 Um reator CSTR com trocador de calor. [O diagrama à direita é uma cortesia da companhia Pfaudler, Inc.]

As deduções a seguir, baseadas num fluido refrigerante (reação exotérmica), se aplicam também a sistemas de aquecimento (reações endotérmicas). Em uma primeira aproximação, admitimos o regime quase estacionário para o escoamento do fluido refrigerante e desprezamos o termo de acúmulo (isto é, $dT_a/dt = 0$). Um balanço de energia no fluido de troca térmica que está entrando e saindo do trocador é

[3]Informações sobre o coeficiente de troca térmica global podem ser encontradas em C. J. Geankoplis, *Transport Processes and Unit Operations*, 4th ed. Englewood Cliffs, N.J., Prentice Hall (2003), p. 300.

Balanço de energia no fluido do trocador de calor

$$\begin{bmatrix} \text{Taxa de} \\ \text{energia que} \\ \textit{entra} \text{ associada} \\ \text{ao escoamento} \end{bmatrix} - \begin{bmatrix} \text{Taxa de} \\ \text{energia que} \\ \textit{sai} \text{ associada} \\ \text{ao escoamento} \end{bmatrix} - \begin{bmatrix} \text{Taxa de} \\ \text{transferência de} \\ \text{calor } \textit{do} \text{ trocador} \\ \textit{para} \text{ o reator} \end{bmatrix} = 0 \quad (12\text{-}14)$$

$$\dot{m}_c C_{P_c}(T_{a1} - T_R) - \dot{m}_c C_{P_c}(T_{a2} - T_R) - \frac{UA(T_{a1} - T_{a2})}{\ln[(T - T_{a1})/(T - T_{a2})]} = 0 \quad (12\text{-}15)$$

em que C_{P_C} é a capacidade térmica do fluido do trocador de calor e T_R é a temperatura de referência. Simplificando, temos

$$\dot{Q} = \dot{m}_c C_{P_c}(T_{a1} - T_{a2}) = \frac{UA(T_{a1} - T_{a2})}{\ln[(T - T_{a1})/(T - T_{a2})]} \quad (12\text{-}16)$$

Resolvendo a Equação (12-16) para a temperatura de saída do fluido do trocador de calor, obtemos

$$T_{a2} = T - (T - T_{a1}) \exp\left(\frac{-UA}{\dot{m}_c C_{P_c}}\right) \quad (12\text{-}17)$$

Da Equação (12-16)

$$\dot{Q} = \dot{m}_c C_{P_c}(T_{a1} - T_{a2}) \quad (12\text{-}18)$$

Substituindo T_{a2} na Equação (12-18), resulta

Transferência de calor para um CSTR

$$\boxed{\dot{Q} = \dot{m}_c C_{P_c}\left\{(T_{a1} - T)\left[1 - \exp\left(\frac{-UA}{\dot{m}_c C_{P_c}}\right)\right]\right\}} \quad (12\text{-}19)$$

Para grandes valores de vazão do fluido térmico, o termo exponencial será pequeno e pode então ser expandido em uma série de Taylor ($e^{-x} = 1 - x + ...$) em que apenas o primeiro e o segundo termos são considerados (os demais termos podem ser desprezados), de maneira a se obter

$$\dot{Q} = \dot{m}_c C_{P_c}(T_{a1} - T)\left[1 - \left(1 - \frac{UA}{\dot{m}_c C_{P_c}}\right)\right]$$

Então,

Válido apenas para grandes valores de vazão do fluido de troca térmica!!

$$\boxed{\dot{Q} = UA(T_a - T)} \quad (12\text{-}20)$$

em que $T_{a1} \cong T_{a2} = T_a$.

Com exceção de processos envolvendo materiais de alta viscosidade como os do Problema P12-6$_B$, um problema do *Exame dos Profissionais de Engenharia da Califórnia*, o trabalho realizado pelo agitador geralmente pode ser desprezado. Fazendo $\dot{W}_s$ igual a zero na Equação (11-27), desprezando o termo ΔC_p, substituindo $\dot{Q}$ e rearranjando, obtemos a seguinte relação entre conversão e temperatura em um CSTR.

$$\frac{UA}{F_{A0}}(T_a - T) - \Sigma\Theta_i C_{P_i}(T - T_0) - \Delta H^\circ_{Rx} X = 0 \quad (12\text{-}21)$$

Resolvendo para X:

$$X = \frac{\dfrac{UA}{F_{A0}}(T - T_a) + \Sigma\Theta_i C_{P_i}(T - T_0)}{[-\Delta H^\circ_{Rx}(T_R)]} \tag{12-22}$$

A Equação (12-22) é acoplada à equação do balanço molar

$$V = \frac{F_{A0}X}{-r_A(X, T)} \tag{12-23}$$

para o dimensionamento de CSTRs.

Agora rearranjaremos a Equação (12-21) após a seguinte substituição

$$\Sigma\Theta_i C_{P_i} = C_{P_0}$$

Assim,

$$C_{P_0}\left(\frac{UA}{F_{A0}C_{P_0}}\right)T_a + C_{P_0}T_0 - C_{P_0}\left(\frac{UA}{F_{A0}C_{P_0}} + 1\right)T - \Delta H^\circ_{Rx}X = 0$$

Sejam κ e T_c parâmetros não adiabáticos, definidos por

$$\kappa = \frac{UA}{F_{A0}C_{P_0}} \quad \text{e} \quad T_c = \frac{\kappa T_a + T_0}{1 + \kappa}$$

Então

$$-X\Delta H^\circ_{Rx} = C_{P_0}(1 + \kappa)(T - T_c) \tag{12-24}$$

Os parâmetros κ e T_c são utilizados para simplificar as equações no caso de operação *não* adiabática. Resolvendo a Equação (12-24) para a conversão:

$$X = \frac{C_{P_0}(1 + \kappa)(T - T_c)}{-\Delta H^\circ_{Rx}} \tag{12-25}$$

Resolvendo a Equação (12-24) para a temperatura do reator:

$$T = T_c + \frac{(-\Delta H^\circ_{Rx})(X)}{C_{P_0}(1 + \kappa)} \tag{12-26}$$

A Tabela 12-3 mostra três maneiras de especificar o projeto de um CSTR. Este procedimento para o projeto de um CSTR não isotérmico pode ser exemplificado com uma reação irreversível de primeira ordem em fase líquida. O algoritmo para trabalhar tanto com o caso A (X especificado), como com B (T especificado) e C (V especificado) é mostrado na Tabela 12-3. A aplicação do algoritmo é ilustrada no Exemplo 12-3.

Formas do balanço de energia para um CSTR com trocador de calor

TABELA 12-3 MANEIRAS DE ESPECIFICAR O DIMENSIONAMENTO DE UM CSTR

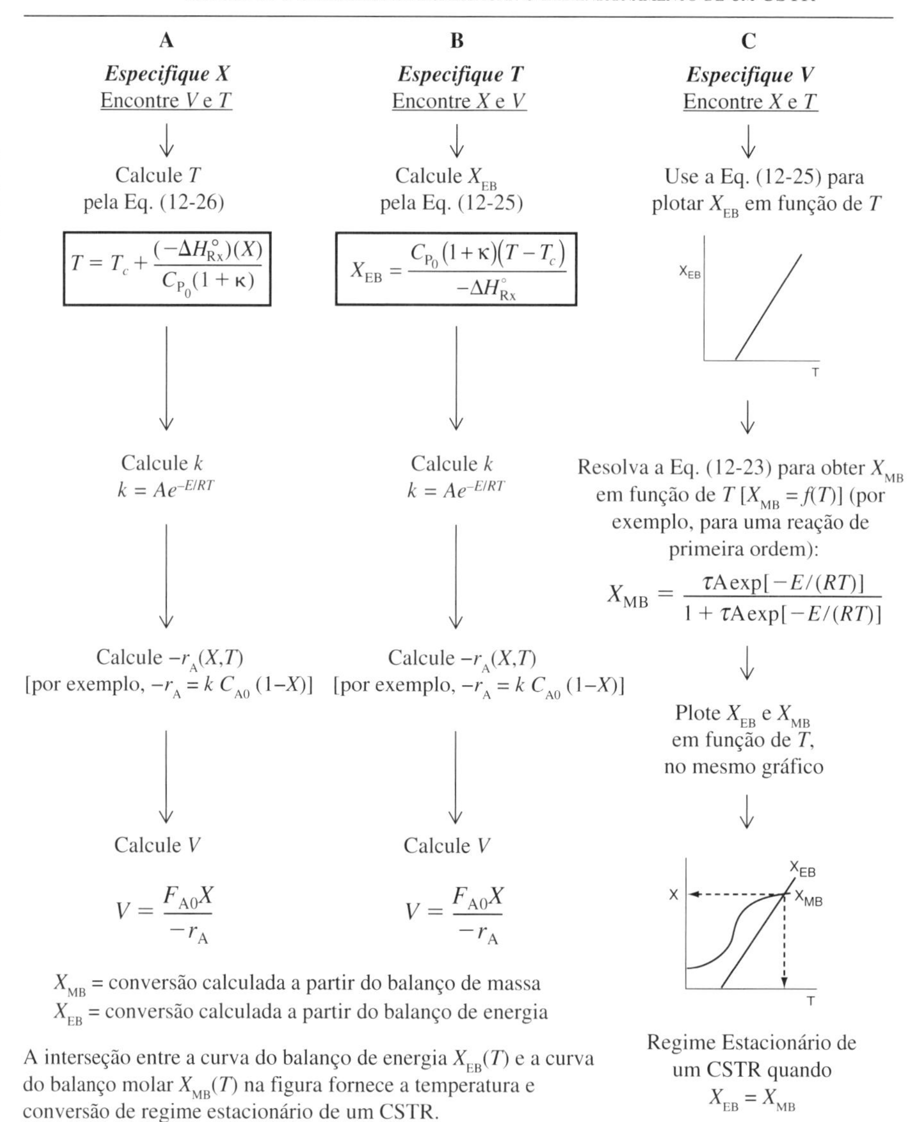

Exemplo 12-3 Produção de Propilenoglicol em um CSTR Adiabático

Propilenoglicol é produzido pela hidrólise de óxido de propileno:

$$\underset{\diagdown\,O\,\diagup}{CH_2\text{—}CH}\text{—}CH_3 + H_2O \xrightarrow{H_2SO_4} \underset{OH}{CH_2}\text{—}\underset{OH}{CH}\text{—}CH_3$$

Produção, usos e mercado

Mais de 900 milhões de libras de propilenoglicol foram produzidos no ano de 2010 e o preço de venda foi de aproximadamente US$ 0,80 por libra. O propilenoglicol representa cerca de 25% dos principais derivados do óxido de propileno. A reação ocorre prontamente à temperatura ambiente, quando catalisada por ácido sulfúrico.

Você é o engenheiro responsável pelo CSTR adiabático que produz propilenoglicol por este método. Infelizmente o reator está com vazamento e você precisa substituí-lo. (Você informou ao seu chefe, várias vezes, que o ácido sulfúrico era corrosivo e que o aço doce era um material de construção inadequado.) Um belo e reluzente CSTR, com capacidade de 300 galões e saída de líquido por transbordamento, está sem uso na fábrica. Ele possui revestimento interno de vidro e você gostaria de utilizá-lo.

Neste problema serão usadas as unidades lb, s, ft^3 e lbmol em vez de g, mol e m^3, para que o leitor adquira mais prática em trabalhar tanto com o sistema inglês, quanto com o sistema métrico. Muitas plantas ainda utilizam o sistema inglês de unidades.

Você está alimentando o reator com 2500 lb_m/h (43,04 lbmol/h) de óxido de propileno (O.P.). A corrente de alimentação consiste em (1) uma mistura equivolumétrica de óxido de propileno

(46,62 ft^3/h) e metanol (46,62 ft^3/h), e (2) água contendo 0,1% de H_2SO_4. A vazão volumétrica da água é 233,1 ft^3/h, que é 2,5 vezes a vazão volumétrica da mistura de O.P.-metanol. As vazões molares de alimentação correspondentes de metanol e água são 71,87 lbmol/h e 802,8 lbmol/h, respectivamente. A água, o óxido de propileno e o metanol sofrem uma pequena redução do volume ao serem misturados (aproximadamente 3%), mas você pode desprezar esta variação nos seus cálculos. A temperatura de ambas as correntes de alimentação é 58 °F antes da mistura, mas quando ocorre a mistura das duas correntes de alimentação há uma elevação imediata de 17 °F na temperatura, devido à entalpia de mistura. A temperatura de entrada de todas as correntes de alimentação é, portanto, tomada como 75 °F (Figura E12-3.1).

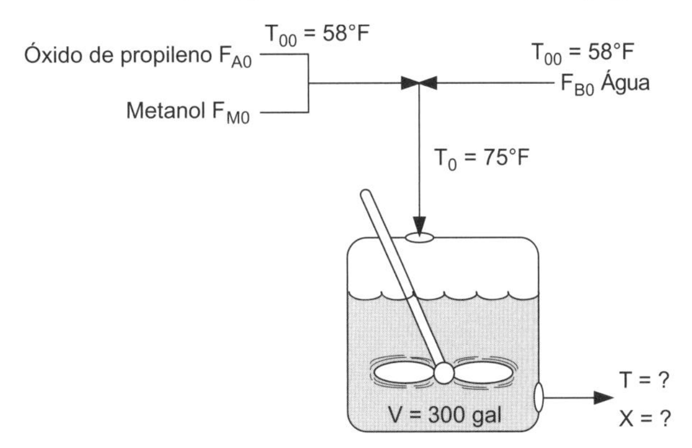

Figura E12-3.1 Produção de Propilenoglicol em um CSTR.

Furusawa et al. (1969)[4] afirmam que, sob condições semelhantes àquelas nas quais você está operando, a reação é de primeira ordem em relação ao óxido de propileno e aparentemente de ordem zero em relação à agua em excesso, com a velocidade específica de reação

$$k = Ae^{-E/RT} = 16{,}96 \times 10^{12}(e^{-32.400/RT})\ \text{h}^{-1}$$

As unidades de E são Btu/lbmol e T está em °R.

Existe uma restrição importante em sua operação. O óxido de propileno é uma substância de ponto de ebulição baixo. Você percebe que não pode exceder a temperatura de operação de 125 °F com a mistura que você está utilizando para alimentar o reator; do contrário, você perderá muito óxido por evaporação através do sistema de exaustão de gás.

(a) Você poderia utilizar o CSTR que está inativo para substituir o reator que está vazando, se for operar de forma adiabática?
(b) Se sim, qual será a conversão do óxido de propileno a propilenoglicol?

Solução

(Todos os dados utilizados neste problema foram obtidos do *Handbook of Chemistry and Physics*, a menos que outra fonte seja citada.) Seja a reação representada por

$$\text{A} + \text{B} \longrightarrow \text{C}$$

em que

A é o óxido de propileno (C_{pA} = 35 Btu/lbmol · °F)[5]
B é a água (C_{pB} = 18 Btu/lbmol · °F)
C é o propilenoglicol (C_{pC} = 46 Btu/lbmol · °F)
M é o metanol (C_{pM} = 19,5 Btu/lbmol · °F)

Neste problema, tanto a conversão de saída como a temperatura do reator adiabático não são fornecidas. Aplicando o balanço molar e o balanço de energia, podemos resolver duas equações com duas incógnitas (X e T), como é mostrado no algoritmo da direita da Tabela 12-3. Resolvendo essas equações acopladas, determinamos a conversão de saída e a temperatura

---

[4]T. Furusawa, H. Nishimura, e T. Miyauchi, *J. Chem. Eng. Jpn.*, *2*, 95 (1969).

[5]C_{pA} e C_{pC} são estimados através da observação de que a grande maioria de compostos orgânicos líquidos de baixa massa molar e que possuem oxigênio em sua composição tem calor específico de 0,6 cal/g · °C ± 15%.

de operação do reator revestido com vidro e assim verificamos se este reator pode substituir aquele que está com vazamento.

1. Balanço Molar e Equação de Projeto:

$$F_{A0} - F_A + r_A V = 0$$

A equação de projeto em função de X é

$$V = \frac{F_{A0}X}{-r_A} \tag{E12-3.1}$$

2. Lei de Velocidade de Reação:

$$-r_A = kC_A \tag{E12-3.2}$$

$$k = 16{,}96\ 10^{12} \exp[-32.400/R/T]\ h^{-1}$$

3. Estequiometria (para fase líquida, $v = v_0$):

$$C_A = C_{A0}(1 - X) \tag{E12-3.3}$$

4. Combinando, obtemos

$$V = \frac{F_{A0}X}{kC_{A0}(1-X)} = \frac{v_0 X}{k(1-X)} \tag{E12-3.4}$$

Resolvendo a equação para X em função de T e fazendo $\tau = V / v_0$, resulta

$$X_{MB} = \frac{\tau k}{1+\tau k} = \frac{\tau A e^{-E/RT}}{1+\tau A e^{-E/RT}} \tag{E12-3.5}$$

Esta equação relaciona temperatura e conversão através do **balanço de massa**.

Duas equações, duas incógnitas

5. O **balanço de energia** para este reator adiabático, no qual a energia fornecida pelo agitador pode ser desprezada, é

$$X_{EB} = \frac{\Sigma\ \Theta_i C_{P_i}(T - T_{i0})}{-[\Delta H^\circ_{Rx}(T_R) + \Delta C_P(T - T_R)]} \tag{E12-3.6}$$

Esta equação relaciona X e T através do balanço de energia. Vemos que duas equações [Equações (E12-3.5) e (E12-3.6)] devem ser resolvidas com $X_{MB} = X_{EB}$ para as duas incógnitas, X e T.

6. Cálculos:

(a) *Calcule os termos do balanço molar* (C_{A0}, Θ_i, τ): A vazão volumétrica líquida total que entra no reator é

Calculando os valores dos parâmetros ΔH_{Rx} ΔC_P v_o τ C_{A0} θ_M θ_B $\sum_{i=1}^{n} \theta_i C_{P_i}$

$$v_0 = v_{A0} + v_{M0} + v_{B0}$$
$$= 46{,}62 + 46{,}62 + 233{,}1 = 326{,}3\ ft^3/h \tag{E12-3.7}$$
$$V = 300\ gal = 40{,}1\ ft^3$$

$$\tau = \frac{V}{v_0} = \frac{40{,}1\ ft^3}{326{,}3\ ft^3/h} = 0{,}123\ h \tag{E12-3.8}$$

$$C_{A0} = \frac{F_{A0}}{v_0} = \frac{43{,}0\ lb\text{-}mol/h}{326{,}3\ ft^3/h} \tag{E12-3.9}$$
$$= 0{,}132\ lb\text{-}mol/ft^3$$

Para o metanol: $\Theta_M = \dfrac{F_{M0}}{F_{A0}} = \dfrac{71{,}87\ lb\text{-}mol/h}{43{,}0\ lb\text{-}mol/h} = 1{,}67$

Para a água: $\Theta_B = \dfrac{F_{B0}}{F_{A0}} = \dfrac{802{,}8\ lb\text{-}mol/h}{43{,}0\ lb\text{-}mol/h} = 18{,}65$

A conversão calculada do balanço de massa, X_{MB}, é obtida da Equação (E12-3.5).

$$X_{MB} = \frac{(16{,}96\times 10^{12}\ h^{-1})(0{,}1229\ h)\exp(-32{,}400/1{,}987T)}{1+(16{,}96\times 10^{12}\ h^{-1})(0{,}1229\ h)\exp(-32{,}400/1{,}987T)}$$

Plote X_{MB} em função da temperatura.

$$\boxed{X_{MB} = \frac{(2{,}084\times 10^{12})\exp(-16{,}306/T)}{1+(2{,}084\times 10^{12})\exp(-16{,}306/T)},\ T \text{ está em °R}} \quad (E12\text{-}3.10)$$

(b) *Calculando os termos do balanço de energia*

(1) Calor de reação à temperatura T

$$\Delta H_{Rx}(T) = \Delta H^{\circ}_{Rx}(T_R) + \Delta C_P(T - T_R) \quad (11\text{-}26)$$

$$\Delta C_P = C_{P_C} - C_{P_B} - C_{P_A} = 46 - 18 - 35 = -7\text{Btu/lb-mol/°F}$$

$$\Delta H_{Rx} = -36.000 - 7(T - T_R) \quad (E12\text{-}3.11)$$

(2) O termo com os calores específicos

$$\begin{aligned}\Sigma\Theta_i C_{P_i} &= C_{P_A} + \Theta_B C_{P_B} + \Theta_M C_{P_M}\\ &= 35 + (18{,}65)(18) + (1{,}67)(19{,}5)\\ &= 403{,}3\ \text{Btu/lb-mol}\cdot\text{°F}\end{aligned} \quad (E12\text{-}3.12)$$

$$\begin{aligned}T_0 &= T_{00} + \Delta T_{mix} = 58°F + 17°F = 75°F\\ &= 535°R\\ T_R &= 68°F = 528°R\end{aligned} \quad (E12\text{-}3.13)$$

A conversão calculada do balanço de energia, X_{EB}, para um reator adiabático é dada pela Equação (11-29):

$$X_{EB} = -\frac{\Sigma\,\Theta_i C_{P_i}(T - T_{i0})}{\Delta H^{\circ}_{Rx}(T_R) + \Delta C_P(T - T_R)} \quad (11\text{-}29)$$

Substituindo todos os valores conhecidos no balanço de energia, obtemos

CSTR Adiabático

$$X_{EB} = \frac{(403{,}3\ \text{Btu/lb-mol}\cdot\text{°F})(T-535)\text{°F}}{-[-36.400 - 7(T-528)]\ \text{Btu/lb-mol}}$$

$$\boxed{X_{EB} = \frac{403{,}3(T-535)}{36.400 + 7(T-528)}} \quad (E12\text{-}3.14)$$

7. Resolvendo. Existem diversas maneiras de resolver essas duas equações algébricas (E12-3.10) e (E12-3.14) simultaneamente. A maneira mais fácil é utilizando o programa Polymath, pois este software resolve equações não lineares. Porém, para que possamos entender a relação entre X e T nos balanços molar e de energia, vamos obter uma solução gráfica. Neste caso, a conversão X será plotada em função de T para os balanços molar e de energia, e a interseção entre as duas curvas fornece a solução em que ambos os balanços, de energia e molar, são satisfeitos, isto é, $X_{MB} = X_{EB}$. Além disso, plotando estas duas curvas podemos verificar se há mais de uma interseção (isto é, múltiplos regimes estacionários, também chamados de estados estacionários) para as quais os balanços molar e de energia são satisfeitos. Se técnicas numéricas usadas para encontrar raízes de sistemas de equações tivessem sido usadas para resolver para X e T, seria bem possível que obtivéssemos apenas uma raiz, quando na verdade pode haver mais de uma. Se o Polymath tivesse sido utilizado, você poderia detectar a presença de múltiplas raízes mudando suas estimativas iniciais no programa que executa a solução não linear para X e T. Discutiremos mais sobre os múltiplos regimes estacionários na Seção 12-5. Escolhemos T e então calculamos X (Tabela E12-3.1). Os resultados dos cálculos de X_{MB} e X_{EB} estão plotados na Figura E12-3.2. A linha praticamente reta corresponde ao balanço de energia [Equação (E12-3.14)] e a linha curva corresponde ao balanço molar [Equação (E12-3.10)]. Observamos, neste gráfico, que o único ponto de interseção ocorre a 83% de conversão e 613 °R. Neste ponto, tanto o balanço molar quanto o de energia são satisfeitos. Devido ao fato de que a temperatura deve ser mantida abaixo de 125 °F (585 °R), **não podemos** utilizar o reator de 300 galões com a sua forma atual.

TABELA E12-3.1 CÁLCULOS DE X_{EB} E X_{MB} EM FUNÇÃO DE T

T (°R)	X_{MB} [Eq. (E12-3.10)]	X_{EB} [Eq. (E12-3.14)]
535	0,108	0,000
550	0,217	0,166
565	0,379	0,330
575	0,500	0,440
585	0,620	0,550
595	0,723	0,656
605	0,800	0,764
615	0,860	0,872
625	0,900	0,980

O reator não pode ser utilizado, pois a temperatura excederá o limite máximo de 585 °R.

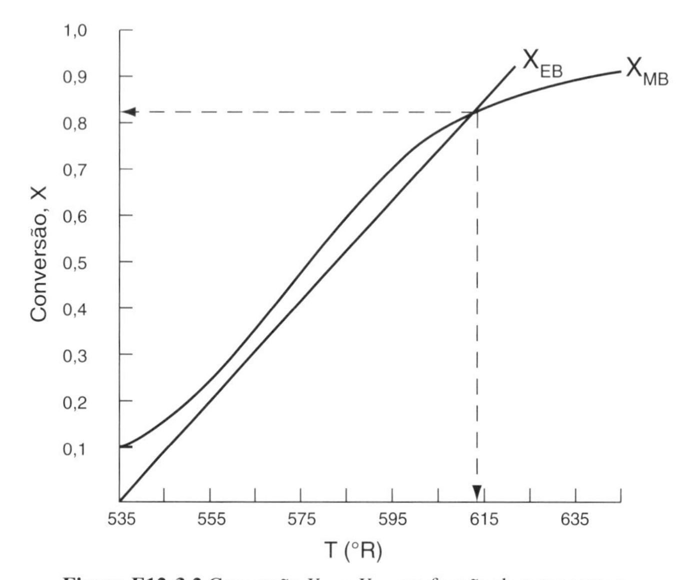

Figura E12-3.2 Conversão X_{EB} e X_{MB} em função da temperatura.

Análise: Vemos que há apenas uma interseção de X_{EB} (T) e X_{MB} (T) e, consequentemente, apenas um regime estacionário. A conversão de saída é 83% e a temperatura de saída (isto é, temperatura do reator) é 613 °R (153 °F), que resultou acima do limite tolerável de 585 °R (125 °F). **Opa!** Parece que a planta não poderá ser completada e o nosso lucro de milhares de dólares irá desaparecer. Mas espere, não desista! Vamos pedir ao Fred que dê uma olhada em nosso almoxarifado. Veja, no *Exemplo 12-4*, o que Fred encontrou.

Exemplo 12-4 CSTR com Serpentina de Refrigeração

Fantástico! Fred encontrou uma serpentina de refrigeração no almoxarifado, a qual pode ser usada na hidrólise do óxido de propileno discutida no Exemplo 12-3. A serpentina tem 40 ft^2 de área de troca térmica, e a vazão da água de refrigeração que circula em seu interior é suficientemente elevada para manter sua temperatura constante a 85 °F. Um valor típico para o coeficiente global de troca térmica deste tipo de serpentina é de 100 Btu/(h·ft^2 · °F). Se a serpentina for utilizada, o reator poderá operar satisfazendo a limitação anteriormente citada de 125 °F como temperatura máxima?

Solução

Se assumirmos que o volume ocupado pela serpentina no interior do reator seja desprezível, a conversão calculada em função da temperatura pelo balanço molar é a mesma do Exemplo 12-3 [Equação (E12-3.10)].

1. **Combinando o balanço molar, a estequiometria e a lei de velocidade de reação**, temos, do Exemplo 12-3:

$$\boxed{X_{MB} = \frac{\tau k}{1+\tau k} = \frac{(2{,}084 \times 10^{12})\exp(-16.306/T)}{1+(2{,}084\times 10^{12})\exp(-16.306/T)}} \qquad \text{(E12-3.10)}$$

T está em °R.

2. **Balanço de energia.** Desprezando o trabalho realizado pelo agitador e combinando as Equações (11-27) e (11-20), escrevemos

$$\frac{UA(T_a - T)}{F_{A0}} - X[\Delta H^\circ_{Rx}(T_R) + \Delta C_P(T - T_R)] = \Sigma\Theta_i C_{P_i}(T - T_0) \quad \text{(E12-4.1)}$$

Resolvendo o balanço de energia para X_{EB}, resulta

Balanço de energia

$$\boxed{X_{EB} = \frac{\Sigma\Theta_i C_{P_i}(T - T_0) + [UA(T - T_a)/F_{A0}]}{-[\Delta H^\circ_{Rx}(T_R) + \Delta C_P(T - T_R)]}} \quad \text{(E12-4.2)}$$

O termo relacionado à refrigeração pela serpentina na Equação (12-4.2) é

$$\frac{UA}{F_{A0}} = \left(100 \frac{\text{Btu}}{\text{h} \cdot \text{ft}^2 \cdot {}^\circ\text{F}}\right) \frac{(40 \text{ ft}^2)}{(43{,}04 \text{ lb-mol/h})} = \frac{92{,}9 \text{ Btu}}{\text{lb-mol} \cdot {}^\circ\text{F}} \quad \text{(E12-4.3)}$$

Lembre-se de que a temperatura de refrigeração é

$$T_a = 85^\circ\text{F} = 545^\circ\text{R}$$

Os valores numéricos de todos os termos da Equação (12-4.2) são idênticos aos valores dados na Equação (12-3.14), mas, com a adição do termo de troca de calor, X_{EB} torna-se

$$\boxed{X_{EB} = \frac{403{,}3(T - 535) + 92{,}9(T - 545)}{36{,}400 + 7(T - 528)}} \quad \text{(E12-4.4)}$$

Agora temos duas equações [(E12-3.10) e (E12-4.4)] e duas incógnitas, X e T, que podem ser resolvidas no Polymath. Reveja os Exemplos E4-5 e E8-6 para relembrar como resolver equações não lineares simultâneas no Polymath.

TABELA E12-4.1 POLYMATH: CSTR COM TROCADOR DE CALOR

Equações não lineares
```
1 f(X) = X-(403.3*(T-535)+92.9*(T-545))/(36400+7*(T-528)) = 0
2 f(T) = X-tau*k/(1+tau*k) = 0
```

Equações explícitas
```
1 tau = 0.1229
2 A = 16.96*10^12
3 E = 32400
4 R = 1.987
5 k = A*exp(-E/(R*T))
```

	Variável	Valor
1	A	1.696E+13
2	E	3.24E+04
3	k	4.648984
4	R	1.987
5	tau	0.1229

Valores calculados das variáveis das ENL

	Variável	Valor	f(x)	Estimativa Inicial
1	T	563.7289	-5.411E-10	564.
2	X	0.3636087	2.243E-11	0.367

O programa POLYMATH e a solução destas duas equações, (E12-3.10) para X_{MB} e (E12-4.4) para X_{EB}, são dados na Tabela E12-4.1. A temperatura de saída e a conversão são, respectivamente, 103,7 °F (563,7 °R) e 36,4%, isto é,

$$\boxed{T = 564^\circ\text{R} \quad \text{e} \quad X = 0{,}36}$$

Análise: Instalando um trocador de calor no CSTR, a curva X_{MB} (T) não sofre nenhuma modificação, porém a inclinação da linha do $X_{EB}(T)$ na Figura E12-3.2 aumenta e intercepta a curva X_{MB} a $X = 0{,}36$ e $T = 564$ °R. Esta conversão é baixa! Poderíamos tentar reduzir a intensidade de resfriamento aumentando T_a ou T_0 para aumentar a temperatura do reator a um valor mais próximo de 585 °R, mas não acima desta temperatura. Para esta reação irreversível, quanto maior a temperatura, maior a conversão.

Veremos, na próxima seção, que pode haver múltiplos valores de conversão e temperatura de saída (Múltiplos Regimes Estacionários) que satisfaçam as condições de entrada e os valores dos parâmetros.

12.5 Múltiplos Regimes Estacionários (MRE)

Nesta seção consideramos a operação em regime estacionário de um CSTR que está processando uma reação de primeira ordem. Uma excelente investigação experimental que demonstra a multiplicidade de regimes estacionários foi realizada por Vejtasa e Schmitz (1970).[6] Eles estudaram a reação entre o tiossulfato de sódio e o peróxido de hidrogênio,

$$2Na_2S_2O_3 + 4H_2O_2 \rightarrow Na_2S_3O_6 + Na_2SO_4 + 4H_2O,$$

em um CSTR operado adiabaticamente. As múltiplas temperaturas em regimes estacionários foram examinadas variando-se a vazão de alimentação dentro de uma faixa de tempo espacial, τ.

Reconsidere a curva X_{MB} (T) [Equação E12-3.10] mostrada na Figura E12-3.2, que foi redesenhada e apresentada como linha tracejada na Figura E12-3.2A. Agora considere o que aconteceria se a vazão volumétrica v_0 fosse aumentada (τ decrescesse) apenas um pouco. A linha do balanço de energia X_{EB} (T) permanece inalterada, mas a linha do balanço molar move-se para a direita, como mostrado pela linha curva contínua, na Figura E12-3.2A. Este deslocamento de X_{MB} (T) para a direita faz com que X_{MB} (T) e X_{EB} (T) se interceptem em três pontos, indicando três possíveis condições em que o reator pode operar.

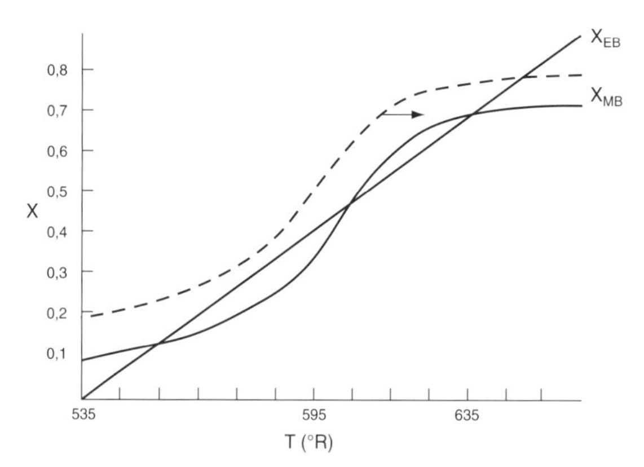

Figura E12-3.2A Gráficos de X_{MB} (T) e X_{EB} (T) para diferentes tempos espaciais τ.

Quando mais de uma interseção ocorre, há mais de um conjunto de condições que satisfaz o balanço de energia e o balanço de massa (isto é, $X_{EB} = X_{MB}$); consequentemente, existirão múltiplos regimes estacionários, nos quais o reator pode operar. Estes três regimes estacionários são facilmente determinados com uma solução gráfica, mas somente um, de cada vez, pode ser obtido com o programa Polymath. Logo, quando usamos o recurso de solução de equações não lineares do Polymath, precisamos escolher diferentes estimativas iniciais para verificar se existem outras soluções, ou plotar X_{MB} e X_{EB} em função de T, como no Exemplo 12-3.

Começamos lembrando a Equação (12-24), que se aplica quando desprezamos o trabalho de eixo e ΔC_p (isto é, $\Delta C_p = 0$ e, portanto, $\Delta H_{Rx} = \Delta H^{\circ}_{Rx}$).

$$-X\Delta H^{\circ}_{Rx} = C_{P0}(1+\kappa)(T-T_c) \tag{12-24}$$

em que

$$\boxed{C_{P0} = \Sigma\, \Theta_i C_{P_i}}$$

$$\boxed{\kappa = \frac{UA}{C_{P0}F_{A0}}}$$

---

[6]Vejtasa, S. A. e Schmitz, R. A., *AIChE J.*, 16(3), 415 (1970).

e

$$T_c = \frac{T_0 F_{A0} C_{P0} + UAT_a}{UA + C_{P0} F_{A0}} = \frac{\kappa T_a + T_0}{1 + \kappa} \tag{12-27}$$

Usando o balanço molar do CSTR, $X = -r_A V/F_{A0}$, a Equação (12-24) pode ser reescrita na forma

$$(-r_A V/F_{A0})(-\Delta H^\circ_{Rx}) = C_{P0}(1 + \kappa)(T - T_c) \tag{12-28}$$

O termo do lado esquerdo desta equação é chamado de *termo de geração de calor*:

$G(T)$ = Termo de geração de calor

$$G(T) = (-\Delta H^\circ_{Rx})(-r_A V/F_{A0}) \tag{12-29}$$

O termo do lado direito da Equação (12-28) é chamado de *termo de remoção de calor* (pelo escoamento e por troca térmica) $R(T)$:

$R(T)$ = Termo de remoção de calor

$$R(T) = C_{P0}(1 + \kappa)(T - T_c) \tag{12-30}$$

Para estudar a multiplicidade de regimes estacionários, plotaremos ambos, $R(T)$ e $G(T)$, em função da temperatura, no mesmo gráfico, e analisaremos as circunstâncias sob as quais podemos obter múltiplas interseções entre $R(T)$ e $G(T)$.

12.5.1 Termo do Calor Removido, $R(T)$

Variando a Temperatura de Alimentação. Da Equação (12-30) vemos que $R(T)$ aumenta linearmente com a temperatura, com a inclinação $C_{P0}(1 + \kappa)$ e intercepto T_c. À medida que a temperatura de entrada T_0 é aumentada, a linha mantém a mesma inclinação, mas desloca-se para a direita na medida em que o intercepto T_c aumenta, como mostrado na Figura 12-7.

Curva de calor removido $R(T)$

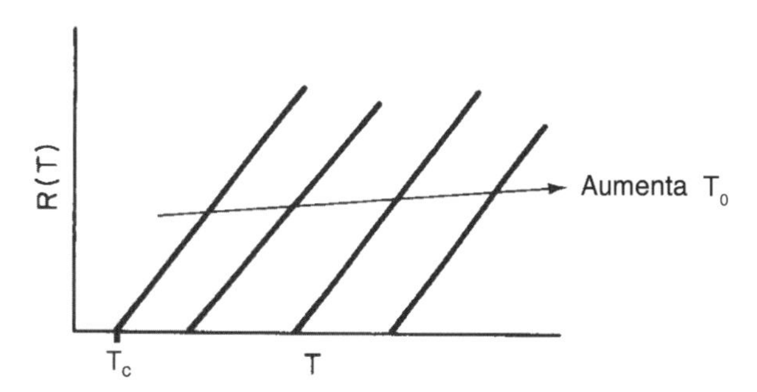

Figura 12-7 Variação da linha de remoção de calor com a temperatura de entrada.

Variando o Parâmetro Não Adiabático κ. Se aumentarmos κ, diminuindo a vazão molar F_{A0}, ou aumentando a área de troca térmica, A, a inclinação aumenta e, para o caso de $T_a < T_0$, a interceptação com a ordenada move-se para a esquerda, como mostrado na Figura 12-8:

$$\kappa = 0 \quad T_c = T_0$$
$$\kappa = \infty \quad T_c = T_a$$

$$\kappa = \frac{UA}{C_{P0}F_{A0}}$$

$$T_c = \frac{T_0 + \kappa T_a}{1 + \kappa}$$

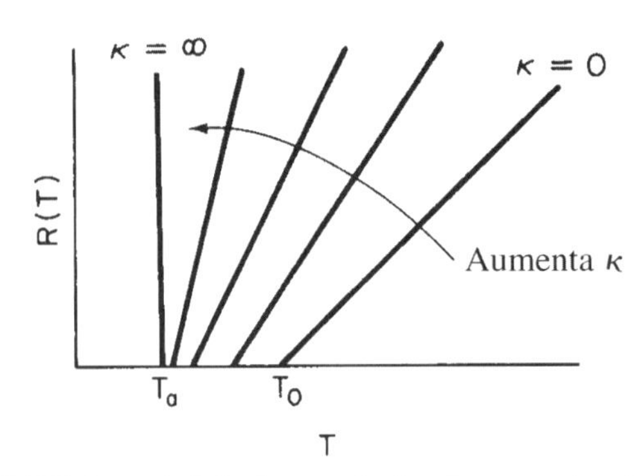

Figura 12-8 Variação da linha de remoção de calor com κ ($\kappa = UA/C_{P0}F_{A0}$).

Por outro lado, se $T_a > T_0$, o intercepto se move para a direita na medida em que κ aumenta.

12.5.2 Termo do Calor Gerado, *G*(*T*)

O termo do calor gerado, Equação (12-29), pode ser escrito em função da conversão. [Lembre-se: $X = -r_A V/F_{A0}$.]

$$G(T) = (-\Delta H^{\circ}_{Rx})X \tag{12-31}$$

Para obter o gráfico do calor gerado, $G(T)$, em função da temperatura, precisamos obter X como uma função de T usando o balanço molar do CSTR, a lei de velocidade de reação e a estequiometria. Por exemplo, para uma reação de primeira ordem em fase líquida, o balanço molar do CSTR torna-se

$$V = \frac{F_{A0}X}{kC_A} = \frac{v_0 C_{A0} X}{kC_{A0}(1 - X)}$$

Resolvendo para X, resulta

Reação de primeira ordem

$$X = \frac{\tau k}{1 + \tau k} \tag{5-8}$$

Substituindo X na Equação (12-31), obtemos

$$G(T) = \frac{-\Delta H^{\circ}_{Rx}\tau k}{1 + \tau k} \tag{12-32}$$

Finalmente, substituindo k na forma da equação de Arrhenius, temos

$$\boxed{G(T) = \frac{-\Delta H^{\circ}_{Rx}\tau A e^{-E/RT}}{1 + \tau A e^{-E/RT}}} \tag{12-33}$$

Observe que equações análogas à Equação (12-33) para $G(T)$ podem ser deduzidas para outras ordens de reações e para reações reversíveis, simplesmente resolvendo o balanço molar do CSTR para X. Por exemplo, para a reação de segunda ordem em fase líquida

Reação de segunda ordem

$$X = \frac{(2\tau k C_{A0} + 1) - \sqrt{4\tau k C_{A0} + 1}}{2\tau k C_{A0}}$$

o termo correspondente ao calor gerado é

$$\boxed{G(T) = \frac{-\Delta H^{\circ}_{Rx}[(2\tau C_{A0} A e^{-E/RT} + 1) - \sqrt{4\tau C_{A0} A e^{-E/RT} + 1}]}{2\tau C_{A0} A e^{-E/RT}}} \tag{12-34}$$

Agora examinaremos o comportamento da curva $G(T)$. Para temperaturas muito baixas, o segundo termo no denominador da Equação (12-33), que resultou para a reação de primeira ordem, pode ser desprezado, de modo que $G(T)$ varia de acordo com a equação

Baixas temperaturas

$$G(T) = -\Delta H^{\circ}_{\text{Rx}} \tau A e^{-E/RT}$$

[Lembre-se de que $\Delta H^{\circ}_{\text{Rx}}$ significa que o calor de reação é avaliado à T_R.]

Para temperaturas muito elevadas, o segundo termo no denominador domina, e $G(T)$ é reduzido a

Altas temperaturas

$$G(T) = -\Delta H^{\circ}_{\text{Rx}}$$

$G(T)$ é mostrado em função de T para duas energias de ativação, E, na Figura 12-9. Se a vazão for diminuída ou o volume do reator for aumentado, de forma a aumentar τ, o termo do calor gerado, $G(T)$, muda, como apresentado na Figura 12-10.

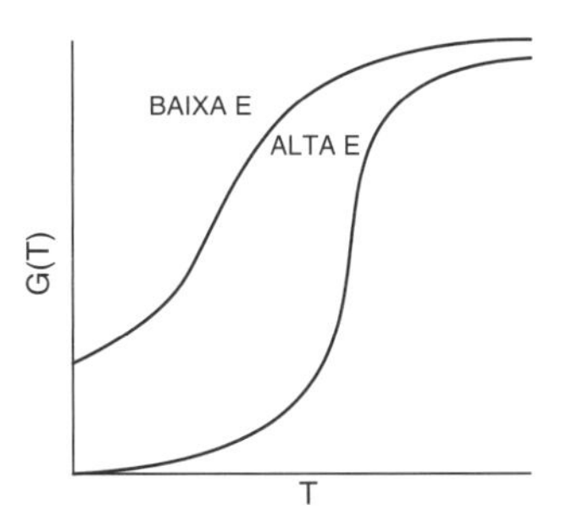

Figura 12-9 Variação da curva $G(T)$ com a energia de ativação.

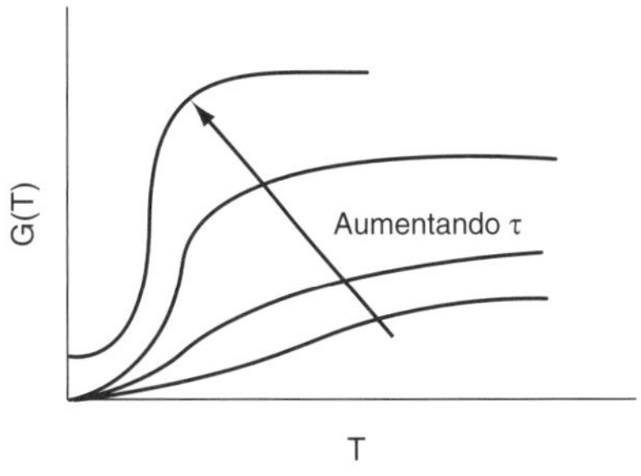

Figura 12-10 Variação da curva $G(T)$ com o tempo espacial.

Será que você é capaz de combinar as Figuras 12-10 e 12-8 para explicar por que a chama de um bico de Bunsen se apaga quando você aumenta a vazão de gás para altos valores?

Curvas de calor gerado, $G(T)$

12.5.3 Curva de Ignição-Extinção

Os pontos de interseção de $R(T)$ e $G(T)$ nos fornecem as temperaturas nas quais o reator pode operar em regime estacionário. Suponha que comecemos a alimentar o reator a uma temperatura relativamente baixa, T_{01}. Se construirmos as curvas $G(T)$ e $R(T)$, ilustradas pelas curvas y e a, respectivamente, na Figura 12-11, vemos que existirá apenas um ponto de interseção, o ponto 1. Deste ponto de interseção, podemos encontrar a temperatura do regime estacionário, T_{s1}, seguindo uma linha vertical ao eixo T e lendo a temperatura T_{s1}, como mostrado na Figura 12-11.

Se agora aumentássemos a temperatura de entrada para T_{02}, a curva $G(T)$, y, permaneceria a mesma, mas a curva $R(T)$ seria movida para a direita como mostrado pela linha b na Figura 12-11, e faria interseção com $G(T)$ agora no ponto 2, sendo tangente ao ponto 3. Consequentemente, vemos na Figura 12-11 que há duas temperaturas de regime estacionário, T_{s2} e T_{s3}, que podem ser obtidas no CSTR para uma temperatura de entrada T_{02}. Se a temperatura de entrada fosse aumentada para T_{03}, a curva $R(T)$, linha c (Figura 12-12), faria três interseções com $G(T)$ e, portanto, existiriam três temperaturas de regime estacionário, T_{s4}, T_{s5} e T_{s6}. À medida que continuamos aumentando T_0, finalmente alcançamos a linha e, na qual há apenas duas temperaturas de regime estacionário, T_{s10} e T_{s11}. Aumentando ainda mais a temperatura T_0, alcançamos a linha f, correspondente a T_{06}, na qual temos apenas uma temperatura, T_{s12}, que satisfaz tanto o balanço molar como o de energia. Para as seis temperaturas de entrada, podemos formar a Tabela 12-4, que relaciona a temperatura de entrada às possíveis temperaturas de operação do reator.

Tanto o balanço molar como o balanço de energia são satisfeitos nos pontos de interseção ou tangenciais.

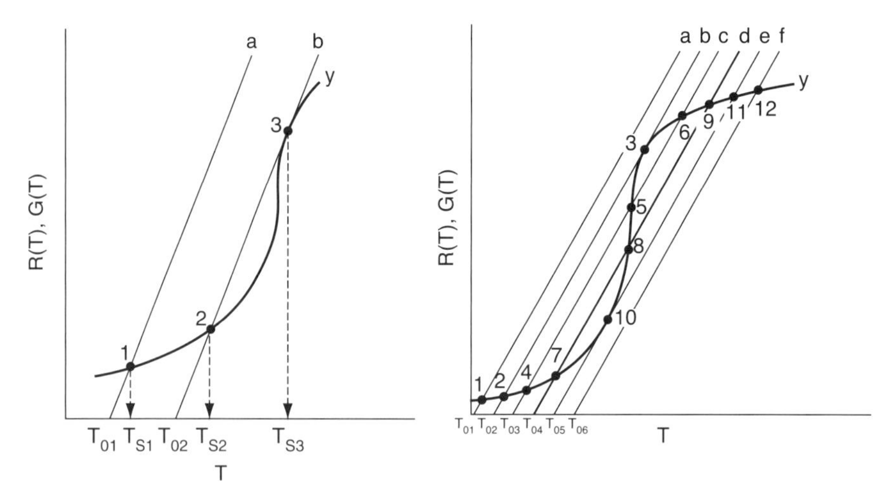

Figura 12-11 Encontrando múltiplos regimes estacionários com a variação de T_0.

Figura 12-12 Encontrando múltiplos regimes estacionários com a variação de T_0.

Tabela 12-4 Temperaturas dos Múltiplos Regimes Estacionários

Temperatura de Entrada	*Temperaturas do Reator*				
T_{01}			T_{s1}		
T_{02}		T_{s2}		T_{s3}	
T_{03}	T_{s4}		T_{s5}		T_{s6}
T_{04}	T_{s7}		T_{s8}		T_{s9}
T_{05}		T_{s10}		T_{s11}	
T_{06}			T_{s12}		

Plotando T_s como uma função de T_0, obtemos a bem conhecida *curva de ignição-extinção* mostrada na Figura 12-13. Nesta figura vemos que, à medida que a temperatura de entrada é aumentada, a temperatura de regime estacionário aumenta ao longo da linha inferior, até que T_{05} seja alcançada. Qualquer fração de grau de aumento na temperatura, além de T_{05}, causará o salto da temperatura de regime estacionário a T_{s11}, como mostrado na Figura 12-13. A temperatura na qual este salto ocorre é chamada *temperatura de ignição*. Ou seja, devemos exceder certa temperatura de alimentação, T_{05}, para operar no regime estacionário superior no qual a temperatura e a conversão são maiores.

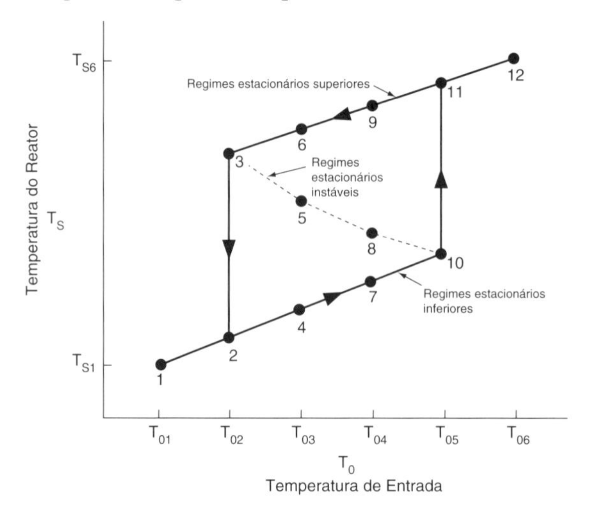

Figura 12-13 Curva de temperatura de ignição-extinção.

Se um reator estivesse operando a T_{s12} e começássemos a diminuir a temperatura de entrada abaixo de T_{06}, a temperatura de regime estacionário T_{s3} eventualmente seria alcançada, correspondendo à temperatura de alimentação T_{02}. Qualquer pequena redução, a valores inferiores de T_{02}, levará o reator para a temperatura de regime estacionário inferior T_{s2}. Consequentemente, T_{02} é chamada de *temperatura de extinção.*

Os pontos intermediários 5 e 8 nas Figuras 12-12 e 12-13 representam *temperaturas de regimes estacionários instáveis*. Considere a linha d de remoção de calor na Figura 12-12 e a linha de geração de calor, que foram plotadas novamente na Figura 12-14. Se estivéssemos operando na temperatura intermediária de regime estacionário T_{s8}, por exemplo, e um pulso na temperatura do reator ocorresse, a temperatura alcançada estaria entre os pontos 8 e 9, como mostra a linha vertical ②. Vemos que ao longo da linha vertical ② a curva do calor gerado, y ≡ $G(T)$, é maior que a linha do calor removido d ≡ $R(T)$, isto é, ($G > R$). Consequentemente, a temperatura no reator continuaria a aumentar até que o ponto 9 fosse alcançado, no regime estacionário superior. Por outro lado, se houver um pulso decrescente de temperatura partindo do ponto 8, a temperatura alcançada estaria entre os pontos 7 e 8, como mostrado pela linha vertical ③. Neste caso, vemos que a curva do calor removido é maior que a curva y do calor gerado, ($R > G$); então a temperatura continuará a diminuir até que o regime estacionário inferior seja alcançado. Ou seja, uma pequena variação da temperatura, tanto acima quanto abaixo do regime estacionário intermediário, T_{s8}, fará com que a temperatura do reator se afaste desta temperatura de regime estacionário intermediário. Regimes estacionários que se comportam desta maneira são chamados *instáveis*.

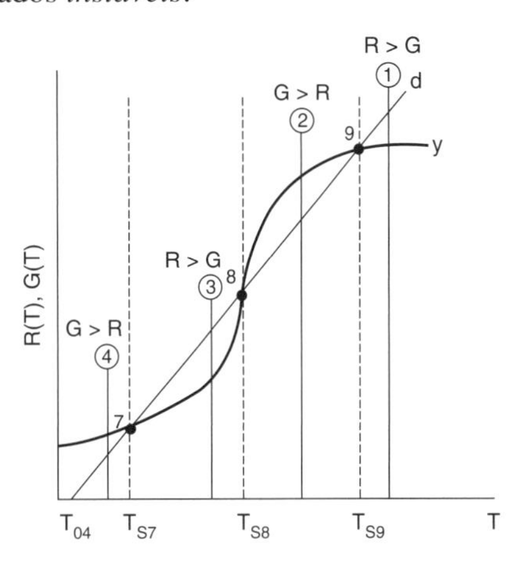

Figura 12-14 Estabilidade dos múltiplos estados de temperaturas.

Ao contrário destes pontos de operação instáveis, existem pontos de operação estáveis. Considere o que aconteceria se um reator operando a T_{s9} fosse submetido a um pulso de aumento da temperatura do reator indicado pela linha ① na Figura 12-14. Vemos que a linha do calor removido é maior que a curva y do calor gerado ($R > G$); então a temperatura do reator diminuirá e retornará para T_{s9}. Por outro lado, se houvesse uma repentina queda da temperatura abaixo de T_{s9}, como indicado pela linha ②, veríamos que a curva y de calor gerado é maior que a linha d de calor removido ($G > R$), e a temperatura do reator iria aumentar e retornar para o regime estacionário superior, T_{s9}. Consequentemente, T_{s9} é um regime estacionário estável.

A seguir, vejamos o que acontece quando a temperatura de regime estacionário inferior T_{s7} é sujeita a um pulso de aumento de temperatura mostrado pela linha ③ na Figura 12-14. Aqui também vemos que o calor removido, R, é maior que o calor gerado, G; então a temperatura do reator irá diminuir e retornar a T_{s7}. Se houver uma repentina queda de temperatura inferior a T_{s7} para a temperatura indicada pela linha ④, vemos que o calor gerado é maior que o calor removido, ($G > R$), e a temperatura do reator vai aumentar até atingir T_{s7}. Consequentemente, T_{s7} é um ponto de regime estacionário estável. Uma análise similar poderia ser feita para as temperaturas T_{s1}, T_{s2}, T_{s4}, T_{s6}, T_{s11} e T_{s12}, e veríamos que a temperatura do reator sempre retornaria aos *valores de regimes estacionários localmente estáveis*, quando sujeito a flutuações tanto negativas como positivas.

Embora estes pontos sejam localmente estáveis, eles não são necessariamente pontos estáveis globais. Ou seja, existem valores de perturbação na temperatura ou na concentração, que, mesmo sendo relativamente pequenos, poderiam ser suficientes para causar a queda do reator do regime estacionário superior (correspondente à alta conversão e alta temperatura, como o ponto 9 na Figura 12-14) ao regime estacionário inferior (correspondente à baixa conversão e temperatura, ponto 7).

12.6 Reações Químicas Múltiplas Não Isotérmicas

A maioria dos sistemas reacionais envolve mais de uma reação e não opera isotermicamente. **Esta é uma das seções mais importantes deste livro.** Esta seção se baseia em todos os capítulos anteriores, para analisar as reações múltiplas que não ocorrem isotermicamente.

12.6.1 Balanço de Energia para Reações Múltiplas em Reatores de Escoamento Uniforme

Nesta seção fornecemos a equação do balanço de energia para reações múltiplas. Iniciaremos relembrando o balanço de energia para uma única reação sendo conduzida em um PFR, que é dado pela Equação 12-5,

$$\frac{dT}{dV} = \frac{(-r_A)[-\Delta H_{Rx}(T)] - Ua(T - T_a)}{\sum_{j=1}^{m} F_j C_{P_j}} \tag{12-5}$$

Quando temos múltiplas reações ocorrendo, precisamos considerar o calor de reação de cada uma das reações. Para q reações múltiplas ocorrendo em um PFR no qual há m espécies, é facilmente provado que a Equação (12-5) pode ser generalizada a

Balanço de energia para múltiplas reações

$$\boxed{\frac{dT}{dV} = \frac{\sum_{i=1}^{q}(-r_{ij})[-\Delta H_{Rxij}(T)] - Ua(T - T_a)}{\sum_{j=1}^{m} F_j C_{P_j}}} \tag{12-35}$$

i = Número da reação
j = Espécie

O calor de reação para a reação i deve ser referenciado em relação à mesma espécie na velocidade de reação, r_{ij}, pela qual ΔH_{Rxij} é multiplicada, ou seja,

$$[-r_{ij}][-\Delta H_{Rxij}] = \left[\frac{\text{Mols de } j \text{ reagidos na reação } i}{\text{Volume} \cdot \text{tempo}}\right] \times \left[\frac{\text{Joules "liberados" na reação } i}{\text{Mols de } j \text{ reagidos na reação } i}\right]$$

$$= \left[\frac{\text{Joules "liberados" na reação } i}{\text{Volume} \cdot \text{tempo}}\right] \tag{12-36}$$

em que o subíndice j se refere às espécies, o subíndice i se refere a uma reação em particular, q é o número de reações **independentes**, e m é o número de espécies. Fazendo

$$Q_g = \sum_{i=1}^{q}(-r_{ij})[-\Delta H_{Rxij}(T)]$$

e

$$Q_r = Ua(T - T_a)$$

a Equação (12-35) se torna

$$\boxed{\frac{dT}{dV} = \frac{Q_g - Q_r}{\sum_{j=1}^{m} F_j C_{P_j}}} \tag{12-37}$$

A Equação (12-37) representa uma boa forma compacta do balanço de energia para reações múltiplas.

Considere a seguinte sequência de reações realizadas em um PFR:

$$\text{Reação 1:} \qquad A \xrightarrow{k_1} B$$

$$\text{Reação 2:} \qquad B \xrightarrow{k_2} C$$

Um dos principais objetivos deste livro é mostrar ao leitor como resolver problemas que envolvem reações múltiplas com efeitos térmicos, e esta seção mostra como!

O balanço de energia do PFR se torna

$$\frac{dT}{dV} = \frac{Ua(T_a - T) + (-r_{1A})(-\Delta H_{Rx1A}) + (-r_{2B})(-\Delta H_{Rx2B})}{F_A C_{P_A} + F_B C_{P_B} + F_C C_{P_C}} \tag{12-38}$$

em que ΔH_{Rx1A} = [J/mol de A reagidos na reação 1] e
ΔH_{Rx2B} = [J/mol de B reagidos na reação 2].

12.6.2 Reações Paralelas em um PFR

Agora forneceremos três exemplos de reações múltiplas com efeitos térmicos: O Exemplo 12-5 discute *reações paralelas*, o Exemplo 12-6 discute *reações em série*, e o Exemplo 12-7 discute *reações complexas*.

Exemplo 12-5 Reações Paralelas em um PFR com Efeitos Térmicos

A seguinte reação em fase gasosa ocorre em um PFR:

$$\text{Reação 1:} \quad A \xrightarrow{k_1} B \qquad -r_{1A} = k_{1A}C_A \tag{E12-5.1}$$

$$\text{Reação 2:} \quad 2A \xrightarrow{k_2} C \qquad -r_{2A} = k_{2A}C_A^2 \tag{E12-5.2}$$

O componente A puro é alimentado na vazão molar de 100 mol/s, temperatura de 150 °C, e concentração de 0,1 mol/dm³. Determine a temperatura e a vazão molar dos componentes ao longo do reator.

Informação adicional

$$\Delta H_{Rx1A} = -20.000 \text{ J/(mol de A reagido na reação 1)}$$

$$\Delta H_{Rx2A} = -60.000 \text{ J/(mol de A reagido na reação 2)}$$

$$C_{P_A} = 90 \text{ J/mol}\cdot{}^\circ\text{C} \qquad k_{1A} = 10 \exp\left[\frac{E_1}{R}\left(\frac{1}{300} - \frac{1}{T}\right)\right] \text{s}^{-1}$$

$$C_{P_B} = 90 \text{ J/mol}\cdot{}^\circ\text{C} \qquad E_1/R = 4000 \text{ K}$$

$$C_{P_C} = 180 \text{ J/mol}\cdot{}^\circ\text{C} \qquad k_{2A} = 0{,}09 \exp\left[\frac{E_2}{R}\left(\frac{1}{300} - \frac{1}{T}\right)\right] \frac{\text{dm}^3}{\text{mol}\cdot\text{s}}$$

$$Ua = 4000 \text{ J/m}^3\cdot\text{s}\cdot{}^\circ\text{C} \qquad E_2/R = 9000 \text{ K}$$

$$T_a = 100^\circ\text{C} \text{ (Constante)}$$

Solução

O balanço de energia no PFR se torna [conforme Equação (12-35)]:

$$\frac{dT}{dV} = \frac{Ua(T_a - T) + (-r_{1A})(-\Delta H_{Rx1A}) + (-r_{2A})(-\Delta H_{Rx2A})}{F_A C_{P_A} + F_B C_{P_B} + F_C C_{P_C}} \tag{E12-5.3}$$

Balanços molares:

$$\frac{dF_A}{dV} = r_A \tag{E12-5.4}$$

$$\frac{dF_B}{dV} = r_B \tag{E12-5.5}$$

$$\frac{dF_C}{dV} = r_C \tag{E12-5.6}$$

Velocidades de reação:

Leis de velocidade de reação

$$r_{1A} = -k_{1A}C_A \tag{E12-5.1}$$

$$r_{2A} = -k_{2A}C_A^2 \tag{E12-5.2}$$

Velocidades relativas

Reação 1: $\dfrac{r_{1A}}{-1} = \dfrac{r_{1B}}{1}$ $\quad r_{1B} = -r_{1A} = k_{1A}C_A$

Reação 2: $\dfrac{r_{2A}}{-2} = \dfrac{r_{2C}}{1}$ $\quad r_{2C} = -\dfrac{1}{2}\, r_{2A} = \dfrac{k_{2A}}{2}C_A^2$

Velocidades de reação resultantes

$$r_A = r_{1A} + r_{2A} = -k_{1A}C_A - k_{2A}C_A^2 \tag{E12-5.7}$$

$$r_B = r_{1B} = k_{1A}C_A \tag{E12-5.8}$$

$$r_C = r_{2C} = \frac{1}{2}\, k_{2A}C_A^2 \tag{E12-5.9}$$

Estequiometria (fase gasosa, $\Delta P = 0$):

$$C_A = C_{T0}\left(\frac{F_A}{F_T}\right)\left(\frac{T_0}{T}\right) \tag{E12-5.10}$$

$$C_B = C_{T0}\left(\frac{F_B}{F_T}\right)\left(\frac{T_0}{T}\right) \tag{E12-5.11}$$

$$C_C = C_{T0}\left(\frac{F_C}{F_T}\right)\left(\frac{T_0}{T}\right) \tag{E12-5.12}$$

$$F_T = F_A + F_B + F_C \tag{E12-5.13}$$

$$k_{1A} = 10\ \exp\left[4000\left(\frac{1}{300} - \frac{1}{T}\right)\right]\text{s}^{-1}$$

(T em K)

$$k_{2A} = 0{,}09\ \exp\left[9000\left(\frac{1}{300} - \frac{1}{T}\right)\right]\frac{\text{dm}^3}{\text{mol}\cdot\text{s}}$$

Balanço de energia:

$$\frac{dT}{dV} = \frac{4000(373 - T) + (-r_{1A})(20.000) + (-r_{2A})(60.000)}{90F_A + 90F_B + 180F_C} \tag{E12-5.14}$$

O programa Polymath e as suas soluções gráficas são mostrados na Tabela E12-5.1 e Figuras E12-5.1 e E12-5.2.

TABELA E12-5.1 PROGRAMA POLYMATH

Equações diferenciais

```
1 d(Fa)/d(V) = r1a+r2a
2 d(Fb)/d(V) = -r1a
3 d(Fc)/d(V) = -r2a/2
4 d(T)/d(V) = (4000*(373-T)+(-r1a)*20000+(-r2a)*60000)/(90*Fa+90*Fb+180*Fc)
```

Equações explícitas

```
1  k1a = 10*exp(4000*(1/300-1/T))
2  k2a = 0.09*exp(9000*(1/300-1/T))
3  Cto = 0.1
4  Ft = Fa+Fb+Fc
5  To = 423
6  Ca = Cto*(Fa/Ft)*(To/T)
7  Cb = Cto*(Fb/Ft)*(To/T)
8  Cc = Cto*(Fc/Ft)*(To/T)
9  r1a = -k1a*Ca
10 r2a = -k2a*Ca^2
```

Valores calculados das variáveis das EDOs

	Variável	Valor inicial	Valor final
1	Ca	0.1	2.069E-09
2	Cb	0	0.0415941
3	Cc	0	0.016986
4	Cto	0.1	0.1
5	Fa	100.	2.738E-06
6	Fb	0	55.04326
7	Fc	0	22.47837
8	Ft	100.	77.52163
9	k1a	482.8247	2.426E+04
10	k2a	553.0557	3.716E+06
11	r1a	-48.28247	-5.019E-05
12	r2a	-5.530557	-1.591E-11
13	T	423.	722.0882
14	To	423.	423.
15	V	0	1.

Por que a temperatura passa por um ponto de máximo?

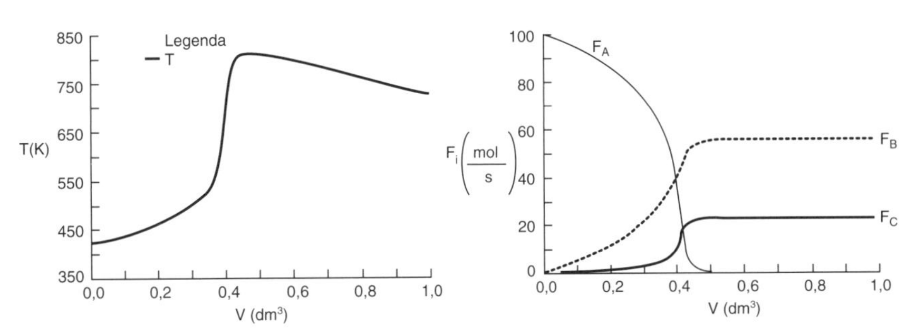

Figura E12-5.1 Perfil de temperatura.

Figura E12-5.2 Perfil das vazões molares F_A, F_B e F_C.

Análise: O reagente está praticamente esgotado no tempo que o meio reacional atinge o volume $V = 0{,}45$ dm³ e além deste ponto $Q_r > Q_g$, por isso a temperatura do reator começa a diminuir. Além disso, a seletividade $\tilde{S}_{B/C} = F_B/F_C = 55/22{,}5 = 2{,}44$ se mantém constante depois deste ponto. Se uma seletividade mais elevada é exigida, então o reator deve ser encurtado para $V = 0{,}3$ dm³, ponto no qual a seletividade é $\tilde{S}_{B/C} = 20/2 = 10$.

12.6.3 Balanço de Energia para Reações Múltiplas em um CSTR

Lembrando que o balanço molar em regime estacionário para um CSTR com uma única reação é $[-F_{A0}X = r_A V]$ e que $\Delta H_{Rx}(T) = \Delta H^{o}_{Rx} + \Delta C_P(T - T_R)$, então na condição de $T_0 = T_{i0}$ a Equação (11-27) pode ser reescrita como

$$\dot{Q} - \dot{W}_s - F_{A0}\,\Sigma\Theta_j C_{P_j}(T - T_0) + [\Delta H_{Rx}(T)][r_A V] = 0 \qquad (11\text{-}27A)$$

Novamente, devemos levar em consideração o "calor gerado" por todas as reações no reator. Para q reações múltiplas e m espécies, o balanço de energia para o CSTR se torna

$$\boxed{\dot{Q} - \dot{W}_s - F_{A0}\sum_{j=1}^{m}\Theta_j C_{P_j}(T - T_0) + V\sum_{i=1}^{q} r_{ij}\,\Delta H_{Rxij}(T) = 0} \qquad (12\text{-}39)$$

Balanço de energia para reações múltiplas em um CSTR

Substituindo $\dot{Q}$ da Equação (12-20), desprezando o termo de trabalho, e assumindo os calores específicos constantes, a Equação (12-39) é transformada para

$$\boxed{UA(T_a - T) - F_{A0}\sum_{j=1}^{m} C_{P_j}\Theta_j(T - T_0) + V\sum_{i=1}^{q} r_{ij}\,\Delta H_{Rxij}(T) = 0} \qquad (12\text{-}40)$$

Para as duas reações paralelas descritas no Exemplo 12-5, o balanço de energia no CSTR é

$$UA(T_a - T) - F_{A0}\sum_{j=1}^{m}\Theta_j C_{P_j}(T - T_0) + Vr_{1A}\,\Delta H_{Rx1A}(T) + Vr_{2A}\,\Delta H_{Rx2A}(T) = 0 \qquad (12\text{-}41)$$

Principal objetivo da ERQ

Um dos **principais objetivos** deste texto é habilitar o leitor a resolver problemas que envolvam reações múltiplas com efeitos térmicos (como nos Problemas $P12\text{-}23_C$, $P12\text{-}24_C$, $P12\text{-}25_C$ e $P12\text{-}26_B$). Isto é exatamente o que faremos nos próximos dois exemplos!

12.6.4 Reações em Série em um CSTR

Exemplo 12-6 Reações Múltiplas em um CSTR

As reações elementares em fase líquida

$$A \xrightarrow{k_1} B \xrightarrow{k_2} C$$

ocorrem em um CSTR de 10 dm³. Quais são as concentrações dos efluentes para uma vazão volumétrica de alimentação de 1000 dm³/min, a uma concentração de A de 0,3 mol/dm³? A temperatura de entrada é 283 K.

Informação adicional

$$C_{P_A} = C_{P_B} = C_{P_C} = 200 \text{ J/mol} \cdot \text{K}$$

$$k_1 = 3{,}3 \text{ min}^{-1} \text{ a } 300 \text{ K, com } E_1 = 9900 \text{ cal/mol}$$

$$k_2 = 4{,}58 \text{ min}^{-1} \text{ a } 500 \text{ K, com } E_2 = 27.000 \text{ cal/mol}$$

$$\Delta H_{Rx1A} = -55.000 \text{ J/mol A} \qquad UA = 40.000 \text{ J/min} \cdot \text{K com } T_a = 57°\text{C}$$

$$\Delta H_{Rx2B} = -71.500 \text{ J/mol B}$$

Solução

O Algoritmo:

Reação (1) $\quad A \xrightarrow{k_1} B$

Reação (2) $\quad B \xrightarrow{k_2} C$

As reações seguem leis de velocidade elementares

$$r_{1A} = -k_{1A}C_A \equiv -k_1C_A$$
$$r_{2B} = -k_{2B}C_B \equiv -k_2C_B$$

1. Balanço Molar para Todas as Espécies

Espécie A: Combine o balanço molar e a lei de velocidade de reação para A:

$$V = \frac{F_{A0} - F_A}{-r_A} = \frac{v_0[C_{A0} - C_A]}{-r_{1A}} = \frac{v_0[C_{A0} - C_A]}{k_1C_A} \tag{E12-6.1}$$

Resolvendo para C_A, temos

$$C_A = \frac{C_{A0}}{1 + \tau k_1} \tag{E12-6.2}$$

Espécie B: Combine o balanço molar e a lei de velocidade de reação para B:

$$V = \frac{0 - C_B v_0}{-r_B} = \frac{C_B v_0}{(r_{1B} + r_{2B})} \tag{E12-6.3}$$

Velocidades Relativas

$$r_{1B} = -r_{1A} = k_1C_A$$

Substituindo r_{1B} e r_{2B} na Equação (E12-6.3), resulta

$$V = \frac{C_B v_0}{k_1C_A - k_2C_B} \tag{E12-6.4}$$

Resolvendo para C_B, obtemos

$$C_B = \frac{\tau k_1 C_A}{1 + \tau k_2} = \frac{\tau k_1 C_{A0}}{(1 + \tau k_1)(1 + \tau k_2)} \tag{E12-6.5}$$

2. Leis de Velocidade de Reação

$$\boxed{-r_{1A} = k_1 C_A = \frac{k_1 C_{A0}}{1 + \tau k_1}} \quad \text{(E12-6.6)}$$

$$\boxed{-r_{2B} = k_2 C_B = \frac{k_2 \tau k_1 C_{A0}}{(1 + \tau k_1)(1 + \tau k_2)}} \quad \text{(E12-6.7)}$$

3. Balanços de Energia

Aplicando a Equação (12-41) a este sistema, resulta

$$\left[r_{1A}\Delta H_{Rx1A} + r_{2B}\Delta H_{Rx2B}\right]V - UA\left(T - T_a\right) - F_{A0}C_{P_A}\left(T - T_0\right) = 0 \quad \text{(E12-6.8)}$$

Seguindo o Algoritmo

Substituindo $F_{A0} = v_0 C_{A0}$, r_{1A} e r_{2B} e rearranjando, temos

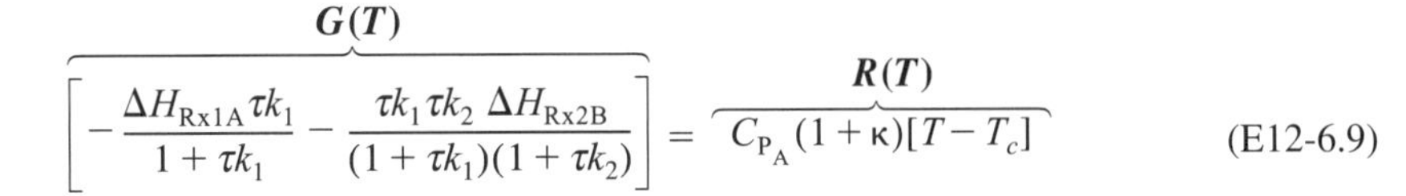

$$\overbrace{\left[-\frac{\Delta H_{Rx1A}\tau k_1}{1 + \tau k_1} - \frac{\tau k_1 \tau k_2\, \Delta H_{Rx2B}}{(1 + \tau k_1)(1 + \tau k_2)}\right]}^{G(T)} = \overbrace{C_{P_A}(1 + \kappa)[T - T_c]}^{R(T)} \quad \text{(E12-6.9)}$$

$$\kappa = \frac{UA}{F_{A0}C_{P_A}} = \frac{40.000 \text{ J/min} \cdot \text{K}}{(0{,}3 \text{ mol/dm}^3)(1000 \text{ dm}^3\text{/min})\, 200 \text{ J/mol} \cdot \text{K}} = 0{,}667$$

$$T_c = \frac{T_0 + \kappa T_a}{1 + \kappa} = \frac{283 + (0{,}666)(330)}{1 + 0{,}667} = 301{,}8 \text{ K} \quad \text{(E12-6.10)}$$

$$G(T) = \left[-\frac{\Delta H_{Rx1A}\tau k_1}{1 + \tau k_1} - \frac{\tau k_1 \tau k_2\, \Delta H_{Rx2B}}{(1 + \tau k_1)(1 + \tau k_2)}\right] \quad \text{(E12-6.11)}$$

$$R(T) = C_{P_A}(1 + \kappa)[T - T_c] \quad \text{(E12-6.12)}$$

Agora iremos gerar $G(T)$ e $R(T)$ enganando o Polymath para obter primeiro T em função de uma variável auxiliar, t. Usaremos então as opções gráficas para converter $T(t)$ em $G(T)$ e $R(T)$. O programa Polymath para plotar $R(T)$ e $G(T)$ em função de T é mostrado na Tabela E12-6.1 e os gráficos resultantes são apresentados na Figura E12-6.1.

Aumentando a temperatura desta maneira é um jeito simples de gerar os gráficos de $R(T)$ e $G(T)$

TABELA E12-6.1 PROGRAMA POLYMATH E SEUS RESULTADOS

Equações:

Equações diferenciais

```
1 d(T)/d(t) = 2
```

Equações explícitas

```
1  Cp = 200
2  Cao = 0.3
3  To = 283
4  tau = .01
5  DH1 = -55000
6  DH2 = -71500
7  vo = 1000
8  E2 = 27000
9  E1 = 9900
10 UA = 40000
11 Ta = 330
12 k2 = 4.58*exp((E2/1.987)*(1/500-1/T))
13 k1 = 3.3*exp((E1/1.987)*(1/300-1/T))
14 Ca = Cao/(1+tau*k1)
15 kappa = UA/(vo*Cao)/Cp
16 G = -tau*k1/(1+k1*tau)*DH1-k1*tau*k2*tau*DH2/((1+tau*k1)*(1+tau*k2))
17 Tc = (To+kappa*Ta)/(1+kappa)
18 Cb = tau*k1*Ca/(1+k2*tau)
19 R = Cp*(1+kappa)*(T-Tc)
20 Cc = Cao-Ca-Cb
21 F = G-R
```

Valores calculados das variáveis das EDOs

	Variável	Valor inicial	Valor final
1	Ca	0.2980966	0.0005469
2	Cao	0.3	0.3
3	Cb	0.0019034	0.0014891
4	Cc	1.341E-14	0.297964
5	Cp	200.	200.
6	DH1	-5.5E+04	-5.5E+04
7	DH2	-7.15E+04	-7.15E+04
8	E1	9900.	9900.
9	E2	2.7E+04	2.7E+04
10	F	9948.951	-1.449E+04
11	G	348.9509	1.259E+05
12	k1	0.6385073	5.475E+04
13	k2	7.03E-10	2.001E+04
14	kappa	0.6666667	0.6666667
15	R	-9600.	1.404E+05
16	T	273.	723.
17	t	0	225.
18	Ta	330.	330.
19	tau	0.01	0.01
20	Tc	301.8	301.8
21	To	283.	283.
22	UA	4.0E+04	4.0E+04
23	vo	1000.	1000.

Problema Exemplo de Simulação

Quando $F = 0$, $G(T) = R(T)$ e o regime permanente é encontrado.

Uau! Cinco (5) múltiplos regimes estacionários!

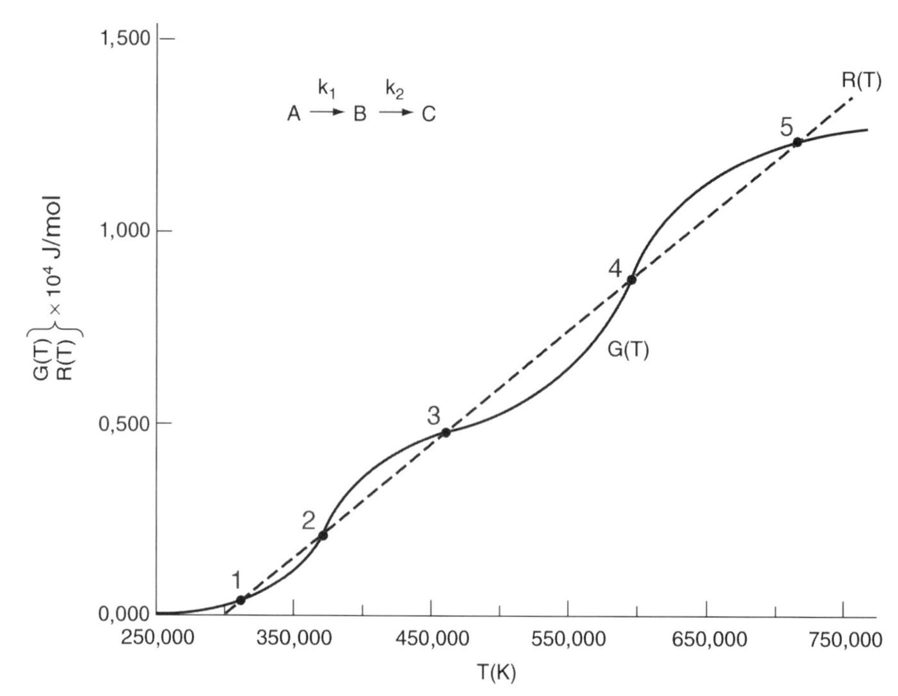

Figura E12-6.1 Curvas do calor removido e calor gerado.

Tabela E12-6.2 Concentração e Temperaturas dos Efluentes

SS	*T (K)*	C_A (mol/dm³)	C_B (mol/dm³)	C_C (mol/dm³)
1	310	0,285	0,015	0
2	363	0,189	0,111	0,0
3	449	0,033	0,265	0,002
4	558	0,004	0,163	0,132
5	677	0,001	0,005	0,294

Análise: Uau! Vemos que existem cinco regimes estacionários (RE)!! As concentrações de saída e temperaturas listadas na Tabela E12-6.2 foram determinadas através de valores tabulados pelo Polymath. Os regimes estacionários 1, 3 e 5 são regimes estacionários estáveis, enquanto 2 e 4 são instáveis. A seletividade no regime estacionário 3 é $\tilde{S}_{B/C} = 0{,}265/0{,}002 = 132{,}5$, enquanto a seletividade no regime estacionário 5 é $\tilde{S}_{B/C} = 0{,}005/0{,}294 = 0{,}017$, sendo demasiadamente pequena. Consequentemente, devemos operar o reator no regime estacionário 3, ou encontrar outro conjunto de condições operacionais. O que você acha do valor de tau, isto é, $\tau = 0{,}01$ min? É um número realista?

12.6.5 Reações Complexas em um PFR

Exemplo 12-7 Reações Complexas com Efeitos Térmicos em um PFR

As seguintes reações em fase gasosa seguem uma lei de velocidade elementar

$$(1) \quad A + 2B \rightarrow C \qquad -r_{1A} = k_{1A} C_A C_B^2 \qquad \Delta H_{Rx1B} = -15.000 \text{ cal/mol B}$$

$$(2) \quad 2A + 3C \rightarrow D \qquad -r_{2C} = k_{2C} C_A^2 C_C^3 \qquad \Delta H_{Rx2A} = -10.000 \text{ cal/mol A}$$

e são conduzidas em um PFR. A alimentação é estequiométrica para os reagentes A e B da reação (1), com $F_{A0} = 5$ mol/min. O volume do reator é de 10 dm³ e a concentração total de entrada é $C_{T0} = 0{,}2$ mol/dm³. A pressão e a temperatura de entrada são, respectivamente, 100 atm e 300 K. A vazão do fluido de refrigeração é 50 mol/min; ele tem o calor específico $C_{P_{C0}} = 10$ cal/(mol·K) e entra na temperatura de 325 K.

$$k_{1A} = 40\left(\frac{\text{dm}^3}{\text{mol}}\right)^2 \Big/ \text{min} \quad \text{a 300K com } E_1 = 8.000 \text{ cal/mol}$$

$$k_{2C} = 2\left(\frac{dm^3}{mol}\right)^4 \Big/ \text{min a 300 K com } E_2 = 12.000 \text{ cal/mol}$$

$$C_{P_A} = 10 \text{ cal/mol/K} \qquad Ua = 80 \frac{\text{cal}}{\text{min} \cdot \text{K}}$$
$$C_{P_B} = 12 \text{ cal/mol/K} \qquad T_{a0} = 325 \text{ K}$$
$$C_{P_C} = 14 \text{ cal/mol/K} \qquad \dot{m} = 50 \text{ mol/min}$$
$$C_{P_D} = 16 \text{ cal/mol/K} \qquad C_{P_{C0}} = 10 \text{ cal/mol/K}$$

Plote F_A, F_B, F_C, F_D, y, T e T_a em função de V para:
(a) Trocador de calor cocorrente
(b) Trocador de calor contracorrente
(c) T_a constante
(d) Operação adiabática

Solução

Reação em Fase Gasosa, PFR e sem Perda de Carga (y = 1)

Balanços Molares

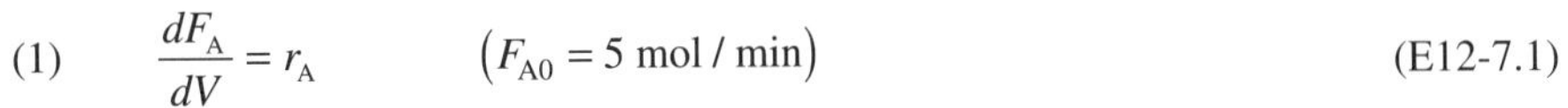

(1) $$\frac{dF_A}{dV} = r_A \qquad (F_{A0} = 5 \text{ mol / min}) \tag{E12-7.1}$$

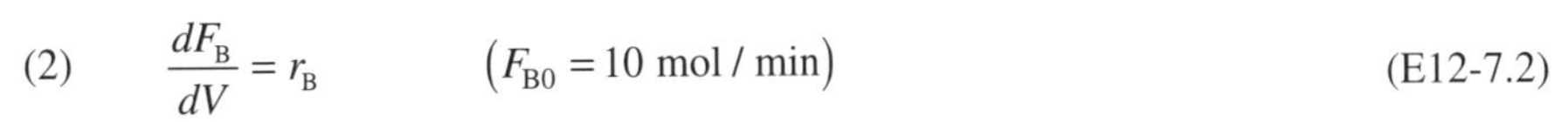

(2) $$\frac{dF_B}{dV} = r_B \qquad (F_{B0} = 10 \text{ mol / min}) \tag{E12-7.2}$$

(3) $$\frac{dF_C}{dV} = r_C \qquad V_f = 10 \text{ dm}^3 \tag{E12-7.3}$$

(4) $$\frac{dF_D}{dV} = r_D \tag{E12-7.4}$$

Velocidades:

Leis de Velocidade das Reações

(9) $$r_{1A} = -k_{1A} C_A C_B^2 \tag{E12-7.5}$$

(10) $$r_{2C} = -k_{2C} C_A^2 C_C^3 \tag{E12-7.6}$$

Velocidades Relativas

(11) $$r_{1B} = 2 \ r_{1A} \tag{E12-7.7}$$

(12) $$r_{1C} = -r_{1A} \tag{E12-7.8}$$

(13) $$r_{2A} = \frac{2}{3} r_{2C} = -\frac{2}{3} k_{2C} C_A^2 C_C^3 \tag{E12-7.9}$$

(14) $$r_{2D} = -\frac{1}{3} r_{2C} = \frac{1}{3} k_{2C} C_A^2 C_C^3 \tag{E12-7.10}$$

Velocidades Resultantes de reação para espécies A, B, C e D são

$$r_A = r_{1A} + r_{2A} = -k_{1A} C_A C_B^2 - \frac{2}{3} k_{2C} C_A^2 C_C^3 \tag{E12-7.11}$$

$$r_B = r_{1B} = -2k_{1A} C_A C_B^2 \tag{E12-7.12}$$

$$r_C = r_{1C} + r_{2C} = k_{1A} C_A C_B^2 - k_{2C} C_A^2 C_C^3 \tag{E12-7.13}$$

$$r_D = r_{2D} = \frac{1}{3} k_{2C} C_A^2 C_C^3 \tag{E12-7.14}$$

Seletividade:

Em $V = 0$, temos $F_D = 0$, o que faz com que $S_{C/D}$ seja infinita. Portanto, faremos $S_{C/D} = 0$ em nosso programa entre $V = 0$ e um número muito pequeno, como $V = 0{,}0001$ dm^3, prevenindo, assim, que o programa que resolve a EDO falhe, devido à divisão por zero.

(15) $S_{C/D} = \text{if } (V > 0.0001) \text{ then } \left(\frac{F_C}{F_D}\right) \text{ else } (0),$ (E12-7.15)

ou seja, $S_{C/D} = F_C/F_D$ se $V > 0{,}0001$ e $S_{C/D} = 0$ se $V \leq 0{,}0001$.

Estequiometria:

(16) $C_A = C_{T0}\left(\frac{F_A}{F_T}\right)y \cdot \frac{T_0}{T}$ (E12-7.16)

(17) $C_B = C_{T0}\left(\frac{F_B}{F_T}\right)y \cdot \frac{T_0}{T}$ (E12-7.17)

(18) $C_C = C_{T0}\left(\frac{F_C}{F_T}\right)y \cdot \frac{T_0}{T}$ (E12-7.18)

(19) $C_D = C_{T0}\left(\frac{F_D}{F_T}\right)y \cdot \frac{T_0}{T}$ (E12-7.19)

(20) $y = 1$ (E12-7.20)

(21) $F_T = F_A + F_B + F_C + F_D$ (E12-7.21)

Parâmetros:

(22) $k_{1A} = 40\exp\left[\frac{E_1}{R}\left(\frac{1}{300} - \frac{1}{T}\right)\right](\text{dm}^3/\text{mol})^2/\text{min}$ (E12-7.22)

(23) $k_{2C} = 2\exp\left[\frac{E_2}{R}\left(\frac{1}{300} - \frac{1}{T}\right)\right](\text{dm}^3/\text{mol})^4/\text{min}$ (E12-7.23)

(24) $C_{A0} = 0{,}2 \text{ mol/dm}^3$ (26) $E_1 = 8.000 \text{ cal/mol}$

(25) $R = 1{,}987 \text{ cal/mol/K}$ (27) $E_2 = 12.000 \text{ cal/mol}$

(28) → (35) Os outros parâmetros C_{P_A}, C_{P_B}, $\dot{m}_C$, ΔH°_{Rx1B}, etc., são fornecidos no enunciado do problema.

Balanço de Energia:

Relembrando a Equação (12-37)

(36) $\frac{dT}{dV} = \frac{Q_g - Q_r}{\sum F_j C_{P_j}}$ (E12-7.36)

O denominador da Equação (E12-7.36) é

(37) $\sum F_j C_{P_j} = F_A C_{P_A} + F_B C_{P_B} + F_C C_{P_C} + F_D C_{P_D}$ (E12-7.37)

O termo do "Calor Removido" é

(38) $Q_r = Ua(T - T_a)$ (E12-7.38)

e o termo do "Calor Gerado" é

(39) $Q_g = \sum r_{ij}\Delta H_{Rxij} = r_{1B}\Delta H_{Rx1B} + r_{2A}\Delta H_{Rx2A}$ (E12-7.39)

(a) Trocador de calor cocorrente

O balanço de troca de calor para um trocador cocorrente é

(40) $\frac{dT_a}{dV} = \frac{Ua(T - T_a)}{\dot{m}_C C_{P_{C0}}}$ (E12-7.40)

Parte (a) Escoamento cocorrente: Plote e analise as vazões molares, e as temperaturas do reator e do fluido refrigerante, em função do volume do reator.

Trocador de calor cocorrente

TABELA E12-7.1 PROGRAMA POLYMATH E RESULTADOS PARA TROCADOR COCORRENTE

Equações diferenciais

```
1 d(Fa)/d(V) = ra
2 d(Fb)/d(V) = rb
3 d(Fc)/d(V) = rc
4 d(Fd)/d(V) = rd
5 d(T)/d(V) = (Qg-Qr)/sumFiCpi
6 d(Ta)/d(V) = Ua*(T-Ta)/m/Cpco
```

Equações explícitas

```
1  E2 = 12000
2  y = 1
3  R = 1.987
4  Ft = Fa+Fb+Fc+Fd
5  To = 300
6  k2c = 2*exp((E2/R)*(1/300-1/T))
7  E1 = 8000
8  Cto = 0.2
9  Ca = Cto*(Fa/Ft)*(To/T)*y
10 Cc = Cto*(Fc/Ft)*(To/T)*y
11 r2c = -k2c*Ca^2*Cc^3
12 Cpco = 10
13 m = 50
14 Cb = Cto*(Fb/Ft)*(To/T)*y
15 k1a = 40*exp ((E1/R)*(1/300-1/T))
16 r1a = -k1a*Ca*Cb^2
17 r1b = 2*r1a
18 rb = r1b
19 r2a = 2/3*r2c
20 DH1b = -15000
21 DH2a = -10000
22 r1c = -r1a
23 Ta55 = 325
24 Cpd = 16
25 Cpa = 10
26 Cpb = 12
27 Cpc = 14
28 sumFiCpi = Cpa*Fa+Cpb*Fb+Cpc*Fc+Cpd*Fd
29 rc = r1c+r2c
30 Ua = 80
31 r2d = -1/3*r2c
32 ra = r1a+r2a
33 rd = r2d
34 Qg = r1b*DH1b+r2a*DH2a
35 Qr = Ua*(T-Ta)
```

Relatório POLYMATH

Equações Diferenciais Ordinárias (EDOs)

Valores calculados das variáveis das EDOs

	Variável	Valor inicial	Valor máximo	Valor final
1	Ca	0.0666667	0.0666667	0.0077046
2	Cb	0.1333333	0.1333333	0.0156981
3	Cc	0	0.0909427	0.0909427
4	Cpa	10.	10.	10.
5	Cpb	12.	12.	12.
6	Cpc	14.	14.	14.
7	Cpco	10.	10.	10.
8	Cpd	16.	16.	16.
9	Cto	0.2	0.2	0.2
10	DH1b	-1.5E+04	-1.5E+04	-1.5E+04
11	DH2a	-10000.	-10000.	-10000.
12	E1	8000.	8000.	8000.
13	E2	1.2E+04	1.2E+04	1.2E+04
14	Fa	5.	5.	0.3890865
15	Fb	10.	10.	0.7927648
16	Fc	0	4.592674	4.592674
17	Fd	0	0.003648	0.003648
18	Ft	15.	15.	5.778173
19	k1a	40.	2.861E+05	1.248E+04
20	k2c	2.	1.21E+06	1.102E+04
21	m	50.	50.	50.
22	Qg	1422.222	9.589E+04	714.0015
23	Qr	-2000.	3.863E+04	1450.125
24	R	1.987	1.987	1.987
25	r1a	-0.0474074	-0.0236907	-0.0236907
26	r1b	-0.0948148	-0.0473814	-0.0473814
27	r1c	0.0474074	3.196187	0.0236907
28	r2a	0	0	-0.000328
29	r2c	0	0	-0.000492
30	r2d	0	0.0021577	0.000164
31	ra	-0.0474074	-0.0240187	-0.0240187
32	rb	-0.0948148	-0.0473814	-0.0473814
33	rc	0.0474074	3.195219	0.0231987
34	rd	0	0.0021577	0.000164
35	sumFiCpi	170.	170.	77.75984
36	T	300.	885.7738	524.395
37	Ta	325.	506.2685	506.2685
38	Ta55	325.	325.	325.
39	To	300.	300.	300.
40	Ua	80.	80.	80.
41	V	0	10.	10.
42	y	1.	1.	1.

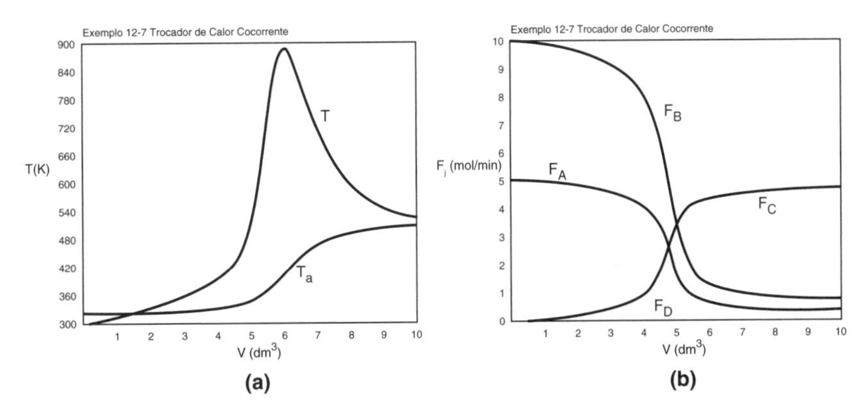

Figura E12-7.1 Perfis de: (**a**) temperatura e (**b**) vazão molar, para o caso de trocador de calor cocorrente.

Análise: **Parte (a):** Para o caso de trocador de calor cocorrente, a seletividade $\tilde{S}_{C/D} = \dfrac{4{,}63}{0{,}026} = 178$ é realmente muito boa. Observamos, também, que a temperatura do reator, T, aumenta quando $Q_g > Q_r$ e atinge um máximo, $T = 930$ K, para $V = 5$ dm^3. Após, $Q_r > Q_g$, a temperatura do reator diminui e se aproxima de T_a, no final do reator.

Parte (b) Trocador de calor contracorrente: Usaremos o mesmo programa da Parte (a), mas agora mudaremos o sinal do balanço de energia do trocador de calor e utilizaremos $T_a = 507$ K em $V = 0$ como estimativa inicial.

$$\frac{dT_a}{dV} = -\frac{Ua(T - T_a)}{\dot{m}_C C_{P_{refrig}}}$$

Encontramos, com a estimativa inicial de 507 K, o resultado $T_{a0} = 325$ K. Temos muita sorte ou o quê?!

Trocador de calor contracorrente

TABELA 12-7.2 PROGRAMA POLYMATH E RESULTADOS PARA TROCADOR DE CALOR CONTRACORRENTE

Equações diferenciais

1 d(Fa)/d(V) = ra

2 d(Fb)/d(V) = rb

3 d(Fc)/d(V) = rc

4 d(Fd)/d(V) = rd

5 d(T)/d(V) = (Qg-Qr)/sumFiCpi

6 d(Ta)/d(V) = -Ua*(T-Ta)/m/Cpco

Mesmas **Equações Explícitas** da Parte (**a**) [isto é, Eqs. 1 a 35 da Tabela E12-7.1]

Relatório POLYMATH

Equações Diferenciais Ordinárias (EDOs)

Valores calculados das variáveis das EDOs

	Variável	Valor inicial	Valor máximo	Valor final
14	Fa	5.	5.	0.3863414
15	Fb	10.	10.	0.7882685
16	Fc	0	4.594177	4.594177
17	Fd	0	0.0038964	0.0038964
18	Ft	15.	15.	5.772683
36	T	300.	1101.439	327.1645
37	Ta	507.	536.1941	325.4494

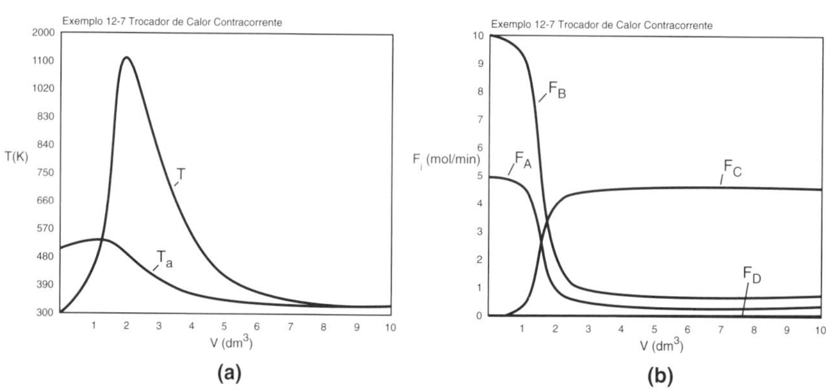

Figura E12-7.2 Perfis de: (**a**) temperatura e (**b**) vazão molar, para o caso trocador de calor contracorrente.

Análise: **Parte (b):** Para o trocador de calor em contracorrente, a temperatura do fluido refrigerante atinge um máximo em $V = 1{,}3$ dm^3, enquanto a temperatura do reator atinge um máximo de 1100 K para $V = 2{,}7$ dm^3, que é maior que a temperatura máxima do caso (a) de trocador cocorrente (isto é, 930 K). Consequentemente, se há alguma preocupação com a possibilidade de ocorrerem reações laterais neste máximo de temperatura de 1100 K, deveríamos usar o trocador de calor cocorrente, ou então manter a temperatura T_a constante através do trocador. Na Figura 12-7.2 (**a**) vemos que a temperatura do reator se aproxima da temperatura de entrada do fluido refrigerante na saída do reator. A seletividade $\tilde{S}_{C/D}$ para o sistema em contracorrente é um pouco menor do que aquela obtida para o caso cocorrente.

Parte (c) T_a constante: Para resolver o caso em que a temperatura do fluido refrigerante é mantida constante, simplesmente multiplicamos o lado direito da equação do balanço do trocador de calor por 0, isto é,

$$\frac{dT_a}{dV} = -\frac{Ua(T - T_a)}{\dot{m}_C C_P} * 0$$

e usamos as Equações (E12-7.1 a E12-7.40).

T_a mantida constante

TABELA 12-7.3 PROGRAMA POLYMATH E RESULTADOS PARA T_A CONSTANTE

Equações diferenciais

```
1 d(Fa)/d(V) = ra
2 d(Fb)/d(V) = rb
3 d(Fc)/d(V) = rc
4 d(Fd)/d(V) = rd
5 d(T)/d(V) = (Qg-Qr)/sumFiCpi
6 d(Ta)/d(V) = Ua*(T-Ta)/m/Cpco*0
```

Mesmas **Equações Explícitas** da Parte (**a**), Tabela E12-7.1, e da Parte (**b**), Tabela E12-7.2.

Relatório POLYMATH
Equações Diferenciais Ordinárias (EDOs)
Valores calculados das variáveis das EDOs

	Variável	Valor inicial	Valor máximo	Valor final
14	Fa	5.	5.	0.5419419
15	Fb	10.	10.	1.093437
16	Fc	0	4.446116	4.446116
17	Fd	0	0.0023884	0.0023884
18	Ft	15.	15.	6.083884
36	T	300.	836.9449	345.643
37	Ta	325.	325.	325.

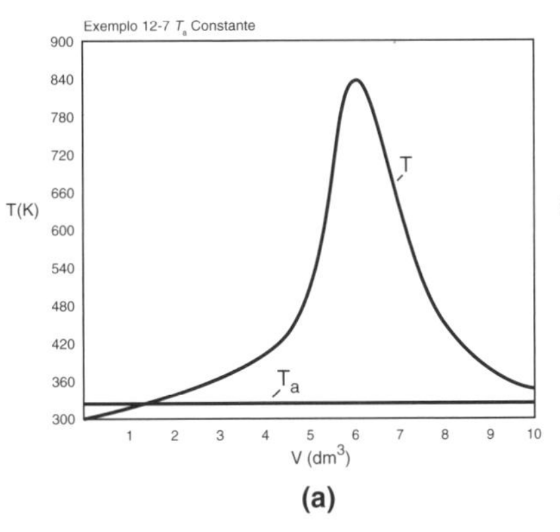

(a)

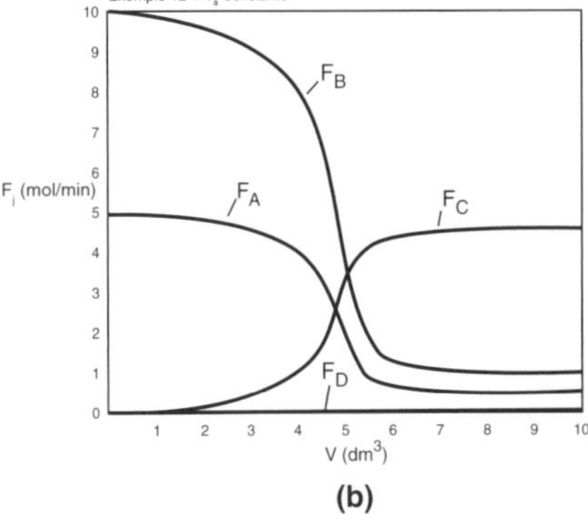

(b)

Figura E12-7.3 Perfis de: (**a**) temperatura e (**b**) vazão molar, para o caso com T_a constante.

Análise: **Parte (c):** Para o caso em que T_a é mantida constante, a temperatura máxima que o reator atinge, 870 K, é menor que as temperaturas máximas de operação com trocadores cocorrente e contracorrente, enquanto a seletividade, $\tilde{S}_{C/D} = 252{,}9$, é maior que em ambos os casos cocorrente e contracorrente. Consequentemente, deveria ser investigado como poderia ser obtida uma vazão mássica suficientemente alta do fluido refrigerante, para que T_a fosse mantida constante.

Parte (d) Operação adiabática: Para resolver o caso adiabático, simplesmente multiplicamos o coeficiente de troca térmica global por 0.

$$\text{Ua} = 80 * 0$$

Operação Adiabática

TABELA 12-7.4 PROGRAMA POLYMATH E RESULTADOS PARA OPERAÇÃO ADIABÁTICA

Equações diferenciais

```
1 d(Fa)/d(V) = ra
2 d(Fb)/d(V) = rb
3 d(Fc)/d(V) = rc
4 d(Fd)/d(V) = rd
5 d(T)/d(V) = (Qg-Qr)/sumFiCpi
6 d(Ta)/d(V) = Ua*(T-Ta)/m/Cpco*0
```

Equações explícitas

```
29 Ua = 80*0
33 Qg = r1b*DH1b+r2a*DH2a
34 Qr = Ua*(T-Ta)
```

Mesmas **Equações Explícitas** das Partes (**a**), (**b**) e (**c**), exceto pela mudança na linha 30 da Tabela E12-7.1, como segue:

30 Ua = 80*0

Relatório POLYMATH
Equações Diferenciais Ordinárias (EDOs)
Valores calculados das variáveis das EDOs

	Variável	Valor inicial	Valor final
14	Fa	5.	0.1857289
15	Fb	10.	0.4123625
16	Fc	0	4.773366
17	Fd	0	0.0068175
18	Ft	15.	5.378275
36	T	300.	1548.299
37	Ta	325.	325.

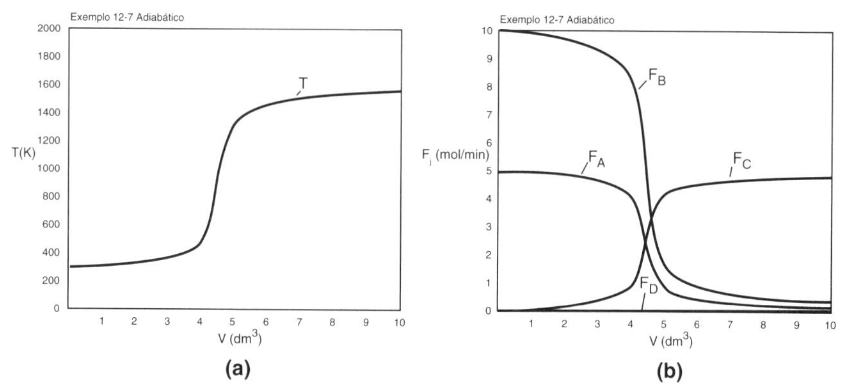

Figura E12-7.4 Perfis de: **(a)** temperatura e **(b)** vazão molar, para o caso de operação adiabática.

Análise: **Parte (d):** Para o caso de operação adiabática, a temperatura máxima atingida, que é a temperatura de saída, é maior que a temperatura máxima dos outros três casos, e a seletividade é a menor. Para uma temperatura alta como esta, a ocorrência de reações laterais indesejadas é certamente uma preocupação.

Análise Global das Partes (a) a (d): A temperatura máxima em cada um dos casos é superior à temperatura máxima de segurança para este sistema, 700 K. No **Problema P12-2$_A$ (h)** pergunta-se como é possível manter a temperatura máxima inferior a 700 K.

12.7 Segurança

O aumento da escala de equipamentos que operam com reações químicas exotérmicas pode ser complicado. As Tabelas 12-5 e 12-6 apresentam, respectivamente, reações que levaram a acidentes e suas causas.[7] O leitor deveria analisar os históricos dos casos destas reações e aprender como evitar acidentes similares.

TABELA 12-5 INCIDÊNCIA DE ACIDENTES EM PROCESSOS BATELADA

Tipo de Processo	*Número de Acidentes no Reino Unido, 1962 a 1987*
Polimerização	64
Nitração	15
Sulfurização	13
Hidrólise	10
Formação de sal	8
Halogenação	8
Alquilação (Friedel-Crafts)	5
Aminação	4
Diazoetização	4
Oxidação	2
Esterificação	1
Total:	134

[Fonte: U.K. Health and Safety Executive]

TABELA 12-6 CAUSAS DE ACIDENTES EM REATORES BATELADA NA TABELA 12-5

Causa	*Contribuição, %*
Falta de conhecimento sobre a reação química	20
Problemas com a qualidade do material	9
Problemas com o controle de temperatura	19
Problemas com a agitação	10
Carregamento errado de catalisador ou carga	21
Manutenção de baixa qualidade	15
Erro de operação	5

Reações fora de controle são as mais perigosas na operação de reatores, e um entendimento completo de como e quando elas podem acontecer é parte das responsabilidades de um engenheiro que trabalha com reatores químicos. A reação no último exemplo deste capítulo pode ser vista como uma reação fora de controle. Lembre-se de que, no Exemplo 12-7, nenhum dos sistemas de refrigeração pôde evitar que a temperatura do reator atingisse valores extremamente altos ao longo do reator (por exemplo, acima do

[7]Cortesia de J. Singh, *Chemical Engineering*, 92 (1997) e B. Venugopal, *Chemical Engineering*, 54 (2002).

limite de segurança de 700 K). No próximo capítulo, vamos estudar as histórias de dois casos de reações fora de controle. Uma delas é a explosão da planta de nitroanilina, discutida no **Exemplo E13-2**, e a outra é o **Exemplo 13-6**, relativo à recente explosão (2007) dos Laboratórios T2. [*http://www.chemsafety.gov/videoroom/detail.aspx?VID=31.*]

Há muitas fontes disponíveis com informações adicionais sobre segurança de reatores e sobre gerenciamento de produtos químicos reativos e outros riscos como fogo, explosão e contaminação tóxica, que são desenvolvidos e publicados pelo **Center for Chemical Process Safety (CCPS)** no American Institute of Chemical Engineers. Os livros do CCPS e outras fontes estão disponíveis no site *www.aiche.org/ccps*. Por exemplo, o livro *Essential Practices for Managing Chemical Reactivity Hazards*, escrito por um grupo de especialistas da área industrial, também é fornecido, sem custo adicional, pelo CCPS no site *www.info.knovel.com/ccps*. Um software conciso e fácil de ser utilizado para determinar a reatividade de substâncias ou misturas de substâncias, o Chemical Reactivity Worksheet é fornecido gratuitamente pelo National Oceanic and Atmospheric Administration (NOAA) no site *www.noaa.gov*.

O programa **Safety and Chemical Engineering Education (SAChE)**, um esforço cooperativo entre o AIChE, CCPS e faculdades de engenharia, foi criado em 1992 para fornecer materiais de ensino e programas que apresentem elementos da segurança de processos. Esses produtos se destinam ao ensino da graduação e pós-graduação, de alunos que estudem processos e produtos químicos ou bioquímicos. O **site do SAChE** (*www.sache.org*) possui uma excelente discussão sobre a segurança na operação de reatores, com exemplos, assim como informações sobre materiais reativos. Esses materiais também são apropriados para o propósito de treinamento em um ambiente industrial.

As seguintes instruções estão divididas em módulos e são disponibilizadas no site do SAChE (*www.sache.org*).

1. *Riscos de Reatividade para Compostos Químicos*: O módulo de ensino online contém cerca de 100 páginas da Web com muitos links, gráficos, vídeos e slides complementares. Eles podem ser utilizados tanto para apresentações em sala de aula, como para estudo individual em seu próprio ritmo. O módulo é projetado de modo a complementar uma disciplina de penúltimo ou último ano de engenharia química, e mostra como reações químicas fora de controle na indústria podem causar sérios danos. Ele introduz os conceitos-chave de como evitar reações indesejadas e como controlar reações desejadas.
2. *Reações Fora de Controle*: Caracterização Experimental e Projeto de Válvula de Alívio: Este módulo de instruções descreve o ARSST (Advanced Reaction System Screening Tool, ou seja, Ferramenta de Seleção com Sistema Avançado de Reação) e sua operação. Ele exemplifica como esse instrumento pode ser facilmente empregado para determinar as características transientes de reações fora de controle, e como os dados obtidos podem ser analisados e utilizados para projetar uma válvula de alívio, para esse tipo de sistema.
3. *Ruptura do Reator de Nitroanilina*: Este estudo de caso demonstra o conceito das reações fora de controle e como elas são caracterizadas e controladas para prevenir grandes perdas.
4. *Caso de Vazamento Acidental da Seveso*: Esta apresentação descreve um caso histórico amplamente discutido, que ilustra como pequenos erros de engenharia podem causar problemas significativos; situações que não deveriam ser repetidas. O acidente ocorreu em *Seveso*, Itália, em 1976. Foi um pequeno vazamento de uma dioxina, que causou lesões muito sérias.

O acesso ao material do SAChE requer a assinatura do site. Praticamente todas as universidades dos Estados Unidos e muitas universidades fora dos Estados Unidos são membros do SAChE. [Entre em contato com o membro que representa o SAChE em sua universidade (eles são listados no site do SAChE), ou então com seu professor ou chefe de departamento, para obter o nome de usuário e senha do site usado por sua universidade. Companhias também podem se associar.] Veja o site do SAChE para obter mais informações.

Programa com Certificado

O **SAChE** também oferece programas com certificado, que estão disponíveis para todos os estudantes de engenharia química. Os alunos podem estudar o material, realizar testes online e receber um certificado de conclusão. Os dois programas com certificados que seguem são de interesse da engenharia de reações químicas:

1. *Reações Fora de Controle*: Este certificado tem um foco maior em como gerenciar compostos químicos perigosos, particularmente os relacionados com reações fora de controle.
2. *Perigos de Reatividade Química*: Este é um curso online que confere certificado e fornece uma visão geral dos conceitos básicos sobre os perigos envolvendo compostos químicos reativos.

Muitos estudantes estão realizando o teste online e informando nos seus currículos que obtiveram o certificado do curso.

Notas de Resumo

Mais informações sobre segurança são dadas nas *Notas de Resumo* (*Summary Notes*) e no *Material de Referência Profissional* (*Professional Reference Shelf*) na Internet. Estude especialmente o uso do ARSST para detectar problemas em potencial. Isto será discutido no Capítulo 13, Material de Referência Profissional, Seção 13.1, no site da LTC Editora.

Encerramento. Praticamente todas as reações que são empregadas na indústria envolvem efeitos térmicos. Este capítulo fornece a base para o projeto de reatores que operam em regime estacionário e envolvem efeitos térmicos. Para modelar esses reatores, simplesmente adicionamos outra etapa em nosso algoritmo; esta etapa é o balanço de energia. É importante entender, neste ponto, como o balanço de energia foi aplicado a cada tipo de reação, para que você seja capaz de descrever o que aconteceria se alguma condição operacional fosse mudada (por exemplo, T_0), de maneira a determinar se as mudanças poderiam levar a condições arriscadas de operação, como as de reação fora de controle. Os *Problemas Exemplos de Simulação* (especialmente *12T-12-3*) e o módulo ICG (Jogos Interativos de Computador) ajudarão você a atingir um alto nível de compreensão. Outro grande objetivo após o estudo deste capítulo é ser capaz de projetar reatores com reações múltiplas em condições não isotérmicas. Resolva o Problema 12-24$_B$ para ter certeza de que você atingiu este objetivo. Um exemplo industrial que fornece vários detalhes práticos está incluso como um apêndice deste capítulo.

RESUMO

1. Para uma única reação, o balanço de energia em um PFR/PBR em termos da vazão molar é

$$\frac{dT}{dV} = \frac{(r_A)[\Delta H_{Rx}(T)] - Ua(T - T_a)}{\sum F_i C_{P_i}} = \frac{Q_g - Q_r}{\sum F_i C_{P_i}} \quad \text{(R12-1)}$$

Em termos de conversão,

$$\frac{dT}{dV} = \frac{(r_A)[\Delta H_{Rx}(T)] - Ua(T - T_a)}{F_{A0}\left(\sum \Theta_j C_{P_j} + X\Delta C_P\right)} = \frac{Q_g - Q_r}{F_{A0}\left(\sum \Theta_j C_{P_j} + X\Delta C_P\right)} \quad \text{(R12-2)}$$

2. A dependência da temperatura para a velocidade específica de reação é dada na forma

$$k(T) = k(T_1)\exp\left[\frac{E}{R}\left(\frac{1}{T_1} - \frac{1}{T}\right)\right] = k_1(T_1)\exp\left[\frac{E}{R}\left(\frac{T - T_1}{TT_1}\right)\right] \quad \text{(R12-3)}$$

3. A dependência da temperatura para a constante de equilíbrio é dada pela equação de van't Hoff, quando $\Delta C_P = 0$,

$$K_P(T) = K_P(T_2)\exp\left[\frac{\Delta H^{\circ}_{Rx}}{R}\left(\frac{1}{T_2}-\frac{1}{T}\right)\right] \quad \text{(R12-4)}$$

4. Desprezando as mudanças de energia potencial, energia cinética, efeitos de dissipação viscosa, e para o caso em que nenhum trabalho é realizado pelo sistema, ou sobre o sistema, e ainda todas as espécies são alimentadas ao reator na mesma temperatura, o balanço de energia em regime estacionário para um CSTR que opera com uma única reação é

$$\frac{UA}{F_{A0}}(T_a - T) - X[\Delta H^{\circ}_{Rx}(T_R) + \Delta C_P(T - T_R)] = \Sigma\,\Theta_j C_{P_j}(T - T_{i0}) \quad \text{(R12-5)}$$

5. Múltiplos regimes estacionários:

$$G(T) = (-\Delta H^{\circ}_{Rx})\left(\frac{-r_A V}{F_{A0}}\right) = (-\Delta H^{\circ}_{Rx})(X) \quad \text{(R12-6)}$$

$$R(T) = C_{P0}(1+\kappa)(T - T_c) \quad \text{(R12-7)}$$

em que $\kappa = \dfrac{UA}{C_{P_0}F_{A0}}$ e $T_c = \dfrac{\kappa T_a + T_0}{1+\kappa}$

6. Quando q reações múltiplas estão ocorrendo e há m espécies,

$$\frac{dT}{dV} = \frac{\sum_{i=1}^{q}(r_{ij})[\Delta H_{Rxij}(T)] - Ua(T - T_a)}{\sum_{j=1}^{m} F_j C_{Pj}} = \frac{Q_g - Q_r}{\sum_{j=1}^{m} F_j C_{Pj}} \quad \text{(R12-8)}$$

MATERIAL DO SITE DA LTC EDITORA

Notas de Resumo

- **Recursos de Aprendizagem**
  1. *Notas de Resumo*
  2. *Jogos Interativos de Computador*
     A. Efeitos Térmicos I
     B. Efeitos Térmicos II

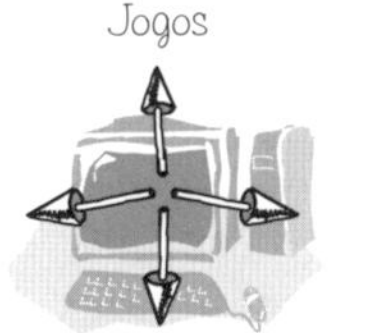

Jogos Interativos de Computador

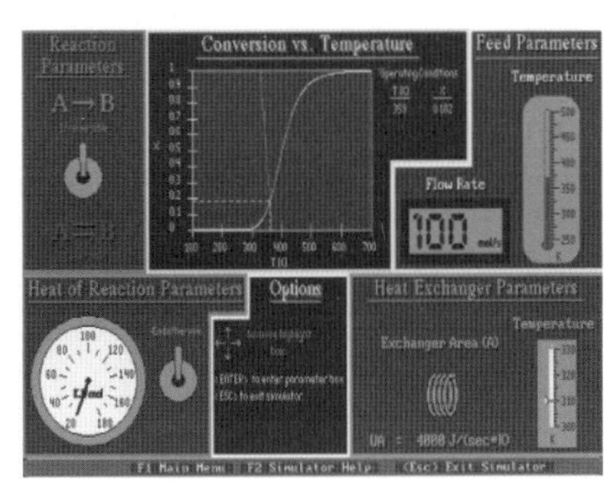

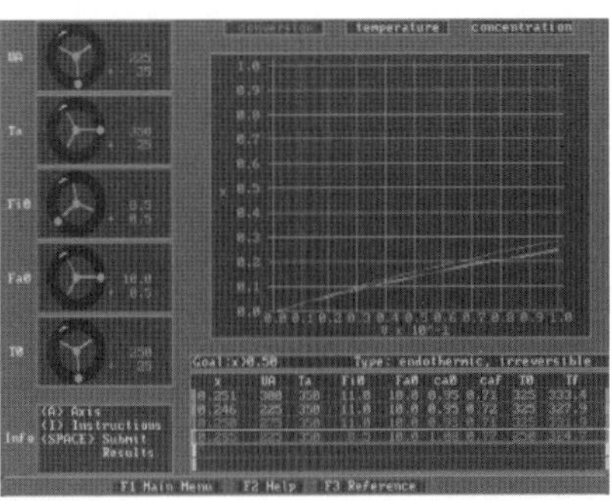

Problemas Resolvidos

  3. *Problemas Resolvidos*
     A. Exemplo 12-2

Formulado para o AspenTech: Carregue o AspenTech diretamente do site da LTC Editora

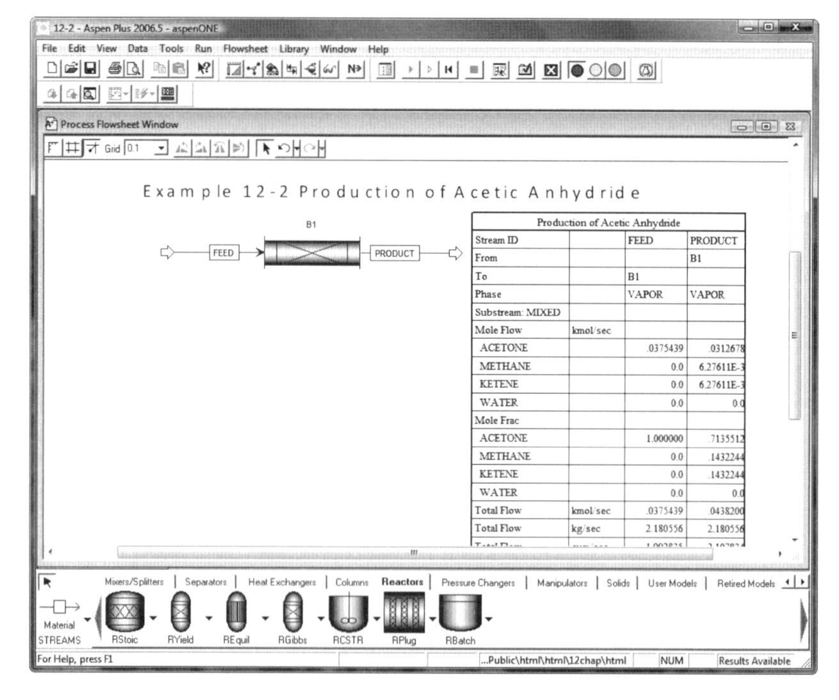

Um guia passo a passo para o AspenTech é fornecido no site da LTC Editora.

B. Exemplo CD12-1 $\Delta H_{Rx}(T)$ para Calores Específicos expressados como Funções Quadráticas da Temperatura

C. Exemplo CD12-2 Reação de Segunda Ordem Conduzida em um CSTR Adiabático

4. *Procedimento de Solução para um PFR/PBR com Reação Reversível em Fase Gasosa*

Problema Exemplo de Simulação

- **Exemplos de Problemas de Simulação**
  1. *Exemplo 12-1 Isomerização do Isobuteno com Transferência de Calor*
  2. *Exemplo 12-2 Produção de Anidrido Acético*
  3. *Exemplo 12-3 Formulação no AspenTech*
  4. *Exemplo 12-4 CSTR com Serpentina de Refrigeração*
  5. *Exemplo 12-5 Reações Paralelas em um PFR com Efeitos Térmicos*
  6. *Exemplo 12-6 Múltiplas Reações em um CSTR*
  7. *Exemplo 12-7 Reações Complexas*
  8. *Exemplo R12-1 Oxidação Industrial do* SO_2
  9. *Exemplo 12-T12-3 PBR com Temperatura Variável do Fluido Refrigerante,* T_a
- **Material de Referência Profissional**

R12.1 *Reações Fora de Controle em CSTRs e PFRs*
Gráficos do Plano de Fases. Transformamos os perfis de temperatura e concentração em um plano de fases.
A trajetória que passa por um máximo da "curva de máximos" é considerada *crítica* e, portanto, é a localização de uma condição *crítica* de entrada para C_A e T correspondentes a uma dada temperatura de parede.

R12.2 *Análise de Bifurcação em Regime Estacionário.* Na dinâmica de reatores, é particularmente importante verificar se existem múltiplos pontos de regime estacionário, ou se o sistema pode manter oscilações sustentadas.

R12.3 *Calor Específico em Função da Temperatura.* Combinando o calor de reação com a forma quadrática do calor específico,

$$C_{P_i} = \alpha_i + \beta_i T + \gamma_i T^2$$

encontramos

$$\boxed{\Delta H_{Rx}(T) = \Delta H^\circ_{Rx}(T_R) + \Delta\alpha(T - T_R) + \frac{\Delta\beta}{2}(T^2 - T_R^2) + \frac{\Delta\gamma}{3}(T^3 - T_R^3)}$$

O Exemplo 12-2 é analisado novamente na seção PRS (Professional Reference Shelf, ou seja, Material de Referência Profissional), para o caso em que os calores específicos são variáveis.

R12.4. *Produção de Ácido Sulfúrico*. Os detalhes da oxidação industrial do SO_2 são descritos. Aqui a quantidade de catalisador, a configuração do reator e as condições operacionais são discutidas, juntamente com um modelo para prever os perfis de temperatura e conversão.

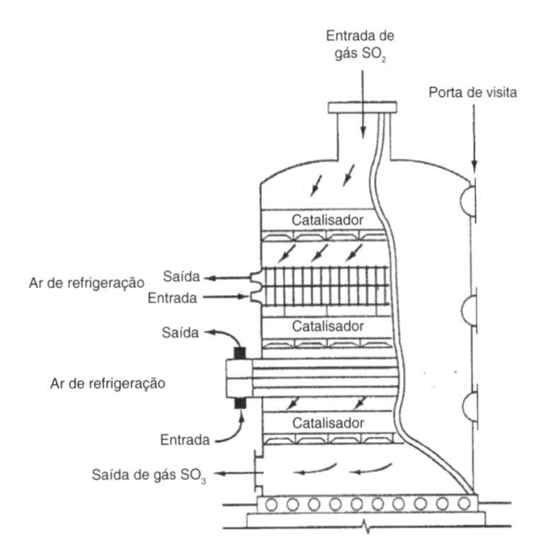

QUESTÕES E PROBLEMAS

O subíndice de cada um dos problemas numerados indica o seu grau de dificuldade: A, mais fácil; D, mais difícil.

Em cada uma das questões e problemas, em vez de apenas circular a sua resposta, escreva uma ou duas sentenças descrevendo como você resolveu o problema, as suposições que você fez, quão razoável é a sua resposta, o que você aprendeu, e qualquer outro fato que você gostaria de incluir. Veja o Prefácio para resolver as partes genéricas adicionais (**x**), (**y**) e (**z**) dos problemas propostos.

Antes de resolver qualquer problema, enuncie ou esquematize, qualitativamente, os resultados ou tendências esperados.

P12-1$_A$ Leia novamente os problemas no final deste capítulo. Invente um novo problema que utilize os conceitos apresentados neste capítulo. Para obter a solução:

(a) Invente os dados e a reação.

(b) Utilize uma reação real e dados reais. Veja o Problema P4-1$_A$ para orientação.

(c) Prepare uma lista de considerações de segurança para o projeto e operação de reatores químicos. (Veja *www.sache.org* e *www.siri.org/graphics*.) A edição de agosto de 1985 da revista *Chemical Engineering Progress* pode ser útil para a parte (c).

P12-2$_A$ Carregue o programa Polymath (ou outro) do site da LTC Editora, conforme apropriado ao item do problema:

(a) **Exemplo 12-1. Segurança**. Suponha que o valor da constante de equilíbrio e o calor de reação tenham sido medidos incorretamente e os valores obtidos foram: $K_C = 1000$ mol/dm^3 a 330 K e $\Delta H_{Rx} = -20.000$ kJ/mol. (1) Refaça o Exemplo 12-1 utilizando esses valores. (2) Suponha que uma segunda reação altamente exotérmica comece a 400 K. Será possível que usando um dos sistemas de troca térmica estudados evita-se que seja atingida a temperatura de 400 K? Se não, quais as condições que deveriam ser modificadas para prevenir que a reação fique fora de controle e ocorra uma explosão? (3) Faça $Q_g = r_A\, \Delta H_{Rx}$ e $Q_r = Ua\,(T - T_a)$ e então plote Q_g e Q_r no mesmo gráfico, em função de V. (4) Varie a vazão do fluido refrigerante ($0 < \dot{m}_c < 2000$ kg/h) e a temperatura de entrada ($273\text{ K} < T_0 < 315\text{ K}$) e descreva o que você encontrar. (5) Varie alguns dos outros parâmetros e veja se você pode encontrar condições perigosas de operação. (6) Plote Q_r e T_a em função de V, em condições de manter operação isotérmica.

(b) **Exemplo 12-2.** (1) Faça $Q_g = r_A\, \Delta H_{Rx}$ e $Q_r = Ua\,(T - T_a)$ e então plote Q_g e Q_r no mesmo gráfico em função de V. (2) Mantenha o volume do reator constante em 0,5 dm^3 e as condições de entrada a ($T_0 = 1050$ K, $T_{a0} = 1250$ K) e faça uma tabela contendo X_e, X, T_a e T, para cada um dos casos de trocador de calor, mude as condições de alimentação e determine qual caso fornece maior diferença na conversão.

(3) Repita (2) para $V = 5$ m^3. (4) Plote Q_g, Q_r e $-r_A$ em função de V para todos os quatro casos no mesmo gráfico e descreva o que você encontrou. (5) Para cada um dos casos de trocador de calor, investigue a adição de um inerte I com calor específico de 500 J/(mol·K), mantendo F_{A0} constante, ajustando as outras condições de entrada apropriadamente (por exemplo, ε). (6) Varie a vazão molar de entrada do composto inerte (isto é, $0{,}0 < \Theta_I < 3{,}0$ mol/s). Plote X em função de Θ_I e analise os resultados. (7) Finalmente, varie a temperatura do fluido de troca térmica T_{a0} (1000 °F < T_{a0} < 1350 °F). Escreva um parágrafo descrevendo o que você encontrou, destacando qualquer perfil ou resultado interessante.

(c) **Exemplo 12-2.** Formulação em AspenTech. Repita o item P12-2(**b**) usando o software AspenTech.

(d) **Exemplo 12-3.** Descreva como suas respostas mudariam se a vazão molar de metanol fosse aumentada 4 vezes.

(e) **Exemplo 12-4.** Outros dados mostram que $\Delta H^{o}_{Rx} = -38.700$ Btu/lbmol e $C_{PA} = 29$ Btu/(lbmol/°F). Como esses valores mudariam seus resultados? Faça um gráfico da conversão em função da área de troca térmica [$0 < A < 200$ ft^2].

(f) **Exemplo 12-5.** Como os seus resultados mudariam se houvesse (1) uma perda de carga com $\alpha = 1{,}05$ dm^{-3}? (2) Reação (1) é reversível com $K_C = 10$ a 450 K? (3) Como a seletividade mudaria se Ua aumentasse? E se diminuísse?

(g) **Exemplo 12-6.** (1) Varie T_0 para fazer um gráfico da temperatura do reator, T, em função de T_0. Quais são as temperaturas de extinção e ignição? (2) Varie τ entre 0,1 e 0,001 min e descreva o que você encontrou. (3) Varie UA entre 4.000 e 400.000 J/(min·K) e descreva o que você encontrou.

(h) **Exemplo 12-7.** (1) **Segurança.** Plote Q_g e Q_r em função de V. Como você poderia manter a temperatura abaixo de 700 K? A adição de inertes iria ajudar? Se a resposta for sim, qual seria a vazão se $C_{PI} = 10$ cal/mol/K? (2) Veja os gráficos. O que aconteceu com a espécie D? (3) Faça uma tabela da temperatura (por exemplo, T máxima, T_a) e vazão molar para dois ou três volumes, comparando as diferentes formas de operação com trocador de calor. (4) Como você explica que a vazão molar de C não passa por um máximo? Varie alguns dos parâmetros para verificar se em alguma condição ela passa por um máximo. Comece aumentando F_{A0} com um fator de 5 vezes. (5) Inclua pressão neste problema. Varie o parâmetro de perda de carga ($0 < \alpha\, \rho_b < 0{,}0999$ dm^{-3}) e descreva o que você encontrou.

(i) **SITE DA LTC EDITORA SO_2 Exemplo PRS-R12.4-1.** Carregue o programa LEP R12-1 sobre a oxidação do SO_2. Como seus resultados mudariam se (1) o diâmetro da partícula de catalisador fosse reduzido à metade? (2) se a pressão dobrasse? Para qual tamanho de partícula, a perda de carga começa a ser um problema, para uma mesma massa total de catalisador, assumindo que a porosidade não mude? (3) se você variasse a temperatura inicial e a temperatura do fluido refrigerante? Escreva um parágrafo descrevendo o que você encontrou.

(j) **SAChE.** Vá ao site do SAChE, *www.sache.org*. No menu do lado esquerdo, selecione "SAChE Products" (Produtos SAChE). Após, selecione "All" (Todos), dê entrada e vá ao módulo "Safety, Health and Environment" (S, H & E) (Segurança, Saúde e Ambiente). Os problemas são de KINETICS (CINÉTICA) (isto é, ERQ). Há alguns problemas marcados com "K" e explicações em cada uma das seleções S, H & E. Soluções para os problemas estão em uma diferente seção do site. Veja, especificamente: *Loss of Cooling Water* (K-1) (Perda de Água de Refrigeração), *Runaway Reactions* (HT-1) (Reações Fora de Controle), *Design of Relief Valves* (D-2) (Projeto de Válvulas de Alívio de Pressão), *Temperature Control and Runaway* (K-4) e (K-5) (Controle de Temperatura e Situação Fora de Controle), e *Runaway and the Critical Temperature Region* (K-7) (Situação Fora de Controle e a Região de Temperatura Crítica). Estude os problemas K e escreva um parágrafo sobre o que você aprendeu. Seu professor, ou o chefe do departamento, devem ter o nome de usuário e senha de acesso ao site do SAChE, para que assim você possa obter o módulo com os problemas.

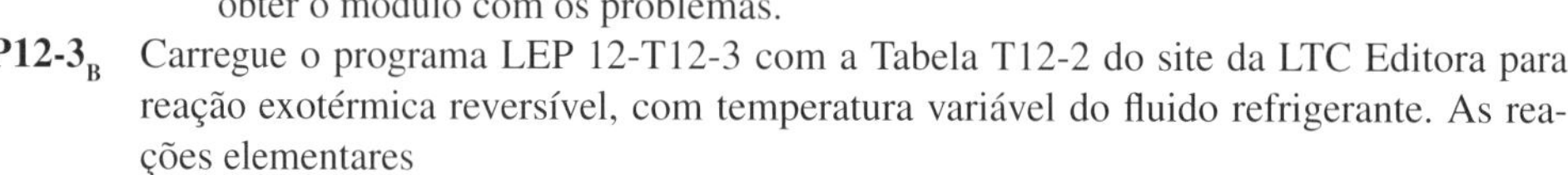

P12-3$_B$ Carregue o programa LEP 12-T12-3 com a Tabela T12-2 do site da LTC Editora para reação exotérmica reversível, com temperatura variável do fluido refrigerante. As reações elementares

$$A + B \rightleftarrows 2C$$

possuem os seguintes valores dos parâmetros para o **caso base**:

$E = 25$ kcal/mol $\quad C_{P_A} = C_{P_B} = C_{P_C} = 20$ cal/mol/K

$\Delta H^{\circ}_{Rx} = -20$ kcal/mol $\quad C_{P_I} = 40$ cal/mol/K

$$k = \frac{0{,}004\ \text{dm}^6}{\text{mol}\cdot\text{kg}\cdot\text{s}} \ @\ 310\ \text{K} \qquad \frac{Ua}{\rho_b} = 0{,}5\frac{\text{cal}}{\text{kg}\cdot\text{s}\cdot\text{K}} \qquad T_0 = 330\ \text{K}$$

$K_c = 1000$ @ 303 K $\quad T_a = 320$ K

$\alpha = 0{,}0002$ / kg $\quad \dot{m}_c = 1.000$ g/s

$F_{a0} = 5$ mol/s $\quad C_{P_c} = 18$ cal/g/K

$C_{T0} = 0{,}3$ mol/dm^3 $\quad \Theta_I = 1$

Varie os seguintes parâmetros nas faixas mostradas nas Partes (*a*) a (*i*). Escreva um parágrafo descrevendo as tendências que você encontrou para cada parâmetro que foi variado e por que elas têm as formas que foram obtidas. Use o caso base para os parâmetros não variados. [*Dica*: Veja *Autotestes* e *Livro-Texto* nas *Notas de Resumo* do Capítulo 12 do site da LTC Editora.]

(a) F_{A0}: $1 \leq F_{A0} \leq 8$ mol/s

(b) Θ_I: $0{,}5 \leq \Theta_I \leq 4$

*Nota: O programa contém $\Theta_I = 1{,}0$. Portanto, quando você variar Θ_I, precisará considerar o aumento ou redução de C_{A0} porque a concentração total, C_{T0}, é constante.

(c) $\frac{Ua}{\rho_b}$**:** $0{,}1 \leq \frac{Ua}{\rho_b} \leq 0{,}8\ \frac{\text{cal}}{\text{kg}\cdot\text{s}\cdot\text{K}}$

(d) T_0**:** $310\ \text{K} \leq T_0 \leq 350$ K

(e) T_a**:** $300\ \text{K} \leq T_a \leq 340$ K

(f) $\dot{m}_c$**:** $1 \leq m_c \leq 1000$ g/s

(g) Repita **(f)** para o caso de fluido refrigerante em contracorrente.

(h) Determine a conversão para um CSTR com leito fluidizado de 5000 kg em que UA = 500 cal/(s·K) com $T_a = 320$ K e $\rho_b = 2$ kg/m^3.

(i) Repita **(a)**, **(b)** e **(d)** como se a reação fosse endotérmica com $K_c = 0{,}01$ a 303 K e $\Delta H^{\circ}_{Rx} = +20$ kcal/mol.

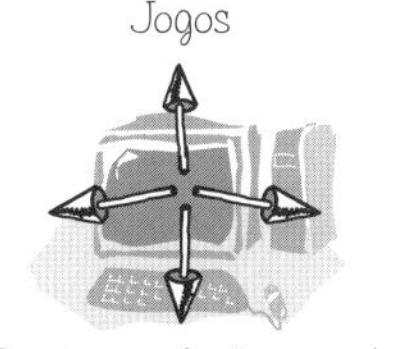

P12-4$_A$ Carregue os Jogos Interativos de Computador (ICG) do DVD-ROM, indicados nos itens (*a*) e (*b*). Execute cada jogo e então anote o seu número de desempenho para o módulo; ele identifica o seu nível de aprendizagem do material. *Observação:* Para a simulação (*b*), faça apenas os três primeiros reatores, pois o Reator 4 e outros casos de número maior não funcionam.

(a) ICG Efeitos Térmicos no Basquetebol 1 Desempenho nº________________.

(b) ICG Simulação de Efeitos Térmicos 2 Desempenho nº ________________.

P12-5$_C$ **Problema de Segurança** O texto que segue é uma passagem do *The Morning News*, Wilmington, Delaware (3 de agosto de 1977): "Investigadores peneiraram os escombros da explosão em busca da causa [que destruiu a nova planta de óxido nitroso]. Um porta-voz da empresa disse que a explosão [fatal] provavelmente foi causada por outro gás – nitrato de amônio – usado na produção de óxido nitroso." Uma solução contendo 83% (m/m) de nitrato de amônio e 17% de água é alimentada a 200 °F ao CSTR, que é operado na temperatura de 510 °F. Nitrato de amônio derretido se decompõe diretamente a óxido nitroso gasoso e vapor d'água. Acredita-se que flutuações na pressão foram observadas no sistema e, como resultado disso, a alimentação de nitrato de amônio derretido ao reator pode ter sido interrompida 4 min antes da explosão.

Assuma que, no momento em que a alimentação do CSTR foi interrompida, havia 500 lb$_m$ de nitrato de amônio no reator. Acredita-se que a conversão do reator seja praticamente completa, aproximadamente 99,99%.

Informações adicionais (aproximadas, mas próximas do caso real):

$\Delta H^{\circ}_{Rx} = -336$ Btu/lb$_m$ de nitrato de amônio a 500°F (constante)

$C_P = 0{,}38$ Btu/(lb$_m$ de nitrato de amônio · °F)

$C_P = 0{,}47$ Btu/(lb$_m$ de vapor · °F)

$$-r_A V = kC_A V = k\frac{M}{V}V = kM(\text{lb}_m/\text{h})$$

em que M é a massa de nitrato de amônio no CSTR (lb_m) e k é dada pela relação

T (°F)	510	560
k (h^{-1})	0,307	2,912

As entalpias da água líquida e vapor são

$$H_w(200°F) = 168 \text{ Btu/lb}_m$$
$$H_g(500°F) = 1202 \text{ Btu/lb}_m$$

(a) Você é capaz de explicar a causa da explosão? [*Dica*: Veja o Problema P13-3_B.]
(b) Se a vazão de alimentação do reator antes do desligamento fosse 310 lb_m de solução por hora, qual era a temperatura exata do reator no instante precedente à sua parada? [*Dica*: Plote Q_r e Q_g em função da temperatura no mesmo gráfico.]
(c) Como você daria a partida ou desligaria e controlaria tal reação?
(d) Explore este problema e descreva o que você encontrar. [Por exemplo, acrescente um trocador de calor $UA\ (T - T_a)$, escolha os valores de UA e T_a, e então plote $R(T)$ em função de $G(T)$.]
(e) Discuta o que você acredita que seja o objetivo deste problema. A ideia deste problema surgiu de um artigo escrito por Ben Horowitz.

P12-6_B A reação endotérmica elementar em fase líquida

$$A + B \rightarrow 2C$$

é conduzida, substancialmente até se completar, em um único reator contínuo de mistura perfeita, com jaqueta térmica a vapor (Tabela P12-6_B). Calcule a temperatura do reator em regime permanente, utilizando os dados que seguem:

Volume do reator: 125 gal
Área de troca térmica da jaqueta de vapor: 10 ft^2
Vapor da jaqueta: 150 psi (temperatura de saturação 365,9 °F)
Coeficiente global de troca térmica da jaqueta, U: 150 Btu /(h·ft^2·°F)
Potência do eixo de agitação: 25 hp
Calor de reação, ΔH°_{Rx} = + 20.000 Btu/lbmol de A (independente da temperatura)

Tabela P12-6_B Condições e Propriedades da Alimentação

	Componentes		
	A	*B*	*C*
Alimentação (lbmol/h)	10,0	10,0	0
Temperatura de alimentação (°F)	80	80	—
Calor específico (Btu/lbmol·°F)*	51,0	44,0	47,5
Massa molar	128	94	111
Massa específica (lb_m/ft^3)	63,0	67,2	65,0

* Independente da temperatura. [Resposta: T = 199 °F]
(Cortesia: California Board of Registration for Professional & Land Surveyors.)

P12-7_A Use os dados do Problema P11-3_A para as seguintes questões:
Informações adicionais

$$Ua = 20 \text{ cal}/(\text{m}^3 \cdot \text{s} \cdot \text{K}) \qquad \dot{m}_C = 50 \text{ g/s}$$
$$T_{a0} = 450 \text{ K} \qquad C_{P_{Cool}} = 1 \text{ cal/g/K}$$

(a) Calcule a conversão quando a reação é conduzida adiabaticamente em um CSTR de 500 dm^3 e, então, compare os resultados quando há dois reatores CSTR em série, cada um de 250 dm^3.

A reação reversível (Parte **(d)** do P11-3_A) agora é conduzida em um PFR com trocador de calor. Plote e então analise X, X_e, T, T_a, Q_r, Q_g e a velocidade $-r_A$, para os seguintes casos:
(b) Temperatura constante do fluido de troca térmica, T_a
(c) Trocador de calor cocorrente, T_a
(d) Trocador de calor contracorrente, T_a

(e) Operação adiabática
(f) Faça uma tabela comparando todos os seus resultados (por exemplo, X, X_e, T, T_a). Escreva um parágrafo descrevendo o que você encontrou.
(g) Plote Q_r e T_a em função de V, em condições de manter operação isotérmica.

P12-8$_A$ Para a reação

$$A \rightleftarrows B$$

e os dados do Problema P11-6$_B$, desenvolva as seguintes atividades: Plote e então analise os perfis de X, X_e, T, T_a e de velocidade de reação ($-r_A$) em um PFR, para os casos de (*a*) a (*f*). Em cada caso, explique por que as curvas têm as formas com que foram obtidas.
(a) Trocador de calor cocorrente
(b) Trocador de calor contracorrente
(c) Temperatura constante do fluido de troca térmica, T_a
(d) Compare e contraste cada um dos resultados dos itens (*a*), (*b*) e (*c*) com os resultados de operação adiabática (por exemplo, faça uma tabela de X e X_e obtidos em cada caso).
(e) Varie alguns parâmetros, por exemplo, ($0 < \Theta_I < 10$), e descreva o que você encontrar.
(f) Plote Q_r e T_a em função de V, em condições de manter operação isotérmica.

P12-9$_A$ Repita o Problema P11-7$_B$ com a reação

$$A + B \rightleftarrows 2C$$

Plote X, X_e, T, T_a e $-r_A$ ao longo do comprimento do PFR, para os casos:
(a) Trocador de calor cocorrente
(b) Trocador de calor contracorrente
(c) Temperatura constante do fluido de troca térmica, T_a
(d) Compare e contraste os resultados para os itens **(a)**, **(b)** e **(c)**, juntamente com aqueles do caso de operação adiabática, e escreva um parágrafo descrevendo o que você encontrar.

P12-10$_B$ Use os dados e a reação do Problema P11-3$_A$ para as seguintes situações:
(a) Plote e analise os perfis de conversão, Q_r, Q_g e de temperatura para um reator PFR de 10 dm^3, para o caso em que a reação é reversível com $K_C = 10$ m^3/kmol a 450 K. Plote e então analise o perfil de concentração de equilíbrio.
(b) Repita (**a**) incluindo um trocador de calor, $Ua = 20$ cal/(m^3·s·K), e com temperatura constante do fluido refrigerante, $T_a = 450$ K.
(c) Repita (**b**) para ambos os casos contracorrente e cocorrente de um trocador de calor. A vazão do fluido refrigerante é 50 g/s, $C_{P_c} = 1$ cal/(g·K), e a temperatura de alimentação do fluido refrigerante é $T_{a0} = 450$ K. Varie a vazão do fluido de refrigeração ($10 < \dot{m}_c < 1000$ g/s).
(d) Plote Q_r e T_a em função de V, em condições de manter operação isotérmica.
(e) Compare as suas respostas de (**a**) a (**d**) e descreva o que você encontrou. Quais generalizações podem ser feitas?
(f) Repita (**c**) e (**d**) quando a reação é irreversível, mas endotérmica, com $\Delta H^{\circ}_{Rx} = 6000$ cal/mol. Escolha $T_{a0} = 450$ K.

P12-11$_B$ Use os dados do Problema P11-4$_A$ para o caso em que calor é removido por um trocador de calor do tipo jaqueta. A vazão de fluido refrigerante através da jaqueta térmica é suficientemente alta para manter a temperatura ambiente do trocador a $T_a = 50$ °C.
(a) **(1)** Plote e então analise os perfis de temperatura, conversão, Q_r e Q_g para um PBR com

$$\frac{Ua}{\rho_b} = 0{,}08 \frac{\text{J}}{\text{s} \cdot \text{kg cat.} \cdot \text{K}}$$

em que
ρ_b = massa específica do leito de catalisador (kg/m^3)
a = área de troca de calor por unidade de volume do reator (m^2/m^3)
U = coeficiente global de troca térmica (J/(s·m^2·K))
(2) Como os perfis mudariam se o valor de Ua/ρ_b fosse aumentado por um fator de 3000?
(3) E se houvesse uma perda de carga com $\alpha = 0{,}019$ kg^{-1}?
(b) Repita a parte **(a)** para trocador de calor com escoamento cocorrente e contracorrente, e operação adiabática com $\dot{m}_c = 0{,}2$ kg/s, $C_{P_c} = 5000$ J/(kg·K) e temperatura de entrada do fluido refrigerante a 50 °C.

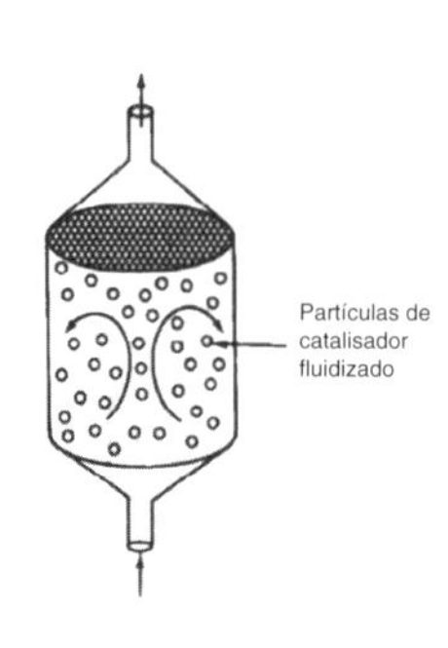

(c) Encontre X e T para um CSTR "fluidizado" [veja a figura ao lado] com 80 kg de catalisador.

$$UA = 500 \frac{\text{J}}{\text{s}\cdot\text{K}}, \qquad \rho_b = 1 \text{ kg/m}^3$$

(d) Repita as partes **(a)** e **(b)** para W = 80,0 kg, admitindo uma reação reversível com uma velocidade específica da reação reversa de

$$k_r = 0{,}2 \exp\left[\frac{E_r}{R}\left(\frac{1}{450} - \frac{1}{T}\right)\right]\left(\frac{\text{dm}^6}{\text{kg cat.}\cdot\text{mol}\cdot\text{s}}\right); \qquad E_r = 51{,}4 \text{ kJ/mol}$$

Varie a temperatura de entrada, T_0, e descreva o que foi encontrado.

(e) Utilize ou modifique os dados deste problema para sugerir outra questão ou cálculo. Explique por que sua questão requer pensamento crítico ou criativo. Veja no Prefácio as Seções B.2 e B.3, e o site *http://www.engin.umich.edu/scps*.

P12-12$_C$ Deduza o balanço de energia para um reator de membrana de leito de recheio. Aplique o balanço à reação do problema P11-4$_B$ para o caso em que a reação é reversível com K_C = 1,0 mol/dm^3 a 300 K. A espécie C difunde-se para fora da membrana com k_C = 1,5 s^{-1}.

(a) Plote e analise os perfis de concentração para diferentes valores de K_C quando a reação é conduzida adiabaticamente.

(b) Repita a parte **(a)** para a condição em que o coeficiente de troca térmica seja Ua = 30 J/(s·kg cat. · K) com T_a = 50 °C.

P12-13$_C$ A reação da biomassa

$$\text{Substrato} \xrightarrow{\text{Células}} \text{Mais Células + Produto}$$

é conduzida em um quimiostato de 6 dm^3 com trocador de calor.

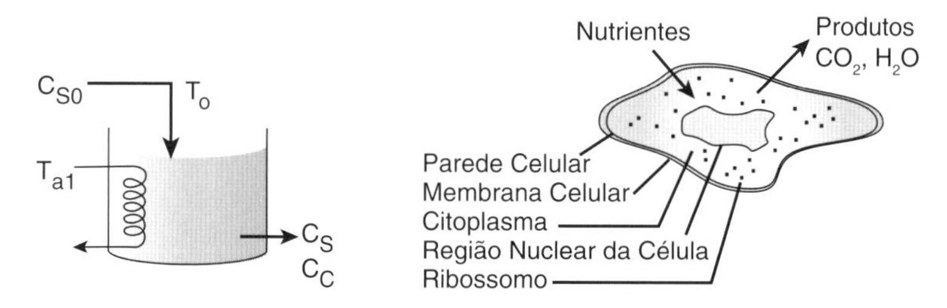

A vazão volumétrica é 1 dm^3/h e a concentração de substrato na entrada e a temperatura são, respectivamente, 100 g/dm^3 e 280 K. A velocidade de crescimento em função da temperatura é dada por Aiba et al. Equação (9-63):

$$r_g = \mu C_C$$

e

$$-r_S = r_g / Y_{C/S}$$

$$\mu(T) = \mu(310 \text{ K})\text{I}' = \mu_{1\text{máx}} \left[\frac{0{,}0038 \cdot T \cdot \exp[21{,}6 - 6700/T]}{1 + \exp[153 - 48000/T]}\right] \frac{C_S}{K_S + C_S} \qquad \text{(P12-14.1)}$$

(a) Plote $G(T)$ e $R(T)$ para operação adiabática e para operação não adiabática, neste caso assumindo uma vazão de fluido refrigerante muito alta (isto é, $\dot{Q} = UA\,(T_a - T)$ com A = 1,1 m^2 e T_a = 290 K).

(b) Qual deveria ser a área de troca de calor utilizada para maximizar a concentração de células na saída, no caso de a temperatura de alimentação ser 288 K? Água de refrigeração é disponível a 290 K, com vazão de até 1 kg/min.

(c) Identifique a presença de quaisquer múltiplos regimes estacionários e os discuta tendo em vista o que você aprendeu neste capítulo. [*Dica*: Plote T_s em função de T_0 da Parte **(a)** .]

(d) Varie T_0, $\dot{m}_c$ e T_a e descreva o que foi encontrado.

Informações adicionais

$Y_{C/S}$ = 0,8 g células/g substrato, $C_C = C_{S0}\, Y_{C/S}\, X$

K_S = 5,0 g/dm^3

$\mu_{1\text{máx}}$ = 0,5 h^{-1} (note que $\mu = \mu_{\text{máx}}$ a 310 K)

C_{P_S} = Calor específico da solução do substrato incluindo todas as células = 5 J/(g·K)

m_s = Massa da solução do substrato no quimiostato = 6,0 kg
ΔH^{o}_{Rx} = −20.000 J/g célula
U = 50.000 J/(h·K·m²)
C_{P_c} = Calor específico da água de refrigeração 5 J/(g/K)
$\dot{m}_c$ = vazão do fluido de refrigeração (até 60.000 kg/h)
ρ_S = massa específica da solução = 1 kg/dm³

Nota:
$$\dot{Q} = \dot{m}_c C_{P_c} [T - T_a]\left[1 - e^{-\frac{UA}{\dot{m}_c C_{P_c}}}\right]$$

P12-14$_A$ A reação irreversível

$$A + B \longrightarrow C + D$$

é conduzida adiabaticamente em um CSTR. As curvas do "calor gerado" [G(T)] e do "calor removido" [R(T)] são mostradas na Figura P12-14$_A$.

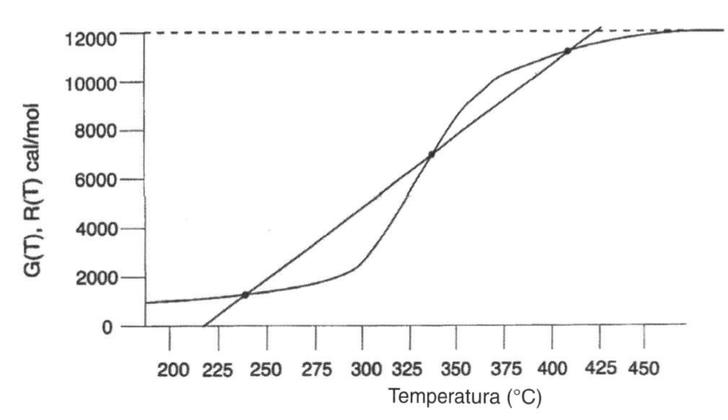

Figura P12-14$_A$ Curvas do calor removido $R(T)$ e calor gerado $G(T)$.

(a) Qual é o ΔH^{o}_{Rx} da reação?
(b) Quais são as temperaturas de alimentação de ignição e de extinção?
(c) Quais são todas as temperaturas de operação do reator correspondentes às temperaturas de alimentação de ignição e de extinção?
(d) Quais são as conversões nas temperaturas de ignição e extinção?

P12-15$_B$ A reação irreversível exotérmica, de primeira ordem, em fase líquida,

$$A \rightarrow B$$

é conduzida em um CSTR com trocador de calor. A espécie A e um inerte I são alimentados ao reator em proporções equimolares. A vazão molar de alimentação de A é 80 mol/min.

Informações adicionais

Calor específico do inerte: 30 cal/(mol·°C)	τ = 100 min
Calor específico de A e B: 20 cal/(mol·°C)	ΔH^{o}_{Rx} = −7500 cal/mol
UA: 8000 cal/(min·°C)	k = 6,6×10^{-3} min^{-1} a 350 K
Temperatura ambiente, T_a: 300 K	E = 40.000 cal/(mol·K)

(a) Qual é a temperatura do reator para uma temperatura de alimentação de 450 K?
(b) Plote e então analise a temperatura do reator em função da temperatura de alimentação.
(c) Em que temperatura de alimentação o fluido deve ser pré-aquecido para que o reator opere com alta conversão? Quais são a temperatura e a conversão do fluido do CSTR, correspondentes a esta temperatura de alimentação?
(d) Suponha que a temperatura de alimentação do fluido seja agora aquecida 5 °C acima da temperatura do reator da parte **(c)** e então resfriada 20°C, e depois mantida na última temperatura obtida. Qual seria a conversão?
(e) Qual é a temperatura de alimentação de extinção para este sistema reacional? [*Resposta*: T_0 = 87 °C.]

P12-16$_B$ A reação elementar reversível em fase líquida

$$A \rightleftarrows B$$

é conduzida em um CSTR com trocador de calor. A espécie A pura é alimentada ao reator.

(a) Deduza uma expressão (ou série de expressões) para calcular $G(T)$ em função do calor de reação, constante de equilíbrio, temperatura e outras variáveis. Mostre como calcular $G(T)$ a $T = 400$ K.
(b) Quais são as temperaturas de regime estacionário? [*Resposta*: 310, 377 e 418 K.]
(c) Quais regimes estacionários são localmente estáveis?
(d) Qual a conversão correspondente ao regime estacionário superior?
(e) Varie a temperatura ambiente T_a e faça um gráfico da temperatura do reator em função de T_a, identificando as temperaturas de ignição e extinção.
(f) Se o trocador de calor no reator falha repentinamente (isto é, $UA = 0$), qual seria a conversão e qual a temperatura do reator, quando o novo regime estacionário superior fosse atingido? [*Resposta*: 431 K.]
(g) Qual coeficiente de troca térmica UA dará a máxima conversão?
(h) Escreva uma questão que necessite de raciocínio crítico e então explique por que a sua questão requer raciocínio crítico. [*Dica*: Veja Prefácio, Seção B.2.]
(i) Qual é a vazão de extinção, v_0, para operação adiabática [condição que $R(T)$ passa pelo máximo de $G(T)$]?
(j) Suponha que você queira operar o reator no regime estacionário inferior. Quais valores dos parâmetros você sugeriria para evitar uma reação fora de controle, por exemplo, o regime estacionário superior?

Informações adicionais

$UA = 3600$ cal/min·K $\qquad E/R = 20.000$ K
$C_{P_A} = C_{P_B} = 40$ cal/mol·K $\qquad V = 10$ dm^3
$\Delta H^\circ_{Rx} = -80.000$ cal/mol A $\qquad v_0 = 1$ dm^3/min
$K_C = 100$ a 400 K $\qquad F_{A0} = 10$ mol/min
$k = 1$ min^{-1} a 400 K

Temperatura ambiente $T_a = 37°C$ $\qquad$ Temperatura de alimentação, $T_0 = 37°C$

P12-17$_C$ A reação irreversível de primeira ordem, em fase líquida,

$$A \rightarrow B$$

é conduzida em um reator CSTR com jaqueta térmica. A espécie A pura é alimentada ao reator na vazão de 0,5 g mol/min. A curva do calor gerado para esta reação e sistema reacional,

$$G(T) = \frac{-\Delta H^\circ_{Rx}}{1 + 1/(\tau k)},$$

é mostrada na Figura P12-17$_C$.

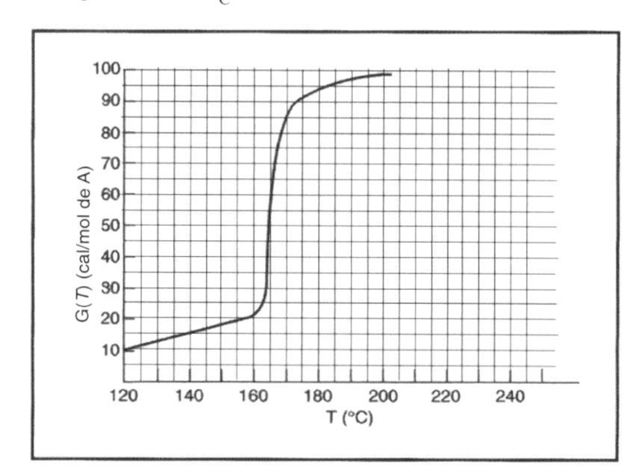

Figura P12-17$_C$ Curva $G(T)$.

(a) Em qual temperatura de alimentação o fluido deve ser preaquecido para que o reator opere com alta conversão? [*Resposta*: $T_0 \geq 214°C$.]
(b) Qual é a temperatura correspondente do fluido no CSTR a essa temperatura de alimentação? [*Resposta*: $T_S = 164°C, 184°C$.]
(c) Suponha que o fluido agora seja aquecido 5°C acima da temperatura da parte **(a)** e então resfriado 10°C, e depois permanece nesta temperatura. Qual será a conversão? [*Resposta*: $X = 0,9$.]
(d) Qual é a temperatura de extinção para este sistema reacional? [*Resposta*: $T_0 = 190°C$.]

(e) Escreva uma questão que requeira raciocínio crítico e então explique por que sua questão requer raciocínio crítico. [*Dica*: Veja Prefácio, Seção B.2.]

Informações adicionais

A curva $G(T)$ para esta reação é mostrada na Figura P12-17$_C$
Calor de reação (constante): −100 cal/(mol de A)
Calor específico de A e B: 2 cal/(mol·°C)
UA: 1 cal/(min·°C); Temperatura ambiente, T_a: 100°C

P12-18$_C$ A reação reversível em fase líquida

$$A \rightleftarrows B$$

é conduzida em um CSTR de 12 dm³ com trocador de calor. A temperatura de entrada, T_0, e a temperatura do fluido de troca térmica, T_a, são iguais a 330 K. Uma mistura equimolar de A e inerte são alimentados ao reator.

(a) Qual o valor do produto do coeficiente de troca térmica pela área de troca térmica (UA) que levaria a máxima conversão?

(b) Qual a conversão máxima?

Informações adicionais

$C_{P_A} = C_{P_B} = 100 \text{ cal/(mol·K)}, \ C_{P_I} = 150 \text{ cal/(mol·K)}$

$F_{A0} = 10 \text{ mol/h}, \ C_{A0} = 1 \text{ mol/dm}^3, \ v_0 = 10 \text{ dm}^3/\text{h}$

$\Delta H_{Rx} = -42.000 \text{ cal/mol}$

$k = 0{,}001 \text{ h}^{-1}$ a 300 K com $E = 30.000$ cal/mol

$K_C = 5.000.000$ a 300 K

P12-19$_C$ A reação elementar em fase gasosa

$$2A \rightleftarrows C$$

é conduzida em um reator de leito de recheio (PBR). A espécie A pura entra no reator a 450 K, com vazão de 10 mol/s e concentração de 0,25 mol/dm³. O PBR contém 90 kg de catalisador e é envolvido por um trocador de calor, com fluido refrigerante disponibilizado a 500 K. Compare a conversão alcançada para os quatro tipos de operações com o trocador de calor: adiabática, T_a constante, escoamento cocorrente e escoamento contracorrente.

Informações adicionais

$\alpha = 0{,}019/\text{kg cat.}$

$Ua/\rho_b = 0{,}8 \text{ J/(kg cat.·K)}$

$\Delta H^\circ_{Rx} = -20.000 \text{ J/mol}$

$C_{P_A} = 40 \text{ J/mol·K}$

$C_{P_C} = 20 \text{ J/mol/K}$

$F_{A0} = 10 \text{ mol/h}$

$C_{A0} = 1 \text{ mol/dm}^3$

$v_0 = 10 \text{ dm}^3/\text{h}$

P12-20$_C$ A reação é conduzida em um reator de leito de recheio como mostra a Figura P12-20$_C$.

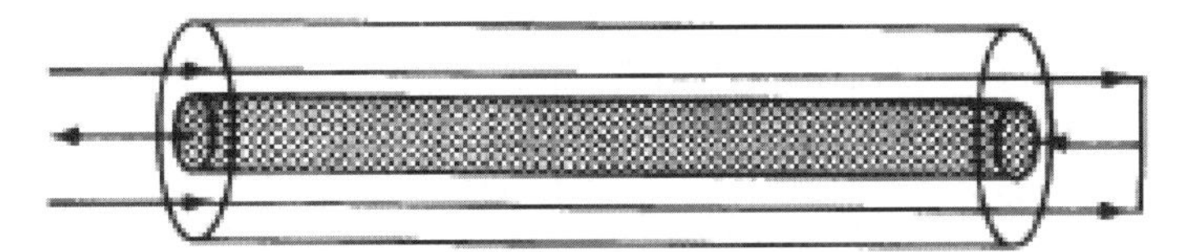

Figura P12-20$_C$ PFR com trocador de calor.

Os reagentes entram num espaço anular entre uma tubulação exterior termicamente isolada e um tubo interno contendo o catalisador. Nenhuma reação ocorre na região de fluxo anular. Calor é transferido ao longo do reator entre os gases na região do reator de leito de recheio e o gás que escoa em contracorrente no espaço anular. O coeficiente de troca térmica global é 5 W/(m²·K). Plote a conversão e a temperatura em função do comprimento do reator para os dados fornecidos em

(a) Problema P11-3_A.

(b) Problema P12-10_B **(a)**.

Inscrição Pendente para Problema da Galeria da Fama

P12-21_B As reações irreversíveis em fase líquida

Reação (1) $A + B \rightarrow 2C$ $r_{1C} = k_{1C}C_AC_B$

Reação (2) $2B + C \rightarrow D$ $r_{2D} = k_{2D}C_BC_C$

são conduzidas em um PFR com trocador de calor. Os perfis de temperatura da Figura P12-21_B foram obtidos para o meio reacional e para o fluido refrigerante.

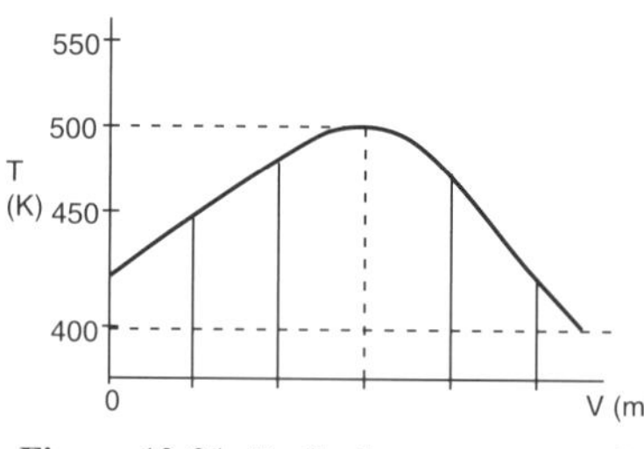

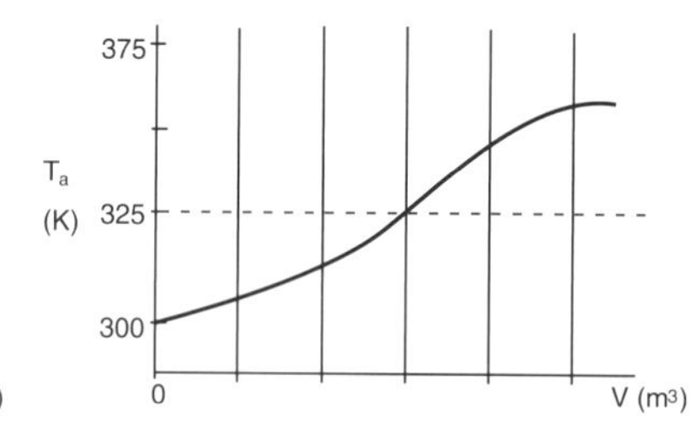

Figura 12-21_B Perfis de temperaturas do meio reacional T e do fluido refrigerante T_a.

As concentrações de A, B, C e D foram medidas no ponto do reator no qual a temperatura do líquido do meio reacional, T, atinge um máximo, e esses valores são $C_A = 0{,}1$; $C_B = 0{,}2$; $C_C = 0{,}5$ e $CD = 1{,}5$, todos em mol/dm³. O produto do coeficiente de troca térmica global pela área de troca térmica por unidade de volume do reator, UA, é 10 cal/(s·dm³·K).

Informações adicionais

$$C_{P_A} = C_{P_B} = C_{P_C} = 30 \text{ cal/mol/K}$$

$$C_{P_D} = 90 \text{ cal/mol/K}, \quad C_{P_I} = 100 \text{ cal/mol/K}$$

$$\Delta H^\circ_{Rx1A} = -50.000 \text{ cal/molA} \qquad k_{1C} = 0{,}043 \frac{dm^3}{mol \cdot s} \text{ a 400 K}$$

$$\Delta H^\circ_{Rx2B} = +5000 \text{ cal/molB} \qquad k_{2D} = 0{,}4 \frac{dm^3}{mol \cdot s} e^{5000\,K\left[\frac{1}{500} - \frac{1}{T}\right]}$$

(a) Qual é a energia de ativação da Reação (1)?

P12-22_B A reação elementar em fase líquida

$$(1) \quad A + 2B \longrightarrow 2C$$

$$(2) \quad A + C \longrightarrow 2D$$

é conduzida adiabaticamente em um PFR de 10 dm³. Depois que as correntes A e B são misturadas, a espécie A entra no reator com concentração de $C_{A0} = 2$ mol/dm³ e a espécie B com concentração de 4 mol/dm³. A vazão volumétrica de alimentação é 10 dm³/s.

Admitindo que você pudesse variar a temperatura de entrada entre 300 e 600 K, qual temperatura de entrada seria recomendada para maximizar a concentração da espécie C na saída do reator? (±25 K). Assuma que todas as espécies tenham a mesma massa específica.

Informações adicionais

$$C_{P_A} = C_{P_B} = 20 \text{ cal/mol/K}, \; C_{P_C} = 60 \text{ cal/mol/K}, \; C_{P_D} = 80 \text{ cal/mol/K}$$

$$\Delta H_{Rx1A} = 20{,}000 \text{ cal/mol A}, \; \Delta H_{Rx2A} = -10{,}000 \text{ cal/mol A}$$

$$k_{1A} = 0{,}001 \frac{dm^6}{mol^2 \cdot s} \; a \; 300 \text{ K} \; com \; E = 5000 \text{ cal/mol}$$

$$k_{2A} = 0{,}001 \frac{dm^3}{mol \cdot s} \; a \; 300 \text{ K} \; com \; E = 7500 \text{ cal/mol}$$

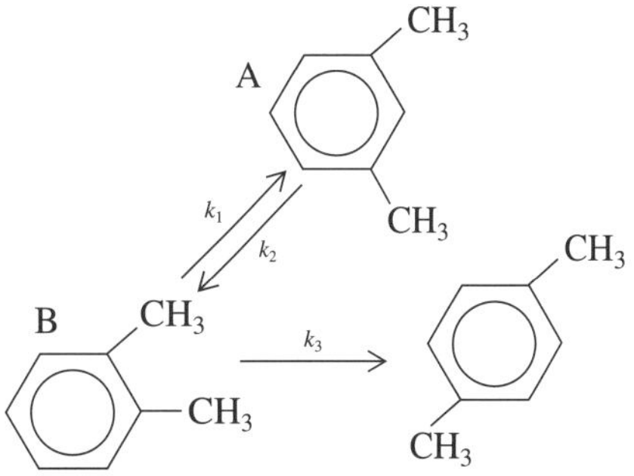

Inscrição Pendente para Problema da Galeria da Fama

P12-23$_C$ (*Múltiplas reações com efeitos térmicos*) O xileno possui três principais isômeros: *m*-xileno, *o*-xileno e *p*-xileno. Quando *o*-xileno escoa sobre o catalisador Criotita, as seguintes reações elementares são observadas. A reação que forma *p*-xileno é irreversível:

A alimentação do reator é equimolar em *m*-xileno e *o*-xileno (espécies A e B, respectivamente). Para uma vazão total de alimentação de 2 mol/min e as condições reacionais indicadas a seguir, plote a temperatura e a vazão molar de uma das espécies, em função da massa de catalisador, até 100 kg.

(a) Encontre a menor concentração de *o*-xileno obtida no reator.
(b) Encontre a maior concentração de *m*-xileno alcançada no reator.
(c) Encontre a máxima concentração de *o*-xileno no reator.
(d) Repita as partes de **(a)** a **(c)** para uma alimentação de *o*-xileno puro.
(e) Varie alguns dos parâmetros do sistema e descreva o que você obteve.
(f) O que você acredita que seja o objetivo deste problema?

Informações adicionais[8]
Todas as capacidades caloríficas são praticamente iguais: 100 J/(mol·K).

$$C_{T0} = 2 \text{ mol/dm}^3$$

$$\Delta H^\circ_{\text{Rx}10} = -1800 \text{ J/mol } o\text{-xileno}$$

$$\Delta H^\circ_{\text{Rx}30} = -1100 \text{ J/mol } o\text{-xileno}$$

$$k_1 = 0{,}5 \exp[2(1 - 320/T)] \text{ dm}^3/\text{kg cat.}\cdot\text{min}, (T \text{ está em K})$$

$$k_2 = k_1/K_C$$

$$k_3 = 0{,}005 \exp\{[4{,}6(1 - (460/T))]\} \text{ dm}^3/\text{kg cat.}\cdot\text{min}$$

$$K_C = 10 \exp[4{,}8(430/T - 1{,}5)]$$

$$T_0 = 330 \text{ K}$$

$$T_a = 500 \text{ K}$$

$$Ua/\rho_b = 16 \text{ J/kg cat.}\cdot\text{min}\cdot{}^\circ\text{C}$$

$$W = 100 \text{ kg}$$

P12-24$_C$ (*Problema abrangente sobre múltiplas reações com efeitos térmicos*) Estireno pode ser produzido a partir do etilbenzeno pela seguinte reação:

$$\text{etilbenzeno} \longleftrightarrow \text{estireno} + H_2 \qquad (1)$$

Porém, diversas reações paralelas irreversíveis também ocorrem:

$$\text{etilbenzeno} \longrightarrow \text{benzeno} + \text{etileno} \qquad (2)$$

$$\text{etilbenzeno} + H_2 \longrightarrow \text{tolueno} + \text{metano} \qquad (3)$$

[J. Snyder e S. Subramaniam, *Chem. Eng. Sci.*, *49*, 5585 (1994).] Etilbenzeno é alimentado na vazão de 0,00344 kmol/s em um PFR (PBR) de 10,0 m^3, juntamente com vapor inerte e a uma pressão total de 2,4 atm. A razão molar vapor/etilbenzeno é inicialmente [isto é, partes (a) a (c)] 14,5:1, mas pode ser variada.

[8]Obtidas através de dados de pericosidade inviscida.

Com os seguintes dados, encontre a vazão molar do estireno, benzeno e tolueno na saída do reator e também $\tilde{S}_{St/BT}$ para as seguintes temperaturas de alimentação quando o reator é operado adiabaticamente:

(a) $T_0 = 800$ K
(b) $T_0 = 930$ K
(c) $T_0 = 1100$ K
(d) Encontre a temperatura de entrada ideal para a produção de estireno no caso de a razão vapor/estireno ser 58:1. [*Dica*: Plote a vazão molar de estireno *versus* T_0. Explique por que a curva tem a forma obtida.]
(e) Encontre a razão ideal vapor/estireno para a produção de estireno a 900 K. [*Dica*: Veja a Parte (**d**).]
(f) Foi proposta a adição de um trocador de calor que opere em contracorrente com $Ua = 100$ kJ/(m³·min·K) em que T_a é praticamente constante, com o valor de 1000 K. Para uma razão de entrada vapor/etilbenzeno de 20, qual é a temperatura de entrada que você sugeriria? Plote a vazão molar e $\tilde{S}_{St/BT}$.
(g) O que você acredita que sejam os principais objetivos deste problema?
(h) Faça outra pergunta, ou sugira outro cálculo, que possa ser feito para este problema.

Informações adicionais

Capacidades caloríficas

Metano: 68 J/(mol·K)	Estireno: 273 J/(mol·K)
Etileno: 90 J/(mol·K)	Etilbenzeno: 299 J/(mol·K)
Benzeno: 201 J/(mol·K)	Hidrogênio: 30 J/(mol·K)
Tolueno: 249 J/(mol·K)	Vapor: 40 J/(mol·K)

$\rho = 2137$ kg/m³ de partículas de catalisador
$\phi = 0{,}4$

$\Delta H^{o}_{Rx1EB} = 118.000$ kJ/kmol de etilbenzeno
$\Delta H^{o}_{Rx2EB} = 105.200$ kJ/kmol de etilbenzeno
$\Delta H^{o}_{Rx3EB} = -53.900$ kJ/kmol de etilbenzeno

$$K_{p1} = \exp\left\{b_1 + \frac{b_2}{T} + b_3 \ln(T) + [(b_4 T + b_5)T + b_6]T\right\} \text{ atm}$$

$b_1 = -17{,}34$ $\qquad b_4 = -2{,}314 \times 10^{-10}$ K^{-3}
$b_2 = -1{,}302 \times 10^{4}$ K $\qquad b_5 = 1{,}302 \times 10^{-6}$ K^{-2}
$b_3 = 5{,}051$ $\qquad b_6 = -4{,}931 \times 10^{-3}$ K^{-1}

As velocidades de reação de formação de estireno (St), benzeno (B) e tolueno (T), respectivamente, são apresentadas a seguir (EB = etilbenzeno).

$$r_{1St} = \rho(1-\phi)\exp\left(-0{,}08539 - \frac{10.925\text{ K}}{T}\right)\left(P_{EB} - \frac{P_{St}P_{H_2}}{K_{p1}}\right) \quad (\text{kmol/m}^3\cdot\text{s})$$

$$r_{2B} = \rho(1-\phi)\exp\left(13{,}2392 - \frac{25.000\text{ K}}{T}\right)(P_{EB}) \quad (\text{kmol/m}^3\cdot\text{s})$$

$$r_{3T} = \rho(1-\phi)\exp\left(0{,}2961 - \frac{11.000\text{ K}}{T}\right)(P_{EB}P_{H_2}) \quad (\text{kmol/m}^3\cdot\text{s})$$

A temperatura T é dada em Kelvin e a pressão P_i em atm.

P12-25$_B$ A reação de adição em série dímero-tetrâmero, em fase líquida,

$$4A \rightarrow 2A_2 \rightarrow A_4$$

pode ser escrita como

$$2A \rightarrow A_2 \qquad -r_{1A} = k_{1A}C_A^2 \qquad \Delta H_{Rx1A} = -32{,}5\frac{\text{kcal}}{\text{mol A}}$$

$$2A_2 \rightarrow A_4 \qquad -r_{2A_2} = k_{2A_2}C_{A_2}^2 \qquad \Delta H_{Rx2A_2} = -27{,}5\frac{\text{kcal}}{\text{mol A}_2}$$

e é conduzida em um reator PFR de 10 dm^3. A vazão molar do fluido refrigerante através do trocador de calor, que está colocado em torno do reator, é suficientemente elevada, de forma que a temperatura ambiente do trocador é mantida constante no valor de T_a = 315 K. Os reagentes entram na temperatura T_0 de 300 K. A espécie A pura é alimentada ao reator com vazão volumétrica de 50 dm^3/s e concentração de 2 mol/dm^3.

(a) Plote, compare e analise os perfis de F_A, F_{A2} e F_{A4} ao longo do reator até um volume de 10 dm^3.

(b) O produto desejado é A_2 e foi sugerido que o reator utilizado talvez seja muito grande. Que volume de reator você recomendaria para maximizar F_{A2}?

(c) Quais variáveis de operação (por exemplo, T_0 e T_a) você mudaria e como mudaria, de forma a diminuir o volume do reator tanto quanto possível, e ainda maximizar F_{A2}? Fique atento a qualquer fator que se oponha à maximização da produção de A_2. A temperatura ambiente do trocador e a temperatura de entrada do reator devem ser mantidas entre 0 e 177 °C.

Informações adicionais

$$k_{1A} = 0{,}6\frac{\text{dm}^3}{\text{mol}\cdot\text{s}} \text{ a 300 K com } E_1 = 4.000\frac{\text{cal}}{\text{mol}}$$

$$k_{2A_2} = 0{,}35\frac{\text{dm}^3}{\text{mol}\cdot\text{s}} \text{ a 320 K com } E_2 = 5.000\frac{\text{cal}}{\text{mol}}$$

$$C_{P_A} = 25\frac{\text{cal}}{\text{molA}\cdot\text{K}},\quad C_{P_{A_2}} = 50\frac{\text{cal}}{\text{molA}_2\cdot\text{K}},\quad C_{P_{A_4}} = 100\frac{\text{cal}}{\text{molA}_4\cdot\text{K}}$$

$$Ua = 1.000\frac{\text{cal}}{\text{dm}^3\cdot\text{s}\cdot\text{K}}$$

Apresente a sua recomendação de volume do reator para maximizar F_{A2} e calcule esta vazão molar neste máximo.

P12-26$_B$ A reação de adição em série de trímero-hexâmeros em fase gasosa

$$6\text{A} \rightarrow 2\text{A}_3 \rightarrow \text{A}_6$$

pode ser escrita como

$$3\text{A} \rightarrow \text{A}_3 \qquad -r_{1A} = k_{1A}C_A^2 \qquad \Delta H_{Rx1A} = -80\frac{\text{kcal}}{\text{mol A}}$$

$$2\text{A}_3 \rightarrow \text{A}_6 \qquad -r_{2A_3} = k_{2A_3}C_{A_3}^2 \qquad \Delta H_{Rx2A_3} = -100\frac{\text{kcal}}{\text{mol A}_3}$$

e é conduzida em um CSTR de 10 dm^3 com trocador de calor. A vazão mássica do fluido de troca térmica através do trocador de calor, que envolve o reator, é suficientemente elevada, de forma que a temperatura ambiente de troca térmica é mantida constante, T_a = 315 K, e a temperatura de alimentação T_0 é 300 K. A espécie A pura é alimentada ao reator na vazão volumétrica de 50 dm^3/s e com concentração de 2 mol/dm^3. Encontre F_A, F_{A3}, F_{A6} e T na saída do reator.

Informações adicionais

$$k_{1A} = 0{,}9\frac{\text{dm}^3}{\text{mol}\cdot\text{s}} \text{ a 300 K com } E_1 = 4000\ \frac{\text{cal}}{\text{mol}}$$

$$k_{2A_2} = 0{,}45\frac{\text{dm}^3}{\text{mol}\cdot\text{s}} \text{ a 320 K com } E_2 = 5000\ \frac{\text{cal}}{\text{mol}}$$

$$C_{P_A} = 25\frac{\text{cal}}{\text{molA}\cdot\text{K}},\quad C_{P_{A_3}} = 75\frac{\text{cal}}{\text{molA}_3\cdot\text{K}},\quad C_{P_{A_6}} = 150\frac{\text{cal}}{\text{molA}_6\cdot\text{K}}$$

$$Ua = 100\frac{\text{cal}}{\text{dm}^3\cdot\text{s}\cdot\text{K}}$$

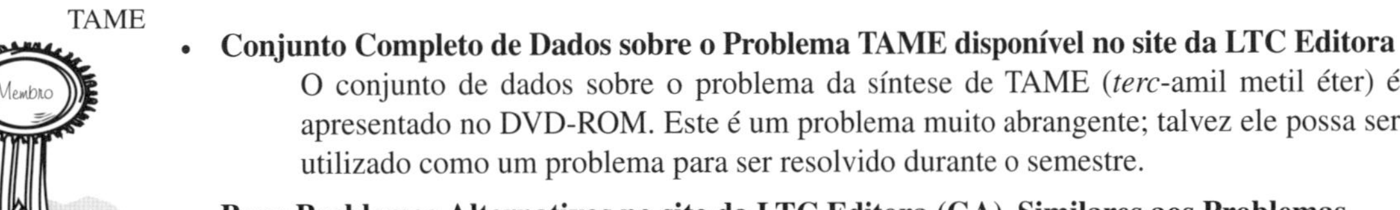

TAME

- **Conjunto Completo de Dados sobre o Problema TAME disponível no site da LTC Editora**
  O conjunto de dados sobre o problema da síntese de TAME (*terc*-amil metil éter) é apresentado no DVD-ROM. Este é um problema muito abrangente; talvez ele possa ser utilizado como um problema para ser resolvido durante o semestre.

- **Bons Problemas Alternativos no site da LTC Editora (GA), Similares aos Problemas antes Citados do Site**

LEITURA COMPLEMENTAR

1. Um excelente desenvolvimento do balanço de energia é apresentado em

   ARIS, R., *Elementary Chemical Reactor Analysis*. Upper Saddle River, N. J.: Prentice Hall, 1969, Chaps. 3 and 6.

2. Segurança

   CENTER FOR CHEMICAL PROCESS SAFETY (CCPS), *Guidelines for Chemical Reactivity Evaluation and Application to Process Design*, New York: American Institute of Chemical Engineers (AIChE) 1995.

   CROWL, DANIEL A., e JOSEPH F. LOUVAR, *Chemical Process Safety: Fundamentals with Applications*, Second Edition. Upper Saddle River, NJ: Prentice Hall, 2001.

   MELHEM, G. A. e H. G. FISHER, *International Symposium on Runaway Reactions and Pressure Relief Design*, New York: Center for Chemical Process Safety (CCPS) of the American Institute of Chemical Engineers (AIChE) and The Institution of Chemical Engineers, 1995.

   Veja o site do Center for Chemical Process Safety (CCPS), *www.aiche.org/ccps*.

3. Vários exemplos de problemas sobre reatores não isotérmicos podem ser encontrados em

   FROMENT, G. F., e K. B. BISCHOFF, *Chemical Reactor Analysis and Design*, 2nd ed. New York: Wiley, 1990.

   WALAS, S. M., *Chemical Reaction Engineering Handbook of Solved Problems*. Amsterdam: Gordon and Breach, 1995. Veja os seguintes problemas resolvidos: Problema 4.10.1, página 444; Problema 4.10.08, página 450; Problema 4.10.09, página 451; Problema 4.10.13, página 454; Problema 4.11.02, página 456; Problema 4.11.09, página 462; Problema 4.11.03, página 459; Problema 4.10.11, página 463.

4. Uma revisão sobre a multiplicidade dos regimes estacionários e a estabilidade dos reatores é discutida por

   PERLMUTTER, D. D., *Stability of Chemical Reactors*, Upper Saddle River, N.J.: Prentice Hall, 1972.

5. Os calores de formação, $H_i(T)$, energia livre de Gibbs, $G_i(T_R)$, e calores específicos de vários compostos podem ser encontrados em

   GREEN, DON W. and ROBERT H. PERRY, *Perry's Chemical Engineers' Handbook*, 8th Edition (Chemical Engineers Handbook). New York: McGraw-Hill, 2008.

   LIDE DAVID R., *CRC Handbook of Chemistry and Physics*, 90th Edition. Boca Raton, FL: CRC Press, 2009.

6. Outras Leituras.

   BURGESS, THORNTON W., *The Adventures of Jerry Muskrat*. New York: Dover Publications, Inc., 1914.

13 Projeto de Reator Não Isotérmico em Regime Não Estacionário

Engenheiros Químicos não são pessoas gentis, eles gostam de altas temperaturas e pressões elevadas.

Steve LeBlanc

Visão Geral. Até agora temos nos concentrado na operação em regime estacionário de reatores não isotérmicos. Nesta seção o balanço de energia em regime não estacionário será desenvolvido e então aplicado aos reatores CSTR, batelada e semicontínuo de mistura perfeita.

- A Seção 13.1 mostra como a equação geral do balanço de energia (Equação 11-9) pode ser rearranjada em uma forma mais simplificada para operações em regime não estacionário.
- A Seção 13.2 discute a aplicação do balanço de energia em reatores batelada e apresenta os aspectos relativos à segurança na operação de reatores, assim como os motivos da explosão de um reator batelada industrial.
- A Seção 13.3 mostra como aplicar o balanço de energia em reatores semicontínuos com temperatura ambiente variável.
- A Seção 13.4 discute a partida de um CSTR e como evitar exceder o limite prático de estabilidade.
- A Seção 13.5 encerra o capítulo com o estudo da Explosão do Laboratório T2, que envolve reações múltiplas em um reator batelada.

Segurança é outro foco deste capítulo. Os exemplos resolvidos e os problemas sugeridos foram escolhidos de modo a enfatizar os reatores fora de controle.

13.1 Balanço de Energia em Regime Não Estacionário

Iniciamos lembrando a forma não estacionária do balanço de energia desenvolvida no Capítulo 11.

$$\dot{Q} - \dot{W}_s + \sum_{i=1}^{m} F_i H_i \Big|_{\text{entrada}} - \sum_{i=1}^{m} F_i H_i \Big|_{\text{saída}} = \left(\frac{d\hat{E}_{\text{sist}}}{dt} \right) \qquad (11\text{-}9)$$

Primeiramente devemos nos concentrar em avaliar a variação da energia total do sistema em relação ao tempo, o termo $d\hat{E}_{\text{sist}}/dt$. A energia total do sistema é a soma dos produtos das energias específicas, E_i (por exemplo, J/mol i), das várias espécies do sistema pelo número de mols dessas espécies, N_i (mol i):

$$\hat{E}_{\text{sist}} = \sum_{i=1}^{m} N_i E_i = N_A E_A + N_B E_B + N_C E_C + N_D E_D + N_I E_I \qquad (13\text{-}1)$$

No cálculo de $\hat{E}_{\text{sist}}$, desprezaremos as variações nas energias potencial e cinética e substituiremos a energia interna U_i pela entalpia H_i:

$$\hat{E}_{\text{sist}} = \sum_{i=1}^{m} N_i E_i = \sum_{i=1}^{m} N_i U_i = \left[\sum_{i=1}^{m} N_i (H_i - PV_i) \right]_{\text{sist}} = \sum_{i=1}^{m} N_i H_i - \underbrace{P \sum_{i=1}^{m} N_i \tilde{V}_i}_{\text{Despreze}} \qquad (13\text{-}2)$$

(no termo desprezado, $\sum_{i=1}^{m} N_i \tilde{V}_i = V$)

Observamos que o último termo do lado direito da Equação (13-2) é simplesmente, o produto da pressão total pelo volume do sistema, isto é, PV, e este termo é praticamente sempre menor que os outros termos da Equação (13-2) e, por isso, será desprezado. Para simplificar a notação, os termos das somatórias serão escritos na forma

$$\Sigma = \sum_{i=1}^{m}$$

a menos que outra forma seja indicada.

Quando não há mudanças nas variáveis através do volume do sistema e as variações do volume total e da pressão (PV) são desprezadas, o balanço de energia, após substituição da Equação (13-2) na Equação (11-9), reduz-se a

$$\dot{Q} - \dot{W}_s + \Sigma F_{i0} H_{i0} \Big|_{\text{entrada}} - \Sigma F_i H_i \Big|_{\text{saída}} = \left[\Sigma N_i \frac{dH_i}{dt} + \Sigma H_i \frac{dN_i}{dt} \right]_{\text{sist}} \qquad (13\text{-}3)$$

Relembrando a Equação (11-19),

$$H_i = H_i^\circ(T_R) + \int_{T_R}^{T} C_{P_i} \, dT \qquad (11\text{-}19)$$

e diferenciando em relação ao tempo, obtemos

$$\frac{dH_i}{dt} = C_{P_i} \frac{dT}{dt} \qquad (13\text{-}4)$$

Agora, substituindo a Equação (13-4) na (13-3), resulta em

$$\dot{Q} - \dot{W}_s + \Sigma F_{i0} H_{i0} - \Sigma F_i H_i = \Sigma N_i C_{P_i} \frac{dT}{dt} + \Sigma H_i \frac{dN_i}{dt} \qquad (13\text{-}5)$$

O balanço molar da espécie i é

$$\frac{dN_i}{dt} = -\nu_i r_A V + F_{i0} - F_i \qquad (13\text{-}6)$$

Usando a Equação (13-6) para substituir dN_i/dt, a Equação (13-5) torna-se

$$\dot{Q} - \dot{W}_s + \sum F_{i0}H_{i0} - \sum F_i H_i$$

$$= \sum N_i C_{P_i} \frac{dT}{dt} + \sum \nu_i H_i(-r_A V) + \sum F_{i0}H_i - \sum F_i H_i \qquad (13\text{-}7)$$

Rearranjando a equação e lembrando que $\Sigma\, \nu_i H_i = \Delta H_{Rx}$, temos

Esta forma do balanço de energia deve ser usada quando há mudança de fase.

$$\boxed{\frac{dT}{dt} = \frac{\dot{Q} - \dot{W}_s - \sum F_{i0}(H_i - H_{i0}) + (-\Delta H_{Rx})(-r_A V)}{\sum N_i C_{P_i}}} \qquad (13\text{-}8)$$

Substituindo H_i e H_{i0} para o caso sem mudança de fase, resulta em

Balanço de energia para um CSTR em regime transiente ou um reator semicontínuo.

$$\boxed{\frac{dT}{dt} = \frac{\dot{Q} - \dot{W}_s - \sum F_{i0}C_{P_i}(T - T_{i0}) + [-\Delta H_{Rx}(T)](-r_A V)}{\sum N_i C_{P_i}}} \qquad (13\text{-}9)$$

A Equação (13-9) aplica-se tanto para um reator semicontínuo como para a operação de um CSTR em regime não estacionário. Esta equação também é apresentada na Tabela 11-1 como Equação (T11-1.I).

Para reações em fase líquida, em que o ΔC_P é pequeno e pode ser desprezado, a seguinte aproximação é frequentemente utilizada:

$$\sum N_i C_{P_i} \cong \sum N_{i0} C_{P_i} = N_{A0} \overbrace{\Sigma \Theta_i C_{P_i}}^{C_{P_s}} = N_{A0} C_{P_s}$$

em que C_{P_s} é o calor específico da solução por mol de A. As unidades do termo de operação em batelada ($N_{A0}C_{P_s}$) são (cal/K) ou (J/K) ou ainda (Btu/°R). E para o termo de operação com escoamento contínuo

$$\sum F_{i0}C_{P_i} = F_{A0}C_{P_s}$$

as unidades são (J/s · K) ou (cal/s · K) ou ainda (Btu/h · °R).[1] Com esta aproximação e assumindo que todas as espécies entram no reator na temperatura T_0, obtemos

$$\frac{dT}{dt} = \frac{\dot{Q} - \dot{W}_s - F_{A0}C_{P_s}(T - T_0) + [-\Delta H_{Rx}(T)](-r_A V)}{N_{A0}C_{P_s}}$$

---

[1]Se os calores específicos forem dados em termos de massa (isto é, $C_{P_{sm}}$ = J/g · K), então, tanto F_{A0} como N_{A0} deveriam ser convertidos em unidades de massa:

para operação em batelada:

$$m_{A0}C_{P_{sm}} = N_{A0}C_{P_s}$$

$$(\text{g})/(\text{J}/\text{g}\cdot\text{K}) = (\text{mol})\frac{\text{J}}{\text{mol}\cdot\text{K}} = \frac{\text{J}}{\text{K}}$$

e para operação com escoamento contínuo:

$$\dot{m}_{A0}C_{P_{sm}} = F_{A0}C_{P_s}$$

$$(\text{g}/\text{s})/(\text{J}/\text{g}\cdot\text{K}) = \left(\frac{\text{mol}}{\text{s}}\right)(\text{J}/\text{mol}\cdot\text{K}) = \frac{\text{J}}{\text{K}\cdot\text{s}}$$

Contudo, observamos que as unidades do produto da vazão mássica pelo calor específico por unidade de massa são equivalentes ao produto da vazão molar pelo calor específico por unidade de mol; por exemplo, cal/(s · K).

13.2 Balanço de Energia para Reatores Batelada

Um reator batelada é geralmente bem misturado; por isso podemos desprezar as variações de temperatura e concentração das espécies através do volume do reator. O balanço de energia neste reator é obtido tomando-se a vazão de alimentação $F_{i0} = 0$ na Equação (13-9), o que fornece

Lembrete: A convenção de sinais
Calor **Adicionado** ao Sistema
$\dot{Q} = +10$ J/s
Calor **Removido** do Sistema
$\dot{Q} = -10$ J/s
Trabalho Realizado **pelo** Sistema
$\dot{W}_S = +10$ J/s
Trabalho Realizado **sobre o** Sistema
$\dot{W}_S = -10$ J/s

$$\frac{dT}{dt} = \frac{\dot{Q} - \dot{W}_s + (-\Delta H_{Rx})(-r_A V)}{\sum N_i C_{P_i}} \tag{13-10}$$

A Equação (13-10) é a forma preferida do balanço de energia quando o número de mols, N_i, é usado no balanço molar em vez da conversão, X. O número de mols da espécie i para qualquer valor de X é

$$N_i = N_{A0}(\Theta_i + \nu_i X)$$

Consequentemente, em termos da conversão, o balanço de energia torna-se

Balanço de energia para o reator batelada

$$\frac{dT}{dt} = \frac{\dot{Q} - \dot{W}_s + (-\Delta H_{Rx})(-r_A V)}{N_{A0}(\sum \Theta_i C_{P_i} + \Delta C_P X)} \tag{13-11}$$

A Equação (13-11) deve ser acoplada ao balanço molar

Balanço molar para o reator batelada

$$N_{A0}\frac{dX}{dt} = -r_A V \tag{2-6}$$

e à lei de velocidade de reação, para ser, em seguida, resolvida numericamente.

13.2.1 Operação Adiabática de um Reator Batelada

Reatores batelada operados adiabaticamente são frequentemente empregados para determinar a ordem de reação, energia de ativação e velocidade específica de reações exotérmicas, pelo monitoramento das trajetórias temperatura-tempo em função de diferentes condições iniciais. Nas etapas a seguir, deduziremos a equação que define a relação entre temperatura e conversão, no caso de um reator operado adiabaticamente.

Para operação adiabática ($\dot{Q}= 0$) de um reator batelada ($F_{i0} = 0$) e quando o trabalho realizado pelo agitador pode ser desprezado ($\dot{W}_s \cong 0$), a Equação (13-10) pode ser escrita como

$$\frac{dT}{dt} = \frac{(-\Delta H_{Rx})(-r_A V)}{\sum N_i C_{P_i}} \tag{13-12}$$

Nas *Notas de Resumo* dos capítulos, disponíveis no site da LTC Editora, é mostrado que, se combinarmos a Equação (13-12) com a Equação (2-6), podemos fazer rearranjos e integrar o resultado, para chegar a

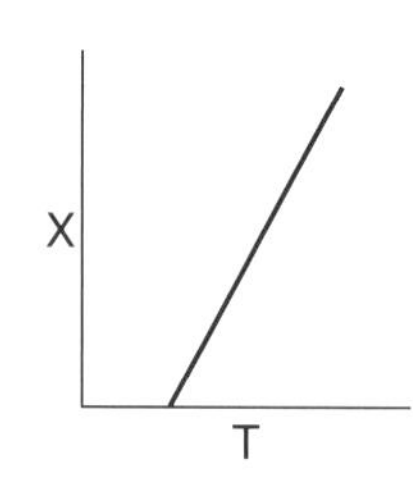

Relação Temperatura-Conversão para qualquer reator operado adiabaticamente. (Gráfico para reação exotérmica; com reação endotérmica a inclinação da linha fica invertida.)

$$X = \frac{C_{P_s}(T - T_0)}{-\Delta H_{Rx}(T)} = \frac{\sum \Theta_i C_{P_i}(T - T_0)}{-\Delta H_{Rx}(T)} \tag{13-13}$$

$$T = T_0 + \frac{[-\Delta H_{Rx}(T_0)]X}{C_{P_s} + X\,\Delta C_P} = T_0 + \frac{[-\Delta H_{Rx}(T_0)]X}{\sum \Theta_i C_{P_i} + X\,\Delta C_P} \tag{13-14}$$

Observamos que, para condições adiabáticas, a forma da relação entre a temperatura e a conversão é sempre a mesma para os reatores batelada, CSTRs, PBRs e PFRs. Uma vez que tenhamos T em função de X para um reator batelada, podemos construir uma tabela semelhante à Tabela E11-3.1 e usar técnicas análogas àquelas discutidas na Seção

11.3.2 para determinar o tempo necessário para alcançar uma conversão especificada, com o auxílio da equação de projeto.

$$t = N_{A0} \int_0^X \frac{dX}{-r_A V} \tag{2-9}$$

Porém, se você não tem muito tempo para construir a tabela e utilizar as técnicas de integração do Capítulo 2, use o Polymath para resolver simultaneamente as equações, do balanço molar, na forma diferencial, Equação (2-6), e do balanço de energia, Equação (13-14).

$$\boxed{N_{A0} \frac{dX}{dt} = -r_A V} \tag{2-6}$$

Exemplo 13-1 Reator Batelada Adiabático

Ainda é inverno e, embora você estivesse torcendo por uma transferência para uma planta situada nas Bahamas, você ainda é o engenheiro do CSTR do Exemplo 12-3, responsável pela produção de propileno glicol.

$$\underset{\diagdown O \diagup}{CH_2\text{—}CH}\text{—}CH_3 + H_2O \xrightarrow{H_2SO_4} \underset{OH}{CH_2}\text{—}\underset{OH}{CH}\text{—}CH_3$$

Problema Exemplo de Simulação

Você está analisando a possibilidade de instalação de um novo CSTR de 175 gal revestido internamente com vidro e para isso você decide fazer uma verificação rápida da cinética da reação. Você dispõe de um excelente reator batelada agitado e isolado de 10 gal. O reator é então alimentado com 1 gal de metanol e 5 gal de água contendo 0,1% e massa de H_2SO_4. Por motivos de segurança, o reator é instalado em um galpão às margens do Lago Wobegon (você não gostaria de que toda a planta industrial fosse destruída, caso o reator explodisse). Nesta época do ano, a temperatura inicial de todos os materiais é de 38°F. Temos que tomar cuidado! Se a temperatura do reator atingir valores maiores que 580°R, uma reação secundária e mais exotérmica se torna a reação dominante, causando a perda de controle do reator e em seguida uma explosão.

(a) Quantos minutos levaria para que a mistura no interior do reator atingisse a conversão de 51,5% se operado adiabaticamente? Use os dados e a lei de velocidade de reação, fornecidos no Exemplo 12-3.

(b) Qual seria a temperatura no momento em que a conversão atingisse o valor de 51,5%?

Solução

1. **Equação de Projeto:**

$$N_{A0} \frac{dX}{dt} = -r_A V \tag{2-6}$$

2. **Lei de Velocidade de Reação:**

$$-r_A = kC_A \tag{E13-1.1}$$

3. **Estequiometria:**

$$N_A = N_{A0}(1 - X) \tag{2-4}$$

Lembrando que para reatores batelada com meio reacional líquido $V = V_0$

$$C_A = \frac{N_A}{V} = \frac{N_A}{V_0} = \frac{N_{A0}(1-X)}{V_0} = C_{A0}(1-X) \tag{E13-1.2}$$

4. **Combinando** as Equações (E13-1.1), (E13-1.2) e (2.6), obtemos

$$\frac{dX}{dt} = k(1 - X) \tag{E13-1.3}$$

A partir dos dados do Exemplo 12-3,

$$k = (4{,}71 \times 10^{9}) \exp\left[\frac{-32.400}{(1{,}987)(T)}\right] \quad \text{s}^{-1} \tag{E13-1.4}$$

Arranjando a Equação (E13-1.4) na mesma forma da Equação (3-21),

$$k = (2{,}73 \times 10^{-4}) \exp\left[\frac{32.400}{1{,}987}\left(\frac{1}{535} - \frac{1}{T}\right)\right] \quad \text{s}^{-1} \tag{E13-1.5}$$

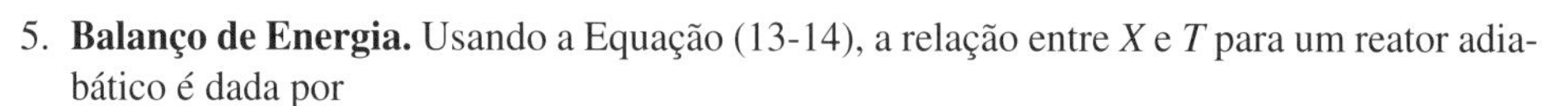

5. **Balanço de Energia.** Usando a Equação (13-14), a relação entre X e T para um reator adiabático é dada por

$$T = T_0 + \frac{[-\Delta H_{Rx}(T_0)]X}{C_{P_s} + \Delta C_P X} \tag{E13-1.6}$$

6. **Calculando os parâmetros** no balanço de energia, chegamos ao calor específico da solução:

$$\begin{aligned} C_{P_s} &= \sum \Theta_i C_{P_i} = \Theta_A C_{P_A} + \Theta_B C_{P_B} + \Theta_C C_{P_C} + \Theta_I C_{P_I} \\ &= (1)(35) + (18{,}65)(18) + 0 + (1{,}670)(19{,}5) \\ &= 403 \text{ Btu/lbmol A} \cdot {}^\circ\text{F} \end{aligned}$$

Do Exemplo 12-3, $\Delta C_p = 7$ Btu/lb mol · °F e, consequentemente, o segundo termo do lado direito da expressão para o calor de reação,

$$\begin{aligned} \Delta H_{Rx}(T) &= \Delta H^\circ_{Rx}(T_R) + \Delta C_P(T - T_R) \\ &= -36.400 - 7(T - 528) \end{aligned} \tag{E12-3.11}$$

é muito pequeno quando comparado com o primeiro termo (–36.400 Btu/mol) [menos que 2% a 51,5% de conversão (obtido no Exemplo 12-3)]. Tomando o calor de reação na temperatura inicial de 535°R, obtemos

$$\begin{aligned} \Delta H_{Rx}(T_0) &= -36.400 - (7)(515 - 528) \\ &= -36.309 \text{ Btu/lbmol} \end{aligned}$$

Como os termos contendo ΔC_p são muito pequenos, assumimos que

$$\Delta C_P \simeq 0$$

No cálculo da temperatura de alimentação após a mistura T_0, devemos incluir o aumento de temperatura (17°F) causado pelo calor de mistura das duas soluções, inicialmente a 38°F.

$$\begin{aligned} T_0 &= (460^\circ\text{R} + 38^\circ\text{F}) + 17^\circ\text{F} \\ &= 515^\circ\text{R} \end{aligned}$$

$$T = T_0 - \frac{X[\Delta H_{Rx}(T_0)]}{C_{P_s}} = 515 - \frac{-36.309X}{403}$$

$$= 515 + 90{,}1\,X \tag{E13-1.7}$$

Um resumo das equações de balanço de massa e calor é dado na Tabela E13-1.1.

TABELA E13-1.1 RESUMO PARA REAÇÃO DE PRIMEIRA ORDEM EM REATOR BATELADA ADIABÁTICO

$$\frac{dX}{dt} = k(1 - X) \tag{E13-1.3}$$

$$k = 2{,}73 \times 10^{-4} \exp\left[\frac{32.400}{1{,}987}\left(\frac{1}{535} - \frac{1}{T}\right)\right] \tag{E13-1.5}$$

$$T = 515 + 90{,}1X \tag{E13-1.7}$$

em que T é dado em °R e t em segundos.

Uma tabela similar àquela utilizada no Exemplo 11-3 pode ser construída, ou você pode aproveitar melhor o seu tempo utilizando o Polymath.

Um software (Polymath, por exemplo) também foi utilizado para combinar as Equações (E13-1.3), (E13-1.5) e (E13-1.7) a fim de determinar a conversão e a temperatura, em função do tempo. A Tabela E13-1.2 apresenta o programa, e as Figuras E13-1.1 e E13-1.2 mostram os resultados das soluções.

TABELA E13-1.2 PROGRAMA POLYMATH

Equações diferenciais

1 d(X)/d(t) = k*(1-X)

Equações explícitas

1 T = 515+90.1*X

2 k = 0.000273*exp(16306*((1/535)-(1/T)))

Valores calculados das variáveis das equações diferenciais

	Variável	Valor inicial	Valor final
1	k	8.358E-05	0.0093229
2	T	515.	605.0969
3	t	0	4000.
4	X	0	0.9999651

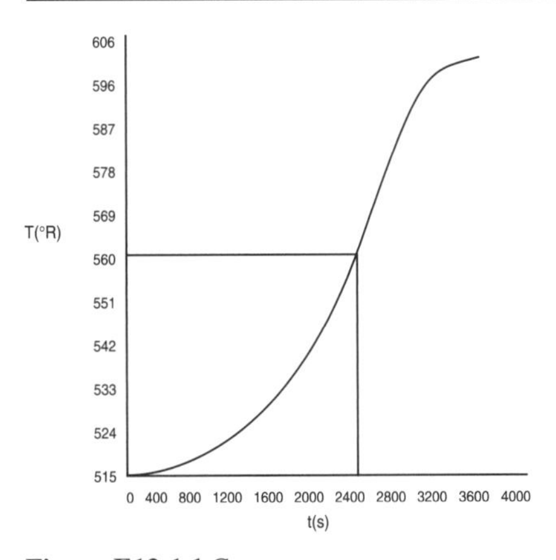

Figura E13-1.1 Curva temperatura-tempo.

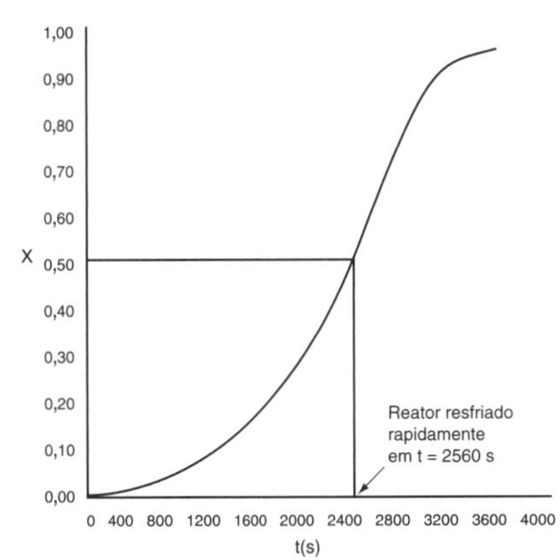

Figura E13-1.2 Curva conversão-tempo.

Análise: As trajetórias de temperatura-tempo e conversão-tempo mostram que a reação se completará. Para 51,5% de conversão seria necessário um rápido resfriamento do reator no tempo de 2560 s (40 min), ponto em que ele está na temperatura de 561°R, para 515°R. Note que, se o sistema de resfriamento falhar, a temperatura continuará a aumentar acima de 580°R, a velocidade da reação secundária se tornaria significante e teríamos então uma reação descontrolada, similar à do Exemplo 13-6.

13.2.2 História de um Caso de um Reator Batelada com Operação Isotérmica Interrompida que Provocou uma **Reação Fora de Controle**

Nos Capítulos 5 e 6 discutimos o projeto de reatores operados isotermicamente. Esta operação pode ser alcançada por um controle eficiente de um trocador de calor. Os exemplos a seguir mostram o que pode acontecer quando um trocador de calor falha repentinamente.

Exemplo 13-2 Segurança em Plantas Químicas Industriais com Reações Exotérmicas Fora de Controle[2]

Um sério acidente ocorreu na planta da Monsanto em Sauget, Illinois, na data de 8 de agosto, à 0h18min (veja Figura E13-2.1). A explosão foi ouvida a uma distância de até 10 milhas, em Belleville, Illinois, onde as pessoas que dormiam foram acordadas. A explosão ocorreu num reator batelada que era utilizado para produzir nitroanilina a partir de amônia e *o*-nitroclorobenzeno (ONCB):

[2]Adaptado do problema de Ronald Willey, *Seminar on a Nitroaniline Reactor Rupture*. Preparado por SAChE, Center for Chemical Process Safety, American Institute of Chemical Engineers, Nova York (1994). Veja também *Process Safety Progress*, vol. 20, n.° 2 (2001), pp. 123-129. Os valores de ΔH_{Rx} e *UA* foram estimados a partir dos dados da planta, trajetória temperatura-tempo, disponíveis no artigo de G. C. Vincent, *Loss Preventions*, *5*, 46-52.

$$\underset{\text{(anel benzênico)}}{NO_2,\ Cl} + 2NH_3 \longrightarrow \underset{\text{(anel benzênico)}}{NO_2,\ NH_2} + NH_4Cl$$

Esta reação é normalmente conduzida isotermicamente a 175°C e a 500 psi, aproximadamente. A temperatura ambiente da água de refrigeração no trocador de calor é de 25°C. Ajustando-se a vazão do circuito de refrigeração, a temperatura podia ser mantida a 175°C. Na máxima vazão do fluido refrigerante, a temperatura do fluido se mantém a 25°C através do trocador.

Deixe-me lhe contar um caso sobre a operação deste reator. Ao longo dos anos, o trocador de calor costumava falhar de tempo em tempo, mas sempre havia operadores de plantão que atuavam rapidamente dando um jeito de consertar o trocador em uns 10 minutos e assim não havia mais problemas. Acredita-se que, um dia, alguém olhou para o reator e disse: "Parece-me que o seu reator está apenas um terço cheio e você ainda tem espaço para adicionar mais reagentes e, assim, sintetizar mais produtos e ganhar mais dinheiro! O que você acha de carregarmos o reator até o topo e, desta forma, triplicarmos a produção?" O responsável pela planta acatou as ideias, e você pode observar o que aconteceu na Figura E13-2.1.

Uma decisão foi tomada para triplicar a produção.

Problema Exemplo de Simulação

Figura E13-2.1 Resultado da explosão. (*St. Louis Globe/Democrat* foto de Roy Cook. Cortesia de St. Louis Mercantile Library.)

No dia do acidente, duas alterações da operação normal ocorreram.

1. O reator foi carregado com 9,044 kmol de ONBC, 33,0 kmol de NH_3 e 103,7 kmol de H_2O. Normalmente o reator era carregado com 3,17 kmol de ONBC, 103,6 kmol de H_2O e 43 kmol de NH_3.
2. A reação é normalmente conduzida isotermicamente a 175°C durante um período de 24 horas. No entanto, aproximadamente 45 minutos após o início da reação, a refrigeração do reator falhou, mas somente por 10 minutos. Interrupções de 10 minutos, ou desta ordem, podem ter acontecido em ocasiões prévias, quando a carga normal de 3,17 kmol de ONCB era usada, sem que tivessem ocorrido efeitos prejudiciais.

O reator tinha uma válvula de segurança, do tipo disco de ruptura, projetado para romper quando a pressão excedesse 700 psi, aproximadamente. Uma vez que o disco se rompesse, a água evaporaria e a mistura reacional seria resfriada (resfriamento rápido) devido à vaporização da água.

(a) Plote e analise a trajetória temperatura-tempo por um período de até 120 minutos após a mistura de reagentes e o seu aquecimento a 175°C (448 K).

(b) Mostre que as seguintes três condições tiveram que estar presentes para que a explosão ocorresse: (1) aumento da carga de ONCB, (2) parada da refrigeração do reator por 10 minutos, logo no início da operação, e (3) falha do sistema de alívio de pressão.

Informação adicional:

Lei de velocidade de reação: $-r_{\text{ONCB}} = k\, C_{\text{ONCB}} C_{\text{NH}_3}$

$$\text{com } k = 0{,}00017 \frac{\text{m}^3}{\text{kmol} \cdot \text{min}} \text{ a } 188°\text{C (461K) e } E = 11.273 \text{ cal/mol}$$

O volume de reação para a nova carga de 9,0448 kmol de ONCB:

$$V = 3{,}265\ \text{m}^3\ \text{ONCB/NH}_3 + 1{,}854\ \text{m}^3\ \text{H}_2\text{O} = 5{,}119\ \text{m}^3$$

História de um Caso

O volume de reação para a carga anterior de 3,17 kmol de ONCB:

$$V = 3{,}26\ \text{m}^3$$

$$\Delta H_{Rx} = -5{,}9 \times 10^5\ \text{kcal/kmol}$$

$$C_{P_{ONCB}} = C_{P_A} = 40\ \text{cal/mol}\cdot\text{K}$$

$$C_{P_{H_2O}} = C_{P_W} = 18\ \text{cal/mol}\cdot\text{K} \qquad C_{P_{NH_3}} = C_{P_B} = 8{,}38\ \text{cal/mol}\cdot\text{K}$$

Assumindo $\Delta C_p \approx 0$,

$$UA = \frac{35{,}85\ \text{kcal}}{\text{min}\ ^\circ\text{C}}\ \text{com}\ T_a = 298\ \text{K}$$

Solução

$$\text{A} + 2\text{B} \longrightarrow \text{C} + \text{D}$$

Balanço Molar:

$$\frac{dX}{dt} = -r_A \frac{V}{N_{A0}} \tag{E13-2.1}$$

Lei de Velocidade de Reação:

$$-r_A = kC_A C_B \tag{E13-2.2}$$

Estequiometria (fase líquida):

$$C_A = C_{A0}(1-X) \tag{E13-2.3}$$

com

$$C_B = C_{A0}(\Theta_B - 2X) \tag{E13-2.4}$$

$$\Theta_B = \frac{N_{B0}}{N_{A0}}$$

Combinando:

$$-r_A = kC_{A0}^2(1-X)(\Theta_B - 2X) \tag{E13-2.5}$$

Substituindo os valores dos parâmetros na Equação (3-21)

$$k = k(T_0)exp\left[\frac{E}{R}\left(\frac{1}{T_0} - \frac{1}{T_1}\right)\right] \tag{3-21}$$

obtemos

$$k = 0{,}00017\ \exp\left[\frac{11273}{1{,}987}\left(\frac{1}{461} - \frac{1}{T}\right)\right]\frac{\text{m}^3}{\text{kmol}\cdot\text{min}}$$

Balanço de Energia:

$$\frac{dT}{dt} = \frac{UA(T_a - T) + (r_A V)(\Delta H_{Rx})}{\sum N_i C_{P_i}} \tag{E13-2.6}$$

Para $\Delta C_P = 0$,

$$\sum N_i C_{P_i} = N_{A0}C_{P_A} + N_{B0}C_{P_B} + N_W C_{P_W} = NC_P$$

Seja Q_g o calor gerado [isto é, $Q_g = (r_A V)(\Delta H_{Rx})$] e seja Q_r o calor removido [isto é, $Q_r = UA(T - T_a)$]:

$$\frac{dT}{dt} = \frac{\overbrace{UA(T_a - T)}^{-Q_r} + \overbrace{(r_A V)(\Delta H_{Rx})}^{Q_g}}{N_{A0}C_{P_A} + N_{B0}C_{P_B} + N_W C_{P_W}} \tag{E13-2.7}$$

$Q_g = (r_A V)(\Delta H_{Rx})$
$Q_r = UA(T - T_a)$

Então

$$\boxed{\frac{dT}{dt} = \frac{Q_g - Q_r}{NC_P}} \tag{E13-2.8}$$

Avaliação dos parâmetros para o dia da explosão:

$$NC_P = (9{,}0448)(40) + (103{,}7)(18) + (33)(8{,}38)$$

$$\boxed{NC_P = 2504 \text{ kcal/K}}$$

A. Operação Isotérmica até os 45 Minutos

Primeiramente conduziremos a reação isotermicamente a 175°C (448 K) até o tempo em que o sistema de refrigeração foi desligado aos 45 minutos. Combinando e cancelando, resulta em

$$\frac{dX}{dt} = kC_{A0}(1 - X)(\Theta_B - 2X) \tag{E13-2.9}$$

$$\Theta_B = \frac{33}{9{,}04} = 3{,}64$$

Para $T = 175°C = 448$ K, temos $k = 0{,}0001167$ m³/kmol · min. Integrando a Equação (E13-2.9), obtemos

$$t = \left[\frac{V}{kN_{A0}}\right]\left(\frac{1}{\Theta_B - 2}\right) \ln\left[\frac{\Theta_B - 2X}{\Theta_B(1 - X)}\right] \tag{E13-2.10}$$

Substituindo os valores dos parâmetros,

$$45 \text{ min} = \left[\frac{5{,}119 \text{ m}^3}{0{,}0001167 \text{ m}^3/\text{kmol} \cdot \text{min}(9{,}044 \text{ kmol})}\right] \times \left(\frac{1}{1{,}64}\right) \ln\left[\frac{3{,}64 - 2X}{3{,}64(1 - X)}\right]$$

Os cálculos e resultados podem também ser obtidos utilizando o Polymath.

Resolvendo para X, encontramos que para $t = 45$ min, $X = 0{,}033$.

Problema Exemplo de Simulação

Calcularemos a taxa de geração de calor Q_g, para esta temperatura e conversão, e vamos compará-la com a taxa de remoção de calor máxima, Q_r. A taxa de geração Q_g é

$$Q_g = r_A V \, \Delta H_{Rx} = k \frac{N_{A0}(1 - X)N_{A0}[(N_{B0}/N_{A0}) - 2X] \, V(-\Delta H_{Rx})}{V^2} \tag{E13-2.11}$$

Para este momento (isto é, $t = 45$ min, $X = 0{,}033$ e $T = 175°C$) calculamos k e então Q_r e Q_g. Como vimos antes, a 175°C, $k = 0{,}0001167$ m³/min · kmol.

$$Q_g = (0{,}0001167) \frac{(9{,}0448)^2(1 - 0{,}033)}{5{,}119}\left[\frac{33}{(9{,}0448)} - 2(0{,}033)\right] 5{,}9 \times 10^5$$
$$= 3830 \text{ kcal/min}$$

A taxa máxima de resfriamento é

$$\begin{aligned} Q_r &= UA(T - 298) \\ &= 35{,}85(448 - 298) \\ &= 5378 \text{ kcal/min} \end{aligned} \tag{E13-2.12}$$

Portanto

Está tudo bem.

$$\boxed{Q_r > Q_g} \tag{E13-2.13}$$

A reação pode ser controlada. Não teria ocorrido explosão se a refrigeração não tivesse falhado.

B. Operação Adiabática por 10 Minutos

Acidentalmente o resfriamento estava desligado dos 45 aos 55 minutos, após o início da reação. Agora utilizaremos as condições do fim do período de operação isotérmica, como condições iniciais, para a operação adiabática no período de 10 minutos (de 45 a 55 minutos):

$$t = 45 \text{ min} \quad X = 0{,}033 \quad T = 448 \text{ K}$$

Interrupções no sistema de resfriamento já ocorreram anteriormente, porém sem efeitos danosos.

Entre t = 45 min e t = 55 min, Q_r = 0. O programa em Polymath foi modificado para levar em consideração a operação adiabática neste período de tempo usando a estrutura condicional SE (*if*, em inglês): Q_r = if (t > 45 and t < 55) then (0) else ($UA(T - 298)$). Ou seja: Se t > 45 e t < 55, então Q_r = 0; para outros valores de t, Q_r = ($UA(T - 298)$). Uma linha de programação semelhante é utilizada para operação isotérmica, contendo agora $(dT/dt) = 0$.

Para o período sem resfriamento, entre os 45 e 55 minutos de operação, a temperatura foi elevada de 448 K para 468 K, e a conversão aumentou de 0,033 para 0,0424. Usando a temperatura e a conversão para o tempo de 55 minutos na Equação (E13-2.11), calculamos a taxa de geração Q_g para este momento como

$$Q_g = 6591 \text{ kcal/min}$$

A taxa de resfriamento máximo nesta temperatura do reator é obtida com a Equação (E13-2.12)

$$Q_r = 6093 \text{ kcal/min}$$

Ponto além do qual não há retorno

Aqui observamos que ao final dos 10 minutos que o sistema esteve desligado, o sistema de refrigeração volta a funcionar, mas agora

$$\boxed{Q_g > Q_r} \qquad \text{(E13-2.14)}$$

e a temperatura continuará a aumentar. Nós temos uma Reação Fora de Controle!! O **ponto além do qual não há retorno** foi ultrapassado e a temperatura continuará aumentando, bem como a velocidade da reação, até que a explosão ocorra.

C. Operação Batelada com Troca de Calor

O sistema de refrigeração voltou a funcionar 55 minutos após o início da reação. Os valores dos parâmetros no final da operação adiabática (T = 468 K, X = 0,0423) tornam-se as condições iniciais para o período de operação com troca térmica. A refrigeração é acionada em sua capacidade máxima, $Q_r = UA(T - 298)$, no tempo de 55 minutos. A Tabela E13-2.1 apresenta o programa em Polymath para determinar a trajetória temperatura-tempo. [Note que podemos alterar os valores de N_{A0} e N_{B0} no programa para 3,17 e 43 kmol, respectivamente, e mostrar que, nestas condições, se o sistema de refrigeração tivesse falhado por 10 minutos, ao final deste tempo Q_r ainda seria maior que Q_g e não teria ocorrido explosão.]

Problema Exemplo de Simulação

A trajetória temperatura-tempo completa é mostrada na Figura E13-2.2. Observe o longo platô após o sistema de refrigeração ter voltado a funcionar. Usando os valores de Q_g e Q_r a 55 minutos e os substituindo na Equação (E13-2.8), encontramos

$$\frac{dT}{dt} = \frac{(6591 \text{ kcal/min}) - (6093 \text{ kcal/min})}{2504 \text{ kcal/°C}} = 0{,}2\text{°C/min}$$

TABELA E13-2.1 PROGRAMA POLYMATH

Equações diferenciais

1 d(T)/d(t) = if (t<45) then (0) else ((Qg-Qr)/NCp)
2 d(X)/d(t) = (-ra)*V/Nao

Equações explícitas

1 NCp = 2504
2 V = 3.265+1.854
3 Nao = 9.0448
4 UA = 35.83
5 DeltaHrx = -590000
6 Nbo = 33
7 k = .00017*exp(11273/(1.987)*(1/461-1/T))
8 Qr = if(t>45 and t<55) then (0) else (UA*(T-298))
9 Theta = Nbo/Nba
10 ra = -k*Nao^2*(1-X)*(Theta-2*X)/V^2
11 Qg = ra*V*DeltaHrx

Valores calculados das variáveis das equações diferenciais

	Variável	Valor inicial	Valor final
1	DeltaHrx	-5.9E+05	-5.9E+05
2	k	0.0001189	0.8033049
3	Nao	9.0448	9.0448
4	Nbo	33.	33.
5	NCp	2504.	2504.
6	Qg	4092.007	7.234E+06
7	Qr	5374.5	4.218E+04
8	ra	-0.0013549	-2.395239
9	t	0	122.
10	T	448.	1475.143
11	Theta	3.648505	3.648505
12	UA	35.83	35.83
13	V	5.119	5.119
14	X	0	0.6075213

A explosão ocorreu logo após a meia-noite.

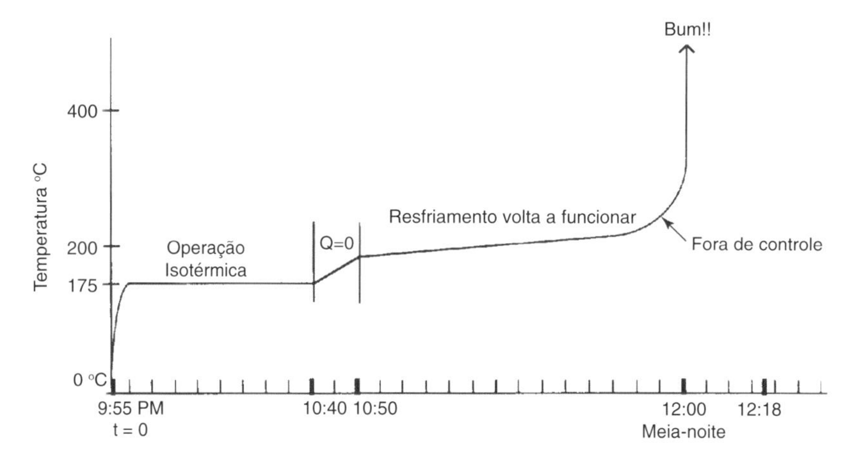

Figura E13-2.2 Trajetória temperatura-tempo.

Consequentemente, embora dT/dt seja positiva, a temperatura aumenta muito lentamente no início, 0,2°C/min. Próximo ao horário de 23h45min, a temperatura alcançou 240°C e ela estava começando a aumentar mais rapidamente. A reação está ficando fora de controle! Observa-se na Figura E13-2.2 que 119 minutos após o início da operação batelada, a temperatura aumenta bruscamente e o reator explode, aproximadamente, à meia-noite. Se a massa e a capacidade calorífica do agitador e do vaso tivessem sido incluídas, o termo NC_p teria aumentado aproximadamente 5% e isto adiaria o momento da explosão em torno de 15 minutos, atrasando a previsão de explosão para 0h18min, que foi o tempo real no qual ela ocorreu.

Quando a temperatura alcançou 300°C, uma reação secundária se iniciou, a decomposição da nitroanilina a gases não condensáveis, tais como CO, N_2 e NO_2, ocorreu liberando ainda mais energia. O total de energia liberada foi estimado em $6{,}8 \times 10^9$ J, o suficiente para erguer todo um edifício de 2500 toneladas a 300 m de altura (o comprimento de três campos de futebol).

D. Disco de Ruptura

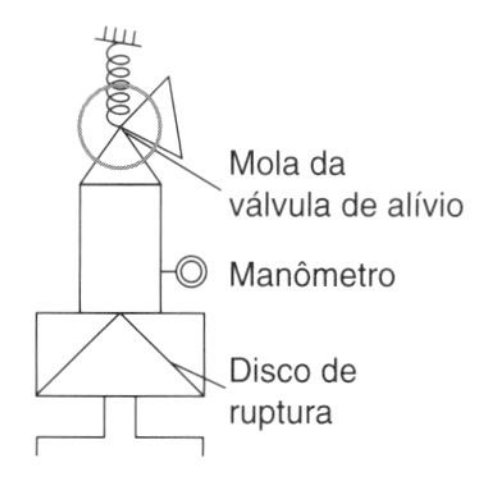

Observamos que o disco de alívio de pressão deveria ter se rompido quando a temperatura alcançou 265°C (que corresponde aproximadamente à pressão de saturação de 700 psi), mas isso não aconteceu e a temperatura continuou a subir. Se o disco tivesse se rompido, toda a água teria sido vaporizada, 10^6 kcal teriam sido removidas da mistura de reagentes, consequentemente reduzindo a temperatura e resfriando rapidamente a reação fora de controle.

Se o disco tivesse se rompido a 265°C (cerca de 700 psi), sabemos, através da mecânica dos fluidos, que a vazão mássica máxima, $\dot{m}_{vap}$, através do orifício de 2 polegadas aberto à atmosfera (1 atm), teria sido de 830 kg/min no instante da ruptura.

$$Q_r = \dot{m}_{\text{vap}}\,\Delta H_{\text{vap}} + UA(T - T_a)$$

$$= 830\,\frac{\text{kg}}{\text{min}} \times 540\,\frac{\text{kcal}}{\text{kg}} + 35{,}83\,\frac{\text{kcal}}{\text{min}\cdot\text{K}}\,(538 - 298)\text{K}$$

$$= 4{,}48 \times 10^5\,\frac{\text{kcal}}{\text{min}} + 8604\,\frac{\text{kcal}}{\text{min}}$$

$$= 4{,}49 \times 10^5\,\frac{\text{kcal}}{\text{min}}$$

O valor de Q_r é muito maior que Q_g (Q_g = 27.460 kcal/min) e, portanto, a mistura reacional poderia ter sido fácil e rapidamente resfriada.

Análise: Reações fora de controle são as que causam mais morte na indústria química. Medidas de segurança planejadas com cuidado e precisão são geralmente estabelecidas para evitar a ocorrência de acidentes. Porém, como mostramos neste exemplo, o plano de prevenção de acidentes falhou. *Se apenas um dos três fatos seguintes não tivesse ocorrido, a explosão não teria acontecido.*

1. Triplicar a produção
2. Falhar o trocador de calor por 10 minutos
3. Falhar o dispositivo de alívio de pressão (disco de ruptura)

Em outras palavras, todos os fatos acima tiveram que acontecer para causar a explosão. Se a válvula de alívio tivesse operado adequadamente, não teria evitado o descontrole da reação, mas teria evitado a explosão. Além de usar um disco de ruptura como dispositivo de alívio de pressão, podem-se também utilizar válvulas de alívio de pressão. Em muitos casos não é tomado o devido cuidado para obter dados de uma reação de processo e usar estas informações para projetar adequadamente o dispositivo de alívio. Estes dados podem ser obtidos utilizando um reator batelada projetado especialmente para este fim, chamado de *Advanced Reaction System Screening Tool* (ARSST), ou seja, *Ferramenta de Seleção com Sistema Avançado de Reação*, como mostrado no site da LTC Editora, Capítulo 13, Professional Reference Shelf (Material de Referência Profissional) – Seção 13.1.

13.3 Reatores Semicontínuos com Trocador de Calor

Em nossas discussões anteriores sobre reatores com trocadores de calor, assumimos que a temperatura ambiente T_a possui uma distribuição espacial uniforme ao longo do trocador. Esta hipótese é verdadeira se o sistema for um reator tubular com a superfície externa do tubo exposta à atmosfera, ou se o sistema for um CSTR, ou reator batelada, nos quais a vazão do fluido refrigerante através do trocador de calor é tão rápida, que a temperatura de entrada e de saída do fluido no trocador é praticamente a mesma.

Agora, consideraremos o caso no qual a temperatura do fluido refrigerante varia ao longo do trocador, enquanto a temperatura através do volume do reator é uniforme. O fluido refrigerante entra no trocador com vazão mássica $\dot{m}_c$ e temperatura T_{a1}, e sai na temperatura T_{a2} (veja na Figura 13-1). Como uma primeira aproximação, assumiremos um regime quase estacionário para o escoamento do fluido refrigerante e desprezaremos o termo de acúmulo (isto é, $dT_a / dt = 0$). Como resultado, a Equação (12-19) fornecerá a taxa de transferência de calor *do* trocador *para* o reator:

$$\dot{Q} = \dot{m}_c C_{P_c}(T_{a1} - T)[1 - \exp(-UA/\dot{m}_c C_{P_c})] \tag{12-19}$$

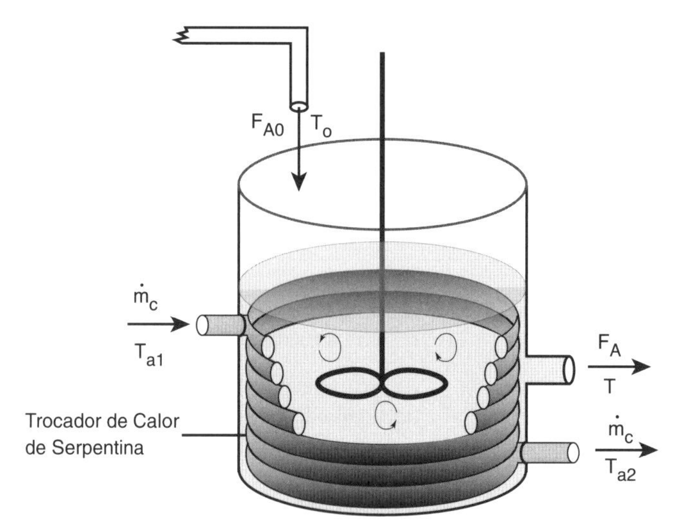

Figura 13-1 Reator tipo tanque com trocador de calor.

Usando a Equação (12-19) para substituir $\dot{Q}$ na Equação (13-9), obtemos

$$\frac{dT}{dt} = \frac{\dot{m}_c C_{P_c}(T_{a1} - T)[1 - \exp(-UA/\dot{m}_c C_{P_c})] + (r_A V)(\Delta H_{Rx}) - \Sigma F_{i0} C_{P_i}(T - T_0)}{\Sigma N_i C_{P_i}} \tag{13-15}$$

Lembrando que para o regime estacionário ($dT/dt = 0$), a Equação (13-15) pode ser resolvida para obter a conversão X em função da temperatura, relembrando que

$$F_{A0}X = -r_A V$$

e

$$\Sigma F_{i0} C_{P_i}(T - T_0) = F_{A0} \Sigma \Theta_i C_{P_i}(T - T_0)$$

Desprezando ΔC_P e então rearranjando a Equação (13-15), resulta em

Balanço de energia em regime estacionário

$$X = \frac{\dot{m}_c C_{P_c}(T_{a1} - T)[1 - \exp(-UA/\dot{m}_c C_{P_c})] - F_{A0} \Sigma \Theta_i C_{P_i}(T - T_0)}{F_{A0}(\Delta H^\circ_{Rx})} \tag{13-16}$$

Exemplo 13-3 Efeitos Térmicos em Reatores Semicontínuos

Problema Exemplo de Simulação

A saponificação do acetato de etila, uma reação de segunda ordem, deve ser conduzida num reator semicontínuo, como mostrado de forma esquemática na Figura E13-3.1.

$$C_2H_5(CH_3COO)(aq) + NaOH(aq) \rightleftarrows Na(CH_3COO)(aq) + C_2H_5OH(aq)$$

$$A \quad + \quad B \quad \rightleftarrows \quad C \quad + \quad D$$

Solução aquosa de hidróxido de sódio será alimentada na concentração de 1 kmol/m^3, à temperatura de 300 K e uma vazão de 0,004 m^3/s sobre 0,2 m^3 de uma mistura de água e acetato de etila. A concentração de água na alimentação, C_{W0}, é 55 kmol/m^3. A concentração inicial de acetato de etila e água são 5 kmol/m^3 e 30,7 kmol/m^3, respectivamente. A reação é exotérmica e torna-se necessário instalar um trocador de calor para manter a temperatura abaixo de 315 K. Há um trocador de calor disponível com UA = 3000 J/s · K. O fluido refrigerante é alimentado com vazão mássica de 100 kg/s e temperatura de 285 K.

O trocador de calor disponível, operando com a vazão de fluido refrigerante mencionada, é suficiente para manter a temperatura do reator abaixo de 315 K? Plote a temperatura, e C_A, C_B e C_C em função do tempo.

Informação adicional:[3]

$$k = 0{,}39175 \exp\left[5472{,}7\left(\frac{1}{273} - \frac{1}{T}\right)\right] \quad \text{m}^3/\text{kmol}\cdot\text{s}$$

$$K_C = 10^{3885{,}44/T}$$

$$\Delta H^\circ_{Rx} = -79{,}076 \text{ kJ/ kmol}$$

$$C_{P_A} = 170{,}7 \text{ kJ/kmol/K}$$

$$C_{P_B} = C_{P_C} = C_{P_D} \cong C_{P_W} = C_P = 75{,}24 \text{ kJ/kmol}\cdot\text{K}$$

Alimentação: $C_{W0} = 55$ kmol/m³ $C_{B0} = 1{,}0$ kmol/m³
Inicialmente: $C_{Wi} = 30{,}7$ kmol/m³ $C_{Ai} = 5$ kmol/m³ $C_{Bi} = 0$

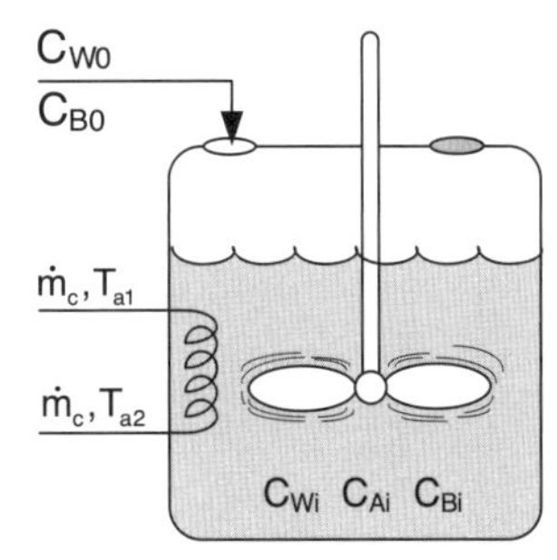

Figura E13-3.1 Reator semicontínuo com trocador de calor.

Solução
Balanços Molares: [Veja Capítulo 6, Seção 6.6.2, Exemplo 6-3.]

$$\frac{dC_A}{dt} = r_A - \frac{v_0 C_A}{V} \tag{E13-3.1}$$

$$\frac{dC_B}{dt} = r_B + \frac{v_0(C_{B0} - C_B)}{V} \tag{E13-3.2}$$

$$\frac{dC_C}{dt} = r_C - \frac{C_C v_0}{V} \tag{E13-3.3}$$

$$C_D = C_C$$

$$\frac{dN_W}{dt} = C_{W0} v_0 \tag{E13-3.4}$$

Inicialmente,

$$N_{Wi} = V_i C_{W0} = (0{,}2 \text{ m}^3)(30{,}7 \text{ kmol/m}^3) = 6{,}14 \text{ kmol}$$

Lei de Velocidade de Reação:

$$-r_A = k\left(C_A C_B - \frac{C_C C_D}{K_C}\right) \tag{E13-3.5}$$

Estequiometria:

$$-r_A = -r_B = r_C = r_D \tag{E13-3.6}$$

$$N_A = C_A V \tag{E13-3.7}$$

$$V = V_0 + v_0 t \tag{E13-3.8}$$

Seguindo o Algoritmo

[3]Valor de k de J. M. Smith, *Chemical Engineering Kinetics*, 3rd ed. (New York: McGraw-Hill, 1981), p. 205. Note que ΔH_{Rx} e K_C foram calculados a partir de valores fornecidos no *Perry's Chemical Engineers' Handbook*, 6th ed. (New York: McGraw-Hill, 1984), pp. 3-147.

Balanço de Energia: Em seguida, substituímos $\sum_{i=1}^{n} F_{i0}C_{P_i}$ na Equação (13-9). Como somente B e a água são continuamente adicionados ao reator,

$$\sum_{i=1}^{n} F_{i0}C_{P_i} = F_{B0}C_{P_B} + F_{W0}C_W = F_{B0}\left(C_{P_B} + \frac{F_{W0}}{F_{B0}}C_{P_W}\right)$$

Entretanto, $C_{P_B} = C_{P_W}$:

$$\sum_{i=1}^{n} F_{i0}C_{P_i} = F_{B0}C_{P_B}(1 + \Theta_W)$$

em que

$$\Theta_W = \frac{F_{W0}}{F_{B0}} = \frac{C_{W0}}{C_{B0}} = \frac{55}{1} = 55$$

$$\frac{dT}{dt} = \frac{\dot{Q} - F_{B0}C_{P_B}(1+\Theta_W)(T-T_0) + (r_AV)\,\Delta H_{Rx}}{N_AC_{P_A} + N_BC_{P_B} + N_C\,C_{P_C} + N_DC_{P_D} + N_WC_{P_W}} \tag{E13-3.9}$$

$$\dot{Q} = \dot{m}_cC_{P_C}(T_{a1} - T)[1 - \exp(-UA/\dot{m}_cC_{P_C})] \tag{12-19}$$

$$\frac{dT}{dt} = \frac{\dot{m}_cC_{P_C}(T_{a1} - T)[1 - \exp(-UA/\dot{m}_cC_{P_C})] - F_{B0}C_P(1+\Theta_W)(T-T_0) + (r_AV)\,\Delta H_{Rx}}{C_P(N_B + N_C + N_D + N_W) + C_{P_A}N_A} \tag{E13-3.10}$$

Relembramos a Equação (12-17) para calcular a temperatura de saída do fluido do trocador de calor

$$T_{a2} = T - (T - T_{a1})\exp\left[-\frac{UA}{\dot{m}_cC_{P_C}}\right] \tag{12-17}$$

O programa a ser utilizado com o Polymath é apresentado na Tabela E13-3.1. Os resultados são apresentados nas Figuras E13-3.2 e E13-3.3.

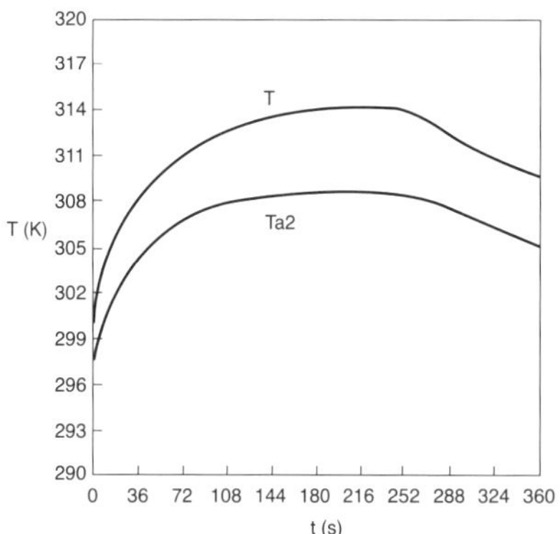

Figura E13-3.2 Trajetórias temperatura-tempo para um reator semicontínuo.

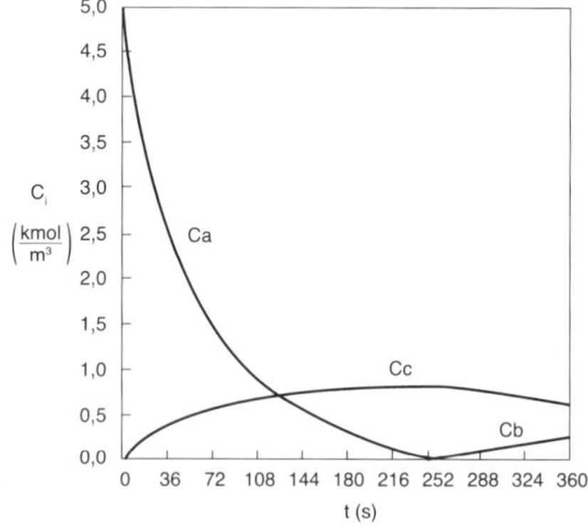

Figura E13-3.3 Trajetórias concentração-tempo para um reator semicontínuo.

TABELA E13-3.1 PROGRAMA POLYMATH E RESULTADOS PARA UM REATOR SEMICONTÍNUO

```
1 d(Ca)/d(t) = ra-(v0*Ca)/V
2 d(Cb)/d(t) = rb+(v0*(Cb0-Cb)/V)
3 d(Cc)/d(t) = rc-(Cc*v0)/V
4 d(T)/d(t) = (Qr-Fb0*cp*(1+55)*(T-T0)+ra*V*dh)/NCp
5 d(Nw)/d(t) = v0*Cw0
```

Equações explícitas

```
1 v0 = 0.004
2 Cb0 = 1
3 UA = 3000
4 Ta = 290
5 cp = 75240
6 T0 = 300
7 dh = -7.9076e7
8 Cw0 = 55
9 k = 0.39175*exp(5472.7*((1/273)-(1/T)))
10 Cd = Cc
11 Vi = 0.2
12 Kc = 10^(3885.44/T)
13 cpa = 170700
14 V = Vi+v0*t
15 Fb0 = Cb0*v0
16 ra = -k*((Ca*Cb)-((Cc*Cd)/Kc))
17 Na = V*Ca
18 Nb = V*Cb
19 Nc = V*Cc
20 rb = ra
21 rc = -ra
22 Nd = V*Cd
23 rate = -ra
24 NCp = cp*(Nb+Nc+Nd+Nw)+cpa*Na
25 Cpc = 18
26 Ta1 = 285
27 mc = 100
28 Qr = mc*Cpc*(Ta1-T)*(1-exp(-UA/mc/Cpc))
29 Ta2 = T-(T-Ta1)*exp(-UA/mc/Cpc)
```

Valores calculados das variáveis das equações diferenciais

	Variável	Valor inicial	Valor final
1	Ca	5.	3.981E-13
2	Cb	0	0.2682927
3	Cb0	1.	1.
4	Cc	0	0.6097561
5	Cd	0	0.6097561
6	cp	7.524E+04	7.524E+04
7	cpa	1.707E+05	1.707E+05
8	Cpc	18.	18.
9	Cw0	55.	55.
10	dh	-7.908E+07	-7.908E+07
11	Fb0	0.004	0.004
12	k	2.379893	4.211077
13	Kc	8.943E+12	3.518E+12
14	mc	100.	100.
15	Na	1.	6.529E-13
16	Nb	0	0.44
17	Nc	0	1.
18	NCp	6.327E+05	6.605E+06
19	Nd	0	1.
20	Nw	6.14	85.34
21	Qr	-2.19E+04	-3.604E+04
22	ra	0	-4.773E-15
23	rate	0	4.773E-15
24	rb	0	-4.773E-15
25	rc	0	4.773E-15
26	t	0	360.
27	T	300.	309.6878
28	T0	300.	300.
29	Ta	290.	290.
30	Ta1	285.	285.
31	Ta2	297.1669	305.0248
32	UA	3000.	3000.
33	V	0.2	1.64
34	v0	0.004	0.004
35	Vi	0.2	0.2

Análise: Observamos na Figura E13-3.3 que a concentração da espécie B é praticamente zero, devido ao fato de que imediatamente após o reagente ser alimentado ele é consumido, até o tempo de operação de 252s. Quando o tempo de operação atinge 252s, todas as moléculas da espécie A que estavam no interior do reator, no início da operação, foram consumidas. Por isso, a velocidade de reação é então praticamente zero e as espécies C e D não são mais produzidas, assim como o reagente B não é mais consumido. Como a espécie B continua sendo alimentada ao reator a uma vazão volumétrica v_0, após 252 segundos do início da reação, o volume de fluido continua aumentando e as concentrações de C e D no interior do vaso diminuem. A figura mostra que até 252s de operação, $Q_g > Q_r$ e as temperaturas do reator e do fluido refrigerante aumentam. Porém, após 252s operando, a velocidade de reação e, consequentemente, Q_g são praticamente zero, fazendo com que $Q_r > Q_g$ e a temperatura diminua. Veja o Problema P13-2_B (c) para refletir sobre o tempo de operação de 252s.

13.4 Operação Não Estacionária de um CSTR

13.4.1 Partida

Partida de um CSTR

Na partida de reatores, frequentemente é muito importante *como* a temperatura e a concentração se aproximam de seus valores do regime estacionário. Por exemplo, um significativo *overshoot* (desvio máximo da variável em relação ao valor desejado) da temperatura pode causar degradação dos reagentes e produtos no interior do reator ou, ainda, promover uma reação secundária e descontrolada que seja inaceitável para uma operação segura. Se um desses casos ocorresse, diríamos que o sistema excedeu o *limite prático de estabilidade*. O limite prático é específico para uma reação específica e condições nas quais a reação é operada. Esse limite é geralmente determinado pelo engenheiro de segurança do reator. Embora possamos resolver numericamente as equações transientes de temperatura e concentração em função do tempo, a fim de verificar se esse limite pode ser excedido, é frequentemente mais esclarecedor estudarmos a variação da temperatura quando da sua aproximação ao regime estacionário, usando o *plano-fase de temperatura e concentração*. Para ilustrar estes conceitos restringiremos nossa análise a uma reação em fase líquida, conduzida em um CSTR.

Uma discussão qualitativa sobre como um CSTR se aproxima do regime estacionário é apresentada no site da LTC Editora, Capítulo 13, Professional Reference Shelf (Material de Referência Profissional) — Seção 13.4. Esta análise, resumida na Figura R-1 no Resumo deste capítulo, é desenvolvida para mostrar as quatro diferentes regiões nas quais o plano-fase é dividido, e como elas nos permitem esquematizar a aproximação do regime estacionário.

Exemplo 13-4 Partida de um CSTR

Consideraremos novamente a produção de propileno glicol (C) em um CSTR com um trocador de calor como no Exemplo 12-3. Inicialmente há somente água, C_{wi} = 3,45 lbmol/ft³, a 75°F e 0,1% em massa de H_2SO_4 em um reator de 500 galões. A corrente de alimentação é constituída de 80 lbmol/h de óxido de propileno (A), 1000 lbmol/h de água (B) contendo 0,1% em massa de H_2SO_4 e 100 lbmol/h de metanol (M).

Faça os gráficos de temperatura e concentração de óxido de propileno em função do tempo e também da concentração em função da temperatura, para diferentes temperaturas de entrada e concentrações iniciais de A no reator.

A água de refrigeração escoa através do trocador de calor a uma vazão de 5 lb_m/s (1000 lbmol/h). As massas específicas molares de óxido de propileno puro (A), água (B) e metanol (M) são: ρ_{A0} = 0,923 lbmol/ft³, ρ_{B0} = 3,45 lbmol/ft³ e ρ_{M0} = 1,54 lbmol/ft³, respectivamente.

$$UA = 16.000\ \frac{\text{Btu}}{\text{h} \cdot °\text{F}} \text{ com } T_{a1} = 60°\text{F}, \dot{m}_{\text{W}} = 1000 \text{ lbmol/h com } C_{\text{P}_\text{W}} = 18 \text{ Btu/lbmol} \cdot °\text{F}$$

$$C_{\text{P}_\text{A}} = 35 \text{ Btu/lbmol} \cdot °\text{F}, \ C_{\text{P}_\text{B}} = 18 \text{ Btu/lbmol} \cdot °\text{F},$$
$$C_{\text{P}_\text{C}} = 46 \text{ Btu/lbmol} \cdot °\text{F}, \ C_{\text{P}_\text{M}} = 19{,}5 \text{ Btu/lbmol} \cdot °\text{F}$$

Novamente, a temperatura da mistura de reagentes na corrente de entrada do CSTR é T_0 = 75°F.

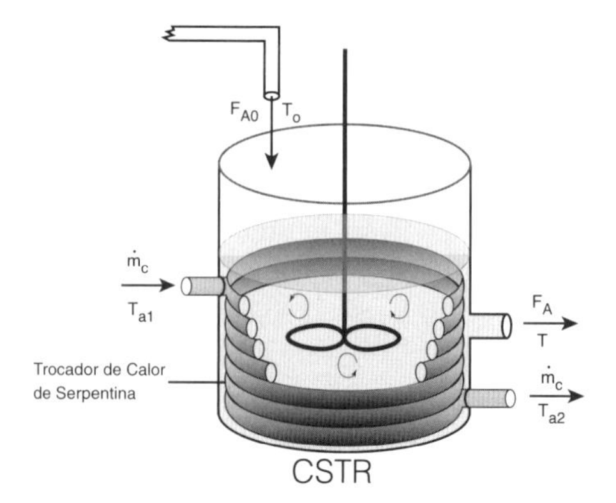

Solução

$$A + B \longrightarrow C$$

Balanços Molares:

Condilções Iniciais

A: $$\frac{dC_A}{dt} = r_A + \frac{(C_{A0} - C_A)v_0}{V} \qquad C_{Ai} = 0 \qquad \text{(E13-4.1)}$$

B: $$\frac{dC_B}{dt} = r_B + \frac{(C_{B0} - C_B)v_0}{V} \qquad C_{Bi} = 3{,}45\ \frac{\text{lbmol}}{\text{ft}^3} \qquad \text{(E13-4.2)}$$

C: $$\frac{dC_C}{dt} = r_C + \frac{-C_C v_0}{V} \qquad C_{Ci} = 0 \qquad \text{(E13-4.3)}$$

M: $$\frac{dC_M}{dt} = \frac{v_0(C_{M0} - C_M)}{V} \qquad C_{Mi} = 0 \qquad \text{(E13-4.4)}$$

Lei de Velocidade de Reação:

$$-r_A = kC_A \qquad \text{(E13-4.5)}$$

Estequiometria:

$$-r_A = -r_B = r_C \qquad \text{(E13-4.6)}$$

Balanço de Energia:

$$\frac{dT}{dt} = \frac{\dot{Q} - F_{A0}\sum \Theta_i C_{P_i}(T - T_0) + (\Delta H_{Rx})(r_A V)}{\sum N_i C_{P_i}} \qquad \text{(E13-4.7)}$$

Utilizando as Equações (12-17) a (12-19), temos

$$\dot{Q} = \dot{m}_W C_{P_W}(T_{a1} - T_{a2}) = \dot{m}_W C_{P_W}(T_{a1} - T)\left[1 - \exp\left(-\frac{UA}{\dot{m}_W C_{P_W}}\right)\right] \qquad \text{(12-19)}$$

e

$$T_{a2} = T - (T - T_{a1})\exp\left(-\frac{UA}{\dot{m}_W C_{P_W}}\right) \qquad \text{(12-17)}$$

Cálculo dos Parâmetros:

$$\sum N_i C_{P_i} = C_{P_A}N_A + C_{P_B}N_B + C_{P_C}N_C + C_{P_M}N_M \qquad \text{(E13-4.8)}$$

$$= 35(C_A V) + 18(C_B V) + 46(C_C V) + 19{,}5(C_M V)$$

$$\sum \Theta_i C_{P_i} = C_{P_A} + \frac{F_{B0}}{F_{A0}} C_{P_B} + \frac{F_{M0}}{F_{A0}} C_{P_M} \qquad \text{(E13-4.9)}$$

$$= 35 + 18\ \frac{F_{B0}}{F_{A0}} + 19{,}5\ \frac{F_{M0}}{F_{A0}}$$

$$v_0 = \frac{F_{A0}}{\rho_{A0}} + \frac{F_{B0}}{\rho_{B0}} + \frac{F_{M0}}{\rho_{M0}} = \left(\frac{F_{A0}}{0{,}923} + \frac{F_{B0}}{3{,}45} + \frac{F_{M0}}{1{,}54}\right)\frac{\text{ft}^3}{\text{h}} \qquad \text{(E13-4.10)}$$

Desprezando ΔC_p porque na faixa de temperatura de reação ele causa uma alteração insignificante na entalpia de reação, assumimos o calor de reação como constante, na sua temperatura de referência, sendo igual a

$$\Delta H_{Rx} = -36.000\ \frac{\text{Btu}}{\text{lbmol A}}$$

O programa a ser utilizado com o Polymath é apresentado na Tabela E13-4.1.

TABELA E13-4.1 PROGRAMA POLYMATH PARA A PARTIDA DO CSTR

Equações diferenciais

```
1 d(Ca)/d(t) = 1/tau*(Ca0-Ca)+ra
2 d(Cb)/d(t) = 1/tau*(Cb0-Cb)+rb
3 d(Cc)/d(t) = 1/tau*(0-Cc)+rc
4 d(Cm)/d(t) = 1/tau*(Cm0-Cm)
5 d(T)/d(t) = (Q-Fa0*ThetaCp*(T-T0)+(-36000)*ra*V)/NCp
```

Equações explícitas

```
1 Fa0 = 80
2 T0 = 75
3 V = (1/7.484)*500
4 UA = 16000
5 Ta1 = 60
6 k = 16.96e12*exp(-32400/1.987/(T+460))
7 Fb0 = 1000
8 Fm0 = 100
9 mc = 1000
10 ra = -k*Ca
11 rb = -k*Ca
12 rc = k*Ca
13 Nm = Cm*V
14 Na = Ca*V
15 Nb = Cb*V
16 Nc = Cc*V
17 ThetaCp = 35+Fb0/Fa0*18+Fm0/Fa0*19.5
18 v0 = Fa0/0.923+Fb0/3.45+Fm0/1.54
19 Ta2 = T-(T-Ta1)*exp(-UA/(18*mc))
20 Ca0 = Fa0/v0
21 Cb0 = Fb0/v0
22 Cm0 = Fm0/v0
23 Q = mc*18*(Ta1-Ta2)
24 tau = V/v0
25 NCp = Na*35+Nb*18+Nc*46+Nm*19.5
```

Valores calculados das variáveis das equações diferenciais

	Variável	Valor inicial	Valor final
1	Ca	0	0.0378953
2	Ca0	0.1812152	0.1812152
3	Cb	3.45	2.12187
4	Cb0	2.26519	2.26519
5	Cc	0	0.1433199
6	Cm	0	0.226519
7	Cm0	0.226519	0.226519
8	Fa0	80.	80.
9	Fb0	1000.	1000.
10	Fm0	100.	100.
11	k	0.9835319	24.99079
12	mc	1000.	1000.
13	Na	0	2.531756
14	Nb	230.4917	141.7604
15	Nc	0	9.575086
16	NCp	4148.851	3375.858
17	Nm	0	15.13355
18	Q	-1.59E+05	-8.324E+05
19	ra	0	-0.9470341
20	rb	0	-0.9470341
21	rc	0	0.9470341
22	T	75.	138.5305
23	t	0	4.
24	T0	75.	75.
25	Ta1	60.	60.
26	Ta2	68.83332	106.2456
27	tau	0.1513355	0.1513355
28	ThetaCp	284.375	284.375
29	UA	1.6E+04	1.6E+04
30	V	66.80919	66.80919
31	v0	441.464	441.464

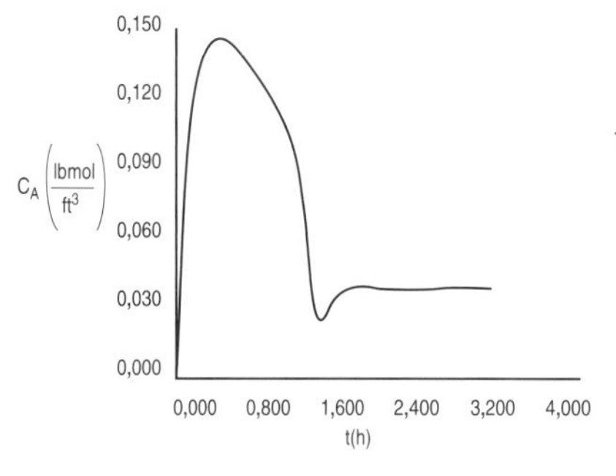

Figura E13-4.1 Concentração do óxido de propileno em função do tempo.

Figura E13-4.2 Trajetória temperatura-tempo para a partida de um CSTR.

As Figuras (E13-4.1) e (E13-4.2) mostram a concentração de óxido de propileno e a temperatura do reator em função do tempo, respectivamente, para uma temperatura inicial de T_i = 75°F e com o tanque contendo somente água no início (isto é, $C_{Ai} = 0$). Observa-se que tanto a temperatura como a concentração oscilam em torno dos seus valores de regime estacionário (T = 138°F, C_A = 0,0379 lbmol/ft^3) conforme o estado estacionário se aproxima.

Procedimento de partida inaceitável

A Figura (E13-4.3) combina a Figura (E13-4.1) e (E13-4.2) em um gráfico de C_A em função de T (plano-fase C_A-T). A concentração A no final da operação é de 0,0379 lbmol/ft^3 à temperatura de 138°F. As flechas no gráfico plano-fase mostram a trajetória para tempos crescentes. A temperatura máxima alcançada durante a partida é 152°F, que se situa abaixo do *limite prático de estabilidade* de 180°F.

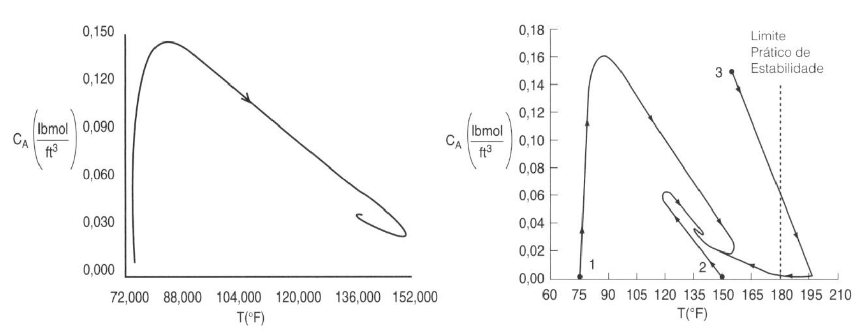

Figura E13-4.3 Trajetória no plano-fase de concentração-temperatura obtida a partir das Figuras E13-4.1 e E13-4.2.

Figura E13-4.4 Trajetória no plano-fase de concentração-temperatura para três condições iniciais distintas.

Em seguida, considere a Figura (E13-4.4), que mostra três diferentes trajetórias para três condições iniciais distintas:

(1) $T_i = 75°F$ $\quad C_{Ai} = 0$ $\quad$ [como no caso da Figura E13-4.3]
(2) $T_i = 150°F$ $\quad C_{Ai} = 0$
(3) $T_i = 160°F$ $\quad C_{Ai} = 0{,}141$ lbmol/ft³

Após três horas, a reação está operando em regime estacionário e todas as três trajetórias convergem para a mesma temperatura final de 138°F. As concentrações correspondentes são

$$C_A = 0{,}0379 \text{ lbmol/ft}^3 \quad C_C = 0{,}143 \text{ lbmol/ft}^3$$
$$C_B = 2{,}12 \text{ lbmol/ft}^3 \quad C_M = 0{,}2265 \text{ lbmol/ft}^3$$
$$T = 138{,}5°F$$

Opa! O limite prático de estabilidade foi excedido.

Para este sistema reacional, o escritório de segurança da planta industrial acredita que o limite superior de 180°F não deve ser excedido no tanque. Esta temperatura é o *limite prático de estabilidade*. O limite prático de estabilidade representa uma temperatura acima da qual a operação é indesejável, devido a reações secundárias indesejadas, questões de segurança, reações secundárias fora de controle, ou danos ao equipamento. Consequentemente, vemos que, se partíssemos de uma temperatura inicial de $T_i = 160°F$ e uma concentração inicial de 0,14 mol/dm³, o limite prático de estabilidade de 180°F seria excedido, conforme o reator se aproximasse da temperatura de estado estacionário de 138°F. Veja a trajetória concentração-temperatura na Figura E13-4.4.

As Figuras E13-4.1 a E13-4.4 mostram as trajetórias de concentração e de temperatura com o tempo, para a partida de um CSTR com diferentes condições iniciais.

Análise: Um dos objetivos deste exemplo é demonstrar o uso dos gráficos plano-fase, por exemplo, T em função de C_A, na análise da partida de um CSTR. Gráficos plano-fase nos permitem ver como o estado estacionário é alcançado por diferentes conjuntos de condições iniciais e que, se o limite prático de estabilidade é excedido, pode causar o desenvolvimento de uma reação secundária mais exotérmica.

13.5 Reações Múltiplas Não Isotérmicas

Para q múltiplas reações com m espécies ocorrendo em um reator semicontínuo, ou batelada, a Equação (13-15) pode ser generalizada da mesma forma que o balanço de energia no estado estacionário, fornecendo

$$\frac{dT}{dt} = \frac{\dot{m}_c C_{P_c}(T_{a1} - T)[1 - \exp(-UA/\dot{m}_c C_{P_c})] + \sum_{i=1}^{q} r_{ij}\, V\, \Delta H_{Rxij}(T) - \sum_{j=1}^{m} F_{j0} C_{Pj}(T - T_0)}{\sum_{j=1}^{m} N_{j0} C_{Pj}} \tag{13-17}$$

Para altas vazões de fluido refrigerante, a Equação (13-17) reduz-se a

$$\frac{dT}{dt} = \frac{V \sum_{i=1}^{q} r_{ij}\, \Delta H_{\text{Rx}ij} - UA(T - T_a) - \sum_{j=1}^{m} F_{j0} C_{\text{P}_j} (T - T_0)}{\sum_{j=1}^{m} N_j C_{\text{P}_j}} \tag{13-18}$$

Rearranjando a Equação (13-18) e fazendo

$$Q_g = V \sum_{i=1}^{q} r_{ij}\, \Delta H_{\text{Rx}ij}$$

e

$$Q_r = UA(T - T_a) + \sum F_{j0} C_{\text{P}_j} (T - T_0)$$

podemos escrever a Equação (13-18) na forma

$$\boxed{\frac{dT}{dt} = \frac{Q_g - Q_r}{\sum_{j=1}^{m} N_j C_{\text{P}_j}}} \tag{13-19}$$

Exemplo 13-5 Reações Múltiplas em um Reator Semicontínuo

As reações em série

$$2\text{A} \xrightarrow[(1)]{k_{1\text{A}}} \text{B} \xrightarrow[(2)]{k_{2\text{B}}} 3\text{C}$$

Problema Exemplo de Simulação

são catalisadas por H_2SO_4. Todas as reações são de primeira ordem na faixa de concentração dos reagentes. Porém, a Reação (1) é exotérmica e a Reação (2) é endotérmica. Estas reações devem ser conduzidas em um reator semicontínuo, que possui um trocador de calor no seu interior com UA = 35.000 cal/h · K e uma temperatura ambiente constante, T_a, de 298 K. A espécie A pura entra a uma concentração de 4 mol/dm³, na vazão volumétrica de 240 dm³/h e temperatura de 305 K. Inicialmente há um volume total de reagentes de 100 dm³, contendo 1,0 mol/dm³ de A e 1,0 mol/dm³ do catalisador H_2SO_4. A velocidade da reação independe da concentração de catalisador. A temperatura inicial dentro do reator é 290 K.

Plote e analise a concentração das espécies e a temperatura do reator em função do tempo.

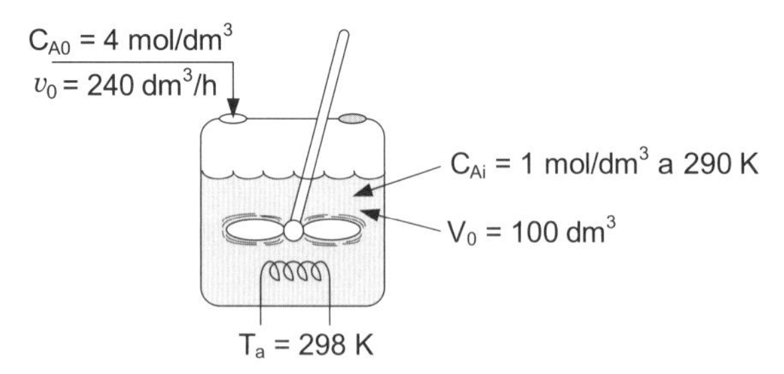

Informações adicionais:

$$k_{1\text{A}} = 1{,}25\,\text{h}^{-1} \text{ a } 320 \text{ K com } E_{1\text{A}} = 9500 \text{ cal/mol} \qquad C_{\text{P}_\text{A}} = 30 \text{ cal/mol}\cdot\text{K}$$

$$k_{2\text{B}} = 0{,}08\,\text{h}^{-1} \text{ a } 300 \text{ K com } E_{2\text{B}} = 7000 \text{ cal/mol} \qquad C_{\text{P}_\text{B}} = 60 \text{ cal/mol}\cdot\text{K}$$

$$\Delta H_{\text{Rx1A}} = -6500 \text{ cal/mol A} \qquad C_{\text{P}_\text{C}} = 20 \text{ cal/mol}\cdot\text{K}$$

$$\Delta H_{\text{Rx2B}} = +8000 \text{ cal/mol B} \qquad C_{\text{P}_{\text{H}_2\text{SO}_4}} = 35 \text{ cal/mol}\cdot\text{K}$$

Solução

Reação (1) $\quad 2\text{ A} \longrightarrow \text{B}$

Reação (2) $\quad \text{B} \longrightarrow 3\text{ C}$

Balanços Molares:

$$\frac{dC_A}{dt} = r_A + \frac{(C_{A0} - C_A)}{V} v_0 \tag{E13-5.1}$$

$$\frac{dC_B}{dt} = r_B - \frac{C_B}{V} v_0 \tag{E13-5.2}$$

$$\frac{dC_C}{dt} = r_C - \frac{C_C}{V} v_0 \tag{E13-5.3}$$

Velocidades:

Leis de Velocidade das Reações:

$$-r_{1A} = k_{1A} C_A \tag{E13-5.4}$$

$$-r_{2B} = k_{2B} C_B \tag{E13-5.5}$$

Velocidades Relativas:

$$r_{1B} = -\frac{1}{2} r_{1A} \tag{E13-5.6}$$

$$r_{2C} = -3\, r_{2B} \tag{E13-5.7}$$

Velocidades Globais:

$$r_A = r_{1A} = -k_{1A} C_A \tag{E13-5.8}$$

$$r_B = r_{1B} + r_{2B} = \frac{-r_{1A}}{2} + r_{2B} = \frac{k_{1A} C_A}{2} - k_{2B} C_B \tag{E13-5.9}$$

$$r_C = 3\, k_{2B} C_B \tag{E13-5.10}$$

Estequiometria (fase líquida): Use C_A, C_B, C_C

$$N_i = C_i V \tag{E13-5.11}$$

$$V = V_0 + v_0 t \tag{E13-5.12}$$

$$N_{H_2SO_4} = (C_{H_2SO_{4,0}}) V_0 = \frac{1 \text{ mol}}{\text{dm}^3} \times 100 \text{ dm}^3 = 100 \text{ mol}$$

$$F_{A0} = \frac{4 \text{ mol}}{\text{dm}^3} \times 240 \frac{\text{dm}^3}{\text{h}} = 960 \frac{\text{mol}}{\text{h}}$$

Balanço de Energia:

Reator semicontínuo:

$$\frac{dT}{dt} = \frac{UA(T_a - T) - \sum F_{j0} C_{P_j}(T - T_0) + V \sum_{i=1}^{q} \Delta H_{Rxij} r_{ij}}{\sum_{j=1}^{m} N_j C_{P_j}} \tag{13-18}$$

Expandindo

$$\frac{dT}{dt} = \frac{UA(T_a - T) - F_{A0} C_{P_A}(T - T_0) + [(\Delta H_{Rx1A})(r_{1A}) + (\Delta H_{Rx2B})(r_{2B})] V}{[C_A C_{P_A} + C_B C_{P_B} + C_C C_{P_C}] V + N_{H_2SO_4} C_{P_{H_2SO_4}}} \tag{E13-5.13}$$

Substituindo os valores dos parâmetros na Equação (E13-5.14),

$$\frac{dT}{dt} = \frac{35.000(298 - T) - (4)(240)(30)(T - 305) + [(-6500)(-k_{1A} C_A) + (+8000)(-k_{2B} C_B)] V}{(30 C_A + 60 C_B + 20 C_C)(100 + 240t) + (100)(35)} \tag{E13-5.14}$$

As Equações (E13-5.1) a (E13-5.3) e (E13-5.8) a (E13-5.12) podem ser resolvidas simultaneamente com a Equação (E13-5.14) utilizando um programa para solução de EDOs. O programa a ser utilizado com o Polymath é mostrado na Tabela E13-5.1. As trajetórias concentração-tempo e temperatura-tempo são mostradas nas Figuras E13-5.1 e E13-5.2.

Problema Exemplo de Simulação

TABELA E13-5.1 PROGRAMA POLYMATH

Equações diferenciais

```
1 d(Ca)/d(t) = ra+(Cao-Ca)*vo/V
2 d(Cb)/d(t) = rb-Cb*vo/V
3 d(Cc)/d(t) = rc-Cc*vo/V
4 d(T)/d(t) = (35000*(298-T)-Cao*vo*30*(T-305)+((-6500)*(-k1a*Ca)+(8000)*(-k2b*Cb))*V)/
  ((Ca*30+Cb*60+Cc*20)*V+100*35)
```

Equações explícitas

```
1 Cao = 4
2 vo = 240
3 k1a = 1.25*exp((9500/1.987)*(1/320-1/T))
4 k2b = 0.08*exp((7000/1.987)*(1/290-1/T))
5 ra = -k1a*Ca
6 V = 100+vo*t
7 rc = 3*k2b*Cb
8 rb = k1a*Ca/2-k2b*Cb
```

Valores calculados das variáveis das equações diferenciais

	Variável	Valor inicial	Valor final
1	Ca	1.	0.2636761
2	Cao	4.	4.
3	Cb	0	0.6875689
4	Cc	0	2.563518
5	k1a	0.2664781	7.458802
6	k2b	0.08	0.9317643
7	ra	-0.2664781	-1.966708
8	rb	0.133239	0.3427018
9	rc	0	1.921956
10	t	0	1.5
11	T	290.	363.4525
12	V	100.	460.
13	vo	240.	240.

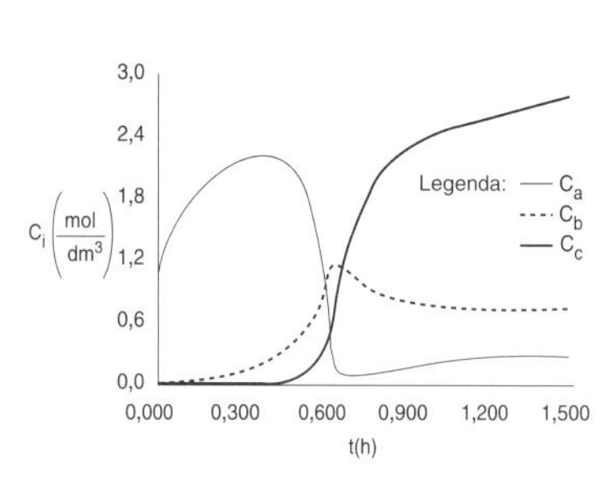

Figura E13-5.1 Concentração-tempo.

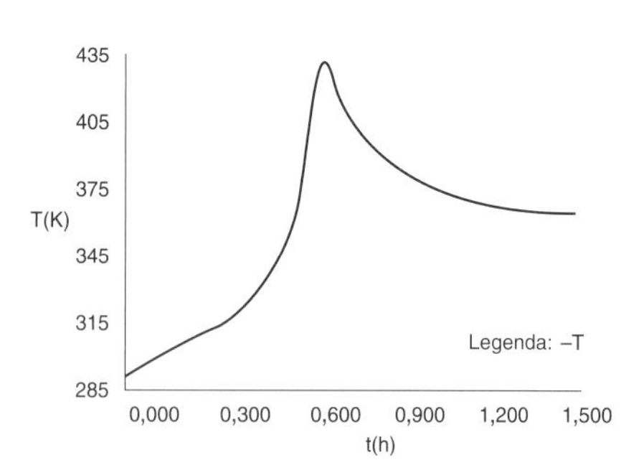

Figura E13-5.2 Temperatura (K)-tempo (h).

Análise: No início da reação, tanto C_A como T aumentam no interior do reator, pois C_{A0} e T_0 são maiores que C_{Ai} e T_i. Este aumento continua até que a velocidade de consumo dos reagentes seja maior do que a velocidade de alimentação do reator. Notamos que para aproximadamente 0,2 h de operação, a temperatura do reator excede a temperatura de alimentação (isto é, 305 K) devido ao calor gerado pela reação exotérmica (1). A temperatura continua a subir até aproximadamente 0,6 h de operação, instante no qual praticamente todo o reagente A já está consumido. Após este ponto, a temperatura começa a diminuir, por dois motivos: (1) o reator é refrigerado por um trocador de calor, e (2) o calor é removido pela reação endotérmica.

Exemplo 13-6 Explosão nos Laboratórios T2[4]

Figura E13-6.1 Foto aérea dos Laboratórios T2, tirada em 20 de dezembro de 2007. (Cortesia de *Chemical Safety Board.*)

Nos Laboratórios T2 produzia-se o aditivo de combustível *metilciclopentadienil tricarbonil manganês* (a sigla usual, MMT, corresponde ao nome, em inglês, *methylcyclopentadienyl manganese tricarbonyl* (MCMT), em um reator batelada de 2.450 galões, a elevadas pressões em um processo batelada de três etapas.

Etapa 1a. A reação de metilação em fase líquida entre o metilciclopentadieno (MCP) e sódio, em um solvente de dietilenoglicoldimetiléter (conhecido como diglima) para produzir metilciclopentadieno de sódio e gás hidrogênio:

$$\text{MCP} + \text{Na} \longrightarrow (\ominus)\ \text{Na}^{\oplus} + \tfrac{1}{2}\text{H}_2$$

O hidrogênio sai da solução imediatamente e é purgado ao topo do reator, no espaço destinado ao acúmulo de gases, denominado *espaço superior*, ou *head space*.

Etapa 1b. Ao final da Etapa 1a, $MnCl_2$ é adicionado. A reação de substituição entre o metilciclopentadieno de sódio e o cloreto de manganês produz dimetilciclopentadieno de manganês e cloreto de sódio:

$$2\ (\ominus)\ \text{Na}^{\oplus} \xrightarrow{\text{MnCl}_2} \text{Mn} + 2\,\text{NaCl}$$

Etapa 1c. No final da Etapa 1b, CO é adicionado. A reação de carbonilação entre o dimetilciclopentadieno de manganês e o monóxido de carbono fornece o produto final, *metilciclopentadienil tricarbonil manganês* (MMT).

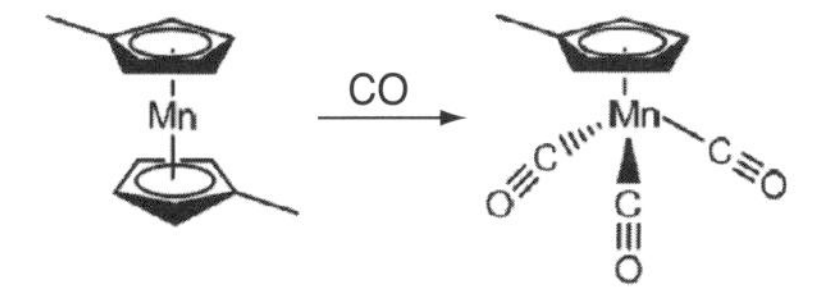

Somente consideraremos a *Etapa 1a*, pois foi nesta etapa que a explosão ocorreu.

Procedimento
Primeiramente, sódio sólido é misturado em um reator batelada com o dímero de metilciclopentadieno e o solvente dietilenoglicoldimetiléter (diglima). O reator batelada é então aquecido a aproximadamente 422 K (300°F) e a reação ocorre de forma limitada durante o processo de aquecimento. Quando a temperatura chega a 422 K, o aquecimento é desligado e, por

[4]Este exemplo tem como coautores os Professores Ronald J. Willey, da Northeastern University, Michael B. Cutlip, da University of Connecticut, e H. Scott Fogler, da University of Michigan.

isso, a reação exotérmica se desenvolve. A temperatura continua a aumentar sem aquecimento externo adicional. Quando a temperatura atinge 455,4 K (360°F), o operador inicia o resfriamento utilizando a evaporação de água em ebulição na jaqueta do reator, que atua como um dissipador de calor (T_a = 373,15 K) (212°F).

O Que Aconteceu

No dia 19 de dezembro de 2007, quando o reator atingiu a temperatura de 455,4 K (360°F), o operador do processo não conseguiu iniciar a alimentação de água de resfriamento para a jaqueta mostrada na Figura E13-6.2. Assim, o resfriamento esperado do reator não estava disponível e a temperatura do reator continuou a aumentar. A pressão também aumentou, pois o hidrogênio continuou a ser produzido a uma velocidade crescente, até o ponto em que o sistema de válvula de controle de pressão do reator, no orifício de 1 polegada de diâmetro para a ventilação de hidrogênio, não pôde mais suportar a pressão de operação de 50 psig (4,4 atm). Conforme a temperatura aumentou ainda mais, uma reação exotérmica, até então desconhecida, do dietilenoglicoldimetiléter, que era catalisada por sódio, se acelerou rapidamente.

$$CH_3-O-CH_2-CH_2-O-CH_2-CH_2O-CH_3 \xrightarrow[Na]{} 3H_2 + \text{mistura (líq.+sól.)}$$

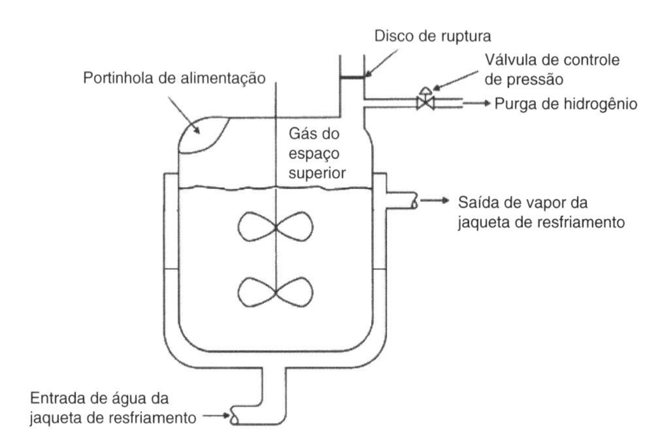

Figura E13-6.2 Reator

Esta reação produziu ainda mais hidrogênio, fazendo com que a pressão se elevasse com maior rapidez que a usual, finalmente causando o rompimento do disco de ruptura, na linha de alívio de hidrogênio, de 4 polegadas de diâmetro, que estava ajustado para 28,2 atm absoluta (400 psig). Mesmo com a linha de alívio aberta, a vazão de produção de hidrogênio era agora muito maior que a vazão de purga, fazendo com que a pressão continuasse a se elevar, até o ponto em que o vaso do reator se rompeu e iniciou uma explosão horrível. A planta industrial dos Laboratórios T2 foi completamente destruída e a vida de quatro funcionários foi perdida. Outras empresas que ficavam nos arredores da T2 sofreram sérios danos, e mais pessoas foram feridas.

Antes de continuarmos com este exemplo, pode lhe ser útil assistir a um vídeo, de 9 minutos, do *Chemical Safety Board* (CSB), o qual pode ser acessado diretamente através das *Notas de Resumo* do Capítulo 13 no site da LTC Editora, ou então você pode ler o material complementar [*http://www.chemsafety.gov/videoroom/detail.aspx?VID=32*]. Você também pode procurar na internet por "T2 explosion video".

Modelo Simplificado

Chamemos A = metilciclopentadieno, B = sódio, S = Solvente (diglima) e D = H_2. Esta reação fora de controle pode ser modelada aproximadamente com duas reações, são:

(1) A + B → C + 1/2 D (gás)
(2) S → 3 D (gás) + mistura de produtos líquidos e sólidos

Na reação (1), A e B reagem para formar os produtos. A reação (2) representa a decomposição do solvente S em fase líquida catalisada pela presença de B, mas esta reação se inicia somente quando a temperatura atinge aproximadamente 470 K.

As leis de velocidade de reação, juntamente com as constantes de velocidade, na temperatura inicial de 422 K, são:

$-r_{1A} = k_{1A}C_AC_B$

$A_{1A} = 5{,}73 \times 10^2$ dm^3 mol^{-1} h^{-1} com E_{1A} = 128.000 J/mol K

$-r_{2S} = k_{2S}\,C_S$

$A_{2S} = 9{,}41 \times 10^{16}$ h^{-1} com E_{2S} = 800.000 J/mol K

As entalpias de reação são constantes.

$\Delta H_{Rx1A} = -45.400$ J/mol

$\Delta H_{Rx2S} = -3{,}2 \times 10^5$ J/mol

A soma dos produtos do número de mols de cada espécie por seu calor específico (veja a Equação 13-18) é essencialmente constante.

$$\sum N_j C_{P_j} = 1{,}26 \times 10^7 \text{ J/K}$$

Suposições

Assuma que o volume de líquido no reator, V_0, seja 4000 dm^3 e permaneça constante, e o volume de vapor sobre o líquido, V_H, seja 5000 dm^3. Qualquer gás, H_2 (isto é, D), que é formado pelas reações (1) e (2), imediatamente se adiciona à corrente F_D no topo do reator (*espaço superior*). O H_2 dissolvido no líquido e as pressões de vapor dos componentes líquidos no reator podem ser desprezados. A pressão absoluta inicial no interior do reator é de 4,4 atm (50 psig). Durante operações normais, o gás H_2 gerado segue à lei do gás ideal. O sistema de controle de pressão na linha da purga de H_2 mantém a pressão, P, a 4,40 atm até uma vazão de 11.400 mol/h. O vaso do reator não suportará pressões acima de 45 atm, ou temperaturas acima de 600 K.

Informações Adicionais

$UA = 2{,}77 \times 10^6$ J h^{-1} K^{-1}. As concentrações das espécies no reator, ao final do aquecimento a 422 K, são C_{A0} = 4,3 mol/dm^3, C_{B0} = 5,1 mol/dm^3, C_{I0} = 0,088 mol/dm^{3}e C_{S0} = 3 mol/dm^3. O calor sensível das duas correntes de purga de gás pode ser desprezado.

Enunciado do Problema

Plote e analise a temperatura do reator e a pressão no espaço superior em função do tempo, juntamente com a concentração dos reagentes, para a situação na qual o sistema de refrigeração não funciona (UA = 0). No Problema P13-2(f) será pedido que você refaça o problema considerando que a água de refrigeração funcione como o esperado quando a temperatura do reator exceda 455 K.

Solução

(1) Balanços Molares no Reator

Reator (Assumir Batelada de Volume Constante)

Líquido

$$\frac{dC_A}{dt} = r_{1A} \tag{E13-6.1}$$

$$\frac{dC_B}{dt} = r_{1A} \tag{E13-6.2}$$

$$\frac{dC_S}{dt} = r_{2S} \tag{E13-6.3}$$

(2) Balanço Molar no Espaço Superior do Reator

Seja N_D = número de mols do gás D no volume V_V para gases, situado no topo do interior do reator, o espaço superior. O balanço molar para a espécie D (H_2) no espaço superior, de volume V_V, fornece

$$\frac{dN_D}{dt} = F_D - F_{purga} \tag{E13-6.4}$$

em que F_{purga} é a vazão molar de gás que deixa o espaço superior através de uma ou duas linhas de saída e F_D é a vazão molar do gás que se forma no líquido e ocupa o espaço superior do reator.

$$F_D = (-0{,}5r_{1A} - 3r_{2S})V_0 \tag{E13-6.5}$$

Considerando o gás no espaço superior do reator como ideal, e também devido a pequenas variações de T, é possível escrever a Equação (E13-6.4) em termos da pressão total dos gases no topo do reator.

$$N_{\text{D}} = \frac{PV_{\text{H}}}{RT_{\text{H}}} \quad \text{(E13-6.6)}$$

Substituindo N_{D} na Equação (E13-6.4) com a Equação (E13-6.6) e rearranjando, resulta em

$$\boxed{\frac{dP}{dt} = \left(F_{\text{D}} - F_{purga}\right)\frac{RT_{\text{H}}}{V_{\text{H}}}} \quad \text{(E13-6.7)}$$

Gás sai do reator pela linha da válvula de controle de pressão e pela linha que contém o disco de ruptura. Quando há baixa produção de gás, a válvula de controle de pressão mantém a pressão de *set point* desde o começo da operação, purgando todo o gás produzido, até que a vazão de produção de gás atinja 11.400 mol/h.

$$F_{purga} = F_{\text{D}} \text{ quando } F_{\text{D}} < 11.400 \quad \text{(E13-6.8)}$$

Conforme a pressão aumenta, mas estando ainda abaixo da pressão-limite do disco de ruptura, a linha de controle de pressão purga para a atmosfera (1 atm), de acordo com a equação

$$F_{purga} = \Delta PC_v = (P\text{-}1)C_{v1} \text{ quando } P < 28{,}2 \text{ atm} \quad \text{(E13-6.9)}$$

em que P é a pressão absoluta no reator (atm), 1 atm é a pressão a jusante, e o valor do C_v é 3360 mol/h · atm. Se a pressão P no interior do reator exceder 28,2 atm (400 psig), a linha de alívio ativada pelo rompimento do disco de ruptura então purga os gases do topo do reator, a uma vazão dada por $(P\text{-}1)C_{v2}$, em que C_{v2} = 53.600 mol/(h · atm).

Após a ruptura do disco a P = 28,2 atm, tanto a linha de controle de pressão, como a linha do disco de ruptura purgam os gases do reator segundo a equação

$$F_{purga} = (P\text{-}1)(C_{v1} + C_{v2}) \quad \text{(E13-6.10)}$$

As Equações (E13-6.7) a (E13-6.10) podem ser utilizadas para descrever a vazão da purga dos gases F_{purga} em função do tempo, com a sequência lógica apropriada para os valores de F_{D} e P.

(3) Velocidades

Lei de Velocidade das Reações:

$$(1)\ -r_{1\text{A}} = k_{1\text{A}}C_{\text{A}}C_{\text{B}} \quad \text{(E13-6.11)}$$

$$k_{1\text{A}} = A_{1\text{A}}e^{-E_{1\text{A}}/RT} \quad \text{(E13-6.12)}$$

$$(2)\ -r_{2\text{S}} = k_{2\text{S}}C_{\text{S}} \quad \text{(E13-6.13)}$$

$$k_{2\text{S}} = A_{2\text{S}}e^{-E_{2\text{S}}/RT} \quad \text{(E13-6.14)}$$

Velocidades Relativas:

$$(1)\ \frac{r_{1\text{A}}}{-1} = \frac{r_{1\text{B}}}{-1} = \frac{r_{1\text{C}}}{1} = \frac{r_{1\text{D}}}{1/2} \quad \text{(E13-6.15)}$$

$$(2)\ \frac{r_{2\text{S}}}{-1} = \frac{r_{2\text{D}}}{3} \quad \text{(E13-6.16)}$$

Velocidades Globais:

$$r_{\text{A}} = r_{\text{B}} = r_{1\text{A}} \quad \text{(E13-6.17)}$$

$$r_{\text{S}} = r_{2\text{S}} \quad \text{(E13-6.18)}$$

$$r_{\text{D}} = -\frac{1}{2}r_{1\text{A}} + -\left(3r_{2\text{S}}\right)\text{(gás gerado)} \quad \text{(E13-6.19)}$$

(4) Estequiometria:

Despreze a variação de volume do líquido no interior do reator, que resulta devido à perda de produtos gasosos.

$$C_A = \frac{N_A}{V_0} \quad \text{(E13-6.20)} \qquad C_B = \frac{N_B}{V_0} \quad \text{(E13-6.21)}$$

$$C_S = \frac{N_S}{V_0} \quad \text{(E13-6.22)} \qquad C_D = \frac{P}{RT} \quad \text{(E13-6.23)}$$

(5) Balanço de Energia:

Aplicando a Equação (E13-18) a um sistema em batelada ($F_{i0} = 0$),

$$\frac{dT}{dt} = \frac{V_0[r_{1A}\Delta H_{Rx1A} + r_{2S}\Delta H_{Rx2S}] - UA(T - T_a)}{\Sigma N_j C_{P_j}} \quad \text{(E13-6.24)}$$

Substituindo as leis de velocidade e $\Sigma N_j C_{P_j}$,

$$\frac{dT}{dt} = \frac{V_0[-k_{1A}C_A C_B \Delta H_{Rx1A} - k_{2S}C_S\Delta H_{Rx2S}] - UA(T - T_a)}{1{,}26 \times 10^7 (J/K)} \quad \text{(E13-6.25)}$$

(6) Solução Numérica – *"Truques do Negócio"*

Uma mudança rápida na temperatura e pressão é esperada quando a reação (2) se torna fora de controle. Isto geralmente leva a um sistema de equações diferenciais ordinárias do tipo *stiff* (de difícil solução numérica), que pode tornar-se numericamente instável e gerar resultados incorretos. Esta instabilidade pode ser evitada adicionando-se uma instrução lógica na programação do software que fará com que todas as derivadas sejam igualadas a zero quando o reator atingir a temperatura ou pressão de explosão. Esta instrução pode ter a forma da Equação (E13-6.26) no Polymath e pode ser multiplicada pelo termo do lado direito de todas as equações diferenciais neste problema. Isso vai parar (ou congelar) a solução do programa quando a temperatura se tornar maior que 600 K ou a pressão exceder 45 atm.

SW1 = if (T>600 or P>45) then (0) else (1) (E13-6.26)

Ou seja, a variável SW1 será zero se $T > 600$ ou $P > 45$, mas para qualquer outro valor de T e P, ela será igual a 1. Agora resolveremos as equações essenciais de (E13-6.1) a (E13-6.26) para o caso em que não há nenhuma refrigeração, ou seja, $UA = 0$. A instrução da Equação (E13-6.26) deve ser implementada em todas as equações diferenciais como discutido antes.

TABELA E13-6.1 PROGRAMA EM POLYMATH

Equações diferenciais

1 d(CA)/d(t) = SW1*r1A

mudança de concentração do metilciclopentadieno [mol/(dm3·h)]

2 d(CB)/d(t) = SW1*r1A

mudança de concentração do sódio [mol/(dm3·h)]

3 d(CS)/d(t) = SW1*r2S

mudança de concentração da diglima [mol/(dm3·h)]

4 d(P)/d(t) = SW1*((FD-Fvent)*0.082*T/VH)

5 d(T)/d(t) = SW1*((V0*(r1A*DHRx1A+r2S*DHRx2S) -SW1*UA*(T-373.15))/SumNCp)

Equações explícitas

1 V0 = 4000

dm3

2 VH = 5000

dm3

3 DHRx1A = -45400

J/mol Na

4 DHRx2S = -3.2E5

J/mol de Diglina

Relatório do POLYMATH

Equações Diferenciais Ordinárias

Valores calculados das variáveis das equações diferenciais

	Variável	Valor inicial	Valor final
1	A1A	4.0E+14	4.0E+14
2	A2S	1.0E+84	1.0E+84
3	CA	4.3	9.919E-07
4	CB	5.1	0.800001
5	CS	3.	2.460265
6	Cv1	3360.	3360.
7	Cv2	5.36E+04	5.36E+04
8	DHRx1A	-4.54E+04	-4.54E+04
9	DHRx2S	-3.2E+05	-3.2E+05
10	E1A	1.28E+05	1.28E+05
11	E2S	8.0E+05	8.0E+05
12	FD	2467.445	7.477E+10
13	Fvent	2467.445	2.507E+06
14	k1A	0.0562573	153.6843
15	k2S	8.428E-16	2.533E+06
16	P	4.4	45.01004

TABELA E13-6.1 PROGRAMA EM POLYMATH (CONTINUAÇÃO)

5 SumNCp = 1.26E7

J/K

6 A1A = 4E14

por hora

7 E1A = 128000

J/kmol/K

8 k1A = A1A*exp(-E1A/(8.31*T))

constante de velocidade da reação

9 A2S = 1E84

por hora

10 E2S = 800000

J/kmol/K

11 k2S = A2S*exp(-E2S/(8.31*T))

constante de velocidade da reação 2

12 SW1 = if (T>600 or P>45) then (0) else (1)

13 r1A = -k1A*CA*CB

mol/(dm3·h) (reação de ordem 1 em relação ao sódio e ao ciclometilpentadieno)

14 r2S = -k2S*CS

mol/(dm3·h) (reação de ordem 1 em relação à diglima)

15 FD = (-0.5*r1A-3*r2S)*V0

16 Cv2 = 53600

17 Cv1 = 3360

18 Fvent = if (FD<11400) then (FD) else (if (P<28.2) then ((P-1)*Cv1) else ((P-1)*(Cv1+Cv2)))

19 UA = 0

sem resfriamento

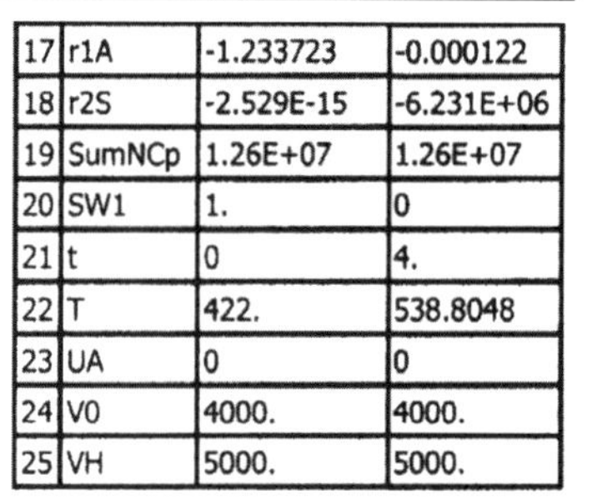

17	r1A	-1.233723	-0.000122
18	r2S	-2.529E-15	-6.231E+06
19	SumNCp	1.26E+07	1.26E+07
20	SW1	1.	0
21	t	0	4.
22	T	422.	538.8048
23	UA	0	0
24	V0	4000.	4000.
25	VH	5000.	5000.

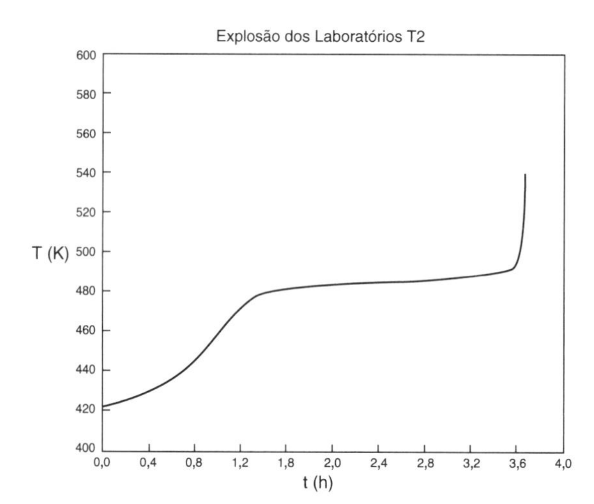

Figura E13-6.3(a) Trajetória da temperatura (K) em função do tempo (h).

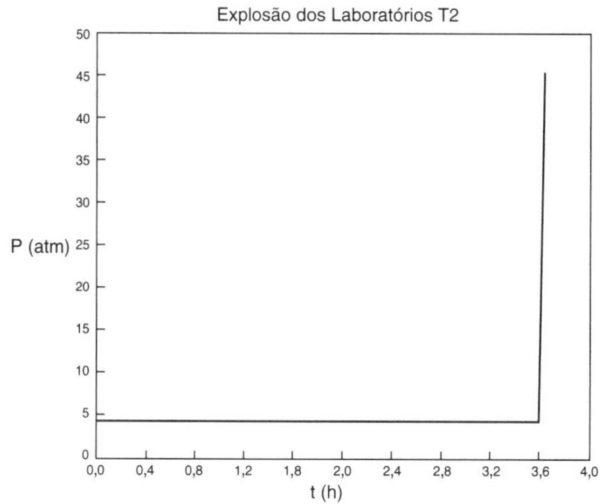

Figura E13-6.3(b) Trajetória da pressão (atm) em função do tempo (h).

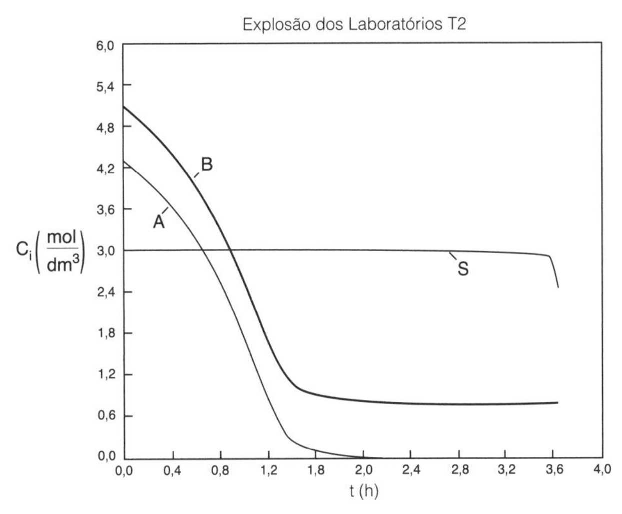

Figura E13-6.3(c) Trajetória da concentração (mol/dm³) em função do tempo (h).

Notamos, nas Figuras E13-6.3(a), (b) e (c), que a explosão ocorreu, aproximadamente, 3,6 horas após a partida da planta, e a concentração de diglima começou a cair bruscamente antes deste ponto. Também observamos instabilidades numéricas próximo ao ponto de rápido crescimento da temperatura.

Análise: A reação fora de controle não teria acontecido, (1) se o sistema de refrigeração não tivesse falhado, causando o aumento da temperatura do reator e iniciando uma reação secundária; (2) se o solvente diglima não tivesse se decomposto a uma temperatura elevada produzindo gás hidrogênio (D). A vazão de produção de gás H_2 era maior que sua vazão de remoção ao topo do reator, causando a elevação da pressão, até o ponto em que ocorreu o rompimento do vaso do reator.

Encerramento. Após o término do estudo deste capítulo, o leitor deverá estar apto para aplicar o balanço de energia em regime não estacionário, em reatores CSTR, semicontínuo e batelada. O leitor deverá ser capaz de discutir sobre a segurança de reatores, utilizando como referência os casos de explosão estudados sobre o ONCB e os Laboratórios T2, de forma a prevenir futuros acidentes. Também deverá fazer parte das discussões do leitor, como dar partida em um reator de forma a não exceder o seu limite prático de estabilidade. Após estudar estes exemplos, o leitor deverá ser capaz de descrever como operar reatores de maneira segura tanto para reações simples como para reações múltiplas.

RESUMO

1. Operação em regime não estacionário de CSTR e reatores semicontínuos

$$\frac{dT}{dt} = \frac{\dot{Q} - \dot{W}_s - \sum_{i=1}^{m} F_{i0} C_{P_i}(T - T_{i0}) + [-\Delta H_{Rx}(T)](-r_A V)}{\sum_{i=1}^{m} N_i C_{P_i}} \qquad \text{(R13-1)}$$

Para grandes vazões de fluido refrigerante em um trocador de calor ($T_{a1} = T_{a2}$)

$$\dot{Q} = UA(T_a - T) \qquad \text{(R13-2)}$$

Para vazões moderadas de fluido refrigerante

$$\dot{Q} = \dot{m}_c C_{P_C}(T - T_{a1})\left[1 - \exp\left(-\frac{UA}{\dot{m}_c C_{P_C}}\right)\right] \qquad \text{(R13-3)}$$

2. Reatores batelada
   a. Não adiabático

$$\frac{dT}{dt} = \frac{\dot{Q} - \dot{W}_s + (-\Delta H_{\text{Rx}})(-r_{\text{A}} V)}{N_{\text{A0}}(\Sigma\ \Theta_i\ C_{\text{P}_i} + \Delta C_{\text{P}} X)} \qquad \text{(R13-4)}$$

   em que $\dot{Q}$ é dado pela Equação (R13-2), ou Equação (R13-3).

   b. Adiabático

$$X = \frac{C_{\text{P}_s}(T - T_0)}{-\Delta H_{\text{Rx}}(T)} = \frac{\Sigma\ \Theta_i\ C_{\text{P}_i}(T - T_0)}{-\Delta H_{\text{Rx}}(T)} \qquad \text{(R13-5)}$$

$$T = T_0 + \frac{[-\Delta H_{\text{Rx}}(T_0)]X}{C_{\text{P}_s} + X\ \Delta C_{\text{P}}} = T_0 + \frac{[-\Delta H_{\text{Rx}}(T_0)]X}{\sum_{i=1}^{m} \Theta_i\ C_{\text{P}_i} + X\ \Delta C_{\text{P}}} \qquad \text{(R13-6)}$$

3. Reatores semicontínuos e partida de um CSTR

$$\frac{dT}{dt} = \frac{\dot{Q} - \dot{W}_s - \sum F_{i0}\, C_{\text{P}_i}(T - T_{i0}) + [-\Delta H_{\text{Rx}}(T)](-r_{\text{A}} V)}{\sum N_i\, C_{\text{P}_i}} \qquad \text{(R13-7)}$$

4. Reações múltiplas (q reações e m espécies)

$$\frac{dT}{dt} = \frac{\dot{m}_c C_{\text{P}_c}(T_{a1} - T)[1 - \exp(-UA/\dot{m}_c C_{\text{P}_c})] + \sum_{i=1}^{q} r_{ij}\ V\ \Delta H_{\text{Rx}ij}(T) - \sum_{j=1}^{m} F_{j0}\, C_{\text{P}_j}(T - T_0)}{\sum_{j=1}^{m} N_j\, C_{\text{P}_j}} \qquad \text{(R13-8)}$$

   em que i = número de reações e j = número de espécies.

MATERIAL DO SITE DA LTC EDITORA

Links

- **Recursos de Aprendizagem**
  1. *Notas de Resumo*
  2. *Links da Web*: website para o programa SAChE (Segurança e Educação em Engenharia Química): *www.sache.org*. Você vai precisar obter um nome de usuário e senha com o seu chefe de departamento. Os textos de cinética (isto é, ERQ), exemplos e problemas são marcados com *K* nas seções: Segurança (*Safety*, S), Saúde (*Health*, H) e Meio Ambiente (*Environment*, E).
  3. *Problemas Resolvidos*
     Exemplo DVD13-1 Uso do ARSST (Ferramenta de Seleção com Sistema Avançado de Reação)
     Exemplo DVD13-2 Partida de um CSTR
     Exemplo DVD13-3 Afastamento do Estado Estacionário
     Exemplo DVD13-4 Controle Proporcional Integral (PI)

- **Exemplos de Problemas de Simulação**
  1. *Exemplo 13-1 Reator Batelada Adiabático*
  2. *Exemplo 13-2 Segurança em Plantas Químicas Industriais com Reações Exotérmicas Fora de Controle*
  3. *Exemplo 13-3 Efeitos Térmicos em um Reator Semicontínuo*
  4. *Exemplo 13-4 Partida de um CSTR*
  5. *Exemplo 13-5 Reações Múltiplas em um Reator Semicontínuo*
  6. *Exemplo 13-6 Explosão nos Laboratórios T2*
  7. *Professional Reference Shelf (Material de Referência Profissional) Exemplo DVD13-1 Afastamento do Estado Estacionário Superior*

8. *Professional Reference Shelf (Material de Referência Profissional) Exemplo DVD13-2 Controle Integral de um CSTR*
9. *Professional Reference Shelf (Material de Referência Profissional) Exemplo DVD13-3 Controle Proporcional-Integral de um CSTR*
10. *Exemplo E13-4 Estabilidade Linear*
11. *Exemplo E13-1 Utilização do ARSST (Ferramenta de Seleção com Sistema Avançado de Reação)*

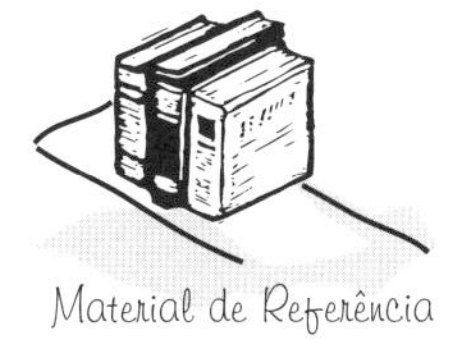

- **Material de Referência Profissional**

R13.1. *O ARSST (Ferramenta de Seleção com Sistema Avançado de Reação) Completo*
Nesta seção, detalhes adicionais são dados sobre o projeto de válvulas de segurança para prevenir reações fora de controle.

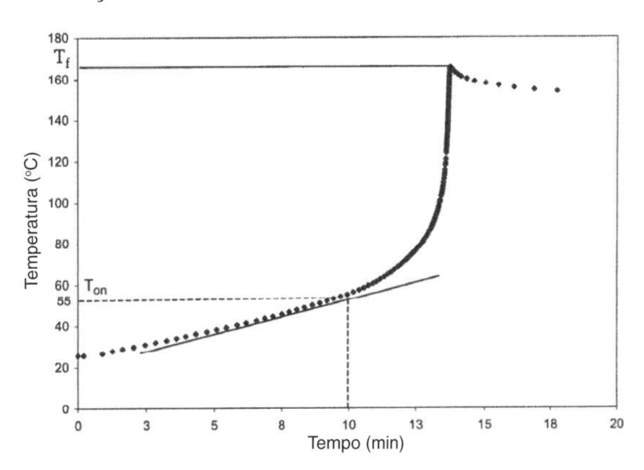

Figura R13.1 Trajetória temperatura-tempo da hidrólise do anidrido acético.

R13.2. *Afastamento do Estado Estacionário Superior*
R13.3. *Controle de um CSTR*
Nesta seção discutimos o uso de um controlador proporcional (P) e integral (I) de um CSTR. Exemplos incluem controle I (Integral) e PI (Proporcional-Integral) de uma reação exotérmica.

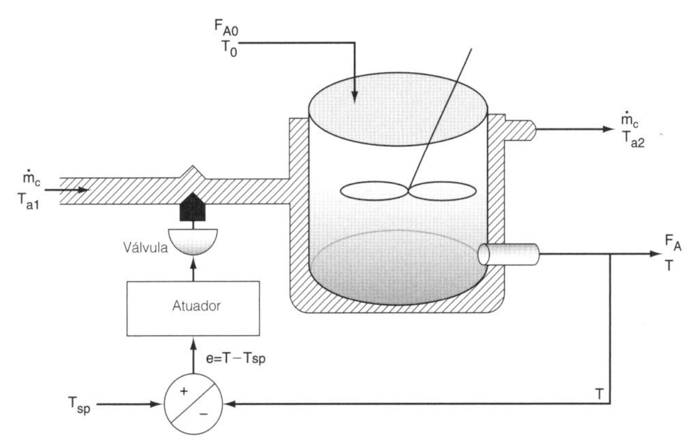

Reator com sistema de controle da vazão do fluido refrigerante.

Ação Proporcional-Integral

$$z = z_0 + k_c(T - T_{SP}) + \frac{k_c}{\tau}\int_0^t (T - T_{SP})dt$$

R13.4. *Teoria da Estabilidade Linearizada* (PDF)
R13.5. *Abordagem do Gráfico de Plano-Fase para Regimes Estacionários e Trajetórias Concentração-Temperatura*
Partida de um CSTR (Figura R13.5) e a aproximação do regime estacionário (no site da LTC Editora). Pelo mapeamento de regiões do plano-fase concentração-temperatura, podemos observar a aproximação ao estado estacionário e detectar se o limite prático de estabilidade é ultrapassado. As trajetórias do estado estacionário são mostradas para o balanço molar (MB = 0) e balanço de energia (EB = 0).

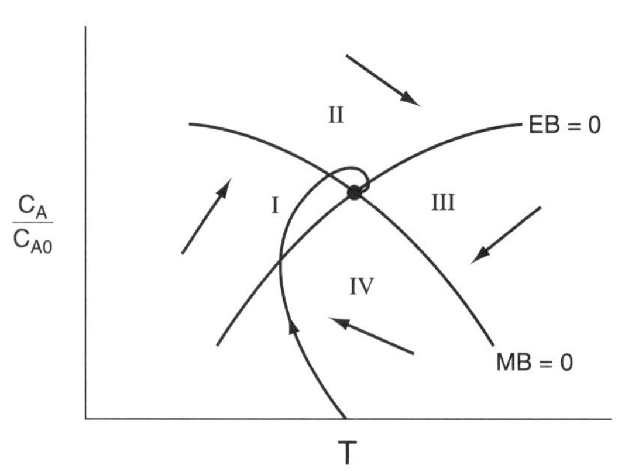

Figura R13.5 Partida de um CSTR.

R13.6 *Operação Adiabática de um Reator Batelada*
R13.7 *Operação de um PFR em Regime Não Estacionário*

QUESTÕES E PROBLEMAS

P13-1$_C$ Prepare uma lista de considerações de segurança para projeto e operação de reatores químicos. Veja a edição de agosto de 1985 da revista *Chemical Engineering Progress*.

P13-2$_B$ Reveja os problemas exemplos deste capítulo e use algum software como o Polymath ou MATLAB para realizar uma análise de sensibilidade paramétrica e, assim, responder as questões seguintes, do tipo "E se...".

E se ...

(a) **Exemplo 13-1.** (1) Como a sua resposta mudaria se o calor de mistura tivesse sido desprezado? (2) Quanto tempo levaria para alcançar uma conversão de 90% se a reação fosse iniciada em um dia muito frio com temperatura inicial de 20°F? (O metanol não congelaria nesta temperatura.) (3) Agora, considere que um trocador de calor tenha sido adicionado de maneira que, para o propileno glicol, C_{A0} = 1 lbmol/ft^3, V = 1,2 ft^3, UA = 0,22 Btu/(s · °R) e T_a = 498 K. Então, desprezando ΔC_p e calculando $\Sigma N_i C_{pi}$ obtemos 403 Btu/°R. Plote e analise as trajetórias de X, T, Q_g e Q_r em função do tempo.

(b) **Exemplo 13-2.** Explore a explosão do reator de ONCB descrita no Exemplo 13-2.

(1) Explique o que você faria para prevenir que uma explosão desse tipo ocorresse novamente, mesmo operando com o triplo da produção, como especificado pelo gerente.

(2) Mostre que não teria ocorrido uma explosão se o resfriamento não tivesse sido desligado com a carga de 9,04 kmol de ONCB, ou se o resfriamento fosse desligado por 10 minutos após 45 minutos de operação, com a carga de 3,17 kmol de ONCB.

(3) Mostre que, se o resfriamento fosse desligado por 10 minutos após 12 horas de operação, não teria ocorrido explosão com a carga de 9,04 kmol.

(4) Desenvolva um conjunto de diretrizes para o caso no qual a reação deveria ser resfriada rapidamente, quando a refrigeração falhasse. Talvez a operação com segurança possa ser discutida utilizando-se um gráfico do tempo de operação após o início da reação na qual a refrigeração falhou, t_0, contra a duração do período de falha na refrigeração, t_f, para diferentes cargas de ONCB. Os valores dos parâmetros usados neste problema conduzem à previsão de que o reator explodirá à meia-noite.

(5) Que valores dos parâmetros mudariam a previsão da explosão para o tempo real de 0h18min? Encontre um conjunto de parâmetros que fariam a previsão da explosão ocorrer exatamente à 0h18min. Por exemplo, inclua a capacidade calorífica do metal do reator e/ou faça uma nova estimativa de *UA*.

(6) Finalmente, e se um disco de ruptura de ½ polegada, com especificação para romper à pressão de 800 psi, tivesse sido instalado e de fato rompesse nesta condição (800 psi, 270°C)? A explosão ainda assim teria ocorrido? (*Obs.*: A vazão mássica $\dot{m}$ varia com a área da seção transversal do disco. Consequentemente, para as condições da reação, a vazão máxima que seria descarregada pelo orifício de ½ polegada pode ser encontrada por comparação com a vazão mássica de 830 kg/min do disco de 2 polegadas.)

(c) Exemplo 13-3. Carregue o *Problema Exemplo de Simulação 13-3.* (1) Quanto tempo depois do início da operação o número de mols de C ($N_C = C_C V$) e a concentração da espécie C atingem um máximo? Estes tempos são diferentes? Se a resposta for sim, por quê? Como seria a trajetória de X em função de t e T em função de t se a vazão do fluido de refrigeração fosse aumentada 10 vezes? Por que o tempo de reação (252s) é tão curto? Será que um reator semicontínuo deveria ser usado para esta reação?

(d) Exemplo 13-4. Carregue o *Problema Exemplo de Simulação 13-4* da *Partida de um CSTR*, para uma temperatura de entrada de 70°F, uma temperatura inicial do reator de 160°F e uma concentração inicial de óxido de propileno de 0,1 *M*. Tente outras combinações de T_0, T_i e C_{Ai} e relate seus resultados em termos de trajetórias no plano-fase temperatura-tempo, e no de temperatura-concentração. Encontre um conjunto de condições para as quais, acima delas, o limite prático de estabilidade será alcançado ou excedido, e um conjunto de condições para as quais, abaixo delas, o mesmo limite não será alcançado/excedido.

(e) Exemplo 13-5. Carregue o *Problema Exemplo de Simulação 13-5.* (1) Plote e analise $N_A = C_A V$ e $N_B = C_B V$ para longos tempos (por exemplo, t = 15h). O que você observa? (2) Você consegue mostrar que para longos períodos de tempo $N_A \cong C_{A0}v_0/k_{1A}$ e $N_B \cong C_{B0}v_0/k_{2B}$? (3) O que você acha que estaria acontecendo com o reator semicontínuo após um longo período de operação, se seu vaso não possui uma tampa e o volume máximo é de 1.000 dm³? (4) Caso B fosse o produto desejado, como você maximizaria N_B?

(f) Exemplo 13-6. Explosão do Laboratório T2

(1) Assista ao vídeo online do *Chemical Safety Board* (CSB) e leia o material complementar (*http://www.chemsafety.gov/videoroom/detail.aspx?VID=32*). Além disso, faça uma busca na internet por "T2 explosion video".

(2) (a) O que você aprendeu assistindo ao vídeo? (b) Faça uma sugestão de como esse reator poderia ser modificado e/ou operado para eliminar qualquer possibilidade de explosão. (c) Você usaria um sistema de refrigeração de reserva? Se sua resposta é sim, como faria? (d) Como você poderia descobrir se há possibilidade de uma reação secundária a uma temperatura elevada? [*Dica*: Veja o site da LTC Editora, Capítulo 13, link Professional Reference Shelf (Material de Referência Profissional), Item R13.1, *O ARSST* (Ferramenta de Seleção com Sistema Avançado de Reação) *Completo*.]

(3) Carregue o *Problema Exemplo de Simulação E13-6* (Capítulo 13, site da LTC Editora). Plote C_A, C_B, C_C, P e T em função do tempo. Varie UA entre 0,0 e 2,77 × 10^6 J/(h · K) para encontrar o menor valor de UA para o qual você observa que a reação fica fora de controle. Descreva as tendências observadas conforme se aproxima a condição de a reação ficar fora de controle. Isso ocorreu em um pequeno intervalo de valores de UA? [*Dica*: O problema se torna muito *stiff* (de difícil solução numérica) próximo às condições de explosão quando $T >$ 600 K ou $P >$ 45 atm. Se a temperatura ou a pressão atingem esses valores, faça com que todas as derivadas (mudanças de concentração, de temperatura e de pressão) e as velocidades de reação assumam o valor zero e assim a solução numérica vai completar a análise, mantendo todas as variáveis nos valores do ponto de explosão do reator.]

(4) Agora vamos considerar a operação real com mais detalhes. O conteúdo do reator é aquecido de 300 K a 422 K a uma taxa de $\dot{Q}$ = 4 K/minuto. A 422 K, a velocidade de reação é suficientemente elevada e por isso o aquecimento é desligado. A temperatura do reator continua a aumentar, pois a reação é exotérmica, e, quando a temperatura atinge 455 K, a água de refrigeração é acionada, iniciando o resfriamento. Modele essa situação para o caso em que UA = 2,77 × 10^6 J/(h · K) e UA = 0.

(5) Depois que a temperatura do reator atinge 455 K, qual é o período máximo de tempo, em minutos, que a refrigeração pode não funcionar (UA = 0), sem que o reator atinja o ponto de explosão? As condições são as mesmas da parte (1).

(6) Varie os parâmetros e as condições de operação e descreva o que você encontrar.

(g) Capítulo 13 (site da LTC Editora). Carregue o *Problema Exemplo de Simulação 13.7 – Afastamento do Regime Estacionário Superior*. Tente variar a temperatura de entrada, T_0, entre 80 e 68°F e plote a conversão em estado estacionário em função de T_0. Varie a vazão de fluido refrigerante entre 10.000 e 400 mol/h. Plote a conversão e a temperatura do reator em função da vazão de fluido refrigerante.

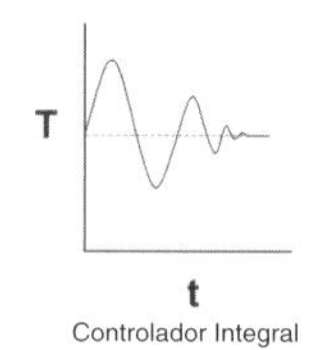

Controlador Integral

(h) **Capítulo 13 (site da LTC Editora).** Carregue o *Problema Exemplo de Simulação 13.8*. Varie o ganho, k_C, entre 0,1 e 500 para o controle integral do CSTR. Há algum valor menor de k_C que faria com que o reator caísse no regime estacionário inferior ou algum valor maior que o faria instável? O que aconteceria se T_0 fosse reduzida para 65°F ou 60°F?

(i) **Capítulo 13 (site da LTC Editora).** Carregue o *Problema Exemplo de Simulação 13.9*. Aprenda sobre o efeito dos parâmetros k_C e τ_I. Qual combinação de valores dos parâmetros gera a menor e a maior oscilação na temperatura? Quais valores de k_C e τ_I retornam a reação ao estado estacionário mais rapidamente?

(j) **SAChE.** Vá ao site do SAChE *www.sache.org*. No menu do lado esquerdo, clique em "SAChE Products". Selecione a opção "All" e vá até o módulo com o seguinte título: "Safety, Health and the Environment (S, H & E)". No Brasil conhecemos o S, H & E por SMS (Segurança, Meio Ambiente e Saúde). Os problemas em que estamos interessados são os de Engenharia das Reações Químicas (KINETICS, no site da LTC Editora). Existem alguns exemplos de problemas marcados com a letra *K* e a explicação para cada um dos itens. As soluções para os problemas estão em uma seção diferente do site. Veja especialmente os problemas: *Loss of Cooling Water* (K-1) (*Perda da Água de Refrigeração*), *Runaway Reactions* (HT-1) (*Reações Fora de Controle*), *Design of Relief Values* (D-2) (*Projeto de Válvulas de Alívio*), *Temperature Control and Runaway* (K-4) e (K-5) (*Controle de Temperatura e Perda do Controle*), e *Runaway and the Critical Temperature Region* (K-7) (*Perda do Controle e a Região de Temperatura Crítica*). Estude os problemas *K* e escreva um parágrafo sobre o que você aprendeu. O seu professor, ou chefe de departamento, possivelmente têm o login e a senha, para você poder entrar no site do SAChE e obter acesso aos módulos que contêm os problemas.

P13-3$_B$ O seguinte texto foi extraído do jornal *The Morning News*, Wilmington, Delaware (3 de agosto de 1977): "Os investigadores vasculharam os escombros da explosão, em busca da causa [que destruiu a nova unidade de óxido nitroso]. Um porta-voz da companhia disse que parece mais provável que a explosão [fatal] foi causada por outro gás — nitrato de amônio — usado para produzir o óxido nitroso." Uma solução aquosa de nitrato de amônio, 83% (m/m), é alimentada a 200°F num CSTR que opera com temperatura em torno de 510°F. O nitrato de amônio fundido decompõe-se diretamente nos produtos gasosos, óxido nitroso e vapor. Acredita-se que flutuações de pressão foram observadas no sistema e, em consequência, a alimentação de nitrato de amônio fundido foi interrompida por 4 minutos, antes da explosão. Você consegue explicar a causa da explosão? Se a vazão mássica de alimentação do reator antes da interrupção fosse de 310 lb de solução por hora, qual seria a temperatura exata do reator imediatamente antes da explosão? Usando os dados a seguir, calcule o tempo que o reator levou para explodir, depois que a alimentação foi desligada. Como você faria o procedimento de partida, parada e controle desse reator?

Assuma que no momento em que a alimentação do CSTR foi interrompida, havia 500 lb de nitrato de amônio no reator à temperatura de 520°F. A conversão no reator é praticamente completa, situando-se em torno de 99,99%. Dados adicionais para este problema são apresentados no Problema P12-4$_C$. Como sua resposta mudaria se 100 lb de solução estivessem no reator? 310 lb? 800 lb? E se T_0 fosse 100°F? 500°F?

P13-4$_B$ A reação em fase líquida do Problema P11-3$_B$ deverá ser conduzida em um reator semicontínuo. Há, inicialmente, 500 mols de A no reator a 25°C. A espécie B é alimentada ao reator a 50°C, com vazão de 10 mol/min. A alimentação do reator é interrompida após 500 mols de B terem sido alimentados.

(a) Plote e analise a temperatura, Q_r, Q_g e a conversão em função do tempo, quando a reação é conduzida adiabaticamente. Faça o gráfico para um tempo de até 2 horas.

(b) Plote e analise a conversão em função do tempo quando um trocador de calor [UA = 100 cal/(min · K)] é instalado no reator e a temperatura ambiente se mantém constante a 50°C. Faça o gráfico para um tempo de até 3 horas.

(c) Repita a parte **(b)** para o caso em que a reação inversa não pode ser desprezada.

Novos valores dos parâmetros:

$k = 0{,}01$ dm^3/(mol · min) a 300 K com $E = 10$ kcal/mol
$V_0 = 50$ dm^3, $v_0 = 1$ dm^3/min, $C_{A0} = C_{B0} = 10$ mol/dm^3
Para a reação inversa: $k_r = 0{,}1$ min^{-1} a 300 K com $E_r = 16$ kcal/mol

P13-5$_B$ Você está operando um reator batelada e a reação é de primeira ordem, em fase líquida e exotérmica. Um fluido refrigerante inerte é adicionado à mistura reacional para controlar a temperatura. A temperatura é mantida constante pela variação da vazão do fluido refrigerante (veja a Figura 13-5$_B$).

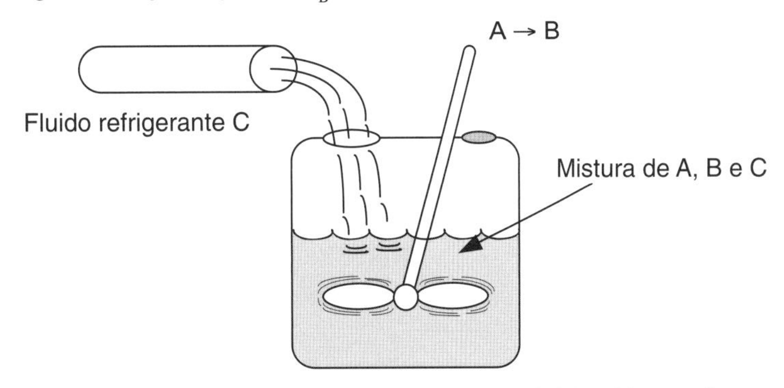

Figura P13-5$_B$ Reator semicontínuo com corrente de fluido refrigerante inerte.

(a) Calcule a vazão do fluido refrigerante 2 horas após o início da reação. (*Resp.*: F_C = 3,157 lb/s.)

(b) Propõe-se que em vez de se alimentar um fluido refrigerante ao reator, seja adicionado um solvente que possa ser facilmente evaporado, mesmo em temperaturas moderadas. O solvente tem uma entalpia de vaporização de 1000 Btu/lb e inicialmente há 25 lbmol de A no interior do tanque. O volume inicial da mistura de solvente e reagente no reator é igual a 300 ft^3. Determine a velocidade de evaporação do solvente em função do tempo. Qual é a velocidade 2 horas após o início da reação?

Informação adicional:

Temperatura de reação: 100°F
Valor de k a 100°F: $1{,}2 \times 10^{-4}$ s^{-1}
Temperatura do fluido refrigerante: 80°F
Capacidade calorífica de todos os componentes: 0,5 Btu/(lb · °F)
Massa Específica de todos os componentes: 50 lb/ft^3
ΔH°_{Rx}: –25.000 Btu/lbmol
Inicialmente, no item (a):
- O vaso do reator contém somente A (nem B, nem C estão presentes)
- C_{A0}: 0,5 lbmol/ft^3
- Volume inicial: 50 ft^3

P13-6$_B$ A reação

$$A + B \longrightarrow C$$

é conduzida adiabaticamente em um reator batelada de volume constante. A lei de velocidade de reação é

$$-r_A = k_1 C_A^{1/2} C_B^{1/2} - k_2 C_C$$

Plote e analise a conversão, a temperatura e a concentração dos reagentes em função do tempo.

Informação adicional:

Temperatura inicial = 100°C

$$\begin{aligned} k_1\,(373\text{ K}) &= 2 \times 10^{-3}\text{ s}^{-1} & E_1 &= 100\text{ kJ/mol} \\ k_2\,(373\text{ K}) &= 3 \times 10^{-5}\text{ s}^{-1} & E_2 &= 150\text{ kJ/mol} \\ C_{A0} &= 0{,}1\text{ mol/dm}^3 & C_{P_A} &= 25\text{ J/mol}\cdot\text{K} \\ C_{B0} &= 0{,}125\text{ mol/dm}^3 & C_{P_B} &= 25\text{ J/mol}\cdot\text{K} \\ \Delta H^\circ_{Rx}(298\text{ K}) &= -40.000\text{ J/mol A} & C_{P_C} &= 40\text{ J/mol}\cdot\text{K} \end{aligned}$$

P13-7$_B$ A reação de biomassa

$$\text{Substrato} \xrightarrow{\text{Células}} \text{Mais Células} + \text{Produtos}$$

é conduzida em um quimiostato de 25 dm^3 com trocador de calor.

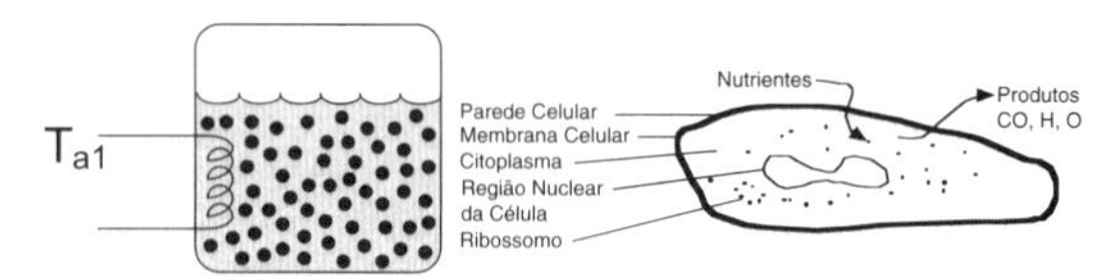

A concentração inicial de células e substrato é 0,1 e 300 g/dm^3, respectivamente. A dependência da velocidade de crescimento com a temperatura é dada pela Equação (9-61) de Aiba *et al.*[5]

$$\mu(T) = \mu(310\ \text{K})I' = \mu_{1\text{máx}}\left[\frac{0{,}0038 \cdot T\exp[21{,}6 - 6700/T]}{1 + \exp[153 - 48.000/T]}\right]\frac{C_S}{K_M + C_S}$$

(a) Para uma operação adiabática e com temperatura inicial de 278 K, plote T, I', r_g, $-r_S$, C_C e C_S em função do tempo até 300 horas. Discuta as tendências observadas.

(b) Repita (a) e aumente a temperatura inicial com incrementos de 10°C até atingir 330 K e descreva o que você encontrou. Plote a concentração de células após 24 horas de operação em função da temperatura de alimentação.

(c) Qual a área de troca térmica que deveria ser adicionada para maximizar o número total de células ao final de 24 horas de operação? Para uma temperatura inicial de 310 K e uma temperatura constante de fluido refrigerante de 290 K, qual seria a concentração celular após 24 horas?

Informações adicionais:

$Y_{C/S}$ = 0,8 g de célula/g de substrato
K_M = 5,0 g/dm^3
$\mu_{1\text{máx}}$ = 0,5 h^{-1} (note que $\mu = \mu_{\text{máx}}$ a 310 K e $C_S \to \infty$)
C_{P_S} = Capacidade calorífica da solução do substrato incluindo todas as células
C_{P_S} = 5 J/(g·K)
$\dot{m}_C$ = 100 kg/h
ρ = Massa específica da solução incluindo as células = 1000 kg/m^3
ΔH°_{Rx} = –20.000 J/g células
C_{P_C} = Capacidade calorífica da água de resfriamento = 4,2 J/g/K
U = 50.000 J/(h · K · m^2)

$$Q = \dot{m}_C C_{P_C}[T - T_a]\left[1 - \exp\left[-\frac{UA}{\dot{m}_C C_{P_C}}\right]\right]$$

P13-8$_B$ A reação elementar irreversível, em fase líquida,

$$A + 2\,B \longrightarrow C$$

será conduzida em um reator semicontínuo no qual B é alimentado sobre A. O volume de A no reator é de 10 dm^3, a concentração inicial de A no reator é de 5 mol/dm^3 e a temperatura do reator é de 27°C. A espécie B é alimentada na temperatura de 52°C e concentração de 4 M. Deseja-se obter no mínimo uma conversão de 80% de A, num tempo tão curto quanto possível, mas, ao mesmo tempo, a temperatura do reator não deve exceder 130°C. Você deveria tentar fazer aproximadamente 120 mol de C durante 24 horas por dia, incluindo 30 minutos para o esvaziamento e enchimento do reator a cada batelada. A vazão de fluido refrigerante através de um trocador de calor instalado no reator é de 2000 mol/min.

(a) Que vazão volumétrica (dm^3/min) você recomenda?

---

[5]S. Aiba, A. E. Humphrey, and N. F. Mills, *Biochemical Engineering* (New York: Academic Press, 1973).

(b) Como você responderia, ou que alteração de estratégia faria, se a vazão máxima de fluido refrigerante fosse reduzida a 200 mol/min? E a 20 mol/min?

Informações adicionais:

$\Delta H^{\circ}_{Rx} = -55.000$ cal/mol A

$C_{P_A} = 35$ cal/mol·K, $C_{P_B} = 20$ cal/mol·K, $C_{P_C} = 75$ cal/mol·K

$$k = 0{,}0005 \frac{\text{dm}^6}{\text{mol}^2\cdot\text{min}} \text{ a } 27°\text{C com } E = 8000 \text{ cal/mol}$$

$$UA = 2500 \frac{\text{cal}}{\text{min}\cdot\text{K}} \text{ com } T_a = 17°\text{C}$$

C_P(refrigerante) = 18 cal/mol·K [Exame antigo]

P13-9$_B$ A reação do Problema P11-3$_A$ será conduzida em um reator batelada de 10 dm^3. Plote e analise a temperatura e a concentração de A, B e C em função do tempo para os seguintes casos:
(a) Operação adiabática.
(b) Valores de UA de 10.000, 40.000 e 100.000 J/(min · K).
(c) Use UA = 40.000 J/(min · K) e diferentes temperaturas iniciais para o reator.

P13-10$_B$ As reações no site da LTC Editora (Capítulo 12, Problemas propostos adicionais) para o Problema CD12GA2 devem ser conduzidas em um reator semicontínuo. Como você conduziria esta reação (isto é, T_0, v_0 e T_i)? A concentração molar de A puro e B puro são 5 e 4 mol/dm^3, respectivamente. Plote e analise as concentrações, as temperaturas e a seletividade global em função do tempo, para as condições que você escolher.

- **Problemas Propostos Adicionais**
  Vários problemas que podem ser utilizados para avaliações, como problemas complementares ou exemplos, são propostos no site da LTC Editora e também no site do livro (em inglês) *http://www.engin.umich.edu/~cre.*

LEITURA SUPLEMENTAR

1. Vários problemas resolvidos para reatores do tipo batelada e semicontínuo podem ser encontrados em

WALAS, S. M., *Chemical Reaction Engineering Handbook*. Amsterdam: Gordon and Breach, 1995, pp. 386–392, 402, 460–462, and 469.

2. Livro básico sobre controle de processos

SEBORG, D. E., T. F. EDGAR, and D. A. MELLICHAMP, *Process Dynamics and Control*, 2nd ed. New York: Wiley, 2004.

3. Uma ótima perspectiva histórica do controle de processos é apresentada em

BUTT, JOHN B., *Reaction Kinetics and Reactor Design, Second Edition, Revised and Expanded*. New York: Marcel Dekker, Inc., 1999.

CENTER FOR CHEMICAL PROCESS SAFETY (CCPS), *Guidelines for Chemical Reactivity Evaluation and Application to Process Design*. New York: American Institute of Chemical Engineers (AIChE), 1995.

CROWL, DANIEL A. and JOSEPH F. LOUVAR, *Chemical Process Safety: Fundamentals with Applications*, 2nd ed. Upper Saddle River, NJ: Prentice Hall, 2001.

EDGAR, T. F., "From the Classical to the Postmodern Era," *Chem. Eng. Educ.*, *31*, 12 (1997).

KLETZ, TREVOR A., "Bhopal Leaves a Lasting Legacy: The disaster taught some hard lessons that the chemical industry still sometimes forgets," *Chemical Processing*, p. 15 (Dec. 2009).

MELHEM, G. A. and H. G. FISHER, *International Symposium on Runaway Reactions and Pressure Relief Design*, New York: Center for Chemical Process Safety (CCPS) of the American Institute of Chemical Engineers (AIChE) and The Institution of Chemical Engineers, 1995.

NAUMAN, E. BRUCE, *Chemical Reactor Design, Optimization, and Scaleup*. New York: McGraw-Hill, 2002.

Links

1. No **site do SAChE** pode ser encontrada uma ótima discussão sobre segurança de reatores com exemplos (*www.sache.org*). Você precisará usar um login e uma senha, que podem ser obtidos com o chefe do seu departamento. Clique na opção 2003 e vá até os Problemas K.
2. O **laboratório de reatores** desenvolvido pelo Professor Herz e discutido nos Capítulos 4 e 5 também pode ser utilizado aqui: disponível no site *www.SimzLab.com* e também no site da LTC Editora.
3. Veja o site do Center for Chemical Process Safety (CCPS) (Centro para Segurança de Processos Químicos), *www.aiche.org/ccps/.*

SOBRE ERQ:

Isto não é o fim.

Não é sequer o princípio do fim.

Mas é, talvez, o fim do princípio.

Winston Churchill
10 de novembro de 1942

Apêndices

Apêndices do Texto

A. *Técnicas Numéricas*
B. *Constante do Gás Ideal e Fatores de Conversão*
C. *Relações Termodinâmicas Envolvendo a Constante de Equilíbrio*
D. *Nomenclatura*
E. *Pacotes de Software*
F. *Dados de Velocidade de Reação*
G. *Problemas Abertos*
H. *Como Utilizar o Site da LTC Editora*

Apêndices do Site da LTC Editora

A. *Diferenciação Gráfica por Áreas Iguais*
D. *Utilizando Gráficos Semilog na Análise de Dados de Velocidade de Reação*
G. *Problemas Abertos*
H. *Como Utilizar o Site da LTC Editora*
K. *Soluções Analíticas para Equações Diferenciais Ordinárias*

Técnicas Numéricas

A.1 Integrais Úteis no Projeto de Reatores

Consulte também *www.integrals.com.*

$$\int_0^x \frac{dx}{1-x} = \ln\frac{1}{1-x} \tag{A-1}$$

$$\int_{x_1}^{x_2} \frac{dx}{(1-x)^2} = \frac{1}{1-x_2} - \frac{1}{1-x_1} \tag{A-2}$$

$$\int_0^x \frac{dx}{(1-x)^2} = \frac{x}{1-x} \tag{A-3}$$

$$\int_0^x \frac{dx}{1+\varepsilon x} = \frac{1}{\varepsilon}\ln(1+\varepsilon x) \tag{A-4}$$

$$\int_0^x \frac{(1+\varepsilon x)dx}{1-x} = (1+\varepsilon)\ln\frac{1}{1-x} - \varepsilon x \tag{A-5}$$

$$\int_0^x \frac{(1+\varepsilon x)dx}{(1-x)^2} = \frac{(1+\varepsilon)x}{1-x} - \varepsilon\ln\frac{1}{1-x} \tag{A-6}$$

$$\int_0^x \frac{(1+\varepsilon x)^2dx}{(1-x)^2} = 2\varepsilon(1+\varepsilon)\ln(1-x) + \varepsilon^2 x + \frac{(1+\varepsilon)^2 x}{1-x} \tag{A-7}$$

$$\int_0^x \frac{dx}{(1-x)(\Theta_B - x)} = \frac{1}{\Theta_B - 1}\ln\frac{\Theta_B - x}{\Theta_B(1-x)} \qquad \Theta_B \neq 1 \tag{A-8}$$

$$\int_0^W (1-\alpha W)^{1/2} dW = \frac{2}{3\alpha}[1-(1-\alpha W)^{3/2}] \tag{A-9}$$

$$\int_{x_1}^{x_2} \frac{1}{(1-x)^2} dx = \frac{1}{1-x_2} - \frac{1}{1-x_1} = \frac{x_2 - x_1}{(1-x_2)(1-x_1)} \tag{A-10}$$

$$\int_0^x \frac{dx}{ax^2+bx+c} = \frac{-2}{2ax+b} + \frac{2}{b} \quad \text{para } b^2 = 4ac \tag{A-11}$$

$$\int_0^x \frac{dx}{ax^2+bx+c} = \frac{1}{a(p-q)} \ln\left(\frac{q}{p} \cdot \frac{x-p}{x-q}\right) \quad \text{para } b^2 > 4ac \tag{A-12}$$

em que p e q são as raízes da equação.

$$ax^2 + bx + c = 0 \quad \text{isto é, } p, q = \frac{-b \mp \sqrt{b^2 - 4ac}}{2a}$$

$$\int_0^x \frac{a+bx}{c+gx} dx = \frac{bx}{g} + \frac{ag-bc}{g^2} \ln \frac{c+gx}{c} \tag{A-13}$$

A.2 Diferenciação Gráfica por Áreas Iguais

Existem muitas formas de diferenciar dados numéricos e dados representados em gráficos. Limitaremos nossa discussão à técnica de diferenciação por áreas iguais. No procedimento discutido abaixo, queremos encontrar a derivada de y em relação a x.

1. Tabule as observações (y_i, x_i), como mostrado na Tabela A-1.
2. Para cada *intervalo*, calcule $\Delta x_n = x_n - x_{n-1}$ e $\Delta y_n = y_n - y_{n-1}$.

Este método será útil no Capítulo 5.

TABELA A-1 DIFERENCIAÇÃO GRÁFICA

x_i	y_i	Δx	Δy	$\frac{\Delta y}{\Delta x}$	$\frac{dy}{dx}$
x_1	y_1				$\left(\frac{dy}{dx}\right)_1$
		$x_2 - x_1$	$y_2 - y_1$	$\left(\frac{\Delta y}{\Delta x}\right)_2$	
x_2	y_2				$\left(\frac{dy}{dx}\right)_2$
		$x_3 - x_2$	$y_3 - y_2$	$\left(\frac{\Delta y}{\Delta x}\right)_3$	
x_3	y_3				$\left(\frac{dy}{dx}\right)_3$
x_4	y_4		etc.		

3. Calcule $\Delta y_n/\Delta x_n$ como uma estimativa da inclinação *média* no intervalo x_{n-1} a x_n.
4. Plote estes valores como um histograma em função de x_i. O valor entre x_2 e x_3, por exemplo, é $(y_3 - y_2)/(x_3 - x_2)$. Refira-se à Figura A-1.

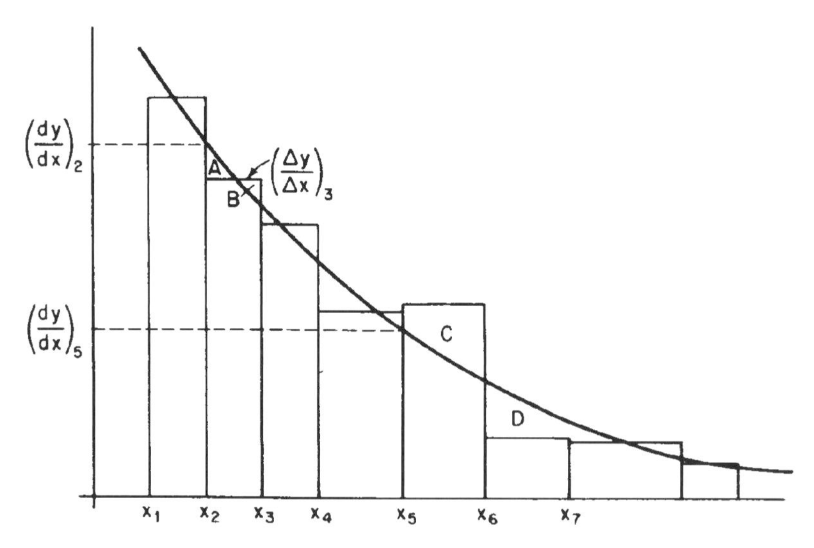

Figura A-1 Diferenciação por áreas iguais.

5. Em seguida, desenhe a *curva suave* que melhor se aproxime da *área* sob o histograma. Isto é, tente em cada intervalo compensar as áreas, tais como aquelas designadas A e B, mas, quando essa aproximação não for possível, tente compensá-la para vários intervalos (tal como nas áreas designadas C e D). De nossa definição de Δx e Δy, sabemos que

$$y_n - y_1 = \sum_{i=2}^{n} \frac{\Delta y}{\Delta x_i} \Delta x_i \tag{A-14}$$

O método das áreas iguais tenta estimar dy/dx de forma que

Veja o no site da LTC Editora, Apêndice A, para um exemplo resolvido.

$$y_n - y_1 = \int_{x_1}^{x_n} \frac{dy}{dx}\, dx \tag{A-15}$$

isto é, de forma que a área sob $\Delta y/\Delta x$ seja a mesma que sob dy/dx, em todo lugar onde isso *seja possível*.

6. Leia as estimativas para dy/dx dessa curva nos pontos relativos aos dados x_1, x_2, ... e complete a tabela.

Um exemplo ilustrando essa técnica é dado no site da LTC Editora, Apêndice A.

A diferenciação é, na melhor das hipóteses, menos precisa do que a integração. Este método também *mostra claramente os dados que são ruins*, e permite uma compensação para esses dados. Contudo, a diferenciação é válida apenas quando os dados são presumivelmente *suavemente* diferenciáveis, como na análise de dados cinéticos e na interpretação de dados de difusão transiente.

A.3 Solução de Equações Diferenciais

A.3.A Equações Diferenciais Ordinárias de Primeira Ordem

Veja *www.ucl.ac.uk/Mathematics/geomath/level2/deqn/de8.html* e o Apêndice K no site da LTC Editora.

$$\frac{dy}{dt} + f(t)y = g(t) \tag{A-16}$$

Usando o fator de integração = $\exp\left(\int f dt\right)$, a solução é dada por

$$y = e^{-\int f dt} \int g(t)\, e^{\int f dt}\, dt + K_1 e^{-\int f dt} \quad \text{(A-17)}$$

em que K_1 é uma constante de integração.

Exemplo A-1 Fator de Integração para Reações em Série

$$\frac{dy}{dt} + k_2 y = k_1 e^{-k_1 t}$$

$$\text{Fator de integração} = \exp \int k_2 dt = e^{k_2 t}$$

$$\frac{d(ye^{k_2 t})}{dt} = e^{k_2 t} k_1 e^{-k_1 t} = k_1 e^{(k_2 - k_1)t}$$

$$e^{k_2 t} y = k_1 \int e^{(k_2 - k_1)t} dt = \frac{k_1}{k_2 - k_1} e^{(k_2 - k_1)t} + K_1$$

$$y = \frac{k_1}{k_2 - k_1} e^{-k_1 t} + K_1 e^{-k_2 t}$$

$$t = 0 \quad y = 0$$

$$y = \frac{k_1}{k_2 - k_1} \left[e^{-k_1 t} - e^{-k_2 t} \right]$$

A.4 Avaliação Numérica de Integrais

Nesta seção, discutimos técnicas para avaliar numericamente integrais para resolver equações diferenciais de primeira ordem.

1. *Regra do trapézio* (dois pontos) (Figura A-2). Este método é um dos mais simples e mais aproximados, pois utiliza o integrando calculado nos limites de integração para avaliar a integral:

$$\int_{X_0}^{X_1} f(X)\, dX = \frac{h}{2} [f(X_0) + f(X_1)] \quad \text{(A-18)}$$

em que $h = X_1 - X_0$.

2. *Regra um terço de Simpson* (três pontos) (Figura A-3). Uma avaliação mais precisa da integral pode ser encontrada com a aplicação da regra de Simpson:

$$\int_{X_0}^{X_2} f(X)\, dX = \frac{h}{3} [f(X_0) + 4f(X_1) + f(X_2)] \quad \text{(A-19)}$$

em que

$$h = \frac{X_2 - X_0}{2} \qquad X_1 = X_0 + h$$

Métodos para resolver $\int_0^X \frac{F_{A0}}{-r_A} dX$ nos Capítulos 2, 5, 11 e 12.

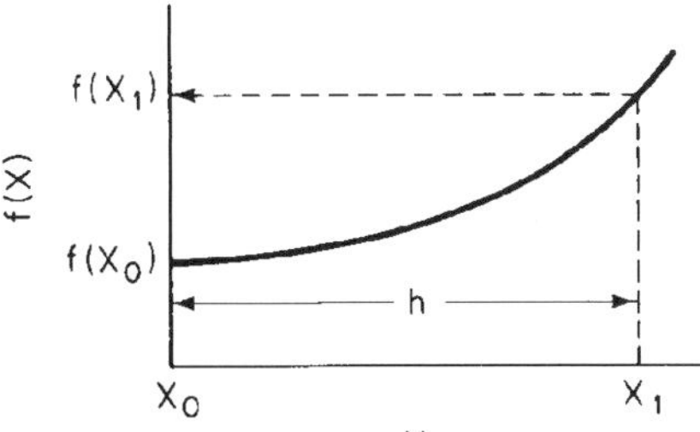

Figura A-2 Ilustração da regra do trapézio.

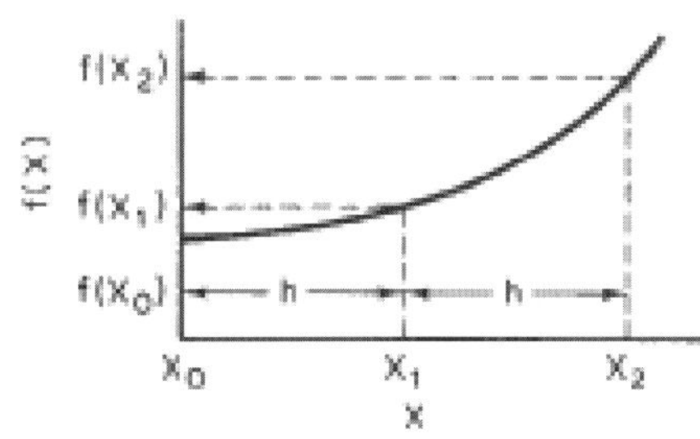

Figura A-3 Ilustração da regra de Simpson de três pontos.

3. *Regra três oitavos de Simpson* (quatro pontos) (Figura A-4). Uma versão melhorada da regra um terço de Simpson pode ser conseguida aplicando-se a *regra três oitavos de Simpson*:

$$\int_{X_0}^{X_3} f(X)\,dX = \tfrac{3}{8}h\,[f(X_0) + 3f(X_1) + 3f(X_2) + f(X_3)] \tag{A-20}$$

em que

$$h = \frac{X_3 - X_0}{3} \qquad X_1 = X_0 + h \qquad X_2 = X_0 + 2h$$

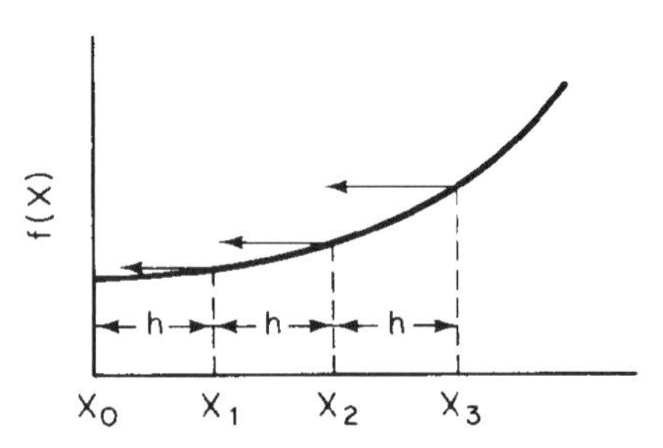

Figura A-4 Ilustração da regra de Simpson de quatro pontos.

4. *Fórmula da quadratura de cinco pontos:*

$$\int_{X_0}^{X_4} f(X)\,dX = \frac{h}{3}(f_0 + 4f_1 + 2f_2 + 4f_3 + f_4) \tag{A-21}$$

em que $h = \dfrac{X_4 - X_0}{4}$

5. Para $N + 1$ pontos, em que $(N/3)$ é um inteiro,

$$\int_{X_0}^{X_N} f(X)\,dX = \tfrac{3}{8}h\,[f_0 + 3f_1 + 3f_2 + 2f_3 + 3f_4 + 3f_5 + 2f_6 + \cdots + 3f_{N-1} + f_N] \tag{A-22}$$

em que $h = \dfrac{X_N - X_0}{N}$

6. Para $N + 1$ pontos, em que $(N/3)$ é par,

$$\int_{X_0}^{X_N} f(X)\,dX = \frac{h}{3}(f_0 + 4f_1 + 2f_2 + 4f_3 + 2f_4 + \cdots + 4f_{N-1} + f_N) \tag{A-23}$$

em que $$h = \frac{X_N - X_0}{N}$$

Essas fórmulas são úteis para ilustrar como as integrais e EDOs (equações diferenciais ordinárias) acopladas, que aparecem no cálculo de reatores, podem ser resolvidas, e também para o caso de ocorrer falta de energia que impeça o uso de programas de computador ou algum outro problema de funcionamento.

Constante do Gás Ideal e Fatores de Conversão

Veja *www.onlineconversion.com.*

Constante do Gás Ideal

$$R = \frac{0{,}73\ \text{ft}^3 \cdot \text{atm}}{\text{lb-mol} \cdot {}^\circ\text{R}} \qquad R = \frac{1{,}987\ \text{Btu}}{\text{lb-mol} \cdot {}^\circ\text{R}}$$

$$R = \frac{8{,}314\ \text{kPa} \cdot \text{dm}^3}{\text{mol} \cdot \text{K}} \qquad R = \frac{8{,}3144\ \text{J}}{\text{mol} \cdot \text{K}}$$

$$R = 0{,}082\ \frac{\text{dm}^3 \cdot \text{atm}}{\text{mol} \cdot \text{K}} = \frac{0{,}082\ \text{m}^3 \cdot \text{atm}}{\text{kmol} \cdot \text{K}} \qquad R = \frac{1{,}987\text{cal}}{\text{mol} \cdot \text{K}}$$

Constante de Boltzmann $k_B = 1{,}381 \times 10^{-23}\ \frac{\text{J}}{\text{molécula} \cdot \text{K}}$

$= 1{,}381 \times 10^{-23}$ kg m^2/s^2/molécula/K

Volume do Gás Ideal

1 lb-mol de um gás ideal a 32 °F e 1 atm ocupa 359 ft^3 (0,00279 lb-mol/ft^3).
1 mol de um gás ideal a 0 °C e 1 atm ocupa 22,4 dm^3 (0,0446 mol/dm^3).

$$C_A = \frac{P_A}{RT} = \frac{y_A P}{RT}$$

em que C_A = concentração de A, mol/dm^3 $\qquad T$ = temperatura, K
P = pressão, kPa $\qquad y_A$ = fração molar de A
R = constante do gás ideal, 8,314 kPa · dm^3/mol · K

1 M = 1 molar = 1 mol/litro = 1 mol/dm^3 = 1 kmol/m^3 = 0,062 lb-mol/ft^3

Observação sobre Nomenclatura: (mol/m^3 · s) é idêntico a (mol/m^3/s)

Volume

1 cm^3 = 0,001 dm^3
1 in^3 = 0,0164 dm
1 onça fluida = 0,0296 dm^3
1 ft^3 = 28,32 dm^3
1 m^3 = 1000 dm^3
1 galão americano = 3,785 dm^3
1 litro (L) = 1 dm^3

$$\left(1 \text{ ft}^3 = 28{,}32 \text{ dm}^3 \times \frac{1 \text{ gal}}{3{,}785 \text{ dm}^3} = 7{,}482 \text{ gal}\right)$$

Comprimento

1 Å = 10^{-8} cm
1 dm = 10 cm
1 μm = 10^{-4} cm
1 in = 2,54 cm
1 ft = 30,48 cm
1 m = 100 cm

Pressão

1 torr (1 mmHg) = 0,13333 kPa
1 in H_2O = 0,24886 kPa
1 in Hg = 3,3843 kPa
1 atm = 101,33 kPa
1 psi = 6,8943 kPa
1 megadina/cm^2 = 100 kPa

Energia (Trabalho)

1 kg · m^2/s^2 = 1 J
1 Btu = 1055,06 J
1 cal = 4,1841 J
1 L · atm = 101,34 J
1 hp · h = 2,6806 × 10^6 J
1 kWh = 3,6 × 10^6 J

Temperatura

°F = 1,8 × °C + 32
°R = °F + 459,69
K = °C + 273,16
°R = 1,8 × K
°Réamur = 1,25 × °C

Massa

1 lb_m = 454 g
1 kg = 1000 g
1 grão = 0,0648 g
1 onça (*avoird.*) = 28,35 g
1 ton = 908.000 g

Viscosidade

1 poise = 1 g/cm · s = 0,1 kg/m/s
1 centipoise = 1 cp = 0,01 poise = 10^{-3} Pascal · segundos = 1 miliPascal · segundo

Força

1 dina = 1 g · cm/s^2

1 Newton = 1 kg · m/s^2

Pressão

1 Pa = 1 Newton/m^2

Trabalho

A. Trabalho = Força × Distância

1 Joule = 1 Newton · metro = 1 kg m^2/s^2 = 1 Pa · m^3

B. Pressão × Volume = Trabalho

1 (Newton/m^2) · m^3 = 1 Newton · m = 1 Joule

Taxa de Variação da Energia com o Tempo

1 Watt = 1 J/s

1 hp = 746 J/s

Fator de Conversão Gravitacional

Constante gravitacional

$$g = 32{,}2 \text{ ft/s}^2$$

Sistema Americano de Engenharia (Fator de Conversão)

$$g_c = 32{,}174 \frac{(\text{ft})(\text{lb}_\text{m})}{(\text{s}^2)(\text{lb}_\text{f})}$$

Sistema SI/cgs

$$g_c = 1 \text{ (Adimensional)}$$

TABELA B.1 VALORES TÍPICOS DE PROPRIEDADES

	Líquido (água)	Gás (ar, 77°C, 101 kPa)	Sólido
Massa específica	1000 kg/m^3	1,0 kg/m^3	3000 kg/m^3
Concentração	55,5 mol/dm^3	0,04 mol/dm^3	–
Difusividade	10^{-8} m^2/s	10^{-5} m^2/s	10^{-11} m^2/s
Viscosidade	10^{-3} kg/m/s	$1{,}82 \times 10^{-5}$ kg/m/s	–
Calor específico	4,31 J/g/K	40 J/mol/K	0,45 J/g/K
Condutividade térmica	1,0 J/s/m/K	10^{-2} J/s/m/K	100 J/s/m/K
Viscosidade cinemática	10^{-6} m^2/s	$1{,}8 \times 10^{-5}$ m^2/s	–
Número de Prandtl	7	0,7	–
Número de Schmidt	200	2	–

TABELA B.2 ORDENS DE GRANDEZA TÍPICAS PARA VALORES DE TRANSFERÊNCIA

	Líquido	Gás
Coeficiente de Transferência de Calor, h	1000 W/m^2/K	65 W/m^2/K
Coeficiente de Transferência de Massa, k_c	10^{-2} m/s	3 m/s

C

Relações Termodinâmicas Envolvendo a Constante de Equilíbrio[1]

Para a reação em fase gasosa

$$A + \frac{b}{a} B \rightleftarrows \frac{c}{a} C + \frac{d}{a} D \qquad (2\text{-}2)$$

1. A verdadeira (adimensional) constante de equilíbrio é

$$RT \ln K = -\Delta G$$

em que G é a Energia Livre de Gibbs e R é a constante dos gases ideais.

$$\boxed{K = \frac{a_C^{c/a}\, a_D^{d/a}}{a_A\, a_B^{b/a}}}$$

em que a_i é a atividade da espécie i

$$a_i = \frac{f_i}{f_i^o}$$

em que f_i = fugacidade da espécie i

f_i^o = fugacidade do estado-padrão. Para gases, o estado-padrão é 1 atm.

$$a_i = \frac{f_i}{f_i^o} = \gamma_i P_i$$

em que γ_i é o coeficiente de atividade da espécie i

K = Constante de equilíbrio verdadeira
K_γ = Constante de equilíbrio com base na atividade
K_P = Constante de equilíbrio com base na pressão
K_C = Constante de equilíbrio com base na concentração

$$K = \underbrace{\frac{\gamma_C^{c/a}\,\gamma_D^{d/a}}{\gamma_A\,\gamma_B^{b/a}}}_{K_\gamma} \cdot \underbrace{\frac{P_C^{c/a}\,P_D^{d/a}}{P_A\,P_B^{b/a}}}_{K_P} = K_\gamma K_P$$

P_i = pressão parcial da espécie i, atm, kPa

$P_i = C_i RT$

[1]Para as limitações e explicações adicionais sobre estas relações, veja, por exemplo, K. Denbigh, *The Principles of Chemical Equilibrium*, 3ª ed., Cambridge University Press, Cambridge, 1971, p. 138.

K_γ possui unidades de $[\text{atm}]^{-(d/a + c/a - b/a - 1)} = [\text{atm}]^{-\delta}$
K_P possui unidades de $[\text{atm}]^{(d/a + c/a - b/a - 1)} = [\text{atm}]^{\delta}$
Para gases ideais $K_\gamma = 1{,}0\ \text{atm}^{-5}$

2. A constante de equilíbrio de pressão K_P é

$$\boxed{K_P = \frac{P_C^{c/a} P_D^{d/a}}{P_A P_B^{b/a}}} \tag{C-1}$$

3. A constante de equilíbrio de concentração K_C é

É importante saber relacionar K, $K\gamma$, K_C e K_P.

$$\boxed{K_C = \frac{C_C^{c/a} C_D^{d/a}}{C_A C_B^{b/a}}} \tag{C-2}$$

4. Para gases ideais, K_C e K_P estão relacionados por

$$K_P = K_C (RT)^{\delta} \tag{C-3}$$

$$\delta = \frac{c}{a} + \frac{d}{a} - \frac{b}{a} - 1 \tag{C-4}$$

5. K_P é uma função apenas da temperatura, e a dependência de K_P com a temperatura é dada pela equação de van't Hoff:

Equação de van't Hoff

$$\boxed{\frac{d \ln K_P}{dT} = \frac{\Delta H_{Rx}(T)}{RT^2}} \tag{C-5}$$

$$\frac{d \ln K_P}{dT} = \frac{\Delta H^\circ_{Rx}(T_R) + \Delta C_P (T - T_R)}{RT^2} \tag{C-6}$$

6. Integrando, temos

$$\ln \frac{K_P(T)}{K_P(T_1)} = \frac{\Delta H^\circ_{Rx}(T_R) - T_R\, \Delta C_P}{R}\left(\frac{1}{T_1} - \frac{1}{T}\right) + \frac{\Delta C_P}{R} \ln \frac{T}{T_1} \tag{C-7}$$

K_P e K_C estão relacionados por

$$\boxed{K_C = \frac{K_P}{(RT)^{\delta}}} \tag{C-8}$$

em que

$$\delta = \left(\frac{d}{a} + \frac{c}{a} - \frac{b}{a} - 1\right) = 0$$

então,

$$K_P = K_C$$

7. K_P desprezando ΔC_P. Dada a constante de equilíbrio a uma temperatura T_1, $K_P(T_1)$ e a entalpia de reação ΔH°_{Rx}, a constante de equilíbrio baseada na pressão a qualquer temperatura T é

$$\boxed{K_P(T) = K_P(T_1)\exp\left[\frac{\Delta H^\circ_{Rx}(T_R)}{R}\left(\frac{1}{T_1} - \frac{1}{T}\right)\right]} \tag{C-9}$$

8. Do princípio de Le Châtelier, sabemos que para reações exotérmicas o equilíbrio é deslocado para a esquerda (isto é, K e X_e diminuem) à medida que a temperatura aumenta. As Figuras C.1 e C.2 mostram como a constante de equilíbrio varia com a temperatura para uma reação exotérmica e para uma reação endotérmica, respectivamente.

Variação da constante de equilíbrio com a temperatura

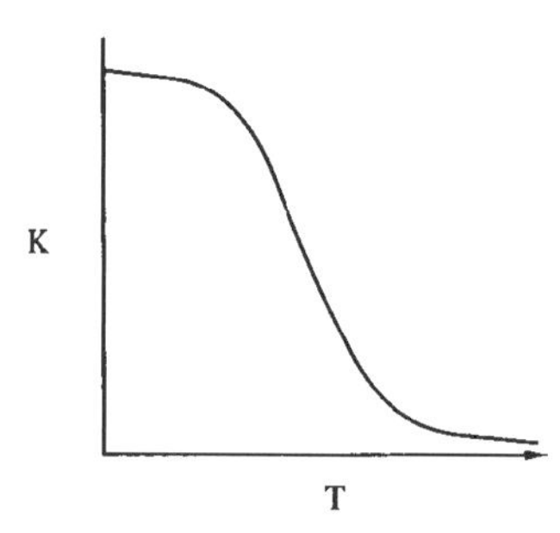

Figura C.1 Reação exotérmica.

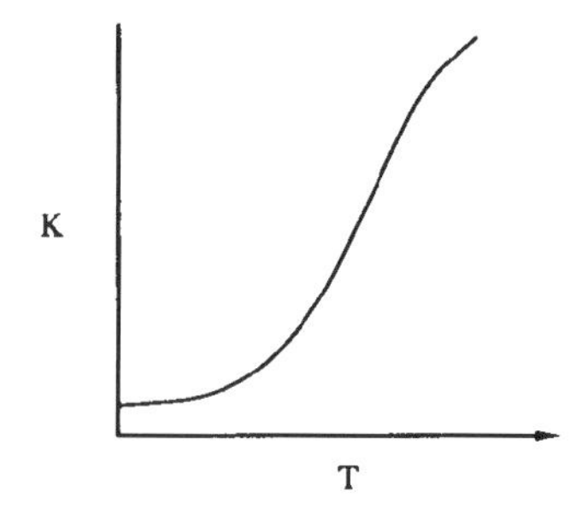

Figura C.2 Reação endotérmica.

9. A constante de equilíbrio à temperatura T pode ser calculada a partir da variação na energia livre de Gibbs, usando

$$-RT\ln[K(T)] = \Delta G^\circ_{Rx}(T) \tag{C-10}$$

$$\boxed{\Delta G^\circ_{Rx} = \frac{c}{a}G^\circ_C + \frac{d}{a}G^\circ_D - \frac{b}{a}G^\circ_B - G^\circ_A} \tag{C-11}$$

10. As tabelas que listam a energia livre de Gibbs padrão para uma dada espécie, G°_i, estão disponíveis na literatura:
    1) *www.trigger.uic.edu:80/~mansoori/Thermodynamic.Data.and.Property_html*
    2) *webbook.nist.gov*
11. A relação entre a variação na energia livre de Gibbs, G, e a entalpia, H, e a entropia, S, é

$$\Delta G = \Delta H - T\,\Delta S \tag{C-12}$$

Veja *bilbo.chm.uri.edu/CHM112/lectures/lecture31.htm.*

Exemplo C-1 Reação de Deslocamento Gás-Água

A reação de deslocamento gás-água usada para produzir hidrogênio,

$$H_2O + CO \rightleftarrows CO_2 + H_2$$

deve ser conduzida a 1000 K e 10 atm. Para uma mistura equimolar de água e monóxido de carbono, calcule a conversão de equilíbrio e a concentração de cada espécie.

Dados: A 1000 K e a 10 atm, as energias livres de Gibbs de formação são G°_{CO} = –47.860 cal/mol; $G^\circ_{CO_2}$ = –94.630 cal/mol; $G^\circ_{H_2O}$ = –46.040 cal/mol; $G^\circ_{H_2}$ = 0.

Solução

Em primeiro lugar, calculamos a constante de equilíbrio. O primeiro passo para avaliar K é calcular a variação na energia livre de Gibbs para a reação. Aplicando a Equação (C-10), resulta

Calcule ΔG°_{Rx}

$$\Delta G^\circ_{Rx} = G^\circ_{H_2} + G^\circ_{CO_2} - G^\circ_{CO} - G^\circ_{H_2O} \tag{EC-1.1}$$

$$= 0 + (-94.630) - (-47.860) - (-46.040)$$

$$= -730 \text{ cal/mol}$$

Calcule K

$$-RT\ln K = \Delta G^\circ_{Rx}(T) \tag{C-10}$$

$$\ln K = -\frac{\Delta G^\circ_{Rx}(T)}{RT} = \frac{-(-730 \text{ cal/mol})}{1{,}987 \text{ cal/mol}\cdot\text{K }(1000\text{ K})} \tag{EC-1.2}$$

$$= 0{,}367$$

então,

$$K = 1{,}44$$

Expressando a constante de equilíbrio em termos de atividades e então, finalmente, em termos de concentração, temos

$$K = \frac{a_{CO_2}a_{H_2}}{a_{CO}a_{H_2O}} = \frac{f_{CO_2}f_{H_2}}{f_{CO}f_{H_2O}} = \frac{\gamma_{CO_2}y_{CO_2}\gamma_{H_2}y_{H_2}}{\gamma_{CO}y_{CO}\gamma_{H_2O}y_{H_2O}} \quad \text{(EC-1.3)}$$

em que a_i é a atividade, f_i é a fugacidade, γ_i é o coeficiente de atividade (que consideraremos igual a 1,0 em razão das condições de alta temperatura e de baixa pressão), e y_i é a fração molar da espécie i[2]. Substituindo as frações molares em termos de pressões parciais, resulta

$$y_i = \frac{P_i}{P_T} = \frac{C_iRT}{P_T} \quad \text{(EC-1.4)}$$

$$K = \frac{P_{CO_2}P_{H_2}}{P_{CO}P_{H_2O}} = \frac{C_{CO_2}C_{H_2}}{C_{CO}C_{H_2O}} \quad \text{(EC-1.5)}$$

Em termos de conversão, para uma alimentação equimolar, temos

$$K = \frac{C_{CO,0}X_eC_{CO,0}X_e}{C_{CO,0}(1-X_e)C_{CO,0}(1-X_e)} \quad \text{(EC-1.6)}$$

Relacione K e X_e

$$= \frac{X_e^2}{(1-X_e)^2} = 1{,}44 \quad \text{(EC-1.7)}$$

Da Figura EC-1.1 no site da LTC Editora lemos na linha de 1000 K que log $K_P = 0{,}15$; portanto, $K_P = 1{,}41$, que é próximo do valor calculado. Observamos que não existe variação final no número de mols para esta reação; portanto,

$$K = K_P = K_C \text{ (adimensional)}$$

Tomando a raiz quadrada da Equação (EC.1.7), temos

Calcule X_e, a conversão de equilíbrio.

$$\frac{X_e}{1-X_e} = (1{,}44)^{1/2} = 1{,}2 \quad \text{(EC-1.8)}$$

Resolvendo para X_e, obtemos

$$\boxed{X_e = \frac{1{,}2}{2{,}2} = 0{,}55}$$

Então,

$$C_{CO,0} = \frac{y_{CO,0}P_0}{RT_0}$$

Calcule $C_{CO,e}$, a conversão de equilíbrio do CO.

$$= \frac{(0{,}5)(10\text{ atm})}{(0{,}082\text{ dm}^3\cdot\text{atm/mol}\cdot\text{K})(1000\text{ K})}$$

$$= 0{,}061\text{ mol/dm}^3$$

$$C_{CO,e} = C_{CO,0}(1 - X_e) = (0{,}061)(1 - 0{,}55) = 0{,}0275\text{ mol/dm}^3$$

$$C_{H_2O,e} = 0{,}0275\text{ mol/dm}^3$$

$$\boxed{C_{CO_2,e} = C_{H_2,e} = C_{CO,0}X_e = 0{,}0335\text{ mol/dm}^3}$$

[2]Consulte o Capítulo 9 do livro de J. M. Smith, *Introduction to Chemical Engineering Thermodynamics*, 3ª ed., McGraw-Hill, New York, 1959, e o Capítulo 9 do livro de S. I. Sandler, *Chemical and Engineering Thermodynamics*, 2ª ed., New York, Wiley (1989), para uma discussão sobre equilíbrio químico incluindo efeitos não ideais.

A Figura EC-1.1 no site da LTC Editora fornece a constante de equilíbrio em função da temperatura para várias reações. As reações para as quais as linhas aumentam da esquerda para a direita são exotérmicas.

Os seguintes links nos levam a dados termoquímicos. (Entalpias de formação, C_p, etc.)

1) *www.uic.edu/~mansoori/Thermodynamic.Data.and.Property_html*
2) *webbook.nist.gov*

Veja também *Chem. Tech.*, *28* (3) (Março), 19 (1998).

Nomenclatura D

A	Espécie química
A_c	Área da seção transversal (m^2)
A_p	Área superficial externa total da partícula (m^2)
a	Área de troca térmica por unidade de volume do reator (m^{-1})
a_c	Área superficial externa por unidade de volume das partículas de catalisador (m^2/m^3)
a_p	Área superficial externa do catalisador por unidade de volume do leito (m^2/m^3)
B	Espécie química
$\mathbf{B}_A$	Fluxo de A resultante do escoamento principal da fase fluida [$mol/(m^2 \cdot s)$]
C	Espécie química
C_i	Concentração da espécie i (mol/dm^3)
C_{pi}	Calor específico da espécie i na temperatura T [$cal/(mol \cdot K)$]
$\tilde{C}_{pi}$	Calor específico médio da espécie i entre as temperaturas T_0 e T [$cal/(mol \cdot K)$]
$\hat{C}_{pi}$	Calor específico médio da espécie i entre as temperaturas T_R e T [$cal/(mol \cdot K)$]
c	Concentração total (mol/dm^3) (Capítulo 11)
D	Espécie química
Da	Número de Damköhler (adimensional)
D_{AB}	Coeficiente de difusão binária de A em B (dm^2/s)
E	Energia de ativação (cal/mol)
(E)	Concentração de enzima livre (não fixada) (mol/dm^3)
F_i	Fluxo molar da espécie i (mol/s)
F_{i0}	Fluxo molar de entrada da espécie i (mol/s)
G	Velocidade mássica superficial [$g/(dm^2 \cdot s)$]
G_i	Velocidade de geração da espécie i (mol/s)
$G_i^o(T)$	Energia livre de Gibbs da espécie i na temperatura T [$cal/(mol \cdot K)$]
$H_i(T)$	Entalpia da espécie i na temperatura T (cal/mol i)
$H_{i0}(T)$	Entalpia da espécie i na temperatura T_0 (cal/mol i)
H_i^o	Entalpia de formação da espécie i na temperatura T_R (cal/mol i)
h	Coeficiente de transferência de calor [$cal/(m^2 \cdot s \cdot K)$]
K_A	Constante de equilíbrio de adsorção
K_C	Constante de equilíbrio de concentração
K_e	Constante de equilíbrio (adimensional)
K_P	Constante de equilíbrio de pressões parciais
k	Velocidade específica de reação (constante)
k_c	Coeficiente de transferência de massa (m/s)

M_i	Massa molar da espécie *i* (g/mol)
m_i	Massa da espécie *i* (g)
N_i	Número de mols da espécie *i* (mol)
n	Ordem global de reação
P_i	Pressão parcial da espécie *i* (atm)
Q	Fluxo de calor da vizinhança para o sistema (cal/s)
R	Constante dos gases ideais
Re	Número de Reynolds
r	Distância radial (m)
r_A	Velocidade de geração da espécie A por unidade de volume [mol A/(s · dm^3)]
$-r_A$	Velocidade de desaparecimento da espécie A por unidade de volume [mol A/(s · dm^3)]
$-r'_A$	Velocidade de desaparecimento da espécie A por unidade de massa do catalisador [mol A/(g · s)]
$-r''_A$	Velocidade de desaparecimento da espécie A por unidade de área superficial do catalisador [mol A/(m^2 · s)]
S	Um sítio ativo (Capítulo 10)
(S)	Concentração de substrato (mol/dm^3) (Capítulo 9)
S_a	Área superficial por unidade de massa do catalisador (m^2/g)
S_{DU}	Parâmetro de seletividade (Seletividade instantânea) (Capítulo 8)
$\tilde{S}_{DU}$	Seletividade global de *D* em relação a *U*
SV	Velocidade espacial (s^{-1})
T	Temperatura (K)
t	Tempo (s)
U	Coeficiente global de transferência de calor [cal/(m^2 · s · K)]
V	Volume do reator (dm^3)
V_0	Volume inicial do reator (dm^3)
v	Vazão volumétrica (dm^3/s)
v_0	Vazão volumétrica inicial (dm^3/s)
W	Massa de catalisador (kg)
$\mathbf{W}_A$	Fluxo molar da espécie A [mol/(m^2 · s)]
X	Conversão do reagente de referência, A
Y_i	Rendimento instantâneo da espécie *i*
$\tilde{Y}_i$	Rendimento global da espécie *i*
y	Razão das pressões P/P_0
y_i	Fração molar da espécie *i*
y_{i0}	Fração molar inicial da espécie *i*
Z	Fator de compressibilidade
z	Distância linear (cm)

Subíndices

0	Condição de entrada ou inicial
b	Leito
c	Catalisador
e	Equilíbrio
p	Partícula

Letras gregas

α	Ordem de reação (Capítulo 3)
α	Parâmetro de queda de pressão (Capítulo 5)
α_i	Parâmetro da equação de calor específico (Capítulo 11)
β	Ordem de reação
β_i	Parâmetro da equação de calor específico
γ_i	Parâmetro da equação de calor específico
δ	Variação do número total de mols por mol de A reagido
ε	Variação fracionária do volume por mol de A reagido, resultante da variação do número total de mols

Θ_i	Razão do número de mols iniciais (que entram) da espécie i, pelo número de mols iniciais (que entram) da espécie A
μ	Viscosidade [g/(cm · s)]
ρ	Massa específica (g/cm^3)
ρ_c	Massa específica da partícula de catalisador (g/cm^3 de partícula)
ρ_b	Massa específica do leito catalítico (g/cm^3 de leito)
τ	Tempo espacial (s)
ϕ	Porosidade

Pacotes de *Software* E

Os programas de computador ou pacotes de software utilizados para resolver problemas de ERQ dados no texto e que estão no site da LTC Editora são o Polymath, AspenTech e COMSOL.

E.1 Polymath

E.1.A Sobre o Polymath

O Polymath é um pacote de computação numérica de uso amigável que permite a estudantes e profissionais utilizar computadores pessoais para resolver problemas de engenharia de reações realistas e de computação intensiva. Uma característica peculiar do Polymath é que os problemas podem ser formulados e escritos de maneira natural, como se encontram nas equações matemáticas, com uma curva de aprendizagem mínima. O pacote com o software Polymath é especialmente adequado para a engenharia de reações químicas, visto que é capaz de resolver os seguintes tipos de problemas que aparecem em ERQ:

- Equações algébricas lineares simultâneas
- Equações algébricas não lineares simultâneas
- Equações diferenciais ordinárias simultâneas
- Regressão de Dados (incluindo os seguintes casos)
  - Ajuste de curvas por polinômios e *splines*
  - Regressão linear múltipla com estatística
  - Regressão não linear com estatística

A versão mais recente do Polymath permite a opção de resolver problemas de ERQ que podem também ser automaticamente exportados para serem resolvidos no Excel e MATLAB.

Um site especial da web para o Polymath para uso do software e atualizações será mantido para usuários deste livro texto, em:

www.polymath-software.com/fogler

E.1.B Tutoriais sobre o Polymath

Tutoriais do Polymath com figuras de telas do programa podem ser acessados a partir da página de entrada do site da LTC Editora para este livro, indo-se até *Problemas Exemplos de Simulação* (*Living Exemples Problems*) e então clicando-se em Polymath; também pode ser encontrado no site da LTC Editora nas *Notas de Resumo* (*Summary Notes*) dos seguintes capítulos:

Capítulo 1
- A. Equações Diferenciais Ordinárias (EDOs)
- B. *Solver* de Equações Não Lineares (ENLs)

Capítulo 7
- A. Ajustando um Polinômio
- B. Regressão Não Linear

Observação: Obtendo o Polymath. Muitos departamentos de engenharia química dos Estados Unidos possuem uma licença institucional para uso do Polymath, e o acesso ao Polymath pode ser obtido através do coordenador de recursos computacionais de seu departamento ou de seu professor. No caso de seu departamento não possuir uma licença, seu professor pode contatar a Corporação CACHE pelo email *cache@uts.cc.utexas.edu*. Informações atualizadas sobre o Polymath estão disponíveis em *www.polymath-software.com*.

Oferta Especial do Polymath

Os autores do Polymath fornecem uma licença de avaliação gratuita de 15 dias do Polymath, disponível no site da LTC Editora para este livro. Após o período de avaliação do Polymath, sua própria versão do programa Polymath pode ser adquirida por um preço fantasticamente reduzido, disponível apenas para usuários deste livro-texto, acessando a URL especial *www.polymath-software.com/fogler.* Opções para aquisição do Polymath estão apenas disponíveis neste endereço particular da web, onde existem preços com descontos especiais para os preços da versão educacional do Polymath. Para obter esses descontos e preços especiais para o Polymath, você deve indicar que é um estudante e o número ISBN deste livro, que pode ser encontrado na página de direitos autorais (*copyright*).

Você deve abrir os arquivos do Polymath pelo Internet Explorer, pois há alguns inconvenientes quando você utiliza para isto o Firefox ou o Safari, para rodar diretamente os arquivos do Polymath e utilizar os *Problemas Exemplos de Simulação*. Ao utilizar o Firefox ou o Safari, clique no botão direito do *mouse* sobre as linhas de arquivos Polymath (por exemplo, pol.) e escolha "Salvar Link Como...". Isto permitirá que você salve o arquivo Polymath para um local de sua preferência.

E.2 AspenTech

O AspenTech é um simulador de fluxogramas de processo utilizado em muitas disciplinas de Projetos, usualmente ministradas no último ano do curso de engenharia química. Tem sido agora rotineiramente introduzido mais cedo no curso, em disciplinas como termodinâmica, separações, e agora em cálculo de reatores (ERQ). Assim como o Polymath, as licenças institucionais do AspenTech estão disponíveis em muitos departamentos de engenharia química nos Estados Unidos. Quatro exemplos de simulação AspenTech específicos de engenharia de reações são fornecidos no site da LTC Editora e com telas de tutoriais passo a passo.

Um tutorial do AspenTech pode ser acessado diretamente da *home page* do site da LTC Editora para este livro. Você pode aprender mais sobre o AspenTech visitando o website *www.aspentech.com*.

E.3 COMSOL

O Módulo de Engenharia de Reações Químicas no COMSOL descreve transporte de material transiente e estacionário, transferência de calor, e escoamento de fluidos em 1D, 3D, e geometrias 3D, resolvendo equações diferenciais parciais. A interface com o usuário para o Módulo de Engenharia de Reações Químicas é orientada para os tipos de problemas encontrados no Capítulo 15 do site da LTC Editora para resolver EDPs de balanço molar e de massa. Como o COMSOL, os estudantes podem visualizar tanto os perfis radiais como os axiais de concentração e de temperatura. A COMSOL disponibilizou um website especial para usuários deste livro, que inclui um tutorial passo a passo, juntamente com exemplos. Veja *www.comsol.com/ecre*. Cinco dos módulos do COMSOL são: (1) operação isotérmica, (2) operação adiabática, (3) efeitos térmicos com temperatura do fluido de troca constante, (4) efeitos térmicos com temperatura de fluido térmico variável, e (5) dispersão e reação usando condições de contorno de Danckwerts (dois casos).

E.4 Pacotes de Software (Programas de Computador)

Instruções sobre como utilizar o Polymath, MATLAB, COMSOL, e AspenTech podem ser encontradas no site da LTC Editora para este livro.

Para obter programas que resolvem equações diferenciais ordinárias (programas para EDOs), você pode entrar em contato com:

Polymath
CACHE Corporation
P.O. Box 7939
Austin, Texas 78713-7379
Website: *www.polymath-software.com/fogler/*

MATLAB
The MathWorks, Inc.
3 Apple Hill Drive
Natick, Massachusetts 01760
Tel.: 508-647-7000
Website: *www.mathworks.com*

Aspen Technology, Inc.
10 Canal Park
Cambridge, Massachusetts
02141-2201 USA
E-mail: info@aspentech.com
Website: *www.aspentech.com*

COMSOL Multiphysics
COMSOL, Inc.
8 New England Executive Park, Suite 310
Burlington, Massachusetts 01803
Tel.: 781-273-3322; Fax: 781-273-6603
Email: info@comsol.com
Website: *www.comsol.com*

Uma análise crítica destes três softwares (e outros) pode ser encontrada em *Chem. Eng. Educ.*, *XXV*, Winter, p. 54 (1991).

Dados de Velocidade de Reação F

Leis de velocidade de reação podem ser obtidas dos seguintes websites:

1. National Institute of Standards and Technology (NIST)
   Chemical Kinetics Database on the Web
   Standard Reference Database 17, Version 7.0 (Web Version), Release 1.2
   Este website fornece uma compilação de dados cinéticos de reações em fase gasosa.
   kinetics.nist.gov/kinetics/index.jsp

2. International Union of Pure and Applied Chemistry (IUPAC)
   Este website fornece dados cinéticos e fotoquímicos para avaliação de dados cinéticos em fase gasosa.
   www.iupac-kinetic.ch.cam.ac.uk/

3. NASA/JPL (Jet Propulsion Laboratory: California Institute of Technology)
   Este website fornece dados de cinética química e fotoquímica para uso em estudos atmosféricos.
   jpldataeval.jpl.nasa.gov/download.html

4. BRENDA: University of Cologne
   Este website fornece dados sobre enzimas e informação metabólica. BRENDA é mantido e desenvolvido pelo Instituto de Bioquímica da Universidade de Colônia, Alemanha.
   www.brenda-enzymes.org/

5. NDRL Radiation Chemistry Data Center: Notre Dame Radiation Laboratory
   Este website fornece dados de velocidade de reação para radicais transientes, radicais iônicos e estados excitados em solução.
   http://www.rad.nd.edu/rcdc/

Problemas Abertos

Descrevemos abaixo, de forma resumida, problemas abertos que têm sido usados como questões de exame na Universidade de Michigan. O enunciado completo dos problemas pode ser encontrado no Apêndice G do site da LTC Editora.

G.1 Projeto de Experimentos Cinéticos

Projete um experimento que possa ser utilizado em um laboratório de graduação e que custe menos de US$ 500,00 para ser montado.

G.2 Projeto de Lubrificantes Eficientes

Óleos lubrificantes utilizados em motores de automóveis são misturas feitas a partir de um óleo base acrescido de aditivos, para produzir uma mistura que tenha as propriedades físicas desejáveis. Neste problema, os estudantes examinam a degradação de óleos lubrificantes por oxidação, e projetam um sistema lubrificante melhorado.

G.3 Reator Nuclear de Fundo Arredondado

Uma corrente de efluente radioativo de uma planta nuclear recém-construída precisa atender aos padrões da Comissão de Energia Nuclear. Os estudantes devem utilizar os princípios de engenharia de reatores químicos e de resolução de problemas criativos para propor soluções para o tratamento do efluente do reator. Foco: análise de problemas, segurança, ética.

G.4 Oxidação Subterrânea por Via Úmida

Você trabalha para uma companhia de produtos químicos especiais, que produz grandes quantidades de resíduo aquoso. O diretor executivo (CEO)* da companhia lê num periódico sobre uma tecnologia emergente para a redução de resíduos perigosos, e você precisa avaliar o sistema e sua adequabilidade. Foco: tratamento de resíduos, questões ambientais, ética.

*CEO, Chief Executive Officer. (N.T.)

G.5 Projeto de Reator de Hidrodessulfurização

Seu supervisor na Petroquímica Limpa deseja utilizar uma reação de hidrodessulfurização para produzir etilbenzeno a partir de uma corrente residual do processo. Cabe a você a tarefa de projetar um reator para a reação de hidrodessulfurização. Foco: projeto de reator.

G.6 Bioprocessamento Contínuo

O projeto de um biorreator contínuo é interessante porque ele pode ser economicamente mais viável do que os processos em batelada.

G.7 Síntese de Metanol

Modelos cinéticos baseados em dados experimentais estão sendo cada vez mais utilizados na indústria química para o projeto de reatores catalíticos. Contudo, a modelagem de processos em si pode influenciar o projeto final do reator e seu desempenho final, pela incorporação de diferentes interpretações do planejamento experimental no modelo cinético básico. Neste problema, solicita-se aos estudantes que desenvolvam métodos/abordagens de modelagem cinética e os apliquem ao desenvolvimento de um modelo para a produção de metanol, partindo de dados experimentais. Foco: modelagem cinética, projeto de reator.

G.8 Metabolismo do Álcool

O objetivo deste problema aberto é que o estudante aplique seus conhecimentos de cinética de reação ao problema de modelagem do metabolismo de álcool em seres humanos. Além disso, os estudantes apresentarão seus achados em uma seção de painéis. A apresentação dos painéis deverá ser organizada de forma a trazer à comunidade universitária uma maior conscientização dos perigos associados ao consumo de álcool.

G.9 Envenenamento por Metanol

O tratamento em salas de emergência para envenenamento com metanol é a injeção de etanol intravenoso para inibir a ação da enzima álcool desidrogenase, para evitar a formação de ácido fórmico e o ânion formato, que causam cegueira. O objetivo deste problema aberto é utilizar o modelo fisiológico do metabolismo do etanol para prever a velocidade de injeção de etanol no caso de envenenamento por metanol.

G.10 Gumbo – Moqueca de Frutos do Mar da Cozinha Cajun*

A maior parte das comidas apreciadas pelos *gourmets* é preparada por processos em batelada. Algumas das comidas de alta qualidade mais difíceis de serem preparadas são as especialidades do Estado da Louisiana (EUA), devido ao balanço delicado que precisa ser alcançado entre os temperos (mais ou menos picantes) e os aromas suaves. Na preparação de pratos das cozinhas Creole e Cajun, certos aromas são liberados apenas quando se cozinham alguns dos ingredientes em óleo quente por um certo período.

Vamos nos concentrar em um prato especial, a moqueca de frutos do mar *gumbo* da cozinha Cajun. Desenvolva um sistema de reator contínuo que produza 5 gal/h de gumbo de alta qualidade. Prepare um fluxograma de toda a operação. Esquematize alguns expe-

---

*O gumbo é uma espécie de moqueca, normalmente feita em panela de ferro, tradicional da cozinha Cajun, do sul da Louisiana. Para os engenheiros *gourmets* interessados em saber mais sobre as receitas e origens da culinária Cajun e Creole, recomendamos o website http://www.gumbopages.com/recipe-page.html. (N.T)

rimentos e ressalte algumas áreas de pesquisa que seriam necessárias para assegurar o sucesso de seu projeto. Discuta como você começaria a sua pesquisa para abordar esses problemas. Faça um planejamento de quaisquer experimentos que deveriam ser conduzidos. (Veja o Capítulo 7, Leitura Suplementar, Referência 3.)

Esta receita recebeu uma avaliação 4 estrelas: ★★★★

A seguir, é dada uma receita caseira, tradicional, para a moqueca de frutos do mar gumbo, da cozinha Cajun, para operação em batelada (10 quartos de galão,* para servir 40 pessoas):

1 xícara de farinha de trigo
1½ xícara de óleo de oliva
1 xícara de salsão picado
2 cebolas grandes (em cubos)
5 qt de caldo de peixe
6 lb de peixe (combinação de bacalhau, mangangá-liso, e/ou outros peixes marinhos não oleosos)
12 onças[†] de carne de siri
1 qt[‡] de ostras de tamanho médio
1 lb de camarão de tamanho médio a grande
4 folhas de louro, trituradas
½ xícara de salsa picada
3 batatas-inglesas grandes (em cubos)
1 colher de sopa de pimenta moída
1 colher de sopa de molho de tomate
5 dentes de alho (fatiados)
½ colher de sopa de molho tabasco
1 garrafa de vinho branco seco
1 lb de vieiras (*scallops*) (ou outro molusco)

1. Faça um *roux*[§] (isto é, adicione 1 xícara de farinha a 1 xícara de óleo de oliva fervendo). Cozinhe até coloração marrom-escuro. Adicione o *roux* ao caldo de peixe.
2. Cozinhe o salsão picado e a cebola em óleo de oliva fervente até que a cebola fique mole (transparente). Escorra o líquido e então adicione-o ao caldo de peixe.
3. Adicione 1/3 do peixe (2 lb) e 1/3 da carne de siri, licor de ostras, folhas de louro, salsa, batatas, pimenta preta, extrato de tomate, alho, tabasco, e ¼ de xícara de óleo de oliva. Leve ao fogo brando e cozinhe por 4 h, mexendo de vez em quando.
4. Adicione 1 qt de água fria, retire do fogão, e ponha na geladeira (por pelo menos 12 h), só retirando 2½ h antes de servir.
5. Remova da geladeira, adicione ¼ de xícara de óleo de oliva, vinho, e *scallops*. Leve à baixa fervura, e então cozinhe por 2 h. Adicione o restante do peixe (corte em pedaços pequenos), a carne de siri, e água até completar um total de 10 qt. Cozinhe por 2 h, adicione camarão, e então, 10 minutos mais tarde, adicione ostras, e sirva imediatamente.

*1 quart (qt) = 0,9464 litro (um quarto de galão americano). (N.T.)
[†]1 onça (oz) = 31,1035 g. (N.T.)
‡1 qt (1 American quart) = 0,946 litro (1/4 galão ou 32 onças), para líquidos; = 1,101 litro (2 pints), para material seco. (N.T.)
§O *roux* (pronuncia-se "ru") é uma mistura de óleo ou gordura derretida com farinha de trigo, normalmente em proporções iguais, usada para engrossar líquidos, tais como molhos e sopas. (N.T.)

Como Utilizar o Material Suplementar do Site da LTC Editora

A finalidade principal do material suplementar disponível no site da LTC Editora[1] é servir como uma fonte de enriquecimento de conteúdo e aprendizagem. Os benefícios de se utilizar esse material são cinco:

1. Facilitar os diferentes estilos de aprendizagem dos estudantes (veja também o site do autor, em inglês) *www.engin.umich.edu/~cre/asyLearn/itresources.htm.*
2. Fornecer ao estudante a opção/oportunidade de aprofundar os estudos, ou esclarecimento de algum conceito específico, ou tópico.
3. Fornecer a oportunidade de praticar raciocínio crítico, raciocínio criativo e habilidades de resolver problemas.
4. Fornecer material técnico adicional para o engenheiro em seu trabalho
5. Fornecer outras informações tutoriais, como problemas propostos adicionais e instruções sobre o uso de pacotes computacionais de engenharia química.

H.1 Componentes do Site da LTC Editora

Há dois tipos de informação neste site: informações que são organizadas **por capítulo** e informações organizadas **por conceito**. O material na seção "por capítulo" corresponde ao material encontrado neste livro e é dividido em cinco seções.

- **Objetivos.** A página de objetivos lista os assuntos que os estudantes irão aprender num dado capítulo. Quando os estudantes terminarem de estudar um determinado capítulo, eles podem retornar aos seus objetivos e verificar se já cobriram todo o conteúdo deste capítulo. Ou, se os estudantes precisarem de ajuda adicional em algum tópico específico, eles podem procurar em qual capítulo aquele tópico é abordado, via inspeção da página de objetivos.
- **Recursos de Aprendizagem.** Esses recursos apresentam uma visão geral do material de cada capítulo e fornecem explicações extras, exemplos e aplicações para reforçar os conceitos básicos da engenharia das reações químicas. As *Notas de Resumo* servem como uma visão geral de cada capítulo e contêm uma sequência

[1]Em algumas partes do texto, do site da LTC, e do site da Web pertencente ao autor (conteúdo em inglês), o material que acompanha o livro é, às vezes, referido como "CD" ou "DVD".

lógica das equações deduzidas e problemas adicionais. Os Módulos da Web e os Jogos Interativos de Computador (ICG) mostram como os princípios expostos no texto podem ser aplicados em problemas não convencionais. Problemas Resolvidos fornecem mais exemplos para os estudantes usarem o conhecimento adquirido em cada capítulo.

Links para vídeos de recreação do **YouTube** podem ser encontrados nas *Notas de Resumo* dos Capítulos 1, 3, 4 e 5.

Capítulo 1: *Fogler Zone* (*you've got a friend in Fogler*).

Capítulo 3: O mistério do assassinato em *The Black Widow* e *Baking a Potato by Bob the Builder and Friends.*

Capítulo 4: *CRF Reactor Video*, um vídeo da empresa Crimson sobre um reator "semicontínuo" produzido com refrigerante Coca-Cola Diet e bala Mentos.

Capítulo 5: Aprenda uma nova dança e uma nova música, *CSTR* no ritmo da YMCA (Young Men's Christian Association, ou seja, Associação Cristã de Moços). Veja também: *Find Your Rhythm*, um *Ice Ice Baby* remix.

Problema Exemplo de Simulação

- **Exemplos de Problemas de Simulação.** Esses problemas são geralmente o segundo problema proposto de cada capítulo (por exemplo, P5-2_B), a maioria dos quais requer algum software para ser resolvido. Programas a serem usados com o software Polymath são fornecidos no site da LTC Editora, de forma que os estudantes possam fazer o download e "brincar" com o problema, fazendo perguntas do tipo "E se...?", para praticar as habilidades de raciocínio crítico e criativo. Os estudantes podem mudar os valores dos parâmetros, como as constantes da velocidade de reação para aprender a deduzir as tendências, ou predizer o comportamento de um dado sistema reacional.
- **Capítulos Extras no Site da LTC Editora**. O material destinado à pós-graduação da quarta edição do livro *Elementos de Engenharia das Reações Químicas*, isto é, Capítulos 10, 11, 12, 13 e 14, está incluído no site no formato PDF. O Capítulo 15, que também está incluso, discute os gradientes radiais em PFRs e PBRs. Esses capítulos são usados principalmente na pós-graduação. Eles são referidos no texto como "Site da LTC Editora Capítulo 10", por exemplo.

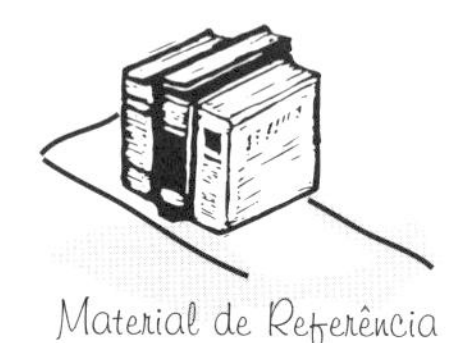
Material de Referência

- **Arquivo de Referência Profissional.** O Arquivo de Referência Profissional contém dois tipos de informação. Primeiro, ele inclui material que é importante para a prática da engenharia, mas que geralmente não é incluído na maioria dos cursos de engenharia das reações químicas. Segundo, ele inclui material que fornece explicações mais detalhadas de deduções que foram resumidas no texto. Os passos intermediários dessas deduções são mostrados no site da LTC Editora.

Problemas Propostos

- **Problemas Propostos Adicionais.** Novos problemas foram desenvolvidos para esta edição. Eles fornecem maior oportunidade de utilizar a atual potência computacional, para resolver problemas realísticos. Em vez de omitir alguns dos problemas mais tradicionais de edições anteriores, que são, no entanto, excelentes, eles foram colocados no site da LTC Editora e podem servir de problemas para treinamento, junto com aqueles não atribuídos no texto.

Os materiais disponíveis nos *Recursos de Aprendizagem* são divididos em *Notas de Resumo*, *Módulos da Web*, *Jogos Interativos de Computador* e *Problemas Resolvidos*. A Tabela H-1 mostra quais recursos de enriquecimento podem ser encontrados em cada capítulo.

TABELA H-1 RECURSOS DE ENRIQUECIMENTO DO SITE DA LTC EDITORA

Capítulos

	1	2	3	4	5	6	7	8	9	10	11	12	13
Notas de Resumo	■	■	■	■	■	■	■	■	■	■	■	■	■
Módulos daWeb	■	■	■		■	■		■	■				
ICGs	■	■		■	■		■	■	■	■		■	
Problemas Resolvidos		■		■	■	■	■	■	■	■	■	■	■
Problemas Propostos Adicionais	■	■	■	■	■	■	■	■	■	■	■	■	■
Exemplos de Problemas de Simulação				■	■	■	■	■	■	■	■	■	■
Material de Referência Profissional	■	■	■	■	■	■	■	■	■	■	■	■	■
Vídeo links do YouTube	■		■	■	■								

Nota: Os *Jogos Interativos de Computador* (ICGs) são programas que requerem muita memória do computador. Devido a esta natureza dos ICGs, têm ocorrido problemas intermitentes com esses jogos (10 a 15% em computadores com Windows). Você geralmente pode resolver o problema tentando rodar o ICG em um computador diferente. No ICG Heatfx 2, apenas os três primeiros reatores podem ser resolvidos, e os usuários não podem continuar para a parte 2, devido a um erro que existe atualmente no programa.

A informação que pode ser acessada na seção "pelo conceito" não é específica para um único capítulo. Embora o material possa ser acessado via seção "pelo capítulo", a seção "pelo conceito" permite a você acessar certos materiais rapidamente, sem ter que navegar pelos capítulos.

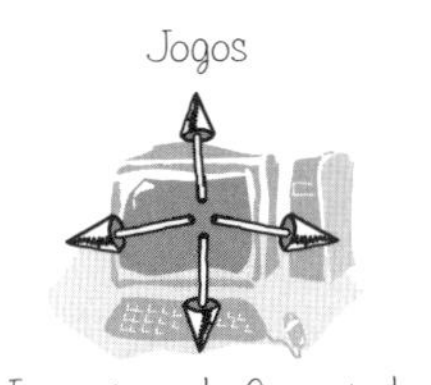

- **Módulos Interativos da Web.** O site da LTC Editora inclui os módulos da Web que utilizam o navegador da Web como interface e dá exemplos de como os princípios de engenharia das reações químicas podem ser aplicados a diversas situações, tais como modelando os efeitos de mordidas da cobra naja e cozinhando uma batata.
- **Jogos Interativos de Computador (ICGs).** Os ICGs são jogos que usam os programas Windows ou DOS como interface. Eles testam conhecimento em diferentes aspectos da engenharia das reações químicas, por meio de uma variedade de jogos, como basquetebol e jeopardy.
- **Solucionando Problemas.** Aqui os estudantes podem aprender diferentes estratégias para solucionar problemas dos tipos tanto fechados como abertos. Veja os dez diferentes tipos de problemas propostos e sugestões de como abordá-los. Informações abrangentes sobre raciocínio crítico e criativo também podem ser encontradas nesta seção. Veja também o livro *Strategies for Creative Problem Solving*, de Fogler e LeBlanc, e o site (em inglês) *www.engin.umich.edu/scps/.*
- **Programa.** Uma proposta de programa da disciplina de Engenharia das Reações Químicas foi incluída no site da LTC Editora: trata-se de uma disciplina de 4 horas semanais. Na Universidade de Michigan essa disciplina é chamada de Chemical Engineering 344.
- **Perguntas Mais Frequentes (FAQs).** Ao longo dos anos que lecionei esta disciplina, coletei um grande número de perguntas que se repetiam ano após ano. As perguntas geralmente solicitavam um esclarecimento, ou uma maneira diferente de explicar o material, ou, então, algum outro exemplo do princípio que estava sendo discutido. As FAQs e as respostas estão organizadas por capítulo.
- **Laboratório de Reatores.** O software Laboratório de Reatores fornece simulações para vários reatores químicos. Os estudantes podem aprender de forma ativa sobre reações químicas e reatores, conduzindo experimentos virtuais e realizando análises dos dados obtidos. O programa pode ser baixado gratuitamente do site *www.SimzLab.com.*
- **Créditos.** Veja quem foi responsável pela montagem do material no site da LTC Editora.

H.2 Como o Site da LTC Editora e a Web Podem Ajudar os Diferentes Estilos de Aprendizagem

Os estudantes podem avaliar seus estilos de aprendizagem realizando um teste de 10 minutos no site *www.engr.ncsu.edu/learningstyles/ilsweb.html*. Há um link direto para esse site nas *Notas de Resumo* do Capítulo 2.

H.2.1 Aprendizagem Global *Versus* Sequencial

Veja *www.engin.umich.edu/~cre/asyLearn/itresources.htm.*

Global

- Utilize as *Notas de Resumo* para ter uma visão geral de cada capítulo do site da LTC Editora e formar uma visão global
- Reveja os exemplos do mundo real e as figuras do site da LTC Editora
- Observe os conceitos delineados nos ICGs

Sequencial

- Utilize o botão Dedução nas notas de aula da Web para ver os passos das deduções
- Siga, passo a passo, todas as deduções nos ICGs
- Faça todas as autoavaliações e exemplos, e escute os áudios das notas de aula do site da LTC Editora, tudo passo a passo

H.2.2 Aprendizagem Ativa *Versus* Reflexiva

Ativa

- Utilize todos os botões de acesso para interagir com o material e se manter ativo
- Use as autoavaliações como uma boa fonte de problemas práticos
- Utilize os *Exemplos de Problemas Práticos* para modificar configurações/parâmetros e ver o resultado
- Revise o conteúdo para fazer as avaliações, usando os ICGs

Reflexiva

- As autoavaliações lhe permitem considerar a resposta antes de vê-la
- Utilize os *Exemplos de Problemas Práticos* para pensar sobre os tópicos separadamente

H.2.3 Aprendizagem Perceptiva *Versus* Intuitiva

Perceptiva

- Utilize os *Módulos da Web* (cobra naja, hipopótamo, nanopartículas) para ver como o material é aplicável aos tópicos do mundo real
- Descreva como os *Exemplos de Problemas de Simulação* estão conectados aos tópicos do mundo real

Intuitiva

- Varie os parâmetros dos problemas fornecidos para uso no Polymath e entenda as influências desses parâmetros sobre os problemas
- Use as partes de tentativa e erro de alguns ICGs para entender as questões do tipo "E se..."

H.2.4 Aprendizagem Visual *Versus* Verbal

Visual

- Estude os exemplos e os autotestes nas notas de resumo do site da LTC Editora que possuam gráficos e figuras mostrando as tendências
- Faça os ICGs para ver como cada passo de uma dedução/problema leva ao próximo
- Use a saída gráfica dos *Exemplos de Problemas de Simulação*/Programas em Polymath para obter uma compreensão visual de como vários parâmetros afetam os sistemas
- Use o *Material de Referência Profissional* para ver fotos de reatores reais

Verbal

- Ouça as mensagens de som na Web para captar as informações de outra maneira
- Trabalhe com um parceiro para responder às questões dos ICGs

H.3 Navegação

Os estudantes podem utilizar o site da LTC Editora juntamente com o livro, de várias maneiras diferentes. Este site fornece *recursos de enriquecimento* de conteúdo e aprendizagem. Cabe a cada estudante determinar como utilizar essas fontes para gerar um melhor aproveitamento. A Tabela H-2 mostra alguns dos botões clicáveis encontrados nas *Notas de Resumo*, dentro de Fontes de Aprendizagem, e uma breve descrição sobre o que os estudantes verão quando clicarem nos botões.

TABELA H-2 PRINCIPAIS BOTÕES DAS NOTAS DE RESUMO

Botões Clicáveis	*Aonde isso nos leva*
Exemplo	Exemplo de problema resolvido
Link	Material geral que pode não estar relacionado ao capítulo
Pista	Dicas e pistas para solução de problemas
Autoteste	Um teste sobre o material da seção, com soluções
Dedução	Dedução de equações quando não apresentadas nas notas
Crítico	Questão que requer Raciocínio Crítico relacionada ao capítulo
Módulo	Módulo da Web relacionado ao capítulo
Avaliar	Objetivos do capítulo
Polymath	Solução em programa Polymath, de um problema das Notas de Resumo
Biografia	Biografia da pessoa que desenvolveu a equação ou o princípio
Mais	Inserção adicional a um capítulo, com mais informações sobre um tópico
Caderno de Trabalho	Solução detalhada de um problema
Gráfico	Gráfico de uma equação ou solução
Informação Extra	Informação extra sobre um tópico específico
wm qt raw	Informações de áudio

Os criadores deste material suplementar tentaram fazer a navegação através dos recursos usados para os DVDs, a mais fácil e lógica possível. Um guia mais amplo sobre o uso e a navegação é apresentado no site da LTC Editora.

Índice

A

B

C

P

Q

R

S

T

U

V

W

ROTAPLAN
GRÁFICA E EDITORA LTDA
Rua Álvaro Seixas 165 parte
Engenho Novo - Rio de Janeiro - RJ
Tel/Fax: 21-2201-1444
E-mail: rotaplanrio@gmail.com

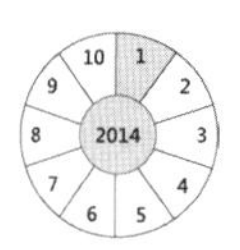